Chemische Technologie der Kunststoffe in Einzeldarstellungen
Herausgegeben von
Dipl.-Ing. Dr. techn. Franz Kainer

Epoxydverbindungen und Epoxydharze

Von

Dr. phil. Alfred Max Paquin

Mit einem Geleitwort von

Dr. phil. Pierre Castan

Springer-Verlag

Berlin / Göttingen / Heidelberg

1958

ISBN 978-3-642-86617-3   ISBN 978-3-642-86616-6 (eBook)
DOI 10.1007/978-3-642-86616-6

Vorwort zur Sammlung

In den letzten Jahren hat die Kunststofftechnik nicht nur in Deutschland, sondern in einem vielleicht noch größeren Ausmaße im Ausland einen ungeheuren Aufschwung genommen.

Eine Vielzahl neuer Kunststoffklassen wurde erschlossen, eine ebenso große Anzahl von Verfahren zu ihrer Herstellung und Anwendung ausgearbeitet. Hand in Hand mit dieser Entwicklung haben Forscher den Aufbau dieser Kunststoffe und die Gesetzmäßigkeiten ihrer Bildung zu ergründen versucht.

Diese Fülle von Arbeiten und Veröffentlichungen wissenschaftlichen und technischen Inhaltes, die Unzahl von Patenten bedingen es, daß selbst dem Kunststoffchemiker immer mehr der Überblick über sein Arbeitsgebiet verlorengeht. Er bedarf einer Übersicht über die wichtigsten Fortschritte in den einzelnen Kunststoffzweigen, die ihn gleichzeitig über die wesentlichsten Fortschritte in der Technologie der Kunststoffe orientiert.

Andererseits wird auch der auf einem Spezialgebiet der Kunststoffe arbeitende Chemiker oder Ingenieur eine eingehende Darstellung seines Arbeitsgebietes begrüßen, die ihm das langwierige und zeitraubende Studium der Kunststoffliteratur, die bis heute bereits riesige Ausmaße angenommen hat, erleichtert bzw. erspart.

Es erscheint somit gerechtfertigt, eine Sammlung zu schaffen, die neben einer guten Übersicht über das gesamte Gebiet noch eine eingehende Darstellung einzelner Kunststoffe bzw. Kunststoffklassen bringt. Sie soll sowohl dem forschenden als auch Betriebschemiker, aber auch dem in der Kunststoffindustrie tätigen Ingenieur einen Überblick über sein Arbeitsgebiet vermitteln und ihn dazu anregen, weiter in dieses überaus reizvolle und interessante Gebiet einzudringen.

Der Herausgeber

Dipl.-Ing. Dr. techn. FRANZ KAINER
Patentanwalt

Geleitwort

Eines der Merkmale der modernen technischen Forschung ist deren außergewöhnliches Tempo. Kaum hat man die vermutliche Bedeutung eines neuen Prinzips erkannt, stürzen sich schon zahlreiche Firmen auf dieses mehr oder weniger erforschte Gebiet, um es sich, wenn möglich, für ihre eigenen Zwecke nutzbar zu machen. Während früher nur einzelne Forscher nach der neuen Richtung tätig waren, werden in der Folgezeit die Arbeiten von ganzen Gesellschaften übernommen, die zumeist über bedeutende Mittel verfügen. Man könnte da einen Vergleich ziehen mit der geographischen Forschung: früher gingen einzelne Forscher, wie z. B. NANSEN, mit bescheidenen Mitteln auf Entdeckungsreisen. Heute sind es mit allen modernen Errungenschaften ausgerüstete Expeditionen mit zahlreichen Wissenschaftlern, Technikern und Hilfspersonal, die zur Durchführung von Aufgaben dieser Art eingesetzt werden.

Das vorliegende Werk von Dr. A. M. PAQUIN ist in dieser Hinsicht außerordentlich interessant, da es einem Kapitel der modernen synthetischen organischen Chemie gewidmet ist, deren technische Auswirkungen kaum 20 Jahre alt sind. Wenn man dieses Buch liest, muß man über die äußerst rapide Entwicklung der Chemie der Epoxydverbindungen zu technischen Kunstharzen staunen. Veröffentlichungen und Patentschriften folgen einander in einem immer beschleunigterem Rhythmus, und, wenn man ihr Erscheinen nicht fast täglich verfolgt, riskiert man, sehr rasch den Anschluß zu verlieren.

Für einen Chemiker, der an den ersten Arbeiten auf diesem Gebiete beteiligt war, ist es äußerst interessant, die Entwicklung der Produkte, die er vor mehr als 30 Jahren in den Händen hatte, klar und präzis zusammengefaßt zu finden.

Um jedes Mißverständnis auszuschalten, ist es notwendig, zu erwähnen, daß zu Beginn die Entwicklungsarbeiten zwecks Aufbau höhermolekularer Stoffe mit Epoxydgruppen allein das Ziel hatten, Kunststoffe herzustellen. Die Anwendungen als Anstrichmittel, Klebstoffe, Gießharze usw. haben sich daraus erst später entwickelt.

Die systematischen Forschungsarbeiten auf diesem Gebiet haben 1934 begonnen. Sie wurden mit einem zahlenmäßig äußerst beschränkten Personal durchgeführt, und zwar in einer Firma, die sich bis dahin nicht mit der Synthese von Kunststoffen befaßt hatte. Die ursprüngliche Aufgabe bestand darin, unter den bekannten Kunstharzen ein härtbares aufzufinden, das ohne Abgabe von flüchtigen Stoffen wie Wasser oder Formaldehyd härtet, und, vor allem ein Minimum an Schrumpfung bei der Härtung aufweist. Schließlich sollte das Endprodukt hohe Festigkeitswerte, sowohl in physikalischer als auch in chemischer Hinsicht besitzen. (Unempfindlich gegen Speichel von 37°, wie für Zahnprothesen erforderlich, war Voraussetzung.)

Im Laufe der Vorstudien wurden die Harze, die man durch Kondensation von Phthalsäureanhydrid mit Polyalkoholen erzielt, also die sogenannten „Glyptale", untersucht. Die mechanische Widerstandsfähigkeit dieser Stoffe hatte unsere Aufmerksamkeit erweckt, dagegen waren weder die Härtungsreaktion noch die chemische Beständigkeit befriedigend. Die Beobachtungen führten zu der Idee, die mit Wasserabspaltung verbundene Esterifikationsreaktion durch eine Addition von Säureanhydriden an Anhydriden von Polyalkoholen, also in erster Linie an substituierte Äthylenoxyde, zu ersetzen. Ein analoger Gedankengang führte später deutsche Forscher dazu, Isocyanate zu gebrauchen, um die Schwierigkeiten der klassischen Synthese der Polyamide zu umgehen.

Um jedoch zu härtbaren Verbindungen zu gelangen, mußte man über Substanzen verfügen, die mindestens zwei Äthylenoxydgruppen in einem Molekül besitzen. Diese Substanzen sollten nachher mit dem Anhydrid einer zweibasischen Säure, wie Phthalsäure, durch Addition verbunden werden.

Ein günstiger Zufall wollte, daß in diesem Laboratorium auch Versuche mit phenolischen Kunstharzen auf der Basis von Diphenylolpropan (Bisphenol A) durchgeführt worden waren. Um Substanzen mit zwei Epoxydgruppen im Molekül zu erhalten, wurde dann dieses Bisphenol mit Epichlorhydrin in alkalischer Lösung kondensiert. Anschließend wurde das Reaktionsprodukt mit Phthalsäureanhydrid umgesetzt, was zu den ersten brauchbaren Epoxydharzen führte[1].

Es ist interessant, hervorzuheben, daß in dieser ersten Patentschrift schon eine Reihe von Beobachtungen, die sich später bestätigt haben, enthalten sind:

> das Reaktionsprodukt von Bisphenol A mit Epichlorhydrin kann verschieden hohe Molekulargewichte besitzen, je nach den Arbeitsbedingungen,
> die Härtung kann in offenen Gefäßen stattfinden, ohne daß die Stücke porös werden,
> die Lösungen des neuen Kunstharzes können als Lacke gebraucht werden, welche nach dem Härten Schichten ergeben, die sich besonders durch ihre hervorragende Haftung auf Metallen, Glas, Porzellan usw. auszeichnen.

Des Schweizerischen Patentrechtes wegen ist das Schweizer Patent allerdings inhaltlich ziemlich eng begrenzt. In der entsprechenden Britischen Patentschrift 518057 sind noch zahlreiche weitere Erkenntnisse niedergelegt. Wenn man diese studiert, sieht man, daß es schon etliche Möglichkeiten, die später durch Patente anderer Firmen beschrieben worden sind, enthält:

> an Stelle von Bisphenol A können auch andere zweiwertige Phenole angewandt werden,
> es können auch Diepoxyde der Fettreihe Verwendung finden,
> Gebrauch von anderen Säureanhydriden, z. B. Anhydride bzw. Polyanhydride wie sie durch die Reaktion von DIELS-ALDER gewonnen werden u. a. m.

---

[1] Schwz. P. 211116, 23. 8. 38.

Leider hatte der Härtungsprozeß dieser neuen Kunstharzklasse einen neuralgischen Punkt: er war feuchtigkeitsempfindlich. In Gegenwart von Wasserdampf erfolgte die Härtung nicht. Dies machte die Spezialanwendung des Harzes für Zahnprothesen, woran die Firma ausschließlich interessiert war, unmöglich.

Aus diesem Grunde wurde versucht, die Additionsreaktion durch eine Polymerisationsreaktion zu ersetzen. Eine Polymerisationsreaktion von Epoxydverbindungen war bereits durch H. STAUDINGER beim Äthylenoxyd mit Hilfe alkalischer Katalysatoren durchgeführt worden. Analoge Arbeiten mit den neuen Harzen führten dann zu dem Schweizer Patent 236594 vom 16. 6. 43, welches das Wesentliche dieses Verfahrens enthält und eine Anzahl von basischen Substanzen anführt, welche die Härtung von Diepoxydverbindungen katalytisch auslösen. Es zeigt, daß schon gewisse Erkenntnisse, die später von anderen Gesellschaften in neueren Patenten beschrieben werden, schon in diesem Patent klar zum Ausdruck gebracht worden sind, nämlich:

> daß gewisse Aminderivate wie Aminsalze, z. B. Piperidin-Benzoat, Pentamethylen-dithiocarbaminsaures Piperidin, Diäthylamin-diäthyldithiocarbamat, oder Umsetzungsprodukte von Aminen mit Aldehyden, z. B. die Verbindung aus Piperidin und Benzaldehyd, auch wirksam sind, und darüber hinaus den Vorteil der Nichtflüchtigkeit aufweisen.

Die spätere Wiederaufnahme dieser Idee von anderer Seite mit den Varianten, daß statt der Benzoesäure andere Säuren, und statt des Benzaldehyds andere Aldehyde angewandt werden, ändert an dem bereits erprobten Prinzip nichts.

Weiterhin wurde bei den Versuchen beobachtet, daß man im Falle der Verwendung eines Monoamins als Katalysator dessen Menge nicht ohne weiteres unbegrenzt steigern kann. Einem unserer amerikanischen Patentanmeldung beiliegenden Affidavit vom 2. 5. 44 sind folgende Zahlen entnommen:

Zusatz Piperidin in %	Härtungsdauer bei 100°	Eigenschaften des Endproduktes
0,1	360 Min.	nicht sehr hartes unschmelzbares Harz
1,0	75 Min.	hartes, elastisches unschmelzbares Harz
2,0	45 Min.	hartes, elastisches unschmelzbares Harz
5,0	30 Min.	hartes, elastisches unschmelzbares Harz
10,0	180 Min.	unschmelzbares, in der Wärme plastisches, sprödes Harz
20,0	480 Min.	überhaupt keine Härtung

Ein Überschuß an Katalysator führt also zu einem Resultat, das dem erstrebten gerade entgegengesetzt ist. Dies beruht wahrscheinlich darauf, daß die beiden Epoxydgruppen durch Anlagerung des Amins vollständig umgewandelt worden sind. Diese Überlegung führte zu einer weiteren Beobachtung, die erst in sehr viel späterer Zeit von anderen Firmen zum Patent angemeldet wurde, nämlich:

> die Tatsache, daß Additionsverbindungen von Polyepoxyden mit einem Überschuß eines Amins als wirksame Härtungskatalysatoren brauchbar sind.

Produkte dieser Art werden neuerdings als sogenannte „Vorkondensate" als Härter für Epoxydharze empfohlen.

Betrachtet man die zahlreichen Patente, die seit 10 Jahren publiziert worden sind, sieht man, daß der größte Teil davon die Herstellung von neuen Verbindungen, die zwei oder mehr Epoxydgruppen enthalten, beschreiben. Andererseits werden eine Anzahl von Körpern erwähnt, die als Vernetzungsmittel gebraucht werden können. Leider werden die Reaktionen der Epoxydgruppen mit diesen Vernetzern bis jetzt im allgemeinen relativ wenig wissenschaftlich studiert. Dazu kommt, daß es manchmal schwierig ist zu unterscheiden, ob man es mit einer Polymerisationaddition oder mit einer Kondensation zu tun hat. Dies ist besonders der Fall, wenn die Reaktion in Gegenwart von alkalischen Stoffen bzw. ihrer Derivate stattfindet. In dieser Hinsicht hat man dem bisher offenbar noch nicht erforschten Gleichgewicht

$$CH_2Cl \cdot CH{-}CH_2 + NaCl + H_2O \rightleftharpoons CH_2Cl \cdot CH(OH) \cdot CH_2Cl + NaOH$$
$$\underset{O}{\diagdown\diagup}$$

noch nicht genügende Aufmerksamkeit geschenkt. Dieses ist einfach zu beweisen, indem man ein wenig Epichlorhydrin zu einer Kochsalzlösung, die Phenolphthalein oder Thymolphthalein enthält, zufügt. Wenn die NaCl-Konzentration genügend hoch ist, schlagen die Indicatoren fast augenblicklich um.

Eine ähnliche Studie wurde für Äthylenchlorhydrin bzw. für Äthylenoxyd durch PORRET [Helv. 27, 1321 (1944)] durchgeführt.

Es ist zu hoffen, daß man jetzt in verstärktem Maße theoretische Studien unternimmt, um bessere Kenntnis der Reaktionen die zur Entstehung der Epoxydverbindungen einerseits und zu deren weiteren Umwandlungen andererseits führen, zu erhalten. Diese Tendenz wird jetzt aktuell (siehe z. B. Symposium Epoxide Resins in London, im April 1956), und man kann die Autoren nur beglückwünschen, die sich diesen Arbeiten widmen, und die Weitsicht der Gesellschaften anerkennen, welche diese Arbeiten ermöglichen und fördern.

In diesem Sinne wünsche ich diesem ersten Buche über Epoxydverbindungen und Epoxydharze einen recht guten Erfolg und einen interessierten Leserkreis.

Genf, im Frühjahr 1958   **Pierre Castan**

Vorwort

Wenn der Verfasser es unternimmt, eine neue Gruppe von synthetischen Harzen, die man heute als „Epoxydharze" zusammenfaßt, sowie die Epoxydverbindungen, mit deren Hilfe man zu diesen Harzen gelangt, in einer Monographie darzustellen, so ist er sich des Wagnisses bewußt, den Stand einer Entwicklung in einem beliebigen Augenblick zu fixieren. Da diese Schrift, die sich einer möglichst objektiven Darstellung befleißigen will, vermutlich die erste in Buchform erscheinende über die auf den angeführten Gebieten geleistete Arbeit ist, müssen die vorliegenden Veröffentlichungen, auf denen naturgemäß aufgebaut werden muß, und die zumeist in propagandistischer Absicht durch Herstellerfirmen veranlaßt wurden, sorgfältig auf ihren objektiven Wert geprüft, und entsprechend in den Rahmen dieses Buches eingearbeitet werden. Desgleichen muß vorsichtig mit Schlußfolgerungen für künftige Entwicklungen verfahren werden.

Es sind nunmehr 34 Jahre her, daß der Verfasser eigene Arbeiten auf dem Gebiete der Alkylenoxyde begonnen hat, aus rein persönlichem Interesse, zu einer Zeit, als die ihm dienstlich übertragenen Arbeiten auf anderem Gebiete lagen. Er wurde zuerst durch die kleine Schrift von SVEN BODFORSS „Die Äthylenoxyde", die 1923 erschien, dazu angeregt, selbst Versuche mit Epoxydverbindungen auszuführen. Diese nur nebenbei durchgeführten orientierenden Versuche ergaben aber gleich von Anfang an wissenschaftlich interessante Aspekte, die auch technische Aussichten zu bieten schienen, sobald Äthylenoxyd oder seine Derivate billiger und leichter greifbar werden würden, als dies damals der Fall war. Den Anreiz zur Durchführung umfassenderer größerer Versuchsreihen, mit denen dann auch die Werkleitung einverstanden war, gab einerseits die technische Produktion von Äthylenoxyd und Propylenoxyd durch die BADISCHE ANILIN- & SODAFABRIK-AG., und andererseits die mannigfaltigen interessanten Ergebnisse der Additionsreaktionen von Epoxydverbindungen mit solchen Substanzen, welche OH, NH_2, NH oder COOH-Gruppen enthielten. So wurde u. a. gefunden, daß nach einer gewissen Anzahl addierter Alkylenoxydmoleküle jede Verbindung hydrophil und schließlich selbst wasserlöslich wird. Beispielsweise wurde ein mit hydrophoben Gruppen substituiertes Phenol durch fortgesetztes Oxäthylieren (wobei schon der günstige Einfluß starker Alkalien festgestellt wurde) zunächst hydrophil und dann unter Schäumen wasserlöslich. Als Handwaschmittel angewandt hatten Umsetzungsprodukte dieser Art gute reinigende Wirkung. Es mögen dies wohl eine der ersten fettfreien Waschmittel gewesen sein.

Die eigentliche Chemie der Epoxydharze begann, nachdem man einerseits in der Lage war, bei einer Monoepoxydverbindung anschließend an eine Addition an die Epoxydgruppe erneut eine Epoxydgruppe an anderer Stelle des Moleküls auszubilden, oder bei einer Diepoxydverbindung nur die eine Epoxydgruppe reagieren ließ, so daß die andere für spätere Umsetzungen noch zur Verfügung stand, und andererseits, nachdem der Schweizer Chemiker P. CASTAN auf Grund umfassender Arbeiten in den Jahren 1934—1938 erkannt hatte, daß höhermolekulare aromatische Glycidyläther technisch wertvolle Eigenschaften besitzen.

Die Entwicklung darzustellen, die zu den mannigfaltigen heute auf dem Markt befindlichen Epoxydharztypen geführt hat, sowie ihre Eigenschaften und Verwendungen, ist die Aufgabe dieses Buches. Nachdem nunmehr vor 20 Jahren die Grundlegung der ersten technisch brauchbaren Epoxydharze im wesentlichen abgeschlossen war, erfolgte in den nächsten 10 Jahren ein — durch die Kriegs- und Nachkriegsjahre sehr gehemmtes — langsames Anlaufen der praktischen Verwendungen, und erst in den letzten 10 Jahren haben sich in rascher Folge immer mehr Firmen auf die Herstellung von Epoxydharzen oder deren Kompositionen geworfen, wodurch das Interesse weitester Kreise an den Eigenschaften dieser neuen Harzen erweckt wurde.

Trotz der vielen Veröffentlichungen über Epoxydharze unter denen sich auch einzelne gute objektive Übersichten befinden, fehlt es noch immer an einer erschöpfenden wissenschaftlichen Zusammenfassung der wichtigsten auf dem Gebiete der Alkylenoxydchemie geleisteten Arbeit, die zu den Epoxydharzen geführt hat.[1])

Die Entwicklung der Epoxydharzchemie ist anders vor sich gegangen, als dies seiner Zeit bei den Phenol- und Aminoharzen der Fall war. Während bei diesen letzteren lange Jahre die Fortschritte auf empirische Beobachtungen beschränkt geblieben ist und die wissenschaftliche Forschung keine rechten Ansatzpunkte gefunden hat, ist das Epoxydharzgebiet von Anfang an mit wissenschaftlicher Forschung eng verbunden gewesen. Aus diesem Grunde und auch deshalb, weil ausgedehnte Randgebiete vorhanden sind, deren chemische Kenntnis für den Aufbau oder die Modifizierung von Epoxydharzen wesentlich sind oder werden können, dürfte der Gedanke, schon jetzt, trotz der Jugend der Epoxydharze, eine umfassende Darstellung des gesamten Gebietes zu versuchen, nicht abwegig sein.

Schon jetzt sind die Entwicklungsarbeiten auf dem Epoxydharzgebiet weitgehend zum Stillstand gekommen, und fast die gesamte gegenwärtige Arbeit spielt sich heute auf dem anwendungstechnischen Sektor ab, mit dem Ziel, die von P. CASTAN eingeführten polymeren Bisphenol-A-Polyglycidyläther mit ihren unterschiedlichen Polymerisationsgraden in der verschiedensten Weise zu modifizieren bzw. immer wieder neue Variationen vorzunehmen.

---

[1] Inzwischen sind zwei kleine Einführungsschriften erschienen, in den USA von H. LEE und K. NEVILLE, und in Frankreich von J. SCHRADE.

Sehr aufschlußreich ist der Inhalt der auf dem Epoxydharzgebiet beantragten, und, oft überraschenderweise auch erteilten Patente. Seit dem letzten CASTANschen Patent enthalten die neueren Patente sehr wenige grundlegende neue Momente, die als wirkliche Erfindungen bewertet werden können. In den meisten Fällen werden Beobachtungen und Versuchsergebnisse, die P. CASTAN in seinen Pionierarbeiten in kürzester und prägnantester Form niedergelegt hat, einzeln herausgegriffen und zu neuen, z. T. sehr weitschweifigen Patentschriften verarbeitet.

Es soll durchaus das Verdienst und die viele Kleinarbeit, welche die führenden Epoxydharze herstellenden Firmen durch die Ausführung von unzähligen Variationen und Ausarbeitungen anwendungstechnischer Art geleistet haben, nicht verkannt werden, jedoch sind durch dieses Vorgehen dem eigentlichen Schöpfer der Epoxydharzklasse seine diesbezüglichen Erfindungen mehr oder weniger enteignet und ihm die Möglichkeit der Weiterarbeit auf diesem Gebiet genommen worden.

Trotz der umfassenden gründlichen Arbeiten, die zu den CASTANschen Patenten geführt haben, die heute noch die Grundlage der wichtigsten Epoxydharz-Handelsprodukte, die bestenfalls mehr oder weniger unwesentliche Modifizierungen erfahren haben, darstellen, sind durchaus nicht alle Möglichkeiten zur Schaffung neuartiger Epoxydharze durch die CASTANschen Patente vorweggenommen. Die in den letzten 22 Jahren enorm angewachsene organische Chemie enthält so viele noch nicht ausgewertete Fingerzeige zum Aufbau von Epoxydharzen neuer Art, daß man sich darüber wundern muß, wie wenige Arbeiten grundlegend synthetischer Art bisher bekannt geworden sind.

Dies kann einerseits dadurch erklärt werden, daß Leiter technischer Laboratorien im allgemeinen schnelle Erfolge, die möglichst bald zu Verkaufsprodukten führen, wünschen, und andererseits Entwicklungsarbeiten mit weitergesteckten Zielen dadurch außerordentlich erschwert werden, daß eine Übersicht über die bisherigen Ergebnisse der Chemie der Epoxydverbindungen fehlt.

Diese Lücke hat der Verfasser bei seinen eigenen Arbeiten seit Jahrzehnten schmerzhaft empfunden und daher den Gedanken gefaßt, sich selbst daran zu machen, dieselbe in einer Monographie zu schließen. Rückblickend muß der Verfasser feststellen, daß es diesem Buch zum Vorteil gereicht hat, daß es nicht schon vor 5—6 Jahren — wie geplant — fertiggestellt wurde, da gerade in diesen letzten Jahren außerordentlich viele neue Ergebnisse durch die chemische Forschung hinzugekommen sind, die von besonderem Wert für das Epoxydharzgebiet sein können.

Nachdem der Verfasser im Sommer 1944 gezwungen wurde, seine Arbeiten in den HOECHSTER FARBWERKEN abzubrechen, gedenkt er in Dankbarkeit des neugegründeten niederländischen KUNSTSTOFF-FORSCHUNGSINSTITUTES in Delft und der CASSELLA FARBWERKE MAINKUR A.G., welche ihm eine zeitlich begrenzte Gelegenheit geboten haben, eigene Entwicklungsarbeiten auf dem Epoxydharzgebiet fortzusetzen.

Es ist dem Verfasser ein Bedürfnis, den FARBWERKEN HOECHST A.G. für die großzügige Unterstützung zu danken, die ihm von der Literatur- und Patentabteilung zuteil geworden ist. Weiterhin sei der SHELL CHEMICAL CORPORATION mit ihren amerikanischen, niederländischen und deutschen Forschungsstellen für ihre tatkräftige Unterstützung, auch in der Beschaffung schwer zugänglicher Patentschriften und Vortragstexten gedankt. Auch der CIBA A. G. sei für die Übersendung von wissenschaftlich-technischem Druckmaterial über die im Handel befindlichen Aralditmarken der gebührende Dank gezollt.

Ein besonderer Dank sei dem in Freundschaft verbundenen Kollegen Dr. PIERRE CASTAN dargebracht, mit dem der Verfasser wochenlange ungemein fruchtbare Aussprachen über das ganze Gebiet der Epoxydverbindungen gehabt hat. Nur ein Forscher, der die fundamentalen Gedanken zur Entwicklung von härtenden Harzen, bei denen die Härtung durch Addition an Epoxydgruppen ohne Abspaltung irgendwelcher chemischer Verbindungen zustande kommt, als Idee selbst erlebt hat, und zwar schon zu einer Zeit, als die Polyisocyanat-Additionsreaktionen noch nicht bekannt waren[1], kann ein solches Wissen und umfassende Erfahrungen über die möglichen Reaktionen auf dem Gebiete der Epoxydverbindungen aufweisen. Es muß daher zutiefst bedauert werden, daß diesem nicht hoch genug zu bewertenden Spezialforscher keine Gelegenheit mehr geboten wurde, seine Arbeiten auf dem von ihm geschaffenen Gebiet fortzusetzen.

Die Herren Dr. CASTAN und Dr. KARL BLUMRICH haben sich freundlicherweise bereit erklärt, die Korrektur der Druckbogen zu lesen, wofür ihnen besonders gedankt sei.

Frankfurt/M. im Frühjahr 1958

A. M. Paquin

---

[1] Wie aus dem Vortrag von Herrn Professor Dr. O. BAYER auf der Fatipec in Luzern am 23. 9. 1957 hervorgeht, wurde das Diisocyanat-Polyadditionsverfahren am 26. 3. 1937 erdacht und mit 4 Mitarbeitern bereits am 11. 11. 1937 zum Patent angemeldet (DRP 728918). Einer persönlichen Mitteilung des Herrn Dr. P. CASTAN entnehme ich, daß er das Diepoxyd-Polyadditionsverfahren im Spätfrühjahr 1936 erdacht (niedergelegt in seinen bei der Firma Gebr. de Trey A. G. befindlichen Laborjournalen) und deswegen erst am 23. 8. 1938 zum Patent angemeldet hat, weil er ohne Mitarbeiter auf sich selbst gestellt war, und zwar in einer Fabrik, in welcher Patentanmeldungen etwas durchaus Ungewöhnliches waren. — Dem Sinne nach ist daher die obige Version doch berechtigt.

Inhaltsverzeichnis

Einleitung

Epoxydverbindungen bilden eine Klasse chemischer Verbindungen, die wegen ihrer Reaktionsfähigkeit seit ihrer Entdeckung das Interesse der Chemiker auf sich gezogen haben. Sie eignen sich für Synthesen, da die reaktionsfähige Epoxydgruppe die Verknüpfung mit zahlreichen Verbindungstypen in einfacher Weise gestattet.

Verbindungen, die zwei Epoxydgruppen enthalten oder eine zweite zu bilden vermögen, sind unter Aufrechterhaltung der einen Epoxydgruppe in der Lage, sich mit anderen Substanzen zu höhermolekularen Epoxydverbindungen zu vereinigen.

Vor noch nicht zwei Jahrzehnten hat man gefunden, daß höhermolekulare Epoxydverbindungen in Harze von besonders hochwertigen Eigenschaften übergehen können. Diese sogenannten „Epoxydharze" oder „Äthoxylinharze" spielen eine zunehmend bedeutsame Rolle auf dem Gebiet der Kunstharze.

Da eine große Zahl von Epoxydverbindungen bekannt ist, aus denen Epoxydharze aufgebaut werden können, ist die Kenntnis der zur Verfügung stehenden Epoxydverbindungen und ihrer Reaktionen heute von besonderer Wichtigkeit geworden.

Als Epoxydverbindungen werden solche Verbindungen bezeichnet, die eine oder mehrere Gruppen enthalten, bei denen neben einer normalen Kohlenstoff-Kohlenstoff-Bindung noch eine weitere durch ein Sauerstoffatom in Brückenbindung vorhanden ist, veranschaulicht durch das Formelbild

$$-\overset{\displaystyle /O\backslash}{C}---\overset{}{C}-$$

Da es üblich ist, das Sauerstoffatom *über* das normale Bindungszeichen zwischen den beiden Kohlenstoffatomen zu schreiben, sieht man die „darüberbefindliche Lage" als Charakteristikum an und bezeichnet es als „Epi-Sauerstoff". Dementsprechend wird der durch den Sauerstoff und die zwei damit verbundenen Kohlenstoffatome gebildete Komplex als „Epoxydgruppe" bezeichnet.

Zur weiteren Begriffsbestimmung der „Epoxydgruppe" gehört die Einschränkung, daß die durch das Epi-Sauerstoffatom verbundenen Kohlenstoffatome möglichst benachbart sein sollen.

Es ist daher die Konfiguration eines Dreiringes, in seltenen Fällen auch die eines Vierringes, welche die für eine Epoxydgruppe charakteristische Reaktionsfähigkeit bedingt. Da ein Dreiring dieser Art sich nur unter starkem Zwang bildet, drängt er mit einer adäquaten Kraft dahin, den Ring wieder zu sprengen durch Eingehen verschiedenartiger Reaktionen.

Sauerstoffhaltige Ringe mit mehr als zwei Kohlenstoffatomen sind wohlbekannte Verbindungstypen, bei denen jedoch mit steigender Anzahl von Ring-Kohlenstoffatomen die Reaktionsfähigkeit abnimmt. Solche sind:

der Vierring 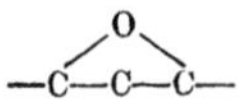   wie beim Trimethylenoxyd,

der Fünfring 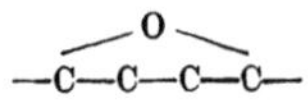   wie beim Tetrahydrofuran,

der Sechsring 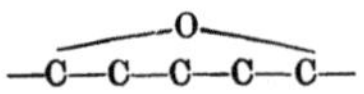   wie beim Pentamethylenoxyd, und

der Dioxy-Sechsring 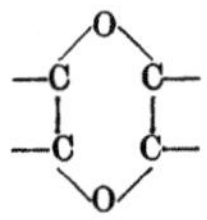   wie beim Diäthylenoxyd (1,4-Dioxan).

Trimethylenoxyd,

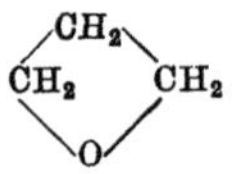

ist eine Verbindung, die Reaktionen von Epoxydverbindungen wohl noch in einigen Fällen, wenn auch weitaus träger als die Dreiringverbindung Äthylenoxyd

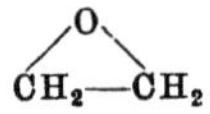

aufweist.

Tetrahydrofuran,

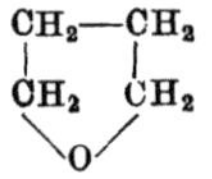

findet als inertes Lösungsmittel vielfache Verwendung und geht nur sehr schwer Reaktionen ein, die mit Ringöffnung verknüpft sind. Dasselbe gilt in noch höherem Maße für Pentamethylenoxyd.

Das *1,4-Dioxan* ist ein augenfälliges Beispiel dafür, daß ein reaktionsfähiger unbeständiger Dreiring durch Dimerisierung und Bildung eines Sechsringes

eine sehr stabile Verbindung werden kann, die als inertes Lösungsmittel vom Siedepunkt des Wassers sehr weitgehende Verwendung findet.

Die Labilität des Epoxyddreiringes wirkt sich in der Weise aus, daß sie die Neigung der Epoxydverbindungen zur Polymerisation bedingt, und das Sauerstoffatom das Bestreben zeigt, aus Verbindungen, die ein labiles Wasserstoffatom enthalten, dieses unter Ringsprengung aus seinem Verband herauszureißen und damit eine mit einem Epoxydgruppen-Kohlenstoffatom verknüpfte Hydroxylgruppe zu bilden.

Diese Art der Umsetzung, bei der zwei Verbindungen restlos zu einer neuen aufgehen, wird als *Additionsreaktion* bezeichnet. Dieser Reaktionstypus ist in neuerer Zeit auch für technische Verfahren herangezogen worden. Beispielsweise ist die Isocyanataddithionsreaktion:

$$R\text{—}N{=}C{=}O + H \cdots R' \rightarrow R\text{—}NH\text{—}CO\text{—}R'$$

für die Herstellung von Kunstharzen heute recht bekanntgeworden.

Diese Additionsreaktionen können in vielen Fällen in unverdünntem, geschmolzenem oder erweichtem Zustande vor sich gehen, wenn die erforderlichen Bedingungen vorliegen. Sie sind daher für die Herstellung von Kunststoffen aus Kunstharzkompositionen geeignet.

Durch Polymerisation entstandene Kunststoffe haben mit solchen durch Addition entstandenen das gemeinsam, daß beide bei ihrer Bildung mit sich selbst reagieren, ohne Abspaltung einer anderen Verbindung. Die Polymerisation ist aber zum Unterschied von der Additionsreaktion eine Umsetzung, die in der Regel vom Fachmann direkt in der Fabrikationsstätte, etwa zur Herstellung von Formstücken, ausgeführt wird, während die letztere im allgemeinen bei der Verwendung durch den Verbraucher, z. B. als Anstrichmittel, Klebmittel oder Preß- oder Gießharz zur Durchführung kommt. Es ist daher eine besondere Aufgabe des Herstellers, die Kompositionen, die bei den geeigneten Bedingungen unter Abreagieren einer Additionsreaktion in einen Kunststoff übergehen, derart lagerfähig zu gestalten, daß sie bei der Vorrathaltung durch den Verbraucher nicht durch vorzeitiges Ausreagieren unbrauchbar werden.

Die als Epoxydharze oder Äthoxylinharze in den letzten Jahren in zunehmendem Maße bekannt gewordenen, durch Additionsreaktion zum Kunststoff ausreagierenden Kunstharze zeichnen sich durch hervorragende Eigenschaften aus, welche die besondere Aufmerksamkeit auf sie gelenkt haben. Sie übertreffen darin auf manchem Anwendungsgebiet die Eigenschaften der schon länger bekannten Kunstharze mehr oder weniger weitgehend. Trotzdem kann jedoch nicht die Rede davon sein, daß mit den bis jetzt bekannten und auf dem Markt befindlichen Epoxydharzen allen Anforderungen in idealem Maße entsprochen wird.

Man muß die Situation, in der sich die Epoxydharze heute befinden, so ansehen, daß eine wohlfundierte Grundlage für einen besonders aussichtsreichen Kunstharztypus geschaffen ist, daß aber durch weitere systematische Entwicklungsarbeiten noch weitgehend Vervollkommnungen der Eigenschaften möglich und erwünscht sind.

Mehrere Wege führen hin zu diesem Ziel.

Der eine, weniger zeitraubende und billigere Weg, der aber nur innerhalb bestimmter Grenzen gangbar ist, geht aus von Kompositionen, wie sie der Entdecker der hervorragenden Eigenschaften der Epoxydharze, Dr. PIERRE CASTAN, in seinem Pionierpatent bereits 1938 genau gekennzeichnet hat. Die „Ausfeilung" dieser in einem großen Wurf geschaffenen Grundlage erfordert nur die Anstellung von Serienversuchen. Die hierfür erforderlichen Zuschlagstoffe lassen sich zumeist aus dem üblicherweise für die Veredelung von Kunststoffen bekannten Sortiment auswählen, und ihre spezielle Dosierung erfolgt weitgehend empirisch. Diese Arbeitsweise bietet naheliegende Erfolgsaussichten, und daher ist dieser Weg der übliche.

Ein anderer Weg geht aus von Epoxydverbindungen anderer Art, solche die vielleicht neu geschaffen, oder deren Herstellung in Verbindung mit anderen Produkten wohlfeil geworden sein mag. Durch Übertragung der bei den „traditionellen" Castanschen Epoxydharzen gemachten Erfahrungen auf diese neue Epoxydverbindung werden mehr oder weniger brauchbare Epoxydharze entwickelt, die für den Hersteller den Vorteil aufweisen, daß er auf die von ihm aufgestellte neue Epoxydgrundlage Patentschutz erlangen kann.

Der dritte Weg ist der längste, viel Zeit und Geld und viel chemische Kenntnisse erfordernde. Dafür bietet er aber die Chance, ganz neue Aspekte aufzudecken und Qualitätsverbesserungen zu erzielen, die bisher nicht für möglich gehalten wurden. Dieser Weg führt über eine gründliche Kenntnis der bisher bekannt gewordenen Reaktionen der Epoxydverbindungen, ein Wissen, das aber von keinem Chemiker erwartet werden kann, da gerade Kenntnisse über Eigenschaften und Reaktionen von Epoxydverbindungen bisher nur recht schwer gewonnen werden konnten. Zwar ist 1922 die 82seitige Schrift von Sven Bodforss „Die Äthylenoxyde" erschienen, welche — heute längst vergriffen — eine gute Zusammenfassung des damaligen Standes der Wissenschaft über dieses Gebiet darstellte. Jedoch hat diese Schrift leider nie eine Neuauflage erhalten, so daß sie nur noch historisches Interesse haben kann.

Die Herstellung von Epoxydverbindungen ist nicht schwierig und erfolgt für einige Repräsentanten dieser Verbindungsklasse schon seit Jahrzehnten in technischem Ausmaß. Neben chemischen Umsetzungen, bei denen auf andere Weise Epoxydgruppen gebildet werden, als dies bei den technischen Verfahren üblich ist, werden zwei Wege zur Gewinnung von Epoxydverbindungen beschritten:

1. Die Oxydation olefinischer Doppelbindungen, die sich am Ende oder im Innern einer Kette oder einer cyclischen Verbindung befinden, mittels Luft, reinem Sauerstoff, Wasserstoffperoxyd, Perameisen- oder Peressigsäure oder Chromsäure.

2. Die Abspaltung von Halogenwasserstoff mittels Alkali aus Halogenhydrinen, bei denen das Halogenatom und die Hydroxylgruppe sich vorzugsweise an benachbarten Kohlenstoffatomen befinden, nach folgendem Schema:

$$-\underset{\underset{OH}{|}}{C}-\underset{\underset{X}{|}}{C}- + NaOH \quad \rightarrow \quad -\underset{\diagdown O \diagup}{C-C}- + NaX \qquad X = Halogen$$

wobei die Herstellung der Halogenhydrine sich technisch leicht durch Anlagerung von unterchloriger Säure (Chlorkalk und angesäuertes Wasser) an Doppelbindungen durchführen läßt.

Die den Epoxydverbindungen analogen Episulfidverbindungen, welche die Gruppe $-\underset{\diagup S \diagdown}{C-C}-$ enthalten, sind von einer Reihe von Verbindungen bekannt. Sie haben bis heute keine besondere Rolle gespielt, jedoch besteht die Möglichkeit, daß bei neuen technischen Prozessen schwefelhaltige Nebenprodukte anfallen und billig angeboten werden, so daß ein Anreiz zum Entwickeln schwefelhaltiger Epoxydharze entstehen könnte.

Höhermolekulare schwefelhaltige Epoxydverbindungen bzw. höhere Mercaptane oder Thioäther, die eine gewisse Aussicht haben, als modifizierte Epoxydharze Verwendung zu finden, können nach drei Prinzipien aufgebaut werden:

1. durch Addition von aliphatischen oder aromatischen Mercaptanen an Diepoxyde oder an solche Epoxydverbindungen, die nach Abreagieren der Epoxydgruppe erneut eine Epoxydgruppe auszubilden vermögen, nach folgendem Schema:

$$\mathrm{R\cdot SH + CH_2{-}CH\cdot R'\cdot CH{-}CH_2} \;\;\rightarrow\;\; \mathrm{R\cdot S\cdot CH_2\cdot CHOH\cdot R'\cdot CH{-}CH_2}$$

oder:

$$\mathrm{R\cdot SH + CH_2{-}CH\cdot CH_2\cdot X} \;\rightarrow\; \mathrm{R\cdot S\cdot CH_2\cdot CHOH\cdot CH_2\cdot X} \;\xrightarrow{\text{Alkali}}\; \mathrm{R\cdot S\cdot CH_2\cdot CH{-}CH_2}$$

$$\mathrm{X = Halogen}$$

2. durch Addition von Episulfiden an schwefelfreie Verbindungen mit einem labilen Wasserstoffatom unter Bildung von Mercaptanen, die nach weiterer Addition einer Epoxydverbindung in Thioäther überführt werden können, nach folgendem Schema:

$$\mathrm{R\cdot OH + CH_2{-}CH\cdot R'} \;\;\rightarrow\;\; \mathrm{R\cdot O\cdot CH_2\cdot CH(SH)\cdot R'}$$

$$\mathrm{+ CH_2{-}CH\cdot R''} \;\;\rightarrow\;\; \mathrm{R\cdot O\cdot CH_2\cdot \overset{\mathrm{R'}}{\underset{|}{C}H}\cdot S\cdot CH_2\cdot CH(OH)\cdot R''}$$

3. durch Addition von Episulfiden an Mercaptane, nach 1. und 2., nach folgendem Schema:

$$\mathrm{R\cdot SH + CH_2{-}CH\cdot R'} \;\;\rightarrow\;\; \mathrm{R\cdot S\cdot CH_2\cdot CHSH\cdot R'}$$

Tatsächlich sind Reaktionsprodukte dieser Art bereits hergestellt worden und werden im Handel angeboten. Ihre Herstellung erfolgt jedoch in der Weise, daß für sich bereitete Epoxydharze mit höhermolekularen, aber noch reaktionsfähigen Thiokolen homogen gemischt, und durch Erhitzen unter Bildung von Thioäthern in den unlöslichen und unschmelzbaren Zustand überführt werden. Da diese Epoxydharze im gehärteten Zustand ganz besonders elastisch sind, sind sie für manche Zwecke sehr brauchbar.

Es muß daher auch die Aufgabe dieses Buches sein, schwefelhaltige Epoxydverbindungen und schwefelhaltige Epoxydharze anzuführen.

Neben der Darstellung der Eigenschaften und Reaktionen der halogenfreien Epoxydverbindungen ist in diesem Buche ein besonderes Kapitel den halogenhaltigen Epoxydverbindungen, insbesondere denjenigen mit drei Kohlenstoffatomen gewidmet worden. Epoxydverbindungen dieser Art bieten einzigartige Reaktionsmöglichkeiten und spielen für den Aufbau zusammengesetzter höhermolekularer Epoxydverbindungen, die sich für die Herstellung von Epoxydharzen eignen, eine besondere Rolle.

Die oben unter 1 erwähnte Methode, höhermolekulare Epoxydverbindungen durch Addition einer Verbindung mit einem labilen Wasserstoffatom an die eine Epoxydgruppe einer Diepoxydverbindung aufzubauen, ist nur unter ganz besonders milden Reaktionsbedingungen durchführbar, da die zweite Epoxydgruppe auch ohne an der Additionsreaktion teilzunehmen, leicht zum Glykol nach folgendem Prinzip verseift wird:

$$R \cdot OH + CH_2\!-\!CH \cdot R' \cdot CH \cdot CH_2 + H_2O \quad \rightarrow \quad R \cdot O \cdot CH_2 \cdot CH(OH) \cdot R' \cdot CH(OH) \cdot CH_2OH$$

Mit dieser Verseifung ist die spezielle Reaktionsfähigkeit der zweiten Epoxydgruppe für spätere Umsetzungen hinfällig geworden.

Weiterhin läßt es sich bei Umsetzungen dieser Art auch bei Einhaltung äquimolekularer Mengen nie ganz vermeiden, daß beide Epoxydgruppen in Reaktion treten unter Bildung von Diäthern nach folgendem Reaktionsschema:

$$2\,R \cdot OH + CH_2\!-\!CH \cdot R' \cdot CH\!-\!CH_2 \quad \rightarrow \quad R \cdot O \cdot CH_2 \cdot CH(OH) \cdot R' \cdot CH(OH) \cdot CH_2 \cdot O \cdot R$$

Halogenhaltige Epoxydverbindungen mit drei Kohlenstoffatomen, und zwar insbesondere Epichlorhydrin, das seiner relativen Billigkeit wegen heute für technische Zwecke zumeist angewandt wird, sofern nicht mit dem billigeren 1,3-Dichlorhydrin gearbeitet werden kann, bieten die wertvolle Möglichkeit, daß mit der Epoxydgruppe Additionsreaktionen auch im stark sauren Medium oder bei Verwendung saurer Katalysatoren ohne Nachteile durchgeführt werden können. Zudem läßt sich zu einem beliebigen späteren Zeitpunkt von neuem eine Epoxydgruppe ausbilden. Diese Arbeitsweise wird dadurch möglich, daß bei der Epoxydaddition sich ein substituiertes Chlorhydrin bildet, das gegenüber dem sauren Milieu und der erhöhten Temperatur unempfindlich ist, während unter diesen Bedingungen eine zweite Epoxydgruppe zum Glykol hydratisiert werden würde. Das Chlorhydrin kann dann in einer zweiten Stufe mittels Alkali in ein Epoxyd überführt werden:

$$\text{I. Stufe:} \quad R \cdot OH + CH_2\!-\!CH \cdot CH_2Cl + \text{Säure} \quad \rightarrow \quad R \cdot O \cdot CH_2 \cdot CH(OH) \cdot CH_2Cl$$

$$\text{II. Stufe:} \quad R \cdot O \cdot CH_2 \cdot CH(OH) \cdot CH_2Cl + \text{Alkali} \quad \rightarrow \quad R \cdot O \cdot CH_2 \cdot CH\!-\!CH_2$$

Nach diesem Zweistufenprinzip werden die meisten höhermolekularen Epoxydverbindungen, die für die Gewinnung von Epoxydharzen Verwendung finden, aufgebaut.

In diesem Buch wird eine Übersicht über bekanntere Epoxydverbindungen sowie deren Schmelz- oder Kochpunkte, soweit sie aus der Literatur ersichtlich sind, gegeben. Diese Zusammenstellung kommt mehrfach geäußerten Wünschen entgegen.

Das Kapitel „Epoxydharze" ist im wesentlichen aus dem Studium der schon ziemlich umfangreichen Patentliteratur entstanden. Es fällt jedoch auf, daß nach Abzug des vielen Ballastes, vor allem der nicht wenigen Wiederholungen eines und desselben Erfindungsgedankens in veränderter Aufmachung, die Ausbeute an wirklich originellen Erfindungen recht mager ist. Es hat fast den Anschein, als ob der vor längerer Zeit gelegten Grundlage nichts Wesentliches mehr hinzuzufügen wäre. Dagegen hat man bei der intensiven Kleinarbeit zur Verbesserung der Eigenschaften von Oberflächenanstrichmitteln,

Metallklebstoffen und von Preß- und Gießharzen, die minimalen Schwund aufweisen, recht gute Leistungen innerhalb nicht allzu weit gesteckter Grenzen hervorgebracht. Es ist möglich, daß wir vor dem Beginn einer mehr extensiven Bearbeitung des Epoxydharzgebietes stehen, und daß mehr als bisher Antworten auf die Frage gesucht werden, wie weit man kommt, wenn vom traditionellen Bisphenol-A-Diglycidyläther auf die Diglycidyläther oder -ester anderer höhermolekularer Verbindungen übergegangen wird. Eine Hilfe für diese Arbeitsrichtung soll die in diesem Buch aufgestellte Tafel der bekannteren Epoxydverbindungen sein, die jedoch auf Vollständigkeit keinen Anspruch erheben kann.

Über die Verwendung der Epoxydharze und über die praktische Durchführung der vom Verbraucher (wozu auch Lackfabriken gehören, welche Epoxydharze durch Verestern für die Verwendung als Lacke geeignet machen, in ähnlicher Weise, wie dies seit langer Zeit mit Naturharzen geschieht) auszuführenden Arbeiten, teils chemischer Art, z. B. Veresterungsvorschriften oder Einmischen dosierter Mengen eines Härtungskatalysators, teils physikalischer Art, z. B. Vorbehandeln zum Verleimen mit Epoxydharzen vorgesehener Metalloberflächen oder Einhalten bestimmter Temperaturen bei der Härtung, wurde aus den zahlreichen Propagandaschriften der führenden Epoxydharzproduzenten das Erforderliche entnommen. Es ist kaum zu erwarten, daß zu den heute bekannten Anwendungsgebieten in Zukunft noch andere bedeutende hinzukommen werden.

I. Halogenfreie Alkylenoxyde

Äthylenoxyd

Die einfachste Verbindung mit einer Epoxydgruppe, der Prototyp der halogenfreien Alkylenoxyde, ist das Äthylenoxyd

$$\underset{\diagdown\!O\!\diagup}{CH_2\!-\!CH_2} \quad Kp\ 12,5°$$

Äthylenoxyd, auch „Oxiran" genannt[1], kann als das Anhydrid des Äthylenglykols angesehen werden:

$$HO\cdot CH_2\!-\!CH_2\cdot OH\ -H_2O\ \rightarrow\ \underset{\diagdown\!O\!\diagup}{CH_2\!-\!CH_2}$$

Während höhere Glykole sich nach diesem Schema mehr oder weniger leicht durch Wasserabspaltung in die Epoxydverbindung überführen lassen, ist dies beim Äthylenglykol nicht möglich. Es wird bei der Behandlung mit wasserabspaltenden Mitteln wohl Wasser abgespalten, jedoch entsteht nicht das Oxyd, sondern Acetaldehyd. Dies läßt auf folgenden Reaktionsverlauf schließen:

$$HO\cdot CH_2\!-\!CH_2\cdot OH\ -H_2O\ \rightarrow\ H_2C\!=\!CH\cdot OH\ \rightarrow\ H_3C\!-\!CH\!=\!O$$

---

[1] PATTERSON: Am. Soc. **50**, 3079.

Der Vinylalkohol, der als Zwischenglied angenommen werden muß, ist als solcher nicht bekannt, dagegen sind höhere Homologe, beginnend mit Allylalkohol $H_2C=CH-CH_2 \cdot OH$, beständige Verbindungen. Es lassen sich aber vom Vinylalkohol abgeleitete Äther und Ester herstellen, die ebenfalls beständig sind.

Da bei chemischen Umsetzungen, bei denen verschiedenartige Reaktionsabläufe möglich sind, sich stets die stabilere Verbindung bildet, macht die offensichtliche Ausweichreaktion, die zur Bildung von Acetaldehyd führt, die übrigens auch erfolgt, wenn Äthylenoxyd durch ein auf 400—420° erhitztes Rohr geleitet wird[1], ersichtlich, daß Äthylenoxyd unbeständiger als Acetaldehyd sein muß. Dies wird auch durch folgenden Versuch bestätigt: wird Äthylenoxyd im Gemisch mit Wasserstoff über einen auf 125—150° erhitzten Nickelkontakt geleitet, so addiert es keineswegs ein Molekül Wasserstoff um in Äthylalkohol überzugehen sondern es lagert sich wiederum in den isomeren Acetaldehyd um, neben Anteilen höherer Kondensationsprodukte, z. B. Crotonaldehyd[2]. Dieselbe Umlagerung erfolgt beim Überleiten von Äthylenoxyd über Tonerde, die mit wenig konzentrierter Schwefelsäure oder Chlorzink gemischt ist, neben kleinen Mengen Diäthylenoxyd (1,4-Dioxan) und cyclischem Acetaldehyd-äthylenacetal[3].

Darstellung von Äthylenoxyd

A. WURTZ[4] stellte Äthylenoxyd 1859 erstmalig her. Er ließ auf Äthylenchlorhydrin Kaliumhydroxyd einwirken, wobei folgende Umsetzung vor sich geht:

$$HO \cdot CH_2-CH \cdot Cl + KOH \;\rightarrow\; KCl + \overset{\textstyle CH_2-CH_2}{\underset{\textstyle O}{\diagdown\diagup}}$$

Durch Erhitzen mit Wasser konnte WURTZ Äthylenoxyd in Äthylenglykol und diese durch weitere Einwirkung von Äthylenoxyd in höhere Polyäthylenglykole überführen[5]:

$$\begin{matrix} CH_2 \cdot OH \\ | \\ CH_2 \cdot OH \end{matrix} \;+\; n\; \begin{matrix} CH_2 \\ | \;\;\diagdown \\ \;\;\;\;\;\;O \\ | \;\;\diagup \\ CH_2 \end{matrix} \;\rightarrow\; \begin{matrix} CH_2 \cdot (O \cdot CH_2 \cdot CH_2)_x \cdot OH \\ | \\ CH_2 \cdot (O \cdot CH_2 \cdot CH_2)_y \cdot OH \end{matrix} \qquad x + y = n$$

Etwa zur selben Zeit berichtet M. A. v. LOURENÇO[6] über die Herstellung von Polyäthylenglykolen durch Erhitzen von Äthylenglykol mit Äthylenbromid. E. ROITHNER[7] gelang ebenfalls die Darstellung von Äthylenoxyd, indem er gasförmiges Glykolchlorhydrin über frisch geglühten Natronkalk leitete.

Die Bestätigung der Konstitution des Äthylenoxyds konnte C. ELLIS[8] durch die Umsetzung von Äthylenbromid mit Silberoxyd erbringen:

$$Br \cdot CH_2-CH_2 \cdot Br + Ag \cdot O \cdot Ag \;\rightarrow\; 2\,Ag \cdot Br + \overset{\textstyle CH_2-CH_2}{\underset{\textstyle O}{\diagdown\diagup}}$$

---

[1] NEF, J. U.: A. **335**, 201. — [2] SABATIER, P., u. DURAND: C. r. **182**, 826.
[3] JPATIEW, V. N., u. LEONTOWITSCH: B. **36**, 2017.
[4] WURTZ, A.: A. **110**, 125. — [5] WURTZ, A.: A. Chim. Phys. **69**, 330.
[6] LOURENÇO, M. A. v.: A. Chim. Phys. **67**, 274.
[7] ROITHNER, E.: M. **15**, 666. — [8] C. ELLIS: GREENE Jb. **1877**, 552.

Herstellung im Laboratorium

Anlehnend an das Verfahren von WURTZ kann die Herstellung von Äthylenoxyd im Laboratorium in einfacher Weise dadurch erfolgen, daß Äthylenchlorhydrin auf ein Gemisch von Kaliumhydroxydpulver mit Sand getropft wird[1]. DEMOLE empfiehlt hierfür die Reaktion von 2-Chloräthylacetat mit festem Ätzkali[2].

Technische Gewinnung

Das Verfahren von DEMOLE haben E. C. BRITTON und G. H. COLE-MAN[3] zu einem technischen Verfahren entwickelt. Es wird 1 Mol β-Chloräthylacetat mit 2,2 Mol Natriumhydroxyd als 20% ige wäßrige Lösung unter Rühren in der Wärme umgesetzt. Dabei bilden sich

bei   45° in 45 Minuten 54% Äthylenoxyd,
bei   75° in 60 Minuten 68% Äthylenoxyd,
bei 100° in 90 Minuten 82% Äthylenoxyd.

Die Gewinnung von Äthylenoxyd aus Äthylenchlorhydrin im technischen Maßstabe beschreiben A. J. LOWE und D. BUTLER[4]. Hierbei entstehen neben Acetaldehyd auch Essigsäure und Äthylendichlorid, und es bleibt ein Rest von unverändertem Äthylenchlorhydrin. Die Besonderheit des Verfahrens liegt in der Aufarbeitung mit Hilfe eines Polyoxyäthylenglykols vom Molgewicht von etwa 400 mit einem Gehalt an 3% Natriumglykolat, das bei 30—100° unter einem Druck gehalten wird, der so beschaffen ist, daß alle Reaktionskomponenten im flüssigem Zustande bleiben. Nach Überführen des Acetaldehyds in höhersiedende Verbindungen durch Polykondensation wird reines Äthylenoxyd abdestilliert.

Nach einem neueren kontinuierlichen Verfahren arbeitet die BADISCHE ANILIN- & SODAFABRIK-AG.[5] in der Weise, daß eine Chlorhydrinlösung im Gegenstrom mit Kalkmilch verseift wird, wobei spontane Wärmeentwicklung auftritt und das gebildete Äthylenoxyd laufend abdestilliert.

Ausgehend von in der Natur gewonnenem Äthylen hat die BADISCHE ANILIN- & SODAFABRIK-AG. schon während des ersten Weltkrieges ein Verfahren entwickelt[6], das die relativ gute Löslichkeit von Äthylen in einer wäßrigen Leimlösung ausnützt. Eine solche Äthylenlösung, die man durch Herabrieseln einer wäßrigen Leimlösung in einem Turm, in dem ein Äthylengasstrom bei einem Überdruck von 200 Atm. von unten nach oben geführt wird, herstellt, wird in einen Kessel mit Kalkmilch eingeführt. Hierzu wird bei einer Temperatur von 50° Chlorgas eingeleitet, wobei das Äthylen die intermediär auftretende unterchlorige Säure unter Bildung von Äthylenchlorhydrin addiert. Dieses Reaktionsgemisch gelangt unter Vermischen mit frischer Kalkmilch in den „Ver-

[1] FROMM, E.: A. **442**, 129. — [2] DEMOLE: A. **173**, 125.
[3] US 2022182, 12. 5. 34/26. 11. 35, Dow CHEMICAL CORP.
[4] BP 736992, 15. 8. 51/21. 9. 55, OXIRANE LTD.
[5] FP 1079254, 29. 4. 53/29. 11. 54; D.-Pri. 31. 7. 52.
[6] DRP 299682. 11. 4. 15/26. 1. 20.

seifer", wo in der Siedehitze Äthylenoxyd in Freiheit gesetzt wird, das anschließend in Kupferkolonnen durch fraktionierte Destillation gereinigt wird.

Als Nebenprodukte werden Äthylenchlorid und Dichloräthyläther gewonnen. — Dies Verfahren soll in den Vereinigten Staaten heute noch eine gewisse Verbreitung haben[1].

Die CHEMISCHE FABRIK KALK[2] hat ein Verfahren zur Gewinnung von Äthylenoxyd aus Äthylenchlorhydrin eingeführt, das darauf beruht, daß die Dämpfe von Äthylenchlorhydrin über erhitzte Basen geleitet werden.

Ein neueres Verfahren der S. A. DE MANUFACTURE DES GLACES ET PRODUITS CHIMIQUES DE ST. GOBAIN, CHAUNY ET CIREY[3] benutzt die Spaltung von Äthylencarbonat in Äthylenoxyd und Kohlendioxyd:

$$\begin{array}{c}CH_2\!-\!CH_2 \\ | \quad\quad | \\ O \quad\quad O \\ \backslash OC \diagup\end{array} \rightarrow \begin{array}{c}CH_2\!-\!CH_2 \\ \diagdown O \diagup\end{array} + CO_2$$

welche in der Wärme bei 200—210°, katalysiert durch einen 1—3%igen Zusatz eines polyhalogenierten Kohlenwasserstoffes (Hexachloräthan, Pentachlorbutan, Decachlorbutan, Hexachlorcyclohexan, Polychlornaphthalin usw.) leicht erfolgt. — Über dies Verfahren berichtet J. TESTARD[4].

Direkte Oxydation von Äthylen

Das erste Verfahren zur Gewinnung von Äthylenoxyd durch Oxydation von Äthylen stammt von der SOCIÉTÉ ANONYME FRANÇAISE DE CATALYSE GÉNÉRALISÉE, niedergelegt in den Pionierpatenten FP 729952, 27. 3. 31/4. 8. 32 und FP 771650, 10. 7. 33/13. 10. 34, ferner FP 739562, 3. 10. 31/13. 1. 33 und FP 787896, 28. 6. 34/30. 9. 35. Es wird hierbei so gearbeitet, daß ein Gemisch von 3% Äthylen mit 97% Luft durch einen Kontaktofen über einen auf 200—240° erhitzten Silberkontakt (auf Bimsstein niedergeschlagenes metallisches Silber) geleitet wird. Dabei erfolgt eine 55—60%ige Umsetzung, so daß das den Ofen verlassende Gas einen Gehalt von etwa 1,2% Äthylenoxyd neben Kohlendioxyd und Wasserdampf aufweist. Dieses Gas wird mit frischem Äthylen gemischt und durch einen weiteren Kontaktofen geleitet, wodurch der Äthylenoxydgehalt auf 2,2% steigt. Durch Waschen mit Äthylenglykol und Aktivkohle wird das Äthylenoxyd dem Gasgemisch entzogen und anschließend gereinigt.

In den späteren Jahren bewegten sich Arbeiten dieser Art fast ausschließlich nach der Richtung, möglichst wirksame Katalysatoren zu entwickeln.

Die BADISCHE ANILIN- & SODAFABRIK-A G. in ihrem FP 851077[5] leitet ein Gemisch von 3 Teilen Äthylen, 10 Teilen Luft und 6 Teilen

[1] WINNACKER u. WEINGÄRTNER: Chemische Technologie Bd. III, 690.
[2] DRP 403643, 23. 4. 21/25. 9. 24. — [3] FP 1100845, 4. 3. 54/26. 9. 55.
[4] TESTARD, J.: Ind. Chim. Belge **20**, 1954, Spez. Nr. 3. Teil S. 656—657.
[5] 2. 3. 39/2. 1. 40; D.-Pri. 25. 3. 38.

Wasserdampf durch ein auf 330—370° geheiztes Rohr mit Silberkontakt. In ihrem FP 855135[1] wird die Herstellung des Kontaktes unter Verwendung eines Gemisches von 474 Teilen Silbernitrat, 2,1 Teilen Kupfernitrat und 1,5 Teilen Goldchlorid, die in wäßriger Lösung reduziert und als Metallpulvergemisch ausgefällt werden, beschrieben. Dieses Metallpulvergemisch ist das wirksame Agens des Kontaktes, über den bei 200° ein Gemisch von 58,5 Teilen Äthylen, 23 Teile Luft und 60 Teile Wasserdampf derart geleitet werden, daß in der Stunde 140 Liter Gasgemisch über 100 ml Metallpulver passieren. Nach der Katalysierung enthält das Gasgemisch 3% Äthylenoxyd, was einem Umsatz des Äthylens von 70—80% entspricht. Wird die Temperatur am Kontakt bei 180° gehalten, so erfolgt 100%ige Umsetzung des Äthylens.

Die CHEMPATENTS INC. LTD.[2] schützt die Herstellung eines besonders wirksamen Kontaktes durch Imprägnieren von porösem Trägermaterial, wie Tonerde, Siliciumcarbid oder Berylliumporzellan, mit in wäßriger Bariumlactatlösung aufgeschlämmtem frisch gefälltem Silberoxyd mit anschließendem Erhitzen auf 300—500° in inerter Atmosphäre.

In einem späteren Patent[3] wird eine Arbeitsweise beschrieben, nach der ein Gasgemisch, bestehend aus 0,5—10 Vol.-% Äthylen, 3—20 Vol.-% Sauerstoff und der Restmenge an inerten Gasen bei 150—400° und 1—35 Atm. über einen silberhaltigen Kontakt geleitet wird. Die wirksame Schicht enthält 3—20% feinverteiltes Silber und 1—25% der Silbermenge an Calcium- oder Bariumcarbonat und ist auf einem inerten massiven Träger, der jedoch nicht aus Aluminium bestehen darf, aufgetragen. Die Verweilzeit in dem Kontaktrohr, dessen Dimensionen genau festgelegt sind, beträgt 0,1—6 Sekunden, der Druckabfall im Rohr 0,5—7 Atm.

Eine Aktivierung der Bildung von Äthylenoxyd und Inhibierung des Reaktionsverlaufes, der zu Wasser und Kohlendioxyd führt, erzielt L. J. BECKHAM[4] dadurch, daß dem Sauerstoff-Äthylen-Gemisch eine halogenhaltige Phenylverbindung, die einen Siedepunkt von 435—450° aufweist, zugesetzt wird, z. B. 2,4,6-Tribrombenzophenon oder Hexabrombenzol. Der Zusatz soll etwa 1 Teil auf 10^6 Teile Gasgemisch betragen.

R. B. EGBERT[5] beschreibt ein Verfahren zum Oxydieren von Äthylen, indem ein Gasgemisch von 1—6% Äthylen mit 1—8% Sauerstoff, das durch Stickstoff oder Kohlendioxyd verdünnt ist, mit einer Verweilzeit von 0,1—6 Sekunden über einen Ag-Kontakt bei 225 bis 300° bei 10—12 Atm Druck geleitet wird. Der Kontakt besteht aus einem porösen Trägermaterial, auf dem AgO gefällt und nach dem Trocknen vor dem Hocherhitzen mit Ca- oder Ba-lactat befeuchtet wird.

[1] 22. 5. 39/3. 5. 40; D.-Pri. 4. 6. 38. — [2] BP 711601, 1. 5. 51/7. 7. 54.
[3] US 2766261, 5. 2. 54/9. 10. 56, CHEMPATENTS INC.
[4] US 2734906, 5. 11. 51/14. 2. 56, ALLIED CHEMICAL & DYE CORP.
[5] FP 1106621, 23. 8. 54/21. 12. 55; US-Pri. 17. 5. 54, CHEMPATENTS INC. LTD.

Weiterhin beschreiben die CHEMPATENTS[1] die Aktivierung des Äthylens durch Spuren von Äthylenchlorid oder anderen Halogenverbindungen, wodurch die Oxydierung beim Überleiten des Äthylen-Sauerstoff-Gemisches über den Ag-Kontakt bei 225—300° wesentlich höhere Ausbeuten an Äthylenoxyd ergibt.

Weitere Verbesserungen in der Gewinnung von Äthylenoxyd aus Äthylen beschreiben die CHEMPATENTS[2], wobei die partielle Oxydation von Äthylen durch Sauerstoff bei 150—400° erfolgt, mit Hilfe eines Katalysators bestehend aus feuerfesten kleinen etwa gleich großen Trägerteilchen, auf denen Silber niedergeschlagen ist. Durch passende Konzentration der Reaktionsgase in einem inerten Gas wird die katalytische Aktivität des Kontaktes unter Ausnutzung der exothermen Reaktionswärme so gesteigert, daß eine größere Gleichmäßigkeit der Umsetzung und eine bessere Ausnutzung der ganzen Länge des Reaktionsraumes erreicht wird.

A. S. BRENGLE und H. R. STEWART[3] leiten Äthylen mit einem sauerstoffhaltigen Gas (Luft) bei bestimmter Durchsatzgeschwindigkeit bei 150—400° und gewöhnlichem Druck über einen Katalysator, der aus einem Aluminiumoxydträger besteht, auf dem eine Schicht metallischen Silbers aufgebracht ist, die 2—15% des Silbers an Bariumperoxyd und 0,001—0,1% an Lithiumbromid enthält. Wesentlich hierbei ist die Gegenwart des Lithiums, wodurch die Ausbeute an Äthylenoxyd um 14—30% höher ausfällt.

H. HÄNDLER und E. BULGARELLI[4] beschreiben die Herstellung eines Kontaktes durch Fällen einer Glykollösung von 1 Teil $AgNO_3$ und 4 Teilen $Ca \cdot (NO_3)_2$ mittels Sodalösung auf poröse anorganische Trägersubstanzen.

Die VULCAN COPPER AND SUPPLY Co.[5] führt die katalytische Oxydation von Äthylen ohne Zusatz eines die Oxydation stoppenden Anti-Katalysators in der Weise durch, daß das Äthylen-Sauerstoff-Gemisch bei 100—400° durch eine poröse Kontaktschicht durchgedrückt wird. Diese Schicht besteht aus einem inerten Material, das Silber oder eine unter Bildung von Silber sich zersetzende Verbindung enthält, sowie außerdem eine anorganische Halogenverbindung, die bei der Reaktionstemperatur nicht flüssig wird, z. B. KCl, NaCl, KF oder NaF. Die Reaktionsgase werden nach Entfernen des Äthylenoxyds wieder auf das erforderliche Mischungsverhältnis gebracht und erneut in die Oxydationszone geführt.

In Hinblick auf die Wichtigkeit, welche der Wärmeableitung bei der Äthylenoxydation in der Kontaktzone beizumessen ist, hat der NATIONAL RESEARCH COUNCIL[6] eine auf einen gut leitenden Metallträger aus Silber, Aluminium oder Kupfer aufgetragene Kontaktmasse,

[1] FP 1113310, 24. 8. 54/28. 3. 56; Belg.-Pri. 27. 7. 54.
[2] Belg. P. 548039, 23. 5. 56; US-Pri. 18. 7. 55.
[3] US 2709173, 9. 1. 50 24. 5. 55, CALIFORNIA RESEARCH CORP.
[4] FP 1110846, 23. 7. 54/17. 2. 56; It.-Pri. 8. 8. 53, MONTECATINI SA.
[5] US 2752363, 23. 12. 52/26. 6. 56.
[6] D. Anm. N 5208, 1006844, 12. 3. 52., US-Pri. 14. 3. 51.

bestehend aus einer Legierung von Silber mit etwa 5% eines Erdalkalimetalls, entwickelt.

Die Herstellung von Äthylenoxyd nach einem Oxydationsverfahren, bei dem auch Wasserstoffperoxyd gewonnen wird, beschreiben J. H. GARDNER und E. F. SCHÖNBRUNN[1]. Hierbei wird Äthan im Gemisch mit einem äthylenhaltigen (20% der Gasmenge) Kreislaufgas in eine auf 450—550° geheizte Reaktionszone geleitet, die keinen Katalysator, sondern nur inerte Füllkörper enthält. Die Verweilzeit beträgt 2 Sekunden und der Druck 1—7 Atm. Die Sauerstoffmenge soll so eingestellt sein, daß sie etwas kleiner ist als die Kohlenwasserstoffmenge (etwa 15% der Gasmenge). Bei der Umsetzung soll nicht mehr als 65% des Sauerstoffes verbraucht werden. Das Verhältnis der Zuführungsgeschwindigkeit der Kohlenwasserstoffe zu der Geschwindigkeit, mit welcher der Sauerstoff verbraucht wird, soll zwischen 20:1 und 35:1 liegen. Bei richtiger Einstellung wird neben der Oxydation des Äthylens auch das Äthan zu Äthylenoxyd oxydiert, wobei das gebildete Wasser zu Wasserstoffperoxyd weiter oxydiert wird. Die nicht umgesetzten Gase werden nach Abtrennen der Oxydationsprodukte wieder auf das richtige Mischungsverhältnis gebracht und wieder in den Kreislauf geführt.

Schließlich beschreiben die CHEMISCHEN WERKE HÜLS[2] die Herstellung eines Kontaktes, der durch Niederschlagen von Silber mit Spuren von Edelmetallen, Schwermetallen, Alkalimetallen und Kieselsäure auf Graphit erhalten wird, wobei auf einen Kubikmeter Kontaktmasse 458 kg Silber kommen. Über diesen Kontakt wird ein Gemisch von 15 l Äthylen mit 500 l Luft bei etwa 230° und gewöhnlichem Druck geleitet. Hierbei findet eine 79,5%ige Oxydation des Äthylens statt.

In einem anderen Patent[3] beschreiben die CHEMISCHEN WERKE HÜLS eine für die Äthylenoxydation geeignete V_2A-Stahlapparatur mit einem Kontaktrohr mit einem Innendurchmesser von 18 mm.

Es sei noch erwähnt, daß D. K. SACKEN[4] einen Kontakt empfiehlt, bei dem aus einer $AgNO_3$-Lösung mittels einer natriumsulfathaltigen Natronlauge Silberoxyd auf Siliciumcarbid oder kristallisiertes Aluminiumoxyd (Alundum-Korund) gefällt wird, so daß das Material mit 2—20% AgO bedeckt ist.

Zur Erzielung eines besonders reinen Äthylenoxyds empfehlen M. LICHTENWALTER, E. S. PETERSEN und D. K. SACKEN derselben Firma[5] den Zusatz von 0,1 Vol.-% von Ozon oder Wasserstoffperoxyd zu dem Äthylen-Luft-Gemisch, wodurch die Nebenreaktionen weitgehend zurückgedrängt werden.

Einen guten historischen Rückblick und die wirtschaftliche Bedeutung der verschiedenen Äthylenoxydherstellungsverfahren sowie

---

[1] US 2775510, 24. 7. 53 sowie D. Anm. N 9245, 23. 7. 54. NATIONAL RESEARCH CORP.

[2] FP 1079601, 25. 7. 55/1. 12. 54.

[3] BP 755218, 23. 9. 53/22. 8. 56.

[4] US 2671764, 1. 10. 51 /9. 3. 54, JEFFERSON CHEM. Co.

[5] US 2769016, 14. 5. 53/30. 10. 56.

die technischen Verwendungen des Äthylenoxyds geben R. M. JOSLIN und A. B. STEELE[1].

Schließlich sei auf die Übersichtsarbeit mit 156 Literaturangaben von V. A. POKROVSKIJ[2] hingewiesen, in welcher alle bekanntgewordenen Verfahren zur Gewinnung von Äthylenoxyd durch Oxydation von Äthylen zusammengefaßt werden.

Reinigen des Roh-Äthylenoxyds

Das Abtrennen des gebildeten Äthylenoxyds aus einem Gemisch, das noch unverändertes Äthylen, Sauerstoff, Kohlendioxyd, Stickstoff oder andere inerte Gase enthält, beschreiben W. DIETRICH und H. BERGMANN[3]. Nach diesen Autoren wäscht man das Äthylenoxyd mit Wasser von einer Temperatur von 5—8°, das dem Gasstrom entgegenrieselt, unter einem Druck von 5—15 Atm aus dem Gasgemisch heraus, wodurch ein auf 98,5% angereichertes Äthylenoxyd erhalten wird.

Zur Gewinnung sehr reinen Äthylenoxyds, das vor allem frei von dem gleichzeitig entstehenden Kohlendioxyd ist, wird nach einem Verfahren der N. V. DE BATAAFSCHE PETROLEUM MAATSCHAPPIJ[4] technisches Äthylenoxyd in Fraktionierkolonnen derart destilliert, daß in einer ersten Stufe alle gasförmigen Verunreinigungen abgetrennt werden, und in einer zweiten Stufe reines Äthylenoxyd gewonnen wird.

Nach dem oben angeführten Verfahren der NATIONAL RESEARCH CORP. der katalysatorfreien Oxydation von Äthylen oder Äthan wird ein Gemisch von Äthylenoxyd mit Formaldehyd, Acetaldehyd und Wasserstoffperoxyd erhalten. Die Reinigung erfolgt in der Weise, daß zuerst das Wasserstoffperoxyd abgetrennt und anschließend das Gasgemisch unter einem Druck von 7 Atm. mit Wasser oder verdünnter Formaldehydlösung bei 10—20° gewaschen wird. Hierbei gehen Äthylenoxyd und die aldehydischen Anteile quantitativ in Lösung und können bei gewöhnlichem Druck voneinander getrennt werden[5].

Die Isolierung von Äthylenoxyd aus Gemischen mit in Wasser unlöslichen Gasen führt die SHELL DEVELOPMENT Co.[6] durch selektive Absorption aus Gasgemischen, die nicht mehr als 2—3% Äthylenoxyd enthalten, mit wäßrigen Lösungen durch, aus denen anschließend das Äthylenoxyd in sehr reinem Zustand ausgetrieben wird. Die wäßrige Lösung wird im Kreislauf erneut zur Absorption verwendet. Es wird betont, daß nach diesem Verfahren kein Glykol gebildet wird.

Eigenschaften des Äthylenoxyds

Äthylenoxyd siedet bei 12,5°. Es hat einen nicht unangenehmen, schwach ätherischen Geruch, ist giftig und kann mit Luft gemischt,

[1] JOSLIN, R. M., u. A. B. STEELE: Chem. Eng. News **33**, 1955, Nr. 49, S. 5311—5316.
[2] Uspechi chim. **25**, 1446—1473.
[3] D. Anm. C 7564, 12. 5. 53, CHEMISCHE WERKE HÜLS.
[4] Belg. P. 534746, 10. 1. 55 — BP 772145, 10. 1. 55/10. 4. 57; US Pri 11. 1. 54.
[5] US 2775600, 1. 6. 54/25. 12. 56., NATIONAL RESEARCH CORP.
[6] US 2756241, 2. 11. 53/24. 7. 56.

sowie im reinen Zustand, durch plötzlich angeregte Polymerisation sehr heftig explodieren. Da Kupfer stabilisierend wirkt, enthalten Stahlflaschen mit flüssigem Äthylenoxyd Kupfer in irgendeiner Form. Es ist darum auch zweckmäßig, Destillationskolonnen für Äthylenoxyd und seine höheren Homologen mit Kupferrohren zu beschicken. Die Gefährlichkeit des Äthylenoxyds blieb längere Zeit unerkannt, bis sich Explosionen und Vergiftungen in gefährlichem Ausmaße häuften.

Äthylenoxyd hat eine erhebliche insekticide Wirkung und wird daher als Schädlingsbekämpfungsmittel angewandt. Für diesen Zweck kommt es in dünnwandigen Stahlflaschen als „T-Gas" in den Handel. Um die beim Hantieren mit reinem Äthylenoxyd für den Menschen bestehende Gefahr zu beseitigen, bietet die *Gesellschaft für Schädlingsbekämpfung m.b.H.* unter dem Namen „*Cartox*" ein komprimiertes, aus 10% Äthylenoxyd und 90% Kohlendioxyd bestehendes Gasgemisch für denselben Zweck an, da sich gezeigt hat, daß auch ein derart verdünntes Äthylenoxyd für Insekten noch eine genügende Giftwirkung entfaltet. Es hat für Menschen und höhere Tiere den Vorteil der Ungiftigkeit. Im gefrorenen Zustand kommt dies Gemisch als „*Cartox-Trockeneis*" in den Handel. Ein explosionssicheres Gemisch dieser Art hat bei Versuchen mit Columbia SK- und Pockenvirus günstige Ergebnisse gezeitigt[1].

Weiterhin wird von B. JACOBI und O. WOLFF[2] vorgeschlagen, Äthylenoxyd zum Reinigen von rohen Niederdruck Polyolefinen anzuwenden. Die in Gegenwart von Aluminium-triisobutyl und Titantetrachlorid durchgeführte Polymerisation ergibt rotbraune, metallhaltige Polymerisate, deren Farbe der späteren Verwendung abträglich ist. Es wurde gefunden, daß sich eine sehr einfach durchzuführende Entfärbung durch Einleiten von Äthylenoxyd, und zwar von 1,1—1,5 Mol, berechnet auf die Menge Metallkatalysator, durchführen läßt. Die bisher bekannten Entfärbungsmethoden erfordern langwierige und kostspielige Reinigungsarbeiten, was bei der Äthylenoxydmethode entfällt.

Über die Giftigkeit von Äthylenoxyd und Propylenoxyd haben K. H. JACOBSON, E. B. HACKLEY und L. FEINSILVER[3] Tierversuche angestellt und kommen zu der Ansicht, daß die Dämpfe von Äthylenoxyd und von Propylenoxyd nur mäßig giftig sind. Sie rufen Reizung der Atemwege hervor, und zwar scheint die Giftigkeit von Äthylenoxyd etwa 2—3 mal größer zu sein als die von Propylenoxyd. Toxische Dosen bewirken Muskelatrophie und Anämie.

Weitere Prüfungen mit Propylenoxyd haben V. K. ROWE, R. L. HOLLINGWORTH, D. D. McCOLLISTER und H. C. SPENCER[4] ausgeführt. Oral gegeben entfaltet Propylenoxyd nur mäßige Giftigkeit. Flüssiges Propylenoxyd oder wäßrige Lösungen desselben rufen auf der Haut bei mehr als 6 Minuten Verweilzeit mehr oder weniger starke Rötungen

---

[1] KLARENBEEK, A., u. E. v. TONGEREN: J. Hyg. **52**, 525 (1954).

[2] Anm. C 12128, 19. 11. 55; DAS 1006156, CHEMISCHE WERKE HÜLS A.-G.

[3] JACOBSON, K. H., E. B. HACKLEY u. L. FEINSILVER: Arch. ind. Health **13**, 1956, Nr. 3, S. 237—244.

[4] ROWE, V. K., R. L. HOLLINGWORTH, D. D. McCOLLISTER u. H. C. SPENCER: Arch. ind. Health **13**, 1956, Nr. 3, S. 228—236.

hervor. Beim Einatmen erfolgt Reizung der Atemwege und der Augen. Die Lungenreizung hält einige Tage an. Andere Organe zeigen keine Schädigungen. Seine Giftigkeit ist etwa nur der dritte Teil derjenigen von Äthylenoxyd.

Die bereits 1948 von PHIBBS beobachtete Zersetzung von Äthylenoxyd durch UV-Licht wurde erneut durch CVETANOVIC[1] untersucht. Als Zersetzungsprodukte wurden H_2, CO, C_2H_4 und C_2H_6 sowie Radikale, wie —CH_2—CO, —C_2H_5, und einige Aldehyde erhalten. Der Einfluß zusätzlich eingebrachten Äthylens oder Butens auf den Zersetzungsablauf wurde bestimmt. Es wurde weitgehende Übereinstimmung mit dem Zersetzungsablauf des Äthylenoxyds in der Hitze sowie mit der Zersetzung durch energiereiche Moleküle, wie sie bei der Reaktion von Äthylen mit Sauerstoff entstehen, festgestellt.

Die Neigung des Äthylenoxyds, sich unter gewissen Bedingungen explosionsartig zu zersetzen, wurde von A. CANTZLER[2] studiert. Bei der explosiven Zersetzungsreaktion handelt es sich um eine stürmisch verlaufende Polymerisation, die durch Substanzen mit beweglichen Wasserstoffatomen sowie auch von wasserfreien Metallchloriden oder -oxyden ausgelöst werden kann.

Von einer Explosion, die sich bei einer schon wiederholt ohne Zwischenfälle verlaufenden Umsetzung von Äthylenoxyd mit m-Nitranilin im Hochdruckautoklaven ereignete, berichten die BAYER[3]. Die Umsetzung sollte nach der in der D. Anm. J 46125 vom 24. 12. 32 (Schwz. P. 171721 vom 6. 10. 33) gegebenen Vorschrift durch 6stündiges Erhitzen bei 150—160° durchgeführt werden. Zur Kontrolle wurde bei 80° und nochmals bei 120—130° unterbrochen, wobei keine spontane Druck- oder Temperatursteigerung beobachtet wurde. Beim weiteren Aufheizen erfolgte plötzlich eine heftige Explosion, wobei der Deckel aus dem Gewinde gerissen, die Betongrundplatte zertrümmert und dicke Rußwolken ausgestoßen wurden.

Hydratisierung zu Äthylenglykol

Die Herstellung von Äthylenglykol durch Wasseranlagerung an Äthylenoxyd:

$$CH_2\!\!-\!\!CH_2 + H_2O \;\rightarrow\; HO\cdot CH_2\cdot CH_2\cdot OH$$
$$\diagdown O \diagup$$

hat erst technisches Interesse gefunden, nachdem Äthylenoxyd durch Oxydation von Äthylen ein billiges technisches Großprodukt geworden war. Die Anlagerung von 1 Mol Wasser an Äthylenoxyd mit Hilfe verschiedenartiger Katalysatoren wird heute im größten Maßstabe durchgeführt, so daß Äthylenglykol, noch vor 40 Jahren ein teures Laboratoriumsprodukt, im Jahre 1955 eine Weltproduktion von über 500 000 jato gefunden hat.

---

[1] CVETANOVIC: Canad. J. Chem. **33**, 1955, Nr. 11, S. 1684—1695.
[2] Chemie-Ing. Techn. 29. 1957. Nr. 4. S. 291—293.
[3] Werkzeitung.

Die katalytische Polymerisierung von Äthylenoxyd zu Polyglykolen mittels Ionenaustauschharzen, z. B. *Permutite, Dowex 50, Zeo-Carb, Zeo-Rex* u. a. beschreiben L. M. Read, L. A. Wezel und J. B. O'Hara[1]. Die Umsetzung findet bei 82° unter Druck statt und liefert eine Ausbeute von 83%.

Bei den meisten Verfahren zur Gewinnung von Äthylenglykol durch Verseifen von Äthylenoxyd werden nur 15—20%ige wäßrige Äthylenglykollösungen erhalten, die durch mehr oder weniger hohe Anteile von Polyglykolen verunreinigt sind.

D. J. Pye[2] hat ein Verfahren entwickelt, bei dem eine 30—33%ige wäßrige Äthylenglykollösung anfällt, die frei von Polyglykolen ist. Hiernach wird Äthylenoxyd und Wasserdampf in einem Verhältnis von 1:2 bis 1:6 bei 200—400° über einen Kontakt geleitet, der aus einem Gemisch von Mono- und Tricalciumphosphat (Molverhältnis $CaO:P_2O_5$ wie 1:2,7 bis 2,8) mit 0,1—1% Kupferphosphat besteht. Nach diesem Verfahren wird ein Umsatz bis zu 90% (berechnet auf Äthylenoxyd) erzielt.

In einem eingehenden Aufsatz hat F. Wetter[3] die technische Gewinnung von Äthylenglykol aus Äthylenoxyd dargelegt.

Polymerisierbarkeit

Nach den obigen Ausführungen über die relativen Schwierigkeiten bei der Bildung von Äthylenoxyd leuchtet es ein, daß in dem Äthylenoxyd-Dreiring beträchtliche Spannungen herrschen müssen, welche nach spannungsfreier Anordnung der Molekülbausteine drängen. Dies ist naturgemäß mit Ringöffnung verknüpft. Vor allem kommt dies Bestreben durch die leichte Polymerisierbarkeit zum Ausdruck, wobei spannungsfreie Anordnung in Ketten erfolgt.

Durch Viscositätsmessungen und durch Röntgenstrahlenuntersuchungen hat sich ergeben, daß Polyäthylenoxyd in zwei verschiedenen Modifikationen existiert:

1. in der normalen Zickzackform:

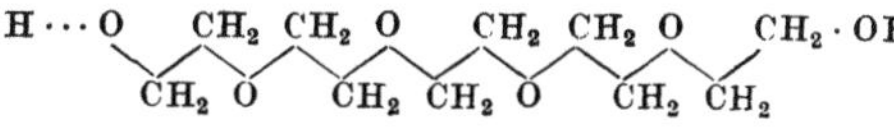

$$\mathrm{H} \cdots \mathrm{O} \quad \mathrm{CH_2} \quad \mathrm{CH_2} \quad \mathrm{O} \quad \mathrm{CH_2} \quad \mathrm{CH_2} \quad \mathrm{O} \quad \mathrm{CH_2} \cdot \mathrm{OH}[4]$$
$$\mathrm{CH_2} \quad \mathrm{O} \quad \mathrm{CH_2} \quad \mathrm{CH_2} \quad \mathrm{O} \quad \mathrm{CH_2} \quad \mathrm{CH_2}$$

2. in der geschlängelten oder Mäanderform:

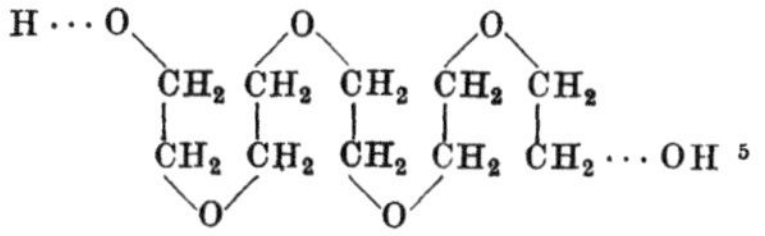

$$\mathrm{H} \cdots \mathrm{O} \qquad \mathrm{O} \qquad \mathrm{O}$$
$$\mathrm{CH_2} \quad \mathrm{CH_2} \quad \mathrm{CH_2} \quad \mathrm{CH_2} \quad \mathrm{CH_2}$$
$$\mathrm{CH_2} \quad \mathrm{CH_2} \quad \mathrm{CH_2} \quad \mathrm{CH_2} \quad \mathrm{CH_2} \cdots \mathrm{OH}[5]$$
$$\mathrm{O} \qquad \mathrm{O}$$

---

[1] Read, L. M., L. A. Wezel und J. B. O'Hara, Ind. Eng. Chem. Febr. 1956.
[2] US 2 770 656, 5. 6. 53./13. 11. 56, Dow Chem. Co.
[3] Wetter, F.: Schweiz. Arch. f. angew. Wiss. Techn. 1956, Nr. 4, S. 120—126.
[4] Staudinger, H.: Die hochmolekularen Verbindungen 1932, S. 301 ff.
[5] Sauter, E.: Z. Physik **21**, 161 (1933).

Die chemische Untersuchung dieser Polymere hat ergeben, daß sie
stets Dihydrate darstellen, also an beiden Enden Hydroxylgruppen aufweisen. Dies erklärt, daß schon kleinste Mengen Wasser beim Kettenabbruch die Kette dadurch stabilisieren, daß das freie O-Atom 1 Atom
Wasserstoff und die letzte freie CH_2-Gruppe den Hydroxylrest eines
Moleküls Wasser aufnehmen.

Nach H. STAUDINGER und H. LOHMANN[1] kann der Kettenabbruch
durch Katalysatoren verschiedener Art sehr wesentlich beeinflußt
werden. So haben sich bei einer Temperatur von 20° (höhere Temperaturen wurden wegen explosionsartiger Reaktion nicht angewandt) und
normalem Druck bei den folgenden Katalysatoren in verschiedenen
Reaktionszeiten Ausbeuten an Polymer und seinem Molekulargewicht
ergeben wie ersichtlich aus folgender Tabelle:

Katalysator	Einwirkungszeit	Molekular-gewicht	Ausbeute an Polymer
Natrium- oder Kaliummetall .	1—2 Wochen	2000	5%
Natriumamid..............	2—3 Monate	10000	1— 2%
Zinkoxyd.................	3—4 Monate	60000	10—20%
Strontiumoxyd.............	2—3 Monate	100000	10—20%
Calciumoxyd..............	etwa 2 Jahre	120000	50%

Die BADISCHE ANILIN- & SODAFABRIK-AG. hat durch Veränderung
der Polymerisationsbedingungen die Polymerisationszeiten auf ein
Minimum herabsetzen können, da die überraschende Beobachtung
gemacht wurde, daß beim Überleiten von Äthylenoxydgas über erhitzte
alkalische oder saure Katalysatoren sofortige Polymerisation erfolgt,
die völlig gefahrlos verläuft und, je nach Art des Katalysators, zu verschiedenen Produkten führt.

Beim Leiten von Äthylenoxydgas über wasserfreies Kaliumhydroxyd
bei 120—130° erfolgt starke exotherme Reaktion, so daß entweder von
außen gekühlt werden muß oder durch lebhaften Äthylenoxydgas-
strom von innen her gekühlt wird. Es bildet sich ein hochpolymeres,
in der Wärme öliges Polymerisationsprodukt, das bei gewöhnlicher
Temperatur wachsartig erstarrt. Es wird durch Lösen in Benzol
gereinigt.

Dieses Verfahren wurde dadurch vereinfacht, daß in einen Rührkessel
mit einer Aufschlämmung von wasserfreiem Kaliumhydroxydpulver
in einem inerten Lösungsmittel — am zweckmäßigsten wird öliges
Äthylenoxydpolymerisationsprodukt angewandt, wie es bei der Reaktion selbst entsteht — gasförmiges Äthylenoxyd bei einer Temperatur
von 110—130° eingepreßt wird. Die schnell vor sich gehende Polymerisation vermehrt die Menge des vorgelegten Öles. Durch laufendes
Ablassen und Zugabe von Kaliumhydroxyd kann der Betrieb zu einem

---

[1] STAUDINGER, H., u. H. LOHMANN: A. **505**, 41, (1933).

kontinuierlichen gestaltet werden. In gleicher Weise kann die Polymerisation von Propylenoxyd erfolgen.[1]

Wird Äthylenoxydgas über auf 120° erhitztes saures Natriumsulfat geleitet, so erfolgt nur eine gelinde Polymerisation, die bei dem Dimeren, 1,4-Dioxan,

$$O\underset{\diagdown CH_2{-}CH_2\diagup}{\overset{\diagup CH_2{-}CH_2\diagdown}{}}O \quad \text{vom Kp 99—101°}$$

stehenbleibt und eine Ausbeute von 75% ergibt. Daneben entsteht noch ein Anteil von Äthylidenglykolacetal vom Kp 82° (F. WEBEL[2]).

Die BRITISH CELANESE CO. LTD.[3] polymerisiert Äthylenoxyd mittels Fullererde in der Weise, daß zu 50 Teilen durch Erhitzen auf 400 bis 480° aktivierte Fullererde bei 0° 100 Teile flüssiges Äthylenoxyd gegeben und bei dieser Temperatur 7 Tage stehengelassen werden. Die entstehenden 63 Teile Polymer, die ein Gemisch verschiedener Polymerisationsstufen darstellen, sind in Benzol und Ölen löslich. Sie können direkt als Schmiermittel oder als Schlichte für Textilien dienen.

Nach einem neueren Verfahren wird 1,4-Dioxan in fast quantitativer Ausbeute aus Polyäthylenglykol gewonnen, indem letzteres bei 150 bis 200° mit sauren Kationen-Austauschharzen behandelt wird. Als solche werden empfohlen: Sulfierungsprodukte von Phenol-Formaldehydharzen, von Polystyrolen u. dgl., z. B. die Handelsprodukte Zeo-Carb, Amberlite oder Dowex 50. Bei der erfolgenden katalytischen Entpolymerisierung und cyclischen Dimerisierung destilliert das gebildete Dioxan laufend ab[4]. Dies Verfahren hat eine gewisse prinzipielle Ähnlichkeit mit der bereits 1906[5] bekannt gewordenen Herstellung von 1,4-Dioxan aus Äthylenglykol mittels konzentrierter Schwefelsäure oder Chlorzink als Katalysatoren. Bei dieser Arbeitsweise erfolgt intermediär Polymerisierung und anschließend wieder Spaltung in das cyclische Dimer.

In gleicher Weise kann die Polymerisation von Propylenoxyd erfolgen[6].

Die Polymerisation von Äthylenoxyd mittels Metallverbindungen, insbesondere von Zink, Magnesium, vor allem von Aluminium, beschreibt die PETROCHEMICALS LTD.[7]. Für diesen Zweck werden Metallverbindungen mit Halogen, Alkyl, Alkoxy und/oder sekundären Aminen als geeignet befunden. Wenigstens eine Valenz des Metalls soll an einen Alkylrest gebunden, und Alkoxygruppen sollen nur in beschränkter

---

[1] DRP 616 428, 13. 2. 32/27. 7. 35, BADISCHE ANILIN- & SODAFABRIK-AG.

[2] WEBEL, F.: DRP 597 496, 28. 11. 29/25. 5. 34, BADISCHE ANILIN- & SODAFABRIK-AG.

[3] BP 487 652, 29. 10. 37/23. 6. 38.

[4] FP 1086 977, 31. 8. 53/17. 2. 55; US-Pri. 3. 9. 52, MATHIESON CHEM. CORP.

[5] FAWORSKI: Russ. 38, 744 — C. 1907, I, 16.

[6] DRP 616 428, 13. 2. 32/27. 7. 35, BADISCHE ANILIN- & SODAFABRIK-AG.

[7] Belg. P. 544 935, 3. 2. 56; B.-Pri. 4. 2. 30/15. 12. 55.

Anzahl vorhanden sein. Besonders empfohlen werden Aluminiumtrialkylverbindungen. Die Arbeitsweise geht aus folgendem Beispiel hervor: zu einer Lösung von 5 g Aluminiumtriisobutyl in 88 g Benzol werden schnell 870 g Äthylenoxyd unter starker Kühlung gegeben und in einem Autoklaven verschlossen. Nach 5stündigem Erhitzen auf 100° ist der anfängliche Druck verschwunden. Zur Gewinnung des Äthylenovxydolymers wird die Reaktionsflüssigkeit mit 1 Liter Benzol verdünnt, filtriert und mit 1$^1/_2$ Liter Petroläther gefällt.

In Weiterführung dieses Verfahrens empfiehlt die PETROCHEMICALS LTD.[1] die Verwendung von Katalysatoren, bestehend aus komplexen Verbindungen von zwei verschiedenen Metallen, von denen das eine zur 2. oder 3. Gruppe des Periodischen Systems (Al) und das andere zu der Gruppe 1, 2 oder 3 (Li, Na, K, Ca, Mg) gehören soll. Beispielsweise werden empfohlen: Mg–Al-isopropanolat, Ca–Al-isopropanolat oder die komplexe Verbindung aus Triäthylaluminium und Fluornatrium. Die Polymerisation von Äthylen- oder Propylenoxyd erfolgt mit Katalysatoren dieser Art in Gegenwart von Lösungsmitteln wie Benzol, Toluol oder Äthylendichlorid bei 20—300° bei Normaldruck oder erhöhtem Druck bis zu 50 Atm. Reste der Katalysatoren werden aus den Polymeren durch Ausfällen der Metallhydroxyde aus den Lösungen der Polymere in einem organischen Lösungsmittel oder durch Extraktion der Polymere mit wäßrigen Säuren entfernt.

Die Polymerisationswirkung von Metallhalogeniden, insbesondere von Zinntetrachlorid und Bortrifluorid, auf Äthylenoxyd wurde von D. J. WORSFOLD und A. M. EASTHAM[2] studiert. Es wurde gefunden, daß die beiden angeführten Verbindungen sehr verschiedenartige Wirkungen entfalten:

Zinntetrachlorid reagiert, indem es eine Additionsverbindung mit Äthylenoxyd bildet, so daß eine katalytische Menge nicht ausreicht und mehr als 1% Zusatz erforderlich sind. Es wird angenommen, daß jedes Molekül $SnCl_4$ zwei Polymerisatketten startet und der Kettenabbruch unter Bildung einer Verbindung vom Typ Ⓐ erfolgt:

$$n\,CH_2\!\!-\!\!CH_2 + SnCl_4 \;\rightarrow\; SnCl_4 \cdot \left[-O \cdot CH_2 \cdot CH_2-\right]_n^+$$
$$\rightarrow\; SnCl_3 \cdot \left[-O \cdot CH_2 \cdot CH_2 \cdot\right]_{n-1} -O \cdot CH_2 \cdot CH_2 \cdot Cl$$

Die Molekulargewichte der gewonnenen Polymerisate liegen im Durchschnitt unter 5000. Außer dieser Additionspolymerisation findet in kleinem Ausmaß auch eine katalytische Polymerisation zu dem Dimeren, zu 1,4-Dioxan statt.

Bortrifluorid wirkt im Gegensatz zu $SnCl_4$ gleichzeitig polymerisierend und depolymerisierend. Die Polymerisation schreitet daher nicht bis zum Abbruch weiter, sondern sie bleibt bei einem temperaturbedingten Gleichgewicht der Kettenlängen im Polymerisat stehen.

---

[1] Austr. P. Anm. 22220/56. v. 8. 10. 56/8. 4. 57; B.-Pri. 10. 10. 55.
[2] WORSFOLD, D. J., u. A. M. EASTHAM: Am. Soc. 1957, 897—902.

Der Chemismus der Polymerisationen mit $SnCl_4$ und BF_3 dürfte nach den MEERWEINschen Formulierungen durch die intermediäre Bildung von Oxoniumsalzen zu erklären sein.

Eigenschaften der Äthylenoxydpolymere

Die niederen Äthylenoxydpolymerisationsprodukte sind leicht wasserlösliche Öle. Mit steigendem Molekulargewicht nimmt die Wasserlöslichkeit ab. Die hochmolekularen wachsartigen Produkte mit Schmelzpunkten von 55—65° sind hydrophile Substanzen, die in Wasser nur Dispersionen bilden. Durch Röntgenstrahlendiagramme wird die kristalline Struktur dieser hochmolekularen Polymere angezeigt. Viscositätsmessungen sprechen für den mäanderförmigen Bau dieser großen Makromoleküle. Beim Erhitzen verlieren Polymere dieser Art bei etwa 150° 1 Mol Wasser, bei höheren Temperaturen noch mehr und gehen in harte, glasartige Massen über[1].

Verwendung der Äthylenoxydpolymere

Für höhermolekulare Äthylenoxydpolymere sind einige Verwendungszwecke gefunden worden, jedoch haben sie keinen großen Umfang angenommen. Dagegen wird von dem Dimeren dem 1,4-Dioxan, als inertem Lösungsmittel in steigendem Maße Gebrauch gemacht. Es sei bemerkt, daß Dioxan gegen Schwefelsäure empfindlich ist und schon bei gewöhnlicher Temperatur damit unter Ringaufspaltung und Bildung des Schwefelsäureesters reagiert. Hierbei scheiden sich in reichem Maße verfilzte Nadeln ab, welche die ganze Flüssigkeit zu einem festen Kristallbrei durchsetzen können, selbst, wenn es sich nur um wenig Substanz handelt[2].

Hochmolekulare Äthylenoxyd-Polymerisationsprodukte können als indifferente Lösungsmittel, beispielsweise für Naturharze, oder als Zusatz zu Nitrocellulosefilmen, die dadurch eine bisher unerreichte Lichtbeständigkeit erhalten, verwendet werden. Phenol-Formaldehydharze, die zu Formkörpern verarbeitet werden, erhalten durch den Zusatz von Äthylenoxydpolymeren bessere Elastizität und Bearbeitbarkeit. Bei Zusatz zu Polyvinylacetal-, Alkydal- oder anderen Lacken wird bessere Elastizität und Haftfähigkeit auf Metallflächen erzielt. Man hat auch Holz damit unter Druck imprägniert, wodurch es biegsamer wird und bei der Bearbeitung weniger leicht spaltet. Damit imprägnierte Leder werden geschmeidiger und Lederdeckfarben auf Nitrocellulosebasis haften dadurch wesentlich besser. Pergaminpapier wird durch die gleiche Behandlung weicher und elastischer[3].

---

[1] Ref. Kunst. **1932**, 113.
[2] Nicht veröffentlichte Beobachtung des Verfassers.
[3] KOLLEK, L., u. W. ENGELS: DRP 560703, 20. 12. 29/15. 9. 32 sowie FP 750520, 10. 2. 33/11. 8. 33; D.-Pri. 12. 2. 32 und BP 352042, 3. 3. 30/3. 7. 31, BADISCHE ANILIN- & SODAFABRIK-AG.

Produkte dieser Art werden von der BRITISH CELANESE Co. LTD.[1] als Schlichte und zur Erhöhung der Geschmeidigkeit von Textilien sowie als Zusatz zu Lacken und Schmierölen empfohlen[2]. Weiterhin wird ihre Verwendung zum Geschmeidigmachen von Leinen, als Grundlage für Salben und Haarpomaden u. dgl. erwähnt[3]. Die GLYCO-PRODUCTS Co. in Brooklyn bietet ein gelbes wachsartiges Äthylenoxydpolymerisationsprodukt unter dem Namen „Glycopon XC" an und empfiehlt es in Verbindung mit Harzen, Leimen und Caseinkunststoffen. Es macht geschmeidiger und erhöht die Klebkraft. Damit imprägnierte Papiere, Textilien oder Holz werden schwerer entflammbar. Es kann auch zum Verleimen von Schichtglas dienen sowie als Grundlage für Hautcreme, wobei es besser als Glycerin das Aufspringen der Haut verhindern soll, endlich auch als Haarpomade zum Glänzendmachen und Festlegen der Haare. Die NORWICH PHARMACAL Co.[4] schützt ein Verfahren zur Verwendung von Polyäthylenglykolwachs vom Schmelzpunkt 37° als Material für Vaginalsuppositorien, die 0,2% einer spermiciden quaternären Ammoniumverbindung enthalten.

Copolymerisation von Äthylenoxyd

Copolymerisationen von 25—80% Äthylenoxyd mit 75—20% Butylenoxyd zusammen mit Alkoholen mit 4—12 Kohlenstoffatomen sind von der CALIFORNIA RESEARCH CORP.[5] durchgeführt worden. Mischpolymerisationsprodukte dieser Art mit Molekulargewichten von 500—2000 sind in Wasser sehr wenig löslich im Gegensatz zu ähnlichen Polyäthern. Sie eignen sich als Schmieröle, die den Vorzug aufweisen, besonders oxydationsbeständig zu sein.

Copolymerisation von Äthylenoxyd mit Perfluorpropen und Trifluorchloräthylen erfolgt nach M. HAUPTSCHEIN und J. M. LESSER[6], wenn ein Gemisch der Monomeren in Gegenwart von Di-tert. Butylperoxyd mit UV-Licht bestrahlt wird. Hierbei entstehen aus Perfluorpropen in 40—50%iger Umsetzung bei einem Mischverhältnis von 4:1 klare viscose Copolymere, die 30% Perfluorpropen enthalten. Mit Trifluorchloräthylen werden bei 3,7:1 bzw. 1:1,2 Äthylenoxyd gelartige bzw. glasige Produkte erzielt, die 46,8% bzw. 62,9% Trifluorchloräthylen enthalten. — Diese Produkte sind in Wasser unlöslich, aber in organischen Lösungsmitteln löslich. Die Copolymerisate mit Perfluorpropen zeichnen sich durch besondere Beständigkeit gegen Schwefelsäure und Jodwasserstoffsäure aus. — Vinylidenfluorid läßt sich unter den angeführten Bedingungen nicht mit Äthylenoxyd copolymerisieren, jedoch wird die Ausbeute an Homopolymeren durch die Anwesenheit des Äthylenoxyds beträchtlich erhöht.

---

[1] BP 487652, 29. 10 37/23. 6. 38; US-Pri. 7. 11. 36.
[2] US 2054099, 17. 12. 35/15. 9. 36, E. J. DU PONT DE NEMOURS.
[3] Chim. Ind. Jan. **1931**.
[4] WARD, W. C.: US 2702779, 6. 6. 50/22. 2. 55.
[5] BP 716339, 23. 1. 52/6. 10. 54; US-Pri. 2. 4. 51.
[6] LESSER, J. M.: Am. Soc. **1956**, Nr. 3, S. 676—679.

Umsetzungen mit Äthylenoxyd

Während J. U. Nef[1], wie oben erwähnt, gefunden hatte, daß Äthylenoxyd bei 400—420° beim Durchleiten durch ein Rohr sich in Acetaldehyd umlagert, konnte P. W. Zimakow[2] die interessante und überraschende Beobachtung machen, daß bei abgeänderten Arbeitsbedingungen bei 400° ein sehr reaktionsfähiges Biradikal $(-CH_2-O-CH_2-)_2$ erhalten werden kann. Dieses gestattet unerwartete Reaktionen. Beispielsweise setzt es sich mit Benzol direkt zum symmetrischen Diphenyläthan unter Abspaltung von Wasser um:

$$(-CH_2-O-CH_2-)_2 + 4\,C_6H_6 \;\rightarrow\; 2\,C_6H_5 \cdot CH_2 \cdot CH_2 \cdot C_6H_5 + 2\,H_2O$$

Der bei dieser Reaktion gleichfalls auftretende Formaldehyd kann dadurch entstanden sein, daß 2 Äthylenoxydbiradikale 2 Mol Formaldehyd bei dieser Kondensation bilden:

$$\begin{matrix} -CH_2 \cdot O \cdot CH_2- \\ -CH_2 \cdot O \cdot CH_2- \end{matrix} + 2\,C_6H_6 \;\rightarrow\; C_6H_5 \cdot CH_2 \cdot CH_2 \cdot C_6H_5 + 2\,CH_2O$$

Äthylenoxyd und Cyclopentadien

Im Anschluß an Arbeiten über Reaktionen von Äthylenoxyd mit Natrium-Alkylverbindungen mit Umsetzungen nach folgendem Schema:

$$CH_2\!\!-\!\!CH_2 + R \cdot Na \;\rightarrow\; Na \cdot O \cdot CH_2 \cdot CH_2 \cdot R$$

die von W. Traube und E. Lehmann[3], G. D. Zuidema, E. v. Tamelen und G. v. Zyl[4], von R. M. Adams und C. A. v. d. West[5] ausgeführt wurden, haben F. Boberg und G. R. Schultze[6] die Einwirkung von Äthylenoxyd auf Cyclopentadien studiert. Die Versuche wurden derart ausgeführt, daß 45 g Äthylenoxyd in eine Suspension von Cyclopentadien-Natriumverbindung (hergestellt durch Umsetzen von 19,8 g Cyclopentadien in einer Lösung von 6,9 g Natriummetall in 150 ml flüssigem Ammoniak mit anschließendem Abdampfen zur Trockne) in 200 ml Grignard-Äther eingeleitet wurden. Es wird ein Alkohol vom Kp_3 135—160° erhalten, dessen Konstitution als entstanden durch Diels-Alder-Addition

$$HO \cdot CH_2 \cdot H_2C \diagdown\!\!\diagup CH_2 \diagup\!\!\diagdown CH_2 \cdot CH_2OH$$

von 2 Mol Oxäthylcyclopentadien angenommen wird.

---

[1] Nef, J. U.: A. **335**, 201.

[2] Zimakow, P. W.: Z. Fiz. Chim. **29**, Nr. 1, 76—83 (1955).

[3] Traube, W., u. E. Lehmann: B. **34**, 1977 (1901).

[4] Zuidema, G. D., E. v. Tamelen u. G. v. Zyl: Org. Synth. 31. 1. 1951.

[5] Adams, R. M., u. C. A. v. d. West: Am. Soc. **1950**, S. 4368.

[6] Boberg, F., u. G. R. Schultze: Z. Naturforsch. **1955**, S. 721—722.

Die für Äthylenoxyd und seine Homologen charakteristische Reaktionsweise ist die Addition von Verbindungen, welche Gruppen mit einem oder mehreren labilen Wasserstoffatomen enthalten. Hierbei wandert das losgelöste Wasserstoffatom an den Sauerstoff des Oxiranringes, der hierdurch aufspaltet und eine Hydroxylgruppe bildet. Die an der anderen Methylengruppe frei gewordene Valenz verbindet sich mit dem Rest, von dem sich das Wasserstoffatom abgetrennt hat. Bei Verbindungen mit Hydroxylgruppen oder Aminoresten ergibt sich das folgende Umsetzungsschema:

$$R \cdot OH + CH_2{-}CH_2 \rightarrow R \cdot O \cdot CH_2 \cdot CH_2 \cdot OH$$
$$R \cdot NH_2 + CH_2{-}CH_2 \rightarrow R \cdot NH \cdot CH_2 \cdot CH_2 \cdot OH$$

So erhält man bei hydroxylhaltigen Verbindungen Oxäthyläther, bei Ammoniak (R=H) oder Aminen Oxäthylamin bzw. N-substituierte Derivate. Die endständigen Hydroxylgruppen können sich naturgemäß mit weiterem Äthylenoxyd zu Polyglykoläthern umsetzen. Da Amino- oder Iminogruppen Äthylenoxyd leichter addieren als Hydroxylgruppen, bilden sich in diesen Fällen Di- oder Triäthanolamine. Im allgemeinen erhält man bei Umsetzungen dieser Art Gemische von Verbindungen mit verschieden hohen Molekulargewichten, die sich zumeist durch Fraktionieren leicht trennen lassen.

Metallchloride, insbesondere Titantetrachlorid

Während Metallchloride, falls sie überhaupt mit Äthylenoxyd reagieren, in Gegenwart von Wasser Äthylenchlorhydrin und Metallhydroxyd liefern, setzen sich Metallchloride, die sich in Kohlenwasserstoffen lösen, vielfach in der Weise um, daß Äthylenoxyd unter Bildung von Chloroxäthylgruppen addiert wird. So addiert Titantetrachlorid in n-Hexan, Benzol oder Toluol gelöst Äthylenoxyd stufenweise:

$$TiCl_4 + 4\,CH_2{-}CH_2 \rightarrow TiCl_3(O \cdot CH_2 \cdot CH_2Cl) \rightarrow TiCl_2(O \cdot CH_2 \cdot CH_2Cl)_2$$
$$\rightarrow TiCl \cdot (O \cdot CH_2 \cdot CH_2Cl)_3 \rightarrow Ti \cdot (O \cdot CH_2 \cdot CH_2Cl)_4$$

so daß schließlich Tetrachloroxäthyl-titanat entsteht. Die Umsetzung ist stark exotherm, so daß gekühlt werden muß. Analoge Additionen sind auch mit Propylenoxyd, Epichlorhydrin und Butadienmonoxyd durchführbar.

Additionsprodukte dieser Art können zur Herstellung von Titansäureestern dienen, ferner sind Hydrolyse- und Kondensationsprodukte derselben für die Verwendung als Schutzüberzüge, Imprägniermittel, Klebemittel und Textilhilfsmittel geeignet[1].

---

[1] RUST, J. B., u. L. SPIALTER: US 2709174, 16. 11. 45/24. 5. 55, MONTCLAIR RESEARCH CORP. und FOSTER-ELLIS Co.

Addition von Halogenwasserstoffen

Die Addition von Halogenwasserstoffen erfolgt in der Regel unter Bildung von Halogenhydrinen:

$$XH + CH_2\text{—}CH_2 \ (O) \rightarrow X \cdot CH_2 \cdot CH_2 OH$$

Die Addition von Chlor unter Bildung von Dichloräthylenäther hat schon WURTZ[1] beschrieben. Chlor und Brom werden von Äthylenoxyd derart lebhaft aufgenommen, daß die Reaktion explosionsartig verlaufen kann. Ein Gemisch von 30% Äthylenoxyd mit 70% Chlor explodiert sogar spontan schon bei 0°[2]. Feuchtem Chlorcalcium gegenüber verhält sich Äthylenoxyd wie eine starke Base und entzieht das Chlor, wobei Calciumhydroxyd zurückbleibt[3].

Flußsäure zeigt ein prinzipiell anderes Verhalten. Wird Äthylenoxyd bei gewöhnlicher Temperatur in wäßrige Flußsäure eingeleitet, so erfolgt lebhafte Absorption unter Erwärmung, wobei ausschließlich Äthylenglykol neben wenig Diäthylenglykol gebildet werden. Die Flußsäure wirkt daher nur hydratisierend und in geringerem Maße wasserabspaltend[4].

Die Herstellung von perhalogenierten Äthylenoxyden, und zwar von Monochlor-trifluoräthylenoxyd, $F_2 \cdot C\text{—}C \cdot F \cdot Cl \ (O)$ erfolgt nach W. MÜLLER und E. WALASCHEWSKY[5] in der Weise, daß man durch auf $-80°$ gekühltes Trifluorchloräthylen Sauerstoff im Kreislauf leitet. Das gewonnene Produkt ist ein wirksamer Polymerisationskatalysator. Es kondensiert mit ungesättigten Ölen.

Umsetzung mit Alkoholen

Die Umsetzung von Äthylenoxyd mit Alkoholen ohne Verwendung von Katalysatoren erfolgt erst bei höheren Temperaturen und Drucken. So stellt M. WITTWER[6] Äthylenglykolmonoäthyläther durch Erhitzen von 1 Mol Äthylenoxyd mit 2 Mol Äthylalkohol bei 180° und 30 Atm. her. In gleicher Weise wird Äthylenoxyd mit Wasser zu Äthylenglykol, mit Eisessig zu Glykolmonoacetat, mit Phenol zu Glykolmonophenyläther, sowie Epichlorhydrin mit 3 Mol Methanol zum Monomethyläther des 1-Chlorpropylenglykols (Kp 170°) umgesetzt. Mit Propylenoxyd erfolgen analoge Additionen.

Weiterhin hat O. LOEHR[7] auch Äthylenoxydadditionen an Glycerin durchgeführt. Hierbei werden z. B. 276 g Glycerin auf 220° er-

---

[1] WURTZ: C. r. **54**, 281, sowie A. **122**, 359.
[2] MAAS, BOOMER: Am. Soc. **44**, 1721. — [3] ROITHNER: M. **15**, 666.
[4] SWARTS, F.: Acad. Belg. **61**, 1901 — C. **1903**, I, 12.
[5] MÜLLER, W., u. E. WALASCHEWSKY: D. Anm. F 12375, 15. 7. 53, BAYER.
[6] WITTWER, M.: US 1976677, 9. 8. 30/9. 10. 34; D.-Pri. 20. 8. 29, BADISCHE ANILIN- & SODAFABRIK-AG.
[7] LOEHR, O.: DRP 510422, 19. 12. 25/9. 10. 30, BADISCHE ANILIN- & SODAFABRIK-AG.

hitzt und während 8 Stunden allmählich 300 g Äthylenoxyd eingeleitet, wobei 210—220 g aufgenommen werden. Als Hauptprodukt wird Glycerindioxäthyläther vom Kp 237° neben Glycerinmonooxäthyläther vom Kp 197° erhalten. Für diese Umsetzungen haben sich saure Katalysatoren wie konzentrierte Schwefelsäure oder Natriumbisulfat als zweckmäßig erwiesen. Mit Epichlorhydrin wird nach demselben Verfahren Glycerinmonochlor-2-oxypropyläther vom Kp_{30} 180° gewonnen.

Durch einen neuartigen stark basischen Katalysator hat J. T. Patton[1] die Addition von Äthylenoxyd oder anderen Alkylenoxyden an Alkohole bei gewöhnlicher Temperatur bzw. nur schwach erhöhter durchgeführt. Er fand, daß diese bisher nicht beschriebene Arbeitsweise durch Verwendung von Benzyltrimethylammoniumhydroxyd, $C_6H_5CH_2 \cdot N \cdot (CH_3)_3 \cdot OH$, gute Resultate liefert. Dies Verfahren hat überdies noch die Vorteile, daß der Katalysator nicht durch besondere Reinigungsarbeiten entfernt werden muß, da er bei der Aufarbeitung bei der Destillation mit übergeht, daß die Umsetzungsgeschwindigkeit selbst bei niedrigen Temperaturen recht groß ist, daß es nicht erforderlich ist, im absolut wasserfreien Medium zu arbeiten, und daß die Katalysatormenge wesentlich niedriger gewählt werden kann als üblich. Zum Beispiel werden in ein Gemisch von 148 g Butanol und 21 g einer 40%igen Lösung von Benzyltrimethylammoniumhydroxyd bei 60° in 1—2 Std. 116 g Propylenoxyd eingeleitet. Durch Destillation werden erhalten: 117 g Propylenglykolbutyläther, 45,5 g Dipropylenglykolbutyläther, 18 g höher siedende Äther und 49 g nicht umgesetztes Butanol.

Die so gewonnenen Glykoläther sind etwas viscose, wassermischbare Flüssigkeiten, die vielfache Verwendungen finden. Beispielsweise werden in den Vereinigten Staaten Äthylenglykolmonoäthyläther vom Kp 134° unter dem Namen „Cellosolve" und Diäthylendiglykoläther vom Kp 202° unter dem Namen „Carbitol" als Lösungsmittel in ausgedehntem Maße angewandt.

Werden mehrwertige Alkohole, insbesondere solche mit mindestens 3 Hydroxylgruppen, wie Trimethylolpropan oder 1,3,5-Hexantriol in Gegenwart von 0,2% Natriummetall im Stickstoffstrom bei 180 bis 190° mit Äthylenoxyd behandelt, bis sie etwa 20 Mol pro Hydroxylgruppe aufgenommen haben, so erhält man Wachse, die den Äthylenoxydpolymerisationsprodukten sehr ähnlich sind. Sie schmelzen ebenfalls bei etwa 50°, haben aber den wertvollen Vorteil, daß sie wesentlich bessere Löslichkeitseigenschaften in organischen Lösungsmitteln haben, daher vielseitiger mit Harzen aller Art oder mit deren Lösungen, etwa für die Verwendung als Lacke, kombinierbar sind[2].

Umsetzungsprodukte von Aminoverbindungen, z. B. Harnstoff, Thioharnstoff, aromatischen Aminen, wie Anilin, p-Toluidin, m-Amino-

---

[1] US 2716137, 5. 7. 52/23. 8. 55, Wyandotte Chem. Corp.
[2] Schnell, H.: D.Anm. F 1211, 5. 4. 50, Bayer.

phenol, Phenylendiamine, 1,4-Diamino-2,6-dioxynaphthalin, sowie Aminosäuren, Peptide und eiweißartige Substanzen, Ketine u. a. m. mit Alkylenoxyden, vorzugsweise Äthylen- und Propylenoxyd, in Gegenwart von Aldehyden wie Formaldehyd, Acetaldehyd, Butyraldehyd oder höheren Fettaldehyden, wobei auch höhere Alkohole anwesend sein können, beschreiben A. F. BOWLES und S. KAPLAN[1]. Beispielsweise werden:

1. 60 g Harnstoff, 184 g Kokosfettaldehyd bei 140—150° mit 220 g Äthylenoxyd mit anschließender Temperatursteigerung auf 200° während 6—8 Stunden umgesetzt. Das erhaltene, in Wasser weitgehend lösliche Wachs ist als schäumendes Textil- und Lederhilfsmittel brauchbar.

2. 76 g Thioharnstoff, 272 g Laurylalkohol und 44 g Acetaldehyd werden bei 120—130° mit einer Temperatursteigerung bis auf 200° mit 580 g Propylenoxyd umgesetzt. Es wird eine gelbe hydrophile weiche Masse, die als Textilhilfsmittel Verwendung finden kann, erhalten.

In gleicher Weise können im Autoklaven auch 150 g Gelatine, 242 g Cetylalkohol, 72 g Butyraldehyd mit 440 g Äthylenoxyd, oder 100 g Tierleim und 240 g Palmitinaldehyd mit 720 g Butylenoxyd, oder auch 120 g Harnstoff, 298 g Ricinolsäure und 224 g Sorbinsäure mit 880 g Äthylenoxyd umgesetzt werden.

Eine etwa erforderlich werdende Erhöhung der Wasserlöslichkeit kann durch anschließende Sulfatierung oder Sulfurierung erzielt werden.

Methylolverbindungen, wie sie durch Addition von Formaldehyd an Aminogruppen entstehen, reagieren mit Äthylenoxyd in der gleichen Weise wie Alkohole, wie K. KELLER[2] gezeigt hat. So wird beispielsweise durch Einleiten von Äthylenoxyd in eine wäßrige, schwach alkalische Dimethylol-Harnstofflösung bei 70° ein weiches Harz erhalten, das sich als Appretur für Textilien eignet. Weiterhin werden durch Aufnahme von 200—250 g Äthylenoxyd durch eine konzentrierte wäßrige, schwach alkalisch eingestellte Lösung von 216 g Trimethylolmelamin bei 85—90°, sowie von 250—265 g Äthylenoxyd durch eine konzentrierte wäßrige Lösung von 306 g Hexamethylolmelamin ebenfalls viscose Öle erhalten. Verbindungen dieser Art wirken als Stabilisatoren auf spontan weiterkondensierende Methylolaminoverbindungen, weiterhin können sie als Animalisierungsmittel bei mit sauren Farbstoffen schwer anfärbbarer regenerierter Cellulose sowie auch zur Papierveredelung dienen. Mit mehrwertigen Carbonsäuren lassen sich diese Oxäthylierungsprodukte zu Polyestern kondensieren, die für Anstrichzwecke Verwendung finden können.

Äthylenoxyd-Polyadditionsverbindungen können einen besonderen Wert dadurch erhalten, daß wasserunlösliche Substanzen durch fortgesetzte Addition von Oxäthylresten zunächst in hydrophile, schließ-

---

[1] US 2172747, 12. 6. 36.12/9. 39., RICHARDS CHEM. WORKS INC.
[2] D. Anm. C 2356, 22. 2. 41., CASSELLA FARBWERKE MAINKUR A. G.

lich in wasserlösliche Produkte übergeführt werden können. Beispielsweise können auf diese Weise praktisch wasserunlösliche Phenole, die höhermolekulare Gruppen im Kern enthalten (solche Phenole bewirken oft schon in kleinsten Spuren bei in Bewegung befindlichem Wasser ein starkes Schäumen), in wasserlösliche gute Waschmittel umgewandelt werden, wie dies A. STEINDORFF und G. BALLE[1] im Falle des Isooctylphenols ausgeführt haben. Nach diesem Verfahren werden 206 g p-Isooctylphenol mit 2 g Natriumhydroxyd als 40%ige wäßrige Lösung im Autoklaven bei 120—130° mit Äthylenoxyd behandelt, bis 10 Mol pro phenolische Hydroxylgruppe aufgenommen sind. Das Produkt hat in Wasser eine große Schaumkraft.

Diese Additionsreaktion ist neuerdings durch P. BERNOULLI und A. GROSS[2] in der Weise vervollkommnet worden, daß die zu oxäthylierenden Substanzen, z. B. Octylphenol oder Ricinusöl, in einen Autoklaven, in dem sich Äthylenoxyd bei 150° unter Druck und in Gegenwart von metallischem Natrium befindet, eingesprüht werden. Hierbei findet schnelle und besonders vollständige Umsetzung statt.

Die Addition von Äthylenoxyd an Phenol unter Verwendung eines großen Überschusses des ersteren in Gegenwart von Natriumphenolat bei 60—90° ist durch F. PATAT, E. CREMER und O. BOBLETER[3] untersucht worden. Es wurde gefunden, daß die Umsetzung über die „Anionkette" in 4 Stufen verläuft:

1. Stufe:

$$C_6H_5O^- + C_2H_4O \rightarrow C_6H_5 \cdot O \cdot CH_2 \cdot CH_2 \cdot O^-$$

2. Stufe:

$$C_6H_5 \cdot O \cdot CH_2 \cdot CH_2 \cdot O^- + C_6H_5OH \rightarrow C_6H_5O^- + C_6H_5 \cdot O \cdot CH_2CH_2 \cdot OH$$

3. Stufe:

$$C_6H_5 \cdot O \cdot CH_2CH_2O^- + C_2H_4O \rightarrow C_6H_5 \cdot O \cdot CH_2 \cdot CH_2 \cdot O \cdot CH_2 \cdot CH_2 \cdot O^-$$

4. Stufe:

$$C_6H_5O \cdot CH_2CH_2O \cdot CH_2CH_2 \cdot O^- + C_6H_5 \cdot O \cdot CH_2CH_2 \cdot OH$$
$$\rightarrow C_6H_5 \cdot O \cdot CH_2 \cdot CH_2 \cdot O \cdot CH_2 \cdot CH_2 \cdot OH + C_6H_5 \cdot O \cdot CH_2 \cdot CH_2 \cdot O^- \text{ usw.}$$

Es wird demnach, solange noch Phenol vorhanden ist, die Polymerisation bei der 2. Stufe unterbrochen und nur Glykolmonophenyläther gebildet.

Die Umsetzung von Äthylenoxyd mit höheren aliphatischen einwertigen primären oder sekundären Alkoholen mit C_{10-17}, z. B. 2-Butyl-1-octanol, 2,5,8-Trimethyl-4-nonanol usw. beschreibt C. A. CARTER[4]. Die Umsetzung wird bei 80° in Gegenwart eines sauren Katalysators (Fluoride von NH_4 oder Sn, Borchlorid) in Mengen von 1:1 vorgenommen. Alsdann wird in einer 2. Stufe nach Neutralisieren und Ent-

---

[1] STEINDORFF, A., u. G. BALLE: US 2213477, 18. 11. 36/3. 9. 40; D.-Pri. 12. 12. 35, HOECHST.
[2] D. Anm. C 9330, 7. 5. 54 — FP 1109413, CIBA A. G.
[3] PATAT, F., E. CREMER u. O. BOBLETER: J. Polymer Sci. 12. 489 (1954).
[4] D. Anm. U 2915, 9. 8. 54; US-Pri. 11. 8. 53, UNION CARBIDE & CARBON CORP.

fernen des nicht umgesetzten Alkohols mit weiterem Äthylenoxyd in Gegenwart von 0,5—75 Mol.-% eines Alkalialkoholats bei 80—200° zur Reaktion gebracht bis eine 0,5%ige Lösung des Reaktionsproduktes einen Trübungspunkt innerhalb des Temperaturbereiches von 10—100° aufweist. So gewonnene Polyglykoläther haben eine etwa dreimal so große Netzwirkung als die mittels Alkali im Einstufenverfahren gewonnenen Polyglykoläther.

Die Anlagerung höherer Alkylenoxyde (Propylen-, 1,2-Butylen-, Cyclohexen- oder Styroloxyd) an Alkohole, Carbonsäuren oder N-monosubstituierte Säureamide beschreiben J. R. JACKSON und LUNDSTED[1]. Zur Erzielung besserer Wasserlöslichkeit werden die erhaltenen Produkte noch mit Äthylenoxyd nachbehandelt oder sie werden sulfiert. Produkte dieser Art sind starke Netzmittel und sind auch als Waschmittel brauchbar. Die ionogenen Produkte schäumen nicht und eignen sich zum Geschirrspülen, während die nicht ionogenen wenig salzempfindlich sind und keine hämolytische Wirkung aufweisen, so daß sie sich zur Reinigung von zur Blutentnahme dienenden Instrumenten empfehlen.

Die Herstellung von Äthylenglykol- bzw. Polyäthylenglykolmonoalkyläthern, insbesondere des Methyläthers, wird nach einem Verfahren von G. K. FINSH und H. J. HAGEMEYER[2] in Ausbeuten von 80—82% der Theorie in der Weise durchgeführt, daß Äthylenoxyd bei 0—30° in etwa der vierfachen berechneten Menge in einen niedermolekularen einwertigen Alkohol, dessen Kohlenstoffskelett 6 Kohlenstoffatome nicht übersteigt, bei einem p_H Wert von etwa 0,4 (Zugabe von 0,2—2% H_2SO_4 konz.) eingetragen wird. Bei Verwendung von Methanol erfolgt die Reaktion:

$$x\ CH_2\!\!-\!\!CH_2 + CH_3OH \rightarrow CH_3 \cdot O \cdot (CH_2 \cdot CH_2 \cdot O)_x \cdot H$$

An Stelle von Alkoholen können auch Alkoxyäthanole, z. B. Äthylenglykolpropyläther, in gleicher Weise umgesetzt werden. — Es wird beispielsweise folgendermaßen gearbeitet: 1280 Teile Methanol (40 Mol) werden mit 298,5 Teilen H_2SO_4 konz. auf einen p_H-Wert von unter 0,2 gebracht und in einer Stickstoffatmosphäre mit geringem Überdruck 352 Teile Äthylenoxyd (8 Mol) derart eingepreßt, daß eine Temperatur von 25—30° gehalten wird. Durch weitere Zugabe von Methanolschwefelsäure wird ein Anstieg des p_H-Wertes vermieden. Nach der Neutralisation wird durch fraktionierte Destillation unter vermindertem Druck Äthylenglykolmonomethyläther in einer Ausbeute von 80% gewonnen.

Die Herstellung von wasserlöslichen Äthoxylierungsprodukten von Cellulosederivaten, insbesondere von Äthylcellulose, beschreibt J. JULLANDER[3]. Es wird eine Oxäthyläthylcellulose beschrieben, die in

---

[1] FP 1072304, 28. 5. 52/10. 9. 54; US-Pri. 31. 5. 51 u. 26. 3. 52, WYANDOTTE CHEM. CORP.

[2] US 2748171, 12. 9. 52/29. 5. 56, EASTMAN KODAK CO.

[3] JULLANDER, J.: Ind. Eng. Chem. **49**. 1957. Nr. 3. S. 364—368.

Schweden seit 1945 unter dem Namen „*Modocoll*" im Handel ist und als
Latexverdickungsmittel sowie in der Papierindustrie Verwendung findet.
Die an und für sich schon sehr hohe Viscosität niedrigprozentiger Lösungen läßt sich noch weiter erhöhen durch Zugabe von Salzen. Eine
Lösung, die Congorot (MERCK) enthält, zeichnet sich durch hohe Licht-
absorption aus, z. B. eine wäßrige Lösung enthaltend 0,12% Oxäthyläthylcellulose und 0,002% Congorot.

Umsetzungsprodukte von Alkylenoxyden mit Thiolen beschreiben
die UNION OIL CO. OF CALIFORNIA[1], wobei in normaler Addition Produkte der allgemeinen Formel:

$$R \cdot SH + R_1 \cdot CR_2{-}CR_4 \cdot R_3 \; \rightarrow \; R \cdot S \cdot CR_1R_2 \cdot CR_3R_4 \cdot OH$$
$$\diagdown O \diagup$$

$R =$ beliebiges organisches Radikal, R_1, R_2, R_3, $R_4 = H$ oder beliebiges organisches Radikal

erhalten werden. Die Umsetzung wird bei Temperaturen von 20—50°
in Gegenwart von etwa 10% des Endproduktes als Katalysator vorgenommen (evtl. auch kontinuierlich). Die niedermolekularen Reaktionsprodukte, z. B. Äthylmercaptoäthanol, $C_2H_5 \cdot S \cdot CH_2 \cdot CH_2 \cdot OH$,
sind leicht destillierbare Flüssigkeiten. Schwefelhaltige Alkohole dieser
Art eignen sich als Lösungsmittel und als Zwischenprodukte für die
Herstellung von Harzen, Insekticiden und kautschukartigen Massen.

Umsetzungen mit Kohlendioxyd und mit Carbonsäuren

Die Addition von Kohlendioxyd an Äthylenoxyd unter Bildung von
Glykolcarbonat:

$$CH_2{-}CH_2 + CO_2 \; \rightarrow \; \begin{array}{c} CH_2{-}CH_2 \\ | \qquad | \\ O \qquad O \\ \diagdown CO \diagup \end{array}$$

erfolgt leicht unter Verwendung basischer Katalysatoren.

M. LICHTENWALTER nnd J. F. COOPER[2] haben ein technisches Verfahren zur Herstellung von Glykolcarbonat durch Erwärmen von Äthylenoxyd mit überschüssigem Kohlendioxyd bei 110—225° und hohem
Druck unter Verwendung von Tetraäthylammoniumjodid als Katalysator beschrieben.

Eine Erweiterung und Ergänzung zu diesen Verfahren, nach dem
auch substituierte Glykolcarbonate unter Verwendung höherer Alkylenoxyde gewonnen werden können, beschreiben J. T. DUNN und J. W.
CLARK[3]. Neben Äthylenoxyd können auch Propylenoxyd, 1,2- oder
2,3-Epoxybutan, Epoxyisobutylen, 1,2-Epoxyhexan und 1,2-Epoxy-
hexadecan für die Umsetzung herangezogen werden. Als Katalysatoren

---

[1] US 2776997, 30. 1. 53/8. 1. 57.
[2] US 2773070, 31. 10. 52/4. 12. 56, JEFFERSON CHEM. Co.
[3] D. Anm. U 2605, 1008315, 6. 2. 54, US-Pri. 9. 2. 53, UNION CARBIDE &
CARBON Co.

werden besonders tertiäre Alkylamine, insbesonders Trimethylamin (mit Ansteigen des Molekulargewichtes der Alkylgruppen nimmt die Wirkung ab), ferner Mono- und Diisoalkylamine, Piperidin und quarternäre Amminiumbasen in Form ihrer Carbonate empfohlen. Die erforderliche Menge derselben ist von vielen Faktoren abhängig und kann 0,1—12% der Gesamtmenge der Ausgangsmaterialien betragen. Zweckmäßig wird die Umsetzung in Gegenwart eines Lösungsmittels (Dioxan) bei 180—260° und bei 125—170 Atm. durchgeführt.

Kohlendioxyd hat K. Vierling[1] mit Äthylenoxyd zum Glykolcarbonat umgesetzt:

$$\begin{array}{c} CH_2-CH_2 \\ \diagdown O \diagup \end{array} + CO_2 \;\rightarrow\; \begin{array}{c} CH_2-O \\ | \qquad\quad CO \\ CH_2-O \end{array}$$

Die Umsetzung erfolgt derart, daß Äthylenoxyd mit Kohlendioxyd und durch Natronlauge aktivierter Kohle langsam auf 200° erhitzt wird. Der anfangs vorhandene Druck von 150—180 Atm. ist nach etwa 4 Stunden verschwunden und aus 88 Teilen Äthylenoxyd sind 160 Teile reines Glykolcarbonat entstanden.

Die Firma Montecatini[2] S. A. hat dieses Verfahren in der Weise abgeändert, daß als Katalysator tertiäre Basen wie Pyridin, Acridin oder Triäthylamin, die als solche mit Äthylenoxyd nicht reagieren, angewandt werden. Es wird bei 180—200° und bei einem Druck von 50—150 Atm. gearbeitet. An Stelle von Äthylenoxyd können auch andere 1,2-Epoxydverbindungen zu den entsprechenden Carbonaten umgesetzt werden.

Carbonsäuren addieren Äthylenoxyd unter Bildung von Oxäthylestern:

$$R \cdot CO \cdot OH + \begin{array}{c} CH_2-CH_2 \\ \diagdown O \diagup \end{array} \;\rightarrow\; R \cdot CO \cdot O . CH_2 \cdot CH_2 \cdot OH$$

Bei der Polyaddition von Äthylenoxyd an höhere Fettsäuren, z. B. an Palmitin-, Stearin- oder Abietinsäure, erhält man hydrophile wachsartige Substanzen, die sich für Textilveredelungen eignen. Beispielsweise werden 200 g Palmitinsäure mit 50 g Äthylenoxyd auf 160° erhitzt, wobei letzteres restlos aufgenommen wird. Das erhaltene wachsartige Produkt, das aus Alkohol in Kristallen gewonnen wird, läßt sich als Textilschlichte verwenden. Für ähnliche Zwecke sind auch Äthylenoxyddadditionen an Glycerin-, Harz- oder Phthalsäureester, die noch eine Säurezahl von etwa 15 aufweisen, hergestellt worden[3].

Umsetzungen dieser Art, die zumeist mit basischen Katalysatoren durchgeführt wurden, sind in der Folgezeit vielfach technisch bearbeitet worden, da für die so gewonnenen, „Carbowachs“ oder „Carbo-

---

[1] Vierling, K.: DRP 740366, 11. 3. 39/19.10.43, sowie das ältere DRP 516281 Badische Anilin & Sodafabrik-A. G.

[2] FP 1092891, 9. 2. 54/27. 4. 55; It.-Pri. 21. 2. 53.

[3] FP 662603, 20. 10. 28/9. 8. 29, I. G.

wachs-Fettsäureester" genannten Produkte vielfache Verwendungen gefunden wurden[1].

Statt Äthylenoxyd an Fettsäuren anzulagern, ist später mit Vorteil für die Herstellung solcher „*Carbowachse*" von vorgebildeten Polyäthylenglykolen bestimmter Molgewichte ausgegangen worden. Ihre Veresterung mit Fettsäuren erfolgt mit sauren Katalysatoren, z. B. Schwefelsäure oder Benzol- bzw. p-Toluolsulfonsäure[2].

Als weitere Verwendungen sind neben den bereits von der I. G. gefundenen noch die folgenden angegeben: als Reinigungsmittel, Schmieröle, Weichmacher, Entschäumer, Grundlage für Hautcreme, als Insekticide, als Zusatz zu Brot, der das Altbackenwerden verzögert, und als Zusatz zu Hühnerfutter, der in einer Menge von 0,02—0,2% von Polyäthylenglykol-300-monolaurat ein schnelleres Wachstum bewirken soll.

Durch Polyaddition von Äthylenoxyd oder anderen Alkylenoxyden an die Anhydride mehrbasischer Carbonsäuren erhält die Firma HENKEL & CIE.[3] höhermolekulare Reaktionsprodukte, die je nach den Umsetzungsbedingungen balsamartige Substanzen bis Hartharze ergeben. Diese eignen sich als Lackrohstoffe, als Weichmacher, als Leime oder Isoliermaterial. Bemerkenswert ist ihre Eigenschaft, sich in endlosen dünnen und sehr festen Fäden verspinnen zu lassen. Als Säureanhydride werden diejenigen von Phthal-, Bernstein-, Diglykol- und Thiodiglykolsäure empfohlen. Die Umsetzung wird im Autoklaven ausgeführt, beispielsweise werden 300 g Phthalsäureanhydrid mit 100 g Äthylenoxyd bei 140—150° erhitzt, bis kein Druck mehr besteht. Um eine direkt verwendbare Lösung des Polyadditionsproduktes zu erhalten, wird die Umsetzung in Gegenwart eines Lösungsmittels, etwa Dioxan, vorgenommen. Aufgestrichen ergibt die viscose Lösung nach dem Trocknen einen festen elastischen Film. Zusatz von Katalysatoren, wie Bleicherde, wasserfreie Phosphorsäure, Natriumamid usw. tragen zur Verkürzung der Reaktionszeiten bei. Die entstandenen hochmolekularen amorphen Substanzen sind in den meisten organischen Lösungsmitteln löslich.

Tallöl, das einen hohen Prozentsatz freier Fettsäuren enthält, kann ebenfalls bei 175—340° unter Druck Äthylenoxyd oder Propylenoxyd addieren. Werden 16 Mol Äthylenoxyd pro Mol Tallöl aufgenommen, erhält man ein klares leichtflüssiges Öl, das für hydraulische Mischungen Verwendung finden kann[4].

---

[1] Schwz. P. 244048 (1947), 248048 u. 248686 (1948) — BP 599280 (1948); CIBA; BP 670153 (1952), SOC. CARBOCHIMIQUE. — ISODA, K., R. ODA u. H. OSAKA: J. chem. Soc. Japan ind. Chem. Sect. **53**, 431 (1950).

[2] KIENLE, R. H., u. G. P. WHITECOMB: BP 621104 (1949) — US 2606199 (1952), AMERICAN CYANAMID Co. — COOK, A., u. J. SAPERS: US 2491478 (1949), ARKANSAS Co. — DOLGOPOLOFF, V.: FP 967916 (1950). — SMITH, P. V.: US 2575196 (1951), STANDARD OIL DEVELOPMENT Co. — SENDA, H., u. R. ODA: Chem. High Polymers (Japan) **7**, 229 (1950).

[3] BP 500300, 28. 8. 37/7. 2. 39 — FP 837626, 7. 5. 38/15. 2. 39; D.-Pri. 28. 7. 37.

[4] ESPOSITO, V.: BP 721778, 21. 2. 52/12. 1. 55, R. M. HOLLINGSHEAD CORP.

Polyester, die noch eine Säurezahl von 1—3 aufweisen, werden mit 2—20% Äthylenoxyd oder Propylenoxyd bei 250° behandelt, wodurch die Säurezahl auf 0,1 sinkt. Diese modifizierten Polyester sind als Schmieröle brauchbar [1].

Die Herstellung eines Netz-, Wasch- und Emulgiermittels durch Umsetzen von 3—6 Mol Äthylenoxyd in Gegenwart von Alkali mit Palmitinsäuremonoglykolester und Cetylalkohol beschreibt K. LINDNER [2]. Zur Verbesserung der Wasserlöslichkeit kann anschließend Sulfatierung oder Phosphatierung erfolgen.

Zur Gewinnung von vielseitig verwendbaren Produkten hat H. L. SANDERS [3] an 1 Mol Dehydroabietinylamin 8—30 Mol Äthylenoxyd bei 120—180° in Gegenwart von Alkali angelagert, wobei viscosflüssige oder wachsartige Massen entstehen. Produkte mit 8—12 Mol Äthylenoxyd haben gute Netz- und Waschwirkung, solche mit 16 bis 30 Mol sind wirksame Sparbeizen und solche mit 35—40 Mol sind gute Emulsionsbrecher für Wasser-in-Öl-Emulsionen.

Mit dem Ziel, Spinnfasern herzustellen, setzt die IMPERIAL CHEMICAL INDUSTRIE [4] Äthylenoxyd mit Terephthalsäurehalbestern um, wobei der Esterrest 1—4 Kohlenstoffatome aufweisen soll. Es wird mit saurem oder alkalischem Katalysator bei 100° und bei einem Druck von 3,5 Atm. gearbeitet. Die zunächst gebildeten mehr oder weniger hochmolekularen Polyglykolester werden alsdann durch Erhitzen auf 275° zum hochmolekularen Polyester polykondensiert, wobei der abgespaltene Alkohol abdestilliert. Unter Verwendung der optimalen Molekulargrößen erhält man feste und elastische Fäden.

Die durch alkalische Oxydation aus Sulfitablauge heute billig erhältliche Vanillinsäure, 3-Methoxy-4-oxybenzoesäure, addiert in natronalkalischer Lösung Äthylenoxyd unter Bildung des Natriumsalzes des Oxäthyläthers der Vanillinsäure, der bei weiterer Oxäthylierung in den hochmolekularen Polyglykoläther

$$HO \cdot (CH_2 \cdot CH_2 \cdot O)_n \cdot CH_2CH_2 \cdot O\!\!-\!\!\langle\bigcirc\rangle\!\!-\!\!CO \cdot ONa$$
$$\underset{\displaystyle O \cdot CH_3}{|}$$

übergeht. Die Äthyl- oder Butylester des Vanillinsäureoxäthyläthers polykondensieren in Gegenwart von Natriumalkoholat bei 250—300° zu Polyestern, die sich durch besonders hohe Schmelzpunkte auszeichnen und sehr beständig gegenüber Chemikalien sind. Sie haben sich für Lackzwecke und für die Herstellung von Schichtstoffen als wertvoll erwiesen [5].

---

[1] BP 708035, 22. 1. 52/28. 4. 54, STANDARD OIL DEVELOPMENT CO.
[2] D. Anm. L 16592, 7. 4. 52.
[3] US 2703797, 15. 12. 49/8. 3. 55, GENERAL ANILINE & FILM CORP.
[4] FP 1089805, 22. 12. 53/22. 3. 55; B.-Pri. 22. 12. 52.
[5] BOCK, L. H.: US 2686198, 24. 7. 51/10. 8. 54, RAYONIER INC.

Die Einwirkung von Carbonsäuren auf 2,3-Epoxy-2,3-dimethyl-butan

$$H_3C-(H_3C)\cdot C\underset{\diagdown O\diagup}{\text{——}}C\cdot(CH_3)-CH_3$$

wurde von W. H. Hickinbottom und D. R. Hogg[1] untersucht mit folgendem Ergebnis:

Mit Ameisensäure erhält man ein Gemisch aus

50% des Glykolmonoformiats

$$\underset{\overset{|}{O}H\qquad\qquad\overset{|}{O}\cdot CO\cdot H}{H_3C\cdot C\cdot(CH_3)\cdot C\cdot(CH_3)\cdot CH_3}\qquad (I)$$

17% 3-Methylbutan-2-on

$$\underset{H_3C\cdot C(CH_3)\cdot CO\cdot CH_3}{\overset{\overset{H}{|}}{}}\qquad (II)$$

22% des Ätherformiats

$$\underset{H\cdot CO\cdot \overset{|}{O}\qquad \overset{|}{C}H_3\qquad \overset{|}{C}H_3\qquad \overset{|}{O}H}{H_3C\cdot C(CH_3)-C(CH_3)\cdot O\cdot C(CH_3)-C(CH_3)-CH_3}$$

Mit Essigsäure wird unter denselben Bedingungen hauptsächlich das Glykolmonoacetat, analog (I), ferner wenig 2,3-Dimethylbutadien, 2,3-Dimethylbuten-1-ol,

$$H_3C\cdot C(CH_3)=C(CH_3)-CH_2\cdot OH$$

sowie das Carbinol

$$\underset{\overset{|}{O}H}{H_3C\cdot C(CH_3)\cdot C(CH_3)=CH_2}$$

erhalten.

Propionsäure reagiert nur noch schwach unter Bildung von wenig Glykolmonopropionat.... Unter Verwendung von 1,2-Epoxyoctan und 1,2-Epoxyphenyläthan (Styroloxyd) werden bei der Umsetzung mit Essigsäure nur die Glykolacetate erhalten... Bei den Umsetzungen dieser letzteren Art findet in keinem Falle eine Umlagerung der Epoxyd-verbindungen zu Ketonen oder Aldehyden statt.

Die Umsetzung von Äthylenoxyd mit polymerisierten ungesättigten ein- oder mehrwertigen Carbonsäuren in wäßriger Lösung in Gegenwart von Alkali hat R. Schmitz-Josten[2] durchgeführt. Bei der Kondensation bei 90° wird in 12—14 Stunden aus Polyacrylsäure und Äthylenoxyd eine hochviscose wassermischbare Flüssigkeit erhalten, welche ein Additionsprodukt mit etwa 10 Mol Äthylenoxyd darstellt. Beim Trocknen erhält man einen klaren Film, der beim Erhitzen bei 100° wasserunlöslich wird. Das Produkt ist als Textilhilfsmittel, Imprägnier-mittel und Emulgiermittel geeignet.

Umsetzung mit Carbonsäurechloriden

F. Boberg und G. R. Schultz[3] studierten die Einwirkung von Carbonsäurechloriden auf substituierte Äthylenoxyde. Es wurde ins-

[1] Hickinbottom, W. H., u. D. R. Hogg: Soc. **1954**, 4200.
[2] D. Anm. F 12976, 7. 10. 53, Bayer.
[3] Boberg, F., u. G. R. Schultz: B. **88**, 275 (1955).

besondere Carbaminsäurechlorid untersucht, das in ätherischer Lösung auf zweifache Weise reagieren kann:

1. bei äquimolekularen Mengen: unter Bildung des Chlorhydrins und Cyansäure:

$$R \cdot CH\!-\!CH_2 + Cl \cdot CO \cdot NH_2 \;\rightarrow\; R \cdot CH(OH)\!-\!CH_2 \cdot Cl + HCNO$$

mit einer Ausbeute von 60—90% Chlorhydrin,

2. in Gegenwart von Chlorwasserstoff oder einem mindestens zweifachen Überschuß an Carbaminsäurechlorid, unter Bildung des Urethans und des Allophansäureesters:

$$R \cdot CH\!-\!CH_2 + 2Cl \cdot CO \cdot NH_2 \rightarrow R \cdot CH \cdot O \cdot CO \cdot NH_2 \xrightarrow{\;Cl \cdot CO \cdot NH_2\;} R \cdot CH \cdot O \cdot CO \cdot NH \cdot CO \cdot NH$$
$$CH_2 \cdot Cl \qquad\qquad CH_2 \cdot Cl$$

z. B. erhält man mit Cyklohexenoxyd:

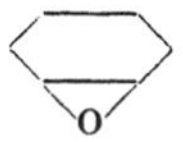

87% Urethan

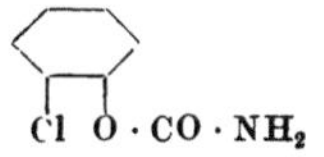

und 29% Allophansäureester

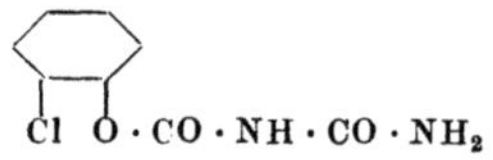

Analog reagiert Trimethylenoxyd, das zu 90% das 3-Chlorpropanol-urethan und zu 53% den Allophansäureester ergibt.

Umsetzung mit Blausäure

Von besonderer technischer Wichtigkeit ist die Anlagerung von Blausäure an Alkylenoxyde, die im Falle des Äthylenoxyds nach E. ERLENMEYER[1] durch mehrtägiges Stehen der wasserfreien Mischung bei 50—60° vor sich geht. Aus dem zunächst entstehenden Äthylencyanhydrin mit dem Kp_{724} 220—222° wird das vielseitig verwendete Acrylnitril durch Wasserabspaltung gewonnen:

$$CH_2\!-\!CH_2 + HCN \;\rightarrow\; CH_2 \cdot (OH)\!-\!CH_2 \cdot CN \xrightarrow{\;-H_2O\;} CH_2\!=\!CH \cdot CN \qquad Kp\;76{,}5°$$

Die technische Herstellung von Äthylencyanhydrin ist durch R. FICK[2] beschrieben worden. Statt wie bisher mit wasserfreier Blausäure zu arbeiten, wurde von dem technisch greifbaren Calciumcyanid ausgegangen, das folgendermaßen reagiert:

$$Ca(CN)_2 + 2\,CH_2\!-\!CH_2 + H_2O \;\rightarrow\; 2\,CH_2(OH)\!-\!CH_2 \cdot CN + Ca(OH)_2$$

---

[1] ERLENMEYER, E.: A. **191**, 273.
[2] FICK, R.: DRP 561397, 19. 9. 29/19. 10. 32, BADISCHE ANILIN- & SODA-FABRIK-AG.

und zwar ergeben 690 Teile Calciumcyanid, 3600 Teile Wasser und eine Lösung von 680 Teilen Äthylenoxyd in 1500 Teilen Wasser bei 10—20° 990 Teile reines Äthylencyanhydrin vom Kp_{20} 120—122°. Bei diesem Verfahren wird der Kalk am Schluß mittels Kohlendioxyds als Carbonat gefällt... Mittels Propylenoxyds wird in gleicher Weise Propylencyanhydrin vom Kp_8 94° und mittels 1,2-Butylenoxyds das Butylencyanhydrin vom Kp_{20} 113—115° gewonnen. Nach einem späteren Patent[1] wird die Ausfällung des Kalks als Carbonat vermieden, indem er durch Einleiten von Blausäure wieder in Calciumcyanid übergeführt und durch weiteres Einleiten von Äthylenoxyd erneut umgesetzt wird. Diese Arbeitsweise bringt eine erhebliche Vereinfachung zu Wege. Schließlich wurde das Verfahren dahingehend abgeändert, daß statt von Calciumcyanid von Alkalicyanid ausgegangen wird. Dies beschleunigt die Arbeit, da die Umsetzung des Calciumhydroxyds mit der Blausäure wesentlich mehr Zeit beansprucht als ihre Bindung durch die Kalilauge[2].

Die Technik der Wasserabspaltung aus Äthylencyanhydrin ist von vielen Seiten studiert worden. Äthylencyanhydrin gibt nur schwer 1 Mol Wasser her. Man bedarf hierzu Temperaturen von 260—280° und der Verwendung wirksamer Katalysatoren. Nach einem Verfahren der I. G.[3] wird die Wasserabspaltung durch Leiten der Dämpfe über auf 260° erhitzte aktivierte Kohle, oder über auf 260—280° erhitztes Natriumbisulfat oder durch Kochen mit feinverteiltem Zinn oder verzinnten Eisenspänen erreicht.

Während die Umsetzung von Äthylenoxyd mit Blausäure in einem inerten Lösungsmittel bei 45—55° mindestens 25 Stunden und weitere 10 Stunden für die Nachreaktion erfordert, haben N. Jochum, K. Riefstahl und H. Pilz[4] gefunden, daß bei Durchführung der Umsetzung in Gegenwart von Erdalkalihalogeniden oder -rhodaniden die benötigte Reaktionszeit auf weniger als die Hälfte reduziert werden kann. Als inertes Lösungsmittel wird der „Sumpf" eines vorhergehenden Ansatzes, bestehend aus natronlaugehaltigem Äthylencyanhydrin, verwendet. — Es wird beispielsweise so gearbeitet, daß in 500 kg Äthylencyanhydrin, das 10—30 kg einer 50%igen Natronlauge und 7,5—10 kg Calciumchlorid enthält, bei 45—55° 590 kg Blausäure und 990 kg Äthylenoxyd im Laufe von 10—12 Stunden eingetragen werden. Im Anschluß an eine Nachreaktion von 2—3 Stunden wird die thermische Spaltung ohne Verwendung eines Spaltungskatalysators bei 160—200° durchgeführt, wobei Acrylsäurenitril mit einer Ausbeute von 92% gewonnen wird. — Nach den bisherigen Verfahren wurden unter Verwendung von Aluminiumpulver und organischen Säuren als Spaltkatalysatoren Temperaturen von 200—250° benötigt, wobei das Nitril in einer Ausbeute von nur 81% der Theorie anfällt.

---

[1] DRP 570031, 28. 3. 30/10. 2. 33, Badische Anilin- & Sodafabrik-AG.
[2] DRP 577686, 28. 3. 30/2. 6. 33. Diese 3 Patente sind in dem BP 348134 zusammengefaßt, Badische Anilin- & Sodafabrik-AG.
[3] DRP 496372, 2. 10. 25/3. 4. 30, Badische Anilin- & Sodafabrik-AG.
[4] D. Anm. R 11422, 15. 4. 53, Röhm & Haas GmbH.

Äthylenoxyd nnd Ammoniak

Die Addition von Ammoniak an Äthylenoxyd[1] ergibt in normaler Reaktion bei der Verwendung äquimolekularer Mengen in der Hauptsache Monoäthanolamin. Da die drei am Stickstoff befindlichen Wasserstoffatome in gleicher Weise reaktionsfähig sind, läßt sich hierbei die weitere Substitution zu Di- und Triäthanolamin nie ganz vermeiden. Man nimmt dies aber ohne weiteres in Kauf, da sich die drei Äthanolamine durch Destillation leicht voneinander trennen lassen und praktische Verwendungen für alle drei vorliegen. Bei der Durchführung dieser Umsetzung darf keineswegs Äthylenoxyd im Überschuß angewandt werden, da nach der Substitution aller drei Wasserstoffatome eine Addition an der Hydroxylgruppe des Oxäthylrestes stattfindet, was zu Polyglykoläthern führt. Die Siedepunkte der Äthanolamine sind:

Monoäthanolamin	Kp 167—171°,
Diäthanolamin	Kp_{748} 270°, Kp_{150} 217—218°,
Triäthanolamin	Kp_{150} 277—279.

Nach einem Verfahren der FARBENFARIK WOLFEN[2] werden beispielsweise 6 Teile Äthylenoxyd in 10 Teilen flüssigem wasserfreiem Ammoniak in der Kälte gelöst und anschließend im Autoklaven auf 50—60° erhitzt. Man erhält folgende Ausbeute:

30,9% Monoäthanolamin,

37,4% Diäthanolamin,

27,2% Triäthanolamin.

Beim Einsatz verdünnterer Lösung kann der Anteil des Monoäthanolamins auf über 50% gesteigert werden.

In analoger Weise erfolgt die Anlagerung von Ammoniak an Epoxyddreiringe, die sich innerhalb einer Kette befinden, wie dies z. B. bei epoxydierten höheren Fettsäuren der Fall ist. Beispielsweise liefert Elaidinsäureoxyd 9-Amino-10-oxy-stearinsäure mit dem F 188—190°. Die aus Ölsäureoxyd erhältliche isomere Oxyaminosäure hat den F 154—155° und bildet komplexe Kupferverbindungen, was die Säure F 188—190° nicht tut. Hierdurch wird die Verschiedenheit beider Verbindungen angezeigt und die Annahme berechtigt, daß sie sich durch ihre räumliche Konfiguration voneinander unterscheiden. Die Kohlenstoffatome 9 und 10 beider Säuren sind asymmetrisch:

$$H_3C \cdot (CH_2)_7 \cdot CH(OH) \cdot CH(NH_2) \cdot (CH_2)_7 \cdot CO \cdot OH$$

daher ist die Bildung zweier racemischer Diastereoisomerer möglich[3].

---

[1] WURTZ, A.: A. **121**, 226. — L. KNORR: B. **30**, 910 (1897). — DRP 97 102. — C. 1898, II, 523.

[2] DDRP 7999, 24. 5. 52/15. 9. 54.

[3] PIGULEVSKY, G. V., u. J. L. KURANOVA: Z. obsc. chim. **24**, 2006 (1954).

Äthylenoxyd und Amine

Amine sind in der Lage, Äthylenoxyd zu addieren, soweit sie an Stickstoff gebundene Wasserstoffatome aufweisen. So können primäre Amine zwei, sekundäre Amine nur eine Oxäthylgruppe aufnehmen. Tertiäre Amine reagieren auf diese Art mit Äthylenoxyd nicht. Sie üben als Basen nur katalytische Wirkungen aus.

Wie bei der Umsetzung mit Ammoniak ausgeführt, geht bei der Addition von Äthylenoxyd die Reaktion unter Umständen über die Substitution der Wasserstoffatome hinaus und führt zu Polyglykolätherketten. Diese vielfach nicht erwünschte Reaktion findet naturgemäß auch bei primären und sekundären Aminen statt und wird durch das alkalische Milieu begünstigt.

Nachdem die BADISCHE ANILIN- & SODAFABRIK-AG. die Fabrikation der niederen Alkylenoxyde aufgenommen hatte, war es die logische Folge, daß sie bestrebt war, Verwendungen für oxalkylierte Produkte zu suchen. Es wurden auch Amine und Amide oxalkyliert und gefunden, das insbesondere die Oxäthylierungsprodukte hervorragende Dispergiermittel für höhere Fettsäuren, Wachse u. dgl. in Wasser sind, und auch in der Wollfärberei zum Erzielen besonders reibechter Färbungen dienen können.

Untersuchungen dieser Art beschreiben C. SCHÖLLER und M. WITTWER[1] an den Oxäthylierungsprodukten von Butylamin, Dodecylamin, Octadecylamin, Oleyläthylendiamin, m-Phenylendiamin, Butyläthanolamin, Butanolamin, Äthyläthanolamin, Chlorparaffinumsetzungsprodukte mit Ammoniak, sowie von Kokosfettsäureamid, Ölsäureamid, Dodecansulfamid und Ölsäureanilid. Die Oxäthylierung wird in einem Autoklaven, teils ohne Katalysator, teils unter Verwendung von Natriumhydroxyd oder Natriumäthylat bei einer Temperatur von 130 bis 150° durchgeführt. Die Anzahl der anzulagernden Mole Äthylenoxyd ist sehr unterschiedlich und hängt von dem gewünschten Effekt der Hydrophilie oder Wasserlöslichkeit ab.

Die Oxäthylierung von primären Aminen aliphatischer Kohlenwasserstoffe mit mindestens 20 Kohlenstoffatomen beschreibt die CIBA[2]. Die nach dem Verfahren erhaltenen Produkte, die Polyglykolätherketten mit mindestens 10 $CH_2 \cdot CH_2 \cdot O$-Gruppen enthalten, dienen entweder für sich allein oder in Form ihrer Salze in der Textilfärberei als Egalisierungsmittel und zum Abziehen von sauren und Chromierungsfarbstoffen.

F. H. BALDWIN[3] hat einen Inhibitor für Polyadditionen von Äthylenoxyd und seinen Derivaten an Oxäthylgruppen gefunden. Dieser Autor beobachtete nämlich, daß ein Zusatz von 0,8% Phenylacetylen (auf das Amin berechnet) die weitergehende Polyaddition zu Polyglykolätherketten fast gänzlich unterbindet. Beispielsweise kann durch

[1] DRP 667 744, 30. 11. 30./19. 11. 38, IG, BADISCHE ANILIN- & SODAFABRIK-AG.
[2] Belg. P. 552 957, 27. 11. 56.
[3] BALDWIN, F. H.: US 2662079, 30. 10. 51/8. 12. 53, ETHYL CORP.

diesen Zusatz bei p-Aminophenol, bei dessen Umsetzung mit Styroloxyd normalerweise erhebliche Anteile polyoxäthylierter Produkte entstehen, fast reines N-(oxyphenyläthyl)-aminophenol erhalten werden:

$$HO \cdot C_6H_4 \cdot NH_2 + CH_2\!\!-\!\!CH \cdot C_6H_5 \; \overset{\diagdown O \diagup}{\longrightarrow} \; HO \cdot C_6H_4 \cdot NH \cdot CH_2 \cdot CH(OH) \cdot C_6H_5$$

Zur Überführung der pharmakologisch wirksamen Arsanilsäure in
eine weniger giftige und besser lösliche Verbindung wurde sie in der
berechneten Menge n-Natronlauge gelöst, bei 10 bis ansteigend auf 30°
durch Einleiten von etwa $1^1/_2$ Mol Äthylenoxyd bei gewöhnlichem
Druck behandelt, wobei das Einleiten in etwa 40—50 Stunden erfolgen
soll. Es bildet sich Oxäthylarsanilsäure als Natriumsalz[1]:

$$\begin{array}{c} NaO \\ NaO \end{array}\!\!\!>\!\!As\!\!\underset{\underset{O}{\parallel}}{<\!\!\!=\!\!\!>}\!\!-NH \cdot CH_2 \cdot CH_2 \cdot OH$$

Äthylenoxyd und Di- und Polyamine

Symmetrische Diamine, insbesondere Äthylendiamin, reagieren
bei einer Temperatur von 10—15° mit beiden gleichwertigen Aminogruppen unter Bildung von Äthanolgruppen. Die Einwirkung von
1 Mol Äthylenoxyd auf 1 Mol Äthylendiamin ergibt ein Gemisch aus
Monooxäthyläthylendiamin mit Anteilen der Dioxäthylverbindung
und nicht umgesetztem Äthylendiamin. Weitere Behandlung mit
Äthylenoxyd führt zu Polyglykolätherketten, deren Länge von den
Reaktionsbedingungen abhängt.

Bei der Umsetzung von 1 Mol Äthylenoxyd mit 1 Mol Äthylendiamin bei 60—90° beobachtete A. M. PAQUIN[2] Ammoniakabspaltung.
Derselbe Vorgang erfolgt auch beim Erhitzen von bei niedriger Temperatur hergestelltem Monooxäthyläthylendiamin. In beiden Fällen
erhält man ein wasserlösliches höhermolekulares Harz der vermutlichen Konstitution:

$$n\,H_2N \cdot CH_2 \cdot CH_2 \cdot NH \cdot CH_2 \cdot CH_2 \cdot OH$$
$$\rightarrow H_2N \cdot CH_2 \cdot CH_2 \cdot NH \cdot CH_2 \cdot CH_2 \cdot (NH \cdot CH_2 \cdot CH_2 \cdot NH \cdot CH_2 \cdot CH_2)_{n-2} \cdot$$
$$NH \cdot CH_2 \cdot CH_2 \cdot NH \cdot CH_2 \cdot CH_2 \cdot OH$$

Durch Behandeln mit Formaldehyd entstehen Methylolgruppen an den
Amino- und Iminogruppen, wodurch das Harz hitzehärtbar wird. Nach
der Härtung ist es elastisch und haftet sehr fest an glatten Unterlagen.

Die wasserlöslichen, bei höherer Temperatur hergestellten höhermolekularen Umsetzungsprodukte von Äthylenoxyd oder seinen höheren Homologen mit Aminen, Polyaminen, Polyalkylenpolyaminen,
Harnstoff, Thioharnstoff, Guanidin oder N-substituierten Derivaten
dieser Verbindungen lassen sich mit Harnstoff oder seinen Derivaten

---

[1] LEWIS, W. L.: US 1664123, 14. 3. 24/27. 3. 28, PARKE & DAVIS Co.
[2] PAQUIN, A. M.: Kunst. **1947**, 166.

bei 110—125° unter Ammoniakabspaltung zur Reaktion bringen, wobei spröde, harte Harze entstehen, die sich schon mit einem Zusatz von 15—20% Wasser zu einer fließenden Paste verflüssigen lassen, wie A. M. PAQUIN[1] gezeigt hat. Produkte dieser Art haben sich als wertvolle Hilfsmittel für den Textildruck von Küpenfarbstoffen erwiesen.

Nach einem Verfahren der FILMFABRIK WOLFEN, das H. LAUTH und E. VOSS[2] beschrieben haben, kann die Umsetzung von Äthylenoxyd oder seinen Derivaten mit Ammoniak, Polyäthylenpolyaminen oder Polyäthylenpolyiminen so geleitet werden, daß hochmolekulare unlösliche Harze entstehen. Als Anionenaustauscher angewandt weisen diese Harze hohe Leistung verbunden mit Volumenbeständigkeit und Kornfestigkeit auf, so daß sie in technischen Filtern Verwendung finden können.

Die Umsetzung von Phenylglycidyläther mit dem Hydrochloryd eines tertiären Amins hat J. F. OLIN[3] studiert und gefunden, daß hierbei quaternäre Ammoniumverbindungn entstehen, nach dem Schema:

$$C_6H_5 \cdot O \cdot CH_2 \cdot CH\!\!-\!\!CH_2 + R\!\!-\!\!\overset{\overset{\textstyle R'}{|}}{\underset{\underset{\textstyle R''}{|}}{N}} \cdot HCl \rightarrow C_6H_5 \cdot O \cdot CH_2 \cdot CH(OH) \cdot CH_2 \cdot \overset{\overset{\textstyle Cl}{|}}{\underset{\underset{\textstyle R'\ R''}{\diagup\diagdown}}{N}} \cdot R$$

R, R′ und R″ bedeuten Alkylreste mit 5—18 C-Atomen oder die Allylgruppe. Für diese Umsetzung können auch Alkylphenole angewandt werden. Die Reaktion erfolgt in zwei Stufen: in der ersten Stufe wird mit Epichlorhydrin und Alkali in Isopropanol als Lösungsmittel zum Glycidyläther umgesetzt, und in der zweiten Stufe findet die Reaktion mit dem tertiären Aminhydrochlorid statt. Verbindungen dieser Art werden als reaktionsfähige Zwischenprodukte angewandt.

Studien, welche N. BORTNICK, L. S. LUSKIN, M. D. HURWITZ, W. E. CRAIG, L. J. EXNER und J. MIRZA der ROHM & HAAS CO.[4] über die Oxalkylierung von Aminen, die tertiäre Alkylgruppen enthalten, durchgeführt haben, führten zu der Erkenntnis, daß sich in normaler Weise Oxalkylamine bilden. Werden beispielsweise tertiäres Butylamin oder tertiäres Octylamin durch Umsetzen mit einem Alkylhalogenid in das sekundäre Amin übergeführt, so bildet sich mit Äthylenoxyd die Oxäthylverbindung nach dem folgenden Schema:

$$(CH_3)_3 \cdot C \cdot \underset{\underset{\textstyle R}{|}}{N}H + CH_2\!\!-\!\!CH_2 \rightarrow (CH_3)_3 \cdot C \cdot \underset{\underset{\textstyle R}{|}}{N} \cdot CH_2 \cdot CH_2 \cdot OH$$

Bei der Behandlung von 22,4 g Dicyandiamid in 50 ml Wasser mit 35,4 g Äthylenoxyd in einem Autoklaven bei 106° während 40 Minuten erhielt W. P. ERICKS[5] eine bei 20° viscose Flüssigkeit, die als Textil-

[1] DRP 677 898, 22. 7. 34/6. 7. 39, HOECHST.
[2] DDRP 6236, 4. 8. 44/23. 12. 53.
[3] US 2547 965, 23. 6. 48/10. 4. 51, SHARPLES CHEM. INC.
[4] BORTNICK, N., L. S. LUSKIN, M. D. HURWITZ, W. E. CRAIG, L. J. EXNER u. J. MIRZA: Am. Soc. 78. 1956. Nr. 16. 4039—4042
[5] US 2320 225, 30. 1. 41/25. 5. 43, AMERICAN CYANAMID CO.

hilfsmittel und als Antioxydationsmittel für Seifen Verwendung finden kann.

Aminoepoxydäther

Die Gewinnung von aromatischen Aminoepoxydäthern, bei denen ein tertiäres Stickstoffatom vorliegt, beschreiben C. L. Stevens und B. V. Ettling[1]. Sie haben gezeigt, daß bei der Umsetzung von α-Brom-isobutyrophenon mit Natrium-dimethylaminoäthylat 1-Dimethyl-2-phenyl-dimethylamino-äthyläther-äthylenoxyd in 65—80%iger Ausbeute erhalten wird:

$$C_6H_5 \cdot CO \cdot CBr \cdot (CH_3)_2 + NaO \cdot CH_2 \cdot CH_2 \cdot N(CH_3)_2 \;\rightarrow\; C_6H_5 \cdot \underset{\overset{|}{O \cdot CH_2CH_2 \cdot N(CH_3)_2}}{\overset{/O\backslash}{C\!\!-\!\!-\!\!C}} \cdot (CH_3)_2$$

Diese Verbindung addiert Jodmethyl unter quantitativer Umsetzung zu der quaternären Verbindung, die überraschenderweise in Wasser leicht löslich und sehr beständig ist. Sie zersetzt sich erst bei fünfstündigem Kochen in Wasser in die Ausgangsverbindungen. Bei viertägigem Kochen mit Methanol entsteht aus der quaternären Jodverbindung das Oxyketal:

$$C_6H_5 \cdot \overset{/O\backslash}{C\!\!-\!\!-\!\!C} \cdot (CH_3)_2 + CH_3OH \;\rightarrow\; C_6H_5 \cdot C\!\!-\!\!-\!\!C \!\!<\!\!{}^{CH_3}_{CH_3}\, OH$$

Bei der Umsetzung des Aminoepoxydäthers mit einer aromatischen Carbonsäure spaltet sich der Oxäthylaminorest ab und es bildet sich ein Phenonester:

$$C_6H_5 \cdot \overset{/O\backslash}{C\!\!-\!\!-\!\!C} \cdot (CH_3)_2 \cdot + Ar \cdot CO \cdot OH \;\rightarrow\; C_6H_5 \, CO \cdot \underset{O \cdot CO \cdot Ar}{C} \cdot (CH_3)_2$$

Chelatbildende Alkylenoxydaminderivate

Ausgehend von 1,2-Dioxypropylamin hat F. C. Bersworth[2] die Natriumsalze von Epoxydalkylaminocarbonsäuren der folgenden Typen hergestellt:

$$1.\quad \overset{\backslash O /}{CH_2\!\!-\!\!CH} \cdot CH_2 \cdot N \cdot (CH_2 \cdot CO \cdot ONa)_2$$

$$2.\quad \overset{\backslash O /}{CH_2\!\!-\!\!CH} \cdot CH_2 \cdot CH_2 \cdot N\!\!<\!\!{}^{CH_2 \cdot CH_2 \cdot N \cdot (CH_2 \cdot CO \cdot ONa)_2}_{CH_2 \cdot CO \cdot ONa}$$

$$3.\quad \overset{\backslash O /}{CH_2\!\!-\!\!CH} \cdot (CH_2)_m \cdot NH \cdot (CH_2)_n \cdot N \cdot (CH_2 \cdot CO \cdot ONa)_2$$

[1] Stevens, C. L., u. B. V. Ettling: Am. Soc. 77, Nr. 20, 5412—5414 (1955).
[2] US 2712544 u. 2712545, 16. 10. 53 u. 30. 4. 54/5. 7. 55, Dow Chem. Corp.

'Zur Gewinnung der Verbindung von Typ 1 wird 1 Mol 1,2-Dioxy-
propylamin in wäßriger Lösung bei p_H 7,4—8,5 bei 80—85° mit
2 Mol Natriumcyanid und 2 Mol Formaldehyd zum Natriumsalz der
2,3-Dioxypropylaminodiessigsäure umgesetzt. Die benachbarten Hydroxylgruppen spalten bei der azeotropischen Destillation mit Xylol leicht
1 Mol Wasser ab und man erhält das Natriumsalz der 2,3-Epoxypropyl-
aminodiessigsäure:

$$CH_2OH \cdot CHOH \cdot CH_2 \cdot N \cdot (CH_2 \cdot CO \cdot ONa)_2 \quad \xrightarrow{-H_2O} \quad CH_2\!-\!CH \cdot CH_2 \cdot N \cdot (CH_2 \cdot CO \cdot ONa)_2$$

Die Verbindung nach Typ 2 wird in analoger Weise aus 1,2-Dioxybutyl-
äthylendiamin hergestellt.

Verbindungen dieser Art haben metallkomplexbildende Eigenschaften und können als Metalldesaktivatoren, vor allem in flüssigen
Kohlenwasserstoffen Verwendung finden.

Äthylenoxyd und Äthylenimin

Äthylenoxyd wie auch seine Derivate, sind mit Äthylenimin leicht
zur Reaktion zu bringen unter Bildung von Oxy-äthylenimino-äthan:

$$CH_2\!-\!CH_2 + CH_2\!-\!CH_2 \rightarrow HO \cdot CH_2 \cdot CH_2 \cdot N \begin{array}{c} CH_2 \\ | \\ CH_2 \end{array}$$

Bei unsymmetrisch substituierten Äthylenoxyden ist die Art der Substituenten dafür ausschlaggebend, an welches Kohlenstoffatom der
Epoxydgruppe sich der Äthyleniminorest bindet. So ergeben sich folgende Additionsprodukte mit

unsymmetrischem Dimethyläthylenoxyd: 2-Dimethyl-2-oxy-1-äthylen-
imino-äthan

$$(CH_3)_2 \cdot C \cdot (OH) \cdot CH_2 \cdot N \begin{array}{c} CH_2 \\ | \\ CH_2 \end{array}$$

Phenyl-äthylenoxyd: 2-Phenyl-2-oxy-1-äthylenimino-äthan

$$C_6H_5 \cdot CH \cdot (OH) \cdot CH_2 \cdot N \begin{array}{c} CH_2 \\ | \\ CH_2 \end{array}$$

Methyl-phenyl-äthylenoxyd: 1-Phenyl-2-oxyäthylenimino-propan

$$CH_3 \cdot CH \cdot (OH) \cdot CH \cdot (C_6H_5) \cdot N \begin{array}{c} CH_2 \\ | \\ CH_2 \end{array}$$

Äthyleniminoderivate dieser Art polymerisieren in saurer Lösung
leicht. In reinem Zustande sind sie beständig und können sogar destilliert werden[1].

---

[1] Funke, A., u. G. Benoit, Bl. **1953**, 1021.

In einer späteren Veröffentlichung haben G. BENOIT und A. FUNKE[1] die Einwirkung von Aminoepoxydverbindungen auf Äthylenimin studiert und gefunden, daß sich bei der Umsetzung mit Glycidyl-N-dialkylamin (gewonnen aus Epichlorhydrin und einem sekundären Amin) in normaler Addition das Aminooxypropyläthylenimin bildet:

$$\underset{R'}{\overset{R}{>}} N \cdot CH_2 \cdot CH{-}CH_2 \underset{O} + HN \overset{CH_2}{\underset{CH_2}{<|}} \rightarrow \underset{R'}{\overset{R}{>}} N \cdot CH_2 \cdot CH(OH) \cdot CH_2 \cdot N \overset{CH_2}{\underset{CH_2}{<|}}$$

Wird die Umsetzung in Gegenwart von weniger als 1 Mol Salzsäure ausgeführt, bildet sich das Hydrochlorid dieser Verbindung, während bei Anwendung eines Salzsäureüberschusses der Äthyleniminring geöffnet und das Dihydrochlorid des Chloräthyldiamins

$$\underset{R'}{\overset{R}{>}} N \cdot CH_2 \cdot C\,H(OH) \cdot CH_2 \cdot NH \cdot CH_2 \cdot CH_2 \cdot Cl$$
$$\quad\quad HCl \quad\quad\quad\quad\quad HCl$$

gewonnen wird.

Durch Umsetzen von polyfunktionellen höhermolekularen Alkylenoxyden, insbesondere von Verbindungen, die 1—2 Epoxydgruppen enthalten, wie sie in den niedermolekularen Bisphenol-A-Glycidyläthern vorliegen, mit höhermolekularen Bis-äthyleniminderivaten, z. B. von Bis-äthylenimino-buttersäureglykolester

$$CH_3 \cdot CH \cdot CH_2 \cdot CO \cdot O \cdot CH_2 \cdot CH_2 \cdot O \cdot CO \cdot CH_2 \cdot CH \cdot CH_3$$
$$\underset{CH_2{-}CH_2}{\overset{N}{\wedge}} \qquad\qquad\qquad\qquad \underset{CH_2{-}CH_2}{\overset{N}{\wedge}}$$

stellen die FARBWERKE HOECHST AG.[2] Kunststoffe mit unterschiedlichen Eigenschaften her. Beispielsweise wird bei der Umsetzung von 100 Teilen Epoxydharzvorprodukt mit einem Epoxydäquivalentgewicht von 300 mit 30 Teilen des angeführten Iminoesters ein Produkt von der Härte des Hartgummis, und bei dem umgekehrten Verhältnis von 30 Teilen Harz und 100 Teilen Iminoester ein Produkt mit den Eigenschaften des Weichkautschuks erhalten.

Äthylenoxyd und Säureamide

Die Amidogruppe von Säureamiden addiert Äthylenoxyd ebenfalls, wenn auch wesentlich schwerer, weil hier die stark katalysierende Wirkung der basischen Reaktion der Amine fehlt. So erfordern die Umsetzungen mit Säureamiden die Gegenwart starker Alkalibasen und höhere Temperaturen (30—50°).

Praktische Verwendungen haben Anlagerungsprodukte von Äthylenoxyd an Sulfonamide gefunden. So werden von der CIBA AG.[3] mehr oder weniger wasserlösliche Additionsprodukte von Äthylenoxyd

---

[1] BENOIT, G., u. A. FUNKE: Bl. **1955**, Nr. 7/8, 946—947.
[2] Belg. P. 545909, 9. 3. 56; D.-Pri. 9. 3. 55.
[3] FP 1079460, 9. 6. 53/30. 11. 54; Schwz.-Pri. 25. 6. 52 u. 13. 6. 53.

mit o- oder p-Toluolsulfamid, Naphthalin-1-sulfonamid oder Naphthalin-2-7-disulfonamid hergestellt, die unter Mitverwendung, von härtebeständigen Netzmitteln (Fettalkoholsulfonate) zum Nachbehandeln von Färbungen dienen. Diese Produkte ersetzen das übliche Nachseifen und haben im Gegensatz dazu keine faserschädigende Wirkung.

In analoger Weise addiert sich Äthylenoxyd an Harnstoff, Thioharnstoff, Guanidin und ihre N-Substitutionsprodukte, bei denen noch mindestens 1 Wasserstoffatom am Stickstoffatom vorhanden ist. Die normale Addition einer Oxäthylgruppe findet jedoch nur bei Temperaturen bis zu etwa 80° statt. Erfolgt aber die Einwirkung des Äthylenoxyds bei 90—130° — entweder durch Einleiten von 1 Mol in 1 Mol geschmolzenem Harnstoff, derart, daß das Gas restlos aufgenommen wird, wobei nach kurzer Zeit die Temperatur auf 90—100° gesenkt werden kann, oder durch Erhitzen von äquimolekularen Mengen im Autoklaven, oder durch Einleiten von 1 Mol Äthylenoxyd in eine 66%ige wäßrige Lösung, die 1 Mol Harnstoff enthält bei 90—95° — so findet neben der Vielzahl möglicher Reaktionen im wesentlichen die folgende unter Abspaltung von Ammoniak und Kohlendioxyd statt: Es kondensiert sich der zunächst gebildete Monooxäthylharnstoff mit einem noch unveränderten Mol Harnstoff unter Abspaltung von Ammoniak. Das so gebildete Urethan addiert nun an der Urethanamidogruppe 1 Mol Äthylenoxyd und stößt gleichzeitig die benachbarte, labil gewordene CO_2-Gruppe ab, so daß der Reaktionsablauf der folgende ist:

$$H_2N \cdot CO \cdot NH \cdot CH_2 \cdot CH_2OH + H_2N \cdot CO\,NH_2 \rightarrow H_2N \cdot CO \cdot NH \cdot CH_2CH_2 \cdot O \cdot CO \cdot NH_2 + NH_3$$

$$H_2N \cdot CO \cdot NH \cdot CH_2 \cdot CH_2 \cdot O \cdot CO \cdot NH_2 + CH_2\!-\!CH_2 \rightarrow H_2N \cdot CO \cdot NH \cdot CH_2 \cdot CH_2NH \cdot CH_2 \cdot CH_2 \cdot OH + CO_2$$
$$\diagdown O \diagup$$

Die so entstehenden wasserlöslichen Harze lassen sich durch Nachbehandlung mit Formaldehyd in härtbare, technisch brauchbare Harze überführen[1].

Entsprechend hat A. M. PAQUIN[2] Harnstoff, Butyl- und Phenylharnstoff sowie Harnstoffe, die mit einem Rest einer Mischparaffincarbonsäure mit einer Kohlenstoffzahl von 6—11 substituiert waren, sowie Thioharnstoff mit und ohne Gegenwart von Wasser bei 90—100° mit etwa 1 Mol Äthylenoxyd umgesetzt, wobei nach Abtreiben des Wassers zähflüssige bis weichharzartige, wasserlösliche bis hydrophile Massen entstehen, die sich für Textilbehandlung eignen.

Bei der Einwirkung von 5 Mol und mehr Äthylenoxyd auf 1 Mol Harnstoff, erfolgt auch bei höheren Temperaturen normale Anlagerung, ohne daß Zwischenreaktionen, die zur Abspaltung von Ammoniak oder Kohlendioxyd führen, auftreten. So erhält man z. B. bei der Umsetzung von 1 Mol Harnstoff mit 30 Mol Äthylenoxyd im Autoklaven bei 120° während 9 Stunden (ohne Zusatz eines alkalischen Katalysators) eine braune dünne Flüssigkeit, die 90% des

[1] PAQUIN, A. M.: Kunst. **1947**, 166.
[2] D. Anm. J 72394 v. 3. 6. 42, HOECHST.

Äthylenoxyds gebunden enthält. Wird 1 Mol Harnstoff mit 5 Mol Äthylenoxyd in Gegenwart von 0,02% Natriumhydroxyd (berechnet auf die Harnstoffmenge) im Autoklaven zur Reaktion gebracht, so erfolgt schon bei 85—90° schnelle Addition, so daß in rascher Folge noch 30—40 Mol Äthylenoxyd nachgedrückt werden können. Hierbei bilden sich auch Polymerisationsprodukte des Äthylenoxyds selbst, deren Menge um so größer ist, je höher die Temperatur gehalten wird. Die niederen Anteile dieser Polymerisationsprodukte lassen sich durch eine Vakuumbehandlung bei höherer Temperatur abtreiben. Der verbleibende braune viscos-flüssige Harnstoffpolyglykoläther läßt sich mit $^1/_6$ bis $^1/_8$ der Menge an höheren Fettsäuren, wie Stearin-, Öl- oder Laurinsäure durch Erhitzen auf 150—160° verestern, wobei pastenförmige bis wachsartige wasserlösliche Produkte entstehen, die als Textilhilfsmittel Verwendung finden können[1].

Äthylenoxyd und Acetonitril

Acetonitril und seine Derivate setzen sich mit Äthylenoxyd in Gegenwart von Natriumamid zu Imidolactonen um. So reagiert z. B. Diphenylacetonitril unter Bildung von 2-Imino-3,3-diphenyl-tetrahydrofuran[2]:

$$(C_6H_5)_2 \cdot CH \cdot CN + \underset{\diagdown O \diagup}{CH_2\text{—}CH_2} \xrightarrow{\text{Na-amid}} (C_6H_5)_2 \cdot \underset{\underset{CH_2\text{—}CH_2}{|}}{C}\text{———}\underset{\diagup O}{C}{=}NH$$

Äthylenoxyd und Acetessigester

Äthylenoxyd setzt sich in geeigneten Lösungsmitteln mit Acetessigsäureäthylester zu Acetylbutyrolacton um:

$$H_3C \cdot CO \cdot CH_2 \cdot CO \cdot OC_2H_5 + \underset{\diagdown O \diagup}{CH_2\text{—}CH_2} \rightarrow H_3C \cdot CO \cdot \underset{\underset{CH_2\text{—}CH_2}{|}}{CH}\text{—}\underset{\diagup O}{CO}$$

Als geeignete Lösungsmittel, welche beim Herabrieseln in Kolonnen mit Glas-Raschig-Ringen im Gegenstrom eine befriedigende Absorptionsfähigkeit für Äthylenoxyd entfalten, werden Aceton, Äthanol, 50%ige wäßrige Äthanollösung, Benzol und Acetessigester selbst vorgeschlagen[3].

Äthylenoxyd und Cyanessigester

Äthylenoxyd und seine höheren Derivate setzen sich mit Cyanessigester zu substituierten Cyanbutyrolactonen um. Beispielsweise ergibt Phenyläthylenoxyd α-Cyan-γ-phenyl-γ-butyrolacton[4]:

$$NC \cdot CH_2 \cdot CO \cdot O \cdot C_2H_5 + C_6H_5 \cdot \underset{\diagdown O \diagup}{CH\text{—}CH_2} \rightarrow C_6H_5 \cdot \underset{\underset{CH_2\text{—}CH \cdot CN}{|}}{CH}\overset{\diagup O \diagdown}{}CO$$

[1] PIGGOTT, H. A.: US 2059273, 22. 1. 35/3. 11. 36; B.-Pri. 22. 1. 34, IMPERIAL CHEMICAL INDUSTRIES LTD.

[2] ATTENBOROUGH, J., J. ELKS, A. HEMS u. K. N. SPEYER: Soc. **1949**, 517.

[3] BOUILLA, C. F., u. S. BARON: A. I. Ch. E. J. **1**, 49—54, (1955).

[4] ZUIDEMA, G. D., P. L. COOK u. G. V. ZYL: Am. Soc. **75**, 294 (1953).

Äthylenoxyd und Salze des Hydrazins

Durch Umsetzen von Äthylenoxyd oder seinen Derivaten mit Hydrazinsalzen höherer Fettsäuren erhält man bei längerer Einwirkung und höherer Temperatur wasserlösliche Substanzen, die als Egalisierungsmittel für Farbbäder zum Färben von Wolle dienen können, da Farbstoffe mit Sulfogruppen nicht ausgefällt werden. Auch als Textilhilfsmittel können Reaktionsprodukte dieser Art Verwendung finden. Es werden beispielsweise 3,8 g stearinsaures Phenylhydrazin mit 2,4 g Glycid so lange bei 140—150° erhitzt, bis die Masse wasserlöslich geworden ist[1].

Äthylenoxyd und Malonsäureester

Die Umsetzung von Äthylenoxyd mit Malonsäurediäthylester in Gegenwart von Aluminiumchlorid wurde von C. RAHA[2] studiert. Zu einer Lösung von 64 g Malonester in 50 ml Chloroform werden langsam 34 g pulverförmiges Aluminiumchlorid eingetragen, wobei Chlorwasserstoff entweicht. In die zum Sieden erhitzte Lösung wird alsdann Äthylenoxyd eingeleitet und nach erfolgter Addition mit 5 n Salzsäure angesäuert, 5 Stunden gekocht, ausgesalzen und mit Benzol extrahiert. Beim Fraktionieren werden zwei Fraktionen vom Kp_{11} 85—110° (5 g) und vom K_{11} 130° (17 g) erhalten, welche dieselben Analysenwerte ergeben, die auf γ-Butyrolacton zutreffen. Es wird angenommen, daß zunächst die Methylengruppe des Malonesters ein Wasserstoffatom liefert, mit dem 1 Mol Chlorwasserstoff aus dem $AlCl_3$ abgespalten wird. Durch Addition einer Aluminiumchlorid-äthyläthergruppe mit anschließender Hydrolyse wird die Bildung von γ-Butyrolacton erklärt:

$$CH_2 \cdot (CO \cdot OC_2H_5)_2 + CH_2{-}CH_2 + AlCl_3 \;\rightarrow\; CH\!\!\begin{array}{l}(CO \cdot OC_2H_5)_2 \\ CH_2 \cdot CH_2 \cdot O \cdot AlCl_2\end{array} + H_2O \;\rightarrow\; \begin{array}{l}CH_2{-}CH_2 \cdot CO \\ CH_2{-}\!\!-\!\!-O\end{array}$$

Bei der Nacharbeitung konnten H. HART und O. E. CURTIS JR.[3] jedoch kein Butyrolacton feststellen, sondern nur ein Gemisch von Ausgangsmaterial mit β-Chloräthyläthylmalonat und Malonsäure-di-β-chloräthylester:

$$CH_2 \cdot (CO \cdot OC_2H_5)_2 + CH_2{<}\begin{array}{l}CO \cdot OC_2H_5 \\ CO \cdot OC_2H_4Cl\end{array} + CH_2{<}\begin{array}{l}CO \cdot OC_2H_4Cl \\ CO \cdot OC_2H_4Cl\end{array}$$

Natriummalonsäurediäthylester reagiert mit Äthylenoxyd in der Weise, daß der zunächst gebildete Oxäthylrest mit der einen Estergruppe unter Abspaltung von Äthanol einen Lactonring schließt. Bei di-substituierten Alkylenoxyden erfolgt der Ringschluß an dem

---

[1] GRÄNACHER, C., R. SALLMANN u. J. FREI: US 2371133, 25. 11. 41/13. 3. 45; Schwz.-Pri. 24. 12. 40, CIBA AG.

[2] RAHA, C.: Am. Soc. 75, 4098 (1953).

[3] HART, H., u. O. E. CURTIS JR.: Am. Soc. 77, 3138 (1955).

Kohlenstoffatom, das den kleineren Substituenten trägt. Zum Beispiel:

$$R \cdot CH\!-\!CH \cdot R' + Na \cdot CH \cdot (CO \cdot OC_2H_5)_2 \rightarrow R \cdot CH \cdot CH \cdot (R') \cdot CH \cdot CO \cdot OC_2H_5$$

hierbei muß $R' > R$ sein[1].

Äthylenoxyd und saure Phosphorsäureester

Durch Umsetzen von Phosphorsäuremonoestern, und zwar Veresterungsprodukten von Ortho-, Pyro- oder Metaphosphorsäure, sowie
auch von Phosphoroxychlorid mit höheren Alkoholen wie Hexyl-,
Ocytl-, Oleyl-, Benzyl- oder Cyclohexylalkohol oder auch mit alkylierten Phenolen, mit 4—8 Molen Äthylenoxyd werden wasserlösliche
Produkte erhalten, die gute antistatische Wirkung bei Geweben aus
Stapelfasern, Polyvinylchlorid, Polyamiden, Polyacrylnitril oder Polyestern aufweisen, wie H. HAAS, H. MARKERT und G. LIETZ[2] gefunden
haben.

Äthylenoxyd und Phosgen, Phosphoroxychlorid
und Grignardverbindungen

Phosgen setzt sich mit Äthylenoxyd in Äthylbromid als Lösungsmittel bei 0° zum Chloräthylesterchlorid der Kohlensäure um:

$$CH_2\!-\!CH_2 + Cl \cdot CO \cdot Cl \rightarrow Cl \cdot CO \cdot O \cdot CH_2 \cdot CH_2 \cdot Cl$$

Da die Derivate des Äthylenoxyds in gleicher Weise reagieren, können
Chloresterchloride der verschiedensten Zusammensetzung synthetisiert werden, die als vielseitig verwendbare reaktionsfähige Zwischenprodukte Verwendung finden können[3].

In analoger Weise reagieren Alkylenoxyde mit Phosphoroxychlorid
unter Bildung von Tri-(chloralkyl)-phosphaten:

$$3\,CH_2\!-\!CH_2 + POCl_3 \rightarrow PO \cdot (O \cdot CH_2 \cdot CH_2\,Cl)_3$$

Auch in mit organischen Resten substituierten Phosphoroxyhalogeniden,
wie Dibutylbromphosphat, p-Nonyl-phenyl-dichlorphosphat, N-2-Äthyl-
hexyl-amidophosphoryldichlorid, N,N-Diäthylamino-phosphoryldichlo-
rid und dergleichen mehr, können 1 oder 2 Chloräthanäthergruppen
eingeführt werden. Diese Umsetzung ist auch mit Propylenoxyd und
Epichlorhydrin durchgeführt worden. Im allgemeinen ist 50° die
günstigste Reaktionstemperatur[4].

[1] ROTHSTEIN, R., u. J. FICINI: C. r. **234**, 1293 (1952).
[2] D.-Anm. B 28940, 21. 12. 53 — FP 1115875, BÖHME FETTCHEMIE GmbH.
[3] MALINOWSKY, M. S., u. N. M. MEDJANZEWA: Z. obsc. Chim. **23**. 2 (1953).
[4] MORTON, W.: DRP 848946, 30. 11. 50/10. 7. 52; US-Pri. 2. 12. 49, UNION
CARBIDE & CARBON CORP.

Die Umsetzung von Natriumdiallylphosphit mit Äthylenoxyden hat N. Kreuzkamp[1] studiert und festgestellt, daß hierbei Gemische isomerer β-Oxyphosphonester entstehen, entsprechend der Gleichung:

$$R \cdot \underset{\underset{O}{\diagdown\diagup}}{CH - CH} \cdot R' + Na \cdot PO \cdot (O \cdot Allyl)_2 \;\rightarrow\; R \cdot \underset{PO \cdot (O \cdot Allyl)_2}{\overset{OH}{\underset{|}{\overset{|}{CH}}} \cdot CH} \cdot R' \;+\; R \cdot \underset{PO \cdot (O \cdot Allyl)_2}{\underset{|}{CH}} \cdot CH \cdot (OH) \cdot R'$$

Isobutylenoxyd lagert sich bei analoger Umsetzung in Isobutyraldehyd um und bildet α-Oxy-β-methyl-propan-phosphorsäure-diallylester

$$(CH_3)_2 \cdot CH \cdot CH \cdot (OH) \cdot PO \cdot (O \cdot Allyl)_2.$$

Bei Grignard-Verbindungen findet eine analoge Addition statt, bei welcher in der zweiten Phase das Magnesiumhalogenid abgespalten wird und alkyliertes Äthanol entsteht:

$$\underset{\underset{O}{\diagdown\diagup}}{CH_2 - CH_2} + C_2H_5 \cdot Mg \cdot Br \;\rightarrow\; C_2H_5 \cdot CH_2 \cdot CH_2 \cdot O \cdot Mg \cdot Br \;\rightarrow\; C_2H_5 \cdot CH_2 \cdot CH_2 \cdot OH$$

Es wurde u. a. die Umsetzung von Äthylenoxyd mit Phenylacetylenmagnesiumbromid durchgeführt, wobei sich 1-Phenyl-1-butin-4-ol und 2-Phenyl-4,5-dihydrofuran bilden[2]:

$$2\,\underset{\underset{O}{\diagdown\diagup}}{CH_2 - CH_2} + 2\,C_6H_5 \cdot C \equiv C \cdot Mg \cdot Br \;\rightarrow\; C_6H_5 \cdot C \equiv C \cdot CH_2 \cdot CH_2OH \;+\; \underset{\underset{O}{\diagdown\diagup}}{\overset{CH_2 - CH}{\underset{CH_2 \quad C - C_6H_5}{| \qquad ||}}}$$

Umsetzungen von N-substituierten α-Aminoglyciden mit Grignard-Verbindungen hat K. Binovic[3] studiert. Hierbei erfolgt die Addition ausschließlich an dem am wenigsten substituierten Kohlenstoffatom des Epoxydringes:

$$\underset{R}{\overset{R}{\diagdown}}N \cdot CH_2 \cdot \underset{\underset{O}{\diagdown\diagup}}{CH - CH_2} + R' \cdot Mg \cdot Br \;\rightarrow\; \underset{R}{\overset{R}{\diagdown}}N \cdot CH_2 \cdot \underset{\underset{\underset{R'\,\diagup \; \diagdown\, MgBr}{O}}{\diagdown\diagup}}{CH - CH_2} \;\rightarrow\; \underset{R}{\overset{R}{\diagdown}}N \cdot CH_2 \cdot CH(OH) \cdot CH_2 \cdot R'$$

Aus dem vermutlich von dem Oxoniumzwischenprodukt abzuleitenden Aminobromhydrin lassen sich nach Umlagerung und Dimerisierung durch Alkalieinwirkung Bis-dialkylamino-1,4-dioxane gewinnen:

$$2\,\underset{R}{\overset{R}{\diagdown}}N \cdot CH_2 \cdot \underset{\underset{\underset{R'\,\diagup \; \diagdown\, MgBr}{O}}{\diagdown\diagup}}{CH - CH_2} \;\rightarrow\; 2\,\underset{R}{\overset{R}{\diagdown}}N \cdot CH_2 \cdot \underset{\underset{OH \;\; Br}{| \quad |}}{CH - CH_2} \;\rightarrow\;$$

---

[1] Kreuzkamp, N.: Naturwissenschaften **1956**, 81—82.
[2] Gaylord, G., u. E. J. Becker: Ch. Rev. **59**, 413 (1951).
[3] Binovic, K.: Bl. **1957**. 2. 167—172.

Äthylenoxyd und Dinitrobenzolsulfenylchlorid

Mit 2,4-Dinitrobenzolsulfenylchlorid reagieren Äthylenoxyd und seine Substitutionsprodukte, wie Propylenoxyd, Cyclohexenoxyd oder Styroloxyd bei Raumtemperatur in Gegenwart von Pyridin unter Addition:

$$O_2N\text{—}\langle\ \rangle\text{—}SCl + R \cdot CH\text{—}CH_2 \rightarrow O_2N\text{—}\langle\ \rangle\text{—}S \cdot O \cdot CH \cdot CH_2Cl$$

Stilbenoxyd in seiner cis- und trans-Form reagiert unter den gleichen Bedingungen nicht[1].

Äthylenoxyd und Stickstofftetroxyd

Über die Einwirkung von Stickstofftetroxyd auf Äthylenoxyd berichtet G. Rossmy[2]. Früher hatte Darzens[3] die Reaktion unter Bildung von 2-Nitro-äthyl-nitrat, $O_2N \cdot CH_2 \cdot CH_2 \cdot O \cdot NO_2$, erklärt. Es wurde nun gefunden, daß das Umsetzungsprodukt das isomere Äthylennitrit-nitrat, $NO \cdot O \cdot CH_2 \cdot CH_2 \cdot O \cdot NO_2$, darstellt.

Äthylenoxyd und Phenole sowie Phenol-Formaldehydharze

Zur Herstellung eines Mittels zum Brechen von natürlichen Erdölemulsionen wird ein Phenoloxäthylierungsprodukt sulfiert. Statt Phenol können auch Gemische von Harzsäuren mit Phenol im Verhältnis 2:1 unter Verwendung von Schwefelsäure als Kondensationsmittel angewandt werden. Die nach der Sulfierung entstehenden braunen Harze sind alkalilöslich und ihre wäßrig-alkalische Lösung bewirkt eine schnelle Trennung von Erdöl–Wasser-Emulsionen[4].

Oxäthylphenole, insbesondere zweikernige, können als Alkoholkomponente für die Herstellung von Polyestern dienen. Polyester dieser Art haben einen besonders hohen Erweichungspunkt. Beispielsweise wird p,p′-Dioxybenzophenon — hergestellt durch Umsetzen von 2 Mol Phenol mit 1 Mol Phosgen — durch Reaktion mit 2 Mol Äthylenoxyd zum Benzophenon-p,p′-dioxäthyläther

$$HO \cdot CH_2 \cdot CH_2 \cdot O\text{—}\langle\ \rangle\text{—}CO\text{—}\langle\ \rangle\text{—}O \cdot CH_2 \cdot CH_2 \cdot OH$$

umgesetzt[5].

Noch nicht ausgehärtete Phenol-Formaldehyd-Kondensationsprodukte, die also noch Methylolgruppen enthalten, nehmen bei der Behandlung mit Äthylenoxyd dieses auf. Diese Oxäthylierung bewirkt nicht nur eine bessere Wasserlöslichkeit der Harze, sondern vor allem Lichtechtheit nach dem Härten. Wenn nicht nachbehandelte Harze dieser Art für Gerbereizwecke Verwendung finden sollen, ist die übliche Rotverfärbung für viele Zwecke untragbar. Da Wasserlöslichkeit

---

[1] Kharash, N., u. D. Peters: J. org. Chem. 21, Nr. 5, 590—593 (1956).
[2] Rossmy, G.: B 88, 1969—1974 (1955).
[3] Darzens: C. r. 229, 1148 (1949).
[4] Groote, M. de: US 2076624, 16. 11. 36/13. 4. 37, Tret-o-lite Co.
[5] Caldwell, J. R.: US 2675411, 11. 4. 51/13. 4. 54, Eastman Kodak Co.

dieser Harze auch durch Sulfieren erzielt werden kann, andererseits ein Übermaß an Oxäthylgruppen wieder die Gerbwirkung herabsetzt, muß eine kombinierte Behandlung durch Oxäthylieren und Sulfieren erfolgen, damit optimale Wasserlöslichkeit, Lichtechtheit und Gerbwirkung erzielt wird[1].

Alkylensulfide und Thioepoxyde

Äthylensulfid

Die Gewinnung von Äthylensulfid

$$CH_2\!-\!CH_2$$
$$\diagdown S \diagup$$

vom Kp 55—56° aus Äthylenoxyd gelingt mit Hilfe von schwefelhaltigen Substanzen, die in der Lage sind, ihr Schwefelatom gegen ein Sauerstoffatom auszutauschen. Für diesen Zweck sind Thioharnstoff und rhodanwasserstoffsaure Salze schon früh angewandt worden wegen ihrer Neigung, in Harnstoff bzw. in Salze der Cyansäure überzugehen.

Äthylensulfid ist erst relativ spät bearbeitet worden. M. DÉLÉPINE[2] hat es — vermutlich als erster — 1920 durch Einwirkung einer wäßrigen Schwefelnatriumlösung, die Schwefelwasserstoff enthielt, auf β-Chloräthylrhodanid, (aus symmetrischem Dichloräthan und Rhodankalium) hergestellt:

$$CH_2Cl\!-\!CH_2Cl + K \cdot S \cdot CN \;\rightarrow\; CH_2Cl\!-\!CH_2 \cdot S \cdot CN$$

$$CH_2Cl\!-\!CH_2 \cdot S \cdot CN + Na_2S \;\rightarrow\; CH_2\!-\!CH_2 + NaCl + Na \cdot S \cdot CN$$

Wie M. DÉLÉPINE und ESCHENBRENNER[3] gefunden haben, läßt sich die Ausbeute an Äthylensulfid wesentlich verbessern, wenn von Äthylendirhodanid ausgegangen wird, welches durch Einwirkung von 2 Mol Rhodankalium auf 1 Mol symmetrisches Dichloräthan entsteht.

Im technischen Maßstabe haben dann K. DACHLAUER und L. JACKEL[4] unter Verwendung von Rhodankalium und Thioharnstoff Methoden für die Gewinnung von Äthylensulfid aus Äthylenoxyd ausgearbeitet, die an Einfachheit nichts zu wünschen übriglassen.

Herstellung mittels Rhodankalium: In eine Lösung von 45 g Rhodankalium in 45 g Wasser wird bei —5 bis —10° langsam 30 g Äthylenoxydgas eingeleitet und dann bei —7° unter schwachem Rühren einige Stunden stehengelassen. Es scheidet sich Äthylensulfid als gelbes Öl ab. (Diese Methode ist später durch andere Forscher modifiziert worden[5]).

---

[1] BP 447 417, 16. 11. 34/18. 5. 36, I. G.

[2] DÉLÉPINE M.: Bl. (4) **27**, 741 (1920) sowie C. r. **171**, 36.

[3] DÉLÉPINE, M., u. ESCHENBRENNER: Bl. (4) **33**, 705.

[4] DRP 636 708, 11. 11. 34/24. 9. 36 — US 2 094 837, 7. 11. 35 — US 2 094 914 3. 9. 36, HOECHST.

[5] ETTLINGER: Am. Soc. **1950** 4792. — VAN TAMELEN: Am. Soc. **1951**, 3444.

Herstellung mittels Thioharnstoff: In eine Lösung von 50 g Äthylenoxyd in 75 g Wasser werden bei 10—12° 38 g sehr fein gepulverter Thioharnstoff eingerührt, wobei er sich allmählich löst. Nach erfolgter Lösung wird auf —2° gekühlt und bei dieser Temperatur unter schwachem Rühren einige Stunden stehengelassen. Es scheidet sich Äthylensulfid als gelbes Öl ab, das noch Anteile an polymeren Verbindungen enthält. Die Bildung dieser Nebenprodukte kann wesentlich herabgesetzt werden, wenn während der Umsetzung nach erfolgter Lösung des Thioharnstoffes 1 g Pottasche zugegeben wird, wodurch auch der Ablauf der Reaktion beschleunigt wird.

Nach einem Verfahren von P. Schlack[1] kann die Herstellung von Alkylensulfiden aus Äthylenoxyd und Salzen der Rhodanwasserstoffsäure mit der Bildung von Additionsprodukten des entstandenen Äthylensulfids verknüpft werden. Zum Beispiel können die sonst in einem besonderen Arbeitsgang gewonnenen Additionsverbindungen von Äthylensulfid sowie auch von anderen Alkylensulfiden mit Aminbasen direkt hergestellt werden, indem die rhodanwasserstoffsauren Salze der betreffenden Aminbasen zur Anwendung kommen. Verbindungen dieser Art werden zur Erhöhung der Anfärbbarkeit von Cellulose- oder Kunststoff-Fasergeweben mit sauren Farbstoffen angewendet.

Zur Klärung des Chemismus der Austauschreaktion zwischen Alkylenoxyden und Thioharnstoff hat C. C. Culvenor[2] und C. C. Culvenor, W. Davies und W. E. Savige[3] Untersuchungen ausgeführt. Ausgehend von der bekannten Existenz der Zwitterform des Thioharnstoffes: $H_2N \cdot C{=}S \cdot NH_2 \rightleftharpoons H_2N \cdot C \cdot (SH){=}NH$ wird der Reaktionsablauf beispielsweise mit Äthylenoxyd von den Autoren folgendermaßen versinnbildlicht:

$$
\begin{array}{ccccccccc}
\underset{\displaystyle O}{CH_2{-}CH_2} + \underset{\displaystyle NH_2}{HS{-}C{=}NH} & \rightarrow & \underset{OH \quad S}{CH_2{-}CH_2} & \rightarrow & \underset{O \quad S}{CH_2{-}CH_2} & \rightarrow & \underset{O \quad SH}{CH_2{-}CH_2} & \rightarrow & \underset{S}{CH_2{-}CH_2} \\
 & & \underset{H_2N \quad NH}{C} & & \underset{H_2N \quad NH_2}{C} & & \underset{H_2N \quad NH}{C} & & +H_2N \cdot CO \cdot NH_2
\end{array}
$$

Eine in analoger Weise erklärte Reaktion haben die Autoren mit Hilfe von 2,4-Dinitro-thiophenol zu einem praktisch brauchbaren Verfahren, Alkylenoxyde jeder Art in Alkylensulfide zu überführen, ausgearbeitet. Die Umlagerung der durch Addition zunächst entstandenen 2-(2,4-Dinitro-phenolthio)-alkan-1-ol und der Austausch des Sauerstoffatoms gegen das Schwefelatom unter Bildung von 2,4-Dinitrophenol und Alkylensulfid entspricht dem beim Thioharnstoff dargestellten Verlauf. Hierbei tritt das bei der Bildung des Fünfringes wandernde Wasserstoffatom an den p-Kohlenstoff, wodurch in diesem Stadium die Zahl der im Benzolkern vorhandenen Doppelbindungen auf zwei heruntergehen.

Die Einwirkung von Äthylenoxyd kann auch auf Polythioharnstoffe, und zwar auf solche im verarbeiteten Zustand, erfolgen. So

<hr>

[1] US 2136928, 9. 12. 35/15. 11. 38; D.-Pri. 10. 12. 34, I. G.
[2] Culvenor, C. C.: Diss. Melbourne **1948**, 2.
[3] Culvenor, C. C., W. Davies u. W. E. Savige: Soc. **1949**, 284 u. **1952**, 4480.

führt die CourtAULDS Ltd.[1] eine Nachbehandlung von Fäden aus Polythioharnstoffen, wie sie nach BPP 524795, 534699 und 660905 aus aliphatischen Diaminen und Schwefelkohlenstoff hergestellt werden, mittels Äthylenoxyd oder anderen Alkylenoxyden durch, was eine wesentliche Erhöhung der Wärmefestigkeit der Faser bewirkt.

Propylensulfid $CH_3 \cdot \overset{\displaystyle CH-CH_2}{\underset{\displaystyle S}{\diagdown\diagup}}$ Kp 72—75°

läßt sich nach dem vorstehenden Verfahren von DACHLAUER und JACKEL durch Ersatz des Äthylenoxyds durch Propylenoxyd herstellen.

Das Verfahren ist durch F. G. BORDWELL und H. M. ANDERSEN[2] dadurch verbessert worden, daß zu einer auf 0° gekühlten Aufschlämmung von 40 g feingepulvertem Thioharnstoff in einer Lösung von 15 ml konzentrierter Schwefelsäure in 175 ml Wasser innerhalb von 2—3 Stunden 29 g Propylenoxyd bei 0—5° eingetropft wird. Das abgeschiedene Propylensulfid wird nach dem Waschen und Trocknen bei gewöhnlichem Druck fraktioniert.

3-Chlorpropylensulfid $ClCH_2 \cdot \overset{\displaystyle CH-CH_2}{\underset{\displaystyle S}{\diagdown\diagup}}$ Kp$_6$ 84—96°

kann mit einer Ausbeute von 67% durch 3stündiges intensives Rühren von Epichlorhydrin mit feingepulvertem Thioharnstoff bei gewöhnlicher Temperatur gewonnen werden[3].

Bis-(2,3-epoxypropyl)-sulfid $\overset{\displaystyle CH_2-CH}{\underset{\displaystyle O}{\diagdown\diagup}} \cdot CH_2 \cdot S \cdot CH_2 \cdot \overset{\displaystyle CH-CH_2}{\underset{\displaystyle O}{\diagdown\diagup}}$ Kp$_1$ 84°

kann als Diglycidsulfidäther in diesem Verband angeführt werden. Es wird von der AMERICAN CYANAMID Co.[4] in der Weise hergestellt, daß eine Lösung von 2 Mol = 480,4 g Natriumsulfid-nonohydrat (9 H_2O) in 1 Liter Wasser innerhalb von 3 Stunden zu 0,42 Mol = 38,8 g Epichlorhydrin, das durch eine Kältemischung gekühlt ist, bei 0—5° eingetragen wird. Die 2-Phasen-Reaktionsflüssigkeit wird mit Äther ausgezogen und schließlich bei vermindertem Druck fraktioniert. Dieses Diepoxysulfid wird für die Herstellung von Anionenaustauschharzen verwandt.

1,2-Butylensulfid $\overset{\displaystyle CH_2-CH}{\underset{\displaystyle S}{\diagdown\diagup}} \cdot CH_2 \cdot CH_3$ Kp 104—105°

entsteht durch Umsetzen von 1,2-Dibrombutan mit Ammoniumrhodanid in alkoholischer Lösung, wobei zunächst ein Gemisch von 1-Brom-2-rhodan-butan und 1-Rhodan-2-brom-butan gebildet wird. Durch Behandeln mit einer wäßrigen Lösung von Natriumsulfid und Natriumhydrosulfid werden beide Isomere in 1,2-Butylensulfid übergeführt. 1,2-Butylensulfid ist ein leicht und in guter Ausbeute gewinnbares Ausgangsmaterial zum Aufbau schwefelhaltiger Verbindungen. Eine technische Verwendung ist bisher nicht bekannt geworden[5].

[1] BP 717968, 25. 2. 52/3. 11. 54 u. das identische FP 1071344.
[2] BORDWELL, F. G., u. H. M. ANDERSEN: Am. Soc. **1953**, 4959.
[3] CULVENOR, C. C., W. DAVIES u. K. H. PAUSACKER: Soc. **1946**, 1050.
[4] US 2469684, 16. 3. 46/10. 5. 49, AMER. CYANAMID Co.
[5] DÉLÉPINE, JOFFEUX: C. r. **172**, 158 sowie Bl. (4), **29**, 136,.

2,3-Butylensulfid $\quad CH_2 \cdot CH\!-\!CH \cdot CH_3$ (Ring über S) $\quad Kp_{198}$ 56$-$58°

wird in analoger Weise aus 2,3-Dibrombutan hergestellt.

Ausgehend von Chlormercaptobutanen hat W. COLTOF[1] ein einfaches Verfahren zur Gewinnung von Butylensulfiden ausgearbeitet. Beispielsweise werden 20 g 2-Chlor-3-mercaptobutan 45 Minuten mit 16,8 g trocknem Natriumbicarbonat gerührt und anschließend in $1\frac{1}{3}$ Stunden 25 ml Wasser bei gewöhnlicher Temperatur eingetropft und 6 Stunden nachgerührt, wobei Kohlendioxyd entweicht. Das Butylensulfid scheidet sich als Ölschicht ab und wird nach dem Reinigen und Trocknen fraktioniert.

Äthylen-trithiocarbonat $\quad$ (Ring: $CH_2\!-\!CH_2$ mit S, S und CS) $\quad$ F 36$-$37°

wird durch Umsetzung eines Gemisches von 7,0 g Kaliumhydrat in 25 ml Methanol mit 11,4 g Schwefelkohlenstoff und 2,2 g Äthylenoxyd in der Wärme erhalten[2].

Trimethyl-äthylensulfid $\quad (CH_3)_2 \cdot C\!-\!-\!CH \cdot CH_3$ (Ring über S) $\quad Kp$ 145$-$150°

entsteht bei der Einwirkung von kalter Natriumsulfidlösung auf Trimethyläthylen-dirhodanid[3].

Tetramethyl-äthylensulfid $\quad (CH_3)_2 \cdot C\!-\!-\!C \cdot (CH_3)_2$ (Ring über S) $\quad$ F 76,5°, Kp 127°

ist durch schwaches Erwärmen eines Gemisches von 20 g Tetramethyläthylen-dirhodanid, 50 ml Methanol mit einer Lösung von Natriumsulfid-nonohydrat in 50 ml Wasser hergestellt worden[4].

Tetramethylensulfid $\quad$ (Ring: $CH_2\!-\!CH_2$ / $CH_2\!-\!CH_2$ mit S) $\quad$ F 126°

wird aus in der Natur vorkommenden Ölschiefern gewonnen. Entsteht durch thermische Zersetzung von δ-Oxybutyl-tetramethylen-sulfoniumbromid[5].

Tetramethylen-trithiocarbonat $\quad$ (Ring: $CH_2\!-\!CH_2\!-\!S$ / $CH_2\!-\!CH_2\!-\!S$ mit CS) $\quad$ F 156°

wird durch dreiwöchiges Stehen eines Gemisches von 2,6 g Kaliumhydrat in 15 ml Methanol mit 3,8 g Schwefelkohlenstoff und 2,0 g Tetramethylenoxyd bei 36° erhalten[6].

---

[1] US 2 183 860, 6. 2. 39/19. 12. 39; Nied.-Pri. 16. 2. 38, SHELL DEVELOPMENT CO.
[2] CULVENOR, C. C. J., W. DAVIES u. K. H. PAUSACKER: Soc. **1946**, 1050.
[3] CALINGAERT: Bl. Soc. Chim. Belg. **31**, 111 — C. **1922**, III, 125.
[4] YOUTZ, M. A., u. P. P. PERKINS: Am. Soc. **51**, 3508 (1929).
[5] BENNETT, HOCK: Soc. **1927**, 483.
[6] CULVENOR, C. C. J., W. DAVIES u. K. H. PAUSACKER: Soc. **1946**, 1050.

Pentamethylensulfid $\begin{array}{c} CH_2-CH_2 \\ CH_2 \qquad\qquad S \\ CH_2-CH_2 \end{array}$ Kp 140—142°

wird durch Kochen von 1,5-Dijodpentan mit wäßriger Natriumsulfid-lösung gewonnen[1].

Tetraphenyl-äthylensulfid $(C_6H_5)_2 \cdot C\!\!-\!\!C \cdot (C_6H_5)_2$ über S   F 178—179°

kann durch Einleiten von Schwefelwasserstoff in eine siedende alko-holische Lösung von 2,2,5,5-Tetraphenyl-2,5-dihydro-1,3,4-oxadiazol dargestellt werden, wobei die gelbe Farbe über Blau und Grün wieder in Gelb übergeht, und sich das gebildete Sulfid kristallinisch aus-scheidet[2]:

$$(C_6H_5)_2 \cdot C \overset{N=N}{\underset{O}{\diagup\diagdown}} C \cdot (C_6H_5)_2 + H_2S \rightarrow (C_6H_5)_2 \cdot C\!\!-\!\!C \cdot (C_6H_5)_2 \text{ über S}$$

4,4,5,5-Tetraphenyl-2,4,5-trimethylen-disulfid-1,3

$$(C_6H_5)_2 \cdot C\!\!-\!\!C \cdot (C_6H_5)_2 \quad \underset{CH_2}{\overset{S\ \ S}{|\ \ |}} \qquad F 199—200°$$

wird durch Umsetzen von 2 Mol Thiobenzophenon in Äther mit 1 Mol Diazomethan unter Kühlen erhalten[3].

4,4,5,5-Tetraphenyl-2,4,5-trimethylen-2-methyl-disulfid-1,3

$$(C_6H_5)_2 \cdot C\!\!-\!\!C \cdot (C_6H_5)_2 \quad \underset{CH \cdot CH_3}{\overset{S\ \ S}{|\ \ |}} \qquad F 170—172°$$

wurde von denselben Forschern nach der gleichen Methode unter Ver-wendung von Diazoäthan hergestellt[3].

Tetra-p-anisyl-äthylensulfid

$$(CH_3 \cdot O \cdot C_6H_4)_2 \cdot C\!\!-\!\!C \cdot (C_6H_4 \cdot O \cdot CH_3)_2 \text{ über S} \qquad F 210°$$

wird durch Umsetzen von p-Dianisyl-thioketon mit einer GRIGNARD-Verbindung hergestellt, indem 5,5 g p-Dianisylthioketon in 250 ml Äther mit einem Gemisch von 5 g Brombenzol in 25 ml Äther mit etwas mehr als der berechneten Menge Magnesium $2^1/_2$ Stunden ge-kocht werden. Es scheidet sich das Sulfid in Kristallen ab[4].

1-(p,p-Tetramethyl-diaminophenyl)-2-(diphenyl)-äthylensulfid

$$[(CH_3)_2 \cdot N \cdot C_6H_4]_2 \cdot C\!\!-\!\!C \cdot (C_6H_5)_2 \text{ über S} \qquad F 161—165°$$

ist nach einem universell anwendbaren Verfahren durch Umsetzen von Diazoalkanen mit Thioketonen oder Thiosäurechloriden erhältlich. Die Reaktion kann nach zwei verschiedenen Richtungen verlaufen:

[1] BRAUN, J. v.: C. **1909**, II, 1994.
[2] SCHÖNBERG, A., u. M. E. BARKAT: Soc. **1939**, 1074.
[3] SCHÖNBERG, A., D. CERNIK u. W. URBAN: B. **64**, 2577 (1931).
[4] SCHÖNBERG, A.: A. **454**, 37 (1927).

1. Mittels Diazomethan und Thioketonen vorwiegend unter Bildung von Trimethylendisulfid-Derivaten:

$$2\ \underset{R'}{\overset{R}{>}}CS + CH_2{=}N_2 \ \rightarrow \ \underset{R'}{\overset{R}{>}}C{-}C\underset{\underset{S}{|}}{\overset{\overset{R}{|}}{\underset{}{}}}\ \ \underset{\overset{|}{S}}{\overset{R'}{}}\ \ \overset{}{\underset{CH_2}{}}$$

2. Mittels Diazyldiazomethanen und Thioketonen vorwiegend unter Bildung von substituierten Äthylensulfiden:

$$\underset{R'}{\overset{R}{>}}CS + (C_6H_5)_2\cdot C{=}N_2 \ \rightarrow \ \underset{R'}{\overset{R}{>}}C{-}C\underset{S}{\overset{C_6H_5}{<}}_{C_6H_5}$$

Unter Verwendung von Diphenyldiazomethan wird folgendermaßen gearbeitet: Für sich einzeln bereitete Lösungen von 4 g Tetramethyl-diamino-thiobenzophenon und 3 g Diphenyldiazomethan, jedes in wenig Benzol, werden gemischt und unter öfterem Umschütteln 2 Tage stehengelassen, wobei die anfängliche rote Färbung fast völlig verschwindet und das Sulfid auskristallisiert. In gleicher Weise lassen sich auch Thiobenzophenon und Dianisylthiobenzophenon zu den entsprechenden Sulfiden umsetzen[1].

Methylthiol-äthylensulfid $\quad HS\cdot CH_2\cdot CH{-}CH_2\ \underset{S}{\diagdown\diagup}\quad Kp_{30}\ 77°$

ist durch Wasserabspaltung aus 1,2-Dithioglycerin zugänglich[2]:

$$CH_2OH{-}CHSH{-}CH_2SH \ \xrightarrow{-H_2O}\ CH_2{-}CH\cdot CH_2\cdot SH\ \underset{S}{\diagdown\diagup}$$

Acetylthio-propylensulfid $\quad CH_3\cdot CO\cdot S\cdot CH_2\cdot CH{-}CH_2\ \underset{S}{\diagdown\diagup}\quad Kp_{40}\ 125°$

wird durch Abspaltung von Essigsäureanhydrid aus Triacetyl-2,3-dimercaptopropanol gewonnen:

$$CH_3\cdot CO\cdot S\cdot CH_2{-}CH\cdot(S\cdot CO\cdot CH_3){-}CH_2(O\cdot CO\cdot CH_3)$$
$$\xrightarrow{-(CH_3\cdot CO)_2O}\ CH_3\cdot CO\cdot S\cdot CH_2\cdot CH{-}CH_2\ \underset{S}{\diagdown\diagup}\ 3$$

Cyclohexensulfid $\quad C_6H_{10}S\quad Kp_{21}\ 71,5{-}73,5°$

wird nach C. C. CULVENOR, W. DAVIES und K. H. PAUSACKER[4] durch 32 stündiges Rühren gleicher Gewichtsteile Cyclohexenoxyd und Thioharnstoff bei 15° in einer Ausbeute von 40% der Theorie erhalten. Die Ausbeute kann auf 60% erhöht werden, wenn 1 Teil Cyclohexenoxyd mit $1^1/_2$ Teilen Ammonrhodanid bei 60° gerührt wird.

Nach einer Vorschrift der ORGANIC SYNTHESES[5] wird Cyclohexensulfid aus Cyclohexen hergestellt, indem man 82 g Cyclohexen und 93 g Diäthyltetrasulfid in einer Stahlbombe 10 Stunden bei 180° erhitzt

[1] BERGMANN, E., M. MAGAT u. D. WAGENBERG: B. **63**, 2506 (1930) sowie SCHÖNBERG, A., D. CERNIK u. W. URBAN: B. **64**, 2577 (1931).
[2] LAZIER, W. A., u. F. K. SIGNAIGO: US 2396957.
[3] MILES, L. W. C., u. L. N. OWEN: Soc. **1952**, 817.
[4] CULVENOR, C. C., W. DAVIES u. K. H. PAUSACKER: Soc. **1946**, 1050.
[5] ORGANIC SYNTHESES, B. **32**, 39 (1952).

und das Reaktionsprodukt fraktioniert. Die Ausbeute beträgt 10 g Cyclohexensulfid neben Anteilen von Cyclohexylmercaptan und Schwefelkohlenstoff.

$$\textit{Cyclohexen-trithiocarbonat} \qquad
\begin{array}{c}
\text{CH}_2 \quad\ \ \text{S} \\
\text{CH}_2 \quad \text{CH} \\
\text{CH}_2 \quad \text{CH} \quad \text{CS} \qquad \text{F } 169^\circ \\
\text{CH}_2 \quad\ \ \text{S}
\end{array}$$

wird durch mehrtägiges Stehen eines Gemisches von 3,5 g Kaliumhydrat in 15 ml Methanol mit 5,7 g Schwefelkohlenstoff und 2,45 g Cyclohexenoxyd bei gewöhnlicher Temperatur gewonnen[1].

$$\textit{Styrol-trithiocarbonat} \qquad
\begin{array}{c}
\text{C}_6\text{H}_5 \cdot \text{CH}\!-\!\!-\!\text{CH}_2 \\
\text{S} \qquad \text{S} \qquad\quad \text{F } 87\text{—}88^\circ \\
\text{CS}
\end{array}$$

haben dieselben Forscher in analoger Weise durch Umsetzen von Styroloxyd und Schwefelkohlenstoff mit methanolischem Kali hergestellt.

Reaktionen des Äthylensulfids

Polymerisation. Äthylensulfid polymerisiert sehr leicht. Insbesondere bei der Einwirkung siedender verdünnter Mineralsäuren findet die Polymerisation momentan statt[2]. Die Neigung zu polymerisieren nimmt mit steigendem Molgewicht ab, also etwa in der Reihenfolge: Propylensulfid, 1,2-Butylensulfid, Trimethyl-äthylensulfid[3]

$$(\text{CH}_3)_2 \cdot \text{C}\!-\!\!-\!\text{CH} \cdot \text{CH}_3$$
$$\text{S}$$

Beim Behandeln von Äthylensulfid mit konzentrierter Salzsäure unter Kühlung erfolgt keine Polymerisation, vielmehr geht eine Umwandlung in chlorierte Produkte vor sich. An Reaktionsprodukten wurden isoliert: β-Chloräthyl-mercaptan (als Hauptprodukt), β'-Chlor-β-mercapto-diäthylsulfid sowie 1,4-Dithian[4].

Gegen Wasser ist Äthylensulfid recht beständig. Es wird erst in der Siedehitze ziemlich schnell zersetzt (DÉLÉPINE).

Halogene ersetzen das Schwefelatom durch 2 Atome Halogen. So entsteht durch Einwirkung von Chlor auf Cyclohexensulfid Dichlorcyclohexan.

Eisessig öffnet den Episulfidring und bildet aus Cyclohexensulfid 2-Mercapto-cyclohexylacetat[5].

Im übrigen unterscheiden sich die Additionsreaktionen des Äthylensulfids mit Alkoholen, Aminen, Carbonsäuren usw. im allgemeinen nicht von denen des Äthylenoxyds.

[1] CULVENOR, C. C. J., W. DAVIES u. K. H. PAUSACKER: Soc. **1946**, 1050.
[2] DÉLÉPINE, M.: C. r. **171**, 35/36 (1920).
[3] DÉLÉPINE, M., u. P. JAFFEUX: Bl. (4) **29**, 136 (1921) sowie CALINGAERT, G.: Bl. Soc. Chim. Belge **31**, 109 (1922).
[4] DÉLÉPINE, M., u. ESCHENBRENNER: Bl. (4), **33**, 705.
[5] CULVENOR, C. C., W. DAVIES u. N. S. HEATH: Soc. **1949**, 282.

Die Einwirkung von Thienylverbindungen auf Styroloxyd haben G. v. Zyl, J. F. Zack, E. S. Huyser und P. L. Cook[1] untersucht. Es bildet sich zu 50% 1-(2-Thienyl)-2-phenyl-2-äthanol, das leicht H_2O abspaltet und in 1-(2-Thienyl)-2-phenyl-äthylen übergeht:

$$\underset{\underset{\displaystyle S}{CH\!\!-\!\!C\cdot Na}}{CH\!\!-\!\!CH} + \underset{\displaystyle O}{CH_2\!\!-\!\!CH}\!\!-\!\!C_6H_5 \rightarrow C_4H_3\cdot S\cdot CH_2\cdot CH(OH)\cdot C_6H_5 \;-\!H_2O\rightarrow C_4H_3\cdot S\cdot CH\!\!=\!\!CH\cdot C_6H_5$$

Unter Verwendung von Thienyl-Magnesiumbromid erfolgt dieselbe Umsetzung mit einer Ausbeute von 63% d. Th.

Höhere Alkylenoxyde

Es sei hier unterschieden zwischen:

Alkylenoxyden, bei denen der Dreiring des Äthylenoxyds durch Ringe mit mehr Atomen ersetzt ist,

und solchen, bei denen der Dreiring erhalten ist, jedoch ein oder mehr Wasserstoffatome durch organische Gruppen ersetzt sind.

1. Alkylenoxyde mit Ringen mit mehr als drei Atomen

Wie bei cyclischen Verbindungen oft festzustellen ist, nimmt die Stabilität der Ringe mit dem Ansteigen der Anzahl der Bausteine zu. Bei Alkylenoxyden ist der Dreiring relativ labil, der Vierring wesentlich stabiler, die Fünf-, Sechs- und höheren Ringe zeichnen sich durch hohe Stabilität aus.

Eine Erklärung für dies Verhalten gibt die „Baeyersche Spannungstheorie"[2], die sich wieder auf die Theorie von LeBel und Van't Hoff stützt. Diese beiden Forscher hatten unabhängig voneinander 1874 die optische Aktivität vieler organischer Verbindungen durch die Annahme eines asymmetrischen Kohlenstoffatoms erklärt. Es wurde angenommen, daß das Kohlenstoffatom sich im Zentrum eines regulären Tetraeders befindet. Die bevorzugten Richtungen der vier Valenzen zielen dann nach den vier Tetraederecken. Die Winkel zwischen je zwei Valenzrichtungen betragen 109° 28'. Bei einer C—C-Doppelbindung werden zwei Valenzkräfte um die Hälfte des normalen Winkels, also um 54° 44' aus ihrer „spannungsfreien" Lage abgelenkt. Bei der Bildung von Ringen nimmt mit steigender Gliederzahl der Valenzablenkungswinkel ab. Er ist beim:

$$\text{Dreiring} \quad \frac{109°\,28' - 60°}{2} = 24°44'$$

$$\text{Vierring} \quad \frac{109°\,28' - 90°}{2} = 9°44'$$

$$\text{Fünfring} \quad \frac{109°\,28' - 108°}{2} = 0°44'$$

---

[1] Zyl, G. v., J. F. Zack, E. S. Huyser u. P. L. Cook: Am. Soc. **1954**, 707 bis 709.

[2] Baeyer, Ad. v.: B. **18**, 2269 (1885).

Nach der BAEYERschen Spannungstheorie ist eine Verbindung um so unbeständiger, je größer der Ablenkungswinkel der Valenzkräfte ist. Die Größe dieses Ablenkungswinkels ist also ein Maß für die innere Spannung im Molekül. Diese ist wieder proportional der Neigung zur Ringöffnung. Die Struktur von Sechs-, Sieben- und Achtringen unterscheidet sich dadurch von derjenigen der niederen Ringe, daß sie räumlich anzunehmen ist. Die Richtungen der Valenzkräfte treten aus der ebenen Lage heraus. Naturgemäß ist bei dieser Konstellation stets die Möglichkeit für eine spannungsfreie Anordnung gegeben. Auf diese Weise kann die Beständigkeit der höheren Ringe erklärt werden.

$$\textit{Trimethylenoxyd}\,[1]\quad \begin{array}{c} {}^{CH_2}\diagup\diagdown \\ CH_2 \quad O \\ \diagdown_{CH_2}\diagup \end{array}\quad \text{Kp 45—46}°$$

wird durch Wasserabspaltung aus 1,3-Propylenglykol ohne Schwierigkeit gewonnen. Während die Gewinnung von Äthylenoxyd aus Äthylenglykol wegen der Labilität des entstehenden Dreiringes nicht möglich ist, läßt sich Trimethylenoxyd wegen der relativ hohen Stabilität seines Ringes nach diesem Verfahren herstellen.

Die Reaktionsfreudigkeit des Trimethylenoxyds ist dementsprechend geringer als die des Äthylenoxyds. Mit primären und sekundären Aminen reagiert es bei gewöhnlicher Temperatur nur sehr langsam. Erst bei 150° setzt es sich schnell zu Aminopropanolen um. Sterisch gehinderte sekundäre Amine, wie Diisopropylamin sind aber auch in der Wärme nicht zur Reaktion zu bringen.

Wie S. SEARLES und V. P. GREGORY[2] gezeigt haben, ist es jedoch möglich, Diisopropylamino-propanol mittels Trimethylenoxyds und Diisopropylamins herzustellen, wenn man von der GRIGNARD-Verbindung ausgeht:

$$(CH_3)_2 \cdot CH \cdot \underset{\underset{Mg \cdot Br}{|}}{N} \cdot CH \cdot (CH_3)_2 + (CH_2)_3{=}O \;\rightarrow\; (CH_3)_2 \cdot CH \cdot \underset{\underset{CH_2 \cdot CH_2 \cdot CH_2 \cdot OH}{|}}{N} \cdot CH \cdot (CH_3)_2$$

so daß die Addition auf diesem indirekten Wege gelingt. — Natriumamid reagiert auch bei höherer Temperatur mit Trimethylenoxyd nicht, jedoch setzt sich 1-Piperidyllithium glatt um. Hierbei müssen Komplexe als Zwischenstufen angenommen werden.

Trimethylenoxyd läßt sich nur sehr schwierig polymerisieren, jedoch läßt sich die Polymerisation mit Halogenmethyl substituierten Trimethylenoxyden relativ leicht durchführen, wie Y. ETIENNE[3] gezeigt hat. So lassen sich 3,3-Bis-(chlormethyl)- und 3,3-Bis-(fluormethyl)-trimethylenoxyd (welch letzteres sich aus der Chlorverbindung durch Kochen mit Kaliumfluorid in Äthylenglykol herstellen läßt) in Methylenchlorid gelöst mit einem Zusatz von 1—4% BF_3-Ätherkomplex zu mikrokristallinen wachsartigen Massen polymerisieren. Die polymere Chlorverbindung hat den Schmelzpunkt 181°, die Fluorverbindung 137°.

[1] DERICK, BISSEL: Am. Soc. **38**, 2482 (1916).
[2] SEARLES, S., u. V. P. GREGORY: Am. Soc. **76**, 2789 (1954).
[3] ETIENNE, Y.: Ind. Plast. mod. **1957**, 37—38.

Die Herstellung von hydroxylgruppenhaltigen Trimethylenoxyd-Derivaten haben H. SCHNELL, K. RAICHLE und W. BIEDERMANN[1] beschrieben, die mehrwertige Alkohole, die an einem C-Atom wenigstens 3 Methylolgruppen tragen, mit Kohlensäureestern umsetzen, wobei basische Katalysatoren angewandt werden können. Zum Beispiel werden 134 g 1,1,1-Trimethylolpropan und 95 g Glykolcarbonat 90 Minuten bei einem Druck von 70 mm Hg auf 145° und in weiteren $2^1/_2$ Stunden bei abnehmendem Druck bis auf 160° erhitzt, wobei 76 g 3-Äthyl-3-methylol-trimethylenoxyd (= 80% d. Th.) überdestillieren. Diese Substanz wird auch aus Trimethylolpropan und Diäthylcarbonat in einer Ausbeute von 89 g (= 90,5% d. Th.) gewonnen. Sie hat den Kp_{12} 110° und Kp_4 96°.

Tetramethylenoxyd, Tetrahydrofuran
$$\begin{array}{c} CH_2-CH_2 \\ | \qquad\quad \diagdown \\ \qquad\qquad O \quad Kp\ 58° \\ | \qquad\quad \diagup \\ CH_2-CH_2 \end{array}$$

läßt sich leicht durch Wasserabspaltung aus 1,4-Butylenglykol gewinnen. Es ist eine sehr beständige Verbindung, die keine für Epoxyde charakteristische Reaktionen mehr zeigt. Darum findet Tetrahydrofuran als inertes Lösungsmittel vielseitige Verwendung.

Unter Verwendung von stark wirkenden Carbonsäureanhydriden, z. B. von Perfluorcarbonsäureanhydriden, läßt sich in Gegenwart von Katalysatoren $(ZnCl_2)$ bei 25—200° der Tetrahydrofuranring aufspalten, wobei Diester gebildet werden. Beispielsweise reagiert 2,5-Dimethyltetrahydrofuran mit Trifluoressigsäureanhydrid in folgender Weise[2]:

$$\begin{array}{c} CH_2-CH_2 \\ | \qquad | \\ H_3C\cdot CH \quad CH\cdot CH_3 \\ \diagdown_O\diagup \end{array} + \begin{array}{c} CF_3-CO \\ \diagdown\ \ \ \ O \\ CF_3-CO\diagup \end{array} \rightarrow \begin{array}{c} CH_3\cdot CH-CH_2-CH_2-CH\cdot CH_3 \\ | \qquad\qquad\qquad\qquad | \\ O\cdot CO\cdot CF_3 \qquad\quad O\cdot CO\cdot CF_3 \end{array}$$

Hexan-2,5-diol-di-trifluoracetat

Pentamethylenoxyd[3]
$$\begin{array}{c} CH_2-CH_2 \\ \diagup \qquad\qquad \diagdown \\ CH_2 \qquad\qquad O \qquad Kp\ 88° \\ \diagdown \qquad\qquad \diagup \\ CH_2-CH_2 \end{array}$$

kann durch Erhitzen von 1,5-Dibrompentan mit Wasser und Zinkoxyd auf 150° hergestellt werden. Es ist eine sehr beständige Verbindung, die der Öffnung des Ringes erheblichen Widerstand entgegensetzt.

β-Methyl-trimethylenoxyd
$$\begin{array}{c} CH\cdot CH_3 \\ \diagup \quad\ \diagdown \\ CH_2 \quad CH_2 \qquad Kp_9\ 45—46° \\ \diagdown \quad \diagup \\ O \end{array}$$

wurde durch Einwirkung von Phosphorpentachlorid auf Nitroisobutylglycerin hergestellt[4].

β,β-Dimethyl-trimethylenoxyd
$$\begin{array}{c} C\cdot (CH_3)_2 \\ \diagup \quad\ \diagdown \\ CH_2 \quad CH_2 \qquad Kp_{742}\ 78° \\ \diagdown \quad \diagup \\ O \end{array}$$

entsteht beim Erhitzen von 3-Brom-2,2-dimethylpropanol-1 mit Kaliumhydratpulver auf 130—180°.[5]

---

[1] SCHNELL, H., K. RAICHLE u. W. BIEDERMANN: D. Anm. F 14527, 22. 4. 54, BAYER.

[2] FP 1128552, 12. 4. 55/8. 1. 57; US-Pri 7. 5. 54, ESSO RESEARCH & ENGINEERING CO.

[3] CLARKE: Soc. **101**, 1802. — [4] KLEINFELLER: B. **62**, 1585.

[5] BENNETT, PHILIP: Soc. **1928**, 1938.

$\alpha,\alpha\text{-}Dimethyl\text{-}trimethylenoxyd}$ $\underset{\diagdown O \diagup}{\overset{CH_2}{CH_2 \diagup \diagdown C \cdot (CH_3)_2}}$ Kp_{750} 71°

entsteht beim Erhitzen von 4-Chlor-2-methyl-butanol-2 mit Kaliumhydroxydpulver[1].

$\alpha,\alpha\text{-}Diäthyl\text{-}trimethylenoxyd}$ $\underset{\diagdown O \diagup}{\overset{CH_2}{CH_2 \diagup \diagdown C \cdot (C_2H_5)_2}}$ Kp 126—129°

entsteht aus 1-Chlor-3-äthyl-pentanol-3 mit 50%iger Kalilauge[2], mit
alkoholischem Kali[3], oder aus 1-Jod-3-äthyl-pentanol-3 mit Kaliumhydroxydpulver[4].

$\beta\text{-}Methylen\text{-}trimethylenoxyd}$ $\underset{\diagdown O \diagup}{\overset{C=CH_2}{CH_2 \quad CH_2}}$ Kp 35—40°

entsteht bei der Einwirkung von Natriumamalgam auf 3-Chlor-2-nitro-
2-chlormethyl-propanol-1.[5]

Cineol, 1,8-Oxido-p-menthan $CH_3\!-\!\overset{\displaystyle CH_2\!-\!CH_2}{\underset{\displaystyle O}{C}}\!-\!CH_2\!-\!CH_2\!-\!CH\!-\!C \cdot (CH_3)_2$ F 1—1,5°,
(Eucaliptol, Cajeputol)   Kp 176—177°

wird aus pflanzlichen Campherölen gewonnen[6].

2. Höhere Alkylenoxyde mit Dreiringen

Bei Verbindungen dieser Art sind ein oder mehrere Wasserstoffatome des Äthylenoxyds durch organische Gruppen ersetzt. Der
Epoxydring kann sich an dem Ende oder im Innern einer Kette befinden. Die Gewinnung aus ungesättigten Verbindungen kann, wie
oben erwähnt, entweder durch Addition von unterchloriger Säure und
Abspaltung von Salzsäure oder durch Sauerstoffanlagerung erfolgen.

Propylenoxyd $CH_3 \cdot \underset{\diagdown O \diagup}{CH\!-\!CH_2}$ Kp 35°

kann hergestellt werden durch Chlorwasserstoffabspaltung aus:

entweder 1-Chlorpropanol-2 mit Alkali[7]:

$$Cl \cdot CH_2 \cdot CH(OH) \cdot CH_3 + KOH \;\rightarrow\; KCl + CH_3 \cdot \underset{\diagdown O \diagup}{CH\!-\!CH_2}$$

oder 2-Chlor-propanol-1 mit Alkali[8]:

$$CH_2(OH) \cdot CH \cdot Cl\!-\!CH_3 + KOH \;\rightarrow\; KCl + CH_3 \cdot \underset{\diagdown O \diagup}{CH\!-\!CH_2}$$

Beim Durchleiten durch ein Rohr, das auf 500° erhitzt ist, lagert
sich Propylenoxyd zu etwa $^2/_3$ in Propionaldehyd und zu $^1/_3$ in Aceton
um[9]:

$$3\,CH_3 \cdot \underset{\diagdown O \diagup}{CH\!-\!CH_2} \;\rightarrow\; 2\,CH_3 \cdot CH_2 \cdot CH=O + CH_3 \cdot CO \cdot CH_3$$

[1] BENNETT, PHILIP: Soc. **1928**, 1938.
[2] MAIRE: Bl. (4), **3**, 281. — [3] MOUREU, BARRETT: Bl. (4), **29**, 996.
[4] DELABROUX, WUYTS: C. **1906**, II, 1179. — [5] KLEINFELLER: B. **62**, 1596.
[6] WALLACH, O.: A. **271**, 349; A. **225**, 295; A. **246**, 237 sowie eine Reihe anderer
Bearbeiter.
[7] OSER: A. Spl. **1**, 255. — [8] HENRY: Rec. **22**, 332 — C. **1903**, II, 486.
[9] NEF, J.: A. **335**, 201.

Chlorwasserstoff lagert sich an Propylenoxyd bei höherer Temperatur an unter Bildung von[1]:

etwa 90% 1-Chlor-propanol-2 $CH_2Cl \cdot CH(OH) \cdot CH_3$
etwa 10% 2-Chlor-propanol-1 $(HO)CH_2 \cdot CHCl \cdot CH_3$

Diese Art der Anlagerung von Chlorwasserstoff ist charakteristisch für alle höheren Äthylenoxydderivate und wird durch die MARKOWNI-KOWsche Regel erklärt, welche besagt, daß 1. bei der Additionsreaktion von zwei organischen Molekülen bei niederer Temperatur das Kohlenstoffatom, das die wenigsten Wasserstoffatome besitzt, sich mit dem am meisten negativen Atom des anderen Kohlenstoffatoms verbindet, während bei höherer Temperatur dasselbe sich mit dem positiveren Element oder Radikal verbindet, und 2. falls die zu addierende Verbindung sich als H und R anlagert, das letztere an das Kohlenstoffatom mit der kleineren Anzahl von H-Atomen geht.

Die Addition von Wasser an Propylenoxyd erfolgt schwerer als bei Äthylenoxyd. Es bildet sich hierbei 1,2-Propylenglykol:

$$CH_3 \cdot \underset{\underset{O}{\diagdown \diagup}}{CH\text{---}CH_2} + H_2O \rightarrow HO \cdot CH_2 \cdot CH(OH) \cdot CH_3$$

Wie bei Äthylenoxyd findet auch bei Propylenoxyd in Gegenwart von Kaliumhydroxyd Polymerisation zu einem flüssigen Polymerisat statt. Diese Polymerisation wurde von C. C. PRICE, M. OSGAN, R. E. HUGHES und C. SHAMBELAN[2] im Hinblick auf die Gewinnung optisch aktiver Derivate studiert. So wurde gefunden, daß linksdrehendes Propylenoxyd ein festes optisch aktives Polymerisat gibt. Mit dem Komplex $FeCl_3$/Propylenoxyd als Katalysator konnten hochmolekulare optisch aktive Substanzen erhalten werden, die in kristalliner Form auftreten. Inaktives Propylenoxyd gibt bei derselben Behandlung ein Gemisch aus amorphem und kristallisiertem Polymerisat, wobei das letztere aus gleichen Teilen der d- und der l-Form besteht. Für das Zustandekommen der optisch aktiven Polymerisate scheint eine feste Kontaktoberfläche erforderlich zu sein.

In einer späteren Arbeit berichten C. C. PRICE und L. E. ST. PIERRE[3] über die Durchführung der Propylenoxydpolymerisation mit Hilfe von Kaliumhydroxyd. Dieselbe läßt sich bereits bei Zimmertemperatur unter Verwendung von sehr fein gepulvertem trocknem Kaliumhydroxyd durchführen, wobei mit einer Ausbeute von etwa 33% Produkte mit einem Molgewicht von 3000—5000 erhalten werden. Überraschenderweise ergibt die Infrarot-Spektralanalyse die Anwesenheit verhältnismäßig hoher Anteile von ungesättigten Gruppen, die vermutlich $R \cdot O \cdot CH_2 \cdot CH{=}CH_2$ oder $R \cdot O \cdot CH{=}CH \cdot CH_3$ Endgruppen sind. Dieselben lassen sich mit Wasserstoffperoxyd in

---

[1] MICHAEL: J. prakt. Chem. (2), **60**, 423 u. **64**, 108 sowie B. **39**, 2785. — HENRY: Rec. **22**, 326 — C. **1903**, II, 486 sowie NEF: A. **335**, 204.

[2] PRICE, C. C., M. OSGAN, R. E. HUGHES u. C. SHAMBELAN: Am. Soc. **1956**, 690—691.

[3] PRICE, C. C., u. L. E. ST. PIERRE: Am. Soc. **78**, Nr. 14, 3432—3436, (1956).

Ameisensäurelösung zu Glykolen oxydieren, die wiederum mit 1,5-Naphthylendiisocyanat unter Vernetzung zur Reaktion gebracht werden können. Beim Erhitzen wird das Polymerisat oberhalb von 270° zersetzt, und zwar besonders leicht in Gegenwart von p-Toluolsulfonsäure, wobei u. a. auch Propionaldehyd und Dimethyldioxan entstehen. Bestrahlung mit β-Strahlen führt ebenfalls zur Zersetzung unter Entwicklung von Wasserstoff und anderen Gasen.

Anschließend an diese Arbeiten berichten C. C. PRICE und M. OSGAN[1] über die Polymerisation von l-Propylenoxyd, welch letzteres aus Oxyaceton in folgender Weise gewonnen wird:

$$CH_3 \cdot CO \cdot CH_2OH \xrightarrow[\text{Reduktase}]{\text{Hefe}} CH_3 \cdot \overset{*}{C}H \cdot CH_2 \xrightarrow{\text{HBr}} CH_3 \cdot \overset{*}{C}H \cdot CH_2 \xrightarrow{\text{KOH}} CH_3 \cdot \overset{*}{C}H - CH_2$$

Während das übliche d, l-Propylenoxyd bei der Polymerisation durch Kaliumhydroxyd bei 25° ein flüssiges niedermolekulares Polymer bildet, ergibt l-Propylenoxyd unter denselben Bedingungen ein festes optisch aktives Polymerisat vom Schmelzpunkt 55,5—56,5°. Außer der optischen Aktivität bestehen keine erkennbaren chemischen Unterschiede zwischen den beiden Polymeren. Auch ergeben die beiden Propylenoxydmonomere mit $FeCl_3$ als Katalysator das gleiche Gemisch aus einem amorphen Polymer mittleren Molgewichtes und einem kristallisierten hochmolekularen Produkt vom Schmelzpunkt 70°. Die Ergebnisse bestätigen wieder die Erfahrung, daß bestimmte Katalysatoren ganz spezifische Konfigurationsorientierungen der asymmetrischen Zentren längs der Molekülkette bewirken können und daß derartige isotaktische Polymere die gleiche Konfiguration der asymmetrischen Zentren längs der Kette aufweisen.

Die Bildung von Äthern durch Umsetzen von Propylenoxyd mit Alkoholen in Gegenwart von 0,2% NaOH bei 190—200° bei 15—25 Atm. Druck wurde von S. M. GURVIC[2] unter Verwendung einer Reihe verschiedener Alkohole durchgeführt.

Der Reaktionsablauf bei der Umsetzung von Propylenoxyd mit aliphatischen Alkoholen unter Verwendung basischer oder saurer Katalysatoren wurde von H. A. PERCONI und J. T. BAUCHERO[3] untersucht. Die Reaktion von Propylenoxyd mit Methanol führte zu der Erkenntnis, daß basische Katalysatoren ausschließlich den sekundären Alkohol, $CH_3 \cdot CH(OH) \cdot CH_2 \cdot O \cdot CH_3$, entstehen lassen, während saure Katalysatoren zur Bildung von Gemischen des sekundären mit dem primären Alkohol, $CH_3 \cdot CH(OCH_3) \cdot CH_2OH$, führen. Das Umsetzungsverhältnis erwies sich als lineare Funktion der Katalysatorkonzentration.

Obgleich die meisten mit Äthylenoxyd möglichen Reaktionen ebenfalls mit Propylenoxyd ausgeführt werden können, sind auch solche bekannt geworden, bei denen das Analogon mit Äthylenoxyd fehlt.

[1] PRICE, C. C., u. M. OSGAN: Am. Soc. **1956**. 4787—4792.
[2] GURVIC, S. M.: Z. obsc. chim. **25**, Nr. 9, 1713—1716 (1955).
[3] PERCONI, H. A., u. J. T. BAUCHERO: Ind. Eng. Chem. **48**, Nr. 8, 1287—1297 (1956).

Im folgenden sei eine kleine Auswahl von charakteristischen Umsetzungen gegeben:

Diphenylacetonitril wird in Gegenwart von Natriumamid von Propylenoxyd unter Bildung von Diphenyl-methylbutyro-iminolacton addiert:

$$CH_3 \cdot CH\!\!-\!\!CH_2 + (C_6H_5)_2 \cdot CH \cdot CN \xrightarrow{NaNH_2} (C_6H_5)_2\!\!=\!\!C\!\!-\!\!-\!\!C\!\!=\!\!NH \qquad F\ 114\!-\!115°$$

(2-Imino-3,3-Diphenyl-5-methyl-tetrahydrofuran)[1].

Dieselbe Umsetzung wurde mit Hilfe von tertiärem Kaliumbutylat erzielt, indem 7 g Propylenoxyd zu einer Lösung von 19,3 g Diphenylacetonitril in einer Auflösung von 4 g Kaliummetall in 125 g tertiärem Butylalkohol bei 40—60° zugefügt wurden. Aus dem Iminohydrofuran kann durch Verseifen mit verdünnter Salzsäure α,α-Diphenyl-γ-valerolacton

$$(C_6H_5)_2 \cdot C\!\!-\!\!-\!\!C\!\!=\!\!O \qquad F\ 111\!-\!112°$$

erhalten werden[2].

Durch Copolymerisation von Propylenoxyd mit 1,2-Epoxy-3-N,N-diäthylamino-propan,

$$CH_2\!\!-\!\!CH \cdot CH_2 \cdot N \cdot (C_2H_5)_2$$

angeregt durch Bortrifluorid, Natriummethylat oder Kaliumhydroxyd werden oxydationsbeständige Öle erhalten, die sich als Schmiermittel eignen[3].

R. Rothstein und Mitarbeiter[4] haben substituierte Propylenoxyde, insbesondere 1,2-Epoxy-3-N,N-dialkylamino-propane mit Natriummalonsäurediäthylester in Gegenwart von Wasser umgesetzt, wobei sich Dialkylamino-γ-valerolactone bilden. Der Malonesterrest verknüpft sich hierbei mit dem am schwächsten substituierten Kohlenstoffatom des Epoxydringes und spaltet beim Ringschluß die eine Carboxylestergruppe ab:

$$R,R'\!\!-\!\!N \cdot CH_2 \cdot CH\!\!-\!\!CH_2 + Na \cdot CH \cdot (CO \cdot OC_2H_5)_2 + H_2O \rightarrow R,R' \cdot N \cdot CH_2 \cdot CH\!\!-\!\!CH_2$$

Die Umsetzung von Propylenoxyd mit Thioharnstoff führt — im Gegensatz zu derjenigen von Äthylenoxyd — nur in stark saurer Lösung zum Propylensulfid. Es liegt die Neigung vor, stabile Additionsverbindungen zu bilden, welche auch schon bei Zugabe einer

---

[1] Easton, N. R., J. H. Gardner u. J. R. Stevens: Am. Soc. **69**, 2941 (1947).
[2] Schultz, E. H., u. J. M. Sprague: Am. Soc. **69**, 2455 (1947).
[3] Ballard, S. A., R. C. Morris u. J. L. van Winkle: US 2498195, 18. 10.46/21. 2. 50, Shell Development Co.
[4] Rothstein, R., K. Binovic u. O. Stoven: Bl. **1953**, 401.

äquivalenten Säuremenge entstehen. Es entsteht zunächst das Salz des β-Oxythiuroniums:

$$CH_3 \cdot CH—CH_2 + HS \cdot C{=}NH + HX \rightarrow CH_3 \cdot CH(OH) \cdot CH_2 \cdot S \cdot C{=}NH \cdot HX$$

$$X = Cl \text{ oder } Br$$

dieses läßt sich spalten in Harnstoff und Propylenthiol:

$$CH_3 \cdot CH(OH) \cdot CH_2 \cdot C{=}NH \cdot HX \rightarrow H_2N \cdot CO \cdot NH_2 + CH_3 \cdot CH{=}CH \cdot SH$$

oder hydrolysieren in Harnstoff und 2-Oxypropanthiol[1]:

$$CH_3 \cdot CH(OH) \cdot CH_2 \cdot S \cdot C{=}NH \cdot HX + H_2O \rightarrow H_2N \cdot CO\,NH_2 + CH_3 \cdot CH(OH) \cdot CH_2 \cdot SH$$

Additionsprodukte von Propylenoxyd an 1,3-Glycerinesteräther welche in polymerem Zustand anfallen und die allgemeine Formel haben:

$$\begin{array}{l} CH_2 \cdot OR \\ | \\ CH—O—(C_3H_6 \cdot O)_n \cdot C_3H_6 \cdot OH \\ | \\ CH_2 \cdot OR' \end{array}$$

wobei

$$R = \text{Rest einer Polycarbonsäure,}$$
$$R' = \text{Alkyl- oder Phenylrest,}$$
$$n = 15—80$$

ist, stellt M. DE GROOTE[2] her. Es wird im Autoklaven mit Natronlauge als Katalysator bei 95—100° gearbeitet. Die Umsetzungsprodukte sind wasserunlösliche Öle von einem Molgewicht von 2000—3000, die sich zum Weichmachen spröder Kunstmassen der verschiedensten Art eignen und die Eigenschaft haben, eine schnelle Trennung von Erdöl-Wasseremulsionen zu bewirken.

Umsetzungen von äquivalenten Mengen von Propylenoxyd und Natrium-Trimethylolphenolat in wäßriger Lösung bei 40° ergeben Produkte, bei denen nach der Ultraviolettabsorptionsanalyse 60% Propylenoxyd mit Phenolatgruppen und 40% mit Methylolgruppen reagiert haben. Bei höherem Zusatz von Propylenoxyd entstehen Polypropylenglykole durch Addition an bereits vorliegende Oxpropylgruppen. Produkte dieser Art sind gute Weichmacher für Polyvinylchlorid. Analoge Umsetzungen sind auch mit Äthylenoxyd, Butylenoxyd, Styroloxyd und Glycidyläthern durchgeführt worden. Auch Trioxmethyl-phenolallyläther kann in der gleichen Art mit Alkylenoxyden umgesetzt werden[3]. Die Umsetzungsprodukte sind polymerisierbar.

Additionsprodukte von Propylenoxyd oder höheren unsymmetrischen Epoxyden an chlorsubstituierte Aryloxyessigsäuren, welche in normaler Weise gebildet werden

$$Cl \cdot Ar \cdot O \cdot CH_2 \cdot CO \cdot OH + CH_2—CH \cdot CH_3 \rightarrow Cl \cdot Ar \cdot CH_2 \cdot CO \cdot O \cdot CH_2 \cdot CH(OH) \cdot CH_3$$

---

[1] BORDWELL, F. G., u. H. M. ANDERSEN: Am. Soc. **1953**, 4959.
[2] US 2679521, 5. 9. 50/25. 5. 54, PETROLITE CORP.
[3] MARTIN, R. W.: FP 1026965, 12. 10. 50/6. 5. 53; US-Pri. 18. 10. 49, GENERAL ELECTRIC Co.

werden von der MONSANTO CHEM. Co.[1] beschrieben und als Herbicide empfohlen. Zum Beispiel wird 2,4-Dichlor-, 2,4,5-Trichlor- oder 2-Methyl-4-chlorphenoxyessigsäure mit der 3—4fachen molaren Menge Propylenoxyd in Gegenwart von 0,01—0,02 Mol Natriumhydroxyd und 3—6 Mol Wasser bei 25—70° zu den Oxypropyläthern umgesetzt.

Über die Umsetzung von Propylenoxyd mit Stickstofftetroxyd berichten A. M. PUJO, J. BOILEAU und C. FRÉJACQUES[2]. Hierbei wurden Gemische isomerer Nitratnitrite erhalten:

$$CH_3 \cdot \underset{\underset{O \cdot NO_2}{|}}{CH} \cdot CH_2 \cdot O \cdot NO + H_2O \rightarrow CH_3 \cdot \underset{\underset{O \cdot NO_2}{|}}{CH} \cdot CH_2 \cdot OH \qquad I$$

$$CH_3 \cdot \underset{O}{\overset{}{CH-CH_2}} + O_2N \cdot O \cdot NO$$

$$CH_3 \cdot \underset{\underset{O \cdot NO}{|}}{CH} \cdot CH_2 \cdot O \cdot NO_2 + H_2O \rightarrow CH_3 \cdot CH(OH) \cdot CH_2 \cdot O \cdot NO_2 \qquad II$$

welche durch Hydrolyse unter Verseifung der Nitritgruppen in die entsprechenden Nitratalkohole übergehen. Durch Oxydation geht I in Milchsäurenitrat,

$$CH_3 \cdot \underset{\underset{O \cdot NO_2}{|}}{CH} \cdot CO \cdot OH$$

II in Acetonylnitrat,

$$CH_3 \cdot CO \cdot CH_2 \cdot O \cdot NO_2$$

über.

1,2-Epoxy-3-oxypropan, Glycid $\underset{O}{CH_2{-}CH} \cdot CH_2 \cdot OH$ Kp 163—164°

ist wegen seiner Zweifunktionalität eine für Synthesen und zum Aufbau von Epoxydharzen besonders geeignete Verbindung. Seine Herstellung kann erfolgen 1. aus Glycerin-α-monochlorhydrin durch Umsetzen mit der berechneten Menge alkoholischem Kaliumhydroxyds[3].

$$CH_2Cl \cdot CH(OH){-}CH_2(OH) + KOH \rightarrow \underset{O}{CH_2{-}CH} \cdot CH_2(OH)$$

2. aus Epichlorhydrin durch Umsetzen mit wasserfreiem Natriumacetat[4]. Hierbei entsteht zunächst Glycidacetat, welches anschließend im Autoklaven mit einer ätherischen Suspension von fein pulvrisiertem Natriumhydroxyd bei 150° behandelt wird:

$$CH_2Cl \cdot \underset{O}{CH-CH_2} + NaO \cdot CO \cdot CH_3 \rightarrow CH_3 \cdot CO \cdot O \cdot CH_2 \cdot \underset{O}{CH-CH_2}$$

$$\underset{O}{CH_2{-}CH} \cdot CH_2 \cdot O \cdot CO \cdot CH_3 + NaOH \rightarrow \underset{O}{CH_2{-}CH} \cdot CH_2OH$$

Das in der zweiten Stufe wiedergewonnene Natriumacetat kann, da es wasserfrei anfällt, direkt wieder in der ersten Stufe eines neuen Ansatzes verwandt werden.

Die SHELL DEVELOPMENT Co.[5] hat ein technisches Verfahren zur Gewinnung von Glycid aus Glycerin-α-monochlorhydrin entwickelt.

[1] US 2780642, 7. 5. 53/5. 2. 57.
[2] PUJO, A. M., J. BOILEAU u. C. FRÉJACQUES: Bl. **1955**, 974—980.
[3] NEF, J. U.: A. **335**, 202. — [4] v. GEGERFELT: Bl. (2), **23**, 160.
[5] US 2070990, 25. 6. 34/16. 2. 37, SHELL DEVELOPMENT CO.

Beispielsweise werden 110,5 g Chlorhydrin mit 500 ml 2 n-Natronlauge 10 Minuten bei 20° intensiv gerührt. Das entstandene Glycid wird mit Äther ausgezogen und fraktioniert.

Dieselbe Firma beschreibt die Herstellung substituierter Glycide[1]. Methylglycid vom Kp_{10} 56—58° wird z. B. hergestellt, indem Crotylalkohol oder Methylvinylcarbinol oxychloriert, anschließend mit Natronlauge neutralisiert und mit Äther ausgezogen wird. In analoger Weise werden auch Phenylvinylcarbinol und Dodecyl-propenylcarbinol zu den entsprechenden Glyciden umgesetzt.

E. B. KESTER, C. J. GAISER und M. E. LAZAR[2] geben folgende Vorschrift zur Herstellung von Glycid: 75 g Glycerinmonochlorhydrin werden in 400 ml wasserfreiem Äther gelöst und 7 Stunden sehr lebhaft mit 11 g feinen Natriummetallspänen gerührt. Nach Abtrennen des Kochsalzes wird der Äther abdestilliert und der Rückstand fraktioniert.

Neuerdings ist ein Verfahren zur Herstellung von Glycid aus Glycerin und Äthylencarbonat bekanntgeworden. Es werden 92 g Glycerin mit 95 g Äthylencarbonat bei einem Vakuum, das von 75 mm allmählich auf 10 mm steigt, bei einer Innentemperatur, die in $4^1/_2$ Stunden von 145—240° ansteigt, unter Abdestillieren aller flüchtigen Anteile behandelt. Als Destillat werden etwa 80 g Glykol erhalten. Gegen Ende, bei maximalem Vakuum und maximaler Temperatur spaltet die viscose Flüssigkeit Kohlendioxyd ab, und das entstandene Glycid (etwa 64 g) (86% der Theorie) wird durch Fraktionierung gereinigt. Es siedet bei 10 mm bei 53—55°. Die Reaktion wird durch die Gleichung[3]:

$$CH_2OH \cdot CHOH \cdot CH_2OH + \underset{\underset{\displaystyle CO}{O\qquad O}}{CH_2 \!-\! CH_2} \;\rightarrow\; CH_2OH \!-\! CH_2OH + \underset{O}{CH_2 \!-\! CH} \cdot CH_2OH + CO_2$$

veranschaulicht.

Bei 100° nimmt Glycid 1 Mol Wasser auf und geht in Glycerin über. Es lagert leicht Chlorwasserstoff an unter Bildung von Glycerin-α-monochlorhydrin[4].

Unter verschiedenen Bedingungen geht Glycid in polymere Produkte über. Bereits J. U. NEF[5] hatte beobachtet, daß sich Glycid bei längerem Erhitzen in ein gelbliches Harz verwandelt. Diese Substanz wurde von P. A. LEVÈNE und J. WÄLTI[6] als ein Polyglycid erkannt, das sowohl Sauerstoffbrücken als auch Hydroxylgruppen enthält.

Die technische Herstellung von Polyglyciden wird von G. FRANK[7] beschrieben. Er hatte festgestellt, daß man ein reines farbloses Polyglycid erhalten kann, wenn Glycid bei niederer Temperatur mit ge-

[1] US 2224849, 6. 11. 37/17. 12. 40, SHELL DEVELOPMENT Co.
[2] KESTER, E. B., C. J. GAISER u. M. E. LAZAR: J. org. Ch. 8, 554 (1943).
[3] BRUSON, H. A., u. T. W. RIEMER: US 2636040, 6. 10. 50/21. 4. 53, INDUSTRIAL RAYON CORP.
[4] v. GEGERFELT: Bl. (2), 23, 160. — [5] NEF, J. U.: A. 335, 231.
[6] LEVÈNE, P. A., u. J. WÄLTI: J. biol. Ch. 75, 325.
[7] DRP 575750, 6. 8. 31/22. 8. 33.

eigneten Katalysatoren behandelt wird. Sowohl Alkalien als auch saure Substanzen sind als Katalysatoren brauchbar, jedoch werden die besten Ergebnisse mit den letzteren, z. B. mit konzentrierter Schwefelsäure und Metallhalogeniden wie Aluminiumchlorid oder Zinntetrachlorid erzielt. Beispielsweise werden $100\,g$ Glycid bei $-25°$ tropfenweise mit $0{,}6\,g$ Zinntetrachlorid versetzt und anschließend mehrere Tage im Kühlschrank stehengelassen. Es entsteht ein bei gewöhnlicher Temperatur nicht mehr fließendes, zähes, farbloses Harz. Die Struktur dieses Polymeren dürfte die folgende sein:

$$CH_3 \cdot CH-O-\left[CH_2 \cdot CH \cdot O-\right]_n -CH_2 \cdot CH \cdot OH$$
$$\underset{\displaystyle CH_2OH}{\big|}\underset{\displaystyle CH_2OH}{\big|}\underset{\displaystyle CH_2 \cdot OH}{\big|}$$

Da diese Verbindung an Hydroxylgruppen reich ist, löst sie sich leicht in Wasser. Sie läßt sich leicht veräthern und mit Säuren verestern. Mit Formaldehyd setzt sie sich zu wasserunlöslichen Produkten um, die in Lösungsmitteln löslich sind. Polymere dieser Art sind als Weichmacher für Kunststoffe und Textilien geeignet sowie als Bindemittel für Schichtglas, für die Herstellung von Lacken und für Formstücke.

Glycid läßt sich mit Carbonsäuren verestern. F. ZETZSCHE und F. ÄSCHLIMANN[1] haben u. a. das Glycidylbenzoat

$$C_6H_5 \cdot CO \cdot O \cdot CH_2 \cdot \underset{\displaystyle \diagdown O \diagup}{CH-CH_2} \qquad Kp_{12}\ 148{-}150°$$

durch Umsetzen von $3{,}5\,g$ Glycid, $7\,ml$ Aceton und $50\,ml$ n-Kalilauge mit einer Lösung von $7\,g$ Benzoylchlorid in $15\,ml$ Aceton bei $10{-}15°$ und anschließendem Zusatz von Wasser als Öl erhalten. Das Stearylglycid

$$C_{17}H_{35} \cdot CO \cdot O \cdot CH_2 \cdot \underset{\displaystyle \diagdown O \diagup}{CH-CH_2} \qquad F\ 42°$$

wurde durch Schütteln von $1{,}8\,g$ Glycid und $3\,ml$ Pyridin mit einer Lösung von $7{,}5\,g$ Stearylchlorid in Chloroform mit anschließendem 12stündigem Stehen als kristalline Substanz erhalten.

Zwecks Gewinnung von pharmazeutischen oder als photographische Entwickler brauchbaren Produkten ist Glycid mit p-Aminophenol in Benzollösung in der Wärme umgesetzt worden. Man erhält N-Dioxypropyl-p-aminophenol vom F 192°. Diese Verbindung hat die für photographische Entwickler erforderlichen reduzierenden Eigenschaften[2].

Die Firma HENKEL & CIE.[3] hat, mit dem Ziel, verspinnbare Kunstfasern zu erzielen, Umsetzungsprodukte von Glycid mit den Säurechloriden von zwei und mehrwertigen Carbonsäuren, wie z. B. Phthal-, Isophthal-, Terephthal-, Mellitsäure sowie 2,6-Naphthalindicarbonsäure, Diphenyl-o,o'-dicarbonsäure, Tetrachlorphthalsäure u. a. m., in Gegenwart von Substanzen, welche die Salzsäureabspaltung begünstigen, wie Pyridin, Trimethylamin, Dimethylamin usw. hergestellt, und zwar in solchen Mengenverhältnissen, daß die Diglycidester der Dicarbon-

---

[1] ZETZSCHE, F., u. F. ÄSCHLIMANN: Helv. 9, 708 (1926).
[2] KOLSHORN, E.: BP 145614, 29. 6. 20/31. 3. 21.
[3] FP 1086934, 25. 8. 53/17. 2. 55; D.-Pri. 20. 9. 52.

säuren entstehen können. Je nach der Art der Durchführung der Umsetzung werden mehr oder weniger hochmolekulare Produkte erhalten, die z. T. für Kunstfasern geeignet sind.

Glycid läßt sich in Gegenwart von Alkali mit Cyanurchlorid zum Triglycidylester der Cyanursäure umsetzen:

$$\text{Cyanurchlorid} + 3\,\text{HO}\cdot\text{CH}_2\cdot\text{CH}\underset{\text{O}}{-}\text{CH}_2 \rightarrow \text{Triglycidylcyanurat}$$

wie T. F. BRADLEY und A. C. MÜLLER[1] gezeigt haben. Die Herstellung erfolgt zweckmäßig in einem nicht-wassermischbaren Lösungsmittel wie Chloroform und mit etwa 50%iger Natronlauge in folgender Weise:

55,5 g Cyanurchlorid und 103 g Glycid werden mit 300 ml Chloroform gerührt. Dazu wird bei 3—8° unter guter Kühlung während 3 Stunden eine Lösung von 37,5 g NaOH in 45 g Wasser eingetropft. Nach dem Ausreagieren wird die mit Wasser gründlich gewaschene Chloroformlösung bis auf 110° bei 1 mm eingeengt, wobei 78 g farbloses sehr viscoses Triglycidylcyanurat mit einem Epoxydwert von 0,907 Äquivalent/100 g (Theorie = 1,01) und einem N-Gehalt von 13,85% (Theorie = 14,14%) gewonnen werden. Das Produkt härtet mit basischen Härtern [z. B. 2,4,6-Tri-(dimethylaminomethyl)-phenol] bei 200° in 3 Stunden zu einer harten sehr hitze-widerstandsfähigen Masse. Es ist für die Herstellung von Lacken und Schichtstoffen geeignet.

Umsetzungsprodukte von Glycid mit einer Reihe von Verbindungen mit einem oder mehreren labilen Wasserstoffatomen, wie Alkohole, Amine, Carbonsäuren oder deren Amide oder Sulfonsäureamide, stellen wasserlösliche oder hydrophile Polyglycerinderivate von öliger oder wachsartiger Konsistenz dar. Bei der Verwendung von höheren Alkoholen, wie Dodecyl- oder Octadecylalkohol von höheren Carbonsäuren, wie Laurin-, Palmitin-, Leinölfett- oder Adipinsäure, auch Stearylsarkosin, höheren Aminen, wie Octadecyl-, Benzylamin, Cyclohexylanilin, Diäthanolamin, Diäthylentriamin, Piperidin, Aminophenolen oder Arylendiaminen von höheren Säureamiden wie Oleylamid, das Anilid der Leinölfettsäure, das Dioxypropylamid der Ricinolsäure, Toluolsulfonsäureamid oder Phthalimid, werden Produkte ähnlicher Konsistenz erhalten, die als Netzmittel oder als Imprägniermittel für Textilien, Leder und Papier brauchbar sind[2].

Die Überführung von Alkylglycidyläthern in die entsprechenden Glycerylamine wird durch B. G. WILKES und A. B. STEELE[3] in üblicher Weise durch Einwirkung von wäßrigem Ammoniak ausgeführt. Die folgenden Verbindungen werden beschrieben:

1-Glycerylamin-3-(2-methoxyäthyl)-äther,

$$\text{CH}_3\cdot\text{O}\cdot\text{CH}_2\cdot\text{CH}_2\cdot\text{O}\cdot\text{CH}_2\cdot\text{CHOH}\cdot\text{CH}_2\cdot\text{NH}_2 \qquad \text{Kp } 96\text{—}100°$$

1-Glycerylamin-3-(2-methoxy-2′-äthoxyäthyl)-äther,

$$\text{CH}_3\cdot\text{O}\cdot\text{C}_2\text{H}_4\cdot\text{O}\cdot\text{C}_2\text{H}_4\cdot\text{O}\cdot\text{CH}_2\cdot\text{CHOH}\cdot\text{CH}_2\text{NH}_2 \qquad \text{Kp}_2 \ 125\text{—}128°$$

[1] US 2 741 607, 23. 2. 54/10. 4. 56, SHELL DEVELOPMENT CO.

[2] HEUCK, C., u. L. ORTHNER: US 2 089 569, 23. 2. 33/10. 8. 37; D.-Pri. 2. 3. 32, I. G.

[3] US 2 699 452, 3. 7. 52/11. 1. 55, UNION CARBIDE & CARBON CORP.

1-Glycerylamin-3-(2-methoxycisopropyl)-äther,

$$CH_3 \cdot O \cdot C_2H_3(CH_3) \cdot O \cdot CH_2 \cdot CHOH \cdot CH_2NH_2 \qquad Kp_2 \ 88—94°$$

1-Glycerylamin-3-(2-methoxy-2-propoxycisopropyl)-äther,

$$CH_3 \cdot O \cdot C_2H_3(CH_3) \cdot O \cdot C_2H_3(CH_3) \cdot O \cdot CH_2 \cdot CHOH \cdot CH_2NH_2 \qquad Kp_2 \ 116—125°$$

Durch Umsetzen von Glycid mit Aminotriazinen werden ebenfalls Textilhilfsmittel (Netzmittel, Weichmacher sowie Stoffe zur Erhöhung der Knitter- und Schrumpffestigkeit) erzielt. Besonders günstig verhalten sich Melamine, die an zwei verschiedenen Stickstoffatomen höhere Substituenten tragen. Diese Substitution kann auch in demselben Arbeitsgang erfolgen, z. B. werden 18,2 g salzsaures Octadecylaminopropyläther $C_{18}H_{32} \cdot O \cdot C_3H_6 \cdot NH_2$ mit 3,15 g Melamin 3 Stunden bei 200—210° erhitzt, wobei Di-octadecyl-oxypropylmelamin gebildet wird. Hiervon wird 1 Mol mit 20 Mol Glycid auf 250° erhitzt. Es wird das folgende, in kaltem Wasser lösliche Polyadditionsprodukt erhalten[1]:

$$
\begin{array}{c}
C{-}NH \cdot C_3H_6 \cdot O \cdot C_{18}H_{32} \\
N \qquad\qquad N \\
HO \cdot CH_2 \cdot CH(OH) \cdot CH_2 \cdot (O \cdot CH_2 \cdot CH(OH) \cdot CH_2)_{19} \cdot NH \cdot C \qquad C{-}NH \cdot C_3H_6 \cdot O \cdot C_{18} \cdot H_{32} \\
N
\end{array}
$$

Mit Ammelin (1-Oxy-3,5-diamino-2,4,6-triazin) können Produkte mit ähnlichen Eigenschaften gewonnen werden. Es werden 1 Mol Ammelin mit 3 Mol Glycid auf 140° erhitzt, wobei Spontanreaktion mit Temperatursteigerung bis auf 210° erfolgt, so daß gekühlt werden muß. Die hellgelbe Masse ist in heißem Wasser löslich[2].

Urethane, die Epoxydgruppen enthalten, können durch Umsetzen von Glycid mit Isocyanaten erhalten werden. Beispielsweise werden 21 g Hexamethylendiisocyanat, gelöst in 20 g Benzol, mit 18 g Glycid 2 Stunden bei 80° gerührt, wobei das Hexamethylen-di-(oxido-propylurethan)

$$CH_2{-}CH \cdot CH_2 \cdot O \cdot CO \cdot NH \cdot (CH_2)_6 \cdot NH \cdot CO \cdot O \cdot CH_2 \cdot CH{-}CH_2 \qquad F \ 78°$$
$$\diagdown O \diagup \qquad\qquad\qquad\qquad\qquad\qquad\qquad\qquad \diagdown O \diagup$$

gebildet wird. Umsetzungsprodukte dieser Art sind teils fest, teils ölig und sind vielseitig verwendbare Zwischenprodukte, insbesondere für die Herstellung von Textilhilfsmitteln[3].

Die Wasseranlagerung an Glycidylalkyläther haben F. G. Ponomarev, L. N. Cerkasova und R. M. Cernyseva[4] studiert. Es wurde gefunden, daß schon eine 1%ige Schwefelsäurelösung Glycidylisobutyläther in Glycerylisobutyläther überführt. Auch Basen setzen sich leicht um; z. B. entsteht bei der Einwirkung von Ammoniak auf

[1] Ericks, W. P.: US 2238121, 7. 8. 45 u. US 2414289, 17. 1. 41/14. 1. 47, American Cyanamid Co.

[2] Ericks, W. P.: US 2413755, 17. 1. 41/7. 1. 47, American Cyanamid Co.

[3] Jakob, L., G. v. Rosenberg, O. Bayer u. O. Roser: DRP 862888, 21. 5. 41/15. 1. 53, Badische Anilin- & Sodafabrik-AG.

[4] Ponomarev, F. G., L. N. Cerkasova u. R. M. Cernyseva: Z. Obsc. Chim. **25**, Nr. 9, 1753—1757 (1955).

Glycidylisobutyläther   3-Amino-2-oxypropylisobuthyl-äther.   Amine reagieren in analoger Weise.

Über Umsetzungen von Glycid mit *organischen Siliciumverbindungen* berichten K. A. ANDRIANOV und B. P. DUBROVINA[1]. Während Organochlorsilane bei der Reaktion mit Glycid Ringaufspaltung bewirken unter Bildung von Chlorhydrinäthern:

$$R \cdot Si \cdot Cl_3 + 3\,CH_2\!\!-\!\!CH \cdot CH_2OH \;\rightarrow\; R \cdot Si \cdot (O \cdot CH_2 \cdot CHCl \cdot CH_2OH)_3$$
$$\diagdown O \diagup$$

reagieren Alkyltriacetoxysilane mit Glycid unter Erhaltung der Epoxydgruppe, wobei eine Acetoxygruppe gegen den Glycidylrest ausgetauscht wird:

$$R \cdot Si \cdot (O \cdot CO \cdot CH_3)_3 + HO \cdot CH_1 \cdot CH\!\!-\!\!CH_2 \;\rightarrow\; R \cdot Si \cdot (O \cdot CO \cdot CH_3)_2 + CH_3COOH$$

Diese Umsetzung erfolgt leicht und in guter Ausbeute. Dialkyldiacetoxysilane reagieren mit Glycid in derselben Weise, jedoch schwerer, während sich Trialkyl-monoacetoxysilane mit Glycid nicht mehr umsetzen.

Über den Chemismus und die Kinetik der Reaktionen von Glycidyläthern mit Alkoholen, Carbonsäuren und ihrer Anhydride und Phenolen berichtet ein Aufsatz von L. SLECHTER und J. WYNSTRA[2]. Die Umsetzung mit Alkoholen wird ohne und mit Katalysatoren, wie Kaliumhydroxyd, Benzyldimethylamin, Phenol oder Zinntetrachlorid, durchgeführt, diejenige mit Phenolen wird ebenfalls ohne und mit Katalysatoren, wie Kaliumhydroxyd, Benzyldimethylamin oder Benzyltrimethyl-ammoniumhydroxyd, ausgeführt. Die Katalysierung der Umsetzung mit Carbonsäuren erfolgt mit tertiären Aminen und quaternären Ammoniumbasen wirkungsvoller als mit Kaliumhydroxyd, wobei jeder einzelne Katalysator eine stark selektive Wirkung entfaltet. Die Einwirkung von Carbonsäureanhydriden wird in Anlehnung an die Arbeiten von W. FISCH und W. HOFMAN sowie von E. C. DEARBORN, R. M. FUOSS und A. F. WHITE (siehe weiter unten) durchgeführt.

Bei der Nitrierung von Glycid entstehen primäre oder sekundäre Salpetersäureester bzw. ein Gemisch aus beiden. Wird die Nitrierung in Dioxan durchgeführt, so erhält man zu 95% den primären Ester $HO \cdot CH_2 \cdot CHOH \cdot CH_2 \cdot O \cdot NO_2$, während beim Arbeiten in Wasser ein Gemisch von 60—70% des primären und 40—30% des sekundären Esters $HO \cdot CH_2 \cdot CH(ONO_2)CH_2OH$ gebildet wird[3].

Dimeres Glycid, Diglycid

1,5 Dimethyloldioxan
Kp 245—255°

wird erhalten, wenn 3 Mol Glycerin mit 1 Mol Wasser gemischt mit Chlorwasserstoff bei 100° gesättigt werden und anschließend nach Zu-

---

[1] ANDRIANOV, K. A., u. B. P. DUBROVINA: Doklady Akad. SSSR **108**, Nr. 1, 83—86, (1956) **1956**.

[2] SLECHTER, L., u. J. WYNSTRA: Ind. Eng. Chem. **1956**, 86—93.

[3] INGHAM, I. D., u. P. L. NICHOLS: Am. Soc. **1954**, 4477.

gabe von weiteren 2 Mol Glycerin 12—15 Stunden bei 100° gerührt wird. Danach wird fraktioniert und der bei 230—270° übergehende Anteil mit Kaliumhydroxydpulver behandelt[1].

Von *Derivaten des Glycids* haben die folgenden ein gewisses Interesse erlangt:

Glycidylmethyläther CH_2—CH·CH_2·O·CH_3 (über O) Kp 115—118°

kann durch Umsetzen von 1-Chlor-2-oxy-3-methoxypropan mit konzentrierter Kalilauge hergestellt werden[2].

Glycidylmethyläther reagiert leicht mit Ammoniak und gibt in exothermer Reaktion ein Gemisch des primären, sekundären und tertiären Amins:

$$H_2N·CH_2·CHOH·CH_2·O·CH_3$$

$$NH \begin{cases} CH_2·CHOH·CH_2·O·CH_3 \\ CH_2·CHOH·CH_2·O·CH_3 \end{cases}$$

$$N \begin{cases} CH_2·CHOH·CH_2·O·CH_3 \\ CH_2·CHOH·CH_2·O·CH_3 \\ CH_2·CHOH·CH_2·O·CH_3 \end{cases}$$

Dagegen liefern sekundäre Amine mit Glycidylmethyläther als einziges Reaktionsprodukt das entsprechende tertiäre Amin, z. B. erhält man mit wäßrigem Diäthylamin reines 3-Methoxy-2-oxypropyl-diäthylamin $(C_2H_5)_2N·CH_2·CHOH·CH_2·O·CH_3$.[3]

Mit Acetamid setzt sich Glycidmethyläther bei äquimolekularen Mengen zu dem Additionsprodukt $CH_3·O·CH_2·CHOH·CH_2·NH·CO·CH_3$ um, während die Reaktion von 2 Mol Glycidmethyläther mit 1 Mol Acetamid am Stickstoff die 2fache Substitution ergibt. Benzolsulfamid reagiert analog, jedoch sehr viel schwerer[4].

Glycidyläthyläther CH_2—CH·CH_2·O·C_2H_5 (über O) Kp 127—129°

wird gewonnen durch Erhitzen von Epichlorhydrin mit dem gleichen Volumen absoluten Äthylalkohols auf 180° und anschließende Behandlung des gebildeten 1-Chlor-2-oxypropyl-3-äthyläthers, $CH_2Cl·CHOH·CH_2·O·C_2H_5$, mit konzentrierter wäßriger Kalilauge bei niederer Temperatur[5]. Es ist auch die Behandlung dieses Chloräthylätherzwischenproduktes im wasserfreien Medium mit 2 Mol Natriumhydroxydpulver beschrieben worden[6].

Glycidphenyläther, Phenoxypropenoxyd CH_2—CH·CH_2·O·C_6H_5 (über O)

Kp 234° m. teilw. Zersetzung
Kp_{23} 133°

kann durch 6stündiges Erhitzen von Phenol mit Epichlorhydrin bei 150°

[1] Lourenco: A. Ch. (3) **67**, 300—303.
[2] Henry: Rec. **23**, 351 — C. **1904**, II, 302.
[3] Ponomarjew, F. G.: Z. obsc. Chim. **23**. 656 u. 1046 (1953).
[4] Ponomarjew, F. G.: Z. obsc. Chim. **22**, 128 (1952).
[5] Reboul: A. Ch. (3), **60**, 57 — A. Spl. **1**, 236.
[6] Nef J. U.: A. **335**, 240.

und Nachbehandeln des entstandenen 1-Chlor-2-oxy-3-phenoxypropans mit Alkali hergestellt werden[1].

Über die Giftigkeit von Glycid und Glycidyläthern haben C. H. Hine und Mitarbeiter[2] Untersuchungen ausgeführt und gefunden, daß alle geprüften Verbindungen nur geringe Giftigkeit aufweisen. Sie rufen bei wiederholtem Kontakt lediglich unerhebliche Hautreizungen hervor.

Glycidsäure, Äthylenoxydcarbonsäure $\begin{array}{c} CH_2\text{---}CH\cdot CO\cdot OH \\ \diagdown O \diagup \end{array}$

flüssig, nicht destillierbar.

Sie wird durch Anlagerung von unterchloriger Säure an Acrylsäure und Behandeln des erhaltenen Gemisches von 1-Chlor-2-oxy-acrylsäure und 1-Oxy-2-chlor-acrylsäure (= 2-Chlormilchsäure) mit alkoholischem Kali erhalten[3]:

$$CH_2\text{=}CH\text{---}CO\cdot OH + HOCl \diagdown \begin{array}{l} {}^{\nearrow}CH_2OH\cdot CH\cdot Cl\cdot CO\cdot OH \\ {}_{\searrow}CH_2Cl\cdot CHOH\cdot CO\cdot OH \end{array} \xrightarrow{NaOH} \begin{array}{c} CH_2\text{---}CH\cdot CO\cdot OH \\ \diagdown O \diagup \end{array}$$

α-Methylglycidsäure $\begin{array}{c} CH_2\text{---}C\cdot (CH_3)\cdot CO\cdot OH \\ \diagdown O \diagup \end{array}$

sehr viscose Flüssigkeit, nicht destillierbar.

Sie wird durch Behandeln von 1-Oxy-2-chlorisobuttersäure in absolutem Alkohol mit Kaliumhydrat gewonnen[4].

β-Methylglycidsäure $\begin{array}{c} H_3C\cdot CH\text{---}CH\cdot CO\cdot OH \\ \diagdown O \diagup \end{array}$ Prismen F 84°

entsteht durch Einwirkung von alkoholischem Kaliumhydrat auf eine absolut alkoholische Lösung von α-Chlor-β-oxybuttersäure[5].

α,β-Dimethylglycidsäure $\begin{array}{c} (H_3C)\cdot CH\text{---}C\cdot (CH_3)\text{---}CO\cdot OH \\ \diagdown O \diagup \end{array}$ Nadeln F 62°

läßt sich herstellen durch Einwirkung von alkoholischem Kali auf eine absolut alkoholische Lösung von α-Oxy-α-methyl-β-chlorbuttersäure[6].

o-Nitrophenylglycidsäure $\begin{array}{c} O_2N\cdot C_6H_4\cdot CH\text{---}CH\cdot CO\cdot OH \\ \diagdown O \diagup \end{array}$ F aus H_2O: 94°
F aus Benzol: 124—125°

wird erhalten durch Oxydation von Methyl-o-nitrooxybenzylmethylketon mittels Natriumchlorit (es werden 5 g Keton im fein gepulverten Zustand mit 500 g Natriumchloritlösung bei 70—80° geschüttelt) wo-

---

[1] v. Lindemann: B. **24**, 2146. — Boyd, Marle: Soc. **93**, 6840.

[2] Hine, C. H.: Arch. ind. Health **1956**, Nr. 3, 250—264.

[3] Melikow: B. **13**, 271 u. 2153 — Russ. **13**, 212.

[4] Melikow: Russ. **16**, 530 — A. **234**, 212 — B. **17**, Ref. 420.

[5] Melikow: Russ. **16**, 520 — A. **234**, 204 — B. **16**, 1270.

[6] Melikow, P.: A. **234**, 228. — Melikow, P., u. N. Zelinsky: B. **21**, 2052 (1888).

bei die Methylgruppe zu Chloroform chloriert, abgespalten, die Ketogruppe zur Carboxylgruppe und die Oxäthylgruppe zur Epoxydgruppe oxydiert wird:

$$O_2N \cdot C_6H_4 \cdot CH(OH) \cdot CH_2 \cdot CO \cdot CH_3 + 4\,NaOCl$$
$$\rightarrow O_2N \cdot C_6H_4 \cdot \underset{\diagdown O \diagup}{CH\!-\!CH} \cdot CO \cdot ONa + NaCl + CHCl_3 + H_2O + 2\,NaOH$$

Auch Methyl - o - nitro - m - chlor - (oder Brom) - oxybenzyl - methylketone können auf diese Weise in die entsprechenden Glycidylsäuren übergeführt worden[1].

Eine andere Methode zur Gewinnung von substituierten Glycidsäuren hat E. ERLENMEYER[2] eingeführt. Danach werden Aldehyde mit Chloressigsäureäthylester unter Ausbildung einer Hydroxylgruppe kondensiert. Durch weitere Einwirkung von Alkalilauge kann Chlorwasserstoff abgespalten und ein Epoxydring gebildet werden:

$$R \cdot CH\!=\!O + CH_2Cl \cdot CO \cdot OC_2H_5 \rightarrow R \cdot \underset{\overset{|}{OH}\ \ \overset{|}{Cl}}{CH\!-\!CH} \cdot CO \cdot OC_2H_5 \xrightarrow{NaOH} R \cdot \underset{\diagdown O \diagup}{CH\!-\!CH} \cdot CO \cdot OC_2H_5$$

So wurde beispielsweise aus Benzaldehyd und Chloressigester Phenylglycidsäureäthylester,

$$C_6H_5 \cdot \underset{\diagdown O \diagup}{CH\!-\!CH} \cdot CO \cdot OC_2H_5$$

hergestellt, der sich ohne Schwierigkeit zur freien *Phenylglicidsäure* verseifen läßt. Auch diese Säure ist sehr stabil, wie dies auch schon P. MELIKOW bei den von ihm hergestellten α- und β-Mono- und α,β-disubstituierten Glycidsäuren festgestellt hatte.

ERLENMEYER hat ferner die folgenden Glycidsäureäthylester hergestellt, und zwar aus:

Formaldehyd	den Glycidsäure-äthylester
Acetaldehyd	den Methyl-glycidsäure-äthylester
Propionaldehyd	den Äthyl-glycidsäure-äthylester
Isovaleraldehyd	den Isobutyl-glycidsäure-äthylester
Benzaldehyd	den Methyl-phenyl-glycidsäure-äthylester
Anisaldehyd	den Methyl-anisyl-glycidsäure-äthylester
Piperonal	den Methyl-piperonyl-glycidsäure-äthylester
Furfurol	den Methyl-furfuryl-glycidsäure-äthylester

Nitrile von substituierten Glycidsäuren sind durch Umsetzen von Alkyl-Chloralkyl-Ketonen mit Natriumcyanid in alkoholischer Lösung hergestellt worden, z. B. das α,β-Dimethyl-glycidsäurenitril aus Methyl-chloräthylketon, wobei neben dem α,β-Dimethyl-glycidsäurenitril ein kleiner Anteil an α-Methyl-acetessigsäurenitril entsteht[3]:

$$CH_3 \cdot CO \cdot CHCl \cdot CH_3 + NaCN \xrightarrow{NaOH} CH_3 \cdot \underset{\diagdown O \diagup}{CH\!-\!C(CH_3)} \cdot CN + \overset{wenig}{} CH_3 \cdot CO \cdot CH(CH_2) \cdot CN$$

---

[1] EINHORN, A., u. A. GERNSHEIM: A. **284**, 134—153 (1895).

[2] ERLENMEYER, E. JR.: A. **271**, 137 (1892).

[3] VLADESCO, D.: Bl. (3), **814**, 1891.

Nach diesem Verfahren haben M. HENRY[1] und v. RAYMENANT[1] das
β,β-Dimethyl-glycidsäurenitril

$$\begin{array}{c} CH_3 \\ \diagdown \\ C\text{——}CH\cdot CN \\ \diagup \diagdown \diagup \\ CH_3 \quad\quad O \end{array}$$

hergestellt.

Die ERLENMEYERsche Methode der Chloressigester-Kondensation
hat G. DARZENS[2] dadurch wesentlich erweitert, daß er sie auch auf
Ketone übertrug. Die Addition von Ketonen an Chloressigester gelang
DARZENS, nachdem er völlig wasserfrei und mit Natriumäthylat ar-
beitete. Diese Methode eröffnet die Möglichkeit, von jedem beliebigen
Keton β,β-disubstituierte Glycidsäureester herzustellen:

$$\begin{array}{c} R \\ \diagdown \\ R' \end{array}\!\!CO + CH_2\cdot CO\cdot OC_2H_5 \xrightarrow{\text{Na-äthylat}} \begin{array}{c} R \\ \diagdown \\ R' \end{array}\!\!C\text{—}CH\cdot CO\cdot OC_2H_5 \rightarrow \begin{array}{c} R \\ \diagdown \\ R' \end{array}\!\!C\text{—}CH\cdot CO\cdot OC_2H_5$$

Im Gegensatz zu Mono- oder symmetrisch disubstituierten Glycidsäuren sind die meisten β,β-disubstituierten Glycidsäuren, insbesondere solche, deren Substituenten zwei oder mehr Kohlenstoffatome enthalten, im freien Zustande unbeständig und zerfallen unmittelbar nach ihrem Entstehen in einen Aldehyd und Kohlendioxyd:

$$\begin{array}{c} R \\ \diagdown \\ R' \end{array}\!\!C\text{—}CH\cdot CO\cdot OH \rightarrow \begin{array}{c} R \\ \diagdown \\ R' \end{array}\!\!CH\cdot CH{=}O + CO_2$$

Immerhin konnte B. PRENTICE[3] die freie β,β-Dimethylglycidsäure
isolieren, indem er eine absolut alkoholische Lösung von α-Chlor-β-
oxy-isovaleriansäure in der Siedehitze mit einer 20%igen alkoholischen
Kaliumhydroxydlösung behandelte und das Kaliumsalz mit Schwefelsäure zersetzte. Die freie Säure stellt einen „eigentümlich riechenden,
nicht kristallisierenden dicken Sirup" dar.

Als allgemein brauchbares Verfahren zur Herstellung von β,β-di-
substituierten Glycidsäureestern gibt DARZENS folgende Vorschrift:
Äquimolekulare Mengen Keton und Chloressigsäureäthylester werden
auf 0° gekühlt und unter Rühren 1 Mol Natriumäthylat als feines
trockenes Pulver unter Luftabschluß allmählich so eingetragen, daß
die Temperatur +5° nicht übersteigt. Nach 2stündigem Rühren bei
dieser Temperatur wird 12 Stunden bei Zimmertemperatur stehengelassen und schließlich 5—6 Stunden bei 100° erhitzt. Nach Ansäuern
mit Essigsäure und Neutralwaschen mit Wasser wird der Glycidsäureester durch Destillation unter vermindertem Druck gewonnen.

Während mit allen linearen Ketonen diese Kondensation einwandfrei durchführbar ist, fand DARZENS, daß solche Ketone, bei denen die
Ketogruppen sich in einem Ring in der Nachbarschaft elektronegativer
CH_2-Gruppen befinden, für diese Umsetzung nicht geeignet sind. So
stellte er fest, daß Menthon, Carvon, Pulegon und Isophoron diese Umsetzung nicht gestatten.

---

[1] HENRY, M.: Bl. Acad. Belg. **1900**, 57 — C. **1900**, I, 1123 u. v. RAYMENANT:
Bl. Acad. Belg. **1900**, 124 — C. **1901**, I, 95.
[2] DARZENS, G.: C. r. **139**, 1214 (1904); **141**, 766 (1905); **144**, 1123 (1907);
145, 1342 (1907).
[3] PRENTICE, B.: A. **292**, 282.

Darzens[1] hat die folgenden β,β-disubstituierten Glycidsäureäthylester mittels Chloressigsäureäthylester hergestellt, und zwar aus:

Aceton	den Dimethyl-glycidsäureäthylester Kp 169—172°
Methyl-isohexyl-keton	den Methyl-isohexyl-glycidsäureäthylester
Methyl-heptyl-keton	den Methyl-heptyl-glycidsäureäthylester
Methyl-nonyl-keton	den Methyl-nonyl-glycidsäureäthylester
Methyl-phenyl-keton	den Methyl-phenyl-glycidsäureäthylester
Methyl-kresyl-keton	den Methyl-kresyl-glycidsäureäthylester Kp$_{16}$ 160—164°
Methyl-p-äthylphenyl-keton	den Methyl-p-äthylphenyl-glycidsäureäthylester Kp$_{19}$ 210—215°
Methyl-benzyl-keton	den Methyl-benzyl-glycidsäureäthylester Kp$_{16}$ 175—180°
Propyl-phenyl-keton	den Propyl-phenyl-glycidsäureäthylester Kp$_{18}$ 155—158°
Methyl-isobutylphenyl-keton	den Methyl-isobutylphenyl-glycidsäureäthylester Kp$_{16}$ 175—180°
Cyclohexanon	den β,β-Butamethylen-glycidsäureäthylester
o-Methylcyclohexanon	den o-Methyl-β,β-Butamethylen-glycidsäureäthylester
m-Methylcyclohexanon	den m-Methyl-β,β-Butamethylen-glycidsäureäthylester
p-Methylcyclohexanon	den p-Methyl-β,β-Butamethylen-glycidsäureäthylester
Methyl-α-Naphthyl-keton	den Methyl-α-Naphthyl-glycidsäureäthylester Kp$_4$ 165—170°
Methyl-β-Naphthyl-keton	den Methyl-β-Naphthyl-glycidsäureäthylester Kp$_4$ 131—132°

Mittels Chlorpropionsäureäthylester hat Darzens die analogen Kondensationen ausgeführt und hat die folgenden Glycidsäureäthylester beschrieben, und zwar gewonnen aus den Ketonen:

Aceton	den Trimethyl-glycidsäureäthylester Kp$_{760}$ 163—168°
Methyl-äthyl-keton	den Dimethyl-äthyl-glycidsäureäthylester Kp$_{22}$ 90—93°
Methyl-n-propyl-keton	den Dimethyl-propyl-glycidsäureäthylester Kp$_{16}$ 100—102°
Methyl-n-hexyl-keton	den Dimethyl-hexyl-glycidsäureäthylester Kp$_{28}$ 152°
Methyl-n-heptyl-keton	den Dimethyl-heptyl-glycidsäureäthylester Kp$_{19}$ 155—156°
Methyl-n-nonyl-keton	den Dimethyl-nonyl-glycidsäureäthylester Kp$_{16}$ 165—170°
Acetophenon	den Dimethyl-phenyl-glycidsäureäthylester Kp$_{20}$ 151—154°
Methyl-p-kresyl-keton	den Dimethyl-kresyl-glycidsäureäthylester Kp$_{19}$ 160—162°
Cyclohexanon	den Methyl-β,β-Butamethylen-glycidsäureäthylester Kp$_{40}$ 154—156°
o-Methyl-cyclohexanon	den Methyl-o-Methyl-β,β-Butamethylen-glycidsäureäthylester Kp$_{15}$ 127—129°
m-Methyl-cyclohexanon	den Methyl-m-Methyl-β,β-Butamethylen-glycidsäureäthylester Kp$_{22}$ 143—144°
p-Methyl-cyclohexanon	den Methyl-p-Methyl-β,β-Butamethylen-glycidsäureäthylester Kp$_{13}$ 129—130°

Als charakteristisch für die von ihm hergestellten β,β-disubstituierten Glycidsäureäthylester fand Darzens[2] ihre Reaktion mit Jod-

---

[1] Darzens: siehe auch C. r. **150**, 1244 (1910); **151**, 883 (1910) u. **152**, 444, 1105 (1911).

[2] Darzens: C. r. **150**, 1243 (1910).

wasserstoffsäure. Diese reduziert diese Glycidsäureester zu substituierten Acrylsäureestern, beispielsweise wird Dimethylglycidsäureester zu Dimethyl-acrylsäureester übergeführt:

$$(CH_3)_2 \cdot CH\!-\!CH \cdot CO \cdot OC_2H_5 + 2\,HJ \;\rightarrow\; (CH_3)_2 \cdot C\!=\!CH \cdot CO \cdot OC_2H_5$$
$$\diagdown\!O\!\diagup$$

In Verfolg der ERLENMEYERschen Arbeiten hat etwa gleichzeitig mit DARZENS und unabhängig von diesem L. CLAISEN[1] Chloressigsäureester-Kondensationen mit Ketonen ausgeführt. Es ist daher nur recht und billig, diese Reaktion als die „DARZENS-CLAISEN-Reaktion" zu bezeichnen, wie es zumeist geschieht. CLAISEN verwandte an Stelle des Natriumäthylats Natriumamid, das zu dieser Zeit von der deutschen chemischen Industrie als technisches Produkt aufgenommen worden war und dessen Wirkung er als besser und gleichmäßiger beurteilte. Ein späterer Bearbeiter dieser Reaktion, E. TROELL[2] konnte feststellen, daß die CLAISENsche Natriumamidmethode nicht nur einfacher zu handhaben ist, sondern auch wesentlich bessere Ausbeute gibt als die DARZENSsche Methode.

CLAISEN erklärt die Wirkung des Natriumamids mit Aktivierung des Ketons durch Bildung eines Amino-Natriumcarbinolats, welches dann mittels eines Wasserstoffatoms des Chloressigesters Ammoniak abspaltet unter Bindung des Chloressigesterrestes an das Carbinolat:

$$\begin{array}{c} R\diagdown \\ R'\diagup \end{array}\!\!C\!=\!O + NaNH_2 \;\rightarrow\; \begin{array}{c} R\diagdown \quad \diagup NH_2 \\ C \\ R'\diagup \quad \diagdown ONa \end{array} + \underset{\underset{Cl}{|}}{CH_2} \cdot CO \cdot OC_2H_5$$

$$\rightarrow\; \begin{array}{c} R\diagdown \\ C\!\!-\!\!CH \cdot CO \cdot CO_2H_5 \\ R'\diagup \;\; \underset{ONa}{|} \;\; \underset{Cl}{|} \end{array} \;\rightarrow\; \begin{array}{c} R\diagdown \\ C\!\!-\!\!CH \cdot CO \cdot OC_2H_5 \\ R'\diagup \diagdown\!O\!\diagup \end{array}$$

CLAISEN hat noch die weiteren β,β-disubstituierten Glycidsäureäthylester beschrieben:

Methyl-phenyl-glycidsäureäthylester Kp_{12} 147—149°

Das Herstellungsverfahren war folgendes: Zu einer Lösung von 110 g Acetophenon und 102 g Chloressigsäureäthylester in 200 ml absolutem Äther werden während 3 Stunden unter Kühlung, so daß die Temperatur 20—25° nicht übersteigt, 38 g Natriumamid eingetragen. Es wird Ammoniak abgespalten und Kochsalz fällt aus. Nach Abdestillieren des Äthers wird der Glycidylester bei vermindertem Druck fraktioniert. Nach diesem Verfahren sind die folgenden Verbindungen hergestellt.

Äthyl-phenyl-glycidsäureäthylester Kp_{12} 148—150°
Methyl-äthyl-glycidsäureäthylester Kp_{10} 84— 86° (Geruch nach Pfefferminz)
Methyl-propyl-glycidsäureäthylester $Kp_{10\text{-}12}$ 91— 92° Kp 211—212°
Diäthyl-glycidsäureäthylester $Kp_{10\text{-}12}$ 91— 92°

POINTET[3] versuchte in analoger Weise aus Benzophenon und Chloressigsäureäthylester mittels Natriumamid den β,β-Diphenylglycid-

---

[1] L. CLAISEN: B. **38**, 701 (1905). — [2] TROELL, E.: B. **61**, 2498 (1928).
[3] POINTET: C. r. **148**, 417 (1909).

säureäthylester herzustellen. Er erhielt ein Öl vom Kp_{12} 202°, das zu
Kristallen vom F 47° erstarrte. Bei der Nacharbeitung konnte
E. TROELL[1] später nachweisen, daß die von POINTET erhaltene Verbindung nicht der Glycidester war, sondern daß es sich um den Ester
der Diphenylbrenztraubensäure handelte, der sich aus dem Glycidsäureester beim Destillieren durch Umlagerung gebildet hatte:

$$\begin{matrix} C_6H_5 \\ {>}C{-}{-}CH \cdot CO \cdot OC_2H_5 \\ C_6H_5 \quad O \end{matrix} \rightarrow \begin{matrix} C_6H_5 \\ {>}CH \cdot CO \cdot CO \cdot OC_2H_5 \\ C_6H_5 \end{matrix}$$

Bei der Addition von Chlorwasserstoff an Glycidsäurederivate tritt
das Chloratom entsprechend der Regel von W. MARKOWNIKOW[2] an
das Kohlenstoffatom, an dem sich noch die meisten Wasserstoffatome
befinden, d. h. bei einer nicht substituierten Glycidsäureverbindung
an das β-Kohlenstoffatom, dagegen bei β-substituierten Glycidsäure-
derivaten an das α-Kohlenstoffatom[3].

Bei β,β-Dimethyl-glycidsäureäthylester erfolgt mit wäßrigem Ammoniak bei 100° die Umsetzung zu α-Oxy-β-amino-isovaleriansäure-
amid:

$$\begin{matrix} CH_3 \\ {>}C{-}{-}CH \cdot CO \cdot OC_2H_5 \\ CH_3 \quad O \end{matrix} \xrightarrow{NH_4OH} \begin{matrix} CH_3 \\ {>}C(NH_2) \cdot CH(OH) \cdot CO \cdot NH_2 \\ CH_3 \end{matrix}$$

Amine reagieren in analoger Weise[4].

Die gleiche Reaktion wurde von V. F. MARTINOW, Z. D. VASTU-
TINA und L. P. NIKULINA[5] auch an den Verbindungen: β-Äthyl-β-me-
thyl-glycidsäureester, β-Tetramethylen-glycidsäureester, β-Pentame-
thylen-glycidsäureester, β-Methyl-β-phenyl- und β,β-Diphenyl-glycid-
säureester studiert. Die Umsetzung wurde mit 30%igem Ammoniak bei
einer Temperatur zwischen 20—130° vorgenommen. Unter Öffnen des
Epoxydringes in β-Stellung entstehen die Amide der β-Amino-α-oxy-
säuren. Hierbei erfolgt die leichter verlaufende Amidbildung zuerst,
während die Öffnung des Epoxydringes, insbesondere bei Vorliegen
größerer Substituenten in β-Stellung, wesentlich langsamer vonstatten
geht. Die Ausbeuten liegen bei 40—88%. Beim Erwärmen der Amino-
oxysäureamide mit konzentrierter Schwefelsäure entstehen die entsprechenden α-Aminoaldehyde:

$$\begin{matrix} R \\ {>}C{-}{-}CH \cdot CO \cdot OC_2H_5 \\ R \quad O \end{matrix} \xrightarrow{NH_3} \begin{matrix} \quad NH_2 \ OH \\ R \ | \quad | \\ {>}C{-}{-}CH \cdot CO \cdot NH_2 \\ R \end{matrix}$$

$$\xrightarrow{H_2SO_4} \begin{matrix} \quad NH_2 \ OH \\ R \ | \quad | \\ {>}C{-}{-}CH \cdot CO \cdot OH \\ R \end{matrix} \longrightarrow \begin{matrix} R \\ {>}C{-}CH{=}O + H_2O + CO \\ R \ | \\ \quad NH_2 \end{matrix}$$

[1] TROELL, E.: B. **61**, 2501 (1928)
[2] MARKOWNIKOW, W.: C. r. **81**, 668 (1876).
[3] CLAISEN, L.: B. **38**, 699 (1905).
[4] DANILOW, S. N., u. W. F. MARTINOW: Z. obsc. Chim. **22**, 1572 (1952).
[5] MARTINOW, V. F., Z. D. VASTUTINA u. L. P. NIKULINA: Z. obsc. Chim. **26**,
Nr. 5, 1405—1413 (1956).

Die Einwirkung von Anilin auf Methylpropyl-glycidsäureäthyl-
ester wurde von V. F. Martinow und J. A. Kastron[1] untersucht und
gefunden, daß bei 30stündigem Rückflußkochen äquimolekularer
Mengen als einziges Umsetzungsprodukt α-Oxy-β-anilino-iso-oenanth-
säure-äthylester entsteht, entsprechend der Gleichung:

$$\begin{array}{l} CH_3 \\ \diagdown C{-}{-}CH \cdot CO \cdot OC_2H_5 + H_2N \cdot C_6H_5 \rightarrow \\ C_3H_7 \diagup \diagdown O \diagup \end{array} \quad \begin{array}{l} CH_3 \\ \diagdown C{-}CH(OH) \cdot CO \cdot OC_2H_5 \\ C_3H_7 \diagup | \\ NH \cdot C_6H_5 \end{array}$$

Die Aufspaltung der Epoxydgruppe durch Addition von Äthanol
haben E. T. McBee, C. E. Hathaway und C. W. Roberts[2] an Trifluorepoxyalkanen studiert. Es wurde gefunden, daß Äthanolyse unter
sauren oder alkalischen Bedingungen bei 1,1,1-Trifluor-2,3-epoxy-
butan (I) und bei 2-Methyl-1,1,1-trifluor-2,3-epoxypropan (III) ausschließlich unter Spaltung der der Trifluormethylgruppe nicht benachbarten CO-Bindung zur Bildung von 3-Äthoxy-1,1,1-trifluor-
butanol-2 (II) bzw. von 3-Äthoxy-2-methyl-1,1,1-trifluorpropanol (IV)
führt. Die Stelle der Ringöffnung wird auf elektronische Wirkung der
Trifluormethylgruppe und nicht auf sterische Faktoren zurückgeführt.
Es wird die Darstellung der Ausgangsverbindungen I und III, sowie
der isomeren Alkohole V und VI beschrieben und Infrarotspektren der
Verbindungen mitgeteilt:

$$F_3C \cdot \underset{\diagdown O \diagup}{CH{-}CH} \cdot CH_3 \xrightarrow{C_2H_5OH} F_3C \cdot \underset{|\;OH}{CH} \cdot \underset{|\;O \cdot C_2H_5}{CH} \cdot CH_3, \quad F_3C \cdot \underset{\diagdown O \diagup}{C(CH_3) \cdot CH_2}$$

$$\text{I} \qquad\qquad\qquad\qquad \text{II} \qquad\qquad \text{III}$$

$$\xrightarrow{C_2H_5OH} F_3C \cdot \underset{|\;OH}{\overset{CH_3}{C}}{-}CH_2 \cdot O \cdot C_2H_5, \quad F_3C \cdot \underset{|\;O \cdot C_2H_5}{CH} \cdot CH(OH) \cdot CH_3, \quad F_3C \cdot \underset{|\;O \cdot C_2H_5}{C(CH_3) \cdot CH_2} \; OH$$

$$\text{IV} \qquad\qquad\qquad \text{V} \qquad\qquad\qquad \text{VI}$$

In analoger Umsetzung liefert p-Toluidin mit Dimethylglycidsäureäthylester α-Oxy-β-toluylamino-isovaleriansäureäthylester. Diese
Verbindung läßt sich mit Schwefelsäure zum Isobutyraldehydderivat
decarboxylieren, welches sich dann zum Indolderivat umlagert[3]:

$$(CH_3)_2 \cdot \underset{|\;NH \cdot C_6H_4 \cdot CH_3}{C} \cdot CH(OH) \cdot CO \cdot OC_2H_5 \xrightarrow{H_2SO_4} (CH_2)_2 \cdot \underset{|\;NH \cdot C_6H_4 \cdot CH_3}{C} \cdot CH{=}O$$

$$\rightarrow (CH_3)_2 \cdot \underset{HN-}{C}{-}CH(OH) \quad \rightarrow \quad H_3C{-}\underset{NH}{\underset{\diagdown}{\diagup}}{\overset{CH_3}{{-}CH_3}} = \text{2,3,7-Trimethylindol}$$

Schwefelwasserstoff wird von Dimethylglycidsäureäthylester in
konzentrierter wäßriger Lösung, die mittels Bariumhydroxyd schwach
alkalisch gestellt ist, unter Bildung eines Oxymercaptanesters addiert.

[1] Martinow, V. F., u. J. A. Kastron: Z. obsc. Chim. **26**, Nr. 1, 63—65 (1956).
[2] McBee, E. T., C. E. Hathaway u. C. W. Roberts: Am. Soc. **1956**. Nr. 16, 4053—4057.
[3] Martinow, W. F.: Z. obsc. Chim. **23**, 999 (1953).

Es tritt hierbei die Mercaptangruppe in die α-Stellung, während die Hydroxylgruppe in die β-Stellung geht[1]:

$$(CH_3)_2 \cdot C\text{——}CH \cdot CO \cdot OC_2H_5 + H_2S \rightarrow (CH_3)_2 \cdot C(OH) \cdot CH(SH) \cdot CO \cdot OC_2H_5$$
$$\diagdown O \diagup$$

Die Stereoisomerie bei Verbindungen, die nach der ERLENMEYER-DARZENS-CLAISENschen Synthese gewonnen werden, haben H. DAHN und L. LOEWE[2] untersucht. Bei der Kondensation eines α-Halogenesters mit der Carbonylgruppe eines Aldehyds oder eines Ketons entstehen 2 neue Asymmetriezentren, so daß bei den gebildeten Glycidylestern cis- und trans-Konfiguration auftreten kann. Bei der Umsetzung von Chloressigsäureester mit m-Nitrobenzaldehyd wurde gefunden, daß zu 84% nur der eine der beiden bekannten β-m-Nitrophenylglycidsäureäthylester entsteht. Derselbe besitzt trans-Konfiguration, da er auch aus trans-m-Nitrozimtsäure (oder ihrem Ester) durch Addition von unterbromiger Säure, die in trans-Stellung addiert wird, und anschließender Abspaltung von HBr gewonnen werden kann.

Nach der ERLENMEYER-DARZENS-CLAISEN-Methode haben E. MAEKAWA, M. MIZOGUCHI und Y. ISHII[3] Lävulinsäureester mit Chloressigester zu 2,3-Epoxy-3-methyladipinsäureestern kondensiert:

$$RO \cdot CO \cdot CH_2 \cdot CH_2CO \cdot CH_3 + ClCH_2 \cdot CO \cdot OR' \rightarrow RO \cdot CO \cdot CH_2 \cdot CH_2 \cdot \overset{\diagup CH_3}{C\text{——}CH} \cdot COOR'$$
$$\diagdown O \diagup$$

hierbei kann $R = R' =$ n-Butyl, 2-Äthylhexyl oder Lauryl sein. Bei diesen Umsetzungen ist Kalium-tert.-butylat am wirksamsten, aber auch Natriumamid ist brauchbar. Dagegen sind Natriummethylat oder -äthylat unbrauchbar, da sie vermutlich Umesterung bewirken. Epoxydester dieser Art sind gute Weichmacher und Stabilisatoren für chlorierte Vinylpolymerisate.

Substituierte Glycidsäureester lassen sich durch Hydrieren in Alkohole überführen. Auf diese Weise können Alkohole, die auf anderem Wege schwer darstellbar sind, verhältnismäßig leicht gewonnen werden. Die Umsetzung ist die folgende:

$$R \cdot CH\text{——}CH \cdot CO \cdot OR' + 4 H_2 \rightarrow R \cdot CH_2 \cdot CH_2 \cdot CH_2 \cdot OH$$
$$\diagdown O \diagup$$

z. B. führt die Hydrierung von Propylglycidsäureester zum Hexylalkohol, diejenige von β-Methyl-β-äthyl-glycidsäureester zum Methyläthylpropanol und diejenige von β-Phenylglycidsäureester zum Phenylpropanol[4].

Die Herstellung von Salzen der Phenylglycidylsäure aus Zimtsäurealdehyd ist von J. COLONGE, E. LE SECH und R. MAREY[5] durch

[1] MARTINOW, W. F., u. N. A. ROSENIMA: Z. obsc. Chim. **22**, 1577 (1952).
[2] DAHN, H., u. LOEWE, L.: Chimia **1957**, S. 98—99.
[3] MAEKAWA, E., M. MIZOGUCHI u. Y. ISHII: Bl. Chem. Soc. Japan **28**, 54 (1955).
[4] VERLEY, A.: Bl. (4), **35**, 488 (1924).
[5] COLONGE, J., E. LE SECH u. R. MAREY: Bl. **1956**, Nr. 5, 813—814.

Oxydation mit Natriumhypobromit und Natronlauge gelungen, wobei die folgende Umsetzung erfolgt:

$$C_6H_5 \cdot CH{=}CH \cdot CH{=}O + 2\,NaOBr + NaOH \;\rightarrow\; C_6H_5 \cdot \underset{\diagdown O \diagup}{CH{-}CH} \cdot CO \cdot ONa + 2\,NaBr + H_2O$$

Diese Arbeiten haben erwiesen, daß das Hypobromit den Sauerstoff leichter überträgt als das Hypochlorit und daß es nicht spaltend auf den Zimtaldehyd einwirkt, wie dies bei dem Hypochlorit der Fall ist. Man kann auch Gemische von Hypobromit und Hypochlorit anwenden, da bei der Umsetzung das Hypobromit stets wieder regeneriert wird. Auf alle Fälle muß aber stets ein Überschuß an Hypobromit vorhanden sein, um vollständige Oxydation zu gewährleisten.

Eine Umsetzung, die als modifizierte ERLENMEYER-DARZENS-CLAISEN-Reaktion angesehen werden kann, haben M. S. NEWMAN und B. J. MAGERLEIN[1] beschrieben, indem sie Äthyl-α,β-epoxy-cyclohexylidenacetat durch Umsetzen von Cyclohexanonnatriumenolat mit dem Monoäthylglykolester der p-Toluolsulfosäure herstellten. Zu diesem Zweck werden 25,8 g p-Toluolsulfosäureester von Monoäthylglykoläther (hergestellt durch Umsetzen von 52 g Monoäthylglykoläther, 75 g p-Toluolsulfochlorid in 200 ml Äther mit allmählich eingetragenen 80 g Pyridin bei 0—5°) mit einem Siedepunkt von 171—174° bei 2 mm, 5 Stunden mit einem Umsetzungsprodukt von 98 g Cyclohexanon, 30 g Benzol und 4 g Natriumamid gekocht und als Reaktionsprodukt Äthyl-α,β-epoxy-cyclohexylidenacetat vom Kp_{10} 115—117° erhalten.

Eine Kondensation, die zu Epoxydverbindungen führt und die ebenfalls als ein Spezialfall der ERLENMEYER-DARZENS-CLAISEN-Chloressigester-Aldehyd-Keton-Umsetzung angesehen werden kann, haben die N. V. PHILIPS GLOEILAMPENFABRIEKEN[2] bekanntgegeben. Nach diesem Verfahren, bei dem Aldehyde mit einem Halogenacetonitril umgesetzt werden, erhält man α,β-Epoxycarbonitrile. Als Katalysator dient Natriummethylat.

Die Kondensation von Benzaldehyd mit Chloracetonitril wird ausgeführt, indem zu einem Gemisch von 30 g Benzaldehyd und 27 g Chloracetonitril bei —10° unter Durchleiten von Stickstoff und gleichzeitigem Eintropfen von 50 ml Äther (um Koagulation zu vermeiden) 17,5 g Natriummethylat in kleinen Portionen eingetragen werden. Nach 4 Stunden wird in angesäuertes Eiswasser eingegossen und die Lösung mit Äther ausgezogen. Man erhält β-Phenyl-glycidsäurenitril

$$C_6H_5 \cdot \underset{\diagdown O \diagup}{CH{-}CH} \cdot CN \qquad \text{vom } Kp_2 \; 104{-}106°.$$

Aus Acetophenon und Chloracetonitril wird β,β-Methyl-phenyl-glycidsäurenitril vom Kp_3 102—106° gewonnen.

---

[1] NEWMAN, M. S., u. B. J. MAGERLEIN: Am. Soc. **69**, 469 (1947).
[2] BP 735990, 30. 9. 53/31. 8. 55; Nied.-Pri. 3. 10. 52, N. V. PHILIPS GLOEILAMPENFABRIEKEN.

Nach dem ERLENMEYER-DARZENS-CLAISEN-Verfahren sind von W. ZERWECK, W. KUNZE und G. KÖLLING[1] unter Verwendung von aromatischen Dialdehyden oder Diketonen Diglycidsäureester der allgemeinen Formel:

$$R'' \cdot O \cdot CO \cdot \underset{\diagdown O \diagup}{CR'-CR'}-R-\underset{\diagdown O \diagup}{CR'-CR'} \cdot CO \cdot OR''$$

wobei R = ein eventuell substituierter aromatischer Rest, R' = H, aliphatischer oder cyclischer Rest, R'' wie R' aber nicht H, bedeuten, hergestellt worden. Als Basen werden die von den älteren Autoren angegebenen Natriumalkoholate oder Natriumamid angewandt. Als aromatische Dialdehyde oder Diketone werden Isophthalsäurealdehyd und 1,4-Diacetylbenzol genannt, als α-Halogenfettsäureester die von den älteren Autoren angegebenen. — Beispielsweise wird ein Gemisch von 162 g 1,4-Diacetylbenzol, 320 g α-Chloressigsäuremethylester, 50 g Alkohol wasserfrei und 1500 g Benzol bei 10—20° innerhalb von 6 Stunden mit 69 g Natriummetall versetzt, wobei unter intermediärer Bildung des Dihydrins sich p-Phenylen-di-(β-methylglycidsäuremethylester) bildet:

$$
\begin{array}{ccccc}
CH_3 \cdot C{=}O & Cl \cdot CH_2 \cdot CO \cdot OCH_3 & CH_3 \cdot \overset{OH}{\underset{|}{C}}{-}\overset{Cl}{\underset{|}{C}}H \cdot CO \cdot OCH_3 & CH_3 \cdot \overset{\diagup O \diagdown}{C{-}CH} \cdot CO \cdot OCH_3 \\
\underset{|}{C_6H_4} \; + & \rightarrow & \underset{|}{C_6H_4} & \rightarrow & \underset{|}{C_6H_4} \\
CH_3 \cdot C{=}O & Cl \cdot CH_2 \cdot CO \cdot OCH_3 & CH_3 \cdot \underset{\underset{OH}{|}}{C}{-}\underset{\underset{Cl}{|}}{C}H \cdot CO \cdot OCH_3 & CH_3 \cdot \underset{\diagdown O \diagup}{C{-}CH} \cdot CO \cdot OCH_3
\end{array}
$$

Man erhält den Diglycidsäureester mit einer Ausbeute von 130 g als ein bei 1 mm bei 195—205° siedendes Öl. Als Vorlauf gehen bei 1 mm bei 150—195° 70 g eines Gemisches aus dem Mono- und dem Diglycidsäureester über. Zur Zeit von ERLENMEYER, DARZENS und CLAISEN lag kein Interesse an der Herstellung von Diglycidsäureestern vor. Im Hinblick auf die eventuelle Verwertbarkeit von Diglycidsäureestern für den Aufbau von Epoxydharzvorprodukten ist es erfreulich, daß sich die genannten Autoren dieser ergänzenden Arbeiten unterzogen haben. Einen praktischen Wert werden dieselben erhalten, wenn es gelingt, die zum Teil sehr teuren Dialdehyde und Diketone zu billigen Preisen herzustellen.

Unter den vielen nach dem ERLENMEYER-DARZENS-CLAISENschen Verfahren mit Erfolg durchgeführten Synthesen wird auch von einem Fall berichtet, in dem diese Methode versagt hat. H. H. MORRIS, R. H. YOUNG, C. HESS und T. SOTTERY[2] haben bei der Umsetzung von α-Chlor- oder α-Bromphenylessigester I mit Aceton in Gegenwart von Kalium-tert.-butylat nicht den erwarteten Glycidsäureester II erhalten, sondern Diphenylbernsteinsäureester III und Diphenylmaleinsäure-

---

[1] ZERWECK, W., W. KUNZE u. G. KÖLLING: D. Anm. C. 6756 IVb 120, 3. 12. 52, CASSELLA FARBWERKE MAINKUR A. G.
[2] MORRIS, H. H., R. H. YOUNG, C. HESS u. T. SOTTERY: Am. Soc. 1957. 411—414.

ester IV, was anzeigt, daß eine Reaktion mit dem Aceton nicht stattgefunden hat:

$$CH_3 \cdot CO \cdot CH_3 \quad C_2H_5O \cdot CO \cdot \underset{\underset{C_6H_5}{|}}{CH} \cdot Br \quad \xleftarrow{} \quad \underset{CH_3}{\overset{CH_3}{>}} \underset{\underset{ONa}{|}}{C} - \underset{\underset{Br\ C_6H_5}{|}}{C} \cdot CO \cdot OC_2H_5 \quad \xleftarrow{} \quad \underset{CH_3}{\overset{CH_3}{>}} C \underset{O}{\overset{}{-}} \underset{\underset{C_6H_5}{}}{C} \cdot CO \cdot OC_2H_5$$

I / II

$$\rightarrow \ C_2H_5O \cdot CO \cdot \underset{\underset{C_6H_5}{|}}{CH} - \underset{\underset{C_6H_5}{|}}{CH} \cdot CO \cdot OC_2H_5 + C_2H_5O \cdot CO \cdot \underset{\underset{C_6H_5}{|}}{C} = \underset{\underset{C_6H_5}{|}}{C} \cdot CO \cdot OC_2H_5$$

III / IV

Aus diesem Reaktionsverlauf wird ersichtlich, daß die ERLENMEYER-DARZENS-CLAISENsche Reaktion nur dann erfolgt, wenn keine anderen leichter vor sich gehenden Kondensationsreaktionen stattfinden können. Da im vorliegenden Fall der Halogenphenylessigester selbst schon in sich die Vorbedingung für eine bevorzugt vor sich gehende Dimerisierung unter Abspaltung des Halogens bzw. von Halogenwasserstoff aufweist, kommt die Glycidsäureesterbildung nicht zum Zug.

1,2-Butylenoxyd $CH_3 \cdot CH_2 \cdot \underset{\underset{O}{\diagdown\diagup}}{CH - CH_2}$ Kp 58—59°

wird gewonnen durch vorsichtiges Eintragen von 1-Chlor- (oder Brom-) butanol-2 in konzentrierte wäßrige Kalilauge[1].

1,2-Butylenoxyd kann zur Herstellung von Oxyalkylaminen höherer aliphatischer Amine mit 8—18 Kohlenstoffatomen Verwendung finden. Derartige Produkte sind vielseitig verwendbare Textilhilfsmittel. Als Katalysator wird ein sulfiertes Kationenaustauschharz angewandt. Beispielsweise werden zu einem Gemisch von 100 g tertiärem Dodecylamin und 45 g eines sauren sulfonierten Styrol–Divinylbenzol-Copolymers mit 40% Wassergehalt 40 g Butylenoxyd bei 80° allmählich zugetropft. Es wird 2-tert. Dodecylaminobutanol

$$CH_3 - CH_2 \cdot \underset{\underset{NH \cdot C_{12}H_{25}\ (tert)}{|}}{CH} \cdot CH_2OH \qquad Kp_{19}\ 155—175°$$

erhalten[2].

Weiterhin ist 1,2-Butylenoxyd zur Herstellung von besonders oxydationsbeständigen Schmierölen verwandt worden, die durch Mischpolymerisation von 20—75% Butylenoxyd mit 80—25% Äthylenoxyd zusammen mit Alkoholen mit 4—12 Kohlenstoffatomen unter Verwendung alkalischer Katalysatoren hergestellt werden. Diese öligen Mischpolymerisate haben ein Molgewicht von 500—2000 und sind in Wasser im Gegensatz zu anderen Polyäthern sehr wenig löslich. Sie sind wertvolle Schmieröle und verändern ihre physikalische Beschaffenheit durch Oxydation selbst im Laufe längerer Zeiten nicht[3].

Mit Natriumazid setzt sich Butadienmonoxyd leicht um. Hierbei entsteht nicht wie normalerweise bei anderen Alkylenoxyden (siehe

---

[1] DE MONTMOLLIN u. H. MATILE: Helv. **7**, 111, 1924 sowie HELFERICH, B. u. SPEIDEL: B. **54**, 2637.

[2] SCHMIDLE, C. J., u. G. C. RILEY: US 2 689 263, 25. 4. 52/14. 9. 54, ROHM & HAAS CO.

[3] BP 716 339, 23. 1. 52/6. 10. 54; US-Pri. 2. 4. 51, CALIFORNIA RESEARCH CORP.

Styroloxyd) als einziges Reaktionsprodukt der Azidoalkohol, sondern man erhält ein Gemisch der beiden Isomeren 2-Azido-3-buten-1-ol

$$CH_2{=}CH \cdot \underset{\underset{N_3}{|}}{CH} \cdot CH_2OH$$

und 4-Azido-2-buten-1-ol[1]

$$\underset{\underset{N_3}{|}}{CH_2} \cdot CH{=}CH \cdot CH_2OH$$

2,3-Butylenoxyd $CH_3 \cdot \underset{\diagdown_O\diagup}{CH{-}CH} \cdot CH_3$ Gemisch von Isomeren, Kp 56—57°

(sym. Dimethyläthylenoxyd)

wird erhalten durch Einwirken von Natriumhydroxydpulver auf 3-Chlor- (oder Brom-)butanol-2 in Äther[2].

Die Isomeren und die Umlagerungsprodukte derselben wurden durch H. O. HOUSE[3] studiert. Den cis- und trans-Formen des 2,3-Butylen-oxyds werden die Konstitutionen gegeben:

cis-Form   trans-Form

Dieselben werden durch $MgBr_2$ oder GRIGNARD-Reagentien ausschließlich in 2-Butanon, $CH_3 \cdot CO \cdot CH_2 \cdot CH_3$, umgelagert. Mit BF_3/Äther lagert sich die cis-Form in gleicher Weise um, während die trans-Form ein Gemisch von 2-Butanon mit Isobutyraldehyd ergibt.

1,2-Epoxy-2-methylpropan $CH_3)_2{=}C{-}\underset{\diagdown_O\diagup}{CH_2}$

wird durch $MgBr_2$ ausschließlich in Isobutyraldehyd umgelagert, während 2,3-Epoxypentan bei der gleichen Behandlung ein Gemisch von 2-Pentanon, $CH_3 \cdot CO \cdot CH_2 \cdot CH_2 \cdot CH_3$, und 3-Pentanon ergibt.

In einer späteren Arbeit[4] hat HOUSE unter Verwendung von iso-topisch markierten Epoxydgruppen Konstitutionsstudien durchgeführt. Hierbei wurde festgestellt, daß bei der Umlagerung von 1-Benzoyl-2-phenyl-äthylenoxyd es die Benzoylgruppe ist, welche wandert, während die Phenylgruppe ihre Stellung nicht verändert.

Butadienmonoxyd, Vinyläthylenoxyd $CH_2 = CH \cdot \underset{\diagdown_O\diagup}{CH{-}CH_2}$ Kp 70°

wird durch Bromwasserstoffabspaltung mit Alkali aus β-Bromäthyl-äthylenoxyd erhalten. PARISIELLE, [C. r. **150**, 1344 sowie Ann. Chim. (8) 24. 315 (1911)). — Die Art und den Chemismus der durch Methanol bewirkten Ringöffnung dieser Verbindung hat R. G. KADESH[5] studiert. Durch Einwirkung von Ammoniak hat M. G. ETTLINGER[6] ein Gemisch von 1-Amino-3-buten-2-ol und 2-Amino-3-buten-1-ol erhalten. Die Trennung derselben kann über die Oxalate erfolgen.

---

[1] VANDERWERF, C. A., R. J. HEISLER u. W. E. McEVEN: Am. Soc. **1954**, 1231.
[2] FOURNEAU, E., u. PUYAL: Bl. (4) **31**, 428.
[3] HOUSE, H. O.: Am. Soc. **1955**, 5083—5089.
[4] HOUSE, H. O.: Am. Soc. **1956**, 2298—2302.
[5] KADESH, R. G.: Am. Soc. **1946**, S. 41—45.
[6] ETTLINGER, M. G: Am. Soc. **1950**, S. 4792.

Substituierte Vinyläthylenoxyde beschreiben H. NORMANT und C. CRISAN[1]. Ihre Herstellung erfolgt durch Umsetzen von α-Chloraldehyden (I) mit Vinyl–Magnesium-Halogenverbindungen (II) und Abspalten von Chlorwasserstoff aus dem Chlorhydrin (III):

$$R \cdot \underset{\underset{Cl}{|}}{CH} \cdot CH = O + Hal \cdot Mg \cdot CH = CH \cdot R' \;\rightarrow\; R \cdot \underset{\underset{Cl}{|}}{CH} \cdot \underset{\underset{OH}{|}}{CH} \cdot CH = CH \cdot R'$$

$$\underset{I}{} \qquad\qquad II \qquad\qquad\qquad III$$

$$\xrightarrow{\text{KOH}} \quad R \cdot \underset{\diagdown O \diagup}{CH-CH} \cdot CH = CH \cdot R' + sek. Amine \;\rightarrow\; R \cdot \underset{\underset{OH}{|}}{CH} - CH \cdot CH = CH \cdot R' \quad V$$

und/oder

$$R \cdot \underset{R''\diagdown \underset{N}{} \diagup R'''}{CH} - \underset{\underset{OH}{|}}{CH} \cdot CH = CH \cdot R' \qquad VI$$

Mit Hilfe von 0,1 n H_2SO_4 kann die Epoxydgruppe zum sekundären Äthylenglykol (IV)

$$R \cdot \underset{\underset{OH}{|}}{CH} - \underset{\underset{OH}{|}}{CH} \cdot CH = CH \cdot R' \qquad IV$$

hydratisiert werden, mit sekundären Aminen werden die isomeren Aminoalkohole V und VI erhalten.

1,1-Dimethyl-äthylenoxyd $\quad (CH_3)_2 \cdot \underset{\diagdown O \diagup}{C-CH_2} \quad$ Kp 50—51,5°

(Isobutylenoxyd)

entsteht bei eintägigem Stehen von 1-Chlor-2-methyl-propanol-2 in Wasser über Bleioxyd[2], oder durch Einleiten von Diazomethan in Aceton bei 0° in Gegenwart von Lithiumchlorid, Wasser und Alkoholen[3].

Trimethyl-äthylenoxyd $\quad CH_3 \cdot \underset{\diagdown O \diagup}{CH-C} \cdot (CH_3)_2 \quad$ Kp 74—75°

aus 3-Chlor-2-methylbutanol-2 mit Natronlauge[4].

Tetramethyl-äthylenoxyd $\quad (CH_3)_2 \cdot \underset{\diagdown O \diagup}{C-C} \cdot C \cdot (CH_3)_2 \quad$ Kp 91—92°

aus Tetramethyl-äthylendibromid durch Schütteln mit Bleioxyd in Wasser[5] oder aus Pinakon durch Überführen in das Chlorhydrin durch Salzsäuregas mit anschließendem Abspalten von Chlorwasserstoff[7].

1-Methyl-1-äthyl-äthylenoxyd $\quad \underset{C_2H_5}{\overset{CH_3}{\diagdown \diagup}}C \underset{\diagdown O \diagup}{-CH_2} \quad$ Kp 81—82°

aus 1-Chlor-2-methyl-butanol-2 mit Natronlauge[10].

1-Methyl-2-äthyl-äthylenoxyd $\quad CH_3 \cdot \underset{\diagdown O \diagup}{CH-CH} \cdot C_2H_5 \quad$ Kp 80°

durch Überführen von Penten-2 mittels unterchloriger Säure in das Chlorhydrin mit anschließendem Abspalten von Chlorwasserstoff durch Kalilauge[8].

---

[1] NORMANT, H., u. C. CRISAN: C. r. **244**. 1957, 85—86.

[2] KRASSUSKI: C. **1902**, II, 21.

[3] MEERWEIN, H., u. BURNELEIT: B. **61**, 1842; **62**, 1005.

[4] FOURNEAU, E., u. M. TIFFENEAU: C. r. **145**, 439. — KRASSUSKI: C. **1902**, II, 19. — DETOEUF: Bl. (4), **31**, 178.

[5] KRASSUSKI: C. **1902**, I, 628. — [6] DELACRE, E. M.: Bl. (4), **3**, 203 (1908).

[7] FOURNEAU, E., u. M. TIFFENEAU: C. r. **145**, 437. — RIEDEL, I. D.: DRP 199 148, 7. 3. 05.

[8] ELTEKOW: Russ. **14**, 365.

1-Methyl-2-propyl-äthylenoxyd $CH_3 \cdot CH\text{—}CH \cdot C_3H_7$ (über O)   Kp 109—110°

durch Umsetzen von Chlorwasserstoff mit Hexandiol-2,3 und anschließende Einwirkung von Kalilauge[1].

1-Methyl-2,2-diäthyl-äthylenoxyd $CH_3 \cdot CH\text{—}C \cdot (C_2H_5)_2$ (über O)   Kp 128—130°

aus 2-Chlor-3-äthylpentanol-3 und Kalilauge[2].

1,1-Dimethyl-2-äthyl-äthylenoxyd $(CH_3)_2 \cdot C\text{—}CH \cdot C_2H_5$ (über O)   Kp 53°

aus α-Chlor-buttersäureäthylester mit Methylmagnesiumchlorid, anschließend Umsetzen mit Kalilauge[3].

1,2-Dimethyl-1-äthyl-äthylenoxyd $\begin{matrix} CH_3 \\ C_2H_5 \end{matrix} C\text{—}CH \cdot CH_3$ (über O)   Kp 10C—108°

aus 2-Chlor-3-methylpentanol-3 mit Kalilauge[4].

1,1-Diäthyl-äthylenoxyd $(C_2H_5)_2 \cdot C\text{—}CH_2$ (über O)   Kp 105—106°

aus Chlormethyl-diäthylcarbinol mit Kaliumhydratpulver in Äther[5].

1-Methyl-2-propyl-äthylenoxyd $CH_3 \cdot CH\text{—}CH \cdot C_3H_7$ (über O)   Kp 110—112°

aus 2-Chlorhexanol-3 mit alkoholischem Kali[6].

1-Methyl-1-isopropyl-äthylenoxyd $\begin{matrix} CH_3 \\ C_3H_7 \end{matrix} C\text{—}CH_2$ (über O)   Kp 100—101°

aus 1-Chlor-2,3-dimethyl-butanol-2 mit Kalilauge[7].

1-Methyl-2-isopropyl-äthylenoxyd $CH_3 \cdot CH\text{—}CH \cdot C_3H_7$ (über O)   Kp 99—100°

aus 2-Methyl-penten-3-chlorhydrin und Natronlauge bei 120—130°.[8]

Isopropyl-äthylenoxyd $C_3H_7 \cdot CH\text{—}CH_2$ (über O)   Kp 82°

durch Oxydation von 2-Methyl-buten-3 mittels Benzopersäure in Chloroform (BÖSEKEN, R. 45, 842) oder Umsetzen des Chlorhydrins dieser Verbindung mit Natronlauge[9].

1-Methyl-1-isoamyl-äthylenoxyd $(CH_3)_2CH \cdot (CH_2)_2 \begin{matrix} \\ CH_3 \end{matrix} C\text{—}CH_2$ (über O)   Kp 147°

aus 1-Chlor-2,5-dimethyl-hexanol-2 mit Alkalilauge[10].

[1] WURTZ: A. Ch. (4), **3**, 184.
[2] FOURNEAU, E., u. M. TIFFENEAU: C. r. **145**, 439.
[3] HENRY: C. r. **144**, 1405. — RIEDEL, I. D.: DRP 199148, 7. 3. 05.
[4] FOURNEAU, E., u. M. TIFFENEAU: C. r. **145**, 439
[5] FOURNEAU, E., u. M. TIFFENEAU: C. r. **145**, 438. — DELABROUX, WUYTS C. **1906**, II, 1179.
[6] DETOEUF: Bl. (4) **31**, 173. — [7] CHALMERS: C. **1929**, I, 632.
[8] UMUOVA: C. **1911**, I, 1279. — [9] ELTEKOW: Russ. **14**, 364.
[10] RIEDEL, I. D.: DRP 199148, 7. 3. 05 — C. **1908**, II, 121.

1-Methyl-2-n-amyl-äthylenoxyd $CH_3 \cdot CH$—$CH \cdot (CH_2)_4 \cdot CH_3$ (O) Kp_{78} 70—75°

aus 2-Chlor-octanol-3 mit Kaliumhydratpulver in Äther[1]

1,1-Dimethyl-2-isobutyl-äthylenoxyd

$(CH_3)_2 \cdot C$—$CH \cdot C_4H_9$ (O)   Kp 134—136°, Kp_{17} 46°

aus linksdrehendem 3-Chlor-2,5-dimethylhexanol-2 mit Kalilauge[2].

n-Hexyl-äthylenoxyd $CH_3 \cdot (CH_2)_4 \cdot CH_2 \cdot CH$—$CH_2$ (O) Kp_{740} 157—158°

aus Octylen mit Benzopersäure in Chloroform oxydiert[3].

Isohexyl-äthylenoxyd $(CH_3)_2 \cdot CH \cdot (CH_2)_3 \cdot CH$—$CH_2$ (O)   Kp 156°, Kp_{25} 65—67°

aus dem Isomeren-Gemisch 7-(6)-Jod-2-methyl-heptanol-6-(7) in Äther
mit Kaliumhydratpulver[4].

Allylenoxyd $CH_3 \cdot C$≡CH (O)   Kp 62—63°

aus Allylen durch Oxydation mit konzentrierter wäßriger Chromsäure[5].

Isoamyl-äthylenoxyd $(CH_3)_2 \cdot CH \cdot (CH_2)_2 \cdot CH$—$CH_2$ (O)   Kp 140—145°

aus Chlormethyl-isoamylcarbinol mit alkoholischem Kali[6].

Amyl-äthylenoxyd $CH_3 \cdot (CH_2)_4 \cdot CH$—$CH_2$ (O)   Kp 143—145°

entsteht bei Vakuumdestillation von Trimethyl-(1-oxyheptyl-2)-am-
moniumhydroxyd[7].

1,2-Dioctyl-äthylenoxyd $CH_3 \cdot (CH_2)_7 \cdot CH$—$CH \cdot (CH_2)_7 \cdot CH_3$ (O)   F 0°

durch Oxydation von Octadecen-9 mittels Benzopersäure in Chloroform[8].

Tetradecyl-äthylenoxyd $CH_3 \cdot (CH_2)_{13} \cdot CH$—$CH_2$ (O)   F 21—23°, Kp_{12} 175—180°

entsteht durch Vakuumdestillation von Trimethyl-(1-Oxyhexadecyl-2)-
ammoniumhydroxyd[9].

Heptyl-äthylenoxyd $CH_3 \cdot (CH_2)_6 \cdot CH$—$CH_2$ (O)   Kp 182—185°

aus β-Jod-γ-hexyl-propanol in Äther mit Kaliumhydratpulver[10].

1,1-Trimethylen-äthylenoxyd CH_2 / CH_2 C—CH_2 / CH_2 (O) Kp_{754} 89—92°

aus 1 Chlormethyl-cyclobutanol 1 mit Kalilauge[11].

[1] Detoeuf: Bl. (4) **31**, 176. — [2] Karrer, Kaase: Helv. **3**, 250.
[3] Prileschajew: B. **42**, 4812 — DRP 230723, 27. 5. 08.
[4] de Reségnier, Bl. (4), **15**, 184. — [5] Berthelot: Bl. (2) **14**, 116.
[6] Detoeuf: Bl. (4) **31**, 174. — [7] v. Braun, I., u. Schirrmacher: B. **56**, 1847.
[8] Böseken, Belinfante: R. **45**, 918. — [9] v. Braun, I.: B. **56**, 2180.
[10] de Reségnier: Bl. (4) **15**, 178. — [11] Demjanow, Dojarenko: B. **55**, 2735.

Cyclopentyl-äthylenoxyd $\begin{array}{c}CH_2-CH_2\\|\qquad\qquad\end{array}\!\!\!>CH\cdot CH-CH_3$ Kp 155—157°

entsteht bei der Vakuumdestillation von β-Dimethylamino-β-cyclo-pentyl-äthylalkohol-hydroxymethylat[1].

Cyclohexyl-äthylenoxyd CH_2 ... $CH\cdot CH-CH_2$ Kp_{14} 63—65°

entsteht bei der Vakuumdestillation von β-Dimethylamino-β-cyclo-hexyl-äthylalkohol-hydroxymethylat[2].

1-Methyl-cyclopenten-1,2-oxyd   F 80,5°

1-Methyl-cyclopenten-1 wird in Chloroform mit Benzopersäure oxydiert[3].

Caprilenoxyd $C_{10}H_{20}O$ Kp_{740} 157—158°

aus 1-Chlor-2-oxy-caprilen mit Kalilauge[4].

sym. Diphenyl-äthylenoxyd $C_6H_5\cdot CH-CH\cdot C_6H_5$ F 69°
[Iso-Verbindung: F 42°]

wurden von P. RABE und J. HALLENSLEBEN[5] aus Diphenyloxäthyl-amin hergestellt. Mittels Jodmethyl und Natriummethylat wurde die quartäre Base gewonnen, aus der beim Kochen in wäßriger Lösung mit Silberoxyd Trimethylamin abgespalten wird und Diphenyl-äthylenoxyd entsteht.

unsym. Diphenyl-äthylenoxyd $(C_6H_5)_2\cdot C-CH_2$ F 54—56°

wurde von A. KLAGES und J. KESSLER[6] durch Abspalten von Chlor-wasserstoff aus Diphenylchlorhydrin in absolut-alkoholischer Lösung mittels Natriumäthylats und von C. PAAL und E. WEIDENKAFF[7] aus 1-Aminomethyl-diphenylcarbinol durch Entfernen der Aminogruppe durch Diazotieren mit anschließender H_2O Abspaltung erhalten.

Triphenyl-äthylenoxyd $(C_6H_5)_2C-CH\cdot C_6H_5$ F 105°

wurde von A. GARDEUR[8] durch Überführen von Triphenylbromäthylen in Triphenyläthandiol und Wasserabspaltung mittels Phosphorpent-oxyds hergestellt.

[1] v. BRAUN, I.: B. **56**, 2586. — [2] v. BRAUN, I.: B. **56**, 2584.
[3] MAAN: R. **48**, 334.
[4] RIEDEL, I. D.: DRP 199148, 7. 3. 05 — C. **1908**, II, 121.
[5] RABE, P., u. J. HALLENSLEBEN: B. **43**, 884 (1910).
[6] KLAGES, A., u. J. KESSLER: B. **39**, 1753 (1906).
[7] PAAL, C., u. E. WEIDENKAFF: B. **39**, 2062 (1906).
[8] GARDEUR, A.: C. **1897**, II, 662.

Tetraphenyl-äthylenoxyd $(C_6H_5)_2 \cdot C\!\!-\!\!-\!\!C \cdot (C_6H_5)_2$ mit O-Brücke   F 203—205°

wurde von BEHR[1] durch Oxydation von Tetraphenyläthylen sowie von BILTZ[2] und THÖRNER und ZINCKE[3] durch Erhitzen von Benzophenon mit Zink und Salzsäure erhalten.

Anetholoxyd $CH_3 \cdot O \cdot C_6H_4 \cdot CH\!\!-\!\!CH \cdot CH_3$ mit O-Brücke Kp_{11} 132°

Isosafroloxyd Kp_9 140—142°

Nitro-isosafroloxyd   F 113—114°

Brom-isosafroloxyd   F 134—135°

Dibrom-isosafroloxyd Kp_{11} 169—173°

wurden von P. HOERING[4] durch Umsetzen der entsprechenden Bromhydrine mit alkoholischem Kaliumhydroxyd gewonnen.

Tetrahydro-naphthylenoxyd   F 44°, Kp_{715} 257—259°

wurde von E. BAMBERGER und W. LODTER[5] sowie von L. KNORR[6] durch Abspalten von Chlorwasserstoff aus dem Tetrahydro-naphthylenchlorhydrin mittels alkoholischem Alkali gewonnen.

Cyclopentenoxyd   F 102°

1. Durch Oxydation von Cyclopenten mit Benzopersäure in Chloroform (BÖSEKEN, R. 47, 689).

2. Aus 2-Chlor-cyclo-pentanol-1 durch Chlorwasserstoffabspaltung mittels wäßrigen Alkalis bei 90—95° von W. MEISER[7].

Cyclohexenoxyd Kp_{750} 130—131°

wurde von DETOEUF[8] durch Einwirken von fein pulverisiertem Kaliumhydroxyd auf eine ätherische Lösung von 2-Chlor-hexanol-1 gewonnen[9].

---

[1] BEHR: B. **5**, 277. — [2] BILTZ: A. **296**, 237.
[3] THÖRNER u. ZINKE: B. **11**, 68 u. 1396.
[4] HOERING, P.: B. **38**, 2296, 3458, 3464, 3477, 3486 (1905).
[5] BAMBERGER, E., u. W. LODTER: B. **26**, 1836 (1893).
[6] KNORR, L.: B. **32**, 754 (1899). — [7] MEISER, W.: B. **32**, 2049 (1899).
[8] DETOEUF: Bl. (4) **31**, 178.
[9] Siehe auch Vorschrift in Organic Syntheses, Collective Vol I. 1932, S. 179 und Dissertation von D. BARTLING, T. H. BRAUNSCHWEIG, vom 16. II. 1956, „Untersuchungen an Acetylenalkoholen und 1,1-Epoxyden des Cyclohexans".

1-Methyl-cyclohexenoxyd $\quad$ Kp$_{756}$ 137,5—138°

durch Oxydation von 1-Methyl-cyclohexen-1 mittels Benzopersäure in Chloroform[1].

4-Methyl-Cyclohexenoxyd-1,2 $\quad$ Kp$_{735}$ 146°

aus rechtsdrehendem 4-Chlor-1-methyl-cyclohexanol-3 mit Kalilauge[2].

Cycloheptenoxyd $\quad$ Kp 161°

Cyclohepten wird in Chloroform mit Benzopersäure oxydiert[3].

Cyclooctenoxyd $\quad$ F 48—51°, Kp$_{14-15}$ 72—78°

wird durch Oxydation von Cycloocten mittels Peressigsäure (300 g Eisessig, 5 g konzentrierte Schwefelsäure und 75 g Wasserstoffperoxyd 30%), worin 44 g Cycloocten eingetragen werden, erhalten. Wachsartige in Petroläther lösliche Substanz[4].

Nach einem modernen Verfahren von F. P. GREENSPAN und R. J. GALL[5] wird Cyclohexenoxyd in einer Ausbeute von über 90% durch Oxydation von Cyclohexen in einem inerten Lösungsmittel mit Perpropionsäure bei 5—20° und einem p_H-Wert von 7,0 in Gegenwart von Natriumacetat (zum Neutralisieren der in der Perpropionsäure noch vorhandenen Reste von Mineralsäure) in einer Reaktionszeit von 2—4 Stunden gewonnen.

Phenyl-äthylenoxyd, Styroloxyd $\quad$ Kp 191—192°, Kp$_{12}$ 77—78°

ist von TIFFENEAU[6] und E. FOURNEAU[6] durch Einwirkung von Kaliumhydroxydpulver auf eine ätherische Lösung von 2-Jod-1-phenyl-äthylalkohol $C_6H_5 \cdot CH(OH) \cdot CH_2J$ sowie von SPÄTH[7] aus der entsprechenden Chlorverbindung mittels Natriumäthylat hergestellt worden. Die Herstellung von Styroloxyd in technischem Maßstabe wurde erst rentabel, nachdem es gelungen war, die Chlorverbindung in Alkohol mit Kaliumhydroxydpulver zu Styroloxyd umzusetzen[8].

---

[1] KÖTZ, HOFFMANN: J. pr. (2) **110**, 108. — VERKADE: A. **467**, 231.

[2] MARKOWNÍKOW, STADNIKOW: C. **1903**, II, 289 — A. **336**, 318.

[3] BÖSEKEN, DERX: R. **40**, 530.

[4] CRAIG, L. E.: US 2571208, 17. 12. 49/16. 10. 51, GENERAL ANILINE & FILM CORP.

[5] US 2745848, 25. 2. 53/15. 5. 56., FOOD MACHINERY & CHEM. CORP.

[6] TIFFENEAU, M.: C. r. **140**, 1595 (1905) u. FOURNEAU, E.: C. r. **146**, 697 (1908).

[7] SPÄTH: M. **36**, 7. — [8] DETOEUF: Bl. (4) **31**, 177.

Die direkte Oxydation von Styrol in Chloroformlösung mittels überschüssiger Benzopersäure bei $0°$ ist ebenfalls durchführbar[1].

Die Herstellung von optisch aktivem Styroloxyd und Derivate desselben wird von E. L. ELIEL und D. W. DELMONTE[2] durch Reduzieren von optisch aktiver Mandelsäure mit Lithium-Aluminiumhydrid und anschließender Wasserabspaltung aus dem Phenyläthandiol mit p-Toluolsulfochlorid in Pyridin durchgeführt:

$$C_6H_5 \cdot CH(OH) \cdot CO \cdot OH \xrightarrow{\text{LiAlH}_4} C_6H_5 \cdot CH(OH) \cdot CH_2OH \xrightarrow{-H_2O} C_6H_5 \cdot \underset{\displaystyle \diagdown O \diagup}{CH{-}CH_2}$$

Nach der gleichen Methode wurde das 1,1-Diphenyläthylenoxyd

$$\begin{matrix} C_6H_5 \diagdown \\ \qquad\quad C{-}\!\!{-}CH_2 \\ C_6H_5 \diagup \quad \diagdown O \diagup \end{matrix}$$

aus 1,1-Diphenyläthandiol gewonnen.

Neben den beiden bereits großtechnisch gewonnenen Monoepoxyden, Äthylenoxyd und Propylenoxyd, wird in den Vereinigten Staaten von der Dow CHEMICAL CORP. auch Styroloxyd hergestellt, und zwar durch Abspaltung von Chlorwasserstoff aus dem Chlorhydrin des Styrols unter Verwendung von Calciumacetat, wobei eine Ausbeute von 84% erzielt wird. Die Fabrikation nach diesem Verfahren in Freeport hat sich in den letzten Jahren erheblich erhöht, so daß der 1953 noch 1 Dollar/lb betragende Preis 1955 auf 60 Cents gesenkt werden konnte. Diese Herstellung über Styrolchlorhydrin hat sich als rentabel erwiesen, da einerseits die direkte Oxydation von Styrol mittels Luft einstweilen noch nicht tragbare Verluste durch Bildung von Polymerisationsprodukten mit sich bringt, und andererseits die bei der Oxychlorierung entstehenden Anteile an Styroldichlorid keinen Verlust darstellen, da sie bei der Enthalogenierung durch Calciumacetat in Gegenwart von Calciumcarbonat und Äthanol ebenfalls in Styroloxyd übergehen[3].

Als wichtigste Verwendungen für Styroloxyd wird die Herstellung von Lackharzen, Papierschichtmaterial, Material für elektrische Isoliermassen sowie die Weiterumsetzung zu Glykolen oder Alkoholen für Parfümeriezwecke und für Polyester angeführt[4]. — In Gegenwart eines Metallkontaktes lagert sich Styroloxyd bei $200°$ in Phenylacetaldehyd $C_6H_5 \cdot CH_2 \cdot CH{=}O$ um.

Mit wasserfreier Blausäure bildet sich schon bei gewöhnlicher Temperatur die Additionsverbindung Phenyl-acetaldehyd-cyanhydrin $C_6H_5 \cdot CH_2 \cdot CH(OH) \cdot CN$[5].

Mit Wasser setzt sich Styroloxyd erst bei $150—200°$ bei p_H 12 zu 1-Phenyläthan-1,2-diol, $C_6H_5 \cdot CH(OH) \cdot CH_2(OH)$, vom F $62—64°$ und Kp_{10} $155—165°$ um. Methylstyroloxyd $\underset{\displaystyle O}{C_6H_5 \cdot C(CH_3){-}CH_2}$ wird durch

[1] HIBBERT, BURT: Am. Soc. **47**, 2243.
[2] ELIEL, E. L., u. D. W. DELMONTE: J. org. Chem. **21**, Nr. 5, 596—697 (1956).
[3] Rev. prod. Chim. **58**, Nr. 1212, 136 (1955).
[4] SHERWOOD, P. H.: Erdöl u. Kohle **1955**, 166.
[5] FOURNEAU, E., u. M. TIFFENEAU: A. Ch. (8) **10**, 345.

$4^1/_2$ stündiges Erhitzen mit einer stark verdünnten Natronlauge (2,8 g NaOH in 70 ml H_2O) bei 200° in 2-Methyl-2-phenyläthan-1,2-diol, $\underset{C_6H_5}{\overset{CH_3}{>}}C(OH) \cdot CH_2(OH)$, vom F 44—46° und Kp_{11} 144—150° übergeführt[1].

Lithiumborhydrid, $LiBH_4$, bewirkt auch bei Styroloxyd Ringöffnung unter gleichzeitiger Hydrierung zu dem primären Alkohol β-Phenyläthanol, $C_6H_5 \cdot CH_2 \cdot CH_2 \cdot OH$. Ist die Phenylgruppe substituiert, so hängt es von der Natur des Substituenten ab, ob hierbei der primäre oder der sekundäre Alkohol $R \cdot C_6H_4 \cdot CH(OH) \cdot CH_3$ entsteht[2].

Mit Natriumbisulfit bildet Styroloxyd ein Anlagerungsprodukt, bei dem die Sulfitgruppe an das der Phenylgruppe benachbarte Kohlenstoffatom tritt: $C_6H_5 \cdot CH(SO_3Na) \cdot CH_2OH$. Ist jedoch der Phenylrest substituiert, beispielsweise durch eine Oxmethylgruppe, so lagert sich die Sulfitgruppe an das endständige Kohlenstoffatom: $H_3C \cdot O \cdot C_6H_4 \cdot CH(OH) \cdot CH_2 \cdot SO_3Na$ an. Bei der systematischen Untersuchung von Sulfitadditionen dieser Art wurde gefunden, daß allgemein bei höheren 1,2-Epoxyden die Sulfitgruppe an das Kohlenstoffatom tritt, das mit dem größten Rest verbunden ist. So erhält man z. B. aus 1,2-Epoxyoctan die Sulfitverbindung $CH_3 \cdot (CH_2)_5 \cdot CH(SO_3Na) \cdot CH_2OH$[3].

Natriumazid setzt sich mit Styroloxyd in Gegenwart von Wasser zu einem Azidoalkohol um, bei dem die Azidogruppe sich mit dem Kohlenstoffatom verbindet, das der Phenylgruppe benachbart ist, also:

$$C_6H_5 \cdot \underset{\underset{N=\!\!=N}{\underset{|}{\overset{/\backslash}{N}}}}{CH} \cdot CH_2OH$$

Analog reagieren die Epoxyde von Cyclohexen, Cyclopenten, 2,3-Buten, Propylen und Isobutylen. Wie oben erwähnt wurde, weicht 1,2-Butylenoxyd von dieser Regel ab[4].

Derivate des Stroloxyds

p-Nitro-styroloxyd $\quad O_2N{-}\langle{}\rangle{-}\underset{\underset{O}{\backslash/}}{CH}{-}CH_2$

wurde von C. O. GUSS, R. ROSENTHAL und R. F. BROWN[5] u. a. mit β-Naphthol in Gegenwart von p-Toluolsulfosäure umgesetzt, wobei in 38% Ausbeute ein Dihydrofuranderivat und zu 5% ein Derivat des Xanthins entstehen.

1,1-Methyl-phenyl-äthylenoxyd $\quad \underset{C_6H_5}{\overset{CH_3}{>}}\underset{\underset{O}{\backslash/}}{C}{-}CH_2 \quad Kp_{15}$ 84—86°

wurde von TIFFENEAU[6] durch Überführung von Chloraceton mittels

---

[1] BP 686402, 11. 3. 50/11. 1. 53., DISTILLERS Co. LTD.

[2] FUCHS, R., u. C. A. VANDERWERF: Am. Soc. **1954**, 1631.

[3] TEN EYCK, SCHENK u. S. KAIZERMAN: Am. Soc. **1953**, 1636.

[4] VANDERWERF, C. A., R. S. HEISLER u. W. E. McEVEN: Am. Soc. **1954**, 1231.

[5] GUSS, C. O., R. ROSENTHAL u. R. F. BROWN: J. org. Chem. **20**, 1955, Nr. 7, 909—919 (1955).

[6] TIFFENEAU, M.: C. r. **140**, 1458 (1905).

Phenylmagnesiumbromids in das Chlorhydrin des Methyläthenyl-
benzols und Chlorwasserstoffabspaltung daraus mit Kaliumhydroxyd
in ätherischer Lösung erhalten:

$$CH_3-CO-CH_2Cl + C_6H_5 \cdot Mg \cdot Br \;\rightarrow\; \underset{C_6H_5}{\overset{CH_3}{>}}C(OH)-CH_2Cl \;\xrightarrow{KOH}\; \underset{C_6H_5}{\overset{CH_3}{>}}\underset{\diagdown O \diagup}{C-CH_2}$$

1,2-Diphenyl-äthylenoxyd, β-Phenyl-styroloxyd $C_6H_5 \cdot \underset{\diagdown O \diagup}{CH-CH} \cdot C_6H_5$
1. Isomer: F 69°,
2. Isomer: F 42°

wurde bereits bei den Derivaten des Äthylenoxyds angeführt. Vor der
1910 erfolgten Beschreibung von RABE und HALLENSLEBEN ist es bereits 1895 von F. FEIST und H. ARNSTEIN[1] über die aus methyliertem
Benzoinoxim erhaltenen Trimethylammoniumbase des Diphenyl-
oxäthylamins durch Abspalten von Trimethylamin beim Verkochen
erhalten worden. Ferner ist es auch von F. R. JAPP und J. MOIR[2] in
seiner Isoform aus Diphenyloxäthylamin, das aus Diaminodiphenyl-
äthan durch Abspalten einer Aminogruppe mittels Nitrit erhalten
war, durch Überführung in die Ammoniumbase mit anschließendem
Abspalten von Trimethylamin gewonnen worden:

$$\underset{C_6H_5 \cdot CH \cdot NH_2}{\overset{C_6H_5 \cdot CH \cdot OH}{|}} + 3\,JCH_3 \;\rightarrow\; \underset{C_6H_5 \cdot CH \cdot N(CH_3)J_3}{\overset{C_6H_5 \cdot CH \cdot OH}{|}} + Ag_2O \;\rightarrow\; \underset{C_6H_5 \cdot CH \cdot N(CH_3)_3OH}{\overset{C_6H_5 \cdot CH \cdot OH}{|}}$$

$$\xrightarrow{Verkochen}\; C_6H_5 \cdot \underset{\diagdown O \diagup}{CH-CH} \cdot C_6H_5 + N \cdot (CH)_3 + H_2O$$

β-Benzoyl-styroloxyd $C_6H_5 \cdot \underset{\diagdown O \diagup}{CH-CH} \cdot CO \cdot C_6H_5$ F 89—90°

hat O. WIDMAN[3] in Anlehnung an die E. ERLENMEYER JR.-Methode
der Kondensation von Aldehyden mit Chloressigester gewonnen, indem er Bromacetophenon und Benzaldehyd in Alkohol mit Natriumäthylat umsetzte. Der Chemismus dieser Reaktion ist vermutlich derselbe, wie ihn E. ERLENMEYER JR.[4] zur Erklärung seiner Chloressigester-
Aldehyd-Synthese heranzieht, nämlich, daß sich zunächst eine Addition zum Halohydrin bildet, und dieses mittels Alkali Halogenwasserstoff abspaltet:

$$C_6H_5 \cdot CO \cdot CH_2Br + O{=}CH \cdot C_6H_5 \;\longrightarrow\; C_6H_5 \cdot CO \cdot CHBr-CH(OH) \cdot C_6H_5$$

$$\xrightarrow{KOH}\; C_6H_5 \cdot CO \cdot \underset{\diagdown O \diagup}{CH-CH} \cdot C_6H_5$$

Unter Verwendung von Bromacetophenon hat S. BODFORSS[5] die
WIDMANsche Methode auf verschiedene kernsubstituierte Benzaldehyde
übertragen und die folgenden Verbindungen hergestellt:

Benzoyl-m-nitrophenyl-oxidoäthan $C_6H_5 \cdot CO \cdot \underset{\diagdown O \diagup}{CH-CH}\, C_6H_4 \cdot NO_2$ F 118°

Es wird so gearbeitet, daß 40 g Bromacetophenon und 30 g Nitrobenz-
aldehyd in 400 g absolutem Alkohol gelöst werden und bei 20° tropfen-

---

[1] FEIST, F., u. H. ARNSTEIN: B. **28**, 3181 (1895).
[2] JAPP, F. R., u. J. MOIR: Soc. **1900**, 608—645.
[3] WIDMAN, O.: A. **400**, 104 (1913) — B. **49**, 477 u. 2778 (1916).
[4] ERLENMEYER, E.: E. A. **271**, 161 (1892).
[5] BODFORSS, S.: B. **49**, 2795 (1916); **51**, 192 (1918).

weise eine Lösung von 4,6 g Natrium in 30 g Alkohol zugegeben wird. Das Umsetzungsprodukt kristallisiert hierbei zu einem Brei aus.

Benzoyl-p-nitrophenyl-oxidoäthan F 148°

Benzoyl-p-chlorphenyl-oxidoäthan F 79—80°

Benzoyl-p-isopropylphenyl-oxidoäthan F 76°

(aus 19 g Bromacetophenon, 16 g Cuminal und 2,3 g Natrium in abs. Alkohol).

Benzoyl-o-nitrophenyl-oxidoäthan F 110°

Benzoyl-3-brom-4-methoxyphenyl-oxidoäthan F 158°

Benzoyl-3-nitro-4-methoxyphenyl-oxidoäthan F 172—173°

Benzoyl-brom-3,4-methylendioxyphenyl-oxidoäthan F 98—99°

Benzoyl-m-nitro-cinnamenyl-oxidoäthan F 115—116°

Benzoyl-benzaldehyd-(4)-oxidoäthan,   3-Phenyl-1,2-oxido-propanon-3-benzaldehyd-4

$$C_6H_5 \cdot CO \cdot CH \underset{O}{—} CH \cdot C_6H_4 \cdot CH = O \quad F\ 116\text{—}119°$$

(aus 6 g Bromacetophenon, 4 g Terephthalaldehyd, 0,77 g Natrium in abs. Alkohol).

Anisoyl-anisyl-oxidoäthan F 118—119°
(aus 3 g Chloracetylanisol, 3,3 g Anisaldehyd, 0,37 g Natrium in abs. Alkohol).

Diese Benzoyl-Oxidoäthan-Verbindungen lassen sich mit Jodkalium in Eisessig bei 100° zu dem entsprechenden ungesättigten Derivat reduzieren, z. B. Benzoyl-nitrophenyl-oxidoäthan:

$$C_6H_5 \cdot CO \cdot CH \underset{O}{—} CH \cdot C_6H_4 \cdot NO_2 \;\rightarrow\; C_6H_5 \cdot CO \cdot CH = CH \cdot C_6H_4 \cdot NO_2$$

eine Reaktion, die G. DARZENS[1] bereits bei den von ihm synthetisierten substituierten Glycidsäureestern aufgefunden hatte.

Wie M. TIFFENEAU und E. FORNEAU[2] gefunden hatten, lagern sich Styroloxyd und seine Derivate beim Erhitzen mit verdünnten Säuren in die entsprechenden Aldehyde um:

$$C_6H_5 \cdot CH \underset{O}{—} CH_2 \;\rightarrow\; C_6H_5 \cdot CH_2 \cdot CH = O$$

Diese Umlagerung gelingt mit den von BODFORSS hergestellten Benzoyl-Styrol-Derivaten auf diesem Wege nicht, jedoch geht sie ohne Schwierigkeit beim Bestrahlen mit ultraviolettem Licht vor sich.

Zu sauren Derivaten des Styroloxyds gelangten F. R. JAPP und A. C. MICHIE[3], indem sie Anhydroacetonbenzil und dessen Methyl-

---

[1] DARZENS, G.: C. r. **150**, 1245 (1910).
[2] TIFFENEAU, M., u. E. FOURNEAU: C. r. **140**, 1595 (1905); **146**, 697 (1908).
[3] JAPP, F. R., u. A. C. MICHIE: Soc. **1903**, 279—313.

derivate mit Chromsäure oxydierten. So geben beispielsweise α-Methyl-anhydro-acetonbenzil γ-Aceto-β,γ-diphenyl-β,γ-oxidobuttersäure

$$
\begin{array}{ccc}
C_6H_5 \cdot C \!=\!=\!=\! C(CH_3) & \qquad & C_6H_5 \cdot C \!-\! CO \cdot CH_3 \\
\quad | \qquad\qquad \rangle CO + O_2 \;\rightarrow & & \quad \triangleright O \qquad\qquad\qquad F\;131\text{—}132° \\
C_6H_5 \cdot C \cdot (OH) \cdot CH_2 & & C_6H_5 \cdot C \!-\! CH_2 \cdot CO \cdot OH
\end{array}
$$

entsprechend die α,β-Di-Methylverbindung

$$
\begin{array}{c}
C_6H_5 \cdot C \cdot CO \cdot CH_3 \\
\triangleright O \qquad\qquad F\;164° \\
C_6H_5 \cdot C \cdot CH(CH_3) \cdot CO \cdot OH
\end{array}
$$

Die Oxydation von nicht substituiertem Anhydroacetonbenzil sowie von β-Substitutionsprodukten führt zu Verbindungen mit zwei Carboxylgruppen, zu Derivaten der Glutarsäure; wobei je nach den Reaktionsbedingungen, entweder Dioxyglutarsäuren oder Oxidoglutarsäuren entstehen. Die Reaktion ist so zu verstehen, daß als erste Stufe der Oxydation die Oxyverbindungen entstehen und diese im wasserarmen Milieu 1 Mol Wasser zur Bildung der Oxidoverbindung abspalten. Ist zuviel Wasser anwesend, erfolgt diese Abspaltung nicht:

$$
\begin{array}{cc}
C_6H_5 \cdot C \!=\!=\!=\! CH & \nearrow + H_2O \nearrow \; C_6H_5 \cdot C(OH) \cdot CO \cdot OH \\
\quad | \qquad\qquad \rangle CO + 3\,O & \qquad\qquad\qquad\qquad | \\
C_6H_5 \cdot C \cdot (OH) \cdot CH_2 & \qquad\qquad C_6H_5 \cdot C(OH) \cdot CH_2 \cdot CO \cdot OH \\
\text{Anhydro-acetonbenzil} & \qquad\qquad \alpha,\beta\text{-Diphenyl-}\alpha,\beta\text{-dioxyglutarsäure}
\end{array}
$$

$$
\begin{array}{c}
\searrow C_6H_5 \cdot C \cdot CO \cdot OH \\
\triangleright O \\
C_6H_5 \cdot C \cdot CH_2 \cdot CO \cdot OH \\
\alpha,\beta\text{-Diphenyl-}\alpha,\beta\text{-oxidoglutarsäure}
\end{array}
$$

entsprechend die β,β-Dimethylverbindung:

$$
\begin{array}{c}
C_6H_5 \cdot C \cdot CO \cdot OH \\
\triangleright O \qquad\qquad F\;171\text{—}184° \\
C_6H_5 \cdot C \cdot C(CH_3)_2 CO \cdot OH \\
\alpha,\alpha\text{-Dimethyl-}\alpha,\beta\text{-diphenyl-}\alpha,\beta\text{-oxidoglutarsäure}
\end{array}
$$

sowie das entsprechende Anhydrid:

$$
\begin{array}{c}
C_6H_5 \cdot C \!-\!\!-\!\!-\!\!-\! CO \\
\triangleright O \qquad \triangleright O \qquad F\;158° \\
C_6H_5 \cdot C \cdot C(CH_3)_2 \cdot CO
\end{array}
$$

Analog führt die Oxydation von α-Aceto-β-äthyl-α,β-diphenyläthylen zu α-Aceto-β-äthyl-α,β-diphenyl-α,β-oxidoäthan:

$$
\begin{array}{ccc}
C_6H_5 \cdot C \cdot CO \cdot CH_3 & \qquad & C_6H_5 \cdot C \cdot CO \cdot CH_3 \\
\quad \| \qquad\qquad \rightarrow & & \quad \triangleright O \qquad\qquad F\;98\text{—}99° \\
C_6H_5 \cdot C \cdot CH_2 \cdot CH_3 & & C_6H_5 \cdot C \cdot CH_2 \cdot CH_3
\end{array}
$$

Durch Einwirkung von Hydroxylaminchlorhydrat in verdünnter Kalilauge auf Aceto-methyl-diphenyl-oxidobuttersäure entsteht das Oxim

$$
\begin{array}{ccc}
C_6H_5 \cdot C \!-\! CO \cdot CH_3 & \qquad & C_6H_5 \!-\! C \!-\! C(NOH) \cdot CH_3 \\
\quad \triangleright O \qquad + NH_2OH \;\rightarrow & & \quad \triangleright O \qquad\qquad F\;172\text{—}173° \\
C_6H_5 \cdot C \!-\! CH(CH_3) \cdot CO \cdot OH & & C_6H_5 \cdot C \cdot CH(CH_3) \cdot CO \cdot OH
\end{array}
$$

Das durch Kondensation von Cyclohexanon mit Benzaldehyd in Gegenwart von Alkali erhaltene 2-Benzalcyclohexanon wurde von H. O. HOUSE und R. L. WASSON[1] mit Wasserstoffperoxyd epoxydiert und durch Einwirkung von BF_3-Ätherat auf die benzolische Lösung unter Ringerweiterung zum 2-Phenyl-1,3-cycloheptandion umgelagert:

O. DIELS und D. RILEY[2] haben durch Kondensation von Diacetyl-monoxim mit aromatischen Aldehyden Oxidooxazolderivate erhalten. Beispielsweise haben sie beim Schütteln von 12 g Diacetylmonoxim mit 15 g Benzaldehyd und 25 g Salzsäure 37%ig das Chlorhydrat einer Base erhalten, die als 4,5-Dimethyl-2-phenyl-4,5-oxido-4,5-oxazoldi-hydrid I erkannt wurde. Mit Anisaldehyd wurde die entsprechende 4'-Methoxy-Verbindung II

erhalten.

Verwandt mit dem in der Eiweißchemie von E. ABDERHALDEN zum Nachweis von Aminosäuren eingeführten Ninhydrin, dem Triketo-hydrindenhydrat

ist das von S. GABRIEL und E. LEUPOLD[3] gefundene Dioxybisdiketo-hydrinden, welches durch Wasserabspaltung in Bis-diketohydrinden-oxyd

übergeht.

Die von H. STAUDINGER entdeckten und bearbeiteten Ketene[4], Verbindungen vom Typus $R \cdot R' \cdot C = CO$, können durch Sauerstoff-aufnahme in Epoxyde übergehen, jedoch wird in manchen Fällen eine Spaltung in Keton und Kohlendioxyd bewirkt. Die niedermolekularen Ketene reagieren bevorzugt in dieser Weise, Methylphenylketen liefert eine mäßige Ausbeute an Oxyd und Diphenylketen bildet das Oxyd als Hauptprodukt. Das somit leicht erhältliche Diphenylketenoxyd

[1] HOUSE, H. O., u. R. L. WASSON: Am. Soc. 1956. Nr. 17. 4394—4400.
[2] DIELS, O., u. D. RILEY: B. 48, 897 (1915).
[3] GABRIEL, S., u. E. LEUPOLD: B. 1898, 1159.
[4] STAUDINGER, H.: „Die Ketene", Stuttgart, 1912.

ist ein wertvolles Ausgangsmaterial für Synthesen geworden. Es fällt stets als polymerisiertes hochmolekulares Produkt an, das sich jedoch etwa so reaktionsfähig verhält, wie es vom Monomeren zu erwarten wäre. Dies läßt den Schluß zu, daß bei der Polymerisation die Epoxydringe erhalten geblieben sind. Wir können daher die Oxydation folgendermaßen formulieren:

$$n(C_6H_5)_2 \cdot C{=}CO + n/2\ O_2 \rightarrow \left[(C_6H_5)_2 \cdot \underset{\diagdown O \diagup}{C{-}\!\!-\!\!-CO} \right]_n \quad \begin{array}{l} \text{F } 130° \text{ ätherlöslich} \\ \text{F } 220° \text{ schwer ätherlöslich} \end{array}$$

Das polymere Diphenylketenoxyd kann in zwei Modifikationen gewonnen werden: eine in Äther leicht lösliche, die bei etwa 130° schmilzt und eine in Äther sehr schwer lösliche mit F 220°. Beide Substanzen sind amorph.

Aus der Vielzahl interessanter Additionsverbindungen des Diphenylketenoxyds mögen die folgenden drei herausgegriffen werden:

Addition von Wasser:

$$(C_6H_5)_2 \cdot \underset{\diagdown O \diagup}{C{-}\!\!-\!\!-CO} + H_2O \rightarrow (C_6H_5)_2 \cdot C(OH){-}CO \cdot OH$$
$$\text{Benzilsäure}$$

Addition von Methanol:

$$(C_6H_5)_2 \cdot \underset{\diagdown O \diagup}{C{-}\!\!-\!\!-CO} + CH_3OH \rightarrow (C_6H_5)_2 \cdot C(OCH_3){-}CO \cdot OH$$
$$\text{Diphenyl-methoxy-essigsäure}$$

Addition von Anilin:

$$(C_6H_5)_2 \cdot \underset{\diagdown O \diagup}{C{-}\!\!-\!\!-CO} + H_2N \cdot C_6H_5 \rightarrow (C_6H_5)_2 \cdot C(NH \cdot C_6H_5){-}CO \cdot OH$$
$$\text{Diphenyl-anilido-essigsäure}$$

Epoxydierung ungesättigter Verbindungen

Die Epoxydation ungesättigter Verbindungen mit Acetylperoxyd wurde von V. J. Pansevic-Koljade[1] studiert. Die untersuchten Epoxydverbindungen sind relativ beständige Substanzen, auch gegen Alkalien. Sie werden jedoch schon beim Kochen mit Wasser, verdünnten Säuren oder Chlorzinklösung gespalten. Der Chemismus dieser Spaltung wird an einem Isoamylenderivat zu erklären versucht, wobei Isobutyraldehyd entsteht:

$$(CH_3)_2{=}C{=}CH \cdot C(CH_3)_2 \cdot R \rightarrow (CH_3)_2{=}C{-}\!\!-\!\!\underset{\diagdown O \diagup}{CH} \cdot C(CH_3)_2 \cdot R$$

$$\rightarrow (CH_3)_2{=}C{=}C(OH) \cdot C \cdot (CH_3)_2 \cdot R \rightarrow (CH_3)_2{=}C{=}CH(OH) \rightarrow (CH_3)_2{=}CH \cdot CH{=}O$$

In einer späteren Veröffentlichung von V. J. Pansevic-Koljade, V. A. Ablova und L. A. Kurejuk[2] wird über die Spaltung anderer Epoxydverbindungen berichtet. Während β,γ-Epoxyde, z. B.

$$C_6H_5 \cdot \underset{\displaystyle OR}{C(CH_3)} \cdot CH_2 \cdot CH{-}\!\!-\!\!\underset{\diagdown O \diagup}{CH_2}$$

[1] Pansevic-Koljade, V. J.: Z. obsc. Chim. **25**, Nr. 11, 2090—2099 (1955).
[2] Pansevic-Koljade, V. J., V. A. Ablova u. L. A. Kurejuk: Z. obsc. Chim. **25**, Nr. 13, 2448—2453 (1955).

beständig sind, und sich bei 100° nicht mit verdünnter Schwefelsäure oder Chlorzink spalten lassen, werden α,β-Epoxyde leicht gespalten, z. B.

$$C_6H_5 \cdot CH\!\!-\!\!CH \cdot C \cdot (CH_2)_2$$

in Phenylacetaldehyd und Acetaldehyd bzw. Aceton. Die Hydratisierung dieses Epoxydalkohols führt zu Methylphenylbutantriol:

$$C_6H_5 \cdot CH \cdot CH \cdot C \cdot (CH_3)_2$$

Benzalacetophenonoxyd, Chalkonoxyd $\quad C_6H_5 \cdot CO \cdot CH\!\!-\!\!CH \cdot C_6H_5 \quad$ F 90°

wurde 1881 von L. CLAISEN durch Kondensation von Benzaldehyd mit Acetophenon mit anschließender Oxydation hergestellt. Als Kondensationsmittel zur Gewinnung des Chalkons $C_6H_5CO \cdot CH = CHC_6H_5$ vom F 58—62° können Chlorwasserstoff (einige Tage bei gewöhnlicher Temperatur stehen), Essigsäureanhydrid (Erhitzen auf 160°), konzentrierte Schwefelsäure (Kühlen, Stehen bei gewöhnlicher Temperatur), oder mit besonders guter Ausbeute, Natriummethylat dienen[1].

ABEL[2] beschreibt eine besonders günstige Vorschrift zur Herstellung von Chalkon: In eine Lösung von 218 g Natriumhydroxyd in 1960 g Wasser und 1000 g Alkohol werden bei 15—30° 460 g Benzaldehyd schnell eingetragen. Bei Kühlung kristallisiert Chalkon reichlich aus. Die Oxydation zum Oxyd findet mit Wasserstoffperoxyd in Gegenwart von Natriumhydroxyd bei 50° statt. Sie wurde von E. WEITZ[3] als allgemein anwendbares Verfahren zur Überführung von ungesättigten Verbindungen nach Art des Chalkons in ihre Epoxyde ausgearbeitet.

In neuester Zeit wurde durch H. H. WASSERMANN und N. E. AUBREY[4] mittels einer stereospezifischen Methode Chalkonoxyd in zwei stereoisomeren Verbindungen hergestellt: das trans-Chalkonoxyd mit F 89° entspricht dem üblichen Präparat, während das cis-Chalkonoxyd einen Schmelzpunkt von F 97° aufweist.

Benzalacetonoxyd $\quad C_6H_5 \cdot CH\!\!-\!\!CH \cdot CO \cdot CH_3$

zwei Stereoisomere, teils ölig, teils kristallin F 53°, hergestellt nach E. WEITZ[5] aus Benzaldehyd + Aceton mit anschließender Oxydation.

Epoxyd des Mesityloxydes $\quad (CH_3)_2 \cdot C\!\!-\!\!CH \cdot CO \cdot CH_3 \quad$ Kp$_{15}$ 44—48°

Herstellung in analoger Weise durch Oxydation von Mesityloxyd, dem Kondensationsprodukt von 2 Mol Aceton. In diesem, wie in obigen Fällen kann die Oxydation auch mit den Superoxyden von Alkalien, Erdalkalien oder Zink sowie auch mittels Percarbonaten, Perboraten oder CAROscher Säure oder dem Additionsprodukt von Wasserstoffperoxyd an Harnstoff durchgeführt werden[6].

---

[1] CLAISEN, L. u. CLAPARÈDE: B. **14**, 2463.
[2] ABEL: Soc. **101**, 1000, sowie Org. Syntheses, 2. 1. 1922.
[3] WEITZ, E.: B. **54**, 2338 (1921). — DRP 395435, 14. 5. 21/19. 5. 24.
[4] WASSERMANN, H. H., u. N. E. AUBREY: Am. Soc. **77**, 590 (1955).
[5] WEITZ, E.: B. **54**, 2338 (1921). — DRP 395435, 14. 5. 21.
[6] Chemik Polski **15**, 106—110 (1917), siehe auch S. 106.

Die Ringöffnung bei Chalkonoxyd kann je nach Art des Katalysators in verschiedener Weise erfolgen. Bei Verwendung von Bortrifluorid entsteht der Aldehyd, Formyl-desoxy-benzoin, $C_6H_5 \cdot CO \cdot CH(C_6H_5) \cdot CH = O$, während Zinntetrachlorid die Bildung von Chalkonchlorhydrin, $C_6H_5 \cdot CO \cdot CH(OH) \cdot CHCl \cdot C_5H_6$ bewirkt[1].

Es sind auch 1,2-Epoxydverbindungen von längeren verzweigten Ketten hergestellt worden; z. B.:

$$1,2\text{-}Epoxy\text{-}2,4,4\text{-}trimethylpentan \quad \underset{O}{\overset{CH_2-C(CH_3) \cdot CH_2 \cdot C(CH_3)_2 \cdot CH_3}{\diagdown \diagup}} \quad Kp_{85}\ 82-85°$$

Die Herstellung erfolgt in bekannter Weise durch Chlorwasserstoffabspaltung aus 1-Chlor-2,4,4-trimethylpentan-2-ol oder aus 2-Chlor-2,4,4-trimethylpentan-1-ol. — Dies Epoxyd läßt sich durch Erhitzen mit Wasser auf 160—200° bei p_H 12 in das Glykol 2,4,4-Trimethylpentan-1,2-diol $HO \cdot CH_2 \cdot C(CH_3)(OH) \cdot CH_2 \cdot C(CH_3)_2 \cdot CH_3$ überführen[2].

Copolymerisation von Monoepoxyden mit Vinylidenchlorid

Monoepoxyde der verschiedensten Art, z. B. Äthylenoxyd, Propylenoxyd, Epichlorhydrin, 1,2- und 2,3-Butylenoxyd, Vinyläthylenoxyd, 1-Chlor-2,3-epoxybutan, 1,2-Epoxy-2-methyl-butan, 2-Methyl-2,3-epoxybutan, 2,3-Dimethyl-2,3-epoxybutan, 2,3-Dimethyl-1,2-epoxyhexan, 1,2-Epoxy-octanu usw., lassen sich mit monomerem Vinylidenchlorid copolymerisieren. Die Durchführung dieser Umsetzung erfolgt mittels wäßriger Dispersionen (als Dispergiermittel werden Alkalisulfonate höherer Fettsäuren empfohlen) in Gegenwart von Kaliumpersulfat bei 55° bei 2stündigem Rühren. Die Mengen an zugesetzter Epoxydverbindungen können zwischen 3 und 30% variieren. Durch diese Copolymerisation wird der Erweichungspunkt des Polyvinylidenchlorids ohne Verlust seiner sonstigen guten Eigenschaften so weit erniedrigt, daß seine Verarbeitbarkeit wesentlich erleichtert wird. Mit so modifiziertem Material können Preßkörper hergestellt werden, ohne daß durch die bisher erforderliche hohe Temperatur Anzeichen beginnender Zersetzung auftreten[3].

Herstellung von Epoxyden höherer Olefine
durch Sauerstoffanlagerung

Obwohl Verfahren zum Epoxydieren von Doppelbindungen höhermolekularer Verbindungen seit 1908 bekannt sind, hat man sich mit diesem Gebiet erst intensiv befaßt, als die aussichtsreichen Eigenschaften der Epoxydharze bekannt wurden.

N. PRILESHAJEW meldete 1908 erstmalig die Oxydation von d-Limonen, einer Verbindung, die reichlich aus den ätherischen Ölen und

---

[1] HOUSE, H. O.: Am. Soc. **76**, 1235—1237 (1954).

[2] YOUNG, D. P.: BP 686402, 11. 3. 50/21.1.53, THE DISTILLERS Co. LTD. — DRP 855109, 23. 3. 50/10. 11. 52 sowie Soc. **1954**, 2161.

[3] STANTON, G. W., u. C. E. LOWRY: US 2556048, 2. 5. 47/5. 6. 51, DOW CHEMICAL CORP.

Harzen der Nadelhölzer gewonnen wird, zum Patent an[1], in der Erwartung, daß das hochsiedende reaktionsfähige Diepoxyd praktische Verwendung finden würde, was aber damals in dem erhofften Ausmaß nicht eintrat.

$$\textit{Limonendiepoxyd}\quad \underset{O-CH-CH_3}{\overset{CH_2-CH_2}{HC\diagdown\diagup}}CH\cdot C(CH_3)-CH_2 \quad Kp_{50}\ 146{-}147°$$

Die Epoxydierung der beiden Doppelbindungen des Limonens erzielte PRILESHAJEW mittels 2 Mol Benzoepersäure in Äther oder in Chloroform bei 0°. Durch die Ausbildung der beiden Epoxydgruppen wird der Siedepunkt des Limonens von 176° stark in die Höhe getrieben.

Dieses Verfahren der Epoxydierung von Doppelbindungen hat sich als sehr fruchtbar erwiesen. In der Folgezeit hat PRILESHAJEW[2] die weiteren Epoxydverbindungen hergestellt:

$$\textit{Glyzid, (Allylalkoholoxyd)}\quad CH_2-CH\cdot CH_2OH \quad Kp_{751}\ 162{-}163°,\ Kp_{20}\ 67{-}69°$$

$$\textit{Tetramethyl-äthylenoxyd}\quad (CH_3)_2\cdot C{-}C\cdot(CH_3)_2 \quad Kp_{748}\ 90{-}94°$$

$$\textit{Octylenoxyd}\quad CH_2-CH\cdot(CH_2)_5\cdot CH_3 \quad Kp_{740}\ 157{-}158°$$

$$\textit{Diisobutylenoxyd}\quad CH_2-C(CH_3)\cdot(CH_2)_2\cdot C(CH_3)\cdot CH_3 \quad Kp_{765}\ 128{-}139°$$

$$\textit{Dimethyl-cyclohexenoxyd}\quad O\cdot C_6H_8\cdot(CH_3)_2 \quad Kp_{757}\ 150{-}151°$$

$$\textit{Methylheptendioxyd}\quad (CH_3)_2\cdot C{-}CH\cdot(CH_2)_2\cdot CH-CH_2 \quad Kp_{50}\ 69{-}70°$$

$$\textit{Geraniolmonoxyd}\quad CH_3\cdot C(CH_3)-CH\cdot(CH_2)_2\cdot C(CH_3){=}CH\cdot CH_2OH \quad Kp_{25}\ 157{-}158°$$

$$\textit{Geranioldioxyd}\quad CH_3\cdot C(CH_3)-CH\cdot(CH_2)_2\cdot C(CH_3){-}CH\cdot CH_2\cdot OH \quad Kp_{25}\ 100{-}183°$$

$$\textit{Linaloolmonoxyd}\quad CH_3\cdot C(CH_3){=}CH\cdot(CH_2)_2\cdot C(CH_3)(OH)\cdot CH-CH_2 \quad Kp_{25}\ 95°$$

$$\textit{Linalooldioxyd}\quad CH_3\cdot C(CH_3)-CH\cdot(CH_2)_2\cdot C(CH_3)(OH)\cdot CH-CH_2 \quad Kp_{25}\ 131{-}132°$$

$$\textit{Citralmonoxyd}\quad CH_3\cdot C(CH_3)-CH\cdot(CH_2)_2\cdot C(CH_3){=}CH\cdot CH{=}O \quad Kp_{20}\ 146{-}148°$$

$$\textit{Citraldioxyd}\quad CH_3\cdot C(CH_3)-CH\cdot(CH_2)_2\cdot C(CH_3){-}CH\cdot CH{=}O$$

$$\textit{Citronellaloxyd}\quad CH_2-C(CH_3)\cdot(CH_2)_3\cdot CH(CH_3)\cdot CH_2\cdot CH{=}O \quad Kp_{25}\ 130{-}131°$$

$$\textit{Limonenmonoxyd}\quad CH_3\cdot \underset{CH-CH_2}{\overset{CH_2-CH_2}{C\diagup\diagdown}}CH\cdot C(CH_3)-CH_2 \quad Kp_{50}\ 113{-}114°$$

$$\textit{Pinenoxyd}\quad C_{10}H_{16}O \quad Kp_{50}\ 102{-}103°$$

$$\textit{Decylenoxyd}\quad C_{10}H_{20}O \quad Kp_{50}\ 116{-}117°$$

[1] DRP 230723, 27. 5. 08/16. 6. 11. — B. **42**, 4814 (1909).

[2] PRILESHAJEW: B. **42**, 4811 u. 4003 (1909) — C. **1911**, I, 1279, II, 268, **1912**. II 2090 — Diss. Warschau **1912**.

Die Firma Rohm & Haas (Philadelphia) wählte das ebenfalls in der Natur reichlich vorkommende Dicyclopentadien

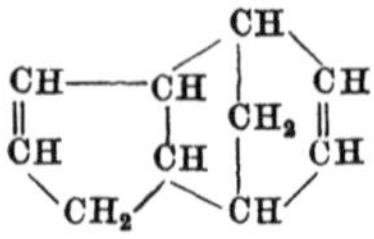

$$
\begin{array}{c}
\text{CH} \\
\text{CH——CH}\quad\text{CH} \\
\parallel\qquad\text{CH}\quad\text{CH}_2\ \parallel \\
\text{CH}\qquad\text{CH}\qquad\text{CH} \\
\text{CH}_2\qquad\text{CH}
\end{array}
$$

zum Ausgangsmaterial für die Herstellung von Epoxydverbindungen verschiedener Art. Da das Diepoxyd dieser Verbindung im Hinblick auf die Verwendung als Epoxydharz keine befriedigenden Eigenschaften hatte, wurde das Mol mehr als verdoppelt durch die Kondensation von 2 Molen Dicyclopentadien mit einem Mol zweiwertigem Alkohol. Diese Additionskondensation erfolgt an den Doppelbindungen der Sechsringe, so daß noch die beiden Doppelbindungen der Fünfringe erhalten bleiben. Diese können epoxydiert werden, und man erhält ein höhermolekulares Diepoxyd, das für den gewünschten Zweck ausgezeichnete Eigenschaften aufweist.

Die Addition von 2 Mol Dicyclopentadien an 1 Mol zweiwertigen Alkohol[1], von denen alle greifbaren herangezogen worden sind, erfolgt in Gegenwart von sauren Katalysatoren, wie Schwefelsäure, Bortrifluorid, aromatische Sulfonsäuren, Aluminiumchlorid u. dgl.

Die Epoxydierung der so erhaltenen Alkylen-bis-exo-di-(hydrodicyclopentadienyl)-äther erfolgt nach W. D. Niederhauser[2] beispielsweise folgendermaßen: Zu einer Mischung von 1500 g Peressigsäurelösung (Eisessig mit einem Gehalt von 40% Peressigsäure) und 75,1 g Natriumacetat werden 1000 g Äthylen-bis-exo-dihydrodicyclopentadienyläther in 40 Minuten bei 40° eingetropft. Es ist wirksames Kühlen erforderlich. Nach 3stündigem Nachrühren wird mit Tetrachlorkohlenstoff und anschließend mit Wasser ausgeschüttelt. Der kristallin erstarrende Rückstand zeigt nach mehrfachem Umkristallisieren aus Hexan und Methanol einem Schmelzpunkt von etwa 135° und destilliert ohne Zersetzung bei 1 mm bei 240—250°. Das gewonnene Diepoxyd hat die Formel:

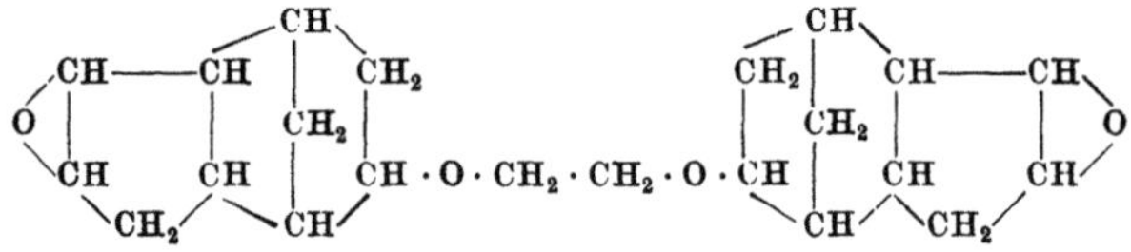

$$
\begin{array}{c}
\text{CH}\qquad\qquad\qquad\qquad\text{CH} \\
\text{CH——CH}\ \text{CH}_2\qquad\text{CH}_2\ \text{CH——CH} \\
\text{O}\qquad\text{CH}_2\qquad\qquad\text{CH}_2\qquad\text{O} \\
\text{CH}\quad\text{CH}\quad\text{CH}\cdot\text{O}\cdot\text{CH}_2\cdot\text{CH}_2\cdot\text{O}\cdot\text{CH}\quad\text{CH}\quad\text{CH} \\
\text{CH}_2\quad\text{CH}\qquad\qquad\qquad\text{CH}\quad\text{CH}_2
\end{array}
$$

Ähnliche Verbindungen haben B. Philips und P. S. Starcher[3] aufgebaut, indem sie 3,4-Cyclohexencarbonsäuren, wie sie durch Diels-Alder-Synthese (siehe Sobecki, Ber. 43, 1910, 1040, Diels-Alder A. 460, 1928, 106—121, A. 470, 1929, 62—103, und US 1944731) aus Butadien oder seinen Homologen mit α,β-ungesättigten Aldehyden,

---

[1] Bruson, A.: US 2393610, 25. 3. 44/29. 1. 46, The Resinous Prod. & Chem. Co.

[2] Niederhauser, W. D.: US 2543419, 11. 5. 49/27. 2. 51, Rohm & Haas.

[3] Philipps, B., u. P. S. Starcher: US 2745847, 8. 10. 53/15. 5. 56, Union Carbide & Carbon Corp.

wie Acrolein, Methylacrolein oder Crotonaldehyd mit anschließender Oxydation zur Carbonsäure erhalten werden, mit Glykolen zum Bismolekül verestern. Nach der Epoxydierung der endständigen Doppelbindungen mit Peressigsäure werden Verbindungen des Typus

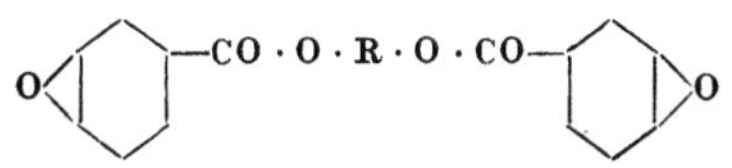

$$O\!\!<\!\!\square\!\!-CO \cdot O \cdot R \cdot O \cdot CO\!\!-\!\!\square\!\!>\!\!O$$

erhalten, wobei R den Rest eines Glykols bedeutet. An Glykolen sind Äthylenglykol, Pentan-1,5-diol, Hexan-1,6-diol, 2-Methyl-1,5-pentandiol oder 1-Äthyl-1,3-hexandiol angewandt worden. Diepoxyde dieser Art können als Anstrichmittel, Bindemittel für Schichtstoffe sowie als Stabilisatoren und Weichmacher für chlorhaltige Kunststoffe dienen.

In analoger Weise werden Alkenylester aliphatischer Diencarbonsäuren, z. B. Vinyl- oder Allyllinoleat, in einem inerten organischen Lösungsmittel mit Peressigsäure zu den entsprechenden Diepoxycarbonsäurealkenylestern epoxydiert, beispielsweise zum 9,10,12,13-Diepoxystearinsäurevinylester[1],

$$CH_3 \cdot (CH_2)_4 \cdot \underset{\diagdown O \diagup}{CH\!\!-\!\!CH} \cdot CH_2 \cdot \underset{\diagdown O \diagup}{CH\!\!-\!\!CH} \cdot (CH_2)_7 \cdot CO \cdot O \cdot CH\!\!=\!\!CH_2$$

Ungesättigte Verbindungen, wie sie bei der Cyanhydrinsynthese aus niederen ungesättigten Aldehyden zugänglich geworden sind, werden mit Allylalkohol verestert, z. B.

$$R \cdot CH\!\!=\!\!CR' \cdot CH\!\!=\!\!O \xrightarrow{\ HCN\ } R \cdot CH\!\!=\!\!CR' \cdot CH(OH) \cdot CN$$
$$\longrightarrow R \cdot CH\!\!=\!\!CR' \cdot CH(OH) \cdot CO \cdot O \cdot CH_2 \cdot CH\!\!=\!\!CH_2$$

wodurch zweifach ungesättigte Verbindungen gewonnen werden. Durch Epoxydierung mit 1 Mol Persäure wird nur die im Innern der Kette befindliche Doppelbindung epoxydiert, so daß die erhaltenen Substanzen sowohl mit der Doppelbindung (durch Peroxyde) oder mit der Epoxydgruppe (durch BF_3) polymerisiert werden können. Bei Ausführung der Epoxydierung mit mindestens 2 Mol Persäure werden die entsprechenden Diepoxydverbindungen erhalten, die als Epoxydharzvorprodukte Verwendung finden können[2].

Weiterhin wird die Epoxydierung von Chloralkenylkohlenwasserstoffen mit Peressigsäure, oder besser mit Acetaldehydmonoperacetat, beschrieben[3]. Beispielsweise werden Allylchlorid, Crotylchlorid, 2-Äthyl-2-hexenylchlorid, 3-Chlor-1-buten, 3,4-Dichlor-1-buten, 1,4-Dichlor-2-buten u. a. m. in die entsprechenden Epoxydverbindungen überführt, indem während des Siedens unter Rückfluß in 5 Stunden die berechnete Menge Acetaldehydperacetat eingetropft wird.

---

[1] FP 1131891, 19. 3. 55/28. 2. 57; US-Pri. 25. 3. 54, UNION CARBIDE & CARBON CORP.

[2] Belg. P. 550751, 1. 9. 56; US-Pri. 16. 9. 55, UNION CARBIDE & CARBON CORP.

[3] FP 1132991, 23. 6. 55/19. 3. 57; US-Pri. 28. 6. 54, UNION CARBIDE & CARBON CORP.

In einem späteren Patent derselben Erfinder[1] wird die Herstellung epoxydierter höherer ungesättigter Fettsäureester, mit ungesättigten Estergruppen der allgemeinen Formel

$$R \cdot CH \underset{O}{-\!\!\!\diagdown\!\!\!\diagup\!\!\!-} CH \cdot R' \cdot CO \cdot O \cdot R''$$

R = H oder Alkyl $\rbrace$ R + R' zusammen nicht mehr als
R' = Alkylen $\quad$ 7—15 C-Atome
R'' = Allyl- oder Vinylgruppe

beschrieben, z. B. des Allyl- oder Vinyl-9,10-epoxystearates. Beispielsweise wird Allyl-9,10-epoxystearat gewonnen, indem 2256 g Ölsäure, 928 g Allylalkohol und 500 ccm Toluol in Gegenwart von 12,7 g H_2SO_4 konz. 6 Stunden am Rückflußkühler gekocht werden und der gebildete Allylester bei 35° durch tropfenweise Zugabe von Peressigsäure epoxydiert wird. — Epoxydester dieser Art sind wirksame Weichmacher für halogenhaltige Polymerisationskunststoffe und können zusammen mit den Monomeren, z. B. Vinylchlorid, polymerisiert werden. Gleichzeitig üben diese Produkte durch die Epoxydgruppe eine stabilisierende Wirkung gegen thermische Zersetzung und Abspalten von Halogenwasserstoff aus.

In einem 16 Monate später angemeldeten Patent schützt die Food Machinery & Chem. Corp.[2] nochmals Vinyl-Epoxystearat als neue Verbindung und seine Verwendung für die Herstellung von homo- oder copolymerisierbaren Estern epoxydierter höherer Fettsäuren mit 12—22 C-Atomen sowie die Epoxydierung mit Peressigsäure in einem inerten Lösungsmittel.

Die Herstellung epoxydierter Alkenylsuccinate, z. B. von Vinylbernsteinsäurediäthylester,

$$\begin{array}{l} CH_2\!=\!CH \cdot CH \cdot CO \cdot OC_2H_5 \\ \qquad\quad | \\ \qquad\ CH_2 \cdot CO \cdot OC_2H_5 \end{array}$$

beschreibt die Union Carbide & Carbon Corp.[3]. Die Epoxydierung erfolgt mit Peressigsäure in Acetonlösung bei 10—140°. Neben dem Äthylester werden auch Verbindungen mit anderen Alkylgruppen sowie mit Alkoxyalkyl-, Cycloalkyl-, Aryl-, Aralkyl- oder Alkarylgruppen angeführt. Verbindungen dieser Art können als Weichmacher sowie als Wärme- und Lichtstabilisatoren für PVC dienen.

Die Epoxydierung von durch Natriummetall polymerisiertem Butadien mit Peressigsäure in Toluollösung beschreibt die Food Machinery & Chemical Corp.[4]. Nach der Epoxydierung wird bei genauer p_H-Werteinstellung mit Natriumacetat 3 Stunden bei 20—25° stehengelassen. Nach dem Waschen und Trocknen erhält man dann das Polyepoxyd mit einem Gehalt an 6,32% Epoxydsauerstoff.

---

[1] FP 1 125 497, 18. 3. 55/31. 10. 56; US-Pri. 25. 3. 54, Union Carbide & Carbon Corp.
[2] Belg. P. 549 639, 18. 7. 56; US-Pri. 20. 7. 55.
[3] Belg. P. 549 574, 16. 7. 56; US-Pri. 20. 7. 55.
[4] Belg. P. 539 817, 14. 7. 55.

Butadien-Styrol- oder Isopren-Isobutylen-Mischpolymerisate mit Molgewichten von 250—250000, die zwei oder mehr Doppelbindungen enthalten, werden von derselben Firma mit Peressigsäure zu Epoxydverbindungen, die 1—7% Epoxydsauerstoff enthalten, epoxydiert[1].

Weiterhin beschreibt dieselbe Firma die Herstellung von epoxydierten Polycyclopentadienen, insbesondere der trimeren Verbindung, mittels Peressigsäure, entweder in Benzol oder als wäßrige Emulsion, derart, daß etwa 4,2% Epoxydsauerstoff in das Mol eintreten[2]. Epoxydverbindungen dieser Art werden als Stabilisatoren empfohlen.

Entsprechend stellt A. W. CARLSON[3] das Diepoxyd des Dicyclopentenyläthers durch Epoxydieren des bei 9 mm bei 64—65° siedenden Dicyclopentenäthers mit 40%iger Peressigsäure her, indem zu 300 g Dicyclopentenyläther langsam in $2^1/_2$ Stunden eine Lösung von 14 g Natriumacetat in 836 g 40%iger Peressigsäure bei 15—20° eingetropft und anschließend 5 Stunden nachgerührt wird. Nach dem Neutralisieren wird mit Äther ausgezogen und das Diepoxyd

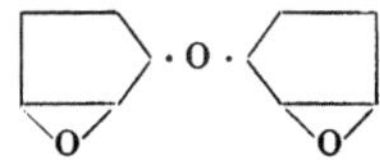

als unreine ölige Verbindung, die noch Anteile der Monoepoxydverbindung enthält, die bei 5 mm bei 122—153° siedet, gewonnen. Sie ist als Stabilisator für PVC und andere chlorhaltige Verbindungen geeignet.

Epoxydierungsprodukte von ungesättigten Fetten, Fettsäuren oder Fettalkoholen oder deren Derivaten, bei denen mehr als eine Doppelbindung epoxydiert wird, lassen sich mit FRIEDEL-CRAFTS-Katalysatoren zu hochmolekularen Produkten polymerisieren, wie G. DIECKMANN und R. HEYDEN[4] gezeigt haben. Diese Polymerisate haben weiche kautschukartige, klebrige oder feste harze Beschaffenheit und sind schmelzbar und löslich. Sie können als Isoliermassen, Füllstoffe sowie als Imprägniermittel oder als Zusatz zu Schmiermitteln dienen. Beispielsweise werden 100 g durch wäßrige Peressigsäure epoxydiertes Sojaöl mit einer Mischung von 5 ml Tetrachlorkohlenstoff und 5 ml Zinntetrachlorid lebhaft gerührt, wobei unter Spontanerwärmung eine kautschukartige Masse entsteht. Die Umsetzung kann auch in wäßriger Emulsion mit einer wäßrigen Bortrifluoridlösung vorgenommen werden.

Die Epoxydierung der Doppelbindung einer höheren Fettsäure in Gegenwart einer Vinyldoppelbindung wurde von L. S. SILBERT, Z. B. JACOBS, W. E. PALM, L. P. WITNAUER, W. S. PORT und D. SWERN studiert[5]. Es wurde gefunden, daß mit Perbenzoesäure oder Peressigsäure die Epoxydierung der Oleatdoppelbindung in Vinyloleat etwa 220mal schneller vonstatten geht, als diejenige der Vinyldoppel-

---

[1] Belg. P. 541580, 26. 9. 55; US-Pri. 30. 9. 54.

[2] Belg. P. 542900, 18. 11. 55; US-Pri. 19. 11. 54.

[3] US 2739161, 16. 12. 54/20. 3. 56, VELSICOL CHEM. CORP.

[4] D. Anm. H 20190, 5. 5. 54, HENKEL & CIE.

[5] SILBERT, L. S., Z. B. JACOBS, W. E. PALM, L. P. WITNAUER, W. S. PORT u. D. SWERN: J. Polym. Sci. 21, Nr. 98, 161—173 (1956).

bindung und somit Vinylepoxystearat in guter Reinheit gewonnen werden kann. Diese Verbindung ist ein guter Weichmacher und Stabilisator für PVC, und zwar ist seine „innere“ weichmachende Wirkung infolge der Möglichkeit seiner Copolymerisation mit Vinylchlorid wesentlich größer als bei anderen Alkylepoxystearaten, z. B. Butylepoxystearat, die als Beimischung nur eine „äußere“ Weichmachung bewirken.

Die Herstellung der Diepoxydverbindung der Cyclohexenyl-carbonsäureester von Cyclohexenylmethanol

$$O\!\!\diagdown\!\!\square\!\!-CH_2 \cdot O \cdot CO\!-\!\square\!\!\diagup\!\!O$$

sowie von Derivaten dieser Verbindung beschreiben F. C. FROSTICK und B. PHILIPPS[1]. Es wird von ungesättigten Aldehyden ausgegangen, wie sie nach der DIELS-ALDER-Synthese[2] durch Kondensation von Butadien, Isopren und 1,3-Pentadien mit ungesättigten Aldehyden, insbesondere Acrolein, Methacrolein oder Crotonaldehyd erhalten werden. Die so gewonnenen cyclischen Aldehyde werden der CANINZAROschen Reaktion unterzogen und in ein Gemisch von Alkohol und Carbonsäure überführt, wie dies TISCHENKO[3] mit Hilfe von Aluminiumalkoholaten als Katalysatoren durchgeführt hat. Anschließend werden die Komponenten miteinander verestert und dann mit Peressigsäure zum Diepoxyd oxydiert.

Es wird beispielsweise gearbeitet:

Zu einer Lösung von 102 g Aluminiumisopropylalkoholat in 900 g Benzol werden bei 20—25° unter Kühlung 220 g 3-Cyclohexenylaldehyd in 5 Stunden eingetropft. Nach 16 stündigem Stehen des Reaktionsgemisches bei Raumtemperatur werden 83 ml konzentrierter Salzsäure unter gutem Rühren eingetragen, wodurch eine Trennung in 2 Schichten erfolgt. Durch Fraktionieren der organischen Schicht wird 3-Cyclohexenylmethyl-3-cyclohexencarbonsäureester vom Kp_3 129 bis 130° mit einer Ausbeute von 88% der Theorie gewonnen.

Nach demselben Verfahren wurden 1-Methyl-3-cyclohexenyl-methyl-1-methyl-3-cyclohexencarbonsäureester vom Kp_3 136—140° sowie 6-Methyl-3-cyclohexenylmethyl-6-methyl-3-cyclohexencarbonsäureester vom Kp_3 133° gewonnen. — Daraus erhaltene Diepoxyde können Verwendung finden als Anstrichmittel, für Schichtstoffe, Preßmassen, als Weichmacher und Stabilisierungsmittel.

Über die technische Herstellung von Peressigsäure nach dem Verfahren der UNION CARBIDE & CARBON CORP. liegen die folgenden Angaben vor[4]. Bei der Luftoxydation von Acetaldehyd unterhalb von 15° erfolgt keine Bildung von Essigsäure, sondern es wird ein Gemisch erhalten, das „Acetaldehyd-Monoperacetat“ enthält. Hieraus läßt sich mittels nicht ionischer inerter Lösungsmittel eine Peressigsäure-

---

[1] US 2716123, 13. 8. 53/23. 8. 55, UNION CARBIDE & CARBON CORP.
[2] A. **460**, 106, 123 (1928); US 1944731.
[3] TISCHENKO: C. **1900**, I, 12.
[4] Chem. Eng. Progr. **52**, Nr. 5, 64—80 (1956).

lösung gewinnen, die sich zum Epoxydieren von Olefinen eignet. Die hierbei frei werdende Essigsäure wird der üblichen Verwendung zugeführt.

Die Union Carbide & Carbon Corp. hat 375 verschiedene Olefinepoxydierungsprodukte hergestellt und bringt die folgenden sieben in den Handel:

$$Cl \cdot CH_2 \cdot CH\text{---}CH \cdot CH_2Cl \qquad \text{1,2-Di-(chlormethyl)-äthylenoxyd,}$$

$$C_6H_5 \cdot CH\text{---}CH_2 \qquad \text{Styroloxyd,}$$

$$H_2C\text{----}\underset{CH_3}{C}\text{---}CH_2 \cdot C(CH_3)_3 \qquad \text{1-Methyl-1-isoamyläthytenoxyd,}$$

$$(CH_3)_2\text{---}C\text{----}CH \cdot C(CH_3)_3 \qquad \text{1,1-Dimethyl-2-tert.-butyläthylenoxyd,}$$

6-Methyl-3,4-epoxycyclohexancarbonsäure-6-methyl-3,4-epoxycyclohexyl-1-methylester

3,4-Epoxycyclohexyl-äthylenoxyd

3,4-Epoxy-1-vinyl-cyclohexan

Weiterhin werden physikalische Daten einiger Olefinepoxyde mit längeren Alkylketten, ihre Verwendungen und Bezugsquellen (in USA) angegeben[1].

Die Oxydation ungesättigter tetrahydrierter Phthalsäurederivate beschreibt die Union Carbide & Carbon Corp.[2]. Das Anhydrid, Nitril oder Imid der Phthalsäure wird in die 3,6-Methylen-1,2,3,6-tetrahydro-Verbindung übergeführt und mittels Peressigsäure in Gegenwart flüchtiger Lösungsmittel das Epoxyd

gebildet, wobei X bedeuten kann: $COOH$, $CONH_2$ und

$$\underset{X}{\overset{X}{|}} \;=\; \overset{-CO}{\underset{-CO}{}}\!\!>\!O \quad \text{oder} \quad \overset{-CO}{\underset{-CO}{}}\!\!>\!NH$$

sein kann. Verbindungen dieser Art sind vielseitig brauchbare Reaktionskomponenten und gute Stabilisatoren für PVC.

---

[1] Chemical Processing **19** (1956), Nr. 6, 32.
[2] Belg. P. 541032, 2. 9. 55; US-Pri. 8. 9. 54.

Weiterhin hat die UNION CARBIDE & CARBON CORP.[1] durch Epoxydieren von 1,5-Cyclooctadien mit etwa 25 Mol-% Peressigsäure bei 25—150° in einem inerten Lösungsmittel 1,2—5,6-Diepoxycyclooctan

$$\begin{array}{ccc} & CH_2\!\!-\!\!CH_2 & \\ CH & & HC \\ O \quad\;\; & & \quad\;\; O \\ CH & & HC \\ & CH_2\!\!-\!\!CH_2 & \end{array}$$

hergestellt, eine Substanz, die mit Dicarbonsäuren, Diaminen, Dialdehyden oder Diolen härtet und als Gießharz für elektrische Zwecke geeignet ist. Das Diepoxyd kann auch als Stabilisator für PVC u. dgl. Verwendung finden.

Die Herstellung von Epoxydderivaten von halogenhaltigen Naphthalinabkömmlingen beschreibt M. KLEIMAN[2]. Verbindungen dieser Art, z. B. das Epoxyd von 1,2,3,4,7,7-Hexachlor-bicyclo-(2,2,1-)-2,5-heptadien, sind wirksame Fungicide und Insekticide.

Es wird weiterhin die Herstellung von Epoxydverbindungen von Alkylacetylenen beschrieben[3]. Beispielsweise wird nach G. G. SCHLUBACH und W. RICHARD[4] Dibutylacetylen mit der äquivalenten Menge 10%iger Peressigsäure zum Dibutylacetylenoxyd

$$C_4H_9 \cdot C\!\equiv\!C \cdot C_4H_9 \;\rightarrow\; C_4H_9 \cdot C\!\!=\!\!C \cdot C_4H_9$$
$$\diagdown O \diagup$$

oxydiert, eine Verbindung, die durch Destillation gereinigt werden kann. Dibutylacetylen ist auch dadurch interessant, daß nach Wasseranlagerung in üblicher Weise mit Quecksilbersalz-Katalysator, im Gegensatz zu den bekannten Hydratisierungreaktionen des Acetylens, der ungesättigte Alkohol $C_4H_9C(OH) = CH \cdot C_4H_9$ isoliert werden kann, der sich leicht in das Keton $C_4H_9 \cdot CO \cdot CH_2 \cdot C_4H_9$ umlagern läßt.

Schließlich ist die Herstellung von Acetenyläthylenoxyden, in denen die Acetylengruppe erhalten geblieben ist, von F. J. PERSEW und T. N. KURENGINA[5] studiert worden. Es wurde u. a. aus einem Acetenylglykolchlorhydrin durch vorsichtige Einwirkung von Kaliumhydroxyd in Äther das Acetenyläthylenoxyd bereitet:

$$R \cdot C\!\equiv\!C\!\!-\!\!CH \cdot CH_2 \;\rightarrow\; RC\!\equiv\!C \cdot CH\!\!-\!\!CH_2$$
$$\;\;\;\;\;\;\; OH \;\; Cl \qquad\qquad\qquad \diagdown O \diagup$$

Acetenyläthylenoxyde dieser Art können für Umsetzungen mit Schwefelwasserstoff in Gegenwart von Bariumhydroxyd herangezogen werden, wodurch man Derivate von Alkenylthiophenen erhält.

Die Überführung ungesättigter Ketone in ihre Epoxydverbindungen ist bereits 1917[6] durch Herstellung von α,α-Dimethyl-β-acetyl-äthylenoxyd

$$\begin{array}{c} CH_3 \\ \diagdown C\!\!-\!\!CH \cdot CO \cdot CH_3 \\ CH_3 \diagup \;\; \diagdown O \diagup \end{array}$$

aus Mesityloxyd beschrieben worden (siehe S. 94).

[1] Belg. P. 549916, 28. 7. 56; US-Pri. 9. 8. 55.
[2] US 2705235/36, 14. 7. 53/29. 3. 55, ARVEY CORP.
[3] Siehe auch S. 122.
[4] SCHLUBACH, G. G., u. W. RICHARD: A. 588, 195 (1954).
[5] PERSEW, F. J., u. T. N. KURENGINA: Z. obsc. Chim. 25 1619—1623 (1955).
[6] Chemik Polski 15, 106—110 (1917).

E. Weitz und Scheffer[1] berichten ebenfalls über die Epoxydierung von Mesityloxyd und von Cinnamyl-methyl-keton in einem organischen Lösungsmittel in Gegenwart von Alkali mit 15%igem Wasserstoffperoxyd, wobei die Epoxydverbindungen mit einer Ausbeute von etwa 30% der Theorie gewonnen wurden.

Wie später R. S. Wilder und A. A. Deinick[2] gefunden haben, lassen sich Ausbeuten von 85—90% der Theorie erzielen, wenn in wäßriger Lösung in Gegenwart von wasserlöslichen Metallsalzen wie Magnesiumsulfat oder -chlorid, von Calciumchlorid oder Strontiumnitrat gearbeitet wird. Nach dieser Methode wurde u. a. auch aus Methylisopropenylketon das bisher unbekannte 1-Methyl-1-acetyl-äthylenoxyd vom Kp 130—138° gewonnen:

$$CH_2{=}C\cdot CO\cdot CH_3 \ (CH_3) \xrightarrow{\ H_2O_2\ } CH_2{-}C\underset{O}{\overset{CH_3}{\diagdown}}CO\cdot CH_3$$

Es wurde in folgender Weise gearbeitet:

100 g Methylisopropenylketon, 0,2 g Hydrochinon enthaltend, werden bei 10° mit einer Lösung von 5 g Natriumhydroxyd in 150 ml Wasser vermischt. Nach Zugabe und Auflösen von 1,5 g Magnesiumsulfat werden bei 10° in einer $^1/_2$ Stunde 150 g 28%iges Wasserstoffperoxyd eingetropft. Nach etwa 1 Stunde wird durch Zugabe von 100 g Natriumsulfat ausgesalzen, die organische Schicht abgetrennt und fraktioniert, wobei 1-Methyl-1-acetyl-äthylenoxyd mit etwa 50%iger Ausbeute gewonnen wird.

Nach demselben Verfahren werden auch Mesityloxydepoxyd vom Kp 156—157° und Cinnamyl-methyl-keton-epoxyd vom Kp 143—147° mit hohen Ausbeuten gewonnen.

Weiterhin ist die Epoxydierung ungesättigter Ketone mittels Wasserstoffperoxyd in Gegenwart von Alkali in Dioxanlösung von J. N. Nazarow, A. A. Achram und J. G. Tiscenko[3] studiert worden. Es wurden die folgenden ungesättigten Ketone in die Epoxydverbindungen übergeführt:

1. Propenyl-isopropenylketon in das Diepoxyd Epoxypropyl-epoxy-isopropylketon

$$CH_2{=}C(CH_3)\cdot CO\cdot CH{=}CH\cdot CH_3 \xrightarrow[NaOH]{2\,H_2O_2} CH_2{-}C(CH_3)\,CO\cdot CH{-}CH\cdot CH_3$$

Dieses Diepoxyd gibt die folgenden Reaktionen:

Mit Wasser hydrolysiert es unter Aufnahme von 1 Mol Wasser, wobei Ringschluß zum 2,5-Dimethyl-3,5-dioxy-tetrahydro-4-pyron (I) erfolgt, aus dem mittels Essigsäureanhydrid das Diacetat (II) herstellbar ist.

Mit Methylanilin erfolgt ebenfalls Ringschluß unter Bildung von 2,5-Dimethyl-2-methylphenylaminomethyl-4-oxy-tetrahydrofuran-

[1] Weitz, E., u. Scheffer: B. **64**, B. 2327—2340 (1921).

[2] US 2431718, 11. 7. 45/2. 12. 47, Publicker Commercial Alcohol Co.

[3] Nazarow, J. N., A. A. Achram u. J. G. Tiscenko: Z. obsc. Chim. **25**, 708—725 (1955).

3-on (III), während sich unter Addition von Benzylmercaptan 2,5-Dimethyl-2-benzylmercaptomethyl-4-oxy-tetrahydrofuran-3-on (IV) bildet:

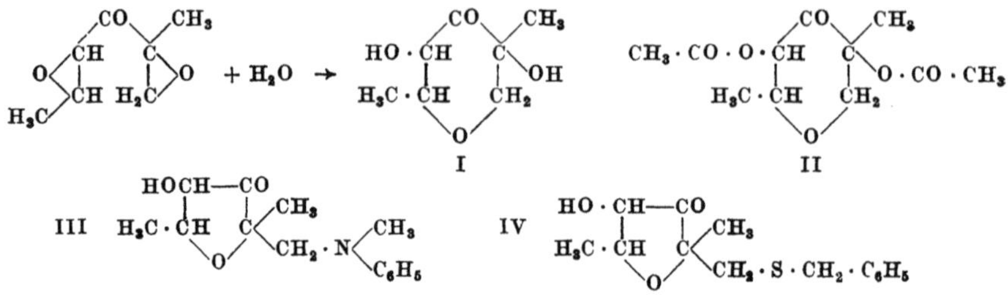

2. 5-Methoxy-2-methyl-1-hexen-3-on (V) in 5-Methoxy-2-methyl-1,2-epoxy-hexan-3-on (VI) das sich zum Ketoglykol (VII) hydrolysiert, das seinerseits leicht in das Diacetat (VIII) übergeführt werden kann:

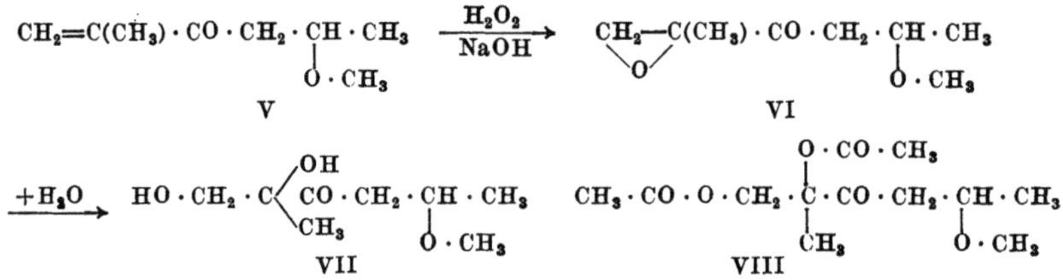

3. 1-Methoxy-2-methyl-4-hexen-3-on (IX) in 1-Methoxy-2-methyl-4,5-epoxyhexan-3-on (X), welch letzteres in der Wärme mit Wasser zum Ketoglykol (XI) hydrolysiert, das sich in das Diacetat überführen läßt und mit primären oder sekundären Aminen in alkoholischer Lösung 2-(α-Alkylamino)-äthyl-4-methyltetrahydro-3-furanon (XII) bildet:

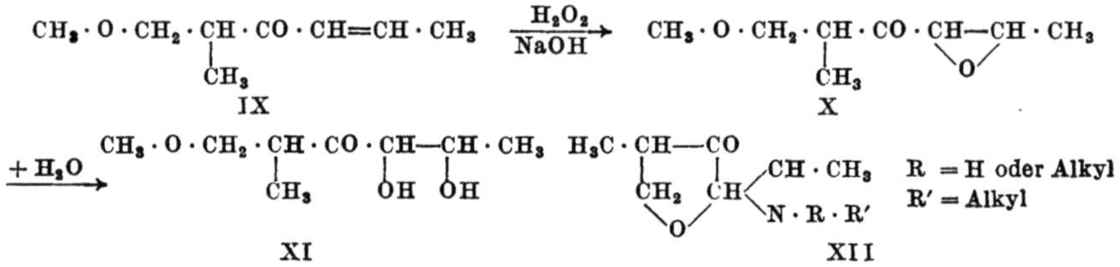

In einer weiteren Arbeit[1] haben dieselben Forscher weitere Mono- und Diepoxydketone hergestellt.

Ausgehend von Divinylacetylen (I) und seinen Derivaten wurde in Methanol unter Verwendung von Quecksilbersulfat als Katalysator Wasser angelagert zu 3-Keto-hexadien-1,5 (Vinyl-propenylketon) II, welches in alkalischer Lösung mit Wasserstoffperoxyd zum 1,2,4,5-Diepoxy-3-ketohexan (III) oxydiert wurde, wobei Umlagerung erfolgt:

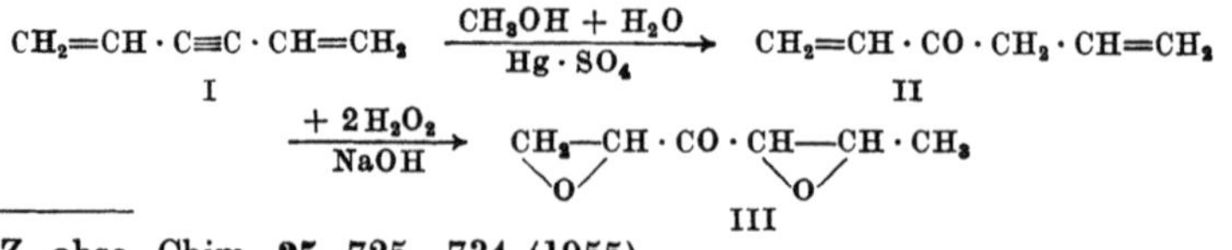

[1] Z. obsc. Chim. 25, 725—734 (1955).

Dieses Diepoxyd addiert beim Erhitzen mit Wasser 1 Mol Wasser und geht in 2-Methyl-3,5-dioxy-tetrahydro-4-pyron (IV) über:

$$\text{III} \xrightarrow{+\ H_2O} \text{IV}$$

Aus 3-Methylvinyl-propenylacetylen (V) entsteht in gleicher Arbeitsweise über 3-Methyl-2,5-heptadien-4-on (VI), ein Gemisch aus den beiden isomeren Monoxyden 2,3-Epoxy-5-methyl-4-keto-hepten-5 (VII) und 5,6-Epoxy-5-methyl-4-keto-hepten-2 (VIII) und dem Diepoxyd 2,3,5,6-Diepoxy-5-methyl-4-keto-heptan (IX):

$$CH_3 \cdot CH{=}C(CH_3) \cdot C{\equiv}C \cdot CH{=}CH_2 \xrightarrow[\text{Hg} \cdot SO_4]{CH_3OH + H_2O} CH_3 \cdot CH{=}C(CH_3) \cdot CO \cdot CH_2 \cdot CH{=}CH_2$$

$$\text{V} \qquad\qquad \text{VI}$$

$$\xrightarrow[\text{NaOH}]{+\ H_2O_2} CH_3 \cdot \underset{\diagdown O \diagup}{CH{-}CH} \cdot CO \cdot C(CH_3){=}CH \cdot CH_3 + CH_3CH{=}CH \cdot CO \cdot \underset{\diagdown O \diagup}{C(CH_3){-}CH} \cdot CH_3$$

$$\text{VII} \qquad\qquad\qquad \text{VIII}$$

$$+ CH_3 \cdot \underset{\diagdown O \diagup}{CH{-}CH} \cdot CO \cdot \underset{\diagdown O \diagup}{C(CH_3){-}CH} \cdot CH_3$$

$$\text{IX}$$

Dieses Diepoxyd cyclisiert ebenfalls beim Erwärmen unter Aufnahme von 1 Mol Wasser und Bildung von 2,5,6-Trimethyl-3-oxytetrahydro-4-pyron.

Weiterhin wird aus 2-Methoxy-5-methyl-5-hepten-4-on (X) durch Oxydation mittels Wasserstoffperoxyd das Epoxyd 2-Methoxy-5,6-epoxyheptanon-4 (XI) erhalten:

$$CH_3 \cdot CH(OCH_3) \cdot CH_2 \cdot CO \cdot C(CH_3){=}CH \cdot CH_3 \xrightarrow[\text{NaOH}]{H_2O_2} CH_3 \cdot CH(OCH_3) \cdot CH_2 \cdot CO \cdot \underset{\diagdown O \diagup}{C(CH_3){-}CH{-}CH_3}$$

$$\text{X} \qquad\qquad\qquad \text{XI}$$

und durch Oxydation von 2-Methyl-3-keto-hexadien-1,4 (XII) mittels Peressigsäure 2-Methyl-1,2-epoxy-4-hexen-3-on (XIII), welches durch Hydrierung über Nickelkontakt in 2-Methyl-1,2-epoxy-hexanon-3 (XIV) übergeht:

$$CH_2{=}C(CH_3) \cdot CO \cdot CH{=}CH \cdot CH_3 \xrightarrow{CH_3CO \cdot O \cdot OH} \underset{\diagdown O \diagup}{CH_2{-}C(CH_3)} \cdot CO \cdot CH{=}CH \cdot CH_2$$

$$\text{XII} \qquad\qquad\qquad \text{XIII}$$

$$\xrightarrow[\text{Ni}]{+\ H_2} \underset{\diagdown O \diagup}{CH_2{-}C(CH_3)} \cdot CO \cdot CH_2 \cdot CH_2 \cdot CH_3$$

$$\text{XIV}$$

Überführung von Acetyl- bzw. Propionylgruppen in Epoxydgruppen

Ketone, insbesondere solche, welche die CH_3CO- oder C_2H_5CO-gruppe enthalten, können durch Epoxydierung in Epoxydverbindungen mit den Gruppen

$$\underset{\diagdown O \diagup}{CH_2{-}CH{-}} \quad\text{bzw.}\quad CH_3 \cdot \underset{\diagdown O \diagup}{CH{-}CH{-}}$$

übergeführt werden.

1,1,1-Trifluoraceton kann nach einem von O. R. Pierce[1] ausgearbeiteten, allgemein brauchbaren Verfahren in 1,1,1-Trifluorepoxypropan durch Reduktion der Monobromverbindung durch $LiAlH_4$ und anschließendem Abspalten von Bromwasserstoff übergeführt werden:

$$CF_3 \cdot CO \cdot CH_3 \xrightarrow{Br} CF_3 \cdot CO \cdot CH_2Br \xrightarrow{LiAlH_4} CF_3 \cdot \underset{\underset{OH}{|}}{CH} \cdot \underset{\underset{Br}{|}}{CH_2} \xrightarrow{NaOH} CF_3 \cdot \underset{\diagdown O \diagup}{CH - CH_2}$$

Nach demselben Schema haben E. T. McBee, C. E. Hathaway und C. W. Roberts[2] aus Trifluor-2-butanon 1,1,1-Trifluor-2,3-epoxybutan vom Kp. 58° hergestellt.

Zwecks Herstellung von Derivaten von Trifluorepoxyalkanen haben D. A. Rausch, A. M. Lovelace und L. E. Coleman[3] die Lithiumsalze der Trifluoressigsäure grignardiert und die erhaltenen alkylierten Ketone nach obigem Verfahren in das Trifluoralkyläthylenoxyd übergeführt:

$$CF_3 \cdot CO \cdot OLi + Br \cdot Mg \cdot CH_2R \;\rightarrow\; CF_3CO \cdot CH_2R \;\rightarrow\; CF_3 \cdot CO \cdot \underset{\underset{Br}{|}}{CH} \cdot R$$

$$\rightarrow\; CF_3 \cdot \underset{\underset{OH}{|}}{CH} \cdot \underset{\underset{Br}{|}}{CH} \cdot R \;\rightarrow\; CF_3 \cdot \underset{\diagdown O \diagup}{CH - CH} \cdot R$$

In anderer Reaktionsfolge haben C. C. Price und M. Osgan[4] Aceton in Propylenoxyd überführt, indem sie das zunächst hergestellte Oxyaceton mittels Hefe-Reduktase zum 1,2-Dioxypropan reduzierten und die daraus gewonnene 1-Bromverbindung mit Alkali behandelten:

$$CH_3 \cdot CO \cdot CH_3 \;\rightarrow\; CH_3 \cdot CO \cdot CH_2OH \xrightarrow{Hefe} CH_3 \cdot \underset{\underset{OH}{|}}{CH} \cdot \underset{\underset{OH}{|}}{CH_2} \xrightarrow{HBr} CH_3 \cdot \underset{\underset{OH}{|}}{CH} \cdot \underset{\underset{Br}{|}}{CH_2}$$

$$\xrightarrow{NaOH} CH_3 \cdot \underset{\diagdown O \diagup}{CH - CH_2}$$

Mit dem Ziel, als Epoxydharzvorprodukte technisch brauchbare Polyepoxyde herzustellen, haben H. Hopff, P. Jäger und H. H. Kuhn[5] Acetylbenzolverbindungen nach den angeführten Verfahren in die Epoxydverbindungen überführt. Zum Beispiel wurde aus p-Diacetylbenzol, das 1,4-Diepoxybenzol vom F 79° und aus 1,3,5-Triacetylbenzol das 1,3,5-Triepoxybenzol vom F 64° gewonnen. Diese Verbindungen sind sehr reaktionsfähig und härten nach Zusatz von Aminen bei gewöhnlicher Temperatur zu farblosen Epoxydharzen, über deren Lichtechtheit allerdings nichts mitgeteilt wird.

Die Epoxydierung von Ölsäure ist von der NV. Stearine Kaarsen Fabrieken[6] in einer von der allgemeinen Norm abweichenden Verfahren durchgeführt worden, indem in wäßriger Lösung mit Wasserstoffper-

[1] D. Anm. D 21700, 15. 11. 55 (DAS 1001004); US-Pri. 17. 11. 54, Dow Corning Corp.

[2] McBee, E. T., C. E. Hathaway u. C. W. Roberts: Am. Soc. **1956**, 4053—4057.

[3] Rausch, D. A., A. M. Lovelace u. L. E. Coleman: J. org. Chem. **1956**, 1328—1330.

[4] Price, C. C., u. M. Osgan: Am. Soc. **1956**, 4787—4792.

[5] Hopff. H., P. Jäger u. H. H. Kuhn: Chimia **11**, 98 (1957).

[6] Belg. P. 542672, 9. 11. 55; Nied.-Pri. 11. 11. 54.

oxyd und Essigsäure in Gegenwart eines stark sauren Kationenaustauschharzes (sulfoniertes Polystyrol) gearbeitet wird. Das Verhältnis
von Essigsäure: Wasser kann 1—3:1 sein, und an Wasserstoffperoxyd werden 0,9—1,1 Mol pro Doppelbindung eingesetzt. Nach diesem
Verfahren wird ein Ölsäureepoxyd mit einer Jodzahl 22 (vor der
Epoxydierung war die JZ 80) und einem Epoxyd-Sauerstoff-Gehalt
von 2,8—3,5% gewonnen.

Untersuchungen über die Epoxydierung von Doppelbindungen
mittels Chromsäure in verschiedenen Lösungsmitteln haben W. J.
HICKINBOTTOM, D. PETERS und D. G. WOOD[1] ausgeführt. Die Oxydierung mittels Chromsäure-Schwefelsäure-Lösung lieferte keine
Epoxydverbindungen, dagegen nur Ketone oder Säuren. Chromsäure
in einem Gemisch von Essigsäureanhydrid und Schwefelkohlenstoff
ergab jedoch in manchen Fällen recht zufriedenstellende Ausbeuten an
Epoxyden. So wurde mit diesem Gemisch erhalten aus:

1. 2,4-Dimethylpenten-(2) ausschließlich die Epoxydverbindung:

$$H_3C \cdot C(CH_3){=}CH \cdot CH(CH_3) \cdot CH_3 \;\rightarrow\; H_3C \cdot \underset{\diagdown\;O\;\diagup}{C(CH_3){-}CH} \cdot CH(CH_3)_2 \qquad Kp\ 110{-}118°$$

2. 2-Methyl-buten-(2) eine gute Ausbeute an Epoxyd neben 2 Ketonen
und einem Aldehyd:

$$H_3C \cdot C(CH_3){=}CH \cdot CH_3 \;\rightarrow\; H_3C \cdot \underset{\diagdown\;O\;\diagup}{C(CH_3){-}CH} \cdot CH_3 \qquad Kp\ 72{-}74°$$

$$+\,H_3C \cdot CH(CH_3) \cdot CO \cdot CH_3\ (F\ 125°) + H_2C{=}C(CH_3) \cdot CO \cdot CH_3 + H_3C \cdot C(CH_3){=}CH \cdot CH{=}O$$

3. 2,3-Dimethylbuten-(1) eine Epoxydverbindung, ferner 3-Methyl-
butan-2-on und 2,3-dimethylbuten-(2)-al:

$$H_2C{=}C(CH_3){-}CH(CH_3)_2 \;\rightarrow\; \underset{\diagdown\;O\;\diagup}{H_2C{-}{-}C(CH_3)} \cdot CH(CH_3)_2 + H_3C \cdot CH(CH_3) \cdot CO \cdot CH_3$$

$$+\,H_3C \cdot C(CH_3){=}C(CH_3) \cdot CH{=}O$$

4. Penten-(2) kein Epoxyd, dagegen Penten-(3)-on-(2) und Pentan-
2,3-dion:

$$H_3C \cdot CH{=}CH \cdot CH_2 \cdot CH_3 \;\rightarrow\; H_3C \cdot CH{=}CH \cdot CO \cdot CH_3 + H_3C \cdot CO \cdot CO \cdot CH_2 \cdot CH_3$$

5. Cyclohexen die Epoxydverbindung neben Cyclohexenon-(2) und
Cyclohexandion.

Die Forscher glauben die Regel aufstellen zu können, daß die Ausbeute an Epoxydverbindungen sich am günstigsten stellt, wenn eines
der beiden doppeltgebundenen Kohlenstoffatome kein Wasserstoffatom mehr trägt.

Wie C. W. SMITH und G. B. PAYNE[2] darlegen, hat die Epoxydierung von Doppelbindungen mit Perwolframsäure in manchen Fällen
Vorteile. Es wird hierbei so gearbeitet, daß in der Reaktionslösung die
benötigte Perwolframsäure durch Umsetzen von Wolframsäure mit
Wasserstoffperoxyd gebildet wird. — Beispielsweise wird Glycid aus
Allylalkohol in der folgenden Weise hergestellt: Unter Verwendung
von 90%igem Wasserstoffperoxyd und einem Molverhältnis zum Allyl-

---

[1] HICKINBOTTOM, W. J., D. PETERS u. D. G. WOOD: Soc. **1955**, 1360—1365.
[2] FP 1107517, 5. 6. 54/3. 1. 56; US-Pri. 8. 6. 53, BATAAFSCHE.

alkohol wie 1:50 und Zugabe von 2 g Wolframtrioxyd pro Mol Wasserstoffperoxyd wird das Gemisch 3 Stunden bei 50° gerührt und anschließend durch eine Kolonne mit einem Anionenaustauschharz (JR-45-
Harz von ROHM & HAAS) geführt, welches die gesamte Wolframsäure
aufnimmt. Ihre restlose Entfernung ist deshalb erforderlich, da in
ihrer Gegenwart weitergehende Hydroxylierungen erfolgen würden, so
daß keine oder nur eine stark verminderte Ausbeute an Glycid erzielt
werden würde. Durch Destillation wird dann das Glycid mit einer Ausbeute von 19%, berechnet auf das angewandte Wasserstoffperoxyd,
gewonnen. Weiterhin entstehen 47% Glycerinallyläther und 15% Glycerin.

Das Hauptanwendungsgebiet für dieses Verfahren ist die Epoxydierung schwer epoxydierbarer, höhermolekularer, hochchlorierter Verbindungen, die als Schädlingsbekämpfungsmittel dienen können, z. B.
die Epoxydierung von „Aldrin": 1,2,3,4,10,10-hexachlor-1,4,4a,5,8,8a-
hexahydro-1,4,5,8-endo-exo-dimethano-naphthalin zu dem hochwirksamen „Dieldrin": dem 1,2,3,4,10,10-hexachlor-6,7-epoxy-1,4,4a,5,6,7,
8,8a-octahydro-1,4,5,8-endo-exo-dimethano-naphthalin.

B. ELLIS und V. PETROV[1] haben die Epoxydierung mit Chromsäure
in Pyridinlösung als besonders günstig befunden, um zu Epoxyester-
steroiden zu gelangen. So haben sich nach diesem Verfahren Cholesterin-
α-epoxyd, $5\alpha,6\alpha$-Epoxy-3β-hydroxyallopregnan-20-on, 21-Acetoxy-
$5\alpha,6\alpha$-epoxy-3β-hydroxyallopregnan-20-on herstellen lassen, die weiter
zu den 5α, 6α-Epoxy-3-oxosteroiden oxydiert werden können.

Epoxydieren natürlicher Fettsäureester

In der Natur vorkommende Ester ungesättigter Fettsäuren, z. B.
Glycerinester der Öl-, Leinöl- oder Sojabohnenfettsäure, bei denen die
Doppelbindung im Innern einer längeren Kette liegt, lassen sich durch
Oxydationmittel ebenfalls in Epoxyde überführen. W. D. NIEDER-
HAUSER und J. E. KOROLY[2] führen diese Reaktion mit einem Gemisch
von Ameisensäure und Wasserstoffperoxyd durch. Beispielsweise wird
Sojabohnenöl in folgender Weise epoxydiert: 200 g Sojabohnenöl (entsprechend 1,1 Mol Olefinbindungen) werden mit 17 g 90%iger Ameisensäure gemischt und bei 25° mit 75 g 50%igem Wasserstoffperoxyd versetzt. Die spontan erreichte Temperatur von 42° wird 3 Stunden gehalten. Nach 1 tägigem Stehen wird das abgesetzte Öl gewaschen und
getrocknet. Es hat einen Epoxyd-Sauerstoff-Gehalt von 6%. — In
analoger Weise werden die Epoxyde von Propylendioleat, Octyloleat
und Methyloleat hergestellt. Sie lassen sich auch bei einem Druck von
1 mm nicht unzersetzt destillieren. — Epoxyde dieser Art können als
Weichmacher für filmbildende Materialien sowie als Stabilisatoren für
halogenhaltige Kunststoffe Verwendung finden.

---

[1] ELLIS, B., u. V. PETROW: Soc. **1956**, 4417—4419.
[2] NIEDERHAUSER, W. D., u. J. E. KOROLY: US 2485160, 23. 10. 48/18. 10. 49,
ROHM & HAAS Co.

Etwa gleichzeitig wurde ein ähnliches Verfahren durch D. Swern, und T. W. Findley[1] bekannt. Es werden beispielsweise 10 g Ricinusöl (Jodzahl 84,3) mit 32 ml Essigsäure, die 1,14 Mol Peressigsäure enthält, 4 Std. bei 20° gerührt und dann in kaltes Wasser gegeben, wobei sich das epoxydierte Öl abscheidet. In Äther aufgenommen und getrocknet erhält man 9,4 g viscoses farbloses Öl mit einer Jodzahl von 8,4 und einem Epoxydgehalt von 3,70%, was 81% der Theorie entspricht.

Die Epoxydierung von Hexyloleat wird von der Firma Rohm & Haas beschrieben[2]. Dieselbe wird bei 10—80° mit einer sauren Mischung (p_H 0,5) von Wasserstoffperoxyd, wovon 2 Mol pro Doppelbindung eingesetzt werden, und Essigsäureanhydrid (0,6—2 Mol pro Doppelbindung) in Gegenwart eines Alkali- oder Erdalkalisalzes durchgeführt. — Beispielsweise werden 3—8% (bezogen auf Wasserstoffperoxyd) an Natriumacetat oder dem Alkalisalz eines Kationenaustauschers angewendet. — Nach diesem Verfahren wird die Herstellung von Peressigsäure umgangen.

Auch mit gasförmigem Sauerstoff bzw. mit gewöhnlicher Luft lassen sich $\varDelta$-1-Olefine bei 90—150° in Gegenwart eines Sauerstoffüberträgers (Cobaltnaphthenat) bei p_H 7—10,5 oxydieren, wobei allerdings keine Epoxyde entstehen. Das Verfahren wird an 2,4,4-Trimethylpenten-1,α-diisobutan, Isobuten, n-Buten-1,α-methylstyrol und seinen im Kern substituierten Derivaten veranschaulicht. Zum Beispiel werden 1285 g 2,4,4-Trimethylpenten-1 mit 2 g Cobaltnaphthenat bei 140° und 15 Atm. Druck während 6 Stunden stündlich mit 150 Liter Luft behandelt. Das Reaktionsprodukt enthält an sauerstoffhaltigen Verbindungen: 142 g Methylneopentylketon, 68 g 2,4,4-Trimethylpenten-1,2-glykol und 260 g andere sauerstoffhaltige Substanzen, die mit Schwefelsäure behandelt, 2,4,4-Trimethylpentanal lieferten. Außerdem waren 620 g Diisobuten vorhanden, und es hatten sich 0,5 Äquivalente Ameisensäure und 0,8 äquivalente Ester gebildet[3].

Über die Trennung von ungesättigten Säuren von Pflanzenölen haben G. V. Pigulewsky und J. L. Kuranowa[4] berichtet. Nach ihren Untersuchungen ist die Trennung der Säuren über ihre Blei- oder Lithiumsalze, wie sie bisher empfohlen wurde, schwierig und zeitraubend. Es hat sich gezeigt, daß die Trennung durch fraktionierte Vakuumdestillation der Methylester in einfacher Weise möglich ist. (Man wird an die Emil Fischersche Aminosäureester-Trennung erinnert.) Die fraktionierten rohen Methylester werden mit Acetylhydroperoxyd epoxydiert und anschließend durch nochmalige mehrstufige fraktionierte Vakuumdestillation gereinigt. Aus den Estern lassen sich die freien Säuren leicht gewinnen. Nach diesem Verfahren

---

[1] US 2569502, 7. 2. 45/2. 10. 51, US-Secretary of Agriculture.
[2] Belg. P. 538826, 8. 6. 55; US-Pri. 9. 6. 54.
[3] Gasson, E. J., u. A. Frank: DRP 855109, 22. 3. 50/11. 9. 52; B.-Pri. 26. 3., 17. 6. u. 18. 11. 49, The Distillers Co. Ltd.
[4] Pigulewsky, G. V., u. J. L. Kuranova: Z. prikl. chim. 28, Nr. 12, 1353 bis 1357 (1955).

wurde reines Oleinsäureepoxyd vom F 57—58° mit einer Ausbeute von 53% und das Epoxyd der Linolensäure mit 40% Ausbeute gewonnen.

Cycloocten, dessen Epoxyd bereits durch die GENERAL ANILINE & FILM CORP.[1] mittels Peressigsäure hergestellt war, wird nach einem Verfahren der BADISCHEN ANILIN- & SODAFABRIK-AG. mittels Luft in Gegenwart von Cobaltnaphthenat und von basischen Katalysatoren wie Magnesiumoxyd oder Soda bei 90—110° epoxydiert.

Weiterhin wird die Überführung von Cycloocten in 1,2-Epoxycyclooctan nach einem technischen Verfahren von H. PACHALY und O. SCHLICHTING[2] beschrieben. Die Oxydation wird mit einem kleinen Überschuß von 35%igem Wasserstoffperoxyd in Gegenwart von 0,3—2 Mol Ameisensäure durchgeführt. Für das Verfahren kennzeichnend ist, daß die Komponenten keine homogene Lösung bilden sollen, da sonst die entstandene Epoxydverbindung unter Bildung von Ameisensäureestern der 1,2- bzw. 1,4-Dioxycyclooctane weiterreagiert. Durch die Inhomogenität der Reaktionsflüssigkeit wird die Bildungsgeschwindigkeit der Epoxydverbindung nicht beeinträchtigt. Das Verfahren läßt sich nach dem Gegenstromprinzip kontinuierlich durchführen. Beispielsweise kann folgendermaßen gearbeitet werden:

Ein unter Kühlen angesetztes Gemisch von 1100 g Cycloocten und 1250 g 35%igem Wasserstoffperoxyd, in das vorsichtig 230 g konzentrierte Ameisensäure eingetragen wurde, wird bei 30° 24 Stunden gerührt. Danach wird aus der gewaschenen oberen Schicht nicht umgesetztes Cycloocten abdestilliert und als Rückstand verbleibendes rohes 1,2-Epoxycyclooctan in einer Menge von 1028 g erstarrt kristallinisch, einen Schmelzpunkt von 48—52° aufweisend. Eine Reinigung kann durch Fraktionieren bei vermindertem Druck erfolgen, wodurch 957 g vom Kp_{22} 82,5° und einem Schmelzpunkt von 57,3—57,8° erhalten werden.

Das 1,2-Epoxycyclooctan läßt sich mit verdünnter Salzsäure zu Cyclooctan-1,2-diol hydrolysieren und es addiert Benzoylchlorid in Pyridinlösung leicht unter Bildung von Benzoesäure-2-chlorcyclooctylester, $C_6H_5 \cdot CO \cdot OC_8H_{14}Cl$ vom F 61°.

Stereospezifische cis-Epoxydation von cyclischen Allylalkoholen beschreiben H. B. HENBEST und R. A. WILSON[3]. Es wurde gefunden, daß bei der Oxydation von Cyclohexen-1-ol-3 und von 4 Steroiden mit Cyclohexenolgruppierungen vom Allyltyp mit organischen Persäuren die Epoxydbrücke stets in cis-Stellung zur Hydroxylgruppe eingeführt wird. Wenn jedoch an Stelle der OH-Gruppe andere Substituenten, z. B. Acetoxy- oder Methoxygruppen oder auch Halogen vorliegen, entstehen in der Hauptsache die trans-Epoxydverbindungen. Die Konfiguration wurde durch Reduktion mittels Lithium-Aluminiumhydrid zu den cis- bzw. trans-Cyclohexandiolen bestimmt, wobei Titration mit

[1] US 2571208, 17. 12. 49/16. 10. 51, GENERAL ANILINE & FILM CORP.

[2] PACHALY, H., u. O. SCHLICHTING: D. Anm. B 34031, 8. 1. 55, BADISCHE ANILIN- & SODAFABRIK-AG.

[3] HENBEST, H. B., u. R. A. WILSON: Chem. Ind. **1956**, Nr. 26, 659.

Perjodsäure als empfindliches Reagens angewandt wird. Zur Erklärung des Reaktionschemismus wird für die cis-Epoxydation eine intermediäre Wasserstoffbrückenbildung zwischen der OH-Gruppe und dem Persauerstoff der Säure angenommen.

F. P. Greenspan und Mitarbeiter[1] haben die Epoxydierung von ungesättigten Fettsäureestern sowie anderen höhermolekularen ungesättigten Verbindungen mittels Peressigsäure bei 25—30° eingehend studiert[2]. Eine allgemein anwendbare gute Methode veranschaulicht das folgende Beispiel:

Zu 100 g Methyloleat (Jodzahl 90) und 3,5 g wasserfreiem Natriumacetat werden während einer Stunde bei 20—25° 70 g Peressigsäure 40%ig eingerührt und 3 Stunden bei dieser Temperatur gehalten. Die abgetrennte und gewaschene Schicht von Methylepoxystearat hat den Kp_4 177—248°. In gleicher Weise wurden die Epoxydfettsäureester: Butylepoxystearat, die Methyl- und Butylepoxydester der Baumwollfettsäuren, die Methyl-, Butyl-, n-Octyl- und Tetrahydrofurfuryl-Epoxydester der Sojabohnenfettsäure sowie die Glykol- oder Diäthylen-glykolmonoalkyläther-Epoxydester der verschiedensten Fettsäuren hergestellt. Alle diese Epoxydester lassen sich im Vakuum unzersetzt destillieren und haben bei 4 mm Siedepunkte zwischen 170—270°.[3]

Über eine Abänderung dieses Verfahrens unter Verwendung einer Benzollösung des ungesättigten Fettsäureesters, wobei die Epoxydierung in Gegenwart von konzentrierter Schwefelsäure bei 60—70° mit Wasserstoffperoxyd erfolgt, haben F. P. Greenspan und R. J. Gall[4] berichtet.

Während Ester von ungesättigten Fettsäuren mit chlorierten oder nichtchlorierten Vinylharzen nicht verträglich sind, lassen sich die epoxydierten Fettsäureester mit ihnen einwandfrei mischen. Diese wertvolle Eigenschaft eröffnet ein ausgedehntes Verwendungsgebiet für diese Ester, da sie sehr gute weichmachende Eigenschaften entfalten, zumal nach gut verträglichen Weichmachern für diese Harze erhebliche Nachfrage besteht. Darüber hinaus sind diese Epoxydester vorzügliche Receptoren für Halogenwasserstoff, so daß sie auch als Stabilisatoren für halogenhaltige Kunststoffe geeignet sind. Mit diesen Epoxydestern versetzte Alkydharzlacke erhalten höhere Elastizität, sind zäher und haften besser[5].

Aber auch für sich allein können epoxydierte höhere Fettsäuren als Einbrennlacke Verwendung finden, wie dies z. B. bei Epoxystearinsäure der Fall ist[6].

Hinsichtlich der Zeitdauer, welche die Epoxydierung ungesättigter Fettsäureester erfordert, ist das Greenspansche Verfahren dadurch

---

[1] US 2692271, 23. 8. 50/19. 10. 54. — Am. Soc. **68**, 907 (1946) — Ind. Eng. Chem. **39**, 847 u. 1536 (1947), Buffalo Electro-Chemical Co.

[2] Siehe auch Modern Plastics, März **1954**, 123.

[3] Ind. Eng. Chem. **1953**, 2722.

[4] Greenspan, F. P., u. R. J. Gall: Ind. Eng. Chem. **1955**, 147—148.

[5] Bruson, H. A.: US 1815886, 22. 10. 30/21. 7. 31, The Resinous Co.

[6] Crowder, J. A., u. A. C. Elm: Eng. Chem. **41**, 1771 (1949).

weiter verbessert worden, daß größere Überschüsse von Wasserstoffperoxyd bei der Zubereitung der Peressigsäure angewandt werden.
Während bisher bei 10%igem Überschuß von Wasserstoffperoxyd zum
Eisessig und bei einem Zusatz von 2% konzentrierter Schwefelsäure die
vollständige Epoxydierung 8—14 Stunden erforderte, konnte die Zeit
bei Verwendung eines Überschusses von 30—50% auf 5—6 Stunden
herabgesetzt werden. Dies gelang auch, wenn zusammen mit der
Schwefelsäure, oder als Ersatz dafür, Zusätze von Bortrifluorid, Salpetersäure, p-Toluolsulfosäure, Äthansulfosäure oder Kationenaustauschharze zur Anwendung kamen[1].

Einen Schritt weiter geht die BATAAFSCHE[2], indem sie bei den epoxydierten Fettsäureestern ungesättigter Alkohole auch noch die
Alkohol-Doppelbindung epoxydiert. In einfacher Weise lassen sich
Polyepoxydverbindungen dieser Art durch gemeinsame Epoxydierung
des Esters der ungesättigten Fettsäure mit dem ungesättigten Alkohol
gewinnen. Zumeist findet hierbei keine 100%ige Epoxydierung statt,
so daß noch Doppelbindungen erhalten bleiben. — Beispielsweise wird
folgendermaßen gearbeitet: Es werden 251 Teile 4-Cyclohexen-1,2-
diallyldicarboxylat (gewonnen nach der Diensynthese aus Butadien
und Maleinsäurediallylester) in 1000 Teilen Chloroform gelöst, mit
711 Teilen einer 27%igen Peressigsäure versetzt und 2 Tage bei 0—10°
stehengelassen. Nach Neutralisation mit Natronlauge in Eiswasser
wird die getrocknete Chloroformlösung im Vakuum eingeengt, wobei
ein farbloses viscoses Öl erhalten wird, das die folgenden Werte aufweist: Epoxydwert 0,60, Bromzahl 68, C = 60,4%, H = 6,6% (berechnet auf das Diepoxyd: C = 59,6%, H = 6,4%).

In weiteren Beispielen wird die in analoger Weise durchgeführte
Epoxydierung von 8,12-Eicosadiendicarbonsäurediallylester, 4-Cyclo-
hexen-1,2-dicarbonsäuredi-(allyloxäthyl)-ester und von dimerisiertem
Leinölfettsäurediallylester beschrieben.

Diese Polyepoxydverbindungen lassen sich zweckmäßig mit 2,4,6-
Tri-(dimethylaminomethyl)-phenol für sich allein oder im Gemisch mit
einem niedrigmolekularem polymeren Bisphenol-A-Glycidyläther (Mol
etwa 400) zu harten elastischen Harzen härten.

Die beschriebenen Verbindungen sind gute Stabilisatoren und
Weichmacher von sehr guter Verträglichkeit für polymere halogenhaltige Vinylverbindungen. Sie werden auch als Textilhilfsmittel und
als Schmiermittel empfohlen.

Die bereits mehrfach patentierte Epoxydierung ungesättigter Ester
von Polycarbonsäuren wurde von G. B. PAYNE und C. W. SMITH[3] erneut aufgegriffen und die Epoxydierungsprodukte von Verbindungen
mit nicht endständigen Epoxydgruppen untersucht. Vorzugsweise
werden epoxydierte Ester von gesättigten oder ungesättigten Dicarbon-

[1] GREENSPAN, F. P., u. R. J. GALL: FP 1091073, 10. 11. 53/6. 4. 55. — Ind.
Eng. Chem. 47, 147 (1955), BUFFALO ELECTRO CHEMICAL Co.
[2] US 2783250, 28. 6. 54/26. 2. 57, SHELL. — BP 771813, 11. 2. 55. — FP
1123683, 26. 2. 55.
[3] US 2761870, 22. 9. 54/4. 9. 56, SHELL DEVELOPMENT Co.

säuren mit ungesättigten Alkoholen behandelt, analog dem bereits wiederholt beschriebenen epoxydierten Dicarbonsäurediallylester. Als ungesättigte Alkohole werden 2,3-Buten-1-ol, 2,3- und 4,5-Hexen-1-ol, 2,3- und 5,6-Decen-1-ol, 2,3-Tetradecen-1-ol, 4,5-Octen-1-ol, 5,6- und 8,9-Dodecen-1-ol, 3,4-Diäthyl-6,7-tetradecen-1-ol, 3,4-Diisopropyl-6,7-dodecen-1-ol, 3,4- und 8,9- sowie 10,11-Octadecen-1-ol, 8,9-Eicosen-1-ol, 4,5-7,8- und 2,3-5,6-Tetradecadien-1-ol, 2,3-5,6-Dodecadien-1-ol und 4-Äthyl-6,7-eicosen-1-ol angeführt. Als mehrwertige Carbonsäuren werden die folgenden genannt: Oxal-, Malon-, Adipin-, Suberin-, Azelain-, Bernstein-, Butylbernstein-, Octadecylbernstein-, Dodecylbernstein Dodecylmalon-, Malein-, Fumar-, Glutar-, Tricarballyl-, Aconit-, Itacon-, Phthal-, Isophthal-, 1,8-Naphthal-, Tetrahydrophthal-, Hexahydrophthal-, 3-Methoxyhexahydrophthal-, 3,5-Dimethylhexahydrophthal-, Allylmalon-, 4-Cyclohexen-1,3-dicarbon-, 3-Hexyl-4-cyclohexen-1,2-dicarbon-, 3-Butyl-1,4-cyclohexadien-1,2-dicarbon-, 3-Methyl-3,5-cyclohexadien-1,2-dicarbon-, Eicosenylbernstein-, dimerisierte Linol-, 6-Eicosen-di-1,20-terephthal-, Diphenyldicarbon-, 1,4-Dicyclohexandicarbon-, Hydromucin- und Trimellitsäuren.

Beispielsweise werden 146 g Adipinsäure, 360 g Crotylalkohol und 5 g p-Toluolsulfosäuremonohydrat unter Abdestillieren des Reaktionswassers erhitzt und Dicrotyladipinat vom $Kp_{0,2}$ 135—145° gewonnen, das in bekannter Weise mit Perameisensäure oder Peressigsäure epoxydiert wird.

Diese Verbindungen, welche die Epoxydgruppe im Innern der Kette haben, sind wesentlich reaktionsträger als solche mit endständigen Epoxydgruppen. Daher gelingt es, bei der Umsetzung mit Aminen wohldefinierte Oxyaminoester zu gewinnen. Sie lassen sich ebenfalls härten, insbesondere unter Verwendung von Gemischen von Dicarbonsäureanhydrid und Polyaminen. Zum Beispiel werden 50 g Di-(epoxybutyl)-adipinat im Gemisch mit 50 g Bernsteinsäureanhydrid und 10 g Diäthylamin bei 80° in kurzer Zeit in eine harte, elastische Masse überführt, die als Gießharz Verwendung finden kann. Die Hauptverwendung dieser viscos-flüssigen Epoxydester dürfte auf dem Gebiete der Weichmacher und der Stabilisatoren für Polymerisate, die saure Bestandteile abspalten, wie PVC oder Polysulfone, liegen.

Die durch die Epoxydierung der Doppelbindung ungesättigter Fettsäuren verlorene Fähigkeit zum Polymerisieren kann dadurch wieder hergestellt werden, daß die Veresterung mit ungesättigten Alkoholen erfolgt. Da hierbei die Veresterung nach der Epoxydierung der freien Fettsäuren erfolgen muß, kann sie nur unter möglichst milden Bedingungen stattfinden, etwa derart, daß das Metallsalz der Epoxydfettsäure mit der Halogenverbindung eines ungesättigten Alkyls umgesetzt wird. So wird beispielsweise der 2,3-Epoxyd-buttersäure-allylester

$$CH_3 \cdot CH{-}CH \cdot CO \cdot OCH_2 \cdot CH{=}CH_2 \quad \text{vom } Kp_{26} \ 100{-}101°$$
$$\diagdown O \diagup$$

in der Weise hergestellt, daß Crotonsäure durch Anlagerung von unterchloriger Säure und Abspaltung von Chlorwasserstoff in die 2,3-Epoxyd-buttersäure übergeführt und deren Silbersalz mit Allylbromid umgesetzt wird. — Man kann auch zu Epoxydverbindungen gelangen, die eine zur Polymerisation geeignete Doppelbindung enthalten, indem ungesättigte Säuren, etwa Acrylsäure oder ihre Substitutionsprodukte, durch Umsetzen mit Epichlorhydrin in alkalischem Milieu in die Glycidylester umgewandelt werden. Die so erhaltenen bifunktionellen Verbindungen können in zweifacher Weise polymerisieren: die Epoxydgruppe beispielsweise mit Bortrifluorid als Katalysator, wobei die Doppelbindung unangegriffen bleibt, und die Doppelbindung mittels Dibenzoylperoxyd, was die etwa noch vorhandene Epoxydgruppe nicht angreift. Es liegt auf der Hand, daß dies Prinzip viele interessante Möglichkeiten bietet[1].

W. Gündel, R. Heise und W. Offermann[2] stellen die Epoxydverbindung von Buttersäureoleylester in der Weise her, daß 338 g des Esters mit 18 g 85%iger Ameisensäure vermischt, in einer halben Stunde bei 45° mit 95,5 g 40%igem Wasserstoffperoxyd versetzt werden und dann 36 Stunden bei dieser Temperatur gerührt wird. Das erhaltene Öl wird nach dem Waschen mit Bicarbonatwasser bei 100° getrocknet. Es enthält 86% der theoretischen Epoxydmenge. Beim Verwalzen mit Polyvinylchlorid im Verhältnis 2:3 bei 165° erhält man daraus eine weiche, im Lichte und in der Wärme stabile Folie.

Der so gewonnene Epoxydester läßt sich an der Epoxydgruppe noch mit 2 Mol Säure verestern, nach dem Schema:

$$-\!C\!-\!\!C\!-\!O\cdot CO\cdot R + 2\,HO\cdot CO\cdot R \;\rightarrow\; -\!C\!-\!\!C\!-\!O\cdot CO\cdot R$$

so daß ein Triester entsteht.

Beispielsweise werden 150 g Buttersäureester des 9,10-Epoxyoctadecylalkohols mit 88 g Buttersäure in Gegenwart von Xylol unter azeotropischer Abtreibung des Veresterungswassers zum Tributyrylester des 1,9,10-Octadecantriols mit einer Ausbeute von 216 g und einem $Kp_{0,7}$ 239—240° verestert. Dieses Produkt, ebenso wie analoge Triester, sind in Mischung mit der $1^{1}/_{2}$fachen Menge Polyvinylchlorid ausgezeichnete Weichmacher. Man erhält sehr weiche und besonders transparente Filme.

Die Epoxydierung ungesättigter Fettsäureester mittels Eisessig und Wasserstoffperoxyd — (wobei letzteres im Laufe einiger Stunden allmählich eingetragen wird) — in Gegenwart geringer Mengen von Schwefelsäure beschreibt die Food Machinery and Chem. Corp.[3]. Die Wirkung der Schwefelsäure wird durch die folgende Tabelle veranschaulicht, wobei je Mol Butyloleat 0,5 Mol Eisessig und ein 10%iger Überschuß von 50%igem Wasserstoffperoxyd in Benzol als Lösungsmittel bei 60—65° zur Einwirkung gebracht werden:

---

[1] Stevens, H.: US 2680109, 28. 2. 47/1. 6. 54, Columbia Southern Chem. Corp.

[2] Gündel, W., R. Heise u. W. Offermann: D. Anm. H 9402, 10. 8. 51, Henkel & Cie.

[3] D. Anm. B 28212, 2. 11. 53 — BP 739609; US-Pri. 13. 7. 53.

H_2SO_4 %	Epoxydsauer-stoffgehalt %	Epoxydester-ausbeute %	Jodzahl des Endproduktes	Reaktionszeit in Std. Min.	
0,1	2,39	53,1	31,4	20	30
0,5	3,21	71,3	6,3	19	00
1,0	3,54	78,6	4,0	21	15
1,25	3,32	73,7	4,9	13	00
1,50	3,53	78,4	3,9	17	00
2,00	3,62	80,5	7,7	14	00
3,00	3,61	80,3	6,5	11	00
5,00	3,35	74,5	7,3	5	05
10,00	3,00	66,6	6,0	4	05
19,00	2,85	63,3	5,6	4	05

Wie ersichtlich, liegt das Optimum des Verfahrens etwa bei einem Zusatz von 3% H_2SO_4 mit einer Epoxydesterausbeute von über 80%, einer von anfänglich 74 betragenden und auf 6,5 abgesunkenen Jodzahl und einer Reaktionszeit von 11 Stunden.

In einem späteren Patent derselben Firma[1] wird die Durchführung der Epoxydierung anderer in Naturölen vorkommender ungesättigter Fettsäureester, z. B. Lein-, Soja-, Mais-, Safran- oder Menhadenöl, nach dem beschriebenen Verfahren durchgeführt.

In ähnlicher Weise führen F. P. GREENSPAN und R. J. GALL[2] die Epoxydierung langkettiger Carbonsäuren oder ihrer Ester sowie der entsprechenden Alkohole mit der berechneten, den Doppelbindungen entsprechenden Peressigsäure bei Temperaturen unter 30° durch, indem 1—3 Stunden bei 20—25° gerührt und anschließend $1/_2$—2 Stunden auf 50—60° erhitzt wird.

Das übliche Verfahren zum Epoxydieren von Fettsäuren, bei dem als Luftsauerstoffüberträger Cobaltnaphthenat angewandt wird, ist wirkungsvoller gestaltet worden durch die Verwendung von *Vanadium*naphthenat in einer Menge von 0,7% der Fettsäure, bei 120—130° und einem Druck von 30 Atm. Entscheidend für gute Ausbeute ist die sofortige Entfernung der gebildeten sauren Reaktionsprodukte. Nach diesem Verfahren werden aus Butylen-2 bei 50%igem Umsatz in 2 Stunden 38,5% Epoxydverbindung erhalten[3].

Auch Gemische aus n-Buten-1 und Buten-2, die aus Crackprozessen gewonnen werden, lassen sich nach diesem Verfahren oder mittels Cobalt- oder Mangankontakt zum 2,3-Epoxybutan oxydieren. Durch Umsetzen mit Ammoniak können daraus technisch wertvolle Aminderivate gewonnen werden[4].

Für die Epoxydharzherstellung besonders geeignete Polyepoxydpolycarbonsäuren stellt die BATAAFSCHE PETROLEUM MIJ.[5] durch die Epoxydierung solcher zweifach ungesättigten Dicarbonsäuren mit Peressigsäure her, bei denen sich die Äthylenbindungen nicht mehr als

---

[1] Belg. P. 536393, 10. 3. 55; US-Pri. 10. 3. 54.
[2] BP 755778, 1. 6. 54/29. 8. 56, FOOD MACHINERY & CHEM. CORP.
[3] MILLIDGE, A. F., u. W. WEBSTSR: DP 896941, 16. 10. 51/8. 10. 53; B.-Pri. 26. 10. 50, THE DISTILLERS CO. LTD.
[4] MILLIDGE, A. F.: BP 724207, 13. 3. 52/16. 2. 55, THE DISTILLERS CO. LTD.
[5] Belg. P. 533899, 6. 12. 54; US-Pri. 8. 12. 53.

6 Kohlenstoffatome von den Carboxylgruppen entfernt befinden. Es handelt sich um Dicarbonsäuren dieses Typus:

$$\mathrm{HO \cdot CO \cdot A \cdot CR_2 \cdot CR = CR \cdot CR_2 \cdot CR_2 \cdot CR = CR \cdot CR_2 \cdot A \cdot CO \cdot OH}$$

wobei A = Kohlenstoffkette mit bis zu 5 Kohlenstoffatomen, R = H, Cl oder Alkyl sein kann. Epoxydverbindungen dieser Art können bei mäßiger Temperatur mit Hilfe des Bortrifluorid-Phenol-Komplexes zu festen Harzen polymerisiert werden. Auch durch Kombination mit Diglycidyläthern und 2,4,6-Tri-(dimethylamino-methyl)-phenol werden bei 50—70° brauchbare Harze erhalten.

Ein neues Oxydationsagens wurde durch W. D. EMMONS und A. S. PAGANO[1] mit der Peroxytrifluoressigsäure eingeführt. Es wird in Gegenwart von in Methylenchlorid aufgeschlämmter, fein pulverisierter wasserfreier Soda als Puffer gearbeitet, während Natriumacetat ungeeignet ist, weil es den gesamten aktiven Sauerstoff aufnimmt und Peracetat bildet. Nach diesem Verfahren lassen sich Acrylsäure- und Crotonsäureester mit einer Ausbeute von 70—80% epoxydieren. Sogar die Epoxydierung von negativ substituierten Olefinen, die nach den bisherigen Verfahren nicht möglich war, läßt sich mit Peroxytrifluoressigsäure ohne Schwierigkeit durchführen, wobei Dinatriumphosphat als Puffer sich als besonders günstig erwiesen hat.

Die CHEMPATENTS INC[2] epoxydiert gasförmige Olefine mit Luft in zwei Stufen:

Stufe I weist maximale Selektivität auf, wobei das Olefingas in 5%iger Konzentration und einer Verweilzeit von 3,5 Sekunden an einem Silberkontakt bei 270—280° vorbeigeführt wird, während bei

Stufe II das Olefingas in 3,5%iger Konzentration und 5—6 Sekunden Verweilzeit bei 275—285° den Kontakt passiert. Die Ausbeute beträgt etwa 70% an Epoxydverbindungen.

Die MONSANTO CHEMICAL Co.[3] stellt Acylricinolsäureester des Typus

$$\mathrm{R \cdot CO \cdot O \cdot X \cdot O \cdot CO \cdot (CH_2)_7 \cdot CH{=}CH \cdot CH_2 \cdot \underset{\underset{\displaystyle O \cdot CO \cdot R'}{|}}{CH} \cdot (CH_2)_5 \cdot CH_3}$$

her, wobei R und R' = Alkyl (C_{1-5}). X = Alkylen (C_{2-6}) oder Oxyalkylen (C_{4-8}) darstellen, und epoxydiert diese mit Perbenzoesäure oder mit Ameisensäure und Wasserstoffperoxyd. Besondere Beachtung verdient der 2'-Acetoxyäthyl-9,10-epoxy-12-acetoxyoctadecansäureester. Er ist als Plastifizierungs- und Stabilisierungsmittel für PVC geeignet und kann auch als Textilhilfsmittel und als Zusatzmittel zu Schmierölen Verwendung finden.

Unter sorgfältiger Beobachtung des Prinzips der sofortigen Neutralisation der bei der Oxydation gebildeten Säuren sind aromatische Vinyläther mit Perbenzoesäure in die Epoxydverbindungen übergeführt worden, wobei die laufend entstehende Benzoesäure durch aktiviertes

---

[1] EMMONS, W. D., u. A. S. PAGANO: Am. Soc. 77, 89 (1955), ROHM & HAAS Co.
[2] US 2693474, 28. 12. 50/2. 11. 54.
[3] FP 1074050, 27. 1. 53/30. 9. 54; US-Pri. 28. 1. 52.

Aluminiumoxyd oder dgl. in statu nascendi abgefangen wird. So kann beispielsweise 2-Methyl-1-äthoxy-1-phenylpropen in guter Ausbeute in 1,2-Epoxy-2-methyl-1-äthoxyphenylpropan umgewandelt werden[1]:

$$C_6H_5 \cdot C{=}C \cdot (CH_3)_2 \ \ (\overset{O}{\longrightarrow}) \ \ C_6H_5 \cdot \overset{O}{\overbrace{C{-}C}} \cdot (CH_3)_2 \quad Kp_1 \ 73{-}74°$$
$$\qquad\ \ \ \overset{|}{O} \cdot C_2H_5 \qquad\qquad\qquad\ \ \overset{|}{O} \cdot C_2H_5$$

Die Oxydation von Diisobutylen $CH_2{=}C(CH_3) \cdot CH_2 \cdot CH_2 \cdot CH(CH_3)_2$ mit Sauerstoff haben E. J. Casson und Mitarbeiter[2] mit folgendem Ergebnis untersucht:

1. die Oxydation ohne Druck im neutralen Milieu liefert bei 95° Ameisensäure, 4,4-Dimethyl-pentanon-2, $CH_3 \cdot CO \cdot CH_2 \cdot CH_2 \cdot CH(CH_3)_2$, sowie ein entsprechendes Diol,

2. bei der Umsetzung bei 14 Atm., einem p_H von 8,5, und einer Temperatur von 140° werden das Epoxyd

$$\underset{\diagdown O \diagup}{CH_2{-}C(CH_3)} \cdot CH_2 \cdot CH_2 \cdot CH(CH_3)_2 \quad \text{vom} \ Kp_{85} \ 82{-}85°$$

das sehr säureempfindlich ist, ferner die Nebenprodukte:

4,4-Dimethylpentanon-2, Butanol, höhere Glykole, Säuren, Wasser sowie Kohlendioxyd erhalten.

Epoxyhydrobenzindole

Acyl-5-ketopolyhydrobenzindol I wird zur 5-Hydroxyverbindung II reduziert und in die Halogenverbindung III übergeführt. Durch Halogenwasserstoffabspaltung wird daraus das Acyl-1,2,2a,3-tetrahydrobenzindol IV erhalten, das mit Peressigsäure zum Epoxytetrahydrobenzindol V epoxydiert wird:

$R = $ Alkyl mit C_{1-8}, Phenyl, alkylsubstituiertes Phenyl, $X = Cl$, Br.

Verbindungen dieser dienen als Zwischenprodukte für Synthesen, z. B. für die Herstellung der Lysergsäure[3].

Epoxyde von Acetylenverbindungen[4]

Es sind Acetylenderivate mit Epoxydgruppen bekannt geworden, bei denen die Acetylenbindung als solche epoxydiert ist und solche, bei

[1] Stevens, C. L., u. J. Tazuma: Am. Soc. **1954**, 715.

[2] DRP 855109, 23. 3. 50/10. 11. 52; B.-Pri. 26. 3., 17. 6. u. 18. 11. 49. — Soc. **1954**, 2161.

[3] US 2772286, 10. 12. 54/27. 11. 56, Eli Lilly & Co.

[4] Siehe auch S. 106.

denen die Dreifachbindung erhalten geblieben ist und Epoxydgruppen an anderer Stelle des Moleküls ausgebildet sind.

Epoxydierung der Acetylenbindung:

H. H. Schlubach und W. Richard[1] haben durch Epoxydieren mit Persäuren aus Dibutylacetylen Dibutylacetylenoxyd

$$C_4H_9 \cdot C{=}C \cdot C_4H_9$$

als destillierbare Substanz hergestellt.

Acetylenverbindungen mit Epoxydgruppen:

Ausgehend von Acetylenchlorhydrinen haben F. J. Persew und T. N. Kurengina[2] durch vorsichtige Behandlung mit Kaliumhydroxyd in Äther Acetylen-Epoxydverbindungen hergestellt, bei denen die Dreifachbindung erhalten geblieben ist, nach folgendem Schema:

$$R \cdot C{\equiv}C{-}CH \cdot CH_2 \ \underset{}{\overset{KOH}{\longrightarrow}} \ R \cdot C{\equiv}C \cdot CH{-}CH_2$$

Acetylenepoxyde dieser Art sind vor allem als Zwischenprodukte zur Herstellung von Alkenylthiophenen durch Umsetzen mit Schwefelwasserstoff in Gegenwart von Bariumhydroxyd herangezogen worden.

Weiterhin haben E. C. Shokal und H. P. Wallingford[3] Acetylenglycidyläther gewonnen durch Umsetzen von Acetylenalkoholen mit Epichlorhydrin. Beispielsweise wurde 2-Butyndiol-1,4-diglycidyläther

$$CH_2{-}CH \cdot CH_2 \cdot O \cdot CH_2 \cdot C{\equiv}C \cdot CH_2 \cdot O \cdot CH_2 \cdot CH{-}CH_2 \qquad \text{vom } Kp_1 \ 140{-}142°$$

durch Umsetzen von 2-Butyndiol-1,4 (hergestellt durch Kondensation von Acetylen mit Formaldehyd) mit Epichlorhydrin in Gegenwart von BF_3 bei 50—80° und Nachbehandeln mit Natronauge bei 30—40° gewonnen (siehe Kapitel „Epoxydharze").

Epoxydkohlensäurester

Mono- und Diepoxydkohlensäureester sind von E. C. Shokal und A. C. Müller[4] durch Umsetzen von Glycid oder anderen Epoxydalkoholen mit aliphatischen oder aromatischen Chlorkohlensäureestern in Gegenwart von tertiären Basen hergestellt worden. Nach diesem Verfahren wurden u. a. gewonnen:

Epoxypropyl-chlorcarbonat

$$CH_2{-}CH \cdot CH_2 \cdot O \cdot CO \cdot Cl$$

Phenyl-2,3-epoxypropylcarbonat,

$$C_6H_5 \cdot O \cdot CO \cdot O \cdot CH_2 \cdot CH{-}CH_2$$

Äthylen-bis-(2,3-epoxypropylcarbonat)

$$CH_2{-}CH \cdot CH_2 O \cdot CO \cdot O \cdot CH_2 \cdot CH_2 \cdot O \cdot CO \cdot O \cdot CH_2 \cdot CH{-}CH_2$$

(Siehe Kapitel „Epoxydharze")

[1] Schlubach, H. H., u. W. Richard: A. **588**, 195 (1954).
[2] Persew, F. J., u. T. N. Kurengina: Z. obsc. Chim. **25**, 1619—1623 (1955).
[3] US 2792381, 10. 3. 54/14. 5. 57, Shell Development Co.
[4] FP 1132036, 23. 5. 55/4. 3. 57; US-Pri. 24. 5. 54, Bataafsche.

Epoxydierung durch Mikroorganismen

Die abbauende Wirkung von Mikroorganismen auf höhermolekulare Verbindungen, z. B. die Gärungszerlegung von Stärke oder Zucker in niedere Alkohole und Kohlendioxyd, ist schon seit dem Altertum bekannt und wird heute weitgehend technisch verwertet.

Viel weniger bekannt ist die aufbauende Tätigkeit durch Mikroorganismen.

Es handelt sich hier vor allem um den Einbau der Elemente des Wassers in höhermolekulare chemische Verbindungen durch den Lebensprozeß der Mikroorganismen, d. h. Vornahme von Oxydationen oder von Reduktionen.

Durch Mikroorganismen angreifbare chemische Verbindungen müssen eine gewisse chemisch-biologische Beziehung zu den Mikroorganismen und ihren Lebensreaktionen aufweisen, was dadurch der Fall sein kann, daß sie als Nahrung dienen, oder den Lebensprozeß an sich nach Art eines Katalysators angeregter und in gesteigertem Ausmaß ablaufen lassen. Es liegt auf der Hand, daß alle Substanzen ungeeignet sind, die als solche oder an ihren Umwandlungsprodukten eine Giftwirkung auf die Mikroorganismen ausüben können.

Es ist bisher nicht gelungen, niedermolekulare chemische Verbindungen aufzufinden, welche in gleicher Weise eine „Zusammenarbeit“ mit Mikroorganismen ermöglichen. An höhermolekularen Verbindungen sind vor allem hierfür die Steroide, eine Körperklasse, bestehend aus mehreren Sechsringen und wenigen Fünfringen, die in den Lebensprozessen aller höheren Lebewesen eine steuernde Rolle spielen, geeignet. Sie sind in der Lage, mit einer ganzen Reihe von Mikroorganismen in Wechselbeziehungen stehen, wobei sie chemische Veränderungen erfahren können.

Die hierbei erfolgenden Oxydationen oder Reduktionen treten bei Verwendung von Reinkulturen der geeigneten Mikroorganismen derart spezifisch und in so guter Ausbeute auf, daß sie in der Regel wesentliche Vorteile vor den zum gleichen Ziele führenden chemischen Prozessen aufweisen, und im Falle der Steroide sogar für Umsetzungen im technischen Maßstabe herangezogen werden.

Beispielsweise kann nach einem Verfahren der UPJOHN Co.[1] die Einführung einer Hydroxylgruppe in Progesteron mit Hilfe von Pilzen in der folgenden Weise vorgenommen werden:

Eine Kulturflüssigkeit, bestehend aus 30 g Dextrose, 20 g Getreideweichflüssigkeit, 12 g Natriumnitrat, 12 g Natriumacetat, 1 g Monokaliumphosphat, aufgefüllt mit Wasser auf 1 Liter und auf p_H 7,0 eingestellt, wird nach dem Sterilisieren auf p_H 6,7 gebracht und mit Neurospora sitophila (A. T. C. C. 9278) geimpft. Die Kultur wird bei 25° 24 Stunden stehengelassen und zwecks Belüftung mit einem Rührer bewegt, der etwa 200 Umdrehungen in der Minute ausführt. Alsdann werden 3 g Progesteron, gelöst in 150 ml Aceton, eingetragen und

---

[1] D. Anm. U 2050, 20. 2. 53; US-Pri. 23. 2. u. 28. 8. 52.

unter denselben Bedingungen weitere 48 Stunden stehengelassen. Nach Abtrennen des Pilzmycels und Extrahieren der Flüssigkeit mit Methylenchlorid werden nach dem Trocknen 4,7 g eines Extraktes· erhalten, aus welchem nach dem Umkristallisieren 0,12 g eines reinen Oxyprogesterons vom F 165—172° gewonnen werden.

Oxydationen nach Art des beschriebenen, auch für andere biologische Umsetzungen typischen Verfahrens sind von vielen Seiten mit verschiedenen Fungusarten durchgeführt worden, insbesondere zwecks Gewinnung von Corticosteron, 11-Dehydrocorticosteron, 17-Oxycorticosteron u. a. m.

Daß auch Epoxydationen an Doppelbindungen bei Steroiden mit Hilfe von Mikroorganismen möglich sind, haben G. M. SHULL und B. M. BLOOM der RESEARCH LABORATORIES CHAS. PFIZER & Co. in einem zusammenfassenden Vortrag auf dem Internationalen Biochemie-Kongreß zu Brüssel 1955 aufgewiesen.

Die Epoxydierung von $\Delta^{4,\,9,\,(11)}$-Pregnandien-17α,21-diol-3,20-dion zu Δ^{4}-9β,11β-Epoxypregnen-17α,21-diol-3,20-dion vom F 210—211° haben F. R. HANSEN und Mitarbeiter[1] mit Cunninghamella blakesleeana (A. Z. C. C. 9245) sowie G. M. SHULL und D. A. KITA[2] mit Curvularia lunata (N. R. R. L. 2380) mit Hilfe von Papier Chromatographie festgestellt. Daß es sich hierbei tatsächlich um eine enzymatische Oxydationsreaktion und keine Luftoxydation handelte, konnte bei Kontrollansätzen, bei denen jede Tätigkeit von Mikroorganismen durch Sterilisation oder durch Natriumazid ausgeschlossen wurde, die keine Epoxydierung aufwiesen, bewiesen werden.

Die Epoxydierung von ungesättigten Steroiden konnte weiterhin durch eine Reihe von Pilzkulturen, von denen bekannt war, daß sie bei Steroiden Hydroxylgruppen zu erzeugen vermögen, beobachtet werden. So konnte $\Delta^{4,\,14}$-Pregnandien-17α,21-diol-3,20-dion vom F 197—199° nicht nur durch Curvularia lunata (SHULL und KITA) oder durch Cunninghamella blakesleeana (HANSEN und Mitarbeiter), sondern auch durch Helicostylum piriforme (A. T. C. C. 8992 und 8686) sowie durch Mucor griseocyanus (A. T. C. C. 1207a) und Mucor parasiticus (A. T. C. C. 6476) in Δ^{4}-14α,15α-Epoxypregnen-17α,21-diol-3,20-dion vom F 229,6—232,2° übergeführt werden[3].

Unter Verwendung von Mikroorganismen, die nicht in der Lage sind, Hydroxyl-Oxydationen zu erzeugen, konnte in keinem Falle eine Epoxydation erzielt werden[4].

---

[1] HANSEN, F. R. u. Mitarbeiter: Am. Soc. **75**, 5369 (1953) — Fed. Proc. **14**, 251 (1955).

[2] SHULL, G. M., u. D. A. KITA: Am. Soc. **77**, 763 (1955). — US 2658023, 3. 11. 53.

[3] Die letzten drei Versuchsanordnungen wurden durchgeführt von MEISTER, P. D. u. Mitarbeiter, Vortrag auf 123. Kongreß der Am. Chem. Soc. in Los Angeles am 15.—19. März 1953, sowie MURRAY, H. C., u. D. H. PETERSON: US 2602769, 8. 7. 52; US 2673866, 30. 3. 54.

[4] EPPSTEIN, S. H. u. Mitarbeiter: Am. Soc. **1953**, 408; PETERSON, D. H. u. Mitarbeiter: Am. Soc. **1953**, 412; MEISTER, F. D. u. Mitarbeiter, Am. Soc. **1953**, 416; SHULL, G. M., J. L. SARDINAS u. J. B. ROUTIEN: Can. P. 507009, 2. 11. 54.

In mehreren Fällen wurde die Identität der biologisch gewonnenen Epoxydierungsprodukte mit den auf chemischem Wege hergestellten Verbindungen festgestellt[1].

Nachdem erwiesen war, daß Kulturen, die eine axiale Hydroxylfunktion erzeugen, auch Epoxydierungen bei den entsprechenden ungesättigten Steroiden durchführen können, wurde der gleiche Versuch auch mit Kulturen, die äquatoriale Hydroxylierungen bewirken, ausgeführt, jedoch konnte hierbei in keinem Falle eine Epoxydierung festgestellt werden[2].

Wenn auch diese ersten Ergebnisse der Epoxydierung von Doppelbindungen durch Mikroorganismen im Hinblick auf die Gewinnung von Epoxydharzen noch durchaus keine technische Verwertung in Aussicht stellen, so dürfte es für den Kunststoff-Entwicklungs-Chemiker doch von großen Interesse sein, zu erfahren, daß Reaktionen dieser Art überhaupt möglich sind. Wenn auch bei biologischen Epoxydierungen die zu bewegenden Massen relativ groß sind, bietet die Aufarbeitung gegenüber derjenigen bei den üblichen chemischen Prozessen doch ganz erhebliche Vereinfachungen, wozu noch kommt, daß die hohe Spezifität der Mikroorganismen sehr reine Epoxydierungsprodukte und sehr gute Ausbeuten zu gewinnen gestattet.

Das Abgehen von dem traditionellen Bisphenol A und Übergehen auf andersartige Polyepoxydverbindungen bei der Herstellung von Epoxydharzvorprodukten steht, ebenso wie die Epoxydierung höhermolekularer Verbindungen, die keine Steroide sind, durch Mikroorganismen heute noch ganz im Anfangsstadium.

Es dürfte durchaus berechtigt sein, die Forschungsarbeiten von Epoxydharz-Entwicklungschemikern in eine Richtung zu lenken mit dem Ziel, geeignete ungesättigte höhermolekulare Verbindungen aufzufinden, die mit Hilfe von Mikroorganismen epoxydiert werden können und dann als Epoxydharzvorprodukte brauchbar sind.

Eine solche Arbeitsweise würde naturgemäß eine Revolution in der bisherigen Gewinnung von Epoxydharzen bedeuten, aber sie erscheint als eine Zukunftsmöglichkeit, die keineswegs als utopisch bezeichnet werden darf.

Diepoxyde

(soweit bisher noch nicht angeführt)

Die übliche Weise zur Gewinnung von Diepoxyden ist:

1. Epoxydieren von Substanzen mit zwei Doppelbindungen,

2. Vereinigung zweier Moleküle von Verbindungen mit je einer Epoxydgruppe.

Unter den Diepoxyden, die aus einer Verbindung mit zwei Doppelbindungen zu gewinnen sind, ist eines der wichtigsten

---

[1] BLOOM, B. M., R. J. AGNELLO u. G. D. LAUBACH: Experientia **1955**.
[2] FRIED, J., u. E. F. SABO: Am. Soc. **1953**, 2273.

1,2-3,4-Dioxidobutan, Butadiendioxyd oder Erythrendioxyd

$$\text{CH}_2\underset{\diagdown\text{O}\diagup}{\text{—CH}}\cdot\underset{\diagdown\text{O}\diagup}{\text{CH—CH}_2} \qquad \text{Kp}_{767}\ 138°,\ \text{Kp}_{20}\ 49°,\ \text{F} -15°$$

Butadiendioxyd ist bereits 1884 von PRZYBYTEK[1] beschrieben worden, der es durch Eintragen von Kaliumhydroxydpulver in die absolutätherische Lösung von 1,4-Dichlorbutandiol-2,3 gewann. Die Herstellung ist weiterhin von PRÉVOST[2] und von PRÉVOST und VALETTE[3], nach derselben Methode mit experimentellen Abänderungen, beschrieben worden. Die heutige technische Gewinnung geht ebenfalls von Dichlorbutandiol aus, arbeitet aber billiger und ungefährlicher im wäßrigen Medium. Man kann damit rechnen, daß Butadiendioxyd eine steigende Bedeutung für die inländische Produktion von Epoxydharzen bekommen wird.

Die Eigenschaften des Butadiendioxyds sind bereits von PRZYBYTEK[4] eingehend studiert worden. Mit Wasser setzt es sich bei gewöhnlicher Temperatur langsam, bei 100° schnell zu Erythrit

$$\begin{array}{c}\text{CH}_2\text{OH—CHOH}\\ \text{CH}_2\text{OH—CHOH}\end{array}$$

um. Es reduziert in der Wärme ammoniakalische Silberlösung, mit Chlorwasserstoff reagiert es sehr lebhaft unter Bildung von 1,4-Dichlorbutandiol-2,3, mit Natriumsulfit setzt es sich zum Natriumsalz der Dioxybutandisulfosäure um, mit Anilin bildet es 2,3-Dioxy-1,4-dianilinobutan und mit Blausäure reagiert es bei 50—55° unter Bildung von Dioxyadipinsäuredinitril.

Reines trocknes Butadiendioxyd polymerisiert in der Wärme zu einem in Wasser und Lösungsmitteln unlöslichen Produkt[5].

Die Umsetzung von Butadiendioxyd mit Verbindungen mit reaktiven Wasserstoffatomen, wie z. B. Phenolen, Naphtholen, Aminopyrazolonen, Aminopyridinen, Oxychinolinen, Aminoazoverbindungen, Anilin, Methylanilin oder Naphthylaminen, ist von der BADISCHEN ANILIN- & SODAFABRIK-AG. studiert worden. Die Umsetzung wird in der Wärme in Gegenwart von Natronlauge durchgeführt. Einige dieser Umsetzungsprodukte sind gefärbt und färben Celluloseester und -äther an, die farblosen können als Färbereihilfsmittel Verwendung finden. Beispielsweise färbt das Additionsprodukt von Butadiendioxyd und p-Aminoazobenzol Acetatkunstseide citronengelb an[6].

Dieselben Erfinder haben Polyadditionsprodukte von Butadiendioxyd mit mehrwertigen Alkoholen und Polyaminen wie Diglykol-1,2,4-butantriol, Glycerin, Benzidin, Dianisidin und Triamino-triphenylmethan bei gewöhnlicher Temperatur erhalten, indem das Diepoxyd in mindestens der doppelten theoretischen Menge angewandt

[1] PRZYBYTEK: B. **17**, 1092.
[2] PRÉVOST: C. r. **183**, 1294 sowie A. Ch. (10), **10**, 419.
[3] PRÉVOST und VALETTE: C. r. **222**, 327.
[4] PRZYBYTEK: B. **17**, 1093ff. — [5] PRZYBYTEK: B. **20**, 3235.
[6] HOPFF, H., u. A. WEICKMANN: US 2098097, 18. 12. 35/2. 11. 37.

wurde. Es wurden klare Sirupe erhalten, die allmählich von selbst
härten. Sie haften sehr gut an glatten Glas-, Metall- oder dgl. Oberflächen und eignen sich daher als Leime oder Kitte für derartige Materialien.

Zur Herstellung von Mitteln, welche die Anfärbbarkeit von Cellulose mit sauren Farbstoffen erhöhen sollen, werden Butadiendioxyd
oder andere Diepoxyde mit Aminbasen umgesetzt. Beispielsweise werden Diglycidäther mit Piperazin, Divinyldioxyd mit Diäthylentriamin
oder Limonendioxyd mit Piperazin zur Reaktion gebracht[1].

Butadiendioxyd, wie auch andere Diepoxyde, die keine Hydroxylgruppen enthalten, setzen sich mit Verbindungen, die mindestens drei
Hydroxyl-, Amino-, Amido- oder Carboxylgruppen aufweisen, zu hochmolekularen vernetzten Produkten um, die ein großes Wasserquell-
vermögen haben. Wird z. B. Butadiendioxyd mit der 10fachen
Menge einer 20%igen wäßrigen Lösung von Ammoniumpolyacrylat
bei 100° zur Trockne eingedampft und anschließend auf 120° erhitzt,
so erhält man ein in Wasser unlösliches aber sehr stark quellbares Gel[2].

Weiterhin können Butadiendioxyd wie auch andere Alkylenoxyde,
insbesondere Diepoxyde (Diglycidäther) zur Lederveredelung dienen.
Gerbfertige Kalkblößen werden mit Alkohol entwässert, getrocknet
und mit einer Lösung von Butadiendioxyd in Benzin behandelt. Man
erhält hierdurch ein volles, weißes, weiches Leder von hoher Zugfestigkeit, das nach Wässern weich eintrocknet[3].

Mit mehrwertigen, einkernigen oder mehrkernigen Phenolen, können
mit Butadiendioxyd oder anderen Diepoxyden höhermolekulare Polyadditionsverbindungen mit endständigen Epoxydgruppen erhalten
werden, die abwechselnd aus aromatischen Kernen und aliphatischen
Kettengliedern bestehen und durch ein Äthersauerstoffatom jeweils
miteinander verbunden sind. Diese Produkte, deren aliphatische Anteile Hydroxylgruppen enthalten, sind linear, wenn die angewandten
Phenole zweiwertig sind, sie sind jedoch vernetzt, wenn drei- oder
höherwertige Phenole vorliegen. Aus Hydrochinon und Butadiendioxyd
erhält man beispielsweise das kettenförmige Polymere:

$$CH_2{-}CH \cdot CH(OH) \cdot CH_2 \cdot O \cdot [C_6H_4 \cdot O \cdot CH_2 \cdot CH(OH) \cdot CH(OH) \cdot CH_2 \cdot O]_n{-}C_6H_4 \cdot$$
$$\diagdown O \diagup$$
$$\cdot O \cdot CH_2 \cdot CH(OH) \cdot CH{-}CH_2$$
$$\diagdown O \diagup$$

Durch vorsichtiges Arbeiten können Verbindungen erhalten werden,
bei denen n = 1,5 bis 2 ist, anderenfalls werden sehr viel höhere Werte
erhalten. Diese Polymere sind leichtlöslich und schmelzbar und können
durch Zusatz von bifunktionellen Verbindungen, die sich an die Ep-
oxyd- und/oder Hydroxylgruppen addieren, in der Wärme vernetzen
und unlöslich und unschmelzbar werden. Weiterhin können die linearen
Polymeren an den Hydroxylgruppen verestert werden (z. B. mit höher-

---

[1] SCHLACK, P.: US 2136928, 9. 12. 35/15. 11. 38; D.-Pri. 10. 12. 34, I. G.

[2] JAKOB, L., G. v. ROSENBERG u. O. ROSER: FP 881981, 11. 5. 42/13. 5. 43;
D.-Pri. 20. 5. 41, I. G.

[3] IMMENDORFER, E., u. H. KRZIKALLA: DRP 833993, 23. 2. 45, I. G.

molekularen Fettsäuren). Solche Produkte können als Leime oder als Grundlage für Anstrichmittel Verwendung finden[1].

Umsetzungen dieser Art lassen die Bedeutung erkennen, welche Butadiendioxyd für den Aufbau von Epoxydharzen haben kann.

Auch p-Aminosalicylsäure, deren Salze oder Derivate zur Tuberkulosebekämpfung ein gewisses Interesse erlangt haben, ist mit Butadiendioxyd umgesetzt worden. Hierbei reagiert nur die Aminogruppe. Je nach den angewandten Molverhältnissen bilden sich zwei verschiedene Verbindungen:

1. bei äquimolekularen Mengen disubstituiert das Butadiendioxyd die Aminogruppe in folgender Weise

$$\text{HO}\cdot\text{CO}\cdot\underset{\underset{\text{OH}}{|}}{\bigcirc}\!\!-\text{N}\!\!<\!\!\begin{array}{c}\text{CH}_2\!-\!\text{CH(OH)}\\ |\\ \text{CH}_2\!-\!\text{CH(OH)}\end{array}$$

2. bei der Einwirkung von 2 Mol p-Aminosalicylsäure auf 1 Mol Butadiendioxyd wird die zweibasische Säure

$$\text{HO}\cdot\text{CO}\cdot\underset{\underset{\text{OH}}{|}}{\bigcirc}\!\!-\text{NH}\cdot\text{CH}_2\cdot\text{CH(OH)}\cdot\text{CH(OH)}\cdot\text{CH}_2\cdot\text{NH}\cdot\underset{\underset{\text{OH}}{|}}{\bigcirc}\!\!-\text{CO}\cdot\text{OH}$$

erhalten[2].

1,2-5,6-Hexadiendioxyd (Diglycid)
$$\underset{O}{\text{CH}_2\!\!-\!\!\text{CH}}\cdot\text{CH}_2\cdot\text{CH}_2\cdot\underset{O}{\text{CH}\!\!-\!\!\text{CH}_2}\qquad\text{Kp }220\text{—}225°$$

wurde von PRZYBYTEK[3] durch Oxychlorierung von Diallyl und Abspalten von Chlorwasserstoff aus dem Diallyldichlorhydrin erhalten:

$$\text{CH}_2\!\!=\!\!\text{CH}\cdot\text{CH}_2\cdot\text{CH}_2\cdot\text{CH}\!\!=\!\!\text{CH}_2 + 2\,\text{HOCl} \rightarrow \text{CH}_2\text{Cl}\cdot\text{CHOH}\cdot\text{CH}_2\cdot\text{CH}_2\cdot\text{CHOH}\cdot\text{CH}_2\text{Cl} + 2\,\text{KOH}$$
$$\rightarrow \underset{O}{\text{CH}_2\!\!-\!\!\text{CH}}\cdot\text{CH}_2\cdot\text{CH}_2\cdot\underset{O}{\text{CH}\!\!-\!\!\text{CH}_2}$$

2,3-4,5-Hexylendioxyd
$$\text{CH}_3\cdot\underset{O}{\text{CH}\!\!-\!\!\text{CH}}\cdot\underset{O}{\text{CH}\!\!-\!\!\text{CH}}\cdot\text{CH}_3\qquad\text{Kp }176\text{—}178°$$

ist von P. DUDEN und R. LEMME[4] durch Überführen von 2,4-Dibrom-2,3-4,5-hexadien mittels 5%iger Permanganatlösung in Dibromdioxyhexan und anschließende Behandlung mit 50%iger Pottaschelösung erhalten worden:

$$\text{CH}_3\cdot\text{CBr}\!\!=\!\!\text{CH}\cdot\text{CH}\!\!=\!\!\text{CBr}\cdot\text{CH}_3 \xrightarrow{\text{KMnO}_4} \text{CH}_3\cdot\text{CHBr}\!\!-\!\!\text{CHOH}\cdot\text{CHOH}\!\!-\!\!\text{CHBr}\cdot\text{CH}_3$$
$$\xrightarrow{\text{K}_2\text{CO}_3} \text{CH}_3\cdot\underset{O}{\text{CH}\!\!-\!\!\text{CH}}\cdot\underset{O}{\text{CH}\!\!-\!\!\text{CH}}\cdot\text{CH}_3$$

1,2-5,6-Diisobutenyl-dioxyd
$$\underset{O}{\text{CH}_2\!\!-\!\!\text{C(CH}_3)}\cdot\text{CH}_2\cdot\text{CH}_2\cdot\underset{O}{\text{C(CH}_3)\!\!-\!\!\text{CH}_2}\qquad\text{Kp}_{125}\ 170\text{—}180°$$

wurde von PRZYBYTEK[5] durch Oxychlorieren von Diisobutylen mit anschließender Chlorwasserstoffabspaltung mittels Natriumhydroxydpulver in ätherischer Lösung erhalten.

---

[1] GREENLEE, S. O. S.: US 2503726, 12. 5. 44/11. 4. 50, DEVOE & RAYNOLDS Co.
[2] HOPFF, H., u. H. SPÄNIG: BP 896047, 11. 9. 51/1. 10. 53, BADISCHE ANILIN-& SODAFABRIK-AG.
[3] PRZYBYTEK: B. **18**, 1352 (1885).
[4] DUDEN, P., u. R. LEMME: B. **35**, 1335 (1902).
[5] PRZYBYTEK: B. **20**, 3239 (1887).

1,3-Diphenyl-5-(p-isopropylphenyl)-2,3-4,5-dioxido-pentanon-1

$$\text{C}_6\text{H}_5 \cdot \text{CO} \cdot \underset{\diagdown\;\text{O}\;\diagup}{\text{CH}\!-\!\text{C}(\text{C}_6\text{H}_5)} \cdot \underset{\diagdown\;\text{O}\;\diagup}{\text{CH}\!-\!\text{CH}} \cdot \text{C}_6\text{H}_4 \cdot \text{CH} \cdot (\text{CH}_3)_2 \qquad \text{F } 129°$$

wurde von S. Bodforss[1] durch Umsetzen von Bromacetophenon mit
Cuminal in absolutem Alkohol in Gegenwart von Natriumäthylat
als Hauptprodukt neben Benzoyl-p-isopropylphenyl-oxidoäthan

$$\text{C}_6\text{H}_5\text{CO} \cdot \underset{\diagdown\;\text{O}\;\diagup}{\text{CH}\!-\!\text{CH}} \cdot \text{C}_6\text{H}_4 \cdot \text{CH} \cdot (\text{CH}_3)_2 \qquad \text{F } 76°$$

erhalten.

Weiterhin wurden von S. Bodforss hergestellt:

1,3-Diphenyl-5-(m-nitrophenyl)-2,3-4,5-dioxido-pentanon-1

$$\text{C}_6\text{H}_5 \cdot \text{CO} \cdot \underset{\diagdown\;\text{O}\;\diagup}{\text{CH}\!-\!\text{C}(\text{C}_6\text{H}_5)} \cdot \underset{\diagdown\;\text{O}\;\diagup}{\text{CH}\!-\!\text{CH}} \cdot \text{C}_6\text{H}_4 \cdot \text{NO}_2 \qquad \text{F } 207°$$

aus Bromacetophenon und p-Nitrobenzaldehyd, und

1,3-Diphenyl-5-(p-chlorphenyl)-2,3-4,5-dioxido-pentanon-1

$$\text{C}_6\text{H}_5 \cdot \text{CO} \cdot \underset{\diagdown\;\text{O}\;\diagup}{\text{CH}\!-\!\text{C}(\text{C}_6\text{H}_5)} \cdot \underset{\diagdown\;\text{O}\;\diagup}{\text{CH}\!-\!\text{CH}} \cdot \text{C}_6\text{H}_4 \cdot \text{Cl} \qquad \text{F } 171°$$

in analoger Weise aus Bromacetophenon und p-Chlorbenzaldehyd.

1,3,5-Triphenyl-2,3-4,5-dioxido-pentanon-1

$$\text{C}_6\text{H}_5 \cdot \text{CO} \cdot \underset{\diagdown\;\text{O}\;\diagup}{\text{CH}\!-\!\text{C}(\text{C}_6\text{H}_5)} \cdot \underset{\diagdown\;\text{O}\;\diagup}{\text{CH}\!-\!\text{CH}} \cdot \text{C}_6\text{H}_5 \qquad \text{F } 156°$$

letztere wesentlich schwieriger herstellbare Verbindung ließ sich nur gewinnen[2], wenn in dem Reaktionsgemisch Überschüsse von Bromacetophenon und von Natriumäthylat vermieden wurden. Es wurde so gearbeitet, daß zu einem Gemisch von 15,9 g Benzaldehyd, 29,8 g Bromacetophenon und einer alkoholischen Lösung von 3,45 g Natrium bei
0° abwechselnd in kleinen Portionen eine Lösung von 29,8 g Bromacetophenon in 250 g Alkohol und eine Lösung von 3,45 g Natrium
in 100 g Alkohol zugegeben wurden.

Phenylen-1′,4′-di-(3-phenyl-1,2-oxido-propanon-3)

$$\text{C}_6\text{H}_5 \cdot \text{CO} \cdot \underset{\diagdown\;\text{O}\;\diagup}{\text{CH}\!-\!\text{CH}} \cdot \text{C}_6\text{H}_4 \cdot \underset{\diagdown\;\text{O}\;\diagup}{\text{CH}\!-\!\text{CH}} \cdot \text{CO} \cdot \text{C}_6\text{H}_5 \qquad \text{F } 120\!-\!122°$$

wird erhalten, indem 2 g Terephthalsäurealdehyd, 6 g Bromacetophenon und eine Lösung von 0,69 g Natrium in 200 g Alkohol bei 20° miteinander umgesetzt werden.

4,5-Oxido-cyclohexyl-äthylenoxyd

ist durch R. B. Foster[3] in den Bereich technischer Verwendbarkeit
gebracht worden. Es wird aus Vinylcyclohexen durch Addition von
unterchloriger Säure bei 0° mit anschließender Abspaltung von Chlor-

---

[1] Bodforss, S.: B. **49**, 2795 (1916). — [2] B. **51**, 192—214 (1918).
[3] Foster, R. B.: US 2527806, 10. 2. 48/31. 10. 50, E. I. du Pont de Nemours.

wasserstoff mittels Natronlauge bei 15° hergestellt. Mittels dieses Diepoxyds werden Epoxydharze aufgebaut.

2,3-6,7-Diepoxy-2,6-dimethyl-4-octen

$$\begin{array}{c} CH_3 \\ \diagdown \\ CH_3 \diagup \end{array} C\!\!-\!\!-\!\!CH \cdot CH\!=\!CH \cdot \overset{\overset{\displaystyle CH_3}{|}}{C}\!\!-\!\!-\!\!CH \cdot CH_3$$

ist durch Y. R. NAVES, L. DÉSALBRES und P. ARDIGIO[1] aus dem aus Pflanzen gewinnbaren Alloocimen durch Sauerstoffaddition hergestellt worden, woraus sich durch katalytische Hydrierung der gesättigte zweiwertige Alkohol

$$\begin{array}{c} CH_3 \\ \diagdown \\ CH_3 \diagup \end{array} \overset{\overset{\displaystyle OH}{|}}{C} \cdot CH_2 \cdot CH_2 \cdot CH_2 \cdot \overset{\overset{\displaystyle CH_3}{|}}{CH} \cdot \overset{\overset{\displaystyle OH}{|}}{CH} \cdot CH_3$$

und aus diesem durch Abspalten von 1 Mol Wasser die isomeren einwertigen ungesättigten Alkohole

$$\begin{array}{c} CH_3 \\ \diagdown \\ CH_2 \diagup \end{array} C \cdot CH_2 \cdot CH_2 \cdot CH_2 \cdot \overset{\overset{\displaystyle CH_3}{|}}{CH} \cdot \overset{\overset{\displaystyle OH}{|}}{CH} \cdot CH_3$$

und

$$\begin{array}{c} CH_3 \\ \diagdown \\ CH_3 \diagup \end{array} C\!=\!CH \cdot CH_2 \cdot CH_2 \cdot \overset{\overset{\displaystyle CH_3}{|}}{CH} \cdot \overset{\overset{\displaystyle OH}{|}}{CH} \cdot CH_3$$

herstellen lassen.

Zu der Kategorie von *Diepoxyden, die durch Vereinigung von zwei Monoepoxyden* entstanden sind, gehören das oben erwähnte:

Diglycidyl $\quad \underset{\diagdown O \diagup}{CH_2 \cdot CH \cdot CH_2 \cdot CH_2 \cdot CH \cdot CH_2} \quad$ Kp 220—230°

das auch durch Umsetzen von Epichlorhydrin mit Natriummetall hergestellt werden kann. Siehe Kapitel „Epichlorhydrin"[2].

Diglycidyläther, Bis-(α,β-oxidopropyl)-äther

$$\underset{\diagdown O \diagup}{CH_2\!\!-\!\!CH \cdot CH_2 \cdot O \cdot CH_2 \cdot CH\!\!-\!\!CH_2} \quad Kp_{22}\ 103°$$

ist zuerst von J. U. NEF[3] durch Erhitzen von 33,3 g Epichlorhydrin mit 27,4 g trocknem Silberoxyd in absolutem Äther auf 60—100° erhalten worden. Durch Erhitzen mit Wasser hat NEF daraus den Bis-(β,γ-dioxypropyl)-äther, $[CH_2(OH) \cdot CH(OH) \cdot CH_2]_2 \cdot O$ vom Kp_{27} 261—262°, hergestellt.

Ein einfaches Verfahren zur Gewinnung von Diglycidyläther aus Epichlorhydrin hat P. CASTAN[4] beschrieben, indem Epichlorhydrin mit Monochlorhydrin in Gegenwart von Schwefelsäure zum Dichlor-

---

[1] NAVES, Y. R., L. DÉSALBRES und P. ARDIGIO: Bl. **1956**, Nr. 11—12, 1768 bis 1773.

[2] HÜBNER, H., u. K. MÜLLER: A. **159**, 186. — CLAUS, A.: B. **10**, 556, 1877. — BIGOT, A.: A. chim. phys. (5) **17**, 62 (1879), (6) **22**, 433 (1891) — Soc. **1879**, 1029.

[3] NEF, J. U.: A. **335**, 238.

[4] BP 518571, 10. 12. 38/15. 2. 40; Schwz.-Pri. 23. 8. 38, GEBR. DE TREY A. G.

hydrinäther umgesetzt und anschließend durch Abspalten von 2 Mol HCl
mittels Natronlauge der Diglycidyläther gewonnen wird.

$$CH_2{-}CH \cdot CH_2Cl + HO \cdot CH_2 \cdot CH(OH) \cdot CH_2Cl$$

$$\xrightarrow{H_2SO_4} \quad ClCH_2 \cdot CHOH \cdot CH_2 \cdot O \cdot CH_2 \cdot CHOH \cdot CH_2Cl$$

$$\xrightarrow{+2\,NaOH} \quad CH_2{-}CH \cdot CH_2 \cdot O \cdot CH_2 \cdot CH{-}CH_2$$

Die BADISCHE ANILIN- & SODAFABRIK-AG. hat, ausgehend vom
Glycid, zur Herstellung des Diglycidyläthers ein Zweistufenverfahren
entwickelt, wobei in der ersten Stufe ein Additionsprodukt von Glycid
mit Epichlorhydrin gebildet wird:

$$CH_2{-}CH \cdot CH_2OH + CH_2{-}CH \cdot CH_2 \cdot Cl \;\rightarrow\; CH_2{-}CH \cdot CH_2 \cdot O \cdot CH_2 \cdot CH(OH) \cdot CH_2 \cdot Cl$$

und in der zweiten Stufe mittels Natronlauge die Chlorhydringruppe in
die Epoxydgruppe übergeführt wird. Bei diesem Verfahren ist ausschlaggebend, daß bei der Umsetzung in der ersten Stufe wesentlich mehr
Epichlorhydrin, als der theoretischen Menge entspricht (etwa die drei-
fache Menge), angewandt wird, um die Bildung von polymeren Additionsprodukten möglichst niedrig zu halten[1].

Die AMERICAN CYANAMID Co.[2] verwendet Diglycidyläther zum Aufbau von Anionenaustauschharzen durch Kondensation desselben mit
Tetraäthylenpentamin. Sie stellt Diglycidyläther nach dem CASTAN-
schen Verfahren her durch Eintragen von 64,8 g Epichlorhydrin bei
95—100° in ein Gemisch von 78,1 g Glycerinchlorhydrin und 1,8 g
konzentrierter Schwefelsäure in $2^1/_2$ Stunden und 3 stündiges Nachrühren bei dieser Temperatur. Nach Zugabe von 176 g Benzol wird
bei 0° eine Lösung von 67,2 g Natriumhydroxyd in 100 g Wasser zugegeben, wobei der Diglycidyläther vom Benzol aufgenommen wird.
Er wird durch Fraktionieren gewonnen und geht bei 9 mm bei
96—97° über... Die Patentschrift führt noch eine Reihe anderer Polyepoxyde an, u. a:

Methylendiglycidyläther

$$CH_2{-}CH \cdot CH_2 \cdot O \cdot CH_2 \cdot O \cdot CH_2 \cdot CH{-}CH_2$$

Diglycidylharnstoff

$$CH_2{-}CH \cdot CH_2 \cdot NH \cdot CO \cdot NH \cdot CH_2 \cdot CH{-}CH_2$$

und Triglycidylamin

$$N{-}(CH_2 \cdot CH{-}CH_2)_3$$

Einen instruktiven Aufbau von Äthylendiglycidyläthern aus Monoepoxyden beschreibt die CANADIAN INDUSTRIES LTD. Es werden Äthylenoxyd, Propylenoxyd, 2,3-Butylenoxyd oder Styroloxyd mit Allyl-

---

[1] JAKOB, L.: DP 891 255, 8. 8. 41/13. 8. 53.
[2] US 2469 684, 16. 3. 46/10. 5. 49.

alkohol in Gegenwart von Bortrifluorid zu dem Oxäthylallyläther umgesetzt:

$$R \cdot CH\overset{}{\underset{O}{-}}CH \cdot R' + CH_2{=}CH \cdot CH_2OH \xrightarrow{BF_3} CH_2{=}CH \cdot CH_2 \cdot O \cdot CHR \cdot CHR' \cdot OH$$

wobei $R = H$, CH_3, $C_2H_5 \cdot C_6H_5$ und $R' = H$ oder CH_3 sein können.

An diesen Alkohol wird wiederum in Gegenwart von Bortrifluorid in Dioxanlösung bei 70—90° Epichlorhydrin angelagert, wodurch der Chloroxydiäther

$$CH_2{=}CH \cdot CH_2 \cdot O \cdot CHR \cdot CHR' \cdot O \cdot CH_2 \cdot CHOH \cdot CH_2Cl$$

erhalten wird. An diesen wird in 10%iger Schwefelsäure bei niederer Temperatur unterchlorige Säure addiert, wodurch die Allylgruppe in die 1-Chlor-2-oxy-propylgruppe übergeführt wird. Dieses Umsetzungsprodukt, das nunmehr zwei endständige Chloroxypropyläthergruppen aufweist, wird schließlich mittels verdünnter Natronlauge bei 30° unter Chlorwasserstoffabspaltung in den Äthylendiglycidyläther

$$CH_2\overset{}{\underset{O}{-}}CH \cdot CH_2 \cdot O \cdot CH_2 \cdot CH_2 \cdot O \cdot CH_2 \cdot CH\overset{}{\underset{O}{-}}CH_2 \qquad Kp_{3,5}\ 126{-}127°$$

umgewandelt[1].

Später ist es S. G. Cohen und H. C. Haas[2] gelungen, den Äthylendiglycidyläther direkt aus Äthylenglykol herzustellen. Mittels Zinntetrachlorid als Katalysator wurde die berechnete Menge Epichlorhydrin zum Äthylenglykol bei 85—90° während 16 Stunden eingetropft, und anschließend der gebildete Äthylendichlorhydrinäther in Äther bei 0° mit der berechneten Menge fein gepulvertem Natriumhydroxyd zum Äthylendiglycidyläther umgesetzt. Die Fraktionierung ergab eine kleine Menge Oxäthylglycidyläther vom Kp_{10} 89—90° und als Hauptfraktion den Äthylendiglycidyläther vom Kp_{10} 128—131°.

Glycidyläther aus insbesondere mehrwertigen ein- oder mehrkernigen Phenolen haben eine besondere Bedeutung erlangt, weil sie eine Grundlage für technisch verwertbare Epoxydharze bilden. Da die Glycidyläther dieser Phenole fast ausschließlich mittels Epichlorhydrin hergestellt werden, ist ihre Herstellung Gegenstand von Kapitel II und III. Hier sollen nur einige Diepoxydtypen zur Vervollständigung vorliegender Aufstellung angeführt werden, vor allem solche, die besondere Wichtigkeit erlangt haben oder in anderer Hinsicht interessant sind.

Der Entdecker der technischen Brauchbarkeit von Epoxydharzen auf Phenolbasis, der Schweizer P. Castan[3], hat 1938 das Pionierpatent auf der Grundlage von 4,4'-Dioxy-diphenyl-2,2-propan aufgebaut. Diese Verbindung ist durch Kondensation von 2 Mol Phenol mit 1 Mol Aceton in Gegenwart von Schwefelsäure leicht herstellbar, und hat wegen ihrer inzwischen erlangten Bedeutung die internationale Be-

---

[1] BP 672935, 17. 6. 49/28. 5. 52; Can.-Pri. 19. 6. 48.
[2] Cohen, S. G., u. H. C. Haas: Am. Soc. **1953**, 1733.
[3] Schwz. P. 211116, 23. 8. 38/18. 11. 40, Gebr. de Trey A. G.

zeichnung „Bisphenol A“ erhalten. Die Überführung dieses Bisphenols in den Diglycidyläther erfolgt mit 2 Mol Epichlorhydrin in Gegenwart von 2 Mol Natriumhydroxyd in folgender Weise:

$$HO \cdot \langle \rangle \overset{CH_3}{\underset{CH_3}{C}} \langle \rangle \cdot OH + 2\,CH_2\!\!-\!\!CH \cdot CH_2Cl + 2\,NaOH$$

$$\rightarrow Cl \cdot CH_2 \cdot CH(OH) \cdot CH_2 \cdot O \cdot \langle \rangle \overset{CH_3}{\underset{CH_3}{C}} \langle \rangle \cdot O \cdot CH_2 \cdot CH(OH) \cdot CH_2Cl$$

Dieses Dichlorhydrin reagiert dann erst mit dem Natriumhydroxyd unter Bildung des Diglycidyläthers:

$$CH_2\!\!-\!\!CH \cdot CH_2 \cdot O \cdot \langle \rangle \!-\! C \overset{CH_3}{\underset{CH_3}{C}} \langle \rangle \cdot O \cdot CH_2 \cdot CH\!\!-\!\!CH_2$$

Wenn auch die Umsetzung in dieser Reihenfolge — im Gegensatz zu manchen Annahmen, daß das Chloratom des Epichlorhydrins primär mit dem vorliegenden Natriumphenolat reagiert — vor sich geht, so sind praktisch keine zwei Stufen zu unterscheiden, da bei Vorliegen der berechneten Natronlauge beide Reaktionen unter den gleichen Bedingungen erfolgen. Ist die Natronlauge nur in katalytischer Menge vorhanden, so findet nur die erste Reaktionsstufe unter Bildung des Dichlorhydrins statt. Die Reaktionsfähigkeit der Epoxydgruppe im Epichlorhydrin ist wesentlich größer als diejenige des Chloratoms, daher reagiert erstere in der Regel zuerst.

Die Reaktionsfähigkeit dieses Diglycidyläthers bringt es mit sich, daß sich in der Praxis immer höhere Polyadditionsprodukte bilden, derart, daß schon während der Umsetzung zum monomeren Diglycidyläther eine Addition noch nicht umgesetzten Bisphenols an eine Epoxydgruppe erfolgt. Die andere Hydroxylgruppe dieses addierten Bisphenols kann ihrerseits mit Epichlorhydrin reagieren, und so fort, so daß sich mehr oder weniger lange Ketten bilden, die abwechselnd einen Bisphenol- und einen Oxypropanrest enthalten. Durch die Art der Umsetzung hat man es weitgehend in der Hand, wie dies bereits P. Castan vor 1938 festgestellt hatte, niedere oder höhere Polyadditionsprodukte zu erzielen, jedoch ist es gewöhnlich nicht möglich, die Umsetzung so zu leiten, daß Verbindungen entstehen, die ein geringeres Durchschnittsmolgewicht als das $1\frac{1}{2}$fache des Monomeren aufweisen.

Die guten Eigenschaften und die Wohlfeilheit des Bisphenol A haben es mit sich gebracht, daß — trotz eifriger Arbeit zur Herstellung von Glycidyläthern aus allen greifbaren oder neu synthetisierten Polyphenolen — auch heute noch das von P. Castan herausgestellte Bisphenol A als die günstigste Basis für die Fabrikation von Epoxydharzen angesehen wird, auf der dementsprechend fast alle im Handel befindlichen Epoxydharze aufgebaut sind. Sie unterscheiden sich untereinander nur durch die Länge der Polyadditionsketten, an deren zwei Enden sich die zwei einzigen Epoxydgruppen befinden.

Durch Synthese neuartiger Polyphenole, deren Oxyphenylgruppen durch eine Methylengruppe mit einem Stickstoffatom verbunden sind, hat A. M. Paquin stickstoffhaltige Mono-, Di- oder Polyglycidyläther entwickelt. Dieselben leiten sich ab von den Oxybenzylverbindungen von Aminen, Säureamiden oder Sulfonamiden, Harnstoffen, Guanidinen und ihren mono- oder symmetrisch-disubstituierten Derivaten, Urethanen, cyclischen Iminoverbindungen, Aminotriazinen u. dgl. mehr[1]. Sie lassen sich herstellen, entweder durch Kondensation der N-Methylolverbindung mit Phenolen oder Naphtholen, oder durch Kondensation der Methylolverbindungen von Phenolen oder Naphtholen usw. mit Verbindungen, die eine NH_2- oder —NH-Gruppe enthalten, oder schließlich durch gemeinsame stark saure Kondensation von Verbindungen die NH_2- oder NH-Gruppen enthalten, mit Phenolen, Naphtholen usw. mit Formaldehyd oder anderen Aldehyden. Zur Überführung in die Glycidyläther werden entweder die wäßrig-alkalischen Lösungen dieser polyphenolischen Verbindungen mit Epichlorhydrin umgesetzt, oder die berechnete Menge wäßriger Natronlauge wird zu einer Lösung der polyphenolischen Verbindung in Epichlorhydrin und 96%igem Alkohol zugegeben. Hierbei geht die folgende Reaktion vor sich:

$$\equiv N \cdot CH_2 \cdot C_6H_4 \cdot ONa + CH_2\!\!-\!\!CH \cdot CH_2 \cdot Cl \;\rightarrow\; \equiv N \cdot CH_2 \cdot C_6H_4 \cdot O \cdot CH_2 \cdot CH(ONa) \cdot CH_2 \cdot Cl$$
$$\rightarrow\; \equiv N \cdot CH_2 \cdot C_6H_4 \cdot O \cdot CH_2 \cdot CH\!\!-\!\!CH_2$$

wobei die hypothetische Natrium-chlorpropyllat-Zwischenstufe nicht faßbar ist. Beispielsweise erhält man den Diglycidyläther von N,N'-Di-kresyl-methyl-melamin:

$$
\begin{array}{c}
NH \cdot CH_2 \cdot C_6H_3(CH_3) \cdot O \cdot CH_2 \cdot CH\!\!-\!\!CH_2 \\
\stackrel{|}{C} \\
N \quad\; N \\
H_2N \cdot C \qquad C \cdot NH \cdot CH_2 \cdot C_6H_3(CH_2) \cdot O \cdot CH_2 \cdot CH\!\!-\!\!CH_2 \\
N
\end{array}
$$

indem 45,6 g N,N'-Di-(oxy-methyl-benzyl)-melamin in 156 g 10%iger Natronlauge gelöst und bei 50° mit 41,7 g Epichlorhydrin versetzt werden. Das entstehende Umsetzungsprodukt wird im öligen bis weichharzartigen Zustand durch Aufnahme in Methylenchlorid vor weitergehender Polymerisation geschützt. Der reine Diglycidyläther ist ein klares, in Ketonen, Benzol und chlorierten Kohlenwasserstoffen lösliches Weichharz, das 11,4% Epoxydgruppen enthält.

Der Dibenzyl-harnstoff-diglycidyläther:

$$CH_2\!\!-\!\!CH \cdot CH_2 \cdot O \cdot C_6H_4 \cdot CH_2 \cdot NH \cdot CO \cdot NH \cdot CH_2 \cdot C_6H_4 \cdot O \cdot CH_3 \cdot CH\!\!-\!\!CH_2$$

---

[1] DP 899195, 20. 11. 51/10. 12. 53 — FP 1078381, 18. 11. 52/17. 11. 54; D.-Pri. 19. 11. 51, 15. 2., 29. 2., 8. 8. u. 17. 9. 52, Cassella Farbwerke Mainkur A. G.

wird erhalten, indem eine Lösung von 27,2 g N,N'-Dioxybenzylharnstoff in 144 g 10%iger Natronlauge bei 25° mit 27,8 g Epichlorhydrin versetzt und 2 Std. bei 30—45° nachgerührt wird. Das ausfallende Weichharz hat in reinem Zustande 15,7% Epoxydgruppen.

Mit den Amino- oder Amidoverbindungen, bei denen sich zumeist beide am Stickstoffatom befindlichen Wasserstoffatome durch den Oxybenzylrest ersetzen lassen, gelingt es, die Diglycidyläther herzustellen. Beispielsweise gelingt es nach dem Verfahren von A. M. PAQUIN[1] unter anderen die folgenden Typen von Glycidyläthern zu gewinnen:

1. aus aliphatischen oder aromatischen Aminen:

$$CH_2—CH \cdot CH_2 \cdot O \cdot C_6H_2(R \cdot R') \cdot CH_2 \cdot \underset{\underset{R''}{|}}{N} \cdot CH_2 \cdot C_6H_2(R, R') \cdot O \cdot CH_2 \cdot CH—CH_2$$

R, R' = H, aliphat. oder arom. Reste   R'' = aliphat. oder arom. Reste

2. aus einbasischen Carbonsäureamiden:

$$CH_2—CH \cdot CH_2 \cdot O \cdot C_6H_2(R, R') \cdot CH_2 \cdot \underset{\underset{CO \cdot R''}{|}}{N} \cdot CH_2 \cdot C_6H_2(R, R') \cdot O \cdot CH_2 \cdot CH—CH_2$$

R, R', R'' = wie in 1.

3. aus den Diamiden zweibasischer Carbonsäuren:

$$CH_2—CH \cdot CH_2 \cdot O \cdot C_6H_2(R, R') \cdot CH_2 \cdot NH \cdot CO \cdot R'' \cdot CO \cdot NH \cdot CH_2 \cdot C_6H_2(R, R') \cdot O \cdot CH_2 \cdot CH—CH_2$$

R, R', R'' = wie in 1.

oder durch Substitution beider an jedem Stickstoffatom befindlicher Wasserstoffatome, die Tetraglycidyläther,

4. aus Acryl- oder Methacrylsäureamid die Mono- oder Diglycidyläther, z. B. den Diäther:

$$CH_2—CH \cdot CH_2 \cdot O \cdot C_6H_2(R, R') \cdot CH_2 \cdot \underset{\underset{CO \cdot CH=CH_2}{|}}{N} \cdot CH_2 \cdot C_6H_2(R, R') \cdot O \cdot CH_2 \cdot CH—CH_2$$

R, R' = wie in 1.

bei denen die Epoxydgruppen und die Vinylgruppe unabhängig voneinander zu Additions- oder Polymerisationsreaktionen herangezogen werden können,

5. aus cyclischen Diiminoverbindungen, insbesondere solchen, wie sie aus Harnstoff- oder Sulfamidverbindungen gewonnen werden[2].

$$CH_2—CH \cdot CH_2 \cdot O \cdot C_6H_2(R \cdot R') \cdot CH_2 \cdot N=R''=N' \cdot CH_2 \cdot C_6H_2(R, R') \cdot O \cdot CH_2 \cdot CH—CH_2$$

R, R' = wie in 1., R'' = cyclischer Rest, in dem N und N' als Iminogruppen eingebaut sind

6. aus Verbindungen, die mehr als 2 NH$_2$-Gruppen enthalten, beispielsweise Acetylendiharnstoff mit vier Iminogruppen, welche die Herstellung von N-Mono-, N, N'-Di-, N, N', N''-Tri- und N,N',N'',N'''-Tetraoxybenzylglycidyläther sowie auch diejenige von N, N'-Dioxy-

[1] FP 1079957, 10. 4. 53/6. 12. 54; D.-Pri. 12. 4. 52, CASSELLA FARBWERKE MAINKUR A. G.

[2] PAQUIN, A. M.: DRP 713467, 9. 10. 37/12. 11. 41 — DRP 582203, 11. 11. 30/10. 8. 33, I. G.-HOECHST. — PAQUIN, A. M.: Z. Naturforsch. 1946, 519 — Kunst. 1948, 168 — Ang. Ch. 1948, 262 u. 316 — B. 1949, 319 — J. org. Ch. 1949, 189.

benzylglycidyläther-N″, N‴-dimethylolanhydrid gestatten, dieses letztere als Beispiel:

$$CH_2\text{—}CH \cdot CH_2 \cdot O \cdot C_6H_2(R , R') \cdot CH_2 \cdot N\text{—}CH\text{—}N\text{—}CH_2$$
$$CH_2\text{—}CH \cdot CH_2 \cdot O \cdot C_6H_2(R, R') \cdot CH_2 \cdot N\text{—}CH\text{—}N\text{—}CH_2$$

Da die Typen 1—6 jede wieder viele Einzelverbindungen einschließen, ist ersichtlich, daß nach diesem Verfahren eine Fülle von stickstoffhaltigen Mono- oder Polyglycidyläther gewonnen werden können.

II. Halogenhaltige Alkylenoxyde

Für den Aufbau von Epoxydverbindungen im allgemeinen und von Epoxydharzen im besonderen ist vor allem Epichlorhydrin als halogenhaltiges Äthylenoxydderivat zur Bedeutung gelangt, wenn man von den wesentlich teueren Epibromhydrin und Epijodhydrin absieht.

In Deutschland liegt z. Zt. für die Herstellung von Epichlorhydrin keine billige Rohstoffbasis vor, wie dies in den USA der Fall ist. Falls Bedarf an einem epichlorhydrinähnlichen Produkt vorliegen sollte, könnte — vielleicht sogar mit Vorteil — auf 1,4-Dichlor-2,3-epoxybutan

$$CH_2Cl \cdot CH\text{—}CH \cdot CH_2Cl$$

zurückgegriffen werden, das seit 1941 von der BADISCHEN ANILIN- & SODAFABRIK-AG. im technischen Maßstabe hergestellt wird. Während jedoch Epichlorhydrin auf vielen Gebieten, vor allem für die im Ausland in steigendem Maße erfolgende Fabrikation von Epoxydharzen, zu einem bewährten Ausgangsmaterial geworden ist, ist eine nennenswerte technische Verwendung für Dichlorepoxybutan bisher nicht bekannt geworden.

Epichlorhydrin

1,2-Epoxy-3-chlorpropan　　$CH_2\text{—}CH \cdot CH_2Cl$　　Kp 116°

Die Konstitution des Epichlorhydrins ist von M. A. BIGOT[1] zum Gegenstand einer längeren Untersuchung gemacht worden, die das Ziel hatte, die Existenz des β-Epichlorhydrins

zu beweisen. Er geht aus von 1-Jod-2-chlor-3-oxypropan, das bereits von C. FRIEDEL und R. D. SILVA[2] und von M. HENRY[3] durch Addition

---

[1] BIGOT, M. A.: A. Ch. Phys. (6) **22**, 462 (1891).
[2] FRIEDEL, C., u. R. D. SILVA: Bl. **17**, 535.
[3] HENRY, M.: B. **3**, 351 (1870).

von Chlorjod an Allylalkohol erhalten wurde und daß mit Alkali behandelt, β-Epichlorhydrin ergeben müßte, da bei Chlor und Jod enthaltenden Verbindungen Alkali zuerst das gesamte Jod eliminiert und dann erst das Chlor angreift:

$$CH_2J\!-\!CHCl\!-\!CH_2OH + KOH \rightarrow$$

C. Paal[1] hatte durch Behandeln von Epichlorhydrin mit Jodmethyl bei 190° 1-Jod-2-oxy-3-chlorpropan hergestellt, eine Verbindung, die mit Alkalilauge behandelt, naturgemäß das normale Epichlorhydrin ergeben mußte. Nachdem Bigot einwandfreies 1-Jod-2-chlor-3-oxy-propan in Händen hatte, war er überzeugt, tatsächlich β-Epichlor-hydrin hergestellt zu haben. Allerdings hat er weder einen chemischen noch einen physikalischen Beweis dafür erbracht, da alle Versuche mit diesem Ziel entweder überhaupt kein Ergebnis hatten oder ein un-klares Bild ergaben.

Diese Untersuchungen haben W. E. Noland und B. N. Bastian[2] kürzlich wieder aufgenommen. Sie haben Allylalkohol mit Chlorjod umgesetzt, wobei sie ein Gemisch der beiden Chlorjodhydrine er-hielten. Dieses Gemisch wurde mit 1 Mol Alkali (berechnet auf 1 Mol Chlorjodhydrin) behandelt, wodurch ein Gemisch von normalem mit β-Epichlorhydrin zu erwarten gewesen wäre. Es stellte sich aber heraus, daß die zweite Komponente neben Epichlorhydrin eine ungesättigte Verbindung, nämlich 2-Chlor-allylalkohol, $CH_2OH\!-\!CCl\!=\!CH_2$, war, so daß folgende Reaktion stattgefunden hatte:

$$CH_2OH\cdot CHCl\cdot CH_2J + KOH \rightarrow CH_2OH\!-\!CCl\!=\!CH_2$$

und

$$CH_2OH\!-\!CHJ\!-\!CH_2Cl + KOH \rightarrow CH_2\!-\!CH\cdot CH_2Cl$$

Da die Bildung eines Vierringes nur schwer und langsam vor sich geht, ist diese Umsetzung durchaus plausibel. Bigot hat also den entstan-denen 2-Chlorallylalkohol als „β-Epichlorhydrin" angesehen.

Epichlorhydrin hat zwei funktionelle Gruppen: die Epoxydgruppe und das Chloratom. Beide werden von Alkali beeinflußt, die Epoxyd-gruppe in bevorzugtem Maße, insbesondere wenn noch eine andere Verbindung mit einem oder mehreren labilen Wasserstoffatomen vor-liegt. Die durch katalytische Mengen von Alkali bewirkte Addition an die Epoxydgruppe ist von folgender Art:

$$R\cdot H + CH_2\!-\!CH\cdot CH_2Cl \xrightarrow{\;NaOH\;} R\cdot CH_2\cdot CH(OH)\cdot CH_2Cl$$

Diese Umsetzung wird eindeutig, wenn die Addition nicht mit Alkali, sondern mit Friedel-Craftsschen Katalysatoren, z. B. Bortrifluorid, erfolgt, wie dies in manchen Fällen notwendig ist. Wird anschließend eine Alkalimenge zugefügt, die ausreicht, um das gesamte Halogen auf-

---

[1] Paal, C.: B. **21**, 2971 (1888).

[2] Noland, W. E., u. B. N. Bastian: Am. Soc. **77**, 3395—3397 (1955).

zunehmen — bei mit Alkali katalysierten Additionen kann diese Alkalimenge von vornherein zugegeben werden — so wird Chlorwasserstoff aus dem Chlorhydrin abgespalten und es regeneriert sich eine Epoxydgruppe, die sich jetzt in 2,3-Stellung befindet, nachdem die ursprüngliche in 1,2-Stellung war:

$$R \cdot CH_2 \cdot CH(OH) \cdot CH_2Cl + NaOH \;\rightarrow\; R \cdot CH_2 \cdot CH{-}CH_2 \underset{O}{\diagdown\diagup}$$

Es ist die hier angedeutete Reaktionsfolge, welche das Epichlorhydrin für den Aufbau von höheren Epoxydverbindungen so wertvoll macht.

Epichlorhydrin ist 1854 von BERTHELOT und LUCA[1] entdeckt worden. Diese Forscher hatten durch Einwirkung von Bromwasserstoff auf Glycerin Dibromhydrin hergestellt und daraus durch Verseifen mit 1 Mol Alkali das Epibromhydrin gewonnen:

$$Br \cdot CH_2 \cdot CH(OH) \cdot CH_2Br + NaOH \;\rightarrow\; CH_2{-}CH \cdot CH_2Br \underset{O}{\diagdown\diagup} \quad \text{vom Kp 138°}$$

Analog wurde dann mittels Chlorwasserstoff über Dichlorhydrin das Epichlorhydrin hergestellt.

In der Folgezeit wurde Epichlorhydrin mit mehr oder weniger großen Abweichungen in dieser Weise hergestellt. A. CLAUS[2] stellte es durch Einwirkung von konzentrierter Kalilauge auf 1,3-Dichlorhydrin her, ein Verfahren, das auch von E. REBOUL[3] studiert wurde. L. CARIUS[4] und PRÉVOST[5] setzten Dichlorhydrin mit wasserfreiem Natriumhydroxyd um. B. TOLLENS und H. MÜNDER[6] erreichten dasselbe durch Einwirkung von Kalilauge auf 2,3-Dichlorpropanol.

Eine Vorschrift zur Herstellung von Epichlorhydrin hat EMIL FISCHER[7] gegeben, die im I. Band der ORGANIC SYNTHESES 1932, S. 228 angeführt ist: 200 g wasserfreies Glycerin wird im gleichen Volumen Eisessig gelöst, bei gewöhnlicher Temperatur Chlorwasserstoff bis zur Sättigung eingeleitet und 6 Stunden bei 100° stehengelassen. Nach weiterem 12stündigem Stehen wird fraktioniert und die bei 160—220° übergehende Fraktion mit einer Lösung von 100 g Kaliumhydroxyd in 200 g Wasser ausgeschüttelt. Das hierbei entstehende Epichlorhydrin wird mit Äther ausgezogen und durch Destillation gereinigt.

Die technische Herstellung wurde zuerst von den FARBENFABRIKEN BAYER[8] aufgegriffen, indem zu einer Lösung von 129 kg 1,3-Dichlorhydrin in 200 kg Wasser unter Kühlung allmählich 133 kg 30%ige Natronlauge zugegeben werden.

Die CHEMISCHE FABRIK GRIESHEIM ELEKTRON[9] ließ sich ein Verfahren schützen, nach dem statt mit Alkalilauge mit Kalkhydrat

[1] BERTHELOT u. LUCA: A. Ch. (3) **41**, 299 (1854); **48**, 305 — A. **101**, 67 (1857).
[2] CLAUS, A.: B. **10**, 557 (1877). — [3] REBOUL, E.: A. Ch. (3) **60**, 17—21.
[4] CARIUS, L.: A. **134**, 73. — [5] PRÉVOST: J. pr. (2) **12**, 160.
[6] TOLLENS, B., u. H. MÜNDER: C. **1871**, 252.
[7] FISCHER, EMIL: Darstellung organischer Präparate, **1922**, 55.
[8] DRP 239077, 31. 7. 10/18. 9. 11. — [9] DRP 246242, 22. 10. 10/1. 4. 12.

(trocknem gelöschtem Kalk) gearbeitet wird: 1000 kg 1,3-Dichlorhydrin werden mit 670 kg Kalkhydrat bei 80° gerührt und anschließend bei 135 mm bei 55° Wasser und Epichlorhydrin abdestilliert, wobei am Schluß unter Zugabe von Wasser die Temperatur auf 100° gesteigert wird.

Eine kritische Betrachtung der bisher bekanntgewordenen Verfahren zur Gewinnung von Epichlorhydrin haben 1926 E. FOURNEAU und J. RIBAS[1] gegeben.

Die COMPAGNIE DE PRODUITS CHIMIQUES ALAIS, FROGES ET CAMARGUE[2] hat auf der Basis von Monochlorhydrinen, gewonnen durch Anlagerung von unterchloriger Säure an Propylen, ein Kreislaufverfahren entwickelt, wobei das gebildete Epichlorhydrin laufend abdestilliert. Die Abspaltung des Chlorwasserstoffes erfolgt hier mit Hilfe von basischen Ionenaustauschern, die Gemische darstellen aus einem schwach basischen Furfurol-m-phenylendiaminharz, das die Aufgabe hat, freie Salzsäure zu binden, und einem stark basischen quaternären Trimethylen-aminostyrolpolymerisat, das die Salzsäureabspaltung aus dem Chlorhydrin bewirken soll. Die Regeneration dieser Ionenaustauschharze erfolgt jeweils mittels Ammoniakwassers, wobei aus der gewonnenen Ammoniumchloridlösung durch Kalk das Ammoniak wiedergewonnen wird.

Diese Darstellung des Epichlorhydrins aus den in Erdölcrackgasen enthaltenen Propylenen wird heute immer mehr zur wichtigsten Fabrikationsmethode. Der z. Zt. größte Epichlorhydrinhersteller, die SHELL, arbeitet in Houston, USA, in der Weise, daß an Propylen Substitution durch Chlor zum Allylchlorid erfolgt, hieran unterchlorige Säure zum Dichlorhydrin angelagert und daraus mittels Alkali Epichlorhydrin gebildet wird:

$$CH_3 \cdot CH{=}CH_2 + {}^1/_2 Cl_2 \; \rightarrow \; CH_2Cl \cdot CH{=}CH_2$$
$$+ \; HOCl \; \rightarrow \; CH_2Cl \cdot CH(OH) \cdot CH_2Cl \; \xrightarrow{\;NaOH\;} \; CH_2{-}CH \cdot CH_2Cl$$
$$\underset{O}{\diagdown \diagup}$$

1953 sind etwa 40% der Epichlorhydrin Produktion der SHELL für die Herstellung von Epoxydharzen verbraucht worden.

Epichlorhydrin ist eine wasserhelle mäßig schwere Flüssigkeit von nicht unangenehmem Geruch mit den folgenden

Physikalische Daten[3]

Siedepunkt bei 760 mm ..... 116,11°	Spezifisches Gewicht	D_0^0	1,2040 [4]
Gefrierpunkt .... −57,2°		D_4^0	1,2031 [5]
		D_4^{25}	1,1732 [6]
		D_{50}^{50}	1,1633 [7]

---

[1] FOURNEAU, E., u. J. RIBAS: Bl. (4), **39**, 699.
[2] FP 986457, 7. 3. 49/1. 8. 51.
[3] Siehe auch HUNTRESS, E. H.: ORGANIC CHLORINE COMPOUNDS, **1948**, 666—678.
[4] DARMSTÄDTER, L.: A. **148**, 122. — [5] THORPE: Soc. **37**, 207.
[6] WALDEN, P.: Ph. Ch. **55**, 230. — [7] DARMSTÄDTER, L.: A. **145**, 122.

Das kryoskopische Verhalten in Benzol ist von K. v. AUWERS[1], das ebullioskopische Verhalten von B. ODDO[2] studiert worden.

Viscosität: bei 0° 0,0156 Poisen, bei 25° 0,0103 Poisen

	t/4° in Luft	
Spezifisches Gewicht	0°	1,20582
(nach SHELL-Epichlorhydrin-Broschüre)	15°	1,18683
	20°	1,18066
	25°	1,17455
	30°	1,16844
Entzündungstemperatur	40,5°	
Verbrennungswärme	4524,4 cal/g	
Latente Verdampfungswärme	9060 cal/Mol beim Siedepunkt	
Spezifische Leitfähigkeit	$34 \cdot 10^{-9} \mathrm{Ohm}^{-1} \mathrm{cm}^{-1}$ bei 25°[3]	
Dielektrische Konstante	($\lambda = 60$ cm) 20,8 bei 21,5°[3]	
Brechungsindex n_D^t	bei 20° 1,43805 (HUNTRESS, E. H.)	
	bei 25° 1,43580	

Gegenseitige Löslichkeit von Epichlorhydrin und Wasser bei 25—80°[4] (unter Verwendung gleicher Mengen).

	Epichlorhydrin in			Epichlorhydrin in	
	unterer Schicht %	oberer Schicht %		unterer Schicht %	oberer Schicht %
bei 0°	98,91	6,48	bei 50°	97,44	7,42
10°	98,74	6,52	65°	—	8,45
20°	98,53	6,58	70°	95,82	—
25°	98,48	—	72°	—	9,34
30,2°	—	6,60	80°	94,30	10,44
45°	97,43	—	80,4°	94,17	—

Oberflächenspannung[5]

bei 12,5°	39,13	bei 50,5°	32,86
20,0°	37,00	68,5°	30,28
31,0°	35,48	89,0°	27,72

Löslichkeit in organischen Lösungsmitteln:

Epichlorhydrin ist homogen mischbar mit Alkoholen, Ketonen, Äthern, Estern, aromatischen und chlorierten Kohlenwasserstoffen.

Aceotropische Epichlorhydrin-Lösungsmittelgemische[6]:

Lösungsmittel	Vom Kp	Gewichts-% Epichlorhydrin	Gibt aceotropisches Gemisch vom Kp
Propylalkohol	97,2°	23	96,0°
n Butanol	117,0°	57	112,0°
Isobutanol	108,0°	39,5	105,0°
Isoamylalkohol	131,8°	81	115,4°
tert.-Amylalkohol	102,0°	30	100,1°
Allylalkohol	97,0°	22	96,0°

[1] AUWERS, K. v.: Ph. Ch. **12**. 692. — [2] ODDO, B.: G. **32**, II, 131.
[3] MÜLLER, GRIENGL, MOLLANG: M. **47**, 87.
[4] LEONE u. BENELLI: G. **52**, II, 77.
[5] SUGDEN, WILKINS: Soc. **1927**, 143.
[6] HORSLEY, L. A.: Ind. Eng. Chem., Anal. Ed. **19**, 508—600 (1947).

Lösungsmittel	Vom Kp	Gewichts- % Epichlorhydrin	Gibt aceotropisches Gemisch vom Kp
Isobutylacetat	117,2°	>50	<115,3°
Allylbutyrat	121,5°	75	115,8°
Methylisovalerat	116,3°	45	115,0°
Toluol	110,8°	29	108,4°
n Octan	125,8°	80	114,5°
2,5-Dimethylhexan	109,2°	25	107,0°
l-Jodbutan	130,4°	<92	<115,0°
l-Jod-2-methylpropan ...	120,8°	47	111,0°
Tetrachloräthan	120,8°	51,5	110,1°
1-Brom-2-chloräthan	106,0°	17	103,5°
1-Brom-3-methylbutan ..	120,2°	>52	110,1°
Eisessig	118,5°	65,5	115,1°

Das Ramanspektrum des Epichlorhydrins wurde von R. LESPIEAU, B. GRADY[1] und von O. BALLAUS und J. WAGNER[2] studiert.

Handelsepichlorhydrin der SHELL hat die folgenden Daten:

Reinheit 98%
Wassergehalt ... max 0,2%
spez. Gewicht .. D_{20}^{20} 1,179—1,184
Farbe .... wasserhell, farblos

Physiologische Eigenschaften des Epichlorhydrins

Neben den physikalischen Eigenschaften des Epichlorhydrins sind, angesichts des Anwendungsbereiches, den diese Substanz gefunden hat, die physiologischen Eigenschaften von besonderem Interesse.

Die pharmakologische Wirkung des Epichlorhydrin auf den Menschen ist seit den vierziger Jahren immer wieder Gegenstand eingehender Untersuchungen gewesen. Es wird auf die unten angeführten Arbeiten hingewiesen[3].

Besonders bei laufenden Arbeiten mit Epichlorhydrin sind unbedingt gewisse Vorsichtsmaßregeln zu beachten, wobei dem Schutz vor den Dämpfen besondere Wichtigkeit beizumessen ist. Je nach der persönlichen Empfindlichkeit können die Dämpfe mehr oder weniger hartnäckige Bindehautentzündungen und Katarrhe der Nase und der Kehle bewirken. Eingeatmete Dämpfe werden in erheblicher Menge vom Körper festgehalten und können chronische Vergiftungen erzeugen, die sich durch Abgeschlagenheit, chronische Müdigkeit und durch Verdauungsstörungen äußern. Auf der Haut bewirkt Epichlorhydrin Rötung und ein brennendes Gefühl. Bei längerem Verweilen wird es von der Haut resorbiert.

Es ist daher bei allen Arbeiten mit Epichlorhydrin — sei es im Laboratorium, sei es im Betrieb — für gute Ventilation zu sorgen, damit Epichlorhydrin enthaltende Dämpfe schnell und gründlich ent-

---

[1] LESPIEAU, R., u. B. GRADY: Bl. **53**, 769 (1933).

[2] BALLAUS, O., u. J. WAGNER: Z. phys. Ch. B. **45**, 272 (1939).

[3] FREUDER, E., u. C. D. LEAKE: Univ. Calif. Publ. Pharm. **2**, 69 (1941) — C. A. **35**, 8104 (1941).— SMITH, H. F., C. P. CARPENTER u. J. POZZANI: J. ind. Hyg. Tox. **31**, 343 (1949) — C. A. **44**, 3140 (1950). — KIRK, R. E., u. D. F. OTHMER: Encycl. of chem. technology Bd. III, 868, New York **1949**.

fernt werden. Die Beachtung dieser Vorschrift ist darum besonders
wichtig, weil Epichlorhydrin bei gewöhnlicher Temperatur nicht un-
angenehm riecht und auch nicht sofort Reizwirkungen erzeugt. Zudem ist der Geruch so schwach, daß man ihn bei ständiger Arbeit mit
Epichlorhydrin nicht mehr wahrnimmt.

F. G. WERNER und E. FARENHORST[1] führen in ihrer Patentschrift
aus, daß im allgemeinen Diglycidyläther von zweiwertigen Phenolen, bei
denen die Hydroxylgruppen sich nicht an benachbarten Kohlenstoffatomen befinden, unerwartet hohe ätzende Wirkung auf die mensch-
liche Haut haben. Es sollen allerdings je nach der Empfindlichkeit der
Haut erhebliche Unterschiede in der Einwirkung vorliegen.

Reaktionen des Epichlorhydrins

Polymerisation

Die Epoxydgruppe des Epichlorhydrins befähigt es zur Polymerisation. Diese läßt sich durch Katalysatoren einleiten und führt, je
nach Art des Katalysators zu leicht beweglichen Flüssigkeiten, hochviscosen Ölen oder harzartigen Substanzen.

Schon 1894 haben E. PATERNÓ und V. OLIVERI[2] sowie E. PATERNÓ[3]
Epichlorhydrin in ein viscos-flüssiges Polymerisationsprodukt überführt, indem sie es in der Kälte tropfenweise mit einer konzentrierten
Lösung von Fluorwasserstoff behandelten. Mol-Gewichtsbestimmungen
zeigten an, daß es sich um ein Produkt mit dem 5fachen Gewicht
des Monomeren handelte. Die Struktur eines solchen Polymers könnte
die folgende sein:

$$-CH_2 \cdot CH \cdot O - \left[-CH_2 \cdot CH \cdot O - \right]_3 -CH_2 \cdot CH \cdot O - $$
$$\quad\quad\quad\; | \quad\quad\quad\quad\quad\quad\quad\; | \quad\quad\quad\quad\quad\quad\quad\; |$$
$$\quad\quad CH_2Cl \quad\quad\quad\quad\quad CH_2Cl \quad\quad\quad\quad\quad CH_2Cl$$

Mittels Zinntetrachlorid hat G. FRANK[4] Polyglycide aus Glycid,
Epichlorhydrin und anderen Epoxydverbindungen hergestellt. Beispielsweise werden 100 g Glycid bei — 25° unter intensivem Rühren
tropfenweise mit 0,6 g Zinntetrachlorid versetzt und mehrere Tage im
Kühlschrank stehengelassen. Man erhält ein zähes Weichharz, das in
Wasser, Methanol und Essigsäure löslich ist. Es läßt sich acetylieren
und mit Formaldehyd umsetzen zu wasserlöslichen Verbindungen, die
sich in Benzol, Aceton und Benzol/Alkohol lösen. Produkte dieser Art
lassen sich als Weichmacher für Lacke und Kunstharzpreßmassen verwenden.

Technisch brauchbare Polymerisationsprodukte des Epichlorhydrins sowie von halogenfreien Substitutionsprodukten wie Phenoxypropenoxyd, Diäthylaminoepihydrin oder von Gemischen von
Epichlorhydrin mit Glycid wurden von der I. G. FARBENINDUSTRIE AG.[5]
durch Einwirkung von Bortrifluorid oder von Bortrifluorid-Eisessig-

[1] US 2467171, 18. 6. 48/12. 4. 49, SHELL DEVELOPMENT CO.
[2] PATERNÓ, E., u. V. OLIVERI: Gazz. **24**, I, 305.
[3] PATERNÓ, E.: Gazz. **24**, II, 541 (1894).
[4] DRP 575750, 6. 8. 31/22. 8. 33.
[5] FP 821915, 15. 5. 37/16. 12. 37 u. das identische BP 477843, 3. 7. 36/3. 1. 38;
D.-Pri. 22. 5. 36.

komplexen auf Lösungen der Epihydrine in Tetrachlorkohlenstoff hergestellt. Durch Einhalten bestimmter Reaktionsbedingungen können wahlweise Polymerisationsprodukte mit Molekulargewichten von 500 bis 5000 erzielt werden. Diese hochmolekularen Substanzen können als Weichmacher z. B. für Acetylcellulose, oder als Verdickungsmittel für Farbdruckpasten, die stickstoffhaltigen Produkte als Animalisierungsmittel für schwer anfärbbare Kunstfasern sowie als Nachbehandlungsmittel bei substantiven Färbungen Verwendung finden.

D. Kästner[1] beschreibt die Verwendung von Triäthyloxonium-Borfluorid, hergestellt durch Lösen von Borfluorid in wasserfreiem Äther, als Polymerisationskatalysator für Epichlorhydrin, wobei etwa 1 Mol dieses Katalysators auf bis zu 64 Mole Epichlorhydrin in Benzollösung angewandt werden. Hierbei werden niedere Polymere erzielt, die nur 5—6 Epichlorhydrineinheiten im Makromolekül enthalten.

Wie G. Frank die Hydroxylgruppen des Polyglycids zur Gewinnung technisch brauchbarer Produkte veräthert und verestert hat, so hat H. Wittcoff[2] bei Polyepichlorhydrinen verschiedener Molekülgrößen die das Chloratom tragenden Gruppen in alkalischer Lösung mit Alkoholen veräthert, wobei bei erschöpfender Verätherung unter Eliminierung des gesamten Chlors Polymere der folgenden Konstitution

$$-CH_2 \cdot \underset{\underset{CH_2 \cdot OR}{|}}{CH} \cdot O-\left[-CH_2 \cdot \underset{\underset{CH_2 \cdot OR}{|}}{CH} \cdot O-\right]_n -CH_2 \cdot \underset{\underset{CH_2 \cdot OR}{|}}{CH} \cdot O-$$

entstehen.

Als technisch brauchbar haben sich besonders solche Polyepichlorhydrinverätherungsprodukte erwiesen, die eine Molekulargröße von etwa dem 6—12fachen des Monomeren aufweisen. Zur Gewinnung solcher Polymere wird folgendermaßen verfahren: 92,5 g Epichlorhydrin, in 300 g Tetrachlorkohlenstoff gelöst, werden unter Kühlung allmählich mit 7,1 g Bortrifluorid-Ätherkomplex versetzt. Die mit Wasser neutral gewaschene Lösung des Polymerisationsproduktes ergibt nach Abtreiben der flüchtigen Substanzen ein gelbes viscoses Öl mit einem Chlorgehalt von 35,8% (Epichlorhydrin enthält 38,4%) und einem Molgewicht von 570, was dem 6,15fachen des Monomeren entspricht. Es ist unlöslich in Wasser, löslich in Ketonen, Benzol und chlorierten Kohlenwasserstoffen, während es in aliphatischen Alkoholen wie Butanol nur teilweise löslich ist. Die Verätherung kann nach einer der gebräuchlichen Methoden ausgeführt werden. Beispielsweise wird mit Butanol veräthert, indem eine Lösung von 27,5 g Natriummetall in 1000 g n-Butanol mit einer Lösung von 100 g des gewonnenen Polyepichlorhydrins in 500 g n Butanol bis zur erfolgten quantitativen Umsetzung (etwa 4 Stunden) unter Rückfluß gekocht wird. Der entstandene chlorfreie Butyläther fällt als viscoses Öl an, das auch in aliphatischen Alkoholen leicht löslich ist. In analoger Weise lassen sich die Äther mit anderen Alkoholen herstellen. Niedere aliphatische Alkohole und aliphatische Alkohole mit aromatischen Gruppen ergeben viscose Öle, die als Weichmacher für die verschiedensten Zwecke zu

---

[1] „Neuere Methoden der präparativen organischen Chemie", **1948**, 312.
[2] US 2599799, 24. 2. 48/10. 6. 52, General Mills Inc.

verwenden sind. Alkohole mit 10—18 Kohlenstoffatomen liefern technisch brauchbare Wachse. Verätherungsprodukte mit ungesättigten Alkoholen, wie Allyl-, Crotyl-, Cinnamyl-, Propargylalkohol oder Alkohole von Vinylderivaten haben die wertvolle Eigenschaft, daß sie erneut polymerisierfähig sind, und nach nochmaliger Polymerisation technisch sehr brauchbare besonders harte, unlösliche, farblose und durchsichtige Kunststoffe ergeben. Sehr brauchbar sind auch solche Verätherungsprodukte mit zwei- oder höherwertigen Alkoholen, die noch freie Hydroxylgruppen enthalten. Nach Veresterung derselben mit höhermolekularen ungesättigten Fettsäuren werden wertvolle Anstrichmittel erhalten. Desgleichen sind die Verätherungsprodukte mit substituierten Alkoholen, z. B. Oxysäuren (Milchsäure), Nitroalkohole oder Ätheralkohole recht brauchbare Weichmacher.

Einwirkung von Alkalimetallen und -hydroxyden

Während Alkalien auf reines Äthylenoxyd stark polymerisierend wirken, reagieren sie auf reines Epichlorhydrin nur chlorwasserstoffentziehend.

Die naheliegende Annahme, daß durch Eliminierung des Chloratoms zwei Glycidylreste zusammentreten, läßt sich in die Tat umsetzen, wenn äquimolekulare Mengen von Epichlorhydrin und Natriummetall in wasserfreiem Äther aufeinander einwirken:

$$2\,\overset{\displaystyle CH_2\!-\!CH}{\underset{\displaystyle O}{\diagdown\diagup}}\cdot CH_2Cl + 2\,Na \;\rightarrow\; \overset{\displaystyle CH_2\!-\!CH}{\underset{\displaystyle O}{\diagdown\diagup}}\cdot CH_2\cdot CH_2\cdot \overset{\displaystyle CH\!-\!CH_2}{\underset{\displaystyle O}{\diagdown\diagup}}$$

Eine Umsetzung in dieser Weise wurde schon 1871 von H. HÜBNER und K. MÜLLER[1] durchgeführt, allerdings mit sehr schlechten Ausbeuten. A. CLAUS und G. STEIN[2] haben die Herstellungsvorschrift in der Weise verbessert, daß sie 1,2 Mol Natrium auf 2 Mol Epichlorhydrin in der 5—6fachen Menge Äther einwirken ließen. Danach wurde mit Wasser ausgeschüttelt und die Ätherlösung fraktioniert. Sie erhielten das Diglycid als gelbliches viscoses Öl vom Kp 220—230°.

Während HÜBNER und MÜLLER sich den Reaktionsverlauf so vorstellten, daß zunächst zwei Epoxydgruppen unter Bildung von zwei —ONa-Gruppen und Verknüpfung von zwei Molekülen Epichlorhydrin miteinander reagieren, worauf die Chloratome unter Ausbildung eines Ringes eliminiert werden

$$
\begin{array}{ccccc}
\begin{matrix} CH_2Cl \\ | \\ CH\diagdown \\ | \quad\;O \\ CH_2\diagup \end{matrix} \!+\! Na \;+\! Na
&
\begin{matrix} CH_2Cl \\ | \\ CH\diagdown \\ | \quad\;O \\ CH\diagup \end{matrix}
& \rightarrow &
\begin{matrix} CH_2Cl \quad CH_2Cl \\ | \qquad\quad | \\ CH\cdot ONa \;\; CH\cdot ONa \\ | \qquad\quad | \\ CH_2\!\!-\!\!-\!\!CH_2 \end{matrix}
& \rightarrow
\begin{matrix} CH_2\!\!-\!\!-\!\!CH_2 \\ | \qquad\quad | \\ CHOH \;\; CH\cdot OH \\ | \qquad\quad | \\ CH_2\!\!-\!\!-\!\!CH_2 \end{matrix}
\end{array}
$$

kam M. HANRIOT[3] zur Erkenntnis, daß sich Diglycid, also eine Verbindung mit zwei Epoxydgruppen, gebildet hat.

H. TORNOE[4] stellt bei der Einwirkung von Natrium auf Epichlorhydrin die Bildung von Allylalkohol fest. Er konnte die Ausbeute an

[1] HÜBNER, H., u. K. MÜLLER: A. **159**, 186 (1871).
[2] CLAUS, A., u. G. STEIN: B. **10**, 556 (1877).
[3] HANRIOT, M.: A. Ch. Phys. (5), **17**, 62 (1879).
[4] TORNOE, H.: B. **21**, 1286 (1888).

diesem Alkohol dadurch erhöhen, daß er Epichlorhydrin in feuchtem Äther mit Natriumamalgam umsetzte.

M. A. BIGOT[1] gewann Diglycid durch Einwirkung von Natriumamalgam auf schwach erwärmte Epichlorhydrinätherlösung und gibt den Kp 220—225° an. Er stellte die Reaktionsfähigkeit des Diglycids mit Natriumbisulfit und Magnesiumchlorid sowie die Reduktion von ammoniakalischer Silbernitratlösung und von FEHLINGscher Lösung fest.

N. KYNER[2] fand bei der Diglycidherstellung Glycerin-1,3-diallyläther als Nebenprodukt, das er auch direkt durch Umsetzen eines Gemisches von Epichlorhydrin und Allylalkohol mit Natriummetall herstellen konnte.

In Gegenwart von wäßrigem Alkali geht Epichlorhydrin bei gewöhnlicher Temperatur allmählich unter Aufnahme von 2 Molekülen Wasser in Glycerin über:

$$\underset{\diagdown O \diagup}{CH_2{-}CH} \cdot CH_2Cl + 2\,H_2O \xrightarrow{\ NaOH\ } CH_2OH \cdot CHOH \cdot CH_2OH$$

Die Hydratisierung setzt bei der Epoxydgruppe ein, was unter den angewandten milden Bedingungen, die zweckmäßig sind, um die Bildung von Nebenprodukten möglichst gering zu halten, zunächst recht langsam vonstatten geht. Nach Erreichen des Chlorhydrinzustandes findet die Verseifung aber relativ schnell statt[3].

Die technische Gewinnung von Glycerin aus Epichlorhydrin hat K. B. COFER[4] beschrieben, indem Epichlorhydrin mit einer 2—20%igen wäßrigen Alkalicarbonatlösung 5—20 Minuten bei 150—180° in einer Kohlendioxydatmosphäre behandelt wird. Hierbei fällt eine 15—25%ige Glycerinlösung· an.

Die Herstellung von Diglycidäther

$$\underset{\diagdown O \diagup}{CH_2{-}CH} \cdot CH_2 \cdot O \cdot CH_2 \cdot \underset{\diagdown O \diagup}{CH{-}CH_2} \qquad Kp_{0,6}\ 60{-}80°$$

wurde bereits im ersten Abschnitt erwähnt. Um eine wesentliche Erhöhung der Ausbeute zu erzielen, wurde das Epichlorhydringlycidgemisch statt mit Natronlauge mit Pottasche umgesetzt und bei schwach erhöhter Temperatur gearbeitet: ein Gemisch von 617 g Pottasche, 1380 g Epichlorhydrin und 222 g Glycid werden 16 Stunden bei 50—60° verkugelt, und der flüssige Anteil fraktioniert. Ausbeute 182 g Diglycidäther[5].

Kinetische Studien über die Hydratation von Epichlorhydrin, Glycid und anderen Äthylenoxydderivaten, die sowohl in neutraler Lösung spontan, als auch durch Säuren katalysiert erfolgt, sind von verschiedenen Forschern ausgeführt worden. Desgleichen wurde auch die

[1] BIGOT, M. A.: A. Ch. Phys. (6), **22**, 433 (1891).

[2] KYNER, N.: Russ. **24**, 36 (1892) sowie Soc. **1893**, 383.

[3] DROZDOV, N. S., u. O. M. CHERTZOW: Russ. **4**, 1305 (1934).

[4] D. Anm. N 10521, 18. 4. 55; US-Pri. 19. 4. 54, BATAAFSCHE.

[5] JAKOB, L.: DRP 891255, 9. 8. 41/28. 9. 53, BADISCHE ANILIN- & SODA-FABRIK-AG.

Addition von Anionen und Halogensäuren in wäßriger Lösung untersucht[1].

Mittels Aryllithium (Phenyl-, p-Tolyl-, 1-Naphthyl- oder p-Dimethylaminophenyllithium) und Epichlorhydrin stellten H. GILMAN, B. HOFFERTH und B. HONEYCUTT[2] Arylchlorhydrine her. Die Umsetzung erfolgt nach folgendem Schema:

$$R \cdot Li + CH_2{-}CH \cdot CH_2Cl \xrightarrow{H_2O} R \cdot CH_2 \cdot CH(OH) \cdot CH_2Cl$$

wobei R = Phenyl, Tolyl, 1-Naphthyl oder p-Dimethylamino-phenyl sein kann. Die Umsetzung wird durch Eintragen von 10 g Phenyllithium innerhalb einer halben Stunde in eine auf —78° gekühlte Lösung von 10 g Epichlorhydrin in 140 ml absolutem Äther unter Durchleiten von Stickstoff und sehr lebhaftem Rühren ausgeführt. Nach 2stündigem Nachrühren bei —78° wird der Mischung gestattet, sich auf gewöhnliche Temperatur zu erwärmen. Das mit verdünnter Schwefelsäure in Eis hydrolysierte Reaktionsgemisch wird mit Äther ausgezogen und fraktioniert. Das 1-Chlor-3-phenyl-2-propanol

$$CH_2Cl \cdot CH(OH) \cdot CH_2 \cdot C_6H_2$$

hat den Kp_{13-17} 132—142°

Einwirkung von Mineralsäuren und Salzen anorganischer Säuren

Hydratisierung. Verdünnte anorganische Säuren bewirken die Addition von 1 Mol Wasser an Epichlorhydrin unter Bildung von α-Chlorhydrin:

$$CH_2{-}CH \cdot CH_2Cl + H_2O \xrightarrow{H_2SO_4} CH_2(OH) \cdot CH(OH) \cdot CH_2 \cdot Cl$$

Diese Reaktion erfolgt zwar schon im neutralen Medium, jedoch außerordentlich langsam bei gewöhnlicher Temperatur. Durch Anwendung höherer Temperatur und, vor allem, durch schwaches Ansäuern geht die Hydratisierung schnell vonstatten. Diese Reaktion ist wiederholt studiert worden[3]. Auch niedere Fettsäuren, deren Verwendung wegen ihrer Flüchtigkeit leichtere Aufarbeitung des Reaktionsgemisches gestatten, z. B. Ameisensäure, sind für diesen Zweck brauchbar[4].

Die SHELL DEVELOPMENT CORP.[5] hat die Hydratisierung von Epichlorhydrin-Substitutionsprodukten in 2-Stellung unter technischen Gesichtspunkten ausgearbeitet. Beispielsweise werden 316 g 2-Methylepichlorhydrin mit 200 g Wasser und 5 ml 2,5 n Schwefelsäure etwa

[1] SMITH, L.: Z. phys. Ch. **92**, 717 (1918). — SMITH, L., L. WODE u. T. WIDKE: Z. phys. Ch. **130**, 154 (1927). — BROENSTEAD, J. N., u. M. KILPATRICK: Am. Soc. **51**, 428 (1929).

[2] GILMAN, H., B. HOFFERTH u. B. HONEYCUTT: Am. Soc. **74**, 1594 (1952).

[3] HANRIOT, M.: A. Ch. Phys. (5), **17**, 62 (1879) u. Soc. **1879**, 1029. — SMITH, L.: Z. phys. Ch. **92**, 717 (1918). — BÖSEKENS, J., u. P. H. HERMANS: Bl. (4), **39**, 1254 (1926). — FOURNEAU, E., u. T. R. MARQUÉS: Bl. (4), **39**, 699 (1926).

[4] OTTER, H. P. DEN: Rec. **57**, 13—24 (1938).

[5] GROLL, H. P., u. G. HEARNE: US 2086077, 9. 5. 34/6. 7. 37.

1 Stunde unter Rückfluß gekocht, wobei 2-Methylchlorhydrin mit 85% Ausbeute erhalten wird:

$$CH_2Cl \cdot C(CH_3)\text{—}CH_2 + H_2O \xrightarrow{H_2SO_4} CH_2Cl \cdot C(CH_3)(OH) \cdot CH_2OH \quad \text{vom } Kp_{1,6} \; 80°$$

Analoge Hydratisierungen werden mit Dichlorisobutylenoxyd, Bromäthylenoxyd und 1,3,5-Trichlor-2-methyl-2,3-epoxypentan durchgeführt.

Obgleich man das Problem der Überführung von Epichlorhydrin in Chlorhydrin im Prinzip schon sehr lange gelöst hatte, waren die bekannten Methoden wegen ihrer schlechten Ausbeuten technisch nicht brauchbar. Erst 1940 entwickelte K. E. MARPLE und T. W. EVANS[1] ein Verfahren, das bei der Hydratisierung von Epichlorhydrin eine Ausbeute von über 90% an gereinigtem Produkt ergibt. Es wird hier so verfahren, daß 14 Mol verdünnte Schwefelsäure auf 90° erhitzt und bei dieser Temperatur langsam 4 Mol Epichlorhydrin unter lebhaftem Rühren eingetragen werden. Nach einer Stunde Nachrühren bei 90° wird neutralisiert und das Chlorhydrin bei vermindertem Druck abdestilliert.

E. FISCHER, M. BERGMANN und H. BÄRWIND[2] beschreiben die Gewinnung von Äthylenchlorhydrin vom Kp_{10} 113° durch 14stündiges Kochen unter Rückfluß gleicher Mengen von Epichlorhydrin und Wasser. In Anlehnung hieran beschreibt die SHELL[3] das sehr einfache Verfahren zur Herstellung von Chlorhydrin von mindestens 95% Reinheit, indem Epichlorhydrin mit der 10fachen Menge Wasser 3 Stunden am Rückflußkühler gekocht und anschließend unter vermindertem Druck fraktioniert wird.

FISCHER, BERGMANN und BÄRWIND teilen in der angeführten Arbeit den Einfluß von 1%iger Chlorwasserstoffsäure auf ein Gemisch von Epichlorhydrin und Aceton mit, wobei nach 22stündigem Schütteln in Gegenwart von wasserfreiem Natriumsulfat das Additionsprodukt Aceton-α-Chlorhydrin gewonnen wird:

$$Cl \cdot CH_2 \cdot CH\text{—}CH_2 + O{=}C(CH_3)_2 \xrightarrow{HCl} Cl \cdot CH_2 \cdot CH \cdot CH_2 \cdot O \cdot C(CH_3)_2 \quad Kp \; 157°$$

Das entsprechende Acetonglycerin

$$HO \cdot CH_2 \cdot CH \cdot CH_2 \cdot O \cdot C(CH_3)_2 \quad Kp_{11} \; 82,5°$$

wurde in analoger Weise aus Glycid und Aceton gewonnen.

Chlorwasserstoff. Epichlorhydrin addiert leicht 1 Mol Chlorwasserstoff unter Bildung von 1,3-Dichlorhydrin:

$$CH_2\text{—}CH \cdot CH_2Cl + HCl \rightarrow CH_2Cl \cdot CHOH \cdot CH_2Cl$$

---

[1] US 2321037, 26. 4. 40/8. 6. 43, SHELL DEVELOPMENT CORP.
[2] FISCHER, E., M. BERGMANN u. H. BÄRWIND: B. **53**, 1589 (1920).
[3] Epichlorhydrin-Broschüre **1949**, 9.

Diese Addition findet auch im wasserfreien Medium beim Einleiten von Chlorwasserstoffgas in Epichlorhydrin statt[1].

In Pyridinlösung findet diese Addition derart leicht und quantitativ statt, daß sie zur quantitativen Bestimmung von Epoxydgruppen zu verwenden ist. (Siehe Kapitel „Epoxydharze".)

In Gegenwart von Wasser ist diese Reaktion vielfach studiert worden[2].

Ein besonders günstiges Verfahren, das eine Ausbeute von etwa 90% Dichlorhydrin gibt, arbeitet in der Weise, daß Epichlorhydrin innerhalb von 2 Stunden unter gutem Rühren in ein Gemisch von 1 Teil konzentrierter Salzsäure und 3 Teilen 13%iger Kochsalzlösung bei 30° eingetragen wird[3].

Salpetersäure. Salpetersäure kann auf Epichlorhydrin entweder oxydierend oder veresternd einwirken.

Bei der Oxydation entsteht dabei β-Chlormilchsäure[4]:

$$CH_2Cl \cdot CH\!\!-\!\!CH_2 + H_2O + O_2 \rightarrow CH_2Cl \cdot CHOH \cdot CO \cdot OH$$
$$\diagdown O \diagup$$

eine Verbindung, die später auch durch Oxydation von α-Chlorhydrin hergestellt wurde[5].

Rauchende Salpetersäure ergibt bei der Einwirkung auf Epichlorhydrin bei 0° das 1,3-Dinitrat[6], während ein schwefelsäurehaltiges Nitriergemisch den gemischten Nitrit–Nitratester entstehen läßt[7].

Gewöhnliche starke Salpetersäure überführt Epichlorhydrin bei 10—15° in α-Chlorhydrinmononitrat, wenn 276 g Salpetersäure vom spezifischen Gewicht 1,38 bei 10—15° in 100 g Epichlorhydrin eingetropft werden und nach kurzem Nachrühren neutralgestellt wird. Das Mononitrat gewinnt man durch Fraktionieren, Kp_3 104—106°, Ausbeute 42% der Theorie[8].

Die Einwirkung von Stickstofftetroxyd auf Epichlorhydrin wurde von A. M. PUJO, J. BOILEAU und C. FRÉJACQUES[9] studiert. Die Umsetzung erfolgt in eindeutigem Sinne unter Bildung der 2-Nitrit-3-Nitratverbindung, die bei der Hydrolyse unter Verseifung der Nitritgruppe in den entsprechenden Nitratalkohol übergeht:

$$Cl \cdot CH_2 \cdot CH\!\!-\!\!CH_2 + O_2N \cdot O \cdot NO \rightarrow Cl \cdot CH_2 \cdot CH \cdot CH_2 \cdot O \cdot NO_2$$
$$\diagdown O \diagup \qquad\qquad\qquad\qquad | $$
$$O \cdot NO$$
$$+ H_2O \rightarrow ClCH_2 \cdot CH(OH) \cdot CH \cdot O \cdot NO_2$$

[1] DARMSTÄDTER, L.: A. **148**, 119 (1868). — HÜBNER, H., u. R. MÜLLER: A. **159**, 184 (1871). — CLOEZ, C.: A. Ch. Phys. (6), **9**, 145—221 (1886).

[2] SMITH, L.: Z. phys. Ch. **92**, 717 (1918. — HILL, A. J., u. E. J. FISCHER: Am. Soc. **44**, 2582 (1922). — HIBBERT, H., u. M. S. WHELEN: Am. Soc. **51**, 1943 (1929).

[3] Epichlorhydrin-Broschüre **1949**, 10, SHELL.

[4] RICHTER, V.: J. pr. Ch. (2), **20**, 193 (1879)

[5] KOELSCH, C. F.: Am. Soc. **52**, 1106 (1930).

[6] HENRY, L.: A. **155**, 164 (1870). — [7] HENRY, L.: B. 4, 703 (1871).

[8] FP 846575, 24. 11. 38/20. 9. 39; D.-Pri. 15. 12. 37, I. G.

[9] PUJO, A. M., J. BOILEAU u. C. FRÉJACQUES: Bl. **1955**, 974, 980.

aus welchem durch Oxydation und Umlagerung der Aldehyd

$$ClCH_2 \cdot CH(O \cdot NO_2) \cdot CH = O$$

entsteht.

Schwefelsäure, Phosphorsäure, Überchlorsäure. Hochkonzentrierte Schwefelsäure und Phosphorsäure setzen sich mit Epichlorhydrin zu den sauren Sulfat- bzw. Phosphatestern um[1]. Überchlorsäure bildet mit Epichlorhydrin bei 0—5° 3-Chlor-2-oxypropan-1-perchlorat, ein explosives hygroskopisches farbloses Öl, das wesentlich explosiver als Nitroglycerin ist. Das aus Äthylenoxyd gewonnene Diglykolperchlorat, $HO \cdot CH_2CH_2 \cdot O \cdot CH_2 \cdot CH_2 \cdot O \cdot ClO_3$, hat ähnliche Eigenschaften[2].

Brom- und Jodwasserstoffsäure. Brom- oder Jodwasserstoff in methanolischer Lösung setzt sich mit Epichlorhydrin zu Brom- bzw. Jodchlorhydrin um:

$$CH_2Cl \cdot CHOH \cdot CH_2Br \text{ vom Kp } 197°, \text{ Kp}_{20} \text{ 92}°$$
$$CH_2Cl \cdot CHOH \cdot CH_2J \text{ vom Kp}_{19} \text{ 107}°.$$

1-Brom- bzw. 1-Jodglycerinmethyläther wird durch Addition von Brom- bzw. Jodwasserstoff an Chlormethin, $CH_2Cl—CHOH \cdot CH_2 \cdot O \cdot CH_3$ vom Kp 113—114°, gewonnen:

$$\text{Brommethin} \quad CH_2Br \cdot CHOH \cdot CH_2 \cdot O \cdot CH_3 \quad \text{Kp}_{12} \text{ 79}°$$
$$\text{Jodmethin} \quad CH_2J \cdot CHOH \cdot CH_2 \cdot O \cdot CH_3 \quad \text{Kp}_{11} \text{ 93—94}°$$

Durch Behandeln von Chlor- oder Brommethin mit Chlorwasserstoff wird erhalten

$$\text{1-Methoxy-2,3-dichlorpropan} \quad \text{Kp } 160°$$
$$\text{1-Methoxy-2-chlor-3-brompropan} \quad \text{Kp}_{15} \text{ 70—72}°$$

Werden Methoxy-2-chlor-3-brom- oder -jodpropan mit Methanol veräthert, so werden Brom bzw. Jod abgespalten und man erhält Dimethoxy-2-chlorpropan[3].

$$CH_3 \cdot O \cdot CH_2 \cdot CHCl \cdot CH_2 \cdot O \cdot CH_3 \quad \text{Kp } 156—157°$$

Gasförmiger Jodwasserstoff reduziert Epichlorhydrin zu Propylchlorid[4]. Die Alkalisalze der Jodwasserstoffsäure wirken auf Epichlorhydrin unter Bildung von Epijodhydrin ein, sei es beim Erhitzen mit feingepulvertem trocknem Jodkalium[5], sei es beim Rückflußkochen einer Jodkaliumlösung in absolutem Alkohol mit Epichlorhydrin[6], oder beim Kochen einer Aufschlämmung von Jodnatrium in Aceton[7].

Epijodhydrin $\overset{CH_2—CH \cdot CH_2J}{\diagdown_O\diagup}$ Kp$_{24}$ 62°

Metallhalogenide. Konzentrierte Lösungen von Metallhalogeniden überführen Epichlorhydrin in der Regel in 1-Chlor-3-halogenhydrin. So erhält man beispielsweise beim Erhitzen mit alkoholischer Eisen-

[1] ZETZSCHE, F., u. F. AESCHLIMANN: Helv. **9**, 708 (1926).
[2] HOFMANN, K. A., G. A. ZEDWITZ u. H. WAGNER: B. **42**, 4390 (1909).
[3] BLANCHARD, L.: Bl. (4), 824 (1927). — INGOLD, C. K., u. E. J. ROTHSTEIN: Soc. **1931**, 1666.
[4] SILVA, R. D.: C. r. **93**, 418 (1881).
[5] REBOUL, E.: A. Ch. Phys. (3), **60**, 17 u. **65**, 1860.
[6] NEF, J. U.: A. **335**, 191 (1904).
[7] WEDEKIND, E., u. E. BRUCH: A. **471**, 78 (1929).

chlorid- oder wäßrigalkoholischer Magnesiumchloridlösung 1,3-Dichlorhydrin[1], während wäßrige Lösungen von Magnesiumbromid oder -jodid 1-Chlor-3-brom- oder -jodhydrin liefern[2]. Wasserfreies Magnesium- oder Zinkchlorid[3] sowie Magnesiumbromid[4] wirken auf Epichlorhydrin in trocknem Äther unter Bildung von Metallverbindungen der Konstitution:

$$CH_2Cl \cdot CH[O \cdot (Mg \text{ bzw. } Zn) \cdot X] \cdot CH_2X \quad (X = \text{am Metall befindliches Halogen})$$

welche unter Abspaltung von Mg- oder Zn-Oxyhalogenid leicht hydrolysieren. Die kinetischen Vorgänge bei der Einwirkung von Alkali- oder Ammoniumhalogeniden sind ebenfalls studiert worden[5].

Während bei Schwermetallhalogeniden der Halogenentzug durch die Epoxydgruppe des Epichlorhydrins unter Abscheidung von unlöslichem Metallhydroxyd vor sich geht, und die Umsetzung somit nach einer Richtung bis zu Ende gehen kann, stellt sich bei solchen Metallhalogeniden, welche wasserlösliche Hydroxylverbindungen liefern, ein Gleichgewicht ein.

Dies hat P. CASTAN (siehe Geleitwort dieses Buches) beobachtet bei Zugabe von Epichlorhydrin zu einer mit Phenolphthalein versetzten konzentrierten Kochsalzlösung, die sich besonders beim Rühren sofort rot färbt. Es ist demnach eine Umsetzung unter Bildung von Natronlauge vor sich gegangen, die aber bei einem bestimmten Gleichgewicht stehenbleiben muß, da sich bekanntlich Dichlorhydrin und Natronlauge wieder zu Epichlorhydrin umsetzen:

$$ClCH_2 \cdot CH{-}CH_2 + NaCl + H_2O \; \rightleftharpoons \; CH_2Cl \cdot CH(OH) \cdot CH_2Cl + NaOH$$
$$\underset{O}{\diagdown\diagup} \qquad \text{oder:} \qquad \rightleftharpoons \; CH_2Cl \cdot CHCl \cdot CH_2OH + NaOH$$

Würde das Gleichgewicht durch Abfangen der freien Natronlauge gestört werden, so würde auch in diesem Falle die Umsetzung unter Bildung von Dichlorhydrin nach der einen Richtung ablaufen.

Zink. Metallisches Zink in Pulverform wirkt in der Wärme auf Epichlorhydrin lebhaft ein. Bei 140° erfolgt äußerst stürmische explosionsartige Reaktion[6].

Ein Gemisch von Epichlorhydrin und Allyljodid wird durch feinverteiltes metallisches Zink schon bei 0° zur Reaktion gebracht unter Bildung einer Jodzinkkomplexverbindung. Dieselbe wird durch Wasser gespalten, wobei sich das Derivat einer 5- oder 6-Kohlenstoffkette gewinnen läßt, das entweder 1-Chlor-2-oxy-hexen-5

$$CH_2Cl \cdot CHOH \cdot CH_2 \cdot CH_2 \cdot CH{=}CH_2$$

---

[1] DARMSTÄDTER, L.: A. **148**, 119 (1868). — DELABY, R.: A. Ch. Phys. (9), **20**, 67 (1923).

[2] GRIGNARD, V.: Bl. (3), **29**, 944 (1903).

[3] RIBAS, J., u. E. TAPIA: An. Fisica Quim. **28**, 636 (1930).

[4] MAGRANE, J. K., u. D. L. COTTLE: Am. Soc. **64**, 484 (1942).

[5] SEN, A. K., C. BARAT u. P. P. PAL: Proc. 15. Indian Sci. Congr. **1928**, 146, siehe auch C. A. **25**, 2905 (1931). — BROENSTEAD, J. N., u. M. KILPATRIK: Am. Soc. **51**, 928 (1929). — BANERJEE, S., u. H. K. SEN: J. Indian Chem. Soc. **9**, 509 (1932).

[6] BIGOT, A.: Ch. Phys. (6), **22**, 433—495 (1891).

oder 1-Chlor-2-oxy-2-methyl-penten-4

$$CH_2Cl \cdot C(CH_3)(OH) \cdot CH_2 \cdot CH=CH_2$$

sein dürfte[1].

Grignardverbindungen. GRIGNARD-Verbindungen addieren sich an Epichlorhydrin unter Bildung von 1-Alkyl-2-oxy-magnesiumhalogen-3-chlorpropan-Verbindungen, die mit warmem Wasser hydrolysieren, wobei basisches Magnesiumhalogenid und 1-Alkyl-2-oxy-3-chlorpropane entstehen:

$$CH_2Cl \cdot CH{-}CH_2 + R \cdot Mg \cdot X \;\rightarrow\; CH_2Cl \cdot CH(OMgX) \cdot CH_2R \;\xrightarrow{H_2O}\; CH_2Cl \cdot CHOH \cdot CH_2 \cdot R$$

jedoch wird in manchen Fällen die Magnesiumhalogenverbindung auch in 3-Stellung addiert, so daß beim Aufspalten mit angesäuertem Wasser Alkylalkohol, Magnesiumsalz und 1-Chlor-2-oxy-3-halogenpropan entstehen, wie dies beispielsweise mit Äthylmagnesiumbromid z. T. erfolgt[2]. Alkylierungen nach diesem Verfahren lassen sich auch mit Cycloalkyl-, Aralkyl- oder Aryl-Magnesiumhalogenverbindungen durchführen[3]. Die Ausbeute an Epichlorhydrinalkylierungsprodukt ist von der Art der am Magnesiumhalogenid gebundenen organischen Gruppe abhängig: bei Vorliegen eines Restes mit gerader unverzweigter Kette erfolgen die höchsten Ausbeuten, bei sekundär verzweigter Kette ist sie geringer, und bei tertiären Resten findet praktisch keine Alkylierung statt[4]. Besonders hohe Ausbeuten an Epichlorhydrinalkylierungsprodukten erfolgen unter Verwendung von Phenyl-, Benzyl- oder p-Methoxyphenylmagnesiumbromid.

E. FOURNEAU, M. TIFFENEAU[5] und E. TAPIA und M. A. HERNANDEZ[6] geben folgende Vorschrift zum Alkylieren von Epichlorhydrin mittels Phenylmagnesiumbromid: in einem Gemisch von 28 g Phenylbromid und 280 g trocknem Äther werden 12 g Magnesiumpulver gelöst, dann 46 g Epichlorhydrin eingetragen (in Äther gelöst) und nach der Umsetzung 200 g Toluol zugegeben. Nach dem Abdestillieren des Flüchtigen wird die verbleibende Paste mit Eis und 10%iger Salzsäure hydrolysiert und anschließend mit Äther ausgezogen. Aus dem Ätherauszug werden 23 g Glycerinbromchlorhydrin vom Kp_{18} 150—200° und 10 g Methylstilben vom F 82° isoliert.

Bei der Einwirkung von Äthylmagnesiumbromid auf das Reaktionsprodukt von Epichlorhydrin mit technischem Magnesiumbromid in Gegenwart von katalytischen Mengen von Eisenchlorid erhält man Cyclopentanol in einer Ausbeute von 31—43% der Theorie. Die Bildung von Cyclopentanol findet jedoch nicht statt, wenn chemisch reines Magnesiumbromid in der ersten Stufe angewandt wird[7]. Die

---

[1] LOPATKIN, L.: J. prakt. Chem. (2), **30**, 389—399 (1884).
[2] KOELSCH, C. F., u. S. M. McELVAIN: Am. Soc. **51**, 3390 (1929).
[3] NORMANT, H.: C. r. **219**, 163 (1944).
[4] KOELSCH, C. F., u. S. M. McELVAIN: Am. Soc. **52** 1164 (1930).
[5] FOURNEAU, E., u. M. TIFFENEAU: Bl. (3), **31**, 14 (1904).
[6] TAPIA, E., u. M. A. HERNANDEZ: An. Fisica Quim. **28**, 691 (1930), siehe auch C. A. **24**, 4265 (1930).
[7] STAHL, G. W., u. D. L. COTTLE: Am. Soc. **65**, 1782 (1943).

Umsetzung von Magnesiumbromid mit Epichlorhydrin liefert 1-Chlor-3-brom-2-oxybrommagnesiumpropan:

$$CH_2Cl \cdot CH{-\!-}CH_2 + MgBr_2 \;\rightarrow\; CH_2Cl \cdot CH(OMgBr) \cdot CH_2Br$$

eine Verbindung, die auch entsteht, wenn Äthylmagnesiumbromid mit 1-Chlor-3-brom-2-propanol umgesetzt wird. In analoger Weise reagieren auch die entsprechenden Zinkverbindungen[1].

Diäthylmagnesium setzt sich mit Epichlorhydrin zu 1-Chlor-2-pentanol, $CH_2Cl \cdot CHOH \cdot CH_2 \cdot CH_2 \cdot CH_3$, um, mit einer Ausbeute von 70—83% der Theorie[2].

Untersuchungen von C. L. STEVENS, M. L. WEINER und C. T. LENK[3] über die Einwirkung von Phenylmagnesiumbromid auf Epoxypropanderivate führten zu folgenden Ergebnissen: aus 1-Phenyl-1-methoxy-1,2-epoxypropan

$$C_6H_5 \cdot \underset{\overset{|}{O \cdot CH_3}}{C}{<\!\!\!\overset{O}{}\!\!\!>}CH{-\!-}CH_3$$

werden 2 Isomere gebildet:

a) durch normale Ringöffnung 1-Phenyl-1-methoxy-2-propanol,

$$\begin{matrix} C_6H_5\!\!\searrow \\[-4pt] CH_3O\!\!\nearrow \end{matrix}\!CH \cdot CH(OH){-\!-}CH_3$$

b) von dem unter a) gebildeten Produkt wird ein Teil durch Einwirkung des entstandenen $MgBr_2$ überführt in 1-Phenyl-1-methoxypropanon,

$$\begin{matrix} C_6H_5\!\!\searrow \\[-4pt] CH_3O\!\!\nearrow \end{matrix}\!CH \cdot CO \cdot CH_3$$

und 1,2-Diphenyl-1-methoxy-2-propanol

$$\begin{matrix} C_6H_5\!\!\searrow \\[-4pt] CH_3O\!\!\nearrow \end{matrix}\!CH \cdot \underset{\overset{|}{C_6H_5}}{\overset{\overset{OH}{|}}{C}} \cdot CH_3$$

Eine sterisch gehinderte GRIGNARD-Verbindung, z. B. tert.-Butylmagnesiumchlorid reagiert mit 1-Phenyl-1-methoxy-2,3-epoxypropan ausschließlich unter Bildung von 1-Phenyl-1-methoxy-2-tert.-butyl-2-propanol, wobei sich das Epoxypropan erst zum Keton umlagert und dann erst die Grignardierung erfolgt.

Mit 1,2-Diphenyl-1-methoxy-äthylenoxyd,

$$\begin{matrix} C_6H_5\!\!\searrow \\[-4pt] CH_3O\!\!\nearrow \end{matrix}\!C{-\!-}CH \cdot C_6H_5,{<\!\!\!\underset{O}{}\!\!\!>}$$

wurden analoge Umsetzungen durchgeführt.

Halogene. Die Reaktion von Halogenen mit Epichlorhydrin kann in verschiedener Weise erfolgen. Während Chlor sich im diffusen Licht im wesentlichen zu 3,3-Dichlorpropylenoxyd umsetzt, wird im Sonnenlicht außerdem noch eine geringe Menge Pentachlorpropylenoxyd ge-

[1] RIBAS, J., u. E. TAPIA: An. Fisica Quim. **28**, 638 (1930) — C. A. **24**, 4265 (1930).

[2] MAGRANE, J. K., u. D. L. COTTLE: Am. Soc. **64**, 484 (1942).

[3] STEVENS, C. L., M. L. WEINER u. C. T. LENK: Am. Soc. **1954**, 2698—2700.

bildet.[1] Brom reagiert wesentlich schwerer und wird erst bei $100°$ durch Substitution addiert. Anschließende Behandlung mit Wasser führt zu einem Gemisch von 1-Chlor-3-bromhydrin und Chlortribromaceton[2].

Phosphorchlorverbindungen. Phosphortrichlorid wirkt unter heftiger Reaktion auf Epichlorhydrin unter Bildung eines Additionsproduktes mit 1 Mol PCl_3 ein. Durch Wasser wird diese Verbindung in Epichlorhydrin und phosphorige Säure gespalten[3]. Phosphorpentachlorid wirkt nur chlorierend und bildet 1,2,3-Trichlorpropan neben Phosphoroxychlorid[4].

Dichlorhydrin reagiert mit Phosphoroxychlorid unter Bildung von 1,3-Dichlor-2-propanphosphat, das sich bei $225—230°$ zersetzt und Chlorallylchlorid, $CHCl = CH \cdot CH_2Cl$ vom Kp $107—109°$, abspaltet[5].

Die Union Carbide and Carbon Corp.[6] setzt Alkyl- oder Arylderivate des Phosphoroxychlorids oder -bromids, wie p-Nonylphenyldichlorphosphat, Dibutylbromphosphat, N-2-Äthylhexylamido-phosphoryldichlorid, N,N-Diäthylamino-phosphoryldichlorid und dergleichen bei etwa $50°$ mit Alkylenoxyden und Epichlorhydrin um, wobei hochviscose oder weichharzartige Produkte erhalten werden, die sich als Weichmacher für Kunststoffe eignen. Beispielsweise entsteht aus Äthylenoxyd und Phosphoroxychlorid Tri-(2-chloräthyl)-phosphat, oder aus Äthylenoxyd und Dibutylbromphosphat 2-Bromäthyldibutylphosphat.

Arsenchlorverbindungen. Bei der Einwirkung von Arsentrichlorid auf Epichlorhydrin bildet sich ein Gemisch von Tris-$(\beta,\beta'$-dichlor-isopropoxy)-arsin und Bis-$(\beta,\beta'$-dichlor-isopropoxy-)-chlorarsin. Mit Phenyl-dichlorarsin wird Chlor-$(\beta,\beta'$-dichlor-isopropoxy-)-phenylarsin, $(ClCH_2)_2 \cdot CH \cdot O \cdot AsCl(C_6H_5)$, gebildet[7].

Alkaliphosphate und -phosphite. Dinatriumphosphat in wäßriger Lösung wirkt auf Epichlorhydrin unter Bildung von Glycerin-di-phosphorsäureester ein[8] während eine Lösung von Trinatriumphosphat ein Gemisch von Komplexen ergibt, die beim Hydrolysieren als Hauptprodukt Natrium-1-glycerophosphat bilden[9]. Bei der Einwirkung von Dinatriummethylphosphat auf Epichlorhydrin entsteht ein Reaktionsprodukt, das bei der alkalischen Hydrolyse Natrium-2-glycero-phosphat ergibt[10].

Die Alkalisalze organischer Phosphitester setzen sich in der Wärme mit äquimolekularen Mengen Epichlorhydrin unter Aufrechterhalten der Epoxydgruppe um:

$$CH_2\!-\!CH \cdot CH_2Cl + P\Big\langle{}^{OR}_{\substack{OR'\\ ONa}}\Big. \rightarrow CH_2\!-\!CH \cdot C_2H\!-\!P\Big\langle{}^{OR}_{OR'}\!\!=\!\!O$$

$$R = R' = \text{Alkyl, Phenyl}$$

---

[1] Cloez, C.: A. Chim. Phys. (6) **9**, 145 (1886).

[2] Grimeaux, E., u. P. Adam: Bl. (2), **33**, 257 (1880).

[3] Hanriot, M.: Bl. (2), **32**, 550 (1879).

[4] Reboul, E.: A. Chim. Phys. (3), **60**, 17 (1860).

[5] Hill, A. J., u. E. J. Fischer: Am. Soc. **44**, 2582 (1922).

[6] DRP 848946, 30. 11. 50/10. 7. 52; US-Pri. 2. 12. 49.

[7] Malinowsky, M. S.: Russ. **10**, 1918 (1940).

[8] Bailly, O.: C. r. **172**, 689 (1921). — [9] Bailly, O.: Bl. (4), **31**, 848 (1922).

[10] Bailly, O., u. J. Gaumé: C. r. **198**, 1932 (1934).

Verbindungen dieser Art können Verwendung finden als Weichmacher und Stabilisatoren für PVC, als Ausgangsmaterial für Farbstoffe oder als Fungicide und Insekticide[1].

Schwefelverbindungen. Chlorschwefel bildet mit Epichlorhydrin ein Umsetzungsprodukt, das zu einem Drittel aus sym. Dichloraceton und zu zwei Drittel aus 1,3-Dichlorhydrin besteht[2].

Sulfurylchlorid wirkt in äquimolekularen Mengen auf Epichlorhydrin bei 3tägigem Stehen unter Bildung des unbeständigen 1,3-Dichlorpropyl-chlorsulfonates ein[3], während die Gegenwart von Aluminiumchlorid bei der Durchführung der Umsetzung in Tetrachlorkohlenstoff zu β,β'-Dichlorisopropylchlorsulfonat führt, das sich bei 120° mit einem weiteren Molekül Epichlorhydrin zu Bis-(β,β'-dichlorisopropyl)-äther umsetzen kann[4]. Die Herstellung von β,β'-Dichlorisopropylchlorsulfonat gelingt auch durch Umsetzen von 1,3-Dichlorhydrin mit Sulfurylchlorid. Bei der Einwirkung von Thionylchlorid entsteht Di-(β,β'-dichlorisopropyl)-sulfit, das durch Behandeln mit Chlor in Tetrachlorkohlenstofflösung in das Chlorsulfonat übergeht[5].

Natriumbisulfit setzt sich in wäßriger Lösung mit Epichlorhydrin zu einer Additionsverbindung um. Diese wurde vielfach als das Natriumsalz der Chlorhydrinsulfonsäure, $CH_2Cl \cdot CHOH \cdot CH_2 \cdot SO_2 \cdot ONa$, angesehen[6], jedoch haben spätere Arbeiten[7] es wahrscheinlich gemacht, daß es sich hierbei um das Natriumsalz des Chlorhydrinsulfitesters, $CH_2Cl \cdot CHOH \cdot CH_2 \cdot O \cdot SO \cdot ONa$, handelt. Die Verbindung wird durch 2stündiges Kochen von 18 g Epichlorhydrin mit 100 g einer wäßrigen Lösung der äquimolekularen Menge Natriumbisulfit erhalten.

Da sich 3-Chlor-2-oxypropan-1-sulfonsäureester bzw. -sulfitester als wertvolle Zwischenprodukte für verschiedene Zwecke, insbesondere für die Gewinnung von Textil- oder Färbereihilfsmittel erwiesen haben, ist die Umsetzung, die zu ihrer Gewinnung führt, des öfteren untersucht worden. So haben R. ten Eijk-Schenck und S. Kaizerman[8] zur Klärung der Frage, welche Faktoren die Umsetzung von Bisulfit mit Äthylenoxydverbindungen beeinflussen, eine Reihe von Vergleichsversuchen durchgeführt. Unter anderem wurde untersucht, ob Gegenwart von Sauerstoff durch intermediäre Bildung freier Radikale Bisulfit-Epoxydadditionen positiv beeinflußt. Das Ergebnis zeigt jedoch, daß dies nicht der Fall ist und daß im Gegenteil Ausschluß von Sauerstoff sich vorteilhaft auswirkt. Dagegen erwies sich der p_H-Wert der Reaktionsmischung als wichtig für den Ablauf der Addition. So addiert Styroloxyd

bei p_H 4,35 in 6 Stunden 11% Bisulfit | bei p_H 6,15 in 6 Stunden 74% Bisulfit
bei p_H 5,7 in 6 Stunden 38% Bisulfit | bei p_H 8,8 in 6 Stunden 87% Bisulfit

---

[1] Coover, W.: US 2627521, 27. 9. 50/3. 2. 53, Eastman Kodak Co.
[2] Malinowsky, M. S.: Russ. **9**, 832 (1939).
[3] Malinowsky, M. S.: Russ. **17**, 1559 (1947).
[4] Blanchard, L.: Bl. (4), **43**, 1194 (1928).
[5] Levaillant, R.: C. r. **190**, 54 (1930).
[6] Darmstädter, L.: A. **148**, 119 (1868).
[7] Fromm, E., K. Kapeller u. J. Taubmann: B. **61**, B 1353 (1928).
[8] Eijk-Schenck, R. ten u. S. Kaizerman: Am. Soc. **75**, 1636 (1953).

Die Untersuchung, an welches Kohlenstoffatom die SO_3-Gruppe tritt, ob an die endständige CH_2- oder die mittelständige CH-Gruppe, führte zu dem Ergebnis, daß bei direkter Bindung des 2-Kohlenstoffatoms mit einem aromatischen Rest, wie beim Styroloxyd, die SO_3-Gruppe an dieses Kohlenstoffatom tritt, während bei weiterer Entfernung des aromatischen Restes, etwa durch ein eingeschobenes Äthersauerstoffatom wie bei Glycidyläthern, die SO_3-Gruppe an das 1-Kohlenstoffatom tritt. Die zweite Stufe ist die Aufnahme eines Mols Wasser, wodurch Stabilisierung durch Bildung einer Hydroxylgruppe erfolgt. Es liegt daher folgender Reaktionsverlauf vor:

$$\text{I.} \quad R\cdot\underset{\diagdown O\diagup}{CH\!-\!CH_2} \quad + SO_3^- \;\rightarrow\; R\cdot\underset{\underset{SO_3}{|}}{CH}\!-\!\underset{\underset{O^-}{|}}{CH_2}$$

$$R\cdot\underset{\underset{SO_3}{|}}{CH}\!-\!\underset{\underset{O^-}{|}}{CH_2} \quad + HOH \;\rightarrow\; R\cdot\underset{\underset{SO_3}{|}}{CH}\!-\!\underset{\underset{OH}{|}}{CH_2} + OH^-$$

$$\text{II.} \quad R\cdot O\cdot CH_2\cdot\underset{\diagdown O\diagup}{CH\!-\!CH_2} + SO_3^- \;\rightarrow\; R\cdot O\cdot CH_2\!-\!\underset{\underset{O^-}{|}}{CH}\!-\!\underset{\underset{SO_3}{|}}{CH_2}$$

$$R\cdot O\cdot CH_2\cdot\underset{\underset{O^-}{|}}{CH}\!-\!\underset{\underset{SO_3}{|}}{CH_2} + H_2O \;\rightarrow\; R\cdot O\cdot CH_2\cdot\underset{\underset{OH}{|}}{CH}\!-\!\underset{\underset{SO_3}{|}}{CH_2} + OH^-$$

Mit Natriumsulfit bildet Epichlorhydrin das Dinatriumsalz der 2-Oxy-1,3-propan-disulfonsäure, $CH_2(SO_3Na)\cdot CHOH\cdot CH_2\cdot SO_3Na$, das in gleicher Weise auch aus Dichlorhydrin herstellbar ist. Die chlorfreien, wie auch die chlorhaltigen Sulfonate finden vielfache technische Verwendung, z. B. um höhermolekulare Verbindungen, wie höhere Fettsäuren, in wasserlösliche Verbindungen zu überführen, wobei 3-Fettsäureester-2-oxy-1-propansulfonate, $R\cdot CO\cdot O\cdot CH_2\cdot CHOH\cdot$ $\cdot CH_2\cdot O\cdot SO_2Na$, gebildet werden. So hat die Firma Procter & Gamble Co.[1] wirksame Netzemulgier- und Schaummittel, die sich in hartem Wasser klar lösen, hergestellt durch Umsetzen von Natriumchlorhydrinsulfonat mit den Natriumsalzen von höheren Fettsäuregemischen in Gegenwart von Amiden, wie Harnstoff, Acetamid und dergleichen. Beispielsweise werden 115 g Natriumseife von Kokosölfettsäure mit 100 g Natriumchlorhydrinsulfonat und 150 g Acetamid 2 Stunden bei 145° erhitzt und anschließend im Vakuum bei 140° alles Flüchtige abdestilliert. Die zurückbleibende pastenartige Masse kann direkt als Textilhilfsmittel Verwendung finden.

Chlorhydrinsulfonate und Stickstoffbasen. Durch Einwirken von tertiären Stickstoffbasen, wie Pyridin und seine Derivate, Triäthylamin oder Dimethyllaurylamin auf Natriumchlorhydrinsulfonat haben O. Nicodemus und W. Schmidt[2] cyclische Kondensationsprodukte her-

---

[1] US 2289391, 10. 4. 41/14. 7. 42.
[2] DRP 651733, 27. 9. 34/25. 10. 37, I. G.

gestellt. So erhält man z. B. das entsprechende Kondensationsprodukt von Pyridin:

$$\text{[Pyridin]} + ClCH_2 \cdot CHOH \cdot CH_2 \cdot SO_3Na \;\rightarrow\; \text{[Kondensationsprodukt]} \qquad \text{vom F 246—247°}$$

indem 175 g Natriumchlorhydrinsulfonat mit 500 g Pyridin 6 Stunden
unter Rückfluß gekocht werden, wobei sich allmählich das Reaktionsprodukt neben Kochsalz ausscheidet. Dasselbe kann durch Umkristallisieren leicht analysenrein gewonnen werden.

Kondensationsprodukte dieser Art haben hohe Schaumkraft und
sind brauchbar als Textilhilfsmittel sowie als Färbereihilfsprodukte zur
Erhöhung der Ausgiebigkeit des Farbstoffes und Egalität der Färbung.
— Ähnliche Kondensationen sind auch von anderer Seite durchgeführt
worden[1].

Natriumhydrosulfid setzt sich mit Natriumchlorhydrinsulfonat in
der Wärme unter Bildung von 3-Mercapto-2-oxy-1-propansulfonat,
$CH_2SH \cdot CHOH \cdot CH_2 \cdot SO_3Na$, um[2]. Von dieser Mercaptoverbindung sind
Metallderivate, insbesondere von Gold, für pharmazeutische Zwecke
hergestellt worden[3].

Acetylen-Metallverbindungen. Die Umsetzung von Epihalogenhy-
drinen mit Natriumacetylid ergibt glatte Addition. Beispielsweise führt
die Reaktion von 3-Brom-1,2-epoxybutan mit Natriumacetylid in flüssigem Ammoniak zu Hexen-3-in-5-ol-2:

$$CH_3 \cdot CHBr \cdot CH{\overset{\displaystyle}{\diagdown}}CH_2 + NaC{\equiv}CH \;\rightarrow\; CH_3 \cdot CH(OH) \cdot CH{=}CH \cdot C{\equiv}CH + NaBr$$

wobei das Bromepoxybutan durch Addition von Brom an Crotylalkohol
und anschließende Bromwasserstoffabspaltung gewonnen wurde[4]:

$$CH_3 \cdot CH{=}CH \cdot CH_2OH + Br_2 \;\rightarrow\; CH_3 \cdot \underset{Br}{CH} \cdot \underset{Br}{CH} \cdot CH_2OH \;\xrightarrow{KOH}\; CH_3 \cdot CHBr \cdot CH{-}CH_2$$

Umsetzung mit Alkoholen und Überführen von Chlorhydrinen in Epoxydverbindungen

Epichlorhydrin reagiert mit hydroxylgruppenhaltigen Substanzen
unter Öffnung des Epoxydringes und Bildung einer Hydroxylgruppe
in 2-Stellung, wobei sich der Rest unter Ätherbildung in 1-Stellung
addiert:

$$ClCH_2 \cdot CH{-}CH_2 + HO \cdot R \;\rightarrow\; ClCH_2 \cdot CHOH \cdot CH_2 \cdot O \cdot R$$

[1] TSUNOO, S.: B. **68** B 1334 (1935).
[2] LUMIÈRE, A.: FP 548 343, 12. 1. 23. — COHEN, J. B.: J. Pharm. **46**, 283 (1932).
[3] LUMIÈRE, A. u. F. PERRIN: C. r. **184**, 289 (1927). — DYSON, G. M.: Pharm. J. **123**, 267 (1929).
[4] HISKEY, C. F., H. L. SLATES u. N. L. WENDLER: J. org. Chem. **21**, Nr. 4, 429—433 (1956).

Diese Reaktion geht je nach Art der hydroxylgruppenhaltigen Verbindung sehr verschieden leicht vor sich: in manchen Fällen ohne Katalysator, in anderen mit alkalischen, oder wieder in anderen Fällen mit sauren Katalysatoren. Letztere eignen sich besonders für die Verätherung mit niederen primären oder sekundären Alkoholen, wobei die Temperatur im allgemeinen niedrig gehalten werden kann. Dies ist wichtig, weil Epichlorhydrin durch verdünnte Mineralsäuren bei höherer Temperatur zum Chlorhydrin hydratisiert wird. Alkalische Katalysatoren sind wieder wirkungsvoller bei sauren Hydroxylgruppen, z. B. bei Phenolen.

Umsetzungen dieser Art haben vielfach zu technisch interessanten Produkten geführt und sind daher immer wieder bearbeitet worden.

So läßt sich nach M. WITTWER[1] Epichlorhydrin mit hydroxylgruppenhaltigen Verbindungen ohne Verwendung von Katalysatoren umsetzen. Beispielsweise ergeben 1 Mol Epichlorhydrin mit 3 Mol Methanol bei 180° und 20 Atm. Chlorhydrinmethyläther, $ClCH_2 \cdot CHOH \cdot CH_2 \cdot O \cdot CH_3$ vom Kp 170°. Analog sind aus Äthylen- und Propylenoxyd mit je 3 Mol Wasser, 2 Mol Methanol und 2 Mol Eisessig mit 2 Mol Phenol, die Phenyläther gewonnen worden.

Die saure Verätherung von Epichlorhydrin mit ein- oder mehrwertigen Alkoholen ist vor allem mit Mineralsäuren durchgeführt worden. Mit Schwefelsäure haben französische und englische Forscher[2] sowie die deutsche Firma HENKEL & CIE.[3] gearbeitet, welch letzterer es gelang, auch Verätherungen mit höheren Alkoholen durchzuführen. Zum Beispiel werden 372 g Dodecanol-1 mit 92,5 g Epichlorhydrin und 10 ml konzentrierter Schwefelsäure unter mehrstündigem Rühren miteinander umgesetzt. Der 3-Chlor-2-oxy-propyl-1-dodecyläther vom $Kp_{13,5}$ 193—195° wird nach Entsäuerung mit Bariumcarbonat durch Fraktionieren gewonnen.

Metallhalogenide als Katalysatoren. K. E. MARPLE, E. C. SHOKAL und T. W. EVANS[4] veräthern niedere primäre (Methanol) und sekundäre Alkohole (Isopropylalkohol), sowie auch höhere Alkohole (Cyclopentanol, Octylalkohol) und substituierte Phenole (p-tert.-Amylphenol) mit Hilfe von Zinntetrachlorid. Zum Beispiel werden 24 Mol Methanol und 6 Mol Epichlorhydrin mit 0,012 Mol $SnCl_4$ versetzt, wobei die Temperatur spontan allmählich zum Siedepunkt steigt. Nach kurzem Nacherhitzen kann Methylglycerylchlorhydrin, $CH_3 \cdot O \cdot CH_2 \cdot CHOH \cdot CH_2Cl$ vom Kp_{10} 63—66°, durch Fraktionieren gewonnen werden. Weiterhin wird die analoge Herstellung beschrieben von: Isopropyl-glyceryl-chlorhydrin vom Kp_{10} 70—73°

Cyclopentyl-glyceryl-chlorhydrin vom Kp_8 108° und

p-tert.-Amylphenyl-glyceryl-chlorhydrin vom $Kp_{0,5}$ 140—154°.

---

[1] FP 697786, 23. 6. 30/22. 1. 31 sowie das identische US 1976677, 9. 8. 30/ 9. 10. 34; D.-Pri. 20. 8. 29, BADISCHE ANILIN- & SODAFABRIK-AG.

[2] FOURNEAU, E., u. J. RIBAS: Bl. (4), **39**, 1586 (1926) — FAIRBOURNE, A., G. P. GIBSON u. D. W. STEPHENS: Soc. **1932**, 1968.

[3] KIRSTAHLER, A.: US 2010726, 29. 11. 32/6. 8. 35; D.-Pri. 29. 12. 31.

[4] US 2327053, 18. 11. 39/17. 8. 43 u. US 2380185, 6. 11. 42/10. 7. 45, SHELL DEVELOPMENT CO.

Unter Verwendung anderer Epoxydverbindungen sind hergestellt worden: aus 5,7 g Cyclopentanol und 94 g Äthylenoxyd mit 0,01 g $SnCl_4$ bei 100—140° Oxäthylcyclopentyläther vom Kp_{10} 82°, aus Isobutylenoxyd und Isopropanol ein Gemisch von 44% des einfachen Reaktionsproduktes $(CH_3)_2 \cdot CH \cdot O \cdot C(CH_3)_2 \cdot CH_2OH$ vom Kp_{10} 42—46° neben etwa 11% der Verbindung $(CH_3)_2 \cdot CH \cdot O \cdot C(CH_3)_2 \cdot CHOH \cdot$
$\cdot C(CH_3)_2 \cdot CH_2OH$

aus Isopropylglycidyläther mit Methanol veräthert:

Isopropyl-methyl-glycerin-diäther vom Kp_{10} 74—77°.

Auch tertiäre Alkohole lassen sich in analoger Weise veräthern. Die erhaltenen hochsiedenden Äther können mannigfache technische Verwendung finden.

Den Allyläther 1,3-Dichlor-2-allyloxy-propan stellen A. Ballard und C. Morus[1] aus Allylchlorid und Epichlorhydrin nach folgendem Schema her:

$$CH_2{=}CH \cdot CH_2Cl + \underset{\diagdown O \diagup}{CH_2{-}CH \cdot CH_2Cl} \xrightarrow{\text{Cu-salz}} CH_2{=}CH \cdot CH_2 \cdot O \cdot \overset{\displaystyle CH_2Cl}{\underset{\displaystyle CH_2Cl}{CH}}$$

wobei als Katalysator Kupfersalze, wie z. B. Kupferhalogenide, Kupferacetat, vor allem aber das Kupfersalz des Diacetessigsäureesters, wesentlich sind. Beispielsweise werden äquimolekulare Mengen von Allylchlorid und Epichlorhydrin in Gegenwart von 0,5% eines Kupfersalzes (berechnet auf die Gesamtmenge) 15 Stunden bei 140—180° miteinander erhitzt.

Außer Zinntetrachlorid sind auch andere Metallhalogenide als Verätherungskatalysatoren geeignet, z. B. ist Eisenchlorid in manchen Fällen mit Erfolg angewandt worden[2].

Fluorwasserstoff. K. E. Marple, E. C. Shokal und T. W. Evans[3] empfehlen auch Fluorwasserstoff, wasserfrei, oder in Gegenwart von Wasser als wirksamen Veresterungskatalysator, insbesondere für die Veresterung von Epichlorhydrin mit niederen Alkoholen, wie Methanol, Äthanol oder Propanol. Beispielsweise wird ein Gemisch von 278 g Epichlorhydrin, 384 g Methanol und 0,88 ml einer 47%igen wäßrigen Flußsäure 19 Stunden gekocht. Nach dem Neutralisieren erhält man durch Fraktionieren Chlorhydrinmethyläther in guter Ausbeute.

Bortrifluorid. Bortrifluorid hat sich als ein besonders wirksamer Veresterungskatalysator erwiesen. Er wurde zuerst von A. A. Petrow[4] empfohlen. Seine Verwendung, insbesondere in Form verschiedener Komplexverbindungen, erfreut sich heute besonderer Beliebtheit.

Während Di- und Polyepoxydverbindungen, die durch Umsetzen von mehrwertigen Alkoholen mit Epichlorhydrin in Gegenwart von Bortrifluorid und anschließender Chlorwasserstoffabspaltung hergestellt

[1] DRP 852541, 13. 12. 49/14. 8. 52; US-Pri. 13. 12. 48, Bataafsche.
[2] Grummitt, O., u. R. F. Hall: Am. Soc. **66**, 1229 (1944).
[3] US 2260753, 23. 10. 39/28. 10. 41, Shell Development Co.
[4] Petrow, A. A.: Russ. **10**, 987 (1940) — C. A. **35**, 3603 (1941).

werden, als Epoxydharzvorprodukte im Kapitel „Epoxydharze" beschrieben werden, möge als Beispiel für die Herstellung von Monoglycidyläthern die Überführung von Monomethyläthern von Diäthylenglykol, Dipropylenglykol oder von Äthylenpropylendiglykol in die Monoglycidyläther angeführt werden, wie dies B. G. Wilkes und A. B. Steele[1] beschrieben haben. — Beispielsweise werden 960 g (8 Mol) Diäthylenglykolmonomethyläther, dem 1 ml BF_3-Ätherkomplex zugesetzt ist, bei 75—85° tropfenweise mit 185 g (2 Mol) Epichlorhydrin versetzt und dann einige Zeit bei 100° erhitzt. Nach Abdestillieren der nicht umgesetzten Komponenten werden 383 g des Glycerylchlorhydrinäthers des Diglykolmonomethyläthers erhalten. Die Überführung in den Glycidyläther wird in ätherischer Lösung bei 10° durch Eintropfen der berechneten Menge wäßriger 50%iger Natronlauge durchgeführt. Der nach dem Reinigen durch Fraktionieren gewonnene Glycidyläther

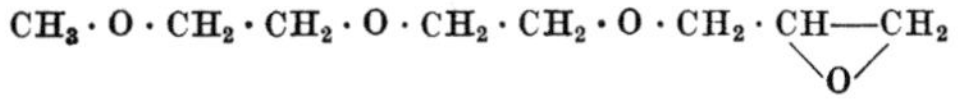

$$CH_3 \cdot O \cdot CH_2 \cdot CH_2 \cdot O \cdot CH_2 \cdot CH_2 \cdot O \cdot CH_2 \cdot CH\underset{\diagdown O \diagup}{-\!\!-}CH_2$$

siedet bei 4 mm bei 95—97°. Diese Verbindung, wie auch analoge anderer Diglykole, weisen eine ausgezeichnete Mischbarkeit nicht nur mit organischen Lösungsmitteln sondern auch mit Wasser auf, und können in vielen Fällen, in denen schlechte Wasserlöslichkeit vorliegt, als wirksame Lösungsvermittler angewandt werden.

Überführen der Chlorhydrinäther in Epoxydverbindungen. Besondere Bedeutung haben Chlorhydrinäther auch deshalb erlangt, weil sie durch Chlorwasserstoffabspaltung in Glycidyläther überführt werden können. Diese Reaktion ist wiederholt studiert worden, und es sind eine Reihe patentierter Verfahren bekannt geworden, um die Gewinnung von Epoxyhydrinäther möglichst rationell durchzuführen.

H. P. Groll und G. Hearne[2] führen diese Chlorwasserstoffabspaltung mit basischen anorganischen Verbindungen aller Art, wie Natron- oder Kalilauge, Ammoniak, Ammoncarbonat oder Ammoniumborat durch. Zum Beispiel werden 110,5 g Chlorhydrin und 500 ml 2 n Natronlauge 10 Minuten bei gewöhnlicher Temperatur gerührt, dann wird ausgeäthert und durch Fraktionieren das Glycid

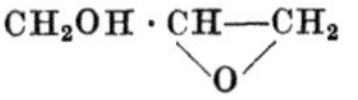

$$CH_2OH \cdot CH\underset{\diagdown O \diagup}{-\!\!-}CH_2 \qquad \text{vom Kp 160—162°}$$

gewonnen. Die Ausbeute beträgt etwa 50% der Theorie. — In analoger Weise werden substituierte Chlorhydrine und höhere chlorierte Glykole, z. B. 3,3'-Dichlor-isobutylenglykol, welches 2-Chlormethylglycid,

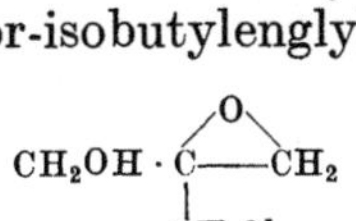

$$CH_2OH \cdot \underset{\underset{CH_2Cl}{|}}{C}\overset{\overset{O}{\diagup \diagdown}}{-\!\!-}CH_2 \qquad \text{vom Kp}_1\ 85°$$

liefert, in die Epoxydverbindungen übergeführt. — Außer mit Alkalihydroxyden kann in manchen Fällen die Umsetzung auch mit Natriumbicarbonat oder mit Erdalkalihydroxyden durchgeführt werden.

---

[1] US 2743285, 20. 12. 51/24. 4. 56, Union Carbide & Carbon Corp.
[2] US 2070990, 25. 6. 34/16. 2. 37, Shell Development Co.

Dieselben Erfinder zeigen in einer anderen Patentschrift[1] wie unmittelbar nach der mit Zinntetrachlorid ausgeführten Verätherung in den Chlorhydrinäther in einem Arbeitsgang durch Zugabe starker Natronlauge die Überführung in den Glycidyläther erfolgen kann. Beispielsweise wird nach der Umsetzung von 5 Mol Epichlorhydrin mit 25 Mol Allylalkohol mittels 0,03 Mol $SnCl_4$ bei 15° mit der berechneten Menge 40%iger Natronlauge versetzt und einige Zeit bei 90° erhitzt. Der gebildete Allylglycidyläther vom Kp_{80} 87—88° wird durch Destillation der neutralen Reaktionsflüssigkeit gewonnen. — Zur Gewinnung höhermolekularer Glycidyläther ist in der Regel wesentlich höhere Temperatur sowie die Verwendung inerter Lösungsmittel erforderlich[2].

J. G. ERICKSON[3] beschreibt ein Verfahren, das die Chlorwasserstoffabspaltung bei niederer Temperatur (15—40°) durch Verwendung von Natriumalkoholaten, insbesondere von Natrium-tert.-butylat, in wasserfreien Lösungsmitteln wie Äther oder tert.-Butanol vorzunehmen gestattet. Dieses Verfahren ist besonders wertvoll, um Acrylsäurechlorhydrinester in Acrylsäureglycidylester zu überführen:

$$CH_2{=}CH \cdot CO \cdot O \cdot CH_2 \cdot CHOH \cdot CH_2Cl \;\rightarrow\; CH_2{=}CH \cdot CO \cdot O \cdot CH_2 \cdot \underset{\displaystyle \diagdown_{\,O}\diagup}{CH{-}CH_2}$$

wobei Polymerisation möglichst weitgehend vermieden wird. Trotzdem ist der Zusatz eines Inhibitors wie Hydrochinon zweckmäßig.

Es muß bei dieser Gelegenheit darauf aufmerksam gemacht werden, daß die Salzsäureabspaltung aus Chlorhydrinäthern nicht immer zu der Epoxydverbindung führt. Mit dieser Reaktion konkurriert die Hydrolyse:

$$R \cdot O \cdot CH_2 \cdot CHOH \cdot CH_2Cl + H_2O \;\rightarrow\; R \cdot O \cdot CH_2 \cdot CHOH \cdot CH_2OH + HCl$$

die zur Bildung von Glycerinäthern führt. Diese Reaktion findet immer in mehr oder weniger hohem Maße statt, wenn mit starken wäßrigen Alkalien in zu großer Verdünnung gearbeitet wird oder wenn der Entzug der Salzsäure mit schwachen Alkalien (Natriumbicarbonat) durchgeführt wird. Manche Fehlschläge bei der Herstellung von Epoxydverbindungen im Hinblick auf ihre Verwendung als Epoxydharze sind darauf zurückzuführen, daß infolge zu großer Verdünnung Hydratisierung der Epoxydgruppen erfolgt ist.

A. FAIRBOURNE, G. P. GIBSON und W. S. STEPHENS[4] haben Glycerinäther dieser Art direkt durch Erhitzen von 1-Chlorhydrin mit einem großen Überschuß des zu veräthernden Alkohols in Gegenwart von einem etwa 10%igem Überschuß des berechneten Alkalis hergestellt. Beispielsweise erhält man mit Äthanol den Glycerinäthyläther:

$$HO \cdot CH_2 \cdot CHOH \cdot CH_2Cl + HO \cdot C_2H_5 + NaOH$$
$$\rightarrow HO \cdot CH_2 \cdot CHOH \cdot CH_2 \cdot O \cdot C_2H_5$$

---

[1] US 2314039, 30. 9. 40/16. 3. 43.

[2] Siehe hierzu auch Arbeiten von FAIROURNE, A., G. P. GIBSON u. W. D. STEPHENS: Soc. **1932**, 1968.

[3] US 2567842, 19. 6. 48/11. 9. 51, AMERICAN CYANAMID CO.

[4] FAIRBOURNE, A., G. P. GIBSON u. W. S. STEPHENS: Chem. and Ind. **49**, 1022, (1930).

Wird dagegen in der Weise gearbeitet, daß Epichlorhydrin in ein siedendes Gemisch des Natriumhydroxyd enthaltenden Alkohols eingetropft wird, so wird der Glycerindiäthyläther erhalten:

$$CH_2Cl \cdot CH{-}CH_2 + 2\,C_2H_5OH + NaOH \rightarrow C_2H_5 \cdot O \cdot CH_2 \cdot CHOH \cdot CH_2 \cdot O \cdot C_2H_5$$

Nach diesem Verfahren wurden Ausbeuten von 80—85% an Diäthern mit einer Reihe von niederen Alkoholen erzielt. Die Ausbeute kann auf über 90% gebracht werden, wenn im wasserfreien Medium mit Natriummethylat gearbeitet wird. Naturgemäß können Glycerindiäther nach diesem Verfahren auch ausgehend von 1,3-Dichlorhydrin hergestellt werden, wenn die Menge an Natronlauge entsprechend erhöht wird.

Verätherungen dieser Art, die zur Herstellung von Glycerin-dimethyl-, -diäthyl-, -dipropyl-, -diallyl- und -diisoamyläther geführt haben, sind bereits 1897 von V. Zunino[1] ausgeführt worden. Diese Umsetzungen wurden jedoch mit den berechneten Alkoholmengen vorgenommen und ergaben nur sehr mäßige Ausbeuten sowie erhebliche Anteile an höhermolekularen Reaktionsprodukten.

Glycerin-di- und -triäther haben K. E. Marple, E. C. Shokal und T. W. Evans[2] mittels Zinntetrachlorid hergestellt. Wenn stufenweise veräthert wird, können gemischte Äther erzielt werden. Statt bei einem Glycerindiäther die dritte Hydroxylgruppe auch mit einem Alkohol zu veräthern, kann diese mit einem Glycidyläther umgesetzt werden, wobei eine Seitenkette entsteht, die wieder eine Hydroxylgruppe aufweist:

$$\begin{array}{l} CH_2 \cdot OR \\ | \\ CHOH \\ | \\ CH_2 \cdot OR' \end{array} + CH_2{-}CH \cdot CH_2 \cdot OR'' \rightarrow \begin{array}{l} CH_2 \cdot OR \\ | \\ CHO \cdot CH_2 \cdot CHOH \cdot CH_2 \cdot OR'' \\ | \\ CH_2 \cdot OR' \end{array}$$

Diese Hydroxylgruppe kann ihrerseits mit einem weiteren Mol Glycidyläther in Reaktion treten. Durch vielfache Wiederholung dieser Additionsreaktion entstehen komplexe Polyäther. In dieser Weise sind Glycerinpolyäther aus primären, sekundären und tertiären aliphatischen und alicyclischen Alkoholen gesättigter oder ungesättigter Art hergestellt worden. Zur Erzielung möglichst monomerer Glycerintriäther ist bei der Umsetzung mit einem Glycidyläther der Glycerindiäther in einem mindestens 5fachen Überschuß zu verwenden, der nach erfolgter Reaktion bei gutem Vakuum wieder abdestilliert werden kann.

Das von V. Zunino[3] zur Herstellung von Glycerin-1,3-diäthern durch Umsetzen von Epichlorhydrin mit einer 10%igen Lösung von Kaliumhydroxyd in dem Reaktionsalkohol angegebene Verfahren, haben H. R. Henze und B. G. Rogers[4] dadurch verbessert, daß sie

---

[1] Zunino, V.: Atti Linc. (5) **6**, 349 (1897).

[2] US 2327053, 18. 11. 39; US 2380185, 6. 11. 42/10. 7. 45, Shell Development Co.

[3] Zunino, V.: Atti Linc. (5) **9**, I, 310 (1900).

[4] Henze, H. R., u. B. G. Rogers: Am. Soc. **61**, 434 (1939).

mit den Natriumalkoholaten der betreffenden Alkohole arbeiteten und nicht von Epichlorhydrin, sondern von Dichlorhydrin ausgingen. So wurden durch Eintropfen von 1 Mol Dichlorhydrin in eine Lösung von 2 g-Atomen Natrium in 1 Liter des betreffenden Alkohols die folgenden 1,3-Diglycerinäther gewonnen:

Dimethyläther	Kp_9 65— 66°	Diäthyläther	Kp_2 61— 62°
Di-n-propyläther	Kp_2 82— 83°	Di-isopropyläther	Kp_2 74— 75°
Di-n-butyläther	Kp_2 104—105°	Di-isobutyläther	Kp_4 105°
Di-tert.-butyläther	Kp_2 95— 96°	Di-n-amyläther	Kp_2 124—125°
Di-isoamyläther	Kp_2 125—126°		

Diese 1,3-Glycerindiäther lassen sich durch Natriumbichromat bei 15—20° nach dem von CONANT und QAUYLE in den „Organic Syntheses" 1922 II, S. 13, beschriebenen Verfahren zu sym. Dialkoxyacetonen oxydieren, von denen die folgenden beschrieben werden:

Dioxmethylaceton	Kp_{18} 78°	Dioxäthylaceton	Kp_{35} 105°
Diox-n-propylaceton	Kp_{28} 124—125°	Diox-isopropylaceton	Kp_1 75— 76°
Diox-n-butylaceton	Kp_3 111—112°	Diox-isobutylaceton	Kp_1 91— 93°
Diox-tert.-butylaceton	Kp_1 88— 90°	Diox-n-amylaceton	Kp_1 128—129°
Diox-isoamylaceton	Kp_1 120—122°		

Die Überführung von Glycerin-1,3-diäthern in Triäther ist auch in der Weise ausgeführt worden, daß die Natriumverbindung des Diäthers mit Dialkylsulfaten umgesetzt wurde[1]. Auch die Veresterung mit Carbonsäuren oder ihren Anhydriden in Gegenwart von wenig Schwefel- oder Phosphorsäure oder aromatischen Sulfonsäuren ist durchgeführt worden.

Einwirkung von Oxoniumverbindungen. H. MEERWEIN, G. HINZ, P. HOFFMANN, P. KRONING und E. PFEIL[2] haben die Einwirkung von Ätheradditionsprodukten von Bortrifluorid, Antimonpentachlorid und Zinntetrachlorid auf Epichlorhydrin studiert. Hierbei wurden nicht die bisher üblichen sehr kleinen katalytischen Mengen angewandt, sondern etwa 1 Mol dieser Halogensalzätherate auf 1 Mol Epichlorhydrin. Allmähliches Eintragen des Epichlorhydrins zum Bortrifluoriddiätherat ergibt ein halbfestes Produkt, das als das bisher unbekannte Triäthyloxoniumborfluorid, $[(C_2H_5)_3 \equiv O\text{—}]BF_4$ vom F 124,5°, identifiziert wurde, während die Ätherlösung einen kleinen — etwa 10% des Gesamtumsetzungsproduktes betragenden Anteil — von dem Borsäureester des 3-Chlor-2-oxypropyl-1-monoäthyläthers

$$\left[\begin{matrix} Cl \cdot CH_2 \\ C_2H_5 \cdot O \cdot CH_2 \end{matrix} \!\!\! \diagdown\!\! CH \cdot O\text{—} \right]_3 \!\!\! -B$$

enthält. Es hat demnach folgende Umsetzung stattgefunden:

$$\begin{matrix} ClCH_2 \cdot CH \\ | \\ CH_2 \end{matrix}\!\!\!\diagdown\!\! O \ + \ \begin{matrix} C_2H_5 \\ C_2H_5 \end{matrix}\!\!\!\diagdown\!\! O \cdots BF_3 + 2 \begin{matrix} C_2H_5 \\ C_2H_5 \end{matrix}\!\!\!\diagdown\!\! O$$

$$\rightarrow \ 3[(C_2H_5)_3 \cdot O] \cdot BF_4 \ + \ \left[\begin{matrix} ClCH_2 \\ C_2H_5 \cdot O \cdot CH_2 \end{matrix}\!\!\!\diagdown\!\! CH \cdot O \right]_3 \!\!\! -B$$

---

[1] FAIRBOURNE, A., G. P. GIBSON u. W. D. STEPHENS: Chem. and Ind. **49**, 1022 (1930).

[2] MEERWEIN, H., G. HINZ, P. HOFFMANN, P. KRONING u. E. PFEIL: J. pr. Ch. **147**, 257—285 (1937).

Dieselbe Reaktionsfolge findet auch mit Antimonpentachlorid und Zinntetrachlorid statt.

Bei der Zersetzung des Borsäureesters mit verdünnter Sodalösung wird 1-Chlor-2-oxypropyl-3-äthyläther, $ClCH_2 \cdot CHOH \cdot CH_2 \cdot O \cdot C_2H_5$, erhalten. Da die Autoren den zu erwartenden 1-Chlor-propyl-2,3-diäthyläther hatten herstellen wollen, gab dieser überraschende Befund den Anlaß zu weiteren Untersuchungen, die zu der Entdeckung des Triäthyloxoniumborfluorids als Repräsentant einer neuen Gruppe von Oxoniumverbindungen führte.

Triäthyloxoniumborfluorid sowie aus anderen Alkyläthern gewonnene Trialkyloxoniumborfluoride, sind sehr milde Alkylierungsmittel, mit denen Alkylierungen durchgeführt werden können, die auf anderem Wege nicht möglich sind. So läßt sich damit ohne weiteres aus 1-Chlor-2-oxypropyl-3-äthyläther der 1-Chlor-propyl-2,3-diäthyläther herstellen, ohne das Chloratom in Mitleidenschaft zu ziehen. Diese Alkylierungsreaktion läßt sich folgendermaßen formulieren:

$$
\begin{array}{l}
Cl \cdot CH_2 \\
\quad | \\
CHOH \qquad + (C_2H_5)_3 \equiv O{-}BF_4 \quad \rightarrow \\
\quad | \\
CH_2 \cdot O \cdot C_2H_5
\end{array}
\qquad
\begin{array}{l}
Cl \cdot CH_2 \\
\quad | \\
CH \cdot O \cdot O \equiv (C_2H_5)_3 \; + \; BF_3 \cdot HF \\
\quad | \\
CH_2 \cdot O \; C_2H_5
\end{array}
$$

$$
\begin{array}{l}
Cl \cdot CH_2 \\
\quad | \\
CH \cdot O \cdot O \equiv (C_2H_5)_2 \quad \rightarrow \\
\quad | \\
CH_2 \cdot O \cdot C_2H_5
\end{array}
\qquad
\begin{array}{l}
Cl \cdot CH_2 \\
\quad | \\
CH \cdot O \cdot C_2H_5 \; + \; C_2H_5 \cdot O \cdot C_2H_5 \\
\quad | \\
CH_2 \cdot O \cdot C_2H_5
\end{array}
$$

Diese hervorragende Alkylierungsreaktion scheint noch viel zu wenig bekannt zu sein, und man sollte sie bei Synthesen mehr berücksichtigen als bisher, zumal sie nicht mit besonderen Kosten verknüpft ist. Selbst für Arbeiten im technischen Maßstabe kann sie mit Vorteil Verwendung finden.

Chlorhydrine als Alkoholkomponente. Die Umsetzung von Epichlorhydrin mit der Hydroxylgruppe von Chlorhydrinen wurde zuerst von E. Fourneau und J. Ribas[1] studiert. Mit den technisch anfallenden Isomerengemischen von Dichlorhydrinen konnte unter Verwendung von Zinntetrachlorid als Katalysator der (von 1,3-Dichlorhydrin) erwartete 1,3-Dichlorpropyl-2-(3′-chlor-2′-oxypropyl-)-äther, $(Cl \cdot CH_2)_2 \cdot CH \cdot O \cdot CH_2 \cdot CHOH \cdot CH_2Cl$, hergestellt werden. An Glycidyläthyläther konnte ebenfalls mittels Zinntetrachlorid Äthylenchlorhydrin zu 1-Äthoxy-2-oxy-3-β-chloräthoxy-propan addiert werden:

$$
Cl \cdot CH_2{-}CH_2OH + CH_2{-}CH \cdot CH_2 \cdot O \cdot C_2H_5 \; \xrightarrow{\; SnCl_4 \;} \; Cl \cdot CH_2 \cdot CH_2 \cdot O \cdot CH_2 \cdot CHOH \cdot CH_2 \cdot O \cdot C_2H_5
$$

Entsprechend kann Epichlorhydrin unter dem katalytischen Einfluß von konzentrierter Schwefelsäure an Äthylenchlorhydrin unter Bildung von 1-Chlor-2-oxy-3-β-chloräthoxy-propan addiert werden.

Die S. A. DES MANUFACTURES DES GLACES ET PRODUITS CHIMIQUES DE ST. GOBAIN, CHAUNY ET CIREY[2] ließ sich ein Verfahren schützen,

[1] FOURNEAU, E., u. J. RIBAS: Bl. (4), **41**, 1049, (1927).

[2] FP 1055569, 8. 5. 52/19. 2. 54, S. A. DES MANUFACTURES DES GLACES ET PRODUITS CHIMIQUES DE ST. GOBAIN, CHAUNY ET CIREY.

nach welchem Chlorhydrine als Alkoholkomponente mit Epichlorhydrin in Gegenwart von Bortrifluorid veräthert werden. Beispielsweise werden zu 241,5 g Äthylenchlorhydrin mit 1 ml BF_3/Äther in 3 Stunden 92,5 g Epichlorhydrin bei 20—25° eingetropft. Nach 1 tägigem Stehen wird fraktioniert, wobei man 146 g 1-Chlor-2-oxy-3-propyl-β-chloräthyläther vom Kp_{11} 118° sowie 17 g des Diäthers (Chlormethyl-chloräthoxyäthyl-(chloroxypropyl)-äther):

$$Cl \cdot CH_2 \cdot CH_2 \cdot O \cdot CH_2 \cdot CH(CH_2Cl) \cdot O \cdot CH_2 \cdot CHOH \cdot CH_2Cl$$

$$Kp_{23} \ 194\text{—}195°, \ Kp_1 \ 154°$$

erhält. Wie aus den Ausbeuten ersichtlich, lagert sich vorwiegend 1 Mol Epichlorhydrin an, das zweite Mol wesentlich schwerer. Weitere Anlagerungen finden bei diesem Verfahren nicht statt. Jedoch kann man an den Hydroxylgruppen weitere Additionen von Epichlorhydrin erzielen und längere Ketten aufbauen, wenn erneut Bortrifluorid zugegeben wird. Produkte dieser Art finden Verwendung als Zwischenprodukte zum Aufbau von Kunststoffen sowie als Weichmacher und als Textilhilfsmittel.

Von der N. V. Philips Gloeilampenfabriek[1] wurde gefunden, daß die Addition von Epichlorhydrin an Äthylenchlorhydrin, die normalerweise bei 20—30° in Gegenwart des erforderlichen Alkalis über 1-(2'-chloräthoxy)-2-oxy-3-chlorpropan zu Chloräthylglycidyläther führt:

$$ClCH_2\text{—}CH_2OH + \underset{\diagdown O \diagup}{CH_2\text{—}CH} \cdot CH_2Cl \ \rightarrow \ ClCH_2 \cdot CH_2 \cdot O \cdot CH_2 \cdot CHOH \cdot CH_2Cl$$

$$\xrightarrow{\ NaOH\ } \ ClCH_2 \cdot CH_2 \cdot O \cdot CH_2 \cdot \underset{\diagdown O \diagup}{CH\text{—}CH_2}$$

in Gegenwart von Chlorzink mit anschließender Einwirkung der berechneten Menge Natronlauge bei 120° 2-Oxmethyl-1,4-dioxan entstehen läßt:

$$\underset{\underset{CH_2}{|}}{\underset{CH}{|}}{ClCH_2} \diagdown O \ + \ \underset{CH_2OH}{|}{CH_2Cl} \ \xrightarrow{\ ZnCl_2\ } \ ClCH_2 \cdot \underset{\underset{O}{\diagdown\diagup}}{\underset{CH_2\ CH_2}{|\ \ |}}{\overset{\overset{OH}{\diagup}}{CH}\ CH_2Cl} \ \xrightarrow[120°]{\ NaOH\ } \ HO \cdot CH_2 \cdot \underset{\underset{O}{\diagdown\diagup}}{\underset{CH_2\ CH_2}{|\ \ |}}{\overset{\overset{O}{\diagup\diagdown}}{CH}\ CH_2}$$

Dieses Oxymethyldioxan ist als solches vielseitig verwertbar, es läßt sich auch leicht substituieren. So wird die Herstellung der tert.-Butyloxymethyl-, Phenoxymethyl-, p-Nitrophenoxymethyl- und Dimethylamino-methyl-dioxanverbindungen beschrieben. Diese neuartigen Verbindungen sollen als Zwischenprodukte, Pharmaceutica, Insekticide und dergleichen Verwendung finden.

Eigenschaften der Glycerinäther. Die Glycerin-mono-, -di und -triäther sind stabile Flüssigkeiten von geringem oder keinem Geruch, die zumeist farblos gewonnen werden. Sie sind gute Lösungsmittel oder

---

[1] FP 1084038, 25. 9. 53/14. 1. 55, N. V. Philips Gloeilampenfabriek.

Weichmacher für Harze und Celluloseester und -äther. Es werden insbesondere

Epiäthylin $\quad CH_2\!-\!CH \cdot O \cdot C_2H_5$ über O $\quad$ Kp 124—126°

Epiphenylin $\quad CH_2\!-\!CH \cdot O \cdot C_6H_5$ über O $\quad$ Kp$_{22}$ 130—132°

als Lösungsmittel,

Glycerin-1-phenyläther

$$CH_2OH \cdot CHOH \cdot CH_2 \cdot O \cdot C_6H_5 \quad F\ 65\text{—}72°,\ Kp_{0,6}\ 145\text{—}148°$$

eine wachsartige Masse, als Weichmacher, als Ersatz für Trikresylphosphat und Glycerin-1,3-diphenyläther

$$C_6H_6 \cdot O \cdot CH_2 \cdot CHOH \cdot CH_2 \cdot O \cdot C_6H_5 \quad F\ 80\text{—}81°,\ Kp_2\ 175°$$

mit überhitztem Dampf bei 250° destillierbar, als Weichmacher und Kampferersatz empfohlen[1].

Glycerinmonoäthyläther ist auch als ungiftiger Träger für Geschmackstoffe in flüssigen Aroma-Essenzen für Puddings und dergleichen empfohlen worden[2].

Glycerindiäthyläther ist als Lösungsmittel für Arzneimittel, die injiziert werden sollen, brauchbar[3].

Glycerindecyläther hat sich für die Herstellung von Ölemulsionen für Majonnaise, Hautcreme und dergleichen als geeignet erwiesen[4].

Glycidyläther, insbesondere Glycidyläthyläther, weisen eine hervorragende Lösefähigkeit für Harze, Wachse und manche andere Materialien auf und erteilen damit verschnittenen Lacken besonders hohe Wetterfestigkeit[5].

Umsetzung von Glycerinäthern mit Ketonen. Glycerinmonoäther lassen sich mit Ketonen zu cyclischen Ketalen (Dioxolanen) umsetzen in analoger Weise wie dies TH. BERSIN und G. WILLFANG[6] bei der Umsetzung von Epichlorhydrin mit Aldehyden gezeigt haben. Die Additionsreaktion erfolgt nach folgendem Schema:

$$\begin{array}{l} CH_2 \cdot O \cdot R \\ | \\ CHOH \\ | \\ CH_2OH \end{array} + OC{<}{{}^{R'}_{R''}} \rightarrow \begin{array}{l} CH_2 \cdot O \cdot R \\ | \\ CH\!-\!O \\ | \quad\quad\ {>}C{<}{{}^{R'}_{R''}} \\ CH_2\!-\!O \end{array}$$

So beschreibt G. WILLFANG[7] die Herstellung von Diäthylketon-γ-brompropylen-acetal

$$\begin{array}{c} Br \cdot CH_2 \cdot CH\!-\!\!-CH_2 \\ |\quad\quad\ | \\ O\quad\ \ O \\ {\diagdown}C{\diagup} \\ (C_2H_5)_2 \end{array} \quad \text{vom Kp}_2\ 82\text{—}85°$$

---

[1] FAIRBOURNE, A., G. P. GIBSON u. D. W. STEPHENS: Chem. and Ind. **49**, 1022 (1930), sowie **51**, 376 (1932).

[2] STOCKELBACH, F.: US 2180932, 30. 6. 39/21. 11. 39.

[3] LAUTENSCHLÄGER, C. L., M. BOCKMÜHL u. R. SCHWABE: US 1752305, 1. 4. 30, HOECHST, WINTHROP CHEM. Co.

[4] HARRIS, B. R.: US 2052025/26, 25. 8. 36).

[5] STEPHENS, D. W.: Chem. and Ind. **51**, 375 (1932).

[6] BERSIN, TH., u. G. WILLFANG: B. **70**, 2167, (1937).

[7] WILLFANG, G.: B. **74**, 145 (1941).

durch Eintragen einer Lösung von 15 g Zinntetrachlorid in 50 ml Tetrachlorkohlenstoff bei 24—32° in eine Lösung von 50 g Epibromhydrin und 30 g Diäthylketon in 100 ml Tetrachlorkohlenstoff, wobei sich ein rotes, aromatisch riechendes Öl abscheidet, das unter vermindertem Druck fraktioniert wird. Entsprechend hat K. E. Marple[1] unter Verwendung eines aus gekracktem Wachs und anschließender Oxydation erhaltenen Keton mit 8 Kohlenstoffatomen durch Umsetzen mit Glycerinphenyläther in Gegenwart von wenig Salzsäure ein cyclisches Ketal vom Kp_2 122—125°, und mit einem aus alkyliertem Phenol durch Hydrieren zum cyclischen Alkohol mit anschließender Oxydation gewonnenen cyclischen Keton ein Ketal vom Kp_1 110—114° als viscose Flüssigkeiten hergestellt. Beide Ketale haben als Lösungsmittel und Weichmacher wertvolle Eigenschaften.

Glycerinallyläther. Ungesättigte Äther des Glycerins oder des Glycids, insbesondere die Allyläther, haben für verschiedene Zwecke technische Verwendung gefunden. Durch Umsetzen mit zweiwertigen Carbonsäuren oder ihren Anhydriden lassen sich aus ihnen härtbare Alkydharze herstellen. Beispielsweise werden 26,4 g Glycidallyläther mit 29,6 g Phthalsäureanhydrid in einer Stickstoffatmosphäre etwa 50 Stunden bei 180° erhitzt. Die hochviscose, dunkelbraune Masse gibt, in Aceton gelöst, nach Zusatz eines Siccativs Aufstriche, die bei gewöhnlicher Temperatur nach 5—6 Tagen klebfrei sind und bei 120° im Ofen in kurzer Zeit härten. Die gehärteten Aufstriche zeichnen sich durch besonders hohe Elastizität und Biegsamkeit aus[2].

Umsetzungen mit mehrwertigen Alkoholen. Die Reaktion zwischen Epichlorhydrin und mehrwertigen Alkoholen ist vielfach unter wissenschaftlichen und technischen Gesichtspunkten bearbeitet worden.

Äthylenglykol addiert Epichlorhydrin unter Verwendung von konzentrierter Schwefelsäure als Katalysator. Bei der Umsetzung von äquimolekularen Mengen wird 1-Chlor-2-oxy-3-oxäthylpropyläther, $ClCH_2 \cdot CHOH \cdot CH_2 \cdot O \cdot CH_2 \cdot CH_2 \cdot OH$, bei der Einwirkung von 2 Mol Epichlorhydrin Äthylenglykol-di-(3-chlor-2-oxy-propyl)-äther, $Cl \cdot CH_2 \cdot CHOH \cdot CH_2 \cdot O \cdot CH_2 \cdot CH_2 \cdot O \cdot CH_2 \cdot CHOH \cdot CH_2Cl$, erhalten. Wird Epichlorhydrin mit 2 Mol der Mononatriumverbindung des Äthylenglykols, gelöst in einem Überschuß von Äthylenglykol, umgesetzt, wird der 1,3-Dioxäthyl-2-oxypropyläther, $HO \cdot CH_2 \cdot CH_2 \cdot$ $\cdot O \cdot CH_2 \cdot CHOH \cdot CH_2 \cdot O \cdot CH_2 \cdot CH_2OH$, gewonnen[3].

Spätere Bearbeiter der Umsetzung von Epichlorhydrin mit mehrwertigen Alkoholen haben mit Zinntetrachlorid als Katalysator gearbeitet. Wenn die zum Veräthern sämtlicher Hydroxylgruppen erforderliche Menge Epichlorhydrin angewandt wird, zeigt es sich, daß bei der alkalischen Überführung der in der ersten Stufe entstandenen Chlorhydrinäther in die Glycidyläther weitgehende Polymerisation erfolgt. Dies kann jedoch weitgehend durch Anwendung eines großen

[1] US 2377568, 3. 3. 41/5. 6. 45, Shell Development Co.

[2] Evans, T. W., u. D. E. Adelson: US 2448258, 14. 9. 45/31. 8. 48, Shell Development Co.

[3] Kharash, M. S., u. W. Nudenberg: J. org. Ch. 8, 190 (1943).

Epichlorhydrinüberschusses vermieden werden, wie schon P. Castan[1] gezeigt hat. Durch 12stündiges Rückflußkochen von 42 g Äthylenglykol, 420 g Epichlorhydrin und 2 ml konzentrierter Schwefelsäure, neutralisieren mit $CaCO_3$, filtrieren, abdestillieren des Epichlorhydrinüberschusses, Behandeln des Dichlorhydrins mit 30%iger Natronlauge bis zur bleibenden alkalischen Reaktion und Trennen der beiden Schichten werden durch Vakuumdestillation 40 g des monomeren Äthylen-di-glycidyläthers

$$CH_2{-}CH \cdot CH_2 \cdot O \cdot CH_2 \cdot CH_2 \cdot O \cdot CH_2 \cdot CH{-}CH_2$$

erhalten.

In einer neueren Arbeit empfehlen S. G. Cohen und H. G. Haas[2] die Aufarbeitung des Dichlorhydrins durch Behandeln seiner Ätherlösung mit 50%iger wäßriger Natronlauge bei Eiskühlung. Durch Fraktionieren der Ätherlösung wird als Hauptprodukt Äthylenglykol-diglycidyläther vom Kp_{10} 128—131° und zu einem kleinen Anteil Oxäthylglycidyläther vom Kp_{10} 89—90° erhalten, während ein erheblicher Anteil an polymeren Produkten als Rückstand verbleibt.

Bei der Umsetzung der Mononatriumverbindung des Glycerins mit Epichlorhydrin hat J. Nivière[3] höhermolekulare Produkte erhalten, die er als innere Anhydride des Glycerins ansieht.

Durch Erhitzen von 1 Mol Glycerin mit 3 Mol Epichlorhydrin bis zum Erreichen eines Siedepunktes von 200°, wobei die anfänglichen 2 Schichten sich vereinigt haben, wurde ein Gemisch von Glycerinmono-, -di- und -tri-(1-Chlor-2-oxy-3-propyläther) erhalten, welche durch Fraktionieren voneinander getrennt werden können[4].

Die Herstellung von Polyepoxyden mehrwertiger Alkohole hat durch das Bekanntwerden der wertvollen Eigenschaften daraus erhältlicher Epoxydharze ein erhebliches Interesse gewonnen. Obgleich die Gewinnung von Epoxydverbindungen dieser Art im Prinzip kein Problem ist, wird die Umsetzung zu den Chlorhydrinen und die Salzsäureabspaltung daraus noch immer bearbeitet, da vielfach die Ausbeuten zu wünschen übriglassen.

J. D. Zech[5] beschreibt die Umsetzung von Epichlorhydrin mit Glycerin, Trimethylolpropan, Dioxyoctadecan, Polyallylalkohol u. a. m. mittels Friedel-Craftscher Katalysatoren, vornehmlich Bortrifluorid mit einer Zusatzmenge von 0,1—0,2% der Gesamtmenge, bei 60—120°. Die Überführung in die Epoxyde mittels Alkalien erfolgt in verschiedener Weise: nach US 1446872 im wasserfreien Medium, nach US 2061377 mit wäßrigen Alkalien, nach US 2070990, 2224849, 2248635 und 2314039 mittels Metallsalzen starker Basen oder schwacher Säuren. Es wird die Verwendung von Alkalialuminat, -zinkat und -silikat be-

[1] BP 518057, 10. 12. 38/15. 2. 40, Gebr. de Trey A. G.

[2] Cohen, S. G., u. H. G. Haas: Am. Soc. **1953**, S. 1733.

[3] Nivière, J.: C. r. **156**, 1628 (1913).

[4] Loehr, O.: DRP 510422, 19. 12. 25/18. 10. 30, I. G.

[5] US 2538072, 11. 6. 47/16. 1. 51; US 2581464, 16. 9. 47/8. 1. 52 sowie FP 1069928, 19. 1. 53/13. 7. 54; US-Pri. 19. 2. 52, Devoe & Raynolds Co.

schrieben. Natriumaluminat erfreut sich heute für diesen Zweck großer
Beliebtheit, wenn es in einer Chlorhydrin-Dioxanlösung, gegebenenfalls
mit einem kleinen Zusatz von Wasser, zur Einwirkung kommt. Beispielsweise werden 370 g des rohen Epichlorhydrin-Glycerinbor-
trifluorid-Umsetzungsproduktes (bei 60—90°) in 900 ml Dioxan gelöst
und mit 300 g Natriumaluminat, $Na_2Al_2O_4$, wasserfrei, 9 Stunden bei
90—95° gerührt. Bei manchen Chlorhydrinen ist es günstig, dem Ansatz etwas Wasser zuzusetzen. Aus der Dioxanlösung erhält man 261 g
Glycerintriglycidyläther, der sich bei gutem Vakuum durch Destillation
reinigen läßt. Es werden eine Reihe von Modifikationen beschrieben,
bei denen dem Chlorhydrin nicht das gesamte Chlor entzogen wird,
sondern noch einige Prozente (1 bis über 10%) in dem Umsetzungsprodukt verbleiben, da Produkte dieser Art für gewisse Zwecke sich besser
eignen sollen.

Polyvinylalkohole sind mit Epichlorhydrin und anderen Alkylenoxyden unter Verwendung von Dimethylanilin als Katalysator umgesetzt worden. Die Reaktionsprodukte, die ebenso wie die Ausgangsmaterialien weiße Pulver darstellen, unterscheiden sich von diesen
durch wesentlich bessere Wasserlöslichkeit. Sie sind als Verdickungsmittel für Farbpasten, als Appreturen und Schlichten verwendbar[1].

Die BADISCHE ANILIN- & SODAFABRIK-AG.[2] hat Erythrit und
Sorbit mit Äthylenoxyd und anderen Alkylenoxyden unter Zugabe
von wenig Borsäureanhydrid bei 120—150° umgesetzt, wobei wasserlösliche nicht destillierbare Sirupe oder Weichharze entstehen, die
sich zum Elastifizieren harter Lackharze eignen.

Phenole oder Naphthole mit Halogen-, Nitro- oder Aminogruppen
sind mit Alkylenoxyden unter Zusatz von Zinntetrachlorid bei 150°
umgesetzt worden. Die Reaktionsprodukte dienen als Zusatz zu der
Bromsilberemulsion für Farbphotographie zum Hervorrufen gewisser
Farbtöne[3].

Ester, die noch freie Hydroxylgruppen enthalten, beispielsweise
Umsetzungsprodukte von Glycerin mit Ricinusöl-, Phthal-, Malein-
oder Adipinsäure oder mit Gemischen mehrerer Säuren, werden mit
Epichlorhydrin umgesetzt. Durch diese Modifikation werden die Eigenschaften als Anstrichmittel verbessert[4].

Cellulose kann im Rohzustande oder in Form ihrer Äther oder Ester
mit Epichlorhydrin in Reaktion gebracht werden. Zum Beispiel wird
rohe Cellulose mit Epichlorhydrin unter Zusatz von 5% Palmitinsäure
4 Stunden bei 120° erhitzt und anschließend in üblicher Weise ace-
tyliert. So vorbehandelte Acetylcellulose hat wesentlich bessere Löslichkeitseigenschaften[5]. Nach einem anderen Verfahren wird mit

---

[1] DRP 575141, 28. 12. 29/25. 4. 33 und das identische US 1971662, 16. 12. 30/
28. 8. 34, I. G.

[2] US 1922459, 21. 3. 28/15. 8. 33; D.-Pri. 26. 3. 27.

[3] SCHNEIDER, W., u. A. FRÖHLICH: US 2280722, 13. 7. 39/21. 4. 42; D.-Pri.
14. 7. 38.

[4] DE GROOTE, M., u. B. KEISER: US 2411029, 3. 3. 43/12. 11. 46, PETROLITE
CORP.

[5] PETERS, H.: US 1008557, 5. 9. 11/14. 11. 11, HORACE WAYTH CULLUM LTD.

Natronlauge vorbehandelte Cellulose bei 0° mit Epichlorhydrin oder Äthylenchlorhydrin verknetet, wodurch lösliche Celluloseäther entstehen[1]. Eine andere Arbeitsweise besteht darin, daß mit Natronlauge vorbehandelter Holzschliff (nach US 1711110) 4—8 Stunden mit Epichlorhydrin gekocht wird, wodurch in Alkohol-Chloroform lösliche Celluloseäther gewonnen werden[2]. Erhitzt man 100 g Äthylcellulose mit 1—1$^1/_2$ Äthylgruppen in der $C_6H_{10}O_5$-Einheit im Autoklaven 3 Stunden mit 75 g Äthylenoxyd (oder Epichlorhydrin) unter Zusatz von 50 g 20%igen Ammoniaks, so erhält man gemischte Celluloseäther, die sich für die Herstellung von Kunstseide eignen[3]. Man kann auch alkalisch lösliche Celluloseglycolsäure in alkalischer Lösung mit Epichlorhydrin 12 Stunden bei 20° stehenlassen. Das dabei erhaltene Reaktionsprodukt zeigt in Lösung eine etwa 10fach so hohe Viscosität als das Ausgangsmaterial und kann als Verdickungsmittel dienen[4].

Mit der Absicht, Fäden oder Gewebe aus Cellulose, Celluloseäther oder -ester oder aus anderen Materialien für saure Farbstoffe besser anfärbbar zu machen, sind dieselben mit stickstoffhaltigen Epoxydverbindungen bei höherer Temperatur umgesetzt worden. Beispielsweise werden 200 g Celluloseacetat in einem Gemisch von 408 g Eisessig und 392 g Dioxan gelöst und nach Zugabe von 40 g Piperidopropenoxyd 10 Stunden bei 100° erhitzt. Auch Cyclohexyliminodipropenoxyd, Gemische von Äthylenoxyd mit Aminopropenoxyd, Morpholidopropenoxyd, Mono- und Diacetylaminopropenoxyd, Dibutylaminopropenoxyd und Glycidylthiomethyläther werden in derselben Weise mit Celluloseacetat, Äthylcellulose, Viscoseseide, Caseinfaser, Fasern aus p-Toluolsulfopolyglycid sowie auch mit teilweise verseiftem Polyvinylacetat oder mit Phenolformaldehyd-(Novolak)-Harzen umgesetzt[5].

Ähnliche Umsetzungen können auch mit Stärke ausgeführt werden. Beispielsweise werden 200 g Kartoffelstärke, 396 g 32%ige Natronlauge und 277 g Epichlorhydrin 2 Tage bei gewöhnlicher Temperatur stehengelassen. Das dabei erhaltene äußerlich unveränderte feine weiße Pulver ist in kaltem Wasser quellbar geworden und kann als Klebstoff dienen, der den Vorteil aufweist, erheblich widerstandsfähiger gegen Schimmelpilze und andere biologisch abbauende Organismen zu sein als das Ausgangsmaterial[6]. — Wird Stärke im alkalischen Milieu mit ungesättigten Verbindungen, ungesättigten Carbonsäureanhydriden, Allylhalogeniden oder ungesättigten Epoxydverbindungen wie Butadienmonoxyd, in einem Mengenverhältnis umgesetzt, daß auf etwa 15 Anhydroglucoseeinheiten eine ungesättigte Gruppe entfällt, so erhält man Produkte, die zwar in siedendem Wasser kolloide

---

[1] DREYFUS, H.: US 1502379, 25. 4. 21/22. 7. 24.
[2] DREYFUS, H.: US 1930472, 18. 11. 30/17. 10. 33.
[3] DREYFUS, H.: US 1972135, 25. 1. 33/4. 9. 34.
[4] MAXWELL, R. W.: US 2148952, 15. 4. 37/28. 2. 39, E. I. DU PONT DE NEMOURS.
[5] SCHLACK, P.: US 2131120, 31. 10. 35/27. 9. 38; D.-Pri. 1. 11. 34, I. G.
[6] LEUCHS, O.: DRP 408714, 30. 7. 22/23, 1. 25. BAYER.

Lösungen geben, aber nach dem Abkühlen dünnflüssig bleiben. Nach Zusatz von Polymerisationskatalysatoren polymerisiert das Reaktionsprodukt beim Eintrocknen und wird wasserfest. Es kann daher zum Wasserfestmachen von Papier, Textilien und dergleichen dienen[1].

Umsetzungen mit Äthern. L. BLANCHARD[2] hat Alkylhalogenmethyläther vom Typ $R \cdot O \cdot CH_2X$ mit Epichlorhydrin in Gegenwart von 0,5% Quecksilberchlorid zur Reaktion gebracht. Es finden hierbei Additionen folgender Art statt:

$$\begin{array}{c} CH_2Cl \\ | \\ CH \\ | \\ CH_2 \end{array}\!\!\!\!>\!\!O \;\; + \; R \cdot O \cdot CH_2X \;\; \rightarrow \;\; R \cdot O \cdot CH_2 \cdot O \cdot CH\!\!<\!\!\begin{array}{c} CH_2Cl \\ CH_2X \end{array}$$

So entstehen durch Umsetzen äquimolekularer Mengen von Epichlorhydrin und Äthylchlormethyläther bei 0—5° 1,3-Dichlor-isopropyl-2-äthoxymethyläther

$$CH_3 \cdot CH_2 \cdot O \cdot CH_2 \cdot O \cdot CH(CH_2Cl)_2 \quad \text{vom } Kp_{16} \; 96\text{—}98°$$

aus Amylchlormethyläther: 1,3-Dichlor-isopropyl-2-amyloxymethyläther

$$C_5H_{11} \cdot O \cdot CH_2 \cdot O \cdot CH(CH_2Cl)_2 \quad \text{vom } Kp_{19} \; 133\text{—}135°$$

und aus Äthylbrommethyläther: 1-Chlor-3-brom-isopropyl-äthoxymethyläther

$$CH_3 \cdot CH_2 \cdot O \cdot CH_2 \cdot O \cdot CH\!\!<\!\!\begin{array}{c} CH_2Cl \\ CH_2Br \end{array} \quad \text{vom } Kp_{20} \; 115\text{—}117°$$

Bei Anwendung von 2 Mol Alkylhalogenmethyläther auf 1 Mol Epichlorhydrin entstehen bei höheren Temperaturen Formale, z. B. aus Äthylchlormethyläther das Di-(1,3-dichlor-isopropyl)-formal

$$CH_2\!\!<\!\!\begin{array}{c} O \cdot CH \cdot (CH_2Cl)_2 \\ O \cdot CH \cdot (CH_2Cl)_2 \end{array}$$

Umsetzungen mit Aldehyden und Ketonen

Cyclische Acetale sind von A. VERLEY 1899[3] durch Umsetzen von Äthylenchlorhydrin oder von Äthylenglykol mit Aldehyden unter Verwendung von Phosphorsäure als Kondensationsmittel hergestellt worden. So entsteht beispielsweise aus Glycerinchlorhydrin und Formaldehyd

Chlorhydrinformal
$$CH_2\!\!<\!\!\begin{array}{c} O \cdot CH \cdot CH_2Cl \\ | \\ O \cdot CH_2 \end{array} \quad \text{vom } Kp_{750} \; 126°$$

und aus Äthylenglykol und Formaldehyd:

Glykolformal
$$CH_2\!\!<\!\!\begin{array}{c} O \cdot CH_2 \\ | \\ O \cdot CH_2 \end{array} \quad \text{vom } Kp \; 78°$$

das bereits 1894 von TRILLAT und CAMBIER[4] beschrieben wurde.

---

[1] BP 729302, 13. 3. 51/4. 5. 55 — US 2668156 vom 6. 4. 50, NATIONAL STARCH PROD. CO.
[2] BLANCHARD, L.: Bl. (4) **39**, 1263 (1926).
[3] VERLEY, A.: Bl. (3) **21**, 276 (1899). — [4] TRILLAT u. CAMBIER: Bl. **1894**, 752.

Aus Äthylenglykol und Acetaldehyd bildet sich

Äthylenacetal $\quad CH_3 \cdot CH \begin{smallmatrix} O \cdot CH_2 \\ | \\ O \cdot CH_2 \end{smallmatrix}$ vom Kp 82°

aus Äthylenglykol und Isobutyraldehyd:

Äthylen-isobutyral $\quad (CH_3)_2 \cdot CH \cdot CH \begin{smallmatrix} O \cdot CH_2 \\ | \\ O \cdot CH_2 \end{smallmatrix}$ vom Kp 122—123°

Bei der Umsetzung von Epichlorhydrin mit Natriumacetylaceton bei 100° wurde von A. HALLER und G. BLANC[1] neben den Spaltstücken NaCl und Äthylacetat auch ein Alkohol vom Kp_8 70° oder Kp_{15} 81—82° erhalten, dessen Konstitution entweder ein ungesättigter 5- oder 6-Ring sein kann:

$$\begin{array}{cc} \begin{smallmatrix} CH{-}CH_2 \\ \| \qquad \diagdown \\ \qquad CH_2 \cdot CH_2OH \\ CH{-}\!-O \\ | \\ (oder\ Na) \end{smallmatrix} & oder \quad \begin{smallmatrix} CH{-}CH_2 \\ \diagup \qquad \diagdown \\ CH \qquad CHOH \\ \diagdown \qquad \diagup \\ O{-}\!-CH_2 \\ | \\ (oder\ Na) \end{smallmatrix} \end{array}$$

In jüngerer Zeit ist die Umsetzung von Epichlorhydrin mit Aldehyden und Ketonen von TH. BERSIN und G. WILLFANG[2] studiert worden. Die Anlagerung führt zu 4-Chlormethyl-1,3-dioxolanen, die in 2-Stellung substituiert und auch als cyclische Acetale bzw. Ketale zu bezeichnen sind:

$$\begin{smallmatrix} CH_2Cl \\ | \\ CH \\ | \quad \diagdown O \\ CH_2 \diagup \end{smallmatrix} + O{=}C\diagup^{R}_{\diagdown R'} \rightarrow \begin{smallmatrix} CH_2Cl \\ | \\ CH{-}O \\ | \qquad \diagdown C \diagup^{R}_{\diagdown R'} \\ CH_2{-}O \diagup \end{smallmatrix}$$

R = R′ sind aliphatische oder aromatische Gruppen, bei Aldehyden ist R oder R′ = H beispielsweise Epichlorhydrin-Acetaldehydacetal

$$\begin{smallmatrix} CH_2Cl \\ | \\ CH{-}O \\ | \qquad \diagdown CH \cdot CH_3 \\ CH_2{-}O \diagup \end{smallmatrix} \qquad Kp\ 158{-}162°$$

Die Addition von Aldehyden und Ketonen an Epichlorhydrin geht nur in Gegenwart von Katalysatoren vor sich. Zinntetrachlorid, Aluminiumchlorid, Antimontrichlorid und Eisenchlorid sind hierfür als geeignet befunden. Man arbeitet dabei so, daß eine Lösung des Katalysators in ein nur mäßig erwärmtes Gemisch äquivalenter Mengen von Epichlorhydrin und Aldehyd oder Keton allmählich eingetragen wird. Während die Umsetzung mit Ketonen recht glatt unter Bildung von keinen oder nur wenig Nebenprodukten verläuft, treten bei Verwendung von Aldehyden zumeist gewisse Anteile von Polymerisierungsprodukten auf. Diesem Übelstande kann durch Zugabe von inerten Verdünnungsmitteln, wie Tetrachlorkohlenstoff, weitgehend abgeholfen werden. Beispielsweise wird zu einem Gemisch von 27,1 g Propion-

[1] HALLER, A., u. G. BLANC: C. r. **137**, S. 1203, sowie Soc. **1904**, A I, S. 180.
[2] BERSIN, TH., u. G. WILLFANG: B. **70**, 2167—2173 (1937) — B. **74**, 145—153 (1941).

aldehyd, 30 g Epichlorhydrin und 80 ml Tetrachlorkohlenstoff bei 25—30° eine Lösung von 4 g Zinntetrachlorid in Tetrachlorkohlenstoff innerhalb 1 Stunde eingetropft und nach Neutralisation das Propionaldehyd-γ-chlorpropylenacetal vom Kp_{18} 65—70° gewonnen. In analoger Weise wurden hergestellt:

Butyraldehyd-chlorpropylen-acetal   vom Kp_{14} 78—85°
Octylaldehyd-chlorpropylen-acetal   vom Kp_{5}—109—117°
Decylaldehyd-chlorpropylen-acetal   vom Kp_{4} 142—148°
Dodecylaldehyd-chlorpropylen-acetal   vom Kp_{4} 170—179°
Benzaldehyd-chlorpropylen-acetal   vom Kp_{30} 164°
(= 4-Chlormethyl-2-phenyl-1,3-dioxacyclopentan)

Crotonaldehyd-chlorpropylen-acetal   vom Kp_{25} 68—70°
2,2-Dimethyl-4-chlormethyl-1,3-dioxolan
2-Cyclopentadecyl-4-chlormethyl-1,3-dioxolan   vom $Kp_{0,05}$ 110—120°, F. 33°
2,2-Diphenyl-4-chlormethyl-1,3-dioxolan   vom Kp_{2-3} 159—167°

Die Ausbeuten bei diesen Umsetzungen bewegen sich zwischen 45—85% der Theorie. Mit Epibromhydrin sind die entsprechenden Dioxolane mit Diäthylketon und Chloral hergestellt worden. Sämtliche halogenhaltigen Acetale oder Dioxolane lassen sich durch Einwirkung von Ammoniak oder von Aminen in Aminoverbindungen überführen[1].

Auch Chloraminohydrine lassen sich mit Aldehyden kondensieren, wobei Oxazolidine entstehen. Werden z. B. 7 g 1-Chlor-2-oxy-3-aminopropan mit 5,3 g Benzaldehyd und 5 g Pottasche mit wenig Wasser einige Zeit erhitzt, so entsteht 4-Phenyl-2-chlormethyl-5-oxazolidin[2]:

$$Cl \cdot CH_2 \cdot CHOH \cdot CH_2 \cdot NH_2 + O{=}CH \cdot C_6H_5 \;\rightarrow\; Cl \cdot CH_2 \cdot CH{-}CH_2$$

vom F 82—83°

Die Herstellung von Formalen von Epoxydverbindungen ist auch unter Verwendung von konzentrierter Schwefelsäure als Katalysator durchgeführt worden. Nach diesem Verfahren wurden neben Epichlorhydrin auch niedere Alkylenoxyde, Äthylenoxyd und Propylenoxyd umgesetzt. Beispielsweise werden in einem Autoklaven 440 g Äthylenoxyd, 1000 g Formaldehyd 30%ig und 2 g konzentrierte Schwefelsäure nach anfänglichem Kühlen einige Zeit ansteigend von 50—100° erhitzt. Nach Neutralisation destilliert man das Formal im Vakuum ab[3].

Auch unter Verwendung von Bortrifluorid erhält man gute Ausbeuten an Acetalen und Dioxolanen. A. A. PETROV[4] hat diese Reaktion bei 30—40° mit einem Zusatz von 1% Bortrifluorid mit Propionaldehyd und einer Reihe aliphatischer Ketone mit Erfolg ausgeführt.

Den Ersatz der Chlormethylgruppe in Acetalen und Dioxolanen durch Aminoderivate hat sich E. FOURNEAU[5] schützen lassen. Zum

---

[1] WILLFANG, G.: B. **74**, 145 (1941).
[2] WEIZMANN, M., u. S. MALKOWA: Bl. **47**, 356 (1930).
[3] BP 486015, 27. 11. 36/27. 5. 38, I. G.
[4] PETROV, A. A.: Russ. **10**, 981—996 (1940) — C. A. **35**, 3603 (1941).
[5] FP 913978, 8. 3. 44, identisch mit BP 601612 und US 2445393, 26. 6. 46/ 20. 7. 48, SOC. DES USINES CHIM. RHÔNE-POULENC.

Beispiel wird Chlorhydrinformal in Benzollösung mit der äquivalenten Menge Dimethylamin 18 Stunden bei 160° erhitzt, wobei 4-Dimethyl-aminomethyl-1,3-dioxolan

$$(CH_3)_2 \cdot N \cdot CH_2 \cdot \underset{\underset{\displaystyle CH_2-O}{|}}{CH-O} \!\!\! \diagdown\!\!\! CH_2 \quad \text{vom } Kp_{21}\ 68°$$

gewonnen wird.

Umsetzungen mit aromatischen Ketonen mit phenolischen Hydroxylgruppen. Mit der Absicht, veredelnde Zusätze für Polyvinyliden-chlorid herzustellen, hat E. C. BRITTON und H. R. SLAGH[1] Umsetzungs-produkte von Epichlorhydrin mit aromatischen Ketonen hergestellt. Die Reaktion erfolgt in wäßriger Alkalilauge. Beispielsweise werden zu einer Lösung von 68 g 4-Oxy-acetophenon und 21 g Natriumhydroxyd in 250 ml Wasser bei 85—90° während einer Stunde 69,5 g Epichlor-hydrin eingetragen und eine Stunde bei dieser Temperatur nach-gerührt. Es trennen sich zwei Schichten. Beim Fraktionieren der or-ganischen Schicht erhält man 4-(2,3-Epoxy-propoxy)-acetophenon

$$CH_2\!\!-\!\!CH \cdot CH_2 \cdot O \cdot C_6H_4\!\!-\!\!CO\!\!-\!\!CH_3 \qquad \text{F } 39°, \quad Kp_{2,5}\ 184\text{—}195°$$
$$\diagdown\!\!O\!\!\diagup$$

in analoger Weise wurden hergestellt: aus 4-Oxybenzophenon: 4-(2,3-Epoxy-propoxy)-benzophenon

$$CH_2\!\!-\!\!CH \cdot CH_2 \cdot O \cdot C_6H_4\!\!-\!\!CO\!\!-\!\!C_6H_5 \qquad \text{F } 81°, \quad Kp_{2,5}\ 223\text{—}224$$
$$\diagdown\!\!O\!\!\diagup$$

aus 3-Oxyacetophenon: 3-(2,3-Epoxy-propoxy)-acetophenon

$$CH_2\!\!-\!\!CH \cdot CH_2 \cdot O \cdot C_6H_4\!\!-\!\!CO\!\!-\!\!CH_3 \qquad \text{F } 43°, \quad Kp_{2,5}\ 176\text{—}185°$$
$$\diagdown\!\!O\!\!\diagup$$

aus 4-Oxypropiophenon: 4-(2,3-Epoxy-propoxy)-propiophenon

$$CH_2\!\!-\!\!CH \cdot CH_2 \cdot O \cdot C_6H_4\!\!-\!\!CO\!\!-\!\!C_3H_7 \qquad \text{F } 71,5°, \quad Kp_{2,5}\ 194\text{—}202°$$
$$\diagdown\!\!O\!\!\diagup$$

aus 4,4'-Dioxy-benzophenon: 4,4'-Di-(2,3-Epoxy-propoxy)-benzophenon

$$CH_2\!\!-\!\!CH \cdot CH_2 \cdot O \cdot C_6H_4\!\!-\!\!CO\!\!-\!\!C_6H_4 \cdot O \cdot CH_2 \cdot CH\!\!-\!\!CH_2 \qquad \text{F } 182°$$
$$\diagdown\!\!O\!\!\diagup \qquad\qquad\qquad\qquad\qquad\qquad \diagdown\!\!O\!\!\diagup$$

das sich bei der Darstellung kristallinisch ausscheidet.

Umsetzungen mit Carbonsäuren, ihren Anhydriden, Salzen, Chloriden, Nitrilen, Amiden und Estern

Epichlorhydrin setzt sich mit Carbonsäuren unter Bildung von Chlorhydrinestern um:

$$ClCH_2 \cdot CH\!\!-\!\!CH_2 + HO \cdot CO \cdot R \;\rightarrow\; ClCH_2 \cdot CH(OH) \cdot CH_2 \cdot O \cdot CO \cdot R$$
$$\diagdown\!\!O\!\!\diagup$$

Beim Erhitzen von äquivalenten Mengen von Epichlorhydrin und Eisessig auf 180° bildet sich 1-Chlor-2-oxy-3-propylacetat mit einem kleinen Anteil von 1-Chlor-3-oxy-2-propylacetat[2], während die in

---

[1] US 2371500, 2. 7. 42/13. 3. 45, DOW CHEM. CORP.
[2] BIGOT, A.: A. Ch. Phys. (6) **22**, 433—495 (1891).

gleicher Weise vorgenommene Einwirkung von Essigsäureanhydrid das Diacetat, 1-Chlor-2,3-propyl-diacetat, entstehen läßt[1].

Durch Zusatz von Katalysatoren, z. B. Eisenchlorid, erfolgen Veresterungen dieser Art glatt und vollständig schon bei gewöhnlicher Temperatur[2].

Mittels Metallchloriden, z. B Eisen- oder Aluminiumchlorid, hat G. STEIN[3] Chlorhydrinester von aliphatischen Carbonsäuren mit mindestens 4 Kohlenstoffatomen hergestellt. Es wird so gearbeitet, daß beispielsweise 460 g Epichlorhydrin bei 50—65° zu einem gekühlten Gemisch von 500 g Buttersäure und 25 g wasserfreien Eisenchlorid eingetropft werden und nach Zusatz von 30 g Natriumacetat fraktioniert wird. Man erhält 1-Chlor-2-oxy-3-propylbutyrat vom Kp_{10} 120—130°.

Basische Katalysatoren, wie Diäthylamin, Triäthylamin, Anilin, Dimethylanilin oder Pyridin sind für die Veresterung von Epichlorhydrin mit Carbonsäuren universell brauchbar. Die Veresterung gelingt mit Carbonsäuren jeder Art, auch mit Oxysäuren, Dicarbonsäuren, alicyclischen Säuren wie Hexahydrobenzoesäure, Abietinsäure und dergleichen oder aromatischen Säuren wie Benzoesäure oder Phthalsäure oder Mischungen verschiedener Säuren, wie sie bei der Oxydation von Paraffinmittel- oder -leichtölen entstehen. Es wird beispielsweise ein Gemisch von 120 g Eisessig, 185 g Epichlorhydrin und 10 g Pyridin auf 100° erwärmt, worauf in Spontanreaktion die Temperatur auf 160° steigt. Man erhält 1-Chlor-2-oxy-propyl-3-acetat vom Kp_6 106° mit einer Ausbeute von 90%. Nach diesem Verfahren lassen sich auch die Ester von Chloressigsäure, Stearinsäure, Citronensäure, Salicylsäure, Aminobenzoesäure und der Monoester der Phthalsäure herstellen[4].

Der Phthalsäuremonochlorhydrinester ist übrigens 1905 schon von A. WEINSCHENK[5] auch unter Verwendung von Aminen, Pyridin oder Dimethylanilin als Katalysatoren hergestellt worden. Die Verbindung hat eine 8-Ring-Struktur

$$\text{C}_6\text{H}_4 \begin{cases} \text{CO-O-CH}\cdot\text{CH}_2\text{Cl} \\ \quad\quad\quad\;| \\ \text{CH-O-CH}_2 \end{cases}$$

Sie ist unter 20° fest, gibt als feste Masse einen glänzenden Bruch, und wird bei 25—30° fettartig weich. Sie ist in den meisten Lösungsmitteln schwer oder unlöslich; in Epichlorhydrin löst sie sich leicht.

Während die Addition von Monochloressigsäure an Epichlorhydrin in üblicher Weise unter Bildung von 1-Chlor-2-oxypropyl-3-chloracetat erfolgt, findet bei Trichloressigsäure infolge der stark sauren Chlor-

---

[1] TRUCHOT, P.: A. **138**, 298 (1866).

[2] KNÖVENAGEL, E.: A. **402**, 111—148 (1913).

[3] US 2224026, 1. 3. 39/3. 12. 40; D.-Pri. 10. 3. 38, BADISCHE ANILIN- & SODA-FABRIK-AG., auf GENERAL ANILINE AND FILM CORP. übertragen.

[4] STEIN, G.: DRP 708463, 26. 5. 38/22. 7. 41, BADISCHE ANILIN- & SODA-FABRIK-AG.

[5] WEINSCHENK, A.: Ch. Ztg. **29**, 1311 (1905).

atome neben der Anlagerung noch eine Umlagerung in eine cyclische Verbindung, in 4-Chlormethyl-2-oxy-2-trichlormethyl-1,3-dioxolan statt:

$$
\begin{array}{c}
\mathrm{CH_2} \\
\diagup\ \big| \\
\mathrm{O}\ \ \ \\
\diagdown\ \big| \\
\mathrm{Cl\cdot CH_2\cdot CH}
\end{array}
\ +\
\begin{array}{c}
\mathrm{HO} \\
\diagdown \\
\mathrm{CO-C\cdot Cl_3}
\end{array}
\ \rightarrow\
\begin{array}{c}
\mathrm{O} \\
\diagup\ \ \diagdown \\
\mathrm{CH_2}\ \ \ \mathrm{C}\diagup\mathrm{OH} \\
\big|\qquad\big|\ \ \diagdown\mathrm{C\cdot Cl_3} \\
\mathrm{Cl\cdot CH_2-CH-O}
\end{array}
$$

Mit Glycid wurde die entsprechende 4-Oxmethyl-Verbindung gewonnen[1].

Nicht nur Aminosäuren geben die üblichen linearen Veresterungsprodukte mit Epichlorhydrin, sondern es setzen sich auch die noch freien Carboxylgruppen in Eiweißverbindungen schon bei Zimmertemperatur in der gleichen Weise mit Epichlorhydrin, Glycid und mit Äthylen- und Propylenoxyd um, wobei an Hand des Rückganges des Stickstoffgehaltes festgestellt werden konnte, daß 80—120 Mol Epoxydverbindung pro Mol Protein aufgenommen werden[2].

Durch Verestern von hydroxylgruppen- oder epoxydgruppenhaltigen Äthern, wie Glycidäther oder Glycerinäther, können gemischte Ätherester hergestellt werden. K. E. MARPLE[3] beschreibt die Gewinnung von Glycerinätherdiestern, indem ein Glycerinmonoäther mit 2 Mol Carbonsäure mittels Schwefel-, Phosphor- oder p-Toluolsulfosäure als Katalysator verestert wird.

Alkalisalze von Carbonsäuren setzen sich mit Epichlorhydrin unter Aufrechterhaltung der Epoxydgruppe um[4]:

$$
\underset{\diagdown\mathrm{O}\diagup}{\mathrm{CH_2-CH}}\cdot \mathrm{CH_2Cl} + \mathrm{NaO\cdot CO\cdot R} \longrightarrow \underset{\diagdown\mathrm{O}\diagup}{\mathrm{CH_2-CH}}\cdot \mathrm{CH_2\cdot O\cdot CO\cdot R}
$$

Während Kaliumacetat mit Epichlorhydrin im wasserfreien Medium vorwiegend unter Bildung des Monoacetats reagiert[5], entstehen bei Verwendung von Natriumacetat, insbesondere bei längerem Erhitzen, neben dem normalen Monoacetat auch erhebliche Anteile von Di- und Triacetat sowie höhere Kondensationsprodukte[6].

Veresterungen von Epichlorhydrin oder Glycerin lassen sich auch nacheinander unter Verwendung verschiedener Carbonsäureverbindungen durchführen. So lassen sich beispielsweise 1,3-Dichlor-2-propylester durch Umsetzen mit den Silbersalzen von Fettsäuren in Glycerintriester überführen[7].

---

[1] HIBBERT, H., u. M. F. GRIEG: Canad. J. Res. 4, 258 (1931) — C. A. 25, 2973 (1931).

[2] FP 881981, 11. 5. 52/13. 5. 43; D.-Pri. 20. 5. 41, BADISCHE ANILIN- & SODAFABRIK-AG. — FRÄNKEL-CONRAT, H. L.: J. Biol. Chem. 154, 229 (1944) — C. A. 38, 5509 (1944).

[3] US 2377568, 3. 3. 41/5. 6. 45, SHELL DEVELOPMENT CO.

[4] BIGOT, A.: A. Chim. Phys. (6) 22, 433—495 (1891). — QUENSELL, H.: B. 42, 2440 (1909).

[5] BIGOT, A.: A. Chim. Phys. (6), 22, 433—495 (1891).

[6] LEVÈNE, P. A., u. A. WÄLTI: J. Biol. Chem. 77, 685—696 (1928) — C. 1928, II, 536.

[7] WHITBY, G. S.: Soc. 1926, 1460. — SJÖBERG, B.: Svensk. Kem. Tid. 53, 454 (1941) — C. A. 37, 4363 (1943).

Die Herstellung von Glycidylestern der höheren Fettsäuren, wie Öl-, Stearin-, Palmitin-, Myristin- und Laurinsäure wurde von E. B. Kester, C. J. Gaiser und M. E. Lazar[1] studiert. Diese Autoren stellen zunächst das Natriumsalz der zu veresternden Fettsäure her, indem sie zu deren Acetonlösung die berechnete Menge fünf normaler wäßriger Natronlauge eintropfen, wobei das Natriumsalz ausfällt. Zur Umsetzung wird das Natriumsalz nach scharfem Trocknen unter Feuchtigkeitsausschluß in Gegenwart von Silicagel als Katalysator mit dem Epichlorhydrin unter Rückfluß erhitzt. Höhere Temperaturen für die Umsetzung erfordern die Natriumsalze der Ricinusöl-, Sojabohnenöl-, Walnußöl- und Babassuölsäure, die mit dem Epichlorhydrin im Autoklaven bei 150—170° erhitzt werden müssen. Aus der Reihe der niederen leicht reagierenden Fettsäuren fällt das Natriumsalz der Buttersäure heraus, das sich mit Epichlorhydrin außerordentlich schwer umsetzt und eine Temperatur von etwa 200° neben der Anwesenheit eines Lösungsmittels (Dioxan) erfordert. Auch Sebacinsäure verhält sich anormal, da sich nach dem beschriebenen Verfahren kein Natriumsalz davon herstellen läßt. Um den Glycidylester davon herzustellen, mußte sie in das Säurechlorid überführt und dieses mit Glycid in Gegenwart von Triäthylamin im wasserfreien Medium umgesetzt werden:

$$CH_2\!\!-\!\!CH \cdot CH_2OH + Cl \cdot CO \cdot R \xrightarrow{\text{tert. Amin}} CH_2\!\!-\!\!CH \cdot CH_2 O \cdot CO \cdot R$$
$$\underset{O}{\diagdown\diagup} \qquad\qquad\qquad\qquad \underset{O}{\diagdown\diagup}$$

Die folgenden Glycidylester werden beschrieben:

Glycidyllaurat	$C_{11}H_{23} \cdot CO \cdot O \cdot CH_2 \cdot CH\!\!-\!\!CH_2$ (Epoxid)	F 21°, Kp$_1$ 126°
Glycidylmyristat	$C_{13}H_{27} \cdot CO \cdot O \cdot CH_2 \cdot CH\!\!-\!\!CH_2$ (Epoxid)	F 34°, Kp 310° Kp$_1$ 146°
Glycidyl-β-methylmyristat	$CH_3 \cdot C_{13}H_{26} \cdot CO \cdot O \cdot CH_2 \cdot CH\!\!-\!\!CH_2$ (Epoxid)	F 21,5°, Kp$_1$ 130°
Glycidylpalmitat	$C_{15}H_{31} \cdot CO \cdot O\, CH_2 \cdot CH\!\!-\!\!CH_2$ (Epoxid)	F 44—45°, Kp$_1$ 170°
Glycidyloleat	$C_{17}H_{33} \cdot CO \cdot O \cdot CH_2 \cdot CH\!\!-\!\!CH_2$ (Epoxid)	Kp$_1$ 185°
Glycidylstearat	$C_{17}H_{35} \cdot CO \cdot O \cdot CH_2 \cdot CH\!\!-\!\!CH_2$ (Epoxid)	F 50—51°, Kp$_1$ 193°
Diglycidylsebacat	$CH_2\!\!-\!\!CH \cdot CH_2 \cdot O \cdot CO \cdot (CH_2)_8 \cdot CO \cdot O \cdot CH_2 \cdot CH\!\!-\!\!CH_2$ (Epoxid)	F 44°

Unter Verwendung der Alkalisalze von ungesättigten Carbonsäuren, wie Acryl- oder Methacrylsäure werden nach einem Verfahren der Firma du Pont de Nemours[2] durch Umsetzen mit Epichlorhydrin die ungesättigten Glycidylester erhalten, die mit den üblichen Polymerisationsbeschleunigern polymerisieren oder copolymerisieren und unlösliche und unschmelzbare gut bearbeitbare Kunststoffe ergeben. Beispielsweise werden zu einer Lösung von 80 g Natriumhydroxyd in

[1] Kester, E. B., C. J. Gaiser u. M. E. Lazar: J. org. Ch. 8, 550 (1943).
[2] Dorough, G. L.: US 2524432, 17. 8. 45/3. 10. 50.

400 ml Wasser 172 g Methacrylsäure gegeben und auf p_H 7 eingestellt. Zur Verhinderung der Polymerisation werden 5 g Kupferchlorür eingetragen, bei 15—20° in 1—$1^1/_2$ Stunden 180 g Epichlorhydrin eingetropft und anschließend 20 Stunden bei 20° nachgerührt. Der getrocknete Ätherauszug wird nach Zugabe von 1 g Kupferchlorür fraktioniert, wobei 28 g Glycidylmethacrylsäureester

$$CH_2\!\!-\!\!CH\cdot CH_2\cdot O\cdot CO\cdot C(CH_3)\!\!=\!\!CH_2$$
$$\diagdown O \diagup$$

als viscoses Öl vom Kp_{16} 100—115° gewonnen werden. Dieser ungesättigte Ester kann zusammen mit chlorierten Vinyl- oder Vinylidenverbindungen polymerisiert werden und wirkt gleichzeitig als Stabilisator. Auch Chlorkautschuk läßt sich damit stabilisieren.

Umsetzungen mit Natriummalonester. Aus Natriummalonsäureester und Epoxydverbindungen stellen W. Traube und E. Lehmann[1] Additionsverbindungen her, indem zu einer Suspension von fein gepulvertem Mononatriummalonester in absolutem Alkohol die äquivalente Menge Epoxydverbindung eingetragen wird. Es erfolgt eine spontane Reaktion unter Aufsieden. Durch Einleiten von Äthylenoxyd wird das Natriumsalz des Oxäthylmalonesters, $HO\cdot CH_2\cdot CH_2\cdot C(Na)(CO\cdot OC_2H_5)_2$, erhalten, das sich mit ammoniakalischem Alkohol zu der Aminoverbindung vom Schmelzpunkt 150° umsetzt. Bei Verwendung von Epichlorhydrin reagiert ebenfalls die Epoxydgruppe, so daß die Natriumverbindung des 3-Chlor-2-oxypropyl-malonesters, $Cl\cdot CH_2\cdot CHOH\cdot CH_2\cdot C(Na)(CO\cdot OC_2H_5)_2$, gebildet wird die sich mit Ammoniak leicht in die Diaminoverbindung vom Schmelz-, punkt 117—118° überführen läßt. — Wird während der Umsetzung eine Temperaturerhöhung über 50° vermieden, so entsteht Carbäthoxychlor-n-valero-lacton

$$ClCH_2\cdot CH\cdot CH_2\cdot CH\cdot CO\cdot OC_2H_5$$
$$\underset{O\text{———}CO}{\vert\qquad\qquad\vert}$$

Durch Umsetzen von 2 Mol Epichlorhydrin mit der Malonesterdinatriumverbindung können Verbindungen mit 2 Epoxydgruppen hergestellt werden[2]. Hierbei treten 2 Epoxypropylreste an das mittlere Kohlenstoffatom des Malonesters:

$$\begin{array}{ccc} CO\cdot OR & & CO\cdot OR \\ \vert & & \vert \\ Na\cdot C\cdot Na + 2\,ClCH_2\cdot CH\!\!-\!\!CH_2 \rightarrow CH_2\!\!-\!\!CH\cdot CH_2\cdot C\cdot CH_2\cdot CH\!\!-\!\!CH_2 \\ \vert \qquad\qquad \diagdown O\diagup \qquad \diagdown O\diagup \quad \vert \quad \diagdown O\diagup \\ CO\cdot OR & & CO\cdot OR \end{array}$$

Bei der Einwirkung von Di- oder Polyepoxyden, die keine Hydroxylgruppen enthalten, wie Butadiendioxyd, Diglycidyläther, Phenylendiäthylenoxyd, Bernsteinsäurediglycidylester oder obiges Malonesterdiepoxyd sowie von Diepoxyden, die durch Addition von Glycid an Diisocyanate entstehen (nach DRP 862888), auf Verbindungen mit mindestens 3 Hydroxyl-, Amino- oder Carboxylgruppen bilden sich

---

[1] Traube, W., u. E. Lehmann: B. **32**, 720 (1899) — B. **34**, 1976 (1901).

[2] Jakob, L., G. v. Rosenberg u. O. Roser: FP 881981, 11. 5. 42/13. 5. 43; D.-Pri. 20. 5. 41, Badische Anilin- & Sodafabrik-AG.

mehr oder weniger stark vernetzte Makromoleküle. Komponenten dieser letzteren Art sind Eiweißstoffe, Gelatine, Casein, Polysaccharide, Pektine, Polyäthylenimine, Superpolyamide, Kondensationsprodukte mehrbasischer Säuren mit Polyaminen, saure Kondensationsprodukte mehrbasischer Säuren mit mehrwertigen Alkoholen, Polymerisationsprodukte ungesättigter Säuren oder Mischpolymerisate aus Acrylsäuren, Maleinsäure oder Crotonsäure, weiterhin Polyvinylalkohole, Mischpolymerisate ungesättigter Alkohole sowie Kondensationsprodukte von Aldehyden mit Aminen oder Amiden, z. B. Dimethylolharnstoff oder Anilin-Formaldehyd-Umsetzungsprodukte. So gewonnene hochmolekulare Substanzen dienen als Anstrichmittel, Spachtel, Kitte, Appreturen für Textilien und Leder, als Klebmittel, zur Holzimprägnierung oder als Verdickungsmittel für Flüssigkeiten oder Lösungen.

Umsetzungen mit Natriumketosäureester. Die Reaktion von Epichlorhydrin mit den Natriumverbindungen von Ketosäureestern, wie Acetessigester, Methyl- oder Äthylacetessigester, Acetondicarbonsäureester, Benzoylessigester oder Acetylaceton, ist von W. Traube und E. Lehmann[1] studiert worden. Es wurde gefunden, daß bei Aufschlämmen der Natriumverbindungen in absolutem Alkohol und Durchführen der Umsetzung mit Epichlorhydrin bei Temperaturen unterhalb 50° Chlorvalerolactone erhalten werden. So ergibt Natriumacetessigsäureäthylester und Epichlorhydrin zunächst in direkter Anlagerung den 3-Chlor-2-oxy-3-propyl-acetessigester, der unter Äthanolabspaltung in das α-Aceto-δ-chlor-γ-valerolacton übergeht:

$$ClCH_2 \cdot CHOH \cdot CH_2 \cdot CH \Big\langle {}^{CO \cdot CH_3}_{CO \cdot O \cdot C_2H_5} \quad \rightarrow \quad ClCH_2 \cdot \underset{O\underline{\hspace{2em}}CO}{CH \cdot CH_2 \cdot CH \cdot CO \cdot CH_3}$$

das eine hochsiedende, nicht destillierbare viscose Verbindung darstellt, die sich mit Hydrazinhydrat zu 3-Chlor-2-oxypropyl-methylpyrazolon

$$ClCH_2 \cdot CHOH \cdot CH_2 \cdot \underset{H_3C \cdot C\cdots\quad N}{CH\underline{\hspace{1em}}CO} {\Big\rangle} NH$$

verbindet und nach der Verseifung 5,6-Dioxy-2-hexanon, $HO \cdot CH_2 \cdot CHOH \cdot CH_2 \cdot CH_2 \cdot CO \cdot CH_3$, ergibt, das nach der Reduktion durch Natriumamalgam in 2,5,6-Hexantriol übergeht.

In Ergänzung und Fortführung dieser Arbeiten haben A. Haller und G. Blanc[2] durch Umsetzen von Epichlorhydrin mit Natrium-Aceton-Dicarbonsäurediäthylester das α-(-β'-Carbäthoxyaceto-)-δ-chlor-γ-valerolacton

$$C_2H_5 \cdot O \cdot CO \cdot CH_2 \cdot CO \cdot \underset{CO\underline{\hspace{2em}}O}{CH \cdot CH_2 \cdot CH \cdot CH_2Cl} \qquad \text{vom F 224—225°}$$

[1] Traube, W., u. E. Lehmann: B. **34**, 1976 (1901).
[2] Haller, A., u. G. Blanc: C. r. **132**, 1460 (1901); **136**, 435 (1903) u. **137**, 1203 (1903).

mit Natrium-Benzoylessigester das α-Benzoyl-δ-chlor-γ-valerolacton

$$\mathrm{C_6H_5 \cdot CO \cdot \overset{\displaystyle\diagup CO-O}{\underset{\displaystyle\diagdown CH_2-CHOH \cdot CH_2Cl}{CH}} \Big|}$$ vom F 105—106°

das beim Verseifen in 1-Benzoyl-3,4-butandiol, $C_6H_5 \cdot CO \cdot CH_2 \cdot CH_2 \cdot CHOH \cdot CH_2OH$ vom F 90—91°, übergeht und mit Natriumacetylaceton den Alkohol 2,5-Epoxy-4-hexen-1-ol bzw. 1,5-Epoxy-4-hexen-2-ol vom Kp_8 70° und Kp_{15} 81—82° erhalten.

Von L. Haynes und Mitarbeitern[1] sind Natrium-Acetylenverbindungen mit Epichlorhydrin umgesetzt worden. Die Umsetzung wurde in flüssigem Ammoniak ausgeführt und führte bei Mono-Natriumacetylen zu 2-Penten-4-in-1-ol vom Kp_{19} 71—74°, bei Natrium-Butylacetylen zu 5-Butyl-2-penten-4-in-1-ol vom Kp_{32} 82—84° und bei Natrium-Phenylacetylen zu 5-Phenyl-2-penten-4-in-1-ol vom Kp_{10} 94 bis 96°. Vermutlich setzt bei diesen Umsetzungen die Reaktion primär zwischen den Natrium- und Chloratomen ein, und es findet nicht wie üblich eine Addition an der Epoxydgruppe statt, so daß ein Äthinylglycid als Zwischenprodukt angenommen werden kann.

Umsetzungen mit Chlorameisensäureester. Bei der Untersuchung der Einwirkung von Chlorameisenester auf Epichlorhydrin fand O. Kelly[2], daß bei 7stündigem Erhitzen von 46 g Epichlorhydrin und 54 g Chlorameisensäureäthylester mit 2600 g 1%igem Natriumamalgam Glycidylameisensäureäthylester entsteht, der bei der alkalischen Verseifung Allylalkohol ergibt:

$$ClCH_2 \cdot \underset{\diagdown O \diagup}{CH-CH_2} + Cl \cdot CO \cdot O \cdot C_2H_2 + 2\,Na \rightarrow \underset{\diagdown O \diagup}{CH_2-CH} \cdot CH_2 \cdot CO \cdot O \cdot C_2H_5 \qquad \text{vom Kp 145—150°}$$

$$\begin{matrix} CH_2 \\ | \\ CH \\ | \\ CH_2 \cdot CO \cdot O \cdot C_2H_5 \end{matrix} \!\!\!\!\diagup\!\!O + 2\,KOH \rightarrow \begin{matrix} CH_2 \cdot OH \\ | \\ CH=CH_2 \end{matrix} + K_2CO_3 + C_2H_5 \cdot OH$$

Umsetzungen mit Carbonsäurechloriden. Bei der Einwirkung von äquivalenten Mengen von Epichlorhydrin und Carbonsäurechlorid wird 1,3-Dichlor-2-propylester erhalten:

$$Cl \cdot \underset{\diagdown O \diagup}{CH_2-CH-CH_2} + Cl \cdot CO \cdot R \rightarrow Cl \cdot CH_2 \cdot CH(O \cdot CO \cdot R) \cdot CH_2Cl$$

In dieser Weise hat P. Truchot[3] das Acetat, Butyrat, Valerat und Benzoat hergestellt, wobei als Nebenprodukte mehr oder weniger große Anteile höhermolekularer Produkte auftreten.

Regenerierung der Epoxydgruppe bei Chlorhydrincarbonsäureestern. Die Salzsäureabspaltung aus Chlorhydrincarbonsäureestern läßt sich wie bei Chlorhydrinen mit Alkalien durchführen. Wegen der Verseifungsgefahr muß aber wesentlich vorsichtiger gearbeitet werden, und es ist ratsam, im wasserfreien Medium zu arbeiten. J. G. Erickson[4] beschreibt ein Verfahren zur Herstellung von Glycidylestern aus

[1] Haynes, L. und Mitarbeiter: Soc. **1947**, 1583.
[2] Kelly, O.: B. **11**, 2225 (1878). — [3] Truchot, P.: A. **138**, 297 (1866).
[4] US 2567842, 19. 6. 48/11. 9. 51, American Cyanamid Co.

ungesättigten Chlorhydrinsäureestern, beispielsweise aus Chlorhydrin-
acryl-, oder -methacrylsäureester:

$$CH_2{=}CH \cdot CO \cdot O \cdot CH_2 \cdot CHCH \cdot CH_2Cl \quad Kp_4 \; 89\text{—}91°$$

$$\xrightarrow{\text{Alkali}} \quad CH_2{=}CH \cdot CO \cdot O \cdot CH_2 \cdot CH\text{—}CH_2 \underset{O}{\diagdown\diagup} \quad Kp_{65} \; 98\text{—}100°$$

Glycidylmethacrylat $\quad CH_2{=}C(CH_3) \; CO \cdot O \cdot CH_2 \cdot CH\text{—}CH_2 \underset{O}{\diagdown\diagup}$ vom Kp_5 65°

Glycidylbenzoat $\quad C_6H_5 \cdot CO \cdot O \cdot CH_2 \cdot CH\text{—}CH_2 \underset{O}{\diagdown\diagup}$ vom Kp_6 95—100°

Glycidylacetat $\quad CH_3 \cdot CO \cdot O \cdot CH_2 \cdot CH\text{—}CH_2 \underset{O}{\diagdown\diagup}$ vom Kp_{14} 62°, Kp_{115} 118°

indem in einem flüchtigen Lösungsmittel wie Äther oder tert.-Butanol
unter Verwendung von Natrium-tert.-butylat bei 15—40° gearbeitet
wird.

Die Umsetzung kann auch mit wäßriger Natronlauge erfolgen, sofern die Zugabe so langsam erfolgt, daß keine Phenolphthaleinalkalität
auftritt und niedere Temperaturen eingehalten werden. Nach einem
Verfahren der S. A. DES MANUFACTURES DE GLACES ET PROD. CHIM.
DE ST. GOBAIN[1] wird mit einer Lösung des Chlorhydrinsäureesters in
Benzol gearbeitet, zu welcher bei 60° wäßrige Natronlauge unter gutem
Rühren langsam eingetropft wird. Wesentlich ist hierbei, daß ein nicht
wassermischbares Lösungsmittel angewandt wird. Es lassen sich bei die-
sem Verfahren Verseifung und Polymerisation weitgehend vermeiden.
Beispielsweise läßt sich das Butylchlorhydrinphthalat, gewonnen durch
Umsetzen von Butylphthalat mit Epichlorhydrin, ohne Verlust in das
Butylglycidylphthalat überführen:

$$\underset{CO \cdot O \cdot CH_2 \cdot CHOH \cdot CH_2Cl}{\overset{CO \cdot O \cdot CH_2 \cdot CH_2 \cdot CH_2 \cdot CH_3}{\bigcirc}} \xrightarrow{\text{NaOH}} \underset{CO \cdot O \cdot CH_2 \cdot CH\text{—}CH_2}{\overset{CO \cdot O \cdot (CH_2)_3 \cdot CH_3}{\bigcirc}}$$

Säurenitrile und Alkylenoxyde. Die Umsetzung von Alkylenoxyden
mit Carbonsäurenitrilen ist in jüngerer Zeit mehrfach studiert worden.
N. R. EASTON, J. H. GARDNER und J. R. STEVENS[2] haben Propylenoxyd mit Diphenylacetonitril in Gegenwart von Natriumamid umgesetzt, wobei glatte Addition unter Ringschluß erfolgt. Es entsteht
2-Imino-3,3-diphenyl-5-methyl-tetrahydrofuran:

$$H_3C \cdot CH\text{—}CH_2 \underset{O}{\diagdown\diagup} + (C_6H_5)_2 \cdot CH \cdot CN \xrightarrow{\text{Na-amid}} (C_6H_5)_2{=}C\text{——}C{=}NH$$

Die gleiche Umsetzung wurde von E. H. SCHULTZ, C. M. ROBB und
J. M. SPRAGUE[3] unter Verwendung von Kalium-tert.-butylat (Lösung
von 4 g Kalium in 125 g tert.-Butanol) ausgeführt.

---

[1] FP 1011410, 2. 2. 49/23. 6. 52, S. A. DES MANUFACTURES DE GLACES ET
PROD. CHIM. DE ST. GOBAIN.

[2] EASTON, N. R., J. H. GARDNER u. J. R. STEVENS: Am. Soc. **69**, 2941 (1947).

[3] SCHULTZ, E. H., C. M. ROBB u. J. M. SPRAGUE: Am. Soc. **69**, 2454 (1947).

Mit Äthylenoxyd wurde die analoge Umsetzung unter Gewinnung von 2-Imino-3,3-diphenyl-tetrahydrofuran ausgeführt[1].

Auch Epichlorhydrin wurde mit Diphenylacetonitril in Gegenwart von Natriumamid zur Reaktion gebracht. Es wurde von N. R. EASTON und V. B. FISH[2] gefunden, daß analog ein Chlormethyltetrahydrofuran nur dann entsteht, und zwar in ausgezeichneter Ausbeute, wenn das Nitril, in dem das Natriumamid verteilt ist, bei 60° in einen Überschuß von Epichlorhydrin eingetragen wird. Wird dagegen 1 Mol Epichlorhydrin zu mindestens 2 Mol Nitril, das das Natriumamid verteilt enthält, bei 20—30° allmählich eingetragen, so addiert das Epichlorhydrin 2 Mol Diphenylacetonitril unter Bildung von 2-Imino-3,3-diphenyl-5-(diphenyl-acetonitrilo)-methyl-tetrahydrofuran in 81%iger Ausbeute:

$$(C_6H_5)_2\!=\!C\!-\!-\!C\!=\!NH$$

Es hat sich als vorteilhaft erwiesen, vor der Umsetzung das Nitril allein mit dem Natriumamid ausreagieren zu lassen. Dies wurde in der Weise vorgenommen, daß 160 g Nitril, 100 g Benzol und 12 g Natriumamid unter gutem Rühren so lange am Rückflußkühler gekocht werden, bis ein homogenes steifes Gel entstanden ist.

Umsetzung mit p-Toluolsulfamiden. Beim Erwärmen von äquimolekularen Mengen Epichlorhydrin mit N-Phenyl-p-toluolsulfamid auf 120° erfolgt bei Zugabe einer katalytischen Menge von Pyridin eine lebhafte Reaktion unter spontaner Temperatursteigerung auf 150°. Beim Abkühlen kristallisiert das Additionsprodukt, das N-p-Tosyl-phenyl-(3-chlor-2-oxy-propyl)-amin

$$ClCH_2 \cdot CHOH \cdot CH_2 \cdot N\!\!<^{C_6H_5}_{SO_2 \cdot C_7H_7}$$

vom F 96—97° als dicker Kristallbrei. — Durch Einwirkung von Natronlauge auf die alkoholische Lösung des gewonnenen Chlorhydrins in der Weise, daß die Lösung stets phenolphthalein-neutral bleibt, wird N-p-Tosyl-phenyl-(2,3-epoxypropyl)-amin in 92%iger Ausbeute erhalten[3]:

$$CH_2\!-\!CH \cdot CH_2 \cdot N\!\!<^{C_6H_5}_{SO_2 \cdot C_7H_7} \quad \text{vom F 77°}$$

In Fortführung dieser Arbeiten hat M. COHEN[4] die Umsetzung von Epichlorhydrin mit Sulfonamiden studiert. Es wurde gefunden, daß Monosulfonamide, z. B. p-Toluolsulfonamid, mit Epichlorhydrin in großem Überschuß umgesetzt, epoxydhaltige Reaktionsprodukte ergeben, die jedoch mit Aminen oder Säureanhydriden nicht härten, sondern weiterkondensieren, wie dies auch bei weiterem Zusatz von

[1] ATTENBOROUGH, J., J. ELKS, A. HEMS u. K. N. SPEYER: Soc. **1949**, 517.
[2] EASTON, N. R., u. V. B. FISH: J. org. Ch. **18**, 1071 (1953).
[3] OHLE, H., u. G. HAESELER: B. **69**, B. 2325 (1936).
[4] COHEN, M.: Ind. Eng. Chem. Okt. **1955**, S. 2095—2101.

Monosulfonamid der Fall ist. Sekundäre aromatische Sulfonamide, z. B. N-Äthyl-p-Toluolsulfonamid, können in Verbindungen mit oder ohne Epoxydendgruppen überführt werden. Bei Di-sek.-Sulfonamiden hängt es von ihrer Struktur ab, ob sie härtbare niedrigschmelzende Epoxydverbindungen oder nichthärtbare hochschmelzende Produkte mit geringem Epoxydgehalt ergeben. — Unter Verwendung von:

N,N'-Äthylen-bis-p-Toluolsulfonamid

$$CH_3 \cdot C_6H_4 \cdot SO_2 \cdot NH \cdot (CH_2)_2 \cdot NH \cdot SO_2 \cdot C_6H_4 \cdot CH_3$$

N,N'-Hexamethylen-bis-methanosulfonamid

$$CH_3 \cdot SO_2 \cdot NH \cdot (CH_2)_6 \cdot NH \cdot SO_2 \cdot CH_3$$

oder N,N'-Dimethyl-diphenyläther-4,4'-disulfonamid

$$CH_3 \cdot NH \cdot SO_2 \cdot C_6H_4 \cdot O \cdot C_6H_4 \cdot SO_2 \cdot NH \cdot CH_3$$

wurden die entsprechenden Diglycidyläther gewonnen, wenn sie bei 35—40° in 5—10%iger Natronlauge (mit einem 10%igen NaOH-Überschuß) gelöst, mit Epichlorhydrin bei bis auf 60° steigender Temperatur umgesetzt werden. Die gewonnenen Produkte können als härtbare Epoxydharzvorprodukte Verwendung finden.

Polymere Produkte, wie sie in Analogie zu den Bisphenol-A-Glycidyläthern zu erwarten wären, der Art:

$$CH_2\!\!-\!\!CH \cdot CH_2 \cdot \left[\begin{matrix} N \cdot CH_2 \cdot CH(OH) \cdot CH_2 \cdot \\ | \\ SO_2 \cdot R \end{matrix} \right]_n \cdot \begin{matrix} N \cdot CH_2 \cdot CH\!\!-\!\!CH_2 \\ | \\ SO_2 \cdot R \end{matrix}$$

konnten nicht gefaßt werden, vielmehr entstehen cyclische Reaktionsprodukte mit nur wenig Epoxydgruppen, oder es bilden sich dimere Verbindungen wie

$$R \cdot SO_2 \cdot NH \cdot CH_2 \cdot CH(OH) \cdot CH_2 \cdot N \cdot SO_2 \cdot R$$
$$\begin{matrix} | \\ CH_2 \cdot CH\!\!-\!\!CH_2 \\ O \end{matrix}$$

oder

$$R \cdot SO_2 \cdot N \cdot CH_2 \cdot CH(OH) \cdot CH_2 \cdot N \cdot SO_2 \cdot R$$
$$\begin{matrix} | \\ CH_2 \cdot CH\!\!-\!\!CH_2 \end{matrix} \qquad \begin{matrix} | \\ CH_2 \cdot CH\!\!-\!\!CH_2. \\ O \end{matrix}$$

Umsetzungen mit stickstoffhaltigen Verbindungen (außer Sulfonamiden)

Epichlorhydrin bildet schon bei gewöhnlicher Temperatur mit Ammoniak oder Aminen Additionsverbindungen unter Ringöffnung. Mit einem zweiten Mol Ammoniak oder Amin kann Chlorwasserstoffabspaltung und Ausbildung einer neuen Epoxydgruppe erfolgen. Ein drittes Mol Ammoniak oder Aminbase setzt sich mit der gebildeten Epoxydgruppe in gleicher Weise um wie das erste. Kommt also von vornherein ein Molverhältnis von 3 oder mehr Mol Ammoniak oder Aminbase auf 1 Mol Epichlorhydrin zur Einwirkung, so wird in einem Arbeitsgang ein Propanol erhalten, das in 1- und 3-Stellung je eine unsubstituierte oder substituierte Aminogruppe enthält. Stark basische tertiäre Amine reagieren ebenfalls mit Epichlorhydrin. Sie greifen jedoch nicht die Epoxydgruppe an, sondern bilden unter Ablösen des Chloratoms quaternäre Ammoniumchloride.

A. Ammoniak setzt sich mit Epichlorhydrin in folgender Weise um:

1. Stufe:
$$NH_3 + CH_2\!-\!\!CH \cdot CH_2Cl \rightarrow H_2N \cdot CH_2 \cdot CHOH \cdot CH_2 \cdot Cl$$

2. Stufe:

   a) bei 20—30°:
$$NH_3 + H_2N \cdot CH_2 \cdot CHOH \cdot CH_2Cl \rightarrow H_2N \cdot CH_2 \cdot CH\!-\!\!CH_2 + NH_4Cl$$

   b) bei 80—100° bildet sich Diaminopropanolhydrochlorid
$$H_3N \cdot CH_2 \cdot CHOH \cdot CH_2 \cdot NH_2 \cdot HCl,$$

was so zu erklären ist, daß die bei der höheren Temperatur gesteigerte Reaktivität der intermediär gebildeten Epoxydgruppe eine Anlagerung des Ammonchlorids erzwingt.

3. Stufe: auf 2a folgend
$$NH_3 + H_2N \cdot CH_2 \cdot CH\!-\!\!CH_2 \rightarrow H_2N \cdot CH_2 \cdot CHOH \cdot CH_2 \cdot NH_2$$

Das Diaminoisopropanol ist besonders von R. R. Bottoms[1] bearbeitet worden. Bei der Gewinnung aus Epichlorhydrin nach Schema 2b hat es sich als vorteilhaft erwiesen, bei 80° mit wäßrigem, etwa 25%igem Ammoniak in einem etwa 30%igem Überschuß zu arbeiten, um die Bildung von 1-Amino-3-chlorpropanol und von höheren Kondensationsprodukten hintanzuhalten. — Die Gewinnung von Diaminoisopropanol aus dem billigeren 1,3-Dichlorhydrin wird durch Umsetzen mit einem 5—10fachen Ammoniaküberschuß und der berechneten Menge wäßriger Natronlauge bei 30° ausgeführt. Durch ein späteres Patent[2] wird folgendes Verfahren geschützt: in einem Autoklaven wird zu einer Lösung von 375 g Ammoniumchlorid in 1750 g Wasser und 3500 g Ammoniak bei 45—55° ein Gemisch von 450 g Dichlorhydrin und 350 g Methanol allmählich eingepreßt und 45 Minuten bei dieser Temperatur gerührt. Nach Ablassen des überschüssigen Ammoniaks wird im Vakuum fraktioniert. Das gebildete Diaminoisopropanol geht bei Kp_{20} 145—165° über. Es ist eine starke Base und zieht äußerst begierig Säuren aus der Luft an. Die Girdler Corp. bietet dieses Diamin unter dem Namen „Dapol" zur Beschickung von Luftfiltern an, um saure Verunreinigungen der Luft wie Kohlendioxyd, Schwefeldioxyd oder Schwefelwasserstoff zu entfernen. L. B. Gregory und W. G. Scharmann[3] haben Vergleichsversuche mit Dapol und verschiedenen Äthanolaminen im Hinblick auf ihre luftentsäuernde Wirkung ausgeführt, bei denen Dapol besonders günstig abschneidet.

---

[1] US 1985885, 23. 11. 31/1. 1. 35, siehe auch US 1783901, Girdler Corp.
[2] Bottoms, R. R.: US 2065113, 19. 7. 34/22. 12. 36.
[3] Gregory, L. B., u. W. G. Scharmann: Ind. Eng. Chem. **29**, 514 (1937).

Aus 1-Chlor-2-oxypropan hat die GIRDLER CORP. in analoger Weise das Aminooxypropan hergestellt:

$$Cl \cdot CH_2 \cdot CH(OH) \cdot CH_3 + 2\,NH_3 \rightarrow H_2N \cdot CH_2 \cdot CH(OH) \cdot CH_3 \text{ vom Kp } 170—180°$$

Ammoniak kann mit jedem der drei Wasserstoffatome mit je einem Mol Epichlorhydrin unter Addition reagieren. So hat schon vor längerer Zeit A. FAUCONNIER[1] das Tri-(3-Chlor-2-oxypropyl)-amin, $N \equiv (CH_2 \cdot CHOH \cdot CH_2Cl)_3$ vom F 92—93°, durch Sättigen von Epichlorhydrin mit Ammoniakgas und 5—6tägiges Stehen bei gewöhnlicher Temperatur als kristalline Substanz erhalten.

Aminochlorhydrinäther oder -ester. Umsetzungsprodukte von Epichlorhydrin mit Ammoniak oder Aminbasen bei denen die Epoxydgruppe noch erhalten ist, können in einer zweiten Stufe, z. B. mit Alkoholen, wie Polyvinylalkohole oder Glucose, mit Carbonsäuren, auch ungesättigten wie Polyacrylsäure, Aminosäuren, Aminen, Säureamiden, Polyamiden, Polyalkyleniminen und dergleichen, veräthert, verestert bzw. kondensiert werden. Die gewonnenen, zumeist wasserunlöslichen, aber in Lösungsmitteln löslichen Substanzen liefern beim Aufstreichen einer konzentrierten Lösung glasklare, elastische Filme. Sie eignen sich als veredelnde Zusatzmittel zu Lackkompositionen. Außer mit Epichlorhydrin sind entsprechende Umsetzungen auch mit anderen Epoxydverbindungen, beispielsweise mit 1-Chlor-3,4-butenoxyd, 1,4-Dichlor-2,3-butenoxyd sowie auch mit Epoxydehydrobernsteinsäuredichlorid ausgeführt worden[2].

Die Herstellung von Äthern von α-Glycerylamin beschreiben B. G. WILKES und A. B. STEELE[3]. Es werden die folgenden α-Glycerylaminäther angeführt:

γ-Methoxyäthyl-glycerylamin

$$CH_3 \cdot O \cdot C_2H_4 \cdot O \cdot CH_2 \cdot CHOH \cdot CH_2 \cdot NH_2 \qquad \text{vom Kp}_2 \text{ 96—100°}$$

γ-2-Methoxypropyl-glycerylamin

$$CH_3 \cdot O \cdot C_2H_3 \cdot (CH_3) \cdot O \cdot CH_2 \cdot CHOH \cdot CH_2 \cdot NH_2 \quad \text{vom Kp}_2 \text{ 88—94°}$$

γ-Methoxy-äthoxyäthyl-glycerylamin

$$CH_3 \cdot (O \cdot C_2H_4)_2 \cdot O \cdot CH_2 \cdot CHOH \cdot CH_2 \cdot NH_2 \qquad \text{vom Kp}_2 \text{ 125—128°}$$

γ-2-Methoxy-2-propoxypropyl-glycerylamin

$$CH_3 \cdot [O \cdot C_2H_3(CH_3)]_2 \cdot O \cdot CH_2 \cdot CHOH \cdot CH_2 \cdot NH_2 \quad \text{vom Kp}_2 \text{ 116—125°}$$

Die Herstellung von γ-2-Methoxypropyl-glycerylamin erfolgt beispielsweise folgendermaßen:

In 800 g einer 2%igen Ammoniaklösung werden 234 g 2-Methoxypropylglycidyläther eingetragen, wobei eine klare Lösung entsteht. Beim Stehen bei Raumtemperatur findet eine schwache exotherme Reaktion statt, die durch Kühlung auf eine Temperatur von 36° beschränkt

[1] FAUCONNIER, A.: C. r. **107**, 115 (1887).

[2] ARMBRUSTER, R., A. HARTMANN u. H. LOEWE: FP 884271, 17. 9. 42/9. 8. 43; D.-Pri. 2. 8. 41, BADISCHE ANILIN- & SODAFABRIK-AG.

[3] US 2699452, 3. 7. 52/11. 1. 55, UNION CARBIDE & CARBON CO.

wird. Nach Beendigung der Umsetzung werden die leichter flüchtigen Anteile durch Destillation bei vermindertem Druck bis zu 100° abgetrieben und der Rückstand bei 2 mm fraktioniert. Die Ausbeute beträgt 208 g.

Verbindungen dieser Art sind oberflächenaktiv und können als Seifen und Reinigungsmittel dienen.

Polymere Diaminoisopropanole. Zur Gewinnung monomeren Diaminoisopropanols bzw. seines Chlorhydrates ist es wesentlich, den Arbeitsgang nicht zu lang auszudehnen, da, wie bereits erwähnt, leicht höhermolekulare Produkte entstehen können. Gerade auf diese höheren, harzartigen Produkte arbeitet O. STALLMANN[1] hin, indem mit Alkohol verdünntes Epichlorhydrin bei höherer Temperatur mit Ammoniakgas derart behandelt wird, daß erst nach längerer Zeit die berechnete Menge aufgenommen werden kann. Hierbei hat die jeweils gebildete, relativ geringe Menge Mono- oder Diaminprodukt stets Zeit, sich zu höhermolekularen Substanzen zu kondensieren oder zu polymerisieren. Die Ausführung erfolgt folgendermaßen: 92 g Epichlorhydrin gemischt mit 736 g Äthanol werden in einem geschlossenen Gefäß auf 65—70° erhitzt und unter starkem Rühren ein schwacher Strom Ammoniakgas über die bewegte Oberfläche geleitet, bis das gesamte Chlor in ionisierbarer Form vorliegt (NH_4Cl), was nach etwa 15 Stunden der Fall ist. Alsdann wird mit 10%iger alkoholischer Natronlauge thymolphthaleinalkalisch eingestellt (etwa 400 g), das Salz abfiltriert und im Vakuum bis zu 100° alles Flüchtige abdestilliert. Es verbleibt eine in der Wärme flüssige Masse, die bei gewöhnlicher Temperatur ein festes Harz darstellt. Wird im flüssigen Zustande mit 20% Wasser vermischt, erhält man eine Paste, die als Zusatz zu Indanthrendruckfarben Erhöhung der Farbstärke, der Brillanz und der Egalität bewirkt.

Einwirkung von Ammoniak auf Epichlorhydrin - Acetessigester-Gemisch. Findet die Einwirkung von Ammoniak auf ein äquimolekulares Gemisch von Epichlorhydrin und Acetessigsäureäthylester statt, so setzt sich das zunächst gebildete 1-Amino-3-chlor-2-propanol mit dem Acetessigester unter Wasserabspaltung zu einem kristallisierten Kondensationsprodukt um[2]:

$$Cl \cdot CH_2 \cdot CHOH \cdot CH_2 \cdot NH_2 + O{=}C \cdot (CH_3) \cdot CH_2 \cdot CO \cdot O \cdot C_2H_5$$

$$\rightarrow ClCH_2 \cdot CHOH \cdot CH_2 \cdot N{=}\underset{\underset{CH_3}{|}}{C} \cdot CH_2COOC_2H_5 \quad \text{vom F 95°}$$

Wird diese Kondensationsverbindung einige Zeit bei 100° erhitzt, so spaltet sie den Acetessigesterrest ab und geht vermutlich in Chlorhydrinimid, $Cl \cdot CH_2 \cdot CHOH \cdot CH = NH$, über, eine Verbindung, die schon vorher durch A. CLAUS[3] isoliert wurde.

Ionenaustauschharze aus Epichlorhydrin und Ammoniak. Die Polykondensationsfähigkeit der Umsetzungsprodukte von Epichlor-

---

[1] US 1977250 und 1977251, 12. 5. 33/16. 10. 34, DU PONT DE NEMOURS.
[2] SCHIFF, R.: Gazz. **21**, II. 1—6 (1891) — Soc. **1892**, I, 29.
[3] CLAUS, A.: Soc. **1873**, A. 1121.

hydrin mit Ammoniak hat E. KRUMBEIN[1] zur Herstellung von hochpolymeren Harzen ausgenutzt. Dieselben entziehen selbst sehr verdünnten wäßrigen Lösungen darin gelöste Schwermetallsalze, saure Farbstoffe und ähnliche Verbindungen. Nach ihrer Erschöpfung kann die Aufnahmefähigkeit durch Behandlung mit verdünnten Säuren regeneriert werden. Die Herstellung dieser Harze erfolgt im wasserfreien Medium, indem eine alkoholische Ammoniaklösung mit Epichlorhydrin so lange erhitzt wird, bis ein wasserunlösliches Harz entstanden ist. Nach dem Zerkleinern, Behandeln mit Natronlauge und Waschen ist das Harz gebrauchsfertig.

1-Amino-2,3-epoxypropan. Wie oben erwähnt, läßt sich durch Einwirken von 2 Mol Ammoniak auf 1 Mol Epichlorhydrin 1-Amino-2,3-epoxypropan gewinnen. Die freie Base ist wenig stabil infolge ihrer beiden reaktionsfähigen Gruppen und neigt zur Bildung höhermolekularer Ketten der folgenden Struktur:

$$H_2N \cdot CH_2 \cdot CHOH \cdot CH_2 - [-NH \cdot CH_2 \cdot CHOH \cdot CH_2]_n - NH \cdot CH_2 \cdot CH - CH_2$$
$$\diagdown O \diagup$$

die für weitere Umsetzungen, Verätherungen oder Veresterungen und zur Verwendung als Epoxydharze manche Möglichkeiten zu bieten scheinen. Worüber jedoch bisher nichts bekannt geworden ist. Das monomere Chlorhydrat des Aminoepoxypropans ist für weitere Umsetzungen wiederholt herangezogen worden.

B. Primäre Amine. Die Einwirkung von primären Aminen auf Epichlorhydrin erfolgt analog derjenigen von Ammoniak bei niederen Temperaturen:

$$Cl \cdot CH_2 \cdot CH - CH_2 + HN_2 \cdot R \rightarrow$$
$$\diagdown O \diagup$$
$$\rightarrow ClCH_2 \cdot CHOH \cdot CH_2NHR + H_2N \cdot R \rightarrow CH_2 - CH \cdot CH_2 \cdot \overset{Cl}{\underset{H}{N}} \cdot R + H_2N \cdot R$$
$$\diagdown O \diagup$$
$$\rightarrow R \cdot NH \cdot CH_2 \cdot CHOH \cdot CH_2 \cdot NH \cdot R$$

Anilin. Die Reaktion zwischen Epichlorhydrin und Anilin ist wiederholt studiert worden. J. v. HORMANN[2] stellte fest, daß die Komponenten bereits in der Kälte miteinander reagieren. Das Umsetzungsprodukt wurde aber nicht untersucht.

Durch Umsetzen von 1 Mol Epichlorhydrin mit 3 Mol Anilin hat A. FAUCONNIER[3] 1,3-Dianilino-2-propanol vom F 53—54° und F. ZETZSCHE u. F. AESCHLIMANN das 1-Anilino-2,3-epoxypropan,

$$C_6H_5 \cdot NH_2 \cdot CH_2 \cdot CH - CH_2$$
$$\diagdown O \diagup$$

durch längeres Kochen von 2 Mol Anilin und 1 Mol Epichlorhydrin in Toluollösung gewonnen[4].

Bei der Umsetzung von 3 Mol Anilin mit 1 Mol Epichlorhydrin bei höherer Temperatur fand T. FUKAGAWA[5], daß unter Abspaltung von

[1] DDRP 5321, 2. 7. 41/24. 9. 54, FILMFABRIK WOLFEN.
[2] HORMANN, J. v.: B. **15**, 1542 (1882).
[3] FAUCONNIER, A.: C. r. **107**, 250 (1887).
[4] ZETZSCHE, F., u. F. AESCHLIMANN: Helv. **9**, 708 (1926).
[5] FUKAGAWA, T.: B. **68**, B. 1344 (1935).

Ammoniumchlorid Triphenyloxypropylendiamin entsteht. Seine Bildung ist so zu erklären, daß das in der ersten Phase entstandene Anilinchlorhydrat bei der erhöhten Temperatur auf eines der beiden sekundären Aminreste unter Abspaltung von Ammoniak einwirkt, so daß ein tertiäres Amin mit zwei Phenylgruppen entsteht. Es findet folgende Umsetzung statt:

$$3\ C_6H_5NH_2 + ClCH_2 \cdot \underset{\diagdown O \diagup}{CH\!-\!CH_2} \rightarrow C_6H_5NH \cdot CH_2 \cdot CHOH \cdot CH_2 \cdot NHC_6H_5$$

$$+ C_6H_5NH_2 \cdot HCl \rightarrow C_6H_5NH \cdot CH_2 \cdot CHOH \cdot CH_2 \cdot N \cdot (C_6H_5)_2 + NH_4Cl$$

Das N,N,N'-Triphenyl-β-oxypropylendiamin hat den hohen Schmelzpunkt von 350° unter Zersetzung. Ob durch Hinzufügen eines weiteren Mols Anilinchlorhydrat auch die zweite sekundäre Aminogruppe durch Austausch des Wasserstoffatoms durch eine Phenylgruppe in eine tertiäre Aminogruppe übergeführt werden kann, wird nicht angegeben.

N,N'-Diphenyl-oxy-propylendiamin erscheint als Härter für Epoxydharzvorprodukte interessant, da es ein Diamin darstellt, das sowohl die Aktivität der aliphatischen als auch die Trägheit der aromatischen Amine miteinander verbindet und die außerdem vorhandene Hydroxylgruppe die bei der Härtung oft erwünschte Aktivierung bewirken könnte.

Toluidin. p-Toluidin mit äquimolekularen Mengen Epichlorhydrin in verdünntem Alkohol in der Wärme umgesetzt, ergibt 1-Chlor-3-toluidino-2-propanol vom Kp 81—82°, das mit einem zweiten Mol p-Toluidin in 1,3-Ditoluidino-2-propanol vom F 113,5° übergeht. Wird 1-Chlor-3-toluidino-2-propanol in wasserfreiem Äther mit Natriumäthylat behandelt, entsteht 1-Äthoxy-3-toluidino-2-propanol[1]. — Dieselben Umsetzungen wurden einige Zeit später erneut studiert und für 1-Chlor-3-toluidino-2-propanol der Kp 85° und für 1,3-Ditoluidino-2-propanol der F 116° gefunden. Die Herstellung des letzteren konnte in einem Arbeitsgang durch Erhitzen von 1 Mol Epichlorhydrin mit 2 Mol p-Toluidin bei 155° oder durch 5stündiges Behandeln von 1 Mol 1, 3-Dichlorhydrin mit 4 Mol p-Toluidin bei 140—150° durchgeführt werden. Umsetzungen von p-Chloranilin mit Epichlorhydrin führten zu viscosen Ölen[2].

Phenetidin. Bei der Einwirkung von äquimolekularen Mengen p-Phenetidinchlorhydrat und Epichlorhydrin entsteht 1-Chlor-3-p-phenetidino-2-propanol, das mit Dimethylamin in das 1-Dimethylamino-3-phenetidino-2-propanol-chlorhydrat übergeht:

$$C_2H_5 \cdot O \cdot C_6H_4 \cdot NH \cdot CH_2 \cdot CHOH \cdot CH_2Cl + (CH_3)_2 \cdot NH$$

$$\rightarrow C_2H_5 \cdot O \cdot C_6H_4 \cdot NH \cdot CH_2 \cdot CHOH \cdot CH_2 \cdot N(CH_3)_2H \cdot Cl$$

Analoge Verbindungen, die pharmazeutischen Zwecken dienen sollten, wurden aus p-Toluidin, o-Anisidin, Anilin und m-Nitranilin hergestellt[3].

---

[1] COHN, P., u. P. FRIEDLÄNDER: B. **37**, 3034 (1904).

[2] DAINS, F. B., R. Q. BREWSTER, J. S. BLAIR u. W. C. THOMPSON: Am. Soc. **44**, 2639 (1922).

[3] FOURNEAU, E., u. J. RANEDO: An. Fisica Quim. (2) **18**, 133 (1920).

Etwa zur gleichen Zeit wurde die Umsetzung der freien p-Phenetidinbase mit Epichlorhydrin von E. KOLSHORN[1] studiert. Wirken die beiden Verbindungen unverdünnt aufeinander, so erfolgt eine heftige Reaktion, die jedoch durch Lösungsmittelverdünnung weitgehend gebremst wird. Es kristallisiert 1-Chlor-3-phenetidino-2-propanol vom Schmelzpunkt 93° aus der Lösung aus. — In einem weiteren Patent[2] wird die Umsetzung von Epichlorhydrin mit p-Aminophenol und mit Äthern desselben beschrieben. Das entstehende N-3-Chlor-2-oxy-propyl-p-aminophenol bzw. dessen Äther, kann durch alkalische Verseifung in das N-2,3-Dioxypropyl-p-aminophenol vom F 192° bzw. in seine Äther, übergeführt werden. Diese Verbindung kann auch direkt unter Verwendung von Glycid an Stelle von Epichlorhydrin gewonnen werden.

1 Mol p-Phenetidinhydrochlorid in wäßriger Lösung setzt sich unter Verwendung von etwas mehr als 2 Mol Epichlorhydrin schon beim Stehen im Dunkeln bei gewöhnlicher Temperatur mit einer Ausbeute von 45% zu N,N-Di-(3-Chlor-2-oxypropyl)-p-phenetidin, $C_2H_5 \cdot O \cdot C_6H_4 \cdot N \cdot (CH_2 \cdot CHOH \cdot CH_2Cl)_2$, um[3].

Anschließend an die Arbeiten von J. T. STRUKOV hat H. LANGE[4] gefunden, daß zur Gewinnung von N-Di-(3-chlor-2-oxypropyl)-p-phenetidin kein Überschuß von Epichlorhydrin erforderlich ist und mit den berechneten 2 Mol auch gute Ausbeuten zu erzielen sind, sofern im wasserfreien Medium unter Verwendung organischer Lösungsmittel wie Methanol oder Tetrachlorkohlenstoff gearbeitet wird. So wurden erhalten: durch 36stündiges Kochen von 465 g Anilin, 1000 g Tetrachlorkohlenstoff und 1030 g Epichlorhydrin Di-(3-chlor-2-oxypropyl)-anilin, $C_6H_5 \cdot N \cdot (CH_2 \cdot CHOH \cdot CH_2Cl)_2$ in 2 Isomeren vom F 91,5° und 94°; aus 107 g 1-Methyl-3-Aminobenzol, 206 g Epichlorhydrin und 100 g Methanol, eine Mischung, die langsam spontan reagiert und nach etwa $1^1/_2$ Stunden ins Sieden gerät: 1-Methyl-3-(3-chlor-2-oxypropyl)-aminobenzol, $CH_3 \cdot C_6H_4 \cdot NH \cdot CH_2 \cdot CHOH \cdot CH_2Cl$ vom F 93° und durch 16stündiges Kochen von 685 g 1-Methyl-3-amino-4-methoxy-benzol, 1030 g Epichlorhydrin und 1000 g Methanol das Chlorhydrat von 1-Methyl-3-(3-chlor-2-oxypropyl-amino)-4-methoxybenzol,

$$(CH_3)(CH_3O)C_6H_3 \cdot NH \cdot CH_2 \cdot CHOH \cdot CH_2 \cdot Cl \quad \text{vom F 200—201°}$$

Diese Produkte werden als Zwischenprodukte für die Herstellung von Farbstoffen angewandt.

Aminopyridin. Epichlorhydrin addiert sich an 2-Aminopyridin unter Bildung von 1,2-Divinylen-5-oxy-tetrahydropyrimidin[5]. Werden 10 g 2-Aminopyridin (vom F 58°) mit 5,5 g Epichlorhydrin in 15 ml Alkohol und wenig Benzol 12 Stunden bei gewöhnlicher Temperatur

---

[1] BP 155575/76, 24. 11. 20/31. 3. 21. — [2] BP 145614, 29. 6. 20/31. 3. 21.
[3] STRUKOV, J. T.: Khim. Farm. Prom. **1934**, Nr. 2, 11 — C. A. **1934**, 5421.
[4] DRP 669810, 19. 4. 36/4. 1. 39, sowie das identische FP 819403, 19. 3. 37 19. 10. 37, I. G.
[5] KNUNYANTZ, J. L.: B. **68**, B. 397 (1935).

stehengelassen, so kristallisieren lange Tafeln von N-3-Chlor-2-oxy-propyl-2-iminopyridin (I) vom F 190° aus, das bei der Behandlung mit Alkali über das hypothetische Epoxyd (II) in 1,2-Divinylen-tetrahydro-5-oxypyrimidin (III) übergeht:

$$\text{Pyridin-NH}_2 + CH_2\text{—}CH\cdot CH_2Cl \ (\text{O}) \rightarrow \text{(I)} \ \underset{N\cdot CH_2\cdot CHOH\cdot CH_2Cl}{=NH} \xrightarrow{NaOH} \text{(II)} \ \underset{N\cdot CH_2\cdot CH\text{—}CH_2\,(O)}{=NH}$$

$$\rightarrow \text{(III)}$$

Die Umsetzung von 2-Aminopyridin mit Äthylenoxyd führt bei 2tägigem Stehen bei 15—20° von 60 g Aminopyridin in 100 g Methanol mit einer Lösung von 31 g Äthylenoxyd in 70 g Methanol zu N-oxy-äthyl-pyridonimin

$$\underset{N\cdot CH_2\cdot CH_2OH}{=NH} \qquad \text{vom F 112—113° und Kp}_{17}\ 184\text{—}185°$$

Niedere Aminbasen. Epichlorhydrin reagiert mit niederen Aminbasen lebhaft, wobei zumeist höhermolekulare Produkte entstehen. Durch Verwendung eines größeren Aminüberschusses ist es E. WEDEKIND und E. BRUCH[1] gelungen, durch längeres Kochen von Cyclohexylamin mit Epichlorhydrin das monomere 1,3-Dicyclohexylamino-2-propanol herzustellen.

O. STALLMANN[2] stellt höhermolekulare wasserlösliche Produkte her, indem über eine stark bewegte Lösung von Epichlorhydrin in Alkohol ein langsamer Strom von Methylamin oder einem anderen niederen Amin geleitet wird, so daß erst nach 15—20 Stunden die Umsetzung vollständig ist. Die entstehenden Harze liefern bei einem Zusatz von 20—30% Wasser Pasten, die als Zusätze zu Druckfarben wertvolle Effekte bewirken.

Trimethylolaminomethan. Unter Verwendung von Trimethylolaminomethan, $(CH_2OH)_3\equiv C\cdot NH_2$ als Aminokomponente, wurden Umsetzungen mit Epichlorhydrin, 1,3-Dichlorhydrin, Äthylenbromid, Trimethylenbromid, Hexamethylenbromid, 3,3′-Dichlorpropyläther und dergleichen im Hinblick auf ihre pharmazeutische Verwendung ausgeführt. Beispielsweise werden 242 g Trimethylolaminomethan, 92,5 g Epichlorhydrin und 200 ml 95%iger Alkohol 5 Stunden unter Rückfluß gekocht. Das gebildete 1,3-Di-(trimethylol-methylamino)-2-propanol-dichlorhydrat

$$(CH_2OH)_3\equiv C\cdot NH\cdot CH_2\cdot CHOH\cdot CH_2\cdot NH\cdot C\equiv(CH_2OH)_3 \qquad \text{vom F 186—188°}$$
$$\underset{H\quad Cl}{} \qquad \underset{H\quad Cl}{}$$

---

[1] WEDEKIND, E., u. E. BRUCH: A. **471**, 78—97, (1929).
[2] US 1977252/53, 12. 5. 33/16. 10. 34, E. I. DU PONT DE NEMOURS.

wird dann mit konz. Salzsäure als kristalline Masse ausgefällt[1]. Produkte dieser Art haben die Eigenschaft, physiologisch wirksame Metallsalze in höheren Konzentrationen in Lösung zu halten.

Reaktionen von Aminohalogenhydrinen. Die Substitution eines β-Halogenhydrins durch die Aminogruppe führt überraschenderweise in manchen Fällen zu einem α-Aminohydrin, ohne daß der Grund für eine Umlagerung ohne weiteres einzusehen wäre. So konnte P. MELIKOW[3] feststellen, daß bei der Einwirkung von Ammoniak auf α-Brom-β-oxypropionsäuremethylester nicht α-Amino-β-oxypropionester entsteht, sondern das β-Amino-α-oxy-derivat. Dieser Platzwechsel ist aber zwanglos zu erklären, wenn man die intermediäre Bildung einer Epoxydgruppe annimmt. Die Umsetzung würde danach so erfolgen, daß α-Brom-β-oxy-propionester mit 1 Mol Ammoniak zunächst die Epoxydverbindung gibt, an die sich dann in üblicher Weise ein zweites Mol Ammoniak in β-Stellung addiert:

$$
\begin{array}{ccc}
\mathrm{CH_2\cdot OH} & \mathrm{CH_2\!\!\diagdown} & \mathrm{CH_2\cdot NH_2} \\
| & |\;\;\;\diagup O & | \\
\mathrm{CH\cdot Br + NH_3} \;\rightarrow\; & \mathrm{CH}\diagup\;\; + NH_3 \;\rightarrow\; & \mathrm{CHOH} \\
| & | & | \\
\mathrm{CO\cdot OCH_3} & \mathrm{CO\cdot OCH_3} & \mathrm{CO\cdot OCH_3}
\end{array}
$$

Aus dem aktiven 1,2-Dibromhydrin beabsichtigten E. ABDERHALDEN und E. EICHWALD[4] durch Umsetzen mit Ammoniak das aktive 1,2-Diaminohydrin zu gewinnen. Überraschenderweise wurde aber 1,3-Diaminohydrin erhalten. Unter der Annahme der zweimaligen Ausbildung einer intermediären Epoxydgruppe ist auch dieses Ergebnis zu verstehen:

$$
\begin{array}{ccccc}
\mathrm{CH_2Br} & \mathrm{CH_2Br} & \mathrm{CH_2Br} & \mathrm{CH_2\!\!\diagdown} & \mathrm{CH_2NH_2} \\
| & | & | & |\;\;\;\diagup O & | \\
\mathrm{CH\cdot Br + NH_3 \rightarrow} & \mathrm{CH}\diagdown \;\; + NH_3 \rightarrow & \mathrm{CHOH + NH_3 \rightarrow} & \mathrm{CH}\diagup\;\; + NH_2 \rightarrow & \mathrm{CHOH} \\
| & |\;\;\;\diagup O & | & | & | \\
\mathrm{CH_2\cdot OH} & \mathrm{CH_2} & \mathrm{CH_2NH_2} & \mathrm{CH_2NH_2} & \mathrm{CH_2NH_2}
\end{array}
$$

Das 1-Amino-2,3-dibrompropan ist auch in anderer Hinsicht interessant. E. ABDERHALDEN und A. M. PAQUIN[5] beobachten nämlich durch das Sonnenlicht bewirkte Spontanzersetzung seiner ätherischen Lösung unter Entwicklung von Wasserstoff. Es war das Bromhydrat einer starken Base $C_3H_3Br_2N$ von der vermutlichen Struktur

$$
\begin{array}{c}
\mathrm{CHBr} \\
\diagup \quad \diagdown \\
\mathrm{CH} \quad\; \mathrm{CH\cdot Br} \\
\diagdown \quad \diagup \\
\mathrm{N}
\end{array}
$$

entstanden, die schon bei momentaner Berührung mit warmem Aceton in das Bromhydrat einer Base $C_6H_5Br_2N$ übergeht. Die Base $C_3H_3Br_2N$ läßt sich leicht zu der Base C_3H_3N,

$$
\begin{array}{c}
\mathrm{CH} \\
\diagup \quad \diagdown \\
\mathrm{CH} \quad\; \mathrm{CH} \\
\diagdown \quad \diagup \\
\mathrm{N}
\end{array}
$$

---

[1] WOTIZ, J. H.: US 2408096, 1. 5. 44/24. 9. 46, J. S. PIERCE Co.

[2] MELIKOW, P.: B. **12**, 2227 (1879).

[3] ABDERHALDEN, E., u. E. EICHWALD: B. **47**, 1856 und 2883 (1914) — B. **48**, 113 und 1848 (1915).

[4] B. **53**, 1128 (1920).

enthalogenieren, von der charakteristische Salze gewonnen werden konnten.

Diamine. Umsetzungen von Diaminen, insbesondere von Äthylendiamin und seinen N-mono- oder di-substituierten Derivaten, mit Epichlorhydrin ergeben Mono- oder Di-(3-chlor-2-propanol)-diamine, von denen R. R. Bottoms[1] beispielsweise die folgenden hergestellt hat:

$$H_2N \cdot CH_2 \cdot CH_2 \cdot NH \cdot CH_2 \cdot CHOH \cdot CH_2Cl,$$

$$(CH_3)_2 \cdot N \cdot CH_2 \cdot CH_2 \cdot NH \cdot CH_2 \cdot CHOH \cdot CH_2Cl$$

$$C_2H_5 \cdot NH \cdot CH_2 \cdot CH_2 \cdot N(C_2H_5) \cdot CH_2 \cdot CHOH \cdot CH_2Cl$$

$$ClCH_2 \cdot CHOH \cdot CH_2 \cdot NH \cdot CH_2 \cdot CH_2 \cdot NH \cdot CH_2 \cdot CHOH \cdot CH_2Cl$$

und durch Umsetzen von 1,3-Diaminopropanol mit Epichlorhydrin:

$$H_2N \cdot CH_2 \cdot CHOH \cdot CH_2NH \cdot CH_2 \cdot CHOH \cdot CH_2Cl$$
und
$$ClCH_2 \cdot CHOH \cdot CH_2 \cdot NH \cdot CH_2 \cdot CHOH \cdot CH_2 \cdot NH \cdot CH_2 \cdot CHOH \cdot CH_2Cl$$

Durch Nachbehandlung mit Ammoniak sind die Chloratome leicht durch Aminogruppen zu ersetzen, so daß langkettige Diamine entstehen. Diese sind hochviscose Flüssigkeiten, die bei 5 mm über 200° zum Teil unter Zersetzung sieden. Es ist möglich, zu diesen Diaminen in einem Arbeitsgang zu gelangen, wenn die Umsetzung zwischen Diamin und Epichlorhydrin mit anschließender Eintragung von Ammoniak bei einer Temperatur von —10 bis 0° ausgeführt wird. — Wegen der starken Basizität dieser höheren Diamine eignen sie sich, wie das bereits oben erwähnte Diaminoisopropanol zum Absorbieren von sauren Anteilen aus Luft oder anderen Gasen, und sind dem Diaminoisopropanol wegen ihres wesentlich niedrigeren Dampfdruckes überlegen.

Umsetzungsprodukte von Epichlorhydrin mit Polyaminen, z. B. Diäthylentriamin, Triäthylentetramin, Tetraäthylenpentamin u. dgl. finden technische Verwendung als Zusatzmittel zu Melamin-Formaldehyd-Kondensationsprodukten für die Verwendung als Imprägniermittel bei der Herstellung von von naßreißfestem Papier, wodurch die Absorption der dispergierten Harzmassen durch den Papierstoff wesentlich vollständiger erfolgt[2].

Hydrazine. L. Balbiano[2] hat Epichlorhydrin mit Phenylhydrazin in Benzollösung durch 9stündiges Kochen in das Hydrochlorid des 1,3-Diphenylhydrazino-2-oxypropan übergeführt. Dieses spaltet bei der Destillation Phenylhydrazinhydrochlorid ab und bildet das kristallisierte 1-Phenyl-4-oxy-2-pyrazolidin, welches beim Erhitzen mit

[1] Bottoms, R. R.: US 2046720, 9. 6. 33/7. 7. 36, Girdler Corp.
[2] US 2769769, 20. 3. 53/6. 11. 56 und US 2769797, 6. 7. 55/6. 11. 56, American Cyanamid Co.
[3] Balbiano, L.: Gazz. 17, 176 (1887) — Soc. 1887, A. II, 1054.

Chlorzink, Wasser und Wasserstoff abspaltet unter Bildung von 1-Phe-
nylpyrazol, das nach dem Ansäuern mit Dampf übergetrieben wird

$$CH_2\text{—}CH\cdot CH_2Cl + 2\,H_2N\cdot NH\cdot C_6H_5 \;\rightarrow\; C_6H_5NH\cdot NH\cdot CH_2\cdot CHOH\cdot CH_2\cdot NH\cdot NH\,C_6H_5$$

$$\xrightarrow{\;\text{Destillation}\;} \quad \xrightarrow{\;ZnCl_2\;}$$

F 103—104°

Die analoge Umsetzung mit Hydrazinhydrat wurde erst später[1] ausgeführt und führte entsprechend zum Pyrazol. Beim Vermischen von
10,8 g Hydrazinhydrat mit 10 g Epichlorhydrin gerät die Masse spontan ins Sieden und die 2 Schichten verschwinden. Man erhält Oxy-
pyrazolidin, das zur Wasserabspaltung 1 Stunde mit Chlorzink erhitzt
wird, worauf man anschließend mit Wasserdampf das Pyrazol über-
treibt. — Wird dagegen Hydrazinhydrat und Epichlorhydrin in gleichen Gewichtsteilen in alkoholischer Lösung 5 Stunden gekocht, so
erhält man Glycidylhydrazin,

$$CH_2\text{—}CH\cdot CH_2\cdot NH\cdot NH_2$$

F. Gerhardt[2] hat den Versuch mit Phenylhydrazin in der Weise
wiederholt, daß Phenylhydrazin und Epichlorhydrin in ätherischer
Lösung 2 Wochen bei 10° stehengelassen wurden. Es entsteht hierbei
1-Phenyl-4-oxy-pyrazolin neben Phenylhydrazinchlorhydrat. Beim
Erwärmen dieses Gemisches in Benzollösung wird unter Spaltung des
Hydrazinmoleküls 1-Phenylpyrazol und Anilin erhalten.

Zur Gewinnung von Färbereihilfsprodukten haben C. Gränacher,
R. Sallmann und J. Frei[3] die Hydrazide höherer Fettsäuren mit
Alkylenoxyden umgesetzt. Beispielsweise werden 14 g Stearinsäure-
hydrazid mit 18 g Epichlorhydrin 6 Stunden bei 100° erhitzt. Es wird
ein braunes harzartiges Produkt erhalten, das sich in heißem Wasser
löst. Es übt bei Färbungen mit sauren Farbstoffen eine egalisierende
Wirkung aus, wobei Farbstoffe mit Sulfogruppen nicht ausgefällt
werden.

Phenylendiamin - Formaldehyd - Kondensationsprodukt. Zur Herstellung von Anionenaustauschern wird ein Kondensationsprodukt von
Phenylendiamin und Formaldehyd mit Epichlorhydrin in der Weise
nachbehandelt, daß gleiche Gewichtsmengen des harzartigen Kondensationsproduktes und Epichlorhydrin 8 Stunden bei 100° erhitzt werden. Hierdurch wird die Absorptionsfähigkeit des Harzes etwa verdoppelt[4].

Polymerisationsinhibitor. Bei der Umsetzung von 1,2-Epoxydver-
bindungen aller Art mit primären Aminen oder Polyaminen treten
immer mehr oder weniger große Anteile an höhermolekularen Poly-

[1] Balbiano, L.: B. **23**, 1105 (1890). — [2] Gerhardt, F.: B. **24**, 352 (1891).
[3] US 2371133, 25. 11. 41/13. 3. 45; Schwz.-Pri. 24. 12. 40, Ciba AG.
[4] DRP 878048, 10. 9. 36/1. 6. 53, I. G.

merisationsprodukten auf. F. H. Baldwin[1] hat gefunden, daß ein Zusatz von 0,8% Phenylacetylen (auf die Menge der Monoaminokomponente berechnet) die Polymerisation weitgehend unterbindet.

Ionenaustauscher. Werden Polyamine wie Äthylendiamin, Diäthylentriamin, Triäthylentetramin, Tetraäthylenpentamin oder Di-(3-aminopropyl)-amin mit zwei oder mehr Molen Epichlorhydrin umgesetzt, so erhält man Harze, die sich als Ionenaustauscher eignen. Beispielsweise erhitzt man 920 g Epichlorhydrin, 436 g Äthylendiamin 68,8%ig mit 1650 g Wasser, in dem 206 g Natriumhydroxyd gelöst sind, bei 65—70° so lange, bis Gelbildung eintritt. Nach gründlichem Wässern, Trocknen und Zerkleinern ist das Harz gebrauchsfertig[2].

Bei der Umsetzung von äquimolekularen Mengen der genannten Polyamine, insbesondere von Tetraäthylenpentamin, ohne Zusatz von Natriumhydroxyd mit anschließender schwacher Ansäuerung mit höheren Fettsäuren, insbesondere Laurinsäure, werden viscose kationaktive Flüssigkeiten erhalten, die mannigfache Verwendungen finden können[3].

Alkylierung von Umsetzungsprodukten von Epichlorhydrin mit Diaminen. Umsetzungsprodukte von Äthylendiamin, Tetramethylendiamin, Hexamethylendiamin oder Diaminodipropyläther mit Epichlorhydrin oder 1,3-Dichlorhydrin, die bei 90—95° erhalten werden, lassen sich anschließend mit Dimethylsulfat methylieren. Man erhält hochmolekulare Produkte, die als Färbereihilfsmittel zur Erhöhung der Echtheitseigenschaften von Färbungen mit sulfo- oder carboxylgruppenhaltigen Farbstoffen Verwendung finden. Diese Mittel beeinflussen die Farbtöne nicht oder nur sehr geringfügig[4].

Umsetzung von Epichlorhydrin-Anilin-Additionsprodukt mit Isothiocyanaten. Beim Eintragen von Arylisothiocyanaten in eine alkoholische Lösung von 3-Chlor-2-oxy-propyl-arylaminen, insbesondere dem Umsetzungsprodukt von Epichlorhydrin mit Anilin, bildet sich ein Thioharnstoffderivat, das unter Abspaltung von Chlorwasserstoff spontan in ein Thiazanderivat übergeht. Unter Verwendung des aus p-Bromanilin gewonnenen 3-Chlor-2-oxy-propylbromphenylamins stellt sich die Reaktion folgendermaßen dar:

$$\text{p—Br—C}_6\text{H}_4\text{NH} \cdot \text{CH}_2 \cdot \text{CHOH} \cdot \text{CH}_2\text{Cl} + \text{C}_6\text{H}_5\text{N}{=}\text{C}{=}\text{S}$$

$$\rightarrow \text{p—Br—C}_6\text{H}_4 \cdot \text{N} {\Big\langle} {\overset{\text{CS} \cdot \text{NH} \cdot \text{C}_6\text{H}_5}{\text{CH}_2 \cdot \text{CHOH} \cdot \text{CH}_2\text{Cl}}} \xrightarrow{-\text{HCl}} \begin{array}{c} \text{S} \\ \text{CH}_2 \quad \text{C}{=}\text{N} \cdot \text{C}_6\text{H}_5 \\ \text{HO} \cdot \text{CH} \quad \text{N—C}_6\text{H}_4\text{Br} \\ \text{CH}_2 \end{array}$$

2-Phenylimino-3-p-bromphenyl-5-oxy-1,3-thiazan[5].

Auch durch Umsetzen von Epichlorhydrin mit symmetrisch disubstituierten Thioharnstoffen lassen sich Thiazane dieser Art ge-

[1] US 2662097, 30. 10. 51/8. 12. 53, Ethyl Corp.

[2] Dudley, J. R.: US 2469683, 15. 9. 45/10. 5. 49, American Cyanamid Co.

[3] Dudley, J. R.: US 2479480, 18. 4. 46/6. 8. 49, American Cyanamid Co.

[4] Böckmann, K., K. Taube u. O. Weber: DRP 869073, 27. 4. 50/22. 1. 53, Bayer.

[5] Dains, F. B., R. Q. Brewster, J. G. Blair u. W. C. Thompson: Am. Soc. 44, 2640 (1922).

winnen, indem die Komponenten in alkoholischer Lösung in der Wärme miteinander umgesetzt werden. Die Reaktion erfolgt nach dem Schema:

$$CH_2\text{---}CH\cdot CH_2Cl + R\cdot NH\cdot CS\cdot NH\cdot R \;\rightarrow\; \underset{\underset{CHOH}{CH_2\;\;CH_2Cl}}{R\cdot N\underset{}{\overset{\overset{NH\cdot R}{C}}{\diagup\;\diagdown}}S} \;\rightarrow\; \underset{\underset{CHOH}{CH_2\;\;CH_2}}{R\cdot N\underset{}{\overset{\overset{NR}{C}}{\diagup\;\diagdown}}S}$$

wobei der Ringschluß zum Thiazanring auch hier durch Chlorwasserstoffabspaltung erfolgt:

Durch Entschwefelung lassen sich auch die entsprechenden sauerstoffhaltigen Verbindungen herstellen[1].

Arsanilsäure. Zur Herstellung pharmazeutischer Präparate wurde Arsanilsäure in der berechneten Menge wäßriger Natronlauge mit einem Überschuß an Epichlorhydrin 4—5 Stunden gekocht, wobei N-3-Chlor-2-oxypropyl-arsanilsäure entsteht:

$$(NaO)_2AsO\cdot C_6H_4\cdot NH_2 + CH_2\text{---}CH\cdot CH_2Cl \;\rightarrow\; Na_2O_3As\cdot C_6H_4\cdot NH\cdot CH_2\cdot CHOH\cdot CH_2Cl$$

Durch Ersatz des Chloratoms durch primäre oder sekundäre Aminreste werden Verbindungen mit pharmakologischer Wirkung gewonnen. Durch Umsetzen mit Dichlorhydrin wird 1,3-Di-arsanilsäure-2-oxypropan, mit Brombernsteinsäure die Arsanilbernsteinsäure erhalten[2].

C. Sekundäre Amine. Sekundäre Amine lagern sich an Epichlorhydrin in analoger Weise an wie primäre Amine:

$$\frac{R}{R'}\hspace{-4pt}\diagdown NH + CH_2\text{---}CH\cdot CH_2Cl \;\rightarrow\; \frac{R}{R'}\hspace{-4pt}\diagdown N\cdot CH_2\cdot CHOH\cdot CH_2Cl$$

$$\xrightarrow{\;+\;\frac{R}{R'}\hspace{-4pt}\diagdown NH\;}\;\frac{R}{R'}\hspace{-4pt}\diagdown N\cdot CH_2\cdot CH\text{---}CH_2 \xrightarrow{\;+\;\frac{R}{R'}\hspace{-4pt}\diagdown NH\;}\;\frac{R}{R'}\hspace{-4pt}\diagdown N\cdot CH_2\cdot CHOH\cdot CH_2\cdot N\hspace{-4pt}\diagdown\frac{R}{R'}$$

Da das in der ersten Phase durch Umsetzen mit 1 Mol sek. Amin entstehende 3-Chlor-1-sek.-amino-2-propanol durch Ersatz des Chloratoms mannigfache Umsetzungen gestattet, ist besonders diese Verbindung ein wertvolles Zwischenprodukt.

Dimethylamin. Äquivalente Mengen von Dimethylamin und Epichlorhydrin setzen sich zu 1-Dimethylamino-3-chlor-2-propanol um, das sich mit Alkali oder einem weiteren Mol Dimethylamin in 1-Dimethylamino-2,3-epoxypropan überführen läßt. Das durch weitere Einwirkung von Dimethylamin theoretisch zu gewinnende 1,3-Di-(dimethylamino)-2-propanol ist jedoch in der Literatur bisher nicht erwähnt[3].

---

[1] MOORE, F. G., u. B. DAINS: Univ. Kansas Sci. Bull. (13) **18**, 633 (1929) — C. A. **24**, 2133 (1930).

[2] LEWIS, V. L.: US 1664123, 14. 3. 24/27. 3. 28, PARKE & DAVIS Co.

[3] DROZDOV, N. S., u. O. M. CHERUTZOW: Russ. **4**, 969 (1934) — C. A. **29**, 2148 (1935).

Diäthylamin. Ein besonderes Interesse haben Umsetzungsprodukte von Diäthylamin mit Epichlorhydrin gewonnen. Nach einem Verfahren von O. EISLEB[1] wird 1-Diäthylamino-2,3-epoxypropan folgendermaßen gewonnen: 463 g Epichlorhydrin, 10 g Wasser, 360 g Diäthylamin werden unter Kühlen zusammengegeben und etwa 5 Stunden bei 28—30° gerührt, danach mit 500 ml 20%iger Pottaschelösung ausgeschüttelt und anschließend etwa 1 Stunde mit 600 g Natronlauge 40° Bé bei gewöhnlicher Temperatur gerührt. Das Diäthylamino-epoxypropan,

$$(C_2H_5)_2 \cdot N \cdot CH_2 \cdot CH\!-\!\!-\!CH_2 \quad\text{vom Kp 155—159° und Kp}_8\text{ 40—50°}$$

bildet eine leichtbewegliche Flüssigkeit, die sich unzersetzt destillieren läßt. Zur Gewinnung pharmazeutischer Mittel wird diese Epoxydverbindung nochmals mit sekundären Aminen, Diäthylamin, Piperidin, Methylanilin u. a. m. umgesetzt. Beispielsweise wird das Diäthylaminoepoxyd mit der berechneten Menge Äthylamin im Autoklaven 1 Stunde bei 120—130° erhitzt, wobei 1-Äthylamino-3-diäthylamino-2-propanol

$$C_6H_5NH \cdot CH_2 \cdot CHOH \cdot CH_2 \cdot N\!\!<\!\!{}^{C_2H_5}_{C_2H_5} \quad\text{vom Kp 230—232° und Kp}_6\text{ 100—120°}$$

erhalten wird. An gemischten Aminopropanolen und Epoxyden werden beschrieben:

1-Äthylamino-3-diäthylamino-2-propanol,
1-Piperidino-2,3-epoxypropan, Kp_{15} 86—88°,
1-Amino-3-piperidino-2-propanol,
1-(N-methylanilino)-2,3-epoxypropan,
1-Amino-3-(N-methylanilino)-2-propanol,
1-Diäthylamino-3-perhydrocarbazol-2-propanol,
1-Diäthylamino-3-(6-methoxy-1,2,3,4-tetrahydro-isochinolino)-2-propanol.

Diäthylaminoepoxypropan kann mittels Ammoniak in 1-Amino-3-diäthylamino-2-propanol vom Kp 223° und Kp_{30} 120—130° übergeführt werden, indem 66 g 1-Diäthylamino-2,3-epoxypropan mit 850 g 20%igem methanolischem Ammoniak 30 Minuten bei 100° erhitzt werden[2].

Herstellung von 1-Aryl-3-dialkylamino-2-propanolen:

1-Phenyl-, p-Methoxy-phenyl-, α-Naphthyl- oder 4-Methoxy-naphthyl-3-chlor-2-propanole werden zunächst mittels alkoholischer Natronlauge in die entsprechenden Epoxypropane umgewandelt. Diese werden alsdann mit Dimethylamin, Diäthylamin, Diamylamin oder Piperidin (= R') zu Aryl-dialkylaminopropanolen umgesetzt[3]:

$$R \cdot CH_2 \cdot CH\!-\!\!-\!CH_2 + R'_2NH \rightarrow R \cdot CH_2 \cdot CHOH \cdot CH_2 \cdot N \cdot R'_2$$

---

[1] DRP 473219, 4. 8. 26/3. 3. 29 sowie das identische US 1790042, 28. 7. 27/ 27. 1. 31, I. G.

[2] GROSS, W. D.: US 2520093, 26. 7. 46/22. 8. 50, SHARPLES CHEM. INC.

[3] FOURNEAU, E., u. J. TIÉFOUEL: Bl. (4), **43**, 454 (1928) — C. A. **22**, 4522 (1928).

1,3-Di-(diäthylamino)-2-propanol kann in 82%iger Ausbeute durch 3stündiges Kochen von Epichlorhydrin mit 3—4 Mol einer wäßrigen Diäthylaminlösung erhalten werden[1].

Nach einer neueren Arbeitsweise wird 1-Diäthylamino-2,3-epoxy-propan vom Kp_{20} 62—65° durch 6stündiges Rühren von 1112 g Epichlorhydrin, 864 g Diäthylamin und 36 g Wasser bei 28—30°, mit anschließender Zugabe von 560 g Natriumhydroxyd, gelöst in 912 g Wasser, hergestellt. Das Epoxyd wurde mit Ammoniak in 1-Amino-3-diäthylamino-2-propanol vom Kp_{24} 116—117° und $Kp_{0,4}$ 80—84° überführt und mittels Cyankalium bei 65—70° in 3-Diäthylamino-2-oxypropylcyanid vom Kp_3 108°, das sich mittels RANEY-Nickel zu 4-Diäthylamino-3-oxybutylamin vom Kp_2 94—95° reduzieren läßt[2].

Eine exakte Untersuchung der bei der Einwirkung von Diäthyl-amin auf Epichlorhydrin bei 20° entstandenen Reaktionsprodukte ergab, daß diese aus

         55% 1-Diäthylamino-3-chlor-2-propanol (I),
       6—8% 1-Diäthylamino-2,3-epoxypropan   (II),
       1—2% 1,3-Di-(diäthylamino)-2-propanol   (III)

bestehen. (I) lagert sich leicht in die cyclische Verbindung eines quater-nären Ammoniumderivats um:

$$(C_2H_5)_2 \cdot N \cdot CH_2 \cdot CHOH \cdot CH_2Cl \;\rightarrow\; (C_2H_5)_2 \cdot N \overset{\diagup CH_2 \diagdown}{\underset{Cl \diagdown CH_2 \diagup}{}} CHOH$$

das sich durch Einwirkung von Alkali unter Austritt von HCl dimerisiert:

$$(C_2H_5) \cdot N \overset{\diagup CH_2 \diagdown}{\underset{Cl \diagdown CH_2 \diagup}{}} CHOH + HO \cdot CH \overset{\diagup CH_2 \diagdown}{\underset{\diagdown CH_2 \diagup Cl}{}} N \cdot (C_2H_5)_2 \;\rightarrow\; (C_2H_5)_2 N CH \overset{CH_2 \quad CH \cdot N \cdot (C_2H_5)_2}{\underset{CH_2}{}}$$

2,5-Di-(diäthylamino)-1,4-Dioxan

Analoge substituierte Diaminodioxane sind mit Dimethylamin, Piper-idin, Di-n-propylamin und Di-n-butylamin hergestellt worden[3].

Die Herstellung von 1,3-Di-(dialkylamino)-2-propanolen unter Ver-wendung höherer Dialkylamine wurde in Hinblick auf ihre eventuelle pharmazeutische Verwendung ausgeführt. Sie erfolgte durch mehr-stündiges Kochen von 1 Mol Epichlorhydrin mit 2 Mol Dipropylamin, Methylpropylamin, Diisopropylamin und Di-sek.-butylamin und ergab Ausbeuten von 60—70%[4].

Die Umsetzung von Epichlorhydrin oder anderen Epoxydverbin-dungen mit sekundären Aminen, bei denen mindestens eine Alkyl-

[1] INGOLD, C. K., u. E. ROTHSTEIN: Soc. **1931**, 1666.
[2] GILMAN, H. und Mitarbeiter: Am. Soc. **68**, 1291 (1946).
[3] ROTHSTEIN, R., u. K. BINOVIC: C. r. **236**, 1050 (1953).
[4] BACHMANN, G. B., u. R. L. MAYHEW: J. org. Chem. **10**, 243 (1945) — C. A. **39**, 4591 (1945).

gruppe 8—18 Kohlenstoffatome aufweist, läßt sich nicht in der üblichen Weise durchführen. Die Anlagerung erfolgt jedoch in Gegenwart eines sauren Kationenaustauschharzes. Hierfür ist ein saures sulfoniertes Styrol-Divinylbenzol-Copolymer geeignet. Die Reaktionsprodukte sind als Textilhilfsmittel brauchbar. Es werden z. B. Dialkylamine, deren eine Alkylgruppe tert.-Dodecylamin ist, mit Epichlorhydrin, Äthylen-, Propylen- oder Butadienmonoxyd umgesetzt[1].

Naturgemäß lassen sich auch gemischte 1,3-Diamino-2-propanole gewinnen, wenn 1-Amino-3-chlor-2-propanole in einer zweiten Stufe mit einem anderen Amin umgesetzt werden. So ist die Umsetzung von dem aus N-Methyl- oder N-Äthylanilin und Epichlorhydrin leicht gewinnbaren 1-Methyl-(oder Äthyl)-anilino-3-chlor-2-propanol mit Dimethylamin in 1-Methyl-(oder Äthyl)-anilino-3-dimethylamino-2-propanol beschrieben worden[2].

Die Herstellung technisch wertvoller Umsetzungsprodukte von Epichlorhydrin mit Di- oder Polyaminen, die mindestens eine primäre aliphatisch gebundene Aminogruppe enthalten, beschreiben BAYER[3]. Die Verwendung von γ,γ'-Diaminodipropyläther, Dipropylentriamin, γ, γ'-Diaminodipropyl-methylamin, N-(1,6-Hexylendiamin)-3-pyrrolidon, Bis-(γ-aminopropyl)-piperazin und Spermin als Aminkomponente wird angeführt, wobei die Umsetzung mit Epichlorhydrin bei mäßiger Wärme zu viscosen wasserlöslichen Produkten führt, die als Pigmentbindemittel im Textildruck, als Animalisierungsmittel zur besseren Anfärbbarkeit von schwer färbbaren Substraten, zur Verbesserung der Naßechtheit von Färbungen mit substantiven Farbstoffen und zur Verbesserung der Naßreißfestigkeit von Papier Verwendung finden können.

Beim Umsetzen von äquivalenten Mengen von N-Methylanilin mit Epichlorhydrin bei 100° wird das erwartete 1-Methylanilino-3-chlor-2-propanol nicht erhalten. Vielmehr entsteht 1,3-Di-(Methylanilino)-2-propanol und die nicht in Reaktion getretenen Anteile geben Anlaß zur Bildung von nicht zu identifizierenden Produkten. Das Methylanilinchlorpropanol dürfte deswegen nicht gefaßt werden können, weil es sich nicht quantitativ bildet, bei gewöhnlicher Temperatur flüssig ist und bei der Destillationstemperatur sich unter Salzsäureabspaltung mit einem zweiten Mol Methylanilin umsetzt. — Cyclohexylamin reagiert mit Epichlorhydrin schon bei Zimmertemperatur, wobei sich unter Überspringen der Chlorhydrinstufe direkt das Dicyclohexylaminopropanol bildet[4].

Diphenylamin. Beim Erhitzen von äquimolekularen Mengen von Diphenylamin und Epichlorhydrin im Druckgefäß bei 160—170° bildet sich aus dem intermediär entstandenen 1-Diphenylamino-3-chlor-

---

[1] SCHMIDLE, C. J., u. G. C. RILEY: US 2689263, 25. 4. 52/14. 9. 54, ROHM & HAAS Co.

[2] FOURNEAU, E., u. J. RANEDO: An. Fisica Quim. (2) 18, 133 (1920) — C. A. 15, 1885 (1921).

[3] D. Anm. F 10412, 1010736, 19. 11. 52.

[4] WEDEKIND, E., u. E. BRUCH: A. 471, 78—97 (1929).

2-propanol unter Chlorwasserstoffabspaltung ein Tetrahydrochinolinderivat:

$$(C_6H_5)_2N \cdot CH_2 \cdot CHOH \cdot CH_2Cl \xrightarrow{-HCl} C_6H_4 \underset{N \cdot (C_6H_5)-CH_2}{\overset{CH_2------CHOH}{\big<\big|}} \qquad \begin{matrix} F\ 79° \\ Kp_5\ 200° \end{matrix}$$

1-Phenyl-3-oxy-1,2,3,4-tetrahydro-chinolin

Diese Verbindung läßt sich auch direkt aus Carbazol herstellen, indem
20 Teile mit 40 Teilen Epichlorhydrin 5 Stunden bei 250—260° erhitzt
werden. Das Tetrahydrochinolinderivat dient als Zwischenprodukt für
die Herstellung von Farbstoffen und pharmazeutischen Präparaten[1].

Phenylendiamin-Formaldehyd-Vorkondensat. Durch Umsetzen von
Epichlorhydrin mit einem Vorkondensat aus Phenylendiamin und
Formaldehyd in der Wärme und mit anschließender Behandlung mit
einer Lösung von Trimethylamin stellen R. GRIESBACH, H. WASSEN-
EGGER, H. BRODERSEN, A. RIECHE u. H. MAYER-BODE[2] Ionenaus-
tauschharze her.

p-Toluolsulfonanilid. In normaler Additionsreaktion entsteht durch
Umsetzen von Epichlorhydrin mit p-Toluolsulfonanilid N-Chloroxy-
propyl-N-phenyl-p-toluolsulfonamid, das durch Kochen mit alkoholischer Natronlauge in das N-Epoxypropyl-N-phenyl-p-toluolsulfon-
amid überführt werden kann[3]:

$$CH_3 \cdot C_6H_4 \cdot SO_2 \cdot N\underset{CH_2 \cdot CHOH \cdot CH_2Cl}{\overset{C_6H_5}{\big<}} \xrightarrow{NaOH} CH_3 \cdot C_6H_4 \cdot SO_2 \cdot N\underset{CH_2 \cdot CH--CH_2}{\overset{C_6H_5}{\big<}}\ \underset{O}{\diagdown\diagup}$$

Iminodisulfonsäure. Wäßrige Lösungen der Alkalisalze der Iminodisulfonsäure reagieren schon bei gewöhnlicher Temperatur mit organischen Halogenverbindungen, wie Epichlorhydrin, Jodmethyl, oder
Äthylenbromid unter Bildung von Alkalihalogeniden unter Addition
des organischen Restes. So bildet sich beispielsweise aus einer wäßrigen
Lösung von 25 g Kaliumiminodisulfonat, 5,6 g Kaliumhydroxyd und
10 g Epichlorhydrin beim Stehen bei gewöhnlicher Temperatur Dioxy-
propylkalium-iminodisulfonat, das in großen, schönen Kristallen auskristallisiert[4]:

$$(SO_3K)_2 \cdot N \cdot K + ClCH_2 \cdot \underset{O}{CH--CH_2} \rightarrow (SO_3K)_2 \cdot N \cdot CH_2 \cdot CHOH \cdot CH_2OH$$

Äthanolamine. Mono- oder Diäthanolamine setzen sich mit Epichlorhydrin oder 1,3-Dichlorhydrin in normaler Weise zu den Äthanol-
aminochlorhydrinen oder den 1,3-Di-(äthanolamino)-2-propanolen um.
Durch nachträgliche Veresterung einer oder mehrerer Hydroxylgruppen
mit höheren Fettsäuren stellt die Firma SANDOZ A. G.[5] Textilhilfsmittel her, die als Schlichte, Wasch- oder Emulgiermittel brauchbar
sind. Zum Beispiel wird ein Gemisch von 61 g Monoäthanolamin

---

[1] DRP 284291, 16. 10. 13/19. 5. 15, HOECHST.
[2] US 2228514, 14. 1. 41, I. G.
[3] OHLE, H., u. G. HÄSELER: B. **69**, B. 2324 (1936).
[4] DRP 330801, 4. 8. 18/17. 12. 20, BAYER.
[5] BP 496611, 22. 10. 37/2. 12. 38.

und 65 g 1,3-Dichlorhydrin bei 128—130° so lange gerührt, bis die Wasserabspaltung beendet ist. Alsdann wird mit 60 g Kokosfettsäure bei 190—195° erhitzt, bis kein Veresterungswasser mehr übergeht. Die entstandene braune Paste ist wasserlöslich und ohne weiteres für die angegebenen Verwendungszwecke geeignet.

Umsetzungsprodukt Epichlorhydrin/Diäthanolamin + Trimethylolaminomethan. 1-Diäthanolamino-3-chlor-2-propanol wurde in der Weise hergestellt, daß 10,5 g Diäthanolamin und 9,3 g Epichlorhydrin nach anfänglichem Kühlen bei etwa 30° umgesetzt und anschließend 12 Stunden bei Raumtemperatur stehengelassen wurden. Die klare viscose Flüssigkeit wird durch Ausschütteln mit Äther von Resten der Ausgangsmaterialien befreit. Durch Umsetzen des gereinigten Rohproduktes mit Trimethylolaminomethan stellt J. Wotiz[1] Verbindungen her, die neben ihrer Brauchbarkeit als Verteilungs- und Färbereihilfsmittel die interessante Eigenschaft haben, pharmazeutisch wirksame Metallsalze in wesentlich höheren Konzentrationen in Lösung zu halten als dies sonst möglich ist. Beispielsweise ist die Verwendung von Calciumgluconat für intravenöse Injektionen in keinen höheren Konzentrationen möglich als 10%ig, während mit einem kleinen Zusatz der geschützten Produkt die Verwendung einer etwa 4 fach so hohen Konzentration angängig ist. — Die Umsetzung mit Trimethylolaminomethan erfolgt in der Weise, daß 12 g mit dem in dem ersten Arbeitsgang verbleibenden Rückstand nach Zugabe von 50 ml Äthanol 6 Stunden unter Rückfluß gekocht werden. Alsdann wird nach dem Ansäuern mit Salzsäure das 1-Diäthylamino-3-tri-(methoxy-methyl-amino)-2-propanol-dihydrochlorid nach dem Versetzen mit Alkohol- oder Aceton als Öl abgeschieden, das kristallinisch erstarrt:

$$(C_2H_5)_2 \cdot N \cdot CH_2 \cdot CHOH \cdot CH_2Cl + H_2N \cdot C\equiv(CH_2OH)_3$$

$$\rightarrow \quad (C_2H_5)_2 \cdot \underset{\underset{H\ \ Cl}{}}{N} \cdot CH_2 \cdot CHOH \cdot CH_2 \cdot \underset{\underset{H\ \ Cl}{}}{N} \cdot C\equiv(CH_2OH)_3 \qquad \text{F } 139\text{—}141°$$

Pyrrol. Das Kaliumsalz des Pyrrols setzt sich beim Kochen mit einem Überschuß an Epichlorhydrin in ätherischer Lösung zu etwa 40% zum 1-(N-Pyrrol)-2,3-epoxypropan

$$\begin{matrix} CH{=}CH \\ | \qquad\quad \\ CH{=}CH \end{matrix} \!\!\!\!\Big\rangle N - CH_2 \cdot CH\!\!-\!\!\underset{\underset{O}{\diagdown\ \diagup}}{\ }\!\!CH_2 \qquad \text{vom } Kp_{11}\ 93{-}94°$$

um, das als Ausgangsprodukt für Umsetzungen mit Alkoholen, Aminen oder Carbonsäuren zur Synthese von pharmazeutischen Verbindungen angewandt werden kann. Je nach Dauer und Intensität der Umsetzung entstehen mehr oder weniger hohe Anteile der dimeren Verbindung von der vermutlichen Struktur[2]:

$$C_4H_4N \cdot CH_2 \cdot \underset{|}{CH} \cdot CH_2 \cdot O \cdot \underset{|}{CH} \cdot CH_2 \cdot NC_4H_4 \qquad \text{vom } Kp_{16}\ 195{-}200°$$
$$O\!-\!\!-\!\!-\!\!-\!\!-\!\!-\!\!-\!\!-\!\!CH_2$$

---

[1] Wotiz, J.: US 2408096, 1. 5. 44/24. 9. 46, J. S. Pierce Co. sowie Am. Soc. **66**, 897 (1946).
[2] Hess, K., u. H. Fink: B. **48**, 1986 (1915).

Polyoxamine, wie sie durch Chlorieren von Di- oder Triäthanolamin mit Thionylchlorid und Nachbehandeln des chlorhaltigen Umsetzungsproduktes mit Stickstoffbasen, etwa Pyridin, bei 70—100° entstehen, lassen sich mit Epichlorhydrin zu Produkten umsetzen, die als Färbereihilfsprodukte geeignet sind, da sie auf substantive Farbstoffe fällend wirken[1].

Phthalimid. Durch 3stündiges Erhitzen bei 140—150° von gleichen Gewichtsteilen Phthalimid und Epichlorhydrin haben S. GABRIEL und H. OHLE[2] 1-Chlor-2-oxypropyl-3-phthalimid

$$C_6H_4 \big\langle{}^{CO}_{CO}\big\rangle N \cdot CH_2 \cdot CHOH \cdot CH_2Cl \qquad\qquad \text{vom F 95—96°}$$

hergestellt. Dasselbe kann mit 1 Mol Phthalimidkalium zum Oxytrimethylendiphthalimid,

$$C_6H_4 \big\langle{}^{CO}_{CO}\big\rangle N \cdot CH_2 \cdot CHOH \cdot CH_2 \cdot N \big\langle{}^{CO}_{CO}\big\rangle C_6H_4 \quad \text{vom F 205°}$$

umgesetzt werden. Durch Oxydation mittels Chromsäure lassen sich diese Oxyphthalimidverbindungen in die Ketone überführen.

1,2-Epoxypropyl-3-phthalimid,

$$C_6H_4 \big\langle{}^{CO}_{CO}\big\rangle N \cdot CH_2 \cdot CH{-}CH_2 \big\rangle O \quad \text{vom F 93—94°}$$

kann in einem Arbeitsgang durch Umsetzen von Epichlorhydrin oder Epibromhydrin (hierbei Ausbeute von 75%) mit Phthalimidkalium erhalten werden[3].

Eine interessante Reaktion zur Herstellung von Diamino-oxypropanen aus Chloroxypropylphthalimid hat H. JENSCH[4] gefunden. Werden 80 Teile Chloroxypropylphthalimid mit 50 Teilen Diäthylamin und 200 Teilen Äthanol einige Stunden rückflußgekocht, so spaltet sich Phthalsäurediäthylester ab und es bildet sich 1-Amino-3-diäthylamino-2-oxypropan nach folgendem Schema:

$$C_6H_4 \big\langle{}^{CO}_{CO}\big\rangle N \cdot CH_2CHOH \cdot CH_2Cl + 2\,(C_2H_5)_2NH + 2\,C_2H_5OH$$

$$\rightarrow C_6H_4 \big\langle{}^{CO \cdot OC_2H_5}_{CO \cdot OC_2H_5} + (C_2H_5)_2NH \cdot HCl + H_2N \cdot CH_2 \cdot CHOH \cdot CH_2 \cdot N(C_2H_5)_2 \quad \text{vom Kp}_{20}\ 114{-}115°$$

Nach diesem Verfahren sind eine Reihe analoger Aminoderivate für die Synthese pharmazeutischer Präparate hergestellt worden.

Zur Herstellung von Diaminooxypropan ist J. FUKAGAWA[5] einen anderen Weg gegangen. Er setzt zunächst in üblicher Weise Chloroxy-

---

[1] KARTASCHOFF, V.: US 2180809, 21. 11. 39)
[2] GABRIEL, S., u. H. OHLE: B. **50**, 820 (1917).
[3] WEIZMANN, M., u. S. MALKOWA: Bl. **47**, 356 (1930).
[4] US 1790096, 23. 7. 27/27. 1. 31; D.-Pri. 13. 8. 26, I. G.
[5] FUKAGAWA, J.: B. **68**, II, 1345 (1935).

propylphthalimid mit Aminen zu dem Aminooxypropyl-phthalimid um und spaltet alsdann den Phthalylrest durch 5stündiges Kochen mit 20%iger Salzsäure ab. So sind u. a. hergestellt worden:

mittels Anilin: Phenylaminooxypropylphthalimid vom F 145°,

mittels α-Picolin: Phthalimidoxypropyl-α-picolyliumchlorid,

$$C_6H_4\begin{array}{c}CO\\ \\CO\end{array}N \cdot CH_2 \cdot CHOH \cdot CH_2 \cdot N \equiv C_5H_4(CH_3) \quad \text{vom F 123—124°}$$

aus welchem durch Abspalten des Phthalylrestes 3-Amino-2-oxypropyl-1-α-picolyliumchloridchlorhydrat,

$$H_2N \cdot CH_2 \cdot CHOH \cdot CH_2 \cdot N \equiv C_5H_4(CH_3) \quad \text{vom F 165—166°}$$

gewonnen wurde.

Aminocarbonsäure - Epoxydverbindungen. Die Herstellung von Epoxydverbindungen von Aminocarbonsäuren des folgenden Typus

$$R \cdot CH—CH \cdot CH_2 \cdot N=(CH_2 \cdot CO \cdot OH)_2$$

welche chelatbildende Eigenschaften aufweisen, beschreibt F. C. BERSWORTH[1]. Ausgehend von Dioxyalkylaminen wird mit Alkalicyanid und Formaldehyd in Gegenwart von freiem Alkali unter Abspaltung von Ammoniak und Wasser unter Ausbildung einer Epoxydgruppe umgesetzt:

$$R \cdot CH(OH) \cdot CH(OH) \cdot NH_2 + 2\,CH_2O + 2\,CN \cdot Na + 2\,H_2O \rightarrow R \cdot CH—CH \cdot N=(CH_2CO \cdot ONa)$$

Unter Verwendung von 2,3-Dioxypropylamin werden beispielsweise 91 g in eine Lösung von 98 g Natriumcyanid in 400 ml Wasser eingetragen und mit Natronlauge auf p_H 7,4 gebracht. Unter kräftigem Rühren wird dann bei 80—85° eine Formaldehydlösung, die 60 g CH_2O enthält, eingetropft, wobei lebhafte Ammoniakentwicklung stattfindet. Nach Entwässerung unter vermindertem Druck wird in etwa 100%iger Ausbeute das Dinatriumsalz der 2,3-Epoxy-propyl-aminodiessigsäure gewonnen. Die chelatbildenden Eigenschaften dieser Verbindung sind wesentlich größer als diejenigen der Monocarbonsäure.

Unter Verwendung von 3,4-Dioxybutylamin wird in analoger Weise das Salz der 3,4-Epoxy-butylamino-dicarbonsäure, und aus 1-Chlorbutan durch Umsetzen mit iminodicarbonsaurem Natrium 2,3-Epoxy-butylamino-dicarbonsaures Natrium gewonnen.

D. Tertiäre Amine und andere stickstoffhaltige Verbindungen. Epichlorhydrin addiert tertiäre Amine unter Bildung der Chloride von quartären Basen:

$$CH_2—CH \cdot CH_2Cl + NR'R'' \rightarrow CH_2—CH \cdot CH_2 \cdot N(R')(R'')Cl$$

---

[1] BP 738199, 30. 3. 53/12. 10. 55, Dow CHEMICAL CORP.

Trimethylamin. Bei der Einwirkung äquivalenter Mengen Epichlorhydrin und Trimethylamin bei gewöhnlicher Temperatur wird 1-Trimethylammoniumchlorid-2,3-epoxypropan

$$(CH_3)_3 \cdot N \cdot CH\!-\!\!CH_2$$
$$\underset{Cl}{|} \qquad \overset{O}{\diagdown\diagup}$$

erhalten. Auch durch Erhitzen gleicher Volumina Epichlorhydrin und Trimethylamin im Schießrohr bei 100° wird 1-Trimethylammonium-chlorid-2,3-epoxypropan als viscoser Sirup erhalten[1].

Zu 1,3-Di-(Trimethylammoniumchlorid)-2-propanol,

$$(CH_3)_3 \cdot N \cdot CH_2 \cdot CHOH \cdot CH_2 \cdot N \cdot (CH_3)_3$$
$$\underset{Cl}{|} \qquad\qquad\qquad\qquad \underset{Cl}{|}$$

gelangt man, wenn 2 Mol Trimethylamin mit 1 Mol Epichlorhydrin 6 Stunden im geschlossenen Gefäß bei 100° erhitzt werden. Daneben entstehen kleine Anteile der Epoxydverbindung[2].

Tertiäre Amine mit Hydroxylgruppen. Durch Umsetzen von Epichlorhydrin mit tertiären Basen, die einen aliphatischen oder aromatischen Rest mit einer Hydroxylgruppe enthalten, bilden sich 1-Chlor-2-oxypropan-3-N-alkylamino-alkyläther. So ergibt N-Diäthyläthanolamin: 1-Chlor-2-oxypropan-3-N-diäthylamino-äthyläther:

$$ClCH_2 \cdot CH\!-\!\!CH_2 + HOCH_2 \cdot CH_2 \cdot N \cdot (C_2H_5)_2 \;\rightarrow\; ClCH_2 \cdot CHOH \cdot CH_2 \cdot O \cdot CH_2 \cdot CH_2 \cdot N \cdot (C_2H_5)_2$$
$$\overset{O}{\diagdown\diagup}$$

Unter Verwendung von Epoxydäthern findet eine analoge Reaktion statt, z. B. setzt sich Amylglycidyläther mit N-Diäthyläthanolamin zu dem Diäther, $C_5H_{11} \cdot O \cdot CH_2 \cdot CHOH \cdot CH_2 \cdot O \cdot CH_2 \cdot CH_2 \cdot N \cdot (C_2H_2)_2$, um. Auch Dialkylamino-oxybenzylderivate lassen sich in analoger Weise umsetzen, beispielsweise hat die Firma J. R. GEIGY A. G.[3] durch 24stündiges Schütteln bei gewöhnlicher Temperatur von 100 g 2-Diäthylaminomethyl-4-methylphenol (entstanden durch Umsetzen von p-Kresol mit Formaldehyd und Diäthylamin) mit 480 g Äthanol, das 20 g Natriumhydroxyd gelöst enthält und 75 g Epichlorhydrin 140 g des Epoxyds

$$p\!-\!CH_3 \cdot H_3C_6 \diagup^{O \cdot CH_2 \cdot CH\!-\!\!CH_2}_{\diagdown CH_2 \cdot N \cdot (C_2H_5)_2\text{-(ortho)}}$$

erhalten. Zur Gewinnung von pharmazeutischen Produkten werden Epoxydverbindungen dieser Art veräthert. So wird z. B. durch Verätherung mit Äthanol bei 140—150° im Autoklaven 1-(2-Diäthylamino-methyl-4-methyl-phenoxy-1)-3-äthoxypropanol-2,

$$p\!-\!CH_3 \cdot H_3C_6 \diagup^{O \cdot CH_2 \cdot CHOH \cdot CH_2 \cdot O \cdot C_2H_5}_{\diagdown CH_2 \cdot N \cdot (C_2H_5)_2\text{-(ortho)}} \qquad \text{vom Kp}_2\ 185\text{—}186°$$

erhalten. Entsprechende Verbindungen sind mit N-Oxäthylpiperidin synthetisiert worden.

---

[1] REBOUL, E.: C. r. **93**, 423 (1881).
[2] SCHMIDT, E. A., u. H. HARTMANN: A. **337**, 116 (1904).
[3] FP 876081, 25. 9. 41/13. 10. 42; Schwz.-Pri. 26. 9. 40, J. R. GEIGY A. G.

Heterocyclische tertiäre Basen. Umsetzungen von heterocyclischen tertiären Basen, wie Pyridin, β-Picolin, Chinolin, Isochinolin oder Chinaldin mit Epichlorhydrin haben zu Farbstoffen mit verschiedenen, z. T. recht ansprechenden Farbnuancen geführt. Die damit ausgeführten Anfärbungen sind jedoch ziemlich lichtunecht, so daß diese Verbindungen keine Bedeutung erlangt haben. Es ist bisher nicht gelungen, die Echtheitseigenschaften zu verbessern[1]. Die Struktur des aus Epichlorhydrin oder Dichlorhydrin mit Chinolin in Gegenwart von Alkali gewonnenen dunkelroten Farbstoffes, der in der Verdünnung ein schönes leuchtendes Burgunderrot ergibt, wird folgendermaßen formuliert[2]:

$$\text{Chinolin}-CH_2 \cdot CH = CH - \text{Chinolin}$$

Natriumbisulfit und tertiäre Basen. Wie oben ausgeführt, setzt sich Epichlorhydrin mit Natriumbisulfit um unter Bildung von Chloroxypropansulfosaurem Natrium. O. NICODEMUS und W. SCHMIDT[3] haben gefunden, daß sich diese Verbindung unter Ringbildung an tertiäre Basen addiert. Werden beispielsweise 175 g Natriumchloroxypropansulfonat mit 500 g Pyridin 6 Stunden unter Rückfluß gekocht, so erfolgt die Ausscheidung von 210 g eines kristallinen Produktes, welches das bicyclische Additionsprodukt darstellt:

$$\bigcirc\!\!\text{>}N + ClCH_2 \cdot CHOH \cdot CH_2 \cdot SO_3Na \ \rightarrow \ \bigcirc\!\!\text{>}N\!\!<^{CH_2-CHOH}_{\ O\!-\!-\!-\!SO_2}\!\!>CH_2 \qquad \text{vom F 246}-247^\circ$$

das vermutlich auch als Zwitterion

$$\bigcirc\!\!\text{>}N^+ - CH_2 \cdot CH(OH) \cdot CH_2 \cdot SO_3^-$$

formuliert werden kann. Solche Verbindungen weisen in wäßriger Lösung große Schaumkraft auf und können als Waschmittel oder als Zusatz zu solchen sowie als Textilhilfsmittel oder als Färbereihilfsmittel zur Erhöhung der Ergiebigkeit und Egalität von Küpenfarbstoffärbungen dienen.

Hydroxylamindisulfonat. Mit basischem Kalium-Hydroxylamindisulfonat verbindet sich Epichlorhydrin unter Bildung von Di-Kaliumglycidylhydroxylamin-N,N-disulfonat:

$$(K \cdot SO_3)_2 \cdot N \cdot OK + ClCH_2 \cdot CH\!-\!CH \ \rightarrow \ (K \cdot SO_3)_2 \cdot N \cdot O \cdot CH_2 \cdot CH\!-\!CH_2$$

Diese Verbindung ist ein wertvolles Ausgangsmaterial für die Umsetzung mit anderen additionsfähigen Substanzen[4].

Natriumcyanamid. In wäßriger Lösung verbindet sich Epichlorhydrin mit Mono- oder Dinatriumcyanamid bei 0° zu 2-Amino-5-chlormethyl-oxazolin, (= 5-Chlormethyl-oxazolidon-(2)-imid), indem beispielsweise 100 g Dinatriumcyanamid in 500 g Wasser bei 0° unter

[1] LOHMANN, H.: J. prakt. Chem. **153**, 59 (1939).
[2] GIUA, M.: Gazz. **52**, I, 349 (1922) — Soc. **1922**, 681.
[3] DRP 651733, 27. 9. 34/25. 10. 37 I. G.
[4] TRAUBE, W., H. OHLENDORFF u. H. ZANDER: B. **53**, II, 1477 (1920).

Kühlen langsam mit 100 g Epichlorhydrin versetzt werden. Nach 24stündigem Stehen kristallisiert die Verbindung in langen Nadeln aus:

$$\text{ClCH}_2 \cdot \text{CH—CH}_2 + \text{NC} \cdot \text{N}\big\langle{}^{\text{Na}}_{\text{Na}} + 2\,\text{H}_2\text{O} \;\rightarrow\; \text{ClCH}_2 \cdot \text{CH} \quad \text{C=NH} \quad \text{vom F 142}°$$

Das Oxazolidon ist eine sehr starke Base, die selbst Ammoniak aus seinen Salzen austreibt[1].

Kaliumcyanat. Beim Stehen von Epichlorhydrin mit einer wäßrigen Lösung von Kaliumcyanat bei gewöhnlicher Temperatur erfolgt Addition verbunden mit Ringschluß unter Bildung von Chlormethyl-2-oxazolidon. Da auch in diesem Fall der Epoxydsauerstoff in den Ring eintritt, ist es wahrscheinlich, daß 2 Isomere gebildet werden, bei denen die Chlormethylgruppe in 4- oder 5-Stellung stehen kann:

$$\text{ClCH}_2 \cdot \text{CH—CH}_2 + \text{KN} \cdot \text{CO} + \text{H}_2\text{O} \;\rightarrow\; \underset{\text{I}}{\text{CH}_2 \quad \text{CO}} \quad \text{oder} \quad \underset{\text{II}}{\text{ClCH}_2 \cdot \text{CH} \quad \text{CO}}$$

Die Struktur II wird von E. Paternó und E. Cingolani[2], diejenige nach I durch J. B. Johnson und H. H. Guest[3] angenommen. — Zu denselben Verbindungen gelangt man durch Einleiten gasförmiger Cyansäure in Epichlorhydrin.

Cyanwasserstoffsäure und ihre Salze. Schon früh sind Epichlorhydrin und andere Äthylenoxydderivate mit Blausäure oder Cyaniden umgesetzt worden. H. Pazschke[4] berichtet über Umsetzungen von Epichlorhydrin mit Alkalicyaniden und die vermutete Isolierung von Chloroxybutyronitril, Epoxybutyronitril und Epoxybuttersäure.

W. Hartenstein[5] führt diese Arbeiten fort und findet für Epoxybutyronitril,

$$\text{CH}_2\text{—CH} \cdot \text{CH}_2 \cdot \text{CN}$$

den F 162—163° und für Epoxybuttersäure,

$$\text{CH}_2\text{—CH} \cdot \text{CH}_2 \cdot \text{CO} \cdot \text{OH}$$

den F 225°. Dieselben Umsetzungsprodukte wurden gewonnen durch Übertragen des Verfahrens auf Calciumcyanid oder wasserfreie Blausäure. Bei letzterer wirkt Gegenwart einer Spur von Kaliumcyanid als Katalysator.

Durch 3- bis 4tägige Einwirkung von Epichlorhydrin auf einen Überschuß wasserfreier Blausäure bei 40—70° hat J. v. Horman[6] Chloroxybuttersäurenitril, $\text{ClCH}_2 \cdot \text{CHOH} \cdot \text{CH}_2\text{CN}$, eine nicht destillierbare Verbindung, die bei 200° zu verkohlen beginnt, erhalten. Ver-

[1] Fromm, E.: A. **442**, 142.
[2] Paternó, E., u. E. Cingolani: Gazz. (1), **38**, 243 (1908) — C. A. **2**, 1689 (1908).
[3] Johnson, J. B., u. H. H. Guest: Am. Soc. **44**, 453 (1910).
[4] Pazschke, H.: J. prakt. Chem. (2), **1**, 97 (1870).
[5] Hartenstein, W.: J. prakt. Chem. (2), **7**, 297 (1873).
[6] v. Hormann, J.: B. **12**, 23 (1879).

seifung mit verdünnten Mineralsäuren führt zu Chloroxybuttersäure, $ClCH_2 \cdot CHOH \cdot CH_2 \cdot CO \cdot OH$, die einen nicht destillierbaren und nicht kristallisierenden Sirup bildet. Ähnliche Arbeiten hat auch R. LESPIEAU[1] ausgeführt.

Durch Einwirkung von Kaliumcyanid auf 1-Chlor-2-oxypropyl-3-amin hat M. TOMITA[2] Aminooxybuttersäurenitril hergestellt:

$$H_2N \cdot CH_2 \cdot CHOH \cdot CH_2Cl + KCN \rightarrow H_2N \cdot CH_2 \cdot CHOH \cdot CH_2 \cdot CN,$$

ferner wurde durch 3stündiges Kochen von Jodoxypropylphthalimid mit Kaliumcyanid in alkoholischer Lösung 1-Cyan-2-oxypropyl-3-phthalimid gewonnen:

$$C_6H_4 \underset{CO}{\overset{CO}{\diagup\diagdown}} N \cdot CH_2 \cdot CHOH \cdot CH_2J + KCN \rightarrow C_6H_4 \underset{CO}{\overset{CO}{\diagup\diagdown}} N \cdot CH_2 \cdot CHOH \cdot CH_2CN \quad \text{vom F } 132°$$

Es wurde später durch W. LINNEWEH[3] gefunden, daß sich Chloroxybuttersäurenitril im Vakuum mit einem $Kp_{15—20}$ 140—150° destillieren läßt. Das Nitril wurde in einer Ausbeute von 140 g durch $3\frac{1}{2}$tägiges Stehen von 150 g Epichlorhydrin und 70 g wasserfreier Blausäure bei 70—75° gewonnen. Die in alkoholischer Salzsäure durch $\frac{1}{2}$stündiges Kochen durchgeführte Verseifung führte zum Chloroxybuttersäureäthylester, $ClCH_2 \cdot CHOH \cdot CH_2 \cdot CO \cdot OC_2H_5$ vom Kp_{20} 120—125°, hieraus wurde mittels Phosphorpentoxyd in ätherischer Lösung Wasser abgespalten unter Bildung von γ-Chlorcrotonsäureäthylester, $ClCH_2 \cdot CH=CH \cdot CO \cdot OC_2H_5$ vom Kp_{12} 77—82°, welcher durch Behandeln mit Trimethylamin und konzentrierter Salzsäure in das Chlorid des 4-Dimethylamino-buten-(2,3)-säure-1-methylbetain, übergeht,

$$\underset{\overset{|}{Cl^-}}{(CH_3)_3 \cdot N^+ \cdot CH_2 \cdot CH=CH \cdot COOH} \quad \text{vom F } 203—205°$$

wovon die freie Base F 200—205° aufweist. Durch Hydrieren des Betainchlorids wird 4-Dimethylamino-butansäure-(1)-methylbetain,

$$\underset{\overset{|}{Cl^-}}{(CH_3)_3 \cdot N^+ \cdot CH_2 \cdot CH_2 \cdot CH_2 \cdot COOH}$$

vom F 182—184° erhalten.

Nach einer anderen Arbeitsweise werden zur Gewinnung von Chloroxybuttersäurenitril 500 g Epichlorhydrin mit 145 g wasserfreier Blausäure 4 Tage bei 75—85° stehengelassen. Hierbei werden 420 g Nitril vom Kp_{14} 138—142° erhalten. Durch Wasserabspaltung mit anschließender Verseifung wird Chlorcrotonsäure vom F 83° gewonnen[4].

Zur Gewinnung von Chloroxybutyronitril ist auch das im Kapitel „Äthylenoxyd" beschriebene Verfahren zur Gewinnung von Äthylenchlorhydrin der BADISCHEN ANILIN- & SODAFABRIK-AG.[5] unter Ver-

---

[1] LESPIEAU, R.: Bl. (3), **33**, 460 (1905) — C. **1905**, I, 1586.

[2] TOMITA, M.: Z. phys. Chem. **158**, 42 und 58 (1926).

[3] LINNEWEH, W.: J. phys. Chem. **176**, 217 (1928).

[4] BRAUN, G.: Am. Soc. **52**, 3167 (1930), siehe auch RAMBAUD, R.: Bl. (5), **3**, 134 (1936).

[5] FICK, R.: DRPP 561397, 570031, 577686, zusammengefaßt in BP 348134, BADISCHE ANILIN- & SODAFABRIK-AG.

wendung von Calcium- oder Alkalicyaniden mit und ohne gleichzeitiger Einwirkung von Blausäure unter Ersatz des Äthylenoxyds durch Epichlorhydrin geeignet.

Unter kritischer Nacharbeitung der von HARTENSTEIN 1873 beschriebenen Epoxydverbindungen kommen C. C. J. CULVENOR, W. DAVIES und F. G. HALEY[1] zu der Erkenntnis, daß eine relativ labile Verbindung wie Epoxybuttersäure unmöglich einen höher als 200° liegenden Schmelzpunkt besitzen kann und klären den Sachverhalt auf. Es wird gefunden, daß nach der Umsetzung von Epichlorhydrin und Cyankalium beim Bestehenbleiben der alkalischen Reaktion das zunächst gebildete Chloroxybutyronitril sich zum 2,5-Dicyanmethyl-1,4-dioxan dimerisiert:

$$2\,ClCH_2 \cdot CHOH \cdot CH_2 \cdot CN \xrightarrow{\text{Alkali}} \quad \begin{array}{c} NC \cdot CH_2 \cdot CH \quad CH_2 \\ | \qquad | \\ CH_2 \quad CH \cdot CH_2 \cdot CN \end{array} \quad \text{vom F 162—163}°$$

Durch Verseifen des Dicyanmethyldioxans entsteht die 1,4-Dioxan-2,5-diessigsäure:

$$\begin{array}{c} HO \cdot OC \cdot CH_2 \cdot CH \quad CH_2 \\ | \qquad | \\ CH_2 \quad CH \cdot CH_2 \cdot CO \cdot OH \end{array} \quad \text{vom F 225}°$$

welche von HARTENSTEIN für Epoxybuttersäure gehalten wurde. Wenn dagegen das bei der Umsetzung frei werdende Alkali sofort neutralisiert wird, erhält man Chloroxybutyronitril in einer Ausbeute von 65%. Sein Kochpunkt ist Kp_{13} 134—136°, während v. HORMANN 1879 angegeben hatte, daß die Verbindung nicht destillierbar wäre.

Bei der alkalischen Umsetzung wurde neben Dioxandiessigsäure als Hauptprodukt noch ein kleiner Anteil 2-Aminofuran gefunden, dessen Entstehung durch Cyclisierung des durch Wasserabspaltung gebildeten Oxycrotonsäurenitrils unter dem Einfluß des Alkali erklärt werden kann:

$$CN \cdot CH{=}CH \cdot CH \cdot CH_2OH \xrightarrow{\text{Alkali}} \quad \begin{array}{c} CH{=}CH \\ | \qquad | \\ CH_2 \quad CH \cdot NH_2 \end{array}$$

Stickstoffwasserstoffsäure und ihre Salze. Bei der Einwirkung von stickstoffwasserstoffsauren Salzen auf Alkylenoxyde, insbesondere auf Epichlorhydrin, werden Azidoalkohole erhalten, wie J. D. INGHAM, W. L. PETTY und P. L. NICHOLS[2] gefunden haben. Hierbei ist es vorteilhaft, die frei werdenden OH-Ionen durch Zugabe von Säuren, insbesondere von Perchlorsäure, oder durch Magnesiumsalze zu binden. Aus Epichlorhydrin und Natriumazid bildet sich in Gegenwart von Wasser 1-Azido-3-propanol:

$$Cl \cdot CH_2 \cdot CH{-}CH_2 + Na \cdot N_3 + H_2O \rightarrow H \cdot N_3 \cdot CH_2 \cdot CH_2 \cdot CH_2OH$$

Wird die Umsetzung bei neutraler Reaktion vorgenommen, erhält man 1-Azido-1,3-propandiol.

---

[1] CULVENOR, C. C. J., W. DAVIES und F. G. HALEY: Soc. **1950**, 3123.
[2] INGAM, J. D., W. L. PETTY u. P. L. NICHOLS: J. org. Chem. **21**, Nr. 3, S. 373—375 (1956).

Umsetzungen mit schwefelhaltigen Verbindungen

Schwefelwasserstoff

Bei der Einwirkung von überschüssigem Schwefelwasserstoff auf Epichlorhydrin in alkalischer Lösung entsteht, je nach der Temperatur:

bei etwa 0°: 1-Chlor-3-mercapto-2-propanol, $ClCH_2 \cdot CHOH \cdot CH_2 \cdot SH$,

bei etwa 50°: 2-Oxy-trimethylen-1,3-sulfid,

$$\begin{array}{c} CH_2 \diagdown \\ CHOH \;\; S \\ CH_2 \diagup \end{array}$$

Chlormercaptopropanol kondensiert sich mit Aceton in Gegenwart wasserabspaltender Mittel, insbesondere von Phosphorpentoxyd, zu einer cyclischen Verbindung, bei welcher der Carbonylsauerstoff in den Ring tritt und die als 2,2-Dimethyl-5-chlormethyl-1,3-oxathiolan zu bezeichnen wäre:

$$ClCH_2 \cdot CHOH \cdot CH_2 \cdot SH + O{=}C \cdot (CH_3)_2 \xrightarrow{-H_2O} \begin{array}{c} CH_2{-}S \\ | \quad\quad | \\ ClCH_2 \cdot CH \quad C \cdot (CH_3)_2 \\ \diagdown O \diagup \end{array}$$

Diese Verbindung, wie auch das Mercaptan bieten mannigfache Möglichkeiten zur Herstellung von Derivaten, die für pharmazeutische Zwecke von Interesse sind[1].

Beim Sättigen von Epichlorhydrin mit Schwefelwasserstoff bei gewöhnlicher Temperatur oder bei der Einwirkung äquivalenter Mengen bei 100—125° entsteht 3-Chlor-2-oxypropylthioäther, $ClCH_2 \cdot$ $\cdot CHOH \cdot CH_2{-}S{-}CH_2 \cdot CHOH \cdot CH_2Cl$. Auch diese Verbindung ist ein vielseitig verwendbares Ausgangsmaterial für die Synthese schwefelhaltiger Substanzen[2].

Alkalihydrosulfide

Auf eine alkoholische Lösung von Kaliumhydrosulfid wirkt Epichlorhydrin unter Bildung von Glycidylmercaptan,

$$\begin{array}{c} CH_2{-}CH \cdot CH_2 \cdot SH \\ \diagdown O \diagup \end{array}$$

ein, eine zähe, nicht destillierbare Flüssigkeit, die beim Stehen allmählich erstarrt[3].

Chlorhydrine setzen sich mit Alkalisulfhydraten zu den entsprechenden Glycerinsulfhydraten um. Es ist zweckmäßig in alkoholischer Lösung und mit einem doppelten Überschuß an Alkalisulfhydrat zu arbeiten. So ergibt Monochlorhydrin mit 2 Mol Kaliumsulfhydrat Glycerinmonosulfhydrat, eine wasserlösliche Flüssigkeit, die viscoser als Glycerin ist; Dichlorhydrin mit 4 Mol Kaliumsulfhydrat Glycerindisulfhydrat, eine viscose, in Wasser nur wenig lösliche Flüssigkeit; Trichlorpropan mit 6 Mol Kaliumsulfhydrat Glycerintrisulfhydrat, eine Flüssigkeit, die weniger viscos als Glycerin ist. Da diese Verbindung

---

[1] SJÖBERG, B.: Svensk. kem. Tid. **50**, 250 (1938) — B. **74**, B. **64** (1941), B. **75**, B. 13—29 (1942).

[2] NENITZESCU, C. D., u. N. SCARLATESCU: B. **68**, B. 587 (1935).

[3] REBOUL, E.: A. Chim. Phys. (3) **60**, 17—40 und 66 (1860) — A. Spl. **1**, 221 u. 240 (1861).

fast wasserunlöslich ist, kann sie aus der alkoholischen Lösung mit Wasser ausgefällt werden. Alle Glycerinsulfhydrate geben leicht Metallverbindungen[1].

Durch Einwirkung von Schwefelnatrium auf Äthylenchlorhydrin wird der Schwefeläther des Glykols erhalten, das Thiodiglykol[2]:

$$2\ HO \cdot CH_2 \cdot CH_2Cl + Na_2S \rightarrow HO \cdot CH_2 \cdot CH_2{-}S{-}CH_2 \cdot CH_2OH$$

Thiodiglykol ist ein viel angewendetes Lösungsmittel, besonders in der Färberei. Es ist aber Vorsicht geboten, daß es nicht mit konzentrierter Salzsäure in Berührung kommt, da sich hierbei Dichlordiäthylsulfid, $Cl \cdot CH_2 \cdot CH_2{-}S{-}CH_2 \cdot CH_2 \cdot Cl$, das hochaggressive Gelbkreuz-Kampfgas, nach ihren Erfindern LOMMEL und STEINKOPF „*Lost*" genannt, bildet.

Wie viele Schwefelverbindungen, so neigen auch die Glycerinsulfhydrate dazu, sich zu hochmolekularen Produkten zu polymerisieren. L. LILIENFELD[3] hat kaum lösliche, fast geruchlose kautschukartige Massen erhalten durch Umsetzen von Dichlorhydrinen mit Schwefelnatrium. Aus 1,3-Dichlorhydrin bildet sich 2-Oxytrimethylen-1,3-sulfid,

$$\overset{\displaystyle \overset{S}{\diagup \ \diagdown}}{CH_2 \cdot CHOH \cdot CH_2}$$

aus 1,2-Dichlorhydrin: 3-Oxytrimethylen-1,2-sulfid,

$$\underset{\displaystyle \underset{S}{\diagdown \diagup}}{CH_2{-}CH \cdot CH_2OH}$$

Diese zunächst als Monomere entstehenden Verbindungen polymerisieren während der Herstellung. Es wird folgendermaßen gearbeitet: eine Lösung von 60—120 g Natriumsulfid in 30—240 g Wasser wird unter Kühlung bei 40—60° allmählich zu 30 g Dichlorhydrin eingetragen. Wird der nach dem Einengen entstehende viscose Sirup mit Mineralsäure unter Rückfluß gekocht, erfolgt zunehmende Polymerisation. Über kautschukartige Massen geht das Reaktionsprodukt in eine harte hornartige Substanz über. Beim Unterbrechen der Polymerisation durch Auswaschen des Produktes, kann jedes erwünschte Polymerisationsstadium fixiert werden. Es wird angenommen, daß der kautschukartige Zustand durch Dimerisation erfolgt, so daß aus 1,3-Dichlorhydrin

$$\begin{array}{ccc} CH_2{-}S{-}CH_2 \\ | \qquad\quad | \\ CHOH \quad\ CHOH \\ | \qquad\quad | \\ CH_2{-}S{-}CH_2 \end{array} \quad \text{und aus 1,2-Dichlorhydrin} \quad \begin{array}{ccc} CH_2{-}S{-}CH_2 \\ | \qquad\quad | \\ CH{-}S{-}CH \\ | \qquad\quad | \\ CH_2OH \quad\ CH_2OH \end{array}$$

entstehen.

Eine ähnliche Arbeitsweise beschreibt A. E. BLUMFELD[4] zur Gewinnung kautschukähnlicher Produkte. Es werden 16,4 Teile Epichlor-

---

[1] CARIUS, L.: A. **122**, 71, 124, 224 (1862).
[2] MEYER, V.: B. **19**, 632 u. 3259 (1886).
[3] US 1018329, 10. 11. 11/20. 2. 12 — BP 26928, 19. 11. 10.
[4] FP 677431, 26. 6. 29/7. 3. 30; Schwz.-P. 137478, 27. 11. 28 — BP 314440, ROHM & HAAS CO.

hydrin mit einer Lösung von 20,4 Teilen Schwefelnatrium in 20,4 Teilen Wasser so lange unter Rückfluß gekocht, bis ein Tropfen der Reaktionslösung in Wasser als gelbes Öl ausfällt. Bei längerem Erhitzen polymerisiert das Öl zu einem braunen Kautschuk, der bei Gegenwart von Katalysatoren härtbar ist.

Schwefelkohlenstoff

Zur Erzielung eines hochmolekularen Umsetzungsproduktes, das zu Fäden ausziehbar ist, verfährt die Soc. An. des Manufactures des Glaces St. GOBAIN[1] in der Weise, daß 400 g Schwefelkohlenstoff, 740 ml Kalilauge von 36° Bé und 900 ml Wasser 1 Stunde bei gewöhnlicher Temperatur gerührt und nach Erwärmung auf 40° 500 g Epichlorhydrin zugegeben werden. Die spontan auf 80° steigende Temperatur wird 3 Stunden gehalten. Die dann entstandene viscos-flüssige Masse kann durch weiteres Erhitzen bei 80° zu einem elastischen, fadenziehenden Produkt polymerisiert werden. Durch Zusätze verschiedener Art oder durch Änderungen der Temperatur lassen sich die Eigenschaften der erzielten Produkte modifizieren, beispielsweise führt der Zusatz von Metallsalzen von Thio-, Dithio- oder Trithiocarbonsäuren in verschiedenen Dosierungen zu technisch brauchbaren Produkten.

Alkyl-Mercaptane

Durch 4stündiges Rühren von Epichlorhydrin mit Äthylmercaptan bei 50° in Gegenwart von Aktivkohle als Katalysator erhält man in etwa 90%iger Ausbeute 1-Chlor-2-propanol-3-äthylthioäther,

$$ClCH_2 \cdot CHOH \cdot CH_2 \cdot S \cdot C_2H_5 \quad vom\ Kp_{16}\ 114\text{—}115°.$$

In analoger Weise wurden hergestellt:

der Propylthioäther: $ClCH_2 \cdot CHOH \cdot CH_2 \cdot S \cdot C_3H_7$ vom Kp_4 95°,

der Phenylthioäther: $ClCH_2 \cdot CHOH \cdot CH_2 \cdot S \cdot C_6H_5$ vom Kp_4 141°,

und der Benzylthioäther: $ClCH_2 \cdot CHOH \cdot CH_2 \cdot S \cdot CH_2 \cdot C_6H_5$
vom Kp_4 154—156°

Die Herstellung dieser drei letzten Thioäther kann auch ohne Katalysator erfolgen, wenn bei 90—130° gearbeitet wird.

Werden diese Chlorpropanolthioäther mit der berechneten Menge hochkonzentrierter wäßriger Natronlauge behandelt, so gehen sie in die Glycidylthioäther über, beispielsweise der Chlorpropanoläthylthioäther in den Glycidyläthylthioäther,

$$CH_2\text{—}CH \cdot CH_2 \cdot S \cdot C_2H_5 \quad vom\ Kp_{15}\ 67°$$
$$\diagdown O \diagup$$

Äthylglycidylthioäther setzt sich bei 140° mit Diäthylamin und bei 100—110° mit Piperidin zu den entsprechenden 1-(N-subst. amino)-2-oxy-3-äthylmercaptopropanen um. Er addiert Jodmethyl schon bei gewöhnlicher Temperatur in alkoholischer Lösung unter Bildung des

---

[1] FP 1011020, 22. 11. 48/18. 6. 52.

kristallisierten 2,3-Epoxypropyl-1-methyläthyl-sulfoniumjodid[1],

$$CH_2\!-\!CH \cdot CH_2 \cdot S\!\!<^{C_2H_5}_{CH_3} \quad | \;\; J$$

Bei der Umsetzung von Alkylmercaptanen mit Epichlorhydrin in Gegenwart der berechneten Menge Natronlauge wird Glycerin-1-alkyl-thioäther gewonnen:

$$CH_2\!-\!CH \cdot CH_2Cl + HS \cdot R + NaOH \;\rightarrow\; HOCH_2 \cdot CHOH \cdot CH_2 \cdot S \cdot R$$

Zu Verbindungen der gleichen Art gelangt man auch durch Hydratisieren von Glycidylthioäthern mittels mit Schwefelsäure angesäuerten Wassers[2]:

$$CH_2\!-\!CH \cdot CH_2 \cdot S \cdot R + H_2O \;\xrightarrow{\;H_2SO_4\;}\; HOCH_2 \cdot CHOH \cdot CH_2 \cdot S \cdot R$$

Bei der Einwirkung von 2 Mol Alkylmercaptan auf 1 Mol Epichlorhydrin haben E. Fromm, R. Kapeller und J. Taubmann[3] 1,3-Dialkyl-mercapto-2-propanole erhalten, beispielsweise das 1,3-Dibenzylmer-capto-2-propanol, $C_6H_5 \cdot CH_2 \cdot S \cdot CH_2 \cdot CHOH \cdot CH_2 \cdot S \cdot CH_2 \cdot C_6H_5$.

Zur Gewinnung derartiger Dialkylmercaptoglycerine mit einer Ausbeute von 90—95% empfiehlt die Shell[4] folgendes Verfahren, und zwar unter Verwendung von Oxäthylmercaptan: in 2 Mol Oxäthyl-mercaptan werden bei 90° 1 Mol Epichlorhydrin langsam eingetropft und 5 Stunden bei dieser Temperatur gerührt. Alsdann wird bei 20 bis 30° die berechnete Menge Natronlauge innerhalb von 2 Stunden ein-getropft. Es wird Glycerin-1,3-dioxäthylthioäther, $HOCH_2 \cdot CH_2 \cdot S \cdot$ $\cdot CH_2 \cdot CHOH \cdot CH_2 \cdot S \cdot CH_2 \cdot CH_2 \cdot OH$, in 93% Ausbeute erhalten.

Höhermolekulare Mercaptane, beispielsweise Decylmercaptan, set-zen sich unter Verwendung von 2 Mol mit 1 Mol Epichlorhydrin bei 90° zu Chlorhydrindecylthioäther um, wobei die Hälfte des Decyl-mercaptans unverändert zurückbleibt. Wird in diesem Stadium die auf 2 Mol Mercaptan berechnete Menge 20%iger wäßriger Natronlauge zu-gegeben, so entsteht in sehr guter Ausbeute Glycerin-1,3-didecylthio-äther, eine feste kristallisierte Substanz (Shell).

Thiodiglycerin, die homologe Verbindung des oben erwähnten Thio-diglykols, läßt sich durch Umsetzen von 1-Thioglycerin mit Epichlor-hydrin in Gegenwart der berechneten Menge Natronlauge und des er-forderlichen Wassers, um den intermediär gebildeten Glycidylthio-äther zu hydratisieren, gewinnen[5]:

$$CH_2OH \cdot CHOH \cdot CH_2 \cdot SH + CH_2\!-\!CH \cdot CH_2Cl + NaOH + H_2O \;\rightarrow\; S\!\!<^{CH_2 \cdot CHOH \cdot CH_2OH}_{CH_2 \cdot CHOH \cdot CH_2OH}$$

Bei der Umsetzung von zweiwertigen Mercaptanen mit Epichlor-hydrin in Gegenwart eines 5%igen Überschusses an Natriumhydroxyd

[1] Nenitzescu, C. D., u. N. Scarlatescu: B. **68**, B. 587 (1935).
[2] Shell: Epichlorhydrin-Broschüre **1949**, 32.
[3] Fromm, E., R. Kapeller u. J. Taubmann: B. **61**, B. 1353 (1928).
[4] Shell: Epichlorhydrin-Broschüre **1949**, 32.
[5] Sjöberg, B.: B. **75**, B. 13—29 (1942).

erfolgt Polyaddition zu höhermolekularen Produkten. Beispielsweise stellen A. CARPENTER u. F. RUDER[1] aus 1,4-Butandithiol ein Produkt her, das sich zum Verspinnen eignet, indem 92,5 g Epichlorhydrin, 122 g 1,4-Butandithiol, 42,4 g Natriumhydroxyd, gelöst in 124 g Wasser und 160 g Alkohol, 6 Stunden am Rückflußkühler gekocht werden. Die abgeschiedene weiche, unlösliche Masse kann nach dem Waschen und Trocknen direkt versponnen werden. Wird die Wärmepolymerisation länger ausgedehnt, werden feste kautschukartige Produkte erhalten. Es entstehen hierbei lineare Polymere der Struktur:

$$HS \cdot (CH_2)_4 \cdot S \cdot [\cdot CH_2 \cdot CHOH \cdot CH_2 \cdot S \cdot (CH_2)_4 \cdot S \cdot]_n \cdot CH_2 \cdot CHOH \cdot CH_2 \cdot S \cdot (CH_2)_4 \cdot SH$$

wobei vermutlich die endständigen Mercaptogruppen bei dem längeren Kochen mit überschüssigem Alkali in Hydroxylgruppen übergehen.

Kaliumrhodanid

Beim Erhitzen einer alkoholischen Lösung von äquimolekularen Mengen Kaliumrhodanid und Epichlorhydrin bei 40—50° scheidet sich allmählich das gesamte Chlor als Kaliumchlorid aus. Beim Einengen der Lösung im Vakuum unterhalb 50° wird Epithiocyanhydrin erhalten:

$$CH_2\!\!-\!\!CH \cdot CH_2 \cdot S \cdot CN$$
$$\diagdown O \diagup$$

als nicht destillierbare hochviscose Flüssigkeit. Sie ist in Wasser unlöslich, löst sich aber in organischen Lösungsmitteln.

Werden Glyzerin, Chlorhydrin oder 1,3-Dibromhydrin mit 1 bzw. 2 Mol Kaliumrhodanid in alkoholischer Lösung einige Tage unter Rückfluß gekocht, so kann nicht mehr als $^3/_4$ bis $^1/_2$ der theoretischen Menge Kaliumchlorid erzielt werden, da sich Polymerisationsprodukte bilden, die bei gewöhnlicher Temperatur spröde Harze darstellen. — Wird die Umsetzung bei niedriger Temperatur ausgeführt, so werden gelbe Öle erhalten, die schon bei der Aufarbeitung verharzen[2].

Bei der Umsetzung von Epichlorhydrin mit Kaliumrhodanid bei tiefen Temperaturen ist es möglich, Chlorpropylensulfid zu erhalten. Unter den Bedingungen dieses Verfahrens findet ein Austausch des Sauerstoffatoms der Epoxydgruppe gegen das Schwefelatom des Kaliumrhodanids unter Bildung von Kaliumcyanat statt. Die große Affinität des Sauerstoffatoms zur Cyanatgruppe ist der Grund, warum schon früh Rhodanverbindungen für Schwefel-Sauerstoff-Austauschreaktionen herangezogen worden sind. Nach. K. DACHLAUER und L. JACKEL[3] wird so gearbeitet, daß in eine Lösung von 45 g Kaliumrhodanid in 45 g Wasser bei —5 bis —10° 63 g Epichlorhydrin sehr langsam eingetropft werden. Beim Stehen bei —7° scheidet sich Chlorpropylensulfid als gelbes Öl ab. Wird der Reaktionslösung von Anfang an 1 g Pottasche zugesetzt, so geht die Umsetzung schneller und unter

---

[1] BP 678 576, 27. 1. 50/3. 9. 52, als Fortsetzung von BP 314 440, COURTAULDS LTD.
[2] ENGLE, W. D.: Am. Soc. **20**, 668 (1898).
[3] DRP 636 708, 11. 11. 34/24. 9. 36, I. G.

verminderter Bildung von Polymeren vonstatten. Nach dem gründlichen Waschen und Trocknen des Öles kann das Chlorpropylensulfid,

$$CH_2\text{—}CH \cdot CH_2Cl \quad \text{(über S verbrückt)} \qquad \text{vom } Kp_6\ 94\text{—}96°$$

durch Destillation gewonnen werden. — Unter Verwendung von Thioharnstoff setzt sich Epichlorhydrin bei gleicher Arbeitsweise ebenfalls zu Chlorpropylensulfid um.

Die sulfierende Wirkung des Thioharnstoffes nimmt mit dem Grad der Substitution ab. So ist sym. Diphenylthioharnstoff in sich derart stabilisiert, daß es auf Epichlorhydrin nicht mehr sulfierend wirkt, sondern sich in Gegenwart der berechneten Menge Natronlauge in seiner Isoform unter Bildung des stabilen 3-Phenyl-5-oxy-2-phenyl-imino-tetrahydro-1,3-thiazin addiert[1]:

$$\begin{array}{c} CH\text{—}CH_2 \\ \big|\ \ O \\ CH_2Cl \end{array} + \begin{array}{c} HN\text{—}C_6H_5 \\ \big| \\ HS \cdot C{=}N \cdot C_6H_5 \end{array} + NaOH \rightarrow \begin{array}{c} HO \cdot CH \cdot CH_2 \cdot N \cdot C_6H_5 \\ \big|\qquad\qquad\big| \\ CH_2 \cdot S\text{——}C{=}N \cdot C_6H_5 \end{array}$$

Thioessigsäure

Epichlorhydrin setzt sich bei 60° mit Thioessigsäure leicht zu der normalen Additionsverbindung 3-Chlor-2-oxypropyl-1-thiolacetat in 76%iger Ausbeute um:

$$ClCH_2 \cdot CH\text{—}CH_2 \text{ (über O)} + HS \cdot CO \cdot CH_3 \rightarrow ClCH_2 \cdot CHOH \cdot CH_2 \cdot S \cdot CO \cdot CH_3 \qquad \text{vom } Kp_1\ 100\text{—}101°$$

Dieses 1-Acetylthio-3-chlorhydrin lagert sich bei Zimmertemperatur in einigen Wochen, bei 50—60° in 1—2 Tagen um, unter Bildung von 1-Mercapto-2-acetyl-3-chlorhydrin. Dieser Umlagerung liegt das Bestreben der Thiolacetatverbindung zugrunde, eine 1-ionisierbare Mercaptogruppe auszubilden. Die fortschreitende Umlagerung kann durch den Jodverbrauch der Verbindung verfolgt werden, da die Acetylthioverbindung kein Jod verbraucht. Die Umlagerung könnte folgendermaßen versinnbildlicht werden:

$$\begin{array}{c} CH_2 \cdot S \cdot CO \cdot CH_3 \\ \big| \\ CHOH \\ \big| \\ CH_2Cl \end{array} \rightarrow \begin{array}{c} CH_2 \cdot S\!\diagdown \\ \big|\qquad C\!\diagup^{OH}_{\ }\diagdown_{CH_3} \\ CH\text{—}O\diagup \\ \big| \\ CH_2Cl \end{array} \rightarrow \begin{array}{c} CH_2 \cdot SH \\ \big| \\ CH \cdot O \cdot CO \cdot CH_3 \\ \big| \\ CH_2Cl \end{array} \qquad \text{vom } Kp_1\ 69\text{—}70°$$

hypothetisches
Zwischenprodukt

Da der Kochpunkt der beiden Isomeren bei 1 mm 30° auseinander liegt, können ihre Gemische durch Fraktionieren leicht getrennt werden. — Die Herstellung der Acetylthioverbindung erfolgt in der Weise, daß 18,5 g Epichlorhydrin und 15,2 g Thioessigsäure 12 Stunden bei 60° gerührt werden und anschließend im Vakuum fraktioniert wird. Die Umlagerung zu der Mercaptoverbindung wird durch 35stündiges Erhitzen bei 60° ausgeführt. Zur Gewinnung des Mercaptochlorhydrins wird die Acetylgruppe durch 6stündiges Erhitzen bei 60° mit 1%iger methanolischer Salzsäure abgespalten[2].

[1] DAINS, P. B., R. Q. BREWSTER, J. S. BLAIR u. W. C. THOMPSON: Am. Soc. 44, 2642 (1922).
[2] SJÖBERG, B.: Svensk. kem. Tid. 50, 250 (1938) — B. 74, B. 64 (1941).

Umsetzungen mit oxyaromatischen Verbindungen

Die Umsetzung von Epichlorhydrin mit oxyaromatischen Verbindungen ist besonders eingehend studiert worden, da sie zu technisch interessanten Produkten geführt hat. Besonders Phenole, insbesondere mehrwertige, ein- oder mehrkernige, sowie auch deren Substitutionsverbindungen, sind viel verwendete Ausgangsmaterialien geworden.

Phenole, Chlorhydrinaryläther

Eine Additionsreaktion zwischen Epichlorhydrin und Phenolen kann im neutralen, sauren oder alkalischen Medium zustande kommen.

Unter neutralen Bedingungen müssen Epichlorhydrin und Phenol einige Stunden bei 155—160° erhitzt werden, damit überhaupt eine Reaktion stattfindet. Es wird Chlorhydrinphenyläther gewonnen, jedoch in schlechter Ausbeute[1].

Bei Vergleichsversuchen mit sauer oder alkalisch katalysierten Umsetzungen wurde festgestellt, daß letztere wesentlich bessere Ausbeuten ergeben[2].

Unter Verwendung von Zinntetrachlorid als saurem Katalysator haben K. E. MARPLE, E. C. SHOKAL und T. W. EVANS[3] ein technisches Verfahren zur Herstellung aromatischer Chlorhydrinäther, insbesondere von substituierten Phenolen, entwickelt. Zur Gewinnung von Chlorhydrin-tert.-Amylphenyläther wird beispielsweise folgendermaßen verfahren:

Ein Gemisch von 6 Mol Epichlorhydrin und 24 Mol p-tert.-Amylphenol wird bei 8° mit 0,012 Mol Zinntetrachlorid in dem Maße tropfenweise versetzt, daß die Lösung allmählich ins Sieden gerät. Anschließend wird noch $^1/_2$ Stunde gekocht. Durch Fraktionieren des neutralisierten Umsetzungsproduktes wird der Äther p-tert. $C_5H_{11} \cdot C_6H_4 \cdot O \cdot CH_2 \cdot CHOH \cdot CH_2Cl$ vom $Kp_{0,5}$ 140—154° erhalten.

Statt direkt mit Zinntetrachlorid zu arbeiten, ist es vielfach vorteilhafter, einem Zinntetrachlorid-Isopropylalkohol-Komplex, $SnCl_4 \cdot (C_3H_7OH)_4$, dessen Herstellung in der Patentschrift US 2 380 185 beschrieben ist, zu verwenden. Seine Bereitung erfolgt in der Weise, daß in 1 Liter auf — 73° gekühlten Isopropylalkohol 25 ml Zinntetrachlorid eingerührt werden. Hierbei erfolgt Ausscheidung einer pulvrigen Substanz, die bei — 50° in Lösung geht. Nach einigen Stunden Stehen wird bei 2 mm Druck und 14—18° der überschüssige Alkohol abdestilliert, wobei die Komplexverbindung als Pulver zurückbleibt. Dieselbe ist haltbar, wenn gut vor Feuchtigkeit geschützt wird.

Bortrifluorid wurde von H. LEFÉBVRE und E. LEVAS[4] als besonders wirksam für die Katalysierung der Umsetzung von Epichlorhydrin mit Phenol erkannt. Die Additionsreaktion geht mit diesem Mittel bereits bei 0° vor sich, so daß die Bildung höhermolekularer Polymerisationsprodukte auf ein Minimum herabgesetzt wird. Beim Arbeiten in Benzol-

---

[1] BOYD, D. R., u. E. R. MARLE: Soc. **1910**, 1788.

[2] FAIRBOURNE, A., G. P. GIBSON u. W. D. STEPHENS: Soc. **1932**, 1965.

[3] US 2 327 053, 18. 11. 39/17. 8. 43; US 2 380 185, 6. 11. 42/10. 7. 45, SHELL.

[4] LEFÉBVRE, H., u. E. LEVAS: C. r. **222**, 555 u. 1349 (1946) — C. A. **40**, 5712 (1946).

lösung und einem 4fachen Phenolüberschuß wird bei einer Reaktionstemperatur von 0° mit Phenol, o-, m- und p-Kresol, p-Bromphenol oder Thymol eine Ausbeute an Chlorhydrinphenoläther von etwa 50% erzielt.

Die Umsetzung von Epichlorhydrin mit Phenolen in Gegenwart von Alkali kann in zweierlei Weise erfolgen:

a) unter Verwendung katalytischer Mengen von Alkalihydroxyd, d. h. von etwa 0,01 Mol in Form einer 30—50%igen Lauge je 1 Mol Epichlorhydrin und Phenol. Bei 3wöchigem Stehen einer solchen Mischung bei gewöhnlicher Temperatur wird eine 35%ige Umsetzung zu Chlorhydrinphenyläther erzielt[1].

b) unter Verwendung von äquimolekularen Mengen von Alkalihydroxyd, Phenol und Epichlorhydrin wird der intermediär entstehende Chlorhydrinphenyläther weiter zum Glycidyläther umgesetzt:

$$ClCH_2 \cdot CHOH \cdot CH_2 \cdot O \cdot C_6H_5 + NaOH \;\rightarrow\; \underset{\diagdown O \diagup}{CH_2\!\!-\!\!CH} \cdot CH_2 \cdot O \cdot C_6H_5 \qquad \text{vom Kp 234°}$$

Die Ausführung dieser Umsetzung kann in verschiedener Weise erfolgen.

Glycidylaryläther, die durch Umsetzen in der Wärme von äquimolekularen Mengen von Epichlorhydrin, Phenol und wäßrigen Alkalien gewonnen wurden, sind erstmalig von TH. v. LINDEMANN[2] hergestellt und beschrieben worden:

Phenyl-glycidyläther $\quad \underset{\diagdown O \diagup}{CH_2\!\!-\!\!CH} \cdot CH_2 \cdot O \cdot C_6H_5 \qquad$ vom Kp 234°,

p-Kresyl-glycidyläther $\quad \underset{\diagdown O \diagup}{CH_2\!\!-\!\!CH} \cdot CH_2 \cdot O \cdot C_6H_4 \cdot CH_3 \qquad$ vom Kp_{200} 210°

α-Naphthyl-glycidyläther $\quad \underset{\diagdown O \diagup}{CH_2\!\!-\!\!CH} \cdot CH_2 \cdot O \cdot C_{10}H_7 \qquad$ vom Kp_{200} 263°

Zugabe des Epichlorhydrins zu einer Natriumphenolatlösung bei 40—70° führte zu einer mäßigen Ausbeute an Phenylglycidyläther[3], dagegen wurden von E. R. MARLE[4] befriedigende Ausbeuten an aromatischen Glycidyläthern erhalten, wenn Epichlorhydrin auf die phenolische Verbindung und die berechnete Menge Natronlauge einige Tage bei gewöhnlicher Temperatur einwirkt. Beispielsweise wird ein Gemisch von 3 g Epichlorhydrin, 10,8 g Tribromphenol, 2 g Natriumhydroxyd und 100 ml Wasser bei Raumtemperatur einige Tage sich selbst überlassen. Dabei kristallisiert in zunehmendem Maße

Tribromphenyl-glycidyläther

$$\underset{\diagdown O \diagup}{CH_2\!\!-\!\!CH} \cdot CH_2 \cdot O \cdot C_6H_2Br_3 \qquad \text{vom F 109—110°}$$

aus.

[1] BOYD, D. R., u. E. R. MARLE: Soc. **1910**, 1788.
[2] v. LINDEMANN, TH.: B. **24**, 2149 (1891).
[3] BOYD, D. R., u. E. R. MARLE: Soc. **1908**, 838.
[4] MARLE, E. R.: Soc. **1912**, 305.

Ferner wurden hergestellt:

m-Tolyl-glycidyläther

$$\text{CH}_2\!\!-\!\!\text{CH}\cdot\text{CH}_2\cdot\text{O}\cdot\text{C}_6\text{H}_4\cdot\text{CH}_3$$
$$\diagdown\text{O}\diagup$$

vom Kp_{15} 139, 5—140°

p-Nitrophenyl-glycidyläther

$$\text{CH}_2\!\!-\!\!\text{CH}\cdot\text{CH}_2\cdot\text{O}\cdot\text{C}_6\text{H}_4\cdot\text{NO}_2$$
$$\diagdown\text{O}\diagup$$

vom F 67°

Carvacryl-glycidyläther

$$\text{CH}_2\!\!-\!\!\text{CH}\cdot\text{CH}_2\cdot\text{O}\cdot\text{C}_6\text{H}_3\cdot(\text{CH}_3)\cdot\text{CH}(\text{CH}_3)_2$$
$$\diagdown\text{O}\diagup$$

vom $Kp_{14,5}$ 157°

Guajacyl-glycidyläther

$$\text{CH}_2\!\!-\!\!\text{CH}\cdot\text{CH}_2\cdot\text{O}\cdot\text{C}_6\text{H}_4\cdot\text{O}\cdot\text{CH}_3$$
$$\diagdown\text{O}\diagup$$

vom F 36°, Kp_{20} 165°

α-Naphthyl-glycidyläther

$$\text{CH}_2\!\!-\!\!\text{CH}\cdot\text{CH}_2\cdot\text{O}\cdot\text{C}_{10}\text{H}_7$$
$$\diagdown\text{O}\diagup$$

vom Kp_{15} 203°

Die Herstellung von aromatischen Chlorhydrinäthern unter Ersatz des Alkalihydroxyds durch Hydroxyde der Erdalkalien haben O. L. Davis, H. S. Knight und J. R. Skinner[1] studiert. Der Vergleich zwischen den Hydroxyden des Calcium, Magnesium und Barium fiel zugunsten des Calciumhydroxyds aus. Beispielsweise werden 18 Mol Epichlorhydrin, 6 Mol Phenol, 7 Mol Wasser und 0,87 Mol gelöschter Kalk bei 50—100° 2—3 Stunden gerührt. Die Fraktionierung ergibt folgende Ausbeute:

72% Phenylchlorhydrinäther
28% Diphenylglycerinäther

In Anbetracht der Billigkeit dieses Verfahrens kann das anfallende Gemisch in Kauf genommen werden, zumal Diphenylglycerinäther als vorzügliches Lösungsmittel Absatz findet.

Verfahren zur direkten Gewinnung von Glycerin-mono- oder diaryläthern sowie von gemischten -arylalkyläthern, sind von K. E. Marple und T. W. Evans[2] entwickelt worden. Es wird im wasserfreien Medium mit oder ohne Lösungsmittel unter Verwendung von feingepulvertem Natriumhydroxyd gearbeitet. Als Glycerinderivate werden Epichlorhydrin, Glycerinmono- oder -dichlorhydrin sowie zur Gewinnung gemischter Arylalkyläther 1-Chlor-2-oxypropyl-3-alkyläther angewandt.

Die Umsetzung unter Verwendung von Dioxan als Lösungsmittel erfolgt beispielsweise folgendermaßen: 2 Mol Phenol werden mit 300 ml Dioxan auf 92° erhitzt und 2,04 Mol fein pulverisiertes Natriumhydroxyd (96%ig) eingetragen und bei 90° 1¹/₂ Stunden gerührt. Anschließend läßt man bei 100—105° 2 Mol Glycerin-1-chlorhydrin innerhalb von 2 Stunden allmählich zulaufen. Bei Aufarbeitung des Reaktions-

---

[1] US 2571217, 27. 5. 48/16. 10. 51, Shell Development Co.
[2] Marple, K. E., u. T. W. Evans: US 2351024/25, 21. 1. 41/13. 6. 44 — BP 557513, 4. 2. 42/24. 11. 43, Shell Development Co.

gemisches wird Glycerin-1-phenyläther vom Kp_1 128—129° durch Fraktionieren als eine bei gewöhnlicher Temperatur weiße, wachsartige Masse vom Erweichungspunkt 55—57° gewonnen.

Bei der Umsetzung ohne Lösungsmittel wird beispielsweise so verfahren: 2 Mol Rohxylenol werden bei 105—110° mit 85 g feingepulvertem Natriumhydroxyd (90%ig) versetzt und 2 Stunden gerührt. Dann werden 2 Mol 1-Chlor-2-oxypropyl-3-isopropyläther in 2 Stunden bei derselben Temperatur einlaufen gelassen. Durch Fraktionieren erhält man 1-Xylyl-2-oxypropyl-3-isopropyldiäther vom Kp_3 137°.

Nach diesen Verfahren lassen sich jede gewünschten, gemischten Glycerin-1,3-diäther herstellen. Ein besonderes Interesse hat der 1-Methyl-2-oxypropyl-3-phenyl-diäther vom $Kp_{0,5}$ 94—95° erlangt, da er ein ausgezeichnetes Lösungsmittel für Harze, Celluloseester und -äther ist und als Zusatzmittel zu Lacken, die Kunstharze enthalten, besonders geeignet ist. Für die gleichen Zwecke sind auch die noch höhersiedenden Kresyl- und Xylyläther verwendbar. Für Spezialzwecke werden die durch Umsetzen von Glycerinmonoaryläthern mit Aldehyden oder Ketonen erzielbaren 1,3-Dioxolane:

$$R \cdot O \cdot CH_2CHOH \cdot CH_2OH + O{=}CH \cdot R' \rightarrow$$

empfohlen.

Zur Gewinnung von 1,3-Glycerindiaryläthern, die gleiche Äthergruppen enthalten, wird zweckmäßig von Epichlorhydrin ausgegangen. Durch Umsetzen äquimolekularer Mengen von Epichlorhydrin und Phenol in Gegenwart von Natriumäthylat in absolut alkoholischer Lösung haben D. R. Boyd und E. R. Marle[1] bereits 1908 Glycerin-1,3-diphenyläther hergestellt. Sie haben weiterhin dieses Ziel durch Umsetzen von Phenoxypropenoxyd (1,2-Epoxypropyl-3-phenyläther) mit einer konzentrierten wäßrigen, alkalischen Phenollösung bei gewöhnlicher Temperatur erreicht.

Nach einem Verfahren der Shell wird auch in diesem Falle in Dioxanlösung gearbeitet, und zwar werden 3 Mol Phenol in 225 ml Dioxan bei 95° mit 1,53 Mol fein gepulvertem Natriumhydroxyd 1 Stunde gerührt und anschließend 1,5 Mol Epichlorhydrin bei 100—105° während $1^3/_4$ Stunden eingetragen. Nach 2stündigem Nachrühren bei dieser Temperatur wird Glycerin-1,3-diphenyläther vom Kp_1 180—190° gewonnen.

Zur Darstellung des Glycidylphenyläthers kann auch so verfahren werden, daß die Natronlauge zu einem Gemisch von Phenol und Epichlorhydrin eingetragen wird. Beispielsweise lassen A. Fairbourne, G. P. Gibson und W. D. Stephens[2] 297 g 27%ige Natronlauge bei 80—100° zu 188 g Phenol und 185 g Epichlorhydrin einlaufen und erhalten Glycidylphenyläther vom Kp_{3-4} 115—116°. Das gleiche Ergebnis wird erzielt, wenn mit 1,3-Dichlorhydrin gearbeitet und die doppelte Menge Natronlauge angewandt wird.

---

[1] Boyd, D. R., u. E. R. Marle: Soc. **1908**, 838.
[2] Fairbourne, A., G. P. Gibson u. W. D. Stephens: Soc. **1932**, 1965.

Eine weitere Variierung der Arbeitsbedingungen zur Herstellung von aromatischen Glycidyläthern kann dadurch erfolgen, daß die wäßrige Phenolatlösung in das Epichlorhydrin eingetragen wird. In dieser Weise arbeiten F. N. ALQUIST und H. R. SLAGH[1] unter Verwendung substituierter Phenole folgendermaßen: eine Lösung von 75 g 4-tert.-Butylphenol, 21 g Natriumhydroxyd und 150 ml Wasser wird bei 60—70° innerhalb einer Stunde zu 92,5 g Epichlorhydrin eingetragen und durch Fraktionieren 1-(4-tert.-Butylphenyl)-2,3-glycidyläther,

$$\underset{\diagdown O \diagup}{CH_2-CH} \cdot CH_2 \cdot O \cdot C_6H_4 \cdot C_4H_9 \qquad \text{vom } Kp_{0,2} \ 145—152°$$

gewonnen. Unter Verwendung von 4-tert.-Octylphenol wurde der entsprechende Glycidyläther

$$\underset{\diagdown O \diagup}{CH_2-CH} \cdot CH_2 \cdot O \cdot C_6H_4 \cdot C_8H_{17} \qquad \text{vom } Kp_{0,35} \ 185—195°$$

hergestellt.

Zu Umsetzungen dieser Art wurden weiterhin chlorierte Phenole sowie insbesondere Ketophenole wie Oxyacetophenon, Oxybenzophenon und 4,4'-Dioxybenzophenon herangezogen.

Beispielsweise werden 68 g 4-Oxyacetophenon in einer Lösung von 21 g Natriumhydroxyd in 250 g Wasser gelöst. Diese Lösung tropft man während einer Stunde zu 69,5 g Epichlorhydrin bei 85—90° ein. Nach 1stündigem Nachrühren bei 90° wird nach der Neutralisation fraktioniert. Es wird 4-(2,3-Epoxypropoxy)-acetophenon:

$$\underset{\diagdown O \diagup}{CH_2-CH} \cdot CH_2 \cdot O \cdot C_6H_4 \cdot CO \cdot CH_3 \qquad \text{F } 39°, \ Kp_{2,5} \ 184—195°$$

gewonnen. In analoger Weise wurden hergestellt:

aus 4-Oxybenzophenon: 4-(2,3-Epoxypropoxy)-benzophenon,

$$\underset{\diagdown O \diagup}{CH_2-CH} \cdot CH_2 \cdot O \cdot C_6H_4 \cdot CO \cdot C_6H_5 \qquad \text{vom F } 81°, \ Kp_{2,5} \ 222—234°$$

aus 3-Oxyacetophenon: 3-(2,3-Epoxy-propoxy)-acetophenon,

$$\underset{\diagdown O \diagup}{CH_2-CH} \cdot CH_2 \cdot O \cdot C_6H_4 \cdot CO \cdot CH_3 \qquad \text{vom F } 43°, \ Kp_{2,5} \ 176—185°$$

aus 4-Oxypropiophenon: 4-(2,3-Epoxy-propoxy)-propiophenon,

$$\underset{\diagdown O \diagup}{CH_2-CH} \cdot CH_2 \cdot O \cdot C_6H_4 \cdot CO \cdot (CH_2)_2 \cdot CH_3 \qquad \text{vom F } 71,5°, \ Kp_{2,5} \ 194—202°$$

aus 4,4'-Dioxybenzophenon: 4,4'-Di-(2,3-Epoxypropoxy)-benzophenon,

$$\underset{\diagdown O \diagup}{CH_2-CH} \cdot CH_2 \cdot O \cdot C_6H_4 \cdot CO \cdot C_6H_4 \cdot O \cdot CH_2 \cdot \underset{\diagdown O \diagup}{CH-CH_2} \qquad \text{vom F } \sim 182°$$

Während die angeführten Monoglycidyläther sich in Alkoholen und Ketonen leicht lösen, ist der Diglycidyläther nur in Epichlorhydrin in zufriedenstellendem Maße löslich.

Eine Arbeitsmethode, die zu einer Ausbeute von 55—65% Glycidylphenyläther führt, besteht darin, daß zunächst äquimolekulare Mengen Epichlorhydrin und Phenol durch kurzes Erhitzen vorkondensiert

---

[1] US 2221771 und 2221818, beide vom 17. 8. 38/19. 11. 40. — BRITTON, E. C., u. H. R. SLAGH: US 2371500, 2. 7. 42/13. 3. 45, Dow CHEMICAL CORP.

werden, und anschließend überschüssige wäßrige Alkalihydroxyd-
lösung in der Wärme eingetragen wird[1].

Die Umsetzung von Phenylglycidyläthern, bei denen die Phenylgruppe substituiert ist, mit den Halogensalzen tertiärer Amine führt
zu den Halogeniden quartärer Verbindungen, z. B. unter Verwendung
von Trimethylaminchlorhydrat:

$$R \cdot C_6H_4 \cdot O \cdot CH_2 \cdot CH\!\!-\!\!CH_2 + (CH_3)_3 \cdot N \cdot HCl \rightarrow R \cdot C_6H_4 \cdot O \cdot CH_2 \cdot CHOH \cdot CH_2 \cdot \underset{\underset{Cl}{|}}{N} \cdot (CH_3)_3$$

J. F. OLIN[2] hat gefunden, daß Verbindungen dieser Typus wirkungsvolle Fungicide und Insekticide sind. Die Produkte werden hergestellt,
indem ein Gemisch von Epichlorhydrin, Alkylphenol (der Alkylrest soll
5—18 Kohlenstoffatome aufweisen) unter Zusatz eines Amins (oder
auch Hexamethylentetramin, substituierte Harnstoffe, Guanidine) in
Isopropylalkohol gelöst unter Rückfluß gekocht wird. Nach Beendigung der Umsetzung wird die äquimolekulare Menge tert.-Aminchlor-
hydrat zugegeben und erhitzt, bis kein ionisierbares Chlor mehr nachzuweisen ist.

Zur Herstellung von Polyglycidyläthern mehrwertiger Phenole
empfiehlt die BATAAFSCHE[3] die Verwendung von 1,5 Mol Epichlorhydrin pro phenolische Hydroxylgruppe, wobei nur 92—97% der berechneten Menge Alkalihydroxyd eingesetzt werden sollen. Nach dem
Abtrennen des überschüssigen Epichlorhydrins werden die entstandenen
Chlorhydringruppen durch überschüssiges Alkalihydroxyd in Epoxydgruppen übergeführt.

Um die Bildung unerwünschter Nebenprodukte bei der bei 60—100°
durchgeführten Umsetzung des Epichlorhydrins mit den Polyphenolen
auf ein Minimum zu beschränken, setzt dieselbe Firma[4] dem Reaktionsgemisch sekundäre aliphatische Alkohole zu, wodurch die Umsetzung
wesentlich beschleunigt wird. Hierfür geeignete sekundäre Alkohole
sollen 3—8 Kohlenstoffatome aufweisen und keine anderen reaktionsfähigen Gruppen enthalten. Die Menge des zugesetzten Alkohols steht
in Abhängigkeit von dem zu erzielenden Epoxydäquivalent, und zwar
wird bei niedrigen Epoxydäquivalenten die Zugabe von .20—200%,
bei höheren Epoxydäquivalenten eine solche von 50—400% des eingesetzten Epichlorhydrins empfohlen.

Phenolcarbonsäuren

Werden Salicylsäure, Epichlorhydrin und Natronlauge (28 g Salicylsäure, 9,2 g Epichlorhydrin, 18 g Natriumhydroxyd in 40 g Wasser)
bei gewöhnlicher Temperatur miteinander umgesetzt und anschließend
angesäuert, so scheidet sich Salicylsäureglycidyläther

$$CH_2\!\!-\!\!CH \cdot CH_2 \cdot O \cdot C_6H_4 \cdot CO \cdot OH \qquad \text{vom F 167}°$$

als dicker Kristallbrei aus.

[1] Epichlorhydrin-Broschüre **1949**, 18, SHELL DEVELOPMENT CO.
[2] US 2547965, 23. 6. 48/10. 4. 51, SHARPLES CHEM. INC.
[3] Belg. P. 544815, 30. 1. 56; US-Pri. 31. 1. 55.
[4] Belg. P. 546441 26. 3. 56; US-Pri. 28. 3. 55.

Bei Anwenden der doppelten Menge Salicylsäure wird Di-salicylsäureglycerinäther, $HO \cdot CO \cdot C_6H_4 \cdot O \cdot CH_2 \cdot CHOH \cdot CH_2 \cdot O \cdot C_6H_4 \cdot CO \cdot OH$, erhalten. Im Hinblick auf ihre pharmazeutische Verwendung sind beide Verbindungen interessant, weil sie geschmacklos sind, während die Salicylsäureglycerinester einen ausgeprägt bitteren Geschmack aufweisen[1].

Salicylaldehyd

Durch Einwirkung eines Überschusses an Epichlorhydrin auf Salicylaldehyd wird nach O. STEPHENSON[2] Salicylaldehydchlorhydrin erhalten, aus dem in vorsichtiger Umsetzung mit Alkali bei gewöhnlicher Temperatur Salicylaldehydglycidyläther gewonnen werden kann:

$$ClCH_2CHOH \cdot CH_2 \cdot O \cdot C_6H_4 \cdot CH{=}O + NaOH \rightarrow CH_2{-}CH \cdot CH_2 \cdot O \cdot C_6H_4 \cdot CH{=}O$$
$$\underset{O}{\diagdown\diagup}$$

Daneben wird eine erhebliche Menge des kristallisierten cyclischen Umlagerungsproduktes

$$C_6H_4 \diagup_{CH}^{O{-}CH_2} \diagdown_{O{-}CH_2}^{O{-}CH}$$

erhalten.

Methylolphenole

Die Umsetzung von Phenolen, die im Kern eine oder mehrere Methylolgruppen enthalten, mit Epoxydverbindungen der verschiedensten Art ist eingehend von R. W. MARTIN[3] studiert worden. Die Additionsreaktion beschränkt sich nicht auf die eine Art von Hydroxylgruppen, sondern findet mit beiden statt, wobei die phenolische bevorzugt wird. Beispielsweise ergibt die Einwirkung von Propylenoxyd auf Trimethylolphenolnatrium bei 40° ein Umsetzungsprodukt, das aus 40% Oxypropyläther der Methylolgruppen und 60% Oxypropyläther der phenolischen Hydroxylgruppen besteht. Produkte dieser Art sind gute Weichmacher und Plastifizierungsmittel für polymerisierte chlorhaltige Vinylverbindungen.

Methylolverbindungen von Alkylphenolen, hergestellt durch Umsetzen der letzteren, bei denen die Alkylgruppe 4—18 Kohlenstoffatome enthält, mit Formaldehyd lassen sich mit Epichlorhydrin in Gegenwart der erforderlichen Alkalimenge in die Glycidyläther überführen. Als Alkylreste werden p-tert.-Butyl- und p-3-Pentadecylgruppen besonders beschrieben. Die Umsetzung wird mit 4—6 Molen Epichlorhydrin pro phenolische Hydroxylgruppe bei 75—110° in Gegenwart von 1 Mol Natriumhydroxyd und von 0,1—2% Wasser durchgeführt. Glycidyläther dieser substituierten Phenole sind in aliphatischen und aromatischen Kohlenwasserstoffen löslich. In Verbindung mit Härtern oder Vernetzungsmitteln sind Produkte dieser Art für einen breiten Anwendungsbereich geeignet, da sie nicht wie die Bisphenolglycidyl-

---

[1] LANGE, M., u. C. SORGER: DRP 184382, 7. 3. 06/1. 5. 07.
[2] STEPHENSON, O.: Soc. **1954**, 157.
[3] FP 1026965, 11. 2. 53/6. 5. 53; US-Pri. 18. 10. 49 — US 2606934/35, 4. 1. 51/12. 8. 52; US 2659710, 26. 7. 51/17. 11. 53, GENERAL ELECTRIC Co.

äther allein auf kostspielige Lösungsmittel wie Ketone, Ester oder Äther angewiesen sind[1].

Phenole mit ungesättigten Seitenketten

Die oft ungenügende Löslichkeit der aromatischen Glycidyläther hat D. WASSERMANN[2] dadurch wesentlich verbessern können, daß Epichlorhydrin mit solchen Phenolen umgesetzt wird, die am Kern ungesättigte Seitenketten besitzen, wie sie entstehen, wenn Phenol, Naphthol oder Anthranol mit ungesättigten Ölen wie Cashewnußöl, Anacardsäure, Cardanol, Cardol u. dgl. in Benzollösung mittels Bortrifluorid kondensiert werden. Die so gewonnenen Produkte sind u. a. auch wertvolle Zusatzmittel zu Epoxydharzen, um sie elastischer und geschmeidiger zu machen.

Herstellung von Glycerin-2-alkyl-1,3-diaryläthern

2-Äthyl-1,3-diphenyl-glycerintriäther wird in ausgezeichneter Ausbeute durch Umsetzen des Natriumsalzes des Glycerin-1,3-diphenyläthers mit Diäthylsulfat erzielt[3].

Verwendungen von Glycerinaryläthern

Glycerinmono- und -diaryläther haben vielseitige technische Verwendungen gefunden, insbesondere wegen ihrer hervorragenden Lösefähigkeiten.

Die Verwendung als Lösungsmittel, Weichmacher und Plastifizierungsmittel für Cellulosederivate und als Zusatzmittel zu Lacken und Harzen, insbesondere von Phenylglycidyläther und Phenylglycerinäther wird von W. D. STEPHENS[4] und von H. DANZER[5] empfohlen. Für dieselben Zwecke sowie als ausgezeichnetes Zusatzmittel zu Polyvinylacetat werden besonders die Glycerindiaryläther angegeben[6]. Glycerinmonoaryläther werden von A. BROOKES[7] als Zusatzmittel zu Harnstoff- und Melaminharzen für Gieß- und Preßzwecke empfohlen, um ihre Fließeigenschaften zu verbessern. Ferner werden 1-Chlorhydrin-3-phenyläther von K. THINIUS[8] als Weichmacher für Polyurethane in Vorschlag gebracht.

Fettsäureester von Glycerinaryläthern sind von verschiedenen Seiten für spezielle Verwendungen vorgeschlagen worden. J. D. ROBINSON[9] gibt Verwendungen als Zusatzmittel zu Lacken, Preßmassen

---

[1] BRADLEY, TH. F., u. H. A. NEVEY: US 2716099, 19. 1. 52/23. 8. 55, SHELL DEVELOPMENT CO.

[2] US 2665266, 29. 1. 52/5. 1. 54 — BP 726830, 5. 1. 53/23. 3. 55, HARVEL CORP., BRITISH RESINS PROD. LTD.

[3] FAIRBOURNE, A., G. P. GIBSON u. W. D. STEPHENS: Chem. and Ind. **49**, 1022 (1930).

[4] STEPHENS, W. D.: Chem. and Ind. **51**, 375 (1932)

[5] US 1089910, 10. 3. 14, COMP. GÉNÉRALE DIPHONOGRAPHES

[6] MARPLE K. E., u. T. W. EVANS: US 2351024/25, 13. 6. 44, SHELL DEVELOPMENT CO.

[7] US 2413860, 7. 1. 47, AMERICAN CYANAMID CO.

[8] DRP 738226, 6. 10. 40/7. 8. 43, DEUTSCHE CELLULOIDFABRIK EILENBURG.

[9] US 2173181, 19. 9. 39, NATIONAL ANILINE & CHEM. CO.

und Cellulosederivaten an, während F. A. Bent und K. Marple[1] die
ausgezeichnete Plastifizierungsfähigkeit für Polyvinylchlorid hervor-
heben. — Zur Gewinnung von vorzüglichen Zusatzmitteln zu Cellulosederivaten, um ihre technische Bearbeitbarkeit zu verbessern,
empfehlen J. T. Thurston und J. M. Grimm[2] den Oxyisobuttersäure-
ester von Glycerinphenyläther, und zwar den Diester, den sie durch
7stündiges Erhitzen bei 160—170° von 1 Mol Glycerinphenyläther mit
2 Mol α-Oxyisobuttersäure in Gegenwart von p-Toluolsulfosäure als
Katalysator herstellen, wobei Phenyl-glyceryl-di-(α-oxyisobutyrat)

$$C_6H_5 \cdot O \cdot CH_2 \cdot \underset{\underset{\displaystyle C \cdot \underset{\textstyle CH_3}{\overset{\textstyle CH_3}{CO \cdot OH}}}{\overset{\displaystyle |}{O}}}{CH} \cdot CH_2 \cdot O \cdot \underset{\textstyle CH_3}{\overset{\textstyle CH_3}{C}} \cdot CO \cdot OH \qquad \text{vom Kp}_{1-2}\ 187\text{—}205°$$

erhalten wird. Aus 1,3-Diphenylglycerinäther und 1 Mol α-Oxyisobuttersäure wird in derselben Weise 1,3-Diphenyl-glyceryl-2-α-oxyisobutyrat,

$$C_6H_5 \cdot O \cdot CH_2 \cdot \underset{\underset{\displaystyle CH_2 \cdot O \cdot C_6H_5}{\overset{\displaystyle |}{}}}{CH} \cdot O \cdot \underset{\textstyle CH_3}{\overset{\textstyle CH_3}{C}} \cdot CO \cdot OH \qquad \text{vom Kp}_{1-2}\ 186\text{—}199°$$

gewonnen. Nach demselben Verfahren sind auch die entsprechenden
Kresylverbindungen hergestellt worden, deren Eigenschaften etwa denjenigen der Phenylderivate entsprechen.

Auch für pharmazeutische Zwecke haben die Glycerinaryläther
Interesse gefunden. F. M. Berger und W. Bradley[3] haben festgestellt, daß Glycerinaryläther eine gewisse krampflösende Wirkung
entfalten, die von o-Kresylglycerinäther in besonders hohem Maße ausgeübt wird. Gleichfalls für pharmazeutische Verwendungen empfiehlt
W. D. Stephens[4] die Urethane von 1-Glycerin-phenyl- und 1,3-Glyce-
rindiphenyläther.

**Umsetzung von Epichlorhydrin und Glycerinderivaten mit Phenolen
zu härtenden Harzen**

Durch Kondensation von Glycerin oder Derivaten desselben wie
Allylalkohol, Epichlorhydrin, Glycerinaldehyd, Dioxyaceton u. dgl. mit
einwertigen phenolischen Verbindungen, haben bereits 1920 J. McIntosh
und E. Y. Wolford[5] Harze hergestellt, die als Schellackersatz, für
Preßmassen oder als wasserfeste Imprägnierung empfohlen werden,
indem z. B. 100 g Phenol, 90 g Epichlorhydrin mit 20 Tropfen konzentrierter Schwefelsäure (statt dessen wird auch die Verwendung von
Brom, Pyridin, Anilinchlorhydrat oder von Basen und Ammoniak angegeben) unter Rückfluß gekocht werden. Nach 4—5 Stunden ist das

---

[1] US 2393512, 5. 4. 43/22. 1. 46, Shell Development Co.
[2] US 2362326, 6. 11. 40/7. 11. 44, American Cyanamid Co.
[3] Berger, F. M., u. W. Bradley: Brit. J. Pharm. 1, 265 (1946).
[4] Stephens, W. D.: Chem. and Ind. 51, 375 (1932).
[5] US 1642078, 12. 8. 20/13. 9. 27, Diamond State Fibre Co.

gebildete Harz noch schmelzbar und in Lösungsmitteln löslich. Dies ändert sich aber mit der Zeit und nach 24stündigem Erhitzen bei 125° ist es unschmelzbar und unlöslich geworden. In einem 5 Jahre später angemeldeten Patent[1] werden die neuen Substanzen als härtende Harze beansprucht, wobei als Härter Hexamethylentetramin, Benzylidenaceton oder Natriumacetonbisulfit angegeben werden.

Da die Herstellung von Umsetzungsprodukten von Epichlorhydrin oder anderen Epoxydverbindungen, die als Harze technische Verwendung finden können, in dem Kapitel „Epoxydharze" abgehandelt wird, sei auf dieses Kapitel verwiesen.

Umsetzung mit mehrwertigen Phenolen

Brenzkatechin. Durch 3stündiges Erhitzen von 1 Mol Brenzkatechin mit 2 Mol Epichlorhydrin und etwas weniger als der berechneten Menge Kaliumhydroxyd bei 120° erhielt Th. v. Lindemann[2] fettglänzende Kristalle, vom Schmelzpunkt 83—84°, die er für den Diglycidyläther des Brenzkatechins,

$$C_6H_4 \cdot (O \cdot CH_2 \cdot CH\!\!-\!\!CH_2)_2$$
$$\diagdown O \diagup$$

hielt.

Bei der Nachbearbeitung fanden E. Fourneau, P. Maderin und Y. le Strange[3], daß die Lindemannsche Verbindung keine Epoxydgruppen enthält und daß es sich um Benz-2-oxmethyl-1,4-dioxan,

handelt, eine Verbindung, die aus äquimolekularen Mengen von Brenzkatechin und Epichlorhydrin entstanden war. Zur Synthese pharmazeutischer Produkte wurde durch Umsetzen dieser Verbindung mit Thionylchlorid die Hydroxylgruppe durch das Chloratom ersetzt und anschließend durch 12stündiges Erhitzen mit Diäthylamin bei 140—150° 2-Diäthylaminomethyl-1,4-benzodioxan vom Kp_{15} 160° gewonnen.

E. Fourneau[4] gibt für die technische Herstellung des Benzmethyloldioxan folgende Vorschrift: 110 g Brenzkatechin, 110 g Epichlorhydrin und eine Lösung von 56 g Kaliumhydroxyd in 100 g Wasser werden 2 Stunden bei 100° gerührt und anschließend mit Äther extrahiert. Die Fraktionierung der Ätherlösung ergibt Benzmethyloldioxan vom Kp_{17} 160° mit einer Ausbeute von 60% der Theorie.

Durch Umsetzen von Brenzcatechin mit Chlorhydrinalkyläthern in Gegenwart von Alkali haben A. Grün und W. Stoll[5] Brenzcate-

[1] US 1642079, 20. 2. 25/13. 9. 27.

[2] v. Lindemann, Th.: B. **24**, 2149 (1891).

[3] Fourneau, E., u. P. Maderin u. Y. le Strange: J. Pharmac. Chim. (8) **18**, 185 (1933) — C. A. **27**, 5738 (1933.)

[4] BP 420078, 19. 5. 33/19. 11. 34, identisch mit FP 770485, 21. 3. 34/14. 9. 34, Soc. des Usines Chim. Rhone Poulenc.

[5] US 2336093, 2. 10. 41/7. 12. 43; Schwz.-Pri. 26. 9. 40 — US 2343053, J. R. Geigy A. G.

chin-mono-alkoxypropanoläther hergestellt. Beispielsweise werden 125 g Chlorhydrinäthyläther vom Kp_{740} 179—180° mit 100 g Brenzcatechin, 1500 g Äthanol und 63 g Pottasche 15—20 Stunden bei 80° gerührt und durch Fraktionieren 1-(2'-oxyphenoxy-1')-3-äthoxypropanol-2,

$$\text{(Ring)} \begin{matrix} OH \\ O \cdot CH_2 \cdot CHOH \cdot CH_2 \cdot O \cdot C_2H_5 \end{matrix} \quad \text{vom Kp 174—178°}$$

gewonnen. In analoger Weise wurde aus Chlorhydrinallyläther vom Kp_{15} 93—97° der entsprechende Allyloxypropanoläther vom $Kp_{0,4}$ 192 bis 193° hergestellt. — Weiterhin konnte nach Verätherung der einen Hydroxylgruppe Brenzcatechinmonoglycidyläther durch Schütteln des Brenzcatechinmonoäthers bei gewöhnlicher Temperatur mit den berechneten Mengen Epichlorhydrin und Alkali gewonnen werden. Beispielsweise wurde durch diese Behandlung aus Brenzcatechinmonobenzyläther der (1,2-Epoxypropyl)-(2-benzyloxyphenyl)-äther

$$\text{(Ring)} \begin{matrix} O \cdot CH_2 \cdot C_6H_5 \\ O \cdot CH_2 \cdot CH—CH_2 \\ \quad\quad\quad \diagdown O \diagup \end{matrix} \quad \text{vom Kp}_2 \ 206—208°$$

erhalten. — Zur Herstellung pharmazeutischer Produkte wurde an die Epoxydgruppe Diäthylamin addiert und zum Keton oxydiert. Aus dem so erhaltenen 1-Benzyloxy-phenoxy-3-diäthylaminopropanon wurde durch 12stündiges Kochen mit n Salzsäure die Benzylgruppe abgespalten und 1-Oxy-phenoxy-3-diäthylamino-propanon

$$\text{(Ring)} \begin{matrix} OH & & C_2H_5 \\ O \cdot CH_2 \cdot CO \cdot CH_2 \cdot N \\ & & C_2H_5 \end{matrix}$$

erhalten.

Die Herstellung des Brenzcatechindiglycidäthers ist erstmalig O. STEPHENSON[1] gelungen, indem der mit 3—4fachem Epichlorhydrinüberschuß in Gegenwart von Piperidinchlorhydrat hergestellte Brenzcatechindichlorhydrinäther bei niederen Temperaturen durch Zugabe von Natronlauge unter Vermeidung des Auftretens alkalischer Reaktion

$$\text{(Ring)} \begin{matrix} O \cdot CH_2 \cdot CH—CH_2 \\ \quad\quad \diagdown O \diagup \\ O \cdot CH_2 \cdot CH—CH_2 \\ \quad\quad \diagdown O \diagup \end{matrix} \quad \text{vom Kp}_{0,2} \ 132—140°$$

behandelt wurde.

Bei der Umsetzung von Epichlorhydrin mit zweiwertigen Phenolen, deren Hydroxylgruppen nicht benachbart sind, haben ankondensierte Seitenketten nur geringe Neigung miteinander in Reaktion zu treten. Vielmehr geht das Bestreben von nichtbenachbarten Glycidyläthergruppen mehrwertiger Phenole dahin, sich zu höhermolekularen Einheiten zu polymerisieren. So sind bei der Einwirkung von äquimoleku-

---

[1] STEPHENSON, O.: Soc. **1954**, 1571.

laren Mengen von Epichlorhydrin auf Resorchin, Hydrochinon, Phloroglucin usw. in Gegenwart der berechneten Menge Natronlauge in der Regel die monomeren Di- oder Triglycidyläther nicht zu fassen, da sie sich im alkalischen Milieu gleich weiter zu mehr oder weniger großen Molekülen polymerisieren. Es schien daher unmöglich, aromatische Polyglycidyläther im monomeren oder wenigstens niedermolekularen Zustand für weitere Umsetzungen heranzuziehen.

Herstellung niedermolekularer aromatischer Polyglicidyläther

Die Herstellung von monomeren Hydrochinondiglycidyläther und von Resorcindiglycidyläther durch Umsetzen von Hydrochinon bzw. Resorcin mit Epichlorhydrin hat bereits 1934 P. SCHLACK[1] beschrieben und die gewonnenen Diglycidyläther mit Polyaminen in hochmolekulare Polyadditionsverbindungen übergeführt. Daß zur Erzielung der monomeren Diglycidyläther von zweiwertigen Phenolen ein erheblicher Überschuß an Epichlorhydrin zur Vermeidung der Polymerisation zur Verwendung kommen müsse, erschien dem in der Materie erfahrenen Forscher selbstverständlich. — Es wurde in folgender Weise gearbeitet: 55 g Hydrochinon ($^1/_2$ Mol) werden in 500 ml 2 n-methanolischer Kalilauge gelöst und diese Lösung unter Luftabschluß und Kühlung in 925 g Epichlorhydrin (10 Mol) eingetropft. Nach Absaugen des Kochsalzes kristallisiert der Hydrochinondiglycidyläther in farblosen Kristallen mit einem F 116—117° aus. Durch Eindampfen im Vakuum werden weitere Mengen erhalten. Die Mutterlauge als viscoser Sirup enthält geringe Anteile höhermolekularer Diglycide. — Der Resorcindiglycidyläther wird nach demselben Verfahren gewonnen.

14 Jahre später haben E. G. WERNER und E. FARENHORST[2] ein abgeändertes Verfahren beschrieben, in dem ein wesentlich geringerer Epichlorhydrinüberschuß angewandt und im wäßrigen Medium gearbeitet wird. Dies Verfahren hat gegenüber dem bekannten von SCHLACK die Nachteile, 1. daß wesentlich vorsichtiger gearbeitet werden muß, da der Glycidyläther in Gegenwart von Wasser stark alkaliempfindlich ist, 2. daß der mit Wasser vermischte Epichlorhydrinüberschuß verloren ist, während nach dem älteren Verfahren das wiedergewonnene Epichlorhydrin ohne weiteres wieder eingesetzt werden kann, und 3. daß durch die Anwesenheit des Wassers bei den Bedingungen der Umsetzung stets Anteile des Epichlorhydrins zu Chlorglycerin verseift werden. Als Neues haben die Nachbearbeiter gefunden, daß sowohl der Hydrochinon- wie der Resorcindiglycidyläther, welch letzterer bei 0,04 mm destilliert werden kann, in zwei Isomeren auftreten, die isoliert wurden. — Weiterhin wurde das Verfahren auf die Herstellung von p,p-Diphenylolpropan-diglycidyläther, der in dem SCHLACKschen Patent auch schon beschrieben ist, übertragen. Derselbe ist ebenfalls im Hochvakuum destillierbar und tritt in zwei Isomeren auf. — Das Verfahren wird durch folgende Beispiele illustriert:

[1] DRP 676 117, 11. 12. 34/26. 5. 39, identisch mit US 2 136 928, 9. 12. 35/15. 11. 38.
[2] WERNER, E. G., u. E. FARENHORST: Rec. **1948**, 438 u. 446 — US 2 467 171, 18. 6. 48/12. 4. 49, SHELL DEVELOPMENT Co.

1. **Herstellung von Hydrochinondiglycidyläther:** 110 g Hydrochinon (1 Mol) werden in 370 g Epichlorhydrin (4 Mol) gelöst. Bei 80° wird unter Einleiten von Stickstoff eine Lösung von 80 g Natriumhydroxyd (2 Mol) in 160 ml Wasser während einer Zeit von etwa 16 Stunden eingetropft, so daß während der ganzen Reaktionszeit höchstens eine schwache Rötung von Phenolphthaleinpapier erfolgt. Das abgeschiedene Öl wird nach dem Waschen mit heißem Wasser bis zur neutralen Reaktion in Benzol aufgenommen. Durch fraktionierte Kristallisation erhält man Hydrochinondiglycidyläther,

$$CH_2\text{—}CH\cdot CH_2\cdot O\cdot C_6H_4\cdot O\cdot CH_2\cdot CH\text{—}CH_2$$

in zwei Isomeren, und zwar 50 g vom F 118—119° und 47 g vom F 89,5—90,5°.

2. **Herstellung von Resorcindiglycidyläther:** erfolgt aus 110 g Resorcin nach der bei Hydrochinon beschriebenen Arbeitsweise, wobei Resorcindiglycidyläther ebenfalls in zwei Isomeren, und zwar 76,4 g vom $Kp_{0,04}$ 143° und 78,6 g vom $Kp_{0,04}$ 151° gewonnen werden.

3. **Herstellung von 2,2-Bis-(4-oxyphenyl)-propan-diglycidyläther** wird nach dem beim Hydrochinon beschriebenen Verfahren ausgeführt, mit der Abweichung, daß während der 16stündigen Eintragung der Natronlauge eine Temperatur von 105—110° gehalten wird. So wurden aus 228 g Bisphenol A der Diglycidyläther

$$CH_2\text{—}CH\cdot CH_2\cdot O\cdot C_6H_4\cdot C(CH_3)_2\cdot C_6H_4\cdot O\cdot CH_2\cdot CH\text{—}CH_2$$

in zwei Isomeren, und zwar 170 g vom $Kp_{0,05}$ 210—230° und 15 g vom $Kp_{0,05}$ 230—240° erhalten.

Den Beweis für das Vorhandensein der beiden isomeren Hydrochinondiglycidyläther haben WERNER und FARENHORST dadurch erbringen können, daß sie durch Erhitzen mit verdünnter Salzsäure die Diglycidyläther in die Glyceryläther übergeführt haben. So geht der Diglycidyläther vom F 89,5—90,5° in den Diglycerinäther vom F 122 bis 124°, und derjenige von F 118—119° in den Diglycerinäther von F 146—148° über.

Dieselben aromatischen Diglycidyläther haben die genannten Forscher auch dadurch herstellen können, daß sie die Allyläther mit Perbenzoesäure oxydierten.

Während die Gewinnung von Hydrochinondiglycidyläther ohne besondere Maßnahmen nur mit sehr schlechten Ausbeuten im monomeren Zustande möglich ist, lassen sich nach A. BELL und W. V. McCONNEL[1] monomere Diglycidyläther in sehr guter Ausbeute leicht herstellen, wenn der Hydrochinonkern einen Substituenten enthält, der eine sterische Hinderung bewirkt, z. B. eine tert. Butyl-, eine 1,1,3,3-Tetra-methyl-butyl- oder eine Phenylgruppe. Beispielsweise werden 83 g(0,5 Mol) 2-tert.-Butyl-Hydrochinon in 200 ml trocknem Methanol gelöst und mit einer Lösung von 23 g Natriummetall in 400 ml trocknem Methanol vermischt. Die so gebildete Dinatriumverbindung des Hydrochinons wird im N_2-Strom nach Entfernen des Methanols im Vakuum mit 463 g (5 Mol) Epichlorhydrin versetzt und 15 Stunden bei 55—70° gerührt. Nach Abdestillieren des überschüssigen Epichlorhydrins erhält man den Hydrochinondiglycidyläther als monomeres hellgelbes Öl,

---

[1] US 2739160, 1. 10. 52/20. 3. 56, EASTMAN KODAK CO.

das bei 0,1 mm bei 150—170° übergeht. Es kann als Stabilisator für PVC und andere halogenhaltige Verbindungen dienen.

Da aromatische Polyglycidyläther die wesentlichen Komponenten für den Aufbau der heute auf dem Markt befindlichen Epoxydharze sind, werden sie in breiterem Umfange in dem Kapitel „Epoxydharze" abgehandelt werden.

Epichlorhydrin und Organochlorsilane

Nach Arbeiten von K. A. ANDRIANOV, N. N. SOKOLOV, E. N. CHRUSTALEVA und L. N. JUKINA[1] setzen sich Organochlorsilane mit Epichlorhydrin in folgender Weise zu Propoxysilanen um:

$$(4-n)\ CH_2\!-\!CH \cdot CH_2Cl + R_n \cdot Si \cdot Cl_{4-n} \ \rightarrow\ R_nSi \cdot (O \cdot CH_2,\ CHCl \cdot CH_2OH)_{4-n}$$

In dieser Weise wurden hergestellt aus Epichlorhydrin:

Methyl-2,3-dichlor-tripropoxysilan: $\quad CH_3 \cdot Si \cdot (O \cdot CH_2 \cdot CHCl \cdot CH_2Cl)_3$
Triäthyl-2,3-dichlor-propoxysilan: $\quad (C_2H_5)_3 \cdot Si \cdot O \cdot CH_2 \cdot CHCl \cdot CH_2Cl$
Phenyl-2,3-dichlor-dipropoxysilan: $\quad C_6H_5 \cdot Si \cdot H \cdot (O \cdot CH_2 \cdot CHCl \cdot CH_2Cl)_2$
2,3-Dichlor-tetrapropoxysilan: $\quad Si \cdot (O \cdot CH_2 \cdot CHCl \cdot CH_2Cl)_4$

aus Glycid:

Trimethyl-2-chlor-3-oxypropoxysilan: $\quad (CH_3)_3 \cdot Si \cdot O \cdot CH_2CHCl \cdot CH_2OH$
Dimethyl-2-chlor-3-oxydipropoxysilan: $\quad (CH_3)_2 \cdot Si \cdot (O \cdot CH_2 \cdot CHCl \cdot CH_2OH)_2$
Methyl-2-chlor-3-oxytripropoxysilan: $\quad CH_3 \cdot Si \cdot (O \cdot CH_2 \cdot CHCl \cdot CH_2OH)_3$

Andere Halogen-Alkylenoxyde

Chloräthylenoxyd $\quad Cl \cdot CH\!-\!CH_2$ (O) $\quad$ Kp 70—80°

wird durch mehrtägiges Erhitzen bei 140—160° von 1-Chlor-2-Jod-äthan (Acetylenchlorjodid) mit der 50fachen Menge Wasser hergestellt[2].

Bromäthylenoxyd $\quad Br \cdot CH\!-\!CH_2$ (O) $\quad$ Kp 89—92°

läßt sich durch Erhitzen von 1,1-Dibromäthylalkohol mit methanolischem Kali gewinnen[3].

1-Methyl-2-chlormethyl-äthylenoxyd $\quad CH_3 \cdot CH\!-\!CH \cdot CH_2Cl$ (O) $\quad Kp_{733}\ 125,5°$

wurde durch Sättigen eines Gemisches von Butantriol-1,2,3 mit der gleichen Menge Eisessig mit Chlorwasserstoffgas bei 80—90° hergestellt. Die anschließend bei Kp_{26} 100—118° abdestillierende Chlorhydrinverbindung wurde mit Natriumhydroxyd behandelt und das Epoxyd durch Fraktionieren gewonnen[4].

In folgendem wird eine Übersicht gegeben über halogenhaltige Äthylenoxydderivate, deren Verwendung in der Literatur angeführt

[1] ANDRIANOV, K. A., N. N. SOKOLOV, E. N. CHRUSTALEVA u. L. N. JUKINA: Jz. v. Akad. SSSR **1955**, Nr. 3, 531—538.
[2] SSABANEJEW, A.: A. **216**, 268. — [3] DEMOLE: B. **9**, 51 (1876).
[4] ZIKES: M. **6**, 351.

wird, ohne daß ihre Herstellung oder ihre Eigenschaften beschrieben werden.

1-Äthyl-3-chlor-1,2-epoxypropan
$$H_5C_2 \cdot \underset{\diagdown O \diagup}{CH\!-\!CH} \cdot CH_2Cl$$

1-Methyl-3-brom-1,2-epoxypropan
$$H_3C \cdot \underset{\diagdown O \diagup}{CH\!-\!CH} \cdot CH_2Br$$

1,1-Dimethyl-3-chlor-1,2-epoxypropan
$$(CH_3)_2C\underset{\diagdown O \diagup}{\!-\!\!-\!CH} \cdot CH_2Cl$$

2-Propyl-3-chlor-1,2-epoxypropan
$$\underset{\diagdown O \diagup}{CH_2\!-\!C}(C_3H_7) \cdot CH_2Cl$$

2-Methyl-3-chlor-1,2-epoxypropan
$$\underset{\diagdown O \diagup}{CH_2\!-\!C}(CH_3) \cdot CH_2Cl$$

3-Methyl-3-chlor-1,2-epoxypropan
$$\underset{\diagdown O \diagup}{CH_2\!-\!CH} \cdot CH(CH_3)Cl$$

3,3-Dimethyl-3-chlor-1,2-epoxypropan
$$\underset{\diagdown O \diagup}{CH_2 \cdot CH} \cdot C(CH_3)_2 \cdot Cl$$

1,2-Dimethyl-3-chlor-1,2-epoxypropan
$$H_3C \cdot \underset{\diagdown O \diagup}{CH\!-\!C}(CH_3) \cdot CH_2Cl$$

4-Chlor-1,2-epoxybutan
$$\underset{\diagdown O \diagup}{CH_2\!-\!CH} \cdot CH_2 \cdot CH_2Cl$$

3-Chlor-1,2-epoxybutan
$$\underset{\diagdown O \diagup}{CH_2\!-\!CH} \cdot CHCl \cdot CH_3$$

2-Chlormethyl-3-chlor-1,2-epoxypropan
$$\underset{\diagdown O \diagup}{CH_2\!-\!\underset{\underset{CH_2Cl}{|}}{C}} \cdot CH_2Cl$$

2-Oxymethyl-3-chlor-1,2-epoxypropan
$$\underset{\diagdown O \diagup}{CH_2\!-\!\underset{\underset{CH_2OH}{|}}{C}} \cdot CH_2Cl$$

3-Chlor-1,2-epoxypropan-2-carbonsäure
$$\underset{\diagdown O \diagup}{CH_2\!-\!\underset{\underset{CO \cdot OH}{|}}{C}} \cdot CH_2Cl$$

4-Chlor-2,3-epoxypentan
$$CH_3 \cdot \underset{\diagdown O \diagup}{CH\!-\!CH} \cdot CHCl \cdot CH_3$$

2-Methyl-3-chlor-1,2-epoxybutan
$$\underset{\diagdown O \diagup}{CH_2\!-\!C}(CH_3) \cdot CHCl \cdot CH_3$$

2-Chlormethyl-1,2-epoxybutan
$$\underset{\diagdown O \diagup}{CH_2\!-\!\underset{\underset{CH_2Cl}{|}}{C}} \cdot CH_2 \cdot CH_3$$

1,4-Dichlor-3-chlormethyl-2,3-epoxybutan
$$ClH_2C\!-\!\underset{\underset{CH_2Cl}{|}}{\overset{\overset{O}{\diagup\diagdown}}{C}}\!-\!CH \cdot CH_2Cl$$

5-Chlor-2,3-epoxypentan
$$CH_3 \cdot \underset{\diagdown O \diagup}{CH\!-\!CH} \cdot CH_2 \cdot CH_2Cl$$

5-Brom-3,4-epoxypentan
$$CH_3 \cdot CH_2 \cdot \underset{\diagdown O \diagup}{CH\!-\!CH} \cdot CH_2Br$$

2-Methyl-5-brom-2,3-epoxypentan
$$CH_3 \cdot \underset{\diagdown O \diagup}{C \cdot (CH_3)\!-\!CH} \cdot CH_2 \cdot CH_2Br$$

5-Chlor-3-methyl-2,3-epoxypentan
$$CH_3 \cdot \underset{\diagdown O \diagup}{CH\!-\!C}(CH_3) \cdot CH_2 \cdot CH_2Cl$$

15*

5-Oxy-3-chlor-1,2-epoxypentan$\qquad$ $CH_2{-}CH \cdot CHCl \cdot CH_2 \cdot CH_2OH$, epoxide over $CH_2{-}CH$

1,5-Dichlor-2,3-epoxypentan$\qquad$ $CH_2Cl \cdot CH{-}CH \cdot CH_2 \cdot CH_2Cl$

1,3,5-Trichlor-2-methyl-2,3-epoxypentan$\qquad$ $CH_2Cl \cdot C(CH_3){-}CCl \cdot CH_2 \cdot CH_2Cl$

2-Äthyl-5-brom-3,4-epoxypentan$\qquad$ $CH_3 \cdot CH(C_2H_5) \cdot CH{-}CH \cdot CH_2Br$

2-Methyl-4-chlor-2,3-epoxypentan$\qquad$ $CH_3 \cdot C(CH_3){-}CH \cdot CHCl \cdot CH_3$

1,2-Epoxy-3-chlor-3-phenylpropan$\qquad$ $CH_2{-}CH \cdot CH(C_6H_5)Cl$

4-Chlor-4-phenyl-2,3-epoxybutan$\qquad$ $CH_3 \cdot CH{-}CH \cdot CH(C_6H_5)Cl$

1,4-Di-chlor-3-methyl-4-phenyl-2,3-epoxybutan$\qquad$ $CH_2Cl \cdot CH{-}C(CH_3) \cdot CH(C_6H_5)C$

1-Chlor-2,3-epoxyheptan$\qquad$ $CH_2Cl \cdot CH{-}CH \cdot (CH_2)_3 \cdot CH_3$

1-Chlor-4,4-dimethyl-2,3-epoxybutan$\qquad$ $CH_2Cl \cdot CH{-}CH \cdot CH(CH_3)_2$

1-Chlor-2,3-epoxy-hexadecan$\qquad$ $CH_2Cl \cdot CH{-}CH \cdot (CH_2)_{12} \cdot CH_3$

1-Chlor-2,3-epoxyoctan$\qquad$ $CH_2Cl \cdot CH{-}CH \cdot (CH_2)_4 \cdot CH_3$

1-Chlor-2-methyl-2,3-epoxyoctan$\qquad$ $CH_2Cl \cdot C(CH_3){-}CH \cdot (CH_2)_4 \cdot CH_3$

1-Chlor-2,3-epoxydecan$\qquad$ $CH_2Cl \cdot CH{-}CH \cdot (CH_2)_6 \cdot CH_3$

3-Chlor-1,2-4,5-diepoxypentan$\qquad$ $CH_2{-}CH \cdot CHCl \cdot CH{-}CH_2$

3-Chlor-1,2-epoxycyclotetran

Diese Derivate des Epichlorhydrins sind angeführt in US-Patent 2086077 der Shell Development Co., in US-Patent 2469683 der American Cyanamid Co., in FP 947925 der Bataafsche und in FP 1066035 der Koppers Chem. Co. Ihre Herstellung wird dort nicht beschrieben.

Epibromhydrin $\quad CH_2{-}CH \cdot CH_2Br$ $\qquad$ Kp 138°

läßt sich durch Einwirken von konzentrierter Kalilauge auf 1,3-Dibrompropanol herstellen[1]. Diese Verbindung kommt ihres höheren Preises wegen nur für präparative Arbeiten in Betracht. Sie bietet Epichlorhydrin gegenüber mehrere Vorteile. So ermöglicht ihr mehr als 30° höherer Siedepunkt Arbeiten bei höherer Temperatur ohne Verwendung eines Druckgefäßes, ferner geben Umsetzungen damit in manchen

---

[1] Reboul, E.: A. Chim. (3) **60**, 32 (1860) — A. Spl. **1**, 227 (1861).

Fällen eindeutigere Reaktionsabläufe unter Bildung geringerer Mengen von Nebenprodukten.

Epijodhydrin $CH_2\!-\!CH\cdot CH_2J$ über O Kp_{24} 64°

wird zweckmäßig durch Erwärmen von Epichlorhydrin mit fein-gepulvertem Natriumjodid in Aceton aufgeschlämmt hergestellt[1]. Es findet ebenfalls gelegentlich in der präparativen Chemie Verwendung.

Epifluorhydrin ist bisher noch nicht hergestellt worden. Während Epichlorhydrin sich mit konzentrierter Salzsäure zu Dichlorhydrin umsetzt, reagiert Epichlorhydrin mit einer 30%igen Fluorwasserstoff-lösung in anderer Weise. Beim Mischen der Komponenten ist im Ge-gensatz zur Salzsäure zunächst überhaupt keine Temperaturerhöhung wahrzunehmen. Nach einigen Minuten jedoch erfolgt eine heftige Re-aktion. Wird anschließend das Reaktionsgemisch fraktioniert, so wird die gesamte Flußsäure unverändert wiedergewonnen und das Epi-chlorhydrin ist in ein Gemisch von Monochlorhydrin und Di-Chlor-hydrinäther, $ClCH_2\cdot CHOH\cdot CH_2\cdot O\cdot CH_2\cdot CHOH\cdot CH_2Cl$, überge-gangen. Ferner wird ein geringer fluorfreier Anteil chlorierter Pro-dukte erhalten, der bei 30 mm von 210° ab übergeht. Es zeigt sich also, daß die Flußsäure, in gleicher Weise, wie dies bei Äthylenoxyd aus-geführt wurde, zunächst hydratisierend und in einer zweiten Stufe wasserabspaltend wirkt. Die Temperaturverhältnisse illustrieren die Reaktion: während die Hydratisierung keine Temperaturerhöhung mit sich bringt, erfolgt die Wasserabspaltung fast explosionsartig[2].

3,3,3-Trifluor-1,2-epoxypropan $CF_3\cdot CH\!-\!CH_2$ über O

kann aus 3,3,3-Trifluoraceton durch Bromieren, Reduzieren zum Alko-hol und Abspalten von Bromwasserstoff durch Alkalihydroxyd ge-wonnen werden:

$$CF_3\cdot CO\cdot CH_3 \xrightarrow{Br} CF_3\cdot CO\cdot CH_2Br \xrightarrow{LiAlH_4} CF_3\cdot CH(OH)\cdot CH_2\cdot Br$$

$$\xrightarrow{NaOH} CF_3\cdot CH\!-\!CH_2 \text{ über } O$$

Zur Erzielung von Substitutionsprodukten an dem der Fluorgruppe benachbarten Kohlenstoffatom kann das Trifluorbromaceton mit einem GRIGNARD-Reagens, etwa C_6H_5MgBr, umgesetzt werden. Solche substi-tuierten Fluorepoxydverbindungen hat O. R. PIERCE[3] mit Hilfe von Ferrichlorid oder Bortrifluorid zu linearen oder cyclischen Polymeri-saten mit Molgewichten über 50000 mit der Einheit

$$\left[-O\cdot CR\!-\!CH_2-\right]_n \text{ mit } CF_3$$

[1] WEDEKIND, E., u. E. BRUCH: A. **471**, 97 (1929).

[2] SWARTS, F.: Acad. Belg. **61**, 1901 — C. **1903**, I, 12, siehe auch OLIVERI, V.: Gazz. **24**, I, 306 u. II 541.

[3] D. Anm. D 21 700 15.11.55 (DAS 1001004), US-Pri 17. 11. 54, Dow CORNING CORP.

überführt, und Produkte erhalten, die als Schmiermittel, Klebstoffe, Überzüge, Dichtungsmittel und als Zwischenprodukte zur Herstellung von Kautschuk Verwendung finden können.

$$1,1,1\text{-}\textit{Trifluor-2,3-epoxybutan,}\qquad CF_3 \cdot \underset{\diagdown O \diagup}{CH{-}CH} \cdot CH_3 \qquad Kp\ 58°$$

wird nach E. T. McBee, C. E. Hathaway und C. W. Roberts[1] in folgender Weise gewonnen: 1,1,1-Trifluor-2-butanon wird zum Trifluor-3-brombutanon bromiert, dasselbe mit Lithiumaluminiumhydrid zum Trifluor-3-brombutanol reduziert und schließlich mit Alkalihydroxyd Bromwasserstoff abgespalten:

$$CF_3 \cdot CO \cdot CH_2 \cdot CH_3 \xrightarrow{\ Br\ } CF_3 \cdot CO \cdot CHBr \cdot CH_3 \xrightarrow{\ LiAlH_4\ } CF_3 \cdot CH(OH) \cdot CH \cdot Br \cdot CH_3$$
$$\xrightarrow{\ NaOH\ } CF_3 \cdot \underset{\diagdown O \diagup}{CH{-}CH} \cdot CH_3$$

In analoger Weise wurde Trifluor-2-methyl-2,3-epoxypropan

$$CF_3 \cdot \underset{\diagdown O \diagup}{C(CH_3){-}CH_2} \qquad vom\ Kp\ 55°$$

hergestellt.

Durch Umsetzen des Lithiumsalzes der Trifluoressigsäure mit Grignard-Verbindungen, bromieren des gebildeten Ketons in α-Stellung, Reduktion zum Alkohol und Abspalten von Bromwasserstoff haben D. A. Rausch, A. M. Lovelace und L. E. Coleman[2] Trifluormethyläthylenoxyd-Derivate hergestellt:

$$R \cdot CO \cdot OLi + Br \cdot Mg \cdot CH_2 \cdot R' \rightarrow R' \cdot CO \cdot CH_2R' \rightarrow R \cdot CO \cdot CHBr \cdot R'$$
$$\rightarrow R \cdot CHOH \cdot CHBr \cdot R' \rightarrow R \cdot \underset{\diagdown O \diagup}{CH{-}CH} \cdot R'$$

Hierbei kann $R = CF_3$ oder C_2F_5, R' ein beliebiger Rest sein.

$$3,3\text{-}\textit{Dichlorpropylenoxyd}\qquad \underset{\diagdown O \diagup}{CH_2{-}CH} \cdot CHCl_2 \qquad Kp\ 170°$$

entsteht beim Einleiten von Chlor in Epichlorhydrin bei diffusem Licht[3]. Über diese Verbindung ist in der späteren Literatur nichts bekannt geworden. Vermutlich entsteht sie nach diesem Verfahren in schlechter Ausbeute im Gemisch mit anderen Chlorierungsprodukten. Es ist jedoch nicht daran zu zweifeln, daß bei Vorliegen von Interesse eine zufriedenstellende Herstellung gelingen würde. Abgesehen von dem sehr hohen Siedepunkt ohne Zersetzungserscheinungen, müßte diese Verbindung eine dreimalige Epoxydreaktion ermöglichen:

$$1.\ \underset{\diagdown O \diagup}{CH_2{-}CH} \cdot CHCl_2 + H \cdot\cdot R \quad \rightarrow R \cdot CH_2 \cdot CHOH \cdot CHCl_2 \xrightarrow{\ Alkali\ } R \cdot CH_2 \cdot \underset{\diagdown O \diagup}{CH{-}CHCl}$$

$$2.\ R \cdot CH_2 \cdot \underset{\diagdown O \diagup}{CH{-}CHCl} + H \cdot\cdot R' \quad \rightarrow R \cdot CH_2 \cdot CHOH \cdot CHCl \cdot R' \xrightarrow{\ Alkali\ } R \cdot CH_2 \cdot \underset{\diagdown O \diagup}{CH{-}CH} \cdot R'$$

$$3.\ R \cdot CH_2 \cdot \underset{\diagdown O \diagup}{CH{-}CH} \cdot R' + H \cdot\cdot R'' \quad \rightarrow R \cdot CH_2 \cdot CHOH \cdot CH{\Big\langle}{\,R' \atop R''} \quad bzw. \quad R \cdot CH_2 \cdot CH \cdot R''{-}CH{\Big\langle}{\,R' \atop OH}$$

[1] McBee, E. T., C. E. Hathaway u. C. W. Roberts: Am. Soc. **1956**, Nr. 16, 4953—4057.

[2] Rausch, D. A., A. M. Lovelace u. L. E. Coleman: J. org. Chem. **21**, 1956, Nr. 11, 1328—1330.

[3] Cloez, C.: A. Ch. (6) **9**, 170 (1886) — Soc. **1887**, II, 1097.

so daß 3,3-Dichlorpropylenoxyd in der Entwicklungsgeschichte der Epoxydharze vermutlich noch eine Rolle spielen wird.

3,3,3-Trichlorpropylenoxyd

$$CH_2\text{—}CH\cdot CCl_3 \quad (O) \qquad Kp_{750}\ 149°,\ Kp_{13}\ 44\text{—}45°,\ Kp_{10}\ 41\text{—}42°$$

ist von einer Reihe von Forschern studiert worden. Seine Herstellung erfolgt durch Eintropfen von Chloral in eine ätherische Lösung von Diazomethan und Kochen des ausreagierten Gemisches[1], oder durch Einleiten von Diazomethan in eine Äther-Chloralhydratlösung bei 0° bzw. in eine Lösung von Chloral in tertiärem Butylalkohol[2]. Auch über diese interessante Verbindung ist außer den Arbeiten zu ihrer Herstellung kaum etwas bekannt geworden. Wenn sie normal reagiert und keine Zersetzungserscheinungen aufweist, wäre mit ihr sogar eine viermalige Epoxydreaktion nach dem bei der Dichlorverbindung angedeuteten Schema möglich. Es ist anzunehmen, daß Entwicklungsarbeiten auf dem Epoxydharzgebiet, besonders in Zeiten, wenn keine großen grundlegenden Erfindungen auf diesem Gebiet mehr möglich erscheinen, diese beiden Chlorverbindungen kritisch unter die Lupe nehmen werden.

3,3,3,x,x-Pentachlorpropylenoxyd C_3HOCl_5 $\quad$ Kp 178°

entsteht beim Einleiten von Chlor in Epichlorhydrin im Sonnenlicht. Es ist eine relativ stabile Verbindung, die an der Luft raucht[3]. Man wird annehmen können, daß auch diese Verbindung heute auf ihre Verwendbarkeit für die Herstellung von Epoxydharzen gründlich geprüft werden wird.

3-Chlor-x,x,x-tribrompropylenoxyd $C_3H_2OClBr_3$

wird durch Eintropfen von Brom in Epichlorhydrin bei 100° erhalten. Es ist ein schweres stechend riechendes, nicht destillierbares Öl. Beim Schütteln mit Wasser nimmt es 4 Mole Wasser auf und gibt ein kristallisiertes Hydrat $C_3H_2OClBr_3 \cdot 4H_2O$ vom F 55°.[4]

1,4-Dichlor-2,3-epoxybutan $ClCH_2\cdot CH\text{—}CH\cdot CH_2Cl$ $\quad$ Kp_{1,8} 50°

wird neuerdings von der BADISCHEN ANILIN- & SODAFABRIK-AG.[5] in technischem Maßstabe in folgender Weise hergestellt: in ein Gemisch von 1,4 kg 1,4-Dichlorbuten-2 mit 70 kg Wasser mit einem kleinen Zusatz an Dibutylnaphthalin-Natriumsulfonat als Dispergiermittel werden nach Maßgabe des Entfärbens allmählich 0,79 kg Chlor eingetragen, wobei das im Wasser gelöst bleibende 1,2,4-Trichlorbutanol-3, $ClCH_2$, $\cdot CHCl\cdot CHOH\cdot CH_2Cl$, eine ölige Flüssigkeit vom Kp_1 103—104°

---

[1] SCHLOTTERBECK: B. **42**, 2561 (1909). — ARNDT, B. EISTERT: B. **61**, 1119 (1928). — v. AUWERS, K.: B. **62**, 1319 (1929). — ARNDT, AMENDE, ENDER: M. **59**, 202 (1932).

[2] MEERWEIN, BERSIN, BURMELEIT: B. **62**, 1003—1009 (1929).

[3] CLOEZ, C.: A. Ch. (6) **9**, 197 (1886).

[4] CLOEZ, C.: A. Ch. (6) 206 **9**, (1886). — GRIMAUX u. ADAM: Bl. (2) **33**, 257.

[5] KRZIKALLA, H.: DRP 906452, 21. 12. 41/15. 3. 54, BADISCHE ANILIN- & ODAFABRIK-AG.

entsteht. Von einer kleinen Menge 1,2,3,4-Tetrachlorbutan, das sich als unlösliches Öl abscheidet, wird abgetrennt, und die wäßrige Lösung kurz mit Calciumhydroxyd intensiv durchgearbeitet. Nach Abdestillieren des Wassers wird das Dichlorbutanoxyd bei vermindertem Druck fraktioniert.

Diese als Chlormethylepichlorhydrin aufzufassende Verbindung bietet durch ihre Dreifunktionalität erhebliches Interesse. Sie ermöglicht die folgenden Additionsreaktionen:

$$1.\ ClCH_2CH\!\!-\!\!CH \cdot CH_2Cl + H \cdots R \rightarrow ClCH_2 \cdot CHOH \cdot CHR \cdot CH_2Cl \xrightarrow{\text{Alkali}} CH_2\!\!-\!\!CH \cdot CHR \cdot CH_2Cl$$
$$2.\ ClCH_2CHR \cdot CH\!\!-\!\!CH_2 + H \cdots R' \rightarrow ClCH_2 \cdot CHR \cdot CHOH \cdot CH_2R' \xrightarrow{\text{Alkali}} CH_2 \cdot CHR \cdot CH \cdot CH_2R'$$
$$3.\ CH_2 \cdot CHR \cdot CH \cdot CH_2R' + H \cdots R'' \rightarrow R''CH_2 \cdot CHR \cdot CHOH \cdot CH_2R'$$

Naturgemäß kann bei diesen Epoxydadditionen die Substitution auch anders erfolgen. Bei 1. wäre das zweite Isomere mit dem ersten identisch, bei 2. könnte auch das Chlorbutanol, $CH_2OH \cdot CHR' \cdot CHR \cdot CH_2Cl$, entstehen, eine Verbindung, die nach den Darlegungen der SHELL DEVELOPMENT Co. in ihrem Patent US 2070990, S. 2, Reihe 63—68 befähigt wäre, eine 1,4-Epoxydverbindung, nämlich

$$CH_2 \cdot CHR', CHR \cdot CH_2$$

zu bilden. Es ist aber nicht anzunehmen, daß dies Tetrahydrofuran-Derivat zu weiteren Additionen befähigt ist.

Obgleich noch keine Arbeiten über die Verwendung des Dichlor-epoxybutans für die Herstellung von Epoxydharzen bekannt geworden sind, bedeutet das Greifbarwerden dieser Verbindung ohne Zweifel einen wertvollen Impuls für weitere Entwicklungsarbeiten.

1-Methyl-2-chlormethyl-äthylenoxyd $\quad CH_3 \cdot CH\!\!-\!\!CH \cdot CH_2Cl \quad$ Kp$_{738}$ 125,5°

entsteht durch Umsetzen von Butantriol-1,2,3 in Eisessig mit Chlorwasserstoffgas mit anschließender Einwirkung von Natriumhydroxyd[1].

1-Methyl-2-brommethyläthylenoxyd $\quad CH_3 \cdot CH\!\!-\!\!CH \cdot CH_2Br \quad$ Kp 142—144°

entsteht bei der Einwirkung von Kaliumhydroxydpulver auf 3,4-Dibrombutanol-2 in Äther[2].

1-Äthyl-2-brommethyl-äthylenoxyd $\quad C_2H_5 \cdot CH\!\!-\!\!CH \cdot CH_2Br \quad$ Kp 165—166° / Kp$_{19}$ 50—55°

aus 1,2-Dibrompentanol-3 mit Kaliumhydroxydpulver in Äther[3] oder mit Natriumäthylat in Äthanol[4].

β-Bromäthyl-äthylenoxyd $\quad Br \cdot CH_2 \cdot CH_2 \cdot CH\!\!-\!\!CH_2 \quad$ Kp 160°, Kp$_{14}$ 58°

aus 1-Chlor-4-brombutanol-2 in Äther mit Kaliumhydroxydpulver[5], welches beim Erhitzen mit weiterem Kaliumhydroxyd in

[1] DELABY: C. r. **176**, 590. — [2] DELABY: C. r. **176**, 590.
[3] DELABY: C. r. **176**, 590 — A. Ch. (9) **20**, 52.
[4] LESPIAU, R.: C. r. **152**, 881.
[5] PARISELLE: C. r. **150**, 1058 — A. Ch. (8) **24**, 376.

Vinyläthylenoxyd[1] $\quad CH_2=CH \cdot \underset{\diagdown O \diagup}{CH-CH_2}$ $\quad$ Kp 70°

übergeht.

Beim Erhitzen von Bromäthyl-äthylenoxyd mit Kaliumacetat auf 120° entsteht:

β-Acetoxäthyl-äthylenoxyd[2] $\quad CH_3 \cdot CO \cdot O \cdot CH_2 \cdot CH_2 \cdot \underset{\diagdown O \diagup}{CH-CH_2}$

α-,β-Dibromäthyl-äthylenoxyd $\quad Br \cdot CH_2 \cdot CHBr \cdot \underset{\diagdown O \diagup}{CH-CH_2}$ $\quad$ Kp$_{13-14}$ 99°

entsteht durch Bromieren von Vinyläthylenoxyd in Chloroform[3].

1-Brommethyl-2-butyl-äthylenoxyd

$Br \cdot CH_2 \cdot \underset{\diagdown O \diagup}{CH-CH} \cdot (CH_2)_3 \cdot CH_3$ $\quad$ Kp 202—205°, Kp$_{11}$ 91°

aus 1,2-Dibromheptanol-3 in Äther mit Kaliumhydroxydpulver[4].

1-Chlor-1-hexyl-äthylenoxyd $\quad CH_3 \cdot (CH_2)_5 \cdot \underset{\diagdown O \diagup}{CCl-CH_2}$ $\quad$ Kp$_{21}$ 81—82°

durch Oxydation von 2-Chlor-octen-1 mit Benzopersäure in Chloroform[5].

1-Äthyl-2-α-chloräthyl-äthylenoxyd $\quad C_2H_5 \cdot \underset{\diagdown O \diagup}{CH-CH} \cdot CHCl \cdot CH_3$ $\quad$ Kp$_{13}$ 49—50°

durch Einwirkung von 50%iger Kalilauge auf 4,5-Dichlorhexanol-3 bei 40—50°.[6]

1-Chlor-2-n-amyl-äthylenoxyd $\quad \underset{\diagdown O \diagup}{CHCl-CH} \cdot (CH_2)_4 \cdot CH_3$ $\quad$ Kp$_{50}$ 93—95°

durch Oxydation von 1-Chlorhepten-1 mit Benzopersäure in Chloroform[7].

β-Chlor-methylen-trimethylenoxyd 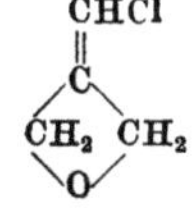 $\quad$ Kp 63—66°

aus β-Nitro-β-chlormethyl-trimethylenoxyd[8].

3-Brom-tetrahydrofuran $\quad \begin{smallmatrix} CH_2-CHBr \\ | \quad\quad | \\ CH_2 \quad CH_2 \\ \diagdown O \diagup \end{smallmatrix}$ $\quad$ Kp 150—151°

durch Erhitzen von 3,4-Dibrombutanol-1 in Äther mit etwas mehr als 1 Mol Kaliumhydroxydpulver[9].

2-(γ-Brompropyl)-tetrahydrofuran $\quad \begin{smallmatrix} CH_2-CH_2 \\ | \quad\quad | \\ CH_2 \quad CH \cdot (CH_2)_3Br \\ \diagdown O \diagup \end{smallmatrix}$ $\quad$ Kp$_{27}$ 115—116°

aus 1,7-Dibromheptanol-4 in Äther mit Kaliumhydroxydpulver[10].

---

[1] PARISELLE: C. r. **150**, 1343 — A. Ch. (8) **24**, 380.
[2] PARISELLE: A. Ch. (8) **24**, 357, 378. — [3] PARISELLE: A. Ch. (8) **24**, 391.
[4] DELABY: C. r. **176**, 591 — A. Ch. (9), **20**, 53.
[5] PRILESCHAJEW: B. **59**, 197.
[6] HELFERICH, B., u. BESLER: B. **57**, 1277.
[7] PRILESCHAJEW: B. **59**, 196. — [8] KLEINFELLER: B. **62**, 1595.
[9] PARISELLE: A. Ch. (8), **24**, 372 — C. r. **148**, 850.
[10] HAMONET: C. r. **162**, 226 — A. Ch. (9), **10**, 19.

3,4-Dibrom-tetrahydrofuran 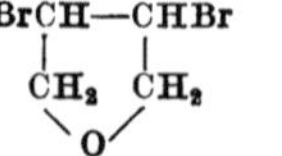 F 12°, Kp$_{20}$ 95°

durch Einwirkung von Brom auf Furandihydrid-2,5 in Tetrachlor-kohlenstoff[1].

2,2,3,4,5,5-Hexabrom-tetrahydrofuran

$$\begin{array}{c} \text{BrCH—CHBr} \\ | \qquad | \\ \text{CBr}_2 \ \text{CBr}_2 \\ \diagdown \text{O} \diagup \end{array}$$
F 110—111°,
nebst wenig Isomer vom F 55°

durch Bromieren von 2,5-Dibromfuran oder von 5-Brom-Brenzschleim-säure[2].

III. Epoxydverbindungen

Diese Übersicht über bekannt gewordene Epoxydverbindungen macht keinen Anspruch auf Vollständigkeit. Der besseren Übersichtlichkeit wegen ist sie in 7 Gruppen eingeteilt worden, wobei die Schmelz- oder Kochpunkte, soweit sie ermittelt werden konnten, angegeben sind.

Gruppeneinteilung

I. Gruppe: *Monoepoxyde*, frei von: Halogen, Amino-Stickstoff, Schwefel, Äther- und Estergruppen.

II. Gruppe: *Halogenhaltige Epoxyde jeder Art*, frei von Schwefel.

III. Gruppe: *Epoxydäther jeder Art*, frei von Halogen, Amino-Stickstoff, Schwefel und Estergruppen.

IV. Gruppe: *Epoxydester oder Nitrile jeder Art*, frei von Halogen, Amino-Stickstoff, Schwefel und Äthergruppen.

V. Gruppe: *Amino-stickstoffhaltige Epoxyde jeder Art*, frei von Halogen und Schwefel.

VI. Gruppe: *Schwefelhaltige Epoxyde jeder Art*.

VII. Gruppe: *Di-, Tri- und Polyepoxyde jeder Art*, frei von Halogen, Amino-Stickstoff und Schwefel.

Gruppe I. *Monoepoxyde, frei von Halogen, Amino-Stickstoff, Schwefel, Äther- und Estergruppen.*

Lineare Epoxyd-Dreiring-Verbindungen

1 Äthylenoxyd $\begin{array}{c} \text{CH}_2\text{—CH}_2 \\ \diagdown \text{O} \diagup \end{array}$ Kp 12,5°

2 Propylenoxyd $\begin{array}{c} \text{CH}_3 \cdot \text{CH—CH}_2 \\ \diagdown \text{O} \diagup \end{array}$ Kp 35°

---

[1] HENNINGER: A. Ch. (6), **7**, 219 — PARISELLE: C. r. **148**, 851 — CLOEZ: Bl. (3), **3**, 416.
[2] HILL u. HARTSBORN: B. **18**, 449.

3	1,2-Butylenoxyd (Äthyl-äthylenoxyd)	$CH_2\!-\!CH\cdot CH_2\cdot CH_3$ (O-Brücke)	Kp 58—59°
4	2,3-Butylenoxyd (1,2-Dimethyl-äthylenoxyd)	$CH_3\cdot CH\!-\!CH\cdot CH_3$ (O-Brücke)	Isomeren-Gemisch Kp 56—57°
5	Oxymethyl-äthylenoxyd (Glycid)	$HO\cdot CH_2\cdot CH\!-\!CH_2$ (O-Brücke)	Kp 163—164°, Kp_{20} 67—69°
6	Dimeres Glycid	$(HO\cdot CH_2\cdot CH\!-\!CH_2)_2$ (O-Brücke)	Kp 256—255°
7	1,1-Dimethyl-äthylenoxyd	$(CH_3)_2\cdot CH\!-\!CH_2$ (O-Brücke)	Kp 50—51,5°
8	1-Methyl-2-äthyl-äthylenoxyd	$CH_3\cdot CH\!-\!CH\cdot C_2H_5$ (O-Brücke)	Kp 80°
9	Trimethyl-äthylenoxyd	$(CH_3)_2\cdot C\!-\!CH\cdot CH_3$ (O-Brücke)	Kp 74—75°
10	Tetramethyl-äthylenoxyd	$(CH_3)_2\cdot C\!-\!C\cdot (CH_3)_2$ (O-Brücke)	Kp 91—92°
11	1-Methyl-2-propyl-äthylenoxyd	$CH_3\cdot CH\!-\!CH\cdot C_3H_7$ (O-Brücke)	Kp 110—112°
12	1-Methyl-2,2-diäthyl-äthylenoxyd	$CH_3\cdot CH\!-\!C\cdot (C_2H_5)_2$ (O-Brücke)	Kp 128—130°
13	1,1-Dimethyl-2-äthyl-äthylenoxyd	$(CH_3)_2\cdot C\!-\!CH\cdot C_2H_5$ (O-Brücke)	Kp 53°
14	1,2-Dimethyl-1-äthyl-äthylenoxyd	$\genfrac{}{}{0pt}{}{CH_3}{C_2H_5}\!\!\!>\!C\!-\!CH\cdot CH_3$ (O-Brücke)	Kp 106—108°
15	1,1-Diäthyl-äthylenoxyd	$(C_2H_5)_2\cdot C\!-\!CH_2$ (O-Brücke)	Kp 105—106°
16	1-Methyl-2-propyl-äthylenoxyd	$CH_3\cdot CH\!-\!CH\cdot C_3H_7$ (O-Brücke)	Kp 110—112°
17	1-Methyl-1-isopropyl-äthylenoxyd	$\genfrac{}{}{0pt}{}{CH_3}{C_3H_7}\!\!\!>\!C\!-\!CH_2$ (O-Brücke)	Kp 100—101°
18	1-Methyl-2-isopropyl-äthylenoxyd	$CH_3\cdot CH\!-\!CH\cdot C_3H_7$ (O-Brücke)	Kp 99—100°
19	Isopropyl-äthylenoxyd	$C_3H_7\cdot CH\!-\!CH_2$ (O-Brücke)	Kp 82°
20	1-Methyl-1-isoamyl-äthylenoxyd	$\genfrac{}{}{0pt}{}{(CH_3)_2\cdot CH\cdot (H_2C)_2}{CH_3}\!\!\!>\!C\!-\!CH_2$ (O-Brücke)	Kp 147°
21	1-Methyl-2-n-amyl-äthylenoxyd	$CH_3\cdot CH\!-\!CH\cdot (CH_2)_4CH_3$ (O-Brücke)	Kp_{78} 70—75°
22	1,1-Dimethyl-2-isobutyl-äthylenoxyd	$(CH_3)_2\cdot C\!-\!CH\cdot CH_2\cdot CH\cdot (CH_3)_2$ (O-Brücke)	Kp 134—136°, Kp_{17} 46°
23	n-Hexyl-äthylenoxyd	$CH_3\cdot (CH_2)_5\cdot CH\!-\!CH_2$ (O-Brücke)	Kp_{740} 157—158°

24	Isohexyl-äthylenoxyd	$(CH_3)_2 \cdot CH \cdot (CH_2)_3 \cdot \overset{\displaystyle CH-CH_2}{\underset{\displaystyle O}{\diagdown\diagup}}$	Kp 156°, Kp$_{25}$ 65—67°
25	Allylenoxyd	$CH_3 \cdot \overset{\displaystyle C=CH}{\underset{\displaystyle O}{\diagdown\diagup}}$	Kp 62—63°
26	Isoamyl-äthylenoxyd	$(CH_3)_2CH \cdot (CH_2)_2 \cdot \overset{\displaystyle CH-CH_2}{\underset{\displaystyle O}{\diagdown\diagup}}$	Kp 140—145°
27	1-Methyl-l-isobutyl-äthylenoxyd	$\begin{array}{c}(CH_3)_2CH \cdot CH_2 \\ H_3C \end{array}\!\!\overset{\displaystyle C-CH_2}{\underset{\displaystyle O}{\diagdown\diagup}}$	1. Isomer Kp$_{85}$ 82—85° 2. Isomer Kp$_{765}$ 138°
28	1,1-Dimethyl-2-isopropyl-äthylenoxyd	$(CH_3)_2 \cdot \overset{\displaystyle C-CH}{\underset{\displaystyle O}{\diagdown\diagup}} \cdot CH \cdot (CH_3)_2$	Kp 110—111°
29	1-Methyl-1-äthyl-äthylenoxyd	$\begin{array}{c}C_2H_5 \\ CH_3\end{array}\!\!\overset{\displaystyle C-CH_2}{\underset{\displaystyle O}{\diagdown\diagup}}$	Kp 81—82°
30	n-Amyl-äthylenoxyd	$CH_3 \cdot (CH_2)_4 \cdot \overset{\displaystyle CH-CH_2}{\underset{\displaystyle O}{\diagdown\diagup}}$	Kp$_{50}$ 92—95°
31	1,2-Dioctyl-äthylenoxyd	$CH_3 \cdot (CH_2)_7 \cdot \overset{\displaystyle CH-CH}{\underset{\displaystyle O}{\diagdown\diagup}} (CH_2)_7 \cdot CH_3$	F 0°
32	Tetradecyl-äthylenoxyd	$CH_3 \cdot (CH_2)_{13} \cdot \overset{\displaystyle CH-CH_2}{\underset{\displaystyle O}{\diagdown\diagup}}$	F 21—23°, Kp$_{12}$ 175—180°
33	Heptylen-äthylenoxyd	$CH_3 \cdot (CH_2)_6 \cdot \overset{\displaystyle CH-CH_2}{\underset{\displaystyle O}{\diagdown\diagup}}$	Kp 182—185°
34	1,1-Trimethylen-äthylenoxyd	$\begin{array}{c}\diagup CH_2 \diagdown \\ CH_2 \quad C-CH_2 \\ \diagdown CH_2 \diagup \; O\end{array}$	Kp$_{754}$ 89—92°
35	Cyclopentenyl-äthylenoxyd	$\begin{array}{c}CH_2-CH_2 \diagdown \\ | \qquad\qquad CH \cdot CH-CH_2 \\ CH_2-CH_2 \diagup \qquad\quad O\end{array}$	Kp 155—157°
36	Cyclohexenyl-äthylenoxyd	$\begin{array}{c}\diagup CH_2-CH_2 \diagdown \\ CH_2 \qquad\qquad CH \cdot CH-CH_2 \\ \diagdown CH_2-CH_2 \diagup \qquad\quad O\end{array}$	Kp$_{14}$ 63—65°
37	1,2-Dibutyl-acetylenoxyd	$C_4H_9 \cdot \overset{\displaystyle C=C}{\underset{\displaystyle O}{\diagdown\diagup}} \cdot C_4H_9$	
38	Phenyl-äthylenoxyd (Styroloxyd)	$C_6H_5 \cdot \overset{\displaystyle CH-CH_2}{\underset{\displaystyle O}{\diagdown\diagup}}$	Kp 191—192°
39	sym. Diphenyl-äthylenoxyd	$C_6H_5 \cdot \overset{\displaystyle CH-CH}{\underset{\displaystyle O}{\diagdown\diagup}} \cdot C_6H_5$	1. Isomer Kp 42° 2. Isomer Kp 69°
40	1,1-Diphenyl-äthylenoxyd	$(C_6H_5)_2 \cdot \overset{\displaystyle CH-CH_2}{\underset{\displaystyle O}{\diagdown\diagup}}$	1. Isomer F 45—55° 2. Isomer F 56°
41	Triphenyl-äthylenoxyd	$(C_6H_5)_2 \cdot \overset{\displaystyle C-CH}{\underset{\displaystyle O}{\diagdown\diagup}} \cdot C_6H_5$	F 105°
42	Tetraphenyl-äthylenoxyd	$(C_6H_5)_2 \cdot \overset{\displaystyle C-C}{\underset{\displaystyle O}{\diagdown\diagup}} \cdot (C_6H_5)_2$	F 203—205°
43	Vinyl-äthylenoxyd	$CH_2{=}CH \cdot \overset{\displaystyle CH-CH_2}{\underset{\displaystyle O}{\diagdown\diagup}}$	Kp 70°

44   β-Acetoxäthyl-äthylenoxyd $CH_3 \cdot CO \cdot O \cdot C_2H_4 \cdot CH\!-\!CH_2$, O

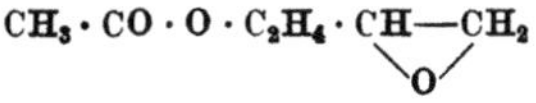

45   1-Methyl-1-phenyl-äthylenoxyd $\begin{matrix} CH_3 \\ C_6H_5 \end{matrix} C\!-\!CH_2,\ O$ Kp_{15} 84—86°, Kp_{33} 93°

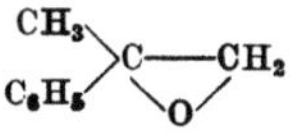

46   1,1-Dimethyl-2-äthoxy-2-phenyl-äthylenoxyd $(CH_3)_2 \cdot C\!-\!C \begin{smallmatrix} O \cdot C_2H_5 \\ C_6H_5 \end{smallmatrix},\ O$ Kp_1 73—74°

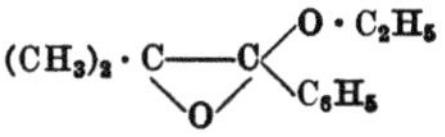

47   1-Methyl-2-anetholäthylenoxyd $CH_3 \cdot CH\!-\!CH \cdot C_6H_4 \cdot O \cdot CH_3,\ O$ Kp_{11} 132°

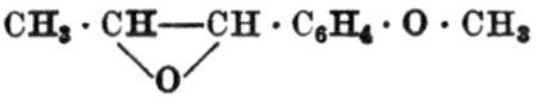

48   1-Methyl-2-isosafroläthylenoxyd $CH_3 \cdot CH\!-\!CH \cdot C_6H_3 \begin{smallmatrix} O \\ \\ O \end{smallmatrix} CH_2$ Kp_9 140—142°

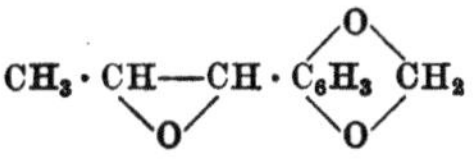

49   1-Methyl-2-nitroisosafrol-äthylenoxyd $CH_3 \cdot CH\!-\!CH \cdot C_6H_2 \begin{smallmatrix} O \\ \\ O \end{smallmatrix} CH_2$, NO_2 F 113—114°

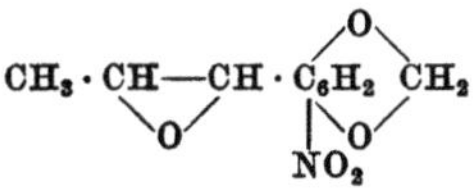

50   1-Aceto-1,2-diphenyl-2-äthyl-äthylenoxyd $\begin{smallmatrix} CH_3 \cdot CO \\ C_6H_5 \end{smallmatrix} C\!-\!C \begin{smallmatrix} C_2H_5 \\ C_6H_5 \end{smallmatrix},\ O$ F 98—99°

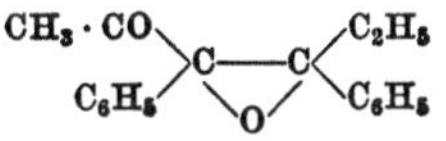

51   Geraniol-monoxyd

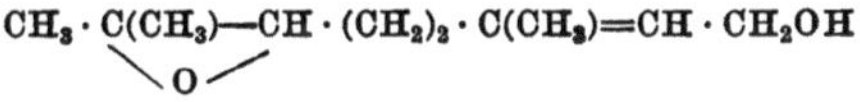

$CH_3 \cdot C(CH_3)\!-\!CH \cdot (CH_2)_2 \cdot C(CH_3)\!=\!CH \cdot CH_2OH$, O Kp_{25} 157—158°

52   Linalool-monoxyd

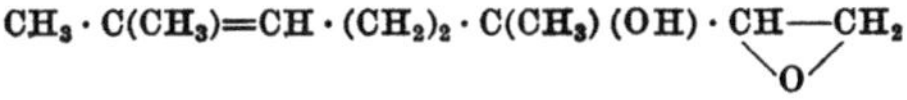

$CH_3 \cdot C(CH_3)\!=\!CH \cdot (CH_2)_2 \cdot C(CH_3)(OH) \cdot CH\!-\!CH_2$, O Kp_{25} 95°

53   Citral-monoxyd

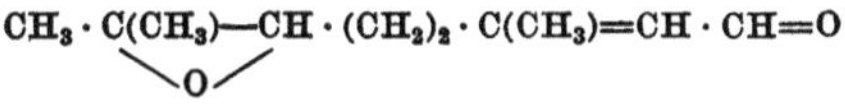

$CH_3 \cdot C(CH_3)\!-\!CH \cdot (CH_2)_2 \cdot C(CH_3)\!=\!CH \cdot CH\!=\!O$, O Kp_{20} 146—148°

54   Citronellaloxyd

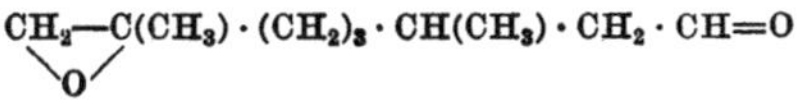

$CH_2\!-\!C(CH_3) \cdot (CH_2)_3 \cdot CH(CH_3) \cdot CH_2 \cdot CH\!=\!O$, O Kp_{25} 130—131°

55   Limonen-monoxyd $C_{10}H_{16} \cdot O$ Kp_{50} 113—114°

56   Pinenoxyd $C_{10}H_{16} \cdot O$ Kp_{50} 102—103°

57   Decylenoxyd $C_{10}H_{20} \cdot O$ Kp_{50} 116—117°

Cyclische Verbindungen mit höheren sauerstoffhaltigen Ringen

58   Tetrahydro-naphthylenoxyd $C_{10}H_{10} \cdot O$ F 43,5°, Kp_{715} 257—259°

59   1,5-Epoxy-4-hexen-2-ol $\begin{matrix} CH\!=\!\!=\!C\!-\!CH_3 \\ CH_2 \quad\quad O \\ CHOH\!-\!CH_2 \end{matrix}$ Kp_{15} 81—83°

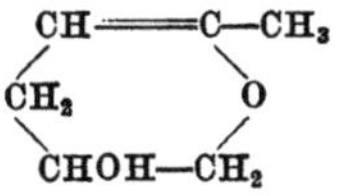

60   2,5-Epoxy-4-hexen-1-ol $\begin{matrix} CH\!=\!C\!-\!CH_3 \\ | \quad\ \ >O \\ CH_2\!-\!CH\!-\!CH_2OH \end{matrix}$ Kp_8 70°

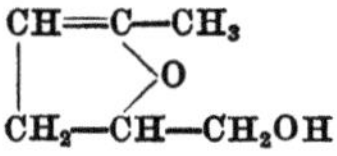

61	1,8-Oxido-p-menthan, Cineol (Eucalyptol, Cajeputol)	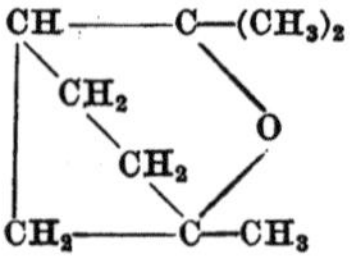	F 1—1,5°, Kp 176—177°
62	Trimethylenoxyd	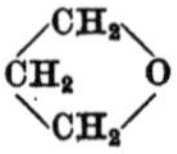	Kp 45—46°
63	β-Methyl-trimethylenoxyd	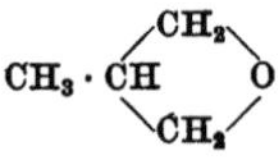	Kp_9 45—46°
64	β,β-Dimethyl-trimethylenoxyd	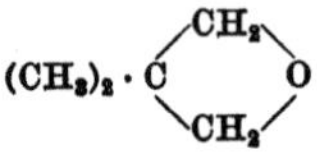	Kp_{742} 78°
65	α,α-Dimethyl-trimethylenoxyd	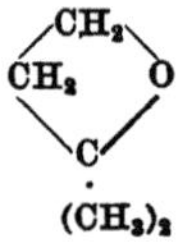	Kp_{750} 71°
66	α,α-Diäthyl-trimethylenoxyd	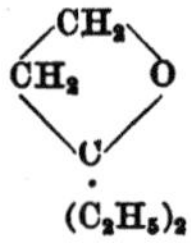	Kp 126—129°
67	β-Methylen-trimethylenoxyd	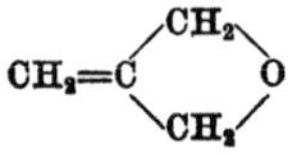	Kp 35—40°
68	Tetramethylenoxyd (Tetrahydrofuran)	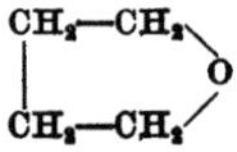	Kp 58°
69	Pentamethylenoxyd	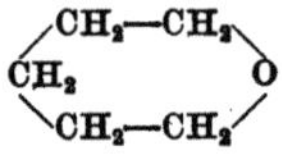	Kp 88°
70	Cyclopentenoxyd	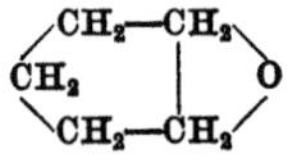	Kp 102°
71	Cyclohexenoxyd	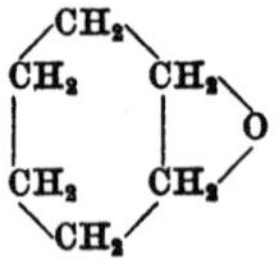	Kp_{750} 130—131°
72	Dimethyl-cyclohexenoxyd	$(CH_3)_2 \cdot C_6H_8 \cdot O$	Kp_{757} 150—151°
73	Cyclooctenoxyd	$C_8H_{14} \cdot O$	F 46—50°, Kp_{14-15} 72—78°
74	Dicyclopentadienylmonoxyd	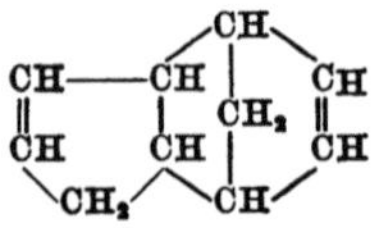	Die Epoxydgruppe befindet sich an einer der beiden Doppelbindungen

Epoxyd-Carbonsäuren

75 Glycidsäure

$CH_2\!-\!CH\cdot CO\cdot OH$ (mit O-Brücke)   nicht destillierbar

76 α-Methylglycidsäure

$CH_2\!-\!C$ mit CH_3 und $CO\cdot OH$ (O-Brücke)   nicht destillierbar

77 β-Methylglycidsäure

$H_3C\cdot CH\!-\!CH\cdot CO\cdot OH$ (O-Brücke)   F 84°

78 α,β-Dimethylglycidsäure

$H_3C\cdot CH\!-\!C$ mit CH_3 und $CO\cdot OH$ (O-Brücke)   F 62°

79 o-Nitrophenylglycidsäure

$O_2N\cdot C_6H_4\cdot CH\!-\!CH\cdot CO\cdot OH$ (O-Brücke)
aus H_2O:
F 94°
aus Benzol:
F 124—125°

80 γ-Aceto-β,γ-diphenyl-β,γ-oxido-
    buttersäure

$CH_3\cdot OC$ — $CH_2\cdot CO\cdot OH$, C_6H_5, C_6H_5 (O-Brücke)   F 131—132°

81 γ-Aceto-β,γ-diphenyl-β,γ-oxido-α-
    methylbuttersäure

$CH_3\cdot OC$ — $CH(CH_3)\cdot CO\cdot OH$, H_5C_6, C_6H_5 (O-Brücke)   F 164°

82 Aceto-oxim von 81

$CH_3\cdot C(NOH)$ — $CH(CH_3)\cdot CO\cdot OH$, H_5C_6, C_6H_5 (O-Brücke)   F 172—173°

83 1,2-Diphenyl-1,2-oxido-glutarsäure

$HO\cdot OC$ — $CH_2\cdot CO\cdot OH$, C_6H_5, C_6H_5 (O-Brücke)

84 1,1-Dimethyl-1,2-diphenyl-
    1,2-oxido-glutarsäure

$HO\cdot OC$ — $C(CH_3)_2\cdot CO\cdot OH$, C_6H_5, C_6H_5 (O-Brücke)   F 171—184°

85 Anhydrid von 84

$CO\cdot O\cdot CO\cdot C(CH_3)_2$, C_6H_5, C_6H_5 (O-Brücke)   F 158°

Keto-Epoxydverbindungen

86 Benzal-acetonoxyd (β-Acetyl-
    Styroloxyd)

$C_6H_5\cdot CH\!-\!CH\cdot CO\cdot CH_3$ (O-Brücke)
1. Isomere: flüssig,
nicht destillierbar
2. Isomere: fest, F 53°

87 β-Benzoyl-Styroloxyd
    (Chalkonoxyd)

$C_6H_5\cdot CH\!-\!CH\cdot CO\cdot C_6H_5$ (O-Brücke)   F 90°

88 4-(2,3-Epoxy-propoxy-)-
    acetophenon

$CH_2\!-\!CH\cdot CH_2\cdot O\cdot C_6H_4\cdot CO\cdot CH_3$ (O-Brücke)
F 39°
$Kp_{2,5}$ 184—195°

89 3-(2,3-Epoxy-propoxy-)-
    acetophenon

$CH_2\!-\!CH\cdot CH_2\cdot O\cdot C_6H_4\cdot CO\cdot CH_3$ (O-Brücke)
F 43°
$Kp_{2,5}$ 176—185°

90 4-(2,3-Epoxy-propoxy-)-
    propiophenon

$CH_2\!-\!CH\cdot CH_2\cdot O\cdot C_6H_4\cdot CO\cdot C_2H_5$ (O-Brücke)
F 71,5°
$Kp_{2,5}$ 194—202°

91 4-(2,3-Epoxy-propoxy-)-
    benzophenon

$CH_2\!-\!CH\cdot CH_2\cdot O\cdot C_6H_4\cdot CO\cdot C_6H_5$ (O-Brücke)
F 81—82°
$Kp_{2,5}$ 222—224°

92 1,2-Epoxy-2-methyl-1-äthoxyl-
    1-phenyl-propan

$C_6H_5\cdot C$ — $C(CH_3)\cdot CH_3$ (O-Brücke oben), $O\cdot C_2H_5$
flüssig
Kp_1 73—74°

93	1-o-Nitrophenyl-2-benzoyl-äthylenoxyd	$o\text{-}NO_2 \cdot C_6H_4 \cdot CH\text{—}CH \cdot CO \cdot C_6H_5$ $\diagdown O \diagup$	F 110°
94	1-m-Nitrophenyl-2-benzoyl-äthylenoxyd	$m\text{-}NO_2 \cdot C_6H_4 \cdot CH\text{—}CH \cdot CO \cdot C_6H_5$ $\diagdown O \diagup$	F 118°
95	1-p-Nitrophenyl-2-benzoyl-äthylenoxyd	$p\text{-}NO_2 \cdot C_6H_4 \cdot CH\text{—}CH \cdot CO \cdot C_6H_5$ $\diagdown O \diagup$	F 148°
96	1-m-Nitro-p-methoxy-phenyl-2-benzoyl-äthylenoxyd	$m\text{-}NO_2(p\text{-}OCH_3)C_6H_3 \cdot CH\text{—}CH \cdot CO \cdot C_6H_5$ $\diagdown O \diagup$	F 172—173°
97	1-p-Isopropyl-phenyl-2-benzoyl-äthylenoxyd	$p\text{-}C_3H_7 \cdot C_6H_4 \cdot CH\text{—}CH \cdot CO \cdot C_6H_5$ $\diagdown O \diagup$	F 76°
98	1-Anisoyl-2-anisyl-äthylenoxyd	$CH_3 \cdot O \cdot C_6H_4 \cdot CH\text{—}CH \cdot CO \cdot C_6H_4 \cdot O \cdot CH_3$ $\diagdown O \diagup$	F 118—119°
99	m-Nitro-Cinnamenyl-2-benzoyl-oxyd	$m\text{-}NO_2 \cdot C_6H_4 \cdot CH\text{—}CH \cdot CH_2 \cdot CO \cdot C_6H_5$ $\diagdown O \diagup$	F 115—116°
100	1-Benzaldehyd-2-benzoyl-äthylenoxyd	$O\text{=}CH \cdot C_6H_4 \cdot CH\text{—}CH \cdot CO \cdot C_6H_5$ $\diagdown O \diagup$	F 116—119°
101	1-Dimethyl-2-acetyl-äthylenoxyd	$(CH_3)_2 \cdot C\text{——}CH \cdot CO \cdot CH_3$ $\diagdown O \diagup$	
102	Polydiphenyl-ketenoxyd	$\left[(C_6H_5)_2 \cdot C\text{——}CO\right]_n$ $\diagdown O \diagup$	Äther leicht löslich: F 130° Äther schwerlöslich: F 220°
103	1-Methoxy-2-methyl-4,5-epoxy-hexan-3-on	$CH_3 \cdot O \cdot CH_2 \cdot CH(CH_3) \cdot CO \cdot CH\text{—}CH \cdot CH_3$ $\diagdown O \diagup$	
104	2-Methyl-5-methoxy-1,2-epoxy-hexan-3-on	$CH_2\text{—}C(CH_3) \cdot CO \cdot CH_2 \cdot CH(OCH_3) \cdot CH_3$ $\diagdown O \diagup$	
105	5-Methyl-2,3-epoxy-4-keto-hepten-5	$CH_3 \cdot CH\text{—}CH \cdot CO \cdot C(CH_3)\text{=}CH \cdot CH_3$ $\diagdown O \diagup$	
106	3-Methyl-2,3-epoxy-4-keto-hepten-5	$CH_3 \cdot CH\text{—}C(CH_3) \cdot CO \cdot CH\text{=}CH \cdot CH_3$ $\diagdown O \diagup$	
107	6-Methoxy-3-methyl-2,3-epoxy-4-keto-heptan	$CH_3 \cdot CH\text{—}C(CH_3) \cdot CO \cdot CH_2 \cdot CH(OCH_3) \cdot CH_3$ $\diagdown O \diagup$	
108	1,2-Epoxy-2-methyl-3-keto-hexen-4	$CH_2\text{—}C(CH_3) \cdot CO \cdot CH\text{=}CH \cdot CH_3$ $\diagdown O \diagup$	
109	1,2-Epoxy-2-Methyl-3-keto-hexan	$CH_2\text{—}C(CH_3) \cdot CO \cdot CH_2 \cdot CH_2 \cdot CH_3$ $\diagdown O \diagup$	
110	1-Phenyl-2-anisoyl-äthylenoxyd	$C_6H_5 \cdot CH\text{—}CH \cdot CO \cdot C_6H_4 \cdot O \cdot CH_3$ $\diagdown O \diagup$	F 82°
111	Bis-Ketohydrindenoxyd	$C_6H_4 \diagup^{CO}_{CO} C\text{——}C \diagup^{CO}_{CO} C_6H_4$	F 216—218°
112	Epoxyde von Polyacylenolaten des Pregnantrions		

II. Gruppe: *Halogenhaltige Epoxyde jeder Art, frei von Schwefel*

Halogenverbindungen mit 3 Kohlenstoffatomen

113	Epichlorhydrin	$CH_2\!\!-\!\!CH\cdot CH_2Cl$ (O)	Kp 116°
114	3,3-Dichlorpropylenoxyd	$CH_2\!\!-\!\!CH\cdot CHCl_2$ (O)	Kp 170°
115	3,3,3-Trichlorpropylenoxyd	$CH_2\!\!-\!\!CH\cdot C\cdot Cl_3$ (O)	Kp$_{750}$ 149°, Kp$_{10}$ 41—42°
116	3,3,3,x,x-Pentachlorpropylenoxyd	$C_3H\cdot Cl_5\cdot O$	Kp 178°
117	3-Chlor-x,x,x-tribrompropylen-oxyd	$C_3H_2\cdot Cl\cdot Br_3\cdot O$	nicht destillierbar

Chlorverbindungen mit 4 Kohlenstoffatomen

118	β-Chloräthyl-äthylenoxyd (4-Chlor-1,2-butylenoxyd)	$ClCH_2\cdot CH_2\cdot CH\!\!-\!\!CH_2$ (O)	
119	1-Chlormethyl-2-methyl-äthylen-oxyd (1-Chlor-2,3-butylenoxyd)	$ClCH_2\cdot CH\!\!-\!\!CH\cdot CH_3$ (O)	Kp$_{738}$ 125,5°
120	1,2-Dichlormethyl-äthylenoxyd (1,4-Dichlor-2,3-butylenoxyd)	$ClCH_2\cdot CH\!\!-\!\!CH\cdot CH_2Cl$ (O)	Kp$_{1,8}$ 50°
121	1-Methyl-1-chlormethyl-äthylenoxyd	CH_3 / $ClCH_2$ \ $C\!\!-\!\!CH_2$ (O)	
122	1,1-Dichlormethyl-äthylenoxyd	$(ClCH_2)_2\cdot C\!\!-\!\!CH_2$ (O)	
123	α-Chloräthyl-äthylenoxyd	$CH_3\cdot CHCl\cdot CH\!\!-\!\!CH_2$ (O)	
124	β-Chloräthyl-äthylenoxyd	$ClCH_2\cdot CH_2\cdot CH\!\!-\!\!CH_2$ (O)	
125	1-Chlormethyl-1-oxymethyl-äthylenoxyd	$Cl\cdot CH_2$ / $HO\cdot CH_2$ \ $C\!\!-\!\!CH_2$ (O)	
126	1-Chlormethyl-1-äthylenoxyd-carbonsäure	$Cl\cdot CH_2$ / $HO\cdot OC$ \ $C\!\!-\!\!CH_2$ (O)	
127	β-Chlormethylen-trimethylenoxyd	$Cl\cdot CH\!\!=\!\!C$ \<CH_2 / CH_2\> O	Kp 63—66°
128	3-Chlor-1,2-epoxy-cyclotetran	$CHCl\!\!-\!\!CH_2$ \ $CH_2\!\!-\!\!CH_2$ / O	

Chlorepoxyd-Verbindungen mit 5 Kohlenstoffatomen

129	1-Chlormethyl-2-äthyl-äthylenoxyd	$ClCH_2\cdot CH\!\!-\!\!CH\cdot C_2H_5$ (O)	
130	1-Chlormethyl-2,2-dimethyl-äthylenoxyd	$ClCH_2\cdot CH\!\!-\!\!C(CH_3)_2$ (O)	

Paquin, Epoxydverbindungen   16

131   1-Chlormethyl-1,2-dimethyl-
      äthylenoxyd

$$\begin{array}{c} \text{ClCH}_2 \\ \hspace{1em} \diagdown \\ \text{CH}_3 \diagup \end{array} \text{C} \!\!-\!\! \text{CH} \cdot \text{CH}_3 \ \ \underset{\diagdown_{\text{O}}\diagup}{}$$

132   1-Dimethyl-chlormethyl-
      äthylenoxyd

$$\begin{array}{c} \text{Cl} \\ \hspace{1em} \diagdown \\ (\text{CH}_3)_2 \diagup \end{array} \text{C} \cdot \text{CH} \!\!-\!\! \text{CH}_2 \ \underset{\diagdown_{\text{O}}\diagup}{}$$

133   1-α-Chloräthyl-2-methyl-
      äthylenoxyd

$$\text{CH}_3 \cdot \text{CHCl} \cdot \text{CH} \!\!-\!\! \text{CH} \cdot \text{CH}_3 \ \underset{\diagdown_{\text{O}}\diagup}{}$$

134   1-β-Chloräthyl-2-methyl-
      äthylenoxyd

$$\text{ClCH}_2 \cdot \text{CH}_2 \cdot \text{CH} \!\!-\!\! \text{CH} \cdot \text{CH}_3 \ \underset{\diagdown_{\text{O}}\diagup}{}$$

135   1-α-Chloräthyl-1-methyl-
      äthylenoxyd

$$\begin{array}{c} \text{CH}_3\text{CHCl} \\ \hspace{1em} \diagdown \\ \text{CH}_3 \diagup \end{array} \text{C} \!\!-\!\! \text{CH}_2 \ \underset{\diagdown_{\text{O}}\diagup}{}$$

136   1-Chlormethyl-1-äthyl-
      äthylenoxyd

$$\begin{array}{c} \text{ClCH}_2 \\ \hspace{1em} \diagdown \\ \text{C}_2\text{H}_5 \diagup \end{array} \text{C} \!\!-\!\! \text{CH}_2 \ \underset{\diagdown_{\text{O}}\diagup}{}$$

137   1,1,2-Trichlormethyl-äthylenoxyd

$$(\text{Cl} \cdot \text{CH}_2)_2 \cdot \text{C} \!\!-\!\! \text{CH} \cdot \text{CH}_2\text{Cl} \ \underset{\diagdown_{\text{O}}\diagup}{}$$

138   α-Chlor-β-oxäthyl-äthylenoxyd

$$\text{HO} \cdot \text{CH}_2 \cdot \text{CHCl} \cdot \text{CH} \!\!-\!\! \text{CH}_2 \ \underset{\diagdown_{\text{O}}\diagup}{}$$

139   1-Chlormethyl-2-β-chloräthyl-
      äthylenoxyd

$$\text{ClCH}_2 \cdot \text{CH} \!\!-\!\! \text{CH} \cdot \text{CH}_2 \cdot \text{CH}_2\text{Cl} \ \underset{\diagdown_{\text{O}}\diagup}{}$$

140   3-Chlor-1,2-4,5-diepoxypentan

$$\text{CH}_2 \!\!-\!\! \text{CH} \cdot \text{CHCl} \cdot \text{CH} \!\!-\!\! \text{CH}_2 \ \underset{\diagdown_{\text{O}}\diagup}{} \quad \underset{\diagdown_{\text{O}}\diagup}{}$$

Chlorepoxyd-Verbindungen mit 6 aliphatischen Kohlenstoffatomen

141   1-Chlormethyl-1-propyl-
      äthylenoxyd

$$\begin{array}{c} \text{ClCH}_2 \\ \hspace{1em} \diagdown \\ \text{C}_3\text{H}_7 \diagup \end{array} \text{C} \!\!-\!\! \text{CH}_2 \ \underset{\diagdown_{\text{O}}\diagup}{}$$

142   1-β-Chloräthyl-1,2-dimethyl-
      äthylenoxyd

$$\begin{array}{c} \text{Cl} \cdot \text{CH}_2 \cdot \text{CH}_2 \\ \hspace{1em} \diagdown \\ \text{CH}_3 \diagup \end{array} \text{C} \!\!-\!\! \text{CH} \cdot \text{CH}_3 \ \underset{\diagdown_{\text{O}}\diagup}{}$$

143   1-α-Chloräthyl-2,2-dimethyl-
      äthylenoxyd

$$\text{CH}_3 \cdot \text{CHCl} \cdot \text{CH} \!\!-\!\! \text{C} \cdot (\text{CH}_3)_2 \ \underset{\diagdown_{\text{O}}\diagup}{}$$

144   1-Chlormethyl-2-isopropyl-
      äthylenoxyd

$$\text{H}_2\text{C} \cdot \text{CH} \!\!-\!\! \text{CH} \cdot \text{CH} \cdot (\text{CH}_3)_2 \ \underset{\diagdown_{\text{O}}\diagup}{}$$

145   1-Chlormethyl-1-methyl-2-chlor-
      2-β-chloräthyl-äthylenoxyd

$$\begin{array}{c} \text{CH}_3 \\ \hspace{1em} \diagdown \\ \text{ClCH}_2 \diagup \end{array} \text{C} \!\!-\!\! \text{C} \begin{array}{c} \diagup \text{Cl} \\ \hspace{1em} \diagdown \\ \text{CH}_2 \cdot \text{CH}_2 \cdot \text{Cl} \end{array} \ \underset{\diagdown_{\text{O}}\diagup}{}$$

146   1-α-Chloräthyl-2-äthyl-
      äthylenoxyd

$$\text{CH}_3 \cdot \text{CHCl} \cdot \text{CH} \!\!-\!\! \text{CH} \cdot \text{C}_2\text{H}_5 \ \underset{\diagdown_{\text{O}}\diagup}{} \qquad \text{Kp}_{13}\ 49\text{—}50°$$

147   Epoxy-chlorhydrin-isopropyläther

$$\text{ClCH}_2 \cdot \text{CH} \cdot \text{CH}_2 \cdot \text{O} \cdot \text{C} \cdot (\text{CH}_3)_2 \qquad \text{Kp}\ 157°$$
$$\underline{ \text{O} }$$

148   1,3-Dichlorpropyl-2-glycidyläther

$$\text{CH}_2 \!\!-\!\! \text{CH} \cdot \text{CH}_2 \cdot \text{O} \cdot \text{CH} \cdot (\text{CH}_2\text{Cl})_2 \ \underset{\diagdown_{\text{O}}\diagup}{}$$

Chlorepoxyd-Verbindungen mit aromatischen Gruppen

149 Phenyl-chlormethyl-äthylenoxyd $C_6H_5 \cdot CHCl \cdot CH{-}CH_2$, epoxide

150 1-Phenyl-chlormethyl-
     2-methyl-äthylenoxyd $C_6H_5 \cdot CHCl \cdot CH{-}CH \cdot CH_2$, epoxide

151 1-Chlormethyl-2-methyl-2-phenyl-
     chlormethyl-äthylenoxyd $ClCH_2 \cdot CH{-}C{\langle} \begin{smallmatrix} CH_3 \\ CHCl \cdot C_6H_5 \end{smallmatrix}$, epoxide

152 1-p-Chlorphenyl-2-benzoyl-
     äthylenoxyd $ClC_6H_4 \cdot CH{-}CH \cdot CO \cdot C_6H_5$, epoxide   F 79—80°

153 m-Chlor-o-nitro-phenyl-
     glycidsäure $Cl(NO_2)C_6H_3 \cdot CH{-}CH \cdot CO \cdot OH$, epoxide

154 2-Chlor-3,5-diphenyl-3,4-oxido-
     tetrahydrofuran $\begin{smallmatrix} C_6H_5 \cdot C{-}CHCl \\ O \quad\; O \\ CH{-}CH \cdot C_6H_5 \end{smallmatrix}$ F 118—119°

155 Hexachlor-bicycloheptadien-monoxyd

156 Hexachlor-bicycloheptadien-dioxyd

Chlorepoxyd-Verbindungen mit 7 und mehr aliphatischen Kohlenstoffatomen

157 1-Chlormethyl-2-butyl-
     äthylenoxyd $ClCH_2 \cdot CH{-}CH \cdot (CH_2)_3 \cdot CH_3$, epoxide

158 1-Chlormethyl-2-amyl-
     äthylenoxyd $ClCH_2 \cdot CH{-}CH \cdot (CH_2)_4CH_3$, epoxide Kp_{50} 93—95°

159 1-Chlormethyl-1-methyl-2-amyl-
     äthylenoxyd $\begin{smallmatrix} ClCH_2 \\ \quad\; {\rangle}C{-}CH \cdot (CH_2)_4CH_3 \\ CH_3 \end{smallmatrix}$, epoxide

160 1-Chlormethyl-2-heptyl-
     äthylenoxyd $ClCH_2 \cdot CH{-}CH \cdot (CH_2)_6 \cdot CH_3$, epoxide

161 1-Chlormethyl-2-tridecyl-
     äthylenoxyd $ClCH_2 \cdot CH{-}CH \cdot (CH_2)_{12} \cdot CH_3$, epoxide

162 1-Chlor-1-hexyl-äthylenoxyd $\begin{smallmatrix} Cl \\ \quad\; {\rangle}C{-}CH_2 \\ CH_3 \cdot (CH_2)_5 \end{smallmatrix}$, epoxide Kp_{21} 81—82°

163 1,2-5,6-Diepoxy-
     2,5-di-(chlormethyl)-hexan $CH_2{-}C(CH_2Cl) \cdot CH_2 \cdot CH_2 \cdot C(CH_2Cl){-}CH_2$, diepoxide

Brom- und Jod-epoxydverbindungen

164 Monobrom-äthylenoxyd $Br \cdot CH{-}CH_2$, epoxide

165 Dibrom-äthylenoxyd $Br \cdot CH{-}CH \cdot Br$, epoxide

166 Epibromhydrin $Br \cdot CH_2 \cdot CH{-}CH_2$, epoxide   Kp 138°

167 Epijodhydrin $J \cdot CH_2 \cdot CH{-}CH_2$, epoxide Kp_{24} 64°

16*

168	1-Brommethyl-2-methyl-äthylenoxyd	$Br \cdot CH_2 \cdot CH\underset{\diagdown O \diagup}{—}CH \cdot CH_3$	Kp 142—144°
169	1-Brommethyl-2-äthyl-äthylenoxyd	$Br \cdot CH_2 \cdot CH\underset{\diagdown O \diagup}{—}CH \cdot C_2H_5$	Kp 165—166°, Kp$_{19}$ 50—55°
170	β-Bromäthyl-äthylenoxyd	$Br \cdot CH_2 \cdot CH_2 \cdot CH\underset{\diagdown O \diagup}{—}CH_2$	Kp 160°, Kp$_{14}$ 58°
171	α,β-Dibromäthyl-äthylenoxyd	$Br \cdot CH_2 \cdot CHBr \cdot CH\underset{\diagdown O \diagup}{—}CH_2$	Kp$_{13-14}$ 99°
172	1-Brommethyl-2-butyl-äthylenoxyd	$Br \cdot CH_2 \cdot CH\underset{\diagdown O \diagup}{—}CH \cdot (CH_2)_3CH_3$	Kp 202—205°, Kp$_{11}$ 91°
173	1-β-Bromäthyl-2,2-dimethyl-methyl-äthylenoxyd	$Br \cdot CH_2 \cdot CH_2 \cdot CH\underset{\diagdown O \diagup}{—}C \cdot C(CH_3)_2$	
174	1-Brommethyl-2-α-methylpropyl-äthylenoxyd	$Br \cdot CH_2 \cdot CH\underset{\diagdown O \diagup}{—}CH \cdot CH(CH_3) \cdot CH_2 \cdot CH_3$	
175	3-Brom-tetrahydrofuran	$\begin{array}{c} CH_2—CHBr \\ CH_2 \quad CH_2 \\ \diagdown O \diagup \end{array}$	Kp 150—151°
176	2-(γ-Brompropyl)-tetrahydrofuran	$\begin{array}{c} CH_2—CH_2 \\ CH_2 \quad CH \cdot (CH_2)_3Br \\ \diagdown O \diagup \end{array}$	Kp$_{27}$ 115—116°
177	3,4-Dibrom-tetrahydrofuran	$\begin{array}{c} Br \cdot CH—CH \cdot Br \\ CH_2 \quad CH_2 \\ \diagdown O \diagup \end{array}$	F 12°, Kp$_{20}$ 95°
178	2,2,3,4,5,5-Hexabrom-tetrahydrofuran	$\begin{array}{c} Br \cdot CH—CH \cdot Br \\ CBr_2 \quad CBr_2 \\ \diagdown O \diagup \end{array}$	F 110—111° neben geringen Anteilen eines Isomers vom F 55°
179	Tribromphenyl-glycidäther	$Br_3C_6H_2 \cdot O \cdot CH_2 \cdot CH\underset{\diagdown O \diagup}{—}CH_2$	F 109—110°
180	1-(3-Brom-4-methoxyphenyl)-2-benzoyl-äthylenoxyd	$Br(OCH_3)C_6H_3 \cdot CH\underset{\diagdown O \diagup}{—}CH \cdot CO \cdot C_6H_5$	F 158°
181	m-Brom-p-nitro-phenyl-glycidsäure	$Br(NO_2)C_6H_3 \cdot CH\underset{\diagdown O \diagup}{—}CH \cdot CO \cdot OH$	
182	1-(Brom-isosafrol)-2-methyl-äthylenoxyd	$\begin{array}{c} \diagup O \diagdown \\ CH_2 \quad C_6H_2 \cdot CH\underset{\diagdown O \diagup}{—}CH \cdot CH_3 \\ \diagdown O \diagup \diagdown Br \end{array}$	Kp$_{11}$ 169—173°
183	1-(Dibrom-isosafrol)-2-methyl-äthylenoxyd	$\begin{array}{c} \diagup O \diagdown \\ CH_2 \quad C_6H \cdot CH\underset{\diagdown O \diagup}{—}CH \cdot CH_3 \\ \diagdown O \diagup \diagdown Br_2 \end{array}$	F 134—135°
184	1-(Brom-3,4-methylendioxyphenyl)-2-benzoyl-äthylenoxyd	$\begin{array}{c} \diagup O \diagdown \\ CH_2 \quad C_6H_2 \cdot CH\underset{\diagdown O \diagup}{—}CH \cdot CO \cdot C_6H_5 \\ \diagdown O \diagup \diagdown Br \end{array}$	F 98—99°

III. Gruppe: *Epoxydäther jeder Art, frei von Halogen, Amino-Stickstoff, Schwefel und Estergruppen*

185	Glycidmethyläther	$CH_2{-}CH \cdot CH_2 \cdot O \cdot CH_3$ (epoxid)	Kp 115—118°
186	Glycidäthyläther	$CH_2{-}CH \cdot CH_2 \cdot O \cdot C_2H_5$ (epoxid)	Kp 127—129°
187	Äthylenglykol-mono-gylcidyläther	$CH_2{-}CH \cdot CH_2 \cdot O \cdot CH_2 \cdot CH_2OH$ (epoxid)	Kp_{10} 89—90°
188	Glycidphenyläther (Phenoxypropenoxyd)	$CH_2{-}CH \cdot CH_2 \cdot O \cdot C_6H_5$ (epoxid)	Kp 234°
189	Glycid-m-tolyläther	$CH_2{-}CH \cdot CH_2 \cdot O \cdot C_6H_4 \cdot CH_3$ (epoxid)	Kp_{15} 189—140°
190	Glycid-xylyläther	$CH_2{-}CH \cdot CH_2 \cdot O \cdot C_6H_3 \cdot (CH_3)_2$ (epoxid)	Gemisch der Isomere Kp_{17} 145—148°
191	Glycid-p-tert.-butyl-phenyläther	$CH_2{-}CH \cdot CH_2 \cdot O \cdot C_6H_4 \cdot C_4H_9$ (epoxid)	$Kp_{0,2}$ 145—152°
192	Glycid-allylphenyläther	$CH_2{-}CH \cdot CH_2 \cdot O \cdot C_6H_4 \cdot CH_2 \cdot CH{=}CH_2$ (epoxid)	
193	Glycid-p-tert.-octyl-phenyläther	$CH_2{-}CH \cdot CH_2 \cdot O \quad C_6H_4 \cdot C_8H_{17}$ (epoxid)	$Kp_{0,35}$ etwa 190°
194	Diglycidäther	$CH_2{-}CH \cdot CH_2 \cdot O \cdot CH_2 \cdot CH{-}CH_2$ (epoxid)	Kp_{22} 103°
195	Glykol-diglycidäther	$CH_2 \cdot O \cdot CH_2 \cdot CH{-}CH_2$ $\mid$ $CH_2 \cdot O \cdot CH_2 \cdot CH{-}CH_2$ (epoxid)	$Kp_{3,5}$ 126—127°
196	Propylenglykol-diglycidäther	$CH_2 \cdot O \cdot CH_2 \cdot CH{-}CH_2$ $\mid$ CH_2 $\mid$ $CH_2 \cdot O \cdot CH_2 \cdot CH{-}CH_2$ (epoxid)	$Kp_{0,5}$ 94—98°
197	1,4-Butylenglykol-diglycidäther	$CH_2 \cdot O \cdot CH_2 \cdot CH{-}CH_2$ $\mid$ $(CH_2)_2$ $\mid$ $CH_2 \cdot O \cdot CH_2 \cdot CH{-}CH_2$ (epoxid)	$Kp_{0,5}$ 84—94°
198	Phenyl-äthylenglykol-diglycidäther	C_6H_5 $\mid$ $CH \cdot O \cdot CH_2 \cdot CH{-}CH_2$ $\mid$ $CH_2 \cdot O \cdot CH_2 \cdot CH{-}CH_2$ (epoxid)	$Kp_{0,08}$ 146°
199	Resorcin-diglycidäther	$C_6H_4 \cdot (O \cdot CH_2 \cdot CH{-}CH_2)_2$ (epoxid)	1. Isomer: F 42—43°, $Kp_{0,04}$ 143° 2. Isomer: $Kp_{0,04}$ 151°

200	Brenzcatechin-diglycidäther	$C_6H_4 \cdot (O \cdot CH_2 \cdot CH{-}CH_2)_2$ ⟨O⟩	$Kp_{0,2}$ 132—140°
201	Hydrochinon-diglycidäther	$C_6H_4 \cdot (O \cdot CH_2 \cdot CH{-}CH_2)_2$ ⟨O⟩	1. Isomer: F 118—119° 2. Isomer: F 89—90°
202	1-Benzyloxyphenyl- 2-glycidyläther	$C_6H_5 \cdot CH_2 \cdot O \cdot C_6H_4 \cdot O \cdot CH_2 \cdot CH{-}CH_2$ ⟨O⟩	Kp_2 206—208°
203	Salicylaldehyd-glycidyläther	$CH_2{-}CH \cdot CH_2 \cdot O \cdot C_6H_4 \cdot CH{=}O$ ⟨O⟩	
204	Keton-phenyl-glycidyläther	$R \cdot CO \cdot C_6H_4 \cdot O \cdot CH_2 \cdot CH{-}CH_2$ ⟨O⟩	
205	4,4'-Di-(2,3-epoxy-propoxy-) benzophenon	$CH_2{-}CH \cdot CH_2 \cdot O \cdot C_6H_4 \cdot CO \cdot C_6H_4 \cdot O \cdot CH_2 \cdot CH{-}CH_2$ ⟨O⟩…⟨O⟩	F 182°
206	4,4'-Dioxy-diphenyl-2,2-propan- diglycidäther	$CH_2{-}CH \cdot CH_2 \cdot O \cdot C_6H_4 \cdot \overset{CH_3}{\underset{CH_3}{C}} \cdot C_6H_4 \cdot O \cdot CH_2 \cdot CH{-}CH_2$ ⟨O⟩…⟨O⟩	

1. Isomer: $Kp_{0,05}$ 210—230°, 2. Isomer: $Kp_{0,05}$ 230—240°

207	Carvacryl-glycidyläther	$C_{13}H_{18}O_2$	$Kp_{14,5}$ 157°
208	Guajacyl-glycidyläther	$C_{10}H_{12}O_3$	Kp_{20} 165°, F 36°
209	α-Naphthyl-glycidyläther	$C_{13}H_{12} \cdot O$	Kp_{15} 203—203,5°
210	Glycerin-triglycidyläther	$C_3H_5 \cdot (O \cdot CH_2 \cdot CH{-}CH_2)_3$ ⟨O⟩	Kp_{20} 200—205°
211	Sorbit-polyglycidyläther		
212	Mannit-polyglycidyläther		
213	Erythrit-tetraglycidyläther		
214	Octadecyl-diglycidyläther		
215	Triglycerin-triglycidyläther		
216	Trimethylolpropyl-triglycidyläther		Kp_{20} 195—200°
217	2-Butyl-3-äthyl-1,3-propandiol- diglycidyläther	$CH_2{-}CH \cdot CH_2 \cdot O \cdot CH_2 \cdot CH \cdot CH(C_2H_5) \cdot O \cdot CH_2CH{-}CH_2$ ⟨O⟩ $\overset{\|}{C_4H_9}$ ⟨O⟩	
218	Polyallylalkohol-polyglycidyläther		
219	Polyvinylalkohol-polyglycidyläther		
220	Dextrose-polyglycidyläther		
221	Pentaerythrit-polyglycidyläther		
222	Dipentaerythrit-polyglycidyläther		
223	Glycerinphthalat-glycidyläther		
224	Glycerin-monosojabohnenfettsäureesterdiglycidyläther		
225	Glykol-bis-(exo-di-hydrodicyclo-pentadienyl-diepoxy)-äther		F 135°, Kp_1 240—250°

IV. Gruppe: *Epoxyd-Ester oder -Nitrile jeder Art, frei von Halogen,*
Amino-Stickstoff, Schwefel und Äthergruppen (ausgenommen
Sulfosäureglycidester)

226	Glycidsäure-äthylester	$CH_2\!\!-\!\!CH\cdot CO\cdot OC_2H_5$ (Epoxyd)	
227	β-Methyl-glycidsäure-äthylester	$CH_3\cdot CH\!\!-\!\!CH\cdot CO\cdot OC_2H_5$ (Epoxyd)	
228	β-Propyl-glycidsäure-äthylester	$C_3H_7\cdot CH\!\!-\!\!CH\cdot CO\cdot OC_2H_5$ (Epoxyd)	
229	β-Isovaleryl-glycidsäure-äthylester	$C_5H_{11}\cdot CH\!\!-\!\!CH\cdot CO\cdot OC_2H_5$ (Epoxyd)	
230	β-Methyl-phenyl-glycidsäure-äthylester	$C_6H_5\cdot \overset{CH_3}{\underset{}{C}}\!\!-\!\!CH\cdot CO\cdot OC_2H_5$ (Epoxyd)	Kp$_{12}$ 147—149°
231	α-Methyl-β-anisyl-glycidsäure-äthylester	$CH_3\cdot O\cdot C_6H_4\cdot CH\!\!-\!\!C(CH_3)\cdot CO\cdot OC_2H_5$ (Epoxyd)	
232	α-Methyl-β-piperonyl-glycidsäure-äthylester	$CH_2\!\!<\!\!^O_O\!\!>\!\!C_6H_3\cdot CH_2\!\!-\!\!CH\!\!-\!\!C\!\!<\!\!^{CH_3}_{CO\cdot OC_2H_5}$ (Epoxyd)	
233	α-Methyl-β-furfuryl-glycidsäure-äthylester	$C_4H_3\cdot O\cdot CH_2\!\!-\!\!CH\!\!-\!\!C\!\!<\!\!^{CH_3}_{CO\cdot OC_2H_5}$ (Epoxyd)	
234	Benzoesäure-glycidylester	$C_6H_5\cdot CO\cdot O\cdot CH_2\cdot CH\!\!-\!\!CH_2$ (Epoxyd)	Kp$_{12}$ 148—150°
235	Stearinsäure-glycidylester	$C_{17}H_{35}\cdot CO\cdot O\cdot CH_2\cdot CH\!\!-\!\!CH_2$ (Epoxyd)	F 42°, Kp$_1$ 193°
236	Glycid-laurat	$C_{11}H_{23}\cdot CO\cdot O\cdot CH_2\cdot CH\!\!-\!\!CH_2$ (Epoxyd)	F 21°, Kp$_1$ 126°
237	Glycid-myristat	$C_{13}H_{27}\cdot CO\cdot O\cdot CH_2\cdot CH\!\!-\!\!CH_2$ (Epoxyd)	F 34°, Kp 310°, Kp$_1$ 146°
238	Glycid-β-methylmyristat	$CH_3\cdot C_{13}H_{26}\cdot CO\cdot O\cdot CH_2\cdot CH\!\!-\!\!CH_2$ (Epoxyd)	F 21,5°, Kp$_1$ 130°
239	Glycid-palmitat	$C_{15}H_{31}\cdot CO\cdot O\cdot CH_2\cdot CH\!\!-\!\!CH_2$ (Epoxyd)	F 44—45°, Kp$_1$ 170°
240	Glycid-oleat	$C_{17}H_{33}\cdot CO\cdot O\cdot CH_2\cdot CH\!\!-\!\!CH_2$ (Epoxyd)	Kp$_1$ 185°
241	Glycid-sebacat	$CH_2\!\!-\!\!CH\cdot CH_2\cdot O\cdot CO\cdot (CH_2)_8\cdot CO\cdot O\cdot CH_2\cdot CH\!\!-\!\!CH_2$ (Epoxyd)	F 44°
242	Methyl-stearinsäure-glycidylester	$CH_3\cdot C_{17}H_{34}\cdot CO\cdot O\cdot CH_2\cdot CH\!\!-\!\!CH_2$ (Epoxyd)	Kp$_4$ 177—248°
243	Acrylsäure-glycidylester	$CH_2\!\!=\!\!CH\cdot CO\cdot O\cdot CH_2\cdot CH\!\!-\!\!CH_2$ (Epoxyd)	Kp$_{65}$ 98—100°
244	Methacrylsäure-glycidylester	$CH_2\!\!=\!\!C(CH_3)\cdot CO\cdot O\cdot CH_2\cdot CH\!\!-\!\!CH_2$ (Epoxyd)	Kp$_{15}$ 85°
245	Essigsäure-glycidylester	$CH_3\cdot CO\cdot O\cdot CH_2\cdot CH\!\!-\!\!CH_2$ (Epoxyd)	Kp 118°, Kp$_{14}$ 62°
246	Butyl-glycidyl-phthalat	$C_4H_9\cdot O\cdot CO\cdot C_6H_4\cdot CO\cdot O\cdot CH_2\cdot CH\!\!-\!\!CH_2$ (Epoxyd)	

247   Glycidyl-ameisensäure-äthylester $CH_2\!\!-\!\!CH\cdot CH_2\cdot CO\cdot OC_2H_5$ Kp 145—150°

248   p-Toluolsulfosäure-glycidylester $CH_3\cdot C_6H_4\cdot SO_2\cdot O\cdot CH_2\cdot CH\!\!-\!\!CH_2$

249   Glycidyl-phosphitester $CH_2\!\!-\!\!CH\cdot CH_2\cdot PO{<}^{OR}_{OR'}$

249a   Phosphorsäure-epoxydester $(RO)_2\!\!=\!\!P\!\!-\!\!\overset{CH_3}{\underset{\parallel\;O}{C}}\!\!-\!\!CH_2$

Nach V. S. ABRAMOV und A. S. KAPUSTINA[1] durch Kondensation von Dialkylphosphor- oder phosphorigen Säuren mit Chloraceton bei 100—120° mit anschließender Alkalibehandlung:

$$\begin{matrix}(RO)_2\!\!=\!\!PH\!\!=\!\!O\\(RO)_2\!\!=\!\!P\!\!-\!\!OH\end{matrix}\Bigg\} + CH_3Cl\cdot CO\cdot CH_3 \rightarrow (RO)_2\!\!=\!\!P\!\!-\!\!\underset{OH}{C(CH_3)}\!\!-\!\!\underset{Cl}{CH_2} + \text{alkoholische } KOH$$

$$\rightarrow (RO)_2\!\!=\!\!P\!\!-\!\!\overset{CH_3}{\underset{\parallel\;O}{C}}\!\!-\!\!CH_2$$

Ausbeuten: 30—60% d. Th., bei R = C_2H_5 sogar 80% d. Th.

250   Malonsäurediäthylesterdiglycid $(CH_2\!\!-\!\!CH\cdot CH_2)_2\cdot C\cdot(CO\cdot OC_2H_5)_2$

251   Bernsteinsäure-diglycidester $CH_2\!\!-\!\!CH\cdot CH_2\cdot O\cdot CO\cdot CH_2\cdot CH_2\cdot CO\cdot O\cdot CH_2\cdot CH\!\!-\!\!CH_2$

252   Maleinsäure-allyl-glycidester $CH_2\!\!=\!\!CH\cdot CH_2\cdot O\cdot CO\cdot CH\!\!=\!\!CH\cdot CO\cdot O\cdot CH_2\cdot CH\!\!-\!\!CH_2$ $Kp_{0,5}$ 59—64°

253   Phthalsäure-allyl-glycidester $CH_2\!\!=\!\!CH\cdot CH_2\cdot O\cdot CO\cdot C_6H_4\cdot CO\cdot O\cdot CH_2\cdot CH\!\!-\!\!CH_2$ $Kp_{0,3}$ 141—144°

254   2,3-Epoxy-buttersäure-allylester $CH_3\cdot CH\!\!-\!\!CH\cdot CO\cdot O\cdot CH_2\cdot CH\!\!=\!\!CH_2$ Kp_{26} 100—101°

255   2,3-Epoxy-buttersäure-stearylester $CH_3\cdot CH\!\!-\!\!CH\cdot CO\cdot O\cdot C_{18}H_{37}$

256   Epoxy-acrylsäureäthylester $CH_2\!\!-\!\!CH\cdot CO\cdot OC_2H_5$ identisch mit 226

257   Epoxy-crotonsäureäthylester $CH_3CH\!\!-\!\!CH\cdot CO\cdot OC_2H_5$ identisch mit 227

258   α,β-Dimethyl-glycidsäurenitril $CH_3CH\!\!-\!\!C(CH_3)\cdot CN$

259   β,β-Dimethyl-glycidsäurenitril $(CH_3)_2\cdot C\!\!-\!\!CH\cdot CN$

260   β,β-Dimethyl-glycidsäure-äthylester $(CH_3)_2\cdot C\!\!-\!\!CH\cdot OC_2H_5$ Kp 180—182°

261   β-Methyl-β-äthyl-glycidsäure-äthylester $^{CH_3}_{C_2H_5}{>}C\!\!-\!\!CH\cdot CO\cdot OC_2H_5$ Kp_{10} 84—86°

262   β-Methyl-β-propyl-glycidsäure-äthylester $^{CH_3}_{C_3H_7}{>}C\!\!-\!\!CH\cdot CO\cdot OC_2H_5$ Kp 211—213°, Kp_{10} 91—92°

---

[1] ABRAMOW, V. S., u. A. S. KAPUSTINA: Doklady Akad. SSSR III. 1956, 1243—1244.

263 β,β-Diäthyl-glycidsäure-äthylester — $(C_2H_5)_2 \cdot C{\overset{\displaystyle{}}{\diagdown}}{\underset{O}{}}CH \cdot CO \cdot OC_2H_5$ — Kp_{10-12} 91—92°

264 β-Äthyl-β-phenyl-glycidsäure-äthylester — $\begin{matrix}C_2H_5\\C_6H_5\end{matrix}\!\!\diagdown C{-}CH \cdot CO \cdot OC_2H_5$ — Kp_{12} 148—150°

265 β-Methyl-β-isohexyl-glycidsäure-äthylester — $\begin{matrix}CH_3\\C_6H_{13}\end{matrix}\!\!\diagdown C{-}CH \cdot CO \cdot OC_2H_5$

266 β-Methyl-β-heptyl-glycidsäure-äthylester — $\begin{matrix}CH_3\\C_7H_{15}\end{matrix}\!\!\diagdown C{-}CH \cdot CO \cdot OC_2H_5$

267 β-Methyl-β-nonyl-glycidsäure-äthylester — $\begin{matrix}CH_3\\C_9H_{19}\end{matrix}\!\!\diagdown C{-}CH \cdot CO \cdot OC_2H_5$

268 β-Methyl-β-kresyl-glycidsäure-äthylester — $\begin{matrix}CH_3\\CH_3 \cdot C_6H_4\end{matrix}\!\!\diagdown C{-}CH \cdot CO \cdot OC_2H_5$ — Kp_{16} 166—164°

269 β-Methyl-β-p-äthylphenyl-glycidsäureäthylester — $\begin{matrix}CH_3\\C_2H_5 \cdot C_6H_4\end{matrix}\!\!\diagdown C{-}CH \cdot CO \cdot OC_2H_5$ — Kp_{19} 210—215°

270 β-Methyl-β-benzyl-glycidsäure-äthylester — $\begin{matrix}C_6H_5 \cdot CH_2\\CH_3\end{matrix}\!\!\diagdown C{-}CH \cdot CO \cdot OC_2H_5$ — Kp_{16} 175—180°

271 β-Propyl-β-phenyl-glycidsäure-äthylester — $\begin{matrix}C_3H_7\\C_6H_5\end{matrix}\!\!\diagdown C{-}CH \cdot CO \cdot OC_2H_5$ — Kp_{18} 155—158°

272 β-Methyl-β-p-isobutylphenyl-glycidsäureäthylester — $\begin{matrix}C_4H_9 \cdot C_6H_4\\CH_3\end{matrix}\!\!\diagdown C{-}CH \cdot CO \cdot OC_2H_5$ — Kp_{16} 175—180°

273 Cyclohexyl-glycidsäure-äthylester — $C_6H_{11} \cdot CH{-}CH \cdot CO \cdot OC_2H_5$

274 o, m, oder p-Methyl-cyclohexyl-glycidsäureäthylester — $CH_3 \cdot C_6H_{10} \cdot CH{-}CH \cdot CO \cdot OC_2H_5$

275 β-Methyl-β-naphthyl-glycidsäureäthylester — $\begin{matrix}C_{10}H_7\\CH_3\end{matrix}\!\!\diagdown C{-}CH \cdot CO \cdot OC_2H_5$ — Kp_4 165—170°

276 2,3-Epoxy-3-methyl-adipinsäurediäthylester — $C_2H_5O \cdot CO \cdot CH_2 \cdot CH_2 \cdot C(CH_3){-}CH \cdot CO \cdot OC_2H_5$

277 β,β,α-Trimethyl-glycidsäure-äthylester — $\begin{matrix}CH_3\\CH_3\end{matrix}\!\!\diagdown C{-}C(CH_3) \cdot CO \cdot OC_2H_5$ — Kp 163—168°

278 α,β-Dimethyl-α-äthyl-glycidsäureäthylester — $\begin{matrix}CH_3\\C_2H_5\end{matrix}\!\!\diagdown C{-}C(CH_3) \cdot CO \cdot OC_2H_5$ — Kp_{22} 90—93°

279 α,β-Dimethyl-α-propyl-glycidsäureäthylester — $\begin{matrix}CH_3\\C_3H_7\end{matrix}\!\!\diagdown C{-}C(CH_3) \cdot CO \cdot OC_2H_5$ — Kp_{16} 100—102°

280 α,β-Dimethyl-α-n-hexyl-glycidsäureäthylester — $\begin{matrix}CH_3\\C_6H_{13}\end{matrix}\!\!\diagdown C{-}C(CH_3) \cdot CO \cdot OC_2H_5$ — Kp_{23} 152°

281 α,β-Dimethyl-α-n-heptyl-glycidsäureäthylester — $\begin{matrix}CH_3\\C_7H_{15}\end{matrix}\!\!\diagdown C{-}C(CH_3) \cdot CO \cdot OC_2H_5$ — Kp_{19} 155—156°

282   α,β-Dimethyl-α-n-nonyl-glycid-säureäthylester $\begin{matrix} CH_3 \\ C_9H_{19} \end{matrix}$C——C(CH_3)·CO·OC_2H_5 (O)   Kp_{16} 165—170°

283   α,β-Dimethyl-α-phenyl-glycidsäureäthylester $\begin{matrix} CH_3 \\ C_6H_5 \end{matrix}$C——C(CH_3)·CO·OC_2H_5 (O)   Kp_{20} 151—154°

284   α,β-Dimethyl-α-kresyl-glycid-säureäthylester $\begin{matrix} CH_3 \\ CH_3·C_6H_4 \end{matrix}$C——C(CH_3)·CO·OC_2H_5 (O)   Kp_{19} 160—162°

285   α-Methyl-β-cyclohexyl-glycid-säureäthylester   C_6H_{11}—CH——C(CH_3)·CO·OC_2H_5 (O)   Kp_{40} 154—156°

286   α-Methyl-β-o-methylcyclohexyl-glycidsäureäthylester   o-CH_3·C_6H_{10}·CH——C(CH_3)·CO·OC_2H_5 (O)   Kp_{15} 127—129°

287   α-Methyl-β-m-methylcyclohexyl-glycidsäureäthylester   m-CH_3·C_6H_{10}·CH——C(CH_3)·CO·OC_2H_5 (O)   Kp_{22} 143—144°

288   α-Methyl-β-p-methylcyclohexyl-glycidsäureäthylester   p-CH_3·C_6H_{10}·CH——C(CH_3)·CO·OC_2H_5 (O)   Kp_{13} 129—130°

289   2'-Acetoxyäthyl-9,10-epoxy-12-acetoxy-octa-decylsäureester (Epoxy-Acetyl-ricinolsäureester)

290   diverse epoxydierte ungesättigte Fettsäureester

V. Gruppe: *Amino-stickstoffhaltige Epoxydverbindungen, frei von Halogen, Schwefel (ausgenommen Sulfamide) und Estergruppen*

291   Triglycidylamin   (CH_2—CH·CH_2)_3≡N (O)

292   Polyamino-2,3-epoxypropan   (CH_2—CH·CH_2·NH_2)_n (O)

293   Dimethylamino-2,3-epoxypropan   CH_2—CH·CH_2·N·(CH_3)_2 (O)   Kp_{15} 55—60°

294   Diäthylamino-2,3-epoxypropan   CH_2—CH·CH_2·N·(C_2H_5)_2 (O)   Kp 155—150°, Kp_8 40—50°

295   Monoacetylamino-2,3-epoxypropan   CH_2—CH·CH_2·NH·CO·CH_3 (O)

296   Diacetylamino-2,3-epoxypropan   CH_2—CH·CH_2·N·(CO·CH_3)_2 (O)

297   Dibutylamino-2,3-epoxypropan   CH_2—CH·CH_2·N·(C_4H_9)_2 (O)

298   N-Piperidyl-2,3-epoxypropan   CH_2—CH·CH_2·N=C_5H_{10} (O)   Kp_{15} 86—88°

299   N-Morpholido-2,3-epoxypropan   CH_2—CH·CH_2·N=C_4H_8O (O)

300   N-Anilino-2,3-epoxypropan   CH_2—CH·CH_2·NH·C_6H_5 (O)   Kp_{20} 280°

301   Glycidyl-hydrazin   CH_2—CH·CH_2·NH·NH_2 (O)

302   N-Pyrrol-2,3-epoxypropan   CH_2—CH·CH_2·N=C_4H_4 (O)   Kp_{11} 93—94°

Nr.	Name	Formel	F
303	N-Phthalimid-2,3-epoxypropan	$CH_2\text{---}CH\cdot CH_2\cdot N\langle{}^{CO}_{CO}\rangle C_6H_4$ (mit O-Epoxidring)	F 93—94°
304	N-Trimethyl-ammonium-2,3-epoxypropan-chlorid	$CH_2\text{---}CH\cdot CH_2\cdot N\cdot(CH_3)_3$, Cl	
305	2-Diäthylaminomethyl-4-methyl-phenyl-1-glycidäther	$CH_2\text{---}CH\cdot CH_2\cdot O\cdot C_6H_3\langle{}^{CH_3}_{CH_2\cdot N\cdot(C_2H_5)_2}$	
306	Epoxypropyl-benzolsulfanilid	$CH_2\text{---}CH\cdot CH_2\cdot N\cdot SO_2\cdot C_6H_5$, C_6H_5	F 87—92°
307	Epoxypropyl-p-Toluolsulfanilid	$CH_2\text{---}CH\cdot CH_2\cdot N\cdot SO_2\cdot C_6H_4\cdot CH_3$, C_6H_5	F 77°
308	4,5-Dimethyl-2-phenyl-4,5-oxido-4,5-oxazol-dihydrid	$C_6H_5\cdot C\ \ C\cdot CH_3$ / $N\text{---}C\cdot CH_3$ (Oxido-oxazolring)	F 72—80°
309	N-(4-oxybenxyl)-prim. Amin-glycidyläther	$R\cdot NH\cdot CH_2\cdot C_6H_4\cdot O\cdot CH_2\cdot CH\text{---}CH_2$ — Weichharz	
310	N,N-Di-(4-oxybenzyl)-prim.Amin-di-glycidyläther	$CH_2\text{---}CH\cdot CH_2\cdot O\ C_6H_4\cdot CH_2\cdot N\cdot CH_2\cdot C_6H_4\cdot O\cdot CH_2\cdot CH\text{---}CH_2$ ($N\cdot R$) — Weichharz	
311	N-(4-oxybenzyl)-sek. Amin-glycidyläther	$R,R'\rangle N\cdot CH_2\cdot C_6H_4\cdot O\cdot CH_2\cdot CH\text{---}CH_2$ — Weichharz	
312	N-(4-oxybenzyl)-säureamid-glycidyläther	$R\cdot CO\cdot NH\cdot CH_2\cdot C_6H_4\cdot O\cdot CH_2\cdot CH\text{---}CH_2$ — Weichharz	
313	N,N-Di-(4-oxybenzyl)-säureamid-di-glycidyläther	$CH_2\text{---}CH\cdot CH_2\cdot O\cdot C_6H_4\cdot CH_2\cdot N\cdot CH_2\cdot C_6H_4\cdot O\cdot CH_2CH\text{---}CH_2$ ($N\cdot CO\cdot R$) — Weichharz	
314	N,N'-Di-(4-oxybenzyl)-zweibas. Säureamid-diglycidyläther	$CO\cdot NH\cdot CH_2\cdot C_6H_4\cdot O\cdot CH_2\cdot CH\text{---}CH_2$ / $(CH_2)_n$ / $CO\cdot N'H\cdot CH_2\cdot C_6H_4\cdot O\cdot CH_2\cdot CH\text{---}CH_2$ — Weichharz	
315	N,N,N',N'-Tetra-(4-oxybenzyl)-zweibas. Säureamid-tetra-glycidyläther	$CO\cdot N\cdot(CH_2\cdot C_6H_4\cdot O\cdot CO_2\cdot CH\text{---}CH_2)_2$ / $(CH_2)_n$ / $CO\cdot N'\cdot(CH_2\cdot C_6H_4\cdot O\cdot CO_2\cdot CH\text{---}CH_2)_2$ — Weichharz	
316	N,N'-Di-(4-oxybenzyl)-Harnstoff, Thioharnstoff oder Sulfamid-diglycidyläther	$NH\cdot CH_2\cdot C_6H_4\cdot O\cdot CH_2\cdot CH\text{---}CH_2$ / X $X=CO, CS, SO_2$ / $N'H\cdot CH_2\cdot C_6H_4\cdot O\cdot CH_2\cdot CH\text{---}CH_2$ — Weichharz	
317	N,N,N',N'-Tetra-(4-oxybenzyl)-Harnstoff, Thioharnstoff oder Sulfamid-tetra-glycidyläther	$N\cdot(CH_2\cdot C_6H_4\cdot O\cdot CH_2\cdot CH\text{---}CH_2)_2$ / X $X=CO, CS, SO_2$ / $N'\cdot(CH_2\cdot C_6H_4\cdot O\cdot CH_2\cdot CH\text{---}CH_2)_2$ — Hartharz	

| 318 | N,N'-Di-(4-oxybenzyl)-Harnstoff, Thioharnstoff oder Sulfamid-diglycidyläther-N,N'-dimethylol-anhydrid | $CH_2—N \cdot CH_2 \cdot C_6H_5 \cdot O \cdot CH_2 \cdot CH—CH_2$ mit O und X, $X = CO, CS, SO_2$, $CH_2—N' \cdot CH_2 \cdot C_6H_5 \cdot O \cdot CH_2 \cdot CH—CH_2$ | Hartharz |

318   N,N'-Di-(4-oxybenzyl)-Harnstoff, Thioharnstoff oder Sulfamid-diglycidyläther-N,N'-dimethylol-anhydrid

$$CH_2—N \cdot CH_2 \cdot C_6H_5 \cdot O \cdot CH_2 \cdot CH—CH_2$$
$$X \qquad X = CO, CS, SO_2$$
$$CH_2—N' \cdot CH_2 \cdot C_6H_5 \cdot O \cdot CH_2 \cdot CH—CH_2$$

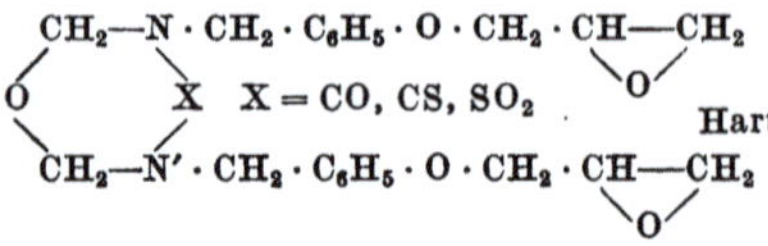

Hartharz

319   N,N'-Di-(4-oxybenzyl)-Phthal-säurediamid-diglycidyläther-N,N'-dimethylolanhydrid

$$CO \cdot N \cdot CH_2 \cdot C_6H_4 \cdot O \cdot CH_2 \cdot CH—CH_2$$
$$CH_2$$
$$O$$
$$CH_2$$
$$CO \cdot N' \cdot CH_2 \cdot C_6H_4 \cdot O \cdot CH_2 \cdot CH—CH_2$$

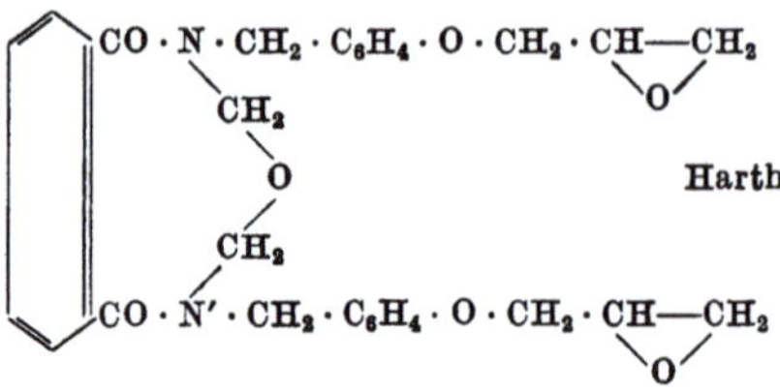

Hartharz

320   N-(4-oxybenzyl)-acrylsäureamid-glycidyläther

$$CH_2=CH \cdot CO \cdot NH \cdot CH_2 \cdot C_6H_4 \cdot O \cdot CH_2 \cdot CH—CH_2$$

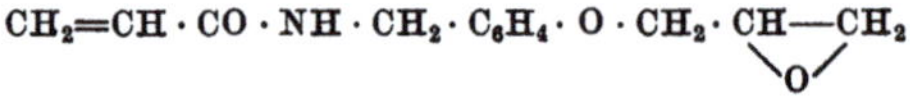

Weichharz

321   N,N-Di-(4-oxybenzyl)-acrylsäureamid-diglycidyläther

$$CH_2—CH \cdot CH_2 \cdot O \cdot C_6H_4 \cdot CH_2 \cdot N \cdot CH_2 \cdot C_6H_4 \cdot O \cdot CH_2 \cdot CH—CH_2$$
$$CO \cdot CH=CH_2$$

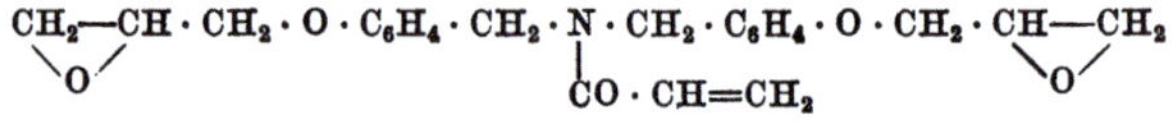

Weichharz

322   N-(4-oxybenzyl)-3-oxäthyläther des Milchsäureamidglycidyläther

$$O \cdot CH_2 \cdot CH_2 \cdot OH_2$$
$$CH_2 \cdot CH(OH) \cdot CO \cdot NH \cdot CH_2 \cdot C_6H_4 \cdot O \cdot CH_2 \cdot CH—CH_2$$

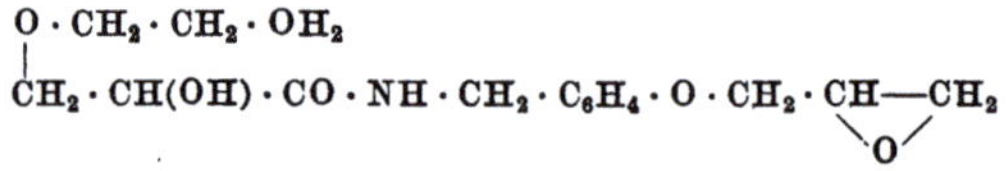

Weichharz

323   N,N-Di-(4-oxybenzyl)-3-oxäthyläther des Milchsäureamiddiglycidyläther

$$CH_2—CH \cdot CH_2 \cdot O \cdot C_6H_4 \cdot CH_2 \cdot N \cdot CH_2 \cdot C_6H_4 \cdot O \cdot CH_2 \cdot CH—CH_2$$
$$CO$$
$$CH(OH)$$
$$CH_2 \cdot O \cdot CH_2 \cdot CH_2 \cdot OH$$

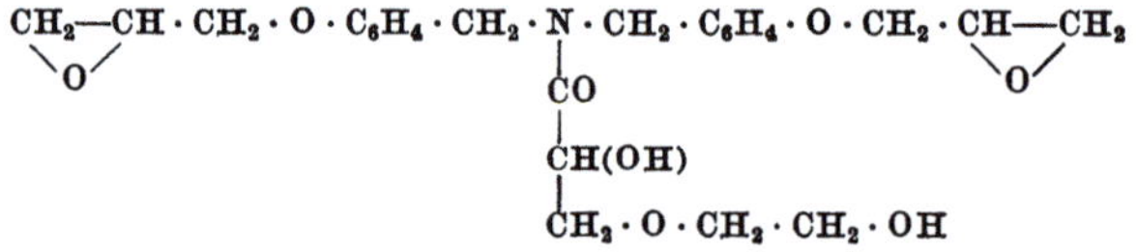

Weichharz

324   N-(4-oxybenzyl)-3-äthlyen-diamino-propionsäureamidoglycidyl-äther

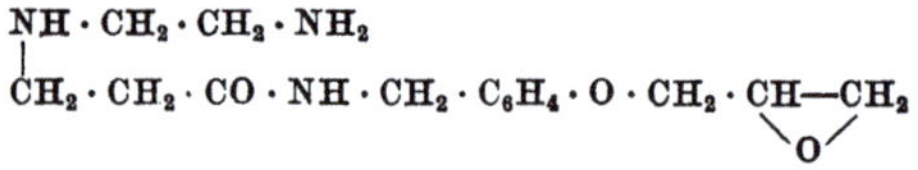

$$NH \cdot CH_2 \cdot CH_2 \cdot NH_2$$
$$CH_2 \cdot CH_2 \cdot CO \cdot NH \cdot CH_2 \cdot C_6H_4 \cdot O \cdot CH_2 \cdot CH—CH_2$$

Weichharz

325   N,N-Di-(4-oxybenzyl)-3-äthylendiamino-propionsäureamido-di-glycidyläther

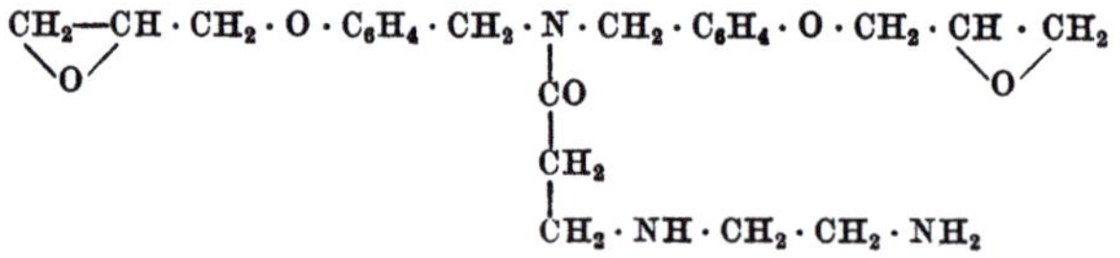

$$CH_2—CH \cdot CH_2 \cdot O \cdot C_6H_4 \cdot CH_2 \cdot N \cdot CH_2 \cdot C_6H_4 \cdot O \cdot CH_2 \cdot CH \cdot CH_2$$
$$CO$$
$$CH_2$$
$$CH_2 \cdot NH \cdot CH_2 \cdot CH_2 \cdot NH_2$$

Weichharz

326   N,N'-Di-(4-oxybenzyl)-1-Keto, Thio oder Sulfo-3,4,5-Trialkyl-(oder unsubstituiert)-hydro-2,4,6-triazino-diglycidyläther

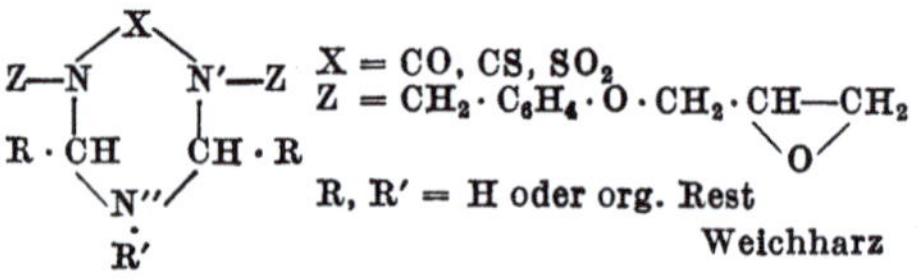

$$Z—N \overset{X}{\diagup \diagdown} N'—Z$$
$$R \cdot CH \qquad CH \cdot R$$
$$N''$$
$$R'$$

$X = CO, CS, SO_2$
$Z = CH_2 \cdot C_6H_4 \cdot O \cdot CH_2 \cdot CH—CH_2$
$R, R' = H$ oder org. Rest

Weichharz

327   N,N',N''-Tri-(4-oxybenzyl)-1-Keto, Thio oder Sulfo-3,5-Dialkyl-(oder unsubstituiert)-hydro-2,4,6-triazino-tri-glycidyläther

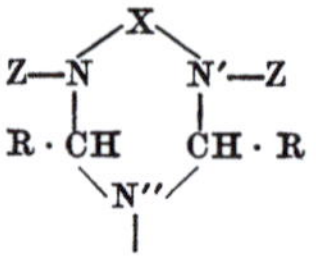

$$Z—N \overset{X}{\diagup \diagdown} N'—Z$$
$$R \cdot CH \qquad CH \cdot R$$
$$N''$$

X, Z wie bei 326

Weichharz

328   N^1,N^2,N^3,N^4-Tetra-(4-oxybenzyl)-äthylen-diamino-bis-(1-Keto, Thio oder Sulfo-hydro-2,4,6-triazino-tetraglycidyläther)   Weichharz   X, Z wie bei 326

329   N,N'-Di-(4-oxybenzyl)-acetylendiharnstoff-diglycidyläther   X, Z wie bei 326   Hartharz

330   N^1,N^2,N^3,N^4-Tetra-(4-oxybenzyl)-acetylendiharnstoff-tetraglycidyläther   X, Z wie bei 326   Hartharz

331   N^1,N^2-Di-(4-oxybenzyl)-acetylendiharnstoff-diglycidyläther-N^3,N^4-dimethylolanhydrid   X, Z wie bei 326   Hartharz

VI. Gruppe: *Schwefelhaltige Epoxydverbindungen jeder Art*

332   Di-Kalium-glycidyl-hydroxylamin-N,N-disulfonat $(K \cdot SO_3)_2 \cdot N \cdot O \cdot CH_2 \cdot CH\!-\!\!-\!CH_2$ (O)

333   Äthylensulfid $CH_2\!-\!\!-\!CH_2$ (S)   Kp 55—56°

334   Propylensulfid $CH_3 \cdot CH\!-\!\!-\!CH_2$ (S)   Kp 72—75°

335   3-Chlorpropylensulfid $ClCH_2 \cdot CH\!-\!\!-\!CH_2$ (S) Kp_6 94—96°

336   Methylthiol-äthylensulfid $HS \cdot CH_2 \cdot CH\!-\!\!-\!CH_2$ (S) Kp_{30} 77°

337   2-Oxytrimethylen-1,3-sulfid $S(CH_2)_2 CH \cdot OH$

338   1,2-Butylensulfid $CH_2\!-\!\!-\!CH \cdot CH_2 \cdot CH_3$ (S)   Kp 104—105°

339   2,3-Butylensulfid $CH_3 \cdot CH\!-\!\!-\!CH \cdot CH_3$ (S) Kp_{198} 55—58°

340   Glycidthio-methyläther $CH_2\!-\!\!-\!CH \cdot CH_2 \cdot S \cdot CH_3$ (O)

341   Glycidthio-äthyläther $CH_2\!-\!\!-\!CH \cdot CH_2 \cdot S \cdot C_2H_5$ (O) Kp_{15} 67°

342   Glycid-mercaptan $CH_2\!-\!\!-\!CH \cdot CH_2 \cdot SH$ (O)   nicht destillierbar

343	1-Oxypropan-2,3-sulfid	$HO \cdot CH_2 \cdot CH{-}CH_2$ (S)	nicht destillierbar
344	1,2-Epoxypropan-3-cyanthioäther	$CH_2{-}CH \cdot CH_2 \cdot S \cdot CN$ (O)	nicht destillierbar
345	Trimethyl-äthylensulfid	$(CH_3)_2 \cdot C{-}CH \cdot CH_3$ (S)	Kp 145—150°
346	Tetramethyl-äthylensulfid	$(CH_3)_2 \cdot C{-}C \cdot (CH_3)_2$ (S)	F 76,1—76,6°, Kp 127°
347	2,3-Epoxypropyl-1-methyl-äthylsulfoniumjodid	$CH_2{-}CH \cdot CH_2 \cdot S{<}^{CH_3}_{C_2H_5}$ (O), J	kristallin
348	Bis-(2,3-epoxypropyl)-sulfid	$CH_2{-}CH \cdot CH_2 \cdot S \cdot CH_2 \cdot CH{-}CH_2$ (O, O)	Kp_1 84°
349	Acetylthio-propylensulfid	$CH_3 \cdot CO \cdot S \cdot CH_2 \cdot CH{-}CH_2$ (S)	Kp_{40} 125°
350	Tetraphenyl-äthylensulfid	$(C_6H_5)_2 \cdot C{-}C \cdot (C_6H_5)_2$ (S)	F 178—179°
351	Tetra-p-anisyl-äthylensulfid	$(CH_3 \cdot O \cdot C_6H_4)_2 \cdot C{-}C \cdot (C_6H_4 \cdot O \cdot CH_3)_2$ (S)	F 210°
352	1-p,p-Tetramethyl-diamino-di-phenyl-2-diphenyläthylensulfid	$[(CH_3)_2N \cdot C_6H_4]_2{-}C{-}C \cdot (C_6H_5)_2$ (S)	F 164—165°
353	Tetramethylensulfid	$\begin{array}{l} CH_2{-}CH_2 \\ \qquad\quad S \\ CH_2{-}CH_2 \end{array}$	F 126°
354	Pentamethylensulfid	$\begin{array}{l} \;\;CH_2{-}CH_2 \\ CH_2\qquad\quad S \\ \;\;CH_2{-}CH_2 \end{array}$	Kp 140—142°
355	Cyclohexensulfid	$\begin{array}{l} CH_2 \\ CH_2\quad CH \\ \qquad\qquad S \\ CH_2\quad CH \\ \;\;\;CH_2 \end{array}$	Kp_{21} 71,5—73,5°

VII. Gruppe: *Di-, Tri- und Polyepoxydverbindungen, soweit nicht in vorgehenden Gruppen bereits angeführt*

356	1,2-3,4-Dioxybutan (Erythrendioxyd)	$CH_2{-}CH \cdot CH{-}CH_2$ (O, O)	Kp 138°, F −15°
357	1,2-5,6-Hexylendioxyd (Diglycid, Diallyldioxyd)	$CH_2{-}CH \cdot CH_2 \cdot CH_2 \cdot CH{-}CH_2$ (O, O)	Kp 220—225°
358	2,3-4,5-Hexylendioxyd	$CH_3 \cdot CH{-}CH \cdot CH{-}CH \cdot CH_3$ (O, O)	Kp 176—178°
359	Triglycidylamin	$(CH_2{-}CH \cdot CH_2)_3{\equiv}N$ (O)	
360	Diglycidylamin	$CH_2{-}CH \cdot CH_2 \cdot NH \cdot CH_2 \cdot CH{-}CH_2$ (O, O)	

361 Diglycidyl-äthylendiamin

$$CH_2\!-\!CH \cdot CH_2 \cdot NH \cdot CH_2 \cdot CH_2 \cdot NH \cdot CH_2 \cdot CH\!-\!CH_2$$
$$\backslash O / \qquad\qquad\qquad\qquad \backslash O /$$

362 Methylheptendioxyd

$$(CH_3)_2 \cdot C\!-\!\!-\!CH \cdot (CH_2)_2 \cdot CH\!-\!CH_2 \quad Kp_{50}\ 68\!-\!70°$$
$$\backslash O / \qquad\qquad\qquad \backslash O /$$

363 Diäthylendioxyd (1,4-Dioxan)

$$\begin{array}{c} /CH_2\!-\!CH_2\backslash \\ O \qquad\qquad O \qquad\qquad Kp\ 101° \\ \backslash CH_2\!-\!CH_2 / \end{array}$$

364 Diglycidäther

$$CH_2\!-\!CH \cdot CH_2 \cdot O \cdot CH_2 \cdot CH\!-\!CH_2 \quad Kp_{22}\ 103°$$
$$\backslash O / \qquad\qquad\qquad \backslash O /$$

365 Diglycidylsulfid

$$CH_2\!-\!CH \cdot CH_2 \cdot S \cdot CH_2 \cdot CH\!-\!CH_2 \quad Kp_1\ 84°$$
$$\backslash O / \qquad\qquad\qquad \backslash O /$$

366 Methylendiglycidäther

$$CH_2\!-\!CH \cdot CH_2 \cdot O \cdot CH_2 \cdot O \cdot CH_2 \cdot CH\!-\!CH_2$$
$$\backslash O / \qquad\qquad\qquad\qquad \backslash O /$$

367 Äthylendiglycidäther

$$CH_2\!-\!CH \cdot CH_2 \cdot O \cdot CH_2 \cdot CH_2 \cdot O \quad CH_2 \cdot CH\!-\!CH_2$$
$$\backslash O / \qquad\qquad\qquad\qquad\qquad \backslash O /$$
$$Kp_{3,5}\ 126\!-\!127°$$

368 Harnstoffdiglycidäther

$$CH_2\!-\!CH \cdot CH_2 \cdot O \cdot NH \cdot CO \cdot NH \cdot O \cdot CH_2 \cdot CH\!-\!CH_2$$
$$\backslash O / \qquad\qquad\qquad\qquad\qquad\qquad \backslash O /$$

369 Phenylendiäthylenoxyd

$$CH_2\!-\!CH \cdot C_6H_4 \cdot CH\!-\!CH_2$$
$$\backslash O / \qquad\qquad \backslash O /$$

370 Epoxy-cyclohexyläthylenoxyd

$$\begin{array}{c} /CH_2\!-\!CH_2\backslash \\ CH_2\!-\!CH \cdot CH \qquad\qquad CH \\ \backslash O / \qquad \backslash CH_2\!-\!CH\!\triangleleft O \end{array}$$

371 1,2-4,5-Diepoxy-3-keto-hexan

$$CH_2\!-\!CH \cdot CO \cdot CH\!-\!CH \cdot CH_3$$
$$\backslash O / \qquad\qquad \backslash O /$$

372 2,3-5,6-Diepoxy-3-methyl-4-keto-
heptan

$$CH_3 \cdot CH\!-\!C(CH_3) \cdot CO \cdot CH\!-\!CH \cdot CH_3$$
$$\backslash O / \qquad\qquad\qquad \backslash O /$$

373 Epoxypropyl-epoxy-
isopropyl-keton

$$CH_2\!-\!C(CH_3) \cdot CO \cdot CH\!-\!CH \cdot CH_3$$
$$\backslash O / \qquad\qquad\qquad \backslash O /$$

374 1,2-5,6-Diisobutenyldioxyd

$$CH_2\!-\!C(CH_3) \cdot CH_2 \cdot CH_2 \cdot C(CH_3)\!-\!CH_2$$
$$\backslash O / \qquad\qquad\qquad\qquad \backslash O /$$
$$Kp_{125}\ 170\!-\!180°$$

375 1,3-Diphenyl-5-(p-isopropylphenyl)-2,3-4,5-dioxido-pentanon-1

$$C_6H_5\!-\!CO \cdot CH\!-\!C(C_6H_5) \cdot CH\!-\!CH \cdot C_6H_4 \cdot CH \cdot (CH_3)_2 \qquad F\ 129°$$
$$\backslash O / \qquad\qquad\qquad \backslash O /$$

376 1,3-Diphenyl-5-(m-nitrophenyl)-
2,3-4,5-dioxido-pentanon-1

$$C_6H_5 \cdot CO \cdot CH\!-\!C(C_6H_5) \cdot CH\!-\!CH \cdot C_6H_4 \cdot NO_2$$
$$\backslash O / \qquad\qquad\qquad \backslash O / \quad F\ 207°$$

377 1,3-Diphenyl-5-(p-chlorphenyl)-
2,3-4,5-dioxido-pentanon-1

$$C_6H_5 \cdot CO \cdot CH\!-\!C(C_6H_5) \cdot CH\!-\!CH \cdot C_6H_4 \cdot Cl$$
$$\backslash O / \qquad\qquad\qquad \backslash O / \quad F\ 171°$$

378 1,3,5-Triphenyl-2,3-4,5-dioxido-
pentanon-1

$$C_6H_5 \cdot CO \cdot CH\!-\!C(C_6H_5) \cdot CH\!-\!CH \cdot C_6H_5$$
$$\backslash O / \qquad\qquad\qquad \backslash O / \quad F\ 156°$$

379 Phenylen-1′,4′-di-(3-phenyl-
1,2-oxido-propanon-3)

$$C_6H_5 \cdot CO \cdot CH\!-\!CH \cdot C_6H_4 \cdot CH\!-\!CH \cdot CO \cdot C_6H_5$$
$$\backslash O / \qquad\qquad\qquad \backslash O / \quad F\ 120\!-\!122°$$

380   2,2'-Dicyclohexenyl-propan-diepoxyd Kp_1 160—165°

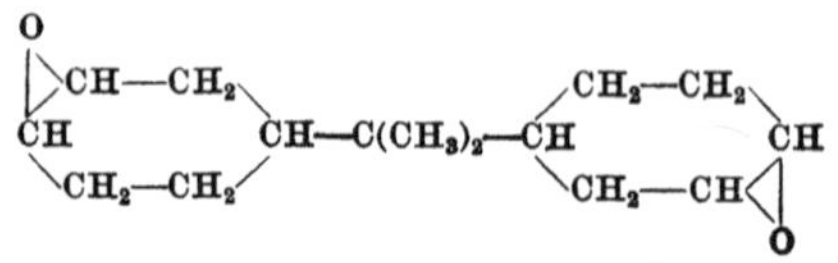

381   Dicyclo-pentadien-dioxyd

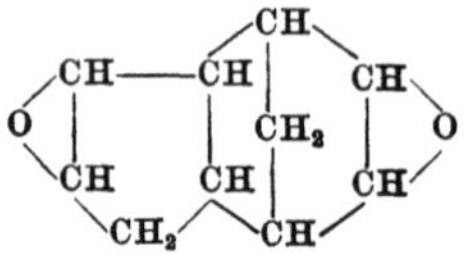

382   Limonendioxyd 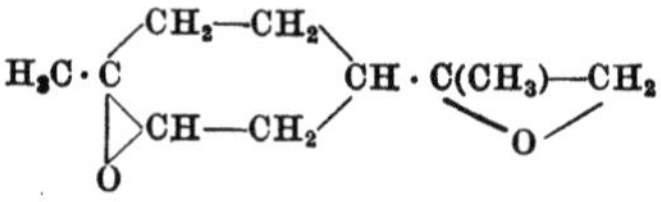 Kp_{50} 146—147°

383   Geranioldioxyd

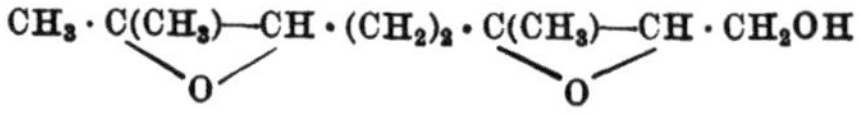

$$CH_3 \cdot C(CH_3){-}CH \cdot (CH_2)_2 \cdot C(CH_3){-}CH \cdot CH_2OH$$

Kp_{25} 180—183°

384   Linalooldioxyd

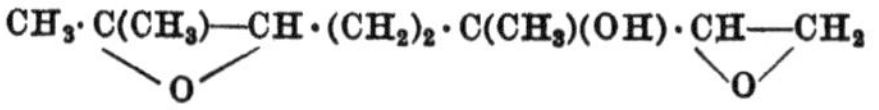

$$CH_3 \cdot C(CH_3){-}CH \cdot (CH_2)_2 \cdot C(CH_3)(OH) \cdot CH{-}CH_2$$

Kp_{25} 131—132°

385   Citraldioxyd

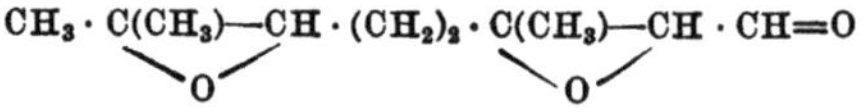

$$CH_3 \cdot C(CH_3){-}CH \cdot (CH_2)_2 \cdot C(CH_3){-}CH \cdot CH{=}O$$

386   Diepoxyde zweifach ungesättigter Carbonsäuren

387   Polyepoxyde von Polyacylenolaten des Pregnan-3,11,20-trions

Ferner wird auf die vorhergehenden Gruppen, insbesondere auf die mit aminostickstoff-haltigen Epoxydverbindungen verwiesen, in denen bereits Di- und Polyepoxydverbindungen angeführt sind.

IV. Polyphenole

Für die Herstellung von Epoxydharzen spielen heute Polyphenole eine besonders wichtige Rolle. Neben den zwei- und mehrwertigen einkernigen Phenolen ist im besonderen die Aufmerksamkeit durch den Erfinder der ersten technisch brauchbaren Epoxydharze, dem Schweizer Dr. P. CASTAN[1], auf die zweiwertigen, zweikernigen Phenole gelenkt worden.

Seitdem sind die bekannten Bisphenole, die zweikernigen und zweiwertigen Phenole, immer wieder durchgeprüft worden, und es wurden neue Bisphenole synthetisiert.

Für die Herstellung von Epoxydharzen spielen Bisphenole eine zweifache Rolle. Erstens wird durch ihre Überführung in die Glycidyläther eine reaktionsfähige Komponente geschaffen, die mittels Härter oder einer Vernetzungskomponente das Epoxydharz entstehen lassen.

Zweitens haben Bisphenole sich infolge ihrer Bifunktionalität zur Verwendung als Vernetzungskomponente als sehr geeignet erwiesen.

---

[1] Schwz. P. 211116, 23. 8. 38, GEBR. DE TREY A. G.

Bei Entwicklungsarbeiten auf dem Epoxydharzgebiet hat es sich bisher als hemmend erwiesen, daß es nur mit erheblicher Mühe möglich ist, eine Übersicht über die heute bekannten Bisphenole zu erhalten. Es sind in den letzten Jahren eine ganze Reihe neuer Bisphenole synthetisiert worden, jedoch liegt das Ziel ihres Einsatzes zum Teil auf Gebieten, fernab von Epoxydharzen. Die folgende Übersicht soll dazu beitragen, diesem Mangel abzuhelfen.

Einkernige zweiwertige Phenole

o-Dioxybenzol, Brenzcatechin

$$\text{C}_6\text{H}_4(\text{OH})_2 \qquad \text{F } 104°, \text{ Kp } 245°$$

Bei der Umsetzung äquimolekularer Mengen von Brenzcatechin, Epichlorhydrin oder Dichlorhydrin mit der berechneten Menge Alkali entsteht, wie oben ausgeführt, das cyclische Kondensationsprodukt Benz-2-oxmethyl-1,4-dioxan[1]. Bei der systematischen Durchprüfung hat A. M. Paquin[2] gefunden, daß das Dioxanderivat auch bei jeden anderen Mengenverhältnissen entsteht, sofern das Alkali in wäßriger Lösung vorliegt und das Reaktionsgemisch stets schwach phenolphthaleinalkalisch gehalten wird.

Nach Veräthern der einen Hydroxylgruppe haben A. Grün und W. Stoll[3] 1943, den Brenzcatechinmonoglycidyläther

$$\text{RO} \cdot \text{C}_6\text{H}_4 \cdot \text{O} \cdot \text{CH}_2 \cdot \text{CH}\!-\!\!\text{CH}_2$$
$$\diagdown\!\text{O}\!\diagup$$

herstellen können.

Erst 1954 ist es O. Stephenson[4] geglückt, durch Anwendung des 3- bis 4fachen Epichlorhydrinüberschusses in Gegenwart von Piperidinchlorhydrat als Katalysator, den Brenzcatechindiglycidyläther

$$\text{CH}_2\!-\!\!\text{CH} \cdot \text{CH}_2 \cdot \text{O} \cdot \text{C}_6\text{H}_4 \cdot \text{O} \cdot \text{CH}_2 \cdot \text{CH}\!-\!\!\text{CH}_2 \qquad \text{vom Kp}_{0,2} \text{ 132—140°}$$
$$\diagdown\!\text{O}\!\diagup \qquad\qquad\qquad\qquad\qquad\qquad \diagdown\!\text{O}\!\diagup$$

zu gewinnen.

Da Brenzcatechin relativ wohlfeil ist, dürfte sein Diglycidyläther für die Entwicklung von Epoxydharzen nicht uninteressant sein. Die Möglichkeit seiner Verwendung gibt S. O. S. Greenlee[5] schon 1943 an, in der Erwartung, daß der Diglycidyläther doch noch hergestellt werden könne.

m-Dioxybenzol, Resorcin

$$\text{C}_6\text{H}_4(\text{OH})_2 \qquad \text{F } 110,5°, \text{ Kp } 276°$$

---

[1] Fourneau, E. u. Mitarbeiter: C. A. **27**, 5738 (1933).
[2] Paquin, A. M.: Nicht veröffentlichte Versuche.
[3] J. Geigy: US 2336093 u. 2343053, 1943.
[4] Stephenson, O.: Soc. **1954**, 1571.
[5] US 2456408, 14. 9. 43, Devoe & Raynolds.

Die Herstellung eines härtenden Resorcindiglycidyläthers, der jedoch nicht in monomerer Form vorliegt, beschreibt P. CASTAN in den Auslandspatenten[1] des Schwz. P. 236594, welch letzteres das später eingefügte Beispiel mit Resorcin nicht enthält. Die Arbeitsweise ist die folgende: In eine auf 75° erwärmte Lösung von 110 g Resorcin in 2 Mol 20%iger Natronlauge werden im Verlauf einer halben Stunde 188 g Epichlorhydrin eingetropft, wobei sich ein Weichharz ausscheidet, das nach dem Waschen und Trocknen nach Einmischen von 5 g Piperidin ein bei 65° erweichendes Harz darstellt, das bei 100° in $1^1/_2$ Stunden härtet.

S. O. GREENLEE beschreibt die Verwendung von Resorcin für die Herstellung von Epoxydharzen in einer Reihe von Patenten[2].

Die Herstellung von monomerem Resorcindiglycidyläther

$$CH_2\!-\!CH\cdot CH_2\cdot O\cdot C_6H_4\cdot O\cdot CH_2\cdot CH\!-\!CH_2 \qquad\text{1. Isomer: } Kp_{0,04}\ 143°$$
$$\diagdown\!O\!\diagup \qquad\qquad\qquad\qquad\qquad\qquad \diagdown\!O\!\diagup \qquad\text{2. Isomer: } Kp_{0,04}\ 151°$$

haben E. G. WERNER und E. FARENHORST[3] beschrieben. Hierbei wird unter Verwendung von 4 Mol Epichlorhydrin auf 1 Mol Resorcin in eine Lösung von 110 g Resorcin in 370 g Epichlorhydrin bei 80° in einer Stickstoffatmosphäre eine 33%ige Lösung von 2 Mol Natriumhydroxyd in 16 Stunden eingetropft, wobei die Lösung zu keinem Zeitpunkt phenolphthalein-alkalisch werden darf. Der ölige Diglycidyläther wird nach dem Waschen und Trocknen im Hochvakuum fraktioniert.

Die Herstellung hochmolekularer verspinnbarer Umsetzungsprodukte von Resorcin mit Epichlorhydrin haben A. S. CARPENTER und E. R. WALLSGROVE[4] beschrieben. Es wird in der Weise gearbeitet, daß äquimolekulare Mengen von Resorcin, Epichlorhydrin und Alkali zum Monoglycidyläther umgesetzt werden, und dies Produkt durch längeres Erhitzen durch Polyaddition in eine hochmolekulare fadenziehende Masse übergeht.

p-Dioxybenzol, Hydrochinon

$$HO\!\!-\!\!\langle\ \rangle\!\!-\!\!OH \qquad\text{F 170—172°, Kp 285°}$$

Die Para-Stellung der beiden Hydroxylgruppen läßt diese Verbindung als besonders geeignet für die Herstellung höhermolekularer Verbindungen erscheinen. Sie läßt sich daher mit Vorteil für die von DEVOE & RAYNOLDS Co. und von der COURTAULDS LTD. mit Resorcin durchgeführten Arbeitsrichtungen verwenden. WERNER und FARENHORST haben auch vom Hydrochinon den monomeren Glycidyläther hergestellt:

$$CH_2\!-\!CH\cdot CH_2\cdot O\cdot C_6H_4\cdot O\cdot CH_2\cdot CH\!-\!CH_2 \qquad\text{1. Isomer: F 118—119°,}$$
$$\diagdown\!O\!\diagup \qquad\qquad\qquad\qquad\qquad\qquad \diagdown\!O\!\diagup \qquad\text{2. Isomer: F 89,5—90,5°}$$

Die beiden Isomere entstehen, wie dies auch beim Resorcin der Fall ist, in etwa der gleichen Menge.

---

[1] US 2444333, 2. 5. 44 — BP 579698, 24. 6. 44 — FP 907172, 13. 7. 44.
[2] US 2456408, 14. 9. 43 — US 2503726, 12. 5. 44 — US 2592560, 2. 11. 45 sowie in späteren Patenten, DEVOE & RAYNOLDS.
[3] US 2467171, 18. 6. 48, SHELL.
[4] BP 652024, 26. 11. 48, COURTAULDS LTD.

Die Überführung von chloriertem Hydrochinon in den Diglycidyläther, wie dies M. L. Clemens und H. Bramer[1] beschrieben haben, hat den Vorteil, daß wesentlich weniger polymere Anteile entstehen und bessere Löslichkeit des Umsetzungsproduktes besteht. Es wird in der Weise gearbeitet, daß 82,4 g Chlor-Hydrochinondichlorhydrin (die Stellung des Chloratoms ist ungeklärt) gelöst in 300 g Diisopropylketon und 67 g Wasser mit 115 g NaOH 50% und 0,5 g Natriumhydrosulfit in einer N_2-Atmosphäre 1 Stunde bei 70° behandelt werden.

1,2,3-Trioxybenzol, Pyrogallol

F 133°, Kp 294°

Die Verwendung von dreiwertigen Phenolen findet nur in sehr untergeordnetem Maße für die Herstellung von Epoxydharzen statt. Wegen seiner Sauerstoff-Empfindlichkeit muß bei allen Arbeiten mit Pyrogallol die Luft ausgeschlossen werden. J. D. Zech[2] erwähnt Pyrogallol zwar, jedoch wird kein Ausführungsbeispiel damit gegeben.

1,3,5-Trioxybenzol, Phloroglucin   F 217—219°, sublimiert

Die Verwendungsmöglichkeit für Epoxydharze wird von S. O. Greenlee[3] und von J. D. Zech[4] angegeben.

1,2,4-Trioxybenzol, Oxyhydrochinon   F 140—141°

Über die Verwendung dieser Verbindung für Epoxydharze ist nichts bekannt geworden. Vermutlich wird der hohe Preis wie beim Hydrochinon ein triftiger Grund dafür sein, es nicht für technische Entwicklungsarbeiten einzusetzen.

Phenolalkohole

Wenn auch Phenolalkohole nicht im eigentlichen Sinn als Polyphenole bezeichnet werden können, so sollen sie in diesem Zusammenhang doch erwähnt werden, da bei der Umsetzung mit Epichlorhydrin oder Dichlorhydrin in Gegenwart der berechneten Alkalimenge Methylolgruppen ähnlich reagieren wie phenolische Hydroxylgruppen.

2,4,6-Trimethylolphenol

wird nach R. W. Martin[5] u. a. in folgender Weise hergestellt: In eine Lösung von 90 g Natriumhydroxyd (2,25 Mol) in 70 g Wasser

---

[1] US 2682547, 1. 10. 52/29. 6. 54, Eastman Kodak Co.

[2] US 2712000, 31. 12. 51, Devoe & Raynolds.

[3] US 2592560, 2. 11. 45, Devoe & Reynolds.

[4] US 2712000, 31. 12. 51, Devoe & Reynolds.

[5] US 2579329, 18. 10. 49/18. 12. 51, General Electric Co.

17*

werden 188 g Phenol (2 Mol) eingetragen, wobei eine geringe Spontanerwärmung schnelle Auflösung bewirkt. Nach dem Abkühlen auf eine Temperatur, daß der entstehende Kristallbrei gerade noch rührbar ist, werden 588 g Formaldehyd 37,2%ig (7,3 Mol) einlaufen gelassen. Die Temperatur steigt hierbei auf 45° und fällt dann allmählich ab. Nach etwa eintägigem Stehen wird im Vakuum entwässert, bis zu einer Innenhöchsttemperatur von 45°. Durch Einrühren der halbfesten Masse in die 3fache Menge 96%igen Äthanols scheidet sich technisch reines 2,4,6-Trimethylolphenol als Kristallpulver in einer Menge von 335 g (81,3% d. Th.) aus. Die Identifizierung kann durch Überführen in das 2,4,6-Tri-(acetoxymethyl)-phenol durch Acetylieren mittels Essigsäureanhydrid in Pyridin erfolgen, wobei eine Verbindung erhalten wird, die von BRUNSON und McMULLEN[1] beschrieben wurde.

Nach diesem Verfahren haben K. HULTZSCH und J. REESE[2] aus m-Kresol das Trimethylolderivat und aus 3,5-Xylenol ein Gemisch aus der Di- und Trimethylolverbindung erhalten.

2-Allyl-4,6-dimethylolphenol

$$HOCH_2 \overset{OH}{\underset{CH_2OH}{\bigcirc}} CH_2 \cdot CH{=}CH_2$$

hat R. W. MARTIN[3] in analoger Weise durch Umsetzen von o-Allylphenolnatrium mit Formaldehyd hergestellt. Aus dieser Verbindung gewonnene Glycidyläther bieten neben der üblichen Härtung noch die Möglichkeit der Polymerisation.

Mehrkernige Polyphenole

Während einkernige Polyphenole für den Aufbau von Epoxydharzen oder anderen polymeren Verbindungen, die über die Glycidylätherstufe gewonnen werden, nur eine recht bescheidene Rolle spielen, haben sich bisher mehrkernige Polyphenole für diesen Zweck außerordentlich gut eingeführt. Es sind daher viele seit langem bekannte mehrkernige Polyphenole für die Herstellung von Epoxydharzen empfohlen oder mit gutem Erfolg angewandt worden. Ferner wurden in den letzten Jahren eine ganze Reihe neuer mehrkerniger Polyphenole synthetisiert, allerdings zumeist für andere Zwecke.

Dioxynaphthaline

Die 1:3-, 1:4-, 1:5-, 1:6-, 1:7-, 1:8-, 2:6- und 2:7-Dioxynaphthaline werden von S. O. GREENLEE für die Herstellung von Epoxydharzen empfohlen[4]. Ferner wurden die Gewinnung verspinnbarer Fäden daraus von A. S. CARPENTER, S. COLDFIELD und E. R. WALLSGROVE[5] beschrieben.

---

[1] BRUNSON u. McMULLEN: Am. Soc. **63**, 270 (1941).

[2] HULTZSCH, K., u. J. REESE: D.-Anm. C 6510, 7. 10. 52, CHEM. WERKE ALBERT.

[3] US 2707715, 30. 8. 52/3. 5. 55, GENERAL ELECTRIC CO.

[4] US 2592560, 2. 11. 45/15. 4. 52, DEVOE & RAYNOLDS.

[5] CARPENTER, A. S., S. COLDFIELD u. E. R. WALLSGROVE: BP 652024, 26. 11. 48 — BP 675665, 2. 3. 49, COURTAULDS LTD.

Di- und Polyoxyanthracene werden von S. O. S. Greenlee[1] für die Herstellung von Epoxydharzen empfohlen.

Diphenole

4,4'-Dioxydiphenyl   HO—⟨benzene⟩—⟨benzene⟩—OH   F 269—270°

ist schon 1871 von Engelhardt und Lotschinow[2] sowie von Döbner[3] und Schmidt und Schultz[4] durch Kalischmelze von Diphenyl-4,4'-disulfosäure, von Griess[5] durch Verkochen von Diphenyl-bis-diazoniumnitrat-4,4', von Schmidt und Schultz[6] durch Destillation von 4,4'-Dioxy-diphenylcarbonsäure-2 mit Kalk, von v. Bülow und v. Reden[7] durch Destillation von 4,4'-Dioxy-diphenyldicarbonsäure-3,3' mit Kalk sowie von Hirsch[8] durch Verkochen von diazotiertem Benzidin hergestellt worden. (50 g Benzidin werden in 1 l Wasser mit 60 ml konz. Salzsäure gelöst, dann auf 5 l verdünnt, dazu 200 g Schwefelsäure konz. und eine Lösung von 37 g Natriumnitrit in 180 ml Wasser eingetragen und, nach einigem Stehen, unter Dampfeinleiten die Diazoniumverbindung verkocht.) Diese Vorschrift mag mutatis mutandis auch für alle anderen Verbindungen gelten, in denen Dioxyphenole durch Verkochen von Diazoniumverbindungen gewonnen werden.

Obgleich die Verwendung von 4,4'-Dioxydiphenyl schon in frühen Patentschriften für die Herstellung von Epoxydharzen empfohlen wird, lagen doch Schwierigkeiten in seiner Verwendung vor, da das sehr schwer lösliche Produkt während seiner Umsetzung mit Epichlorhydrin oder Dichlorhydrin mit der erforderlichen Menge Alkali nicht in Lösung geht und man im allgemeinen ein Gemisch von unverändertem Anfangsmaterial mit polymerem Diphenolglycidyläther erhält.

Die Gewinnung von niedermolekularem Diphenoldiglycidyläther ist erst 1952 S. O. Greenlee[9] gelungen. Seine Versuche unter Verwendung von 4 l Wasser auf 1 Mol Diphenol und 2 Mol Natriumhydroxyd bei 100° führten bei Anwendung verschiedener Mengen Epichlorhydrin zu den folgenden Ergebnissen:

2   Mol bilden amorphes Pulver v. F 250—260° mit Epoxydäquivalent 896
1,5 Mol bilden amorphes Pulver v. F 260—270° mit Epoxydäquivalent 1430
1,2 Mol bilden amorphes Pulver v. F 280—290° mit Epoxydäquivalent 2400
30 Mol bilden kristall.   Pulver v. F 160—161° mit Epoxydäquivalent 155

Der letztgenannte Versuch unter Verwendung von 30 Mol Epichlorhydrin erfolgte im wasserfreien Medium, wobei beim Erwärmen auf 110° klare Lösung eintritt, während bei den ersten drei Versuchen von Anfang bis zum Schluß ein ungelöstes weißes Pulver vorliegt. Der kristalline niedermolekulare Diphenoldiglycidyläther mit dem niederen Schmelzpunkt eignet sich für die Herstellung von Epoxydharzen für jeden Verwendungszweck. Er läßt sich leicht mit höheren Fettsäuren verestern und ist daher auch für Lackzwecke geeignet. Diese Dar-

[1] Greenlee, S. O. S.: US 2592560, 2. 11. 45, Devoe & Raynolds.
[2] Engelhardt u. Lotschinow: C. **1871**, I, 260.
[3] Döbner: B. **9**, 130 u. 272. — [4] Schmidt u. Schultz: A. **207**, 337.
[5] Griess: Soc. **20**, 96. — [6] Schmidt u. Schultz: A. **207**, 346.
[7] v. Bülow u. v. Reden: B. **31**, 2577. — [8] Hirsch: B. **22**, 335.
[9] US 2698315, 21. 10. 52/28. 12. 54, Devoe & Raynolds.

stellung läßt sich auch auf Diphenole übertragen, bei denen die Hydroxylgruppen andere Stellungen aufweisen.

2,2′-Dioxydiphenyl 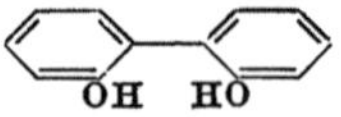   F 71—73°, Kp 326°

wurde durch KRÄMER und WEISSGERBER[1] durch Kalischmelze von Diphenylenoxyd bei 200—230°, von LIMPRICHT[2] sowie DIELS und BIBERGEIL[3] durch Kalischmelze von Diphenyl-2,2′-disulfonsäure hergestellt.

2,4′-Dioxydiphenyl 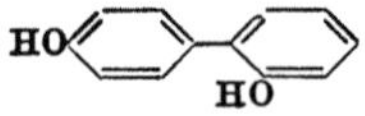   F 156—158°, Kp 342°

wurde von LINCKE[4] durch Kalischmelze von Diphenyl-2,4′-disulfosäure und von HERZIG[5] unter Verwendung der o-Verbindung sowie von SCHMIDT, SCHULTZ und STRASSER[6] durch Verkochen von 2,4-Diphenylin nach der Diazotierung erhalten.

3,3′-Dioxydiphenyl 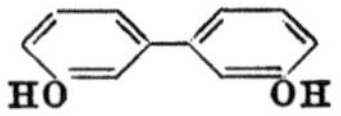   F 123°

wurde von SCHULTZ und KOHLHAUS[7] durch Kalischmelze von Diphenyl-3,3′-disulfosäure und von HÄUSSERMANN und TEICHMANN[8] durch Verkochen von diazotiertem 3,3′-Diaminodiphenyl gewonnen.

4,4′-Dioxy-2-methyl-diphenyl 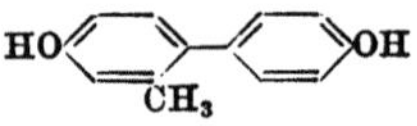   F 155—157°

wurde von JACOBSON und NANNINGA[9] durch Verkochen von diazotiertem 4,4′-Diamino-2-methyl-diphenyl hergestellt.

4,4′-Dioxy-2,2′-dimethyl-diphenyl 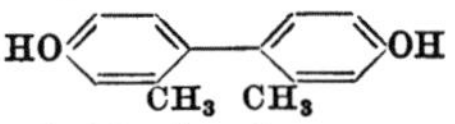   F 114°

wurde von SCHULTZ und RHODE[10] durch Verkochen von diazotiertem 4,4′-Diamino-2,2′-dimethyl-diphenyl erhalten.

4,4′-Dioxy-3,3′-dimethyl-diphenyl 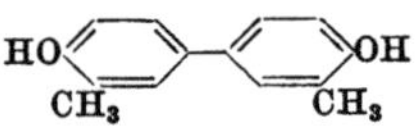   F 155—157°

wurde durch GERBER[11], HOBBS[12] und WINSTON[13] durch Verkochen von diazotiertem 4,4′-Diamino-3,3′-dimethyl-diphenyl erhalten.

6,6′-Dioxy-3,3′-diäthyl-diphenyl 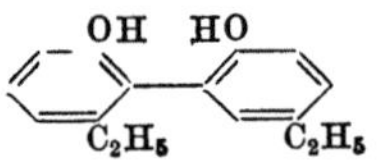   F 131°

wurde von ONO[14] durch elektrolytische Oxydation von Äthylbenzol oder von 4-Äthylphenol im Gemisch mit Aceton und verdünnter Schwefelsäure an einer Bleianode erhalten.

---

[1] KRÄMER u. WEISSGERBER: B. **34**, 1665. — [2] LIMPRICHT: A. **261**, 332.
[3] DIELS u. BIBERGEIL: B. **35**, 403.
[4] LINCKE: J. prakt. Chem. (2) **8**, 44. — [5] HERZIG: B. **13**, 2234.
[6] SCHMIDT, SCHULTZ u. STRASSER: A. **207**, 357.
[7] SCHULTZ u. KOHLHAUS: B. **39**, 3343.
[8] HÄUSSERMANN u. TEICHMANN: B. **27**, 2108.
[9] JACOBSON u. NANNINGA: B. **28**, 2551.
[10] SCHULTZ u. RHODE: C. **1902**, II, 1447.
[11] GERBER: B. **21**, 749. — [12] HOBBS: B. **21**, 1067.
[13] WINSTON: Am. Soc. **31**, 127. — [14] ONO: Helv. **10**, 49.

Dioxydibenzyle

2,2'-Dioxydibenzyl $-CH_2 \cdot CH_2-$ F 115°
(OH)   (HO)

wurde von THIELE und HOLZINGER[1] durch Verkochen von diazotiertem 2,2'-Diaminobenzyl erhalten.

4,4'-Dioxydibenzyl $HO-\langle\rangle-CH_2 \cdot CH_2-\langle\rangle-OH$ F 189°

wurde von HEUMANN und WIERNIK[2] durch Verkochen von diazotiertem 4,4'-Diaminobenzyl erhalten.

Diese Dioxybenzyle werden von S. O. GREENLEE[3] als geeignet für die Herstellung von Epoxydharzen angeführt.

Dioxydiphenylmethane

Nachdem P. CASTAN in seinem Epoxydharz-Pionier-Patent, Schwz. P. 211116 vom 23. 8. 38,

4,4'-Dioxy-diphenyl-2,2-propan $HO\langle\rangle\overset{CH_3}{\underset{CH_3}{C}}\langle\rangle HO$ F 153—154° Kp_{12} 250—252°

zur Grundlage von technisch brauchbaren Epoxydharzen mit hervorragenden Eigenschaften gemacht hatte, trat dieses Bisphenol in den Mittelpunkt des Interesses bei den Firmen, welche die Auswertung dieser Erfindung in größerem Maßstabe in die Hand nahmen. Der Einfachheit halber wurde dieses Bisphenol international als „Bisphenol A", was auf die zur Herstellung desselben benötigte Acetonkomponente weist, bezeichnet. Diese Bezeichnung wird in folgendem übernommen.

Bisphenol A ist bereits lange bekannt und seine Herstellung ist einfach. Sie erfolgt durch Kondensation von 2 Mol Phenol mit 1 Mol Aceton, katalysiert durch Mineralsäuren. Sie wird beschrieben von ZINCKE und GRÜTERS[4], von SCHMIDLING und LANG[5], von A. MÜLLER[6], von J. v. BRAUN[7] sowie in einigen Patentschriften von SCHERING-KAHLBAUM[8] und der CHEMISCHEN WERKE ALBERT[9].

Die Herstellung kann beispielsweise folgendermaßen erfolgen: In ein eisgekühltes Gemisch von 500 g Phenol und 190 g Aceton werden in etwa 2 Stunden 535 g konzentrierte Schwefelsäure eingetropft, wobei die Temperatur 15—20° betragen soll. Der dicke Kristallbrei wird durch Eiswasser verdünnt, abgesaugt und aus 40%iger Essigsäure umkristallisiert. Statt Schwefelsäure kann auch konzentrierte Salzsäure angewandt werden.

Die Herstellung von Bisphenol A aus Phenol und Dimethylolharnstoff beschreibt R. W. MARTIN[10]. Beispielsweise werden 3000 g Phenol

[1] THIELE u. HOLZINGER: A. **305**, 99. — [2] HEUMANN u. WIERNIK: B. **20**, 914.
[3] US 2592560, 2. 11. 45, DEVOE & RAYNOLDS.
[4] ZINCKE u. GRÜTERS: A. **85**, 343. — [5] SCHMIDLING u. LANG: B. **43**, 2814.
[6] MÜLLER, A.: Ch. Ztg. **45**, 632. — [7] v. BRAUN, J.: A. **472**, 65.
[8] DRP 467640, 478273 von **1929** — DRP 511210 (v. DIESBACH) — US 2359242, 23. 8. 41, „SCHERING KAHLBAUM".
[9] DRP 474778, **1930**, CHEMISCHE WERKE ALBERT.
[10] US 2617832, 28. 6. 51/11. 11. 52, GENERAL ELECTRIC CO.

bei 45° geschmolzen und dann mit 10 ml 40%ige Salzsäure versetzt. Innerhalb einer Stunde trägt man eine Aufschlämmung von 300 g Dimethylolharnstoff in 600 ml Wasser unter lebhaftem Rühren bei 45—60° ein und rührt $1^1/_2$ Stunden bei dieser Temperatur nach. Dann werden 200 ml konzentrierte Salzsäure zugegeben und das Rühren noch eine Stunde bei 100° fortgesetzt. Nach Abdestillieren des Flüchtigen im Vakuum wird aus Wasser umkristallisiert. Man erhält 898 g reines Bisphenol, entsprechend einer Ausbeute von 48% d. Th.

Ausgehend von Cumol

$$\text{C}_6\text{H}_5-\overset{\overset{\displaystyle CH_3}{|}}{\underset{\underset{\displaystyle CH_3}{|}}{CH}} \qquad \text{Isopropylbenzol}$$

ist 4,4'-Dioxy-diphenyl-2,2-propan in verschiedener Weise hergestellt worden.

Die CHEMISCHEN WERKE ALBERT[1] gehen in der Weise vor, daß das Hydroperoxyd des Cumols durch Hydrolyse in 1 Mol Phenol und 1 Mol Aceton gespalten und, nach Zugabe eines weiteren Mol Phenol, mit Schwefelsäure kondensiert wird. Beispielsweise wird ein Hydrolysengemisch von 61 g Phenol und 36 g Aceton mit 45 g Phenol versetzt und dieses Gemisch in 450 g 40° warme 72%ige Schwefelsäure eingetragen. Es werden 77% d. Th. an Bisphenol A erhalten.

Ein späteres Patent von H. DANNENBERG[2] beschreibt ein einfacheres Verfahren, nach dem direkt an Cumolperoxyd in schwefelsaurer Lösung Phenol ankondensiert wird mit Hilfe eines Mercaptan-Katalysators. Die Arbeitsweise ist die folgende: In eine 102 g Cumolperoxyd enthaltende 20%ige Lösung in Cumol wird im Verlauf von 2 Stunden bei 2—8° eine eiskalte Lösung von 212 g Phenol in 74 g 80%iger Schwefelsäure eingetragen. Nach Erwärmen auf 25° wird 1 g Äthylmercaptan zugegeben und 6 Stunden bei 55° gerührt und 7 Tage stehengelassen, wobei Bisphenol A in zunehmendem Maße auskristallisiert. Ausbeute 44,6% d. Th.

Die Steigerung der Fabrikation von Epoxydharzvorprodukten, die auf Bisphenol A aufgebaut sind, und sich in USA belief auf:

1954: 5000 T
1955: 8000 T
1956: 10000 T (davon 75% für Anstrichmittel, 25% für Gießharze, Klebmittel und Schichtstoffe)[3]

zeigt sich vor allem in der Bisphenol A herstellenden Industrie. So konnte z. B. die MONSANTO CHEMICAL CORPORATION die Produktion von

[1] FP 1066745, 21. 11. 52/9. 6. 54; D.-Pri. 17. 3. 52, CHEMISCHE WERKE ALBERT.

[2] FP 1088056, 24. 11. 53/2. 3. 55; US.-Pri. 24. 11. 52, N. V. BATAAFSCHE PETR. MIJ.

[3] Kunst. Juli 1957, 385.

Bisphenol A 1956 auf etwa 30 Millionen lb. steigern, was ungefähr einer Verdoppelung gegenüber 1955 entspricht[1].

H. L. BENDER, A. G. FARNHAM und J. W. GUYER[2] haben durch Kondensation mit Aceton die folgenden Dioxydiphenyl-2,2-propane hergestellt und zu Epoxydharzen verarbeitet:

2,2'-Dioxydiphenyl-2,2-propan	3,5'-Dioxydiphenyl-2,2-propan
2,3'-Dioxydiphenyl-2,2-propan	3,6'-Dioxydiphenyl-2,2-propan
2,4'-Dioxydiphenyl-2,2-propan	4,5'-Dioxydiphenyl-2,2-propan
2,5'-Dioxydiphenyl-2,2-propan	4,6'-Dioxydiphenyl-2,2-propan
2,6'-Dioxydiphenyl-2,2-propan	5,5'-Dioxydiphenyl-2,2-propan
3,3'-Dioxydiphenyl-2,2-propan	5,6'-Dioxydiphenyl-2,2-propan
3,4'-Dioxydiphenyl-2,2-propan	6,6'-Dioxydiphenyl-2,2-propan

Es hat den Anschein, als ob diese Isomere gegenüber der üblichen 4,4'-Verbindung keine Vorteile aufweisen.

Das Prinzip der sauren Kondensation von 2 Mol Phenol mit 1 Mol Aceton läßt sich auch auf andere Ketone und auch auf Aldehyde übertragen. Ferner können für diese Umsetzung auch substituierte Phenole herangezogen werden, so daß folgende schematische Formel alle herstellbaren Bisphenole ausdrückt:

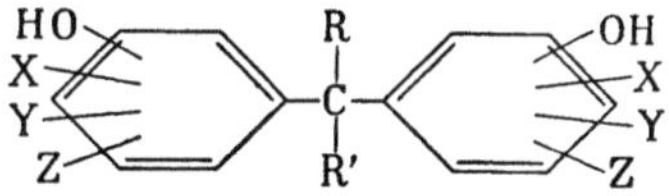

$$\text{HO—}\underset{\substack{X\\Y\\Z}}{\bigcirc}\text{—}\underset{R'}{\overset{R}{C}}\text{—}\underset{\substack{X\\Y\\Z}}{\bigcirc}\text{—OH}$$

wobei X, Y, Z = H, Alkyl, Aryl, Cycloalkyl oder Halogen, R, R' = H, Alkyl, Aryl oder Cycloalkyl sein kann. Bei der Prüfung der Geeignetheit von substituierten Bisphenolen für die Herstellung von Epoxydharzen hat es sich gezeigt, daß eine zu große Belastung des Brückenkohlenstoffatoms ungünstig wirkt. Die beiden Substituenten R und R' sollen zusammen nicht mehr als 12 Kohlenstoffatome aufweisen.

Eine Reihe substituierter Bisphenole sind von J. A. ARVIN[3] zwecks Gewinnung nicht härtender Harze hergestellt und mit Dichloralkylen umgesetzt worden. Auch die CIBA[4] empfiehlt Dioxydiphenylmethan, Dioxydiphenylmethylmethan und Dioxydiphenyldimethylmethan für die Herstellung von Epoxydharzen.

Nach dem erwähnten Amerikanischen Patent 2506486 der BAKELITE CORP. werden Bisphenole, bei denen die Hydroxylgruppen vorzugsweise die Stellungen 2:2', 2:3', 2:4', 3:3', 3:4' und 4:4' aufweisen angeführt und auf ihre Verwendungsmöglichkeit geprüft wurden. Diese Bisphenole besitzen die allgemeine Formel:

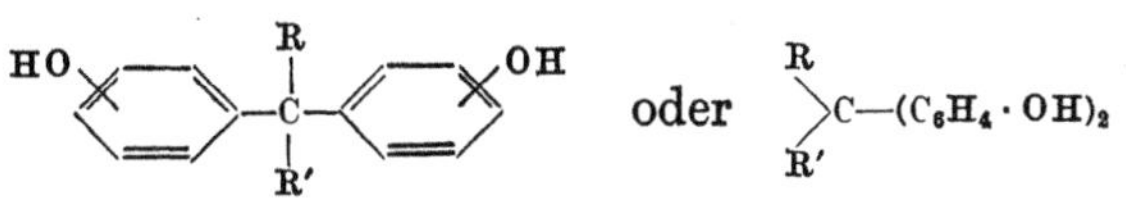

$$\text{HO—}\bigcirc\text{—}\underset{R'}{\overset{R}{C}}\text{—}\bigcirc\text{—OH} \qquad \text{oder} \qquad \underset{R'}{\overset{R}{>}}C\text{—}(C_6H_4\cdot OH)_2$$

[1] Mod. Pla., July 1957, 47.
[2] US 2506486, 21. 4. 48, BAKELITE CORP.
[3] US 2060715, 13. 1. 33/10. 11. 36, E. I. DU PONT DE NEMOURS.
[4] Schwz. P. 251647, 13. 7. 45, CIBA.

Im folgenden sind die verwendeten Komponenten und die daraus erhaltenen Bisphenole zusammengestellt:

Formaldehyd:
Dioxydiphenylmethan $\qquad CH_2(C_6H_4 \cdot OH)_2$

Acetaldehyd:
Dioxydiphenyl-methylmethan $\qquad \dfrac{CH_3}{H}{>}C{=}(C_6H_4 \cdot OH)_2$

das bereits von Lunjak[1], Zincke[2] und von Claus und Trainer[3] hergestellt wurde.

Propionaldehyd:
Dioxydiphenyl-äthylmethan $\qquad \dfrac{C_2H_5}{H}{>}C{=}(C_6H_4 \cdot OH)_2$

Methyläthylketon:
Dioxydiphenyl-methyläthylmethan $\qquad \dfrac{CH_3}{C_2H_5}{>}C{=}(C_6H_4 \cdot OH)_2$

Diäthylketon:
Dioxydiphenyl-diäthylmethan $\qquad \dfrac{C_2H_5}{C_2H_5}{>}C{=}(C_6H_4 \cdot OH)_2$

Methylpropylketon:
Dioxydiphenyl-methylpropylmethan $\qquad \dfrac{CH_3}{C_3H_7}{>}C{=}(C_6H_4 \cdot OH)_2$

Dipropylketon:
Dioxydiphenyl-dipropylmethan $\qquad \dfrac{C_3H_7}{C_3H_7}{>}C{=}(C_6H_4 \cdot OH)_2$

Methylhexylketon:
Dioxydiphenyl-methylhexylmethan $\qquad \dfrac{CH_3}{C_6H_{13}}{>}C{=}(C_6H_4 \cdot OH)_2$

Dihexylketon:
Dioxydiphenyl-dihexylmethan $\qquad \dfrac{C_6H_{13}}{C_6H_{13}}{>}C{=}(C_6H_4 \cdot OH)_2$

Methylcyclohexylketon:
Dioxydiphenyl-methylcyclohexylmethan $\qquad \dfrac{CH_3}{C_6H_{11}}{>}C{=}(C_6H_4 \cdot OH)_2$

Dicyclohexylketon:
Dioxydiphenyl-dihexylmethan $\qquad \dfrac{C_6H_{11}}{C_6H_{11}}{>}C{=}(C_6H_4 \cdot OH)_2$

Benzaldehyd:
Dioxydiphenyl-phenylmethan $\qquad \dfrac{C_6H_5}{H}{>}C{=}(C_6H_4 \cdot OH)_2$

Acetophenon:
Dioxydiphenyl-methylphenylmethan $\qquad \dfrac{CH_3}{C_6H_5}{>}C{=}(C_6H_4 \cdot OH)_2$

Propiophenon:
Dioxydiphenyl-äthylphenylmethan $\qquad \dfrac{C_2H_5}{C_6H_5}{>}C{=}(C_6H_4 \cdot OH)_2$

Butyrophenon:
Dioxydiphenyl-propylphenylmethan $\qquad \dfrac{C_3H_7}{C_6H_5}{>}C{=}(C_6H_4 \cdot OH)_2$

Butylphenylketon:
Dioxydiphenyl-butylphenylmethan $\qquad \dfrac{C_4H_9}{C_6H_5}{>}C{=}(C_6H_4 \cdot OH)_2$

Benzophenon:
Dioxydiphenyl-diphenylmethan $\qquad \dfrac{C_6H_5}{C_6H_5}{>}C{=}(C_6H_4 \cdot OH)_2$

Methylbenzaldehyd:
Dioxydiphenyl-tolylmethan $\qquad \dfrac{H}{CH_3 \cdot C_6H_4}{>}C{=}(C_6H_4 \cdot OH)_2$

---

[1] Lunjak: C. 1904, I, 1650. — [2] Zincke: A. 363, 255.
[3] Claus u. Trainer: B. 19, 3009.

Methyltolylketon:
Dioxydiphenyl-methyltolylmethan
$$\begin{array}{l}CH_3\\CH_3 \cdot C_6H_4\end{array}\!\!\!\diagdown C = (C_6H_4 \cdot OH)_2$$

Äthyltolylketon:
Dioxydiphenyl-äthyltolylmethan
$$\begin{array}{l}C_2H_5\\CH_3 \cdot C_6H_4\end{array}\!\!\!\diagdown C = (C_6H_4 \cdot OH)_2$$

Hexylphenylketon:
Dioxydiphenyl-hexylphenylmethan
$$\begin{array}{l}C_6H_{13}\\C_6H_5\end{array}\!\!\!\diagdown C = (C_6H_4 \cdot OH)_2$$

Cyclohexanon:
Dioxydiphenyl-cyclohexan
$$C_6H_{10} = (C_6H_4 \cdot OH)_2$$

Methylcyclohexanon:
Dioxydiphenyl-methylcyclohexan
$$CH_3 \cdot C_6H_9 = (C_6H_4 \cdot OH)_2$$

Auch durch Kondensation von substituierten Phenolen mit Aldehyden oder Ketonen sind Bisphenole hergestellt worden, bei denen die Hydroxylgruppen vorzugsweise die 4,4'-, die Substituenten die 2:2'-, 3:3'-, 5:5'- und 6:6'- Stellung einnehmen. Durch Kondensation mit Aceton sind beispielsweise die folgenden Bisphenole bekannt geworden:

4,4'-Dioxy-3-methyl-diphenyl-2,2-propan $\qquad (CH_3)_2 \cdot C\diagdown\!\!\!\begin{array}{l}C_6H_4OH\\C_6H_3 \cdot (CH_3) \cdot OH\end{array}$

4,4'-Dioxy-3,5-dimethyl-diphenyl-2,2-propan $\quad (CH_3)_2 \cdot C \cdot (C_6H_3 \cdot (CH_3) \cdot OH)_2$

4,4'-Dioxy-diäthyl-diphenyl-2,2-propan $\qquad (CH_3)_2 \cdot C \cdot (C_6H_3 \cdot (C_2H_5) \cdot OH)_2$

4,4'-Dioxy-dipropyl-diphenyl-2,2-propan $\qquad (CH_3)_2 \cdot C \cdot (C_6H_3 \cdot (C_3H_7) \cdot OH)_2$

4,4'-Dioxy-dibutyl-diphenyl-2,2-propan $\qquad (CH_3)_2 \cdot C \cdot (C_6H_3 \cdot (C_4H_9) \cdot OH)_2$

4,4'-Dioxy-dipentyl-diphenyl-2,2-propan $\qquad (CH_3)_2 \cdot C \cdot (C_6H_3 \cdot (C_5H_{11}) \cdot OH)_2$

4,4'-Dioxy-dihexyl-diphenyl-2,2-propan $\qquad (CH_3)_2 \cdot C \cdot (C_6H_3 \cdot (C_6H_{13}) \cdot OH)_2$

4,4'-Dioxy-3,3'-diisopropyl-diphenyl-2,2-propan $\qquad (CH_3)_2 \cdot C \cdot (C_6H_3 \cdot (C_3H_7) \cdot OH)_2$

Letztere ist eine in Mineralölen lösliche Verbindung, die von E. B. Cyphers und D. W. Young[1] hergestellt wurde und als Alterungsschutz für Mineralöle empfohlen wird.

Es ist sogar gelungen, 2 Mol Bisphenol A mit 1 Mol Aceton oder mit anderen Ketonen oder Aldehyden in der vorerwähnten Weise zu kondensieren. So haben D. W. Young und D. L. Cottle[2] eine Reihe von Polydiphenylalkan-Verbindungen hergestellt, unter anderen Bis-(4,4'-dioxydiphenyl-2,2-propan)-2,2-propan

$$\begin{array}{c}
CH_3\\
HO-C_6H_4-\overset{|}{\underset{|}{C}}-C_6H_4-OH\\
CH_3\\
H_3C \cdot \overset{|}{\underset{|}{C}} \cdot CH_3\\
CH_3\\
HO-C_6H_4-\overset{|}{\underset{|}{C}}-C_6H_4-OH\\
CH_3
\end{array}$$

---

[1] US 2691001, 23. 7. 52/5. 10. 54, Standard Oil Co.

[2] US 2716096, 27. 3. 51, Div. 28. 7. 52/23. 8. 55, Esso Research and Engineering Co.

An Stelle einer Verbindung mit 4 OH-Gruppen sind auch solche mit nur zwei freien OH-Gruppen hergestellt worden bei denen zwei parallele OH-Gruppen veräthert sind. Verbindungen dieser Art werden als Stabilisierungsmittel für halogenhaltige Polymere (Polyvinylchlorid, gechlorte Paraffinwachse) und als Alterungsschutz für Öle und Kautschuk empfohlen. Die Möglichkeit der Verwendungsfähigkeit sowohl der Verbindungen mit 2 OH-Gruppen als auch derjenigen mit 4 OH-Gruppen für den Aufbau von Epoxydharzen ist nicht von der Hand zu weisen.

Auch halogensubstituierte Phenole sind mit Aldehyden oder Ketonen zu Bisphenolen kondensiert worden. So beschreibt die BAKELITE Co. in ihrem erwähnten Amerikanischen Patent die folgenden 4,4'-Dioxyhalogendiphenyl-2,2-propane:

4,4'-Dioxy-dichlor-diphenyl-2,2-propan	$(CH_3)_2 \cdot C \cdot (Cl \cdot C_6H_3 \cdot OH)_2$
4,4'-Dioxy-tetrachlor-diphenyl-2,2-propan	$(CH_3)_2 \cdot C \cdot (Cl_2 \cdot C_6H_2 \cdot OH)_2$
4,4'-Dioxy-hexachlor-diphenyl-2,2-propan	$(CH_3)_2 \cdot C \cdot (Cl_3 \cdot C_6H \cdot OH)_2$
4,4'-Dioxy-difluor-diphenyl-2,2-propan	$(CH_3)_2 \cdot C \cdot (F \cdot C_6H_3 \cdot OH)_2$
4,4'-Dioxy-tetrafluor-diphenyl-2,2-propan	$(CH_3)_2 \cdot C \cdot (F_2 \cdot C_6H_2 \cdot OH)_2$
4,4'-Dioxy-hexafluor-diphenyl-2,2-propan	$(CH_3)_2 \cdot C \cdot (F_3 \cdot C_6H \cdot OH)_2$
4,4'-Dioxy-dichlor-difluor-diphenyl-2,2-propan	$(CH_3)_2 \cdot C \cdot (Cl \cdot F \cdot C_6H_2 \cdot OH)_2$
4,4'-Dioxy-tetrachlor-difluor-diphenyl-2,2-propan	$(CH_3)_2 \cdot C \cdot (Cl_2 \cdot F \cdot C_6H \cdot OH)_2$
4,4'-Dioxy-dichlor-tetrafluor-diphenyl-2,2-propan	$(CH_3)_2 \cdot C \cdot (Cl \cdot F_2 \cdot C_6H \cdot OH)_2$

Ein Tetraoxydiphenylpropan, und zwar

$$2,2',4,4'\text{-Tetraoxydiphenyl-2,2-propan} \qquad (CH_3)_2 \cdot C \Big\langle \begin{smallmatrix} C_6H_3 \langle \begin{smallmatrix} OH \\ OH \end{smallmatrix} \\ C_6H_3 \langle \begin{smallmatrix} OH \\ OH \end{smallmatrix} \end{smallmatrix}$$

wird von S. O. GREENLEE[1] neben einigen aus unsymmetrischen Ketonen hergestellten Bisphenolen als geeignet für den Aufbau von Epoxydharzen angeführt.

Naturgemäß liegt der Preis aller dieser aus Aldehyden oder Ketonen aufgebauten Bisphenole höher als derjenige des inzwischen wesentlich billiger gewordenen Bisphenol A. Dies schließt aber nicht aus, daß systematische Prüfungen mit allen greifbaren Bisphenolen weitergehen, in der Erwartung, daß schließlich eine bestimmte Verbindung überraschende Eigenschaften aufweisen könnte.

An Diphenylolmethanen, die aus Phenolen und Formaldehyd hergestellt werden, sind die folgenden schon seit längerer Zeit bekannt:

2,2'-Dioxydiphenylmethan, $CH_2 \cdot (C_6H_4 \cdot OH)_2$ F 108°, wurde von DIELS und ROSENMUND[2] durch Behandeln des Umsetzungsproduktes

---

[1] US 2510885/6, 8. 3. 46/6. 6. 50, DEVOE & RAYNOLDS Co.
[2] DIELS u. ROSENMUND: B. **39**, 2362.

von p-Bromanisol und Formaldehyd mit Schwefelsäure bei —10°
gewonnen.

2,4'-Dioxydiphenylmethan, $CH_2 \cdot (C_6H_4 \cdot OH)_2$ F 117—118°, wurde
von WAGNER[1] durch Verkochen des Diazotierungsproduktes von 2,4'-
Diaminodiphenylmethan hergestellt.

3,3'-Dioxydiphenylmethan, $CH_2 \cdot (C_6H_4 \cdot OH)_2$ F 103°, wurde von
AUWERS und RIETZ[2] durch Verkochen des Diazotierungsproduktes von
3,3'-Diaminodiphenylmethan erhalten.

4,4'-Dioxydiphenylmethan, $CH_2 \cdot (C_6H_4 \cdot OH)_2$ F 158°, ist das am meisten interessierende Diphenylolmethan und wurde vielfach bearbeitet. Es
wurde hergestellt von EBERHARDT und WALTER[3] sowie von STÄDEL,
HAASE und MOYAT[4] durch Verkochen des Diazotierungsproduktes von
4,4'-Diaminodiphenylmethan, und von STÄDEL und BECK[5] durch Kalischmelze des Kaliumsalzes der Diphenylmethandisulfonsäure-4,4'.

4,5'-Dioxy-2'-methyldiphenylmethan
$$CH_2 \begin{cases} C_6H_4 \cdot OH \\ C_6H_3 \cdot (CH_3) \cdot OH \end{cases}$$
F 138—139°

wird nach GATTERMANN[6] durch Verkochen des Diazotierungsproduktes von 4,5'-Diamino-2'-methyldiphenylmethan hergestellt.

4,4'-Dioxy-3-methyldiphenylmethan
$$CH_2 \begin{cases} C_6H_4 \cdot OH \\ C_6H_3 \cdot (CH_3) \cdot OH \end{cases}$$

wurde von AUWERS und RIETZ[7] durch Verkochen des Diazotierungsproduktes von 4,4'-Diamino-3-methyldiphenylmethan erhalten.

2,2'-Dioxy-3,3'-dichlor-5,5'-di-p-tert.-butyldiphenylmethan   F 123—124°

hat P. J. STOFFEL[8] hergestellt, durch Eintragen von 8 ml konzentrierter Schwefelsäure in eine Lösung von 92,3 g p-tert.-Butyl-o-chlorphenol
und 7,5 g Trioxymethylen in 50 ml Eisessig bei 5—10° mit anschließendem 3stündigem Erhitzen bei 95°. Aus dem mit Wasser verdünnten
Reaktionsgemisch kristallisiert die Verbindung in Täfelchen aus und
wird aus Benzol umkristallisiert. Die Verbindung ist als Antiseptikum
vorgesehen.

2,2'-Dioxy-3,3',5,5'-tetramethyldiphenylmethan

F 148° (ZINKE, ZIEGLER), F 150—152° (MARTIN)

beschreiben ZINKE und ZIEGLER[9].

[1] WAGNER: J. prakt. Chem. (2), **65**, 313.
[2] AUWERS u. RIETZ: A. **356**, 157. — [3] EBERHARDT u. WALTER: B. **27**, 1814.
[4] STÄDEL, HAASE u. MOYAT: A. **283**, 163.
[5] STÄDEL u. BECK: A. **194**, 318. — [6] GATTERMANN: B. **26**, 1855 u. 2811.
[7] AUWERS u. RIETZ: A. **356**, 153
[8] US 2671813, 2. 11. 51/9. 3. 54, MONSANTO CHEM. Co.
[9] ZINKE u. ZIEGLER: B. **74**, B. 205—214, 1941.

Seine technische Gewinnung wird von R. W. Martin[1] in der Weise beschrieben, daß 30 g 2,4-Dimethylphenol in 30 g Eisessig mit 5 ml konzentrierter Salzsäure gelöst, bei 80—90° mit einer Lösung von 3 g Dimethylolharnstoff in 25 ml Wasser versetzt und anschließend 50 Minuten gekocht werden. Das beim Erkalten auskristallisierende Bisphenol wird aus Wasser umkristallisiert.

Eine Reihe anderer 2,2'-Dioxy-3,3',5,5'-Dialkylphenole beschreibt H. W. Steward[2].

Zwecks Gewinnung besonders reiner Diphenylolmethane haben D. B. Luten, S. A. Ballard und C. G. Schwarzer[3] ein Verfahren entwickelt, bei dem wasserfrei gearbeitet wird. Hierbei werden Dialkylmercaptomethane in Gegenwart von sauren Katalysatoren mit Phenolen kondensiert, wobei Alkylmercaptane abgespalten werden:

$$
\begin{array}{ccc}
\text{R}' & & \text{R}' \\
| & & | \\
\text{RS—C—SR} + 2\,\text{HO·C}_6\text{H}_5 & \rightarrow & \text{HO·C}_6\text{H}_4\text{—C—C}_6\text{H}_4\text{OH} + 2\,\text{R·SH} \\
| & & | \\
\text{R}' & & \text{R}'
\end{array}
$$

An Stelle von Phenol können auch substituierte Phenole, bei denen mindestens noch ein nichtsubstituiertes Wasserstoffatom vorhanden ist, angewandt werden. Dieses Verfahren arbeitet besonders günstig und gestattet die Herstellung jedes gewünschten Diphenylolmethans durch Auswahl der entsprechenden phenolischen und Dialkylmercaptmethankomponenten. Beispielsweise kann 4,4'-Dioxydiphenyl-2,2-propan mittels 2,2-Dibutylthiopropan in der Weise hergestellt werden, daß 1,2 Mol 2,2-Dibutylthiopropan bei gewöhnlicher Temperatur in 2 Mol Phenol unter gleichzeitigem Einleiten von Chlorwasserstoff eingetropft werden, wobei die Temperatur auf 30° steigt. Das nach dem Abkühlen sich kristallinisch ausscheidende unreine Bisphenol wird durch Dampfdestillation von allen flüchtigen Verunreinigungen befreit und liefert eine Ausbeute an reinem 4,4'-Dioxydiphenyl-2,2-propan von 68% d. Th.

In der Methylenbrücke substituierte Bisphenole beschreiben O. de Loss und E. Winkler[4] neben den bereits oben angeführten, noch die folgenden Verbindungen:

4,4'-Dioxydiphenyl-1,1-isobutan

4,4'-Dioxydiphenyl-2,2-butan

Die Herstellung unsymmetrisch substituierter 2,2'-Dioxydiphenylmethane durch Kondensation von 2-Methylolphenol (Saligenin) mit

[1] US 2617832, 28. 6. 51/11. 11. 52, General Electric Co.
[2] US 2773100, 30. 12. 55/4. 12. 56. American Cyanamid Co.
[3] US 2602821, 23. 7. 51/8. 7. 52, Shell Development Co.
[4] US 2590059, 26. 3. 49/18. 3. 52, Shell Development Co.

substituierten Phenolen beschreiben H. L. BENDER, A. G. FARNHAM und J. W. GUYER[1]. Die Umsetzung erfolgt bei Temperaturen über 100° im sauren Medium in Gegenwart von Katalysatoren, z. B. von Metalloxyden oder -hydroxyden, wie Magnesium- oder Zinkoxyd, Natrium-, Calcium- oder Aluminiumhydroxyd, sowie aus Metallsalzen, schwacher Säuren wie Natrium- oder Zinkacetat, oder die Valerate, Laurate, Citrate oder Gluconate dieser Metalle. Es wurden u. a. die folgenden substituierten 2,2'-Dioxydiphenylmethane hergestellt, wobei zweckmäßig ein mehrfacher Überschuß der Phenolkomponente angewandt wird:

2,2'-Dioxy-3-methyldiphenylmethan   F 123—124°
Kp$_1$ 170—180°

durch halbstündiges Erhitzen von 24,8 g Saligenin mit 108 g o-Kresol bei p_H 4—5 auf 160—170°, wobei das abgespaltene Wasser entfernt wird. Das Umsetzungsprodukt wird durch Fraktionieren in gutem Vakuum oder durch Umkristallisieren aus 50%iger Essigsäure gereinigt.

2,2'-Dioxy-5-methyldiphenylmethan   F 96—97°

wird in gleicher Weise aus p-Kresol gewonnen.

2,2'-Dioxy-6-methyldiphenylmethan   F 114—115°

wird in gleicher Weise aus m-Kresol hergestellt. Hierbei entstehen auch Anteile an den Isomeren 2,2'-Dioxy-4-methyl- und 2,4'-Dioxy-2'-methyldiphenylmethan, deren Schmelzpunkte sich von der 6-Methylverbindung wesentlich unterscheiden.

2,2'-Dioxy-5-tert.-butyldiphenylmethan   F 91—92°

wird in gleicher Weise unter Verwendung von p-tert.-Butylphenol hergestellt.

2,2',6-Trioxydiphenylmethan   F 203—204°

wird in gleicher Weise aus Resorcin gewonnen.

2,2',6'-Trioxy-4'-methyldiphenylmethan   F 224—225°

wird in gleicher Weise aus Orcin erhalten.

___
[1] DP 908373, 31. 3. 51/5. 4. 54; US-Pri. 26. 1. 49. BAKELITE CORP.

2,2'-Dioxy-3-crotyldiphenylmethan 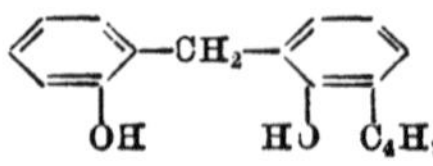 $Kp_{0,1}$ 165—175°

wird in gleicher Weise aus o-Crotylphenol gewonnen.

2,2'-Dioxy-5-cyclohexyldiphenylmethan 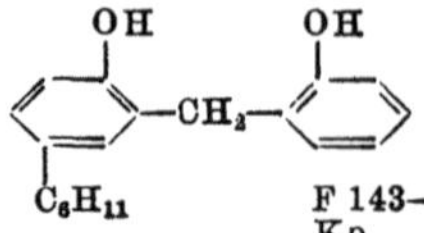   F 143—145° $Kp_{0,35}$ 200—215°

wird in gleicher Weise aus p-Cyclohexylphenol hergestellt.

2,2'-Dioxy-5-phenyldiphenylmethan 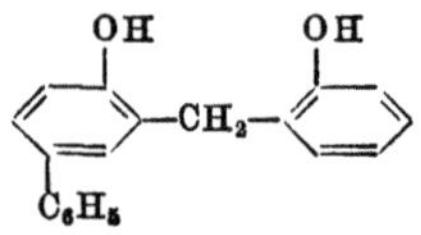   F 145—146° $Kp_{2,5}$ 240—250°

wird in gleicher Weise aus p-Phenylphenol gewonnen.

Unter Verwendung von Saligenin sind weiterhin Bisphenole mittels alkoxysubstituierten Phenolen, z. B. Methoxy-, Äthoxy-, Butoxy- und 2-Äthylhexoxyphenol und dem Pyrogallol-1,3-dimethyläther hergestellt worden. Außerdem sind auch mehrwertige Phenole, wie Resorcin, Brenzcatechin, Hydrochinon, Pyrogallol und Phloroglucin, sowie auch mehrfach substituierte Phenole wie Methylphloroglucin, Mesorcin, 4,6-Diäthylorcin, 2,5,6-Trimethylresorcin, 4-Äthyl-5,6-dimethylresorcin, Eugenol, Isoeugenol, 3-Äthoxy-4-oxy-1-methylbenzol und Cardanol mit Erfolg für diese Reaktion herangezogen worden.

Dieses einseitig auf 2-Methylolphenol abgestellte Verfahren wurde bald durch ein solches ergänzt, in dem Benzylalkohole aller Art mit verschiedenartigen Phenolen kondensiert wurden.

Dementsprechend hat A. LAMBERT[1], und zwar mit dem Ziel Antoxydantia für Kautschuk herzustellen, u. a. folgende unsymmetrisch substituierte Diphenylolmethane synthetisiert:

2,2'-Dioxy-3-tert.-butyl-3',5,5'-trimethyldiphenylmethan

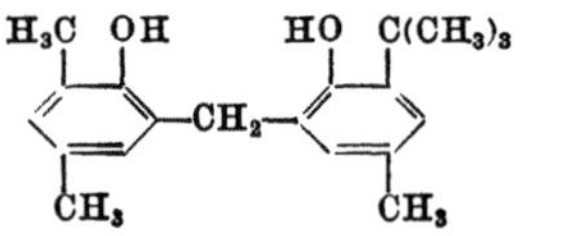

   F 83—84° $Kp_{0,1}$ 172—174°

durch Kondensation von 2-Oxy-3,5-dimethylbenzylalkohol mit 2-tert.-Butyl-4-methylphenol. Herstellung des Benzylalkohols: 31,7 g, 2,4-Dimethylphenol werden mit 22,2 g Formaldehyd 35%ig und 9 g Calciumhydroxyd in 7 ml Wasser angeschlämmt und bei 30—35° einige Stunden gerührt, und der 1-Oxy-3,5-dimethyl-benzylalkohol vom F 53—54° mit Äther ausgezogen. Herstellung des Bisphenols: 18 g des Benzylalkohols werden mit 25 g 2-tert.-Butyl-4-methylphenol 1 Stunde auf 90—95° erhitzt, dann bei 30° mit Salzsäure angesäuert und 1 Stunde bei 100° gehalten, anschließend das Bisphenol mit Benzol ausgezogen. Nach diesem Verfahren wurden hergestellt:

---

[1] BP 719101, 11. 3. 52/24. 11. 54., IMPERIAL CHEMICAL INDUSTRIES.

2,2′-Dioxy-3-(1,1,3,3-tetramethylbutyl)-3′,5,5′-trimethyldiphenylmethan

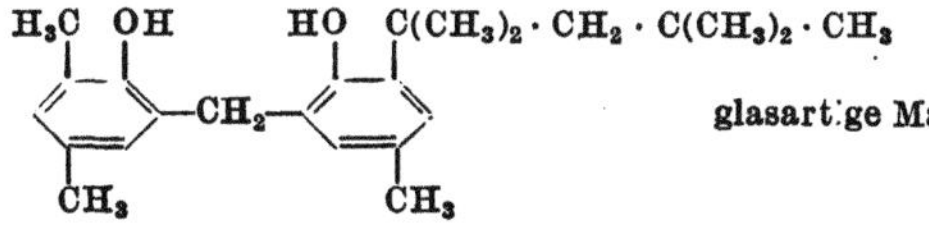

H_3C OH   HO $C(CH_3)_2 \cdot CH_2 \cdot C(CH_3)_2 \cdot CH_3$

—CH_2—   glasart:ge Masse, $Kp_{0,1}$ 170—184°

CH_3 CH_3

aus 2-(1,1,3,3-Tetramethylbutyl)-4-methylphenol und 2-Oxy-3,5-di-methylbenzylalkohol.

2,2′-Dioxy-3-tert.-butyl-3′-cyclohexyl-5,5′-dimethyldiphenylmethan

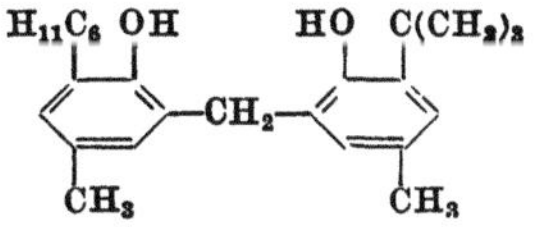

$H_{11}C_6$ OH   HO $C(CH_3)_3$

—CH_2— $Kp_{0,4}$ 210—222°

CH_3 CH_3

aus 2-Oxy-3-tert.-butyl-5-methylbenzylalkohol und 2-Cyclohexyl-4-me-thylphenol.

2,2′-Dioxy-3-tert.-butyl-3′-sek.-butyl-5,5′-dimethyldiphenylmethan

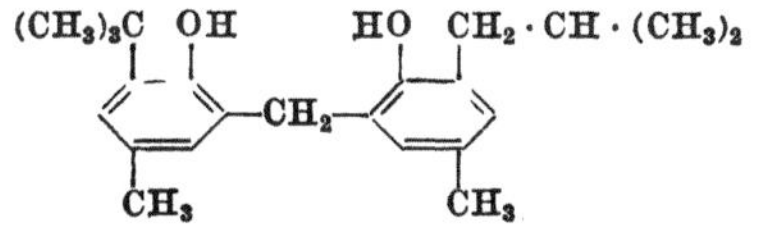

$(CH_3)_3C$ OH   HO $CH_2 \cdot CH \cdot (CH_3)_2$

—CH_2— $Kp_{0,02}$ 178—180°

CH_3 CH_3

aus 2-Oxy-3-sek.-butyl-5-methylbenzylalkohol (hergestellt aus 2-sek.-Butyl-4-methylphenol) und 2-tert.-Butyl-4-methylphenol.

2,2′-Dioxy-3-tert.-butyl-3′-isobornyl-5,5′-dimethyldiphenylmethan

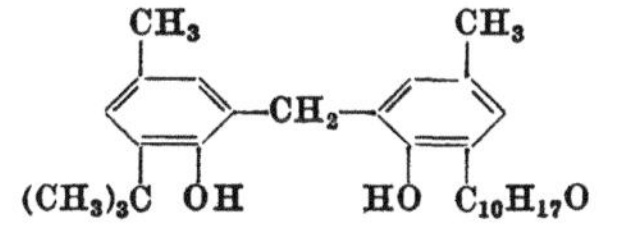

CH_3 CH_3

—CH_2— $Kp_{0,05}$ 176—220°

$(CH_3)_3C$ OH   HO $C_{10}H_{17}O$

aus 2-Oxy-3-tert.-butyl-5-methylbenzylalkohol und 2-Isobornyl-4-me-thylphenol.

2,2′-Dioxy-3-tert.-butyl-3′-α-methylcyclohexyl-5,5′-dimethyldiphenyl-methan

CH_3 CH_3

—CH_2—   F 89—91°
          $Kp_{0,1}$ 200—225°

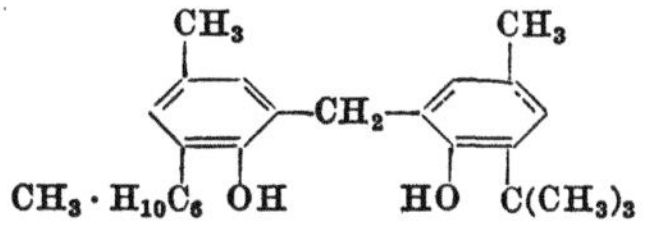

$CH_3 \cdot H_{10}C_6$ OH   HO $C(CH_3)_3$

aus 2-Oxy-3-tert.-butyl-5-methylbenzylalkohol und 2-α-Methyl-4-me-thylphenol.

2,2′-Dioxy-3-α-methylcyclohexyl-3′-1,1,3,3-tetramethylbutyl-5,5′-di-methyldiphenylmethan

CH_3 CH_3

—CH_2— Kp_1 235—245°

$CH_3 \cdot H_{10}C_6$ OH   HO $C(CH_3)_2 \cdot CH_2 \cdot C(CH_3)_2 \cdot CH_3$

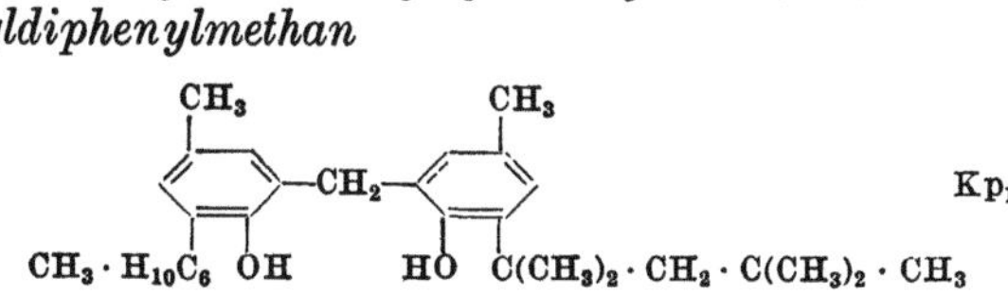

aus 2-Oxy-3-α-methylcyclohexyl-5-methylbenzylalkohol und 2-(1,1,3,3-Tetramethylbutyl)-4-methylphenol.

2,2′-Dioxy-3-α-methylcyclopentyl-3′-tert.-butyl-5,5′-dimethyldiphenyl-methan

$$CH_3 \qquad\qquad CH_3$$
$$\diagup\!\!\!\diagdown\!\!-CH_2-\!\!\diagup\!\!\!\diagdown \qquad Kp_{0,5}\ 200\!-\!231°$$
$$(CH_3)_3C\quad OH \qquad HO\quad C_5H_8\cdot CH_3$$

aus 2-Oxy-3-α-methylcyclopentyl-5-methylbenzylalkohol und 2-tert.-Butyl-4-methylphenol. Über diese Verfahren der Imperial Chemical Industries Ltd. zur Herstellung unsymmetrischer Bisphenole siehe auch das spätere französische Patent[1].

Mit demselben Ziel, Antioxydantia für Kautschuk herzustellen, haben A. Lambert und G. Williams[2] Derivate des 2,2′-Dioxy-5,5′-dimethyldiphenylmethan, die in 3-Stellung eine 4—8 Kohlenstoffatome enthaltende tertiäre Alkylgruppe und in 3′-Stellung eine α-Alkylcycloalkylgruppe enthalten, synthetisiert. Die Cycloalkylgruppe kann sein: eine Cyclopentyl-, Methylcyclopentyl-, Cyclohexyl- oder eine Methylcyclohexylgruppe, und der Alkylsubstituent derselben, der nicht mehr als 4 Kohlenstoffatome aufweisen soll, soll sich an demselben Kohlenstoffatom befinden, der mit dem Phenylrest verbunden ist. Es handelt sich um Produkte der allgemeinen Formel

$$OH \qquad\quad OH \quad R$$
$$Alkyl\cdot C\diagup\!\!\!\diagdown\!\!-CH_2-\!\!\diagup\!\!\!\diagdown\!\!-C\cdot R'$$
$$\diagdown R''$$
$$CH_3 \qquad\quad CH_3$$

Alkyl = tert. Alkylgruppe mit 4—8 C-Atomen, wobei Bindung des tert. C-Atoms an den Phenylrest, R, R′, R″ bilden α-Alkylcycloalkylgruppe

Die Herstellung von Verbindungen dieser Art erfolgt in der Weise, daß zunächst das eine der beiden miteinander zu verbindenden substituierten p-Kresole mit der äquimolekularen Menge Formaldehyd in Gegenwart basischer Katalysatoren zur Methylolverbindung umgesetzt wird, die alsdann mit dem zweiten Kresol zum Bisphenol in Reaktion gebracht wird. — Es wird beispielsweise folgendermaßen gearbeitet: Eine Lösung von 20 Teilen 2-α-Methylcyclohexyl-4-methylphenol, gewonnen durch Umsetzen von α-Methylcyclohexen mit p-Kresol in Gegenwart von konzentrierter Schwefelsäure, und 20 Teilen Petroläther wird mit 20 Teilen 35%igen Formaldehyds und 118 Teilen Salzsäure (sp. G. 1,18) bei 0—5° unter Einleiten von HCl-Gas gerührt. Nach 1—2 Stunden wird die Petrolätherschicht abgetrennt, gewaschen und getrocknet. Dieselbe wird alsdann mit einer Lösung von 30 Teilen tert. 2-Butyl-4-methylphenol in 30 Teilen Petroläther vermischt und 16 Stunden bei gewöhnlicher Temperatur stehengelassen. Nach Abdestillieren des Petroläthers wird der Rückstand eine halbe Stunde bei 140° erhitzt. Es wird 2,2′-Dioxy-3-α-methylcyclohexyl-3′-tert.-butyl-5,5′-dimethyldiphenylmethan als fast farbloses Harz vom $Kp_{0,1}$ 200 bis 225° und dem F 89—91° (aus Petroläther umkristallisiert) gewonnen.

---

[1] FP 1099332, 22. 4. 54; B.-Pri. 22. 4. 53.

[2] Lambert, A., u. G. Williams: D.-Anm. I. 8551, 22. 4. 54; B.-Pri. 22. 4. 53 u. 2. 4. 54 — BP 749450 — FP 1099332 — US 2732407, Imperial Chemical Industries Ltd.

Es sind auch Bisphenole, die sich vom Acetylen ableiten, bekannt geworden. Das bekannteste ist:

4,4'-Dioxydiphenylacetylen HO—⟨ ⟩—C≡C—⟨ ⟩—OH F 220—225°

das von ZINCKE und MÜNCH[1] aus α-Chlor (oder Brom)-4,4'-diacetoxystilben durch Einwirkung von alkoholischem Kali hergestellt wurde.

Von mehrkernigen Phenolen sind die folgenden in Verbindung mit Verfahren zur Herstellung von Epoxydharzen empfohlen oder in anderem Zusammenhang erwähnt worden:

2,2'-Dioxydinaphthylmethan

ist von S. O. GREENLEE[2] für die Herstellung von Epoxydharzen empfohlen worden.

1,8-Dioxyanthracen (Chrysazol) F 225°

wurde von LIEBERMANN und LAMPE durch Kalischmelze von Anthracendisulfosäure-1,8 hergestellt.

2,6-Dioxyanthracen wurde von SCHÜLER[3] durch Erhitzen des Natriumsalzes von Anthracendisulfosäure mit Kaliumhydroxyd auf 200—250° erhalten.

In analoger Weise wurden die 2,9- und 2,10-Dioxyanthracene hergestellt.

Substituierte Polyphenolmethane

Substituierte Polyphenolmethane der allgemeinen Formel

werden von M. DE GROOTE und B. KEISER[4] hergestellt, zwecks Gewinnung von Produkten zum Brechen oder zum Entschäumen von Erdölemulsionen. Die Herstellung von Polyphenolen dieser Art erfolgt durch Kondensation von Phenolen, die in p-Stellung Substituenten mit 4—12 Kohlenstoffatomen enthalten (z. B. sek. oder tert. Butyl-, sek. oder tert. Amyl-, tert. Hexyl-, Isooctyl-, Phenyl-, Benzyl-, Cyclohexyl-, Nonyl-, Decyl- oder Dodecylgruppen) mit n Molen Formaldehyd, wobei in Abhängigkeit von den gewählten Bedingungen n = 1—13 (oder noch größer) sein kann.

---

[1] ZINCKE u. MÜNCH: A. **335**, 184.
[2] US 2592560, 2. 11. 45, DEVOE & RAYNOLDS.
[3] SCHÜLER: B. **15**, 1808.
[4] DE GROOTE, M., u. B. KEISER: US-Anm. Serial Nr. 8730 u. 8731, 16. 2. 48, PETROLITE CORP.

Substituierte Polyphenolmethane derselben allgemeinen Formel,
bei denen n = 0 bis 5 ist, und bei welchen bis zu 4 Substituenten,
die 1—4 Kohlenstoffatome enthalten, vorhanden sein können, werden
von G. F. D'Alelio[1] beschrieben, zwecks Herstellung von Epoxydharzen. Beispielsweise wird:

Triphenolmethan

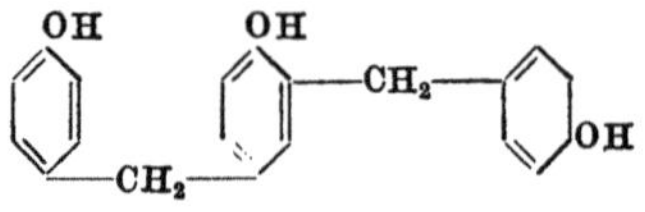

erhalten, indem 282 g Phenol (3 Mol), 162 g Formaldehyd 37% (2 Mol),
250 g Wasser und 0,3 g Oxalsäure 3—5 Stunden gekocht werden.
Anschließend wird die Harzmasse 4—5 Stunden bei 100° und einem
Vakuum von etwa 2 mm gehalten.

Hexaphenolmethan

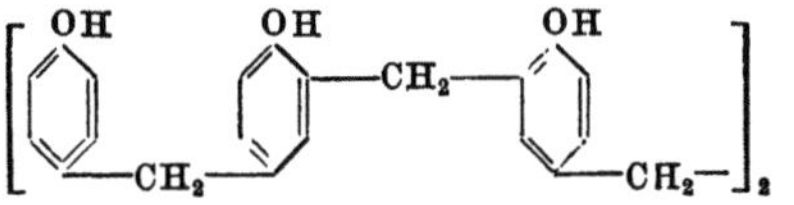

wird in derselben Weise unter Verwendung von 6 Mol Phenol und 5 Mol
Formaldehyd erhalten. Bei Verwendung von Kresolen oder Xylenolen
werden die entsprechenden methylgruppensubstituierten Polyphenolmethane gewonnen.

Triphenolmethane der allgemeinen Formel

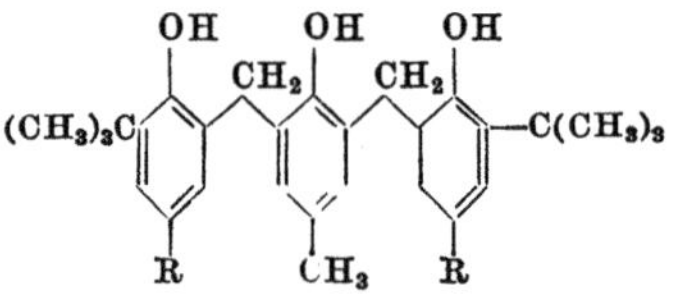

$R = CH_3$, C_2H_5 oder $n{-}C_3H_7$

stellen F. A. Sullivan und A. R. Davies[2] her, durch Kondensation
von 2-tert.-Butyl-4-alkylphenolen mit 2,6-Dimethylolphenol (in 4-Stellung alkyliert, zumeist CH_3) in Gegenwart von konzentrierter Salzsäure. Polyphenole dieser Art werden als Antioxydantien für Kautschuk, Schmieröle oder Wachse empfohlen, sie können naturgemäß
auch für die Herstellung von Epoxydharzvorprodukten dienen.

Vielkernige Polyphenole hat A. G. Farnham[3] durch Umsetzen von
olefinischen Aldehyden mit 2—6 C-Atomen mit Phenol hergestellt. Als
ungesättigter Aldehyd wird vorzugsweise Acrolein angewandt. Unter
Verwendung von konz. HCl als Kondensationsmittel ist Acrolein in
der Lage, 3 Mol Phenol zu binden: 2 Mol an die Aldehydgruppe unter
H_2O-Abspaltung, 1 Mol unter Addition an die Doppelbindung:

$$3\,C_6H_5OH + CH_2 = CH \cdot CH = O \rightarrow HO \cdot C_6H_4 \cdot CH_2 \cdot CH_2 \cdot CH \cdot (C_6H_4OH)_2$$

---

[1] US 2683130, 27. 5. 50, Koppers Co.
[2] US 2773908, 5. 2. 54/11. 12. 56. American Cyanamide Co.
[3] FP 1108809, 6. 7. 54/18. 1. 56; US-Pri. 16. 7. 53, Bakelite Div. der
Union Carbide & Carbon Corp.

wobei zur Erzielung eines glatten Reaktionsverlaufes ein erheblicher Phenolüberschuß anzuwenden ist, der bei der Aufarbeitung unverändert wiedergewonnen wird. — Beispielsweise werden:

1. 470 g Phenol (5 Mol), 19,5 g Acrolein (0,288 Mol) und 0,3 ml HCl 37% bei gewöhnlicher Temperatur miteinander vermischt, wobei durch Spontanerwärmung die Temperatur allmählich auf 80° steigt. Bei beginnendem Temperaturrückgang wird bei schwachem Vakuum das überschüssige Phenol abdestilliert, anschließend bei 0,4—0,5 mm fraktioniert. 62% der Masse gehen bei 260—290° über und stellen im wesentlichen ein Triphenol vom Molgewicht 320 dar. 35,6% bleiben als höhermolekulare Produkte zurück.

2. Bei Verwendung einer 50% höheren Acroleinmenge und arbeiten bei etwas höherer Temperatur wird ein hartes Harz erhalten, das nicht destillierbar ist.

3. Bei Verwendung der doppelten Menge Acrolein: zu 470 g Phenol + 0,3 ml HCl 37%ig werden bei 40—45° 56 g Acrolein eingetropft und 1 Stunde bei dieser Temperatur nachgerührt. Nach Abdestillieren des Flüchtigen werden 274 g Rückstand vom Molgewicht etwa 700 erhalten, der sich als Gemisch von Tri-, Penta- und Heptaphenolacrolein erweist. Letzteres ist aus 7 Mol Phenol und 3 Mol Acrolein zusammengesetzt und hat die Konstruktion:

$$HO \cdot C_6H_4 \cdot CH_2 \cdot CH_2 \cdot CH \begin{cases} C_6H_4OH \\ C_6H_3(OH)-CH \cdot CH_2-CH_2 \cdot C_6H_3 \cdot OH \end{cases}$$
$$HO \cdot C_6H_3 \underline{\qquad\qquad} CH \cdot CH_2 \cdot CH_2 \cdot C_6H_4 \cdot OH$$
$$C_6H_4 \cdot OH$$

Polyphenole dieser Art lassen sich nach den üblichen Methoden leicht in die Polyglycidyläther überführen und können als härtbare Epoxydharzvorprodukte verschiedenartige Verwendung finden.

1,4-Di-(4-oxyphenyl)-1,1,4,4-tetramethylbutan

$$HO-\!\!\left\langle \right\rangle\!\!-\underset{\underset{CH_3}{|}}{\overset{\overset{CH_3}{|}}{C}}-CH_2-CH_2-\underset{\underset{CH_3}{|}}{\overset{\overset{CH_3}{|}}{C}}-\!\!\left\langle \right\rangle\!\!-OH \qquad Kp_{0,5}\ 200-210°$$

haben D. G. Jones und P. E. Schick[1] als Zwischenprodukt für die Herstellung von Antioxydantien durch Kondensation von 1 und 2 Mol Phenol mit 1 Mol 2,5-Dimethyl-hexadien-1,5 synthetisiert:

$$HO \cdot C_6H_5 + CH_3 \cdot C(CH_3)=CH \cdot CH=C(CH_3) \cdot CH_3 \rightarrow HO \cdot C_6H_4 \cdot \underset{\underset{CH_3}{|}}{\overset{\overset{CH_3}{|}}{C}}-CH=CH-\underset{\underset{CH_3}{|}}{\overset{\overset{CH_3}{|}}{C}}H \quad vom\ F\ 95-96°$$

Bei Verwendung von 2 Mol Phenol erhält man in einem Arbeitsgang das Bisphenol. Wird zunächst mit 1 Mol Phenol umgesetzt, besteht die Möglichkeit, in einer zweiten Stufe mit einem substituierten Phenol weiter reagieren zu lassen und ein unsymmetrisches Bisphenol aufzubauen. Die Umsetzung wird in Eisessig in Gegenwart von Bortrifluorid bei 70° durchgeführt. — Mit Brenzcatechin ist die analoge Kondensation vorgenommen worden, wodurch eine Tetraoxyverbindung gewonnen wird.

Langkettige Polymethylendiphenole vom Typus

$$HO \cdot C_6H_4-(CH_2)_n-C_6H_4 \cdot OH$$

wobei n bis zu 18 sein kann, hat B. C. Pratt[2] in der Weise hergestellt,

---

[1] BP 706425, 22. 5. 51/31. 3. 54, Imperial Chemical Industries.
[2] US 2321620, 10. 10. 40/15. 6. 43, E. I. du Pont de Nemours.

daß Diole mit 2 Mol Phenol in Gegenwart von wasserabspaltenden Verbindungen (BF_3, HF, $ZnCl_2$ oder H_2SO_4) erhitzt werden. So wurden hergestellt:

Di-(oxyphenyl)-octadecan-1,12

$$HO \cdot C_6H_4 - (CH_2)_{18} - C_6H_4 \cdot OH \qquad Kp_1\ 210\text{—}265°$$

indem 330 g 1,12-Octadecandiol, 800 g Phenol mit 315 g Chlorzink 9 Stunden bei 160° in einer Stickstoffatmosphäre gerührt werden und nach dem Waschen und Trocknen fraktioniert wird. Ausbeute 303 g, neben 105 g höhersiedenden Anteilen.

Di-(oxyphenyl)-decan-1,10

$$HO \cdot C_6H_4 - (CH_2)_{10} - C_6H_4 \cdot OH \qquad Kp_1\ 206\text{—}235°$$

aus 1,10-Decandiol in derselben Weise. Statt Chlorzink kann mit Vorteil auch Bortrifluorid oder Fluorwasserstoff verwendet werden.

Di-(oxyxylyl)-octadecan-1,12

$$HO \cdot C_6H_2 \cdot (CH_3)_2 - (CH_2)_{18} - C_6H_2) \cdot (CH_3)_2 \cdot OH \quad Kp_{0,5}\ 202\text{—}292°$$

aus 1,12-Octadecandiol und Xylenol in gleicher Weise.

Ferner wurden Bisphenole hergestellt aus:

> Octadecandiol-1:10, -1:11, -2:11, -2:12,
> Docosandiol-1:13, -2:12,
> Hexadecandiol-2:15,
> Tridecan-2:12

wobei neben Phenol auch Äthylphenol, Amylphenol, Butylphenol, Kresol und Xylenol zur Anwendung kamen.

Weiterhin wird die Herstellung von Bisphenolen, bei denen die beiden aromatischen Kerne durch längere Ketten voneinander getrennt sind, durch Addition von Phenolen an die Doppelbindung einer ungesättigten Seitenkette eines Phenols beschrieben, nach dem Schema:

$$HO \cdot C_6H_5 + R \cdot CH = CH \cdot (CH_2)_n \cdot C_6H_4 \cdot OH \rightarrow HO \cdot C_6H_4 \cdot \overset{\displaystyle R}{\underset{\displaystyle |}{C}}H \cdot CH_2 (CH_2)_n \cdot C_6H_4 \cdot OH$$

wobei diese Reaktion durch starke Mineralsäuren katalysiert wird.

In einem späteren Patent[1] beschreibt DU PONT die Herstellung höhermolekularer Polyphenole durch Umsetzen von Bisphenolen, z. B. das im vorgehenden Patent beschriebene 1,12-Di-(oxyphenyl)-octadecan, mit Formaldehyd im alkalischen Medium.

Mit dem Ziel, Weichmacher für Cellulosederivate, Kautschuk usw. sowie Germicide und Insecticide herzustellen, hat M. T. HARVEY[2] folgende Bisphenole hergestellt:

4,4'-Dioxy-diphenyl-1,3-propan

$$HO \cdot C_6H_4 \cdot CH_2 \cdot CH_2 \cdot CH_2 \cdot C_6H_4 \cdot OH$$

durch 5stündiges Kochen eines Gemisches von 94 g Phenol, 133 g Allylphenol, 900 g Eisessig und 98 g konzentrierter Schwefelsäure.

---

[1] BP 558813, 17. 6. 42/24. 1. 44, DU PONT.
[2] US 2317607, 15. 11. 37/27. 4. 43, HARVEL Co.

Dioxy-diphenylpentadecan

$$HO \cdot C_6H_4 \cdot C_{15}H_{30} \cdot C_6H_4 \cdot OH$$

durch 5 stündiges Kochen von 228 g Cardanol (bestehend aus einem Gemisch von etwa gleichen Teilen von m-(8-pentadecenyl)-phenol mit einer analogen Verbindung, die in der Seitenkette 2 Doppelbindungen aufweist), 94 g Phenol, 525 g Eisessig und 108 g konzentrierte Schwefelsäure.

Nach derselben Methode wurden Bisphenole mittels Crotyl-, Vinyl-, Propenylphenol und aus Anacardsäure und Cardol gewonnen.

Dreikernige Bisphenole, deren Kerne durch $CH_2 \cdot CH_2$-Gruppen miteinander verbunden sind, z. B.

$$HO \cdot C_6H_4 \cdot CH_2 \cdot CH_2 \cdot C_6H_4 \cdot CH_2 \cdot CH_2 \cdot C_6H_4 \cdot OH$$

hat J. B. D. MACKENZIE[1] aufgebaut, durch Umsetzen von Phenol mit Divinylbenzol in Gegenwart von starken Mineralsäuren. Beispielsweise werden 216 g o-Kresol, 176 g eines Gemisches von Divinylbenzol mit Äthylvinylbenzol mit einem Gehalt von 57% des ersteren und 3 g 70%ige H_2SO_4 bei 70° gerührt, wobei die Temperatur spontan auf 150° steigt. Nach dem Sinken der Temperatur wird noch 45 Minuten bei 100° gehalten, bevor durch Eingießen in Eiswasser das gebildete Bisphenol gefällt wird.

Eine besondere Bedeutung hat die Verwendung des aus den Schalen der Cashew Nuß gewonnenen wohlfeilen Öles erlangt, da es im wesentlichen ein Gemisch von Phenolen mit längeren, ungesättigten Seitenketten darstellt. Das Cashew-Nußschalenöl, das nach einem Verfahren der BRITISH RESINS PROD. LTD.[2] mittels Schwefelsäure gereinigt und anschließend destilliert wird, wird von der HARVEL Co. in folgender Weise unter Verwendung von Bortrifluorid mit Phenol umgesetzt[3]: 860 g Phenol werden bei 80—85° mit 35 g BF_3/Phenolkomplex, enthaltend 26% BF_3, versetzt, und dazu nach einiger Zeit innerhalb von einer Stunde 215 g gereinigtes Cashew-Nußschalenöl eingetragen. Nach mehrstündigem Nachrühren bei 80—90° wird bis zu einer Innentemperatur von 150° im Vakuum das Flüchtige abdestilliert. Es werden 286 g einer bei gewöhnlicher Temperatur viscosen Flüssigkeit erhalten, die im wesentlichen als ein Gemisch von Bisphenolen angesehen werden kann. Dieses Rohprodukt kann mit Epichlorhydrin in Glycidyläther übergeführt und mit Aminen in ausgehärtete Epoxydharze umgewandelt werden.

Ein Bisphenol, hergestellt durch Umsetzen von Cashew-Nußschalenöl mit Phenol, bringt die MINNESOTA MINING & MANUFACTURING Co. unter dem Namen „*Cardolite 6463*" in den Handel und empfiehlt es für die Herstellung von Epoxydharzen. Da sein Molgewicht mit 410 angegeben wird, ist es fast doppelt so groß, als das des üblichen Bisphenol A mit dem Molgewicht 228, so daß für die Überführung in die

---

[1] FP 1106304, 30. 4. 54/16. 12. 55; B.-Pri. 1. 5. 53, AERO RESEARCH LTD.
[2] BP 664169, 27. 1. 49, BRITISH RESINS PROD. LTD.
[3] BP 726830, 5. 1. 53/23. 3. 55; US-Pri. 29. 1. 52.

Glycidylverbindung entsprechend weniger Epichlorhydrin verbraucht wird.

Bisphenolalkylendiäther des Typus

$$HO \cdot C_6H_4 \cdot O \cdot (CH_2)_n \cdot O \cdot C_6H_4OH$$

die als Ausgangsmaterial für die Herstellung von Epoxydharzen dienen könnten, sind nur spärlich bekannt geworden. M. KOHN und F. WILHELM[1] beschreiben die Herstellung von

Hydrochinonäthylendiäther

$$HO-C_6H_4 \cdot O \cdot CH_2 \cdot CH_2 \cdot O \cdot C_6H_4-OH \quad F\ 222-224°$$

durch Kondensation von 2 Mol Hydrochinon mit 1 Mol Dibromäthan in Gegenwart der berechneten Menge Alkali, indem zu einem Gemisch von 200 g Hydrochinon und 150 g 1,2-Dibromäthan eine Lösung von 90 g Kaliumhydroxyd in möglichst wenig Wasser innerhalb 1 Stunde eingetropft wird. Nach weiterem 1 stündigem Kochen ist die Umsetzung beendet, und das käsig-pulvrige Produkt wird aus Alkohol umkristallisiert. — Wenn auch ein auf Hydrochinon aufgebautes Bisphenol des hohen Preises wegen kaum eine technische Bedeutung gewinnen wird, so kann angenommen werden, daß nach diesem Verfahren auch Bisphenole aus billigeren zweiwertigen Phenolen hergestellt werden können, die Interesse haben könnten.

Dioxybenzophenone

Dioxybenzophenone der allgemeinen Formel

$$HO \cdot C_6H_4-CO-C_6H_4 \cdot OH$$

sind vielfach bekannt geworden und haben Anwendung gefunden.

4,4'-Dioxybenzophenon

$$4\text{-}HO \cdot C_6H_4-CO-C_6H_4 \cdot OH\text{-}4' \quad F\ 206°$$

ist schon früh durch Verkochen von diazotiertem 4-Amino-4'-oxybenzophenon hergestellt worden durch A. v. BAEYER[2], durch GRAEBE und EICHENGRÜN[3] und durch K. v. AUWERS[4].

Das 4,4'-Dioxybenzophenon ist für die Herstellung von Epoxydharzen vielfach empfohlen worden. Es wird von S. O. GREENLEE[5], von H. L. BENDER, A. G. FARNHAM und J. W. GUYER[6] und von O. DE LOSS und E. WINKLER[7] für diesen Zweck angeführt.

Durch Umsetzen von 4,4'-Dioxybenzophenon mit Äthylenoxyd im alkalischen Medium hat J. R. CALDWELL[8] hergestellt:

4,4'-Di-oxyäthoxybenzophenon

$$HO \cdot CH_2 \cdot CH_2 \cdot O \cdot C_6H_4-CO-C_6H_4 \cdot O \cdot CH_2 \cdot CH_2 \cdot OH$$

eine Verbindung, die für die Herstellung von hochschmelzenden Poly-

[1] KOHN, M., u. F. WILHELM: M. **43**, 546—551 (1922).
[2] v. BAEYER, A.: A. **354**, 177. — [3] GRAEBE u. EICHENGRÜN: A. **269**, 319.
[4] v. AUWERS, K.: B. **36**, 3899.
[5] US 2503726,12.5.44; 2592560,2.11.45; 2510885/6 8.3.46 — FP 1098831, 31.3.54; US-Pri. 6.4.53, DEVOE & RAYNOLDS Co.
[6] FP 984845, 20.4.49; US-Pri. 21.4.48, BAKELITE Co.
[7] US 2590059, 26.3.49, SHELL DEVELOPMENT Co.
[8] US 2675367, 11.4.51/13.4.54, EASTMANN KODAK Co.

estern durch Polykondensation mit zweibasischen Säuren angewandt wird. Sie könnte auch für Epoxydharze in Betracht kommen.

Derselbe Erfinder[1] stellt diese Verbindung auch in direkter Synthese aus Phosgen, Phenol und Äthylenoxyd her, indem zunächst Phenol in Äthanollösung mit Phosgen zum 4,4'-Dioxybenzophenon umgesetzt und anschließend durch Einleiten von Äthylenoxyd in den Dioxäthyläther vom F 174° übergeführt wird.

2,2'-Dioxybenzophenon

$$2'\text{-HO—C}_6\text{H}_4 \cdot \text{CO} \cdot \text{C}_6\text{H}_4\text{—OH-2} \qquad \text{F } 59\text{—}60°$$

wurde von RICHTER[2] durch Kalischmelze von Xanthon bei 200° und von GRAEBE und FEER[3] durch Erhitzen von 1 Mol Xanthon mit 2 Mol Kaliumhydroxyd in alkoholischer Lösung bei 180° hergestellt.

2,3'-Dioxybenzophenon

$$2\text{-HO—C}_6\text{H}_4 \cdot \text{CO} \cdot \text{C}_6\text{H}_4\text{—OH-3'} \qquad \text{F } 126°$$

wurde von STÄDEL[4] durch Verkochen von diazotiertem 2,3'-Diaminobenzophenon gewonnen.

2,4'-Dioxybenzophenon

$$2\text{-HO—C}_6\text{H}_4 \cdot \text{CO} \cdot \text{C}_6\text{H}_4\text{—OH-4'} \qquad \text{F } 250\text{—}151°$$

wurde von A. v. BAEYER[5] durch 14stündiges Erhitzen bei 115—120° von 50 g Saligenin, 50 g Phenol mit 40 g Zinntetrachlorid, wie auch von MICHAEL[6], ferner auch von STÄDEL[7] aus Salol und Zinntetrachlorid und von STOERMER[8] durch 2stündiges Kochen von 2,4'-Dimethoxybenzophenon in Eisessig mit 48%iger Bromwasserstoffsäure hergestellt.

3,3'-Dioxybenzophenon

$$3\text{-HO} \cdot \text{C}_6\text{H}_4 \cdot \text{CO} \cdot \text{C}_6\text{H}_4 \cdot \text{OH-3'} \qquad \text{F } 162\text{—}163°$$

haben STÄDEL[9], GATTERMANN und RÜDT[10] und v. BAEYER[11] durch Verkochen von diazotiertem 3,3'-Diaminobenzophenon gewonnen.

3,4'-Dioxybenzophenon

$$3\text{-HO} \cdot \text{C}_6\text{H}_4 \cdot \text{CO} \cdot \text{C}_6\text{H}_4 \cdot \text{OH-4'} \qquad \text{F } 197°$$

wurde von GATTERMANN und RÜDT[12] und von STÄDEL[13] durch Verkochen von diazotiertem 3,4'-Diaminobenzophenon hergestellt.

4,6'-Dioxy-3'-methylbenzophenon

$$4\text{-HO} \cdot \text{C}_6\text{H}_4 \cdot \text{CO} \cdot \text{C}_6\text{H}_3(3'\text{-CH}_3) \cdot \text{OH-6'} \qquad \text{F } 150\text{—}151°$$

wurde von AUWERS und RIETZ[14] durch Verkochen mit verdünnter Schwefelsäure von 6-Oxy-4'-amino-3-methylbenzophenon gewonnen.

---

[1] US 2675411, 26. 11. 52/13. 4. 54, EASTMANN KODAK.
[2] RICHTER: J. prakt. Chem. (2), 28, 285.
[3] GRAEBE u. FEER: B. 19, 2609. — [4] STÄDEL: A. 283, 177.
[5] v. BAEYER, A.: A. 354, 177. — [6] MICHAEL: Am. Soc. 5, 83.
[7] STÄDEL: A. 283, 179. — [8] STOERMER: B. 41, 323.
[9] STÄDEL: A. 218, 356. — [10] GATTERMANN u. RÜDT: B. 27, 2296.
[11] v. BAEYER: A. 354, 182. — [13] GATTERMANN u. RÜDT: B. 27, 2295.
[13] STÄDEL: A. 283, 177. — [14] AUWERS u. RIETZ: B. 40, 3520.

4,4′-Dioxy-3,3′-dimethylbenzophenon

$$4\text{-HO} \cdot C_6H_3 \cdot (3\text{-CH}_3) \cdot CO \cdot C_6H_3 \cdot (3'\text{-CH}_3) \cdot OH\text{-}4' \quad \text{F } 138°$$

wurde von DOEBNER und SCHRÖTER[1] durch Kalischmelze von o-Kresolbenzein erhalten.

6,6′-Dioxy-3,3′-dimethylbenzophenon

$$6\text{-HO} \cdot C_6H_3 \cdot (3\text{-CH}_3) \cdot CO \cdot C_6H_3 \cdot (3'\text{-CH}_3) \cdot OH\text{-}6' \quad \text{F } 104\text{—}105°$$

wurde von DREWSEN[2] durch Kalischmelze von p-Kresolphthalein hergestellt.

3,3′-Dioxy-4,4′-dimethylbenzophenon

$$3\text{-HO} \cdot C_6H_3(4\text{-CH}_3) \cdot CO \cdot C_6H_3(4'\text{-CH}_3) \cdot OH\text{-}3' \quad \text{sublimiert, ohne zu schmelzen}$$

wurde von LANGE und ZUFALL[3] durch Verkochen von diazotiertem 3,3′-Diamino-4,4′-dimethylbenzophenon erhalten.

2,2′,4-Trioxy-4′-methoxybenzophenon

$$2,4\text{-(OH)}_2 \cdot C_6H_3 \cdot CO \cdot C_6H_3(4'\text{-O} \cdot CH_3) \cdot OH\text{-}2'$$

gewinnen R. W. WYNN und P. E. HOCH[4] durch Kondensieren von Resorcindimethyläther in Äthylenchlorid mit Phosgen in Gegenwart von Aluminiumchlorid bei 75° mit anschließender Hydrolyse mit verdünnter Salzsäure.

2,2′,4,4′-Tetraoxybenzophenon

$$2,4\text{-(OH)}_2 \cdot C_6H_3 \cdot CO \cdot C_6H_3 \cdot (OH)_2\text{-}2',4'$$

stellen dieselben Erfinder durch Umsetzen von 2 Mol Resorcindimethyläther in Äthylenchloridlösung mit 1 Mol Phosgen und 1 Mol Aluminiumchlorid bei 70—80° mit anschließender weiterer Zugabe von 3 Mol Aluminiumchlorid her. Das Trioxy- und das Tetraoxybenzophenon werden als Ultraviolett-Absorptionsmittel empfohlen.

2,2′-Dioxybenzophenonimid

$$2\text{-HO} \cdot C_6H_4 \cdot C \cdot (NH) \cdot C_6H_4 \cdot OH\text{-}2' \quad \text{F } 222°$$

haben GRAEBE und EICHENGRÜN[5] durch mehrtägiges Stehen von 2,2′-Dioxybenzophenon mit alkoholischem Ammoniak hergestellt.

4,4′-Dioxy-α-oxo-dibenzil

$$4\text{-HO} \cdot C_6H_4 \cdot CO \cdot CH_2 \cdot C_6H_4 \cdot OH\text{-}4' \quad \text{F } 214\text{—}215°$$

wurde von ZINCKE und FRIES[6] durch Verkochen von diazotiertem 4,4′-Diaminodesoxybenzoin hergestellt.

---

[1] DOEBNER u. SCHRÖTER: A. **257**, 74. — [2] DREWSEN: A. **212**, 344.
[3] LANGE u. ZUFALL: A. **271**, 10.
[4] US 2686812, 7. 9. 51, GENERAL ANILINE & FILM CO RP.
[5] GRAEBE u. EICHENGRÜN: A. **269**, 321.
[6] ZINCKE u. FRIES: A. **325**, 75.

4,4'-Dioxy-2,5,2',5'-tetramethylstilben

$$4\text{-HO} \cdot C_6H_2(CH_3)_2 \cdot CH{=}CH \cdot C_6H_2(CH_3)_2OH\text{-}4' \qquad F\ 320\text{—}330°$$

wurde von AUWERS[1] durch Eintragen von 15 g Zinkstaub innerhalb von 20 Stunden in 10 Portionen in eine siedende Lösung von 12 g β,β,β-Trichlor-α,α-di-(4-oxy-2,5-dimethylphenyl)-äthan in 100 ml Alkohol mit anschließendem Abdestillieren der Lösungsmittel und Ausziehen des Rückstandes mit verdünnter Natronlauge erhalten.

4,4'-Dioxy-3,5,3',5'-tetramethylstilben

$$4\,\text{HO—}C_6H_2 \cdot (CH_3)_2 \cdot CH = CH \cdot C_6H_2 \cdot (CH_3)_2 \cdot OH\text{-}4' \qquad \text{Kristalle aus Benzol}$$

wurde von GOLDSCHMIDT und BERNARD[2] durch Reduktion von 3,5,3',5'-Tetramethylstilbenchinon mit Phenylhydrazin in siedendem Chloroform gewonnen.

Dioxydiphenylcycloalkane

Dioxydiphenylcycloalkane lassen sich durch Umsetzen von Cycloalkanketonen mit 2 Mol Phenol in der Weise gewinnen, wie dies oben bei den aliphatischen Ketonen beschrieben wurde. Die einzigen technischen Cycloalkanketone sind Cyclohexanon und Methylcyclohexanon, die durch Hydrieren von Phenol und Kresol erhalten werden. Von Dioxydiphenylcycloalkanen hat bisher nur

1,1-Di-(4-oxyphenyl)-cyclohexan   F 186° (alkoholhaltig)

eine gewisse Bedeutung erlangt. Diese Verbindung wurde von SCHMIDLIN und LANG[3] durch Kondensieren von 2 Mol Phenol mit 1 Mol Cyclohexanon mit konzentrierter Schwefelsäure bei 50—70° hergestellt. J. v. BRAUN[4] sowie die I. G.[5] haben die Kondensation in Eisessiglösung mit konzentrierter Salzsäure durchgeführt.

Als Polyphenol wäre schließlich der Farbstoff des Blauholzes

Hämatoxylin

zu erwähnen, der ebenfalls mit Epichlorhydrin zu Glycidyläthern umgesetzt werden kann und von S. O. GREENLEE für Epoxydharze empfohlen wird[6].

[1] AUWERS: B. **31**, 1892. — [2] GOLDSCHMIDT u. BERNARD: B. **56**, 1964.
[3] SCHMIDLIN u. LANG: B. **43**, 2819. — [4] v. BRAUN, J.: A. **472**, 54.
[5] I. G.: DRP 467728 u. 484739, C. **1929**, I, 3145 u. C. **1930**, I, 2640.
[6] US 2456408, 14. 9. 43; US 2503726, 12. 5. 44, DEVOE & RAYNOLDS CO.

Bis-(Carboxyphenyl)-alkane

Die Herstellung von 2,2-Bis-(p-carboxylphenyl)-propan

$$\text{HO}\cdot\text{CO}\!\!-\!\!\langle\;\rangle\!\!-\!\!\text{C(CH}_3)_2\!\!-\!\!\langle\;\rangle\!\!-\!\!\text{CO}\cdot\text{OH} \qquad \text{F } 297{-}299°$$

nach drei verschiedenen Verfahren beschreibt C. E. Schweitzer[1]:

1. Verfahren: 1 Mol 2,2-Dichlorpropan wird mit 4 Mol Toluol in Gegenwart von Aluminiumchlorid zum 2,2-Bis-tolylpropan ($\text{Kp}_{0,2}$ 99 bis 102°) umgesetzt und anschließend mit 70%iger Salpetersäure und Ammoniumvanadat zur Dicarbonsäure oxydiert.

2. Verfahren: 2 Mol Anilin und 1 Mol Aceton werden in Gegenwart von konzentrierter Salzsäure zum 2,2-Bis-(p-aminophenyl)-propan umgesetzt. Ersatz der Aminogruppe durch die Nitrilgruppe mittels Cyanid und Hydrolyse zur Carboxylgruppe.

3. Verfahren: Kondensation von Benzol mit 2,2-Dichlorpropan mittels Aluminiumchlorid zum Diphenylpropan, Acetylieren zum 2,2-Bis-(p-acetylphenyl)-propan und Oxydation mittels Hypochloritlösung zur Dicarbonsäure.

Obgleich dies nicht in der Patentschrift erwähnt ist, dürfte diese Dicarbonsäure sowohl zum Aufbau von Epoxydharzvorprodukten wie auch zum Härten derselben gute Aussichten haben.

Schwefelhaltige Dioxyphenyle

Bisphenolsulfide der allgemeinen Formel

$$\text{HO}\!\!-\!\!\langle\;\rangle\!\!-\!\!\text{S}_n\!\!-\!\!\langle\;\rangle\!\!-\!\!\text{OH}$$

haben bisher vor allem zum Vulkanisieren von Kautschuk oder zum Regenerieren von Kautschukvulkanisaten Interesse gefunden. Folgende Dioxydiphenylsulfide, bei denen die Schwefelbrücke aus 1—3 Schwefelatomen bestehen kann, sind seit längerer Zeit bekannt:

2,2′-Dioxydiphenylsulfid

$$\text{2-HO}\!-\!\text{C}_6\text{H}_4\!-\!\text{S}\!-\!\text{C}_6\text{H}_4\!-\!\text{OH-2}' \qquad \text{F } 142°$$

wurde von Mauthner[2] durch 2stündiges Kochen einer Lösung von 2,2′-Dimethoxydiphenylsulfid in Xylol mit Aluminiumchlorid und anschließender Einwirkung von Salzsäure gewonnen.

4,4′-Dioxydiphenylsulfid

$$\text{4-HO}\cdot\text{C}_6\text{H}_4\!-\!\text{S}\!-\!\text{C}_6\text{H}_4\cdot\text{OH-4}' \qquad \text{F } 150°$$

wurde von Tassinari[3] durch Einwirkung von Schwefeldichlorid auf eine Lösung von Phenol in Schwefelkohlenstoff bei gewöhnlicher Temperatur, oder durch Umsetzen von Phenol mit Thionylchlorid, ferner von Krafft[4] durch Verkochen von diazotiertem 4,4′-Diaminodiphenylsulfid hergestellt.

---

[1] D. Anm. P. 11 917 v. 7. 5. 54 (DAS 1 001 980); US-Pri 11. 5. 53, E. J. du Pont de Nemours.
[2] Mauthner: B. **39**, 1350. — [3] Tassinari: Gazz. **17**, 83.
[4] Krafft: B. **7**, 1165.

5,5'-Dichlor-2,2'-dioxydiphenylsulfid

$$2\text{-HO}\cdot C_6H_3Cl\text{—}S\text{—}C_6H_3Cl\cdot OH\text{-}2' \qquad F\ 174°$$

wurde von RICHTER[1] durch Einwirkung von Schwefelchlorür bei 20°, oder besser von Schwefelchlorid bei 40—45°, auf p-Chlorphenol in Schwefelkohlenstofflösung, und von GAZDAR und SMILES[2] durch Einwirkung von alkoholischer Salzsäure im Schießrohr bei 100° auf Bis-(5-chlor-2-oxyphenyl)-sulfoxyd, oder durch Kochen des letzteren mit Zinkstaub in Essigsäure erhalten.

2,4-2',4'-Tetraoxy-diphenylsulfid

$$(OH)_2\cdot C_6H_3\cdot S\cdot C_6H_3\cdot (OH)_2 \qquad F\ 178—181°$$

wurde von R. G. MOORE[3] durch Umsetzen von Resorcin mit Schwefeldichlorid in Äther bei 5—10° während 30—60 Minuten hergestellt. Nach dem Umlösen aus Wasser Ausbeute von 42—68%. — Beispielsweise wird in eine Lösung von 44 g technischem Resorcin in Schuppen in 200 ml wasserfreiem Äther bei 5° in 12 Minuten eine Lösung von 20,6 g technischem Schwefeldichlorid in 40 ml wasserfreiem Äther eingetragen, wobei die Temperatur 11° nicht überschreiten soll. Nach dem Einengen bei einem Druck von 30 mm und einer Temperatur von 20—22° wird das anfallende viscose Öl mit 60 ml Wasser gewaschen und dann bei 25° im Vakuum getrocknet, wobei eine kristallisierte Masse vom Schmelzpunkt 178—181° erhalten wird. Ausbeute 34 g reines Diresorcylsulfid.

2,2'-Dioxydiphenyldisulfid

$$2\text{-HO}\cdot C_6H_4\text{—}S\cdot S\text{—}C_6H_4\cdot OH\text{-}2' \qquad (\text{Öl, das sich oberhalb } 200° \text{ zersetzt})$$

wurde von HATTINGER[4] durch 1 stündiges Erhitzen von Phenolnatrium mit Schwefel auf 180—200°, von SCHMIDT[5] durch Kochen einer Lösung von dem Dianhydrid der 4,4'-Bis-diazo-diphenyl-sulfid-disulfonsäure-2,2 in verdünnter Schwefelsäure in Gegenwart von Kupferpulver hergestellt.

5,5'-Dichlor-2,2'-dioxydiphenyltrisulfid

$$2\text{-HO}\cdot C_6H_3Cl\text{—}S\cdot S\cdot S\text{—}C_6H_3Cl\cdot OH\text{-}2' \qquad F\ 133°$$

wurde von RICHTER[6] durch Umsetzen von p-Chlorphenol in Schwefelkohlenstoff mit Schwefelchlorür und Schwefel bei 40° erhalten.

W. S. COOK und G. E. SMITH[7] haben ein einfaches Verfahren bekannt gegeben, nach dem 4 fach substituierte Phenolsulfide aller Art gewonnen werden können. Es wurden die folgenden Tetraalkylphenolsulfide hergestellt:

---

[1] RICHTER: B. **49**, 1024. — [2] GAZDAR u. SMILES: Soc. **97**, 2252.
[3] US 2760989, 15. 5. 52/28. 8. 56, GENERAL ANILINE & FILM CORP.
[4] HATTINGER: M. **4**, 166.
[5] SCHMIDT: B. **39**, 615. — [6] RICHTER: B. **49**, 1025.
[7] US 2605288, 29. 6. 49, FIRESTONE TIRE & RUBBER CO.

Bis-(2,3,5,6-tetramethylphenol)-sulfid

F 236—237°

durch Eintropfen von 5 g Schwefeldichlorid in 10 ml Tetrachlorkohlenstoff in eine Lösung von 2,3,5,6-Tetramethylphenol in 300 ml Tetrachlorkohlenstoff mit anschließendem halbstündigem Kochen. Beim Abkühlen scheidet sich das Sulfid als weißes Pulver ab. Nach dem gleichen Verfahren wurden die folgenden Bisphenolsulfide gewonnen:

Bis-(2,3,4,6-tetramethylphenol)-sulfid
Bis-(3,4,5,6-tetramethylphenol)-sulfid
Bis-(2,3,4-trimethyl-6-äthylphenol)-sulfid
Bis-(2,3,5-trimethyl-6-isopropylphenol)-sulfid
Bis-(2,6-di-tert.-butyl-3,5-dimethylphenol)-sulfid
Bis-(2,3,5,6-tetraäthylphenol)-sulfid
Bis-(2,3,4,6-tetrabutylphenol)-sulfid
Bis-(2,3,5,6-tetrabutylphenol)-sulfid
Bis-(2,5-dimethyl-4,6-diisopropylphenol)-sulfid
Bis-(4-methyl-2,3,6-triäthylphenol)-sulfid
Bis-(3-methyl-4,5,6-triäthylphenol)-sulfid
Bis-(3-methyl-2,5,6-triisopropylphenol)-sulfid

Umsetzungen dieser relativ leicht greifbar gewordenen Diphenolsulfide zu ihren Glycidyläthern sind nicht bekannt geworden. Es dürfte sich wohl die Mühe lohnen, diese Verbindungen für den Aufbau von Epoxydharzen zu prüfen.

Mit dem Ziel, Alterungsschutzmittel für Kautschuk herzustellen, haben P. A. Downey und R. O. Zerbe[1] 2fach substituierte Phenolsulfide durch Umsetzen von 2fach substituierten Phenolen mit Schwefelmonochlorid hergestellt. Die benötigten Dialkylphenole wurden durch Umlagerung der Ester nach der Friesschen Verschiebung[2] mit anschließender Reduktion des entstandenen Ketons nach Clemmensen[3] und Gattermann[4] hergestellt, wobei beispielsweise aus Phenylacetat Äthylphenol erhalten wird:

Zur Erzielung 2fach substituierter Phenole wird von den Estern 1fach substituierter Phenole ausgegangen, so daß 1-Oxy-3,6-dialkylbenzole erhalten werden.

Da die Glycidyläther von einwertigen Phenolen, insbesondere solche von Phenolen, die ein- bis mehrfach substituiert sind, als Zusatzmittel

---

[1] US 2670382, 10. 6. 50, Monsanto Chem. Co.
[2] Fries, K., u. G. Fink: B. **41**, 4272 (1908) — v. Auwers, K., u. W. Mauss: A. **464**, 293 (1928) — B. **61**, 1500 (1928). — Blatt, A. H.: Chem. Rev. **27**, 413 (1940).
[3] Clemmensen, F.: B. **46**, 1833 (1913)
[4] Gattermann: Praxis d. org. Chemikers, **1947**, 349.

zu Epoxydharzkompositionen in manchen Fällen wertvolle Eigenschaften entfalten, werden die von der Firma MONSANTO synthetisierten neuen 2fach substituierten Phenole wiedergegeben.

3-Methyl-6-äthylphenol	F 42°,	Kp_{16} 110—112°
3-Methyl-6-n-propylphenol		Kp_{15} 121—124°
3-Methyl-6-butylphenol		Kp_{15} 134°
3-Methyl-6-isoamylphenol		Kp_2 104—106°
3-Methyl-6-n-hexylphenol		$Kp_{2,5}$ 118—119°
3-Methyl-6-isohexylphenol		$Kp_{1,5}$ 108—109°
3-Methyl-6-n-heptylphenol		$Kp_{2,5}$ 126—128°
3-Methyl-6-n-octylphenol		Kp_3 141—143°
3-Methyl-6-n-decylphenol		Kp_2 146—147°
3-Methyl-6-n-dodecylphenol	F 44°,	Kp_3 183°
3,6-Diäthylphenol		Kp_{17} 124—126°
3-Äthyl-6-n-propylphenol		Kp_{15} 131—132°
3-Äthyl-6-n-butylphenol		Kp_4 119—121°
3-n-Pentadecyl-6-äthylphenol	F 63,5°,	$Kp_{2,5}$ 208°
3-Methyl-6-benzylphenol	F 45°,	$Kp_{1,5}$ 138—140°
2-Methyl-6-n-propylphenol		Kp_{10} 105°
3-n-Propyl-6-äthylphenol		Kp_{15} 126—127°

Aus diesen Dialkylphenolen wurden die folgenden Di-(oxydialkylphenyl)-sulfide hergestellt z. B.:

Di-(4-oxy-3,6-diäthylphenyl)-sulfid HO—(Ring mit C_2H_5, C_2H_5)—S—(Ring mit C_2H_5, C_2H_5)—OH F 141—145°

Das Herstellungsverfahren dieser Verbindung, das, mutatis mutandis, auch bei den weiter unten angeführten Verbindungen angewandt wurde, besteht darin, daß in eine Lösung von 33,2 g 3,6-Diäthylphenol in 125 ml Benzin (Gemisch von Heptanen) bei 20—25° 12,6 g Schwefeldichlorid, gelöst in 60 ml Benzin, langsam eingetragen wird. Hierbei fällt das Diphenolsulfid aus. Es wird aus Toluol umkristallisiert.

Weiterhin wurden nach diesem Verfahren hergestellt:

Di-(4-oxy-3-methyl-6-äthyl-phenyl)-sulfid	F 127—130°
Di-(4-oxy-3-methyl-6-n-propyl-phenyl)-sulfid	F 126—129°
Di-(4-oxy-3-methyl-6-n-butyl-phenyl)-sulfid	F 98—102°
Di-(4-oxy-3-methyl-6-isoamyl-phenyl)-sulfid	F 108—113°
Di-(4-oxy-3-methyl-6-n-hexyl-phenyl)-sulfid	F 81—85°
Di-(4-oxy-3-methyl-6-isohexyl-phenyl)-sulfid	F 97—99°
Di-(4-oxy-3-methyl-6-n-octyl-phenyl)-sulfid	F 99—102°
Di-(4-oxy-3-methyl-6-n-decyl-phenyl)-sulfid	F 78—81°
Di-(4-oxy-3-methyl-6-n-dodecyl-phenyl)-sulfid	F 78—86°
Di-(4-oxy-3-methyl-6-benzyl-phenyl)-sulfid	F 123—126°
Di-(4-oxy-3-äthyl-6-n-propyl-phenyl)-sulfid	F 145—148°
Di-(4-oxy-3-äthyl-6-n-butyl-phenyl)-sulfid	F 120—121°
Di-(4-oxy-3-n-pentadecyl-6-äthyl-phenyl)-sulfid	F 107—111°

Über die Verwendung dieser leicht greifbar gewordenen Diphenolsulfide für die Herstellung von Epoxydharzen ist bisher nichts bekannt
geworden. Es dürfte sich vermutlich lohnen, sie für diesen Zweck aus-
zuprüfen.

Unter Ergänzung dieser Arbeiten haben D. J. BEAVER und G. L. MA-
GOUN[1], mit dem Ziel, wirksame Antioxydantien für Kautschuk zu ge-
winnen, die sich selbst nur wenig verfärben, nach demselben Verfahren
Di-(4-oxy-3-phenyl-6-tert.-butyl-phenyl)-sulfid, eine gummiartige
Substanz und Di-(4-oxy-3-pentadecyl-6-tert.-butyl-phenyl)-sulfid, eine
viscose Flüssigkeit, hergestellt.

4,4′-Dioxydiphenylsulfoxyd

$$4\text{-}HO \cdot C_6H_4 \cdot SO \cdot C_6H_4 \cdot OH\text{-}4' \quad F\ 195°$$

wurde von SMILES und BAIN[2] durch Umsetzen von Phenol in Schwefelkohlenstofflösung mit Thionylchlorid in Gegenwart von Aluminiumchlorid bei 0° gewonnen.

2,2′-Dioxydiphenylsulfon

$$2\text{-}HO \cdot C_6H_4\text{—}SO_2\text{—}C_6H_4 \cdot OH\text{-}2' \quad F\ 164\text{—}165°$$

wurde von HEFELMANN[3] durch Verkochen von diazotiertem 2,2′-Di-
amino-diphenylsulfon sowie von MAUTHNER[4] durch Verseifen von
2,2′-Diacetyldiphenylsulfon hergestellt.

4,4′-Dioxydiphenylsulfon

$$4\text{-}HO \cdot C_6H_4\text{—}SO_2\text{—}C_6H_4 \cdot OH\text{-}4' \quad F\ 239\text{—}241°$$

wurde von ANNAHEIM[5] sowie von J. ZEHENTER[6] durch 4—5 stündiges
Erhitzen von 2 Mol Phenol mit 1 Mol rauchender Schwefelsäure auf
180—190° mit anschließender Verdünnung mit Wasser, wobei das
Sulfon auskristallisiert, erhalten.

Das 4,4′-Dioxydiphenylsulfon, auch „Bisphenol S" genannt, hat infolge der Einfachheit seiner Herstellung als Ausgangsmaterial für
weitere Umsetzungen ein gewisses Interesse erlangt. Für die Herstellung
von Epoxydharzen ist es empfohlen worden durch S. O. GREENLEE[7]
sowie von der CIBA[8].

Das Verfahren der Umsetzung mit rauchender Schwefelsäure läßt
sich auch auf substituierte Phenole übertragen. In dieser Weise sind
hergestellt worden:

---

[1] US 2670383, 30. 6. 50/23. 2. 54, MONSANTO CHEM. CORP.
[2] SMILES u. BAIN: Soc. **91**, 1119. — [3] HEFELMANN: J. **1885**, 1591.
[4] MAUTHNER: B. **39**, 1351. — [5] ANNAHEIM: A. **172**, 36.
[6] ZEHENTER: M. **33**, 333. 1912.
[7] US 2456408, 14. 9. 43. US 2503726, 12. 5. 44; US 2592560, 2. 11. 45;
US 2510885/6, 8. 3. 46, DEVOE & RAYNOLDS.
[8] FP 930609, 13. 7. 46/30. 1. 48; Schwz.-Pri. 13. 7. 45, CIBA.

4,4'-Dioxy-3,3'-dimethylphenylsulfon

$$4\text{-HO} \cdot C_6H_3(CH_3)\text{—}SO_2\text{—}C_6H_3(CH_3) \cdot OH\text{-}4'$$

aus o-Kresol von ZEHENTER[1].

4,4'-Dioxy-2,2'-dimethylphenylsulfon

$$4\text{-HO} \cdot C_6H_3(CH_3)\text{—}SO_2\text{—}C_6H_3(CH_3) \cdot OH\text{-}4' \quad F\ 115\text{—}116°$$

aus m-Kresol von J. ZEHENTER, H. BOHUNEK und E. NOWOTNY[2].

Dieselben Autoren beschreiben weiterhin die Verbindungen:

4,4'-Dioxy-2,2'-diäthylphenylsulfon
4,4'-Dioxy-3,3'-diäthylphenylsulfon
2,2'-Dioxy-3,3'-dimethylphenylsulfon vom F 263—265°
2,2'-Dioxy-4,4'-dimethylphenylsulfon vom F 196—197°

Die aus Kresolen gewonnenen Dioxydiphenylsulfone konnten von den Autoren auch durch Umsetzen von Oxymethylphenylsulfonsäuren mit Kresol in Gegenwart von Phosphorpentoxyd bei 170° hergestellt werden.

Substituierte Diphenolsulfone dieser Art sind auch von J. R. CALDWELL[3] für die Herstellung von Glycidyläthern zwecks Gewinnung von Epoxydharzen verwendet worden. Nach diesem Verfahren werden Harze mit besonders hohen Erweichungspunkten erzielt.

Aminobisphenole

Die Herstellung von Bisphenolen, welche kernsubstituierte Alkylaminomethylgruppen enthalten, der allgemeinen Formel:

$$R \cdot NH \cdot CH_2 \text{—} \underset{y}{\overset{OH}{\bigcirc}} \text{—} x \text{—} \underset{y}{\overset{OH}{\bigcirc}} CH_2 \cdot NH \cdot R \qquad \begin{array}{l} R = C_8H_{17}, \ y = Cl \\ x = S, \ CH_2, \ \text{—}C \cdot (CH_3)_2\text{—} \end{array}$$

beschreiben L. J. EXNER und W. E. CRAIG[4]. Es wird so gearbeitet, daß mindestens 2 Mol eines höheren Alkylazomethins, insbesondere $C_8H_{17} \cdot N = CH_2$, mit 1 Mol eines Bisphenols bei etwa 110° umgesetzt werden.

Dioxydiphenyl- bzw.- benzylamine und -amide

3,3'-Dioxydiphenylamin

$$3\text{-HO} \cdot C_6H_4 \cdot NH \cdot C_6H_4 \cdot CH\text{-}3' \quad \text{(zersetzt sich ohne zu schmelzen)}$$

wurde von SEYEWITZ[5] durch 10 stündiges Erhitzen auf 190—200° von 1 Teil Resorcin mit 4 Teilen Chlorcalciumammoniak im Schießrohr erhalten. Es ist in Wasser unlöslich, läßt sich aus Alkohol umkristallisieren.

---

[1] ZEHENTER: M. **33**, 334.
[2] ZEHENTER, J., H. BOHUNEK u. E. NOWOTNY: J. prakt. Chem. (2), **121**, 223.
[3] US 2593411, 21. 12. 49/22. 4. 52, EASTMAN KODAK CO.
[4] US 2750416, 21. 12. 50/12. 6. 56, ROHM & HAAS CO.
[5] SEYEWITZ: C. r. **109**, 946 sowie Bl. (3), **3**, 811.

4,4'-Dioxydiphenylamin

$$4\text{-HO}\cdot C_6H_4\cdot NH\cdot C_6H_4\cdot OH\text{-}4' \quad F\ 174{,}5°$$

ist wegen seiner Verwendung für die Herstellung von Schwefelfarbstoffen und wegen seiner reduzierenden Eigenschaften als photographischer Entwickler („Pyramidol") vielfach bearbeitet worden. Es wurde hergestellt von SCHNEIDER[1], von CLERC[2] und von HAUBERISSER[3] durch 7stündiges Erhitzen bei 160—180° von 10 g Hydrochinon mit 4 g Ammonchlorid und 6 g Natronlauge 40° Bé, bzw. durch 5stündiges Erhitzen auf 160—180° von 11 g Hydrochinon, 11 g 4-Aminophenol mit 40 g Chlorcalcium, von VIDAL[4], durch Erhitzen von Hydrochinon und Phospham auf 200—250°, oder durch 4stündiges Erhitzen von 4-Aminophenol, 4-Aminophenolchlorhydrat und Wasser bei 200°, von KNOEVENAGEL[5] und KNOLL Co.[6] durch Erhitzen von 4-Aminophenol mit wenig Jod auf 200°, von HELLER[7] sowie von GIBBS, COHEN und CLERK[8] durch Reduktion des Natriumsalzes von Benzochinon-(1,4)-mono-(4-oxyanil). Die Verbindung ist leicht löslich in verdünnten Säuren, löst sich aber auch in Äther, Benzol und Petroläther. Seine Verwendung für die Herstellung von Epoxydharzen ist nicht bekannt geworden. Bei der Aushärtung damit aufgebauter Epoxydharze müssen vermutlich besondere Maßnahmen ergriffen werden, um die auch nach der Härtung verbleibende Löslichkeit in Säuren aufzuheben.

3,4'-Dioxy-4,6-dinitrodiphenylamin

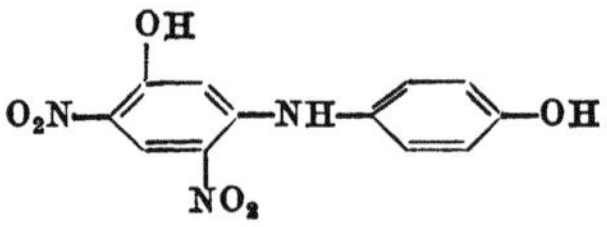

OH
O₂N—⟨ ⟩—NH—⟨ ⟩—OH   F 185—186° zersetzt
NO₂

wurde von der BADISCHEN ANILIN- & SODAFABRIK-AG.[9] durch Umsetzen von 5-Chlor-2,4-dinitrophenol mit 4-Aminophenol gewonnen. Es ist in Wasser fast unlöslich, schwer löslich in Äther, leicht löslich in Alkohol.

4,6-Dinitro-4'-oxy-3-sulfhydryldiphenylamin

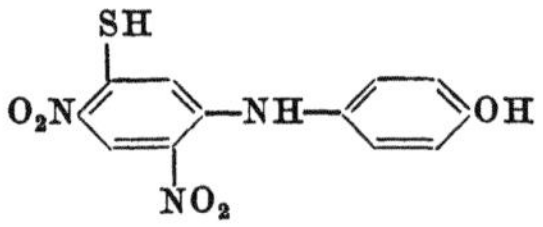

SH
O₂N—⟨ ⟩—NH—⟨ ⟩—OH   verpufft bei 307°
NO₂

wurde von der BADISCHEN ANILIN- & SODAFABRIK-AG.[10] aus 5'-Chlor-

[1] SCHNEIDER: B. **32**, 689.
[2] CLERC: Bl. Soc. franc. phot. (2), **25**, 49 (1909).
[3] HAUBERISSER: Photogr. Korresp. **45**, 273 (1908).
[4] VIDAL: DRP 106823, C. **1900**, I. 743 sowie C. **1903**, I, 85.
[5] KNOEVENAGEL: J. prakt. Chem. (2), 89, 24.
[6] DRP 241853 — C. **1912**, I, 178, KNOLL Co.
[7] HELLER: A. **392**, 29.
[8] GIBBS, COHEN u. CLERK: Publ. Health Rep. **39**, 383 (1924) — C. **1929**, II, 3152.
[9] DRP 135635 — C. **1902**, II, 1287, BADISCHE ANILIN- & SODAFABRIK-AG.
[10] DRP 122606 — C. **1901**, II, 382, BADISCHE ANILIN- & SODAFABRIK-AG.

$2',4'$-dinitro-4-oxydiphenylamin oder aus $4,6$-Dinitro-$4'$-oxyrhodan-diphenylamin mit Kaliumhydrosulfid hergestellt.

Polymeres 4-Methylenaminophenol

$$(CH_2 = N \cdot C_6H_4 \cdot OH)_n$$

wurde von der CIBA[1] für die Entwicklung von Schwefelfarbstoffen durch Umsetzen von 4-Aminophenol mit Formaldehyd im alkalischen Medium bei $5—10°$ gewonnen. Die Verbindung fällt in Form weißer Flocken an, die an der Luft dunkel werden. Es kann erwartet werden, daß nach Überführung in den Glycidyläther und nach weiterer Polymerisation die Verbindung stabil wird, und für den Aufbau von Epoxyd-harzen dienen könnte.

Polyoxybenzylamine, -amide und -urethane

Polyoxybenzylamine, -amide und -urethane der allgemeinen Formel

$$\text{R}'\underset{\text{R}''}{\overset{\text{HO}}{\bigcirc}}\text{CH}_2 \cdot \text{NR} \cdot \text{CH}_2 \underset{\text{R}''}{\overset{\text{OH}}{\bigcirc}}\text{R}'$$

wobei R = H, Alkyl, Aryl, Aralkyl, Carbonyl- oder Carbonsäureester-gruppe, R' und R'' = H, Alkyl oder Halogen sein kann, bei denen die Benzolreste auch durch Naphthalinreste ersetzt sein können, hat A. M. PAQUIN[2] durch Umsetzen von Ammoniak oder Aminen mit phe-nolischen Verbindungen und Formaldehyd, vorzugsweise im sauren wasserfreien Medium, gewonnen. Polyoxybenzylamine lassen sich in üblicher Weise in die Polyglycidyläther überführen, die sich für die Herstellung von Epoxydharzen eignen. Beispielsweise wurden u. a. die folgenden Verbindungen hergestellt:

4,4'-Di-(oxybenzyl)-amin

$$\text{4-HO} \cdot C_6H_4 \cdot CH_2 \cdot NH \cdot CH_2 \cdot C_6H_4 \cdot \text{OH-4}'$$

durch Umsetzen von 2 Mol Phenol in einer Lösung von 1 Mol Am-moniumformiat in 85%iger Ameisensäure (Erhalten durch Eintragen von technischem Ammoniumbicarbonat) bei $60°$ mit 2 Mol Paraform-aldehyd mit anschließendem 1 stündigem Nachrühren bei $80—85°$. Durch Eingießen in die 8—10 fache Menge kalten Wassers wird Di-(oxybenzyl)-amin als weißes kristallines Pulver ausgefällt. Zwecks Wiedergewinnung eines Teiles der Ameisensäure und zur Vermeidung eines zu großen Säuregehaltes der Fällflüssigkeit, die in manchen Fällen mit Ammoniak neutralisiert werden muß, kann unter vermin-dertem Druck bis zur Sirupkonsistenz abdestilliert werden. Der Sirup wird dann unter kräftigem Rühren in Wasser eingegossen.

Di-(oxydimethylbenzyl)-amin

$$\text{HO} \cdot (CH_3)_2 \cdot C_6H_2 \cdot CH_2 \cdot NH \cdot CH_2 \cdot C_6H_2(CH_3)_2 \cdot \text{OH}$$

---

[1] DRP 68 707, 19. 8. 92, CIBA.

[2] FP 1078 381, 18. 11. 52/17. 11. 54; D-Pri 19. 11. 51, 15. 2., 29. 2., 8. 8. u. 17. 9. 52, CASSELLA FARBWERKE MAINKUR.

aus 2 Mol Xylenol, 1 Mol Ammoniak und 2 Mol Paraformaldehyd in Ameisensäure.

Di-(oxymethylbenzyl)-butylamin

$$HO \cdot (CH_3) \cdot C_6H_3 \cdot CH_2 \cdot \overset{|}{N} \cdot CH_2 \cdot C_6H_3 \cdot (CH_3) \cdot OH$$
$$C_4H_9$$

aus 2 Mol Kresol, 1 Mol Butylamin und 2 Mol Paraformaldehyd in Ameisensäure.

Di-(oxy-p-tert.-butyl-benzyl)-cyclohexylamin

$$HO \cdot [C \cdot (CH_3)_3] \cdot C_6H_3 \cdot CH_2 \cdot \overset{|}{N} \cdot CH_2 \cdot C_6H_3 \cdot [C \cdot (CH_3)_3] \cdot OH$$
$$C_6H_{11}$$

aus 2 Mol p-tert.-Butylphenol, 1 Mol Cyclohexylamin und 2 Mol Paraformaldehyd in Ameisensäure.

Verbindungen dieser Art sind in schwach alkalischem oder schwach saurem Wasser sowie in Alkoholen und Ketonen leicht löslich. Sie weisen in Wasser eine erhebliche Schaumkraft auf, wobei die Schaumfülle mit den Substituenten variiert.

N,N′-Di-(oxybenzyl)-alkylendiamine

Sie werden ebenso wie Di-(oxybenzyl)-amine durch Umsetzen von 2 Mol phenolischer Verbindung mit 1 Mol Alkylendiamin und 2 Mol Paraformaldehyd in Ameisensäure hergestellt. In dieser Weise wurden hergestellt:

Di-(oxybenzyl)-äthylendiamin

$$HO \cdot C_6H_4 \cdot CH_2 \cdot NH \cdot CH_2 \cdot CH_2 \cdot NH_2 \cdot CH_2 \cdot C_6H_4 \cdot OH$$

aus Phenol, Äthylendiamin und Paraformaldehyd.

Di-(oxy-p-tert.-butyl-benzyl)-hexamethylendiamin

$$HO \cdot [C \cdot (CH_3)_3] \cdot C_6H_3 \cdot CH_2 \cdot NH \cdot (CH_2)_6 \cdot NH \cdot CH_2 \cdot C_6H_3 \cdot [C \cdot (CH_3)_3] \cdot OH$$

aus p-tert.-Butylphenol, Hexamethylendiamin und Paraformaldehyd.

Di-(oxymethylbutylbenzyl)-hexamethylendiamin

$$HO \cdot (CH_3) \cdot (C_4H_9) \cdot C_6H_2 \cdot CH_2 \cdot NH \cdot (CH_2)_6 \cdot NH \cdot CH_2 \cdot C_6H_2 \cdot (C_4H_9) \cdot (CH_3) \cdot OH$$

aus 3-Methyl-6-butylphenol, Hexamethylendiamin und Paraformaldehyd.

Tetra-(oxybenzyl)-alkylendiamine, beispielsweise

Tetra-(oxydimethylbenzyl)-äthylendiamin

$$\begin{array}{c}
HO \cdot (CH_3)_2C_6H_2 \cdot CH_2 \\
HO \cdot (CH_3)_2C_6H_2 \cdot CH_2
\end{array} \!\!\!\! \searrow\!\!\nearrow \, N \cdot C_2H_4 \cdot N \nwarrow\!\!\!\!\swarrow \begin{array}{c} CH_2C_6H_2(CH_3)_2 \cdot OH \\ CH_2C_6H_2(CH_3)_2 \cdot OH \end{array}$$

werden nach dem gleichen Verfahren durch Umsetzen von 4 Mol Xylenol, 1 Mol Äthylendiamin, und 4 Mol Paraformaldehyd in Ameisensäure gewonnen. Tetra-(oxybenzyl)-alkylendiamine lassen sich ebenfalls in Glycidyläther überführen, die besonders leicht härten.

Poly-(oxybenzyl)-aminotriazine

Die basischen Aminogruppen bei Aminotriazinen lassen sich in analoger Weise umsetzen. Poly-(oxybenzyl)-aminotriazine sind von

A. M. PAQUIN[1] entwickelt worden. Verbindungen dieser Art sind von Melamin, Ammelin, Ammelid und Melam hergestellt worden, wobei jedes an den Aminogruppen befindliche Wasserstoffatom substituiert werden kann. Entsprechend können von Melamin 1—6 verschiedene Substitutionsprodukte je nach den gewählten Mengenverhältnissen gewonnen werden. Bei der Herstellung werden meistens nicht die reinen Verbindungen erhalten, wie sie nach den angewandten Mengenverhältnissen erwartet werden können, sondern es entstehen Gemische, die gewisse Anteile des nächstniedrigeren und des nächsthöheren Substitutionsproduktes enthalten. Beispielsweise enthält ein auf Trioxybenzylmelamin abgestellter Ansatz auch geringe Mengen an Di- und Tetraoxybenzylmelamin, selbst wenn die Analyse zutreffende Werte für die Triverbindung ergibt. In vielen Fällen läßt sich eine Trennung der Nebenprodukte infolge ihrer verschiedenen Löslichkeit durchführen, indem das eine Substitutionsprodukt beim Eingießen der sauren Reaktionsflüssigkeit in Wasser bereits ausfällt, das andere aber in Lösung bleibt und sich erst nach Ammoniakalischstellen ausscheidet. Bei der Einwirkung von 6 Mol phenolischer Komponente auf 1 Mol Melamin wird ein recht reines hexasubstituiertes Melamin erhalten, das kaum Anteile anderer Substitutionsgrade enthält. Für die Verwendung der aus Verbindungen dieser Art leicht erzielbaren Glycidyläther für die Herstellung von Epoxydharzen ist jedoch die Reinheit der angestrebten Substitutionsstufe relativ belanglos.

Die Herstellung von Poly-(oxybenzyl)-aminotriazinen geht zweckmäßig von dem heute leicht greifbaren Melamin aus und kann in der Weise erfolgen, daß die eine Komponente, das Melamin oder das Phenol, zunächst für sich mit Formaldehyd in die Methylolverbindung übergeführt und anschließend in stark saurer Lösung mit der anderen Komponente kondensiert wird. Diese Arbeitsweise brachte die neue Erkenntnis, daß die bei Methylolphenolen und Methylolaminotriazinen bekannte Tatsache der Polymerisierbarkeit zu höhermolekularen Produkten in Gegenwart von stärkeren Säuren nicht erfolgt, wenn eine Verbindung mit einem oder mehreren labilen Wasserstoffatomen, mit welcher die Methylolverbindung unter Wasserabspaltung reagieren kann, zugegen ist. So ergibt sich folgendes Bild: ein Polymethylolphenol, das in warmer 85%iger Ameisensäure eingetragen, sofort ein unlösliches Polymerisat ergeben würde, setzt sich zu einer klaren Lösung von Poly-(oxybenzyl)-melamin um, wenn die Ameisensäure Melamin als Aufschlämmung enthält. Analog ergibt ein Methylolmelamin, das für sich allein in Ameisensäure ein unlösliches Polymerisationsprodukt ausscheiden würde, eine klare Lösung von Poly-(oxybenzyl)-melamin, wenn Phenol in Lösung vorliegt. Bei der Konkurrenz zweier Reaktionsabläufe trägt hier eindeutig die Umsetzung mit einer anderen Komponente unter Bildung einer monomeren Verbindung den Sieg davon.

---

[1] DRP 899195, 20. 11. 51/10. 12. 53 — FP 1078381, 18. 11. 52, CASSELLA FARBWERKE MAINKUR A. G.

Eine andere, einfachere Methode, die ebenfalls sehr gute Ausbeuten und Produkte von zufriedenstellender Reinheit ergibt, besteht darin, die noch nicht mit Formaldehyd behandelten Komponenten direkt in 85%iger Ameisensäure mit Paraformaldehyd umzusetzen.

Da genügend elastische und gut haftende Epoxydharze aus Glycidyläthern von Poly-(oxybenzyl)-aminotriazinen nur dann zu erzielen sind, wenn die phenolische Komponente in ausreichendem Maße die Elastizität erhöhende Seitenketten enthält, werden in folgendem nur Beispiele dieser Art angeführt:

Tri-(oxydimethylbenzyl)-melamin

$$NH \cdot CH_2 \cdot C_6H_2 \cdot (CH_3)_2 \cdot OH$$

$$HO \cdot (CH_3)_2 \cdot C_6H_2 \cdot CH_2 \cdot HN-C \qquad C-NH \cdot CH_2 \cdot C_6H_2 \cdot (CH_3)_2OH$$

wird gewonnen, indem zu einer Lösung von 366 g Roh-Xylenol in 1400 g 85%iger Ameisensäure bei 45—50° 216 g Trimethylolmelamin in Pulverform in $^1/_2$ Stunde eingetragen und anschließend $1^1/_2$ Stunden bei 50—55° nachgerührt wird. Nach Abdestillieren von Ameisensäure bei einer Innentemperatur bis zu 45° bis zur Sirupkonsistenz wird in 10 l kaltes Wasser eingerührt, wobei sich das Kondensationsprodukt als rein weißes kristallines Pulver abscheidet. Es besteht aus Tri-(oxydimethylbenzyl)-melamin, das einen kleinen Anteil der Tetraverbindung enthält. Beim Ammoniakalischstellen fällt der entsprechende Anteil der Di-Verbindung aus.

Tri-(oxymethyl-tert.-butylbenzyl)-melamin

$$NH \cdot CH_2 \cdot C_6H_2 \cdot [C \cdot (CH_3)_3](CH_3)OH$$

$$HO \cdot (CH_3) \cdot [C \cdot (CH_3)_3] \cdot C_6H_2 \cdot CH_2 \cdot HN-C \qquad C-NH \cdot CH_2 \cdot C_6H_2 \cdot [C \cdot (CH_3)_3] \cdot (CH_3)OH$$

wird hergestellt, indem zu einer Lösung von 495 g 3-Methyl-6-tert.-butyl-phenol (3 Mol) in 1500 g 85%iger Ameisensäure bei 40° in kleinen Portionen innerhalb von $^3/_4$ Stunden ein Gemisch von 126 g Melamin (1 Mol) mit 99 g Paraformaldehyd (3 Mol + 10%) eingetragen wird. Durch Kühlen wird die Temperatur von 45° gehalten. Nach $^3/_4$ stündigem Nachrühren der klaren Lösung bei 50—60° wird bei vermindertem Druck so lange Ameisensäure abdestilliert, bis der Rückstand einen dickflüssigen Sirup darstellt. Alsdann wird Fällung in Wasser vorgenommen, wie dies bei der vorhergehenden Verbindung beschrieben wurde.

Hexa-(oxy-p-tert.-butylbenzyl)-melamin wird nach einer der beiden vorhergehenden Methoden aus 6 Mol p-tert.-Butylphenol, 1 Mol Melamin und 6 Mol Formaldehyd gewonnen. Die aus p-tert.-Butylphenol hergestellten Oxybenzylmelamine zeichnen sich durch besonders gute Löslichkeit aus. So ist diese und die vorhergehende Verbindung in Äther, Benzol und Methylenchlorid löslich, während die aus Xylenol aufgebaute Verbindung sich nur in Alkoholen und Ketonen löst.

Poly-(oxybenzyl)-alkylendiamine wie auch -melamine von höherem Molekulargewicht bieten bei der Umsetzung mit Epichlorhydrin oder Dichlorhydrin den Vorteil, daß der Verbrauch an diesen Reagentien relativ gering ist. Eine weitere Verbilligung der Epoxydharze kann dadurch erfolgen, daß auch Polyphenole dieser Art als Vernetzungskomponente angewandt werden. Glycidyläther solcher Verbindungen, bei denen an einer Aminogruppe noch ein freies Wasserstoffatom vorhanden ist, können in der Wärme auch mit sich selbst härten.

Die beschriebenen Oxybenzylaminverbindungen lassen sich auch aus solchen Verbindungen mit Aminogruppen gewinnen, bei denen die letzteren keinen basischen Charakter aufweisen. So lassen sich nach dem PAQUINschen Verfahren auch *Säureamide* und *Urethane* umsetzen. Hierbei können in Abhängigkeit von dem Molverhältnis beide oder nur eins der am Stickstoffatom befindlichen Wasserstoffatome durch Oxybenzylgruppen substituiert werden. Da Bisphenole im Hinblick auf die Herstellung von Epoxydharzen die weitaus größere Bedeutung haben, werden in folgendem nur Beispiele für Säureamide und Urethane angeführt, bei denen zwei oder mehr Oxybenzylreste vorhanden sind.

Di-(oxybenzyl)-formamid

$$HO \cdot C_6H_4 \cdot CH_2 \cdot N \cdot CH_2 \cdot C_6H_4 \cdot OH$$
$$H \cdot C{=}O$$

wird hergestellt, indem zu einer Lösung von 2 Mol Phenol und 1 Mol Formamid in 85%iger Ameisensäure bei 50° innerhalb von $^1/_2$ Stunde 2 Mol + 10% Paraformaldehyd eingetragen wird. Nach 1 stündigem Nachrühren bei 55—65° wird unter vermindertem Druck Ameisensäure bis zur Sirupkonsistenz abdestilliert und in einem Gemisch von Äther und Methylenchlorid das Kondensationsprodukt als weiße, kristalline Verbindung gefällt. Statt der Fällung kann auch mittels Wasserdampfdestillation durch Abtreiben von Phenolresten gereinigt werden. Das Produkt ist in Wasser ziemlich leicht löslich und kann aus Alkohol umkristallisiert werden. Durch Verwendung von Phenolen mit hydrophoben Seitenketten wie Pentyl-, Hexyl-, tert.-Butyl- oder Octylgruppen kann die Wasserlöslichkeit des Oxybenzylformamids weitgehend herabgedrückt werden, während sich die Löslichkeit in Äther und Kohlenwasserstoffen, die beim nicht substituierten Di-(oxybenzyl)-formamid nur gering ist, sich erheblich erhöht.

Di-(oxy-tert.-butylbenzyl)-acetamid

$$HO \cdot [C \cdot (CH_3)_3] \cdot C_6H_3 \cdot CH_2 \cdot N \cdot CH_2 \cdot C_6H_3 \cdot [C \cdot (CH_3)_3] \cdot OH$$
$$H_3C \cdot C{=}O$$

nach demselben Verfahren wie die Formamidverbindung, hergestellt aus p-tert.-Butylphenol, Acetamid und Paraformaldehyd in 85%iger Ameisensäure, ist in Wasser schwer löslich, dagegen ziemlich leicht in Äther, Benzol und chlorierten Kohlenwasserstoffen.

Die Glycidyläther der beiden angeführten Verbindungen sind flüssig und eignen sich daher besonders für die Herstellung von Epoxydharzvorprodukten für Klebzwecke.

Aus Diamiden zweibasischer Säuren wurden u. a. die folgenden charakteristischen Bisphenole hergestellt:

N,N'-Di-(oxydimethylbenzyl)-malonsäurediamid

$$HO \cdot (CH_3)_2 \cdot C_6H_2 \cdot CH_2 \cdot NH \cdot CO \cdot CH_2 \cdot CO \cdot NH \cdot CH_2 \cdot C_6H_2 \cdot (CH_3)_2 \cdot OH$$

aus Roh-Xylenol, Malonsäurediamid, Paraformaldehyd und Ameisensäure. Dieses Bisphenol, wie auch die folgenden sind weiße Pulver von mehr oder weniger ausgeprägter kristalliner Struktur.

N,N'-Di-(oxy-tert.-butylbenzyl)-adipinsäurediamid

$$HO \cdot [C \cdot (CH_3)_3] \cdot C_6H_3 \cdot CH_2 \cdot NH \cdot CO \cdot (CH_2)_4 \cdot CO \cdot NH \cdot C_6H_3 [C \cdot (CH_3)_3] \cdot OH$$

aus p-tert.-Butylphenol, Adipinsäurediamid, Paraformaldehyd und Ameisensäure.

N,N'-Di-(oxydimethylbenzyl)-acrylsäureamid

$$HO \cdot (CH_3)_2 \cdot C_6H_2 \cdot CH_2 \cdot N \cdot CH_2 \cdot C_6H_2 \cdot (CH_3)_2 \cdot OH$$
$$\vert$$
$$CO \cdot CH{=}CH_2$$

aus Roh-Xylenol, Acrylsäureamid, Paraformaldehyd und Ameisensäure, ergibt nach der Umsetzung mit Epichlorhydrin und Natronlauge Glycidyläther, die in üblicher Weise gehärtet und/oder polymerisiert werden können. Man braucht hierbei nicht von dem schwer zugänglichen Acrylsäureamid auszugehen, sondern man gelangt, wie A. M. PAQUIN[1] gezeigt hat, auch zu diesem Ziel, unter Verwendung der kristallisierten Acrylamid-Schwefelsäureverbindung, welche entsteht, wenn Acrylsäurenitril mit Schwefelsäuremonohydrat und 1 Mol Wasser bei 45—50° hydratisiert wird. Vor der Umsetzung mit Phenolen wird die Schwefelsäure dieser Verbindung in der Ameisensäurelösung zweckmäßig mit wasserfreiem Natriumacetat abgestumpft.

Modifizierungen von Acrylsäureamid-oxybenzylverbindungen können durch Addition von Verbindungen mit ein oder mehreren labilen H-Atomen an die Doppelbindung erfolgen, wie A. M. PAQUIN[2] beschrieben hat. Um bei späterer Umsetzung mit Epichlorhydrin eine dritte oder weitere reaktionsfähige Gruppe zu erhalten, werden vorzugsweise bifunktionelle Verbindungen an die Doppelbindung addiert: Glykol, Butylenglykol, Äthylendiamin, Äthanolamin, Diäthanolamin, Aminophenol, Aminobenzylalkohol, Aminocarbonsäuren, Dioxybenzylmelamin u. a. m.

Die Addition wird in der Weise vorgenommen, daß äquimolekulare Mengen der Komponenten bei 80—90° zusammengeschmolzen werden, wobei die Additionsreaktion unter Spontanerwärmung einsetzt und die Temperatur auf 150—180° steigt.

---

[1] PAQUIN, A. M.: D.-Anm. C. 9026, IV c, 120, 12. 3. 54, CASSELLA FARBWERKE MAINKUR A. G.

[2] PAQUIN, A. M.: D.-Anm. C 909339 c, 25. 3. 54, CASSELLA FARBWERKE MAINKUR A. G.

Für die weitere Umsetzung zu Glycidyläthern haben sich u. a. die folgenden Verbindungstypen als aussichtsreich erwiesen:

N,N-Di-(oxybenzyl-propionsäureamido)-β-äthylenglykoläther

$$(HO \cdot C_6H_4 \cdot CH_2)_2 \text{—} N \cdot CO \cdot CH_2 \cdot CH_2 \cdot O \cdot CH_2 \cdot CH_2 \cdot OH$$

N,N-Di-(oxybenzyl-propionsäureamido)-β-aminophenol

$$(HO \cdot C_6H_4 \cdot CH_2)_2 \text{—} N \cdot CO \cdot CH_2 \cdot CH_2 \cdot NH \cdot C_6H_4OH$$

N,N-Di(oxybenzyl-propionsäureamido)-β-aminoessigsäure

$$(HO \cdot C_6H_4 \cdot CH_2)_2 \text{—} N \cdot CO \cdot CH_2 \cdot CH_2 \cdot NH \cdot CH_2 \cdot COOH$$

N,N-Di-(oxybenzyl-propionsäureamido)-β-di-(oxybenzyl)-melamin

$$(HO \cdot C_6H_4 \cdot CH_2)_2 \text{—} N \cdot CO \cdot CH_2 \cdot CH_2 \cdot NH$$

In vielen Fällen wäre der Oxybenzylrest mit Vorteil durch einen Alkyl-substituierten Rest zu ersetzen.

Phthalsäurediamid

setzt sich nach der beschriebenen Methode mit Phenolen und Paraformaldehyd in Ameisensäurelösung je nach den angewandten Mengenverhältnissen zu verschiedenen Produkten, von z. T. bisher unbekanntem Typus um. Unter Verwendung von Phenol können neben der Monooxybenzyl-Verbindung die folgenden in guter Ausbeute und von gutem Reinheitsgrade erzielt werden:

N,N'-Di-(oxybenzyl)-phthalsäurediamid

das aus 2 Mol Phenol, 1 Mol Phthalsäurediamid und 2 Mol Paraformaldehyd entsteht,

N,N,N',N'-Tetra-(oxybenzyl)-phthalsäurediamid

aus 4 Mol Phenol, 1 Mol Phthalsäurediamid und 4 Mol Paraformaldehyd, und

N,N'-Di-(oxybenzyl)-N,N'-dimethylolanhydrid-phthalsäurediamid

das aus 2 Mol Phenol, 1 Mol Phthalsäurediamid und 4 Mol Paraformaldehyd gebildet wird.

Die Glycidyläther dieser 3 verschiedenen Typen weisen in ihren Erweichungspunkten und ihren Härtungseigenschaften Unterschiede auf, die sie für verschiedene Verwendungen empfehlen.

Sulfonsäureamide

reagieren mit Phenolen und Formaldehyd in derselben Art wie Carbonsäureamide. Die Umsetzung erfolgt mit aliphatischen oder aromatischen Sulfonsäureamiden in gleicher Weise. Es wurden u. a. hergestellt:

N,N-Di-(oxybenzyl)-p-toluolsulfosäureamid

$$(HO \cdot C_6H_4 \cdot CH_2)_2 \cdot N \cdot SO_2 \cdot C_6H_4 \cdot CH_3$$

aus 2 Mol Phenol, 1 Mol Toluolsulfamid und 2 Mol Paraformaldehyd in 85%iger Ameisensäure. Es ist ein weißes kristallines Pulver.

N,N'-Di-(oxybenzyl)-benzoldisulfosäureamid

$$\begin{matrix} HO \cdot C_6H_4CH_2 \cdot NH \cdot SO_2 \\ HO \cdot C_6H_4CH_2 \cdot N'H \cdot SO_2 \end{matrix} \Big\rangle C_6H_4$$

aus 2 Mol Phenol, 1 Mol Benzoldisulfosäureamid und 2 Mol Paraformaldeyhd in 85%iger Ameisensäure.

Poly-(oxybenzyl)-Verbindungen von Harnstoff, Guanidin, Sulfamid, sowie von mono- und sym. Disubstitutionsprodukten dieser Verbindungen, und von ihren cyclischen Kondensationsprodukten

Die in der Überschrift genannten Verbindungstypen mit NH_2- und NH-Gruppen lassen sich nach dem PAQUINschen Verfahren ebenso wie Amine oder Carbonsäure- oder Sulfonsäureamide in die Oxybenzylverbindungen überführen, die ihrerseits nach der Glycidylverätherung die Grundlage für technisch brauchbare Epoxydharze darstellen. Aus der Fülle der dargestellten Polyphenole dieser Art mögen in folgendem einige charakteristische Typen angeführt werden. Sämtliche Polyphenole dieser Gruppe sind kristalline Pulver von ausgeprägtem Schmelzpunkt, die nach Entfernen von Resten der Ausgangsmaterialien ohne weiteres zur Herstellung von Epoxydharzen dienen können.

Einwandfreie Arbeiten zur Herstellung von Polyoxybenzylharnstoffderivaten in 85%iger Ameisensäure waren erst dann möglich, nachdem festgestellt war, welche Beständigkeit Harnstoff in verdünnten Säuren bei erhöhter Temperatur aufweist. Diesbezügliche Untersuchungen von A. M. PAQUIN[1] kamen zu dem Ergebnis, daß die bekannte Zersetzung des Harnstoff mit verdünnten Säuren

$$H_2N \cdot CO \cdot NH_2 + \overset{\text{verd. Säure}}{\underset{H_2O}{}} \rightarrow NH_3 \cdot H \cdot Säure + CO_2$$

bei 50—85%iger Ameisensäure und Essigsäure, 30—80%iger Schwefelsäure und Phosphorsäure sowie 20—37%iger Salzsäure einheitlich erst bei 60—70° einsetzt.

Die Temperatur bei der Kondensation von Harnstoffen mit Phenolen und Formaldehyd darf also bei der Umsetzung 60° nicht er-

---

[1] PAQUIN, A. M.: Unveröffentlichte Arbeiten.

reichen. Diese oder höhere Temperaturen sind jedoch nach der Substitution ohne Bedeutung, da dann das Harnstoffmolekül relativ immun gegen den Säureangriff geworden ist. Unter Beachtung dieser Sachlage lassen sich in sehr guter Ausbeute und Reinheit aus Harnstoff, Thioharnstoff usw. sowie aus ihren Mono- und Disubstitutionsprodukten die Mono-, Di-, Tri- und Tetraoxybenzylverbindungen sowie auch die cyclischen Dioxybenzyl-dimethylolanhydridderivate gewinnen. Die Darstellung kann analog der oben gegebenen Arbeitsweisen derart erfolgen, daß zu einer Lösung der phenolischen Verbindung in 85%iger Ameisensäure bei 45—50° ein trockenes Gemisch von Harnstoff und Paraformaldehyd eingetragen wird. Sie kann auch in der Weise vorgenommen werden, daß in einer ersten Stufe durch Umsetzen mit wäßrigem Formaldehyd bei p_H 7,5—8,5 Di- oder Tetramethylolharnstoff erzeugt, und nach Abdestillation des größten Wasseranteiles durch Eintragen des Rückstandes in eine Lösung eines Phenols in 85%iger Ameisensäure in einer zweiten Stufe die Kondensation durchgeführt wird. Daß bei dem Einengen der Lösungen, die Dimethylolharnstoff bzw. Tetramethylolharnstoff enthalten, erhebliche Anteile zu wasserunlöslichen Produkten polymerisieren, ist hierbei ohne Bedeutung, da bei der Weiterarbeit in der zweiten Stufe wieder Entpolymerisation erfolgt, und die Polymerisationsprodukte wie die monomeren Di- und Tetramethylolharnstoffe reagieren.

Beispielsweise sind u. a. folgende Polyoxybenzyl-Harnstoffe hergestellt worden:

N,N'-Di-(oxymethylbenzyl)-harnstoff

$$HO \cdot (CH_3) \cdot C_6H_3 \cdot CH_2 \cdot NH \cdot CO \cdot NH \cdot CH_2 \cdot C_6H_3(CH_3) \cdot OH$$

In eine auf 45° erwärmte Lösung von 216 g Kresol DAB 6 (2 Mol) in 850 g 85%ige Ameisensäure wird innerhalb von $^3/_4$ Stunden eine homogene Mischung von 60 g Harnstoff (1 Mol) und 66 g Paraformaldehyd (2 Mol + 10%) unter Kühlen eingetragen und $1^1/_2$ Stunden bei 45—50° nachgerührt. Nach Abdestillieren unter vermindertem Druck bis zur Sirupkonsistenz wird der Rückstand in 8—10 l kaltes Wasser eingerührt, wobei Di-(oxymethylbenzyl)-harnstoff als kristallines Pulver ausfällt. Durch Trocknen in dünner Schicht unter öfterem Umwälzen bei 50—70° und Überleiten eines Luftstromes werden anhaftende Kresolreste entfernt.

Unter Verwendung von Thioharnstoff, Guanidin oder Sulfamid führt dieselbe Arbeitsweise zu analogen Produkten. Die erhaltenen Verbindungen haben die allgemeine Formel:

$$HO-\underset{R'}{\underset{|}{R}}\!\!\diagdown\!\!\diagup\!\!CH_2 \cdot NH \cdot X \cdot NH \cdot CH_2\!\!\diagup\!\!\diagdown\!\!\underset{R'}{\underset{|}{R}}-OH \qquad \begin{matrix} X = CO,\ CS,\ C{=}NH,\ SO_2 \\ R,\ R' = H,\ Alkyl \end{matrix}$$

und lassen sich in üblicher Weise in die Glycidyläther überführen, deren Löslichkeitseigenschaften von den am Benzolkern befindlichen Alkylgruppen abhängt. Sie sind bei höherer Temperatur selbsthärtend, können aber auch mit Vernetzungsmitteln, deren funktionelle Gruppen mit den Epoxydgruppen schneller als die im Harnstoffmolekül befindlichen Iminogruppen reagieren, gehärtet werden.

Bei der Umsetzung nichtsubstituierter Harnstoffe usw. mit 4 Mol Phenol und 4 Mol Formaldehyd werden Tetra-(oxybenzyl)-Verbindungen der allgemeinen Formel erhalten:

Die Herstellung erfolgt beispielsweise bei:

N,N,N',N'-Tetra-(oxy-tert.-butylbenzyl)-harnstoff

$$(HO \cdot [C \cdot (CH_3)_3] \cdot C_6H_3 \cdot CH_2)_2 \cdot N$$
$$(HO \cdot [C \cdot (CH_3)_3] \cdot C_6H_3 \cdot CH_2)_2 \cdot N{\Large\rangle}CO$$

Eine Lösung von 60 g Harnstoff (1 Mol) in 374 g 36%igem Formaldehyd (4 Mol + 10%) und 5 g Bariumhydroxyd wird 10 Minuten bei 40 bis 45°, 10 Minuten bei 70—75° und 10 Minuten bei 90—95° erhitzt, alsdann im Vakuum in 20—30 Minuten bei 40—50° zur Trockne eingeengt und die weiße harte Masse in pulverisiertem Zustand innerhalb von 30 Minuten in eine auf 40° erwärmte Lösung von 600 g p-tert.-Butylphenol in 1700 g 85%iger Ameisensäure unter Kühlung bei 45—50° eingetragen. Nach 1 stündigem Nachrühren bei 50—60° wird unter vermindertem Druck bis zur Sirupkonsistenz abdestilliert und als kristallines Pulver in Wasser gefällt.

Bei der Umsetzung von nichtsubstituiertem Harnstoff, Thioharnstoff, Guanidin oder Sulfamid mit 2 Mol phenolischer Verbindung und 4 Mol Formaldehyd werden N,N'-Di-(oxybenzyl)-N,N'-dimethylolanhydrid-Verbindungen der allgemeinen Formel

gewonnen. Beispielsweise wird hergestellt:

N,N'-Di-(oxymethylbutylbenzyl)-harnstoff-N,N'-dimethylolanhydrid

$$HO \cdot (CH_3) \cdot (C_4H_9) \cdot C_6H_2 \cdot CH_2 \cdot N \quad N \cdot CH_2 \cdot C_6H_2 \cdot (C_4H_9) \cdot (CH_3) \cdot OH$$

indem 60 g Harnstoff (1 Mol) mit 374 g Formaldehyd 36%ig in derselben Weise umgesetzt und aufgearbeitet werden, wie bei der vorstehenden Tetraverbindung beschrieben, und anschließend im gepulverten Zustand in eine auf 45° erwärmte Lösung von 348 g Methylbutylphenol (2 Mol) in 1500 g 85%iger Ameisensäure eingetragen und nach 1 stündigem Nachrühren im Vakuum bis zur Sirupkonsistenz eingeengt und in 10 l Wasser gefällt wird. — Polyphenole dieses Typus lassen sich in die Glycidyläther überführen und lassen sich als Epoxydharze für die üblichen Verwendungszwecke verwenden.

Cyclische Kondensationsverbindungen

von Harnstoff, Thioharnstoff, Guanidin oder Sulfamid, die aus Sechs- oder Fünfringen bestehen können, aber mindestens 2 Iminogruppen aufweisen, lassen sich nach den beschriebenen Verfahren ebenfalls in die Polyoxybenzylderivate überführen. Im allgemeinen dürfte die vorteilhafteste Methode ihrer Darstellung das 2-Stufen-Verfahren sein, mit Überführung in die Polymethylolverbindung in der ersten Stufe.

In dieser Weise wurden u. a. die folgenden Verbindungen hergestellt, die sich äußerlich nicht von den bereits angeführten Polyoxybenzylverbindungen unterscheiden.

N,N'-Di-(oxymethylbenzyl)-uracil

$$HO \cdot (CH_3) \cdot C_6H_3 \cdot CH_2 \cdot \underset{\underset{CH}{\overset{|}{CO}}}{N} \overset{\overset{CO}{\diagup \diagdown}}{} \underset{\underset{CH}{\overset{|}{}}}{N'} \cdot CH_2 \cdot C_6H_3 (CH_3) \cdot OH$$

aus 2 Mol Kresol, 2 Mol Formaldehyd 36 %ig, 1 Mol Uracil und Ameisensäure 85 %ig.

N,N'-Di-(oxydimethylbenzyl)-uracol

$$HO \cdot (CH_3)_2 \cdot C_6H_2 \cdot CH_2 \cdot \underset{\underset{CO\text{---}NH}{}}{N} \overset{\overset{CO}{\diagup \diagdown}}{} N' \cdot CH_2 \cdot C_6H_2 \cdot (CH_3)_2 \cdot OH$$

aus 2 Mol Roh-Xylenol, 2 Mol Formaldehyd 36 %ig und 1 Mol Uracol.

2,6-N,N'-Di-(oxy-tert.-butylbenzyl)-ketodimethylhexahydrotriazin

$$HO \cdot [C \cdot (CH_3)_3] \cdot C_6H_3 \cdot CH_2 \cdot N \quad\overset{CO}{}\quad N' \cdot CH_2 \cdot C_6H_3 \cdot [C \cdot (CH_3)_3] \cdot OH$$
$$H_3C \cdot CH \qquad CH \cdot CH_3$$
$$N''H$$

aus 2 Mol p-tert.-Butylphenol, 2 Mol Formaldehyd und 1 Mol 1-Keto-3,5-dimethylhexahydro-2,4,6-triazin, hergestellt nach A. M. PAQUIN[1].

2,6-N,N'-Di-(oxy-methyl-benzyl)-ketobutylhydrotriazin

$$HO \cdot (CH_3) \cdot C_6H_3 \cdot CH_2 \cdot N \quad\overset{CO}{}\quad N' \cdot CH_2 \cdot C_6H_3 \cdot (CH_3) \cdot OH$$
$$CH_2 \qquad CH_2$$
$$N''$$
$$C_4H_9$$

aus 2 Mol Kresol, 2 Mol Formaldehyd und 1 Mol 1-Keto-4-butylhydro-2,4,6-triazin, hergestellt nach A. M. PAQUIN[2]. Die Verwendung dieser

---

[1] DRP 582203, 11. 11. 30/10. 8. 33, HOECHST.
[2] DRP 859018, 2. 6. 43/16. 10. 52, HOECHST.

in 4-Stellung N-substituierten Triazine mit nichtsubstituierten Iminogruppen in 2- und 6-Stellung bietet die Möglichkeit, die Löslichkeitseigenschaften, insbesondere der aus den Bisphenolen hergestellten
Glycidyläther, durch die geeignete Wahl des N-Substituenten in gewünschter Weise einzustellen.

2,6-N,N'-Di-(oxymethylbenzyl)-thiocyclohexylhydrotriazin

$$HO \cdot (CH_3) \cdot C_6H_3 \cdot CH_2 \cdot N \underset{CH_2}{\overset{CS}{\diamond}} N \cdot CH_2 \cdot C_6H_3 \cdot (CH_3) \cdot OH$$

aus 2 Mol Kresol, 2 Mol Formaldehyd und 1 Mol 1-Thio-4-cyclohexyl-
hydro-2,4,6-triazin.

2,2'-Di-(oxy-tert.-butylbenzyl)-äthylen-bis-(ketohydrotriazin)

$$HO \cdot (C \cdot (CH_3)_3) \cdot C_6H_3 \cdot CH_2 \cdot N — CH_2 \qquad CH_2 — N \cdot CH_2 \cdot C_6H_3 \cdot (C \cdot (CH_3)_3) \cdot OH$$

aus 2 Mol p-tert.-Butylphenol, 2 Mol Formaldehyd und 1 Mol Äthylen-
bis-(1-keto-hydro-2,4,6-triazin).

2,6-N,N'-Di-(oxymethylbenzyl)-sulfo-4-butylhydro-2,4,6-triazin

$$HO \cdot (CH_3) \cdot C_6H_3 \cdot CH_2 \cdot N \underset{CH_2}{\overset{SO_2}{\diamond}} N \cdot CH_2 \cdot C_6H_3 \cdot (CH_3) \cdot OH$$

aus 2 Mol Kresol, 2 Mol Formaldehyd und 1 Mol 1-Sulfo-4-butylhydro-
2,4,6-triazin, hergestellt nach A. M. Paquin[1].

Auch aus *cyclischen Alkylenharnstoffen und -thioharnstoffen* lassen
sich nach dem Paquinschen Verfahren Bisphenole aufbauen, deren
Glycidyläther gute Epoxydharze liefern. Die Herstellung kann mit
gleichem Erfolg nach dem wasserfreien Verfahren mit Paraformaldehyd
oder nach dem 2-Stufen-Verfahren mit wäßrigem Formaldehyd durchgeführt werden. Aus den Glycidyläthern dieser Verbindungstypen erhält man besonders klare und farblose Epoxydharzvorprodukte. Hierbei kann, mangels einer Substituierungsmöglichkeit im Ring, eine
„innere Elastifizierung" nur durch Substituenten im Benzolkern erfolgen. Es wurden u. a. die folgenden Verbindungen hergestellt:

N,N'-Di-(oxydimethylbenzyl)-N,N'-äthylenharnstoff

$$HO \cdot (CH_3)_2 \cdot C_6H_2 \cdot CH_2 \cdot N \underset{CH_2 — CH_2}{\overset{CO}{\diamond}} N' \cdot CH_2 \cdot C_6H_2 \cdot (CH_3)_2 \cdot OH$$

aus 2 Mol Roh-Xylenol, 2 Mol Formaldehyd und 1 Mol N,N'-Äthylen-

---

[1] DRP 831 248, 17. 5. 43/10. 1. 52, Hoechst.

harnstoff, hergestellt nach A. 262, 227 durch Erhitzen eines Gemisches von Äthylendiamin und Diäthylcarbonat auf 180°.

N,N'-Di-(oxymethyl-tert.-butylbenzyl)-N,N'-äthylenthioharnstoff

$$HO \cdot (CH_3) \cdot [C \cdot (CH_3)_3] \cdot C_6H_2 \cdot CH_2 \cdot N \overset{CS}{\underset{CH_2-CH_2}{\diagdown}} N' \cdot CH_2 \cdot C_6H_2 \cdot [C \cdot (CH_3)_3] \cdot (CH_3) \cdot OH$$

aus 2 Mol Methyl-tert.-butylphenol, 2 Mol Formaldehyd und 1 Mol N,N'-Äthylenthioharnstoff, hergestellt nach J. SCHACHT[1] sowie H. KLUT[2], durch Umsetzen von Äthylendiaminchlorhydrat in alkoholischer Lösung mit Schwefelkohlenstoff bei gewöhnlicher Temperatur.

N,N'-Di-(oxymethylbenzyl)-N,N'-trimethylenharnstoff

$$HO \cdot (CH_3) \cdot C_6H_3 \cdot CH_2 \cdot N \overset{CO}{\underset{CH_2 \quad CH_2 \diagdown CH_2}{\diagdown}} N' \cdot CH_2 \cdot C_6H_3 \cdot (CH_3) \cdot OH$$

aus 2 Mol Kresol, 2 Mol Formaldehyd und 1 Mol N,N'-Trimethylenharnstoff, hergestellt nach A. M. PAQUIN[3], durch Kondensation von Allylalkohol mit Harnstoff.

N,N'-Di-(oxy-tert.-butylbenzyl)-N,N'-3-methyl-trimethylenharnstoff

$$HO \cdot [C \cdot (CH_3)_3] \cdot C_6H_3 \cdot CH_2 \cdot N \overset{CO}{\underset{CH_2 \quad CH \cdot CH_3 \diagdown CH_2}{\diagdown}} N' \cdot CH_2 \cdot C_6H_3 \cdot [C \cdot (CH_3)_3] \cdot OH$$

aus 2 Mol p-tert.-Butylphenol, 2 Mol Formaldehyd und 1 Mol N,N'-3-Methyl-trimethylenharnstoff, hergestellt nach A. M. PAQUIN[4], durch thermische Zersetzung von 1,3-Butylendiurethan.

N,N'-Di-(oxydimethylbenzyl)-methylureido-trimethylenharnstoff (die Stellung der Benzylgruppen ist nicht bekannt)

$$\left[NH \overset{CO}{\underset{CH_3CH \quad CH \cdot NH \cdot CO \cdot NH_2 \diagdown CH_2}{\diagdown}} N'H \right] -2 \cdot [(CH_2 \cdot C_6H_2(CH_3)_2 \cdot OH)]$$

aus 2 Mol Roh-Xylenol, 2 Mol Formaldehyd und 1 Mol N,N'-3-ureido-5-methyltrimethylenharnstoff, hergestellt nach A. M. PAQUIN[5] durch Umsetzen von 1 Mol Crotonaldehyd mit 2 Mol Harnstoff in saurer alkoholischer Lösung.

[1] SCHACHT, J.: Arch. f. Pharm. **1897**, 441.
[2] KLUT, H.: Arch. f. Pharm. **1902**, 675.
[3] PAQUIN, A. M.: D.-Anm. J 60152 IVc 120, HOECHST.
[4] DRP 713467, 9. 10. 37/12. 11. 41, HOECHST.
[5] PAQUIN, A. M.: Kunst. **1947**, 168.

N,N'-Di-(oxy-tert.-butyl-benzyl)-methylsulfamido-trimethylensulfamid

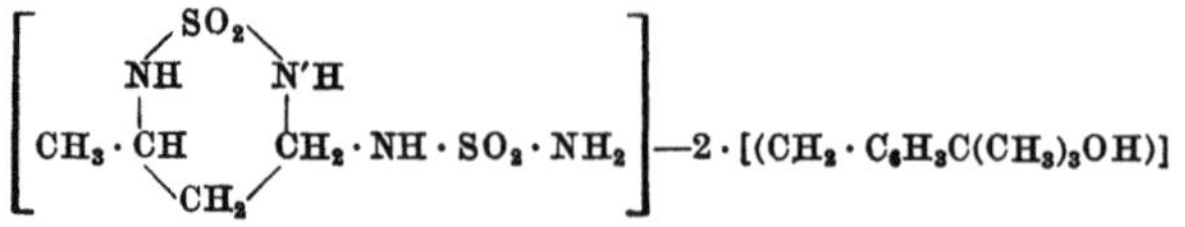

$$\left[\begin{array}{c} \overset{\displaystyle SO_2}{\diagup\diagdown} \\ NH \qquad\quad N'H \\ | \qquad\qquad\quad | \\ CH_3\cdot CH \qquad CH_2\cdot NH\cdot SO_2\cdot NH_2 \\ \diagdown CH_2 \diagup \end{array} \right] -2\cdot[(CH_2\cdot C_6H_3C(CH_3)_3OH)]$$

aus 2 Mol p-tert.-Phenol, 2 Mol Formaldehyd und 1 Mol N,N'-3-sulfamido-5-methyl-trimethylensulfamid, hergestellt nach A. M. PAQUIN[1].

Um von Bisphenolen der beiden letzten Typen Glycidyläther von nicht zu hohen Molekulargewichten zu erhalten, muß unter besonders milden Bedingungen umgesetzt werden, da die in diesen Bisphenolen noch vorhandenen 2 reaktionsfähigen Stickstoffatome mit Epoxydgruppen leicht polyaddieren.

Diese Ureidotrimethylenharnstoffe weisen 4 Stickstoffatome mit insgesamt 5 ersetzbaren Wasserstoffatomen auf. Tatsächlich lassen sich auch bis zu 5 Oxybenzylreste damit verbinden. Es hat sich gezeigt, daß für den Aufbau von Epoxydharzen nicht sämtliche phenolische Hydroxylgruppen in Glycidyläther übergeführt werden müssen, sondern daß bereits Di- und Triglycidyläther einer Pentaoxybenzylverbindung brauchbare selbsthärtende Harze ergeben. Während erfahrungsgemäß zur Erzielung möglichst niedermolekularer Glycidyläther mit einem erheblichen Überschuß an Epichlorhydrin gearbeitet wird, muß hier für die Gewinnung partiell verätherter Verbindungen die berechnete Menge Epichlorhydrin angewandt werden, wobei ganz besonders milde Reaktionsbedingungen einzuhalten sind.

Ähnlich liegen die Verhältnisse mit den Polyoxybenzylverbindungen des heute durch die BADISCHE ANILIN- & SODAFABRIK-AG. fabrizierten Acetylendiharnstoffes

$$\begin{array}{c} \diagup NH-CH-NH \diagdown \\ CO \qquad | \qquad\quad | \qquad CO \\ \diagdown NH-CH-NH \diagup \end{array}$$

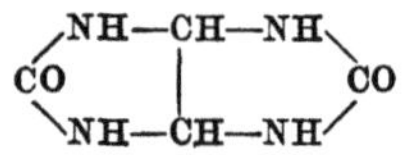

über dessen Umsetzungen mit Formaldehyd zu den Mono-, Di-, Tri- und Tetramethylolverbindungen A. M. PAQUIN[2] berichtet hat, wobei gezeigt wurde, daß sich die Methylolgruppen des Acetylendiharnstoffes sich ebenso leicht veräthern und verestern lassen, wie dies von Methylolharnstoffen und -melaminen bekannt ist. Das oben angeführte FP 1078381 beschreibt auch die Herstellung von Oxybenzylderivaten des Acetylendiharnstoffes, wobei die Kondensation sowohl im wasserarmen Einstufenverfahren in 85%iger Ameisensäure, als auch im Zweistufenverfahren mit Bildung der gewünschten Methylolverbindung in der ersten Stufe mit wäßrigem Formaldehyd erfolgen kann. Die folgenden 3 charakteristischen Oxybenzylacetylendiharnstoffe mögen als Illustration dienen:

---

[1] DRP 831248, 18. 5. 43/10. 1. 52, HOECHST.
[2] PAQUIN, A. M.: Kunst. **1947**, 168.

N,N'-Di-(oxydimethylbenzyl)-acetylenharnstoff

$$HO \cdot (CH_3)_2 \cdot C_6H_2 \cdot CH_2 \cdot N{-\!\!-\!\!-}CH{-\!\!-\!\!-}N' \cdot CH_2 \cdot C_6H_2 \cdot (CH_3)_2 \cdot OH$$

(Struktur: CO ... CO ... NH—CH—NH)

142 g Acetylendiharnstoff (1 Mol) werden mit 220 g Formaldehyd 30%ig, der mit Natronlauge auf p_H 8 eingestellt war, bei 60—65° bis zur Lösung gerührt. Die alsdann nach dem Einengen im Vakuum bei 35—40° erhaltene feste kristalline Masse wird nach dem Pulverisieren in kleinen Portionen unter Kühlung in eine auf 45° erwärmte Lösung von 244 g Roh-Xylenol (2 Mol) in 1050 g 85%iger Ameisensäure eingetragen bei 40—45°. Nach 30 Minuten Nachrühren bei 50—55°, 20 Minuten bei 60—65° und 20 Minuten bei 70—75° wird bis zur Sirupkonsistenz im Vakuum eingeengt und anschließend in 10 l Wasser gegossen, wobei ein weißes kristallines Pulver ausfällt. Durch Wasserdampfdestillation oder durch Stehen im erwärmten Vakuumtrockenschrank mit schwacher Luftströmung werden Reste nicht umgesetzten Xylenols entfernt.

N,N',N'',N'''-Tetra-(oxymethylbenzyl)-acetylendiharnstoff

$$HO \cdot (CH_3) \cdot C_6H_3 \cdot CH_2 \cdot N{-\!\!-}CH{-\!\!-}N' \cdot CH_2 \cdot C_6H_3 \cdot (CH_3) \cdot OH$$

(Struktur: CO ... CO)

$$HO \cdot (CH_3) \cdot C_6H_3 \cdot CH_2 \cdot N''{-\!\!-}CH{-\!\!-}N''' \cdot CH_2 \cdot C_6H_3 \cdot (CH_3) \cdot OH$$

kann nach dem Einstufenverfahren hergestellt werden, indem zu einer Aufschlämmung von 142 g Acetylendiharnstoff (1 Mol) in einer Lösung von 432 g Kresol DAB 4 (4 Mol) in 1800 g 85%iger Ameisensäure bei 40° 132 g Paraformaldehyd (4 Mol + 10%) in kleinen Portionen innerhalb von 45 Minuten unter Kühlung eingetragen werden, so daß sich die Temperatur bei 40—45° hält. Die klar gewordene Lösung wird nachgerührt und wie bei der vorhergehenden Verbindung aufgearbeitet.

N,N'-Di-(oxy-tert.-butylbenzyl)-acetylendiharnstoff-N'',N'''-dimethylolanhydrid

$$HO \cdot (C \cdot (CH_3)_3) \cdot C_6H_3 \cdot CH_2 \cdot N{-\!\!-}CH{-\!\!-}N''$$

(Struktur: CH_2, CO ... CO ... O, CH_2)

$$HO \cdot (C \cdot (CH_3)_3) \cdot C_6H_3 \cdot CH_2 \cdot N'{-\!\!-}CH{-\!\!-}N'''$$

142 g Acetylendiharnstoff (1 Mol) werden mit 440 g Formaldehyd 30%ig (4 Mol) nach dem Verfahren der vorletzten Verbindung in Tetramethylolacetylendiharnstoff übergeführt, welches nach dem Trocknen im pulverisierten Zustand bei 40—45° in eine Lösung von 300 g p-tert.-Butylphenol (2 Mol) in 1100 g 85%iger Ameisensäure eingetragen und in beschriebener Weise aufgearbeitet wird.

Die 3 Produkte sehen äußerlich gleich aus, unterscheiden sich aber durch den Schmelzpunkt. Sie können zur Herstellung brauchbarer Epoxydharze dienen.

Dioxybenzylurethane

lassen sich nach dem PAQUINschen Verfahren ohne Schwierigkeiten nach den beschriebenen Methoden herstellen. Die aus Dioxybenzylurethanen in fast monomerem Zustande zu gewinnenden Glycidyläther sind für die Herstellung von Epoxydharzen dadurch interessant, daß durch Variieren der in der Carbaminsäureestergruppe befindlichen Alkoholreste Erweichungspunkte und Löslichkeiten weitgehend abgeändert werden können.

N,N-Di-(oxydimethylbenzyl)-äthylurethan

$$HO \cdot (CH_3)_2 \cdot C_6H_2 \cdot CH_2 \cdot N \cdot CH_2 \cdot C_6H_2 \cdot (CH_3)_2 \cdot OH$$
$$|$$
$$CO \cdot O \cdot C_2H_5$$

wird hergestellt durch Eintragen von 66 g Paraformaldehyd (2,2 Mol) in eine Lösung von 244 g Roh-Xylenol (2 Mol) und 89 g Äthylurethan (1 Mol) in 1200 g 85%iger Ameisensäure bei 40° mit anschließendem Nachrühren bei 55—65°. Nach Abdestillieren der Ameisensäure bis zur Sirupkonsistenz wird die Substanz in 6—7 l fast gesättigter Kochsalzlösung in weißen Flocken gefällt. Das Di-(oxydimethylbenzyl)-äthylurethan ist schwer wasserlöslich, während Di-(oxybenzyl)-äthylurethan ziemlich leicht löslich ist.

N,N-Di-(oxymethyl-tert.-butylbenzyl)-tert.-butylurethan

$$[HO \cdot (CH_3) \cdot (C \cdot (CH_3)_3) \cdot C_6H_2 \cdot CH_2]_2 \cdot N \cdot CO \cdot OC(CH_3)_3$$

wird entsprechend aus 3-Methyl-6-tert.-butylphenol, Paraformaldehyd und tert.-Butylurethan in 85%iger Ameisensäure gewonnen. Die Verbindung ist nicht löslich in Wasser, dagegen leicht löslich in Äther. Benzol und Petroläther.

N-Di-(oxymethylbenzyl)-stearylurethan

$$[HO \cdot (CH_3) \cdot C_6H_3 \cdot CH_2]_2 \cdot N \cdot CO \cdot O \cdot C_{18}H_{37}$$

wird entsprechend aus Kresol, Paraformaldehyd und Stearylurethan in 85%iger Ameisensäure gewonnen. Die Verbindung hat wachsartige Konsistenz, löst sich leicht in Kohlenwasserstoffen und kann zum Aufbau hydrophober Epoxydharze als Textilhilfsmittel dienen.

Tris- und Tetrakis-Oxyphenol-Verbindungen

Zwecks Studium der Eigenschaften der Glycidyläther von drei- und vierwertigen mehrkernigen Phenolen haben E. C. DEARBORN, R. M. FUOSS, A. K. McKENZIE und R. G. SHEPHERD[1] verschiedene Tris- und Tetrakis-Oxyphenyle hergestellt:

Tris-(4-oxyphenyl)-methan

$$CH \cdot (C_6H_4OH)_3 \quad \text{(zersetzt zwischen 218—230°)}$$

wurde in Anlehnung an die Arbeitsweise von R. S. DALE und C. SCHOR-

---

[1] DEARBORN, E. C., R. M. FUOSS, A. K. McKENZIE u. R. G. SHEPHERD: Ind. Engng. Chem. **1953**, 2715—2721.

LEMMER[1] durch Reduktion von Aurin (gewonnen durch Kondensation von Phenol mit Oxalsäure in konz. Schwefelsäure) mittels Eisenfeile und Essigsäure oder nach KOLBE und SCHMIDT[2] mittels Zinkstaub und alkoholischer Essigsäure hergestellt:

$$(HO \cdot C_6H_4) \cdot C = \bigcirc = O + H_2 \rightarrow (HO \cdot C_6H_4)_2 \cdot CH \bigcirc OH$$

145 g Aurin (0,5 Mol) werden in 500 ml 96%igen Alkohol gelöst und 98 g Zinkstaub zugegeben. In der Siedehitze werden unter gutem Rühren 180 g Eisessig (3 Mol) in 20 Minuten eingetropft. Nach weiteren 10 Minuten Kochen wird filtriert und in 2 l Wasser gefällt. Das Rohprodukt wird durch mehrfaches Umfällen gereinigt.

2,2,3,3-Tetrakis-(4'-oxyphenyl)-butan wird durch saure Kondensation von Diacetyl mit 4 Mol Phenol gewonnen:

$$CH_3 \cdot CO \cdot CO \cdot CH_3 = 4\,C_6H_5 \cdot OH - 2\,H_2O \rightarrow \underset{\overset{|}{C_6H_4OH}}{\overset{\overset{C_6H_4OH}{|}}{CH_3-C}} - \underset{\overset{|}{C_6H_4OH}}{\overset{\overset{C_6H_4OH}{|}}{C}} - CH_3 \quad \text{(braunes, viscoses Öl)}$$

In ein Gemisch von 564 g Phenol (6 Mol), 18,4 g Thioglykolsäure und 10 ml konz. Salzsäure wird bei 55° Chlorwasserstoff bis zur Sättigung eingeleitet. Anschließend wird bei 59—61°, unter weiterem Einleiten von Chlorwasserstoff, 86 g Diacetyl (1 Mol) eingetropft. Nach 20 Minuten Nachrühren bei 60° wird das Reaktionsgemisch 20 Tage bei 30° stehengelassen. Das abgeschiedene braune Öl wird neutral gewaschen und getrocknet.

2,2,4,4-Tetrakis-(4'-oxyphenyl)-pentan

$$\underset{\overset{|}{C_6H_4OH}}{\overset{\overset{C_6H_4OH}{|}}{CH_3-C}} - CH_2 - \underset{\overset{|}{C_6H_4OH}}{\overset{\overset{C_6H_4OH}{|}}{C}} - CH_3 \qquad \text{F 248—249°}$$

wird nach demselben Verfahren, jedoch unter Verwendung von 100 g 2,4-Pentandion (Acetylaceton) gewonnen. Es wird aus Äthylacetat/Toluol umkristallisiert.

2,2,5,5-Tetrakis-(4'-oxyphenyl)-hexan

$$\underset{\overset{|}{C_6H_4OH}}{\overset{\overset{C_6H_4OH}{|}}{CH_3-C}} - CH_2 - CH_2 - \underset{\overset{|}{C_6H_4OH}}{\overset{\overset{C_6H_4OH}{|}}{C}} - CH_3 \qquad \text{F 292—295° zersetzt}$$

wird in gleicher Weise unter Verwendung von 114 g 2,5-Hexandion (Acetonylaceton) hergestellt. Das Umkristallisieren erfolgt aus 95%igem Alkohol.

---

[1] DALE, R. S., u. C. SCHORLEMMER: A. **166**, 286 (1873).
[2] KOLBE u. SCHMIDT: A. **119**, 169 (1861).

V. Epoxydharze

Begriffsbestimmung

Unter dem Titel „Epoxydharze" ist schon recht viel Literatur erschienen. Es handelt sich hierbei fast ausschließlich um Propagandaschriften, welche die Herstellung, Konstitution, Eigenschaften und Anwendungen im Handel befindlicher Epoxydharze beschreiben. Objektive Darstellungen, die sich ganz allgemein auf Epoxydharze als Typus beziehen, fehlen so gut wie ganz, und eine Definition des Begriffes „Epoxydharz" sucht man vergebens.

Zweckmäßig wäre der Begriff „Epoxydharz" in Analogie zu den Begriffen festzulegen, die sich für andere Kunstharze eingeführt haben. Der Begriff „Phenolharz" stellt ein Harz in seinem als Kunststoff für den praktischen Gebrauch dienenden Endzustand dar. Die Vorstufen dieses Harzendzustandes, die chemisch als Resole oder Novolake und im Handel für Spezialverwendungen mit Phantasienamen bezeichnet werden, sind schmelzbare und lösliche Phenolharzvorkondensate. Ebenso verhält es sich mit Aminoharzen, deren Name sich auf den irreversiblen Endzustand im Gebrauchsgegenstand bezieht. Wo der ausgehärtete Endzustand erst durch den Verbraucher bei Aminoharzleim oder -Textilhilfsmittel erzeugt wird, liegt als Handelsprodukt ein Aminoharzvorkondensat vor.

Während Phenol- und Aminoharze zu der Gruppe der Kondensationsharze gehören, handelt es sich bei den Epoxydharzen um Vertreter der Gruppe der Polyadditionsharze. Einziges Analogon dazu sind die schon um ein weniges länger bekannten Polyisocyanatharze. Sie entstehen in ihrem irreversiblen hochmolekularen Endzustand durch Polyaddition von Di- bzw. Polyisocyanaten mit hydroxylgruppenhaltigen Vernetzungsmitteln. Während hier die Mischung der Komponenten unmittelbar vor Gebrauch vorgenommen wird, weil die Polyaddition sofort einsetzt und ohne weiteres schneller oder langsamer zum Endzustand fortschreitet, ist die Sachlage bei den Epoxydharzen anders: sie kommen z. T. auch als lagerfähige schmelzbare und lösliche Kompositionen in den Handel, deren Härtung bei der Verwendung durch eine bestimmte, höhere Temperatur erfolgt. In anderen Fällen kann auch durch Zumischen gewisser Katalysatoren unmittelbar vor dem Gebrauch die Härtung bei gewöhnlicher Temperatur vor sich gehen.

Es ergibt sich demnach, daß die Epoxydharze des Handels ebensowenig Anspruch auf diese Bezeichnung haben, wie dies mit den käuflichen Phenol- und Aminoharzen der Fall ist. Es handelt sich in diesen Fällen um Vorprodukte, welche erst nach ihrem Übergang in den ausgehärteten Endzustand als Epoxyd-, Phenol- oder Aminoharz bezeichnet werden dürfen. Um diesem Dilemma zu entgehen, werden Vorprodukte, die nach der Verarbeitung Epoxydharze ergeben, von den Herstellern mit Phantasienamen bezeichnet. Seien wir uns bewußt, daß diese Produkte „Epoxydharzvorprodukte" sind und daß ihre übliche Bezeichnung „Epoxydharz" unkorrekt ist.

Vorgeschichte

Obgleich die eigentliche Geschichte der Epoxydharze mit einer ganz bestimmten Erfindung scharf einsetzt, kann eine Vorgeschichte nur vage Umrisse zeichnen.

Bis zur Herausstellung der Phenolharze als technisch brauchbare Produkte durch L. H. BAEKELAND (1909) haben selbst bedeutende Chemiker Reaktionen, die zur Bildung von Harzen führten, verworfen und zumeist darüber gar nicht berichtet. So ist durchaus anzunehmen, daß schon früh durch Reaktionen von Epoxydverbindungen, insbesondere von solchen mit 2 Epoxydgruppen, oder solchen, die nach Abreagieren der Epoxydgruppe in der Lage sind, erneut eine Epoxydgruppe zu bilden, durch Vernetzen mit bifunktionellen Verbindungen ausgehärtete Epoxydharze als unerwünschte Reaktionsprodukte in Laboratorien aufgetaucht sind. In einer nicht allzu langen Vergangenheit hatte man kein Interesse für Harze, und man konnte sich nicht vorstellen, daß sie irgendwelche technische Aufgaben erfüllen könnten. Bei ihrer unbeabsichtigten Bildung wurden sie mißachtet, ihre Eigenschaften wurden nicht studiert, und ihrer in der Literatur keine Erwähnung getan.

Hier und da werden allerdings Angaben gemacht, die den Eindruck erwecken, als ob in der Tat schon früh Epoxydharze hergestellt und technisch ausgewertet wären. Bei näherer Prüfung muß man feststellen, daß es sich bei solchen gegebenenfalls härtbaren Harzen gar nicht um Epoxydharzvorprodukte gehandelt hat, oder, daß Harze, die wohl als Epoxydharzvorprodukte bezeichnet werden könnten, keine brauchbaren Eigenschaften aufgewiesen haben.

Bald, nachdem 1918 eine zweite Harzgruppe, die der Harnstoff-Formaldehydkondensationsprodukte, von H. JOHN als technisch bedeutungsvoll erkannt worden war, haben J. MCINTOSH und E. Y. WOLFORD[1] die Herstellung von härtbaren Kunstharzen zur Verwendung als Schellackersatz, als Preßmassen, zum Wasserdicht-Imprägnieren und für die Herstellung von wasser- und ölfesten Isoliermaterial beschrieben, indem Phenol oder Kresol mit Glycerin oder Derivaten desselben wie Glycerinaldehyd, Allylalkohol, Epichlorhydrin oder Dioxyaceton in Gegenwart von Katalysatoren wie konz. Schwefelsäure oder Brom 6—8 Stunden gekocht wurde. Das erhaltene flüssige oder halbfeste Harz war nach Zusatz eines Härtungsmittels, z. B. Hexamethylentetramin, Benzidinaceton oder Natriumacetonbisulfit bei 120—130° härtbar. Obgleich der Chemismus der Herstellungs- und Härtungsreaktion unklar ist, steht so viel fest, daß er nichts mit dem von Epoxydharzen gemein hat.

LOUIS BLUMER[2] beschreibt 1930 Kompositionen, die für die Herstellung von Lacken dienen sollen. Er setzt Kondensationsprodukte phenolischer Verbindungen mit aromatischen Aldehyden in alkalischer Lösung mit Epichlorhydrin, Di- und Monochlorhydrin um. Beispiels-

---

[1] US 1642078/79, 12. 8. 20/13. 9. 27, DIAMOND STATE FIBRE Co.
[2] DRP 576177, 11. 11. 30/8. 5. 33.

weise werden 216 g Kresol, 106 g Benzaldehyd und 20 g konz. Salzsäure
kondensiert bei 120—130° und anschließend nach dem Auflösen in 224 g
25%iger Kalilauge mit 185 g Epichlorhydrin umgesetzt, wobei sich
ein Harz abscheidet. Ob in dem erhaltenen Produkt die intermediär
gebildeten Epoxydgruppen noch erhalten geblieben sind, ist nicht zu
ersehen. Vermutlich haben die Epoxydgruppen die Polymerisierung
des Reaktionsproduktes bewirkt und, die wenigen noch vorhandenen
wurden hydratisiert unter Bildung des Glycerinderivates.

Diese Vermutung wird durch ein anderes Beispiel dieser Patentschrift bestätigt, in dem bewußt auf ein Glycerinderivat hingearbeitet
wird: 308 g Phenoldialkohol werden in 224 g 50%iger Kalilauge gelöst
und mit 224 g Glycerin-*mono*chlorhydrin bei gewöhnlicher Temperatur
versetzt. Es scheidet sich Kochsalz ab, und es bildet sich ein Harz, das
als Dimethylolphenolglycerinäther anzusehen ist und beim Erhitzen
als Phenolharz aushärtet.

Demnach hat BLUMER, so nahe er auch an der Erfindung der
Epoxydharze gewesen ist, keine Epoxydharzvorprodukte beschrieben,
noch angestrebt, solche herzustellen.

Noch wesentlich näher an den Gegenstand der Epoxydharze heran
kommt P. SCHLACK[1] durch sein sehr inhaltsreiches Patent: „Verfahren
zur Herstellung hochmolekularer Polyamine, dadurch gekennzeichnet,
daß man Verbindungen, die mehr als eine Alkylenoxyd- und/oder Alky-
lenimin- und/oder Alkylensulfidgruppe enthalten, mit Ammoniak oder
Mono- oder Polyaminen oder Salzen solcher Basen umsetzt, welche an
basischem Stickstoff im ganzen mindestens zwei durch Alkylgruppen
ersetzbare Wasserstoffatome besitzen... Anspruch 2: daß solche mehrwertigen Amine verwendet werden, welche neben basischen Gruppen
mit ersetzbarem Wasserstoff an basischem Stickstoff noch reversibel
durch Substitution oder Kondensation verschlossene Aminogruppen
tragen... Anspruch 3: daß die Bildung der Produkte auf oder in Substraten erfolgt.“

Die deutsche Patentschrift enthält 29 Beispiele, in denen angeführt
werden:

als Alkylenoxydkomponenten: Diglycid, Diglycidäther, Butadiendioxyd,
Epichlorhydrin, sehr niedermolekularer Diphenylolpropanglycidyläther
(aus Bisphenol A mit der 10fach äquivalenten Menge Epichlorhydrin her-
gestellt), Limonendioxyd, Hydrochinon- und Resorcindiglycidyläther,
Glycidyläther von Phenol-Formaldehyd-Vorkondensaten (10 Ph + 8 F),
Phloroglucinglycidyläther und Diglycidthioäther,

als Aminkomponenten: Piperazin, Äthylendiamin, Dioxäthyläthylen-
diamin, N,N'-Dimethyläthylendiamin, Diäthylentriamin (auch als
Chlorhydrat), Triäthylentetramin (auch das Acetat), Äthanolamin,
Cyclohexylamin oder sein Chlorhydrat, Morpholinchlorhydrat, Piperidinchlorhydrat, Tetramethyläthylendiaminchlorhydrat, 1,2-Dime-
thylpropylendiamin, Laurylamin, aminoäthansulfonsaures Natrium,

---

[1] DRP 676117, 11. 12. 34/26. 5. 39 — US 2136928, 9. 12. 35, I. G.

Dodecylaminchlorhydrat, Phthalsäure-monoäthylenamin-amid, Guanidin und sein Rhodanid, Glykokoll und 3-Piperidopropylamin.

Obgleich in den Beispielen wiederholt die Reaktionsprodukte als Harze bezeichnet werden, wird den Harzen als solchen keine Bedeutung beigemessen, da nur ihre Verwendung in wäßriger Lösung oder als Dispersion in der Textilindustrie, insbesondere als Animalisierungsmittel und Druckereihilfsmittel ins Auge gefaßt wird. Ganz nebenbei, ohne durch Beispiele belegt zu werden, sind weitere Anwendungsgebiete angegeben: Herstellung von Schädlingsbekämpfungsmittel, von Klebstoffen, von plastischen Massen oder als Bestandteil von Lacken, Gießlösungen, von Faserstoffen oder geformten Gebilden, wobei als das wesentliche Moment angeführt wird, daß die damit imprägnierten Substrate eine erheblich gesteigerte Aufnahmefähigkeit für Farbstoffe, Gerbstoffe, Beizen und andere Behandlungsmittel, insbesondere für solche saurer Natur aufweisen.

Die epoxydischen Komponenten werden in allen Fällen mit der äquivalenten Menge (eine NH_2-Gruppe pro Epoxydgruppe) eines Amins oder Diamins bzw. Polyamins auf dem Textilsubstrat ausgehärtet.

In Beispiel 13 wird sogar ein niedermolekularer Bisphenol-A-Glycidyläther, wie er heute als Epoxydharzvorprodukt in den Handel kommt, mit der berechneten Menge Äthylendiamin umgesetzt, jedoch ist das Reaktionsprodukt kein Harz, sondern ein Gel.

Das korrespondierende amerikanische Patent 2 136 928 vom 9. 12. 35 enthält nur 4 Beispiele (Diglycidpiperazin, Tetramethyl-piperazinodipropenoxyd-N,N′-dioxäthyläthylendiamin, Butadien-Diäthylentriamin und Limonendioxyd-Piperazin), welche allein auf Textilimprägnierung abgestellt sind.

Schließlich ist in einem weiteren Patent der I. G. von W. Bock und W. Tischbein[1] das Schlacksche Verfahren noch spezieller auf die Herstellung von selbsthärtenden Harzen unter Verwendung von Di- oder Polyaminen abgestellt worden, wobei wieder äquimolekulare Mengen der Komponenten eingesetzt werden. Da hier nur niedrigmolekulare Diepoxyde, wozu auch Epichlorhydrin dem Sinne nach zu rechnen ist, nämlich Butadiendioxyd und Diglycidäther, zur Umsetzung kommen, sind die erhaltenen gehärteten Reaktionsprodukte noch weiter von einem technisch brauchbaren Epoxydharz entfernt, als dies bei andersartiger Aufarbeitung der nach DRP 676 117 erzielten Umsetzungsprodukte der Fall gewesen wäre.

Spätere Patente der I. G.[2], welche die Umsetzung von Substanzen, die Gruppen mit reaktionsfähigen Wasserstoffatomen enthalten, wie Hydroxyl-, Amino-, Amido- oder Carboxylgruppen, mit Diepoxydverbindungen oder Epichlorhydrin, beschreiben, und ihre Verwendung als härtbare Textilhilfsmittel angeben, kommen nach Art ihrer Herstellung einem brauchbaren Epoxydharzvorprodukt keineswegs näher.

---

[1] DRP 731 030, 2. 2. 39/2. 2. 43, I. G.
[2] FP 881 981, 11. 5. 42/13. 5, 43; D.-Pri. 20. 5. 41 sowie FP 884 271, 17. 7. 42/ 9. 8. 43; D.-Pri. 2. 8. 41, Badische Anilin- & Sodafabrik-AG.

Die angeführten Patente der I. G. zeigen deutlich, daß sie bereits alle Vorbedingungen für Epoxydharzvorprodukte enthalten. Daß die so geschaffenen Grundlagen nicht nach der Richtung der Kunstharze ausgewertet wurden, hat seinen entscheidenden Grund in der damaligen Preislage der Ausgangsmaterialien. Da zur Textilveredelung schon relativ sehr kleine Mengen eines Harzes wertvolle Wirkungen entfalten, ist die Frage des Preises von nicht annähernd so hoher Bedeutung, als auf dem Kunstharzsektor, auf dem Harze in kompakten Massen eingesetzt werden, wie dies beispielsweise bei Lack-, Gieß und Preßharzen der Fall ist. Es wäre seinerzeit als zeitvergeudendes, zweckloses Unterfangen angesehen worden, wenn nach dem Verfahren der Patente die Harze als solche hergestellt und ausgeprüft worden wären.

Gerade diesem Gesichtspunkt brauchte der Schweizer Erfinder der Epoxydharze keine Bedeutung beizumessen, da sein Ziel war, ein für Zahnprothesen brauchbares Harz herzustellen. Auch dies Gebiet verarbeitet nicht viel Material. Das Material muß aber hochwertig sein und darf etwas kosten.

Daß dann später, nachdem die hochwertigen Eigenschaften der Epoxydharze erkannt waren, diese Harze sich tatsächlich für technische Zwecke, bei denen Quantitäten verbraucht werden, durchsetzen konnten, ist der Entwicklung der Petrochemie zu verdanken, der es gelang, den Preis des wichtigsten Ausgangsmaterials, den des Epichlorhydrins, auf ein durchaus tragbares Niveau zu senken.

Erfindung der Epoxydharze

Am 23. August 1938 meldete Dr. PIERRE CASTAN, Chemiker der Chemischen Fabrik GEBR. DE TREY A. G. in Zürich, einer Fabrik, die u. a. Kunstharze für Zahnprothesen bearbeitete, ein Patent an, das am 31. August 1940 als Schw. P. 211116 erteilt wurde. Das in diesem Patent beschriebene Verfahren wurde die Grundlage für die neue Harzklasse der Epoxydharze.

Diese Patentschrift ist so charakteristisch, und enthält in knapper Form schon so viele Tatsachen, die später von anderer Seite als langatmige, schwer verständliche Darstellungen, in neuen Patentschriften als neue Erfindungen präsentiert werden, daß es zweckmäßig erscheint, sie ungekürzt im Wortlaut wiederzugeben:

Schw. P. 211116, Verfahren zur Herstellung eines härtbaren Kunstharzes
(ungekürzter Wortlaut)

„Es wurde gefunden, daß man in der Wärme ohne Abgabe flüchtiger Stoffe härtbare Kunstharze dadurch herstellen kann, daß man Äthylenoxydderivate, die zwei Äthylenoxydgruppen enthalten, und nicht oder höchstens teilweise polymerisiert sind, mit Anhydriden von dibasischen, organischen Säuren kondensiert. — Als Äthylenoxydderivat verwendet man vorteilhafterweise eine Verbindung, die durch Reaktion eines Diphenols mit Epichlorhydrin in alkalischer Lösung entstanden ist. Besonders gut eignet sich das 4,4'-Dioxydiphenylpropan, das durch Kondensation von Phenol und Aceton unter Einwirkung von Chlorwasserstoffsäure entsteht. Als Säureanhydrid wird vorzugsweise Phthalsäureanhydrid gebraucht, doch können auch alle anderen Anhydride von dibasischen Säuren verwendet werden.

Ganz allgemein kann man das Äthylenoxydderivat wie folgt herstellen:

Man läßt ein Diphenol in alkalischer, wäßriger oder alkoholischer Lösung mit Epichlorhydrin reagieren. Es entsteht dabei ein Äthylenoxydderivat, das entweder monomolekular oder polymolekular sein kann, je nach den angewandten Arbeitsbedingungen. — Man kann auch das Diphenol mit α-Dichlorhydrin in Gegenwart von 2 Mol NaOH reagieren lassen, was direkt zum Äthylenoxydderivat führt. Durch Waschen oder Lösen und Filtrieren werden die hierdurch gebildeten Chloride abgetrennt, und das Produkt wird durch Erwärmen, eventuell unter Vakuum, von den Lösungsmitteln oder vom Wasser befreit. Es bleibt ein harziger Stoff zurück. Das wie eben beschrieben hergestellte Äthylenoxydderivat wird dann mit dem Säureanhydrid kondensiert. Die geschmolzenen Produkte werden miteinander gemischt und so lange auf einer gewissen Temperatur gehalten, bis sie die gewünschten Eigenschaften zeigen. Temperatur und Dauer variieren je nach den gewünschten Eigenschaften. Man kann auch die Reaktion nicht in einem Zug bis zu Ende führen, sondern sie in einem gewissen Stadium unterbrechen und die vollständige Härtung erst nachher vornehmen. Man erhält auf diese Weise Produkte, die sich für gegossene Artikel und Preßprodukte eignen. Man kann hier den besonderen Vorteil erwähnen, daß diese Härtung in offenen Formen bei hohen Temperaturen stattfinden kann, denn bei dieser Reaktion bilden sich keine flüchtigen Stoffe, die zur Blasenbildung führen könnten. — Gegenstand des vorliegenden Patentes ist nun ein Verfahren zur Herstellung eines ohne Abgabe flüchtiger Stoffe härtbaren Kunstharzes, das dadurch gekennzeichnet ist, daß man ein Äthylenoxydderivat, wie es durch Kondensation von Epichlorhydrin mit 4,4'-Dioxydiphenyl-2,2-propan erhältlich ist, zweckmäßig in teilweise polymerisiertem Zustand, mit Phthalsäureanhydrid kondensiert.

Beispiel: Man löst in 2 Mol 15%iger Natronlauge 228 g 4,4'-Dioxydiphenyl-2,2-propan der Formel

$$\mathrm{HC}\!\!<\!\!\bigcirc\!\!>\!\!-\mathrm{C(CH_3)_2}-\!\!<\!\!\bigcirc\!\!>\!\!\mathrm{OH}$$

und erwärmt auf 65° C. Zu dieser Lösung tröpfelt man während einer Stunde bei derselben Temperatur und unter fortwährendem Umrühren 185 g Epichlorhydrin. Es bildet sich zuerst ein weiches Harz, das immer härter wird. Wenn die gewünschte Konsistenz erreicht ist, wird das Harz chlorfrei gewaschen. Man kann auch das Harz in Aceton lösen und die ausgeschiedenen Salze filtrieren. Dann wird das Harz entwässert (eventuell von den Lösungsmitteln befreit). Es bleibt ein hartes Harz von leicht gelblicher Farbe zurück. Schmelzpunkt ungefähr 75° C. Dieses Harz wird dann geschmolzen, und bei 120° C gibt man 140 g geschmolzenes Phthalsäureanhydrid dazu. Man hält die Temperatur noch eine Stunde auf 120° C und läßt erkalten. Es entsteht ein leicht gelbliches Harz, das in 30 Minuten bei 170° C unschmelzbar und unlöslich wird. Das nicht gehärtete Harz erweicht bei 40—80°. Es ist in Aceton, Chloroform und Alkohol/Benzol 1:4 löslich, in Wasser, Benzol, Alkohol, Tetrachlorkohlenstoff unlöslich. Es härtet rasch bei Temperaturen zwischen 150 und 170° C. — Der gehärtete Stoff ist hart, aber nicht spröde, von leicht gelblicher bis brauner Färbung. Er ist unempfindlich gegen Licht, und gegen Wasser bis auf 80° C. Er ist temperaturbeständig bis auf 100° C und schwer brennbar. Er läßt sich sehr gut bearbeiten, sei es durch Feilen, Fräsen oder Drehen usw. Er haftet außerordentlich gut an Glas, Porzellan und Metallen und ist ein guter Isolierstoff. Da man ihn in offenen Gefäßen härten kann, ohne die Gefahr zu laufen, poröse Stücke zu erhalten, kann man ihn sehr gut für Gießstücke verwenden. Man kann ihn auch als Preßpulver verwenden. — Das Harz kann gegebenenfalls mit organischen oder anorganischen Farben in jedem Ton gefärbt werden. Man kann ihm auch Füllstoffe wie Asbest, Holzmehl usw. zugeben, auch Plastifizierungsmittel wie Phthalsäureester, Benzylbenzoat, Sipalin usw. — Das gewonnene Produkt läßt sich für gegossene und gepreßte Gegenstände, wie z. B. Galanteriewaren usw., elektrotechnische Artikel, Billardkugeln, Zahnersatzstücke verwenden. In Form von Lösung kann es auch als Lack benützt werden, der sehr rasch härtbar ist, ein großes Adhäsionsvermögen und eine gute Widerstandsfähigkeit hat.

Patentanspruch: Verfahren zur Herstellung eines ohne Abgabe flüchtiger Stoffe erhärtenden Kunststoffes, dadurch gekennzeichnet, daß man ein Äthylenoxydderivat, wie es durch Kondensation von Epichlorhydrin mit 4,4′-Dioxydiphenyl-2,2-propan erhältlich ist, mit Phthalsäureanhydrid kondensiert. Das neue Produkt erweicht in ungehärtetem Zustand zwischen 40 und 80° und ist in Aceton, Chloroform, Alkohol/Benzol 1:4 löslich, unlöslich in Wasser, Alkohol, Benzol und Tetrachlorkohlenstoff. Das gehärtete Produkt ist hart, aber nicht spröde und von gelblicher bis brauner Färbung. Es ist unempfindlich gegen Licht und Wasser bis 80° C, bis 100° C temperaturbeständig und schwer brennbar.

Unteranspruch: Verfahren nach Patentanspruch, dadurch gekennzeichnet, daß das Äthylenoxydderivat in teilweise polymerisiertem Zustand verwendet wird."

Um die Erfindungshöhe späterer Nach-Erfinder gebührend einstufen zu können, sei darauf hingewiesen, daß P. Castan in seinem ersten Epoxydharzpatent bereits auf folgende Tatsachen hingewiesen hat: die Eignung von Diphenolen an und für sich, die besondere Eignung von 4,4′-Dioxydiphenyl-2,2-propan, die Gewinnung eines härtbaren Harzes vom Erweichungspunkt etwa 75° und eines haltbaren Epoxydharzvorproduktes durch Verschmelzen mit einer bestimmten Menge Phthalsäureanhydrid und Überführen in einen teilweise polymerisierten Zustand durch 1 stündiges Erhitzen des Gemisches bei 120°, die Feststellung, daß ein derartig vorpolymerisiertes Harz sich als Gieß-

und Preßharz zur Herstellung blasenfreier Formstücke und in Lösung
als Lack eignet, der sehr rasch härtet, großes Adhäsionsvermögen und
Widerstandsfähigkeit hat, daß das geschmolzene Harz auf Glas, Porzellan und Metallen nach der Härtung „außerordentlich gut" haftet —
(wodurch wohl auch schon die Möglichkeit der Verwendung als Leim
für solche Materialien ausgedrückt wird) — daß das gehärtete Material
sehr gut mechanisch bearbeitbar ist und einen guten elektrischen Isolierstoff darstellt. (Siehe auch Vorrede von P. Castan.)

Die diesem Schweizer Patent parallelen Auslandspatentschriften
sind z. T. wesentlich erweitert, z. B., das sehr ausführliche BP 518057,
10. 12. 38/15. 2. 40 und das FP 859061, 16. 8. 39/10. 12. 40. In diesen
ist noch ein Beispiel enthalten, wonach das Reaktionsprodukt von
1 Mol Resorcin mit 2 Mol Epichlorhydrin und 2 Mol Natriumhydroxyd
mit einem Kondensationsprodukt aus 132 g Terpinen und 98 g Maleinsäureanhydrid verschmolzen und 30 Minuten bei 110° erhitzt wird.
Das erhaltene harte Harz ist schmelzbar und löslich. Es eignet sich
als Preß- und Gießharz sowie für die Herstellung von Lacken. Es
härtet bei 150° in 1 Stunde. — Die Patentansprüche des BP 518057
haben folgenden vom Schwz. P. 211116 abweichenden Inhalt:

Herstellung von härtenden Harzen, dadurch gekennzeichnet, daß ein
Äthylenoxydderivat mit nur einer Epoxydgruppe umgesetzt wird
mit einem dreibasischen Säureanhydrid, oder ein Äthylenderivat mit
2 oder mehr Epoxydgruppen mit dem Anhydrid einer mindestens
zweibasischen Carbonsäure, wobei diese Säureanhydride entweder
unpolymerisiert, oder teilweise polymerisiert sein können. Als Re-
aktionspartner für den letzteren Fall dienen Glycidyläther von Phenol,
Kresolen, Naphtholen und deren Kernsubstitutionsprodukte, für den
ersten Fall di- oder mehrwertiger Phenole wie Hydrochinon, Resorcin
oder die Kondensationsprodukte von Phenolen mit aliphatischen,
arylaliphatischen oder aryl- oder cyclischen Ketonen. Neben den Anhydriden aller bekannten zweibasischen Carbonsäuren werden auch
solche Säureanhydride genannt, wie sie durch Diensynthese gewonnen
werden, z. B. Säureanhydride, die sich von Eleostearinsäureglycerid
umgesetzt mit Maleinsäureanhydrid oder von Reaktionsprodukten von
Terpinen, Limonen oder anderen ungesättigten Kohlenwasserstoffen
der Terpenreihe mit Maleinsäureanhydrid ableiten, wie sie von J. W.
Humphrey[1] beschrieben worden sind. Als Diepoxyde sind Äthylendiglycidyläther und Adipinsäurediglycidylester angeführt. Die
Herstellung des ersteren aus Glykol und Epichlorhydrin in Gegenwart
von Friedel Craftschen Katalysatoren (H_2SO_4) entspricht derjenigen,
wie sie in späteren Jahren von der Firma Devoe & Raynolds Co. für
die Herstellung von Polyglycidyläthern aus Epichlorhydrin und Äthylenglykol, Glycerin oder Trimethylolpropan nochmals in mehreren
Patenten geschützt wird. Ebenso ist die von Castan beschriebene
Herstellung von Adipinsäurediglycidylester durch Umsetzen von dem

---

[1] US 2067054; 2099486, 29. 1. 35; US 2072819, 7. 3. 35; 2118926, 24. 6. 37,
Hercules Powder Co.

Dialkalisalz der Adipinsäure mit Epichlorhydrin unter Verwendung eines erheblichen Überschusses des letzteren identisch mit den Patentanmeldungen H 13747 vom 5. 9. 52 und H 21012 vom 30. 7. 54 der Firma HENKEL & CIE. An polymerisierten zweibasischen Säureanhydriden werden Polyadipin- und Polysebacinsäureanhydrid angegeben. Beispiele für Monoepoxyde sind: Styroloxyd, Epichlorhydrin, Glycidyläthyläther, Glycidyldentyläther, Glycidylacetat und -benzoat.

5 Jahre später, 1943, hat P. CASTAN das ergänzende Schwz. P. 236594[1] angemeldet, in dem die Härtung durch basische Katalysatoren geschützt wird. Als solche werden die anorganischen Basen: Alkalihydroxyde, Calciumoxyd und Natriumamid genannt, sowie die organischen Basen: Amine (besonders sekundäre), Diäthylamin, Dibutylamin, Piperidin, auch tertiäre Basen: Trimethylamin, Triäthanolamin usw., ferner auch Derivate dieser Verbindungen, wie Piperidinbenzoat, pentamethylen-dithiocarbaminsaures Piperidin, Diäthylamindiäthyldithiocarbamat sowie das Umsetzungsprodukt aus Piperidin und Benzaldehyd.

Das einzige Beispiel des Schweizer Patentes beschreibt ein Umsetzungsprodukt von 1 Mol Diphenylolpropan mit 2 Mol Epichlorhydrin und 2 Mol Natriumhydroxyd als 15%ige Lösung mit einem Erweichungspunkt von etwa 75°, das nach Zusatz von 4%pentamethylendithiocarbaminsaurem Piperidin bei 100° in 1 Stunde härtet. Die britischen, französischen, deutschen und amerikanischen Patentschriften enthalten ein weiteres Beispiel, nach dem ein Reaktionsprodukt von 1 Mol Resorcin mit 2 Mol Epichlorhydrin mit 2 Mol 20%iger Natronlauge im geschmolzenen Zustand mit 5 g Piperidin vermischt wird, und ein festes, bei etwa 65° schmelzendes lagerfähiges Harz ergibt, das bei 100° in $1\frac{1}{2}$ Stunden härtet.

Reaktionsmechanismus bei der Umsetzung von 2 Mol Epichlorhydrin mit 1 Mol Dinatriumdiphenylolpropan (Dian)

Folgender Reaktionsmechanismus dürfte wohl allgemein angenommen werden, wobei $-C_6H_4 \cdot C(CH_3)_2 \cdot C_6H_4-$ der besseren Übersicht halber als „Dian" bezeichnet wird:

$$CH_2{-}CH \cdot CH_2Cl + NaO \cdot Dian \cdot ONa + ClCH_2 \cdot CH{-}CH_2$$
$$\underset{O}{\diagdown\diagup} \qquad\qquad\qquad\qquad\qquad\qquad \underset{O}{\diagdown\diagup}$$

$$\rightarrow 2\,NaCl + CH_2{-}CH \cdot CH_2 \cdot O \cdot Dian \cdot O \cdot CH_2 \cdot CH{-}CH_2$$
$$\underset{O}{\diagdown\diagup} \qquad\qquad\qquad\qquad\qquad\qquad\qquad\qquad \underset{O}{\diagdown\diagup}$$

In einer Arbeit „Der Reaktionsmechanismus bei der Entstehung von Epoxydharzen" ist von A. BRING[2] diese Umsetzung eingehend studiert worden. Bei der Auswertung vieler Versuche gelangt der Verfasser zu der Ansicht, daß die Reaktion nicht nach diesem einfachen Schema verläuft. Vielmehr erscheint es wahrscheinlich, daß das harzartige Endprodukt das Ergebnis mehrerer gleichzeitig, wie auch nach-

[1] Schwz. P. 236594, 16. 6. 43/28. 2. 45 — BP 579698, 14. 6. 44 — FP 907172 13. 7. 44 — US 2444333, 2. 5. 44.
[2] BRING, A.: Chem. prymysl. **5/30**, Nr. 2, 74—77 (1955).

einander ablaufender Reaktionen ist, bei denen der bifunktionelle Charakter des Epichlorhydrins die entscheidende Rolle spielt. In Analogie zu den Additionsreaktionen des Äthylenoxyds müßten Reaktionen angenommen werden, bei denen es zur Bildung folgender Verbindungen kommt:

1. $HO \cdot Dian \cdot O \cdot CH_2 \cdot CHOH \cdot CH_2Cl$

2. $HO \cdot Dian \cdot O \cdot CH_2 \cdot CHOH \cdot CH_2 \cdot O \cdot Dian \cdot OH$

3.
$$\begin{array}{c}
\overset{\displaystyle |}{} \qquad\qquad\qquad\qquad\qquad \overset{\displaystyle |}{} \\
-O \cdot CH_2 \cdot CH \cdot O \cdot CH_2\overset{|}{C}H \cdot O \cdot CH_2 \cdot CH \cdot O \cdot CH_2 \cdot \overset{|}{C}H \cdot O- \\
\underset{|}{C}H_2 \qquad\qquad\qquad\qquad \underset{|}{C}H_2 \\
\underset{|}{O} \qquad\qquad\qquad\qquad\qquad \underset{|}{O} \\
Dian \qquad\qquad\qquad\qquad Dian \\
\underset{|}{O} \qquad\qquad\qquad\qquad\qquad \underset{|}{O} \\
\underset{|}{C}H_2 \qquad\qquad\qquad\qquad \underset{|}{C}H_2 \\
-O \cdot CH_2 \cdot CH \cdot O \cdot CH_2 \cdot CH \cdot O \cdot CH_2\overset{|}{C}H \cdot O \cdot CH_2 \cdot CH \cdot O- \\
\underset{\textstyle |}{} \qquad\qquad\qquad\qquad\qquad \underset{\textstyle |}{}
\end{array}$$

welche wieder untereinander oder mit weiterem Epichlorhydrin oder Diphenylolpropan reagieren können.

In der Arbeit von BRING befinden sich keine Erörterungen über den Chemismus bei der Reaktion von 1 Mol Diandinatriumsalz mit 2 Mol Epichlorhydrin. Tatsächlich liegen für diese Umsetzung zwei Reaktionsablaufmöglichkeiten vor, die beide zu denselben Endprodukten führen:

1. $NaO \cdot Dian \cdot ONa + Cl \cdot CH_2 \cdot CH{-}CH_2 \rightarrow NaCl + NaO \cdot Dian \cdot O \cdot CH_2 \cdot CH{-}CH_2$
$\underset{O}{\diagdown\diagup}\underset{O}{\diagdown\diagup}$

wobei die Umsetzung unter Bildung von NaCl einsetzt und in gleicher Weise abläuft

2. $NaO \cdot Dian \cdot ONa + CH_2{-}CH \cdot CH_2Cl + H_2O \rightarrow NaO \cdot Dian \cdot O \cdot CH_2 \cdot CH(OH) \cdot CH_2Cl +$
$\underset{O}{\diagdown\diagup}$

$ + NaOH * \rightarrow NaO \cdot Dian \cdot O \cdot CH_2 \cdot CH{-}CH_2 + NaCl$
$\underset{O}{\diagdown\diagup}$

diese Reaktion in der ersten Stufe entspricht den Umsetzungen wie sie mit Äthylenoxyd stattfinden.

Nach unseren Erfahrungen ist der Ablauf der Umsetzung nach der einen oder der anderen Weise durch die Temperatur bedingt.

Da die Katalysierung der Verätherung von Hydroxylgruppen durch Äthylenoxyd erst bei höheren Temperaturen ($100{-}140°$) vor sich geht, die Chlornatriumbildung jedoch schon von $0°$ ab — wenn auch nur langsam — erfolgt, ist die erste Stufe bei Temperaturen zwischen $0{-}40°$ allein durch die Reaktion zwischen dem Chloratom im Epichlorhydrinmolekül und dem ionisierten Natriumatom bedingt.

Liegen jedoch Temperaturen über $50°$ vor, so wird die Umsetzung teilweise nach Schema I oder II erfolgen, wobei angenommen werden muß, daß bei zunehmender Temperatur die Epoxydgruppe in ihrer Reaktivität derart aktiviert wird, daß ihre Additionsreaktion schneller abläuft als die Ionenreaktion des Natriums, die in ihrer Reaktion

---

* Aus dem Dian-Natriumsalz in Freiheit gesetzt.

dadurch behindert wird, daß das Chloratom sich in nicht ionisierbarer Bindung befindet.

In einer Veröffentlichung über die Struktur der Epoxydharze teilen V. SUPLER, M. LIDARIK und J. KINOL[1] die Ergebnisse ihrer Studien über Bildung und Struktur von Epoxydharzvorprodukten mit. Die Umsetzung von Bisphenol A mit Epichlorhydrin, von der im allgemeinen angenommen wird, daß sie allein zu einem polymeren Diglycidyläther führt, entsprechend der Gleichung:

$$(n + 1)\, HO \cdot X \cdot OH + (n + 2)\, Cl \cdot CH_2 \cdot CH\overset{\diagdown O \diagup}{\text{---}}CH_2 + (n + 2) \cdot NaOH$$

$$\rightarrow CH_2\overset{\diagdown O \diagup}{\text{---}}CH \cdot CH_2 \cdot O \cdot X \cdot [O \cdot CH_2 \cdot CHOH \cdot CH_2 \cdot O \cdot X]_n \cdot O \cdot CH_2 \cdot CH\overset{\diagdown O \diagup}{\text{---}}CH_2$$

$$X = C_6H_4 \cdot C(CH_3)_2 \cdot C_6H_4$$

läuft nie eindeutig in dieser Weise ab. Vielmehr soll die Reaktion bei einem Gleichgewicht stehenbleiben, so daß auch Gemische aus Chlorhydrin-, Phenol- und Diolgruppen entstehen. Die Addition des Epichlorhydrins an das Bisphenol ist stark exotherm, ebenso auch die Bildung des Epoxyds aus dem Chlorhydrin. Die Verbrennungs-, Verbindungs- und Reaktionswärmen wurden nach *Konovalon-Kharash* aus den Bindungsenergien berechnet und mit den gemessenen Werten als weitgehend übereinstimmend gefunden. Es werden auch Formeln zur Berechnung des Molekulargewichtes aus verschiedenen Faktoren, insbesondere aus den vorliegenden Endgruppen angegeben.

Nachdem sich herausgestellt hatte, daß die von P. CASTAN entwickelten neuen Harze, deren Härtung durch Polyaddition seinerzeit die ersten dieser Art waren, sich für die Zwecke der Firma GEBR. DE TREY A. G. für die Herstellung von Zahnprothesen nicht eigneten, ist es der Initiative von CASTAN zu verdanken, daß die Arbeiten zur Gewinnung dieser Harze nicht in den Fabriksarchiven begraben wurden. CASTAN hatte die außergewöhnliche Haftfähigkeit dieser Harze auf Materialien aller Art, ihre Geeignetheit für Lacke und für gegossene und gepreßte Gegenstände wie Galanteriewaren, Billardkugeln und elektrische Artikel, die sich sehr gut durch Feilen, Fräsen oder Drehen bearbeiten lassen, in den Patentschriften aufgeführt. Er mußte daher zu der Überzeugung kommen, daß diese Harze sich für viele technische Zwecke besonders gut eignen müßten. So versuchte er, die CIBA A. G. für die neue Harzklasse zu interessieren. Dies gelang nach langen Verhandlungen und langen orientierenden eigenen Versuchen der CIBA, so daß schließlich Mitte der vierziger Jahre ein Lizenzvertrag zwischen DE TREY und der CIBA zustande kam. Anschließend erfolgte durch die CIBA die Bearbeitung durch eine ansehnliche Gruppe von Chemikern und Anwendungstechnikern, von denen in Patentschriften P. BERNOULLI, E. DENZ, O. ERNST, W. FISCH, J. FREI, K. FREY, A. GAMS, C. GRÄNACHER, A. GROSS, A. JUCHLI, W. KRAUSS, K. MEYERHANS, G. OTT, E. PREISWERK, R. SALLMANN, G. WIDMER und W. WIELAND genannt werden.

---

[1] SUPLER, V., M. LIDARIK u. J. KINOL: Chem. Listy **50**, 1956, Nr. 6, 916—921.

Trotz unzähliger analoger Versuche mit anderen Bisphenolen mußte festgestellt werden, daß die polymeren Diphenylolpropanglycidyläther, erhalten durch Umsetzen von Bisphenol A mit Epichlorhydrin und Alkali, in ihren Eigenschaften anscheinend nicht übertroffen werden können, und auch den beiden Härtungsverfahren mittels Polycarbonsäureanhydriden und Aminen sowie ihren Derivaten keine anderen mit besserer Wirksamkeit hinzugefügt werden können. Somit mußte sich im wesentlichen die Arbeit darauf beschränken, geeignete anwendungstechnische Verfahren auszuarbeiten, die zeitlich nacheinander zunächst Metallklebstoffe, dann Lacke und schließlich Gießharze zum Ziel hatten. Hand in Hand erfolgte 1949 mit der Herausgabe der ersten „*Araldit*"-Marken die literarische Aufklärungsarbeit.

Fortsetzung der synthetischen Arbeiten in den USA

Schon bevor die Verhandlungen zwischen den Firmen DE TREY und der CIBA begonnen hatten, waren in den USA von S. O. GREENLEE der Firma DEVOE & RAYNOLDS Co. ähnliche Arbeiten in Gang gekommen, die offensichtlich durch das erste CASTANsche Patent angeregt worden waren. Dies führte zu Verhandlungen zwischen DE TREY und DEVOE & RAYNOLDS Co., die jedoch ergebnislos verliefen, so daß in der Folgezeit in den USA die CASTANschen Patente ohne weiteres unbeschränkt ausgewertet bzw. ihr Inhalt zum Gegenstand neuer Patente gemacht wurde.

Mit dem Schwz. P. 236594 scheinen die synthetischen Epoxydharzarbeiten in der Schweiz im wesentlichen beendet zu sein. Spätere Patente der CIBA behandeln fast ausschließlich anwendungstechnische Fragen.

Mit dem am 14. 9. 43 angemeldeten US 2456408 eröffnet S. O. GREENLEE der DEVOE & RAYNOLDS Co. eine lange Reihe von Patenten über synthetische Arbeiten auf dem Epoxydharzgebiet. Obgleich in diesem Patent das Hauptgewicht auf die Veresterung der Epoxydharzvorprodukte mit trocknenden höheren Fettsäuren gelegt wird (siehe den Abschnitt „Veresterung"), werden in dieser 24 Spalten langen Schrift die Ergebnisse eingehenden Studiums der Umsetzung von Bisphenol A mit Epichlorhydrin berichtet.

Zur Erzielung von höhermolekularen Umsetzungsprodukten mit einer genügenden Anzahl von OH-Gruppen, die sich zur Veresterung eignen, werden durch Reaktion äquimolekularer Mengen Epichlorhydrin und Bisphenol A gegebenenfalls unter Druck und Temperaturen bis zu 200° Polyadditionsprodukte mit endständigen phenolischen OH-Gruppen erhalten. Um weiterhin die beiden phenolischen OH-Gruppen in aliphatische OH-Gruppen zu überführen, werden diese, insbesondere, wenn die Epichlorhydrinmenge kleiner ist als der äquimolekularen entspricht, mit Glykol- oder Glycerinchlorhydrin umgesetzt. Beispielsweise werden durch Umsetzen von Bisphenol A, Epichlorhydrin und Glykolchlorhydrin Verbindungen des Typus

$$HO \cdot CH_2 \cdot CH_2 \cdot [-O \cdot Dian \cdot O \cdot CH_2 \cdot CHOH \cdot CH_2 \cdot]_n - O \cdot Dian \cdot O \cdot CH_2 \cdot CH_2 \cdot OH$$

erhalten, bei denen sich entsprechen:

Erweichungs-punkt	ber. mittl. Mol.-Gew.	mittl. OH-Äquiv.-Gew.	Anzahl OH pro Mol	mittl. Wert für n
106,5°	1458	242	6,0	4,0
116°	1705	247,5	6,9	4,9
119°	1938	252,4	7,6	5,7
129°	2871	261	11,0	9,0

Da bei diesen Umsetzungen das gesamte Epichlorhydrin sich in den polymeren Einheiten befindet, und ein Mol Bisphenol mehr vorhanden sein muß als Mole Epichlorhydrin, werden beispielsweise zur Erzielung eines Produktes, bei dem n = 6 ist, 6 Mole Epichlorhydrin und 7 Mole Bisphenol benötigt. Um zwei endständige aliphatische OH-Gruppen zu erzeugen, werden bei allen Mengenverhältnissen 2 Mol Glykolchlorhydrin mit einkondensiert. So erhält man ein Produkt mit insgesamt 8 aliphatischen OH-Gruppen, die zur Veresterung geeignet sind.

Ist die angewandte Menge Epichlorhydrin größer als die äquivalente, so entstehen endständige Glycidylgruppen. Statt diese nun durch Erhitzen mit Wasser zu verseifen, wodurch 2 endständige Glycerinreste mit 4 OH-Gruppen entstehen würden, zieht GREENLEE es vor, mit monofunktionellen Phenolen zu veräthern. Durch Einkondensieren von 2 Mol Phenol erhält man dann Verbindungen des Typus:

$$C_6H_5 \cdot O \cdot CH_2 \cdot CHOH \cdot CH_2 \cdot [-O \cdot Dian \cdot O \cdot CH_2 \cdot CHOH \cdot CH_2 \cdot]_n -O \cdot$$
$$\cdot Dian \cdot O \cdot CH_2 \cdot CHOH \cdot CH_2 \cdot O \cdot C_6H_5$$

Durch derartige Umsetzungen lassen sich Produkte mit hohen Erweichungspunkten, hohen Molgewichten und hohen Hydroxylzahlen gewinnen, bei denen sich beispielsweise entsprechen:

Erweichungs-punkt	ber. mittl. Mol.-Gew.	mittl. OH-Äquiv.-Gew.	Anzahl OH pro Mol	mittl. Wert für n
110°	1856	278	6,7	5,7
114°	2224	278	8,0	7,0
118°	2539	279	9,1	8,1
124°	2800	280	10,0	9,0
137,5°	3555	281	12,5	11,5
154°	3733	281	13,3	12,3

Zwecks Kontrolle der beim Umsetzen von Bisphenol mit überschüssigem Epichlorhydrin erhaltenen Epoxydverbindungen wurde von GREENLEE die quantitative Bestimmung des Epoxydsauerstoffes eingeführt und in den 2 US-Anmeldungen vom 18. 9. und 11. 10. 45 beschrieben. Da diese Anmeldungen zurückgezogen wurden, sind diese Arbeiten erst durch das korrespondierende FP 960044 vom 20. 1. 48/ 11. 4. 50 bekannt geworden.

Die quantitative Epoxydgruppenbestimmung beruht auf der bekannten leichten Additionsreaktion von Alkylenoxyden mit Salzsäure oder salzsauren Salzen. Hierbei bildet sich ein Chlorhydrin, in dem das Chloratom in nicht ionisierbarer Form vorliegt. Ist also Salzsäure, ein Chlorid oder ein Chlorhydrat in bestimmter Menge vorgelegt worden, kann durch Zurücktitieren die durch die Epoxydgruppe verbrauchte

Menge bestimmt werden. Die Berechnung erfolgt unter Berücksichtigung der Tatsache, daß 1 Mol HCl einer Epoxydgruppe entspricht.

Die angegebene Vorschrift zur Ausführung der Epoxydgruppen-Bestimmung, die fortan in allen späteren Veröffentlichungen über Arbeiten mit Epoxydverbindungen wortwörtlich anzutreffen ist, erfolgt in der Weise, daß 1 g der trocknen fein gepulverten Epoxydverbindung (sofern sie als feste Verbindung vorliegt) mit einem Überschuß an in Pyridin gelöstem Pyridiniumchlorid 20 Minuten rückflußgekocht und dann mit n/10-NaOH unter Verwendung von Phenolphthalein zurücktitriert wird. Die Pyridiniumchloridlösung wird durch Eintropfen von 16,00 ml konz. Salzsäure in etwa 950 ml Pyridin mit anschließendem Auffüllen auf 1 l hergestellt. (Siehe Abschnitt „Analyse".)

Diese Methode gibt wohl, wie A. M. PAQUIN[1] an Hand eines großen Versuchsmaterials gefunden hat, bei niedermolekularen einfachen Epoxydverbindungen recht genaue und der Theorie entsprechende Werte, jedoch werden bei höhermolekularen Epoxydverbindungen vielfach zu hohe Epoxydwerte gefunden, da, durch das Pyridin katalysiert, auch an anderen Stellen des polymeren Harz Moleküls Chlorwasserstoff verbraucht wird. Die Werte kommen der Wirklichkeit näher, wenn nicht 20 Minuten bei 116°, sondern $1^1/_2$—2 Stunden bei 60—85° erhitzt wird. — Vermutlich hat die SHELL DEVELOPMENT DIVISION ähnliche Beobachtungen gemacht, da sie[2] diese Methode in der Weise abgeändert hat, daß nur ein Minimum Pyridin mit Chloroform als Verdünnunsgmittel angewandt und 1 Stunde bei 100° erhitzt wird.

So lassen sich bestimmen:

1. der prozentuale Gehalt an Epoxydgruppen,
2. das Epoxydäquivalentgewicht, d. h. der Anteil des Moleküls, der 1 Epoxydgruppe enthält,
3. der Gehalt an Epoxydgruppen im Molekül durch Bezugnahme des Äquivalentgewichtes auf das besonders bestimmte Molekulargewicht.

Die Bestimmung des Molgewichtes ist deswegen wichtig, weil auch bei Einwirkung von 2 Mol Epichlorhydrin und 2 Mol Alkalihydroxyd auf 1 Mol Bisphenol A (Dian), nie der monomere Bisphenoldiglycidyläther entsteht, sondern sich immer eine mehr oder weniger lange Kette dieser Art

$$CH_2{-}CH \cdot CH_2 \cdot O \cdot [\cdot Dian \cdot O \cdot CH_2 \cdot CHOH \cdot CH_2 \cdot O]_n \cdot Dian \cdot O \cdot CH_2 \cdot CH{-}CH_2$$

bildet.

Die Verhältnisse, die zu solchen Polymeren führen, haben E. G. WERNER und E. FARENHORST[3] untersucht und gefunden, daß sich die Bildung polymerer Umsetzungsprodukte weitgehend vermeiden läßt, wenn mindestens 4 Mol Epichlorhydrin auf 1 Mol Dian angewandt werden.

---

[1] PAQUIN, A. M.: Nicht veröffentlichte Arbeiten.
[2] Epichlorhydrin-Broschüre **1949**, 37.
[3] WERNER, E. G., u. E. FARENHORST: Rec. **67**, 438—446 (1948). — US 2467171, 18. 6. 48/12. 4. 49, SHELL DEVELOPMENT CO.

Für die Praxis der Herstellung von Epoxydharzen hat es sich aber gezeigt, daß Dianglycidyläther im monomeren oder sehr niedrig polymerisierten Zustand gar nicht erforderlich sind, sondern im Gegenteil mehr oder weniger stark polymerisierte Diglycidyläther sich vielfach günstiger verhalten.

Schon Jahre vor den Versuchen von WERNER und FARENHORST hat S. O. GREENLEE[1] auf empirischem Wege gefunden, daß der Polymerisationsgrad des Bisphenoldiglycidyläthers abhängig ist von der angewandten Epichlorhydrinmenge pro Mol Bisphenol. Folgende in dem Patent angeführte Tabelle gibt hierüber ein instruktives Bild:

Vers. Nr.	Mol Epi pro Mol Bisphenol	Erweichungspunkt	Epoxydgruppen pro 100 g	EpoxydÄquiv.-Gew.	Mol.-Gew.	Epoxydgruppen pro Mol
1	2,15	43°	0,318	325	451	1,39
2	1,4	84°	0,169	591	791	1,34
3	1,33	90°	0,137	730	807	1,10
4	1,25	100°	0,116	860	1133	1,32
5	1,20	112°	0,085	1013	1420	1,21
6		121°		1248		
7		133°		2485		
8		146°		3155		

Wenn auch einzelne Versuchsergebnisse unrichtig sein dürften, z. B. ist bei Versuch 3 die Epoxydgruppenzahl pro Mol entschieden zu niedrig, so liegt das daran, daß die Molgewichtsbestimmungen nicht immer einwandfreie Werte ergeben. In diesem Falle ist ein Molgewicht von 807 viel zu niedrig. Es ist aber deutlich ein Absinken der Epoxydgruppenzahlen pro Mol festzustellen, wenn die Epichlorhydrinmenge pro Mol Bisphenol von 2 abfällt und sich 1 nähert. Überraschend ist, daß schon bei einer Epichlorhydrinmolmenge, von 2,15 pro Mol Bisphenol, also einer Menge, die reichlich zur Bildung des Diglycidyläthers genügen müßte, nur eine Epoxydgruppenzahl von 1,39 gefunden wird, und weiterhin, daß ein Absinken der Epichlorhydrinmenge von 2,15 auf 1,4 nur den minimalen Abfall der Epoxydgruppenzahl von 1,39 auf 1,34 zur Folge hat. Deutlich und in erwarteter Weise wirkt sich der Abfall auf die Erhöhung des Erweichungspunktes, des Epoxydäquivalentgewichtes und des Molgewichtes aus. Dies besagt, daß die Reaktionsprodukte nach Versuch 1 und 2 gleiche Zusammensetzung haben, sich nur durch die Größe der Zahl n unterscheiden.

Leider fehlen Versuche mit Epichlorhydrinmolmenge von 2,15 bis 4,0 pro Mol Bisphenol, bei denen eine Steigerung der Epoxydgruppenzahl von 1,39 bis annähernd 2 erfolgen müßte. Vermutlich würde keine gleichmäßig schnelle Steigerung vor sich gehen, sondern sie würde immer schneller erfolgen. Das Fehlen dieser Versuche ist verständlich, weil die bisher fast ausschließlich praktisch verwerteten Reaktionsprodukte mittels Epichlorhydrinmenge hergestellt werden, die unterhalb 2,20 pro Mol Bisphenol liegen.

---

[1] US 2585115, 18. 9. 45/12. 2. 52, DEVOE & RAYNOLDS Co.

Die weitere Entwicklung der Arbeiten auf dem Epoxydharzgebiet richtete sich immer mehr auf bestimmte Verwendungszwecke aus. Dies Ziel konnte erreicht werden, indem

1. durch neuartige Synthesen abgewandelte Produkte hergestellt wurden,
2. durch Synthese gewonnene Produkte durch Modifizierungen mehr physikalischer Art ihren Verwendungen angepaßt wurden.

Der besseren Übersicht halber werden diese zwei verschiedenen Arbeitsrichtungen in zwei getrennten Kapiteln behandelt:

1. Arbeiten vorwiegend synthetischer Art,
2. Arbeiten vorwiegend anwendungstechnischer Art, worunter u. a. Mischkompositionen fallen.

Naturgemäß können auch Überschneidungen vorkommen, so daß die Einreihung in das eine oder andere Kapitel nicht eindeutig ist. Unter anderem kann auch die Abgrenzung gegenüber dem Kapitel „Härter und Vernetzungmittel" nicht immer klar sein.

Es liegt in der Natur der ersten in den USA auf dem Epoxydharzgebiet genommenen Patente, daß sie erst nach längeren Forschungsarbeiten angemeldet wurden und daher Zusammenfassungen einer Reihe verschiedener Erfindungsgedanken darstellen. Der besseren Übersichtlichkeit halber ist es daher zweckmäßig, den Inhalt dieser Patente auf mehrere Kapitel aufzuteilen. Diese Notwendigkeit liegt jedoch für die späteren Patente nicht mehr vor, im Gegenteil, es sind vielfach Patente vorhanden, deren Erfindungsgedanken sich so wenig voneinander unterscheiden, daß in der Darstellung ihres Inhaltes mehrere von ihnen zusammengefaßt werden können.

In dem oben erwähnten US 2456408 hat GREENLEE in bezug auf die Zugabe der Natronlauge ein neues Prinzip durchgeführt: die Unterteilung des Eintragens. Falls von Anfang an mit dem Bisphenol die gesamte auf das Epichlorhydrin berechnete Menge Alkali vorliegt, ist beim allmählichen Eintragen des Epichlorhydrins zu Beginn ein großer Alkaliüberschuß vorhanden, der Polymerisationen und Hydratisierung des Epichlorhydrins begünstigt. Zur Vermeidung eines Übermaßes wird das Alkali daher in Portionen zugegeben, die nächste Portion jeweils nach Verbrauch der vorhergehenden. Da Bisphenol sich schon in Wasser bei Vorhandensein einer einzigen Natriumphenolatgruppe löst, genügt für den Anfang die halbe Alkalimenge.

Beispielsweise wird die Herstellung eines Bisphenolpolyalkohols mit endständigen Phenyläthergruppen folgendermaßen beschrieben: 606 g Bisphenol A werden in einer Lösung von 119 g Natriumhydroxyd in 1300 g Wasser gelöst und 60 g Phenol eingetragen. Bei 40° werden alsdann 274,8 g Epichlorhydrin eingetropft und 45 Minuten bei 40 bis 65° ansteigend gerührt. Nach weiterer Zugabe von 29,5 g Natriumhydroxyd in 90 g Wasser wird 1 Stunde bei 90—100° gerührt und das beim Abkühlen entstandene Weichharz dreimal mit angesäuertem Wasser 15 Minuten unter starkem Rühren ausgewaschen. Nach dem Trocknen hat das Harz den Erweichungspunkt 118°. (Dieses durch die

Natur der Umsetzung bedingte Auswaschen mit verdünnter Säure
($p_H \sim 5{,}5$) und mit Wasser ist neuerdings von der BATAAFSCHE[1] zum
Patent angemeldet worden.)

Zur Gewinnung eines Bisphenolpolyalkohols mit endständigen
Äthylenglykoläthergruppen werden 6 Mol Epichlorhydrin, 7 Mol Bisphenol A, 6 Mol Natriumhydroxyd und 2 Mol Glykolchlorhydrin in
analoger Weise miteinander umgesetzt. Das Umsetzungsprodukt enthält 8 OH-Gruppen.

Statt Bisphenol A sind auch andere mehrwertige Phenole wie Resorcin, Hydrochinon und Phloroglucin, sowie die Bisphenole 4,4'-Di-
oxybenzophenon, 4,4'-Dioxydiphenyl, 4,4'-Dioxydibenzyl, 3,4,3',4'-Te-
traoxydiphenyldimethylmethan, Polyoxynaphthaline und -anthracene
sowie Hämatoxylin als geeignet empfohlen worden. Als zweifunk-
tionelle Epoxydverbindungen oder diesen gleichwertig, sind neben
Epichlorhydrin auch Glycerin-1,3-dichlorhydrin, die Epihalohydrine
von Erythrit, Mannit, Sorbit, sowie Diepoxyde wie Butylendioxyd,
Diglycid, Diglycidäther und die Diepoxyde von Erythrit, Mannit und
Sorbit angegeben worden.

Statt in wäßriger Lösung kann die Umsetzung auch durch direktes
Erhitzen der Komponenten auf 145—200° mit oder ohne alkalischen
Katalysator erfolgen. In Fällen, in denen die Umsetzung auch ohne
Katalysator vor sich geht, bringt die Verwendung eines solchen eine
wesentliche Erhöhung des Erweichungspunktes des Umsetzungsproduktes zu Wege. Folgende Tabelle veranschaulicht diese Verhältnisse.

Vers.-Nr.	Reaktionsteilnehmer	Umsetz.-temp.	Zeit Min.	Katalysator	Erweich.-punkt
1	1 Mol Resorcin + 1 Mol Diglycid-äther	175°	60	kein	84°
2	1 Mol Bisphenol A + 1 Mol Buty-lendioxyd	145°	30	kein	146°
3	1 Mol Bisphenol A + 1 Mol Digly-cidäther	200°	30	kein	113°
4	1 Mol Bisphenol A + 1 Mol Digly-cidäther	175°	60	0,05 Mol NaOH	130°
5	1 Mol Bisphenol A + 1 Mol Buty-lendioxyd	200°	60	kein	200°
6	1 Mol Bisphenol A + 0,9 Mol Diglycidäther + 0,2 Mol Glycid	200°	60	0,05 Mol NaOH	91°
7	0,9 Mol Bisphenol A + 0,2 Mol Phenol + 1 Mol Diglycidäther	200°	60	0,05 Mol NaOH	80°

Das Verfahren der direkten Umsetzung der Reaktionsteilnehmer
im wasserfreien Medium bietet die Vorteile, daß die Reinigungs- und
Trocknungsarbeiten entfallen und weitere Umsetzungen, etwa Ver-

---

[1] Belg. P. 543 822, 21. 12. 56; Nied.-Pri. 23. 1. 54.

esterungen, unmittelbar nach erfolgter Umsetzung zum Polyalkohol in derselben Apparatur vorgenommen werden können.

Die Herstellung von polymeren Polyalkoholen der beschriebenen Art ist von demselben Erfinder auch in weiteren Patenten ausgeführt[1].

Das von S. O. GREENLEE in den angeführten Patenten beschriebene Verfahren der wasserfreien Umsetzung von Bisphenolen, Epichlorhydrin und Alkali unter Verwendung von Lösungsmitteln ist von B. RAECKE[2] wieder aufgegriffen worden. Obgleich die relativ sehr geringe Menge Wasser, die im Falle der üblichen HCl-Entziehung durch kristallwasserfreies Natriumhydroxyd bei Verwendung wassermischbarer Lösungsmittel in keiner Weise störend wirkt, wird hier zwecks Abgrenzung von den bekannten Verfahren die Anwendung wasserfreier Alkalicarbonate vorgeschrieben. Dies Verfahren unterscheidet sich von den bekannten nur durch die Kohlendioxyd-Abspaltung, da naturgemäß bei der Umsetzung mit aus Chlorhydrinen abgespaltenem HCl auch aus Carbonaten Wasser gebildet wird. Über den wichtigen Einfluß des Kohlendioxyds als patentbegründendes Moment ist aus der Beschreibung nichts zu erfahren. — Es wird so gearbeitet, daß das Bisphenol mit einem kleinen Überschuß an Epichlorhydrin und Kaliumcarbonat oder Natriumbicarbonat in Aceton 4—6 Stunden gekocht und anschließend in einer größeren Menge Wasser der mehr oder weniger polymere Polyglycidyläther ausgefällt wird. Ob nach diesem Verfahren ebenfalls wie nach den bekannten Verfahren Polyglycidyläther gewünschter Polymerisationsgrade erhältlich sind, kann nicht ersehen werden. Die Wiedergewinnung des Lösungsmittels aus der großen Wassermenge dürfte nicht billig zu stehen kommen.

Polymere Polyepoxydpolyalkohole

Während polymere Polyalkohole, wie sie beschrieben wurden, nur als Zwischenprodukte Verwendung finden, sind polymere Polyepoxydpolyalkohole, wie sie bei der Umsetzung von 1 Mol Bisphenol mit 1—2 Mol Epichlorhydrin entstehen, ohne weiteres als Epoxydharzvorprodukte brauchbar.

In dem diesbezüglichen ersten Patent[3] wird von S. O. GREENLEE die Herstellung von polymeren Polyepoxydpolyalkoholen in der Weise vorgenommen, daß Di- oder Polyepoxydverbindungen mit Bisphenolen, vornehmlich mit solchen höhermolekularer Art in solchen Mengenverhältnissen umgesetzt werden, daß endständige Epoxydgruppen entstehen. Als besonders zweckmäßig werden Molverhältnisse von Epichlorhydrin:Bisphenol wie 3:2, 4:3 oder 5:4 angegeben.

An Stelle von einfachen Diepoxyden wie Butylendioxyd, Diglycidäther oder Diglycid, sind auch Polyepoxyde, wie sie durch Umsetzen von mehrwertigen Alkoholen mit Epichlorhydrin, katalysiert durch Bortrifluorid, mit anschließender Enthalogenierung erhalten werden,

---

[1] US 2503726, 12. 5. 44/11. 4. 50; US 2558949, 18. 9. 45/3. 7. 51, DEVOE & RAYNOLDS.

[2] RAECKE, B.: D.-Anm. H 11826 IVb 12q, 15. 3. 52, HENKEL & CIE.

[3] US 2592560, 2. 11. 45/15. 4. 52, DEVOE & RAYNOLDS CO.

als Reaktionskomponenten geeignet. Beispielsweise wird die Herstellung von Polyepoxyden durch Umsetzen von Glycerin oder Trimethylolpropan mit 3 Mol Epichlorhydrin beschrieben. Ein Gemisch von 276 g Glycerin (3 Mol) und 828 g Epichlorhydrin (9 Mol) wird mit 1 g einer 45%igen Lösung von Bortrifluorid in Äther, von der 1 Teil mit 9 Teilen Äther verdünnt wurde, versetzt, wobei man die Temperatur durch Kühlung während $1^3/_4$ Stunden auf etwa 50° hält und anschließend innerhalb weiterer $1^1/_2$ Stunden allmählich auf 80° erwärmt. Zum Dehalogenieren des entstandenen Glycerintrichlorhydrins wird wegen der Gefahr der Hydratisierung der entstehenden Epoxydgruppen wasserfrei gearbeitet, indem 370 g des rohen Reaktionsproduktes in 900 g Dioxan aufgenommen und mit 300 g Natriumaluminatpulver 9—10 Stunden bei 90—95° lebhaft gerührt werden. Nach Filtration und Abdestillieren des Lösungsmittels wird der Glyceringlycidyläther mit dem Kp_2 215—225° als viscoses gelbes Öl in einer Ausbeute von 261 g gewonnen. Seine Reinigung durch Destillation ist jedoch zumeist nicht erforderlich, es genügt, durch Erhitzen im Vakuum bis zu 150° alles Flüchtige abzutreiben. Das Reaktionsprodukt hat das Epoxydäquivalentgewicht 149 und ein Molgewicht 324, woraus sich ergibt, daß sich 2,18 Epoxydgruppen im Mol befinden. Es ist also teilweise polymerisiert, da die monomere Verbindung ein Molgewicht von 260 und 3 Epoxydgruppen pro Mol aufweisen würde.

Nach dem gleichen Verfahren wird Trimethylolpropan mit Epichlorhydrin umgesetzt, jedoch ist das Ergebnis hier noch schlechter als im vorhergehenden Fall, da nur 1,94 Epoxydgruppen pro Mol, ein Epoxydäquivalentgewicht 151 und ein Molgewicht 292 gefunden werden. Da hier das gefundene Molgewicht niedriger liegt als das für den Triglycidyläther berechnete (302), muß angenommen werden, daß bei der Umsetzung des Trimethylolpropans keine Polymerisierung eintritt, dafür aber eine unvollständige Substitution zum Mono- und Diglycidyläther erfolgt.

Zur Herstellung polymerer Polyepoxydpolyalkohole werden die so erhaltenen Glycerin- und Trimethylolpropanglycidyläther mit Bisphenol A zur Reaktion gebracht:

11,4 g Bisphenol A werden mit 29,8 g Glyceringlycidyläther (mit 2,18 Epoxydgruppen pro Mol) 2 Stunden bei 162—173° erhitzt, wobei ein viscos-flüssiges Harz mit dem Epoxydäquivalentgewicht 479 erhalten wird, das in dünner Schicht aufgetragen, nach Zusatz eines Härters bei 150° durchhärtet.

2. 19 g Bisphenol A und 50 g Trimethylolpropanglycidyläther werden (mit 1,94 Epoxydgruppen pro Mol) $2^1/_4$ Stunden bei 162—186° erhitzt, wobei ein Harz mit dem Epoxydäquivalentgewicht 460 und dem Molgewicht 828 entsteht.

Mit Umsetzungsprodukten von Diepoxyden bzw. von geeigneten Dihalogenverbindungen mit Bisphenol A werden ebenfalls durch Umsetzen mit Glycerin- und Trimethylolpropanglycidyläthern und der erforderlichen Menge Alkali härtbare polymere Polyepoxydpolyalkohole gewonnen. Beispielsweise ergeben 79 g des Kondensationsproduktes von 1,4-Dibrombutan und Bisphenol A, 65 g Glyceringlycidyläther und 1 g Kaliumhydroxyd nach dem Zusammenschmelzen ein Harz, das bei 1stündigem Erhitzen bei 110° härtet.

165 g des Kondensationsproduktes von Dichloräthyläther mit Bisphenol A werden mit 88 g Trimethylolpropanglycidyläther 1 Stunde bei 150° erhitzt, wobei sich ein Harz bildet, das nach Zusatz eines Härters bei 150° härtet.

82 g des Kondensationsproduktes von Dichloräthyläther und Bisphenol A ergeben beim Umsetzen mit 39 g Diglycidyläther bei 150° ein Harz, das nach Zusatz eines Härters bei 150° härtet.

Den Ersatz von Bisphenol A durch Bisphenol S (= 4,4'-Dioxydiphenylsulfon), den die CIBA seit ihrem Schweizer Patent 251647 vom 13. 7. 45 immer wieder angeführt hat, macht E. M. BEAVERS[1] nochmals zum Gegenstand eines Patentes.

Die Herstellung des monomeren Diglycidyläthers

$$CH_2{-}CH\cdot CH_2\cdot O\cdot C_6H_4\cdot SO_2\cdot C_6H_4\cdot O\cdot CH_2\cdot CH{-}CH_2 \qquad F\ 162{-}163°$$

gelingt, wenn ein 2—5facher Überschuß an Epichlorhydrin angewandt, und in einer sauerstofffreien Atmosphäre bei 100—110° derart gearbeitet wird, daß die Zugabe der Natronlauge so langsam erfolgt, daß das Reaktionsgemisch in keinem Augenblick Phenolphthalein rötet. Nach diesem Verfahren erhält man ohne Schwierigkeit und in guter Ausbeute den 4,4'-Dioxydiphenylsulfondiglycidyläther in monomerer Form als kristallisierte Substanz vom Schmelzpunkt 162—163°. Die Reinigung der anfallenden weichharzartigen Masse kann durch Umkristallisieren aus Benzol oder Aceton vorgenommen werden. Wie das beim Bisphenol A der Fall ist, fallen auch beim Bisphenol S bei Verwendung von geringeren Epichlorhydrinüberschüssen Reaktionsprodukte an, die mehr oder weniger stark polymerisiert sind. Wegen seines hohen Schmelzpunktes bietet Bisphenol-S-Glycidyläther für manche Zwecke Vorteile. Seine Verwendung wird für die Herstellung besonders festhaftender und harter Schutzüberzüge empfohlen.

Epoxydharzvorprodukte, gewonnen durch Umsetzen von Epichlorhydrin mit bisphenolischen Additionsprodukten von Phenolen mit ungesättigten aromatischen Verbindungen, die sich für die Herstellung besonders hitzebeständiger Klebstoffe eignen, beschreibt J. B. MACKENZIE[2]. Es handelt sich hier um Bisphenole, die gebildet werden: entweder durch Addition von 2 Mol eines einwertigen Phenols an eine aromatische Vinylverbindung mit 2 Vinylgruppen, z. B. von Phenol und Divinylbenzol, wodurch ein 3-Kern-Bisphenol erzeugt wird:

$$2C_6H_5OH + CH_2{=}CH\cdot C_6H_4\cdot CH{=}CH_2 \ \rightarrow\ HOC_6H_4\cdot C_2H_4\cdot C_6H_4\cdot C_2H_4\cdot C_6H_4OH$$

oder durch Addition einer aromatischen Monovinylverbindung, z. B. Styrol an Bisphenole, wodurch je nach der angewandten Menge Styrol mehr oder weniger weitgehende Kernsubstitutionen des Bisphenols mit $-C_2H_4\cdot C_6H_5$-Gruppen stattfindet. Läßt man Bisphenole und Divinylbenzol aufeinander einwirken, so findet die Verknüpfung von 2 Mol Bisphenol unter Bildung von Tetrakisphenolen statt.

---

[1] US 2765322, 3. 3. 53/2. 10. 56, ROHM & HAAS Co.
[2] FP 1106304, 30. 4. 54/16. 12. 55; B.-Pri. 1. 5. 53, BRITISH CIBA LTD.

Beispielsweise wird folgendermaßen gearbeitet:

1. 216 g o-Kresol, 176 g 57%iges Divinylbenzol (die übrigen 43% bestehen im wesentlichen aus Äthylvinylbenzol) und 3 g 70%ige Schwefelsäure werden unter Rühren auf 70° erwärmt, wobei die Reaktion unter Spontanerwärmung einsetzt und die Temperatur auf 150° steigt. Anschließend wird die Temperatur noch 1 Stunde bei 100° gehalten, bevor mit Soda neutralisiert wird. Durch Umsetzen des braunen flüssigen Reaktionsproduktes mit überschüssigem Epichlorhydrin und der berechneten Menge Natronlauge wird ein viscos-flüssiges Epoxydharzvorprodukt mit 0,324 Epoxydgruppen pro 100 g erhalten. Durch Zusammenschmelzen von 100 g dieses Harzes mit 45 g Phthalsäureanhydrid erhält man ein Harz, das durch 2 stündiges Erhitzen bei 160° und weiterem 2 stündigem Erhitzen bei 180° härtet. Das unschmelzbare Produkt erweicht bei etwa 80°.

2. 228 g Bisphenol A, 88 g 55%iges Divinylbenzol und 4 g konz. Salzsäure werden langsam auf 120° erwärmt und $1^1/_2$ Stunden bei dieser Temperatur gehalten. Nach Neutralisieren und Überführen in die Epoxydverbindung wird ein Harz mit 0,36 Epoxydgruppen pro 100 g erhalten. Durch 2 stündiges Erhitzen eines Gemisches von 100 g dieses Harzes mit 50 g Phthalsäureanhydrid bei 180° erhält man ein hartes unschmelzbares Harz, das erst bei 137° erweicht, während ein aus Bisphenol A und Epichlorhydrin hergestelltes Harz bei gleicher Behandlungsweise einen Erweichungspunkt von nur 105° aufweist.

Harze dieser Art werden als Klebmittel empfohlen, insbesondere zum Verkleben von Metallen, wobei besonderer Wert darauf gelegt wird, daß die Klebfestigkeit auch bei höheren Temperaturen erhalten bleibt. Während Verklebungen der bekannten Epoxydharze nach dem Härten schon bei etwa 100° wesentlich an Festigkeit verlieren, werden bei Harzen dieses Verfahrens Wärmefestigkeiten bis zu 180° erzielt, wie dies beispielsweise der Fall ist, wenn als Umsetzungskomponente ein Additionsprodukt von Resorcin mit Divinylbenzol angewandt wird.

Seit dem Beginn der Herstellung von Epoxydharzvorprodukten durch Umsetzen von Epichlorhydrin mit Bisphenol A wurde auf das Neutralwaschen der rohen Umsetzungsprodukte größter Wert gelegt, weil bei noch vorhandener alkalischer Reaktion das Produkt allmählich spontan durch Polymerisation härtet. Schon in dem ersten diesbezüglichen Patent von P. CASTAN[1] wird das gründliche Auswaschen hervorgehoben, ebenso in den späteren Patenten der CIBA und von DEVOE & RAYNOLDS Co. Daß bei den wiederholten Waschprozessen, die stets erforderlich sind, auch einzelne mit angesäuertem Wasser vorgenommen werden, liegt in der Natur der Arbeit und wird auch nebenbei mehrfach erwähnt. Immerhin scheint diese Maßnahme der N. V. DE BATAAFSCHE wichtig genug, um noch nach 16 Jahren als Gegenstand eines Patentes[2] beschrieben zu werden.

Gewinnung von polymeren Polyepoxydpolyalkoholen mit höheren Erweichungspunkten im Zweistufen- und Druckverfahren

Molekülvergrößerungen härtbarer Epoxydharzvorprodukte, die für manche Zwecke erwünscht sind, lassen sich nicht nur durch Erhöhung des im Molekül befindlichen polymeren Anteiles, ausgedrückt durch die Zahl n, erzielen, sondern können auch durch Verknüpfung

---

[1] Schw.P. 211116 v. 23. 8. 38, GEBR. DE TREY AG.
[2] FP 1 143 293, 20. 12. 55/25. 4. 57; US-Pri. 23. 12. 54, BATAAFSCHE.

von 2 polymeren Bisphenoldiepoxyden durch ein Bisphenolmolekül unter Absättigen von 2 Epoxydgruppen nach folgendem Schema erreicht werden:

$$2\,CH_2\!\!-\!\!CH\cdot CH_2\cdot[\cdot O\cdot Dian\cdot OCH_2\cdot CHOH\cdot CH_2\cdot]_n\cdot O\cdot Dian\cdot O\cdot CH_2\cdot CH\!\!-\!\!CH_2 + HO\cdot Dian\cdot OH$$

$$\rightarrow O\cdot CH_2\cdot CHOH\cdot CH_2\cdot[\cdot O\cdot Dian\cdot O\cdot CH_2\cdot CHOH\cdot CH_2\cdot]_n\cdot O\cdot Dian\cdot O\cdot CH_2\cdot CH\!\!-\!\!CH_2$$
$$|$$
$$Dian$$
$$|$$
$$O\cdot CH_2\cdot CHOH\cdot CH_2\cdot[\cdot O\cdot Dian\cdot O\cdot CH_2\cdot CHOH\cdot CH_2\cdot]_n\cdot O\cdot Dian\cdot O\cdot CH_2\cdot CH\!\!-\!\!CH_2$$

Dieses von S. O. Greenlee beschriebene Verfahren ist durch eine Reihe von Patenten geschützt[1].

Nach diesem Prinzip erfolgt mehr als eine Verdoppelung des Moleküls. In der ersten Stufe wird in bekannter Weise durch Anwendung unterschiedlicher Mengenverhältnisse von Epichlorhydrin : Bisphenol ein Diglycidyläther mit einem bestimmten Erweichungspunkt hergestellt und anschließend in einer zweiten Stufe, unter Verwendung von 1 Mol Bisphenol auf 2 Mol Bisphenolglycidyläther weiter kondensiert. Beispielsweise werden 5 Mole Bisphenol A und 7 Mole Epichlorhydrin mit 9,05 Molen Natriumhydroxyd etwa $1^1/_2$ Stunden bei 40 bis 90° und anschließend $1^1/_4$ Stunden bei 90—105° umgesetzt, wobei ein Harz mit dem Erweichungspunkt 84°, einem Epoxydäquivalenzgewicht von 590 und einem durchschnittlichen Molgewicht 790 erhalten wird, so daß 1,3 Epoxydgruppen pro Mol vorhanden sind. Zu 591,5 g dieses Harzes werden 42,4 g Bisphenol A gegeben (eine Menge, die gerade ausreicht, um mit $1/_3$ der vorhandenen Epoxydgruppen zu reagieren) und $1^1/_2$ Stunden bei 200° erhitzt. Alsdann hat das gebildete Harz einen Erweichungspunkt von 121° und ein Epoxydäquivalentgewicht von 1248. — Bei Anwendung der doppelten Menge Bisphenol wird ein Harz vom Erweichungspunkt 146° mit dem Epoxydäquivalentgewicht 3155 erhalten.

Dies Verfahren hat sich in der Zukunft als sehr fruchtbar erwiesen.

Unter Anwendung sehr niedriger Epichlorhydrinmolmengen, und zwar von etwa 1,09—1,16 Mol pro Mol Bisphenol und einer Alkalimenge, die der berechneten entspricht, oder etwas höher liegt, hat S. O. Greenlee später ein anderes Verfahren zur Molekülvergrößerung beschrieben[2]. Hierbei wird die Umsetzung bei höheren Temperaturen (115—130°) in einer Druckapparatur vorgenommen, wodurch Erweichungspunkte von über 150° erzielt werden.

Beispielsweise werden in einem Druckkessel 13,830 kg Wasser, 1,474 kg Natriumhydroxyd, 18 kg Natriumorthosilicat und 6,540 kg Bisphenol A auf 50° erhitzt, 3,050 gk Epichlorhydrin eingetragen und der Kessel verschlossen. Im Verlaufe einer halben Stunde wird auf 130° erhitzt und 1 Stunde bei dieser Temperatur gehalten. Anschließend wird

---

[1] BP 675 169, 15. 12. 47; US-Pri. 18. 9. 45, kein US-Patent erteilt — BP 675 170, 15. 12. 47; US-Pri. 11. 10. 45, kein US-Patent erteilt — US 2 582 985, 7. 10. 50; US 2 615 007, 8. 12. 50; US 2 615 008, 11. 10. 51; US 2 668 807, 8. 4. 52; US 2 668 805, 10. 4. 52.
[2] US 2 694 694, 17. 10. 52. Devoe & Reynolds & Co.

das Harz mehrfach bei dieser hohen Temperatur ausgewaschen und bei
vermindertem Druck und einer Temperatur bis zu 140° getrocknet. Das
erhaltene Harz hat einen Erweichungspunkt von 116° und ein Epoxydäquivalentgewicht von 1484. — Durch Variieren der Reaktionsbedingungen, insbesondere durch längere Erhitzungsdauer lassen sich Harze
mit noch höheren Erweichungspunkten gewinnen, z. B. solche vom:

Erweichungspunkt 124° mit dem Epoxydäquivalentgewicht 1630
Erweichungspunkt 129° mit dem Epoxydäquivalentgewicht 1863
Erweichungspunkt 139° mit dem Epoxydäquivalentgewicht 2065
Erweichungspunkt 151° mit dem Epoxydäquivalentgewicht 2842

(Siehe auch S. 333.)

Epoxydharze aus Dicyclohexenylpropandiepoxyd

Durch Hydrieren von 4,4'-Di-(oxyphenyl)-2,2-propan, Abspalten
von Wasser und Epoxydieren der entstandenen Doppelbindung hat
die Firma HENKEL & CIE[1] Dicyclohexenyl-propan-diepoxyd

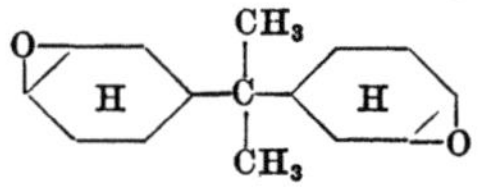

hergestellt.

Die Wasserabspaltung aus dem hydrierten 4,4'-Di-(oxyphenyl)-pro-
pan kann so geleitet werden, daß sich beträchtliche Mengen höhermolekularer ätherartige zusammengesetzte Diepoxyde der folgenden Art

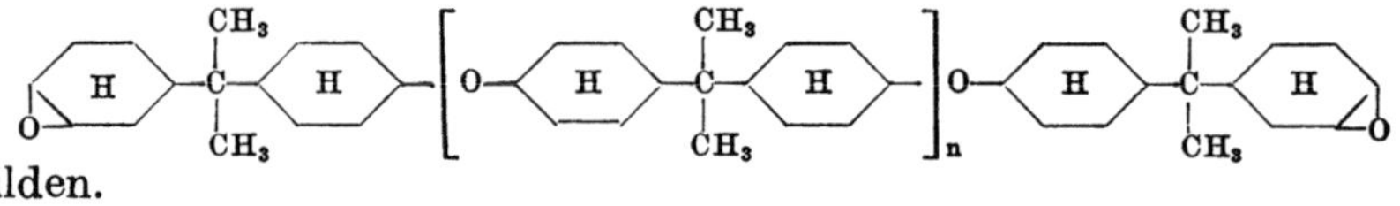

bilden.

Nach einem analogen Verfahren werden auch Phenol-Formaldehyd-
Kondensationsprodukte durch Hydrieren, Wasserabspalten und Epoxydieren in Polyepoxydverbindungen des folgenden Typus überführt:

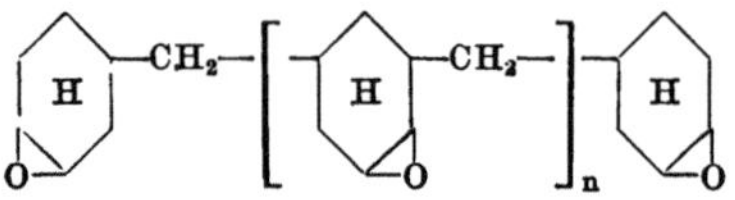

Nach dieser Arbeitsmethode lassen sich perhydrierte Polyepoxydverbindungen der verschiedensten Art gewinnen. Dieselben härten
beim Erhitzen und sind für sich allein, im Gemisch mit anderen Komponenten oder nach dem Verestern mit mehrbasischen Carbonsäuren
für die Herstellung von Einbrennlacken oder von Gießharzen geeignet.

Hochmolekulare verspinnbare Umsetzungsprodukte von mehrwertigen Phenolen mit Epichlorhydrin

Die Herstellung hochmolekularer linearer Polyadditionsprodukte
aus mehrwertigen Phenolen und Epichlorhydrin oder Diepoxyden, die
zur Gewinnung verspinnbarer Fäden geeignet sind, ist das Arbeits-

---

[1] FP 1088704, 1. 10. 53/9. 3. 55; D.-Pri. 3. 11. 52 — D.-Anm. H 14332,
HENKEL & CIE.

gebiet von A. S. CARPENTER, S. COLDFIELD und E. R. WALLSGROVE
DER COURTAULDS LTD. In ihrem ersten Patent[1] werden in 30 Beispielen
hochmolekulare thermoplastische verspinnbare Harze mit einem Erweichungspunkt von 120 bis über 300° durch Umsetzen von zweiwertigen Phenolen mit einem oder mehr Kernen mit Epichlorhydrin im Verhältnis 1:1 beschrieben. Die hierbei im ersten Stadium entstehenden
Monoglycidyläther werden durch Erhitzen zum Polyaddieren gebracht,
was so lange fortgeführt wird, bis ein hochmolekulares fadenziehendes
Produkt entstanden ist. Es kann auch nach dem im vorhergehenden Abschnitt beschriebenen GREENLEEschen Verfahren die Umsetzung von
1 Mol Diglycidyläthers mit 1 Mol eines zweiwertigen Phenols vorgenommen werden, wobei die Reaktion so geführt wird, daß hochmolekulare Polyadditionsprodukte gebildet werden. Zum Beispiel werden verspinnbare Harze folgendermaßen erhalten:

1. 110 g Hydrochinon (1 Mol) werden mit 185 g Epichlorhydrin (2 Mol)
$^1/_2$ Stunde gekocht und nach weiterer Zugabe von 110 g Hydrochinon (gelöst in
800 g Alkohol und 500 g Wasser) mit 80 g Natriumhydroxyd weitere $3^1/_2$ Stunden
unter Rückfluß am Sieden gehalten. Das ausgeschiedene Harz wird heiß gewaschen
und im Vakuum getrocknet.

2. Ein fein verteiltes weißes Pulver vom F 145—150°, das sich aus der Schmelze
verspinnen läßt, wird erhalten, wenn zu 110 g Hydrochinon, 206 g Alkohol, 135 g
Wasser und 42 g Natriumhydroxyd unter Einleiten von Stickstoff in der Siedehitze 92,2 g Epichlorhydrin in 15 Minuten eingetropft und anschließend 6 Stunden
lebhaft am Sieden gehalten wird.

3. Es wird ein weißes Pulver vom F 160—165° gewonnen, das aus der Schmelze
verspinnbar ist, wenn 228 g Bisphenol A, 92,5 g Epichlorhydrin, 240 g Alkohol,
129 g Wasser und 44 g Natriumhydroxyd 6 Stunden lebhaft gekocht wird.

4. Es wird ein blaßgelbes Pulver vom Erweichungspunkt um 300° gewonnen,
dessen Schmelze sich verspinnen läßt, indem 186 g 4,4'-Dioxydiphenyl (1 Mol),
92,5 g Epichlorhydrin (1 Mol), 109 g Wasser, 780 g Dioxan und 42,4 g Natriumhydroxyd $5^1/_2$ Stunden lebhaft gekocht werden.

5. Man erhält ein weißes Polymer vom F 180—200°, dessen Schmelze verspinnbar ist, indem 250 g 4,4'-Dioxydiphenylsulfon (1 Mol), 92,5 g Epichlorhydrin
125 g Wasser, 400 g Alkohol und 44 g Natriumhydroxyd 6 Stunden gekocht
werden.

Dies Verfahren wurde von A. S. CARPENTER, R. WALLSGROVE und
F. REEDER[2] dadurch verbessert, daß die Umsetzung in Gegenwart von
p-Oxybenzoesäure durchgeführt wird, welch letztere auch selbst als
Reaktionskomponente eingesetzt werden kann. Man erhält thermo-
plastische Harze, aus deren Schmelzen Fäden gezogen werden können.
Dies kann in folgender Weise durchgeführt werden:

1. Indem 18 g p-Oxybenzoesäure, 80 g Alkohol, 75 g Wasser,
5,22 g Natriumhydroxyd und 12,07 g Epichlorhydrin 5 Stunden am
Sieden gehalten werden.

2. Indem 9,3 g Dioxydiphenyl, 6,9 g p-Oxybenzoesäure, 10 g Dioxan, 10 g Wasser, 4,42 g Natriumhydroxyd und 9,25 g Epichlorhydrin 5 Stunden gekocht werden.

---

[1] BP 652024/25, 26. 11. 48 — FP 1000337, 24. 11. 49, COURTAULDS LTD.
[2] BP 652030, 10. 1. 49/11. 4. 51, COURTAULDS LTD.

3. Indem 5,5 g Hydrochinon, 6,9 g p-Oxybenzoesäure, 16 g Alkohol, 10 g Wasser, 4,24 g Natriumhydroxyd und 9,25 g Epichlorhydrin 5 Stunden gekocht werden.

Weitere Abänderungen dieser Verfahren zur Gewinnung verspinnbarer hochmolekularer Umsetzungsprodukte von mehrwertigen Phenolen mit Epichlorhydrin werden von denselben Erfindern in einem weiteren Patent[1] beschrieben. Danach erhält man hochpolymere verspinnbare Massen in Anlehnung an die früheren BP 438523, in dem Epichlorhydrin mit primären Aminen, und BP 275622, in dem mit sekundären Aminen umgesetzt wird, indem Epichlorhydrin mit Verbindungen mit 2 sekundären Aminogruppen oder mit solchen, die 1 sekundäre Aminogruppe und 1 phenolische OH-Gruppe enthalten, in Reaktion gebracht wird. Dies ist beispielsweise der Fall, wenn

1. 10,1 g Epichlorhydrin, 18,4 g 4,4'-Dipiperidyl und 160 g Alkohol mit einer Lösung von 4,55 g Natriumhydroxyd in 20 g Wasser 8 Stunden gekocht werden,

2. 12 g niedermolekularer Hydrochinondiglycidyläther, 9,15 g 4,4'-Dipiperidyl und 80 g Alkohol mit 0,25 g Natriumhydroxyd als Katalysator $1\frac{1}{2}$ Stunde gekocht werden,

3. 17,2 g p-Methylamino-phenolsulfat, 9,25 g Epichlorhydrin, 16 g Alkohol, 20 g Wasser und 4,2 g Natriumhydroxyd in einer Stickstoffatmosphäre $\frac{3}{4}$ Stunden gekocht und anschließend weitere 4 g Natriumhydroxyd in wäßriger Lösung eingetragen und weitere 3 Stunden gekocht werden.

Durch Umsetzen von Säurechloriden zweibasischer Carbonsäuren mit Glycid haben B. RAECKE, R. KÖHLER und H. PIETSCH[2] unter Verwendung tertiärer Amine zur Aufnahme der abgespaltenen Salzsäure je nach Art der Reaktionsführung Umsetzungsprodukte als niedermolekulare Diglycidyläther oder als hochmolekulare thermoplastische Polymere, die verspinnbar sind, erhalten. Für diese Umsetzungen werden u. a. die Säurechloride von Phthal-, Isophthal-, Terephthal-, Mellit-, 2,6-Naphthalindicarbon-, Tetrachlorphthal- oder von Diphenyl-o,o'-dicarbonsäure als geeignet angegeben.

Auf anderem Wege gelangen R. KÖHLER und H. PIETSCH[3] zu verspinnbaren Epoxydharzderivaten, indem Verbindungen, die mindestens einen Oxacyclobutanring im Mol enthalten, zu hochmolekularen Produkten polymerisiert werden. Beispielsweise werden 225 g des Äthyläthers der 1,3-Epoxydverbindung

$$\begin{array}{c} \diagup CH_2 \diagdown \diagup CH_2 \cdot O \cdot C_2H_5 \\ O C \\ \diagdown CH_2 \diagup \diagdown CH_2 \cdot OH \end{array}$$

die durch alkalische Kondensation von Pentaerythritdichlorhydrin mit Alkohol entsteht, mit 5 ml 1,5%iger BF_3-Ätherlösung 2—3 Stunden bei 100—150° erwärmt. Es wird ein hochviscoses fadenziehendes Harz enthalten, das in Wasser und Äther unlöslich ist, sich aber in Aceton, Alkohol und Dioxan leicht löst.

[1] BP 675665, 2. 3. 49/16. 7. 50, COURTAULDS LTD.
[2] FP 1086934, 25. 8. 53/17. 2. 55; D.-Pri. 20. 9. 52, HENKEL & CIE.
[3] DP 931130, 21. 10. 51/1. 8. 55, HENKEL & CIE.

Epoxydharzvorprodukte durch Nachbehandeln von Umsetzungsprodukten von Epichlorhydrin mit Bisphenolen der verschiedensten Art mit Bisphenolen

In Anlehnung an das von S. O. Greenlee (S. 329) beschriebene Verfahren haben H. L. Bender, A. G. Farnham und J. W. Guyer[1] weitere Produkte dieser Art beschrieben. Als Bisphenole werden dabei solche angewandt, wie sie im Kapitel „Polyphenole" aufgeführt sind. Von den in der Patentschrift angegebenen 30 Beispielen seien hier die folgenden charakteristischen ausgewählt:

1. 336 g eines Umsetzungsproduktes von 1 Mol Bisphenol A, 2 Mol Epichlorhydrin und 2 Mol Natriumhydroxyd (etwa 1 Mol Diglycidyläther) werden mit 114 g Bisphenol A ($^1/_2$ Mol) bei 60° verschmolzen. Je nach dem Polymerisationsgrad des angewandten Diglycidyläthers werden Epoxydharzvorprodukte unterschiedlicher Eigenschaften erhalten. Die Produkte sind nach Zusatz von $^1/_2$% KOH-Pulver bei 160—180° härtbar.

2. 334 g Diglycidyläther von 4,4'-Dioxydiphenylmethan (93,5% Gehalt) werden mit 160 g 4,4'-Dioxydiphenylmethan bei 80° verschmolzen. Das entstandene Harz härtet nach Zusatz von 1% KOH-Pulver bei 160° in 9 Minuten.

3. Es werden 1 Mol Diglycidyläther von 4,4'-Dioxydiphenyl-n-propylmethan mit $^1/_2$ Mol Bisphenol A verschmolzen.

Chlorhaltige polymere Polyepoxydpolyalkohole

In den US 2592560, 2. 11. 45 und 2542664, 5. 11. 46 beschreibt S. O. Greenlee der Devoe & Raynolds Co. die Herstellung von Polyglycidyläthern von mehrwertigen Alkoholen, insbesondere von Glycerin und Trimethylolpropan durch Umsetzen mit Epichlorhydrin in Gegenwart von Bortrifluorid als Katalysator. Die Dehalogenierung der erhaltenen Chlorhydrine wird nach bekannten Verfahren, die in den US 1446872; 2061377, 2070990, 2224849, 2248635, 2314039 und 2413871 beschrieben sind, ausgeführt.

Der Dehalogenierungsprozeß als solcher wird nunmehr durch J. D. Zech der Devoe & Raynolds Co. einem besonderen Studium unterzogen. Es wurde gefunden, daß die von Greenlee in US 2592560 und 2542664 beschriebenen im wasserfreien Medium (Dioxan) mittels Natriumaluminat enthalogenierten Chlorhydrine stets noch gewisse Mengen Chlor enthalten. Dies wird dadurch erklärt, daß die Addition von Epichlorhydrin an Hydroxylgruppen nicht nur mit einem Mol erfolgt:

$$R\text{—}OH + CH_2\text{—}CH \cdot CH_2Cl \;\rightarrow\; R\text{—}O \cdot CH_2 \cdot CHOH \cdot CH_2Cl$$
Schema I

sondern auch weitere Mole Epichlorhydrin an neugebildete Hydroxyl-

---

[1] US 2506486, 21. 4. 48/2. 5. 50, Bakelite Division der Union Carbide & Carbon Corp.

gruppen addiert werden können, so daß Polymere folgender Struktur entstehen:

$$R \cdot O \cdot CH_2 \cdot CHOH \cdot CH_2Cl + n{+}1\ CH_2\!-\!CH \cdot CH_2Cl$$
$$\underset{O}{\diagdown\diagup}$$

$$\rightarrow\ R \cdot O \cdot CH_2 \cdot \underset{CH_2Cl}{CH} \cdot O \cdot \left[\cdot CH_2 \cdot \underset{CH_2Cl}{CH} \cdot O \cdot \right]_n \cdot CH_2CHOH \cdot CH_2Cl$$

Schema II

Während nun die übliche Dehalogenierung mittels wäßriger Natronlauge sämtliche Chloratome herauslöst, unter Bildung von Epoxydgruppen, wo benachbarte Cl- und OH-Gruppen vorliegen, oder unter Bildung von OH-Gruppen, wo isolierte Chlormethylgruppen vorhanden sind, bewirkt die wesentlich schwächere Dehalogenierung mittels Natriumaluminat, -zinkat, -borat oder -silicat nur dort eine Dehalogenierung, wo die Bildung von Epoxydgruppen möglich ist, so daß die isolierten Chlormethylgruppen erhalten bleiben.

Der bei in dieser Weise dehalogenierten Chlorhydrinen verbleibende Chlorgehalt gibt also ein Bild über den Grad der nach Schema II erfolgten Polyaddition. Es ist bisher jedoch keine Arbeitsmethode bekannt geworden, um die Kondensation zu Chlorhydrinen mehr nach Schema I oder nach Schema II zu dirigieren.

Die Dehalogenierung im wasserfreien Medium kann mittels Natriumhydroxydpulver in Äther erfolgen, wie dies seit langem bekannt ist. Sie kann auch, wie GREENLEE gefunden hatte, mit Vorteil in Dioxan in Verbindung mit Alkalimetallaten, insbesondere mit Natriumaluminat, erfolgen. Vermutlich ist die Wassermischbarkeit des Dioxans für die Reaktion günstig, denn ZECH hat gefunden, daß katalytische Mengen Wasser (2—6%) dem Dioxan zugesetzt, die Umsetzung wesentlich beschleunigen.

Der Chlorgehalt, der in dieser Weise dehalogenierten Chlorhydrine hat nach den in den US 2538072, 11. 6. 47 (Herstellungsansprüche) und 2581464, 14. 9. 47 (Substanzansprüche) angeführten Beispielen Werte, die von Spuren bis zu 15,7% schwanken.

Diese Patentschriften beschreiben Chlorhydrine, die durch Umsetzen mehrwertiger Alkohole mit Epichlorhydrin hergestellt werden. Die instruktiven Beispiele sind in nebenstehender Tabelle (s. S. 335) zusammengefaßt.

In einem späteren Patent[1] hat J. D. ZECH auch die Polychlorhydrine von Resorcin und von Bisphenol A in Dioxan oder Methyläthylketon mittels Na-aluminat, Na-Zinkat oder Na-Orthosilicat dehalogeniert. Die entstandenen Harze haben nur sehr niedrige Chlorgehalte, die sich zwischen Spuren bis zu 4,2% bewegen.

Um die Bildung von komplexen Umsetzungsprodukten, die bei der Reaktion von überschüssigem Epichlorhydrin mit einer sekundären Hydroxylgruppe entstehen, insbesondere bei der Umsetzung mehrwertiger Alkohole mit Epichlorhydrin zum Chlorhydrin in Gegenwart saurer Katalysatoren, möglichst niedrig zu halten, empfehlen

---

[1] US 2712000, 31. 12. 51/28. 6. 55, DEVOE & REYNOLDS.

Beisp. Nr.	Chlorhydrine von	g	Dioxan ml	H_2O ml	Äther ml	Alkali-Verbindung	g	Epoxyd-äquivalent	Mol.-Gew.	Chlor %
1	Glycerin (A)	370	900	—	—	Na-aluminat	300	149	324	9,1
2	Glycerin (A)	187	—	—	400	Na-aluminat	164	146	x	9,1
3	Glycerin (A)	187	—	—	300	NaOH	80	126	x	7,8
4	Glycerin (A)	186	300	20	—	Na-o-silicat	80	139	295	6,4
5	Glycerin (A)	186	300	—	—	Na-m-silicat	230	150	x	Spur
6	Glycerin (A)	186	300	—	—	Na-sesquisilicat	145	148	x	9,6
7	Glycerin (A)	186	300	—	—	Na-zinkat	90	143	x	8,9
8	Glycerin (B)	417	400	—	—	Na-zinkat	180	167	x	2,2
9	Glycerin (C)	231	300	—	—	Na-aluminat	190	144	x	10,8
10	Trimethylolpropan (D)	415	600	—	—	Na-aluminat	275	151	292	Spur
11	Glycerinmonochlorhydrin (E)	603	900	—	—	Na-aluminat	546	371 *	325 *	Spur
12	2-Äthyl-2-butyl-1,3-propandiol	1111	1000	25	—	Na-aluminat	1050	198	x	15,7
13	1,12-Octadecandiol	475	600	—	—	Na-aluminat	185	485	x	Spur
14	Erythrit	403	500	10	—	Na-zinkat	500	185	x	10,1
15	Triglycerin	235	500	20	—	Na-zinkat	170	164	421	8,5
16	Polyallylalkohol	955	1000	—	—	Na-zinkat	540	221	540	Spur
17	Dextrose + Glykol	629	600	15	—	Na-zinkat	925	268	x	10,2
18	Sorbit (F)	208	500	—	—	Na-zinkat	105	216	679	10,2
19	Sorbit (G)	231	300	15	—	Na-aluminat	164	202	x	9,3
20	Sorbit (H)	213	400	15	—	Na-aluminat	175	214	576	2,7
21	Pentaerythrit + Trimethylolpropan (J)	223	300	20	—	Na-aluminat	175	154	421	7,8
22	Glykol + Pentaerythrit	190	300	15	—	Na-aluminat	130	150	340	9,0

Erläuterungen zur Tabelle: Wenn nicht anders angegeben, sind pro OH-Gruppe des Alkohols 1 Mol Epichlorhydrin angewandt worden. x bedeutet: nicht angegeben. * bedeutet: letzte Fraktion, etwa $^1/_5$ der Gesamtausbeute. A bedeutet Glycerin + 3 Mol Epichlorhydrin. B bedeutet: Glycerin + 2 Mol Epichlorhydrin. C bedeutet: Glycerin + 4 Mol Epichlorhydrin. D bedeutet: Trimethylolpropan + 3 Mol Epichlorhydrin. E bedeutet: Glycerinmonochlorhydrin + 1 Mol Epichlorhydrin. F bedeutet: Sorbit + 7 Mol Epichlorhydrin. G bedeutet: Sorbit + 3 Mol Epichlorhydrin. H bedeutet: Sorbit + 6 Mol Epichlorhydrin. J bedeutet: 12 Mol Epichlorhydrin pro 1 Mol Gemisch 1:1. Natriumaluminat = $Na_2Al_2O_4$. Natriumorthosilicat = Na_4SiO_4. Natriummetasilicat = $Na_2SiO_3 \cdot \cdot 5\,H_2O$. Natriumsesquisilicat = $3\,Na_2O \cdot 2\,SiO_2 \cdot 11\,H_2O$.

F. Meyer und K. Demmler[1] eine Aufteilung der bei 60° vorgenommenen Umsetzung, wobei in der ersten Stufe die Reaktion mit 0,7 Mol Epichlorhydrin pro Hydroxylgruppe des mehrwertigen Alkohols und anschließend in einer zweiten Stufe die weitere Reaktion mit 0,45 Mol Epichlorhydrin erfolgt.

Als Vorteil, den die chlorhaltigen Glycidyläther bieten, wird angeführt, daß man Modifizierungen der Produkte dadurch vornehmen kann, daß die Chloratome durch andere Gruppen ersetzbar sind, z. B. durch die Gruppen:

$$-OH, \quad -CN, \quad -SCN, \quad -SH, \quad -S, \quad -Sn, \quad -NH_2, \quad -NHR, \quad -NR_2 \text{ usw.}$$

Weiterhin können auch Umsetzungen von chlorhaltigen aliphatischen Glycidyläthern mit den Natriumverbindungen von Phenolen oder Bisphenolen zu höhermolekularen Epoxydverbindungen vorgenommen werden.

Es ist noch nicht bekannt geworden, ob die genannten chlorhaltigen Glycidyläther eine praktische Verwendung gefunden haben. Diese mehr oder weniger chlorhaltigen Produkte werden in der Praxis als Epoxydharzvorprodukte angewandt, ohne daß dem Chlorgehalt eine Bedeutung zugemessen wird. Eine Beachtung desselben ist auch deswegen nicht erforderlich, da er nach den bisherigen Erfahrungen, z. B. bei Metallacken, auch bei Belichtungen, keine Störungen verursacht.

Obgleich die Dehalogenierung von Glycerintrichlorhydrin in einer Lösung von Aceton mittels Natriumhydroxyd prinzipiell in keiner Weise von den bekannten Verfahren abweicht und auch keine andersartigen Ergebnisse liefert, wurde 1952 auf dieses lange bekannte Verfahren von C. O'Boyle nochmals ein Patent angemeldet[2]. Bei der hier beschriebenen Arbeitsweise soll die zur Anwendung kommende Menge Natriumhydroxyd genau dem „aktiven" Chlor entsprechen, d. h. der Chlormenge, die nach HCl-Abspaltung mit einer benachbarten OH-Gruppe in eine Epoxydgruppe überführbar ist. Verglichen mit dem Gesamtchlorgehalt beträgt diese Menge beim Glycerintrichlorhydrin nur 65—85%. — Es wird folgendermaßen gearbeitet: zu einer Lösung von 102,15 g Glycerintrichlorhydrin in 87,62 g Aceton werden bei 50—60° in 4 Portionen 25,83 g NaOH in Blättchen (mit einem Gehalt von 76% Na_2O) innerhalb von $^3/_4$—1 Stunde eingetragen und 1 Stunde nachgerührt. Man erhält 68 g eines Harzes mit folgenden Daten, wobei diejenigen nach dem Dioxan-Na-aluminat-Verfahren in Klammern dahinter angegeben sind: Epoxydäquivalentgewicht 145—155 (149), Chlor 10—11% (9,1%). Es scheinen auch sonst keine Unterschiede zwischen den nach den beiden Verfahren gewonnenen Produkten vorzuliegen.

---

[1] Meyer, F., u. K. Demmler: D.-Anm. B 35750, 14. 5. 55, Badische Anilin- & Sodafabrik-AG.

[2] FP 1069928, 19. 1. 53/13. 7. 54; US-Pri. 12. 2. 52, Devoe & Reynolds Co.

Aliphatische Polyglycidyläther im Einstufen-Verfahren

Es gab bisher kein technisches Verfahren, die Chlorhydrine aliphatischer Alkohole anders zu gewinnen, als durch die Katalysierung der Umsetzung zwischen Alkoholen und Epichlorhydrin mittels FRIEDEL-CRAFTSscher Verbindungen. An diese erste, im sauren Milieu sich abspielende Reaktion schloß sich dann in einer zweiten Stufe die alkalische Dehalogenierung an. Es bedeutet daher eine Erfindung von beachtlicher Höhe, daß es der CIBA gelang[1], ein Verfahren zu entwickeln, nach dem es möglich wurde in einer Stufe im alkalischen Medium aus aliphatischen Alkoholen direkt über die Chlorhydrine die Glycidyläther zu gewinnen. Wesentlich bei diesem Verfahren ist, daß das bei der Reaktion entstehende Wasser sofort mit einem Lösungsmittel abdestilliert wird. Als solches wird überschüssiges Epichlorhydrin angewandt. Die berechnete Menge Alkali wird als wäßrige Lösung allmählich eingetropft. Auch bei diesem Verfahren wird das Chlor der Chlorhydrinstufe nicht restlos eliminiert. Es ist noch ein kleiner Anteil vorhanden, der sich durch Verseifen in wäßriger Lösung entfernen läßt, aber ein bis zu 5 mal so großer Anteil, der komplex gebunden ist und nur nach dem Verbrennungsverfahren bestimmt werden kann. — Es sind nach diesem Verfahren die Polyglycidyläther von Äthylenglykol, Diglykol, Thiodiglykol, Dimethylolbenzol, Pentaerythrit und von Gemischen dieser Alkohole, sowie von Bisphenol A und anderen Bisphenolen hergestellt worden. Beispielsweise werden:

1. 62 g Äthylenglykol (1 Mol) und 370 g Epichlorhydrin (4 Mol) bei 100—115° mit 160 g 50%iger Natronlauge tropfenweise im Verlauf von 3 Stunden versetzt, wobei in 4 Stunden 113 ml Wasser mit überschüssigem Epichlorhydrin abdestillieren. Das gewaschene und getrocknete Harz hat einen Epoxydwert von 0,601%, 0,35% OH-Äquivalent, Verseifungschlor 0,01%, Verbrennungschlor 0,054%.

2. Zu 370 g Epichlorhydrin (4 Mol) werden bei 70° in $^1/_2$ Stunde 106 g Diglycol (1 Mol) und 80 g NaOH-Pulver, je in 10 Portionen, eingetragen und $^1/_2$ Stunde bei 70 bis 75° nachgerührt. Dabei wird ein gelbes Öl erhalten, das im gereinigten und getrockneten Zustand 0,525% Epoxydgruppen, 0,4% OH-Gruppen, 0,025% Verseifungschlor und 0,033% Verbrennungschlor enthält.

3. Zu 1110 g Epichlorhydrin (12 Mol) werden in der Siedehitze eine Lösung von 136 g Pentaerythrit in 535 g 30%ige Natronlauge derart eingetropft, daß das Reaktionswasser zusammen mit dem der Natronlauge mit dem überdestillierenden Epichlorhydrin sofort azeotropisch entfernt wird. Es werden 77 g eines gelben Öles erhalten mit 0,542% Epoxydgruppen, 0,758% OH-Gruppen, 0,114% Verseifungschlor und 0,141% Verbrennungschlor.

Verwendung von nicht mit Wasser mischbaren Lösungsmitteln

Bei der Herstellung von Bisphenol-A-Glycidyläthern mit höheren Erweichungspunkten durch Umsetzen von Bisphenol A mit Epichlorhydrinmengen, die um 1 Mol herum liegen, entstehen flüssige oder weiche Umsetzungsprodukte, die beim Auswaschen auch in der Siedehitze immer fester werden, so daß nicht immer ein restloses Entfernen des Alkali gewährleistet ist. Diese Schwierigkeit kann dadurch vermieden werden, daß das Reaktionsprodukt während der Umsetzung oder

---

[1] FP 1097112, 22. 3. 54/29. 6. 55; Schwz.-Pri. 4. u. 25. 3. 53.

zu Beginn des Auswaschens durch Lösen in einem nicht wassermischbaren Lösungsmittel in den flüssigen Zustand gebracht wird.

Arbeitsweisen, bei denen nach diesem Prinzip solche Lösungsmittel, die sich später durch Vakuumdestillation leicht wieder aus dem Harz entfernen lassen, angewandt werden, hat J. E. MASTERS[1] beschrieben. Zur Anwendung gelangen höhere Erdölfraktionen, Xylol sowie höhersiedende Äther und Ketone, z. B. Di-n-butyläther und Cyclohexanon. — Die Beispiele der Patentschrift geben überdies eine instruktive Zusammenfassung der bisherigen Arbeitsweisen.

1. *Verhältnis Epichlorhydrin : Bisphenol A : NaOH wie 2 : 1 : 2,25.* 536 g Bisphenol A werden in 1900 g Wasser mit 213 g Natriumhydroxyd gelöst und dazu bei 50° 436 g Epichlorhydrin und 80 g einer höhersiedenden Petroleumfraktion gegeben und 1 Stunde bei 95—100° gerührt. Das Auswaschen des flüssigen Harzes erfolgt bei 40°, die Befreiung vom Lösungsmittel im Vakuum bis zu 160°. Das Harz hat den Erweichungspunkt 53°, ein Epoxydäquivalentgewicht 381, einen Chlorgehalt von 0,081% und enthält noch Lösungsmittelreste in Höhe von 0,3%.

2. *Epichlorhydrin : Bisphenol : NaOH wie 0,87 : 1 : 1.* 1307 g Bisphenol A werden in 1750 g Wasser, das 229 g NaOH enthält, gelöst. Dazu gibt man bei 50° 464 g Epichlorhydrin und 159 g Petroleumfraktion und rührt noch 1 Stunde bei 95 bis 100°. Das flüssige Harz wird mit heißem Wasser lebhaft ausgerührt und im Vakuum bei höherer Temperatur vom Lösungsmittel befreit. Es hat dann den Erweichungspunkt 115° und ein Molgewicht von 1648.

3. *Epichlorhydrin : Bisphenol : NaOH wie 1 : 1 : 1,32.* 684 g Bisphenol A werden in 2000 g Wasser mit 158 g NaOH gelöst, bei 50° werden 278 g Epichlorhydrin und 85 g Petroleumfraktion eingetragen, worauf noch 2 Stunden bei 95—101° gerührt wird. Nach dem Waschen und Trocknen hat das Harz den Erweichungspunkt 128°, das Epoxydäquivalentgewicht 3109, einen Chlorgehalt von 0,07% und Reste des Lösungsmittels in Höhe von 1,2%.

4. Unter Verwendung von 4,4′-Dioxydiphenylsulfon (= Bisphenol S) lassen sich selbst bei einem Molverhältnis von Epichlorhydrin : Sulfon : NaOH wie 2 : 1 : 1,03 Harze mit hohem Erweichungspunkt und relativ niedrigem Molgewicht gewinnen: 500 g Bisphenolsulfon (Bisphenol S) werden in 1500 g Wasser mit 124 g NaOH gelöst. Bei 47° trägt man dazu 277,5 g Epichlorhydrin und 34 g Di-n-butyläther ein und heizt innerhalb von 25 Minuten auf 100°. Nach dem Auswaschen mit siedendem Wasser und Trocknen erhält man ein Harz vom Erweichungspunkt 124°, einem Epoxydäquivalentgewicht 540 bei einem Lösungsmittelgehalt von 0,1%.

Epoxydharze aus aromatischen Ketonen

Die Überführung von Ketonen, insbesondere solchen, die eine $R \cdot CH_2 \cdot CO$-Gruppe aufweisen in Epoxydverbindungen, ist in dem Kapitel „Halogenfreie Äthylenoxydverbindungen" beschrieben worden. Es wird dort die Herstellung von 1,1,1-Trifluorpropylenoxyd aus Trifluoraceton durch O. R. PIERCE[2] die Herstellung von 1,1,1-Trifluorepoxybutan aus Trifluor-2-butanon von E. T. McBEE, C. E. HATHAWAY und C. W. ROBERTS[3] und die Herstellung von Propylenoxyd aus Aceton von C. C. PRICE und M. OSGAN[4] angeführt.

Die so erhaltenen Monoepoxydverbindungen sind wohl reaktions-

---

[1] FP 1089831, 31. 3. 54/22. 8. 55; US-Pri. 6. 4. 53 — US 2767157 SHELL.

[2] D. Anm. D 21700 v. 15. 11. 55. (DAS 1001004); US-Pri. 17. 11. 54, Dow CORNING CORP.

[3] McBEE, E. T., C. E. HATHAWAY u. C. W. ROBERTS: Am. Soc. **1956**, 4053 bis 4057.

[4] PRICE, C. C., u. M. OSGAN: Am. Soc. **1956**, 4787—4792.

fähige Substanzen, können jedoch nicht ohne weiteres als Epoxydharzvorprodukte angesprochen werden.

Durch die Herstellung von Polyepoxydverbindungen aus Polyacetylbenzolen haben H. HOPFF, P. JÄGER und H. H. KUHN[1] nach den bekannten Verfahren Produkte gewonnen, die als Epoxydharzvorprodukte brauchbar sind. Die Herstellung, beispielsweise von 1,4-Diepoxybenzol erfolgt nach dem Schema:

$$CH_3 \cdot CO \cdot C_6H_4 \cdot CO \cdot CH_3 \xrightarrow{Cl} \underset{\underset{Cl}{|}}{CH_2} \cdot CO \cdot C_6H_4 \cdot CO \cdot \underset{\underset{Cl}{|}}{CH_2} \xrightarrow{LiAlH_4} \underset{\underset{Cl}{|}}{CH_2} \cdot \underset{\underset{OH}{|}}{CH} \cdot C_6H_4 \cdot \underset{\underset{OH}{|}}{CH} \cdot \underset{\underset{Cl}{|}}{CH_2}$$

$$\xrightarrow{NaOH} \underset{\diagdown O \diagup}{CH_2{-}CH} \cdot C_6H_4 \cdot \underset{\diagdown O \diagup}{CH{-}CH_2} \qquad \text{vom F } 79°$$

Epoxydharze aus Diphenol

Diphenol, insbesondere p,p'-Dioxydiphenyl, ist vermutlich als Bisphenolkomponente zum Umsetzen mit Epichlorhydrin vielfach herangezogen, jedoch wohl zumeist seiner schlechten Löslichkeit wegen verworfen worden. Die CIBA erwähnt in ihrem DP 895 833 v. 15. 6. 49 in einem Beispiel ein auf o,o'-Diphenol aufgebautes Epoxyharzvorprodukt. Beim Arbeiten nach den üblichen Verfahren bleibt p,p'-Diphenol als Bodenkörper, so daß der Anschein erweckt wird, daß es nicht reagiert. Sollte eine nachträgliche Epoxydgruppenbestimmung tatsächlich einen gewissen Epoxydwert ergeben, so liegt die Vermutung nahe, daß der Bodenkörper aus einem Gemisch von unverändertem Ausgangsmaterial besteht das einen gewissen Anteil an Diphenolglycidyläther enthält. Da p,p'-Diphenol den Schmelzpunkt 272° hat (o,o'-Diphenol F 109°), würde ein etwa in dieser Größenordnung liegender Schmelzpunkt des Reaktionsrückstandes ebensowenig einen Anhalt für eine erfolgte Umsetzung geben.

S. O. GREENLEE[2] hat zunächst dieselben enttäuschenden Resultate bei der Umsetzung von p,p'-Diphenol in wäßriger Natronlauge mit Epichlorhydrin erhalten, jedoch hat er bei Anwendung eines sehr großen Epichlorhydrin-Überschusses (30 Mol) bei Abwesenheit von Wasser eine klare Lösung und daraus eine niedrig schmelzende Epoxydverbindung mit guten Epoxydwerten erhalten. Es fällt auf, daß diese Produkte, die mit Bisphenol-A-Glycidyläthern niederer Molgewichte vergleichbar sind, und auch einen gewissen Polymerisationsgrad aufweisen, von kristalliner Struktur sind und sich aus Benzol umkristallisieren lassen.

Bei Verwendung von 2 Mol oder weniger Epichlorhydrin pro Mol Diphenol wurden in Gegenwart von 4 l Wasser bei $^1/_2$—$^3/_4$ stündiger Umsetzung bei 95—100° folgende kristallisierte Produkte erhalten:

185 g Epichlorhydrin (2 Mol), 90 g NaOH (2 Mol + 12%):
F 250—260°, Epoxydäquivalentgewicht 896

138 g Epichlorhydrin (1,5 Mol), 74 g NaOH:
F 260—270°, Epoxydäquivalentgewicht 1430

111 g Epichlorhydrin (1,19 Mol), 60 g NaOH:
F 280—290°, Epoxydäquivalentgewicht 2400

---

[1] HOPFF, H., P. JÄGER u. H. H. KUHN: Chimia **11** (1957), 98.
[2] US 2698315, 21. 10. 52/28. 12. 54, DEVOE & RAYNOLDS Co.

Unter Verwendung eines Verhältnisses von 30 Mol Epichlorhydrin: 1 Mol Diphenol in Abwesenheit von Wasser wurde folgendermaßen gearbeitet: 93 g p,p'-Diphenol ($^1/_2$ Mol) und 1387 g Epichlorhydrin (15 Mol) werden bei 110° gerührt bis Lösung eingetreten ist. Dann werden 42 g Natriumhydroxyd in Schuppen (97%ig) eingetragen und weitere 45 Minuten gekocht, wobei in langsamem Strom Epichlorhydrin abdestilliert wird, um das gebildete Wasser zu entfernen. Nach Übergang von 200 ml Destillat wird vom Kochsalz abfiltriert und im Vakuum zur Trockne eingeengt. Es bleibt ein kristallines Produkt vom F 151 bis 154° und dem Epoxydäquivalentgewicht 155. Aus Benzol umkristallisiert, steigt der Schmelzpunkt auf 161°. Durch Zusatz von 2% Natriumphenolat erfolgt in der Wärme Härtung zu einem amorphen unschmelzbaren und unlöslichen Harz.

Es ist bisher nicht bekannt geworden, ob dieses niedermolekulare Diphenoldiepoxyd gegenüber den handelsüblichen Bisphenol-A-Glycidyläthern Vorteile aufweist. Jedenfalls erscheint der kristalline Zustand bemerkenswert, der es ermöglicht, Synthesen mit reinen umkristallisierten Produkten durchzuführen. Für technische Verwendungen wird der Preis ausschlaggebend sein.

Ungesättigte Glycidyläther, Polymerisation

Die Gewinnung von Polymerisaten von Cyclohexenoxyd bei gewöhnlichem Druck, die bisher mittels Benzoylperoxyd nur bei sehr hohen Drucken möglich war, gelang R. Hill[1] durch etwa 40 stündiges Rückflußkochen eines Gemisches von 50 g Cyclohexenoxyd mit 1 g Kieselgur. Nach etwa 6 Stunden beginnt die leicht bewegliche Flüssigkeit viscos zu werden und die Viscosität nimmt laufend weiter zu bis zur Entstehung eines Weichharzes. Dasselbe kann als Weichmacher für Alkydharze oder für Celluloseester und -äther dienen.

2 Jahre später beschreiben A. M. Alvarado und H. S. Holt[2] ein analoges Verfahren durch Verwendung aktiver Erden oder Ton als Polymerisationskatalysator. Die Aktivierung dieser Materialien erfolgt durch Auswaschen mit angesäuertem Wasser. Durch Erhitzen von Cyclohexenoxyd mit 1% des Zusatzes bei 100—115° wird ein harzartiges Polymerisat vom Erweichungspunkt 65—70° erhalten. Durch Variieren der Erhitzungszeiten hat man es in der Hand, Produkte vom viscos-flüssigen bis zum hartharzigen Zustand zu erzielen.

In einem späteren Patent von du Pont de Nemours beschreibt I. P. Wilkins[3] die Polymerisation von 1,4-Epoxycyclohexan mit Hilfe von Friedel-Craftschen Katalysatoren. — Beispielsweise werden 5 Teile 1,4-Epoxycyclohexan, 0,046 Teile Antimonpentachlorid und 0,05 Teile Bernsteinsäureanhydrid homogen vermischt und 48 Stunden

---

[1] US 2121695, 13. 10. 36/21. 6. 38; B.-Pri. 23. 10. 35, Imperial Chemical Industries.
[2] US 2187006, 5. 10. 37/16. 1. 40, E. I. du Pont de Nemours Co.
[3] US 2764559, 25. 3. 52.

bei 0° gehalten. Es wird ein hartes Polymer der vermutlichen Struktur

$$X-\left[-CH\begin{array}{c}CH_2-CH_2\\ \diagdown\end{array}CH-O-\right]_n-CH\begin{array}{c}CH_2-CH_2\\ \diagdown\end{array}CH-Y$$

mit einem hohen Schmelzpunkt von über 325° erhalten, wobei X und Y die endständigen Elemente des Katalysators bedeuten. — Durch Copolymerisieren von 5 Teilen 1,4-Epoxycyclohexan mit 0,75 Teilen Propylenoxyd mit Hilfe von 0,0025 Teilen $FeCl_3$ und 0,075 Teilen Thionylchlorid bei 0° wird ein Copolymer erhalten, das höher als 350° schmilzt. — Es werden auch Copolymere mit Tetrahydrofuran beschrieben, die bei 250—270° schmelzen. — Produkte dieser Art mit Molgewichten von 4000—10000 sind in organischen Lösungsmitteln löslich und eignen sich als Zusatz zu Anstrichmitteln und für die Herstellung von Filmen und Fasern.

Die Herstellung von Polymeren aus dimerem Butadienepoxyden, ausgehend von dimerem Butadien der Formel

$$CH_2=CH\cdot CH-CH_2$$

dem Vinylcyclohexen, beschreibt F. STRAIN[1]. Die partielle Epoxydierung zum 4-Vinylcyclohexenoxyd erfolgt durch Anlagerung der äquimolekularen Menge von unterchloriger Säure als wäßrige Lösung, die 2,83 g HOCl in 100 ml enthält, bei 4—6° in $2^1/_2$ Stunden. Das mit Äther ausgezogene Gemisch der beiden isomeren Chlorhydrine siedet bei 4 mm bei 87—90°. Die Überführung in das Epoxyd erfolgt durch Verrühren mit einem 10%igem Überschuß einer 20%igen Natronlauge bei 25°. Das mit Äther ausgezogene Monoepoxyd

$$CH_2-CH-HC-CH_2$$

siedet bei 33—36 mm bei 77—85°. — Werden bei der gleichen Arbeitsweise pro Mol Vinylcyclohexen mindestens 2 Mol unterchlorige Säure angewandt, so wird das Diepoxyd

$$CH_2-CH-HC-CH_2$$

vom Kp.$_{1,5-2}$ 76—80° als gelbes Öl gewonnen.

Das Diepoxyd polymerisiert mit FRIEDEL-CRAFTS schen-Katalysatoren, insbesondere mit BF_3 oder $SnCl_4$, und copolymerisiert mit anderen polymerisierfähigen Verbindungen, z. B. mit Methylmethacrylat oder

---

[1] US 2765296, 8. 12. 50/2. 10. 56, COLUMBIA SOUTHERN CHEM. CORP.

Methacrylsäureglycidäther zu harten unschmelzbaren Produkten. Verwendung als Gießharz oder für Schichtmaterial.

Ein wasserlösliches Copolymer von Äthylen und Vinylacetat stellt W. H. Shakeley[1] her, indem er das hydrolysierte Copolymer mit Äthylenoxyd umsetzt. Verbindungen dieser Art dienen als Emulgier- oder Textilhilfsmittel. — Es wird beispielsweise so gearbeitet, daß 15 g eines hydrolysierten Copolymers aus 1,3 g Äthylen und 1 g Vinylacetat im Druckgefäß mit 80 g Äthylenoxyd und 1 g NaOH 24 Stunden bei 120° erhitzt werden. Der braune viscos-flüssige Polyäther hat 10 g Äthylenoxyd aufgenommen und ist direkt ohne weitere Reinigung verwendbar.

Die Herstellung harzartiger Polyäther von Polyglycerinen mit ungesättigten Alkoholen beschreiben T. W. Evans und E. C. Shokal[2]. Es wird dabei ausgegangen von Glycidyläthern ungesättigter Alkohole, die in zwei unabhängigen Stufen einmal mit der Epoxydgruppe polyaddieren oder mit der Äthylengruppe polymerisieren können, wobei technisch brauchbare Produkte entstehen. Neben Allylglycidyläther, der die wichtigste Verbindung ist, werden auch die Glycidyläther von Methallyl-, Äthylallyl- und Chlorallylalkohol sowie von Buten-1-ol-3, Penten-1-ol-3, Hexen-1-ol-3, 3-Methyl-buten-1-ol-3, 3-methyl-penten-1-ol-3 und eine Reihe anderer angeführt.

Die Polyaddition solcher ungesättigter Glycidyläther zu Polyglycerinäthern, der spontan nur langsam erfolgt, wird aber durch Friedel-Craftssche Katalysatoren wesentlich beschleunigt. Sie wird durch eine Spur Wasser (1 Mol) eingeleitet und setzt sich dann auch im wasserfreien Medium fort. Die Reaktion kann folgendermaßen versinnbildlicht werden:

1. Addition von 1 Mol Wasser:

$$R \cdot O \cdot CH_2 \cdot \underset{\diagdown O \diagup}{CH - CH_2} + H_2O \;\rightarrow\; R \cdot O \cdot CH_2 \cdot CHOH \cdot CH_2OH$$

2. Addition von 1 Mol Glycidyläther:

$$R \cdot O \cdot CH_2 \cdot CHOH \cdot CH_2OH + \underset{\diagdown O \diagup}{CH_2 - CH} \cdot CH_2 \cdot O \cdot R \;\rightarrow\; R \cdot O \cdot CH_2 \cdot \underset{OH}{CH} \cdot CH_2 \cdot O \cdot CH_2 \cdot \underset{CH_2 \cdot O \cdot R}{CH} \cdot OH$$

3. Polyaddition weiterer n-Mole Glycidyläther zu folgendem Polymer:

$$R \cdot O \cdot CH_2 \cdot \underset{OH}{CH} \cdot CH_2 \cdot O \cdot \left[\cdot CH_2 \cdot \underset{CH_2OR}{CH} \cdot O \cdot \right]_n \cdot CH_2 \cdot \underset{CH_2 \cdot OR}{CH} \cdot OH$$

R = ungesättigter Rest

So erzielte ungesättigte Polyglycerinäther sind als Di-, Tri- oder Tetraäther dünnflüssig, werden aber bei wachsender Molekülgröße viscoser und schließlich feste Massen. Sie sind anfangs in organischen Lösungsmitteln leichtlöslich, werden dann schwerer löslich und schließlich unlöslich. Die Polyaddition kann zu jedem gewünschten Stadium unterbrochen werden. — Die Polymerisation kann zu jedem anderen

---

[1] US 2434179, 30. 11. 43/6. 1. 48, E. I. du Pont de Nemours Co.
[2] US 2450234, 7. 12. 43/28. 2. 48, Shell Development Co.

gewünschten Zeitpunkt mittels Peroxyden, Wärme oder aktivem Licht oder in dünner Schicht durch Sauerstoffaufnahme, die durch Siccative beschleunigt wird, oder als Zusatzmittel zu Kautschuk beim Vulkanisieren mittels Schwefel erfolgen. — Produkte dieser Art können als lufttrocknende Anstrichmittel, als Klebmittel, auch für Schichtstoffe, sowie als Gieß- und Preßharze, die in der Form zum Polymerisieren gebracht werden, Verwendung finden.

Die Herstellung kann beispielsweise wie folgt durchgeführt werden:

1. Zu einer Lösung von Allylglycidyläther in derselben Menge Benzol wird eine kleine Menge Zinntetrachlorid eingetropft. Die Polyaddition erfolgt unter heftiger exothermer Reaktion, wobei der größte Teil des Benzols abdestilliert. Der Polymerisationsgrad kann durch die Katalysatormenge und durch die Reaktionszeit reguliert werden. Als Anstrichmittel kann das neutralisierte Umsetzungsprodukt als konzentrierte Lösung nach Zusatz eines Co-, Mn- oder Pb-naphthenattrockners beispielsweise auf Metallbleche gestrichen werden. Nach dem Trocknen härtet der Anstrich bei 60° zu einem harten und zähen Film.

2. Ein Gemisch von 200 g Allylglycidyläther mit 1 g Zinntetrachlorid wird im eine Form gegossen, worin die Masse nach kurzem Erhitzen zu einem formtreuen Körper härtet.

3. Polyaddition mit zweibasischem Säureanhydrid: 57 g Allylglycidyläther und 49 g Maleinsäureanhydrid werden in 106 g Benzol gelöst und aufgestrichen. Nach mehreren Stunden entsteht bei 60° ein völlig durchgehärteter harter und elastischer unlöslicher Film.

Gemischte Glycidyläther oder -ester, die eine ungesättigte Gruppe enthalten, beschreiben E. C. SHOKAL, L. N. WHITEHALL und C. V. WITTEN[1]. Beispielsweise wird die Herstellung eines Bisphenol-A-Allylglycidyläthers wie folgt durchgeführt:

1. 195 g Bisphenol A, 300 g absoluter Alkohol, 34,2 g Natriumhydroxyd und 98 g Allylchlorid werden durch 7 stündiges Kochen zum Monoallyläther umgesetzt. Dann rührt man 221,5 g dieses Reaktionsproduktes mit 76,4 g Epichlorhydrin, 100 g Wasser und 36 g Natriumhydroxyd 1 Stunde bei 80—100°. Der gemischte Bisphenol-A-Allylglycidyläther ist ein Weichharz, das unter 0° fest wird und bei 1 mm bei 210—220° siedet.

2. Der gemischte Maleinsäureallylglycidylester wird in der Weise gewonnen, daß 196 g Maleinsäureanhydrid und 240 g Allylalkohol 3 Stunden bei 90° verestert und nach Neutralstellen mit Pottasche weitere 174 g Allylalkohol eingetragen werden. Anschließend gibt man bei 60—70° im Verlauf einer halben Stunde 1851 g Epichlorhydrin in kleinen Portionen zu und rührt noch 18 Stunden bei 100—118°. Man erhält ein Gemisch von etwa gleichen Teilen Diallylmaleat und Allylglycidylmaleat. Letzterer hat den $Kp_{0,5}$ 59—60°.

Die Molekülvergrößerung gemischter Äther oder Ester dieser Art kann durch getrennte Polyaddition und Polymerisation erfolgen, beispielsweise werden 94,4 g Allylglycidylphthalat in 50 ml Chloroform bei 5° mit einem Gemisch von 2 g Zinntetrachlorid und 25 ml Chloroform allmählich versetzt und 2 Stunden bei 5—8° gerührt, wodurch 47,1 g eines schmelzbaren und löslichen Polymers entstehen. Die vernetzende Polymerisierung dieses Produktes wird nach Zugabe von 5% Benzoylperoxyd und 6 tägiges Erhitzen bei 65° durchgeführt.

---

[1] US 2476922, 15. 6. 46/19. 7. 49, SHELL DEVELOPMENT CO.

Diese Produkte können als Anstrichmittel, Klebmittel und Gieß-oder Preßharz Verwendung finden.

Bisphenol-A-Allylglycidyläther ist weiter von E. C. SHOKAL und L. N. WHITEHILL[1] bearbeitet worden. Es wird u. a. gezeigt, daß daraus hergestellte Filme durch 45minutiges Erhitzen bei 200° gehärtet werden können, nicht mehr mit dem Fingernagel ritzbar und in Aceton weder löslich noch quellbar sind und eine hohe Elastizität aufweisen.

Copolymerisationsprodukte von Epoxydverbindungen mit Vinyl-idenchlorid zur Gewinnung von Stabilisatoren gegen Licht- und Wärmeeinwirkung beschreiben H. P. STAUDINGER, D. FAULKNER und M. D. COOKE[2]. — Beispielsweise erfolgt die Copolymerisation von 20 g Vinylidenchlorid mit 1 g Glycidylmethacrylat und 0,02 g Crotonyl-peroxyd in einer Emulsion von 50 ml Wasser, das 1% eines sulfonierten höheren Alkohols enthält, in 8 Tagen bei 40°. Mittels Aluminiumsulfatlösung wird das Copolymer ausgefällt. Nach dem Trocknen erhält man durch Verpressen, gegebenenfalls unter Zusatz von Füllstoffen, einen sehr beständigen gut mechanisch verarbeitbaren Kunststoff.

Copolymerisation von Epoxydverbindungen mit Vinylidenchlorid können auch den Zweck haben, den sehr hohen Erweichungspunkt des Polyvinylidenchlorides, der bei der Bearbeitung zu Schwierigkeiten führt, herabzusetzen. Arbeiten nach dieser Richtung beschreiben G. W. STANTON und C. E. LOWRY[3], wobei die durch die mikrokristalline Struktur bedingten guten Eigenschaften und die Lösungsmittelbeständigkeit erhalten bleiben. An Epoxydverbindungen sind die aliphatischen Monoepoxyde wie Äthylenoxyd, Propylenoxyd und auch höhermolekulare wie Epoxyoctan brauchbar. Die Copolymerisation wird in wäßriger Suspension in Gegenwart eines Netz- oder Emulgiermittels mit einer Mischung von 66—98,5% Vinylidenchlorid und 34—1,5% Epoxydverbindung durchgeführt. — Beispielsweise werden in einem Autoklaven Vinylidenchlorid (I) mit einer 1,5%igen wäßrigen Lösung von Lauryl-Natriumsulfonat eingefroren, und, nach Zugabe von Proyylenoxyd (II) und 0,25% Kaliumpersulfat (berechnet auf die Summe der Komponenten), auf 55° erhitzt. Die erforderlichen Erhitzungszeiten nehmen bei abnehmender Menge von I erheblich zu, z. B. sind erforderlich 2 Stunden bei 90% von I, dagegen 24 Stunden bei 75% von II. So hergestellte Copolymere erweichen schon bei 100—140°, während reines Polyvinylidenchlorid erst bei 180° erweicht unter beginnender Zersetzung. Die Produkte sind als Klebmittel und für die Herstellung von Preßkörpern geeignet.

Unter den ungesättigten Epoxydverbindungen, mit denen wahlweise Polymerisation mit der Doppelbindung oder Polyaddition mit der Epoxydgruppe durchgeführt werden kann, haben H. C. STEVENS und F. E. KUNG[4] den 2,3-Epoxy-buttersäure-allylester herausgegriffen.

---

[1] US 2464753, 25. 3. 47/15. 3. 49, SHELL DEVELOPMENT CO.
[2] US 2470324, 9. 12. 44/17. 5. 49; B.-Pri. 3. 12. 43, DISTILLERS CO.
[3] US 2556048, 2. 5. 47/5. 6. 51, DOW CHEMICAL CO.
[4] US 2680109, 28. 2. 47/1. 6. 54, COLUMBIA-SOUTHERN CORP.

Von dieser Verbindung wird eine technische Synthese ausgehend von Crotonsäure beschrieben, die auf der Anlagerung von unterchloriger Säure, Abspaltung von Chlorwasserstoff und Umsetzen des Silbersalzes der Epoxybuttersäure mit Allylchlorid beruht:

Zu einer Lösung von 86 g Crotonsäure in 500 g Wasser wird bei 0—10° 1 Mol einer 15%igen Lösung unterchloriger Säure innerhalb von 1 Stunde eingetropft. Aus dieser Lösung wird das Chlorhydrin nach Sättigen mit Kochsalz mit Äther ausgezogen, getrocknet und vom Lösungsmittel befreit. — Zu 145 g 2-Chlor-3-oxybuttersäure wird innerhalb einer halben Stunde bei 30—40° eine 20%ige alkoholische Kalilauge in der Weise eingetragen, daß die Färbung zugesetzten Phenolphthaleins stets schnell verschwindet. Von der so gewonnenen Kaliumverbindung werden 100 g in 300 ml Wasser gelöst und mit einer Lösung von 100 g Silbernitrat in 200 ml Wasser das Silbersalz der Epoxybuttersäure gefällt. Zur Gewinnung von Epoxybuttersäureallylester werden 41,8 g des Silbersalzes mit 24,2 g Allylbromid und 250 g Benzol 4 Stunden rückflußgekocht. Der Ester hat den Kp_{26} 100—101°.

Die Katalysierung der Polyaddition mittels der Epoxydgruppe erfolgt durch einen 4%igen Zusatz von $BF_3 \cdot 2\,H_2O$ und 20stündigem Erhitzen bei 70°, wodurch eine viscose methanollösliche Flüssigkeit entsteht. Zur Überführung dieses linearen Polymers in ein vernetztes wird mit 5% Benzoylperoxyd 23 Stunden bei 70° erhitzt.

Weiterhin wird die Herstellung von Glycidylmethacrylat aus Methacrylchlorid und Glycid beschrieben: In einer eisgekühlten Lösung von 37 g Glycid, 47,4 g Pyridin und 200 ml Benzol werden in 2 Stunden bei 0° 57,5 g Methacrylchlorid eingetropft und nach einer halben Stunde Nachrühren sechsmal mit Wasser gewaschen, getrocknet und fraktioniert: Kp_{10} 81—83°. Nach Zusatz von 0,5% Zinntetrachlorid und 72stündigem Erhitzen bei 70° wird daraus ein acetonlösliches Harz erhalten, das nach Zusatz von 0,5% Benzoylperoxyd bei 70° in 3 Stunden durch Polymerisation zu einem klaren acetonunlöslichem Polymer härtet. Verwendung vor allem als Preßharz.

Ähnlich verhalten sich die Glycidylester ungesättigter Säuren, wie sie J. G. ERIKSON[1] beschreibt. Verbindungen dieser Art können ebenfalls polyaddieren und polymerisieren und können für Anstrichzwecke, als Leim, Gieß- oder Preßharze Verwendung finden. Die Herstellung erfolgt:

Glycidylacrylat: 55 g Kaliumacrylat, 235 g Epichlorhydrin und 1 g Hydrochinon (als Polymerisationsinhibitor) werden 23 Stunden rückflußgekocht (bei etwa 118°). Der Rückstand wird fraktioniert, Kp_{18} 115°.

Glycidylcrotonat: 40,4 g Kaliumcrotonat und 200 g Epichlorhydrin werden 20 Stunden rückflußgekocht, dann fraktioniert, Kp_{18} 102—104°.

Ausgehend vom Chlorhydrin der ungesättigten Säure erfolgt die Herstellung:

Glycidylmethacrylat: Eine Lösung von 25 g 2-Oxy-3-chlor-propyl-methacrylat in 110 g absoluten Äther wird mit einer Suspension von 13,7 g Natriumtert.-Butylat in 160 g tert. Butanol vereinigt und 1 Stunde bei gewöhnlicher Temperatur gerührt. Der Glycidylester wird durch Fraktionieren gereinigt, Kp_5 65°.

---

[1] US 2556075, 19. 6. 48/5. 6. 51, AMERICAN CYANAMID CO.

Die Polymerisation dieser ungesättigten Epoxydverbindungen bzw. die Copolymerisation mehrerer, wird in üblicher Weise durch Peroxyde, ultraviolettes Licht und/oder erhöhte Temperatur durchgeführt. Beispielsweise werden 90 g Glycidylmethacrylat, 5 g Glycidylacrylat und 5 g Glycidylcrotonat mit 0,5 g Benzoylperoxyd gemischt, und 15 Tage bei 20—30°, und anschließend 15 Tage bei 60° stehengelassen. Es entsteht ein hartes blasenfreies Polymer, das in üblicher Weise bearbeitbar ist.

Die Herstellung von Glycidylestern ungesättigter Carbonsäuren nach einem neuen Verfahren (das bisherige Verfahren war in US 2252039 beschrieben) erfolgt nach P. EDWARDS[1] unter Verwendung von Derivaten des Phenylendiamins als Polymerisationsinhibitor und von Tetramethylammoniumchlorid als Katalysator. — Beispielsweise werden 125 g Kaliummethacrylat, 2 g N,N′-Di-2-naphthyl-p-phenylendiamin und 0,68 g Tetramethylammoniumchlorid bei 95° mit 1000 g Epichlorhydrin umgesetzt. Nach der Aufarbeitung wird durch Destillation Glycidylmethacrylat vom Kp_{15} 85° in guter Ausbeute gewonnen.

Die Herstellung von Copolymeren von Glycidylmethacrylat mit etwa der 9fachen Menge Acrylnitril und die anschließende Animalisierung des mit sauren Farbstoffen unvollkommen anfärbbaren Materials beschreibt die AMERICAN CYANAMID Co.[2]. Die Aminierung erfolgt nach der Copolymerisation, und zwar mittels Ammoniak, Methylamin, Dimethylaminopropylamin, Morpholin usw., mit oder ohne Wasser, oder Lösungsmittel wie Dimethylformamid oder Rhodankaliumlösung. — Die Copolymerisation erfolgt beispielsweise, indem zu einem Gemisch von 5,3 g Glycidylmethacrylat und 47,7 g Acrylnitril in 900 g Wasser + 0,029 g H_2SO_4 konz. in einer N_2-Atmosphäre 1,71 g Ammoniumpersulfat in 50 ml H_2O und 0,71 g Natriummetabisulfit in 50 ml H_2O als Redox-Katalysatoren bei 25° eingetragen und 4 Stunden gerührt werden. Zur Aminierung wird das abgesaugte und getrocknete Copolymer, und zwar 3 Teile desselben mit 30 Teilen Ammoniak im Autoklaven $^1/_2$ Stunde bei 70° erhitzt.

Die Aminierung kann auch nach der Verformung zum Film oder zur Faser vorgenommen werden, z. B. werden 20 g Copolymer in 266 g einer 57,5%igen Natriumthiocyanatlösung verrührt und mit der filtrierten Lösung ein Film gegossen. Nach dem Trocknen wird der Film für 15 Minuten in siedendes Diäthylamin eingelegt. — Unter Verwendung einer Farbflotte, bestehend aus 10 g Calcocid Alizarinblau SAPG, 10 g 2%iger H_2SO_3 und 10 g 10%iger Natriumsulfatlösung in 470 g H_2O, färbt sich der aminierte Film in der Siedehitze (wie auch so behandelte Fasern) folgendermaßen an:

tief reinblau, wenn mit Ammoniak oder Morpholin,

blau-grün, wenn mit Methylamin oder Dimethylaminopropylamin behandelt wurde. Nicht aminiertes Material färbt sich bei der gleichen Behandlung nur ganz schwach bläulich an.

---

[1] US 2537981, 28. 10. 49/16. 1. 51, AMERICAN CYANAMID Co.
[2] BP 721688, 5. 2. 52/12. 1. 55; US-Pri. 29. 3. 51, AMERICAN CYANAMID Co.

Die Umsetzung von Copolymeren aus Styrol mit anderen ungesättigten Verbindungen mit Di- oder Polyepoxyden ist von der CANADIAN INDUSTRIES LTD. bearbeitet worden. Um einwandfreie Umsetzungen dieser Art zu erzielen, ist es erforderlich, daß das Copolymer sich im linear-thermoplastischen Zustand befindet und möglichst wenig vernetzt ist. G. H. SEGALL und J. F. C. DIXON[1] haben gefunden, daß diese Bedingung durch Allylderivate schlecht erfüllt wird, da dieselben fast immer z. T. vernetzen. Dagegen führt die Copolymerisation mit Acrylsäure, Acrylsäureestern oder Acrylsäurenitril stets zu thermoplastischen Produkten. Durch Zusatz von 10—15% linear-polymerem 4-Vinylcyclohexendiepoxyd erhält man eine Anstrichkomposition, die in einer Stunde bei 150° härtet.

Beispielsweise werden 100 g Styrol, 6,3 g Methylacrylat und 18,8 g Acrylsäure in 125 g Methyläthylketon und 62,5 g Xylol mit 2,5 g Benzoylperoxyd in 24 Stunden bei 90° copolymerisiert. Zu 100 g dieser Lösung werden 12 g linear-polymeres 4-Vinylcyclohexendiepoxyd (hergestellt durch Polymerisation von monomerem 4-Vinylcyclohexendiepoxyd in Butanol mittels BF_3) und 0,2 g Piperidin eingemischt. Diese Komposition ergibt auf Stahlblech nach dem Einbrennen einen harten, elastischen und witterungsbeständigen Film.

Unter Verwendung von Bisphenol-A-Glycidyläthern als Epoxydkomponente haben dieselben Erfinder[2] härtende Kompositionen bereitet, die mit Trimethylbenzylammoniumacetat gehärtet wurden. Beispielsweise werden 72 g Styrol, 20 g Methylacrylat und 8 g Acrylsäure in 100 g Xylol mit 2 g Benzoylperoxyd durch 18 stündiges Erhitzen bei 90° copolymerisiert. 160 g dieser Lösung werden mit 20 g Bisphenol-A-Diglycidyläther und 1 g Trimethylbenzylammoniumacetat gemischt und nach dem Aufstreichen und Trocknen bei 150° in 1 Stunde gehärtet.

Eine Verbesserung dieser Komposition, vor allem hinsichtlich des unangenehmen Geruches des Trimethylbenzylammoniumsalzes, durch Verwendung von Vinylpyridin als Härter, beschreibt C. W. ALLEN[3]. Da das Vinylpyridin mit copolymerisiert wird, liegt keine Verflüchtigungsgefahr vor, auch ist schon eine kleine Menge davon ausreichend. Es ist günstig, wenn der hier zur Verwendung kommende Bisphenol-A-Diglycidyläther ein niedrigeres Molgewicht hat als bei Kompositionen der vorhergehenden Art. Beispielsweise werden 72 g Styrol, 8 g Acrylsäure, 20 g Methylacrylat und 1 g Vinylpyridin in 100 g Xylol mit 2 g Benzoylperoxyd bei 95—100° in 24 Stunden copolymerisiert. Anschließend wird die Lösung mit 7 g Bisphenol-A-Diglycidyläther und 28 g Titandioxydpigment gemischt und auf Stahlblech gestrichen. Die Härtung erfolgt in 45 Minuten bei 150°.

Mischpolymere aus Allylglycidyläther oder Glycidylacrylat mit Styrol, Vinylacetat oder Vinylchlorid im Verhältnis 1:1 bis 1:11, die mit Ammoniak oder Aminen, vorzugsweise mit Diäthanolamin so weit

[1] US 2604457, 31. 5. 51/22. 7. 52; Can.-Pri. 3. 3. 49, CANADIAN INDUSTRIES LTD.
[2] US 2604464, 31. 5. 51/22. 7. 52; Can.-Pri. 3. 3. 49, CANADIAN INDUSTRIES LTD.
[3] US 2662870, 21. 6. 52/15. 12. 53, CANADIAN INDUSTRIES LTD.

umgesetzt werden, daß sie noch schmelzbar und löslich sind, stellt die Firma E. I. DU PONT DE NEMOURS[1] her. Umsetzungsprodukte dieser Art, die einen Stickstoffgehalt von 1—10% aufweisen, können ein Mindestmolgewicht von 800 haben, und mindestens noch eine reaktionsfähige Epoxydgruppe im Mol enthalten, finden Verwendung zum Imprägnieren von Textilien oder Papier und sind als Anstrichmittel geeignet, die gegen höhere Temperaturen besonders beständig sind.

Die Mischpolymerisation von Allylglycidyläther mit Vinylacetat mit anschließender Härtung bei 100—175° in 30—10 Minuten, zwecks Erzielung festhaftender Anstrichmittel für poröse Oberflächen sowie zum Imprägnieren von Textilien, Papier oder Pappeerzeugnissen, beschreibt DU PONT[2]. Unter Verwendung sehr unterschiedlicher Mengenverhältnisse der Komponenten werden nach der Mischpolymerisation in 50%iger Benzollösung in Gegenwart von 2% Benzoylperoxyd (4 Stunden bei 75—85°) die folgenden in der Tabelle aufgezeichneten Ergebnisse erzielt, die aufweisen, daß bestenfalls nur eine 56%ige Polymerisation erfolgt, und abhängig von der eingesetzten Menge des Allylglycidyläthers ein kleinerer oder größerer Anteil desselben unangegriffen im monomeren Zustand zurückbleibt.

%-Monomer		%-Umsatz zum Mischpolymer	%-Monomer Allylglycidäther im Copolymer	Molgewicht	Eigenschaften des Films nach 2stündigem Härten bei 60°
Vinylacetat	Allylglycidäther				
90	10	56	8,7	6500	hart und zäh
80	20	43	13,7	2800	hart und zäh
70	30	17	25,3	2000	mittelfest, biegsam
60	40	12	34,1	1800	weich, etwas klebrig
50	50	8	43,3	1040	sehr weich und klebrig
10	90	5	61,4	570	flüssig sehr klebrig

Die in der Tabelle dargestellten Versuchsergebnisse zeigen, daß zwecks Gewinnung technisch brauchbarer Kompositionen der Anteil an Allylglycidyläther nicht zu hoch sein darf.

Obgleich Produkte dieser Art selbsthärtend sind, kann die Härtung durch Zusatz von basischen Härtern, z. B. von Diäthylentriamin, aber auch von sauren Härtern wie m-Benzoldisulfonsäure oder durch Phosphorsäure wesentlich beschleunigt werden. Die Verwendung von Phosphorsäure wird besonders in dem anschließend angeführten Patent beschrieben.

In Fortsetzung dieser Arbeiten werden von M. E. CUPERY[3] Mischpolymere der beschriebenen Art, die einen Epoxydsauerstoffgehalt von 0,3—8 Gew.-% enthalten und ein Molgewicht von mindestens 1500 aufweisen, mit Phosphorsäure nachbehandelt, wobei mindestens 0,5 Mol H_3PO_4 pro Mol Epoxydgruppe angewandt wird. Der Gehalt an H_3PO_4

---

[1] BP 722258, 27. 7. 51/19. 1. 55; US-Pri. 31. 7. 50, E. I. DU PONT DE NEMOURS.

[2] US 2788339, 11. 3. 54/9. 4. 57, E. I. DU PONT DE NEMOURS.

[3] US 2723971, 27. 3. 53/15. 11. 55, E. I. DU PONT DE NEMOURS.

des Mischpolymerisats beträgt mindestens 1,75%, der Gehalt an polymerisierter ungesättigter Epoxydverbindung ist 3—60%, und derjenige einer polymeren ungesättigten Verbindung, die frei von Epoxydgruppen ist, beträgt 40—97%. Die Arbeitsweise geht aus folgendem Beispiel hervor:

Ein Copolymer von Allylglycidyläther (I) und Butylmethacrylat (II) wird hergestellt, indem man ein Gemisch von 852 g II und 342 g I mit 36 g Di-tert.-butylperoxyd in 2 Stunden zu 1149 g I, das auf 130° erhitzt ist, im N_2-Strom eintropft und 1 Stunde bei dieser Temperatur nachrührt. Nach Abdestillieren des Flüchtigen bei einem Druck bis zu 1 mm verbleiben 1258 g eines bei 100° viscosen Öles, das 4% Epoxydsauerstoff enthält, ein Epoxydäquivalentgewicht von 400 und ein Molgewicht von 1900 aufweist. Die Umsetzung mit Phosphorsäure erfolgt in der Weise, daß 24 g H_3PO_4 85%ig bei gewöhnlicher Temperatur in eine Lösung von 73 g des Copolymers in 200 g Aceton eingetragen werden, wobei die Temperatur auf etwa 50° steigt. Anschließend wird 1 Stunde rückflußgekocht. Durch Wasser wird die polymere Phosphorsäureverbindung ausgefällt. Sie hat stark sauren Charakter und löst sich in Alkalien. Eine 17%ige Lösung in verdünntem, wäßrigen Ammoniak ergibt nach dem Trocknen eines Aufgusses einen klaren zähen Film, der nach 20 Minuten Erhitzen bei 120° in Alkalien und Lösungsmitteln unlöslich geworden ist.

In analoger Weise werden Copolymere aus Allylglycidyläther oder Glycidylmethacrylat mit Butylmethacrylat, Methylmethacrylat, Acrylnitril, Vinylchlorid, Vinylacetat u. dgl., hergestellt. Produkte dieser Art lassen sich als Anstrichmittel, als Schlichte für Textilien oder als Ledernachbehandlungsmittel verwenden.

Weitere Arbeiten von DU PONT[1] beziehen sich auf Kompositionen von

1. wasserlöslichen Glycidylestern polymerisierter ungesättigter Säuren und

2. wasserunlöslichen, aber in Wasser dispergierbaren, nicht ionogenen polymeren Kohlenwasserstoffen wie Polyvinylchlorid oder Polychloropren. Die Menge des polymeren Kohlenwasserstoffanteiles kann von 50—97% variieren. Gemische dieser Art können zur Herstellung verschiedenartiger Kunstprodukte dienen: für Filme, die undurchlässig für Wasser, aber durchlässig für Gase und Wasserdampf sind, sowie für Ionenaustauschmembranen, oder als Umhüllung für Lebensmittel, oder als luftdurchlässige Imprägniermittel für Textilien zur Herstellung von Kunstleder, oder als Preßmassen, die sehr wenig Schwund zeigen.

Das Verfahren geht aus folgenden Beispielen hervor:

1. Ein Gemisch von 400 ml Glycidylpolyacrylat und 250 ml einer 55,2%igen Emulsion von Polyvinylchlorid mit einem geringen Gehalt an Dioctylphthalat wird auf einer Glasplatte zum Film vergossen, der nach dem Trocknen bei 160° durch eine Düse zum Faden verpreßt wird. Aus diesen Fäden hergestellte Gewebe sind im Gegensatz zu solchen aus reinem Polyvinylchlorid hydrophil und antistatisch.

2. Ein Gemisch von 56 g einer 35%igen Polychloroprenemulsion, 13,5 g Emulgier- und Härtemittel, 5 g Octylphenylpolyglykoläther und 16,6 g einer Lösung von Glycidylmethacrylat wird zum Film vergossen, der nach dem Trocknen bei 127° in 4 Stunden gehärtet wird.

---

[1] BP 753050, 31. 3. 54/18. 7. 56; US-Pri. 26. 6. 53, E. I. DU PONT DE NEMOURS.

Der 3,5 mil starke Film ist leicht luftdurchlässig und zeigt selbst nach 1,5 Millionen Biegungen auf dem *Schiltknecht*-Biege-Prüfgerät (Hersteller: die Firma ALFRED SUTER Co., 200 5th Ave, New York, Firmen Bulletin Nr. 105) keinen Fehler.

3. Ein Gemisch von 82% nicht elektrolytischem Polymer und 18% polymerem Elektrolyten wird folgendermaßen bereitet: ein Gemisch aus 12 ml einer 16,7%igen Lösung von Natriumpolystyrolsulfonat und 25 ml 40%iger Polyacrylalkylesterlösung wird mit der nach dem Alkaligehalt berechneten Menge Epichlorhydrin einige Zeit lebhaft verrührt. Das Gemisch wird zum Film vergossen, nach dem Trocknen auf ein Gewebe gepreßt und bei 80° 6 Stunden gehärtet. Ein so erhaltenes Material kann als Kunstleder dienen oder als Ionenaustauschmasse, insbesondere zur Aufnahme von Chlorionen, Verwendung finden.

Die technische Gewinnung des Divinylbenzols mit der Zusammensetzung: 54,7% Divinylbenzol (Hauptmenge m-Verbindung), 33,5% Äthylvinylbenzol, 10,1% gesättigte Anteile und 0,64% Aldehyde und Naphthaline, hat DU PONT[1] veranlaßt, eine technisch durchführbare Epoxydierung zum Divinylbenzolmonoepoxyd auszuarbeiten. Dieses Vinylbenzoläthylenoxyd kann infolge seiner zwei verschiedenen funktionellen Gruppen durch Polymerisation der Doppelbindung einerseits und durch Polymerisation oder Vernetzung der Epoxydgruppe andererseits in wertvolle Harze überführt werden. Die Epoxydierung mittels Peressigsäure läßt sich so leiten, daß ausschließlich die Monoepoxydverbindung, selbst bei dem zweckmäßigen Überschuß der Peressigsäure von $^1/_4$ Mol entsteht. Beispielsweise werden zu einer Mischung von 790 Teilen handelsüblichem Roh-Divinylbenzol, 1750 Teilen Benzol und 1160 Teilen Natriumbicarbonat in 2 Stunden 815 Teile 40%ige Peressigsäure (1,25 Mol pro Mol Divinylbenzol) bei 10—15° eingetragen und weitere 5 Stunden bei dieser Temperatur gerührt. Nach der Aufarbeitung werden durch fraktionierte Destillation 102,8 Teile Vinylbenzoläthylenoxyd als Isomerengemisch vom Kp_1 60—65° erhalten Die Trennung der Isomeren ist schwierig, aber für die weiteren Verwendungen nicht erforderlich.

Glycidylmethacrylat scheint auf dem Wege zu sein, ein bedeutendes Handelsprodukt zu werden. Wie aus der Literatur[2] hervorgeht, bietet DU PONT technisches Glycidylmethacrylat in kleineren Mengen an, insbesondere für die Kunststoff-, Leder- und Kautschukindustrie. Für synthetische Arbeiten ist diese nur wenig gefärbte, fast geruchlose Verbindung von Interesse, weil sie gestattet, Vinylgruppen in Polykondensate und Epoxydgruppen in Polymerisate einzuführen.

Durch Copolymerisation von 3 Komponenten stellen H. YUSKA und A. M. TRINGALI[3] schnelltrocknende, hochwertige Anstrichmittel her. Die Komponenten sind:

1. Veresterungsprodukte von polymeren Umsetzungsprodukten von Epichlorhydrin und Bisphenol A die keine Epoxydgruppen mehr ent-

---

[1] US 2768182, 28. 1. 55/23. 10. 56, E. I. DU PONT DE NEMOURS.
[2] Chem. Eng. News **36** (1957), Nr. 6, 821.
[3] US 2677671, 5. 8. 52/4. 5. 54, INTERCHEMICAL CORP.

halten, mit höheren, ungesättigten Fettsäuren, wie sie von der Firma DEVOE & RAYNOLDS in der US-Patentschrift 2456408 beschrieben sind = Ester A,

2. härtbare Ester durch Verestern von DIELS-ALDER-Addukten, wie sie in der US-Patentschrift 2352606 vom 29.7.39 der ALIEN PROPERTY Co. beschrieben sind (Addukt von Allylalkohol und Cyclopentadien unter Bildung von 2,5-Endomethylen-Δ^3-tetrahydrobenzylalkohol) mit ungesättigten Carbonsäuren nach US 2557136 vom 6.3.48 der INTERCHEMICAL CORP., beispielsweise mit Maleinsäureanhydrid = Ester B,

3. monomere Methacrylsäureester, z. B. Methyl- oder Butylester = Ester C.

Härtbare Anstrichmittel werden durch Mischen der 3 Komponenten in verschiedenen Mengenverhältnissen erzielt, z. B. geben die folgenden Mischungen gute Resultate:

1. 50 g Ester A, 20 g Ester B, 30 g Ester C
2. 50 g Ester A, 10 g Ester B, 40 g Ester C
3. 35 g Ester A, 52 g Ester B, 13 g Ester C

Da die Ester A aus Bisphenol-A-Epichlorhydrin Umsetzungsprodukten der verschiedensten Polymerisationsgrade bestehen können, liegen viele Variationsmöglichkeiten vor. Die Herstellung dieser Ester A wird mit Eponharzen der SHELL, also mit Bisphenol-A-Glycidyläthern beschrieben, während dieselbe an anderer Stelle mit Harzen nach US 2456408, die also keine Epoxydgruppen mehr enthalten, angegeben wird. Hieraus geht hervor, daß für die Herstellung von Ester A Epoxydgruppen ohne Bedeutung sind, da sie bei der Veresterung sowieso verschwinden.

Gemischte höhermolekulare Allylglycidyläther sind von E. C. SHOKAL und R. W. TESS[1] in der Weise aufgebaut worden, daß polymere Polyalkohol-polyepoxydverbindungen, wie sie bei der Kondensation von Bisphenol A mit Epichlorhydrin entstehen, in Gegenwart von FRIEDEL-CRAFTSschen Katalysatoren mit Allylalkohol veräthert werden. Es können auch die Glycidyläther anderer Bisphenole oder von mehrwertigen Alkoholen, insbesondere von Glycerin, angewandt werden, wie sie in US 2512996 der Firma DEVOE & RAYNOLDS Co. beschrieben sind. An Stelle von Allylalkohol eignen sich auch andere ungesättigte Alkohole mit höchstens 8 C-Atomen. Bei Anwendung eines großen Überschusses des ungesättigten Alkohols werden beide Glycidylreste veräthert, während bei äquimolekularen Mengen der gemischte Allylglycidyläther gebildet wird. Aus diesem können höhermolekulare thermoplastische Produkte gebildet werden, entweder durch Polymerisation oder Copolymerisation mit ungesättigten Verbindungen, z. B. Styrol, Ester ungesättigter Mono- oder Dicarbonsäuren, oder Allylester gesättigter Carbonsäuren, die als Weichmacher, Stabilisatoren für PVC, Alterungsschutzmittel für Schmieröle, oder als Härter für ungesättigte Alkydharze Verwendung finden können — oder durch Addition von Dicarbonsäuren, oder von

---

[1] Belg. P. 534122, 15.12.54; US-Pri. 17.12.53 — FP 1117535, 15.12.54, SHELL DEVELOPMENT CO.

Polyaminen an die Epoxydgruppe, wobei längeres Erhitzen Härtung bewirkt. Veresterung mit einbasischen Carbonsäuren wie Essig-, Butter-, 2-Äthylhexan-, Laurin-, Stearin- oder Benzoesäure liefert thermoplastische Produkte, die ebenfalls brauchbare Weichmacher darstellen. Ester ungesättigter, höherer Fettsäuren können als lufttrocknende Anstrichmittel Verwendung finden.

Die Arbeitsweise ist die folgende:

1. 1065 g Polyalkoholpolyepoxyd (aus 1 Mol Bisphenol A (Dian) und 5 Mol Epichlorhydrin, ein flüssiges Produkt mit dem Molgewicht 350 und 1,75 Epoxydgruppen pro Mol) und 1732 g Allylalkohol werden mit 0,5 g BF_3 6 Stunden bei 65° gerührt. Nach dem Reinigen und Abdestillieren des überschüssigen Allylalkohols wird ein Öl erhalten, das im wesentlichen der Diallyläther des Dian-dioxy-propanols

$$H_2C = CH \cdot CH_2 \cdot O \cdot CH_2 \cdot CHOH \cdot CH_2 \cdot O \cdot Dian \cdot O \cdot CH_2 \cdot CHOH \cdot$$
$$\cdot CH_2 \cdot O \cdot CH_2 \cdot CH = CH_2$$

sein dürfte.

2. Bei Verminderung der Allylalkoholkomponente auf 147 g wird bei der gleichen Arbeitsweise (zweckmäßig ist ein Zusatz von 200 g Xylol zur besseren Verflüssigung) der gemischte Allylglycidyläther

$$H_2C{=}CH \cdot CH_2 \cdot O \cdot CH_2 \cdot CHOH \cdot CH_2 \cdot O \cdot Dian \cdot O \cdot CH_2 \cdot CH{-\!-}CH_2$$
$$\diagdown O \diagup$$

als viscoses Öl erhalten. Unter Aufrechterhaltung der Epoxydgruppe kann diese Verbindung in üblicher Weise zu einem harten Harz polymerisiert oder copolymerisiert werden, und eine Härtung des so erhaltenen thermoplastischen Produktes kann zu gegebener Zeit mittels Dicarbonsäuren oder Polyaminen erfolgen. Andererseits kann unter Aufrechterhalten der Allylgruppe die Epoxydgruppe mit Bisphenolen, Diglycidäther oder Dicarbonsäuren bis zur Bildung thermoplastischer Produkte umgesetzt und zu einem anderen Zeitpunkt Polymerisation unter Vernetzung durchgeführt werden.

Die Gewinnung technisch brauchbarer Epoxydharzvorprodukte durch Polymerisation, bzw. durch Copolymerisation von Alkenylestern, z. B. des Allylesters der 3,4-Epoxycyclohexancarbonsäure.

$$O\diagdown\!\!\diagup\!\!-CO \cdot O \cdot CH_2 \cdot CH{=}CH_2,$$

beschreibt die Union Carbide & Carbon Co.[1]. Als Copolymere werden Vinylester, Vinylidenchlorid, insbesondere ein Gemisch von Vinylchlorid $+10\%$ Vinylacetat oder ungesättigte Ester genannt. Bei der Verwendung als Anstrichmittel weisen Produkte dieser Art ein besonders hohes Haftvermögen, insbesondere auf Stahl auf, und verfärben sich in der Wärme relativ wenig.

Kompositionen aus polymeren Bisphenol-A-Glycidyläthern oder polymeren Glycidyläthern mehrwertiger Alkohole mit polymerisierbaren Verbindungen und Phthalsäureanhydriden beschreiben F. Meyer

---

[1] Belg. P. 550474, 21. 8. 56; US-Pri. 22. 8. 55.

und K. Demmler[1]. Nach Zusatz eines Polymerisationskatalysators erfolgt in der Wärme gleichzeitig Polymerisation und Härtung unter Bildung eines einheitlichen klaren, harten und chemisch beständigen Kunststoffes. Beispielsweise werden 100 g eines festen, polymeren Bisphenol-A-Glycidyläthers mit einem Epoxydwert/100 g von 0,25 mit 50 g Styrol und 30 g Phthalsäureanhydrid in der Wärme homogen zusammengeschmolzen und mit 2 g Di-tert.-Butylperoxyd gemischt. Durch 4 stündiges Erhitzen bei 130° erhält man einen klaren, sehr harten Kunststoff, der gegen Laugen und Säuren sehr beständig ist.

Während nach diesem Verfahren die Härtung eines Gemisches von einem Glycidyläther und Styrol gleichzeitig mit der Polymerisation durch ein vernetzend wirkendes Dicarbonsäureanhydrid erfolgt, beschreiben G. E. Rumscheidt, P. Bruin und F. H. Sinnema[2] die Härtung ähnlicher Gemische durch katalytische Mengen eines Amins. Beispielsweise wird ein Gemisch von 80 g eines polymeren Bisphenol-A-Glycidyläthers vom Erweichungspunkt 25° und einem Epoxydwert/100 g von 0,40 und 20 g Styrol mit 1,2 g Di-tert.-Butylperoxyd und 6 g Piperidin 5 Stunden bei 100° erhitzt. Es wird ein Harz erhalten, das sich besonders als Gießharz eignet und hohe Zähigkeit und Widerstandsfähigkeit gegen Temperaturschwankungen aufweist.

Nachdem I. B. Cloke und A. Mooradian[3] die Gewinnung von Oxacyclobutanderivaten durch Umsetzen von Pentaerythrit mit Thionylchlorid, wie sie H. Fecht[4] beschrieben hat, wesentlich verbessert hatten, beschreibt die Hercules Powder Co.[5] die Gewinnung von Polymerisationsprodukten daraus, insbesondere von 3,3-Di-(chlormethyl)-oxacyclobutan

$$Cl \cdot CH_2 \diagdown \atop Cl \cdot CH_2 \diagup C \diagup CH_2 \diagdown \atop \diagdown CH_2 \diagup O$$

mit Hilfe von BF_3, wobei in Abhängigkeit von den Polymerisationsbedingungen kristalline, gummiartige oder filmbildende Produkte mit Molgewichten von 10000—30000 und Erweichungspunkten von etwa 170° erzielt werden. Polymerisate dieser Art haben gute Chemikalienbeständigkeit und eignen sich für die Herstellung von Filmen, Folien, Formkörpern und vor allem von Fäden.

Da die Reinigung und Verarbeitung der normalerweise in zähen gummiartigen Klumpen anfallenden Polymerisate Schwierigkeiten bereitet, wird in einem späteren Patent derselben Firma[6] eine verbesserte Polymerisationsmethode beschrieben, bei der das Polymerisat in kleinen Körnern oder Perlen anfällt. Dies wird dadurch erreicht, daß die Polymerisation in einem Gemisch von Schwefeldioxyd und Hexan

---

[1] Meyer, F., u. K. Demmler: D. Anm. B 31819, 14. 7. 54, Badische Anilin- & Sodafabrik-AG.

[2] Rumscheidt, G. E., P. Bruin u. F. H. Sinnema: D. Anm. N 1041939b, 29. 3. 55; Nied.-Pri. 31. 3. u. 20. 8. 54, N. V. de Bataafsche.

[3] Cloke, I. B., u. A. Mooradian: Am. Soc. 1945, 943.

[4] Fecht, H.: B. 40, 3883—3889 (1909).

[5] BP 758450, 15. 6. 53/3. 10. 56; US-Pri. 17. 6. 52, Hercules Powder Co.

[6] D. Anm. H 22661, 12. 1. 55; US-Pri. 15. 6. 54, Hercules Powder Co.

gelöst mit Hilfe von BF_3 bei einer Temperatur von -15 bis $-30°$ durchgeführt wird.

Epoxydharzvorprodukte aus epoxydierten ungesättigten Verbindungen

In dem Kapitel „Halogenfreie Alkylenoxyde" wird in den Abschnitten „Sauerstoffanlagerung an Doppelbindungen" und „Epoxydierung von ungesättigten Fettsäuren und ihrer Ester" die Herstellung von Epoxydverbindungen der verschiedensten Art beschrieben. Ihre Verwendung als Stabilisatoren für halogenhaltige Polymere erfolgt wegen ihrer besonders guten Mischbarkeit mit Produkten dieser Art.

Es liegt auf der Hand, Verbindungen dieser Art, insbesondere solche mit mehreren Epoxydgruppen, als Epoxydharzvorprodukte anzuwenden bzw. sie in solche zu überführen, wobei in erster Linie eine Molekülvergrößerung der zumeist in der Monomerform vorliegenden Verbindungen erforderlich ist. Eine solche kann in verschiedener Weise vorgenommen werden, z. B. ist dies vielfach durch Überführen in Polyester oder in Polyamide durchgeführt worden, insbesondere bei den Epoxydverbindungen höherer Fettsäuren oder ihrer Ester, die mit mehrwertigen Alkoholen umgeestert oder mit Polyaminen in Polyamide übergeführt wurden.

Umsetzungen der letzteren Art, d. h. die Herstellung höhermolekularer Reaktionsprodukte aus monomeren epoxydierten höheren Fettsäureestern mit Polyaminen, bei denen durch Verwendung bestimmter Mengen Addition an der Epoxydgruppe einerseits und Amidierung der Estergruppe andererseits und dies in verschieden hohem Grade vor sich geht, wobei brauchbare Epoxydharzvorprodukte erhalten werden, beschreiben K. HORST, L. ORTHNER und H. WELLENS[1].

Als Ausgangsmaterialien werden angeführt: 1,2-Bis-(9,10-epoxystearinsäure)-glykolester, 1,2,3-Tris-(9,10-epoxystearinsäure)-glycerinester, Di-(9,10-epoxystearinsäure)-äthylendiamid, epoxydiertes Olivenöl und epoxydierten Leinölfettsäurebutylester, welche mit Polyaminen kurz kondensiert werden, derart, daß die Umsetzungsprodukte noch löslich bleiben, und die Analyse zu erkennen gibt, daß 65—92% der Epoxydgruppen zur Reaktion gebracht und 51—77% der Esterbindungen amidiert wurden. — Beispielsweise werden 30 g 1,2,3-Tris-(9,10-epoxystearinsäure)-glycerinester mit dem Epoxydwert 97 bei 60° mit 5,5 g eines technischen Polyamingemisches (aus Äthylenchlorid $+ NH_3$) gemischt und, nach Zusatz von 0,3 g p-Toluolsulfonsäure, 4 Stunden bei 150° gerührt. Das weichharzartige Polykondensat verflüssigt sich bei 70° und ist in organischen Lösungsmitteln löslich. Die Analysendaten: Epoxydwert 12,8 und Verseifungszahl 67,9 berechtigen zu dem Schluß, daß 87% der Epoxydgruppen umgesetzt und 58% der Esterbindungen amidiert worden sind. Das Produkt kann als Anstrichmittel Verwendung finden und wird bei 160° in 24 Stunden oder nach Zusatz von 25% Phthalsäureanhydrid, bei 180° in 8 Stunden gehärtet.

---

[1] D. Anm. F 14032 v. 25. 2. 54; DAS 1004378, HOECHST.

Epoxybutadienharze, eine neue Klasse härtbarer Epoxydharz-vorprodukte, sind von der FOOD MACHINERY & CHEMICAL CORP[1]. entwickelt worden. Sie werden gewonnen, indem ein flüssiges Butadien-polymerisat oder ein Butadien–Styrol-Copolymerisat mit einer aliphatischen Persäure epoxydiert wird. Zur Verwendung als Gießharze werden sie mit mehrbasischen Carbonsäuren oder ihren Anhydriden oder mit primären oder sekundären Polyaminen gemischt und bei 150° gehärtet. Auf Glasplatten gegossene Filme haften nach dem Härten sehr fest und sind hart und biegsam.

Epoxybutadienharze sind auch von C. G. FITZGERALD, A. J. CARS, M. MAIENTHAL und P. J. FRANKLIN[2] studiert worden. Sie wurden in der Weise hergestellt, daß flüssiges Polybutadien mit einem Molgewicht von etwa 1500, bei dem die Doppelbindungen so verteilt sind, daß sich 55—65% in Vinylseitenketten (1,2-Addition) und 35—45% in der Hauptkette (1,4-Addition) befinden, in Chloroformlösung mit Peressigsäure epoxydiert wird. Aus dem Infrarotspektrum geht hervor, daß die in der Hauptkette liegenden Doppelbindungen vollständig epoxydiert werden, wenn sie trans-Konfiguration aufweisen. Die entsprechenden cis-Bindungen reagieren nur teilweise, während die seiten-ketten-ständigen Doppelbindungen unverändert bleiben. Die Eigenschaften der epoxydierten Produkte ist weitgehend von dem Gehalt an Epoxydsauerstoff abhängig: mit einem Gehalt von 2—4% sind sie nicht härtbar, jedoch lassen sich solche mit einem Gehalt von 7—9%, mit Hilfe von Polyaminen oder Anhydriden mehrbasischer Carbonsäuren zu sehr biegsamen Massen mit guten dielektrischen Eigenschaften härten. Hierbei wird vorzugsweise erst bei 75° bis zum Gelieren erhitzt und danach bei 120—150° ausgehärtet.

Die Epoxydierung von zweifach ungesättigten Verbindungen, wie sie entstehen, wenn aus der Cyanhydrinsynthese aus niederen ungesättigten Aldehyden gewonnene Nitrile mit ungesättigten Alkoholen, insbesondere mit Allylalkohol, verestert werden:

$$R \cdot CH{=}CR' \cdot CH{=}O \xrightarrow{HCN} R \cdot CH{=}CR' \cdot CH(OH) \cdot CN$$

$$\longrightarrow R \cdot CH{=}CR' \cdot CH(OH) \cdot CO \cdot O \cdot CH_2 \cdot CH{=}CH_2$$

und die Verwendung ihrer Diepoxydverbindungen als Epoxydharz-vorprodukte beschreibt die UNION CARBIDE & CARBON CORP.[3]. Da die im Innern der Kette liegende Doppelbindung sich leichter epoxydieren läßt als die endständige, lassen sich unter Einsatz von nur 1 Mol Persäure ungesättigte Monoepoxydverbindungen gewinnen, die sich sowohl mit der Doppelbindung (durch Peroxyde) als auch mit der Epoxydgruppe (durch BF_3) polymerisieren und härten lassen.

---

[1] Belg. P. 549058, 27. 6. 56; US-Pri. 27. 6., 26. 7. u. 17. 11. 55 sowie 20. 1. u. 13. 6. 56.

[2] FITZGERALD, C. G., A. J. CARS, M. MAIENTHAL u. P. J. FRANKLIN: SPE J 13, 1957, 22—24

[3] Belg. P. 550751, 1. 9. 56; US-Pri. 16. 9. 55.

Harzartige Umsetzungsprodukte von Epoxydverbindungen mit Phenolen mit ungesättigten Seitenketten

Die Herstellung von mehrwertigen Phenolen mit ungesättigten Seitenketten wird nach M. T. HARVEY[1] in der Weise ausgeführt, daß Phenol mit solchen Phenolen, die eine ungesättigte Seitenkette enthalten, unter Verwendung starker Mineralsäuren als Kondensationsmittel umgesetzt wird. Beispielsweise wird ein Cardanolbisphenol erhalten, indem 228 g Cardanol (bestehend aus etwa gleichen Teilen m-(8-pentadecenyl)-phenol und einem Phenol mit einer Seitenkette von 15 C-Atomen mit 2 Doppelbindungen) und 94 g Phenol mit 108 g H_2SO_4 konz. und 525 g Eisessig nach 12stündigem Stehen bei Raumtemperatur 5 Stunden gekocht wird.

Mittels Cashew-Nußschalenöl, das in den USA billig angeboten wird, und ebenfalls im wesentlichen aus einem Phenol mit einer höheren ungesättigten Seitenkette besteht, wird ein Bisphenol hergestellt, indem zu einer Mischung von 860 g Phenol mit 35 g BF_3/Phenol-Komplex mit 26% BF_3 bei 80—85° innerhalb von 1 Stunde 215 g gereinigtes Cashew-Nußschalenöl eingetragen wird. Die so erhaltene viscose Flüssigkeit, die im wesentlichen das ungesättigte Bisphenol darstellt, wird nach D. WASSERMANN[2] in den Glycidyläther überführt, indem zu 180 g des Reaktionsproduktes in 180 g Dioxan gelöst im Gemisch mit einer Lösung von 41 g Natriumhydroxyd in 80 g Wasser, 85 g Epichlorhydrin in einer $^1/_2$ Stunde bei 85° eingetragen und $1^1/_2$ Stunden bei 90—95° nachgerührt wird. Das gereinigte Harz hat 0,97 Epoxydäquivalente pro 100 g. Durch 5stündiges Erhitzen bei 170° härtet es und wird bei längerem Erhitzen kautschukartig. Zusatz von Triäthylentetramin bewirkt Härtung in 1 Stunde bei 115°. Produkte dieser Art können für die Herstellung von Anstrichmitteln, Klebstoffen oder Preß- und Gießharzen dienen.

Unter Verwendung eines unter dem Namen ,,Cardolit 6463" (MINNESOTA MINING & MANUFACTURING CORP.) im Handel befindlichen Kondensationsproduktes aus Phenol mit einem Phenol, eine höhere ungesättigte Seitenkette enthaltend, das pro Mol 2,5 phenolische OH-Gruppen enthält, stellt die SHELL DEVELOPMENT Co.[3] unter Anwendung von 3 Mol Epichlorhydrin pro phenolische OH-Gruppe Glycidyläther her, die als Epoxydharzvorprodukte vor allem als Anstrichmittel Verwendung finden können.

In Fortführung der Arbeiten der HARVEL Co. hat R. W. MARTIN[4] die Phenol-Cardanol Kondensation mittels BF_3 und die Umsetzung mit Epichlorhydrin folgendermaßen ausgeführt: 100 g des Kondensationsproduktes werden mit 260 g Epichlorhydrin und wenig Wasser einige Zeit gekocht und dann 25 g Natriumhydroxyd als 50%ige wäßrige Lösung in 5 Portionen — jede Portion jeweils 15 Minuten nach der vorhergehenden — eingetragen und 1 Stunde bei

---

[1] US 2317607, 15. 11. 37/27. 4. 43, HARVEL Co.
[2] US 2665266, 29. 1. 52/5. 1. 54, HARVEL Co.
[3] Belg. P. 532609, 18. 4. 55; US-Pri. 19. 10. 52, SHELL DEVELOPMENT Co.
[4] FP 1098767, 30. 1. 54/22. 8. 55; US-Pri. 2. 2. 53, BATAAFSCHE.

95—100° nachgerührt. Das gereinigte und entwässerte Harz ist eine viscose Flüssigkeit mit dem Molgewicht 603, einem Epoxydwert von 0,306%, 1,84 Epoxydgruppen pro Mol, 0,023% OH-Gruppen und 0,37% Chlor. — Werden 10 g dieses Glycidyläthers mit 0,5 g 2,4,6-Tri-(dimethylaminomethyl)-phenol gemischt auf Blech möglichst dick verstrichen, so härtet die Schicht in 16 Stunden bei 65° zu einem biegsamen elastischen Film. Im Vergleich dazu ist ein Film solcher Stärke aus dem gewöhnlichen Bisphenol-A-Glycidyläther bei der gleichen Behandlung spröde und bricht leicht.

Umsetzungsprodukte von Cardanol mit niederen Alkylenoxyden mit anschließender Veresterung beschreibt W. D. Macum[1]. Hierbei sollen höchstens 50% der phenolischen OH-Gruppen mit Äthylen- oder Propylenoxyd veräthert werden. Von den so gebildeten Oxalkyläthergruppen werden dann 25—75% mit dimerisierten Fettsäuren verestert. Die so erhaltenen Produkte lassen sich mit Hexamethylentetramin oder mit Formaldehyd härten. Durch die Wahl der Mengenverhältnisse, der Art der Komponenten und der Reaktionsbedingungen werden mehr oder weniger weiche, gummiartige Produkte mit unterschiedlichen Eigenschaften gewonnen. Diese Produkte zeichnen sich durch ungewöhnlich hohe Lebensdauer aus, ohne zu verspröden, bei mechanischen Beanspruchungen unter erhöhten Temperaturen, so daß sie besonders als Bremsbeläge für Fahrzeuge geeignet sind. — Folgendes Beispiel veranschaulicht das Verfahren:

1560 g mit konzentrierter Schwefelsäure in Toluol polymerisiertes und entwässertes Roh-Cardanol werden mit 20 g Triäthylamin als Katalysator im geschlossenen Gefäß auf 140° erhitzt und bei vermindertem Druck 120 g Propylenoxyd eingeleitet. Unter Rühren wird so lange bei der Temperatur gehalten, bis der anfängliche niedere Druck sich wieder eingestellt hat. Alsdann wird mit 320 g dimerisierter Fettsäure bei 265° unter azeotropischem Abführen des Reaktionswassers in etwa 1 Stunde verestert. Nach Entfernen der flüchtigen Anteile bei vermindertem Druck werden 1985 g eines viscosen Öles gewonnen, das sich nach Zufügen von 6% Hexamethylentetramin bei 160° zu einem zähen, biegsamen gummiartigen Produkt härten läßt. Das Produkt weist eine ausgezeichnete Hitzebeständigkeit auf und bleibt bis zu 350° unverändert.

Umsetzungsprodukte aus ungesättigten Epoxyden mit aliphatischen Aldehyden

Es liegt auf der Hand, daß ungesättigte Epoxydverbindungen wegen der Möglichkeit der Polymerisation besondere Anziehungskraft auf den Entwicklungschemiker ausüben. Überraschenderweise ist trotz leichter Greifbarkeit eines einfachen, ungesättigten Epoxydes, des Butadienmonoxyd, bisher zumeist nur mit den zusammengesetzten äther- oder esterartigen ungesättigten Epoxydverbindungen Allylglycidyläther oder Acrylsäureglycidylester gearbeitet worden.

---

[1] US 2758986, 28. 11. 52/14. 8. 56, AMERICAN BRAKE SHOE CO.

Anlagerung von Aldehyden an Allylglycidyläther. Die Umsetzung

$$R \cdot CH{=}O + CH_2{=}CH \cdot CH_2 \cdot O \cdot CH \cdot \underset{\substack{| \\ R'}}{C}\overset{O}{\overbrace{\quad\quad}}\underset{\substack{| \\ R''}}{CH} \cdot R''' \rightarrow R \cdot CO \cdot (CH_2)_3 \cdot O \cdot CH \cdot \underset{\substack{| \\ R}}{C}\overset{O}{\overbrace{\quad\quad}}\underset{\substack{| \\ R''}}{CH} \cdot R'''$$

$$R'{=}R''{=}H, CH_3, R'''{=}H, CH_3, C_6H_5$$

wobei R = Alkyl, Cycloalkyl, Oxacycloalkyl, R' = R'' = H, CH$_3$, R''' = H, CH$_3$, C$_6$H$_5$ sein kann, wurde von E. W. Glüsenkamp und T. M. Patrick[1] bearbeitet. Ausgegangen wurde von Allylglycidyläther, wie er von der Shell in US 2314039 beschrieben wird. An denselben werden Aldehyde mit Hilfe von Radikalbildnern addiert. Beispielsweise werden äquimolekulare Mengen von n-Butyraldehyd und Allylglycidyläther zum Sieden erhitzt, dann 0,5 g Benzoylperoxyd eingetragen und 48 Stunden unter Rückfluß gekocht. Anschließend wird nochmals 0,5 g Benzoylperoxyd zugeführt, kurz gekocht und fraktioniert. Es wird Glycidyl-4-oxo-heptyläther

$$CH_3 \cdot (CH_2)_2 \cdot CO \cdot (CH_2)_3 \cdot O \cdot CH_2 \cdot CH\overset{\quad}{\underset{O}{\diagdown\diagup}}CH_2 \quad v. \ Kp_{0,7} \ 88{-}89°$$

erhalten.

Außer Allylglycidyläther werden auch Allyl-α-, oder β-, oder γ-Methylglycidyläther und Allyl-α-phenylglycidyläther angewandt. Auf diese Weise sind hergestellt worden: die Glycidyl-4-oxo-, Amyl-, Hexyl-, Decyl-, Undecyl- und Heneicosyläther sowie Glycidyl-4-cyclo-hexyl-4-oxobutyläther, Glycidyl-5-äthyl-4-oxononyläther, Glycidyl-4-tetrahydrofurfuryl-4-oxobutyläther, α, β und γ-Methyl-glycidyl-4-oxoheptyläther und α-Phenyl-glycidyl-4-oxoheptyläther.

Butadienmonoxyd,

$$CH_2{=}CH \cdot CH\overset{\quad}{\underset{O}{\diagdown\diagup}}CH_2$$

ist von T. M. Patrick jr.[2] als Reaktionskomponente herangezogen worden, und zwar zur Umsetzung mit gesättigten, aliphatischen Aldehyden. Hierbei reagiert die Epoxydgruppe nicht, vielmehr erfolgt in Gegenwart von Katalysatoren, die freie Radikale abgeben, z. B. Benzoylperoxyd, Addition des Aldehydes mittels des der Carbonylgruppe benachbarten labilen Wasserstoffatoms an die Doppelbindung. Diese Umsetzung führt stets zu Polymeren, in denen sich 1 Mol Aldehyd mit n-Molen Butadienmonoxyd zusammenschließen, nach folgendem Schema:

$$R \cdot CH{=}O + n\, CH_2{=}CH \cdot CH\overset{\quad}{\underset{O}{\diagdown\diagup}}CH_2 \rightarrow R \cdot \underset{\underset{O}{\|}}{C}\left[{-}CH_2 \cdot \underset{\substack{| \\ CH{-}CH_2 \\ \diagdown O \diagup}}{CH}{-}\right]_n H \qquad \begin{matrix} n = 2{-}20 \\ R = Alkyl{-}C_{1-17} \end{matrix}$$

wobei die Größe n von den Reaktionsbedingungen abhängt, aber im allgemeinen nicht kleiner als 2 und nicht größer als 20 ist.

Ein Umsetzungsprodukt aus Butadienmonoxyd und Butyraldehyd wird in folgender Weise hergestellt: 35 g Butadienmonoxyd (0,5 Mol) und 108 g n-Butyraldehyd (1,5 Mol) werden mit 0,5 g Benzolyperoxyd

[1] US 2710873, 26. 10. 50/14. 6. 55, Monsanto Chem. Corp.
[2] US 2720530, 19. 1. 53/11. 10. 55, Monsanto Chemical Corp.

40 Stunden am Sieden gehalten. Während dieser Zeit werden nach der 16. und nach der 24. Stunde je eine weitere Portion von 0,5 g Benzoylperoxyd zugegeben. Durch Destillation wird das 1:1-Addukt, 7,8-Epoxy-4-octanon vom Kp_{10} 59—73° erhalten. Der Destillationsrückstand ist ein Gemisch von Addukten von 1 Mol Butyraldehyd mit 2—20 Mol Butadienmonoxyd. — Bei Anwendung anderer Mengenverhältnisse werden Addukte anderer Zusammensetzung erhalten.

Produkte dieser Art lassen sich als schäumungsverhütende Zusätze bei Schmierölen oder als weichmachende Zusätze zu Natur- und Kunstkautschuk verwenden. Addukte aus Butadienmonoxyd mit höheren Aldehyden, z. B. Laurinaldehyd, sind gute Weichmacher für Harze und Kunststoffe und können wegen ihrer Unflüchtigkeit und guten Hitzeverträglichkeit als verflüssigende Zusätze zu Schmierölen dienen. Die hochmolekularen Addukte eignen sich als Verdickungsmittel mit emulgierenden Eigenschaften und können als Basis für kosmetische Mittel Verwendung finden.

Die Herstellung von sekundären Aminen aus Divinylmonoxyd und Ammoniak oder Aminen nach dem bekannten Schema[1]

$$CH_2{=}CH \cdot CH{-}CH_2 + NH{<}^R_{R'} \quad \rightarrow \quad CH_2{=}CH \cdot CHOH \cdot CH_2 \cdot N{<}^R_{R'}$$

ist von A. A. Petrow und V. M. Albickaja[2] für Amine mit den Alkylgruppen CH_3, C_2H_5, n · C_3H_7 und n-C_4H_9 beschrieben.

Hydroxylgruppenfreie Epoxydharzvorprodukte

Für manche Gebrauchszwecke ist die Anwesenheit der in den üblichen polymeren Epoxydharzvorprodukten vorhandenen Hydroxylgruppen störend.

Epoxydharzvorprodukte, die keine Hydroxylgruppen enthalten, sind in verschiedener Weise gewonnen worden.

Ausgehend von Cyclopentadien, dessen Diepoxyd in der niedermolekularen Form noch nicht als Epoxydharzvorprodukt brauchbar ist, und dem Dimerisierungsprodukt desselben, dessen Diepoxyd gleichfalls den Ansprüchen noch nicht genügt, wurde das von H. A. Bruson[3] hergestellte Umsetzungsprodukt aus 2 Mol des Dimerisierungsproduktes mit einem Mol Glykol mit Hilfe von Bortrifluorid zum Di-(dicyclopentadienyl)-äther:

$$4 \begin{array}{c} CH_2 \\ CH{=}CH \\ CH{-}CH \end{array} \rightarrow 2 \begin{array}{c} CH{-}CH_2 \\ CH{-}CH{-}CH \\ CH{-}CH{-}CH \\ CH \end{array} + HO \cdot R \cdot OH$$

$$\xrightarrow{BF_3} \text{(Di-(dicyclopentadienyl)-äther)} \cdots CH \cdot O \cdot R \cdot O \cdot CH \cdots$$

R = ein zweiwertiger Alkohol

---

[1] Amer. Soc. **1950**, 4792.
[2] Petrow, A. A., u. V. M. Albickaja: Z. obsc. Chem. **26** (1956), Nr. 7, 1907—1909.
[3] US 2393610, 25. 3. 44/29. 1. 46, Resinous Prod. & Chem. Co.

durch W. D. Niederhäuser[1] mit Peressigsäure zur Diepoxydverbindung epoxydiert.

Zusammengesetzte Diepoxyde dieser Art, die mit den verschiedenartigsten Glykolen hergestellt sein können, lassen sich mit Polycarbonsäuren oder ihren Anhydriden zu hochwertigen Epoxydharzen härten, die für die üblichen Verwendungszwecke sehr gut geeignet sind, wie E. Koroly[2] gezeigt hat. Vor allem sind diese Epoxydharzvorprodukte gute Ausgangsmaterialien für die Herstellung von hochelastischen Schaumstoffen.

Weiterhin werden hydroxylgruppenfreie höhermolekulare Diepoxyde, die sich als Epoxydharzvorprodukte für die üblichen Zwecke eignen, durch B. Phillips und P. S. Starcher[3] aus sauren Diels-Alder-Addukten hergestellt, indem diese mit Glykolen verestert, und anschließend epoxydiert werden. Beispielsweise wird das Adukt aus Butadien und Acrolein zur Säure oxydiert, dann mit Äthylenglykol verestert und schließlich epoxydiert:

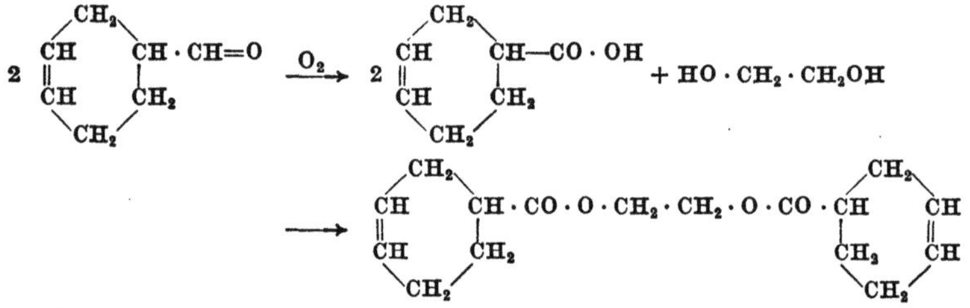

$$2\ \text{(Cyclohexadienyl-CH=O)} \xrightarrow{O_2} 2\ \text{(Cyclohexadienyl-CO·OH)} + \text{HO·CH}_2\cdot\text{CH}_2\text{OH}$$

$$\longrightarrow \text{(Cyclohexadienyl)-CH·CO·O·CH}_2\cdot\text{CH}_2\cdot\text{O·CO·CH-(Cyclohexadienyl)}$$

Die Epoxydierung des Di-(cyclohexadienyl)-äthylenglykoläthers wird mit dem besonders wirksamen Acetaldehydmonoperacetat

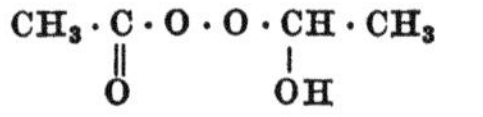

$$\text{CH}_3\cdot\underset{\underset{\text{O}}{\|}}{\text{C}}\cdot\text{O}\cdot\text{O}\cdot\underset{\underset{\text{OH}}{|}}{\text{CH}}\cdot\text{CH}_3$$

vorgenommen, indem dasselbe in eine auf 40—120° erwärmte Lösung der ungesättigten Verbindung in Aceton, Cyclohexanon oder Essigsäure eingetragen wird, wie es die Union Carbide & Carbon Corp.[4] beschreibt. Nach der Epoxydierung werden die Ausgangsmaterialien, Acetaldehyd und Essigsäure, wiedergewonnen:

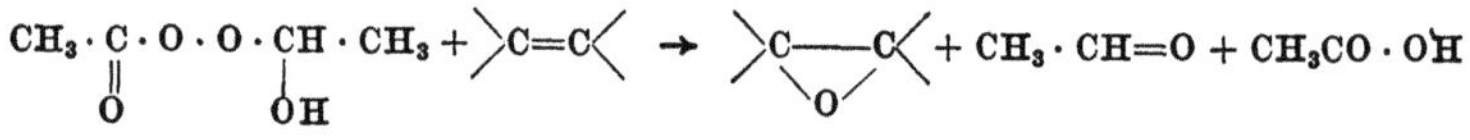

$$\text{CH}_3\cdot\underset{\underset{\text{O}}{\|}}{\text{C}}\cdot\text{O}\cdot\text{O}\cdot\underset{\underset{\text{OH}}{|}}{\text{CH}}\cdot\text{CH}_3 + {>}\text{C=C}{<} \rightarrow {>}\underset{\underset{\text{O}}{}}{\text{C}}\!-\!\!-\!\!\text{C}{<} + \text{CH}_3\cdot\text{CH=O} + \text{CH}_3\text{CO}\cdot\text{OH}$$

und können nach erneuter Oxydation wieder für die Epoxydierung eingesetzt werden.

Zu analogen Verbindungstypen gelangen dieselben Erfinder[5] durch Verestern von 2 Mol Cyclohexenmethanol

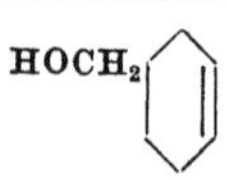

$$\text{HOCH}_2\text{-(Cyclohexenyl)}$$

[1] US 2543419, 11. 5. 49/27. 2. 51, Rohm & Haas
[2] US 2609357, 13. 11. 50/2. 9. 52 — DP 909862, 18. 3. 54, Rohm & Haas.
[3] US 2745847, 8. 10. 53/15. 5. 56, Union Carbide & Carbon Corp.
[4] BP 735974, 4. 8. 53/31. 8. 55; US-Pri. 7. 8. 52.
[5] US 2750395, 5. 1. 54/12. 6. 56.

mit zweibasischen Carbonsäuren, z. B. Phthalsäure, Terephthalsäure, Malonsäure, Pimelinsäure, Bernsteinsäure u. dgl. Die gewonnenen zweifach ungesättigten Diester werden dann zu Diepoxyden der allgemeinen Formel

$$O\!\!<\!\!\square\!\!>\!\!-CH_2 \cdot O \cdot CO \cdot X \cdot CO \cdot O \cdot CH_2-\!\!<\!\!\square\!\!>\!\!O \qquad X = \text{zweiwertiger Rest eines Kohlenwasserstoffes mit 2—10 C-Atomen}$$

mit Peressigsäure bzw. mit Acetaldehydmonoperacetat epoxydiert. Es werden die folgenden Verbindungen beschrieben: Bis-(3,4-epoxy-cyclohexylmethyl)-maleat, -phthalat, -terephthalat, -pimelat sowie Bis-(3,4-epoxy-6-methylcyclohexylmethyl-)maleat und -succinat. — Produkte dieser Art können als Weichmacher und als Stabilisatoren für säureabspaltende Kunstmassen oder als Zusatz zu Anstrichmitteln Verwendung finden.

Es wären schließlich auch 1,3-Epoxydverbindungen, die sich vom Pentaerythrit ableiten, als hydroxylgruppenfreie Epoxydharzvorprodukte anzuführen, da aus denselben unter Verwendung geeigneter Härter in gleicher Weise wie aus 1,2-Epoxydverbindungen Epoxydharzvorprodukte für praktische Verwendungen zu gewinnen sind.

Wie S. 353 ausgeführt, haben CLOKE und MOORADIAN[1] gefunden, daß sich aus Pentaerythrit und Thionylchlorid in Gegenwart von Pyridin in Abhängigkeit von den vorliegenden Mengenverhältnissen Pentaerythritmono- bis zu -tetrachlorhydrin bilden. Aus Pentaerythritdichlorhydrin hat S. F. MARRIAN[2] dann durch Chlorwasserstoffabspaltung die Di-1,3-Epoxydverbindung hergestellt:

$$\begin{array}{ccc} HO \cdot CH_2\diagdown\ \diagup CH_2 \cdot OH & & \diagup CH_2\diagdown\ \diagup CH_2\diagdown \\ \qquad C & \rightarrow \quad O \qquad C \qquad O & \text{2,6-Dioxaspiro-3,3-heptan} \\ Cl \cdot CH_2\diagup\ \diagdown CH_2 \cdot Cl & & \diagdown CH_2\diagup\ \diagdown CH_2\diagup \end{array}$$

Wie R. KÖHLER und H. PIETSCH[3] gefunden haben, lassen sich Oxacyclobutane dieser Art mit FRIEDEL-CRAFTSschen Katalysatoren zu elastischen harten Kunststoffen härten, die als Klebmittel und Gießharze, die eine besonders geringe Schrumpfung aufweisen, Verwendung finden können.

In einem späteren Patent[4] haben dieselben Erfinder Harze mit ähnlichen Eigenschaften hergestellt, indem Polyäther des Trimethylenglykol, welche Oxacyclobutanringe enthalten, mit Dicarbonsäureanhydriden umgesetzt werden. Die ersteren werden durch Polymerisation von Methyloloxacyclobutanen, die eine Chlormethyl- oder eine Alkylmethyläthergruppe enthalten, mit Hilfe von Bortrifluorid hergestellt.

---

[1] CLOKE u. MOORADIAN: Am. Soc. **1945**, 943.
[2] MARRIAN, S. F.: Chem. Rev. **1948**, 149—202.
[3] DP 915866, 11. 8. 51/16. 6. 54 — DP 912503, 9. 10. 51/15. 4. 54; DP 931130, 21. 10. 51/7. 7. 55; FP 1065251, 4. 6. 52/21. 5. 54; D.-Pri. 20. 7. und 10. 8. 51; D. Anm. H 12885, 14. 6. 52 — FP 1075180, 19. 9. 52/13. 10. 54; D.-Pri. 8. 10. 51 und 14. 8. 52, HENKEL & CIE.
[4] DP 943906, 15. 8. 52/1. 6. 56, HENKEL & CIE.

Zurückgehend auf Arbeiten von H. FECHT[1], in denen die Umsetzung von Pentaerythrit mit Chlorwasserstoff unter Druck beschrieben wird und Gemische von Mono-, Di- und Trichlorhydrin des Pentaerythrits erhalten wurden, hat die DEUTSCHE GOLD- UND SILBER-SCHEIDEANSTALT (DEGUSSA)[2] ein Verfahren bekanntgegeben, nach dem durch Vornahme der Umsetzung in einem Lösungsmittel (Benzol) in Gegenwart katalytischer Mengen von Eisessig Pentaerythritdichlorhydrin vom F 79,5° und Pentaerythrittrichlorhydrin vom F 63—65° mit einer Ausbeute von 86 und 63% d. Th. gewonnen wird. Unter Verwendung höherer Mengen Eisessig entstehen Acetate des Trichlorhydrins.

Polyätherpolyepoxyde aus Epichlorhydrin und Kondensationsproduktion von Formaldehyd mit aliphatischen Ketonen

Die Umsetzung von Epichlorhydrin oder Dichlorhydrin mit Kondensationsprodukten aus Formaldehyd und aliphatischen Ketonen unter Bildung höhermolekularer Polyätherpolyepoxyde, wurde von der SHELL DEVELOPMENT CO.[3] studiert und für die Gewinnung technisch brauchbarer Epoxydharzvorprodukte ausgewertet.

Die für die Herstellung der Formaldehyd-Kondensationsprodukte verwendeten Ketone sollen an den der Carbonylgruppe benachbarten C-Atomen mindestens 4 aktive H-Atome, und im ganzen nicht mehr als 10 C-Atome aufweisen. Solche Ketone sind: Aceton, Methyläthylketon, Cyclohexanon, Cyclopentanon, Methylisobutylketon, Methyloctylketon, Mesityloxyd und Acetoxyaceton.

Bei der Kondensation addiert sich Formaldehyd an jedes aktive H-Atom unter Bildung einer Methylolgruppe und die Ketogruppe wird zur Hydroxylgruppe reduziert. Kondensationen dieser Art sind schon lange bekannt, und so gewinnbare Polymethylolverbindungen sind immer wieder als reaktionsfähige Ausgangsmaterialien angewandt worden. Ein besonderes Interesse haben die Bearbeiter für das aus Aceton gewonnene Hexamethylolpropanol-2 gezeigt, von dem angenommen wird, daß es unter H_2O-Abspaltung in das cyclische Tetramethylolpropanol-2-dimethylolanhydrid übergeht:

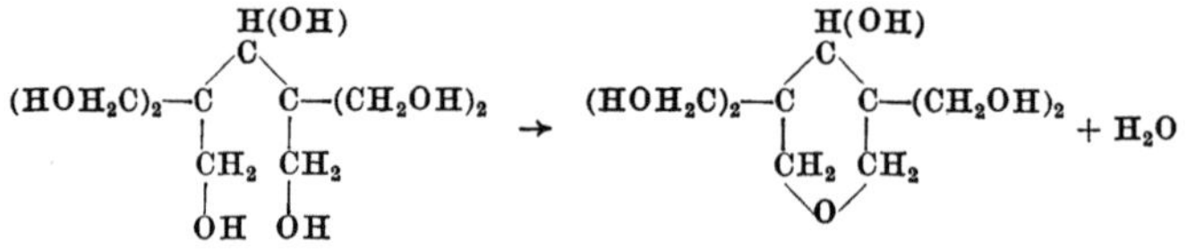

$$
\begin{array}{ccc}
& \overset{\textstyle H(OH)}{\underset{\diagup\quad\diagdown}{C}} & \\
(HOH_2C)_2{-}\overset{|}{C} & & \overset{|}{C}{-}(CH_2OH)_2 \\
\overset{|}{CH_2} & & \overset{|}{CH_2} \\
\overset{|}{OH} & & \overset{|}{OH}
\end{array}
\quad\rightarrow\quad
\begin{array}{ccc}
& \overset{\textstyle H(OH)}{\underset{\diagup\quad\diagdown}{C}} & \\
(HOH_2C)_2{-}\overset{|}{C} & & \overset{|}{C}{-}(CH_2OH)_2 \\
\overset{|}{CH_2} & & \overset{|}{CH_2} \\
& \underset{\diagdown\;O\;\diagup}{} &
\end{array}
\; + H_2O
$$

Während die Hexamethylolverbindung wiederholt in der Literatur erwähnt bzw. beschrieben ist, hat man von dieser Cyclisierung durch

---

[1] FECHT, H.: B. **40**, 3888—3889 (1909).

[2] FP 1 118 332, 28. 1. 55/4. 6. 56; D.-Pri. 18. 2. 54 — D. Anm. D 17 071 sowie D 17 128, 24. 2. 54, DEGUSSA.

[3] Belg. P. 533 294, 13. 11. 54 — US Anm. 392 055, 13. 11. 53, SHELL DEVELOPMENT CO.

Wasserabspaltung bisher noch nichts gehört. Eine solche Reaktion hätte eine gewisse Ähnlichkeit mit der oben erwähnten Wasserabspaltung bei Derivaten des Tetramethylolharnstoff zu dem cyclischen Anhydrid. Offenbar wird diese Struktur auf Grund des niedrigen OH-Wertes angenommen,

$$da\ gefunden\ wurde\ ein\ OH\text{-}Wert\ von \ldots\ldots\ldots\ 1{,}74/100\ g$$
$$während\ Hexamethylolpropanol\text{-}2\ den\ OH\text{-}Wert \ldots\ 2{,}92/100\ g$$

hat und sich für das cyclische Tetramethylol-

$$anhydrid\ ein\ OH\text{-}Wert\ von \ldots\ldots\ldots\ldots\ldots\ 2{,}25/100\ g$$

berechnet.

Die angenommene cyclische Struktur ist jedoch unbewiesen. Es erscheint chemisch plausibler, ein lineares Polymer der folgenden Struktur anzunehmen:

$$(HOCH_2)_3 \cdot C \cdot \underset{\underset{HO}{|}}{CH} \cdot \underset{\underset{(CH_2OH)_2}{\|}}{C} - CH_2 \cdot O \cdot \left[\cdot CH_2 \cdot \underset{\underset{(CH_2OH)_2}{\|}}{C} - \underset{\overset{HO}{|}}{CH} - \underset{\overset{(CH_2OH)_2}{\|}}{C} - CH_2 \cdot O \cdot \right]_n \cdot CH_2 \cdot \underset{\underset{(CH_2OH)_2}{\|}}{C} - \underset{\overset{OH}{|}}{CH} - C \cdot (CH_2OH)_3$$

Für diese Annahme spricht auch die hochviscose Konsistenz dieser Verbindung, deren reicher Gehalt an Hydroxylgruppen sie für Veresterungszwecke als besonders aussichtsreich erscheinen läßt.

Die Herstellung des Formaldehyd-Aceton-Kondensationsproduktes und seine Umsetzung mit Epichlorhydrin wird in folgender Weise durchgeführt: Ein Gemisch von 937 g Formaldehyd 37%ig, 87 g Aceton und 40 g Calciumoxyd wird 2 Stunden bei 40—45° gerührt und nach dem Filtrieren mittels azeotropischer Destillation durch ein Methanol-Benzol-Gemisch entwässert. Das viscos-flüssige Produkt wird in Benzol gelöst und in Gegenwart eines FRIEDEL-CRAFTS-Katalysator mit der berechneten Menge Epichlorhydrin bis zur beendeten Umsetzung am Sieden erhalten. Da bei dem Siedepunkt des Benzols die völlige Umsetzung recht lange dauert, ist ein höhersiedendes Lösungsmittel, etwa Xylol, vorteilhaft. Das erhaltene Halohydrin wird in Lösung mittels Natriumaluminat oder anderer alkalischer Verbindungen in bekannter Weise dehalogeniert. Die so gewonnenen Epoxydverbindungen haben ein Molgewicht von 300—1000 und weisen 2—4 Epoxydgruppen pro Mol auf. — Statt mit Epichlorhydrin kann auch mit anderen Epoxyden, wie Diglycidyläther, Butadiendioxyd oder epoxydierten Di- oder Triglyceriden ungesättigter Fettsäuren gearbeitet werden. Durch Variieren der zur Einwirkung gelangenden Menge der Epoxydverbindung kann das Molgewicht und damit auch die Eigenschaft des Umsetzungsproduktes weitgehend verändert werden.

Die gewonnenen flüssigen bis festen Produkte eignen sich als Stabilisatoren für PVC und lassen sich mit den üblichen Härtern als Anstrichmittel, Gieß- oder Preßharze härten. Ihr besonderes Anwendungsgebiet jedoch ist, in Gestalt von Lösungen oder von Emulsionen, als Textilhilfsmittel zur Erzielung von Verbesserungen in der Formbeständigkeit (Einlaufen, Knittern). Es ist jedoch nicht möglich, ein Werturteil über diese neuen Verbindungen abzugeben, da Vergleichsversuche mit den üblichen, wesentlich billigeren Harnstoff-Formaldehydvorkondensaten fehlen.

Alkalilösliche Epoxydharzvorprodukte

Bei der Umsetzung von Bisphenolen, bei denen der eine Phenolrest eine Carboxylgruppe enthält, mit Epichlorhydrin und Alkali in der üblichen Weise erhält man Polyalkoholpolyepoxyde. Diese sind in normaler Weise härtbar, aber im Gegensatz zu den bekannten Epoxydharzvorprodukten in verdünntem Alkali löslich[1]. Vermutlich sollen alkalische Lösungen dieser Art zum Imprägnieren dienen und in dem Substrat mittels Metallsalzen unlöslich niedergeschlagen werden mit anschließender Härtung.

Die Verätherung mehrwertiger Phenole in alkalischer Lösung mit Halogencarbonsäuren mit anschließender Umsetzung mit Epichlorhydrin, wobei saure Harze mit Epoxydgruppen, die in der Wärme härten, erhalten werden, beschreibt J. REESE[2]. Als Phenolkomponente ist Bisphenol A als das geeignetste erwähnt, jedoch können auch mehrwertige einkernige Phenole, z. B. Resorcin, angewandt werden. Als Halogencarbonsäuren werden Chloressigsäure und Chlorpropionsäure angeführt. — Die Arbeitsweise geht aus folgenden Vorschriften hervor:

1. Eine Lösung von 104 g Chloressigsäure in 100 g Wasser und 58,4 g Soda wird mit einer Lösung von 228 g Bisphenol A in 800 g 10%iger Natronlauge bei 85—90° so lange erhitzt, bis die Umsetzung beendet ist. Alsdann werden bei 40° 92,5 g Epichlorhydrin eingetragen und bei 60—80° kondensiert. Das sich nach dem Ansäuern ausscheidende Harz wird in Butanol gelöst und neutral gewaschen. Nach dem Trocknen erhält man ein Harz mit dem Erweichungspunkt 54—58°, einer Säurezahl 77, OH-Zahl 73,5 und Verseifungszahl 157. Der Aufstrich einer Lösung des Harzes härtet bei 200° zu einem elastischen in Lösungsmitteln unlöslichen Film.

2. 110 g Resorcin werden mit 94,5 g Chloressigsäure in 800 g 10%iger Natronlauge bei 90° umgesetzt, bei 40° mit 92,5 g Epichlorhydrin versetzt und bei 70—80° kondensiert. Das nach dem Ansäuern, Waschen und Trocknen erhaltene helle Harz hat einen Epoxydwert von 0,27/100 g, Säurezahl 159, Verseifungszahl 202 und OH-Zahl 213. Ein Aufstrich des gelösten Harzes härtet bei 200° in einer $^{1}/_{2}$ Stunde.

3. Nach Kondensation von 268 g 4,4′-Dioxydiphenylcyclohexan mit 108 g β-Chlorpropionsäure in 600 g 20%iger Natronlauge bei 95—100° wird mit 92,5 g Epichlorhydrin bei 60—80° umgesetzt. Nach der Aufarbeitung erhält man ein härtbares Weichharz, das sich leicht in verdünntem Alkali löst.

Die Verwendung dieser selbsthärtenden Harze erfolgt vorzugsweise für Lackzwecke.

In analoger Weise stellt die REICHHOLD CHEMIE AG.[3] aus Kondensationsprodukten von Phenol-Formaldehyd-Novolaken mit α-Halogencarbonsäuren, insbesondere mit Chloressigsäure, in alkalischer Lösung teilweise verätherte Umsetzungsprodukte mit Epichlorhydrin her. Diese Carboxylgruppen enthaltenden Polyglycidyläther sind in wäßrigen Alkalien löslich und können in dieser Lösung für Anstrichzwecke Verwendung finden. Die nach dem Härten erhaltenen Filme bzw. Folien sind hart, biegsam und unlöslich.

[1] S. C. JOHNSON & SON. Austral. P. Anm. 2215/54, 6. 8. 54; US-Pri. 12. 1. 54.
[2] REESE, J.: D. Anm. C 9089 IVb 39c, 24. 3. 54, CHEMISCHE WERKE ALBERT.
[3] FP 1131389, 22. 9. 55/20. 2. 57; D.-Pri. 22. 9. 54.

In dem Abschnitt „Ungesättigte Glycidylätherpolymerisate" wurden mit Phosphorsäure nachbehandelte Copolymere von ungesättigten Glycidyläthern mit Vinyl- oder Acrylderivaten beschrieben[1], die sich in wäßrigen Lösungen von Alkalien oder Ammoniak lösen und sich u. a. auch für Anstrichzwecke eignen.

Säurelösliche Epoxydharzvorprodukte

Mit dem Ziel, verspinnbare hochmolekulare Epoxydharzderivate herzustellen, haben A. S. CARPENTER, S. COLDFIELD u. E. R. WALLSGROVE[2] hochpolymere Umsetzungsprodukte von di-sek. Aminen mit Epichlorhydrin mit der berechneten Menge Alkali durchgeführt. Als di-sek. Amine werden 4,4'-Dipiperidyl

$$HN\begin{array}{c}CH_2\!-\!CH_2\\ \\ CH_2\!-\!CH_2\end{array}CH\!-\!HC\begin{array}{c}CH_2\!-\!CH_2\\ \\ CH_2\!-\!CH_2\end{array}NH$$

und Bis-4,4'-(N-methylaminophenyl)-methan

$$(CH_3)HN \cdot C_6H_4 \cdot CH_2 \cdot C_6H_4 \cdot NH(CH_3)$$

angeführt. Die Basizität dieser Amine überträgt sich auf die linearen Polymere, so daß sie säurelöslich sind. Die Umsetzung erfolgt beispielsweise, indem ein Gemisch von 10,1 Teilen (1 Mol) Epichlorhydrin, 18,4 Teile (1 Mol) 4,4'-Dipiperidyl, 160 Teile Äthanol und eine Lösung von 4,55 Teilen (1,04 Mol) Natriumhydroxyd in 20 Teilen Wasser 3 Stunden am Rückflußkühler am Sieden gehalten wird. Das erhaltene Weichharz wird mit siedendem Wasser alkalifrei gewaschen. Nach dem Trocknen läßt es sich zu Fäden ausziehen.

Polyphenole, die mittels Aminen aufgebaut sind, wie sie A. M. PAQUIN[3] beschrieben hat, ergeben nach der Überführung in schmelzbare und lösliche Polyalkoholpolyepoxyde mittels Epichlorhydrin in üblicher Weise härtbare Epoxydharzvorprodukte, die in verdünnten Säuren löslich sind. Zur Gewinnung dieser Produkte werden von demselben Erfinder[4] u. a. die folgenden Beispiele angegeben:

1. In eine Lösung von 28,5 g N,N-Di-(oxybenzyl)-butylamin ($^1/_{10}$ Mol) in 96 g 10%iger Natronlauge wird bei 40° ein Gemisch von 18,5 g Epichlorhydrin ($^1/_5$ Mol), 15 g Alkohol und 10 g Wasser eingetragen, wobei die Temperatur spontan auf 55° steigt. Nach kurzer Zeit wird die Flüssigkeit milchig und es scheidet sich in zunehmendem Maße ein hellbraunes Öl ab. Nach 1 Stunde Nachrühren ist die Reaktionsmischung nur noch schwach alkalisch. Nach Aufnehmen des Öles in Chloroform, Neutralwaschen mit Wasser von 30°, Trocknen mit Natriumsulfat und Abtreiben der flüchtigen Bestandteile bei 10—15 mm und 40—70° wird ein klares gelbbraunes in verdünnten Säuren lösliches Weichharz in einer Ausbeute von 30,4 g und einem Epoxydgruppengehalt, der 46% desjenigen des monomeren Diglycidyläthers beträgt, erhalten. Nach Zusatz von 3% Phthalsäureanhydrid oder 2% Diäthylentriamin härtet das Harz bei 150° in 30—35 Minuten und ist dann in verdünnten Säuren nicht mehr löslich.

---

[1] US 2723971, E. I. DU PONT DE NEMOURS.
[2] BP 675665. 2. 3. 49/16. 7. 50 — DP 850811, COURTAULDS LTD.
[3] FP 1078381, 18. 11. 52/17. 11. 54; D.-Pri. 19. 11. 50, 15. u. 29. 2. sowie 8. 8. u. 17. 9. 52. CASSELLA FARBWERKE MAINKUR A. G.
[4] FP 1079957, 10. 4. 53/6. 12. 54; D.-Pri. 12. 4. 52.

2. Unter Verwendung von 30,9 g N,N-Di-(oxybenzyl)-anilin werden nach demselben Verfahren 44 g eines schwach polymeren Diglycidyläthers als klares bräunliches Weichharz erhalten, dessen Epoxydgruppengehalt 48% desjenigen des monomeren Diglycidyläthers beträgt. Die Härtung dieses säurelöslichen Harzes erfolgt etwa in derselben Weise wie diejenige des vorhergehenden Produktes.

Die ungehärteten Epoxydharzvorprodukte sind in verdünnten Säuren, wie Essigsäure, leicht löslich. Die konzentrierten, wäßrigen Lösungen können daher als Oberflächenanstrichmittel angewandt werden. Nach dem Trocknen der mit Diäthylentriamin versetzten wäßrigen Lacklösung und 45 Minuten Einbrennen bei 150° wird ein harter elastischer Film, der nunmehr beständig gegen verdünnte Säuren ist, erhalten.

Auf anderem Wege gelangen E. R. LIEBERMANN und H. YUSKA[1] zu säurelöslichen Epoxydharzvorprodukten, indem sie Umsetzungsprodukte von polymeren Bisphenol-A-Glycidyläthern mit relativ hohen Mengen von Polyaminen — nach Art der bekannten „Aminkonzentrathärter" — verwenden. Auch hier werden die Epoxydharzvorprodukte mit den Polyaminen einige Zeit am Rückflußkühler gekocht. Es werden beispielsweise umgesetzt:

1. 400 Teile eines polymeren Bisphenol-A-Glycidyläthers mit Erweichungspunkt 20—30° und einem Epoxydäquivalentgewicht von 240 mit 156 Teilen Tetraäthylenpentamin in 400 Teilen Toluol — oder

2. 400 Teile eines polymeren Bisphenol-A-Glycidyläthers vom Erweichungspunkt 65—75° und einem mittleren Epoxydäquivalentgewicht von 490 mit 72 Teilen N-Methylpropylendiamin in 400 Teilen Toluol.

Wie zu erwarten, sind Umsetzungsprodukte dieser Art in verdünnten wäßrigen Säuren löslich.

Während das zu Beginn dieses Abschnittes angeführte BP 675665 von COURTAULDS die Herstellung von hochpolymeren Umsetzungsprodukten von di-sek. Aminen mit Epichlorhydrin, die keine Epoxydgruppen enthalten, beschreibt, ist es das Ziel von G. FRANK, W. KRAUSS und R. WEGLER[2] mit denselben Komponenten möglichst niedermolekulare, epoxydgruppenhaltige Reaktionsprodukte herzustellen. Als bevorzugtes di-sek. Amin wird Bis-4,4'-(N-methylaminophenyl)-methan angeführt, das die Grundlage für alle 4 Beispiele darstellt. Die Umsetzung wird zunächst bei höherer Temperatur zum Dichlorhydrin geführt, dann, in zweiter Stufe bei gewöhnlicher Temperatur mit Alkali zur Diglycidylverbindung umgesetzt. Es wird beispielsweise folgendermaßen gearbeitet: zu 1582 g (7 Mol) Bis-4,4'-(N-methylaminophenyl)-methan in 1400 ml Benzol werden während des Siedens in $2^1/_2$ Stunden 1400 g (15 Mol) Epichlorhydrin eingetropft und 15 Stunden nachgerührt. Alsdann wird auf 20° abgekühlt und bei 20—30° in 2 Stunden 2100 ml 44%ige Natronlauge eingetropft und 15 Stunden nachgerührt. Die Benzollösung wird gewaschen, getrocknet und im Vakuum das Benzol abgetrieben. Es werden 2322 g (=98% d. Th.) eines flüssigen

[1] US 2772248, 4. 5. 53/27. 11. 56, INTERCHEMICAL CORP.
[2] D. Anm. F 16316, 1011618, 6. 12. 54, BAYER.

niedermolekularen Diepoxydes erhalten, dessen Epoxydsauerstoff fast der Theorie entspricht. Die Verbindung hat die Formel:

$$CH_2{-}CH \cdot CH_2{-}[{-}N(CH_3) \cdot C_6H_4 \cdot CH_2 \cdot C_6H_4 \cdot N(CH_3) \cdot CH_2 \cdot CH(OH) \cdot CH_2{-}]_n$$
$$\underset{O}{\diagdown\diagup}$$

$${-}N(CH_3) \cdot C_6H_4 \cdot CH_2 \cdot C_6H_4 \cdot N(CH_3) \cdot CH_2 \cdot CH{-}CH_2$$
$$\underset{O}{\diagdown\diagup}$$

und kann für kalthärtende Überzug- oder Schichtmassen sowie als Gießharz oder Klebmittel unter Verwendung der üblichen Härter angewandt werden.

Stickstoffhaltige Epoxydharze

Stickstoff wird in Epoxydverbindungen vorwiegend durch Amino- oder Amidoverbindungen eingeführt. Hier werden vor allem solche stickstoffhaltigen Epoxydharze angeführt, bei denen die stickstoffhaltige Komponente zum Aufbau des Epoxydharzvorproduktes dient, während im Kapitel „Härter" solche Epoxydharze angeführt werden, bei denen eine stickstoffhaltige Komponente zum bereits fertig vorliegenden stickstofffreien Epoxydharzvorprodukt als Härtungsmittel zugegeben wird.

Polyadditionsprodukte höhermolekularer Art aus bifunktionellen Epoxydverbindungen und Polyaminen sind von der AMERICAN CYANAMID Co. beschrieben worden. Ziel dieser Arbeiten war die Herstellung von basischen Ionenaustauschharzen.

J. R. DUDLEY und L. A. LUNDBERG[1] stellen hochmolekulare unlösliche und unschmelzbare Anionenaustauschharze her, durch Polyaddition von Tetraäthylenpentamin mit Di- und Triepoxyden, wie Epichlorhydrin, Dichlorhydrin oder Melamintrichlorhydrin. Letzteres geht beispielsweise bei der Umsetzung durch die Alkalität des Polyamins in Triglycidyl-Melamin über:

und reagiert sofort weiter unter Polyaddition.

Unter Verwendung von Epichlorhydrin wird beispielsweise gearbeitet: Zu einem Gemisch von 189 g Tetraäthylenpentamin und 430 g Wasser werden bei 3° 231,3 g Epichlorhydrin in etwa 1 Stunde eingetragen, dann wird $1\frac{1}{2}$ Stunden bei 10° gerührt, in $\frac{3}{4}$ Stunden auf 25° erwärmt und schließlich auf 100° erhitzt, wobei die Masse geliert. Das Gel wird gebrochen, getrocknet und stellt ein wirksames Anionenaustauschharz dar.

---

[1] US 2469683, 15. 9. 45/10. 5. 49, AMERICAN CYANAMID Co.

Das erste Stadium der Polyaddition ist die Bildung eines linearen Polychlorhydrins, beispielsweise bei der Einwirkung von 3 Mol Epichlorhydrin auf 1 Mol Tetraäthylenpentamin:

$$
\begin{array}{l}
\text{H—N} \cdot \text{CH}_2 \cdot \text{CH}_2 \cdot \text{N} \cdot \text{CH}_2 \cdot \text{CH}_2 \cdot \text{N} \cdot \text{CH}_2 \cdot \text{CH}_2 \cdot \text{N} \cdot \text{CH}_2 \cdot \text{CH}_2 \cdot \text{N—H} \\
\quad\ \, |\qquad\qquad\qquad\qquad\quad |\qquad\qquad\qquad\qquad\quad\ |\qquad\qquad\qquad\qquad\quad |\qquad\qquad\qquad\qquad |\\
\quad\ \, \text{CH}_2 \qquad\qquad\qquad\ \ \text{H} \qquad\qquad\qquad\ \ \text{CH}_2 \qquad\qquad\qquad\ \ \text{H} \qquad\qquad\qquad \text{CH}_2 \\
\quad\ \, |\qquad\qquad\qquad\qquad\qquad\qquad\qquad\qquad\qquad\quad |\qquad\qquad\qquad\qquad\qquad\qquad\qquad\qquad\quad |\\
\quad\ \, \text{CHOH} \cdot \text{CH}_2\text{Cl} \qquad\qquad\qquad\ \text{CHOH} \cdot \text{CH}_2\text{Cl} \qquad\qquad\qquad \text{CHOH} \cdot \text{CH}_2\text{Cl}
\end{array}
$$

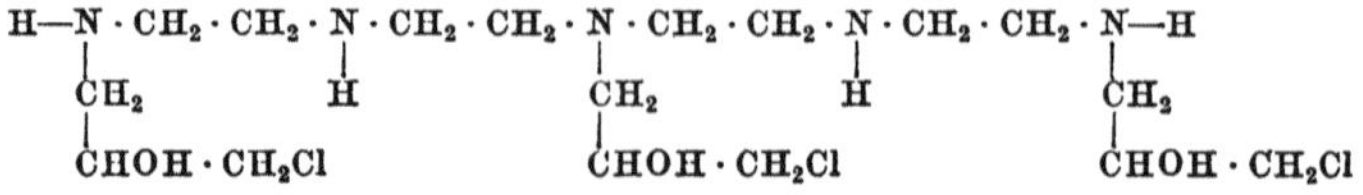

Durch Halogenentzug mit überschüssigem Polyamin geht das Polychlorhydrin in ein Polyepoxyd über, das sich an noch freie Iminogruppen eines anderen Mols unter Vernetzung bindet, wobei Produkte gebildet werden, welche die folgende Struktur besitzen könnten:

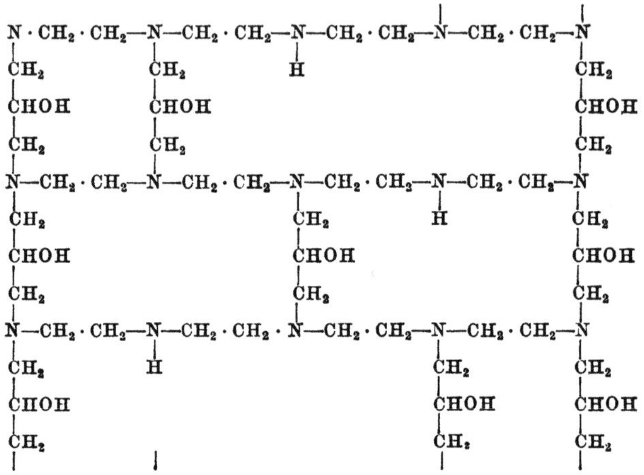

$$
\begin{array}{l}
\text{N} \cdot \text{CH}_2 \cdot \text{CH}_2\text{—N—CH}_2 \cdot \text{CH}_2\text{—N—CH}_2 \cdot \text{CH}_2\text{—N—CH}_2 \cdot \text{CH}_2\text{—N} \\
|\qquad\qquad\quad |\qquad\qquad\qquad |\qquad\qquad\qquad\qquad\qquad\qquad |\\
\text{CH}_2 \qquad\qquad \text{CH}_2 \qquad\qquad \text{H} \qquad\qquad\qquad\qquad\qquad \text{CH}_2 \\
|\qquad\qquad\quad |\qquad\qquad\qquad\qquad\qquad\qquad\qquad\qquad\qquad |\\
\text{CHOH} \qquad\quad \text{CHOH} \qquad\qquad\qquad\qquad\qquad\qquad \text{CHOH} \\
|\qquad\qquad\quad |\qquad\qquad\qquad\qquad\qquad\qquad\qquad\qquad\qquad |\\
\text{CH}_2 \qquad\qquad \text{CH}_2 \qquad\qquad\qquad\qquad\qquad\qquad\qquad \text{CH}_2 \\
|\qquad\qquad\quad |\qquad\qquad\qquad\qquad\qquad\qquad\qquad\qquad\qquad |\\
\text{N—CH}_2 \cdot \text{CH}_2\text{—N—CH}_2 \cdot \text{CH}_2\text{—N—CH}_2 \cdot \text{CH}_2\text{—N—CH}_2 \cdot \text{CH}_2\text{—N} \\
|\qquad\qquad\qquad\qquad\qquad |\qquad\qquad\qquad |\qquad\qquad\qquad\qquad |\\
\text{CH}_2 \qquad\qquad\qquad\ \text{CH}_2 \qquad\qquad \text{H} \qquad\qquad\qquad \text{CH}_2 \\
|\qquad\qquad\qquad\qquad\qquad |\qquad\qquad\qquad\qquad\qquad\qquad\qquad |\\
\text{CHOH} \qquad\qquad\qquad \text{CHOH} \qquad\qquad\qquad\qquad\qquad \text{CHOH} \\
|\qquad\qquad\qquad\qquad\qquad |\qquad\qquad\qquad\qquad\qquad\qquad\qquad |\\
\text{CH}_2 \qquad\qquad\qquad\ \ \text{CH}_2 \qquad\qquad\qquad\qquad\qquad\ \text{CH}_2 \\
|\qquad\qquad\qquad\qquad\qquad |\qquad\qquad\qquad\qquad\qquad\qquad\qquad |\\
\text{N—CH}_2 \cdot \text{CH}_2\text{—N—CH}_2 \cdot \text{CH}_2 \cdot \text{N—CH}_2 \cdot \text{CH}_2\text{—N—CH}_2 \cdot \text{CH}_2\text{—N} \\
|\qquad\qquad\qquad\qquad\ |\qquad\qquad\qquad\qquad\qquad |\qquad\qquad\qquad |\\
\text{CH}_2 \qquad\qquad\qquad \text{H} \qquad\qquad\qquad\qquad\ \text{CH}_2 \qquad\qquad \text{CH}_2 \\
|\qquad\qquad\qquad\qquad\qquad\qquad\qquad\qquad\qquad\qquad |\qquad\qquad\qquad |\\
\text{CHOH} \qquad\qquad\qquad\qquad\qquad\qquad\qquad\ \text{CHOH} \qquad\ \text{CHOH} \\
|\qquad\qquad\qquad\qquad\qquad\qquad\qquad\qquad\qquad\qquad |\qquad\qquad\qquad |\\
\text{CH}_2 \qquad\qquad\quad | \qquad\qquad\qquad\qquad\qquad\ \text{CH}_2 \qquad\qquad \text{CH}_2 \\
|\qquad\qquad\qquad\qquad\qquad\qquad\qquad\qquad\qquad\qquad |\qquad\qquad\qquad |
\end{array}
$$

Ergänzende Beschreibungen der Herstellung von Anionenaustauschharzen durch Umsetzung von Epichlorhydrin mit Polyalkylenpolyaminen sind von A. V. ALM[1], G. R. STROH[2] und L. A. LUNDBERG[3] bekannt geworden.

In einem anderen Patent der AMERICAN CYANAMID Co. beschreibt J. R. DUDLEY[4] die analoge Herstellung von Anionenaustauschharzen durch Polyaddition von Tetraäthylenpentamin mit Diglycid, Diglycidäther oder Diglycidsulfid.

Die Herstellung von linearen, nicht vernetzten Polyadditionsverbindungen aus Epichlorhydrin und Tetraäthylenpentamin durch Umsetzen äquimolekularer Mengen beschreibt J. R. DUDLEY[5]. Es wird derart gearbeitet, daß zu einer Lösung von 189 g Tetraäthylenpentamin (1 Mol) in 200 g Wasser bei 20° 92,5 g Epichlorhydrin (1 Mol) eingetragen wird und die Mischung danach 2 Stunden sich selbst überlassen bleibt, wobei die Temperatur allmählich auf 50° steigt, und anschließend 4 Stunden bei 95—98° erhitzt wird. Nach der Auf-

[1] US 2586770, 2. 6. 47/26. 2. 52., AMERICAN CYANAMID Co.
[2] US 2586882/3, 2. 6. 47/26. 2. 52, AMERICAN CYANAMID Co.
[3] US 2610156, 17. 2. 49/9. 9. 52, AMERICAN CYANAMID Co.
[4] US 2468684, 16. 3. 46/10. 5. 49, AMERICAN CYANAMID Co.
[5] US 2479480, 18. 4. 46/16. 8. 49, AMERICAN CYANAMID Co.

arbeitung erhält man einen viscosen wasserlöslichen Sirup. Durch Ansäuern mit höheren Fettsäuren (Stearin- oder Laurinsäure) und Entwässern mittels aceotropischer Destillation mit Xylol erhält man ein wasserdispergierbares, schäumendes kationaktives Harz.

Durch Umsetzen von Amidinen, z. B. Dicyandiamid, Guanidinsalzen, Di-dodecylguanidin, Xylyldodecylguanidin, Biguanidinsulfat, Hexa- oder Octadecylbiguanid u. dgl. mehr mit Äthylen-, Propylenoxyd oder Glycid stellt W. P. ERICKS[1] stark netzende Produkte her, die für Anstrichzwecke sowie als Textil-, Papier- oder Lederhilfsmittel brauchbar sind. — Folgende Beispiele veranschaulichen das Verfahren:

1. 22,4 g Dicyandiamid, 50 ml Wasser und 35,2 g Äthylenoxyd werden im Autoklaven 40 Minuten bei 106° erhitzt. Nach dem Abtrennen des Wassers wird eine viscose wasserlösliche Flüssigkeit erhalten.

2. 19,55 g 1,3-Di-dodecylguanidin, 40 g Dioxan und 6,3 g Äthylenoxyd werden 3 Stunden bei 70° erhitzt. Nach dem Abtreiben des Lösungsmittels erhält man ein in Wasser dispergierbares Wachs.

3. 13,25 g Biguanidsulfat, 8,3 g Natriumhydroxyd, 26,3 g Natriumcarbonat (H_2O-frei) und 100 ml Wasser werden bei 10° mit 2,7 g Äthylenoxyd gerührt, bis eine klare Lösung entsteht. Nach dem Neutralisieren mit Salzsäure, Einengen zur Trockne und Ausziehen mit Äthanol wird eine gelbe viscose wasserlösliche Flüssigkeit gewonnen.

Umsetzungsprodukte von Aminotriazinen mit bifunktionellen Epoxydverbindungen, insbesondere Epichlorhydrin oder Glycid, die als Netz-, Verteilungs- und Emulgiermittel sowie als Textil-, Papier- und Lederhilfsmittel geeignet sind, beschreibt P. ERICKS[2]. Die Arbeitsweise geht aus folgenden Beispielen hervor:

1. 6,3 g Melamin (0,05 Mol) werden mit 11,1 g Glycid (0,15 Mol) auf 130° erhitzt, worauf in Spontanreaktion die Temperatur trotz Kühlen auf 220° steigt. Nach kurzem Erhitzen auf 250° erhält man nach dem Abkühlen eine viscose Masse, die sich in kaltem Wasser löst.

2. 12,7 g Ammelin (0,1 Mol) werden mit 50 g Wasser und 4,2 g Natriumhydroxyd in Lösung gebracht und in der Siedehitze allmählich mit 22,2 g Glycid (0,3 Mol) versetzt und weitere 15 Minuten gekocht. Das mit Säuren gefällte Harz ist wasserlöslich. Mit einer solchen Lösung imprägnierte Textilien erhalten durch diese Behandlung nach dem Härten in essigsauren Dämpfen einen dauerhaften, waschfesten Finish.

Umsetzungsprodukte analoger Art werden mit Tri-(octadecyloxypropyl)-melamin, Valeroguanamin und 4-N-p-tert.-Amylphenylformoguanamin, deren Gewinnung beschrieben wird, hergestellt. Als bifunktionelle Epoxydkomponente wird vorwiegend Glycid angewandt. Man erhält oberflächenaktive Produkte der kationaktiven Type, die für die Behandlung von Wolle, Baumwolle oder Viscose verwendet werden kann, sowie zum Emulgieren von Mineralölen, für Druckpasten, als Lederfettungsmittel und für Flotationszwecke.

---

[1] US 2320225, 30. 1. 41/25. 5. 43, AMERICAN CYANAMID CO.
[2] US 2381121, 17. 1. 41/7. 8. 45, sowie die Zusätze US 2413755, 17. 1. 41/ 7. 1. 47; US 2414289, 17. 1. 41/14. 1. 47, AMERICAN CYANAMID CO.

Durch gemeinsame Kondensation von Diepoxyden mit Bisphenolen und aminartigen Verbindungen hat S. O. GREENLEE[1] bei höheren Temperaturen selbsthärtende Harze gewonnen, die für Anstrichzwecke, als Klebmittel oder Preßmassen geeignet sind. Die Mengenverhältnisse der Komponenten müssen so gewählt sein, daß das Reaktionsprodukt zur Aushärtung noch eine genügende Anzahl Epoxydgruppen aufweist. Die Menge der Aminhärtungskomponente darf nur so groß bemessen sein, daß — unter der Annahme, daß zunächst das Diepoxyd nur mit dem Bisphenol unter Bildung eines polymeren Polyalkoholpolyepoxyds reagiert — nur eine teilweise Vernetzung erfolgt, unter Aufrechterhaltung der Reaktionsfähigkeit des noch schmelzbaren und löslichen Produktes. Produkte dieser Art werden beispielsweise erhalten, indem

1. 193,8 g Bisphenol A, 15,68 g p,p′-Diaminodiphenyläther und 130 g Diglycidäther 15 Minuten bei 185° umgesetzt werden. Das erhaltene Harz hat einen Erweichungspunkt von 90° der bei weiterem 15 Minuten Erhitzen bei 185° auf 119° steigt. Nach weiteren 15 Minuten erfolgt Aushärtung.

2. 135 g p,p′-Dioxydiphenylmethylbutyl-methan, 20 g Diäthylentriamin und 130 g Diglycidäther kurze Zeit bei 120—140° umgesetzt werden. Das in der Wärme flüssige Harz kann in Formen gegossen werden und härtet bei 150° in 1 Stunde.

3. 125 g p,p′-Dioxydiphenylsulfon, 12,5 g Benzylamin und 130 g Diglycidäther kurze Zeit bei 120—140° umgesetzt werden. Das erhaltene Harz härtet bei 150° in einer $^1/_2$ Stunde.

4. 57 g Bisphenol A, 10 g Melamin, 65 g Diglycidäther und 250 g Wasser eine $^1/_2$ Stunde gekocht werden. Das Harz härtet nach Zusatz von Natriumphenolat bei 110° in einer $^1/_2$ Stunde. Bei der Verwendung als Lack werden besonders harte und elastische Filme erhalten.

Stickstoffhaltige Epoxydharzvorprodukte mit ähnlichen Eigenschaften, deren Härtung jedoch in jedem Falle den Zusatz besonderer Härter erfordert, hat S. O. GREENLEE[2] durch gemeinsame Umsetzung von Diepoxyden mit mehrwertigen Phenolen und Säureamiden gewonnen. Beispielsweise wird gearbeitet, indem

1. 171 g Bisphenol A, 15 g Harnstoff und 130 g Diglycidäther 1 Stunde bei 175° umgesetzt werden. Das erhaltene Harz hat einen Erweichungspunkt von 96° und härtet nach Zusatz eines Härtungsmittels bei 150°.

2. 107 g p,p′-Dioxybenzophenon, 29,5 g Acetamid und 165 g Diglycidäther kurze Zeit bei 150° umgesetzt werden. Die Härtung erfolgt nach Zusatz von 1 g NaOH-Pulver bei 150° in einer $^1/_2$ Stunde.

3. 120 g p,p′-Dioxydiphenylsulfon, 45 g Amid der Sojabohnenfettsäure und 300 g eines Umsetzungsproduktes von 1 Mol Glycerin mit 3 Mol Epichlorhydrin (mit einem Molgewicht 324 und einem Gehalt an Epoxydgruppen von 2,175 pro Mol) eine $^1/_2$ Stunde bei 150—170° zur Reaktion gebracht werden. Nach Zusatz von 30 g des Monokaliumsalzes von Bisphenol A härtet das gewonnene Harz bei 110° in 25 Minuten.

Die nachträgliche Einkondensierung von Harnstoff in epoxydgruppenhaltige Umsetzungsprodukte von Epichlorhydrin mit Bisphenolen zwecks Molekülvergrößerung beschreibt S. O. GREENLEE[3]. Naturgemäß muß die Menge des Harnstoffes so gehalten werden, daß noch reaktionsfähige Epoxydgruppen erhalten bleiben. Damit keine

[1] US 2510885, 8. 3. 46/6. 6. 50, DEVOE & RAYNOLDS Co.
[2] US 2510886, 8. 3. 46/6. 6. 50, DEVOE & RAYNOLDS Co.
[3] US 2713569, 17. 3. 52/19. 7. 55, DEVOE & RAYNOLDS Co.

unkontrollierbaren Reaktionen erfolgen, wird die Kondensation mit dem Harnstoff nach Beendigung der Reaktion zwischen Epichlorhydrin und Bisphenol in einer zweiten Stufe vorgenommen. Beispielsweise wird so gearbeitet, daß

1. 1158 g eines Umsetzungsproduktes von Epichlorhydrin und Bisphenol A mit dem Erweichungspunkt 132° und dem Epoxydäquivalentgewicht 1158 mit 60 g Harnstoff einige Minuten bei 135—145° erhitzt werden. Das erhaltene Harz härtet durch 1 stündiges Erhitzen bei 150°.

2. 315 g eines Reaktionsproduktes von Epichlorhydrin mit p,p'-Dioxydiphenylsulfon mit einem Epoxydäquivalentgewicht 315 mit 30 g Harnstoff 1 Stunde bei 100° erhitzt werden. Härtung erfolgt nach Zusatz von 1 g KOH bei 110° in einer $^1/_2$ Stunde.

In anderen Beispielen werden statt Harnstoff auch Säureamide, Dicarbonsäureamide bzw. -imide (Phthalimid) angeführt. — Die Harze eignen sich als Einbrennlacke sowie als Preß- und Gießharze, die außergewöhnlich kleine Schrumpfeffekte aufweisen.

Die Verwendung von amino-amidischen Verbindungen, wie sie durch Umsetzen von Monocarbonsäuren mit Di- oder Polyaminen erhalten werden, als Vernetzungskomponente für die Herstellung von lufttrocknenden oder Einbrennlacken beschreibt S. O. GREENLEE[1]. Als Epoxydharzvorprodukt werden polymere Glycidyläther von aliphatischen Alkoholen oder von Bisphenolen sowie auch Nachbehandlungsprodukte derselben mit Bisphenolen angewandt. Beispielsweise werden

1. 730 g polymerer Bisphenol-A-Glycidyläther vom Erweichungspunkt 90°, Epoxydäquivalentgewicht 730 und einem mittleren Molgewicht von 807 zusammen mit 100 g eines Kondensationsproduktes von äquimolekularen Mengen von Ölsäure und Diäthylentriamin 50%ig in Methyläthylketon gelöst, aufgestrichen und 30 Minuten bei 150° eingebrannt. Man erhält einen festhaftenden, harten und biegsamen Film. Der Anstrich kann auch in 12—16 Stunden lufttrocknen.

2. 730 g des polymeren Glycidyläthers von 1. werden mit 117 g eines Kondensationsproduktes aus Ölsäure und Äthylendiamin und 42 g Natriumphenolat als 50%ige Lösung aufgestrichen und nach dem Trocknen 30 Minuten bei 150° eingebrannt.

3. 440 g eines Additionsproduktes aus 50 g Trimethylolpropan-glycidyläther und 19 g Bisphenol A, das 2 Stunden bei 160—185° erhitzt wurde unter Bildung eines klebrigen Harzes mit einem Epoxydäquivalentgewicht 440 und einem Molgewicht 828, werden als 50%ige Lösung mit 114 g eines Umsetzungsproduktes von äquimolekularen Mengen von Kolophonium und Diäthylentriamin zusammen mit 22 g Natriumphenolat aufgestrichen. Der Anstrich härtet in 12—16 Stunden an der Luft oder in 30 Minuten bei 110°.

4. 50 g einer 50%igen Lösung eines polymeren Bisphenol-A-Glycidyläther vom Erweichungspunkt 132° und einem Epoxydäquivalentgewicht 1158 werden mit 13,5 g einer 7,5%igen Lösung eines Kondensationsproduktes von Adipinsäure mit 2 Mol Diäthylentriamin in Methyläthylketon vermischt und als Lack aufgestrichen. Härtung erfolgt bei 175° in 15 Minuten.

Die Herstellung von Epoxydharzvorprodukten aus N,N'-Di-(epoxyalkylamiden) von Dicarbonsäuren durch Oxydation der Doppelbindung von allyl-substituierten Polycarbonsäurepolyamiden von Polycarbonsäuren mit 5—36 Kohlenstoffatomen mittels Acetopersäure beschreiben G. B. PAYNE und C. W. SMITH[2]. Die so erhaltenen

---

[1] US 2760944, 17. 3. 52/28. 8. 56, DEVOE & RAYNOLDS CO.
[2] US 2730531, 3. 3. 53/10. 1. 56, SHELL DEVELOPMENT CO.

Polyepoxydverbindungen können durch FRIEDEL-CRAFTS sche Katalysatoren polymerisiert oder durch die üblichen Vernetzungsmittel in höhermolekulare Harze übergeführt werden. — Beispielsweise wird die Überführung von N,N′-Diallyloxamid in N,N′-Diglycidyloxamid

$$
\begin{array}{ccc}
CO-NH\cdot CH_2\cdot CH{=}CH_2 & & CO-NH\cdot CH_2\cdot CH{-}CH_2 \\
| & \rightarrow & | \qquad\qquad\qquad \backslash O\diagup \\
CO-NH\cdot CH_2\cdot CH{=}CH_2 & & CO-NH\cdot CH_2\cdot CH{-}CH_2 \\
& & \qquad\qquad\qquad\qquad \backslash O\diagup
\end{array}
$$

angeführt. — Nach dem gleichen Verfahren lassen sich auch aus N,N-Diallylamiden von Monocarbonsäuren Diepoxydverbindungen herstellen.

Ausgehend von cyclischen, stickstoffhaltigen Verbindungen für die Gewinnung von Epoxydharzvorprodukten, beschreibt die AMERICAN CYANAMID Co.[1] die Herstellung von 1,3,5-Triazinen, deren Kohlenstoff-Atome 1—3 Alkylreste mit Epoxydgruppen enthalten. Diese epoxydgruppenhaltige Alkylreste können beispielsweise sein:

$$
-CH_2\cdot CH{-}CH_2 \quad oder \quad -O\cdot CH_2\cdot Alkylen{-}CH{-}CH\cdot Z
$$
$$
\backslash O\diagup \qquad\qquad\qquad\qquad\qquad\qquad \backslash O\diagup
$$

wobei Z = H oder Alkyl sein kann.

Eine für die Gewinnung von Epoxydharzvorprodukten an und für sich naheliegende aussichtsreiche Klasse von Diepoxyden, nämlich Diglycidylverbindungen von primären Aminen, wurde erst in neuester Zeit bekannt. Verbindungen dieser Art wurden von den FARBENFABRIKEN BAYER[2] durch Umsetzen von Epichlorhydrin mit primären Aminen aliphatischer oder aromatischer Art ohne Schwierigkeiten hergestellt. Hierbei werden die primären Amine zunächst in Di-(chlorhydrin)-amine übergeführt, aus denen mittels Alkali die Diglycidyl-amine gewonnen werden. Es werden 1 Mol Aminbase, z. B. Methyl-, Propyl-, Butylamin oder Anilin bei etwa 30° in 2 Mol Epichlorhydrin langsam eingetropft, und nach dem Ausreagieren bei gewöhnlicher Temperatur mit 50%iger Kalilauge ausgeschüttelt. Die Diepoxydverbindung wird durch Fraktionieren gereinigt. Es werden beschrieben:

Di-(epoxypropyl)-methylamin	$CH_3\cdot N\cdot (CH_2\cdot CH{-}CH_2)_2$ $\backslash O\diagup$	Kp_{12} 96—98°
Di-(epoxypropyl)-propylamin	$C_3H_7\cdot N\cdot (CH_2\cdot CH{-}CH_2)_2$ $\backslash O\diagup$	Kp_{13} 113—115°
Di-(epoxypropyl)-butylamin	$C_4H_9\cdot N\cdot (CH_2\cdot CH{-}CH_2)_2$ $\backslash O\diagup$	$Kp_{0,3}$ 79—81°
Di-(epoxypropyl)-anilin	$C_6H_5\cdot N\cdot (CH_2\cdot CH{-}CH_2)_2$ $\backslash O\diagup$	$Kp_{0,15}$ 136—138°

Diepoxydverbindungen dieser Art lassen sich in normaler Weise mit Diaminen härten und können als Gießharze für elektrische Zwecke

[1] Austral. P. 1030/54; US-Pri. 1. 7. 53, AMERICAN CYANAMID Co.
[2] FP 1137175, 6. 12. 55/24. 5. 57 — BP 772830; D.-Pri. 6. 12. 54, BAYER.

und für Schichtmaterial dienen. Die gehärteten Harze sind brauchbare Ionenaustauschharze. Der praktischen Verwendung dieser Harze dürften die z. Z. noch teuren Ausgangsaminbasen hinderlich sein.

Verspinnbare stickstoffhaltige Epoxydharze

Umsetzungsprodukte von bifunktionellen Epoxydverbindungen mit solchen bifunktionellen Verbindungen, die entweder 2 sek. Aminogruppen oder 1 sek. Aminogruppe und 1 OH-Gruppe enthalten und zur Gewinnung von Spinnfäden geeignet sind, beschreiben A. S. CARPENTER, S. COLDFIELD und E. R. WALLSGROVE[1]. Je nach den angewandten Mengenverhältnissen lassen sich relativ niedermolekulare epoxydhaltige Verbindungen erzielen (bei Anwendung von 2 Mol bifunktionellem Epoxyd zu 1 Mol Diiminoverbindung), oder hochmolekulare lineare Polyadditionsverbindungen (bei Anwendung äquimolekularer Mengen). Diese thermoplastischen Produkte lassen sich durch vernetzende Komponente, z. B. Polyisocyanate, aushärten.

Da es COURTAULDS nur um hochmolekulare thermoplastische zu Fäden ausziehbare Harze zu tun ist, werden nur Umsetzungen mit äquimolekularen Mengen beschrieben. Als geeignete bifunktionelle Iminoverbindungen werden beschrieben:

4,4'-Dipiperidyl:

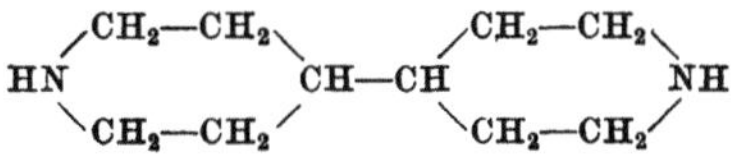

$$HN\underset{CH_2-CH_2}{\overset{CH_2-CH_2}{\big<}}CH-CH\underset{CH_2-CH_2}{\overset{CH_2-CH_2}{\big>}}NH$$

Di-(4,4'-N-Methylaminophenyl)-methan:

$$CH_3 \cdot NH \cdot C_6H_4-CH_2-C_6H_4 \cdot NH \cdot CH_3$$

4-Methylaminophenol:

$$HO \cdot C_6H_4 \cdot NH \cdot CH_3$$

als gemischte Imino-Hydroxylverbindung.

Als Polyepoxydverbindungen kommen neben Epichlorhydrin und Diglycidyläther auch höhere Diglycidyläther in Betracht, wie sie in niedermolekularem Zustande entstehen, wenn zweiwertige Phenole mit einem erheblichen Überschuß von Epichlorhydrin umgesetzt werden. Bei Einhaltung der richtigen Mengenverhältnisse werden mit Vorteil auch Gemische bifunktioneller Iminoverbindungen mit zweiwertigen Phenolen angewandt.

Das Verfahren wird durch folgende Beispiele erläutert:

1. Ein Gemisch von 92,5 g Epichlorhydrin, 168 g Dipiperidyl, 1750 g Alkohol, 41,4 g NaOH und 200 g H_2O wird 3 Stunden rückflußgekocht. Das entstandene Weichharz läßt sich zu Fäden ziehen.

2. Ein Gemisch von 12 g Hydrochinondiglycidyläther (hergestellt nach E. G. WERNER und E. FARENHORST[2]), 9,15 g 4,4'-Dipiperidyl, 0,25 g NaOH (als Katalysator) und 80 g Alkohol werden $1\frac{1}{2}$ Stunden unter Rückfluß gekocht. Das entstandene Harz läßt sich zu knickfesten Fäden ziehen.

3. 17,2 g p-Methylaminophenolsulfat, 9,26 g Epichlorhydrin, 16 g Alkohol. 4,2 g NaOH und 20 g H_2O werden in einer N_2-Atmosphäre unter Rückfluß gekocht. Nach $^3/_4$ Stunden wird eine Lösung von 4 g NaOH in 10 g H_2O im Laufe

---

[1] BP 675665, 2. 3. 49/16. 7. 50, COURTAULDS LTD.
[2] WERNER, E. G., u. E. FARENHORST: Rec. **67**, 438—441 (1948).

1 Stunde eingetropft und anschließend noch 3 Stunden gekocht. Das bei 120°
erweichende Harz kann im geschmolzenen Zustand zu festen Fäden gezogen werden. — In analoger Weise wird die gemeinsame Kondensation von Epichlorhydrin und 4,4′-Dipiperidyl mit Hydrochinon sowie mit p-Oxybenzoesäure zu
fadenziehenden Harzen durchgeführt.

Gemische, bzw. teilweise Umsetzungsprodukte von Polyalkohol-
Polyepoxyden (hergestellt aus Epichlorhydrin und Bisphenol A) mit
Triallyl-2,4,6-Triazin, die durch Zusammenschmelzen der Komponenten
hergestellt werden, beschreiben R. A. SKIFF und R. W. FINHOLT[1].
Diese viscos-flüssigen Epoxydharzvorprodukte sind lange lagerfähig
und es können — besonders für die Verwendung als Überzuglack —
auch Vinylpolymere zugemischt werden. Sofern zum Härten besondere
Härter erforderlich sind, werden primäre aliphatische Amine mit
8—18 C-Atomen, vorzugsweise Dodecylamin zugesetzt. Kompositionen
dieser Art sind auch als Gießharze und als Klebmittel für Schichtstoffe zu verwenden.

Harze aus stickstoffhaltigen Epoxydsäuren

Die Herstellung von chelatbildenden Epoxydsäureverbindungen
aus Di- und Polyaminen, und zwar Verbindungen der folgenden Art:

$$CH_2\!-\!CH \cdot CH_2 \cdot CH_2 \cdot \underset{\underset{CH_2 \cdot CO \cdot ONa}{|}}{N} \cdot CH_2 \cdot CH_2 \cdot N\!\!\begin{cases} CH_2 \cdot CO \cdot ONa \\ CH_2 \cdot CO \cdot ONa \end{cases}$$

$$CH_2\!-\!CH \cdot CH_2 \cdot \underset{\underset{CH_2 \cdot CO \cdot ONa}{|}}{N} \cdot CH_2 \cdot CH_2 \cdot CH_2 \cdot N\!\!\begin{cases} CH_2 \cdot CO \cdot ONa \\ CH_2 \cdot CO \cdot ONa \end{cases}$$

$$CH_3 \cdot CH_2 \cdot CH\!-\!CH \cdot CH_2 \cdot (\underset{\underset{CH_2 \cdot CO \cdot ONa}{|}}{N} \cdot CH_2 \cdot CH_2)_{2-3}\!-\!N\!\!\begin{cases} CH_2 \cdot CO \cdot ONa \\ CH_2 \cdot CO \cdot ONa \end{cases}$$

sowie analoge Verbindungen dieser Art beschreibt F. C. BERSWORTH[2],
indem aus polyoxyalkyl-polyaminoessigsauren Alkalisalzen, welche
Hydroxylgruppen an benachbarten C-Atomen besitzen, durch aceotropische Destillation mit Xylol Wasser abgespalten wird, z. B. aus:

$$\underset{\underset{OH}{|}}{CH_2}\!-\!\underset{\underset{OH}{|}}{CH} \cdot CH_2 \cdot CH_2 \cdot \underset{\underset{CH_2 \cdot CO \cdot ONa}{|}}{N} \cdot CH_2 \cdot CH_2 \cdot N \cdot (CH_2 \cdot CO \cdot ONa)_2$$

Verbindungen dieser Art bilden Metallchelate in wäßrigen und nicht-
wäßrigen Lösungen und entfalten starke oberflächenaktive Wirkung.

In einem späteren Patent[3] beschreibt derselbe Erfinder Derivate
von monoamino-dicarbonsauren Alkalisalzen der folgenden Art

$$CH_2\!-\!CH \cdot CH_2 \cdot N \cdot (CH_2 \cdot CO \cdot ONa)_2 \quad \text{oder} \quad CH_2\!-\!CH \cdot CH_2 \cdot CH_2 \cdot N \cdot (CH_2 \cdot CO \cdot ONa)_2$$
$$\quad\;\;\searrow\!\!O\!\!\swarrow \qquad\qquad\qquad\qquad\qquad\quad \searrow\!\!O\!\!\swarrow$$

und

$$CH_3 \cdot CH\!-\!CH \cdot CH_2 \cdot N \cdot (CH_2 \cdot CO \cdot ONa)_2$$
$$\qquad\quad\searrow\!\!O\!\!\swarrow$$

---

[1] FP 1091108, 27. 11. 53/7. 4. 55, COMP. THOMSON-HOUSTON.
[2] US 2712544, 16. 10. 53/5. 7. 55, DOW CHEM. CORP.
[3] US 2712545, 30. 4. 54/5. 7. 55, DOW CHEM. CORP.

welche ebenfalls durch Wasserabspaltung aus den entsprechenden Dioxyverbindungen mittels aceotropischer Xyloldestillation gewonnen werden. Verbindungen dieses Typus bilden in gleicher Weise Metallchelate und können als Umsetzungskomponenten zur Bildung von Epoxydharzen Verwendung finden.

Epoxydharze unter Verwendung von Sulfonamiden

Obgleich die von H. W. Moss[1] beschriebenen Harze, deren Herstellung etwa zur gleichen Zeit angemeldet wurden als P. Castan mit dem Schweizer Patent 211116 vom 23. 8. 38 das erste Epoxydharzpatent anmeldete, nicht als Epoxydharze bzw. als Umsetzungsprodukte von solchen bezeichnet werden, erscheint es doch als gerechtfertigt, dieselben hier anzuführen, da intermediär die Ausbildung einer Epoxydgruppe darin angenommen werden muß. Die nach den Beispielen erhaltenen Harze sind rein empirisch aufgebaut, und über ihre Zusammensetzung und Reaktionsweise werden keine Vermutungen angeführt. Daß auf Epoxydverbindungen nicht bewußt hingearbeitet wurde, ergibt sich aus dem Hinweis, daß an Stelle des in den Beispielen eingesetzten Glycerindichlorhydrins auch Amylendichlorid, Dichloraceton oder β,β'-Dichlordiäthyläther, also Verbindungen, die bei der Einwirkung von Alkali keine Epoxydgruppen ausbilden können, angewandt werden können. Wenn jedoch nach Beispiel 1 durch 1 stündiges Erhitzen von 1 Mol Bisphenol A, 1 Mol p-Toluolsulfamid, 2 Mol Glycerindichlorhydrin mit 2 Mol Natronlauge als 8 %ige wäßrige Lösung ein in Aceton, Alkohol und Benzol lösliches und härtbares Harz gewonnen wird, so liegt der Gedanke nahe, daß es sich hier um den Monoglycidyläther des Bisphenol A gehandelt hat, der durch Umsetzung des primär entstandenen Diglycidyläthers mit p-Toluolsulfamid gebildet wurde:

$$CH_2\text{—}CH \cdot CH_2 \cdot O \cdot C_6H_4 \cdot C(CH_3)_2 \cdot C_6H_4 \cdot O \cdot CH_2 \cdot CHOH \cdot CH_2 \cdot NH \cdot SO_4 \cdot C_6H_4 \cdot CH_3$$
$$\diagdown O \diagup$$

während das nach Beispiel 2 durch 7 stündiges Kochen von äquimolekularen Mengen von Bisphenol A, p-Toluolsulfamid, Glycerindichlorhydrin und Natriumhydroxyd gewonnene thermoplastische Harz vermutlich ein Gemisch von:

$$HO \cdot C_6H_4 \cdot C(CH_3)_2 \cdot C_6H_4 \cdot O \cdot CH_2 \cdot CHOH \cdot CH_2 \cdot O \cdot C_6H_4 \cdot C(CH_3)_2 \cdot C_6H_4 \cdot OH$$

$$HO \cdot C_6H_4 \cdot C(CH_3)_2 \cdot C_6H_4 \cdot O \cdot CH_2 \cdot CHOH \cdot CH_2 \cdot NH \cdot SO_2 \cdot C_6H_4 \cdot CH_3 \quad \text{und}$$

$$CH_3 \cdot C_6H_4 \cdot SO_2 \cdot NH \cdot CH_2 \cdot CHOH \cdot CH_2 \cdot NH \cdot SO_2 \cdot C_6H_4 \cdot CH_3$$

sein dürfte. Die Verwendung von Harzen dieser Art wird in erster Linie zur Kombination mit Acetylcellulose für die Herstellung von Fäden, Filmen, Lacken, Klebmitteln, Preßmassen für elektrische Zwecke und für die Behandlung von Geweben aus Acetylcellulose angegeben.

---

[1] US 2319876, 23. 11. 38/25. 5. 43, Celanese Corp. of America.

Aromatische Mono- und Diglycidylsulfonamide, hergestellt durch Umsetzen von Epichlorhydrin mit Mono- oder Disulfonamiden, die als härtbare Harze Verwendung finden können, hat J. K. Simons[1] entwickelt. Beispielsweise werden:

1. 17,0 g p-Toluolsulfonamid in 50 g H_2O mit 4,0 g NaOH und 10,5 g Epichlorhydrin bei 25° 4 Stunden gerührt, wobei die Temperatur allmählich auf 45° steigt. Das abgeschiedene Harz hat nach dem Waschen und Trocknen viscosflüssige Konsistenz.

2. 51 g p-Toluolsulfonamid, 200 g H_2O 24 g NaOH und 29 g Epichlorhydrin $^1/_2$ Stunde bei 60—80° gerührt und anschließend $^1/_2$ Stunde rückflußgekocht. Das erhaltene harte Harz hat den Erweichungspunkt 85—90°.

3. 15 g N,N'-Di-n-butyl-diphenyläther-disulfonamid, 20 g H_2O, 2,8 g NaOH bei 60° mit 6,4 g Epichlorhydrin versetzt und etwa $^1/_2$ Stunde bei 70—75° gerührt. Es wird ein hartes schmelzbares Harz erhalten.

4. 65 g N,N'-Di-n-butyl-diphenyläther-disulfonamid, 87 g H_2O, 12,2 g NaOH mit 28 g Epichlorhydrin versetzt. Bei gleicher Arbeitsweise wird ein hartes Harz erhalten, das nach Veresterung mit 17,4 g Abietinsäure und 87 g Leinölsäure bei 250° in einer N_2-Atmosphäre ein lufttrocknendes Lackharz ergibt.

In einem weiteren Patent desselben Erfinders[2] werden nach dem gleichen Verfahren aromatische Disulfonamide unter Verwendung verschiedener Mengenverhältnisse zu härtbaren oder nicht härtbaren Harzen umgesetzt. Es wird gezeigt, daß die Menge der angewandten Natronlauge dafür ausschlaggebend ist, ob das Harz bei 140° härtbar ist oder nicht. Verwendung der Produkte für Anstrichzwecke, als Gieß- oder Preßharze und als Klebmittel.

Mit der Absicht, Zwischenprodukte zur Synthese der Folinsäure herzustellen, haben D. J. Weisblat und Mitarbeiter[3] Toluolsulfonylderivate der Aminobenzoesäure mit Epichlorhydrin zu N-Glycidylverbindungen umgesetzt, indem 2,85 g Diäthyl-N-(p-Toluolsulfonyl)-p-aminobenzoyl-glutamat mit 1,1 g Epichlorhydrin und 2 Tropfen Pyridin bei 135° in die N-(3-Chlor-2-oxypropyl)-Verbindung übergeführt und anschließend in alkoholischer Lösung in der Siedehitze mit der berechneten Menge 10%iger NaOH zu dem Glycidylderivat umgesetzt wird.

Kondensationsprodukte aus Epichlorhydrin mit Mono- und Disulfamiden, deren Amidogruppe durch einen aliphatischen oder aromatischen Rest substituiert sein kann, hat E. Kuhr[4] hergestellt. Die Gewinnung niedermolekularer kristallisierter Produkte erfolgt beispielsweise, indem zu 233 g Benzolsulfanilid, gelöst in 500 g H_2O und 44 g NaOH, bei 55° in 30 Minuten 103 g Epichlorhydrin und 50 g H_2O eingetropft und $^1/_2$ Stunde nachgerührt wird. Das entstandene Öl erstarrt kristallinisch und hat nach Umkristallisieren aus Methanol

[1] US 2643244, 16. 4. 48/23. 6. 53, Libby-Owens-Ford Glass Co.
[2] US 2671771, 7. 5. 48/9. 3. 54, Allied Chemical & Dye Corp.
[3] US 2629733, 31. 7. 48/24. 2. 53; US 2673861, 30. 10. 52/30. 3. 54, Upjohn Co.
[4] DP 810814, 27. 10. 49/13. 8. 51; DP 865209, 30. 1. 50/18. 12. 52; DP 900751, 19. 1. 51/19. 10. 53, Dynamit A. G.

den Schmelzpunkt 87—92° und stellt 2,3-Epoxypropyl-benzolsulf-
anilid

$$CH_2\text{---}CH\text{---}CH_2\text{---}N\text{---}SO_2\cdot C_6H_5$$
$$\underset{O}{\diagdown\diagup}\qquad\qquad\underset{C_6H_5}{\big|}$$

dar. Die Verbindung wird als Zwischenprodukt verwendet.

Analoge Umsetzungen mit Toluol-2,4-disulfonamid, Toluol-2,4-
disulfanilid, Toluol-2,4-disulfmethylamid, Naphthalin-1,5-disulfmethyl-
amid, Dibenzolsulfonyl-hexamethylendiamin u. a. m. führen zu hochmolekularen Harzen, die als Weichmacher, als Lacke, Gießharze oder
als Klebmittel dienen können.

Aromatische Sulfonamide wie Benzolsulfamid, p-Toluolsulfamid
oder Naphthalinsulfonamide eignen sich zur Nachbehandlung von
harzartigen Glycidyläthern, um den Erweichungspunkt zu erhöhen,
ähnlich wie dies in dem früher beschriebenen 2-Stufen-Verfahren mit
Bisphenol A ausgeführt wurde.

Diese Arbeitsweise beschreibt S. O. GREENLEE[1] folgendermaßen:

1. 191 g eines Bisphenol-A-Epichlorhydrin-Glycidyläthers vom Erweichungspunkt 43° und einem Epoxydäquivalentgewicht von 325 werden mit 5 g p-Toluolsulfamid und 0,2 g Natriumphenolat 2 Stunden bei 150—200° erhitzt. Man erhält ein härtbares Harz vom Erweichungspunkt 58°.

2. 300 g eines komplexen Glycidyläthers, hergestellt aus 4 Mol Resorcin,
5 Mol Epichlorhydrin und 5,5 Mol wäßriger Natronlauge, mit einem Erweichungspunkt 101° und einem Epoxydäquivalentgewicht von 1278 werden mit 3 g
p-Toluolsulfamid erhitzt, bis eine klare Schmelze entstanden ist. Das wesentlich
höher erweichende Harz härtet bei 150° in 30 Minuten.

3. 440 g eines Umsetzungsproduktes von Trimethylolpropanglycidyläther
(mit 1,94 Epoxydgruppen pro Mol) mit der 2,5fachen Menge Bisphenol A werden
mit 43 g p-Toluolsulfamid und 22 g Natriumphenolat in Dioxan zu einer 75%igen
Lösung aufgelöst. Ein Aufstrich des viscosen Lackes auf nichtsaugendem Untergrund ergibt nach dem Trocknen und $^1/_2$stündigem Einbrennen bei 150° einen
harten, biegsamen und festhaftenden Film.

Die Herstellung von Sulfonsäureestern epoxy-substituierter Alkohole beschreibt A. C. MÜLLER[2]. Insbesondere werden 2,3-Epoxy-
propyl-benzolsulfonat,

$$C_6H_5\cdot SO_2\cdot O\cdot CH_2\cdot CH\text{---}CH_2$$
$$\underset{O}{\diagdown\diagup}$$

2,3-Epoxypropoxypropyl-toluolsulfonat

$$CH_3\cdot C_6H_4\cdot SO_2\cdot O\cdot CH_2\cdot CH(OH)\cdot CH_2\cdot O\cdot CH_2\cdot CH\text{---}CH_2$$
$$\underset{O}{\diagdown\diagup}$$

sowie die höhermolekularen Verbindungen 2,3-Epoxypropyl-dodecan-
sulfonat und Di-(2,3-epoxypropyl)-naphthalin-1,5-disulfonat beschrieben.

Beispielsweise erfolgt die Herstellung von Epoxypropyl-benzol-
sulfonat, indem zu 24 g Glycid und 33 g Triäthylamin, gelöst in 150 ml
Toluol bei 0—10° 58 g Benzoldisulfochlorid eingetropft werden. Das
Epoxysulfonat ist eine viscose Flüssigkeit mit einem Epoxydwert von
0,432 Äquivalenten/100 g und ist ein guter Weichmacher mit stabili-

---

[1] US 2712001, 17. 3. 52/28. 6. 55, DEVOE & RAYNOLDS CO.
[2] US 2755290, 26. 10. 53/17. 7. 56, SHELL DEVELOPMENT CO.

sierender Wirkung für PVC und andere halogenhaltige Polymerisationskunststoffe. Verbindungen dieser Art können mit einem Aminhärter gehärtet werden, wofür 2,4,6-Tri-(dimethylaminomethyl)-phenol besonders empfohlen wird.

Polysulfonamide, die mit Äthylenoxyd, oder Verbindungen, die solches abspalten, wie etwa Äthylencarbonat, unter Druck bei 60—110°, während 2—60 Stunden umgesetzt werden, ergeben Polymere, bei denen 5—60% der funktionellen N-Atome mit Ketten von 2—18 Äthylenoxydeinheiten substituiert sind. Produkte dieser Art eignen sich für die Herstellung von Filmen, Folien oder Fäden. Produkte mit einem hohen Gehalt an gebundenem Äthylenoxyd, z. B. mit 70—95%, können als Dispergiermittel, Weichmacher, Verdickungs- oder Klebmittel Verwendung finden. Als Ausgangsmaterialien können anstatt der Polysulfonamide auch Polyamide, Polyharnstoffe oder Polyurethane eingesetzt werden[1].

Epoxydharze aus Di- oder Poly-(oxybenzyl)-aminen oder -amiden

Epoxydharze aus N,N'-Di-(epoxyalkylamiden) von Dicarbonsäuren. Durch Oxydation der Doppelbindung von allylsubstituierten Polycarbonsäurepolyamiden von Polycarbonsäuren mit 5—36 C-Atomen mittels Acetopersäure, stellten G. B. PAYNE und C. W. SMITH[2] Polyepoxydverbindungen her, die durch FRIEDEL-CRAFTS-Katalysatoren durch Polymerisation oder durch die üblichen Vernetzungsmittel in höhermolekulare Harze übergeführt werden können. Nach dem gleichen Verfahren werden auch aus N,N-diallylamiden von Monocarbonsäuren Diepoxydverbindungen gewonnen. — Beispielsweise stellt sich die Umwandlung von N,N'-diallyl-oxamid in N,N'-diglycidyloxamid folgendermaßen dar:

$$
\begin{array}{ccc}
\mathrm{CO-NH \cdot CH_2 \cdot CH{=}CH_2} & & \mathrm{CO \cdot NH \cdot CH_2 \cdot \overset{\displaystyle O}{\overset{\diagup\diagdown}{CH}{-}CH_2}} \\[2pt]
\mathrm{CO-NH \cdot CH_2 \cdot CH{=}CH_2} & \rightarrow & \mathrm{CO \cdot NH \cdot CH_2 \cdot \underset{\underset{O}{\diagdown\diagup}}{CH}{-}CH_2}
\end{array}
$$

Unter Verwendung der von A. M. PAQUIN[3] entwickelten Poly-(oxybenzyl)-amine und -amide sind von demselben Erfinder aus diesen neuen Ausgangsmaterialien Glycidyläther hergestellt und beschrieben worden[4]. Unter Ausnutzung der Variationsmöglichkeit in der Kombinierung von substituierten oder nichtsubstituierten Phenolen mit Aminen und Polyaminen, sowie mit Säureamiden, -polyamiden, Harnstoffen aller Art, Guanidin, Urethanen und cyclischen Iminoverbindungen, lassen sich mit Epichlorhydrin und Natronlauge Glycidyläther gewinnen, welche weitgehend an die gewünschten Eigenschaften für alle technischen Verwendungszwecke angepaßt werden können. Die Bestimmung der Epoxydgruppen wurde nach der von S. O. GREENLEE eingeführten Methode mittels Pyridiniumchlorid in Pyridin ausgeführt.

[1] Belg. P. 538048, 10. 5. 55, INTERNATIONAL POLAROID CO.
[2] US 2730531, 3. 3. 53/10. 1. 56, SHELL DEVELOPMENT CO.
[3] DP 899195, 20. 11. 51/10. 12. 53 — FP 1078381, 18. 11. 53/17. 11. 54; D.-Pri. 19. 11. 51., 15. 2., 29. 2., 8. 8. u. 17. 9. 52, CASSELLA FARBWERKE MAINKUR A. G.
[4] FP 1079957, 10. 4. 53/6. 12. 54; D.-Pri. 12. 4. 52.

Da bei höhermolekularen Polyalkoholpolyepoxyden der Anschein erweckt wird, als ob bei der vorgeschriebenen Kochtemperatur des Pyridins im Molekül auch andere als nur Epoxydgruppen Chlorwasserstoff verbrauchen unter Bildung von Gruppen, die das Chloratom in nicht ionogener Form enthalten, wurde die Ausführung der Probe durch Erhitzen bei 70—80° so lange vorgenommen, bis die Chlorwasserstofftitration gleichbleibende Werte ergab. Tatsächlich wurden dann für den Epoxydgruppengehalt niedrigere Werte erzielt. — Um ein besseres Aufarbeiten, vor allem ein besseres Auswaschen der Rohharze zu ermöglichen, wurde während oder nach der eigentlichen Umsetzung ein nicht wassermischbares Lösungsmittel, in dem das Harz leicht löslich ist, zugegeben. Hierfür haben sich Methylenchlorid und Chloroform als besonders geeignet erwiesen. Dieses Verfahren hat auch den Vorteil, daß zu hoch polymerisierte Anteile als unlöslich abgetrennt werden. (Diese durch die Natur der Umsetzung bedingte Maßnahme wurde später von der Firma Devoe & Raynolds Co. in einer besonderen Patentanmeldung[1] beschrieben.) Unter den 20 Beispielen, welche die Arbeitsweise bei verschiedenen Ausgangsmaterialien beschreiben, mögen die folgenden zur Charakterisierung herangezogen werden:

1. 27,2 g Di-(oxybenzyl)-Harnstoff werden in 144 g 10%iger Natronlauge gelöst und bei 25° 27,8 g Epichlorhydrin eingetragen. Es erfolgt in 50 Minuten eine spontane Temperatursteigerung auf 31°. Das abgeschiedene Weichharz wird in dem Reaktionskolben mit Chloroform zu einer dünnen Lösung aufgelöst und unter lebhaftem Rühren mit Wasser von 25—30° gewaschen. Nach mehrfachem Wechseln des Waschwassers wird ein wenig Essigsäure zugesetzt. Nach dem Trocknen und Filtrieren der Chloroformlösung wird im Vakuum-Haussmann-Apparat bei einer Wasserbadtemperatur von 50—70° und 10—15 mm ein klares, festes Harz erhalten, das 41% des Epoxydgehaltes des monomeren Di-(oxybenzyl)-Harnstoff-diglycidyläthers aufweist.

2. 32 g Di-(oxybenzyl)-melamin gelöst in 111,8 g 10%iger Natronlauge werden mit 22,0 g Epichlorhydrin bei 50° versetzt. Da das gebildete Harz schon nach 10—15 Minuten ziemlich fest und bröcklig wird, muß es noch im flüssigen Zustand durch Zugabe von Methylenchlorid in Lösung gehalten werden. Nach der Aufarbeitung wird ein hartes Harz erhalten, das 48% des Epoxydgehaltes des monomeren Di-(oxybenzyl)-melamin-diglycidyläthers aufweist.

3. 76,2 g Hexa-(oxybenzyl)-melamin gelöst in 288 g 10%iger Natronlauge werden bei 16° mit 55,4 g Epichlorhydrin versetzt, wodurch die Temperatur in 40 Minuten spontan auf 29° steigt. Nach 75 Minuten wird das gebildete Weichharz in Chloroform aufgenommen, gewaschen und bei 50—70° getrocknet. Das gewonnene klare feste Harz hat einen Epoxydgruppengehalt von 68% des monomeren Hexa-(oxybenzyl)-melamin-hexaglycidyläthers.

4. 38,4 g N,N'-Di-(oxybenzyl)-adipinsäurediamid, gelöst in 124,8 g 10%iger Natronlauge, werden bei 27° mit 24,1 g Epichlorhydrin versetzt. Nach 1 Stunde Rühren ist die Temperatur spontan auf 33° gestiegen, wobei sich Flocken abscheiden, die nach weiteren 2 Stunden bei 32° und kurzem Erhitzen auf 50° ein farbloses, seidenglänzendes Weichharz ergeben. In Chloroform aufgenommen, erhält man nach dem Aufarbeiten ein festes Harz mit einem Epoxydgruppengehalt von 46% des monomeren N,N'-Di-(oxybenzyl)-adipinsäurediamid-diglyidyläthers.

Aus den oben angeführten Umsetzungsprodukten N,N-Di-(oxybenzyl)-acrylsäureamid mit bifunktionellen Verbindungen lassen sich u. a. nach den bekannten Methoden folgende Umsetzungsprodukte mit Epichlorhydrin herstellen:

---

[1] US Anm., 6. 4. 53, FP 1098831.

5. Durch Umsetzen von 1 Mol N,N-Di-(oxybenzyl)-propionsäureamido-β-äthylenglykoläther mit einem großen Überschuß an Epichlorhydrin (10—12 Mol) in Gegenwart von BF_3 wird der Trichlorhydrinäther gewonnen, der durch Enthalogenieren in Dioxan mittels Natriumaluminat in den Triglycidyläther

$$\begin{array}{c} CH_2\!\!-\!\!CH \cdot CH_2 \cdot O \cdot C_6H_4 \cdot CH_2 \\ \diagdown\!O\!\diagup \\ \\ CH_2\!\!-\!\!CH \cdot CH_2 \cdot O \cdot C_6H_4 \cdot CH_2 \\ \diagdown\!O\!\diagup \end{array} \!\!\!N \cdot CO \cdot CH_2 \cdot CH_2 \cdot O \cdot CH_2 \cdot CH_2 \cdot O\!\!-\!\!CH_2 \cdot CH\!\!-\!\!CH_2 \diagup\!\!\diagdown\!O$$

übergeführt wird.

6. aus N,N-Di-(oxybenzyl)-propionsäureamido-β-aminophenol den Triglycidyläther, der bei Anwendung eines erheblichen Epichlorhydrin-Überschusses in fast monomerer Form anfällt:

$$\begin{array}{c} CH_2\!\!-\!\!CH \cdot CH_2 \cdot O \cdot C_6H_4 \cdot CH_2 \\ \diagdown\!O\!\diagup \\ \\ CH_2\!\!-\!\!CH \cdot CH_2 \cdot O \cdot C_6H_4 \cdot CH_2 \\ \diagdown\!O\!\diagup \end{array} \!\!\!N \cdot CO \cdot CH_2 \cdot CH_2 \cdot NH \cdot C_6H_4 \cdot O \cdot CH_2 \cdot CH\!\!-\!\!CH_2 \diagup\!\!\diagdown\!O$$

In analoger Weise läßt sich aus dem N,N-Di-(oxybenzyl)-propionsäureamido-aminodiäthanol der Tetraglycidyläther

$$\begin{array}{c} CH_2\!\!-\!\!CH \cdot CH_2 \cdot O \cdot C_6H_4 \cdot CH_2 \\ \diagdown\!O\!\diagup \\ \\ CH_2\!\!-\!\!CH \cdot CH_2 \cdot O \cdot C_6H_4 \cdot CH_2 \\ \diagdown\!O\!\diagup \end{array} \!\!\!N \cdot CO \cdot CH_2 \cdot CH_2 \cdot N \begin{array}{c} CH_2 \cdot CH_2 \cdot O \cdot CH_2 \cdot CH\!\!-\!\!CH_2 \\ \diagdown\!O\!\diagup \\ \\ CH_2 \cdot CH_2 \cdot O \cdot CH_2 \cdot CH\!\!-\!\!CH_2 \\ \diagdown\!O\!\diagup \end{array}$$

herstellen.

7. Aus N,N-Di-(oxybenzyl)-propionsäureamido-β-aminoessigsäure den Diglycidyläther-monoglycidylester

$$\begin{array}{c} CH_2\!\!-\!\!CH \cdot CH_2 \cdot O \cdot C_6H_4 \cdot CH_2 \\ \diagdown\!O\!\diagup \\ \\ CH_2\!\!-\!\!CH \cdot CH_2 \cdot O \cdot C_6H_4 \cdot CH_2 \\ \diagdown\!O\!\diagup \end{array} \!\!\!N \cdot CO \cdot CH_2 \cdot CH_2 \cdot NH \cdot CH_2 \cdot CO \cdot O \cdot CH_2 \cdot CH\!\!-\!\!CH_2 \diagdown\!O\!\diagup$$

8. Aus N,N-Di-(oxybenzyl)-propionamido-β-dioxybenzyl-melamin den Tetraglycidyläther

$$\begin{array}{c} CH_2\!\!-\!\!CH \cdot CH_2 \cdot O \cdot C_6H_4 \cdot CH_2 \\ \diagdown\!O\!\diagup \\ \\ CH_2\!\!-\!\!CH \cdot CH_2 \cdot O \cdot C_6H_4 \cdot CH_2 \\ \diagup\!O\!\diagdown \end{array} \!\!\!N \cdot CO \cdot CH_2 \cdot CH_2 \cdot NH\!\!-\!\!C \begin{array}{c} NH \cdot CH_2 \cdot C_6H_4O \cdot CH_2CH\!\!-\!\!CH_2 \\ \diagdown\!O\!\diagup \\ N\!\!=\!\!C \diagdown N \\ N\!\!-\!\!C \diagup \\ NH \cdot CH_2 \cdot C_6H_4O \cdot CH_2CH\!\!-\!\!CH_2 \\ \diagdown\!O\!\diagup \end{array}$$

Ein erheblicher Teil der nach diesem Verfahren erhaltenen Harze ist bei 140—180° selbsthärtend. Ein Zusatz von Diamin beschleunigt die Härtung, die beim Aufstrich einer konzentrierten Lösung auf Metallblech bei gewöhnlicher Temperatur erfolgt. Die entstehenden Filme sind hart, elastisch und unempfindlich gegen Wasser, Lösungsmittel und verdünnte Säuren und Alkalien. Durch Veresterung mit ungesättigten höheren Fettsäuren im N_2-Strom in üblicher Weise werden lufttrocknende sehr elastische Lacke erhalten, die sich mit anderen Lacken unter Verbesserung ihrer Eigenschaften vermischen lassen. Als Klebstoffe für Metalle und andere nichtsaugenden Materialien eignen sich die nach diesem Verfahren hergestellte Produkte, und zwar besonders solche, die Schwefel enthalten, z. B. die auf Basis Thioharnstoff, Thiohydrotriazinen oder Äthylenthioharnstoff aufgebauten Produkte. Als Gießharze angewandte Produkte dieser Art zeigen nach dem Härten einen außergewöhnlich niedrigen Schwund.

Eine besonders wichtige Eigenschaft dieses Typus von Glycidyläthern ist die Möglichkeit der weitgehenden Modifizierung und Anpassung an alle vorkommenden Anforderungen durch die leichte Substitutionsfähigkeit des Wasserstoffatoms an den zumeist noch vorhandenen Iminogruppen, die in einem Arbeitsgang mittels halogenhaltiger Verbindungen unmittelbar vor der Umsetzung mit Epichlorhydrin vorgenommen werden kann (z. B. durch die SCHOTTEN-BAUMANN-Reaktion), wobei selbstverständlich die erforderliche erhöhte Alkalimenge einzusetzen ist.

Mit Aminoharzvorprodukten modifizierte Epoxydharze

Die Modifizierung von Epoxydharzvorprodukten durch Aminoharzvorprodukte hat nicht nur den Sinn der Verbilligung von Epoxydharzen oder der Verbesserung der Eigenschaften der Aminoharze hinsichtlich ihrer Säure- und Alkalienfestigkeit, Haftfähigkeit auf Metall, des Schrumpffaktors als Gießharz usw., sondern die Epoxydharze gewinnen durch diese Verbindung auch, und zwar hinsichtlich der oft nicht genügenden Elastizität.

Die Modifizierung erfolgt in der Weise, daß die für sich hergestellten Vorprodukte in der Wärme oder mit Hilfe eines Lösungsmittels miteinander vermischt werden. Bei der Aushärtung findet eine chemische Verbindung der beiden Komponenten statt, indem sich die Epoxydgruppen an die im Aminoharz enthaltenen Gruppen mit aktiven H-Atomen addieren.

In der Tatsache, daß es vom chemischen Standpunkt aus durchaus plausibel ist, daß nach dem Vermischen und Lagern des Gemisches schon eine gewisse Additionsbindung zwischen den Komponenten zu erwarten ist, liegt die Berechtigung dafür, Gemische dieser Art in dem Kapitel „Synthesen" zu behandeln, während Gemische, bei denen keine chemische Reaktion anzunehmen ist, in dem Kapitel über spezielle Verwendungen angeführt werden. Es wird zugegeben, daß die Sachlage in manchen Fällen nicht klar ist, und der Hersteller von härtbaren Mischungen vielfach selbst nicht angeben kann, ob schon vor der Härtung eine Voraddition erfolgt ist oder nicht. Was daher in diesem Kapitel nicht gefunden wird, möge in demjenigen, das die speziellen Verwendungen behandelt, gesucht werden.

Die erste Komposition, bestehend aus einem höhermolekularen Polyglycidyläther und einem Harnstoff-Formaldehyd-Vorkondensat stammt von S. O. GREENLEE[1]. Die Aminoharzkomponente kann dabei entweder ein wäßriges Harnstoff- oder Thioharnstoff-Formaldehyd-Vorkondensat oder ein in Butanol gelöster Butyläther von Methylol-Harnstoffen oder von Methylolmelaminen bzw. ein Gemisch der beiden letzteren sein, oder sie kann auch aus alkydmodifizierten Melamin-Formaldehyd-Vorkondensaten bestehen.

---

[1] US 2528359 u. 2528360, beide vom 10. 4. 46/31. 10. 50, DEVOE & RAYNOLDS CO.

An Epoxydverbindungen, die mit diesen Aminoharzvorkondensaten kombiniert werden, können Diglycidyläther sowie Epoxydgruppen enthaltende Umsetzungsprodukte von Epichlorhydrin mit Glycerin, Trimethylolpropan, Resorcin und Bisphenol A zur Verwendung kommen. Das mittels Bisphenol A gewinnbare Sortiment ist besonders reichhaltig, da hieraus Glycidyläther mit jedem gewünschten Molgewicht hergestellt werden können.

Die beiden Komponenten werden in verschiedenen Mengenverhältnissen, zumeist aber etwa im Verhältnis 1:1, homogen zusammengeschmolzen, wobei etwa vorhandene Anteile von Wasser sorgfältig entfernt werden müssen. So erhaltene Harze, die vermutlich schon Voradditionsreaktionen durchgemacht haben, sind zumeist lagerfähig und härten in der Hitze mit oder ohne Zugabe eines Härters. Sie dienen in erster Linie zur Herstellung von Einbrennlacken.

Die Arbeitsweise wird durch folgende Beispiele illustriert:

1. 100 g wäßriges Harnstoff-Formaldehyd-Vorkondensat als 53%iger Sirup und 100 g Diglyc:dyläther werden mit 10 g Diäthylentriamin vermischt. Das viscos-flüssige Gemisch wird als Anstrichmittel verarbeitet und nach dem Trocknen eine $^1/_2$ Stunde bei 150° eingebrannt.

2. 10 g eines wäßrigen Thioharnstoff-Formaldehyd-Vorkondensates als 60%iger Sirup werden mit 54 g eines Glycerinepichlorhydrin Umsetzungsproduktes mit 2,18 Epoxydgruppen pro Mol bis zur völligen Entfernung des Wassers erhitzt. Nach Zusatz von 1,5 g Natriumphenolat härtet ein mit dem Gemisch ausgeführter Anstrich bei 150° in 3 Stunden zu einem biegsamen Film.

3. 100 g eines Bisphenol-A-Epichlorhydrin-Umsetzungsproduktes vom Erweichungspunkt 43°, 100 g eines butylierten Harnstoff-Formaldehyd-Vorkondensates als 50%ige Lösung in Butanol und 5 g Diäthylentriamin werden zu einer klaren viscosen Flüssigkeit gemischt. Der getrocknete Aufstrich härtet bei 150° in $^1/_2$ Stunde.

4. 100 g Bisphenol-A-Epichlorhydrin-Umsetzungsprodukt mit dem Erweichungspunkt 100° wird homogen mit 100 g einer 50%igen Butanollösung von Methylolmelaminbutyläther und 5 g Natriumphenolat vermischt. Härtung erfolgt bei 200° in $^1/_4$ Stunde.

5. 180 g Bisphenol-A-Epichlorhydrin-Umsetzungsprodukt vom Erweichungspunkt 100° werden mit 40 g einer 50%igen Lösung eines alkydmodifizierten Melamin-Formaldehyd-Vorkondensates und 1,8 g Diäthylentriamin homogen vermischt. Der getrocknete Aufstrich bildet nach dem Einbrennen einen harten, sehr elastischen Film.

Auch Umsetzungsprodukte von aromatischen Aminen mit Formaldehyd lassen sich mit Erfolg mit Epoxydverbindungen kombinieren, wie S. O. Greenlee[1] gezeigt hat. Hierbei werden in verschiedener Weise hergestellte Kondensationsprodukte von Formaldehyd mit Anilin oder Naphthylamin mit solchen Epoxydverbindungen kombiniert, die durch Umsetzen von Epichlorhydrin mit Glycerin, Resorcin oder Bisphenol A zu gewinnen sind. Lagerfähige Kombinationen dieser Art dienen nach Zugabe eines Härters als Anstrichmittel oder für Preßharze. Als Beispiele für diese Arbeitsweise seien die folgenden Vorschriften angeführt:

1. 20 g schmelzbares Anilin-Formaldehyd-Umsetzungsprodukt werden in der Wärme mit 80 g eines Umsetzungsproduktes von Glycerin mit 3 Mol Epichlorhydrin (mit einem Gehalt von 2,18 Epoxydgruppen pro Mol) verschmolzen

---

[1] US 2511913. 4. 9. 46/20. 6. 50, Devoe & Raynolds Co.

und mit Bisphenol A erhitzt. (Es werden 776 g des ersten Gemisches mit 224 g Bisphenol A bei 100° miteinander umgesetzt). Nach Zugabe von 6 g Natriumphenolat und Füllmaterial wird die Masse verpreßt, wobei bei einer Temperatur von 150° Härtung in 1 Stunde eintritt.

2. 25 g α-Naphthylamin-Formaldehyd-Vorkondensat werden mit 75 g eines Bisphenol-A-Epichlorhydrin-Umsetzungsproduktes vom Erweichungspunkt 130° homogen verschmolzen und in Methyläthylketon zu einer 60%igen Lösung gelöst. Die viscose Lösung ist direkt als Lack brauchbar, der nach dem Trocknen ohne Zusatz eines Härters bei 200° in ¹/₂ Stunde härtet.

3. 45 g einer 50%igen Lösung von m-Phenylendiamin-Formaldehyd-Vorkondensat in Acetonylaceton wird mit 55 g eines Resorcin-Epichlorhydrin-Umsetzungsproduktes vom Erweichungspunkt 87° und einem Epoxydäquivalentgewicht von 1780 in der Wärme homogen gemischt. Der getrocknete Aufstrich härtet schon bei 100° in einer ¹/₂ Stunde.

Umsetzungsprodukte von Epoxydharz-Vorprodukten mit mindestens 2 Epoxydgruppen im Mol mit mehrwertigen Carbonsäuren und Dicyandiamid, die mit Lösungen verätherter Harnstoff- oder Melamin-Formaldehyd-Vorkondensate, oder auch mit Dicyandiamid- oder Phenol-Formaldehyd-Vorkondensaten gemischt, für Lackzwecke angewandt werden, beschreibt G. H. OTT[1]. Hierbei wird zunächst die harzartige Polyepoxydverbindung mit zweibasischer Carbonsäure, bei der die Carboxylgruppen durch mindestens 2 C-Atome voneinander getrennt sein müssen, in Gegenwart von Dicyandiamid umgesetzt. Die Menge der Komponenten muß hierbei so bemessen sein, daß nach erfolgter Kondensation noch freie Epoxydgruppen vorhanden sind. Derartige Umsetzungsprodukte, die schon für sich allein als Lackharze Verwendung finden können, werden in höhersiedenden Lösungsmitteln aufgenommen und mit verätherten Aminoharzen in der Wärme weiter kondens.ert, bis eine klare homogene Lösung entstanden ist. Wird diese Lösung auf einem beliebigen Untergrund verstrichen, so entsteht nach dem Einbrennen ein Lackfilm von besonders guten Eigenschaften. Kompositionen dieser Art bedürfen keines Zusatzes eines Härters.

Die Arbeitsweise geht aus den folgenden Beispielen hervor:

1. 240 g Epoxydharzvorprodukt (etwa 1,2 Mol), gewonnen durch Umsetzen von 1 Mol Resorcin mit 1,65 Mol Epichlorhydrin und dem berechneten Alkali, werden heiß in 133 g Cyclohexanol, 203 g o-Dichlorbenzol und 75 g Benzylalkohol gelöst. Nach Eintragen von 62 g Adipinsäure (etwa 0,4 Mol) und 17,5 g Dicyandiamid (etwa 0,2 Mol) wird 1—1¹/₂ Stunden bei 120—135° gerührt. Die hochviscose Flüssigkeit wird mit 95 g Benzylalkohol und 200 g Diacetonalkohol verdünnt und mit 83 g einer 75%igen Lösung von Hexamethylolmelaminbutyläther in Butanol und mit weiteren 35 g Dicyandiamid vermischt und 1 Stunde bei 100° gerührt. Ein Metallanstrich mit dem so hergestellten Lack ergibt nach dem Trocknen und Einbrennen bei 200° einen Film mit hervorragenden Eigenschaften.

2. 310 g (etwa 1 Mol) eines durch alkalische Kondensation von 1 Mol o,o'-Diphenol und 2 Mol Epichlorhydrin erhaltenen Epoxydharzvorproduktes werden in 135 g Cyclohexanol gelöst und mit 100 g Sebacinsäure (etwa 0,5 Mol) und 40 g Dicyandiamid (etwa 0,48 Mol) in ³/₄ Stunden bei 110—140° umgesetzt. Nach Verdünnen mit 45 g Benzylalkohol und 225 g o-Dichlorbenzol werden weitere 40 g Dicyandiamid sowie 100 g einer 75%igen Lösung von Dimethylol-Harnstoffbutyläther in Butanol, 95 g Benzylalkohol und 210 g Äthylenglykolmonoäthyläther zugesetzt und 1 Stunde bei 100—110° gerührt. Diese Komposition stellt einen besonders wärmeunempfindlichen Einbrennlack dar.

---

[1] DP 895 833, 15. 6. 49; Schwz.-Pri. 5. 7. u. 5. 7. 48 sowie 25. 5. 49, CIBA.

Mit organischen Phosphorsäureestern versetzte Epoxydharzvorprodukte, die mit Dimethylol-Harnstoffbutyläther vermischt sind und für Anstrichzwecke dienen sollen, beschreiben L. N. Whitehall und R. S. Taylor[1]. Die Arbeitsweise geht aus folgendem Beispiel hervor:

818 g Bisphenol A (2,7 Mol) werden in 1373 g Wasser und 185 g NaOH (4,6 Mol) gelöst. Dazu wird bei 66° ein Gemisch von 208 g Epichlorhydrin (2,25 Mol) und 83 g Methylisobutylketon innerhalb von 30 Minuten eingetragen. Nach Beendigung der exothermen Reaktion gibt man dazu eine Lösung von 60 g NaOH (1,5 Mol) in 83 g Wasser und erhitzt unter Rückfluß. Nach 1 Stunde werden langsam weitere 208 g Epichlorhydrin (2,25 Mol) zugesetzt, wodurch das Reaktionsgemisch immer viscoser wird. Nach Zugabe von 884 g Methylisobutylketon wird die Lösung $1^1/_2$ Stunden gekocht und nach dem Abkühlen mit 85%iger Phosphorsäure auf p_H 6—7 und mit Oxalsäure auf p_H 4—5 gebracht, wodurch sich die Emulsion in 2 klare Schichten trennt. Nach gründlichem Auswaschen der organischen Schicht wird nach Zugabe von 0,65% (berechnet auf den Epichlorhydringehalt) 85%iger H_3PO_4 im Vakuum bis zu 160° alles Flüchtige abgetrieben und das verbleibende klare Harz mit einem Gemisch von 633,5 g Toluol und 542 g Cellosolveacetat zu einer 50%igen Lösung eingestellt. — Diese Grundlösung wird mit 1—10% einer 50%igen Lösung von Dimethylol-Harnstoffbutyläther in Butanol/Xylol versetzt und der so erhaltene Lack nach dem Aufstreichen und Trocknen bei 150° eingebrannt. Die Filme haften sehr fest und zeichnen sich durch hervorragende Elastizität aus.

Gemische von Bisphenol-A-Glycidyläthern mit einem Molgewicht zwischen 1200 und 4000 mit butyliertem Harnstoff-Formaldehyd-Vorkondensat, die mit verschiedenartigen Härtern gehärtet werden und für Anstrichzwecke, Gieß- und Preßharze und als Klebmittel für Schichtstoffe Verwendung finden, beschreibt H. Dannenberg in mehreren Patentschriften[2]. Da die erfindungsbegründenden Momente dieser Patentschrift in den speziellen zur Verwendung kommenden Härtern liegen, sei auf das Kapitel „Härter" verwiesen. Es handelt sich bei den Härtern für Kompositionen dieser Art um Sulfonsäuren (m-Benzoldisulfonsäure, p-Toluolsulfonsäure, Methandisulfonylchlorid, Methandisulfonsäure, sowie eine Reihe weiterer Mono- und Polysulfonsäuren) sowie um deren Salze mit Aminen. Beispielsweise werden bei 20—25° lagerfähige etwa 40%ige Lösungen hergestellt, die aus 70 bis 80% Bisphenolglycidyläther und 30—20% butyliertem Harnstoffharz bestehen, denen als Härter etwa 1% (bezogen auf den Harzgehalt) p-toluolsulfonsaures Morpholin oder Pyridin zugesetzt ist. Lösungen dieser Art können direkt für Anstrichzwecke verwandt werden. Der Film härtet bei 150° in $^1/_2$ Stunde.

Bisphenol-A-Glycidyläther mit verschiedenen Erweichungspunkten im Gemisch mit butylierten Harnstoff-Formaldehydharz und/oder Methylolmelaminbutyläther und Alkydharzen, mit Zusatz von Phosphorsäure oder Citronensäure als Härter, beschreiben S. L. M. Saunders und L. W. Coveney[3]. Diese Kompositionen sind für Einbrennlacke, und zwar speziell für elektrische Drähte geeignet, die kurze Einbrennzeiten und hohe Biegsamkeit erfordern. — Zwei charakteristische Kompositionen sind die folgenden:

[1] US 2686771, 23. 12. 50/17. 8. 54, Sherwin-Williams Co.
[2] US 2631138 u. 2643243, 26. 2. 51; US 2687397, 21. 9. 51, Bataafsche.
[3] BP 707320, 30. 11. 51/14. 4. 54, Pinchin Johnson & Ass. Ltd.

I. 100 Teile Bisphenol-A-Glycidyläther vom Erweichungspunkt 70—110°
  17 Teile Methylolmelaminbutyläther, 55%ig in Butanol
  58 Teile Dimethylol-Harnstoffbutyläther, 50%ig in Butanol
  17 Teile Glycerin-Phthalsäureanhydrid-Ricinusölsäure-Alkydharz,
         50%ig in Ricinusöl
  30 Teile Diacetonalkohol
  60 Teile Solventnaphtha
  30 Teile Butanol
   5 Teile Citronensäure als Härter

II. 100 Teile Bisphenol-A-Glycidyläther vom Erweichungspunkt 70—110°
  31 Teile Methylolmelaminbutyläther, 55%ig in Butanol
42,5 Teile Glycerinsebacat, 40%ige Lösung
  30 Teile Diacetonalkohol
  60 Teile Solventnaphtha
  30 Teile Butanol
   2 Teile 85%ige Phosphorsäure als Härter

Wenn auch die Komponenten hier nur als Gemisch vorliegen, so ist doch anzunehmen, daß, begünstigt durch den gelösten Zustand, schon eine mehr oder weniger weitgehende Umsetzung der reaktionsfähigen Verbindungen im Laufe der Zeit vor sich geht.

Eine Grundierung für Metallanstriche, die starken Temperaturschwankungen ausgesetzt sind, wie etwa bei Waschmaschinen, stellt V. K. OSDAL[1] her durch Kombinieren eines polymeren Bisphenol-A-Glycidyläthers vom Erweichungspunkt 130° und Epoxydäquivalentgewicht 1600—1900 mit 18—22% eines 60%igen butylierten Harnstoff-Formaldehyd-Vorkondensats. Das außerordentliche Haftvermögen dieser Komposition kommt auch bei einem „arbeitenden" Untergrund zur Geltung. Eine Komposition dieser Art kann beispielsweise folgendermaßen zusammengesetzt sein:

61,7% einer 40%igen Lösung des Glycidyläthers in Xylol/Diacetonalkohol 1:1
 8,4% einer 60%igen Lösung butylierten Harnstoff-Formaldehyd in Butanol
14,9% TiO_2-Pigment
15 % Xylol/Diacetonalkohol 1:1

Als Härter werden 1,5% Salicylsäure angewandt.

Während bisher für Lackzwecke hergestellte Gemische von Epoxydharzvorprodukten mit Aminoharzvorkondensaten nur einen relativ kleinen Anteil des letzteren enthielten, zeigt J. REESE[2], daß für Anstrichzwecke verwendete Harnstoff-Formaldehyd-Harzkompositionen, die vor allem in ihrer chemischen Beständigkeit zu wünschen übriglassen, schon durch geringe Zusätze von Epoxydharzvorprodukten wesentlich verbessert werden können, so daß auf diese Weise Lacke mit hoher Säure- und Laugebeständigkeit erzielt werden. Beispielsweise werden 100 g einer 65%igen Dimethylolharnstoffbutylätherlösung in Butanol mit 4 g eines Bisphenol-A-Glycidyläthers und 4 g einer 1%igen benzolischen Lösung von Bis-1,3-Dimethylaminoisopropanol homogen vermischt. Aufstriche dieser Lösung werden nach dem Lufttrocknen 1 Stunde bei 180° eingebrannt. Die gehärteten Aufstriche werden bei 2stündigem Eintauchen in siedender 3%iger Essigsäure oder

---

[1] US 2703765, 15. 1. 53/8. 3. 55, E. I. DU PONT DE NEMOURS CO.
[2] DP 888293, 4. 7. 50/31. 8. 53, CHEMISCHE WERKE ALBERT.

in 80° warmer 5%iger Natronlauge nicht angegriffen, während in gleicher Weise eingebrannte reine Aminoharzanstriche unter denselben Bedingungen restlos zerstört werden.

Ebenfalls in dem Bestreben, die Qualität von Aminoharzlacken zu verbessern, insbesondere das Rissigwerden der Anstriche beim Härten abzustellen, hat die BRITISH RESIN PRODUCTS LTD.[1] Kompositionen aus Aminoharzvorprodukten mit Epoxydharzvorprodukten beschrieben, welche die genannten Beanstandungen weitgehend beheben. Das Epoxydharzvorkondensat wird durch Umsetzen eines Polymethylenphenols, wie es bei alkalischer Kondensation von Phenol mit Formaldehyd entsteht, mit Epichlorhydrin hergestellt.

Beispielsweise werden 282 g Phenol mit 280 g Formaldehyd 40%ig, 200 g Wasser und 132 g Natriumhydroxyd 18 Stunden bei 20° stehengelassen und alsdann mit 300 g Epichlorhydrin versetzt. Nach 3stündigem Stehen bei 45—55° wird das entstandene Harz gewaschen und getrocknet. Bezeichnung: „Ätherharz A".

Oder: es werden 282 g Phenol mit 360 g Formaldehyd 40%ig, 300 g Wasser und 120 g Natriumhydroxyd $^1/_2$ Stunde bei 28° gerührt und dann 18 Stunden bei gewöhnlicher Temperatur stehengelassen. Alsdann werden 300 g Epichlorhydrin eingetragen und 6 Stunden bei 50—60° gerührt. Das erhaltene gewaschene und getrocknete flüssige Harz wird als „Ätherharz B" bezeichnet.

Verbesserte Harnstoff-Formaldehydharzlacke werden folgendermaßen erhalten:

1. Ein aus 120 g Harnstoff, 320 g Formaldehyd 40%ig und 5 g n/2 Natronlauge durch 45 Minuten langes Kochen erhaltenes Kondensationsprodukt wird mit 75 g „Ätherharz A" vermischt, mit HCl auf p_H 4 eingestellt und eine halbe Stunde rückflußgekocht, wobei sich der p_H-Wert auf 7 erhöht. Das nach dem Waschen und Trocknen erhaltene Harz härtet bei 130° in 20 Minuten. Durch Zusatz von 2% Toluolsulfosäure erhält man einen in 24 Stunden lufttrocknenden Lack. In beiden Fällen ist die Oberfläche glatt und rißfrei und ändert sich nicht beim Altern.

2. Aus 210 g Melamin und 1000 g 40%igem Formaldehyd bei p_H 8 bei gewöhnlicher Temperatur gewonnenes Hexamethylolmelamin wird mit angesäuertem Butanol veräthert, anschließend mit 100 g „Ätherharz B" versetzt und $^1/_2$ Stunde bei 60° gerührt. Die klare viscose Flüssigkeit kann als Lack verwendet werden, dessen Anstriche nach dem Einbrennen bei 180° in 15 Minuten einen glatten rißfreien Film bilden.

In einem anderen Patent der Firma BRITISH RESIN PRODUCTS LTD.[2] wird die Herstellung von Umsetzungsprodukten, wie sie im vorgehenden Patent als „Ätherharze" bezeichnet werden, beschrieben mit der Abänderung, daß die Entwässerung bei verschieden hohen Temperaturen durchgeführt wird. Es werden so Harze erhalten, die leicht schmelzen und nach Zusatz eines sauren Härters bei 140° in verschiedenen Zeiten härten. Diese aminoharzfreien Harze sollen vermutlich als Gießharze dienen.

Zur Verbesserung der Eigenschaften von Amino-Gieß- oder Preßharzen sind von der AMERICAN CYANAMID Co. Epoxydverbindungen bzw. Umsetzungsprodukte der letzteren herangezogen worden.

[1] FP 1074043, 26. 1. 53/30. 9. 54; B.-Pri. 5. 2. 52, BRITISH RESIN PRODUCTS LTD.
[2] FP 1074054, 28. 1. 53/1. 10. 54; B.-Pri. 5. 2. 52, BRITISH RESIN PRODUCTS LTD.

Glycerinalkyl- oder -aryläther, wie sie durch Umsetzen von Epichlorhydrin mit aliphatischen Alkoholen oder Phenolen erhalten werden, sind von A. BROOKES[1] als Weichmacher vorgeschlagen worden, die sich in den wasserhaltigen Aminoharzkondensaten, wie sie für Gieß- oder Preßharze angewandt werden, klar lösen, auch nach Entfernen des Wassers noch mit dem Harz verträglich sind und dem gehärteten Endprodukt keine erhöhte Wasserempfindlichkeit verleihen. Es werden für diesen Zweck die n-Butyl-, Phenyl- und Benzyläther des Glycerins empfohlen, von denen 50—100% der Menge des festen Harzes den Harnstoff- oder Melamin-Formaldehyd-Vorkondensaten zugesetzt wird.

Es wurde weiterhin gefunden, daß das Schrumpfen von Harnstoff-Formaldehyd-Preßmassen erheblich vermindert wird durch Zusatz von Epoxydverbindungen der allgemeinen Formel

$$CH_2\!-\!CH \cdot CH_2 \cdot O \cdot (CH_2)_n \cdot O \cdot R$$
$$\diagdown O \diagup$$

insbesondere durch 1,2-Epoxy-3-methoxyäthoxypropan

$$CH_2\!-\!CH \cdot CH_2 \cdot O \cdot CH_2 \cdot O \cdot CH_2 \cdot CH_2 \cdot OH$$
$$\diagdown O \diagup$$

wie durch Arbeiten von T. J. SUEN und A. M. SCHILLER[2] gezeigt wurde. Es wird eine Preßmasse folgender Zusammensetzung beschrieben: 120 g eines 50%igen wäßrigen Harnstoff-Formaldehyd-Vorkondensats 5 g Epoxymethoxyäthoxypropan und 35 g α-Cellulose als Füllmaterial.

In späteren Patenten[3] werden von T. J. SUEN für den gleichen Zweck Verbindungen der folgenden Typen empfohlen:

a) $HO \cdot (CH_2)_n \cdot O \cdot CH_2 \cdot CHOH \cdot CH_2 \cdot O \cdot (CH_2)_n \cdot O \cdot R$, z. B. 1-Oxäthyloxy-3-äthoxyäthoxy-2-propanol: $HO \cdot CH_2 \cdot CH_2 \cdot O \cdot CH_2 \cdot CHOH \cdot CH_2 \cdot O \cdot CH_2 \cdot CH_2 \cdot O \cdot C_2H_5$, hergestellt durch alkalische Kondensation von 1 Mol Äthylenglykol mit 1 Mol 1-Chlor-3-äthoxyäthoxy-2-propanol,

b) $R \cdot O \cdot (CH_2)_n \cdot O \cdot CH_2 \cdot CHOH \cdot CH_2 \cdot O \cdot (CH_2)_n \cdot O \cdot R$, z. B. 1,3-Di-(methoxyäthoxy-)-2-propanol: $H_3C \cdot O \cdot CH_2 \cdot CH_2 \cdot O \cdot CH_2 \cdot CHOH \cdot CH_2 \cdot O \cdot CH_2 \cdot CH_2 \cdot O \cdot CH_3$, hergestellt durch Kondensation von 2 Mol Äthylenglykol-monomethyläther mit 1 Mol Epichlorhydrin.

Eine allgemeine Übersicht über die vielen verschiedenen Möglichkeiten der Modifizierung von Bisphenol-A-Glycidyläther gibt E. G. SHUR[4] unter dem Titel „Epoxydätherharze, eine neue Technologie". Als eine der aussichtsreichsten Modifizierungen wird diejenige mit Harnstoff-Formaldehyd-Vorkondensaten bezeichnet (70% Epoxydäther, 30% H.-F.-Kond.), unter Verwendung von Sulfonsäuren (p-Toluol- oder Benzosulfonsäure) als Härter. Weiterhin werden auch

---

[1] US 2413860, 24. 8. 43/7. 1. 47; B.-Pri. 5. 5. 42, AMERICAN CYANAMID Co.
[2] US 2637713, 21. 3. 50/5. 5. 53, AMERICAN CYANAMID Co.
[3] US 2678308, 11. 6. 52/11. 5. 54; US 2688604, 11. 6. 52/7. 9. 54.
[4] SHUR, E. G.: Mod. Pla., April 1956, 174, 176, 274, 276.

Kombinationen angeführt mit: primären Aminen, Phenol-Formaldehyd-Vorkondensaten, Alkydaminoharzen, Copolymeren mit Polyvinylacetat, Veresterungen mit Harz- und Fettsäuren, gegebenenfalls unter Zusatz von Aminoharzen. Es wird zum Ausdruck gebracht, daß das Arbeitsgebiet der Modifizierung von Epoxydharzen eine unabsehbare Fülle von Möglichkeiten zur Gewinnung wertvoller Kombinationen bietet, und wir mit diesen Arbeiten erst am Anfang stehen.

Mit Phenolharzen modifizierte Epoxydharze

Die Modifizierung mit Phenolharzen hat ganz allgemein den Vorteil der Verbilligung. Wenn damit zugleich auch neue wertvolle Eigenschaften erzielt werden, so bietet sie einen besonderen Anreiz.

Die Kombinierung von Epoxyd- und Phenolharzen — beide im Zustand ihrer Vorkondensate — ist seit Beginn der Epoxydharzarbeiten als besonders aussichtsreich erkannt worden. Die diesbezüglichen grundlegenden Arbeiten sind von S. O. Greenlee[1] beschrieben worden.

Phenol-Formaldehyd-Vorkondensate mit Methylolgruppen härten durch Abspaltung von Wasser oder von Wasser und Formaldehyd. Reagieren diese Vorkondensate dagegen mit Epoxydverbindungen, so bilden sich Additionsprodukte ohne Bildung flüchtiger Substanzen. Es liegt auf der Hand, daß nach diesem Prinzip zusammengesetzte Gieß- oder Preßharze einen besonders niedrigen Schwund zeigen werden. Da weiterhin die heute bekanntesten Epoxydharze durch Umsetzen von Bisphenol A und Epichlorhydrin hergestellt werden und in ihrer Struktur abwechselnd aliphatische und aromatische Gruppen enthalten, liegt die Kombination mit Phenolharzen in derselben Strukturlinie, da hierdurch wieder die analogen Gruppen in das Molekül eintreten.

Die in der angeführten Patentschrift zur Verwendung kommenden Phenol-Formaldehyd-Vorkondensate werden durch $^3/_4$—$1^1/_2$ stündiges Kochen von 1 Mol Phenol mit 1,8 Mol Formaldehyd 40%ig und 1,5 g Alkalihydroxyd als Harz mit 39% Wassergehalt erhalten. Die Epoxydkomponente ist ein Umsetzungsprodukt von Epichlorhydrin mit Bisphenol A in Gegenwart der benötigten Menge Alkali. Beide Komponenten können zunächst unter Entwässerung miteinander vorkondensiert, sie können aber auch einfach unter Zusatz eines Härters gemischt und im Bedarfsfalle als Einbrennlack angewandt werden. Bei Verwendung als Klebmittel für nichtporöse Materialien oder als Gieß- und Preßharz müssen alle flüchtigen Bestandteile vorher entfernt werden. Beispielsweise werden:

1. Gleiche Teile Phenol-Formaldehyd-Vorkondensate mit 39% Wasser und polymeres Bisphenol-A-Glycidyläther vom Erweichungspunkt 85—100° mit einem Epoxydäquivalentgewicht 730 nach Zusatz von 2% Natriumphenolat homogen gemischt, als Lack aufgestrichen und 1 Stunde bei 150° eingebrannt, wodurch eine harte, elastische und witterungsbeständige Schicht erhalten wird.

---

[1] US 2521911, 8. 3. 46/12. 9. 50, Devoe & Raynolds Co.

2. 10 g eines entwässerten Phenol-Formaldehyd-Vorkondensats mit 20 g eines bei 38—46° erweichenden Bisphenolglycidyläthers und 10 g Diäthylentriamin bei gelinder Wärme zusammengeschmolzen. Die Masse ist als Klebmittel für Metalle, Porzellan usw. geeignet und kann auch als Preßharz dienen.

Die Verwendung der homogenen wasserfreien Lösung eines Gemisches von Phenol-Formaldehyd-Vorkondensat und Epoxydharzvorprodukt für Klebezwecke empfiehlt die Firma P. LECHLER[1]. Zur Erzielung einer einwandfreien Lösung der beiden verschiedenartigen Komponenten werden 70 g einer Lösung von 40 Teilen gepulverten Phenolharzes in 60 Teilen Äthylalkohol mit 30 g einer Lösung von 35 Teilen gepulverten Epoxydharzvorproduktes in 65 Teilen Butylacetat miteinander vermischt.

Die Kombination von Phenolharz mit Epoxydverbindungen kann auch in der Weise erfolgen, daß ein Phenol-Formaldehyd-Vorkondensat mit Epichlorhydrin umgesetzt wird. Ein Verfahren dieser Art beschreibt F. D'ALELIO[2]. Die hier zur Verwendung kommenden Phenolkondensationsprodukte sollen aus mindestens 3 Phenolkernen bestehen. Polyphenole dieser Art werden durch Erhitzen von 3 Mol Phenol mit 2 Mol Formaldehyd 37%ig auf 90°, Eintragen von 200 ml Wasser mit 0,3 g Oxalsäure und mehrstündiges Kochen erhalten, mit anschließender Entwässerung des Harzes durch 4stündiges Erhitzen bei 100° und 2 mm Druck. Durch Umsetzen von 6 Mol Phenol und 5 Mol Formaldehyd wird bei gleicher Behandlung ein Kondensationsprodukt erhalten, das 6 Phenolkerne im Mol enthält. Zwecks Gewinnung der Glycidyläther dieser Polyphenole wird bei 60—100° mit Epichlorhydrin in Gegenwart der berechneten Menge Alkalilauge umgesetzt. Da die berechnete Menge Epichlorhydrin nicht ausreicht, um sämtliche phenolischen OH-Gruppen in Glycidyläthergruppen zu überführen, muß ein Epichlorhydrinüberschuß von mindestens 1 Mol angewandt werden. Die Härtung erfolgt durch primäre, sekundäre oder tertiäre Amine in einer Menge von 1—10%.

Entsprechende Umsetzungsprodukte, ausgehend von halogenhaltigen Phenolen[3] oder von substituierten Phenolen mit Alkyl-, Alkylen-, Aryl-, Aralkyl-, Cycloalkyl- oder Furylgruppen[4], werden von dem gleichen Erfinder durch besondere Patente geschützt, ebenso auch die Verwendung der nach diesen Verfahren gewonnenen Glycidyläther als Überzug- oder Klebemittel[5].

Ausgehend von einem Novolak, bei dessen Herstellung das Verhältnis Formaldehyd : Phenol = 0,5 gewahrt wurde, stellen H. WEISBART und W. FÖRSTER[6] Epoxydharzvorprodukte in der Weise her, daß nach Zugabe von freiem Phenol zum Novolak in alkalischer Lösung mit Epichlorhydrin umgesetzt wird. Es wird beispielsweise so gearbeitet, daß zu 440 g Novolak und 170 g Phenol, gelöst in 2400 g

---

[1] D. Anm. L 26008, 1010217, 17. 10. 56.
[2] US 2683130, 27. 5. 50, KOPPERS Co.
[3] US 2658884, 27. 5. 50/10. 11. 53. — [4] US 2658885, 27. 5. 50, 10. 11. 53.
[5] FP 1057836, 25. 5. 51/11. 3. 54; US-Pri. 27. 5. 50.
[6] FP 1125761, 3. 6. 55/7. 11. 56; D.-Pri. 4. u. 16. 6. 54, RCJ-BECKACITE Co., REICHHOLD CHEMIE A. G.

10%iger Natronlauge bei 50—60° 556 g Epichlorhydrin auf einmal eingetragen werden. Durch Kühlen wird verhindert, daß die Temperatur über 80° steigt. Das sich abscheidende Harz wird mit angesäuertem siedendem Wasser gewaschen und im Vakuum getrocknet. — Die Verwendung als Lackharz erfolgt in Lösung in Verbindung mit einem Aminhärter. Härtung kann bei Raumtemperatur oder durch Einbrennen vor sich gehen.

Die Herstellung von Überzugslacken, Filmen und Klebmittel durch Kombinieren von Aldehydumsetzungsprodukten von zwei oder mehrwertigen Phenolen, insbesondere von Resorcin, mit Polyglycidyläthern, die durch Umsetzen von Epichlorhydrin mit mehrwertigen Phenolen, wie Resorcin oder Bisphenol A gewonnen werden, in Verbindung mit Härtemitteln beschreibt die WESTINGHOUSE ELECTRIC INTERNATIONAL Co[1]. Die Herstellung der Phenol-Aldehyd-Kondensationsprodukte erfolgt hier in praktisch wasserfreiem, schwach alkalischem oder schwach saurem Medium, und zwar mit Methanol unter Verwendung von Paraformaldehyd, folgendermaßen:

1. 110 g Resorcin (1 Mol), 62,5 g Methanol, 30 g Paraformaldehyd (1 Mol) und 0,07 g Ammoniak 25%ig werden zum Sieden erhitzt. Die nach 20 Minuten klar gewordene Lösung wird nach weiteren 40 Minuten sehr viscos, so daß mit 122 g Methanol verdünnt wird.

2. Man gelangt zu einem ähnlichen Umsetzungsprodukt, wenn statt des Ammoniaks 0,25 g konzentrierte Salzsäure eingetragen werden.

Die Mengenverhältnisse, in denen diese etwa 60%igen Resorcin-Formaldehydharz-Lösungen mit festen Glycidyläthern gemischt werden, können weitgehend variiert werden. Beispielsweise können unter Verwendung eines aus 4 Mol Bisphenol A und 5 Mol Epichlorhydrin hergestellten Epoxydharzvorproduktes folgende Kompositionen für praktische Verwendungen angesetzt werden:

1. 10 g Epoxydharz, 1 g 60%iges Resorcin-Formaldehydharz und 0,4 g NaOH als Härter ergeben einen Metallüberzugslack, der bei 180° in 45 Minuten härtet und einen glatten, festhaftenden, harten und biegsamen Film liefert.

2. 10 g Epoxydharz, 2 g 60%iges Resorcinharz und 1 g KOH in 1 g Wasser gelöst, werden gemischt, auf 2 Metallbleche gestrichen, bei 120° getrocknet, zusammengepreßt und bei 145° 1 Stunde gehärtet, wodurch sehr feste Verklebung erfolgt.

3. 50 g Epoxydharz, 100 g 60%iges Resorcinharz und 1 g NaOH in 1 g H_2O ergeben als Mischung einen guten Überzugslack, der auf Stahl nach 30 Minuten Einbrennen bei 120° einen hochwertigen, festhaftenden Film liefert.

Ausgehend von den Natrium- oder Bariumsalzen von 2,4,6-Trimethylolphenol, deren Herstellung in der amerikanischen Patentschrift Nr. 2579329, 18. 10. 49/18. 12. 51, beschrieben wird, werden Umsetzungsprodukte mit Epoxydverbindungen von R. W. MARTIN[2] ohne Verwendung von organischen Lösungsmitteln hergestellt. Hierbei ist wesentlich, daß die Umsetzung der Epoxydgruppe weitgehend mit den Methylolgruppen vor sich geht. Für diese Umsetzungen werden Propylenoxyd, Butadienmonoxyd, Styroloxyd sowie Allyl- und Phenyl-

---

[1] BP 692937, 3. 8. 50/17. 6. 53; US-Pri. 9. 9. 49, WESTINGHOUSE ELECTRIC INTERNATIONAL Co.

[2] US 2606934, 4. 1. 51/12. 8. 52, GENERAL ELECTRIC Co.

glycidyläther herangezogen. Beispielsweise werden 41 g Na-Trimethyl-olphenolat in 47,3 g Wasser gelöst und bei 40° innerhalb von 7 Stunden 14 g Propylenoxyd eingeleitet. Die Ultraviolettabsorptionsanalyse ergibt, daß hierbei das Propylenoxyd zu 60% mit den Phenolatgruppen und zu 40% mit den Methylolgruppen reagiert hat. Entsprechende Ergebnisse werden unter Verwendung von Allyl- oder Phenylglycidyl-äther erhalten. Die Produkte sind gute Weichmacher für PVC.

Glycidyläther aus Gemischen von Mono-, Di- und Trimethylol-phenol mit einem Gehalt von mindestens 10% des letzteren stellt R. W. MARTIN[1] durch Umsetzen eines rohen Phenol-Formaldehyd-Kondensationsproduktes mit Epichlorhydrin in Gegenwart der berechneten Menge Alkali her. Das anfallende Gemisch an Methylol-phenolen wird nicht isoliert, sondern direkt mit Epichlorhydrin umgesetzt:

425 g Phenol werden in 200 g Wasser mit 810 g KOH 87%ig gelöst, hierzu bei 35—40° in 2 Stunden 720 g Formaldehyd 37,5%ig eingetragen und 3 Tage bei 25—30° nachgerührt. Anschließend wird diese Lösung langsam in ein Gemisch von 463 g Epichlorhydrin und 450 g Alkohol bei 50° eingetragen, wobei die Temperatur spontan auf 90° steigt und nach beginnendem Temperaturabfall 10 Minuten bei 90° gehalten wird. Das neutral gewaschene und im Vakuum bei 70—90° getrocknete gelbliche viscose Öl härtet bei 200—230° zu einem hellen Harz. Es ist löslich in einem Alkohol-Aceton-Gemisch und kann, insbesondere nach Veresterung mit ungesättigten Fettsäuren, als lufthärtendes Lackharz dienen.

Eine Komposition, bestehend aus einem alkalisch kondensierten Phenolformaldehydharz, p-Kresylglycidyläther, einem Füllmittel und einem aromatischen Sulfonsäurechlorid als Härter, die bei gewöhnlicher Temperatur härtet, wird von K. DIETZ[2] als säurefester Kitt zum Befestigen von säurefesten Plättchen in Säurekochern empfohlen. Das Phenol-Formaldehyd-Vorkondensat wird hergestellt durch Eintragen von 170 g Formaldehyd 30%ig (1,7 Mol), bei 35—40° in eine Lösung von 94 g Phenol (1 Mol), in einer 42%igen wäßrigen Lösung von 24 g NaOH (0,6 Mol) und 2—3 tägiges Stehenlassen dieser Lösung. Nach Waschen und Entwässern im Vakuum wird das Kondensations-produkt als flüssiges Harz gewonnen. Zur Herstellung eines säurefesten Zementes werden Phenolharz, Glycidyläther und ein Füller, bestehend aus gepulvertem Schwerspat, Graphit, Elektrodenkohle u. dgl., zusammen mit dem Härter vermischt: 30 g flüssiges Phenolharz, 5 g p-Kresylglycidyläther, 90 g Graphitpulver und 10 g p-Toluolsulfo-chlorid. Ein solcher Zement haftet sehr gut auf entfetteten Metallen und keramischen Materialien und härtet nach einigen Stunden spontan. Es ist nach gründlicher Durchhärtung unempfindlich gegen siedende verdünnte Mineralsäuren.

Eine gewisse Verbesserung der beschriebenen Komposition mit Bezug auf das Phenol-Formaldehyd-Vorkondensat wurde später vorgenommen, durch Verwendung eines flüssigen härtbaren Xylenol-Formaldehydharzes, dem 10—75% eines Furfurylalkoholharzes und

---

[1] US 2659710, 26. 7. 51/17. 11. 53.
[2] DRP 813205, 26. 10. 49/19. 9. 51, identisch mit US 2623865, 6. 10. 50/ 30. 12. 52, in dem fünf zusätzliche Beispiele angeführt sind, FARBWERKE HOECHST.

1—30% einer die chemische Widerstandsfähigkeit verbessernden Verbindung, z. B. Epichlorhydrin, Chloralhydrat, Chlorbenzaldehyd oder Furfurol beigemischt sind. Als Härter dient Naphthalin-1,5-disulfosäure[1]. — Weiterhin wird ein Gemisch aus 30—90% 3,5-Xylenol und 5—25% 2,4-Xylenol mit 5—65% 4-Methyl-Resorcin empfohlen, dem die genannten Verbindungen zur Erhöhung der chemischen Beständigkeit zugemischt werden[2].

Glycidyläther, die durch Umsetzen von Epichlorhydrin mit Bisphenol A mit einem Molgewicht von 1200—4500 gewonnen werden, sind besonders zum Kombinieren mit Phenol-Formaldehyd-Vorkondensaten geeignet, wie Arbeiten von H. DANNENBERG[3] zeigen. Die Härtung einer solchen Komposition erfolgt mit aromatischen Sulfonsäuren oder ihren Chloriden. Beispielsweise werden 26,2 g eines Glycidyläthers aus 1 Mol Bisphenol A und 1,22 Mol Epichlorhydrin und 1,37 Mol NaOH und 11,3 g des Handels Phenolformaldehydharz „Resimene P-97" der MONSANTO CHEMICAL CORPORATION in einem Gemisch von 27,5 g Xylol, 21,8 g Äthylenglykolmonoäthyläther-acetat und 5,6 g n-Butanol aufgelöst und miteinander vermischt. Als Härter wird p-Toluolsulfonsäure als 20%ige Lösung in Butylacetat in einer Menge von 0,5—2% (bezogen auf den Festgehalt) zugegeben. In diesen Lack getauchte Stahlbleche erhalten nach $^1/_2$ stündigem Lufttrocknen und anschließendem 30 minutigem Einbrennen bei 180—200° einen sehr festhaftenden, elastischen und gegen Lösungsmittel sehr beständigen Schutzüberzug.

Die Herstellung von Polyglycidyläthern durch Umsetzen von Novolaken aus Alkylphenolen, deren Alkylgruppen 4—18 C-Atome enthalten, mit 4—6 Mol Epichlorhydrin pro phenolische Hydroxylgruppe in Gegenwart von etwa 1 Mol Alkalihydroxyd pro Phenolgruppe beschreiben T. F. BRADLEY und H. A. NEVEY[4]. Polyglycidyläther dieser Art haben vor den bekannten den Vorteil, daß sie sich in billigen Paraffin-Kohlenwasserstoffen lösen, während bisher nur teure Lösungsmittel wie Ketone, Ester, Äther und aromatische Kohlenwasserstoffe in Frage kamen. Die Gewinnung der Alkylphenol-Novolake erfolgt in Anlehnung an die in dem Buch „Phenoplasts" von T. S. CARSWELL 1947 S. 29 ff gegebenen Vorschriften durch Umsetzen von 0,4—0,9 Mol Formaldehyd mit 1 Mol Phenol in Gegenwart eines sauren Katalysators. Diese Novolake bestehen aus Makromolekülen, die 3—12 Phenolkerne im Durchschnitt enthalten. Folgende Beispiele illustrieren die Arbeitsweise:

1. Ein Novolak wird hergestellt nach US 2330217 vom 22. 7. 40 der SHERWIN-WILLIAMS Co., indem 663 g Nonylphenol (3 Mol), 226 g Formaldehyd 37% (2,8 Mol), 4 g Oxalsäure und 1 g Dioctylnatriumsulfosuccinat 2 Stunden bei 95° erhitzt und anschließend bis zu einer Innentemperatur von 140° Wasser und andere flüchtige Bestandteile abdestilliert und $1^1/_2$ Stunden bei dieser Temperatur gehalten werden. Man erhält 708 g Novolak Harz. — 468 g dieses Harzes

[1] FP 1136557, 18. 11. 55/15. 5. 57; D.-Pri. 19. 11. 54, HOECHST.
[2] Belg. P. 554633, 31. 1. 57., D.-Pri. 1. 12. 54, HOECHST.
[3] BP 704299, 22. 2. 52/17. 2. 54 — US-Pri. 2 Anm. vom 26. 2. 51, BATAAFSCHE.
[4] US 2716099, 18. 1. 52/23. 8. 55, SHELL DEVELOPMENT Co.

(etwa 2 Äquivalente), 920 g Epichlorhydrin (10 Mol) und 5 g Wasser werden bei 95—100° klar gelöst. Alsdann werden 10 g NaOH-Pulver eingetragen und weitere 7 Portionen zu 10 g in Abständen von je 10 Minuten zugegeben. Nach Abdestillieren des überschüssigen Epichlorhydrins und Entfernen des Kochsalzes durch Filtrieren der benzolischen Lösung werden 554 g Epoxydharzvorprodukt erhalten vom Erweichungspunkt 68°, 0,166 Epoxydäquivalente/100 g, Molgewicht 1296, Chlor 0,81% und 0,143 Alkohol-OH-Gruppenäquivalente/100 g.

2. Bei gleicher Arbeitsweise ergibt ein Novolak aus p-tert.-Butylphenol ein Epoxydharzvorprodukt vom Erweichungspunkt 112°, 0,226 Epoxydäquivalente/100 g, Molgewicht 1110, Chlor 1,14% und 0,178 alkoholische OH-Gruppenäquivalente/100 g.

3. Ein Novolak aus einem C_{14}-Alkylphenol ergibt ein Epoxydharzvorprodukt vom Erweichungspunkt 25°, 0,102 Epoxydäquivalente/100 g, Molgewicht 1440, Chlor 0,24% und 0,126 alkoholische OH-Äquivalente/100 g.

4. Ein Novolak aus 3-Pentadecylphenol

$$\begin{array}{c} C_{12}H_{25} \\ \diagdown \\ \qquad\qquad CH \cdot C_6H_4\,OH \\ \diagup \\ C_2H_5 \end{array}$$

ergibt ein Epoxydharzvorprodukt vom Erweichungspunkt 25°, 0,195 Epoxydäquivalent/100 g, Molgewicht 2215 und 0,075 alkoholische OH-Äquivalente/100 g.

Die so gewonnenen Epoxydharzvorprodukte sind sämtlich in Petroleum-Naphtha löslich, während ein in gleicher Weise hergestellter niedermolekularer Bisphenol-A-Glycidyläther vom Erweichungspunkt 9°, Molgewicht 370 und 0,50 Epoxydäquivalente/100 g darin völlig unlöslich ist.

Zur Erzielung von Epoxydharzvorprodukten mit besonders guter Löslichkeit in Kohlenwasserstoffen, die nach der Härtung mit Polycarbonsäuren oder ihren Anhydriden, Aminen oder Amiden sehr hohe Wärmebeständigkeit aufweisen, gehen die DISTILLERS CO. LTD.[1] so vor, daß Phenol-, Kresol- oder Xylenol-Novolake zunächst mit 0,5 bis 2% Styrol in Gegenwart von FRIEDEL CRAFTSschen Katalysatoren bei 200° kondensiert und alsdann in überschüssigem Epichlorhydrin unter Erwärmen und allmählicher Zugabe von wäßrigem Alkali zu den Polyglycidyläthern umgesetzt werden.

Die Umsetzung von Novolaken, hergestellt aus Bisphenol A und 0,4—0,9 Mol Formaldehyd mit 4—6 Mol Epichlorhydrin pro phenolische OH-Gruppe, beschreibt T. BRADLEY[2]. Die Arbeitsweise ist die folgende:

Herstellung des Novolaks: 690 g Bisphenol A (3 Mol), 175 g Formaldehyd 36% (2,1 Mol), 3 g Oxalsäure, 0,75 g Natriumsulfosuccinat und 700 g Benzol werden 6 Stunden rückflußgekocht und anschließend alles Flüchtige bei 3 mm bis zu 160° Innentemperatur abdestilliert. Es werden 722 g eines Novolakharzes mit Molgewicht 710 und Hydroxyläquivalentgewicht 108 (= 0,926 OH-Gruppen/100 g erhalten.

Herstellung des Glycidyläthers: 216 g des Novolakharzes (2 OH-Äquivalente), 920 g Epichlorhydrin (10 Mol) und 5 g H_2O werden auf 80° erhitzt und 82 g NaOH in Blättchen in 6 Portionen in Abständen von 10 Minuten eingetragen. Nachdem die Spontanerwärmung 107° erreicht hat, wird 1 Stunde rückflußgekocht. Anschließend wird das überschüssige Epichlorhydrin bis zu einer Temperatur von 130° abdestilliert. Durch Lösen des Harzes in Benzol wird das gebildete Kochsalz abgeschieden und bei 1 mm wird bis 130° alles Flüchtige abgetrieben. Man erhält etwa 300 g Epoxydharzvorprodukt vom Erweichungspunkt 62,5°, 0,410 Epoxydäquivalente/100 g, Chlor 2,76%, 0,172 OH-Äquivalente/100 g.

---

[1] FP 1 132 493, 7. 9. 55/12. 3. 57; B.-Pri. 9. 6. 54.
[2] FP 1 103 811, 29. 4. 54/7. 11. 55; US-Pri. 4. 5. 53, BATAAFSCHE.

Zur Erzielung brauchbarer, noch reaktionsfähiger Epoxydharzvorprodukte ist ein erheblicher Überschuß an Epichlorhydrin erforderlich, da bei der Anwendung der berechneten Menge harte, unlösliche und nicht mehr reaktionsfähige Harze entstehen. Als Härter wird Dicyandiamid empfohlen, und zwar werden 6 g mit 100 g Harz bei 50° homogen verschmolzen, wodurch ein lagerfähiges bei 165° härtbares Harz gewonnen wird.

Als besonders wichtiges Anwendungsgebiet für Harze dieser Art wird die Herstellung von Glasfaser-Schichtstoffen, die hohe Wärmeverträglichkeit aufweisen, angegeben.

Die Herstellung von geruchlosen Umsetzungsprodukten von Novolaken (hergestellt mit Formaldehyd oder anderen Aldehyden) mit Epichlorhydrin, die als Gießharze für Erzeugnisse der Elektrotechnik sowie als Imprägniermittel für Textilien, Papier, Asbest, Kunstholzplatten u. dgl. Verwendung finden können, beschreibt die MICAFIL AG.[1]. Als Ausgangsmaterialien sind ein- oder mehrwertige, einoder mehrkernige Phenole brauchbar, an Aldehyden werden außer Formaldehyd auch höhere aliphatische und aromatische angegeben. — Beispielsweise werden 2 Mol Phenol mit 1,4 Mol Formaldehyd und 0,01 Mol HCl zum Novolak umgesetzt. Dieser wird in 400 ml H_2O mit 2 Mol NaOH gelöst und bei 60° mit 1,9 Mol Epichlorhydrin umgesetzt. Das gewonnene Epoxydharzvorprodukt hat in Abhängigkeit von dem Kondensationsgrad des Phenol-Formaldehyd-Kondensats einen Erweichungspunkt von 0—120°. Durch Zusatz von 20% Phthalsäureanhydrid wird ein härtbares Gießharz erhalten.

Unter Verwendung von Novolaken, die mit ungesättigten aliphatischen oder cycloaliphatischen Kohlenwasserstoffen modifiziert sind, werden von B. R. HOWE und J. H. TURNER[2] durch Umsetzen mit Epichlorhydrin Epoxydharzvorprodukte von hohem Molekulargewicht, guten Löslichkeitseigenschaften und hoher Reaktionsfähigkeit gewonnen. Hierbei wird in einer ersten Stufe ein normaler Novolak in Gegenwart eines FRIEDEL-CRAFTSschen Katalysators mit einem ungesättigten aliphatischen oder cycloaliphatischen Kohlenwasserstoff (z. B. Isobutylen oder Cyclopentadien) umgesetzt, und in einer zweiten Stufe mit Epichlorhydrin in Gegenwart der berechneten Menge Alkali veräthert. — Die so gewonnenen Produkte eignen sich als Oberflächenüberzug, als Klebmittel, für Schichtstoffe sowie als elektrotechnische Einbettungsmasse.

Das Verfahren wird durch folgendes Ausführungsbeispiel erläutert: Ein Gemisch aus 300 Teilen Phenol, 180 Teilen 40%igem Formaldehyd und 1,8 Teilen Oxalsäure in 3 ml Wasser gelöst, wird bis zum Trübwerden und dann weitere 20 Minuten am Rückflußkühler gekocht. Nach der Entwässerung werden 150 Teile des erhaltenen Novolaks mit 55 Teilen Triisobuten homogen verschmolzen und nach Zugabe von

---

[1] FP 1076647, 4. 5. 53/28. 10. 54; Schwz.-Pri. 17. 5. 52, MICAFIL AG.

[2] D. Anm. D 20627, 8. 6. 55; B.-Pri. 9. 6. 54 — BP 774582 u. 774584, beide vom 9. 6. 54, DISTILLERS CO. LTD.

2 Teilen BF_3-Essigsäure-Komplex (mit 40% BF_3) bei 85° allmählich auf 200° erhitzt. — 140 Teile des erhaltenen braunen klebrigen Harzes vom Erweichungspunkt 43° werden in 465 Teilen Epichlorhydrin und 2,6 Teilen Wasser gelöst und bei 80° in $1^3/_4$ Std. allmählich die berechnete Menge Natriumhydroxydpulver eingetragen. Nach anschließendem 30 Minuten langem Kochen und Abdestillieren des Flüchtigen unter vermindertem Druck bis zu 150° wird in Aceton aufgenommen und vom Kochsalz getrennt. Das reine Harz, das auch in Kohlenwasserstoffen löslich ist, weist einen Epoxydsauerstoffgehalt von 6,2% auf.

Die Herstellung von Umsetzungsprodukten von Aldehyd-Kondensationsprodukten aus Alkylphenolen, deren Alkylgruppe 4—18 C-Atome aufweist, mit aromatischen Glycidyläthern im neutralen, alkalischen oder sauren Medium, die als Oberflächenanstrichmittel und zum Brechen von Erdöl-Wasser-Emulsionen brauchbar sind, beschreibt M. DE GROOTE[1]. Die Alkylphenole werden mit Formaldehyd, Acet-, Propion- und Butyraldehyd zu Vielkernmolekülen der folgenden Art umgesetzt:

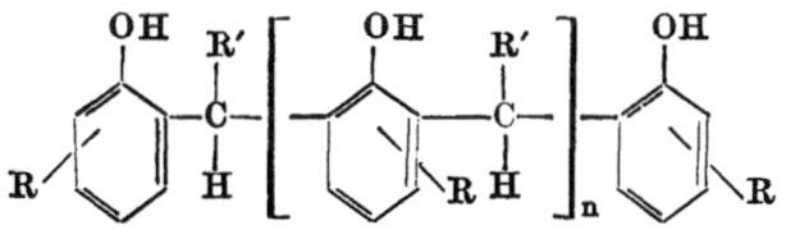

$$n = 1\text{—}12$$

Beispielsweise wird zu einer Lösung von 880 g eines Kondensationsproduktes dieser Art (Phenolharz BR-4036 der BAKELITE CORP.) in 1 l Benzol nach Zufügen von 20 g Natriummethylat bei 60° 750 g Phenylglycidyläther in einer $^1/_4$ Stunde eingetragen und anschließend innerhalb 7 Stunden allmählich auf 155° erhitzt. Nach Neutralisieren, Waschen mit Wasser und Abdestillieren der flüchtigen Anteile erhält man den polymeren Phenyloxypropyläther.

Die Kombination von Epoxydharzvorprodukten mit Resolen aus ein- oder mehrwertigen Phenolen wird von der N. V. DE BATAAFSCHE[2] beschrieben. Während bei den nichthärtenden Novolaken, bei denen schon während der Herstellung die Methylolgruppen an dem Phenolkern durch Wasser- oder Wasser- und Formaldehydabspaltung in Methylenbrücken übergehen, sind bei den härtbaren Resolen, die durch alkalische Kondensation von Phenolen mit Formaldehyd entstehen, die Methylolgruppen noch vorhanden. Als Reaktionskomponente mit Epoxydharzvorprodukten liegen daher bei Resolen keine chemisch so klaren Verhältnisse vor wie bei Novolaken. Obgleich anzunehmen ist, daß sich in der Hauptsache Additionsreaktionen der Epoxydgruppe mit der phenolischen OH-Gruppe (als Natriumphenolat) ergeben werden, haben frühere Arbeiten von R. W. MARTIN[3] gezeigt, daß bei der alkalischen Umsetzung von 2,4,6-Trimethylolphenol mit Propylenoxyd eine Addition zu 60% an den Phenolatgruppen und zu 40% an den Methylolgruppen erfolgt.

[1] US 2723249, 19. 11. 52/8. 11. 55, PETROLITE CORP.
[2] Belg. P. 535795, 17. 2. 55; Nied.-Pri. 19. 2. 54.
[3] US 2606934, 4. 1. 51, GENERAL ELECTRIC CO.

Wie dem auch sei, Tatsache ist, daß Epoxydharzvorprodukte, insbesondere solche von Bisphenol A, die ein Molgewicht von 1200 bis 4000 haben, mit Zusätzen von 20—30% eines Resols aus ein- oder mehrwertigen Phenolen recht brauchbare Anstrichmittel ergeben, wenn in Lösung bereits vorkondensierte Gemische nach Zusatz eines Härters eingebrannt werden. — Die Arbeitsweise ist folgende:

Herstellung eines Resols aus Bisphenol A: Zu einer Mischung von 334 g Bisphenol A (1,465 Mol) in 584 g Formaldehyd 39%ig (7,6 Mol) werden bei 30—40° 354 g 33%ige Natronlauge eingetropft. Nachdem die Lösung nach einigen Stunden klar geworden ist, bleibt das Reaktionsprodukt 8 Tage bei gewöhnlicher Temperatur stehen. Alsdann werden vorsichtig 260 g 53%ige Schwefelsäure zugefügt, wodurch sich aus der klaren Lösung ein Weichharz abscheidet. Nach Neutralwaschen und Trocknen im Vakuum bei 35—40° wird das Harz in 435 g Butanol gelöst, filtriert und durch aceotropische Destillation vollständig entwässert, wobei Verätherung der Methylolgruppen erfolgt.

Umsetzen des Resols mit einem Epoxydharzvorprodukt: Eine 40%ige Auflösung eines Bisphenol-A-Glycidyläthers vom Erweichungspunkt 131°, Molgewicht 2900 und 1,45 Epoxydgruppen pro Mol in einem Gemisch gleicher Teile Diacetonalkohol und Xylol wird mit so viel Resol-Butanollösung gemischt, daß sich die Festbestandteile des Epoxydharzes zum Resol wie 75:25 verhalten. Die trübe Lösung wird $1^{1}/_{2}$ Stunden bei 135—140° erhitzt, wobei Klärung erfolgt. Nach Zufügen von 1—4% (auf Festsubstanz berechnet) eines sauren Härters (Phosphorsäure, p-Toluolsulfosäure oder Benzoldisulfosäure) wird ein lufttrockener Anstrich auf Stahlblech etwa $^{1}/_{2}$ Stunde bei 200° eingebrannt. Der entstandene Film ist sehr elastisch, schlagfest und gegen Wasser und Lösungsmittel sehr beständig.

Die Oxalkylierung von Phenol-Formaldehydharzen, die im Mittel 3—8 Benzolkerne enthalten, mit Äthylen- und Propylenoxyd beschreiben I. W. BATTY, N. W. HANSON und R. M. RINGWALD[1]. Hierbei werden die nicht wärmehärtbaren Phenol- oder Kresol-Formaldehyd-Kondensationsprodukte in wäßriger schwach alkalischer Lösung partiell oxalkyliert, derart, daß wenigstens eine Hydroxylgruppe je Mol unangegriffen bleibt. Die beschriebene Arbeitsweise hat den Vorteil, daß die Verwendung organischer Lösungsmittel nicht erforderlich ist. — Beispielsweise werden 150 g eines nicht wärmehärtbaren Kresol-Formaldehydharzes, das im Durchschnitt 4 phenolische Hydroxylgruppen im Mol enthält, in 1000 g einer 5%igen Natronlauge gelöst und bei 85—90° Propylenoxyd eingeleitet. Nach 4 Stunden scheidet sich nach Aufnahme von 150 g Propylenoxyd das Oxalkylierungsprodukt als Weichharz aus, das nach dem Waschen mit angesäuerten Wasser und Trocknen bei 100° ein hartes körniges Harz ergibt vom Erweichungspunkt 87° und einer Hydroxylzahl von 369 mg KOH/g.

Während die bisher bekannt gewordenen Polyphenole an den sauren phenolischen Hydroxylgruppen mit Epichlorhydrin in alkalischer Lösung zu Glycidyläthern umgesetzt wurden, sind F. MEYER und A. PALM[2] von oxalkylierten Polyphenolen ausgegangen, deren alkoholische Hydroxylgruppen mit Epichlorhydrin in bekannter Weise mit Hilfe von FRIEDEL CRAFTSschen Katalysatoren zunächst in die Chlorhydrinäther und anschließend durch alkalische Behandlung in die Glycidyläther übergeführt wurden. Als Polyphenol wird Bisphenol A

---

[1] BP 758249, 28. 11. 52/2. 10. 56, IMPERIAL CHEMICAL INDUSTRIES.
[2] D. Anm. B 36252, 24. 6. 55 (1004376), BADISCHE ANILIN & SODAFABRIK AG

angewandt, dessen Hydroxylgruppen je mit 1 oder 2 Oxäthylgruppen veräthert sind:

$$\text{HO}\cdot\text{CH}_2\cdot\text{CH}_2\cdot\text{O}\cdot\text{C}_6\text{H}_4\cdot\text{C(CH}_3)_2\cdot\text{C}_6\text{H}_4\cdot\text{O}\cdot\text{CH}_2\cdot\text{CH}_2\cdot\text{OH}$$

und

$$\text{HO}\cdot\text{CH}_2\cdot\text{CH}_2\cdot\text{O}\cdot\text{CH}_2\cdot\text{CH}_2\cdot\text{O}\cdot\text{C}_6\text{H}_4\cdot\text{C(CH}_3)_2\cdot\text{C}_6\text{H}_4\cdot\text{O}\cdot\text{CH}_2\cdot\text{CH}_2\cdot\text{O}\cdot\text{CH}_2\cdot\text{CH}_2\cdot\text{OH}$$

Diese langkettigen Bisphenole werden dann nach bekannten Verfahren mit Epichlorhydrin und Bortrifluorid und anschließend mit Natronlauge zu den Glycidyläthern umgesetzt. Unter Verwendung des Dioxäthylbisphenols wird ein klares sehr dünnflüssiges Harz mit dem Epoxydäquivalent 0,33/100 g erhalten, das mit den üblichen Polycarbonsäuren oder ihren Anhydriden oder mit Polyaminen, insbesondere mit 4,4'-Diaminodiphenylmethan, gehärtet werden kann. Die so erhaltenen Epoxydharze sind besonders säurefest und vertragen dreitägiges Erhitzen in 2 n Salzsäure bei 90° ohne angegriffen zu werden. Leider fehlt ein entsprechender Vergleich mit einem der bekannten Bisphenol-A-Glycidyläther-Handelsprodukte. Die Heranziehung eines Glycerinpolyglycidyläthers zum Vergleich ist in diesem Zusammenhang ohne Interesse. Bei den Bisphenol-A-Glycidyläthern des Handels, wie die Araldit- oder Eponharze, ist für ihre Verwendung der Polymerisationsgrad, also ihr Molekulargewicht, ausschlaggebend. Leider wird in dem einen Beispiel dieses Verfahrens das wesentliche Charakteristikum, das Molekulargewicht, nicht mitgeteilt. Allerdings läßt die Dünnflüssigkeit des Produktes den Schluß zu, daß es niedermolekular sein muß. Die nach dem beschriebenen Verfahren dargestellte Substanz läßt sich als Anstrichmittel sowie als Gießharz und Klebmittel verwenden.

Kompositionen, bestehend aus Gemischen von polymeren Bisphenol-A-Glycidyläthern und Trimethylolalkenylphenolen, zwecks Gewinnung von hitzehärtbaren Anstrichmitteln, beschreiben H. W. Howard, C. V. Wittenwyler und O. L. Niklas[1]. Die zur Verwendung kommenden Bisphenolglycidyläther sollen vorzugsweise ein Molgewicht von 1200—4000 aufweisen und werden durch Umsetzen von 1 Mol Bisphenol A mit weniger als 1,3 Mol Epichlorhydrin gewonnen. Soll der bei 70—95° liegende Erweichungspunkt noch erhöht werden, so kann dies durch weitere Kondensation mit kleinen Mengen von Bisphenol A geschehen, wodurch Erweichungspunkte von über 145° erreicht werden.

Die verwendeten Trimethylolalkenylphenole sind Umsetzungsprodukte von Phenolen mit einer ungesättigten Seitenkette, die bestehen kann aus: Allyl-, Methallyl-, Crotyl-, 2-Pentenyl-, 2-Methyl-2-Butenyl-, 2-Hexenylgruppen u. dgl. m. mit 3 Mol Formaldehyd. Diese Methylolverbindungen sind zumeist flüssig und weisen ein gutes Lösevermögen für höhermolekulare Bisphenolpolyepoxydäther auf. Die Mischungsverhältnisse lassen sich weitgehend variieren. In der Regel erhält der Glycidylpolyäther einen Zusatz von 20—40% des Trimethylolalkenylphenols.

---

[1] FP 1077245, 13. 4. 53/5. 11. 54; US-Pri. 14. 4. 52, Bataatsche.

Zwecks Erzielung glatter, glänzender Lackoberflächen werden der Mischung 0,5—2% eines Polyvinylacetals, vornehmlich Polyvinylbutyral, zugesetzt. Als Härtemittel werden 1—2% Phosphorsäure, Butylphosphat, Oxalsäure, p-Toluolsulfosäure oder Benzoldisulfonsäure angewandt. Die Härtung der lufttrockenen Anstriche erfolgt durch Einbrennen bei 170—190° in einer $\frac{1}{2}$ Stunde. Als Kriterium für den gehärteten Zustand wird die Unlöslichkeit in Methyläthylketon, in dem der ungehärtete Film sich leicht löst, angegeben.

Die Gewinnung von Umsetzungsprodukten von polymeren Bisphenolpolyglycidyläthern mit solchen Phenol-Formaldehyd-Kondensationsprodukten, bei denen die phenolischen Hydroxylgruppen mit aliphatischen oder aromatischen Kohlenwasserstoffen veräthert sind, beschreiben G. STIEGER und K. H. KRISPIN[1]. Phenolharze der angegebenen Art, die nicht mehr selbsthärtend sind, beschleunigen die Härtung von Epoxydharzvorprodukten, und die gehärteten Kunststoffe weisen besonders hohe Wasser- und Säurebeständigkeit auf. Die Alkalibeständigkeit und die Elastizität, welche durch unverätherte Phenolharze ungünstig beeinflußt werden, wird bei dem vorliegenden Verfahren so lange nicht verschlechtert, als die angewandte Menge des verätherten Phenolharzes kleiner ist als die Menge des Epoxydharzvorproduktes.

Folgendes Beispiel veranschaulicht das Verfahren:

Eine Lösung von 100 g polymeren Bisphenol-A-Glycidyläthers in 60 g Äthylglykol und 40 g Xylol wird mit 200 g einer 50%igen Lösung des Benzyläthers der Tetramethylolverbindung von Bisphenol A in Butanol gemischt. Mit Butylacetat auf Streichfähigkeit verdünnt, wird auf Weißblech gestrichen und nach dem Trocknen 30 Minuten bei 190° eingebrannt. Der Lackfilm weist sehr gute Knick- und Schlagelastizität sowie ausgezeichnete Beständigkeit gegen siedende 3%ige Essigsäure, siedendes Wasser, Treibstoffe und Lösungsmittelgemische auf. — Bei Verwendung von Polyaminhärtern kann die Härtung auch bei gewöhnlicher Temperatur erfolgen.

Die Umsetzung eines Resols mit Epichlorhydrin ohne seine vorherige Isolierung, direkt als Rohprodukt in der Lösung, in der er gebildet wurde, beschreiben K. HULTZSCH und J. REESE[2]. Die hier dargelegte Reaktion beschränkt sich auf einwertige Phenole, die auch substituiert sein können. Es wird hier gezeigt, daß auch mit einwertigen Phenolen, also auch mit Phenol selbst, und Epichlorhydrin über den Umweg seiner alkalischen Kondensation mit Formaldehyd technisch brauchbare Epoxydharze erzielt werden können, während bisher die Forderung aufgestellt war, daß für diesen Zweck von zweiwertigen, ein- oder zweikernigen Phenolen ausgegangen werden müßte.

Die Umsetzung des Phenols zum Resol wird mit 1, 2 oder 3 Mol Formaldehyd ausgeführt. Folgende Beispiele zeigen die außerordentlich einfache Arbeitsweise:

[1] D. Anm. C 10884, 8. 3. 55, CHEMISCHE WERKE ALBERT.
[2] FP 1055243, 28. 4. 52/17. 2. 54; D.-Pri. 29. 6. 51, CHEMISCHE WERKE ALBERT.

1. 94 g Phenol (1 Mol) werden in 200 g 20%iger Natronlauge gelöst und mit 100 g Formaldehyd 30% (1 Mol) bei Zimmertemperatur stehengelassen, bis kein freier Formaldehyd mehr nachzuweisen ist, was etwa nach 12—18 Stunden der Fall ist. Alsdann werden 92,5 g Epichlorhydrin (1 Mol) bei 50—60° zugesetzt und so lange gerührt, bis das sich ausscheidende Harz die gewünschte Konsistenz angenommen hat. Das Harz wird in Butanol aufgenommen, neutral gewaschen und im Vakuum getrocknet. Es entsteht ein helles, stark klebendes Weichharz, das in Alkoholen und Ketonen löslich, in Kohlenwasserstoffen unlöslich ist. Es härtet für sich allein bei 210°, nach Zusatz von 1% H_3PO_4 schon bei 150—200°. Im gehärteten Zustand ist es sehr elastisch und beständig gegen wäßrige Lauge und Essigsäure.

2. Wird Phenol mit 3 Mol Formaldehyd nach derselben Arbeitsweise behandelt, so ist das Endprodukt ebenfalls ein Weichharz, das aber schlechtere Löslichkeiten aufweist und selbst in Butanol nur mäßig löslich ist. Die aufgestrichene konzentrierte Lösung desselben härtet in der Wärme zu einem harten lichtechten Film.

3. Die Löslichkeit läßt sich, wie schon die SHELL DEVELOPMENT Co. gezeigt hatte, durch Verwendung substituierter Phenole verbessern. So ist ein Umsetzungsprodukt von 1 Mol p-tert.-Butylphenol mit 2 Mol Formaldehyd und 1 Mol Epichlorhydrin ein farbloses Hartharz vom Erweichungspunkt 51—56°, das sich leicht in Alkoholen und aromatischen Kohlenwasserstoffen löst. Es härtet nach Zusatz von Säure bei 170°.

4. Umsetzungsprodukte von 1 Mol Kresol mit 1 Mol Formaldehyd und 1 Mol Epichlorhydrin sind alkohollösliche Harze, deren Butanollösung selbst nach Zusatz von p-Toluolsulfosäure lagerfähig ist. Metallaufstriche dieser Lösung geben nach dem Trocknen und Einbrennen hochelastische und widerstandsfähige Filme. — Die entsprechenden aus Xylenolen hergestellten Harze haben ähnliche Eigenschaften, sie lösen sich auch in aromatischen Kohlenwasserstoffen.

Umsetzungsprodukte von Resolen mit Epichlorhydrin, die ebenfalls in einem Arbeitsgang gewonnen werden, hat die BRITISH RESIN PRODUCTS LTD.[1] einige Zeit später beschrieben, indem beispielsweise 282 g Phenol (3 Mol), 280 g Formaldehyd 40%ig (3,7 Mol), 200 g Wasser und 132 g NaOH 18 Stunden bei Raumtemperatur stehengelassen, dann mit 300 g Epichlorhydrin (etwa 3 Mol) versetzt und 3 Stunden bei 45—55° gerührt werden. Das gewonnene Harz kann als Zwischenprodukt, für sich allein oder im Gemisch mit Aminoharzvorkondensaten u. a. für Anstrichzwecke Verwendung finden.

Die bei der Modifizierung von Epoxydverbindungen mit Resolen vor sich gehenden Reaktionen sind von T. G. HARRIS, H. HORNING und H. A. NEVILLE[2] studiert worden. Die Autoren haben gefunden, daß bei steigendem Umsatz der Komponenten — u. a. werden auch Äthylenoxyd und Styroloxyd mit Resolen umgesetzt —, die phenolischen OH-Gruppen immer mehr in Äthergruppen übergehen, wodurch die Fähigkeit zu thermischer Härtung abnimmt. Nach vollständiger Umsetzung werden stabile Polyalkohole erhalten, die verestert werden können. Je nach Art der veresternden Säure erhält man Weichmacher oder an der Luft oder thermisch härtende Lackharze.

Zur Erhöhung der Hitzebeständigkeit von Kompositionen von Epoxydharzvorprodukten mit Novolaken oder Resolen hat die BA-

---

[1] FP 1074043, 26. 1. 53/30. 9. 54; B.-Pri. 5. 2. 52, sowie BP 785930, 12. 8. 54, BRITISH RESIN PRODUCTS LTD.

[2] HARRIS, T. G., H. HORNING u. H. A. NEVILLE: Ind. d. plast. mod. 6, 52—53 (1954).

TAAFSCHE[1] durch Zusätze von 0,05—20% eines Metallchelates gute Erfolge gehabt. Metallchelate, insbesondere von Cu, Ni, Co, Fe, Cr, Mg oder Zn, z. B. Cu-8-oxychinolin, Cu-acetylaceton, Cu-benzoylaceton, Di-chlor-bisäthylendiamin-Cu, Cu-salicylat, Cu-glycinat u. a. m. werden durch Fällung aus wäßrigen Lösungen von Metallsalzen starker anorganischer Säuren erhalten. Ihre Konstitution wäre zweckmäßig in Ringform anzunehmen, wobei das Metallatom in dem Ring eingebaut zu denken wäre. Gewöhnlich bestehen solche Chelate aus zwei oder mehr Ringen und enthalten zwei oder mehr funktionelle Gruppen gleicher oder verschiedener Art, die in der Regel N, O und/oder S als elektronenliefernde Atome enthalten. Sehr brauchbare Chelatisierungsmittel sind aliphatische Polyamine.

Die Wirkung geht aus folgender Komposition hervor:

Ein bei 100° hergestelltes Gemisch von 67 g Phenolharz (mit den Daten: 16,5% H_2O, 2,5% freies Phenol, p_H 8,5, Methylolwert/100 g 0,68, Carbonylwert/100 g 0,133) mit 33 g polymerem Bisphenol-A-Glycidyläther (hergestellt aus 1 Mol Bisphenol A mit 1,57 Mol Epichlorhydrin, 1,88 Mol NaOH mit dem Erweichungspunkt 70°, Molgewicht 900 und 1,8 Epoxydgruppen pro Mol) werden mit 100 g Aluminiumpulver als Füller und 6 g fein gepulvertem Dicyandiamid als Härter gemischt und Aluminiumbleche damit gestrichen, aufeinandergedrückt und bei 165° in 30 Minuten gehärtet. Die anfängliche Zerreißfestigkeit beträgt 81,2 kg/cm², die jedoch nach 200stündigem Erhitzen bei 260° auf 0 zurückgeht. Wird der Mischung jedoch 1% Cu-8-oxychinolin zugesetzt, so erhöht sich die anfängliche Zerreißfestigkeit auf 102,6 kg/cm² und 200stündiges Erhitzen bei 260° bewirkt nur einen Abfall auf 54,8 kg/cm².

Diese junge Erfindung scheint in Hinblick auf Metall-Harzverleimungen, die im Gebrauch höherer Temperatur ausgesetzt sind, bedeutungsvoll zu sein, wenngleich bis jetzt noch keine längeren Erfahrungen darüber vorliegen.

Polyglycidyläther von Tris- und Tetrakisphenolalkanen

E. C. DEARBORN, R. M. FUOSS, A. K. MACKENZIE und R. G. SHEPHERD[2] haben 1953 die Herstellung einer Reihe von Tris- und Tetrakisphenolalkanen und deren Überführung in die Polyglycidyläther durch Umsetzen mit der 3—5fachen berechneten Menge Epichlorhydrin beschrieben. Diese Verbindungen sind weiter oben angeführt worden.

Ohne erkennbaren Unterschied sind identische Arbeiten am 1. und 30. November 1954 durch C. G. SCHWARZER, R. T. HOLM und C. W. SMITH[3] zum Patent angemeldet, wobei weiterhin die Verwendung der bereits bekannten Polyglycidyläther von Tetrakisphenolalkanen für die Herstellung von Schichtstoffen beschrieben wird.

---

[1] Belg. P. 536539, 16. 3. 55; US-Pri. 18. 3. 54, BATAAFSCHE.

[2] DEARBORN, E. C., R. M. FUOSS, A. K. MACKENZIE u. R. G. SHEPHERD: Ind. Eng. Chem. Dez. **1953**, 2715—2721.

[3] D. Anm. N 11395 IVb 39c, 31. 10. 55; US-Pri. 1. u. 30. 11. 54, BATAAFSCHE.

Mit höheren Aldehyden modifizierte Epoxydharze

Umsetzungsprodukte von Bisphenol A mit höheren aliphatischen oder aromatischen Aldehyden, die mit Epichlorhydrin und dem erforderlichen Alkali zur Reaktion gebracht werden, beschreibt die L. BERGER & SONS LTD.[1]. Die Umsetzung des Bisphenols mit dem Aldehyd in der ersten Stufe erfolgt in einem Mengenverhältnis von 1 Mol Bisphenol: 0,25—0,65 Aldehyd im sauren oder alkalischen Medium.

Beispielsweise werden 456 g Bisphenol A (2 Mol) mit 72 g n-Butyraldehyd (1 Mol) bei 105° alkalisch kondensiert und anschließend unter Zusatz von Methylisobutylketon mit 395 g (4$^1/_3$ Mol) Epichlorhydrin und der berechneten Menge Natriumhydroxyd bei 65—70° umgesetzt. Man erhält ein halbfestes Harz, das für sich allein oder mit einem Polyamin als Einbrennlack oder nach der Veresterung mit ungesättigten Fettsäuren als lufttrocknender Lack Verwendung finden kann.

Acetylenisch-ungesättigte Polyglycidyläther

Polyglycidyläther, die eine oder mehrere Acetylenbindungen enthalten und für die üblichen Verwendungszwecke als Epoxydharzvorprodukte geeignet sind, beschreiben E. C. SHOKAL und H. P. WALLINGFORD[2]. Acetylendiole lassen sich nach demselben Verfahren wie mehrwertige gesättigte Alkohole mit FRIEDEL CRAFTSschen Katalysatoren, vornehmlich mit BF_3 und $SnCl_4$, zu den Chlorhydrinen und anschließend durch Alkalien zu den Diglycidyläthern umsetzen, ohne daß die Acetylenbindung angegriffen wird. Die so ohne Schwierigkeiten und mit sehr guten Ausbeuten zu gewinnenden acetylenisch-ungesättigten Polyglycidyläther haben in ihren Eigenschaften gewisse Vorteile gegenüber den bekannten Bisphenol-A-Glycidyläthern. Die Dreifachbindung macht sich bei den üblichen Verwendungen nicht bemerkbar, da sie keine Polymerisationsneigung entfaltet.

Besonders aussichtsreich ist die Verwendung dieser neuen Glycidyläther durch ihre Überführung in Verbindungen mit Äthylenbindungen, deren hohe Reaktivität nach den verschiedensten Richtungen hin für Synthesen ausgewertet werden kann. Zum Beispiel addiert sich 1 Mol Chlor leicht an die Acetylenbindung, ohne die Epoxydgruppen anzugreifen, unter Bildung von Chloräthylenderivaten, bei denen sowohl die Reaktivität der Chloratome als auch die Polymerisierbarkeit der Äthylenbindung ausgenutzt werden können. Auch kann mit Glycidyläthern dieser Art die bei Acetylen weitgehend angewandte Addition von Alkoholen in Gegenwart von Quecksilbersalzen, die zu Vinyläthern führt, vorgenommen werden.

Unter dem Gesichtspunkt der Verbilligung von Epoxydharzvorprodukten könnten acetylenisch-ungesättigte Polyglycidyläther vielleicht eine Rolle spielen, da die in die Glycidyläther zu überführenden Acetylendiole in einfacher Weise aus Acetylen zu gewinnen sind:

---

[1] BP 749 218, 22. 4. 54/23. 5. 56; US-Pri. 24. 4. 53, L. BERGER & SONS LTD.
[2] US 2 792 381, 10. 3. 54/14. 5. 57, SHELL DEVELOPMENT CO.

1. mit Aldehyden:

$$CH\!\equiv\!CH + 2\,R\cdot CH\!=\!O \;\rightarrow\; HO\cdot\overset{R}{CH}\cdot C\!\equiv\!C\cdot\overset{R}{CH}\cdot OH$$

2. mit Ketonen:

$$CH\!\equiv\!CH + 2\,R\cdot CH_2\cdot CO\cdot CH_2\cdot R' \;\rightarrow\; R\cdot CH_2\cdot\overset{OH}{CH}\cdot\overset{R'}{CH}\cdot C\!\equiv\!C\cdot\overset{OH}{CH}\cdot\overset{R'}{CH}\cdot CH_2\cdot R$$

3. mit Äthylenoxyd und seinen Derivaten:

$$CH\!\equiv\!CH + 2\,R\cdot CH\!\!-\!\!CH\cdot R' \;\rightarrow\; R\cdot CH(OH)\cdot CHR'\cdot C\!\equiv\!C\cdot CHR'\cdot CH(OH)R$$
$$\underset{O}{\diagdown\diagup}$$

und $$R\cdot CH_2\cdot C(OH)R'\cdot C\!\equiv\!C\cdot C(OH)R'\cdot CH_2R$$

Die Überführung der Acetylendiole in die Glycidyläther wurde nach der Vorschrift von S. O. GREENLEE[1] durch Umsetzen mit zwei oder mehr Mol Epichlorhydrin in Benzollösung in Gegenwart von Bortrifluorid mit anschließender Dehalogenierung mit Natronlauge durchgeführt.

So wird aus 2-Butyndiol-1,4 (gewonnen aus Acetylen und Formaldehyd) bei Einsatz von 2 Mol Epichlorhydrin der monomere Diglycidyläther

$$CH_2\!\!-\!\!CH\cdot CH_2\cdot O\cdot CH_2\cdot C\!\equiv\!C\cdot CH_2\cdot O\cdot CH_2\cdot CH\!\!-\!\!CH_2 \quad \text{vom } Kp_1\ 140\text{—}142°$$

erhalten.

Nach dem gleichen Verfahren lassen sich die monomeren Diglycidyläther von 3-Hexyndiol-1,6, 2,5-Dimethyl-3-hexyndiol-2,5, 4-Octyndiol-2,7, 3,6-Dimethyl-4-octyndiol-3,6, 2,7-Dimethyl-4-octyndiol-2,7, 1,8-Dibutoxy-4-octyndiol-2,7, 1,4-Diphenyl-2-butyndiol-1,4 und 1,7-Octadiyndiol-3,6 herstellen.

Die Umsetzung von Acetylendiolen mit Epichlorhydrin läßt sich auch nach dem Einstufenverfahren in alkalischer Lösung unter Einsatz von etwa 5 Mol Epichlorhydrin durch 2stündiges Erhitzen bei 90°, beispielsweise mit 50 Teilen Butyndiol-1,4, 250 Teilen Epichlorhydrin und 100 Teilen 50%iger Natronlauge und Reinigen des Reaktionsproduktes, durch Lösen in Benzol durchführen. Hierbei wird ebenfalls der monomere Butyndioldiglycidyläther gewonnen.

Analog den Umsetzungen von Bisphenol A mit weniger als 2 Mol Epichlorhydrin werden auch bei Acetylendiolen unter Einsatz von nur 1—1,8 Mol Epichlorhydrin höhermolekulare Umsetzungsprodukte erhalten, die beispielsweise unter Verwendung von Butyndiol die Formel aufweisen:

$$CH_2\!\!-\!\!CH\cdot CH_2\!\!-\![O\cdot CH_2\cdot C\!\equiv\!C\cdot CH_2\cdot O\cdot CH_2\cdot CH(OH)\cdot CH_2\!\!-\!]_n\!\!-\!O\cdot CH_2\cdot C\!\equiv\!C\cdot O\cdot CH_2\cdot CH\!\!-\!\!CH_2$$
$$n = 1\text{—}5$$

Im Gegensatz zu den höhermolekularen polymeren Bisphenol-A-Glycidyläthern, welche Erweichungspunkte bis über 150° aufweisen, sind die höhermolekularen Acetylendioldiglycidyläther nicht destillierbare viscose Flüssigkeiten, so daß sie sich für manche Verwendungszwecke, z. B. als Metallklebmittel, besonders gut eignen.

Zur Verwendung des monomeren Butyndioldiglycidyläthers als Gießharz werden mit den in der Tabelle angegebenen Härtern nach der Härtung bei 65° Gußstücke mit den Eigenschaften erhalten:

---

[1] US 2542664, 5. 11. 46 u. US 2538072, 11. 6. 47.

Härter	%-Zusatz	Eigenschaften des gehärteten Formstückes
HBF_4-Diäthylanilin-Komplex ...	5	hart, biegsam, von roter Farbe
Magnesiumperchlorat	5	hart, biegsam, von gelber Farbe
m-Phenylendiamin.............	21	hart, biegsam
2, 4, 6-Triaminotoluol	18	hart, biegsam
Äthylendiamin	5	kautschukartig
Diäthylentriamin	5	kautschukartig

Die Methode der Molekülvergrößerung von polymeren Bisphenol-A-Glycidyläthern durch Umsetzen von 2 Mol mit 1 Mol Bisphenol A, wie sie S. O. GREENLEE wiederholt beschrieben hat, läßt sich auch mit Acetylendioldiglycidyläthern durchführen, und zwar schon durch mehrstündiges Erhitzen bei 80°, während polymere Bisphenol-A-Glycidyläther Temperaturen von 180—200° für diese Reaktion erfordern. Hierbei werden höhermolekulare Diglycidyläther, beispielsweise bei Butyndioldiglycidyläther, von der Formel:

$$CH_2{-}CH \cdot CH_2 \cdot O \cdot CH_2 \cdot C{\equiv}C \cdot CH_2 \cdot O \cdot CH_2 \cdot \overset{OH}{\underset{|}{C}H} \cdot CH_2 \cdot O \cdot Dian \cdot O \cdot CH_2 \cdot \overset{OH}{\underset{|}{C}H} \cdot CH_2 \cdot O \cdot CH_2 \cdot$$
$$\cdot C{\equiv}C \cdot CH_2 \cdot O \cdot CH_2 \cdot CH{-}CH_2$$
$$Dian = -C_6H_4 \cdot C(CH_3)_2 \cdot C_6H_4-$$

erhalten. An Stelle von Bisphenol A kann die Molekülvergrößerung auch durch Verwendung von Resorcin, Hydrochinon, Brenzkatechin, 4,4'-Dioxybenzophenon oder 2,2-Di-(4-oxyphenyl)-pentan vorgenommen werden.

Diese höhermolekularen Diglycidyläther können in bekannter Weise mit ungesättigten Fettsäuren, z. B. mit Sojaöl- oder Holzölfettsäure verestert werden, wobei Produkte erzielt werden, die als Anstrichmittel brauchbar sind. Als Härter ist besonders m-Phenylendiamin in 5%igem Zusatz geeignet. Über die Hydroxylgruppen kann die Vernetzung auch durch einen 10%igen Zusatz von Hexamethylendiisocyanat erfolgen.

Auch der monomere 2-Butyndiol-1,4-diglycidyläther ist für Anstrichzwecke verwendbar. Als Härter werden 5% HBF_4-Diäthylanilin oder 21% m-Phenylendiamin oder 18% 2,4,6-Triaminotoluol zugemischt und der Aufstrich 4 Stunden bei 170° eingebrannt. Die erhaltenen Filme sind hart und haben gute chemische Beständigkeit.

Zusammenfassend ist zu sagen, daß Acetylendioldiglycidyläther auch neben den bereits gut eingeführten polymeren Bisphenol-A-Glycidyläthern, insbesondere durch den flüssigen Aggregatzustand auch ihrer höhermolekularen Verbindungen, ihre besonderen Verwendungszwecke finden dürften.

Epoxydkohlensäureester-Harze

Durch Umsetzen von Epoxydalkoholen mit Chlorkohlensäureestern haben E. C. SHOKAL und A. C. MÜLLER[1] Epoxydkohlensäureester hergestellt, welche die Eigenschaften von Epoxydharzvorprodukten

---

[1] FP 1 132 036, 23. 5. 55/4. 3. 57; US-Pri. 24. 5. 54, BATAAFSCHE.

haben. Zum Beispiel läßt sich 2,3-Epoxypropylchlorcarbonat,

$$CH_2-CH \cdot CH_2 \cdot O \cdot CO \cdot Cl$$
$$\diagdown O \diagup$$

durch langsames Einleiten von 55 Teilen Phosgen in eine Mischung von 74 Teilen Glycid und 101 Teilen Triäthylamin bei niedriger Temperatur herstellen. Diese reaktionsfähige Komponente läßt sich mit dem Säurechloridrest für alle gebräuchlichen Umsetzungen verwenden, wobei im allgemeinen die Epoxydgruppe nicht in Mitleidenschaft gezogen wird, so daß Epoxydkohlensäureester der verschiedensten Art greifbar werden. Allyl-2,3-epoxypropylcarbonat,

$$CH_2=CH \cdot CH_2 \cdot O \cdot CO \cdot O \cdot CH_2 \cdot CH-CH_2$$
$$\diagdown O \diagup$$

wird durch langsames Eintropfen von 120 Teilen Allylchlorcarbonat in eine Lösung von 74 Teilen Glycid in 400 Teilen Toluol und 101 Teilen Triäthylamin bei etwa 5° gewonnen. — Entsprechend lassen sich unter Verwendung höherer Epoxydalkohole, wie 2,3- oder 3,4-Epoxybutanol, 2,3-Epoxyhexanol, Epoxyoctadecandienol usw., höhere gesättigte und ungesättigte Alkylepoxydcarbonatverbindungen herstellen, welch letztere sich mit Benzoylperoxyd polymerisieren oder mit anderen polymerisierbaren Verbindungen copolymerisieren lassen, ohne daß die Epoxydgruppe angegriffen wird. Anschließend können die entstandenen hochmolekularen thermoplastischen Produkte durch die üblichen Epoxydharzhärter gehärtet werden.

Ein besonderes Interesse für die Gewinnung von Epoxydharzvorprodukten haben die durch Umsetzen von Epoxydalkoholen mit Chlorkohlensäureestern von mehrwertigen Alkoholen gewonnenen Polyglycidylester gefunden, die für Anstrichzwecke und als Gieß- und Preßharze Verwendung finden können. Beispielsweise wird unter Verwendung von Äthylenglykoldikohlensäureester und Glycid der folgende Diglycidylester

$$CH_2-CH \cdot CH_2 \cdot O \cdot CO \cdot O \cdot CH_2 \cdot CH_2 \cdot O \cdot CO \cdot O \cdot CH_2 \cdot CH-CH_2$$
$$\diagdown O \diagup \qquad\qquad\qquad\qquad\qquad \diagdown O \diagup$$

gewonnen, der, wie auch andere Alkylkohlensäuremonoglycidylester, als weichmachende Stabilisatoren für Halogenvinylpolymere und als Textilhilfsmittel (Schlichte, Verbesserung der Knitterfestigkeit) Verwendung finden kann. Als Härter werden Polyamine, Umsetzungsprodukte von Aminen oder Amiden (auch Harnstoff) mit Formaldehyd, Dialdehyde, Polymercaptane, mehrwertige Carbonsäuren u. a. m. empfohlen.

Schwefelhaltige Epoxydharzvorprodukte

(Unter Ausschluß solcher, die aufgebaut sind auf Polyphenolen, bei denen Schwefel oder schwefelhaltige Gruppen Verbindungsglieder von Phenolkernen sind.)

Schwefelhaltige höhermolekulare Epoxydharzvorprodukte werden in der Regel durch Umsetzen von Di- oder Polyepoxydverbindungen mit solchen Schwefelverbindungen hergestellt, in denen sich mindestens 1 reaktionsfähiges Wasserstoffatom am Schwefel befindet. Es können Polyalkoholpolyäther gewonnen werden, bei denen ein Schwefelatom die Rolle eines Äther-Sauerstoffatoms übernimmt. So sind Polyadditionsverbindungen von Di- oder Polyepoxydverbindungen mit Schwefelwasserstoff, Schwefelkohlenstoff, Mercaptanen oder mehrwertigen Thiophenolen bekannt. Besondere Aufmerksamkeit haben Polyadditionsverbindungen dieser Art mit höhermolekularen Polysulfiden, die noch reaktionsfähige Wasserstoffatome aufweisen, gefunden. Während Epoxydadditionsprodukte mit Mercaptanen oder Thiophenolen ihres hohen Preises wegen, ohne gegenüber den entsprechenden Sauerstoffverbindungen Vorteile aufzuweisen, keine Bedeutung gefunden haben, scheinen den kautschukartigen Polysulfidepoxydverbindungen gute Zukunftsaussichten beschieden zu sein.

Höhermolekulare schwefelhaltige Polyadditionsprodukte aus Epichlorhydrin und Schwefelkohlenstoff in alkalischer Lösung beschreibt M. J. VIARD[1]. Beispielsweise werden zu einem Gemisch von 400 g CS_2, 740 ml KOH 36° Bé und 900 ml H_2O bei 40° 500 g Epichlorhydrin langsam eingetragen, wobei die Temperatur rasch ansteigt, aber durch Kühlen bei 80° gehalten wird. Beim Abkühlen wird ein viscos-flüssiges klebendes Harz erhalten, das nach 2stündigem Kochen in ein fadenziehendes Weichharz, und nach weiterem 3stündigem Kochen, in eine harte spröde Masse übergeht.

Durch Umsetzen von Dimercaptanen mit Epichlorhydrin in Gegenwart von Alkali stellen A. CARPENTER und F. RUDER[2] hochpolymere Produkte her. Als Dimercaptan wird 1,4-Butandithiol bevorzugt. Das erhaltene Sulfid ist gummiartig und in Phenolen löslich. Durch Oxydation wird das polymere Sulfon erhalten:

$$-[CH_2 \cdot CHOH \cdot CH_2 \cdot S \cdot (CH_2)_4 \cdot S]_n- \quad \xrightarrow{2\,O_2} \quad -[CH_2 \cdot CHOH \cdot CH_2 \cdot SO_2 \cdot (CH_2)_4 \cdot SO_2]_n-$$

wobei die in eckiger Klammer befindlichen Reste die in dem linearen Polymer wiederkehrende Einheiten darstellen. Das polymere Sulfon ist ein weißes schmelzbares Produkt, aus dessen Schmelze Fäden gezogen werden können. Die Herstellung erfolgt, indem eine Lösung von 12,2 g 1,4-Butandithiol, 9,25 g Epichlorhydrin in 16 g Alkohol gelöst langsam mit einer Lösung von 4,24 g NaOH in 12,4 g Wasser versetzt und anschließend unter Rühren 6 Stunden unter Rückfluß gekocht wird. Es entsteht das polymere Sulfid als kautschukartige Substanz. Zur Oxydation desselben werden 3,45 g des Sulfids in 18 g Eisessig und 23 g Essigsäureanhydrid gelöst und bei 0° 14,2 g 27%iges H_2O_2 eingetropft, wobei sich das polymere Sulfon als weißes Pulver vom Schmelzpunkt 230° ausscheidet.

Fäden aus Polythioharnstoffen haben bei sonst guten physikalischen Eigenschaften den schwerwiegenden Nachteil, der ihre praktische Verwendung ausschließt, daß sie nicht einmal kurzes Tauchen in siedendes Wasser vertragen und bei Temperaturen oberhalb 60° wesentlich zu schrumpfen beginnen. Nach einem Verfahren der COURTAULDS LTD.[3]

[1] FP 1011020, 22. 11. 48/18. 6. 52, ST. GOBAIN.
[2] BP 678576, 27. 1. 50/3. 9. 52, COURTAULDS LTD.
[3] BP 717968, 25. 2. 52/3. 11. 54, COURTAULDS LTD.

lassen sich Fäden aus Polythioharnstoff, oder Gewebe daraus, durch Nachbehandeln mit Epoxydverbindungen so wesentlich verbessern, daß sie den üblichen Ansprüchen genügen. Die Herstellung geeigneter Polythioharnstoffe kann in verschiedener Weise erfolgen: nach BP 524795 durch Umsetzen des Anhydrids einer Thiocarbonsäure, z. B. Schwefelkohlenstoff, mit einem aliphatischen Diamin, bei dem die Aminogruppen zumindest durch eine Kette von 3 C-Atomen voneinander getrennt sind, oder nach BP 534699 durch Erhitzen von stöchiometrischen Mengen von einem oder einem Gemisch mehrerer Diamine mit einem thioharnstoffbildenden Derivat einer Thiocarbonsäure, z. B. Schwefelkohlenstoff, oder schließlich nach BP 660905 durch Umsetzen eines aliphatischen Diamins, das eine Kette von mindestens 3 C-Atomen enthält, mit Schwefelkohlenstoff, unter Bildung eines Salzes, das in wäßriger Emulsion polymerisiert wird.

Zur Nachbehandlung eines Polythioharnstoff-Fadens, oder eines Gewebes daraus, wird Epichlorhydrin verwendet, und zwar wird der trockene Faden oder das Gewebe 16 Stunden bei 10° darin liegengelassen, dann gewaschen, an der Luft getrocknet und um 200% gedehnt. So behandelte Fäden sind gegen kochendes Wasser beständig und erleiden dann nur noch Schrumpfungsverluste von 2—15%.

Polyadditionsverbindungen von Di- oder Polyepoxydverbindungen mit Schwefelverbindungen, bei denen beide Valencen des Schwefels an H-Atome gebunden sind, oder solche, bei denen die eine Valenz mit einem H-Atom, die andere mit einem C-Atom verbunden sind, die sich zur Herstellung von Fäden sowie von Preß- oder Gießharzen eignen, beschreiben E. C. SHOKAL, A. C. MÜLLER und P. A. DEVLIN[1].

Als geeignete S-haltige Reaktionskomponenten kommen H_2S, gesättigte oder ungesättigte aliphatische Dithiole mit 2—16 C-Atomen, heterocyclische Polythiole, die sich von Furan, Di- oder Tetrahydrofuran, Pyran oder Di- oder Tetrahydropyran ableiten, vor allem aber solche hochmolekularen Mercaptane in Betracht, die nach US 2466963 vom 16. 6. 45 durch Umsetzen von Bis-2-chloräthylformaldehydacetal mit Natriumpolysulfiden in Gegenwart von 1—3% (berechnet auf das Acetal) 1,1,1-Trichlorpropan als Vernetzungsmittel und Natriumhydrosulfid mit einem Molgewicht von 300—4000 gewonnen werden und als *Thiokol*marken der THIOKOL CORPORATION im Handel sind.

Als Epoxydkomponenten kommen vor allem solche höhermolekularen in Betracht, wie die durch Umsetzen von Bisphenolen oder mehrwertigen Alkoholen mit Molgewichten von 300—1000 gewonnen werden, ferner auch Diglycidäther oder -thioäther und polymere Allylglycidyläther.

Verbindungen ähnlicher Art, die sich als Anstrichmittel, Gießharze und Klebmittel eignen beschreibt C. W. SCHRÖDER[2]. Als Polyepoxyd-

---

[1] Zwei US-Anmeldungen der SHELL, 17. 11. 51, davon die eine als US 2633458, am 31. 3. 53 erteilt, beide zusammengefaßt in FP 1071862, 17. 11. 52/6. 9. 54, BATAAFSCHE.

[2] FP 1132035, 23. 5. 55/4. 3. 57; US-Pri. 24. 5. 54, BATAAFSCHE.

verbindungen werden solche, hergestellt aus mehrwertigen Phenolen oder Polyalkoholen mit einem Epoxydäquivalent zwischen 1,1 und 4,0 und einem Molgewicht von 170—1000 bevorzugt. Die schwefelhaltigen Umsetzungskomponenten haben die allgemeine Formel $HS \cdot R \cdot X$, wobei R = bivalenter Kohlenwasserstoffrest, X = $-COOH$, $-SO_3H$, $-OH$, $-NH_2$, $-NHR$ oder $-CH{=}O$ sein kann. 100 Teile Polyepoxydverbindung können mit 5—100 Teilen der Mercaptoverbindung bei 40—100° umgesetzt werden, wodurch harte bis kautschukartige Massen gewonnen werden. Die Härtung kann unter Zugabe der üblichen Vernetzungsmittel erfolgen.

Obgleich im Falle des Schwefelwasserstoffes beide Wasserstoffatome je mit einer Epoxydgruppe reagieren, führen auch Mengenverhältnisse, bei denen die eine oder die andere Komponente im Überschuß vorliegen, zu brauchbaren Produkten mit unterschiedlichen Eigenschaften. So kann man auch 3 Epoxydgruppen mit 1 Mol H_2S, wie auch 1 Mol Epoxyd mit 5 Molen H_2S miteinander umsetzen.

Die Umsetzungsprodukte sind viscos-flüssig bis zu harten Harzen und können durch Alkalien oder Polyamine gehärtet werden. Vernetzung kann auch durch Entschwefelung, etwa durch Bleidioxyd oder organische Peroxyde, erfolgen, wie dies J. S. JORCZAK[1] beschrieben hat. Sie kann auch über die Hydroxylgruppen mittels Diisocyanaten, Dialdehyden (Glyoxal), Di- oder Polycarbonsäuren oder ihre Anhydride, Phenol-Formaldehyd-Vorkondensate oder Amin- oder Amid-Aldehyd-Vorkondensaten vor sich gehen. Auch Gemische von Härtungsmitteln verschiedener Art können angewandt werden, wodurch sich die Eigenschaften des Endproduktes variieren lassen. Die Arbeitsweise geht aus folgenden Beispielen hervor:

1. Bisphenolglycidyläther + H_2S: In eine Lösung von 552 g Bisphenol-A-Glycidyläther (mit 1,75 Epoxydgruppen pro Mol und einem Molgewicht von 350) in 720 g Toluol und 1 g Natriummethylat wird bei gewöhnlicher Temperatur H_2S in Portionen eingeleitet bis 26 g aufgenommen sind. Das abgeschiedene viscos-flüssige Harz stellt nach dem Waschen mit siedendem Wasser mit anschließendem Entwässern ein hartes Harz dar, enthaltend 7,6% S, 0,004 Epoxydäquivalente/100 g und weniger als 0,01 Thiolgruppen Äquivalente/100 g. Aus der Schmelze lassen sich feste, elastische Fäden ziehen, die verknotbar sind. — Eine bei 100° kautschukartig erhärtende Masse wird erhalten durch Zusammenschmelzen von 40 g Harz mit 8 g Bleidioxyd. — Überzugslacke, die auf Glas oder Metall festhaftende lösungsmittelbeständige Filme liefern, werden durch Lösen von 10 g Harz in 20 g Cyclohexan mit 2 g Di-(4-isocyanatophenyl)-methan als Härter nach $^1/_2$stündigem Einbrennen bei 200° erzielt.

2. Glyceringlycidyläther + Thiokol: 50 g Glyceringlycidyläther vom Molgewicht 324 und 2,13 Epoxydgruppen pro Mol werden mit 50 g Thiokol LP-2 und 10 g Diäthylentriamin homogen verschmolzen und in eine Form, die Kupferdrehspäne enthält, gegossen. Nach einigen Stunden härtet das Gemisch zu einer kautschukartigen Masse, die noch bei $-40°$ elastisch ist.

Eine Mischung von 15 g Glyceringlycidyläther mit 30 g Thiokol ZL-109 kondensiert nach einigen Tagen spontan zu einem schmelzbaren Weichharz. Wird diesem Gemisch 0,4 g 2,4,6-Tri-(dimethylaminomethyl)-phenol gleich am Anfang zugesetzt, so tritt bei gewöhnlicher Temperatur in einigen Stunden vernetzende Härtung zu einer bernsteinfarbenen kautschukartigen Masse ein.

---

[1] JORCZAK, J. S.: Ind. Eng. Chem. **43**, 326 (1951).

Die aussichtsreiche Kombination von Epoxydharzen mit flüssigen Polysulfiden ist Gegenstand einer Reihe von Veröffentlichungen geworden.

Die THIOKOL CHEMICAL CORP. als die Hauptherstellerin von Thiokolen führt in einem Aufsatz aus[1], daß die üblichen Epoxydharze im allgemeinen bei Schlageinwirkung, Belastung, Spannungen und bei höheren Temperaturen nicht befriedigen, da sie ihre Form verändern und Druckabdrücke festhalten, als Gieß- oder Preßharze in der Form schrumpfen und der Witterung nicht einwandfrei standhalten. Die Thiokole andererseits sind von der Witterung völlig unangreifbar und sind von $-57°$ bis $+121°$ undurchlässig für Gase und Feuchtigkeit. Mit den Handels-Epoxydharzvorprodukten lassen sich die Thiokol-Typen LP (*Liquid Polymer*) -2, -3, -8, -32, -33 und -38 kombinieren. Diese Typen weisen verschiedene Viscosität und Vernetzungsgrad auf und müssen mit der Epoxydkomponente in solchen Mengenverhältnissen vereinigt werden, daß homogene Polyaddition erfolgen kann. Es ist zweckmäßig, den für die Epoxydkomponente erforderlichen Härtungs-katalysator zuerst mit dem Thiokol homogen zu vermischen, wobei es sich um Piperidin, Benzyldimethylamin, Diäthylamin, Dimethylamino-propionitril, Pyridin, Triäthylentetramin, Tri-(dimethylaminomethyl)-phenol (= Curing Agent DMP-30 von ROHM & HAAS) und m-Phenylen-diamin (= Curing Agent CL der SHELL) handelt. Bei dieser Arbeits-weise tritt keine vorzeitige Härtung des Epoxydes ein und die Hitze-festigkeit des gehärteten Harzes ist besser. Mischungen von Epoxyd-verbindungen mit viel Polysulfid haben niedere Viscositäten, härten schnell und ergeben sehr biegsame, federnde Produkte, die sehr geringe Schrumpfung aufweisen. Mischungen mit relativ geringen Anteilen Poly-sulfid ergeben Endprodukte mit besseren elektrischen Eigenschaften, sind zäher und bei höheren Temperaturen beständiger, z. B. zeigt eine Probe dieser Zusammensetzung bei $3^1/_2$tägiger Lagerung in siedendem Wasser nur sehr geringe Volumen- und Gewichtsveränderung. — Kleb-mittel auf der Basis Epoxydharz-Thiokol sind besser auftragbar, schrump-fen äußerst wenig, sind besonders biegsam nach der Härtung, welch letz-tere bei gewöhnlicher Temperatur erfolgen kann. Die CHRYSLER CORP. haben eine solche Komposition unter dem Namen „Cycleweld" als Gießharz in den Handel gebracht. 1953 war der Verbrauch an *Thiokol*-Produkten für die Kombination mit Epoxydharzen nicht mehr als 6% einer monatlichen Produktion von 175000 lb. Seitdem ist der Verbrauch für diesen Zweck sehr erheblich gestiegen. Es wird erwartet, daß die Fabrikation leichter korrosionsfester stabiler Rohre für saure Rohöle der Verwendung von Thiokol-Epoxydharzen einen Aufschwung geben wird.

Diese und die folgenden Veröffentlichungen der THIOKOL CORP. beziehen sich im wesentlichen auf das US-Patent 2789958 vom 30. 10. 51, in dem Umsetzungsprodukte von Polyepoxydverbindungen mit Polysulfidpolymeren beschrieben sind. Als Polyepoxyde werden

---

[1] Modern Plastics Nov. **1953**, 232.

Butadiendioxyd, Diglycidäther, Glykoldiglycidäther und verzweigte Diglycidäther, die Chlorhydringruppen enthalten, angegeben. Statt dieser wohldefinierten Verbindungen können auch Epoxydverbindungen des Handels, z. B. Bakelit RD-51-12 mit einem Epoxydwert größer als 2, Shell-Epoxyd XC-3 mit einem Epoxydwert von 3,6 und Shell *Epon* 1204-2, einem polymeren Bisphenol-A-Glycidyläther eingesetzt werden. Als polymere Polysulfide werden Polythiopolythiole der allgemeinen Formel

$$H \cdot (S \cdot R \cdot S)_x \cdot [S \cdot R' \cdot (SH)_n \cdot S]_y \cdot H$$

R, R′ = gesättigte oder ungesättigte Ketten, die Benzolringe enthalten können. x = 2—10, y = 0—10, n = 0—2

deren Herstellung im US-Patent 2466936 vom 12. 4. 49 (THIOKOL CORP.) beschrieben ist, genannt. Beispielsweise kann eine solche Komponente durch Kondensieren von 25,6 g Glycerin, 2213 g Dithiodiglykol und 420 g Paraformaldehyd in 500 ml Benzol in Gegenwart von 21 g konzentrierter Schwefelsäure durch Rückflußkochen hergestellt werden.

Durch Vermischen der Polyepoxyd- und Polysulfidkomponenten in etwa gleichen Mengen bis zu großen Überschüssen des Polysulfid-Polymeren und Zugabe von Mono- oder Polyaminen als Härtungskatalysatoren und Erhitzen bei 70° während 5—20 Stunden mit anschließendem mehrtägigem Stehen bei Raumtemperatur werden Massen erhalten, die mehr oder weniger kautschukartige Konsistenz aufweisen.

In einem späteren Aufsatz[1] gibt die THIOKOL CHEMICAL CORP. für die Herstellung von Klebmitteln durch Kombination von Epoxydharzen mit Thiokolen Rezepte an, unter Angabe der Eigenschaften daraus hergestellter Verleimungen im Vergleich zu solchen aus nicht modifizierten Epoxydharzen. Zur praktischen Ausführung werden Vorschriften für die spezielle Art des Mischens von Thiokol mit dem Epoxydharzhärter sowie für die erforderliche Oberflächenbehandlung der zu verklebenden Materialien (Glas, Stahl, Al-Cu-Legierungen, Kautschuk, Holz und Kunststoffe aller Art) angegeben.

Dasselbe Thema wird in einem Aufsatz von J. S. JORCZAK und J. A. BELISLE[2] behandelt, in dem die bereits angeführten Vorzüge der Kombination von Epoxydharzen mit Polysulfiden dargestellt werden. Weiterhin wird hervorgehoben, daß die Kombination Gießharze mit besserer Fließfähigkeit, Anstrichfilme mit besserer Abschälfestigkeit, Kerbzähigkeit und chemischer Beständigkeit, Preßkörper mit sehr hoher Elastizität und Schichtmaterial mit besonderer Eignung zum Einbetten elektrischer Geräteteile ergibt.

Die Kombination von Epoxydharzvorprodukten mit Thiokolen beschreibt auch die MINNESOTA MINING & MANUFACTURING Co.[3], wobei von Eponharzen der SHELL ausgegangen wird. Beispielsweise

---

[1] Mod. Plast. Okt. **1954**, 184.

[2] JORCZAK, J. S., u. J. A. BELISLE: India Rubber Wld. **1954**, 130, Nr. 1, 66—69. Referat in Modern Plastics, Aug. **1954**, 142.

[3] FP 1094624. 19. 12. 53/23. 5. 55; US-Pri. 20. 12. 52.

werden technisch brauchbare kautschukartige Massen durch Kombinieren von 20 Teilen Epon 562, 20 Teilen Epon RN-84 und 100 Teilen Thiokol LP-2 erzielt.

In neuester Zeit ist von K. R. CRANKER und A. J. BRESLAU[1] ein Aufsatz über die Kombination von Epoxydharzvorprodukten mit Thiokolen erschienen, welcher die früher erschienenen Ausführungen zusammenfaßt, und weiterhin die Durchführung einer Reihe neuer Kombinationen mit dem polymerem Polysulfid LP-3 der THIOKOL CHEM. CORP. in Verbindung mit den Handels-Epoxydharzvorprodukten: Araldit CN-503, Epon 828, Epophen 823 und Bakelit-BR-18 794 und unter Verwendung von Tri-(dimethylaminomethyl)-phenol (= Härter DMP-30 von ROHM & HAAS) und mechanischer Prüfung der gehärteten Kompositionen mitteilt.

Dieselben Autoren behandeln in einem weiteren Aufsatz[2] die Verwendung von Kombinationen von flüssigen Polysulfidpolymeren (Umsetzungsprodukte von Bis-(2-chloräthyl)-formal mit Natriumpolysulfid) und modifizierten Epoxydharzvorprodukten (d. h. solche, die bereits mit Polysulfiden modifiziert sind) als Gießharze. Kombinationen dieser Art härten bereits bei gewöhnlicher Temperatur ohne Einwirkung von Sauerstoff zu Produkten von hochelastischer Beschaffenheit, die sich durch besondere Schlagfestigkeit und Beständigkeit gegen Chemikalien auszeichnen und selbst bei sehr niedrigen Temperaturen gute Eigenschaften aufweisen. Die dielektrischen Eigenschaften dieser Produkte sind jedoch im allgemeinen nur mäßig, sie können aber durch erhöhte Vernetzung der Polysulfide, etwa durch Verwendung von Trichlorpropan, wesentlich verbessert werden.

Die Verwendung von Polysulfid-Epoxydharzkompositionen, insbesondere als Anstrich- und Klebemittel, beschreiben E. H. SORG und C. A. McBURNEY[3] unter Zusammenfassung früherer Veröffentlichungen über dieses Gebiet unter Angabe der mechanischen Eigenschaften verschiedener Kompositionen, vor allem der Zerreißfestigkeiten.

Die bisher bekannt gewordenen schwefelhaltigen Epoxydumsetzungsprodukte haben das Ziel, hochelastische bzw. kautschukartige hochmolekulare Produkte zu gewinnen. Diese enthalten keine oder nur wenige Epoxydgruppen, zumal dieselben in den meisten Fällen für die Härtung der thermoplastischen Polymere keine wesentliche Bedeutung haben. Niedermolekulare, epoxydgruppenhaltige Glycidylthioäther, wie sie durch Umsetzen von Dithiolen mit Epichlorhydrin zu erwarten sind, sind bisher nur vereinzelt beschrieben worden.

Unter Einsatz der in US 2506486 vom 21. 4. 48 (= FP 984845 vom 20. 4. 49) beschriebenen Polyglycidyläther mehrkerniger Polyphenole beschreiben H. L. BENDER, A. G. FARNHAM und J. W. GUYER[4]

---

[1] CRANKER, K. R., u. A. J. BRESLAU: Ind. Eng. Chem. **1956**, Nr. 1, 98—103.

[2] SPE-J. 12. **1956**, Nr. 9, 36—42.

[3] SORG, E. H., u. C. A. McBURNEY: Mod. Pla. Okt. **1956**, 187, 198, 203, 204, 294, THIOKOL CORP.

[4] FP 1080866, 6. 6. 53/14. 12. 54; US-Pri. 12. 7. 52, BAKELITE DIVISION der UNION CARBIDE & CARBON CORP.

die Herstellung von Harzen, die als Preßmassen oder als Klebmittel Verwendung finden können, durch Umsetzen dieser Polyglycidyläther mit Polythiolen. Man erhält hierbei hydroxylgruppenhaltige Polyadditionsverbindungen nach Art des folgenden Schemas:

$$x(CH_2{-}CH \cdot CH_2 \cdot O \cdot A \cdot O \cdot CH_2 \cdot CH{-}CH_2) + y(HS{-}R{-}SH)_n{-}$$

als lineare Polymere mit der Einheit

$$-(CH_2 \cdot CHOH \cdot CH_2 \cdot O \cdot A \cdot O \cdot CH_2 \cdot CHOH \cdot CH_2 \cdot S \cdot R \cdot S-)_n-$$

wobei A einen mehrkernigen Polyphenolrest, R den Rest eines aliphatischen Dithiols bedeutet.

Die zur Verwendung kommenden Polythiole sind Polykondensationsprodukte von Schwefelnatrium mit Dichloräthylformal, mit mittleren Molgewichten von 170 bis etwa 4000, deren Umsetzung mit einem Polyglycidyläther mit Hilfe eines alkalischen Katalysators erfolgt. — Beispielsweise werden:

1. 16,2 g Di-β-mercaptoäthoxymethan, $CH_2 \cdot (O \cdot CH_2 \cdot CH_2 \cdot SH)_2$, (1 Mol-Äquivalent), 38,7 g Diglycidyläther des Diphenylolpropans (1 Mol-Äquivalent) und 0,4 g Triäthylamin vermischt, wobei Spontanerwärmung eintritt. Die Schmelze härtet zu einer kautschukartigen Masse, wenn sie einige Zeit bei 90° erhitzt wird. — Wird die Menge des Dithiols so weit reduziert, daß pro Epoxydgruppe nur $^1/_2$ Thiolgruppe vorhanden ist, wird eine Masse erhalten, die auch bei längerem Erhitzen bei 90° flüssig bleibt.

2. 9,94 g eines polymeren Dithiols mit einem Molgewicht von etwa 1000 der Konstitution

$$HS{-}(C_2H_4 \cdot O \cdot CH_2 \cdot O \cdot C_2H_4 \cdot S \cdot S-)_n{-}C_2H_4 \cdot O \cdot CH_2 \cdot O \cdot C_2H_4 \cdot SH$$

werden mit 3,8 g eines aus einem Novolak (mit 2—8 Phenolkernen) gewonnenen Polyglycidyläthers und 0,06 g Benzyldimethylamin gemischt, wobei unter Spontanerwärmung nach 16 Stunden Härtung zu einer kautschukartigen Masse vor sich geht. — Durch Variieren der Mengenverhältnisse können die Eigenschaften des Endproduktes weitgehend verändert werden.

In einem späteren Patent stellen dieselben Erfinder[1] durch Umsetzen polymerer Dithiole mit überschüssigem Epichlorhydrin Diglycidylthioäther her nach dem Schema:

$$2\,ClCH_2 \cdot CH{-}CH_2 + HS \cdot R \cdot SH \longrightarrow ClCH_2 \cdot CHOH \cdot CH \cdot S \cdot R \cdot S \cdot CH_2 \cdot CHOH \cdot CH_2Cl$$

$$\xrightarrow{NaOH} \cdot CH_2{-}CH \cdot CH_2 \cdot S \cdot R \cdot S \cdot CH_2 \cdot CH{-}CH_2$$

Unter Verwendung von Polydithiolen, hergestellt durch Polykondensation von Schwefelnatrium mit Dichloräthylformal mit Molgewichten von 300—4000 wird beispielsweise in folgender Weise gearbeitet:

1. Zu einem Gemisch von 150 g polymerem Dithiol vom Molgewicht 300 (1 Mol SH), 277 g Epichlorhydrin (3 Mol) und 70 g Alkohol werden in 2 Stunden 92 g einer 50%igen wäßrigen Natronlauge eingetropft, wobei eine stark exotherme Reaktion stattfindet. Nach Abdestillieren der flüchtigen Bestandteile bei 20—50 mm bis zu 65° wird der Rückstand in Toluol aufgenommen und mit H_2O gewaschen. Aus der filtrierten Toluollösung wird die Epoxydverbindung mit einem Epoxydäquivalentgewicht von 249, einer Viscosität bei 26° von 125 cps und einem Cl-Gehalt von 0,17% erhalten.

---

[1] FP 1103591, 26. 4. 54/4. 11. 55; US-Pri. 29. 4. 53, BAKELITE DIVISION der UNION CARBIDE & CARBON CORP.

2. Zu einem Gemisch von 2000 g eines polymeren Dithiols vom Molgewicht 1000 (4 Mol-SH), 1110 g Epichlorhydrin (12 Mol) und 600 g Alkohol werden bei 60—65° in 2 Stunden 410 g 50%ige Natronlauge eingetropft. Nach der Aufarbeitung unter Verwendung von Methylisobutylketon als Lösungsmittel werden 2204 g eines Öles von der Viscosität 2000 cps bei 25° und einem Epoxydäquivalentgewicht von 711 erhalten.

3. Unter Verwendung von 2000 g eines polymeren Dithiols vom Molgewicht 4000, 278 g Epichlorhydrin, 70 g Alkohol und 92 g 50%iger Natronlauge erhält man 2038 g eines viscosen gelben Öles mit einem Epoxydäquivalentgewicht von 2335.

Diese Diglycidylthioäther können mit Härtern wie Alkalihydroxyde, oder tertiären Aminen zu weichen oder kautschukartigen Massen gehärtet werden. Unter Verwendung von Vernetzungsmitteln wie Polyalkoholen, Polyphenolen, Polythiolen, Polyaminen oder mehrbasischen Carbonsäuren werden weiche Produkte erzielt, die vielseitige Verwendung finden können. — Werden z. B. 15,64 g des unter 2. erhaltenen Produktes ($= 0,022$ Mol Epoxydgruppen) mit 1,34 g Diglykolsäure ($= 0,02$ Mol COOH-Gruppen) 6 Stunden bei 120° erhitzt, wird ein elastisches, weiches Gel erhalten.

Unter Verwendung von aromatischen Dithiolen der allgemeinen Formel HS · R · SH und HS · CH_2 · R · CH_2 · SH haben R. BOLLINGER, K. HORST und L. ORTHNER[1] analog dem von der COURTAULDS LTD.[2] für aliphatische Dithiole beschriebenen Verfahren durch Umsetzen mit Epichlorhydrin in Gegenwart der erforderlichen Menge Alkali Diglycidylthioäther hergestellt. An aromatischen Dithiolen werden angeführt: 1,4-Xylylenmercaptan, 4,4'-Di-(mercaptomethyl)-bisphenyl, und 1,5-Di-(mercaptomethyl)-naphthalin. — Es wird so gearbeitet, daß in einem besonderen Arbeitsgang zunächst das Kaliummercaptid durch Fällen einer Toluollösung des Dimercaptans mit wäßrigem Kaliumhydroxyd als kristalline Substanz hergestellt und dieselbe alsdann im wasserfreien Medium bei niedriger Temperatur mit Epichlorhydrin umgesetzt wird. — Beispielsweise werden $^1/_2$ Mol Xylylen-dikaliummercaptid in 300 ml absolutem Alkohol bei —10 bis —20° mit 1,1 Mol Epichlorhydrin durch langsames Eintropfen umgesetzt. Nach Entfernen des Kaliumchlorides und Abdestillieren des Alkohols werden 105 g Xylylen-diglycidylthioäther (82% d. Th.) als gelbes viscoses Öl erhalten. Produkte dieser Art eignen sich als Anstrichmittel, Klebstoffe, als Gießharze und für Schichtstoffe.

Unter Verwendung von aromatischen Dithiolen der Formel HS–R–SH haben die CASSELLA FARBWERKE MAINKUR A. G.[3] ebenfalls durch Umsetzen mit Epichlorhydrin und der berechneten Menge Alkali aromatische Diglycidylthioäther hergestellt. Produkte dieser Art haben etwa dieselben Eigenschaften wie die üblichen aus Bisphenol A hergestellten, insbesondere können nach Zusatz mehrbasischer Carbonsäuren oder Polyaminen Einbrennlacke oder Metallklebmittel erzielt werden. An Diphenyldithiolen sind die folgenden geeignet: 4,4'-Dimercaptodiphenylmethan, 4,4'-Dimercaptodiphenyl, 1,5-Dimer-

---

[1] D. Anm. F 12481, 30. 7. 53, HOECHST. — [2] BP 678576, 27. 1. 50.
[3] FP 1101103, 22. 5. 54/28. 9. 55; D.-Pri. 23. 5. u. 2. 12. 53, CASSELLA FARBWERKE MAINKUR A. G.

captonaphthalin, 4,4'-Dimercaptodiphenyläther und 4,4'-Dimercapto-diphenylsulfid.

Beispielsweise werden zu einer Lösung von 30 g Epichlorhydrin in 50 g Aceton bei 20—25° eine Lösung von 22 g 4,4'-Dimercaptodiphenyläther in 240 g H_2O mit 8 g NaOH und 150 g Aceton in einer $^1/_2$ Stunde eingetragen und 1 Stunde nachgerührt. Das ausgeschiedene Öl wird nach dem Neutralwaschen bei 3 mm und 25—30° getrocknet. Es wird ein schwach gefärbtes Öl erhalten, das nach Zusatz von 10% Maleinsäureanhydrid in Aceton gelöst einen Lack ergibt, der nach 1 stündigem Einbrennen bei 190—200° guten Glanz, Härte und Elastizität aufweist. Bei einem Zusatz von 4% Äthylendiamin wird ein Leim erhalten, der Aluminium- und Eisenbleche nach dem Härten fest verleimt.

In ihrem Aufsatz ,,Verwendung von Polysulfid-Epoxydharz-gemischen für Kunststoff-Verformungswerkzeuge" weisen E. H. SORG und A. J. BRESLAU[1] an Hand von Tabellen die Eigenschaften von Kombinationen von flüssigen Polysulfiden und Epoxydharzvorprodukten in Hinblick auf ihre Verwendung für die Herstellung von Kunststoff-Verformungswerkzeugen auf. Es werden geeignete Füllstoffe und Härter, die auftretenden exothermen Temperaturen und die Prüfungsergebnisse der Schlagzähigkeit, Beständigkeit gegen thermische Schwankungen, mechanische Schlagdämpfung und die Alterungsbeständigkeit angeführt.

Veräthern von Polyalkohol-Polyepoxydverbindungen

Polyalkohol-Polyepoxydverbindungen wie sie durch Umsetzen von Bisphenolen mit Epichlorhydrin erhalten werden, können mit ihren Epoxyd- und Hydroxylgruppen weitere Umsetzungen eingehen. Bei den Härtungsreaktionen erfolgen Additionen mit der Epoxydgruppe an Carbonsäureanhydriden oder Aminoverbindungen. Die Addition von Epoxydgruppen an Hydroxylgruppen kann naturgemäß auch stattfinden, wie dies in den beiden ersten Kapiteln des öfteren gezeigt wurde, jedoch erfordert diese Reaktion stark wirkende Katalysatoren.

Verätherungen von höhermolekularen Epoxydverbindungen, zwecks Gewinnung von Oberflächenanstrichmitteln beschreibt die CIBA[2]. Die zur Verätherung dienenden Alkohole sind vorteilhaft ungesättigte höhere Fettalkohole, die durch Reduktion der in Triglyceriden z. B. Leinöl, Sojaöl, dehydratisiertem Ricinusöl, Mohnöl, Hanföl, Baumwollsaatöl, Kokosöl, Fischtranen, Tallöl usw. enthaltenen Fettsäuren gewonnen werden. Die Verätherungsprodukte können zur Molekülvergrößerung polymerisiert werden, eine Reaktion, die an der Luft mit Hilfe von Metallsiccativen durch polymerisierendes Trocknen erfolgen kann.

Die zur Verwendung kommenden Epoxydverbindungen sind solche, wie sie durch Umsetzen von Epichlorhydrin mit mehrwertigen Alkoholen oder von Bisphenol A gewonnen werden.

Die Verätherung der Epoxydgruppen erfolgt in Gegenwart von FRIEDEL-CRAFTSschen Katalysatoren.

---

[1] SORG, E. H., u. A. J. BRESLAU: SPE J **13**, 115—121, (1957).
[2] FP 1074015, 19. 12. 52/30. 9. 54; Schwz.-Pri. 21. 12. 51 u. 1. 12. 52., CIBA.

Die nach der Verätherung der Polyalkohol-Polyepoxydverbindungen noch vorhandenen OH-Gruppen können zur Erhöhung der Qualität des Anstrichmittels noch mit mehrbasischen Säureanhydriden verestert werden, oder sie können durch Einwirkung von Monoisocyanaten unschädlich gemacht werden. Schließlich können unter wesentlicher Vergrößerung des Moleküls und teilweiser Vernetzung Umsetzungen mit veräthertem Aminoharzvorprodukten, z. B. mit Hexamethylol-Melaminpentamethyläther unter Umätherung des letzteren, vorgenommen werden. Die in dieser Patentschrift beschriebene ·Arbeitsweise geht aus folgendem Beispiel hervor:

Zu 554 g Leinölfettalkohol (2 Mol) (Jodzahl 166), enthaltend 0,424 g BF_3 gelöst in Anisol, wird bei 70° in $1^1/_2$—2 Stunden eine Lösung von 424 g Polyglycidyläther (2-Epoxydäquivalente) hergestellt aus 1 Mol Bisphenol A + 6 Mol Epichlorhydrin mit 0,47 Epoxydäquivalenten/100 g und 0,13 OH-Äquivalenten/ 100 g, in 420 g Dioxan eingetropft, und einige Zeit bei 80—90° nachgerührt. Nach Abdestillieren des Flüchtigen im Vakuum erhält man ein mäßig viscoses Öl (= Produkt A), das keine Epoxydgruppen mehr enthält, eine Jodzahl 100 und 0,27 OH-Äquivalente/100 g aufweist. — Die Polymerisation von Produkt A zu einem hochviscosen Produkt erfolgt, indem 720 g mit 3 g 60%iger wäßriger unterphosphoriger Säure in einer N_2-Atmosphäre unter vermindertem Druck $5^1/_2$ Stunden bei 310° erhitzt werden. Ein Aufguß einer 40%igen Lösung dieses Produktes trocknet an der Luft in $3^1/_2$—4 Stunden zu einem elastischen, alkalibeständigen Film. — Die Veresterung von Produkt A wird ausgeführt, indem 360 g mit 66,6 g Phthalsäureanhydrid und 2,26 g 60%iger wäßriger unterphosphoriger Säure in einer CO_2-Atmosphäre und vermindertem Druck 8—9 Stunden bei 220—230° erhitzt werden. Man erhält ein hellgelbes Harz mit der Säurezahl 3,3, das in konzentrierter Lösung verstrichen, schnell trocknet und Filme von guter Qualität liefert. — Zur Umwandlung von OH-Gruppen in Phenylcarbamidsäuregruppen: $—OH + O \cdot C \cdot N \cdot C_6H_5 \rightarrow —O \cdot CO \cdot NH \cdot C_6H_5$, werden 370 g Produkt A mit 119 g Phenylisocyanat 2 Stunden bei 100° gerührt. Nach Abdestillieren des Flüchtigen bei vermindertem Druck bis zu 200° werden 465 g eines hochviscosen Produktes erhalten, das nur noch 0,048 OH-Äquivalente/100 g aufweist. — Zur Verätherung von Produkt A mit verätherten Aminoharzvorprodukten werden 75 g mit 25 g Hexamethylol-Melaminpentamethyläther $5^1/_2$ Stunden in einer CO_2-Atmosphäre bei 700 mm bei 120—150° erhitzt. Das erhaltene hochviscose Produkt enthält nur noch 0,12 OH-Äquivalente/100 g. Der Glasaufguß einer mit Siccativen versetzten Lösung desselben trocknet bei 22° in $1^1/_2$ Stunden klebfrei zu einem harten, elastischen, witterungsbeständigen Film.

In einem Patent der BATAAFSCHE[1] ist die Verätherung von Epoxydverbindungen nicht Selbstzweck, sondern ein Mittel, um die Härtung von Epoxydverbindungen, die niedere OH-Werte aufweisen, zu beschleunigen. Es hat sich gezeigt, daß eine gewisse Anzahl OH-Gruppen, deren Anzahl mit der Komplexität der Verbindung ansteigt, erforderlich ist, um die Härtungszeiten nicht zu lang werden zu lassen. Diese Tatsache wird deutlich illustriert durch die Härtungszeiten von verschiedenen Epoxydharzvorprodukten, wie sie durch Umsetzen von 1 Mol Bisphenol A mit verschiedenen Molmengen Epichlorhydrin entstehen. Während Glycidyläther dieser Art vom mittleren Molgewicht mit dem Erweichungspunkt 80—100° in kurzer Zeit härten, nimmt die Härtungszeit bei abnehmendem Molgewicht und entsprechender geringerer Komplexität und weniger OH-Gruppen stark zu. Bei Glycidyläthern dieser

[1] BP 730505, 27. 3. 53/25. 5. 55; US-Pri. 29. 3. 52 — US 2728744 — Belg. P. 543855, 22. 12. 55; Niederl.-Pri. 24. 12. 54, BATAAFSCHE.

Art kann die Härtungszeit durch Zusatz von geringen Mengen Wasser oder Alkoholen auf weniger als die Hälfte erniedrigt werden. Zum Beispiel liegen die Verhältnisse bei einem niedermolekularen Bisphenol-A-Glycidyläther vom analytisch bestimmten Molgewicht 357 bei einem berechneten Molgewicht von 342 und einem Erweichungspunkt 9° bei einem 5%igen Zusatz von Piperidin als Härter und Durchführen der Härtung bei 65° mit und ohne Zusatz von Hydroxylverbindungen (wobei der Zusatz der letzteren so bemessen ist, daß das Harzgemisch dann 0,15 OH-Gruppen/100 g enthält) folgendermaßen:

Zusatz	Menge	Härtungszeit
Ohne............	—	380 Min.
Wasser..........	2,70%	135 Min.
Äthylenglykol	4,65%	137 Min.
Glycerin.........	4,60%	145 Min.

Diese interessante Aufstellung zeigt, daß Wasser der wirksamste Hydroxyl-Härtungsbeschleuniger ist. Es kann aus den Versuchen demnach die Lehre gezogen werden, daß es vorteilhaft ist, bei Epoxydharzvorprodukten, die keine oder nur sehr wenige Hydroxylgruppen enthalten, zur wesentlichen Verbesserung der Härtungszeiten, geringe Mengen Wasser beizumischen, und zwar in einer Menge, daß der Hydroxylwert von etwa 0,15/100 g erreicht wird. Neben der Billigkeit ist Wasser gegenüber den schwerer flüchtigen Lösungsmitteln auch deswegen vorzuziehen, weil ein etwaiger Überschuß während der Härtung verdampfen kann, was bei Lacken belanglos ist, bei Gieß- oder Preßharzen allerdings Blasenbildung bewirken, und bei Leimen die Festigkeit beeinträchtigen kann.

Die Herstellung von Bisphenolglycidyläthern, die z. T. mit ungesättigten Alkoholen an einer Epoxydgruppe veräthert sind, beschreibt die Shell Development Co[1]. Die Verätherung erfolgt auch hier mit Friedel-Craftsschen Katalysatoren, insbesondere mit Hilfe von BF_3 oder $SnCl_4$, und zwar mit einer so bemessenen Menge des Verätherungsalkohols, insbesondere Allylalkohol, daß nur die eine der beiden Epoxydgruppen veräthert wird. Die so erhaltenen Produkte können polymerisiert oder mit anderen ungesättigten Verbindungen copolymerisiert werden. Die so gewonnenen hochmolekularen Thermoplasten können wie normale Epoxydharzvorprodukte mit Dicarbonsäureanhydriden oder Polyaminen gehärtet werden. Die Verwendung der hochmolekularen noch ungehärteten Produkte kann als Stabilisator und Weichmacher für PVC erfolgen, sowie als Alterungsschutzmittel für Schmieröle, wobei der Hauptvorteil von Produkten dieser Art ihre Nichtflüchtigkeit ist. Naturgemäß ist ihre Verwendung nach Zusatz von Vernetzungsmitteln auch für Einbrennlacke möglich. Die Herstellung dieser Produkte ist bereits im Abschnitt „Polymerisation" beschrieben worden.

---

[1] FP 1117535, 15. 12. 54/23. 5. 56 — Belg. P. 534122, 15. 12. 54; US-Pri. 17. 12. 53, Shell Development Co.

Verätherungsprodukte von 4-Vinylcyclohexendiepoxyd, welche durch Öffnen des Epoxydringes am Sechsring entstanden sind:

$$\underset{\substack{\diagdown CH_2 \diagup}}{\overset{\substack{\diagup CH_2 \diagdown}}{O\diagarrow\underset{CH}{\overset{CH}{\big|}}\quad\underset{CH\cdot CH\!-\!CH_2}{\overset{CH_2}{}}\diagdown_O}}\quad +\,2\,HO\cdot R\ \rightarrow\quad \underset{\substack{\diagdown CH_2 \diagup}}{\overset{\substack{\diagup CH_2 \diagdown}}{\underset{R\cdot O\cdot CH}{\overset{R\cdot O\cdot CH}{\big|}}\quad \underset{CH\cdot CH\!-\!CH_2}{\overset{CH_2}{}}\diagdown_O}}$$

beschreibt O. C. W. ALLENBY[1]. Die Verätherung erfolgt mit Hilfe von Bortrifluorid, wobei auch gewisse Anteile des Monoäthers entstehen. Obgleich der Vinylepoxydring träger reagiert, und die Verätherung bei diesem nicht einsetzt, wenn nicht mehr als 2 Mol Alkohol angewandt werden, hat derselbe die Neigung, sich zur Methylketoverbindung umzulagern:

$$-CH\!-\!CH_2 \ \rightarrow\ -CO\!-\!CH_3$$
$$\diagdown O\diagup$$

Es wurde gefunden, daß unter Einhalten der folgenden Verätherungsbedingungen diese Umlagerung unterbunden wird:

Herstellung des Dimethyläthers: Zu einer Mischung von 32 g Methanol mit 0,05 g BF_3 als 10%ige Lösung in Eisessig werden bei 70° 28 g 4-Vinylcyclohexendiepoxyd in 10 Minuten eingetropft. Nach 1 Stunde Rühren bei dieser Temperatur werden 0,45 g Ammoniaklösung zugegeben, um den Katalysator zu zerstören. Alsdann wird nach Abtreiben des überschüssigen Methanols bei 0,05 mm fraktioniert, wobei die Hauptmenge bei 120—140° übergeht. Das Destillat enthält ein Gemisch, bestehend aus 32,8% des Monoäthers und 23,5% des Diäthers der Monoepoxydverbindung.

Nach demselben Verfahren wurden Verätherungsprodukte mit Isopropylalkohol, Octylalkohol, Diäthylenglykolmonobutyläther, Tetrahydrofurfurylalkohol, Phenol und o-Chlorphenol hergestellt, die stets als Gemische der Mono- und Di-Verbindung anfallen.

Verbindungen dieser Art können als Zwischenprodukte Verwendung finden, für manche Zwecke sind sie — auch die bei der Herstellung anfallenden Gemische — als gute Weichmacher brauchbar.

Verestern von Epoxydverbindungen und Epoxydester

Die in den vorhergehenden Abschnitten wiederholt erwähnte Veresterung von einfachen oder polymeren Epoxydverbindungen hat sich als eine außerordentlich fruchtbare Maßnahme erwiesen, da hierdurch die guten Eigenschaften der Epoxydharze mit denjenigen der in der Natur vorkommenden Ölen pflanzlicher Art (Fettsäureglyceride) kombiniert und für Anstrichzwecke nutzbar gemacht werden können.

Die Veresterung von Epoxydverbindungen kann zu 3 verschiedenen Typen führen:

1. alleinige Veresterung der Epoxydgruppen bei einfachen Epoxydverbindungen:

$$-CH\!-\!CH_2 + HO\cdot CO\cdot R \ \rightarrow\ -CHOH\cdot CH_2\cdot O\cdot CO\cdot R$$
$$\diagdown O\diagup$$

---

[1] US 2500016, 6. 3. 48/7. 3. 50, CANADIAN IND. LTD.

2. gemeinsame Veresterung von Epoxyd- und Hydroxylgruppen bei polymeren Epoxydverbindungen:

$$-(CH_2CHOH \cdot CH_2 \cdot O)_n \cdot CH_2 \cdot \underset{\diagdown O \diagup}{CH-CH_2} + (n+1)\, HO \cdot CO \cdot R$$

$$\rightarrow -(CH_2 \cdot \underset{|}{CH} \cdot CH_2 \cdot O \cdot)_n \cdot CH_2 \cdot \underset{|}{CHOH}$$
$$\qquad\qquad O \cdot CO \cdot R \qquad\qquad\quad CH_2$$
$$\qquad\qquad\qquad\qquad\qquad\qquad\qquad\qquad\; O \cdot CO \cdot R$$

Bei diesen Typen müssen nicht alle OH-Gruppen verestert sein, was eintreten wird, wenn nicht genügend Veresterungssäure vorhanden ist.

3. alleinige Veresterung der Hydroxylgruppen unter Aufrechterhalten der Epoxydgruppen.

Entsprechend der Reihenfolge der 3 angegebenen Veresterungstypen sind im Laufe der letzten 20 Jahre diese Typen mittels Epoxydverbindungen hergestellt worden:

Typ 1: durch HENKEL & CIE, 1936, BP 500300, 20. 8. 37; D.-Pri. 28. 7. 36, Polyaddition von Äthylenoxyd an mehrbasische Carbonsäuren.

Typ 2: durch DEVOE & RAYNOLDS, 1944, US 2503726, 12. 5. 44, gemeinsame Veresterung von Epoxyd- und Hydroxylgruppen bei polymeren Bisphenol-A-Glycidyläthern mittels höherer Fettsäuren.

Typ 3: durch die BATAAFSCHE, 1952, BP 730504, 27. 3. 53; US-Pri. 29. 3. 52. Alleinige Veresterung von OH-Gruppen bei polymeren Bisphenol-A-Glycidyläthern unter Aufrechterhaltung der Epoxydgruppen.

Es sei darauf hingewiesen, daß die Epoxydierung ungesättigter Fettsäuren, ihrer Ester oder anderer ungesättigter Verbindungen nicht zum Thema dieses Abschnittes gehört. In dieser Weise gewonnene Epoxydverbindungen sind in dem Kapitel „Halogenfreie Epoxydverbindungen" behandelt worden.

Die Veresterung von Epoxydverbindungen mit 1 Mol einer Carbonsäure erfolgt nach dem Schema:

$$R \cdot \underset{\diagdown O \diagup}{CH-CH_2} + HO \cdot CO \cdot R' \rightarrow R \cdot CHOH \cdot CH_2 \cdot O \cdot CO \cdot R'$$

während bei der Verwendung von 1 Mol Säureanhydrid sich beide Säurereste an verschiedene C-Atome anlagern:

$$R \cdot \underset{\diagdown O \diagup}{CH-CH_2} + O \diagdown \genfrac{}{}{0pt}{}{CO \cdot R'}{CO \cdot R'} \rightarrow R' \cdot CO \cdot O \cdot \underset{|}{\overset{R}{CH}}-CH_2 \cdot O \cdot CO \cdot R'$$

Naturgemäß entstehen Diester dieses Typus auch, wenn 2 Mol Monocarbonsäuren zur Reaktion kommen. Entsprechend der Bifunktionalität der Epoxydgruppe erfolgt bei Verwendung von Anhydriden von

Dicarbonsäuren Polyaddition unter Bildung höhermolekularer Polyester, wobei, abhängig davon, welche Komponente im Überschuß angewandt wird, saure Polyester mit endständigen Carboxylgruppen oder alkoholische Polyester gebildet werden, der folgenden Art:

$$\text{HO} \cdot \text{CO} \cdot \text{R} \cdot \text{CO} \cdot \text{O} \cdot (\text{CH}_2 \cdot \underset{|}{\text{CH}} \cdot \text{O} \cdot \text{CO} \cdot \text{R} \cdot \text{CO} \cdot \text{O} \cdot)_n \cdot \text{CH}_2 \cdot \underset{|}{\text{CH}} \cdot \text{O} \cdot \text{CO} \cdot \text{R} \cdot \text{CO} \cdot \text{OH}$$
$$\qquad\qquad\qquad\quad R' \qquad\qquad\qquad\qquad\qquad\qquad R'$$

oder

$$\text{HO} \cdot \underset{|}{\text{CH}} \cdot \text{CH}_2 \cdot \text{O} (\text{CO} \cdot \text{R} \cdot \text{CO} \cdot \text{O} \cdot \text{CH}_2 \cdot \underset{|}{\text{CH}} \cdot \text{O} \cdot)_n \cdot \text{CO} \cdot \text{R} \cdot \text{CO} \cdot \text{O} \cdot \text{CH}_2 \cdot \underset{|}{\text{CH}} \cdot \text{OH}$$
$$\quad R' \qquad\qquad\qquad\qquad\qquad\qquad R' \qquad\qquad\qquad\qquad\qquad\qquad R'$$

Diese Polyaddition kann nur in Gegenwart von Spuren Wasser, d. h. von mindestens 1 Mol, erfolgen, damit sich an beiden Enden Hydroxylgruppen ausbilden können. Je kleiner diese Wassermenge ist, um so länger muß die Kette werden. Dies Erfordernis ist vermutlich bei den ersten Umsetzungen dieser Art, wie sie von HENKEL & CIE.[1] zur Gewinnung hochmolekularer Polyester beschrieben hat, nicht berücksichtigt worden, was auch nicht erforderlich war, da in technisch trockenen Chemikalien diese erforderliche Spur Wasser stets noch vorhanden ist. Produkte dieser Art sind Weich- oder Hartharz und lösen sich in Ketonen, Estern und chlorierten Kohlenwasserstoffen. Sie sind geeignet als Anstrichmittel, Weichmacher, Klebmittel und für die Herstellung verspinnbarer Fäden.

In diesem Patent wird die Umsetzung mit Äthylenoxyd in erster Linie beschrieben, jedoch sind auch höhere Alkylenoxyde und Epichlorhydrin hierfür als geeignet angegeben. Die Reaktion kann mit oder ohne inertem Lösungsmittel (Dioxan) sowie mit oder ohne Katalysator erfolgen. Die Verwendung kleiner Zusätze von Tonsil (Fuller-Erde), wasserfreier Phosphorsäure oder Natriumamid als Katalysatoren beschleunigt die Umsetzung erheblich. Folgende Beispiele geben ein Bild der Arbeitsweise:

1. 150 g Phthalsäureanhydrid (1 Mol) und 50 g Äthylenoxyd (1,14 Mol) werden im Autoklaven bei 140—150° erhitzt, bis der Druck verschwunden ist. Es wird ein festes, elastisches bei 100° schmelzendes Harz erhalten, aus dessen Schmelze sich endlose Fäden von guter Qualität ziehen lassen. — Zu demselben Reaktionsprodukt gelangt man, wenn unter Zusatz von 800 g Dioxan und 25 g Fuller-Erde in gleicher Weise gearbeitet wird. Hierbei hat man den Vorteil, daß das Harz als Lösung vorliegt, die durch Filtration leicht gereinigt werden kann.

2. 100 g Bernsteinsäureanhydrid (1 Mol) und 200 g Äthylenoxyd (4,55 Mol) ergeben bei gleicher Behandlung eine weitgehend vernetzte feste unlösliche Masse, die in der Wärme nicht schmilzt, aber kautschukartige Konsistenz annimmt. Von dem großen Äthylenoxydüberschuß liegt nach beendigter Umsetzung noch eine erhebliche Menge unverändert vor.

3. 116 g Diglykolsäureanhydrid (1 Mol) und 60 g Äthylenoxyd (1,36 Mol) ergeben bei gleicher Behandlung ein leicht schmelzbares und lösliches Weichharz, das sich als Weichmacher für Celluloseester eignet.

Während diese Polyester ihre hochmolekulare Beschaffenheit erst durch den Polyadditionsprozeß erhalten, geht S. O. GREENLEE[2] in Fortführung der von P. CASTAN entwickelten ersten Epoxydharz-

[1] BP 500300, 20. 8. 37/7. 2. 39; D.-Pri. 28. 7. 36, HENKEL & CIE.
[2] US 2456408, 14. 9. 43/14. 12. 48, DEVOE & RAYNOLDS CO.

vorprodukte, von diesen höhermolekularen Epoxydverbindungen als Veresterungskomponente aus. Es handelt sich hier um Diepoxyde des Bisphenol A (= Dian) der folgenden Struktur:

$$CH_2\!-\!CH \cdot CH_2 \cdot (O \cdot Dian \cdot O \cdot CH_2 \cdot CHOH \cdot CH_2 \cdot)_n \cdot O \cdot Dian \cdot O \cdot CH_2 \cdot CH\!-\!CH_2$$

bzw. um Verbindungen, die keine Epoxydgruppen, dagegen endständige OH-Gruppen enthalten:

$$HO \cdot CH_2 \cdot CH_2 \cdot (O \cdot Dian \cdot O \cdot CH_2 \cdot CHOH \cdot CH_2)_n \cdot O \cdot Dian \cdot O \cdot CH_2 \cdot CH_2 \cdot OH$$

wie sie bei gemeinsamem Umsetzen von Bisphenol A mit Epichlorhydrin und Äthylenchlorhydrin entstehen, oder um Verbindungen mit endständigen Phenylgruppen:

$$C_6H_5 \cdot O \cdot (CH_2 \cdot CHOH \cdot CH_2 \cdot O \cdot Dian \cdot O \cdot)_n \cdot CH_2 \cdot CHOH \cdot CH_2 \cdot O \cdot C_6H_5$$

wie sie bei gemeinsamem Umsetzen von Bisphenol A mit Epichlorhydrin und Phenol gewonnen werden.

Die Veresterung von polymeren Alkoholen dieser Typen erfolgt in der Weise, daß 1 Mol derselben mit 0,9—0,95 Mol einer höhermolekularen ungesättigten Fettsäure in einer CO_2-Atmosphäre 4—5 Stunden bei 250—260° unter Abführen des Reaktionswassers erhitzt wird. Die erhaltenen Weichharze lösen sich in den üblichen Lacklösungsmitteln. Aufstriche ihrer Lösungen sind lufttrocknend, können aber auch eingebrannt werden. Die entstandenen Filme sind hart, elastisch und haften auch auf glatten Metalloberflächen sehr fest.

In einer weiteren Patentschrift[1] beschreibt S. O. GREENLEE Veresterungen unter Verwendung dieser Polyalkohole, insbesondere derjenigen, die durch Einkondensieren von Phenol mit Erweichungspunkten von 110°—132° erhalten werden, mit Gemischen von ungesättigten Fettsäuren, deren eine Maleinsäure ist. Hierdurch werden besonders hochwertige Lacke gewonnen. Beispielsweise werden durch Erhitzen auf 230—240° verestert: 200 g eines polymeren Polyalkohols mit endständigen Phenylgruppen vom Erweichungspunkten 132°, 27,4 g eines Maleinsäure-Kolophonium-Umsetzungsproduktes (gewonnen durch Erhitzen von 350 g Kolophonium mit 35 g Maleinsäureanhydrid auf 250°) und 145 g dehydratisierte Ricinusölfettsäure. Eine Lösung des so erhaltenen weichharzartigen Reaktionsproduktes ergibt nach Zusatz eines üblichen Pb-Co-Siccativs Aufstriche, die an der Luft in 2 Stunden klebfrei durchhärten.

Unter Verwendung von polymeren Polyalkoholen, die durch Umsetzen von Bisphenol A mit Diepoxyden, insbesondere mit Butadiendiepoxyd, gewonnen werden, deren polymere Einheiten zwei Hydroxylgruppen enthalten:

$$-(O \cdot Dian \cdot O \cdot CH_2 \cdot CHOH \cdot CHOH \cdot CH_2)_n \cdot O-$$

stellt S. O. GREENLEE[2] in der gleichen Weise Veresterungsprodukte mit ähnlichen Eigenschaften her.

---

[1] US 2504518, 2. 5. 46/18. 4. 50, DEVOE & RAYNOLDS Co.
[2] US 2503726, 12. 5. 44/11. 4. 50, DEVOE & RAYNOLDS Co.

Veresterungen sind auch mit Bisphenol-A-Glycidyläthern, deren Mol durch Nachbehandeln mit Bisphenol vergrößert wurde, vorgenommen worden[1]. Desgleichen wurden auch höhermolekulare Bisphenol-A-Glycidyläther, wie sie durch Anwenden niederer Epichlorhydrinmolmengen erzielt werden, mit Erweichungspunkt 90—110° mit höheren Fett- oder Harzsäuren zu Anstrichmitteln umgesetzt worden[2]. Beispielsweise werden 43,4 g Bisphenol-A-Glycidyläther vom Erweichungspunkt 100° (gewonnen durch Umsetzen von 4 Mol Bisphenol A mit 5 Mol Epichlorhydrin) mit 19,1 g Kolophonium, 18,1 g Leinölfettsäure und 22,1 g Baumwollsamenöl in CO_2-Atmosphäre unter Zugabe von höhersiedenden Mineralölen (Kp. etwa 200°) 11 Stunden bei 250° unter Rühren und aceotropischem Abdestillieren des Reaktionswassers verestert. Die Lösung eines so erhaltenen Lackharzes gibt nach Zusatz von Siccativ Aufstriche, die nach 2 Stunden klebfrei sind und nach ihrer völligen Durchhärtung sich durch besondere Wasser–Alkali- und Chemikalienechtheit auszeichnen.

Um den veresterten Epoxydharzvorprodukten die Möglichkeit zu weiteren vernetzenden Umsetzungen zu lassen, wird von S. O. GREENLEE eine partielle Veresterung empfohlen. In dem erwähnten US-Patent 2653141 werden Beispiele angeführt, in denen nur 10—75% der vorhandenen Hydroxylgruppen und Epoxydgruppen bei polymeren Bisphenol-A-Glycidyläthern verestert werden. Die hierbei angewandte Temperatur bewegte sich zwischen 215—255° über mehrere Stunden, nach welcher Prozedur keine unveränderten Epoxydgruppen mehr vorliegen.

Unter Anwendung wesentlich milderer Veresterungsbedingungen ist es GREENLEE gelungen[3], Produkte zu gewinnen, bei denen noch unveränderte Epoxydgruppen vorliegen. Hierbei werden nur 5—10% der vorhandenen Hydroxylgruppen verestert, und eine Temperatur, die 180° nicht übersteigt, für wenige Minuten aufrechterhalten. Folgende Beispiele veranschaulichen das Verfahren:

1. 2841 g eines polymeren Bisphenol-A-Glycidyläthers vom Erweichungspunkt 12°, einem Epoxydäquivalentgewicht von 202 und einem Veresterungsäquivalentgewicht von etwa 100 werden mit 159 g Sojafettsäure 4 Minuten bis zu 175—180° erhitzt, wobei die Fettsäure sich verestert. Das Umsetzungsprodukt hat nur noch eine Säurezahl von 0,17 und noch ein Epoxydäquivalentgewicht von 235. Nach dem Lösen in Naphtha zu einem Festgehalt von 80% und Zusatz von 6% Diäthylentriamin wird als Lack verstrichen und nach dem Trocknen 15 Minuten bei 150° eingebrannt. Man erhält einen harten, festhaftenden, sehr elastischen Film.

2. 2626 g desselben polymeren Bisphenol-A-Glycidyläthers wie in 1. werden mit 374 g Stearinsäure 30 Minuten bei 175—180° erhitzt. Die Säurezahl ist dann auf 0,17 gefallen und das Epoxydäquivalentgewicht ist auf 290 gestiegen. Nach Lösen in Naphtha und Zusatz von 6% Diäthylentriamin wird der getrocknete Aufstrich 15 Minuten bei 150° eingebrannt.

Unter den 34 Beispielen sind auch einige mit Pigmentzusatz angeben.

---

[1] US 2653141, 3. 12. 45/27. 9. 53, DEVOE & RAYNOLDS CO.
[2] US 2500765, 12. 3. 47/14. 3. 50, DEVOE & RAYNOLDS CO.
[3] US 2759901, 19. 9. 52/21. 8. 56, DEVOE & RAYNOLDS CO.

Durch gemeinsame Veresterung eines polymeren Bisphenol-A-Glycidyläthers mit Pentaerythrit und ungesättigten Fettsäuren werden von S. O. GREENLEE[1] Anstrichmittel mit besonders hochwertigen Eigenschaften erhalten. Es wird beispielsweise so gearbeitet, daß 45 g polymeres Umsetzungsprodukt von 1 Mol Bisphenol A mit 1,33 Mol Epichlorhydrin vom Erweichungspunkt 90°, 676 g Rohleinölfettsäure, 18 g Pentaerythrit, 169 g Kolophonium und 3,6 g gelöschter Kalk unter gutem Rühren 8 Stunden bei 305—315° unter Durchleiten von CO_2 erhitzt werden. Das Reaktionsprodukt mit einer Säurezahl von 18 löst sich in Lackbenzin und liefert nach Zusatz von Siccativ lufttrocknende Anstriche. Statt Leinölfettsäure können auch Tallöl, Ricinusölfettsäure und andere angewandt werden, auch können während der Veresterung Alkydharzkomponenten wie Glycerin und Phthalsäureanhydrid zugegen sein.

Unter Einsetzen von aliphatischen Polyglycidyläthern, wie sie durch Umsetzen von Epichlorhydrin mit Glycerin, Trimethylolpropan, Sorbit u. dgl. gewonnen werden, lassen sich ebenfalls trocknende Anstrichmittel gewinnen, indem diese mit Kondensationsprodukten aus Phenol mit ungesättigten Ölen, z. B. Leinöl, Oiticicaöl, Holzöl usw., welche mehrwertige, mehrkernige Phenole darstellen, umgesetzt werden. Die Arbeitsweise beschreibt S. O. GREENLEE[2] folgendermaßen: 1660 g Phenol-Holzöl-Kondensationsprodukt, hergestellt durch 4stündiges Erhitzen von 200 g Phenol, 291 g chinesischem Holzöl und 5 g 85%ige H_3PO_4 bei 190—200°, gelöst in der gleichen Menge Methyläthylketon werden mit 350 g eines durch Umsetzen von 1 Mol Trimethylolpropan mit 3 Mol Epichlorhydrin erhaltenen Polyepoxyd zur Reaktion gebracht. Die so gewonnene Lacklösung, die lagerfähig ist, wird vor der Verwendung mit 17,5 g Diäthylentriamin versetzt. Damit ausgeführte Anstriche härten nach 15 Minuten Einbrennen bei 150° zu einem harten, zähen und biegsamen Film.

Unter Verwendung von Monoalkylphosphorsäureester der Formel

$$\underset{O}{\overset{HO}{}}\!\!>\!\!P\!\!<\!\!\underset{OR}{\overset{OH}{}}$$

welche in derselben Weise wie Dicarbonsäuren die Bildung von Polyestern mit Polyepoxydverbindungen bewirken, stellt T. F. BRADLEY[3] Anstrichmittel her, die besonders als rostschützende Grundierungen geeignet sind. Es wird so verfahren, daß ein Bisphenol-A-Glycidyläther mit der berechneten Menge Phosphorsäuremonoalkylester zusammengeschmolzen wird. Der Anstrich auf Eisen oder Stahl mit einer konzentrierten Lösung dieser Komposition härtet beim Einbrennen bei 150—200° zu einem sehr elastischen, biegsamen und auch in feuchter Luft rostschützendem Film. — Eine Lackkomposition dieser Art wird beispielsweise hergestellt, indem 100 g Bisphenol A-Glycidyläther vom

---

[1] Niederl. P. 68296, 23. 12. 47/16. 7. 51; US-Pri. 2. 5. 46, kein US-P. vorhanden, DEVOE & RAYNOLDS Co.
[2] US 2542664, 5. 11. 46/20. 2. 51, DEVOE & RAYNOLDS Co.
[3] US 2541027, 11. 5. 48/13. 2. 51, SHELL DEVELOPMENT Co.

Erweichungspunkt 100°, einem Molgewicht von 1135 und einem Epoxydwert 0,116/100 g (= Harz A genannt) mit 6,5 g Monomethylorthophos-
phat zusammengeschmolzen werden. Das so gewonnene Lackharz ist
sowohl in dieser Form als auch in Lösung haltbar und lagerfähig.

In einem späteren Patent hat E. C. SHOKAL[1] gezeigt, daß der Zusatz von Monoestern der phosphorigen Säure des Typus

$$\mathrm{R \cdot O \cdot P} \diagup^{\mathrm{OH}}_{\diagdown \mathrm{OH}} \quad \text{oder} \quad {}^{\mathrm{HO}}_{\mathrm{HO}} \diagup\!\!\!\diagdown \mathrm{P\!-\!O\!-\!R\!-\!O\!-\!P} \diagup^{\mathrm{OH}}_{\diagdown \mathrm{OH}}$$

zu hochwertigen Produkten führt, die diejenigen, welche mit Estern
der Phosphorsäure hergestellt sind, übertreffen. Neben Anstrichmitteln, die rostschützend und entflammungshindernd wirken, lassen
sich aus Produkten dieser Art Metallklebmittel von besonders hoher
Biegsamkeit, Gießharze, Preßmassen sowie Fäden und Gewebe gewinnen. Als verwendbare Glycidyläther sind solche von niedrigem bis
mittlerem Molgewicht von Bisphenol A und von Glycerin sowie auch
Diglycidyläther von Hydrochinon, mehrwertigen Thiolen oder Dioxyde
von zweifach ungesättigten Verbindungen u. dgl. geeignet. Falls der
Schmelzpunkt zu hoch liegen sollte, kann durch Zusatz von Polyallylglycidyläther Verflüssigung erzielt werden. Folgende Beispiele illustrieren das Verfahren:

1. 198 g eines polymeren Bisphenol-A-Glycidyläthers vom Erweichungspunkt
24—30° werden mit 63,5 g phosphorige Säuremonophenylester (etwa die äquivalente Menge) auf 160° erhitzt, wobei in kurzer Zeit Verfestigung eintritt.
Das Reaktionsprodukt schmilzt bei 250° und ist in Lösungsmitteln löslich. Härtung erfolgt durch Erhitzen mit Dicarbonsäuren oder Diisocyanaten.

2. 131 g Vinylcyclohexendioxyd werden mit 63,5 g phosphorige Säuremonophenylester auf 160° erhitzt. Zur Härtung werden 50 g des entstandenen Weichharzes in Cyclohexanon gelöst und mit 1 g Phthalsäureanhydrid gemischt. Der
so gebildete Lack wird auf Stahlblech bei 150° eingebrannt und liefert Überzüge
von besonders hoher Biegsamkeit.

In einem anderen Patent[2] beschreibt T. F. BRADLEY die Herstellung
des Crotonsäureesters von Harz A sowie von Polyglycidyläthern anderer zweiwertiger Phenole. Es werden luft- und ofentrocknende Lacke
mit sehr guten Eigenschaften erhalten. Die Crotonsäure bildet zunächst
an der Epoxydgruppe 2 Estergruppen, anschließend werden erst —
entsprechend der angewandten Menge — mehr oder weniger Hydroxylgruppen verestert. Die Veresterung selbst kann u. a. durch aceotropische Wasserdestillation aus einem siedenden Gemisch von 530 g
Harz A, 1000 g Crotonsäure, 87 g Xylol und 1 g p-Toluolsulfonsäure
im CO_2-Strom während 24 Stunden bei einer Innentemperatur von
160—170° erfolgen, wobei auch die überschüssige Crotonsäure übergeht. Es ist aber in manchen Fällen nicht erforderlich, die Veresterung
in einem besonderen Arbeitsgang durchzuführen, da dieselbe unter
Verwendung eines Gemisches der Komponenten in Gegenwart eines
sauren Katalysators, z. B. bei einem Anstrich oder einer Verleimung
direkt mit dem Härtungsprozeß verknüpft werden kann.

---

[1] US 2732367, 31. 8. 53/24. 1. 56, SHELL DEVELOPMENT CO.
[2] US 2575440, 16. 11. 48/20. 11. 51, SHELL DEVELOPMENT CO.

Da Crotonsäure bekanntlich einen penetranten Schweißgeruch hat, kann höchstens von polymerisierten Produkten eine praktische Verwendung erwartet werden — vorausgesetzt, daß sich hierbei der Geruch restlos verflüchtigt. Jedoch schweigt sich die Patentschrift über diesen Punkt aus.

Während die im vorgehenden angeführten Veresterungsprozesse von Epoxydverbindungen, insbesondere solche, die zu Polyestern führen, Harze liefern, die dem Sektor der Anstrichmittel zugeführt werden, beschreibt R. E. Foster[1] Polyester von 4-Vinylcyclohexendiepoxyd, die zur Herstellung von transparenten, harten, zähen, wasser- und lösungsmittelfesten, kratzfesten und mechanisch gut bearbeitbaren Preßmassen geeignet sind. Zur Veresterung dienen Anhydride zweibasischer Carbonsäuren aliphatischer oder aromatischer Natur. (Die Gewinnung von 4-Vinylcyclohexendiepoxyd erfolgt durch Umsetzen von 4-Vinylcyclohexen mit wäßriger Hypochloritlösung bei 0° und anschließender HCl-Abspaltung mittels Natronlauge bei 15°). Das theoretisch erforderliche Molverhältnis von Diepoxyd:zweibasischer Säure von 1:1 kann um ein geringes über- oder unterschritten werden, wodurch Verschiebungen in den Eigenschaften stattfinden. Es wird auch bei diesem Verfahren darauf hingewiesen, daß zur Einleitung der Veresterung, zur Öffnung des Epoxydringes eine Spur Wasser erforderlich ist, die vom Erfinder mengenmäßig als 0,001—1% der Summe der Reaktionsteilnehmer angegeben wird, jedoch sei in der Praxis ein besonderer Wasserzusatz nicht erforderlich, da auch die technisch trockenen Materialien diese kleine Menge Feuchtigkeit noch enthalten.

Die Veresterung kann in einem Zuge zum ausgehärteten bearbeitbaren Kunststoff führen, oder sie kann im thermoplastischen Gelzustand abgebrochen werden. Nach dem Zerkleinern ergibt dies Material ein haltbares Preßpulver, das gegebenenfalls nach Zusatz von Füllmitteln oder Farbstoff zu einem beliebigen späteren Zeitpunkt verpreßt werden kann. — Die Arbeitsweise ist die folgende:

1. 35 g Phthalsäureanhydrid (1,17 Mol), 28 g 4-Vinylcyclohexendiepoxyd und 0,05 g einer 1%igen wäßrigen Lösung von Benzyltrimethylammoniumhydroxyd als Katalysator werden $2^1/_2$ Stunden bei 130° erhitzt. Die zunächst entstehende klare Schmelze geht immer mehr in den Gelzustand über, und wird zur völligen Durchhärtung noch $4^1/_2$ Stunden bei 150° gehalten. Es wird ein transparenter gelblicher sehr harter und elastischer, leicht bearbeitbarer Kunststoff erhalten.

2. Wird die anfängliche Erhitzung nach $1^3/_4$ Stunden abgebrochen, und nach dem Abkühlen das weiße noch weiche Gel zerkleinert, so kann es nach dem Vermischen mit Katalysator, Füllmitteln usw. in einer Kautschukmühle in ein lagerfähiges Preßpulver, das bei 165° verpreßt wird, übergeführt werden.

Lackharze, die zur Herstellung von lufttrocknenden Anstrichen dienen, stellt J. K. Simons[2] in Analogie zu den veresterten Bisphenol-Glycidyläthern durch Verestern aromatischer Sulfonamidglycidyl-Verbindungen her. Beispielsweise werden 65 g N,N'-Di-(n-butyl-diphenyl)-äther-disulfonamid in 87 g H_2O mit 12,2 g NaOH gelöst und

---

[1] US 2527806, 10. 2. 48/21. 10. 50, E. I. du Pont de Nemours & Co.
[2] US 2643244, 16. 4. 48/23. 6. 53, Libby-Owens-Ford Glass Co.

bei 70° mit 28 g Epichlorhydrin versetzt. Nach der Aufarbeitung werden 78 g Diepoxydverbindung als sprödes Harz erhalten, das nach Zusatz von 17,4 g Kolophonium und 87 g destillierte Leinölfettsäure im CO_2-Strom bei 250° verestert wird, bis eine Probe 40%ig gelöst die gewünschte Viscosität aufweist. Die Säurezahl des Harzes liegt bei 7,5—8,0. Ein Aufstrich liefert nach dem Trocknen an der Luft einen Film mit befriedigenden Eigenschaften.

Zur Gewinnung von Lacken, die bei Applizierung einer Reihe von Anstrichschichten übereinander und individueller Härtung jeder Schicht das vielfache Härten vertragen, ohne durch Überhärtung zu leiden, hat G. H. Ott[1] polymere Bisphenolglycidyläther mit niedermolekularen mehrbasischen Carbonsäuren (Malein-, Bernstein-, Adipin-, Citronen-, Sebacin- und Phthalsäure) bzw. ihren Anhydriden zusammen mit kleinen Anteilen Dicyandiamid verestert. Lösungen so erhaltener Harze können mit Vorteil mit Lösungen von härtbaren verätherten Kondensationsprodukten von Formaldehyd mit Phenol, Harnstoff, Dicyandiamid oder Melamin kombiniert werden. Statt der Verwendung von Dicyandiamid als Vernetzungsmittel kann auch die halbe Menge eines Polyamins, z. B. 1,3-Diaminobutan, Diäthylentriamin, Triäthylentetramin, Benzidin oder p-Phenylendiamin angewandt werden. — Die Arbeitsweise erhellt aus folgenden Beispielen:

1. 300 g Bisphenol-A-Glycidyläther vom Molgewicht etwa 300 (1 Mol) werden mit 135 g Cyclohexanol bei 115—120° gelöst und dazu 101 g Sebacinsäure (etwa 0,5 Mol) und 42 g Dicyandiamid (etwa 0,5 Mol) eingetragen und etwa $1^1/_2$ Stunden bei 120° gerührt. Es entsteht eine zäh-viscose Harzlösung, die nach Zusatz von 150 g Benzylalkohol und 350 g o-Dichlorbenzol die Konsistenz eines gut streichbaren Lackes erhält. Kupferdraht, der mit mehreren Schichten dieses Lackes durch Tauchen überzogen wird, wobei jede Schicht für sich bei 300—450° eingebrannt wird, erhält dadurch einen hochelastischen Isolierüberzug, der Dauer-Temperaturbeanspruchungen von bis zu 140° anstandslos verträgt. — Wird die Harzlösung vor dem Verdünnen mit Benzylalkohol und o-Dichlorbenzol in einer Menge von 1000 g mit 95 g einer 75%igen Lösung von Hexamethylolmelaminbutyläther in Butanol 1 Stunde bei 90—100° gerührt, so erhält man eine mittelviscose Lacklösung, die als Drahtlack angewandt nach dem Härten mehrerer Schichten sogar bis zu 160° Dauer-Temperaturbeanspruchung schlag-, biege- und kratzfest bleibt.

2. 300 g Bisphenol-A-Glycidyläther (etwa 1 Mol) werden bei 120° in 130 g Cyclohexanol und 90 g o-Dichlorbenzol gelöst und nach Eintragen von 73 g Adipinsäure (etwa 0,5 Mol) 1 Stunde bei 120° gerührt. Alsdann werden 8,5 g Triäthylentetramin (etwa 0,06 Mol) zugegeben und weitere 45 Minuten bei 120—130° gerührt. Die zähflüssige Harzlösung wird mit 100 g Benzylalkohol und 60 g Butanol verdünnt zu einem Lack, der etwa dieselben Eigenschaften aufweist, wie der mittels Dicyandiamid hergestellte, nur in der Farbe dunkler ist. Durch Kombination mit Hexamethylolmelaminbutyläther werden nach dem Einbrennen Lacküberzüge erhalten von besonders schönem Glanz und Unempfindlichkeit gegen Überhärtung.

Die Umsetzung von Bisphenol-A-Glycidyläthern mit Harz- oder höheren, vorzugsweise ungesättigten Fettsäuren zu Polyestern, die als Bindemittel für Textilfarbdruckpasten dienen, beschreibt L. Auer[2].

---

[1] DRP 895833, 15. 6. 49; Schwz.-Pri. 5. 7. 48; Schwz. P. 273405; Schwz. P. 278476, 5. 7. 48 und Anmeldungen vom 15. 7. 48 u. 25. 5. 49, Ciba.

[2] Auer, L.: US 2637621, 2. 5. 49/5. 5. 53.

Die Veresterung wird in folgender Weise ausgeführt:

1. 1102 g Bisphenol-A-Glycidyläther vom Erweichungspunkt 95—105° und dem Verbindungsgewicht 174, 243 g Kolophonium, 1230 g Leinölfettsäure und 1360 g Petroleumfraktion vom Kp 160—200° werden in einer CO_2-Atmosphäre bei 250° erhitzt, bis sich bei der aceotropischen Destillation 205 g H_2O abgeschieden hat. Der Polyester wird als 65%ige Lösung eingestellt.

2. 2540 g Bisphenol-A-Glycidyläther wie bei 1., 1695 g Fettsäuren von dehydratisiertem Ricinusöl und 3435 g Xylol werden bei 200—260° erhitzt, bis die aceotropische Destillation eine Abscheidung von 400 ml H_2O ergeben hat. Der Polyester wird auf 55% verdünnt.

Zur Herstellung einer Druckpaste werden 26,30 g dieser Polyesterlösung zusammen mit 21,37 g Farbpigment, 3,63 g Kiefernöl, 20 g Lackbenzin und 28,70 g Wasser in einem Turbcmischer gemischt und anschließend durch eine Kolloidmühle geführt. Man erhält ein Emulsionskonzentrat vom Typ Wasser-in-Öl.

Ausgehend von Umsetzungsprodukten von 4,4'-Dioxydiphenylsulfon (= Bisphenol S) mit Alkylenoxyden sind Veresterungsprodukte mit Carbonsäuren ausgeführt worden. Dieselben dienen als Überzugslacke, entweder für sich allein oder im Gemisch mit anderen Komponenten, als Klebemittel für Glas, Metall usw., als Gieß- und Preßharze sowie als Ausgangsmaterial für Fasern und Fäden.

I. R. CALDWELL[1] geht aus von Umsetzungsprodukten von Alkylenoxyden mit Bisphenol S, die keine Epoxydgruppen enthalten, insbesondere von 4,4'-Dioxäthyldiphenyläthersulfon, $HO \cdot CH_2 \cdot CH_2 \cdot$ $\cdot O \cdot C_6H_4 \cdot SO_2 \cdot C_6H_4 \cdot O \cdot CH_2 \cdot CH_2 \cdot OH$, das durch Einwirkung von Äthylenoxyd auf Bisphenol S im alkalischen Medium erhalten wird. Beispielsweise werden 34 g desselben, 14,6 g Adipinsäure und 0,05 g Chlorzink 3 Stunden im N_2-Strom bei 160—170°, dann 3 Stunden von 200—220° bei gewöhnlichem Druck und schließlich 4 Stunden bei 240—250° bei 0,1 mm Druck erhitzt. Es wird ein harter bei 150—160° erweichender Polyester erhalten, der als Preßharz geeignet ist, und aus dessen Schmelze Fäden gesponnen werden können. — Wieder andere Veresterungsprodukte sind gute Oberflächenanstrichmittel.

Veresterte Umsetzungsprodukte von 4,4'-Dioxybenzophencn mit Äthylenoxyd, die denselben Zwecken dienen, beschreibt derselbe Erfinder[2]. Zur Veresterung nach bekannten Verfahren sind Adipin-, Sebacin-, Iso- und Terephthalsäure oder deren Ester mit niederen Alkoholen geeignet.

Veresterungen von Glycidyläthern von substituierten Sulfonsäureamiden führt auch E. KUHR[3] durch, indem beispielsweise 10 g der Epoxydverbindung aus Toluol-disulfonsäure-dimethylamid und Epichlorhydrin mit 4 g Phthalsäureanhydrid bei 140° zusammengeschmolzen werden. Das hierbei zu einem linearen Polymer veresterte Produkt kann zum Heißverkleben von Metallteilen oder als konzentrierte Lösung als Einbrennlack dienen.

[1] US 2593411, 21. 12. 49/22. 4. 52, EASTMAN KODAK Co.
[2] US 2675367, 11. 4. 51/13. 4. 54, EASTMANN KODAK Co.
[3] DRP 865209, 31. 1. 50/2. 2. 53, DYNAMIT A. G.

Unter Verwendung von Bisphenol-A-Glycidyläthern stellt derselbe Erfinder[1] Veresterungsprodukte mit den Anhydriden von Polycarbonsäuren, z. B. Pyromellit-, Butantetracarbon- und Benzolhexacarbonsäuren sowie mit sauren Mischpolymeren aus Maleinsäureanhydrid mit Vinylverbindungen (z. B. Styrol, Vinylacetat, Äthylacrylat, Methylmethacrylat und Acrylnitril) und, nach dem Verfahren eines anderen Patentes[2] Veresterungsprodukte mit Ketodilactonen (z. B. Ketopimelinsäuredilacton und Benzoylglutarsäuredilacton) her. Die Verfahrensprodukte eignen sich als Überzüge auf Glas, Metall usw., die besonders fest haften und als Klebemittel für nicht saugende Materialien sowie als Gieß- und Preßharze geeignet sind. — Folgende Beispiele charakterisieren diese Verfahren:

1. 10 g eines Bisphenol-A-Glycidyläthers werden mit 2 g Pyromellitsäureanhydrid bei 140° zusammengeschmolzen. Das harte thermoplastische Harz läßt sich leicht pulvern und ist in dieser Form lagerfähig. Auf erwärmte Metalloberflächen gestreut, kann es zur Herstellung sehr festhaftender, hochwärmefester und lösungsmittelbeständiger Überzüge oder zum Verleimen mit einem zweiten Stück Metall dienen. Die Härtung erfolgt bei 220° in einer $1/_2$ Stunde.

2. 10 g Toluol-di-(sulfonsäuremethylamid)-glycidäther werden mit 2,6 g Butantetracarbonsäure-dianhydrid bei 150° vorkondensiert. Nach Pulverisieren des harten Harzes kann seine Verwendung nach 1. erfolgen. Die Härtung findet bei 170° in 3 Stunden statt.

3. 100 g eines Bisphenol-A-Glycidyläthers werden bei 70° mit 35 g Ketopimelinsäuredilacton verschmolzen. Die Mischung wird in eine Form gegossen, in der sie bei 180° in 3 Stunden zu einem klaren formtreuen sehr elastischen und mechanisch bearbeitbaren Formkörper aushärtet.

Veresterungsprodukte von Reaktionsprodukten von substituierten Phenolen mit oxalkylierten Verbindungen, die keine Epoxydgruppen enthalten, stellen M. DE GROOTE und B. KEISER[3] her, zwecks Gewinnung von Produkten, die geeignet sind, Naturöl-Wasser-Emulsionen zu brechen. Als zur Veresterung geeignete Fettsäuren werden Öl-, Sojabohnen-, Stearin-, Ricinusöl-, Abietin- und Naphthensäure angegeben. Beispielsweise werden 300 g Xylol enthaltendes epoxydgruppenfreies Oxäthylierungsprodukt von 4,4'-Bis-(dodecylphenyl)-methan (hergestellt nach US 2499370 durch Umsetzen dieses Bisphenols in Xylollösung mit Äthylenoxyd in Gegenwart von Natriummethylat) mit 91 g Abietinsäure und 20 g p-Toluolsulfosäure und 200 g Xylol unter aceotropischem Abdestillieren des Veresterungswassers am Sieden gehalten, bis 9,4 ml H_2O übergegangen sind, was etwa 5 Stunden in Anspruch nimmt.

Die Herstellung hochwertiger Lacke im 2-Stufen-Verfahren:

1. durch teilweises Verestern von monomeren Glycidyläthern von substituierten einwertigen Phenolen mit Harzsäuren bzw. ihren Addukten mit ungesättigten zweibasischen Carbonsäuren, und

2. in einer zweiten Stufe weitere Veresterung der noch vorhandenen OH-Gruppen (entstanden aus den Epoxydgruppen durch H_2O-Auf-

---

[1] DP Anm. D 7193, 26. 10. 50, DYNAMIT A. G.
[2] DRP 900751, 20. 1. 51/4. 1. 54, DYNAMIT A. G.
[3] US 2581376, 10. 12. 48/8. 1. 52, PETROLITE CORP.

nahme) mit höhermolekularen Fettsäuren, beschreiben W. P. CODY und E. L. CLARK[1]. Diese 2-Stufen-Arbeitsweise hat den bedeutenden praktischen Vorteil, daß das durch die H_2O-Abspaltung bewirkte äußerst lästige Schäumen der sehr viscosen Masse in der ersten Veresterungsstufe nicht auftritt, da das Reaktionswasser zum Überführen der restlichen Epoxydgruppen in jeweils 2 Hydroxylgruppen verbraucht wird. (Es ist aus der Beschreibung nicht ersichtlich, warum nicht die gesamte Veresterung unter Verwendung eines höhersiedenden Lösungsmittels, das aceotropisch das Reaktionswasser abführt, ein Verfahren, das sich bereits weitgehend eingeführt hat, ausgeführt wird.) An substituierten Phenolen werden die folgenden angewandt: Kresole, Xylenole, p-tert.-Butyl-, Octyl- und Nonylphenole, wobei beispielsweise in der folgenden Weise gearbeitet wird: 140 g p-tert.-Butylphenolglycidyläther werden mit 420 g Kolophonium und 70 g Maleinsäureanhydrid allmählich auf 210° erhitzt und nach Zugabe von 70 g Pentaerythrit die Temperatur auf 260° gesteigert und 6 Stunden bei dieser Temperatur gehalten. Es entsteht ein Harz vom Erweichungspunkt 140—145° und Säurezahl 20. Die weitere Veresterung erfolgt, indem 200 g dieses Harzes mit 100 g dehydratisiertem Ricinusöl auf 250° erhitzt und danach mit weiteren 100 g Ricinusöl 20 Minuten bei 280° gehalten wird. Zur Verwendung als Lack wird auf 50% Festbestandteile verdünnt und mit Naphthenat-Trocknern versetzt. Der Aufstrich trocknet an der Luft zu einem zähen, glänzenden, festhaftenden Film, der von Wasser und Benzin in 72 Stunden und von 3%iger Natronlauge in 24 Stunden bei Raumtemperatur nicht angegriffen wird.

Erstmalig sind auch brauchbare Produkte durch Veresterung von aliphatischen Polyglycidyläthern durch R. KÖHLER und H. PIETZSCH[2] hergestellt worden. Als Umsetzungskomponenten werden Polyepoxydverbindungen angegeben, die durch alkalische Umsetzung von niederen bis höheren Glykolen und Polyglykokolen, sowie Glycerin, Polyglycerin, Erythrit, Pentaerythrit, Polypentaerythrite, Pentite (erhalten durch Reduktion von Pentosen), Sacchariden, Polysacchariden usw. mit Epichlorhydrin hergestellt wurden. Als Veresterungssäuren sind die Anhydride mehrbasischer Carbonsäuren, wie Phthal-, Malein-, Bernstein-, Adipinsäure usw. geeignet. Im allgemeinen wird pro Epoxydgruppe 1 Mol eines Dicarbonsäureanhydrids angewandt, jedoch kann man durch Über- oder Unterschreiten dieses Verhältnisses die Eigenschaften der Produkte, insbesondere ihre Erweichungspunkte, verändern. Die Veresterung erfolgt schon bei 130—140° ohne Anwendung von Katalysatoren oder Lösungsmittel. Die gewonnenen Harze härten bei relativ niedrigen Temperaturen mit oder ohne Zusatz eines Katalysators (FRIEDEL-CRAFTSsche Verbindungen) zu transparenten Filmen oder Kunstmassen, deren mechanische Festigkeit derjenigen von in analoger Weise aus mehrwertigen Phenolen hergestellten Harzen „erheblich überlegen" sein soll. Die Arbeitsweise erhellt aus folgenden Beispielen:

---

[1] US 2653142, 16. 5. 51/22. 9. 53, ALKYDOL LABORATORIES INC.
[2] D. Anm. H 9989, 8. 10. 51, HENKEL CIE.

1. 100 g eines Glycerinpolyglycidyläthers mit einem Molgewicht von 440, einer Epoxydgruppenzahl pro Mol von 2,3 und einem Chlorgehalt von 10% werden mit 20 g Phthalsäureanhydrid 30—40 Minuten bei 130° verestert. Man erhält eine bei gewöhnlicher Temperatur viscos-flüssige, stark fadenziehende Masse, die bei 130—140° härtet und sich für die Herstellung von Lacken und Klebmitteln eignet.

2. Wird die Phthalsäureanhydridmenge von Anfang an von 20 auf 50 g erhöht, so erhält man feste Harze, die bei 50—60° erweichen. Die Veresterung muß so lange fortgesetzt werden, bis völlige Umsetzung erfolgt ist, was man daran erkennen kann, daß ein Tropfen auf einer Glasplatte beim Erkalten klar bleibt und nicht mehr durch nicht umgesetztes Phthalsäureanhydrid getrübt wird. Die Harze sind im gepulverten Zustand lagerfähig und können als Klebmittel dienen.

Veresterungen von Oxyepoxydverbindungen unter Verwendung aromatischer mehrbasischer Carbonsäurechloride, wobei nur Hydroxylgruppen verestert werden und die Epoxydgruppen erhaltenbleiben, beschreiben R. KÖHLER und H. PIETSCH[1]. Die Umsetzung findet in Lösung bei 0—10° statt in Gegenwart eines tertiären Amins, zwecks Bindung der Salzsäure. Als Oxyepoxydverbindungen werden Glycid, 4-Oxy-1,2-butylenoxyd, Anhydropentosen, Anhydrohexosen, Oxymethyl-oxacyclobutane und 9,10-Oxido-oleylalkohol angegeben. So erhaltene Diepoxydester, die unter Verwendung von Glycid folgende schematische Formel aufweisen

$$CH_2\!-\!CH \cdot CH_2 \cdot O \cdot CO \cdot Ar \cdot CO \cdot O \cdot CH_2 \cdot CH\!-\!CH_2$$
$$\diagdown O \diagup \qquad\qquad\qquad\qquad\qquad \diagdown O \diagup$$

sind vielseitig verwendbare Produkte, z. B. für Anstrich- oder Klebzwecke und für die Herstellung von Fäden. Beispielsweise werden 20,6 g Terephthalsäurechlorid in 100 ml Benzol gelöst und bei 0—5° langsam ein Gemisch von 15 g Glycid und 23 g Triäthylamin unter gutem Rühren eingetragen. Beim Einengen der filtrierten Lösung kristallisiert Diglycidylterephthalat vom F 108—109° aus.

Glycidylester von ein- oder mehrbasischen Carbonsäuren hat bereits P. CASTAN[2] hergestellt durch Umsetzen der Alkalisalze der Carbonsäuren mit Epichlorhydrin im erheblichen Überschuß. — Beispielsweise wird der Essigsäureglycidylester gewonnen durch $9\frac{1}{2}$ stündiges Rückflußkochen von 53 g trockenem fein gepulvertem Kaliumacetat mit 161 g Epichlorhydrin. Die fraktionierte filtrierte Lösung ergibt 17 g des Glycidylesters (23% d. Th.).

Benzoesäureglycidylester wird erhalten durch 12 stündiges Rückflußkochen von 33,5 g Kaliumbenzoat und 210 g Epichlorhydrin. Die Vakuumdestillation liefert 16 g (43% d. Th.) vom Kp_{18} 160—170°. Adipinsäurediglycidylester wird gewonnen durch 24 stündiges Rückflußkochen von 45 g Dikaliumadipat und 370 g Epichlorhydrin. Die Vakuumdestillation ergibt 9 g reinen Glycidylester, der durch Erhitzen mit Phthalsäureanhydrid auf 150—160° härtet.

Nach demselben Verfahren stellen B. RAECKE, R. KÖHLER und H. PIETSCH[3] Glycidylester einfacher zweibasischer Carbonsäuren, wie

[1] FP 1086934, 25. 8. 53/17. 2. 55; D.-Pri. 20. 9. 52, HENKEL CIE.
[2] BP 518057, 10. 12. 38/15. 2. 40, GEBR. DE TREY A. G.
[3] D. Anm. H. 13747, 5. 9. 52 — FP 1086930, 24. 8. 53/17. 2. 55, HENKEL & CIE.

Phthalsäure, Maleinsäure usw. sowie auch zusammengesetzter Poly-carbonsäuren, wie sie in Polyestern mit endständigen Carboxylgruppen vorliegen, her. — Beispielsweise werden:

1. 121 g Dikaliumphthalat ($^1/_2$ Mol), das 2,8% H_2O enthält, mit 325 g Epichlorhydrin (3,5 Mol) 8 Stunden bei 180° unter 13—16 Atm. Druck erhitzt. Nach dem Aufarbeiten erhält man 120 g (86% d. Th.) eines rohen braunen viscos-flüssigen Phthalsäurediglycidylesters, der als solcher für weitere Umsetzungen Verwendung finden kann.

2. 438 g Adipinsäure (3 Mol) und 180 g 1,4-Butandiol (2 Mol) werden in Gegenwart von 3 g Chlorzink 2 Stunden bei 200—210° im N_2-Strom an Rück-flußkühler erhitzt. Nach Abdestillieren des Flüchtigen im Vakuum wird ein Poly-ester mit der Säurezahl 107, der Verseifungszahl 602 und der Hydroxylzahl 4 erhalten. — Zur Gewinnung des Natriumsalzes wird seine Lösung in Aceton mit der berechneten Menge Natronlauge gefällt, bzw. wird eine konzentrierte neutrale wäßrige Lösung des Natronsalzes durch Eingießen in Aceton ge-fällt. Das getrocknete Natriumsalz wird mit einem Epichlorhydrinüberschuß 6 Stunden im Druckkessel bei 160° erhitzt. Nach dem Aufarbeiten wird der Di-glycidylester als viscoses Öl (168 g) erhalten, das 2,7% Epoxydsauerstoff, 0,35% Chlor, eine Verseifungszahl von 511, eine Hydroxylzahl von 125 und ein mittleres Molgewicht von 400 aufweist.

Eine Nacharbeitung dieses letzten Beispieles nach einem anderen Verfahren haben R. REICHHERZER und R. ROSNER[1] vorgenommen, vermutlich in der Absicht, höhermolekulare Produkte zu erzielen. Um schon von einem hochmolekularem Polyester auszugehen, haben sie zunächst durch Kondensation äquimolekularer Mengen von Adi-pinsäure und 1,4-Butandiol durch 5stündiges Erhitzen bei 165 bis 180° einen Polyester vom Molgewicht 2000 und einer Säurezahl von 27 hergestellt, dessen Endgruppen zur Hälfte aus OH-Gruppen und COOH-Gruppen bestehen. Zur Erzielung des sauren Polyesters wird durch Erhitzen mit überschüssiger Adipinsäure ein Polyester gebildet, der nach Entfernen des Adipinsäure-Überschusses eine Säurezahl von 51 aufweist.

Zur Herstellung des Polyglycidylesters werden 1 Mol des sauren Polyesters mit $5^1/_2$ Mol Diglycidylbutyläther,

$$CH_2\text{—}CH \cdot CH_2 \cdot O \cdot (CH_2)_4 \cdot O \cdot CH_2 \cdot CH\text{—}CH_2$$
$$\diagdown O \diagup \qquad\qquad\qquad \diagdown O \diagup$$

72 Stunden bei 125° verestert. Nach der Aufarbeitung weist der Poly-esterpolyglycidylester ein Epoxydäquivalentgewicht von 1400 und ein mittleres Molgewicht von 2300 auf. Das Produkt läßt sich mit den üb-lichen Härtungsmitteln in den unlöslichen und unschmelzbaren Zustand überführen.

Zu derselben Art von Polycarbonsäurepolyglycidylestern gelangen R. KÖHLER und H. PIETSCH[2] in einfacherer Weise durch Umsetzen der Alkalisalze mehrbasischer aliphatischer oder aromatischer Carbon-säuren mit Epichlorhydrin unter Verwendung von quaternären Am-monsalzen als Katalysator. Die Umsetzung wird im Kneter in Verbin-dung mit einem Rückflußkühler bei 110—160° durchgeführt, unter

---

[1] REICHHERZER, R. u. R. ROSNER: Öst. Chem. Ztg. 1956, Nr. 9/10, 126—128.
[2] D. Anm. H 21012, 30. 7. 54, HENKEL CIE.

Verwendung eines Überschusses an Epichlorhydrin, der auch zur Verflüssigung der steifen Masse dient. Solche Carbonsäurepolyglycidylester eignen sich als Weichmacher, Stabilisatoren für PVC, als Klebmittel sowie als Textilhilfsmittel. — Beispielsweise wird in folgender Weise gearbeitet: 2100 g des Kaliumsalzes einer Vorlauffettsäure (etwa 10 Mol) mit durchschnittlich 10 C-Atomen und einem H_2O-Gehalt von 0,25% werden mit 2000 g Epichlorhydrin (etwa 21 Mol) 6 Stunden in einem erwärmten Kneter unter Rückfluß behandelt. Die exotherme Reaktion läßt die Temperatur auf 124° steigen. Nach Beendigung der Umsetzung wird die Masse in Epichlorhydrin gelöst, filtriert und, nach Abdestillieren des überschüssigen Epichlorhydrins im Vakuum destilliert, $Kp_{2,7}$ 115°. Ausbeute 1600 g, Epoxydgehalt 4,2%.

Die Veresterung von Dicarbonsäuremonoestern mit Epoxydverbindungen unter Bildung von β-Oxycarbonsäureestern, die beispielsweise unter Verwendung von Äthylenoxyd als Epoxydkomponente zu Verbindungen der folgenden Art führt:

$$CH_2\!\!-\!\!CH_2 + HO\cdot CO\cdot R\cdot CO\cdot OR' \;\rightarrow\; HO\cdot CH_2\cdot CH_2\cdot O\cdot CO\cdot R\cdot CO\cdot O\cdot R'$$
$$\diagdown O\diagup$$

oder

$$2\,CH_2\!\!-\!\!CH_2 + \begin{matrix} HO\cdot CO\cdot R\cdot CO\cdot O\diagdown \\ HO\cdot CO\cdot R\cdot CO\cdot O\diagup \end{matrix}\!\!R' \;\rightarrow\; \begin{matrix} HO\cdot CH_2\cdot CH_2O\cdot CO\cdot R\cdot CO\cdot O\diagdown \\ HO\cdot CH_2\cdot CH_2O\cdot CO\cdot R\cdot CO\cdot O\diagup \end{matrix}\!\!R'$$

wird von W. GÜNDEL[1] beschrieben. Verbindungen dieser Art sind als Weichmacher für Phenolharze und für Celluloseester und -äther geeignet, die zur Herstellung besonders wasserbeständiger Filme und Folien dienen können. Es sind zumeist Flüssigkeiten, die sich unter vermindertem Druck destillieren lassen. — Beispielsweise werden:

1. 111 g Phthalsäuremonobutylester und 32 g Propylenoxyd mit 2 g Dimethylanilin in 150 g Xylol gelöst, im Autoklaven 6 Stunden bei 150° erhitzt. Das flüssige Reaktionsprodukt hat die Säurezahl von etwa 1, den $Kp_{1,5}$ 193—195° und ist besonders zum Weichmachen von Butyrocelluloseacetat geeignet.

2. 125 g Maleinsäure-mono-1,4-Butandiol (hergestellt durch 6stündiges Erwärmen von 98 g Maleinsäureanhydrid und 45 g 1,4-Butandiol bei 100° bis eine Säurezahl von etwa 295 erreicht ist) werden in 150 g Xylol gelöst und mit 100 g Epichlorhydrin und 5 g Diäthylcyclohexylamin am Sieden gehalten, bis die Säurezahl unter 1 gefallen ist. Durch Fraktionieren wird das 1,4-Butylen-bischloroxypropylmaleinat als viscoses gelbes Öl erhalten. Ein Zusatz davon zu Acetylcellulose verleiht daraus hergestellten Filmen besonders hohe Wasser- und Alterungsbeständigkeit.

Die Veresterung von 1,3-Epoxydverbindungen, die nach FP 1065251 vom 4. 6. 52 durch Alkalieinwirkung auf Pentaerythritdichlorhydrin entstehen, mit zweibasischen Carbonsäuren beschreibt die HENKEL CIE[2]. Bei der Umsetzung von Pentaerythritdichlorhydrin (gewonnen durch Umsetzen von Pentaerythrit mit Thionylchlorid, wie sie durch S. F. MARRIAN[3] beschrieben worden ist) mit 1 Mol Alkali entsteht Methylol-Chlormethyloxacyclobutan:

$$\begin{matrix} HO\cdot CH_2\diagdown & \diagup CH_2OH \\ & O \\ Cl\cdot CH_2\diagup & \diagdown CH_2Cl \end{matrix} + NaOH \;\rightarrow\; \begin{matrix} \diagup CH_2\diagdown & \diagup CH_2OH \\ O & C \\ \diagdown CH_2\diagup & \diagdown CH_2Cl \end{matrix}$$

<hr>

[1] D. Anm. H 12884, 14. 6. 52, HENKEL CIE.
[2] FP 1075180, 19. 9. 52/13. 10. 54; D.-Pri. 8. 10. 51 u. 14. 8. 52, HENKEL CIE.
[3] MARRIAN, S. F.: Chem. Review **1948**, 149, 202.

wobei der Ring

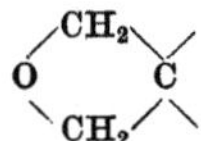

als Oxacyclobutan-Ring bezeichnet wird. Bei der Veresterung mit zweibasischen Carbonsäuren in Gegenwart von FRIEDEL-CRAFTSschen Katalysatoren werden Polyester gebildet. Beispielsweise wird mit Adipinsäure ein Polyester der folgenden vermutlichen Struktur gebildet:

$$\underset{CH_2}{\overset{CH_2}{\diagup}}\!\diagdown\underset{CH_2}{\overset{CH_2Cl}{\diagup}}\cdot O\cdot CO\cdot(CH_2)_4-\left[\underset{CH_2}{\overset{HOCH_2}{\diagup}}\!\diagdown\underset{CH_2}{\overset{CH_2Cl}{\diagup}}\cdot O\cdot CO\cdot(CH_2)_4-\right]_n CO\cdot O\cdot CH_2\underset{CH_2}{\overset{ClCH_2}{\diagdown}}\!\diagup\underset{CH_2}{\overset{CH_2}{\diagdown}}$$

der ein viscoses, in Alkoholen und Benzol unlösliches, jedoch in Ketonen und Dioxan lösliches Öl darstellt. Werden 100 g desselben mit 1 ml einer 10%igen BF_3-Lösung in Äther vermischt, so härtet es in kurzer Zeit bei gewöhnlicher Temperatur zu einer harten und elastischen Harzmasse, die sehr fest an Glas, Metallen u. dgl. haftet, daher auch vor allem als Klebmittel empfohlen wird.

Veresterungen von Epoxydgruppen, die sich in der Kette eines höhermolekularen Esters, beispielsweise von Epoxydstearylbutyrat, hergestellt durch Epoxydieren von Oleylbutyrat, befinden, beschreiben W. GÜNDEL, R. HEISE und W. OFFERMANN[1]. Es kann auch ausgegangen werden von Estern, die 2 Doppelbindungen enthalten, wie Oleyloleat, das zum Diepoxyd oxydiert und anschließend zum Diester verestert wird. Verbindungen dieser Art eignen sich als Weichmacher mit sehr niedrigem Dampfdruck, insbesondere für Vinylpolymere. — Die Arbeitsweise geht aus folgenden Beispielen hervor:

1. 150 g 9,10-Epoxyoctadecylbutyrat (0,42 Mol) mit einem Gehalt an 4,1% Epoxydsauerstoff (= 91% d. Th.) werden mit 57 g Adipinsäure (0,4 Mol) unter aceotropischem Abdestillieren des Reaktionswassers in Xylol bei 220—245° verestert, bis die Säurezahl unter 3 gesunken ist. Nach Durchschütteln der Benzollösung mit NaOH-Pulver und Abdestillieren der Lösungsmittel werden 191 g eines hochviscosen Öles mit einem mittleren Molgewicht von 1740, SZ 2,7, VZ 320 und OH-Zahl 12 erhalten. — Durch Heißverwalzen mit der 1,5fachen Menge Polyvinylchlorid erhält man eine benzin- und wasserdampffeste Folie von hoher Kältebeständigkeit.

2. 113 g raffiniertes, aus Seetierölen gewonnenes technisches Oleyloleat (SZ 76, VZ 118) wird mit 55 g 35%igem Wasserstoffperoxyd und 8 g Ameisensäure 8 Stunden intensiv gerührt. Es wird ein Diepoxyd mit einem Gehalt von 3,8% Epoxydsauerstoff erhalten. — 100 g dieses Diepoxyds (etwa 0,2 Mol) werden mit 72 g eines Gemisches niederer Paraffinoxydations-Fettsäuren mit der SZ 480 bei 240° in Gegenwart von Xylol verestert. Es werden 145 g eines viscosen Öles von der SZ 0,4, VZ 252 und OH-Z 5 erhalten, das sich als Weichmacher für Nitro- und Benzylcellulose eignet.

Schließlich werden von der Firma HENKEL & CIE[2] Veresterungsprodukte von hydroaromatischen Polyepoxydverbindungen mit mehrbasischen Carbonsäuren beschrieben, die als Lacke, Gießharze und Leime Verwendung finden können. Um zu hydroaromatischen Polyepoxyden, die mindestens 2 Epoxydgruppen enthalten, zu gelangen,

---

[1] FP 1070351, 5. 2. 53/23. 7. 54; D.-Pri. 9. 4. 52; D. Anm. H 12124, HENKEL & CIE.

[2] FP 1088704, 1. 10. 53/9. 3. 55; D.-Pri. 3. 11. 52, HENKEL & CIE.

werden Phenole, Bisphenole oder durch Methylengruppen miteinander
verbundene Phenolreste, wie sie durch Kondensation von Phenol mit
Formaldehyd entstehen, hydriert, aus dem Hydrierungsprodukt H_2O
abgespalten (diese Phasen beschreibt das DRP 864300 vom 7. 1. 45
der Firma HENKEL & CIE.) und die entstandene Doppelbindung des
Cyclohexens mittels Peressigsäure od. dgl. epoxydiert nach folgendem
Schema:

$$
\begin{array}{ccccccc}
\text{OH} & & & \text{OH} & & & \\
\text{C} & \xrightarrow{H_2} & & \text{CH} & \xrightarrow{-H_2O} & \text{CH} & \xrightarrow{+O_2} & \text{CH—O}
\end{array}
$$

Zur Verwendung als Anstrichmittel sollen sich Gemische eignen,
z. B. aus Dicyclohexylpropandiepoxyd (aus Bisphenol A hergestellt)
und Dioleyl-Phthalatdiepoxyd, die mit Phthalsäureanhydrid verestert
werden, oder zur Verwendung als Metallklebmittel Dicyclohexenyl-
propandiepoxyd verestert mit Gemischen von Carbonsäuren. Zum Beispiel wird ein Gemisch hergestellt aus 12 g Dicyclohexenylpropandiepoxyd, 12 g epoxydiertem Leinöl, 4 g Phthalsäureanhydrid und
4 g Adipinsäureanhydrid, das entweder durch Erhitzen auf 260° verestert, oder unter Verwendung einer Lösung dieses Gemisches als
Anstrichmittel nach dem Trocknen 6—7 Stunden bei 130° eingebrannt
wird. Entsprechend kann eine solche Lösung auch als Metallkleber angewandt werden, wobei vor der Härtung alle flüchtigen Bestandteile
verdampft sein müssen. Wird das Veresterungsgemisch als Gießharz verwendet, so erhält man nach dem Härten transparente,
gelbliche, sehr harte, elastische, mechanisch leicht verarbeitbare
Formkörper.

Schnell trocknende Lacke durch Kombination von polymeren
Bisphenol-A-Glycidyläther-Estern mit ungesättigten Fettsäuren und
Styrol beschreibt die AMERICAN CYANAMID Co.[1]. Zur Veresterung
dient in erster Linie dehydratisierte Ricinusölfettsäure, jedoch wird auch
Crotonsäure als geeignet genannt. Beispielsweise wird folgendermaßen
verfahren: 80 g eines sauren Esters aus 66,5 g Bisphenol-A-Glycidyläther vom Erweichungspunkt 95—105° und 98 g Tallölfettsäure werden
mit 30 g dehydratisierter Ricinusölfettsäure und 40 g Styrol in 100 g
einer bei 310° siedenden Petroleumfraktion gelöst und nach Zusatz
von 1% Di-tert.-butyloxyd 4 Stunden unter Rückfluß gekocht. Das
erhaltene Copolymerisat ergibt hochwertige Lackanstriche von besonderer Säure- und Alkalibeständigkeit.

Ein analoges Verfahren unter Verwendung niedermolekularer
ungesättigter Carbonsäuren, insbesondere von β-Arylacrylsäuren, zum
Verestern von polymeren Bisphenol-A-Glycidyläthern beschreiben
E. EIMERS und H. SCHIRMER[2]. Beispielsweise werden 648 Teile polymerer Bisphenol-A-Glycidyläther mit dem Hydroxyläquivalent-

[1] BP 739091, 6. 2. 53/26. 10. 55; US-Pri. 29. 3. 52, AMERICAN CYANAMID Co.
[2] D. Anm. F 16777, 1008910, 8. 2. 55, BAYER.

gewicht 175 mit 414 Teile Zimtsäure in 5 Stunden bei 200—260° in einer Stickstoffatmosphäre verestert. Das entstandene spröde Harz mit einer Säurezahl von 10,9 wird in der gleichen Menge Styrol zu einer dünnflüssigen Lösung aufgelöst. Nach Zusatz von 1—4% Benzoylperoxyd härtet die Lösung in 4 Minuten zu einer harten elastischen Masse. Verwendung als Anstrichmittel und als Gießharz für Formstücke, die sich durch besonders hohen elektrischen Widerstand und Chemikalienbeständigkeit auszeichnen.

Unter Verwendung von Diepoxyden, wie sie durch Veräthern von Cyclopentadienyldiepoxyd mittels Glykolen entstehen, die mit Polycarbonsäuren, die 3—6 Carboxylgruppen enthalten, verestert werden, beschreibt J. KOROLY[1] die Gewinnung von Epoxydharzvorprodukten, die sich für Lacke, Klebmittel und Gießharze eignen. Bei den Polycarbonsäuren handelt es sich neben Citronensäure, Tricarballyl-, Hemimellith-, Trimellith- und Pyromellithsäure auch um Halbester zweibasischer Säuren mit mehrwertigen Alkoholen, z. B. Glycerin, Erythrit, Pentaerythrit, Dipentaerythrit, Mannit, Sorbit u. dgl., insbesondere von Pentaerythrithalbestern, von denen etwa 20 verschiedene als „Barcole" im Handel sind. Zum Beispiel tetrasaures Pentaerythrityltetraadipat von der Formel

$$C\equiv[CH_2 \cdot O \cdot CO \cdot (CH_2)_4 \cdot CO \cdot OH]_4$$

Aber auch gemischte Ester, die beispielsweise durch teilweise Veresterung von Pentaerythrit mit aliphatischen und aromatischen Dicarbonsäuren erhalten werden, können Verwendung finden. Die Herstellung kann etwa in der Weise erfolgen, daß 1 Mol Epoxypentadienyldiäther des Diglykoläthers mit $^1/_2$ Mol Pentaerythrityl-trimaleatmonophthalat auf 125° bis zum Klarwerden erhitzt wird. Der so gewonnene Polyester ist ein hartes, schmelzbares Harz, das bei 4—5stündigem Erhitzen bei 150° härtet.

Die Verwendung von Carbonsäureestern, deren Alkoholkomponente leicht flüchtig ist, an Stelle der freien Säuren, als Veresterungskomponente für Glycidyläther des Bisphenol A beschreibt S. B. CRECELIUS[2]. Beispielsweise werden 400 g Bisphenol-A-Glycidyläther vom Erweichungspunkt 95—105° und Epoxydäquivalentgewicht 875—975 mit 295 g des Methylesters von chinesischer Holzölfettsäure und 0,5 Calciumacetat 2 Stunden bei 160—195° und 2 mm Druck unter Entfernen des abgespaltenen Methanols umgeestert. Danach weist das Reaktionsprodukt noch ein Epoxydäquivalentgewicht von 1660 auf. Nach Zusatz von 2% BF$_3$-Butylamin-Additionsprodukt als Härter ergibt eine Lösung dieses Harzes nach dem Aufstrich einen Film, der nach 20 Minuten langem Einbrennen bei 150° sehr gute Eigenschaften aufweist.

Die Veresterung von p,p'-Dioxydiphenyldiglycidyläther mit höheren Fettsäuren zwecks Erzielung von Anstrichmitteln beschreibt S. O. GREENLEE[3] folgendermaßen: 58 g eines kristallisierten Um-

---

[1] US 2609357, 13. 11. 50/2. 9. 52, ROHM & HAAS CO.
[2] US 2698308, 4. 12. 50/28. 12. 54, DEVOE & RAYNOLDS CO.
[3] US 2698315, 21. 10. 52/28. 12. 54, DEVOE & RAYNOLDS CO.

setzungsproduktes von 1 Mol p,p'-Diphenol mit 15 Mol Epichlorhydrin mit dem niedrigen Epoxydäquivalentgewicht von 155 werden mit 180 g dehydratisierter Ricinusölfettsäure und Xylol $5^1/_2$ Stunden bei 260° unter aceotropischem Abführen des Veresterungswassers erhitzt. Eine 50%ige Lösung des entstandenen Harzes gibt nach Zusatz von 0,3% Pb- und 0,03% Co-Naphthenat einen Aufstrich, der an der Luft in $2^1/_2$ Stunden klebfrei trocknet.

Die Veresterung von Glycidyläthern von einkernigen Mono-, Di- und Trimethylolphenolen, wie sie als Gemisch bei der alkalischen Kondensation mit Formaldehyd entstehen, mit ungesättigten höheren Fettsäuren zur Gewinnung von lufttrocknenden Anstrichmitteln beschreibt R. W. MARTIN[1]. Es wird beispielsweise so gearbeitet, daß 121,3 g eines Umsetzungsproduktes aus 425 g Phenol, 272 g KOH und 720 g Formaldehyd 37,5%ig unter Nachbehandlung mit 463 g Epichlorhydrin mit 110 g Leinölfettsäure 30 Minuten offen auf 230° erhitzt wird, bis eine Säurezahl von etwa 15 erreicht ist. Eine Lösung des derart entstandenen Lackharzes ergibt nach dem üblichen Zusatz von Trocknern besonders schnell trocknende Aufstriche. Werden leicht flüchtige Lösungsmittel verwendet, so ist der Film schon nach wenigen Minuten staubfrei, wenn auch noch nicht klebfrei.

Ebenfalls sehr schnell trocknende Anstrichmittel, die besonders widerstandsfähige Filme ergeben, stellen T. F. BRADLEY, R. H. JAKOB und R. W. TESS[2] durch Copolymerisation von mit ungesättigten Fettsäuren veresterten Bisphenol-A-Glycidyläthern mit Cyclodiolefinen her. Beispielsweise wird so verfahren: 900 g Bisphenol-A-Glycidyläther vom Erweichungspunkt 100° und einem Molgewicht 1400 werden mit 1100 g Leinölfettsäure und 160 g Xylol bei 250° unter aceotropischem Abdestillieren des Reaktionswassers verestert und zu einer 50%igen Lösung eingestellt. Hiervon werden 100 g mit 62,9 g Dicyclopentadien (als 70%ige Handelsware) im N_2-Strom 5 Stunden bei 275° copolymerisiert. Aufstriche dieses Lackes ergeben Filme mit ausgezeichneten Eigenschaften.

Durch Kombinieren von Epoxydierungsprodukten ungesättigter höherer Fettsäureester mit Bisphenol-A-Glycidyläthern gewinnt H. A. NEVEY[3] härtbare Harze, die als Anstrichmittel, Gieß- und Preßharze und als Metalleim brauchbar sind. Bevorzugt werden pflanzliche Fettsäureester mit zwei oder mehr Doppelbindungen, die mittels Peressigsäure od. dgl. epoxydiert werden. Durch Vermischen mit einem Bisphenol-A-Glycidyläther und Zugabe von Phosphor- oder Citronensäure bzw. von BF_3 oder von Diaminen als Härter werden Kompositionen erhalten, bei denen schon bei gewöhnlicher Temperatur die Härtung vonstatten geht.

Eine Veresterung von polymeren Bisphenol-A-Glycidyläthern mit niederen Fettsäuren, bei der nur die Hydroxylgruppen verestert, die Epoxydgruppen jedoch nicht angegriffen werden, beschreibt die BA-

[1] US 2659710, 26. 7. 51/17. 11. 53, GENERAL ELECTRIC Co.
[2] US 2667463, 6. 11. 51/26. 1. 54, SHELL DEVELOPMENT Co.
[3] US 2682514, 25. 2. 52/29. 6. 54, SHELL DEVELOPMENT Co.

TAAFSCHE[1]. Mit Essigsäure findet die Veresterung beispielsweise wie folgt statt: 300 g eines Bisphenol-A-Glycidyläthers vom Erweichungspunkt 27°, 0,41 Epoxydgruppen/100 g und 0,14 OH-Gruppen/100 g werden mit 551 g Benzol bis zur völligen Entwässerung aceotropisch destilliert und alsdann nach Zugabe von 691 g Essigsäureanhydrid weitere 3 Stunden unter Abführen des Reaktionswassers am Sieden gehalten. Die Analyse des Umsetzungsproduktes ergibt, daß nur noch 8% der anfänglich vorhandenen OH-Gruppen unverestert sind, während die Epoxydwerte unverändert geblieben sind. Im Gemisch mit Polyvinylacetat und nicht verestertem Bisphenol-A-Glycidyläther werden mit den Verfahrensprodukten Lacke mit hervorragenden Eigenschaften erhalten.

Zur Gewinnung von Klebmitteln für Metalle, Glas u. dgl. setzen dieselben Erfinder diese epoxydgruppenhaltigen Veresterungsprodukte mit mehrwertigen aliphatischen Alkoholen um[2].

Mischester von polymeren Bisphenol-A-Glycidyläthern mit ungesättigten höheren Fettsäuren und Orthophosphorsäure, die als rostschützende Metallanstrichmittel geeignet sind, beschreibt E. S. NARRACOTT[3]. Es wird erst die Veresterung mit der Fettsäure durchgeführt, wobei so viel Fettsäure angewandt wird, daß etwa die Hälfte der für die Veresterung zur Verfügung stehenden Gruppen in Fettsäureester übergeführt werden. Anschließend wird der Rest der veresterungsfähigen Gruppen mit Phosphorsäure verestert. Beispielsweise werden 55 g eines polymeren Bisphenol-A-Glycidyläthers (mit einem Erweichungspunkt von 100°, einem Epoxydgruppenwert von 0,103/100 g, einem OH-Wert von 0,328/100 g und einem Veresterungsäquivalentgewicht von 175) und 45 g dehydratisierte Ricinusölfettsäure im N_2-Strom bei 260° erhitzt, bis eine Säurezahl von etwa 1 erreicht ist. Nach Verdünnen mit Xylol auf 50% Festgehalt wird bei 20° 1 g Orthophosphorsäure zu je 70 g dieser Lösung eingetragen und bei gewöhnlicher Temperatur 48 Stunden stehengelassen. Unter Abscheidung des Veresterungswassers enthält die Xylollösung den gebildeten Mischester. Ein Aufstrich dieser Lösung auf Metallblech gibt nach Zufügen von 0,05% Co-Naphthenat einen nach 12 Stunden an der Luft trocknenden Film. Der Aufstrich kann auch nach dem Verdunsten des Lösungsmittels bei 150° in 30 Minuten eingebrannt werden. Der klare Film haftet ausgezeichnet und hält auch bei wiederholtem scharfem Biegen stand.

Zur Gewinnung hydrophiler Ester aus Umsetzungsprodukten von Alkylenoxyden mit Diolen, die in besonders hohem Maße die Fähigkeit haben, Petroleumemulsionen des Wasser-in-Öl-Typus zu brechen, geht M. DE GROOTE[4] von einem Umsetzungsprodukt von Propylenoxyd mit 2-Methyl-2,4-pentandiol

$$CH_3 \cdot C(CH_3) \cdot CH_2 \cdot CH \cdot CH_3$$
$$\qquad\quad | \qquad\qquad\quad |$$
$$\qquad\quad OH \qquad\qquad OH$$

[1] BP 730504, 27. 3. 53/25. 5. 55; US-Pri. 29. 3. 52, BATAAFSCHE.
[2] BP 730505, 27. 3. 53/25. 5. 55; US-Pri. 29. 3. 52, BATAAFSCHE.
[3] US 2709690, 19. 5. 53/31. 5. 55, BRIT. SHELL.
[4] US 2723284, 9. 1. 52/8. 11. 55, PETROLITE CORP.

folgender Struktur

$$\text{H} \cdot \left[\begin{array}{c} -\text{O} \cdot \text{CH} \cdot \text{CH}_2- \\ | \\ \text{CH}_3 \end{array} \right]_n \cdot \text{O} \cdot \text{C} \cdot (\text{CH}_3)_2 \cdot \text{CH}_2 \cdot \text{CH}(\text{CH}_3) \cdot \text{O} \cdot \left[\begin{array}{c} -\text{CH}_2 \cdot \text{CH} \cdot \text{O} \cdot \\ | \\ \text{CH}_3 \end{array} \right]_n -\text{H}$$

aus, dessen Molgewicht etwa 1000—4500 sein kann. Gegenüber anderen Diolen, deren Verwendung für denselben Zweck bekannt ist, hat das aus Methylpentandiol gewonnene Veresterungsprodukt den Vorteil der wesentlich größeren Wirksamkeit. Die Umsetzung erfolgt bei etwa 100° und das Molgewicht des Polyadditionsproduktes läßt sich — abgesehen von der angewandten Menge Propylenoxyd — durch den im Autoklaven eingestellten Druck und die Menge Alkalihydroxyd regulieren. Modifizierungen des Endproduktes können dadurch erfolgen, daß nicht allein mit einem einzigen Alkylenoxyd gearbeitet wird, sondern daß nacheinander Äthylenoxyd und Propylenoxyd zur Einwirkung kommen. Hierdurch wird besonders die Hydrophilie beeinflußt. Statt mit mehrbasischen Säuren (Phthal-, Malein-, Bernstein-, Citronen-, Diglykolsäure u. dgl.) zu verestern, was der Haupterfindungsgedanke ist, kann auch mit Glycid, Epichlorhydrin, Äthylenimin, Chloressigsäure oder mit tertiären Aminen umgesetzt werden. Die Veresterung kann unter Zusatz von Salzsäure oder p-Toluolsulfosäure oder ohne Katalysator in bekannter Weise durch aceotropische Entfernung des Veresterungswassers mittels Xylol erfolgen.

Die Veresterung von polymeren Glycidyläthern mit sauren Dicarbonsäuremonoallylestern mit anschließender Copolymerisation mit Styrol u. dgl. zur Erzielung besonders schnell trocknender Lacke beschreibt die BATAAFSCHE[1]. Beispielsweise werden 40 g Monoallylmaleat mit 100 g Polyallylglycidyläther mit einem Molgewicht von 480—540 und einem Gehalt von etwa 2,5 Epoxydgruppen pro Mol bei gewöhnlicher Temperatur langsam gerührt. Es entsteht eine klare, farblose, viscose Flüssigkeit, die nach Zusatz eines Trockners als Einbrennlack, der sehr harte und elastische Filme liefert, verwendet werden kann. — Durch Zusatz von 0,25 g Benzoylperoxyd zu 40 g dieses Reaktionsproduktes wird eine Mischung erhalten, die bei 100° in kurzer Zeit zu einer kautschukartigen Masse polymerisiert, eine Reaktion die in der gleichen Weise verläuft und zu etwa demselben Ergebnis führt, wenn statt des Benzoylperoxyds 5,5 g Styrol angewandt werden. Im letzteren Fall ist das Produkt härter. — Als polymere Glycidyläther können auch epoxydierte ungesättigte Öle (Sojabohnenöl) sowie mit besonderem Vorteil polymere Bisphenol-A-Glycidyläther der verschiedensten Molgewichte angewandt werden. — Es wird als besonderer Vorteil der so gewonnenen Lacke hervorgehoben, daß die viscos-flüssigen Produkte zumeist keiner Verdünnungsmittel für den Gebrauch bedürfen.

Weiterhin beschreiben dieselben Erfinder[2] die Herstellung hochwertiger Lackharze durch die Veresterung von Diglycidäther mit Di-

---

[1] Belg. P. 532088, 25. 9. 54; US-Pri. 28. 9. 53, BATAAFSCHE.
[2] Belg. P. 533899, 6. 12. 54; US-Pri. 8. 12. 53.

epoxydsäuren der folgenden Konstitution

$$\text{HO·CO·A·}\underset{\underset{R}{|}}{\overset{\overset{R}{|}}{C}}\text{·}\underset{\diagdown_{O}\diagup}{\overset{\overset{R}{|}}{C}}\!\!-\!\!\overset{\overset{R}{|}}{C}\text{·}\underset{\underset{R}{|}}{\overset{\overset{R}{|}}{C}}\text{·}\underset{\underset{R}{|}}{\overset{\overset{R}{|}}{C}}\text{·}\underset{\diagdown_{O}\diagup}{\overset{\overset{R}{|}}{C}}\!\!-\!\!\overset{\overset{R}{|}}{C}\text{·}\underset{\underset{R}{|}}{\overset{\overset{R}{|}}{C}}\text{·A·CO·OH}$$

wobei   R = H, Cl oder Alkyl,
        A = C-Kette mit bis zu 5 C-Atomen

darstellt, zusammen mit 2,4,6-Tri-(dimethylaminomethyl)-phenol bei 50—70°.

Durch Veresterung von Epoxydverbindungen mit Kondensationsprodukten aus zweiwertigen Phenolen mit α-Halogencarbonsäuren stellt J. Reese[1] selbsthärtende Harze her, aus denen zäh-elastische hornartige Kunststoffe gewonnen werden können. — Als Halogencarbonsäure wird vorzugsweise α-Chloressigsäure angewandt, von welcher jeweils 1 Mol zur Verätherung einer phenolischen OH-Gruppe in Gegenwart der erforderlichen Menge Natronlauge dient. So wird beispielsweise aus Bisphenol A (= Dian) die folgende Dicarbonsäure bzw. ihr Natriumsalz, erhalten:

$$\text{HO · Dian · OH} + 2\,\text{ClCH}_2\text{COOH} + 4\,\text{NaOH}$$
$$\rightarrow \text{NaO · CO · CH}_2 \cdot \text{O · Dian · O · CH}_2 \cdot \text{CO · ONa} + 2\,\text{NaCl}$$

Bei der Herstellung können die Komponenten entweder gemeinsam oder nacheinander umgesetzt werden. Beispielsweise kann folgendermaßen gearbeitet werden:

1. 228 g Bisphenol A werden in 800 g Natronlauge, die 120 g NaOH enthält, gelöst und hierzu bei 40° 94 g Chloressigsäure und 92,5 g Epichlorhydrin gegeben. Nach kurzer Zeit beginnt ein Harz auszufallen, das durch Zusatz von 300 g Butanol in Lösung gehalten wird. Nach weiterem 4stündigem Erhitzen bei 90° wird neutralisiert und im Vakuum das Flüchtige abdestilliert. Es wird ein Harz erhalten mit der Epoxydzahl 0,47/100 g, Säurezahl 33 und Verseifungszahl 71,1, das bei 200° härtet.

2. 26,8 g 4,4'-Dioxydiphenylcyclohexan werden mit 10,8 g β-Chlorpropionsäure so lange in 60 g 20%iger Natronlauge erhitzt, bis durch Titration nach Volhard das Ende der Umsetzung festgestellt ist. Nach dem Abkühlen werden 9,2 g Epichlorhydrin zugegeben und allmählich bis 80° erwärmt. Nach der Aufarbeitung erhält man ein härtbares Harz.

Kombinieren von Epoxydverbindungen mit Polyestern

Die Kombination von Epoxydverbindungen mit Polyestern bietet die Möglichkeit, sehr große Moleküle aufzubauen, die sich für viele Verwendungszwecke bewährt haben.

Umsetzungsprodukte von Polyestern, deren Kette vorzugsweise 24 Glieder und 2 endständige Carboxylgruppen aufweist, mit Polyepoxydverbindungen, wie sie durch Umsetzen von Bisphenol A mit Epichlorhydrin entstehen, werden von W. Fisch[2] beschrieben und für die Verwendung als Anstrichmittel, Gießharze und Klebemittel für

---

[1] DP-Anm. C 9089, 24. 3. 54, Chemische Werke Albert.
[2] DRP 863411, 31. 7. 50/27. 11. 52; Schwz.-Pri. 12. 8. 49 u. 5. 7. 50, Ciba A. G.

Metalle empfohlen. Durch die Kombinierung verschiedener Dicarbonsäuren mit verschiedenen Glykolen und Variieren der Mengenverhältnisse, wobei auch Gemische von Carbonsäuren oder Glykolen vorliegen können, sowie von Bisphenol-A-Glycidyläthern verschiedener Polymerisationsgrade, und endlich durch die Wahl eines speziellen Beschleunigers für die Umsetzung des Polyesters mit der Polyepoxydverbindung, z. B. BF_3 oder Polyamine, hat man es in der Hand, Umsetzungsprodukte, die flüssig oder fest sind und unterschiedliche Eigenschaften aufweisen, zu gewinnen. An Stelle von Polyestern mit 2 endständigen Carboxylgruppen können auch höhere Dicarbonsäuren, z. B. solche, bei denen die Carboxylgruppen durch 14 Glieder voneinander getrennt sind, wie Tetradecandicarbonsäure-1,14, oder Gemische von Vernetzungsmitteln mit weniger als 14 Gliedern, z. B. Triäthylentetramin oder Phthalsäureanhydrid zusammen mit Polyestern oder höheren Dicarbonsäuren angewandt werden. — Die Arbeitsweise geht aus folgenden Beispielen hervor:

Gleiche Teile eines durch Erhitzen von 5 Mol Adipinsäure mit 4 Mol Glykol bis zu 220° gewonnenen Polyesters mit einem durchschnittlichen Molgewicht von 800 und einer Gliederzahl von 44 und einem polymeren Polyalkoholpolyepoxyd [hergestellt durch Umsetzen von 1 Mol Bisphenol A mit 1,6 Mol Epichlorhydrin mit 0,24 Epoxydäquivalenten/100 g (= in folgendem Produkt A genannt)] werden einige Zeit bei 100° erhitzt. Die bei dieser Temperatur dünnflüssige Masse, die bei gewöhnlicher Temperatur sehr viscos-flüssig ist, kann in diesem Zustand gelagert werden. Sie härtet durch 16stündiges Erhitzen bei 165° zu einem klaren weichgummiartigen Kunststoff von hoher Elastizität, dessen Eigenschaften sich bei weiterem Erhitzen bei 165° nicht verändern. — Durch Vermindern des Polyesteranteiles erhöht sich die Härte, z. B. hat ein Gemisch von 1 Teil Produkt A mit 0,25 Teilen Polyester eine höhere Härte verbunden mit großer Elastizität, so daß sich eine solche Komposition als Gießharz eignet, das nur sehr geringe Schrumpfung aufweist. — Zur Erhöhung der Härte kann dem Gemisch von Produkt A und Polyester ein niederes Dicarbonsäureanhydrid zugesetzt werden. Wird z. B. ein Gemisch von 1 Teil Produkt A mit 0,8 Teilen Polyester und 0,2 Teilen Phthalsäureanhydrid zusammengeschmolzen, so erhält man eine Masse, die sich ausgezeichnet als Gießharz zum Einbetten von elektrischen Teilen eignet, das bei 165° in 16 Stunden und bei 220° in 45 Minuten härtet.

Durch Kombinieren von sauren Polyestern mit Säurezahlen über 200 mit polymeren Bisphenol-A-Glycidyläthern stellt die Comp. Thomson-Houston[1] Harze her, die als Anstrichmittel, als Gieß- und Preßharze, sowie als Metallklebmittel und für die Herstellung von Schichtstoffen geeignet sind. Die zur Verwendung kommenden Polyester sind Umsetzungsprodukte von Adipinsäure oder Phthalsäure mit Glykol, Glycerin, Pentaerythrit u. dgl. Die damit kombinierten polymeren Bisphenol-A-Glycidyläther sind *Epon*-Marken der Shell mit

---

[1] FP 1068087, 1. 10. 52/22. 6. 54, Comp. Thomson Houston.

Erweichungspunkten von 10—100°. Die Mengenverhältnisse bewegen sich zwischen 1—1¹/₂ Teilen Polyester:2 Teilen Epoxydharz. Beispielsweise werden 30 Teile Glycerin-Phthalsäurepolyester mit einer Säurezahl von 354 mit 70 Teilen Bisphenol-A-Glycidyläther vom Erweichungspunkt 97—103°, einem Epoxydäquivalentgewicht von 905—985 und einem Veresterungsäquivalentgewicht von 175 (= Epon 1064) bei 165° erhitzt, bis die Masse klar geworden ist. Als Gießharz angewandt härtet das Harz bei 150° in 5 Stunden und ergibt Formkörper von sehr geringem Schwund, großer Härte und hoher Elastizität.

Zur Gewinnung von Gieß- und Preßharzen mit besonders geringem Schwund stellt W. E. Cass[1] Kompositionen aus niedermolekularen Polyestern und polymeren Bisphenol-A-Glycidyläthern her. Ein niedermolekularer Polyester wird beispielsweise gewonnen durch 1¹/₂stündiges Erhitzen von 36,5 g Adipinsäure (0,25 Mol) und 10 g Glykol (0,16 Mol) bei 180—250° und fällt als halb-kristalline Paste mit einer Säurezahl von 252 (anfängliche SZ 603, bei 100%iger Umsetzung: SZ 248). Als Bisphenol-A-Glycidylätherkomponenten werden *Epon*-Marken der Shell beispielsweise *Epon* 1062, flüssig, mit Epoxydäquivalentgewicht 140—160, oder *Epon* RN-34 vom Erweichungspunkt 20—28° und Epoxydäquivalentgewicht 225—290 angewandt. Mischungen dieser beiden Komponenten, z. B. 1 Teil Polyester + 2 Teile *Epon* RN-34 oder 2 Teile Polyester + 3 Teile *Epon* 1062 werden bei 150° vorkondensiert, wobei weiche, zähflüssige Produkte entstehen, die lagerfähig sind. Die Aushärtung erfolgt in der Form bei 150° in 15 Stunden.

Durch Kombinieren von ungesättigten Polyestern (aus Glykolen mit ungesättigten Dicarbonsäuren) mit polymeren Bisphenol-A-Glycidyläthern stellen dieselben Erfinder[2] Kompositionen her, die als Lack, Preßmassen oder Klebmittel brauchbar sind. Sie härten in der Wärme teils für sich allein unter Polymerisation, teils in Gegenwart von Polymerisationsbeschleunigern (Benzoylperoxyd). Besonders vorteilhafte Modifizierungen sind solche, die Vinylverbindungen, z. B. Styrol, Divinylbenzol oder Acrylate, enthalten, die in der Wärme copolymerisieren.

In Verfolg dieser Arbeiten hat C. D. Doyle[3] ölmodifizierte Polyester eingesetzt, beispielsweise solche durch Kondensation von Glycerinmonoricinoleat mit gesättigten Dicarbonsäuren. Durch Kombinieren mit polymeren Bisphenol-A-Glycidyläthern erhält man Produkte von sehr guter Lagerfähigkeit, aus denen nach dem Härten besonders biegsame, zähe und harte Materialien gewonnen werden. Beispielsweise werden 26,8 g eines polymeren Bisphenol-A-Glycidyläthers vom Erweichungspunkt 20—28°, dem Epoxydäquivalentgewicht 225—290 und dem Veresterungsäquivalentgewicht 105 (= *Epon* RN-34) mit 35 g ölmodifiziertem saurem Polyester (hergestellt aus 364 g Glycerinmonoricinoleat und 251 g Phthalsäureanhydrid) bei 110—160° so lange erhitzt, bis ein Tropfen beim Abkühlen klar und

[1] US 2683131, 31. 10. 51/6. 2. 54, General Electric Co.
[2] US 2691007, 31. 10. 51/5. 10. 54, General Electric Co.
[3] US 2691004, 31. 10. 51/5. 10. 54, General Electric Co.

hart ist. Eine 50%ige Lösung in Toluol stellt einen sehr festhaftenden Metallack dar, der bei 150° in 3 Stunden härtet. Unter Verwendung dieses Materials wird durch Vermischen mit Glimmerpulver ein
hochwertiges Isoliermaterial hergestellt, mit dem durch Imprägnieren
von Papier oder anderem Material Platten hergestellt werden können[1].

Kombinationen von 4,4'-Dioxydiphenyl-methanglycidyläthern mit
Polyestern mit einem geringen Gehalt an polymerisationsfähigen
Doppelbindungen, die sich zum Verkleben von Metallen und als Gießharz zum Einbetten von elektrotechnischen Geräten eignen, beschreibt
H. J. SCHENK[2]. Im geschmolzenen Zustande sind Gemische dieser Art
dünnflüssig, so daß sie beim Vergießen elektrischer Teile, Spulen usw.
eine gute Eindringungstiefe aufweisen. Ihre Härtung erfolgt abhängig
von der Art der zugesetzten Härtemittel zwischen 80—150°. Folgende
Beispiele erläutern das Verfahren:

1. 10 Teile eines viscos-flüssigen bis halbfesten 4,4'-Dioxydiphenylmethan-
diglycidyläthers werden mit 2,5 Teilen teilweise kondensierten Adipinsäure-
Maleinsäure-Trimethylolpropanmischesters und 2 Teilen Phthalsäureanhydrids
homogen verschmolzen. Diese Masse härtet bei 150° und dient als Metallklebe-
mittel, der feste, biegsame und wärmealterungsbeständige Verklebungen gewährleistet.

2. 10 Teile des unter 1. angeführten Diglycidyläthers werden mit 10 Teilen
eines nur wenig vernetzten langkettigen Polyesters, entstanden durch Kondensation von 0,8 Mol Adipinsäure, 0,2 Mol Maleinsäure und 1 Mol 1,4-Butandiol,
bei erhöhter Temperatur gemischt. Neben einem Dicarbonsäureanhydrid als
Härter wird auch ein Peroxyd als Polymerisationskatalysator zugefügt. Härtung
sowie Polymerisation erfolgen bei 125° in etwa 16 Stunden. Die Verwendung
ist als Gießharz zum Einbetten von elektrischen Geräten.

Zur Herstellung besonders wasserfester Gießharze sind von
C. A. RAYNER und J. B. MACKENZIE[3] härtbare Glycidylätherpolyester-
kompositionen entwickelt worden, die polymerisierbare Komponenten
wie Styrol, α-Methylstyrol, Divinylbenzol, Methylmethacrylat, Diallylphthalat oder -sebacat, Triallylcyanurat oder Methylol-Melaminallyläther als Zusätze enthalten. Der Polyester wird durch Veresterung
eines Polypropylenglykols vom Molgewicht 150 mit polymerisierbaren
Dicarbonsäuren gewonnen, z. B. durch 5stündiges Erhitzen von 150 g
Polypropylenglykol mit 196 g Maleinsäureanhydrid bei 100—115°.
Als Glycidylätherkomponente werden Umsetzungsprodukte von Bisphenol A mit Epichlorhydrin der verschiedensten Polymerisationsgrade
angewandt, z. B. „Produkt A" aus 1 Mol Bisphenol A und 1,6 Mol Epichlorhydrin und 1,8 Mol NaOH mit 0,24 Epoxydäquivalenten/100 g
und „Produkt B", gewonnen mit einem großen Epichlorhydrinüberschuß, als besonders niedermolekulares Produkt mit 0,5 Epoxyd-
gruppen/100 g. Es wird so gearbeitet, daß die 3 Komponenten zusammengeschmolzen werden, mit oder ohne Polymerisationsbeschleuni-
ger. Mischungen dieser Art sind lagerbeständig und können zu gegebener Zeit als Gießharz, Metalleim oder als Einbrennlack Verwen-

---

[1] BP 732260, 23. 10. 52/22. 6. 55; US-Pri. 31. 10. 51, GENERAL ELECTRIC Co.
[2] D. Anm. S 25452, 1. 11. 51, SIEMENS SCHUCKERT AG.
[3] FP 1077610, 11. 3. 53/10. 11. 54; B.-Pri. 11. 3. 52, BRITISH CIBA LTD.,
AERO RESEARCH LTD.

dung finden. Bei der Härtung findet Vernetzung durch die Epoxydgruppen statt, sowie Polymerisation bzw. Copolymerisation unter
Bildung harter, elastischer und chemisch sehr widerstandsfähiger
Massen. — Folgendes Beispiel gibt einen Begriff von dem Verfahren:
bei 40° werden zusammengeschmolzen: 100 g „Produkt A", 85 g Polyester aus Maleinsäure und Triäthylenglykol, 40 g Diallylphthalat, 40 g
Styrol und 2 g tert.-Butylperbenzoat. Diese lagerfähige Komposition
wird vor allem als Gießharz empfohlen, wobei Härtung in der Form
durch 8stündiges Erhitzen bei 80° mit anschließendem 7stündigem
Erhitzen bei 160° erfolgt.

Drahtlacke für Kupferdrahtwicklungen von Elektromotoren u. dgl.,
die sehr hitzeunempfindlich sind, und auch bei starker Biege-
beanspruchung frei von Rissen und einwandfrei wasserabweisend
bleiben, beschreibt die CIBA[1] durch Kombinieren: 1. eines Umsetzungsproduktes eines Bisphenol-A-Glycidyläthers mit Dicyandiamid und mehrwertigen Carbonsäuren, 2. eines Polyesters der noch freie
OH-Gruppen enthält, aus einem Polyalkohol und einer mehrbasischen
Carbonsäure, und 3. eines Formaldehydkondensationsproduktes mit
Phenol, Harnstoff, Dicyandiamid, Melamin u. dgl., bei dem die Methylolgruppen veräthert sind. — Beispielsweise werden:

1. 300 g eines Bisphenol-A-Glycidyläthers aus 1 Mol Bisphenol A und 1,6 Mol
Epichlorhydrin in 72 g Methylcyclohexanol und 72 g 2-Methyl-2,4-pentandiol
bei 120—130° gelöst und dazu 64 g Adipinsäure, 16 g Dicyandiamid, 224 g
o-Kresol und 96 g o-Dichlorbenzol eingetragen und $1^1/_2$ Stunden bei 100 bis
120° gerührt, = Komponente 1.

2. Komponente 2 ist ein in bekannter Weise mit Butanol veräthertes Kondensationsprodukt von Harnstoff und Formaldehyd.

3. Komponente 3 wird hergestellt durch Verestern von 292 g Adipinsäure
(2 Mol), 118 g Bernsteinsäure (1 Mol) und 202 g Sebacinsäure (1 Mol) mit 62 g
Äthylenglykol (1 Mol) und 368 g Glycerin (4 Mol) bei 220—250° bis die Säurezahl 6 erreicht ist.

Ein Drahtlack, der bei 300—450° in wenigen Minuten härtet, wird
beispielsweise dadurch erhalten, daß 2—3 Teile Komponente 1,1—2
Teile Komponente 2 und $^1/_2$—1 Teil Komponente 3 miteinander gemischt werden.

Zur Herstellung von Drahtlacken, die selbst den hohen Beanspruchungen, wie sie bei Elektromotoren usw. vorliegen, einwandfrei
standhalten, haben F. A. SATTLER, J. SWISS und J. G. FORD[2] Kompositionen entwickelt, bestehend aus einer Lösung von 5—40% eines
Bisphenol-A-Glycidyläthers und 95—60% eines Polyesteramidharzes
in einem Gemisch aus Kohlenwasserstoffen und einwertigen Alkoholen. In diesem Lack, der auch kleine Mengen Phenol- oder Harn-
stoff-Formaldehyd-Kondensationsprodukte in verätherter Form, oder
auch Celluloseacetat enthalten kann, werden die Kupferdrähte mehr-
mals nach jedesmaliger Härtung getaucht. — Das Polyesteramid
wird durch Umsetzen von 3—4,5 Mol ungesättigter Dicarbonsäure,

---

[1] FP 1094632, 21. 12. 53/23. 5. 55; Schwz.-Pri. 22. 12. 52, CIBA A. G.
[2] DP 924287, 17. 5. 51/28. 2. 55 — BP 704008, 22. 4. 51/17. 2. 54; US-Pri.
20. 6. 50, WESTINGHOUSE ELECTRIC CORP.

0,5—2 Mol gesättigter Dicarbonsäure (Bernstein- oder Adipinsäure) und 1,5—4,7 Mol eines Aminoalkohols (Äthanolamin enthaltend 25 % Diäthanolamin), bis zu 0,6 Mol Äthylendiamin oder Harnstoff und 1 bis 2,4 Mol eines mehrwertigen Alkohols (Glykol, Glycerin) beispielsweise folgendermaßen bereitet: 808,5 g Maleinsäureanhydrid (8,25 Mol), 343,5 g Adipinsäure (2,3 Mol), 280,2 g Glycerin (2,89 Mol) und 65,5 g Äthylendiamin 79,2 % (0,85 Mol) werden bei 50° zusammengeschmolzen und hierzu 315,9 g Äthanolamin (5,18 Mol) in 15 Minuten eingetragen, wobei die Temperatur auf 140° steigt. Im N_2-Strom wird 3 Stunden bei 140° und anschließend $3^1/_2$ Stunden bei 155° gehalten. Man erhält ein Polyesteramidharz vom Erweichungspunkt 64°. Dasselbe wird mit 180 g eines Bisphenol-A-Glycidyläthers vom Erweichungspunkt 70°, gelöst in 849 g Kresol, 7 Stunden bei allmählich bis zu 180° ansteigender Temperatur gerührt. Der Lack wird fertiggestellt, indem mit 1470 g m, p-Kresol, 1795 g Benzinfraktion 135 bis 165° und 1795 g 95%igem Sprit verdünnt wird. Kupferdraht wird in diesem Lack viermal getaucht, wobei nach jedem Tauchen kurz bei 450° gehärtet wird. — Die technische Durchführung des Auftragens dieses Lackes auf Kupferdraht wird in US 2626223, 17. 10. 51/20. 1. 53 beschrieben.

Durch Umsetzen eines polymeren Bisphenol-A-Glycidyläthers mit einem Polyester, der noch freie OH- oder COOH-Gruppen enthält, und Nachbehandeln mit einem Diisocyanat stellt L. N. PHILLIPS[1] Harze her, die sich für Anstrichzwecke, als Klebmittel für Metalle, für Schichtstoffe sowie für die Herstellung von festem Schaum eignen. Die Vernetzung mittels Diisocyanat (unter Bildung von Polyurethannen) geht unter Entstehen eines festen Harzes vor sich, wenn das Epoxyd-Polyesterumsetzungsprodukt nur OH-Gruppen enthält, es bildet sich jedoch ein Schaum, der während des Härtungsvorganges fest wird, sofern die Reaktionskomponente COOH-Gruppen aufweist, aus denen bei der Polyurethanbildung CO_2 abgespalten wird. Als Bisphenol-A-Glycidyläther wird zweckmäßig ein solcher angewandt vom Erweichungspunkt 70° und einem Epoxydäquivalentgewicht von 450—525, von dem 25—30 % mit dem Polyester durch Erhitzen kondensiert wird. Als Diisocyanatkomponente wird m-Toluol-diisocyanat als 75%ige Lösung in Toluol angewandt, und zwar werden 30—80 Teile zu 100 Teilen Epoxydpolyester zugefügt, je nach den gewünschten Eigenschaften des Endproduktes.

In einem anderen Patent[2] beschreibt derselbe Erfinder die Herstellung von Produkten, die sich als Anstrichmittel, Preßmaterial, Klebmittel und zur Herstellung von festem Schaum eignen, indem veresterte Bisphenol-A-Glycidyläther mit Diisocyanaten behandelt werden. Naturgemäß bildet sich bei Umsetzungsprodukten dieser Art nur dann ein Schaum, wenn der veresterte Glycidyläther noch freie COOH-Gruppen enthält.

---

[1] FP 1067401, 3. 12. 52/15. 6. 54; B.-Pri. 7. 12. 51, NATIONAL RESEARCH DEVELOPMENT CORP.

[2] FP 1067766, 17. 12. 52/18. 6. 54; B.-Pri. 21. 12. 51, NATIONAL RESEARCH DEVELOPMENT CORP.

Reduktion von Epoxydverbindungen mittels Lithium-Aluminiumhydrid

Die Reduktion von Epoxydestern mittels $LiAlH_4$ unter Bildung von primär-sekundären oder primär-tertiären β-Glykolen beschreiben V. M. MICOVIC und M. L. MIHAILOVIC[1]. $LiAlH_4$ ist wegen seiner Löslichkeit in organischen Lösungsmitteln (auch Äther) besonders dazu geeignet, in organischen Lösungsmitteln gelöste Verbindungen zu reduzieren, wobei 4 H_2 für die Reduktion zur Verfügung stehen und letzten Endes nur Li_2O und Al_2O_3 übrigbleiben (siehe Kapitel „Analyse"). Die günstigste Temperatur zur Ausführung einer Reduktion von Epoxydestern liegt bei 70—80°. Dieselbe erfolgt nach folgendem Schema:

$$R\cdot\underset{\underset{O}{\diagdown\diagup}}{C}\text{---}CH\cdot CH\cdot CO\cdot OR'' \xrightarrow{H_2} R\cdot\underset{\underset{OH}{|}}{\overset{\overset{R'}{|}}{C}}\cdot CH_2\cdot CH_2\cdot CH_2OH + HO\cdot R''$$

Über die Art der Aufspaltung des Epoxydringes unter dem Einfluß von Lithium-Aluminiumhydrid berichten E. L. ELIEL und D. W. DELMONTE[2]. Sie haben gefunden, daß die übliche Aufspaltung unsymmetrisch substituierter Epoxydverbindungen mittels $LiAlH_4$ erfolgt, indem die Hydroxylgruppe sich an das Kohlenstoffatom mit den 2 Substituenten anlagert, während in Gegenwart von Aluminiumchlorid oder -bromid die Anlagerung an das andere Kohlenstoffatom vor sich geht, nach dem Schema:

$$\underset{\underset{OH}{|}}{\overset{R}{\underset{R'}{>}}}C\text{---}CH_2R'' \xleftarrow{LiAlH_4} \overset{R}{\underset{R'}{>}}C\underset{\underset{O}{\diagdown\diagup}}{\text{---}}CHR'' \xrightarrow[AlCl_3]{LiAlH_4} \overset{R}{\underset{R'}{>}}CH\text{---}\underset{\underset{OH}{|}}{C}HR''$$

Kompositionen von Polyglycidyläthern mit Triallylcyanurat

R. A. SKIFF und R. W. FINHOLT[3] beschreiben Kompositionen mit Triallylcyanurat, die als Anstrichmittel, Gieß- und Preßharze, als Klebemittel sowie für die Herstellung von Schichtmaterial brauchbar sind. Statt des monomeren Triallylcyanurates können auch seine Polymere oder Copolymere mit Vinylverbindungen angewandt werden. Das Mischungsverhältnis der beiden Komponenten kann weitgehend variiert werden, wobei sowohl die Epoxydkomponente als auch das Triallylcyanurat überwiegen kann. Durch diese Kombination werden härtbare Epoxydharzvorprodukte mit einer Lagerfähigkeit von 2—3 Monaten erzielt, während die üblichen bereits mit Härtern versetzten Epoxydharzvorprodukte längstens nach 1 Monat unbrauchbar werden. Als Bisphenol-A-Glycidyläther werden die Handelsprodukte *Epon* RN-48,

---

[1] MICOVIC, V. M., u. M. L. MIHAILOVIC: Glasnik chem. Drustoa, Beograd **1955**, Nr. 5 299—313.

[2] ELJEL F. L., u. C. W. DELMONTE: Am. Soc. **1956**, Nr. 13, 3226.

[3] FP 1091108, 27. 11. 53/7. 4. 55; US-Pri. 29. 11. 52, COMP. FRANC. THOMSON-HOUSTON.

1001 und 1064, *Araldit* CN-501 (= *Araldit* Gießharz B) und *Houghton* 6020 empfohlen. Die ausgehärteten Harze zeichnen sich durch besondere Härte und Hitzebeständigkeit aus.

Cyanursäure-triglycidylester

Die Herstellung von Cyanursäure-triglycidylester bzw. von höhermolekularen Epoxydestern beschreiben T. F. BRADLEY und A. C. MÜLLER[1] durch Umsetzen von Cyanurchlorid in Chloroform mit einem Epoxydalkohol unter Zusatz der berechneten Menge 50%iger wäßriger Natronlauge. Als Epoxydalkohole werden Glycid, 2,3-Epoxybutanol, 2,3-Epoxypentanol, 9,10-Epoxyoctadecanol, 2,3-Epoxycyclohexanol, 1,2-Epoxy-2,3,3-trimethyl-1-(2-methylpropanol-2)-cyclopentan und viele andere mehr genannt sowie auch Diepoxydpolyalkohole wie 2,3—4,5-Diepoxy-cyclohexandiol-1,6. — Beispielsweise werden 55,5 g Cyanurchlorid in 300 ml Chloroform und 103 g Glycid gelöst und bei 5—10° während 3 Stunden eine Lösung von 37,5 g Natriumhydroxyd in 45 ml Wasser eingetropft. Die Chloroformschicht wird nach dem Waschen mit Wasser bei 1 mm Druck bis zu 110° von allem Flüchtigen befreit und man erhält 78 g des sehr viscosen Cyanursäure-triglycidylesters in guter Reinheit mit einem Epoxydwert/100 g von 0,91 (Theorie 1,10) und 13,85% N (Th 14,14%). Diese Cyanursäure-triepoxydester lassen sich mit sauren oder basischen Härtern in Epoxydharze überführen, die eine besonders hohe Wärmebeständigkeit aufweisen.

Kombination von Epoxydverbindungen mit Polyamiden

Nachdem die gemeinsame Verwendung von Aminen und Amiden mit Epoxydharzvorprodukten sich schon seit dem Anfang ihres Bestehens eingeführt hat, und auch die günstige Wirkung von Polyaminen als Vernetzungsmittel erkannt war, lag es auf der Hand, daß auch Polyamide für diesen Zweck brauchbar sein würden. Polykondensationsprodukte von Polycarbonsäuren mit Polyaminen, die bereits auf anderen Gebieten Bedeutung erlangt hatten, mit Epoxydharzen kombiniert zu haben, ist das Verdienst von M. RENFREW und H. WITTCOFF[2]. Da im allgemeinen zur Kombination mit Epoxydverbindungen sich Komponenten mit höherem Molgewicht besonders gut eignen, hat es sich im Fall der Polyamide gezeigt, daß hochmolekulare mehrbasische Säuren, wie sie sich durch DIELS-ALDERsche polymerisierende DIEN-Synthesen aus ungesättigten, einbasischen höheren Fettsäuren ergeben, wie sie im US-Patent 2450940 vom 20. 4. 44 beschrieben sind, als Kondensationskomponenten mit Polyaminen die besten Ergebnisse zeitigen. Als Polyamine sind Äthylendiamin und/oder Diäthylentriamin brauchbar, mit denen Polyamide mit Molgewichten von 1000—10000 erzielt werden. Durch geeignete Wahl der Mengenverhältnisse von

---

[1] US 2741607, 23. 2. 54/10. 4. 56, SHELL DEVELOPMENT CO.
[2] FP 1075563, 9. 3. 53/18. 10. 54; US-Pri. 11. 3. 52 — US 2706223, GENERAL MILLS INC.

Polysäure zu Polyamin hat man es in der Hand, Polyamide zu gewinnen, die endständige Carboxyl- oder Aminogruppen aufweisen. Bei äquimolekularen Mengen werden Produkte erzielt, die sowohl Amino- als auch Carboxylgruppen enthalten. Durch Berechnung läßt sich annähernd die gewünschte Konstitution herstellen, obwohl nur die Titration ein genaues Ergebnis liefert. Da Epoxydharzvorprodukte mit Aminogruppen schneller reagieren als mit Carboxylgruppen, kann man je nach den vorliegenden Erfordernissen Polyamide der einen oder der anderen Art als Komponente anwenden. Auch die zur Kombinierung angewandten Mengen sind Vorbedingungen für unterschiedliche Eigenschaften: hohe Prozentsätze von Polyamid mit relativ niederen Mengen an Epoxydverbindung ergeben ausgehärtete Harze von weicher, hochelastischer Beschaffenheit, während bei umgekehrten Verhältnissen harte, sehr feste Harze erzielt werden. Es läßt sich daher das Mischungsverhältnis den Erfordernissen anpassen und man kann Mischungen mit optimalen Eigenschaften für Lackzwecke, für Gieß- und Preßharze, zum Metallverleimen und zum Binden von Schichtmaterial herstellen. — Folgendes Beispiel gibt ein Bild über die Arbeitsweise: Polymerisiertes Sojabohnenöl, das im wesentlichen aus dem Dimeren besteht, mit geringen Anteilen an Monomeren und Trimeren wird mit wäßrigem Äthylendiamin im N_2-Strom bei einer Temperatur, die in $1^1/_2$ Stunden von 130—200° ansteigt und anschließend 3 Stunden bei 200° gehalten wird, umgesetzt, wobei zuletzt ein schwaches Vakuum von etwa 635 mm angewandt wird. Man erhält ein viscoses Öl mit der Säurezahl 5,65 und einer Aminzahl 11,3. Beim Verschmelzen von 90 Teilen dieses Öles mit 10 Teilen eines Bisphenol-A-Glycidyläthers vom Erweichungspunkt 64—76° und einem Epoxydäquivalentgewicht von 450—525 (= *Epon* 1001) erhält man ein Lackharz, dessen Anstrichfilm in 7 Tagen an der Luft trocknet.

Polyamide der verschiedensten Art lassen sich unter Druck mit Äthylenoxyd oder Verbindungen, die Äthylenoxyd abspalten, wie etwa Äthylencarbonat, bei 60—110° bei einer Einwirkungsdauer von 2 bis 60 Stunden umsetzen, wie die INTERNATIONAL POLAROID Co[1] gezeigt hat. Je nach der Einwirkungsdauer und der Temperatur werden 5 bis 60% der funktionellen N-Atome mit Ketten von 2—18 Äthylenoxydeinheiten substituiert. Umsetzungsprodukte mit geringeren Mengen gebundenen Äthylenoxyds eignen sich zur Herstellung von Filmen, Folien oder Fäden, solche mit 70—95% aufgenommenen Äthylenoxyds sind als Weichmacher, Dispergier-, Verdickungs- oder Klebmittel zu verwenden.

Zusatz von Epoxydverbindungen zu Polyacrylnitril

Filme, Fäden und Gewebe aus Polyacrylnitril bieten Schwierigkeiten in der Anfärbbarkeit. Durch Copolymerisation des Acrylnitrils mit Vinylverbindungen wird wohl eine gute Anfärbbarkeit erzielt, jedoch werden dadurch die physikalischen Eigenschaften der Faser

---

[1] Belg. P. 538048, 10. 5. 55, INTERNATIONAL POLAROID Co.

wesentlich verschlechtert. Die Nachbehandlung von Polyacrylfasern oder -geweben mit Aminoharzen verbessert wohl die Anfärbbarkeit, jedoch dringt der Farbstoff nicht in die Faser ein, und wird bei Beschädigungen der Aminoharzschicht, etwa beim Waschen, ganz oder teilweise entfernt.

Wie die DISTILLERS Co. LTD[1]. gefunden haben, verleihen schon geringe Zusätze von Epoxydverbindungen dem Polyacrylmaterial gute Anfärbbarkeit. In der Regel genügen schon 5% von Mono- oder Diepoxydverbindungen, z. B. Glycidylphenyläther (leicht bewegliche Flüssigkeit), Glycidyl-p-tert.-butylphenyläther (Harz vom Erweichungspunkt 54°) oder Bisphenol-A-Glycidyläther vom Erweichungspunkt 20—28° und Epoxydäquivalentgewicht 225—290 (= Epon RN-34), oder Erweichungspunkt 97—103° und Epoxydäquivalentgewicht 905—985 (= Epon 1004). Werden beispielsweise 95 g Polyacrylnitril und 5 g Epon RN-34 in 1000 g Dimethylformamid gelöst und durch Gießen ein Film hergestellt, so färbt sich derselbe nach dem Trocknen bei 1stündigem Einlegen in eine siedende 1%ige Lösung von Celliton-Echtgelb 3 G (I. G.) tiefgelb an, während ein Film aus 100%igem Polyacrylnitril bei gleicher Behandlung nur eine schwach hellgelbliche Tönung annimmt. — Ein Polyacrylnitrilfilm, der 5% Glycidyl-p-tert.-butylphenyläther enthält, färbt sich in einer Lösung von Dispersol Fast Scarlet B/150 der I. C. I. tiefscharlachrot an, während ein reiner Polyacrylnitrilfilm bei gleicher Behandlung nur eine schwach rosa Farbtönung erhält.

Kombination von Epoxydharzvorprodukten mit organischen Siliciumverbindungen

Die gemeinsame Verwendung zweier hochwertiger Materialien wie es Epoxydharze und Silicone sind, bietet die Möglichkeit — sofern sie sich homogen vereinigen lassen — die auf verschiedenen Ebenen liegenden Vorzüge durch die Kombinierung beider für die Herstellung neuartiger Kunststoffe auszuwerten. Beispiele hierfür geben die folgenden Patentschriften:

Die Verwendung von elastischem Siliconkitt als lösungsmittelfreies trockenes Haft-, Binde- und Klebmittel wird durch seine starke Fließneigung und eine gewisse Hydrophile beeinträchtigt. Wie H. JEDLICKA[2] gefunden hat, lassen sich diese Nachteile durch Zumischen von Anteilen von Epoxydharzvorprodukten, die in jedem Verhältnis mit Siliconkitt in der Wärme mischbar sind, überwinden. Beispielsweise ist ein Gemisch aus 60% Siliconkitt und 40% Epoxydharzvorprodukt noch hochelastisch und plastisch, welche Eigenschaft sich innerhalb weiter Temperaturintervalle — von — 50° bis + 150° — praktisch kaum verändert. Diese nicht härtbare Masse ist durchaus wasserfest, fließt nicht, ist druckfest, sehr zäh, alterungsbeständig und haftet ausgezeichnet auf jeglichem Material. Sie ist auch als Material zum Geräusch-,

---

[1] BP 731 545, 3. 9. 52/8. 6. 55, DISTILLERS Co. LTD.
[2] JEDLICKA, H.: DP-Anm. J 6119, 11. 7. 52.

Schwingungs- und Erschütterungsdämpfen geeignet, und kann als Überzugsharz zur Konservierung, für Feuchtigkeits- und Korrosionsschutz, als Wundschutz, Pflanzenschutz, für Verpackungszwecke, zur elektrischen Isolierung, sowie als Modell-, Form-, Fenster- und Auswuchtkitt oder als Vergußmasse Verwendung finden. Im flüssigen Zustand kann die Komposition bei 100—120° aufgespritzt oder aufgewalzt werden. — Da in der vorliegenden Fassung diese Patentanmeldung jegliche Festlegung auf bestimmte Typen Siliconkitt und Epoxydharz vermeidet, auch keine Beispiele bringt, aus denen Näheres ersichtlich wäre, ist die Patentanmeldung reichlich unklar.

Die Verwendung einer Komposition von Siliconalkydharzen mit Bisphenol-A-Glycidyläthern zur Herstellung hochwärmefester, festhaftender und biegsamer Emaillacke für elektrische Leiter beschreibt W. M. McLean[1]. Das Siliconalkydharz ist ein Umsetzungsprodukt von

1. 40—80% einer organischen Siliciumverbindung der Formel

$$R_m SiX_n O_{\frac{4-(m+n)}{2}}$$

wobei bedeuten: R = Alkyl mit weniger als 5 C-Atomen (Methyl, Äthyl, Propyl, Butyl) oder eine Phenylgruppe, X = OH oder eine Alkoxygruppe, m = Zahl zwischen 1 und 2, n = Zahl zwischen 0,1 und 3, m + n ist nicht größer als 4. Hierbei kann auch statt einer einzigen Verbindung ein Gemisch mehrerer angewandt werden.

2. 10—40% Terephthal- oder Isophthalsäure bzw. ihre Ester mit niedrigen Alkoholen.

3. 9—35% Glycerin.

Die Herstellung erfolgt in der Weise, daß zunächst die Veresterung (bzw. Umesterung) mit Glycerin und anschließend die Umsetzung mit Siloxanen vorgenommen wird, z. B. werden 210 g Glycerin, 261 g Terephthalsäuredimethylester und 35 g Isophoron so lange bei 200° erhitzt, bis die theoretische Menge Methanol abdestilliert ist. Dann werden 935 g Kresol und 588 g eines teilweise hydrolysierten Silans, bestehend aus 67% Phenylmethylsiloxan und 33% Monophenylsiloxan, das 20% Methoxygruppen enthält, zugefügt und bei 210° so lange erhitzt, bis die theoretische Menge Methanol übergegangen ist.

Im Gemisch mit einem Bisphenol-A-Glycidyläther dient dies Siliconalkydharz in gelöster Form zum Tränken von mit Glasgeweben überzogenen Kupferdrähten mit anschließender Härtung bei 300—400°. Bei der Biegeprobe gibt die Anzahl der Haarrisse, die auftreten bevor Bruch erfolgt, einen Maßstab für die Elastizität der Komposition. Bei Verwendung von Glycidyläthern verschiedener Polymerisationsgrade, ausgedrückt durch das Epoxydäquivalentgewicht, mit unterschiedlichen Mischungsverhältnissen werden folgende Ergebnisse erzielt:

---

[1] FP 1081000, 8. 7. 53/15. 12. 54; US-Pri. 14. 7. 52, Dow Corning Corp.

Silikonalkyd %	Glycidyläther %	Epoxyd-äquivalentgewicht	Anzahl Haarrisse vor Bruch
100	0	—	26
90	10	450—525	39
80	20	905—985	79
80	20	1600—1900	116
90	10	2400—3000	51
80	20	2400—3000	55

woraus hervorgeht, daß die Kombination mit einem Glycidyläther mit einem Epoxydäquivalentgewicht 1600—1900 im Vergleich zum reinen Siliconalkyd dem Email eine fast fünfmal so große Elastizität verleiht.

Ausgehend von Bisphenol-A-Glycidyläthern, die mit höheren Fettsäuren (jedoch nicht mehr als 8 C-Atome enthaltend) verestert sind, lassen sich Kompositionen mit Alkylsiloxanen herstellen, deren Zusatzmenge zwischen 2—98% schwanken kann, die als Lacke oder Metallleime sich durch besondere Hitzebeständigkeit sowie Wasser- und Alkaliechtheit auszeichnen, wie dies L. A. RAUNER[1] gezeigt hat. — Die für das Verfahren geeigneten Alkylsiloxane sind solche, deren Alkylgruppen weniger als 5 C-Atome (z. B. Methyl-, Äthyl-, Propyl-, Butyl-, Vinyl- oder Allylgruppe) oder eine Phenylgruppe aufweisen, welche direkt mit dem Siliciumatom verbunden sind. Von dem Allylsiloxan oder dem Diallylsiloxan können auch Polymere oder Copolymere mit Vinylverbindungen Verwendung finden. Beispielsweise kann ein Gemisch aus 18% Monomethylsiloxan, 50% Dimethylsiloxan und 32% Monophenylsiloxan oder Gemische ähnlicher Art angewandt werden. — Als geeignete Bisphenol-A-Glycidyläther kommen solche in Betracht, deren Veresterungsäquivalentgewichte (als Summe der vorhandenen OH- und Epoxydgruppen berechnet) zwischen 90 und 120 liegen. Zur Veresterung sind sowohl gesättigte, als auch ungesättigte höhere Fettsäuren geeignet. Beispielsweise werden 575 g Bisphenol-A-Glycidyläther mit einem Veresterungsäquivalentgewicht von 105 mit 1590 g Kokosnußölfettsäure vom Molgewicht 212 ($= \frac{1}{2}$ Mol pro Glycidylätheräquivalent) im N_2-Strom in 8 Stunden von 145—265° ansteigend erhitzt. — Gemische von 90, 75, und 25% Alkyd-Siloxangemisch mit einem Glycidylätherester der angegebenen Art geben, als Lösung angewandt, nach dem Einbrennen eines Aufstriches bei etwa 200° festhaftende Überzüge auf Metall, die sehr hitze- und wasserunempfindlich sind. Diese Lacke haben für die Brotbäckerei ein besonderes Interesse gefunden, da sie sich zum Überziehen der Metallschieber, auf denen das Brot in den Backofen geschoben wird, bewährt haben, insbesondere deswegen, weil das Brot auf solchen Lackkompositionen nicht festklebt.

Die Herstellung von Kompositionen bestehend aus polymeren Bisphenol-A-Glycidyläthern und Siloxypolyalkoholestern, welche besonders widerstandsfähige Einbrennlacke ergeben, beschreiben

---

[1] FP 1080999, 8. 7. 53/15. 12. 54; US-Pri. 14. 7. 52, Dow CORNING CORP.

R. L. MILLER, C. G. MOORE und N. G. PETERSON[1]. Als Ausgangsverbindungen dienen Siloxypolyalkoholide der allgemeinen Formel

$$\left[R_a(R' \cdot O)_b \cdot SiO_{\frac{4-(a+b)}{2}} \right]_x \cdot \left[R'' \cdot O_{\frac{y}{2}} \cdot (OH)_w \right]_y$$

$a = 1\text{—}2$, $b = 0\text{—}0,5$, $v = 1\text{—}3$, $w = 1\text{—}3$, R = Alkyl mit 1—6 C-Atomen oder Phenyl, R′ = prim. oder sek. Kohlenwasserstoffradikal mit 1—6 C-Atomen, R″ = mehrwertiges Kohlenwasserstoffradikal.

Beispielsweise wird ein Siloxylglycerid hergestellt durch Zusammenschmelzen von 378 g Phenylmethyldiäthoxysilan, 48 g Phenyltriäthoxysilan, 193 g Glycerin 95%ig und 1—2 g konzentrierte Salzsäure und Erhitzen bis zu 200°. Zur Herstellung eines Phthalsäureesters werden 304 g des erhaltenen Glycerids mit 296 g Phthalsäureanhydrid bei 140—165° verestert. — Die Gewinnung eines Einbrennlackes erfolgt durch Lösen etwa gleicher Mengen des Siloxyglyceridphthalsäureesters mit einem polymeren Bisphenol-A-Glycidyläther in üblichen Lacklösungsmitteln.

Während es sich bei den angeführten Epoxyd-Siliconen um Kombinationen von Epoxydharzvorprodukten mit organischen Siliciumverbindungen handelte, hat R. W. MARTIN[2] Kieselsäureglycidylester folgender Typen entwickelt:

$$RO{-}Si{-}O \cdot CH_2 \cdot CH{-}CH_2 \quad ; \quad (RO)_2 Si(O \cdot CH_2 \cdot CH{-}CH_2)_2 \quad ; \quad RO{-}Si(O \cdot CH_2 \cdot CH{-}CH_2)_3$$

sowie die weiteren Typen

$$R_3 Si{-}O \cdot CH_2 \cdot CH{-}CH_2 \quad ; \quad R_2 Si(O \cdot CH_2 \cdot CH{-}CH_2)_2 \quad ; \quad R{-}Si(O \cdot CH_2 \cdot CH{-}CH_2)_3$$

durch Umsetzen von Alkylchlorsilanen mit Epoxydalkoholen in Gegenwart der erforderlichen Menge eines tertiären Amins. Beispielsweise werden hergestellt:

1. *Di-(2,3-epoxypropoxy)-diphenylsilan*
$$(C_6H_5)_2 Si(O \cdot CH_2 \cdot CH{-}CH_2)_2$$

durch Eintropfen von 37,85 g Diphenyldichlorsilan in ein bei 0—10° gehaltenes Gemisch von 22,2 g Glycid, 32 g Triäthylamin und 150 g Toluol. Der durch Fraktionieren bei gewöhnlichem Druck gewonnene Ester hat den Kp 197—205°. Derselbe kann als Schmiermittel verwendet werden. Mit Phenolen, z. B. mit 2,4,6-Tri-(dimethylaminomethyl)-phenol reagiert er unter Bildung harter, heller, elastischer Harze.

---

[1] US 2768150, 4. 3. 52/23. 10. 56, GLIDDEN CO.
[2] US 2730535, 20. 7. 53/10. 1. 56, SHELL DEVELOPMENT CO, GENERAL ELECTRIC CO.

2. *2,3-Epoxy-propoxy-tributylsilan,* $(C_4H_9)_3{\equiv}Si{-}O \cdot CH_2 \cdot CH{-}CH_2$
$\diagdown O \diagup$

durch Eintropfen von 62 g Chlortributylsilan in ein Gemisch von 37 g Glycid, 60 g Triäthylamin und 250 g Toluol bei 0—10°. Der flüssige Ester kann als Stabilisierungsmittel für PVC Verwendung finden.

3. *Di-(2,3-epoxy-propoxy)-diphenoxysilan,* $(C_6H_5 \cdot O)_2{=}Si{=}(O \cdot CH_2 \cdot CH{-}CH_2)_2$
$\diagdown O \diagup$

indem 65 g Dichlordiphenoxysilan in ein Gemisch von 37 g Glycid, 60 g Triäthylamin und 250 g Toluol bei 0—10° eingetropft werden.

Diese sehr einfach auszuführenden Umsetzungen führen zu guten Ausbeuten und ermöglichen die Herstellung jedweder gewünschten Verbindung zwischen einem Epoxydalkohol und einem Alkyl- oder Alkyloxy-Silan.

Zur Gewinnung von Anstrichmitteln von besonders hoher Wasser- und Witterungsbeständigkeit, deren pigmentierte Anstriche auch mit der Zeit nicht kreiden, hat die BATAAFSCHE[1] Kompositionen aus Bisphenol-A-Glycidyläthern unterschiedlicher Polymerisationsgrade mit organischen Siliciumverbindungen verschiedenster Art in verschiedener Weise hergestellt, die auch noch weiter modifiziert werden können. — Da die Komposition Epoxydharz-Silicon bei der Härtung eine chemische Umsetzung gewährleisten soll, muß das Silicon zwei oder mehr labile H-Atome enthalten, die mit Epoxydgruppen reagieren können. Solche Verbindungen können sein:

Silanole mit 1—3 OH-Gruppen: $R_3Si \cdot OH$, $R_2 \cdot Si \cdot (OH)_2$, $R \cdot Si \cdot (OH)_3$, wobei R = Phenyl, Cyclohexyl, Vinyl oder ein höherer Alkylrest sein kann. Silan-di- und -triole sind wegen ihrer Polyfunktionalität am günstigsten, z. B. Diphenyldioxysilan oder Dimethylphenylsilanol.

Siloxanole als Dimere oder Polymere:

$$\begin{array}{ccc} R & R \\ | & | \\ HO \cdot Si \cdot O \cdot Si \cdot OH \\ | & | \\ R & R \end{array} \quad oder \quad \begin{array}{ccc} R & R & R \\ | & | & | \\ HO \cdot Si \cdot (O \cdot Si \cdot)_n \cdot O \cdot Si \cdot OH \\ | & | & | \\ R & R & R \end{array}$$

z. B. Tetramethyldisiloxandiol

$$\textit{Silalkanole} \qquad \begin{array}{cc} R & R \\ | & | \\ HO \cdot Si \cdot X \cdot Si \cdot OH \\ | & | \\ R & R \end{array}$$

wobei X = Alkylen- oder Arylengruppe sein kann, z. B. Äthylen-bis-(diäthyloxysilan) oder p-Phenylen-bis-(dimethyloxysilan)

$$\textit{Dicarbonsäuredisilanolester} \qquad \begin{array}{cc} R & R \\ | & | \\ HO \cdot Si \cdot O \cdot CO \cdot A \cdot CO \cdot O \cdot Si \cdot OH \\ | & | \\ R & R \end{array}$$

wobei A der Rest der Dicarbonsäure ist, z. B. Adipinsäure-di-(methylsilanol)-ester.

---

[1] Belg. P. 537 768, 28. 4. 55; US-Pri. 30. 4. 54, BATAAFSCHE.

Organsilylalkohole, bei denen die OH-Gruppe sich an einem organischen Rest befindet: $R_a \cdot Si \cdot (X \cdot OH)_b$, wobei X = aliphatischer oder aromatischer Rest sein kann, a + b = 4, z. B. Dimethyl-di-(3-oxypropyl)-silan.

Siloxalkanole, $R_a \cdot Si \cdot (O \cdot X \cdot OH)_b$, z. B. Dimethyl-di-(4-oxyphenoxy)-silan.

Silyl-trialkan-carbonsäuren, $R_3 \cdot Si \cdot R' \cdot CO \cdot OH$, z. B. Trimethylsilylbuttersäure oder Trimethylsilyl-p-benzoesäure.

Die Siliciumverbindung kann mit dem Polyepoxyd außer in dem chemisch äquivalenten Verhältnis von 1:1 auch mit höheren Mengen umgesetzt werden. Man kann hierbei zu Produkten gelangen, die als Gießharz oder als Klebmittel geeignet sind. Die Umsetzung erfolgt in der Wärme bei 50—250°, wobei zweckmäßig 0,1—2% eines tertiären Amins als Katalysator zugefügt wird. In manchen Fällen ist es geraten, die Umsetzung in Lösung auszuführen. Zur Erzielung spezieller Eigenschaften können Modifizierungen durch Zusatz von Vinylpolymeren, Cellulosederivaten oder Phenol- oder Harnstoff-Formaldehyd-Kondensationsvorprodukten vorgenommen werden. Die Aushärtung findet durch Zusatz von tertiären Aminen, Polyaminen, Piperidin, Dicyandiamid, Melamin, Dicarbonsäureanhydriden u. dgl. bei gewöhnlicher oder bei erhöhter Temperatur statt.

Folgendes Beispiel 'gibt ein Bild über die Arbeitsweise:

17,7 g eines Bisphenol-A-Glycidyläthers mit dem Molgewicht 350 und etwa 1,75 Epoxydgruppen pro Mol (= *Epon* 828) werden mit 21,6 g Diphenylsilandiol 3—4 Stunden bei 130° erhitzt, wobei sich ein klares viscos-flüssiges Produkt bildet. = „Produkt A". — 75 g „Produkt A" werden mit 25 g butyliertem Harnstoff-Formaldehydkondensat, 50% in Butanol, gemischt. Ein Aufstrich mit dieser Komposition härtet bei 150° in 30 Minuten zu einem besonders wetterfesten Film. — Eine 50%ige Lösung von „Produkt A" in Methylcellosolve wird mit einer 20%igen Lösung von Polyvinylacetat in Methyläthylketon-Toluolgemisch in einem Mengenverhältnis vermischt, daß das Vinylpolymer in etwa der 10fachen Menge von „Produkt A" vorliegt. Beim Einbrennen von Aufstrichen dieser Komposition erhält man sehr wetterfeste Filme.

Während das Verfahren dieser Patentschrift zur Herstellung besonders wetterfester Anstriche sich zur Kombinierung mit organischen Siliciumverbindungen relativ niedermolekularer Bisphenol-A-Glycidyläther bedient, die nur wenige OH-Gruppen neben den endständigen Epoxydgruppen aufweisen, und daher in erster Linie mit den Epoxydgruppen reagieren, beschreiben dieselben Erfinder[1] die Kombinierung hydroxylgruppenhaltiger organischer Siliciumverbindungen mit höhermolekularen Bisphenol-A-Glycidyläthern mit einem wesentlich höheren Gehalt an OH-Gruppen, die mit höheren Fettsäuren verestert sind. Die zur Umsetzung geeigneten Siliciumverbindungen können dieselben wie in der vorhergehenden Patentschrift sein, sie können aber auch

---

[1] Belg. P. 537769, 29. 4. 55; US-Pri. 30. 4. 54, BATAAFSCHE.

Halogenatome enthalten und die Hydroxylgruppen können mit niederen Alkoholen veräthert sein, so daß sie bei der Umsetzung leicht abgespalten werden. — Es werden beispielsweise angewandt: Bisphenol-A-Glycidyläther vom Erweichungspunkt 95—105°, Molgewicht 1400 und 1,44 Epoxydgruppen pro Mol (=*Epon* 1004), oder vom Erweichungspunkt 125—135°, Molgewicht 2900 und 1,45 Epoxydgruppen pro Mol (= *Epon* 1007), die mit Leinölfettsäure, Sojaölfettsäure oder mit dehydratisierter Ricinusölfettsäure verestert werden. An Siliciumverbindungen: Trimethylchlorsilan, Diphenylsilandiol, Dimethyldiäthoxysilan, Trimethyläthoxysilan oder Polysiloxane vom Molgewicht 350—450, die pro Mol zwei am Siliciumatom gebundene Methoxygruppen sowie direkt am Si-Atom gebundene Methyl- und Phenylgruppen enthalten. — Herstellung und Verwendung der nach dieser Patentschrift gewonnenen Produkte entspricht derjenigen der vorhergehenden.

Kombination von Polyepoxyden mit Cellulosederivaten

Die Verwendung von Celluloseäthern oder -estern wird vielfach durch ihren niedrigen Schmelzpunkt oder durch ihre Löslichkeit in Lösungsmitteln beeinträchtigt. Von F. E. CONDO[1] wurde gefunden, daß diese Übelstände durch Kombinieren mit einer geringen Menge eines Polyepoxyds mit anschließender Härtung mittels eines Katalysators überwunden werden können. Als Polyepoxyde sind für diesen Zweck geeignet: Hydrochinon- und Resorcindiglycidyläther, 4,4'-Diglycidyldiphenyläther, Octan-1,3-diglycidyläther, Cyclohexan-1,4-diglycidyläther, Diglycidäther, Äthylenglykoldiglycidyläther, sowie die Polyglycidyläther mehrkerniger Phenole, insbesondere Reaktionsprodukte von Bisphenol A mit Epichlorhydrin, die 1,1—2,0 Epoxydgruppen pro Mol enthalten und einen Erweichungspunkt unterhalb 60° und ein Molgewicht von 200—300 aufweisen. Folgende Beispiele illustrieren das Verfahren:

1. In eine Lösung von 15 g Acetylcellulose in 85 g Aceton, das 5% Wasser enthält, werden 4,5 g flüssiger Bisphenol-A-Glycidyläther vom Molgewicht 324 eingetragen. Vor Gebrauch werden der klaren Lösung 0,225 g eines BF_3-Komplexes in p-Kresol zugesetzt. Mit dieser Mischung gegossene Filme, die nach dem Trocknen 5 Minuten bei 160° gehärtet werden, sind in Aceton unlöslich und wesentlich hitzebeständiger als die reinen Acetylcellulosefilme.

2. In derselben Weise können auch Bisphenol-A-Glycidyläther mit Erweichungspunkten von 27—52° angewandt werden. Damit hergestellte Acetylcellulosefilme haben ähnlich verbesserte Eigenschaften.

Kombinieren von polymeren Bisphenol-A-Glycidyläthern mit Polyvinylharzen

Zur Gewinnung von Isoliermassen von besonderer Biegsamkeit und Schlagfestigkeit stellt die WESTINGHOUSE ELECTRIC Co.[2] Kompositionen aus 20—80% polymerem Bisphenol-A-Glycidyläther und 80 bis 20% Polyvinylharz her, denen als Härtungskatalysator 5—50%

---

[1] FP 1109472, 21. 7. 54/30. 1. 56; US-Pri. 21. 7. 53, BATAAFSCHE.
[2] Belg. P. 541648, 28. 9. 55; US-Pri. 28. 9. 54, WESTINGHOUSE ELECTRIC Co.

eines unlöslichen Bentonit-Amin-Adduktes, wie solche unter Verwendung von Dicyandiamid, Guanidin u. dgl. in US 2531427 und 2531440 beschrieben sind, zugemischt werden.

Kombinieren von polymeren Bisphenol-A-Glycidyläthern mit Diels-Alder-Addukten

Zur Gewinnung von besonders hitzebeständigen Epoxydharzen, die auch bei höheren Temperaturen, bei denen normale Epoxydharze plastisch werden, noch hart bleiben und ihre guten elektrischen Eigenschaften behalten, hat die GENERAL ELECTRIC Co.[1] Kompositionen aus polymeren Bisphenol-A-Glycidyläthern mit einem DIELS-ALDER-Addukt aus Maleinsäure und Hexachlorcyclopentadien, Hexachlorendomethylentetrahydro-phthalsäureanhydrid der Formel

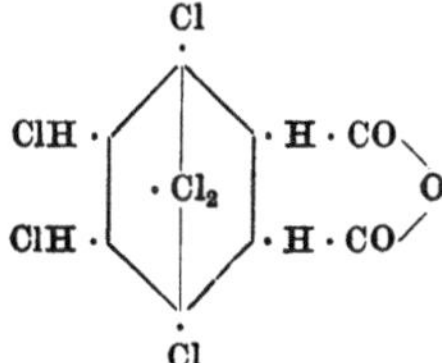

hergestellt. Die Mengenverhältnisse, in denen der Glycidyläther und das Addukt gemischt werden, können in weiten Grenzen variieren, und zwar von etwa 5—70% des Adduktes, wobei die so modifizierten Glycidyläther ihre Eigenschaften nach verschiedenen Richtungen verändern. An polymeren Bisphenol-A-Glycidyläthern werden für derartige Kompositionen solche mit niedrigen Erweichungspunkten, etwa von 10—30°, bevorzugt. Zwecks Verbilligung kann ein Teil des Adduktes durch Phthalsäureanhydrid ersetzt werden. Beispielsweise ergibt eine Komposition von 10 g Bisphenol-A-Glycidyläther vom Erweichungspunkt 20—28° und 17,6 g des oben bezeichneten Adduktes, die bei 160° zusammengeschmolzen und bei dieser Temperatur gehärtet wird, eine Masse, bei der die elektrischen Isoliereigenschaften bei höherer Temperatur diejenigen bei gewöhnlicher Temperatur übertreffen, eine Erscheinung, die sehr ungewöhnlich ist. — Die Verwendung von Kompositionen dieser Art kann auch für Anstrichzwecke, zum Imprägnieren von Glasfasergeweben zur Herstellung von Schichtmaterial u. dgl. m. erfolgen. Für die Verwendung als Klebmittel und als Gieß- und Preßharz eignen sich Gemische von 100 g Glycidyläther mit 30—70 g Addukt.

Kombinieren von polymeren Bisphenol-A-Glycidyläthern mit Butadienmischpolymerisaten

Zum Gewinnen von Metallklebemitteln, die sehr fest haften und — wie dies bei dünnen Metallfolien besonders erforderlich ist — eine sehr hohe Elastizität aufweisen, sowie von besonders gut haftenden An-

---

[1] BP 744388, 19. 8. 53/8. 2. 56; US-Pri. 22. 8. 52, GENERAL ELECTRIC Co.

strichmitteln, stellen R. D. SULLIVAN, T. F. MIKA und M. NAPS[1] Kompositionen von polymeren Bisphenol-A-Glycidyläthern mit Butadienmischpolymerisaten mit Styrol, Acrylnitril, Methacrylnitril oder Methylmethacrylat her. Bei diesen letzteren liegt Butadien in einer Menge von etwa 60% vor. Es können weiterhin noch gewisse Mengen an epoxydierten Ölen, z. B. epoxydiertes Sojabohnenöl, beigemischt werden. Zur Verwendung als Metallklebmittel wird ein relativ hoher Zusatz eines Diamins, insbesondere von N,N'-Diäthyl-1,3-propylendiamin angewandt, außerdem können auch Füllmittel, z. B. Asbestfasern, beigemischt werden. Die Härtung erfolgt bei 90—95° in $^3/_4$—1 Stunde. Beispielsweise werden Metallklebmittel in folgender Weise hergestellt:

1. 100 g polymerer Bisphenol-A-Glycidyläther, hergestellt aus 1 Mol Bisphenol A und 10 Mol Epichlorhydrin mit dem Erweichungspunkt 9°, einem Epoxydwert von 0,5/100 g und dem Molgewicht 370, werden gemischt mit 8 g eines Mischpolymerisates von 60% Butadien und 40% Acrylnitril, 30 g granulierter Asbestfaser und 8 g N,N'-Diäthyl-1,3-propylendiamin. Die Härtung erfolgt bei 100° in 1 Stunde.

2. 50 g polymerer Bisphenol-A-Glycidyläther, hergestellt aus 1 Mol Bisphenol A und 2,04 Mol Epichlorhydrin mit dem Erweichungspunkt 43°, einem Epoxydwert von 0,29/100 g und dem Molgewicht 520 werden mit 100 g Mischpolymerisat von 60% Butadien und 40% Acrylnitril, 5 g ZnO, 1,7 g Schwefel, 1,7 g Stearinsäure und 1,7 g Benzothiazoldisulfid durch Vermahlen gut gemischt. Die Härtung wird bei 145° in 1 Stunde durchgeführt.

Kombination von polymeren Bisphenol-A-Glycidyläthern mit Schellack

Zur Herstellung von auf Metallen festhaftenden, feuchtigkeitsbeständigen isolierenden Überzügen sowie von isolierendem Schichtmaterial kombinieren R. G. FLOWERS und G. D. HOLMBERG[2] polymere Bisphenol-A-Glycidyläther mit Schellack. Es wird behauptet, daß sich die reinen Epoxydharze für elektrische Isolierungen nicht gut eingeführt hätten:

1. wegen ihres hohen Preises,

2. wegen ihrer schlechten Lagerfähigkeit in Gegenwart basischer Härter,

3. wegen der durch Aminhärter bewirkten starken Abnahme der elektrischen Isolierfähigkeit,

4. wegen der Unmöglichkeit, mehrbasische Carbonsäuren in solchen Fällen wegen ihrer beträchtlichen Flüchtigkeit in der Hitze anzuwenden.

Während ein großer Teil der Zusatzmittel zu Epoxydharzen sich nur als Verdünnungsmittel (zur Preissenkung) verhält, ohne neue wert-

---

[1] BP 736457, 12. 6. 53/7. 9. 55; US-Pri. 14. 6. 52, BATAAFSCHE.
[2] FP 1109407, 19. 3. 54/27. 1. 56; US-Pri. 26. 3. 53, COMP. FRANÇAISE THOMSON-HOUSTON.

volle Eigenschaften zu verleihen, summieren sich bei der Kombinierung mit Schellack die hervorragenden Eigenschaften beider Komponenten. Überraschenderweise hat sich gezeigt, daß Schellack als wirksamer Härter fungiert: während z. B. *Epon* 1001 bei 170° für sich allein nicht härtet, härtet eine 50%ige Mischung mit Schellack bei dieser Temperatur in 7 Minuten 40 Sekunden. Vermutlich findet eine chemische Umsetzung statt, die sich dadurch offenbart, daß das gehärtete Gemisch nur noch spurenweise in Alkohol löslich ist.

Aluminiumfolien wurden mit verschiedenen Kompositionen gestrichen, 16 Stunden bei 150° gehärtet, gewogen und nach 10 Minuten Einlegen in siedenden Alkohol der Gewichtsverlust bestimmt. Es wurden folgende Ergebnisse erzielt:

Nr.	Komposition	Bemerkungen	%-Verlust in Alkohol
1	100% Schellack	haftet nicht, blättert ab	löst
2	90% Schellack 10% *Epon* 1001	haftet schlecht, schält sich ab	löst
3	60% Schellack 40% *Epon* 1001	haftet gut, zäher elastischer Film	2,5
4	50% Schellack 50% *Epon* 1001	wie bei Nr. 3	3,1
5	40% Schellack 60% *Epon* 1001	wie bei Nr. 3	2,2
6	10% Schellack 90% *Epon* 1001	haftet ausgezeichnet, bricht leicht	2,4
7	100% *Epon* 1001	nicht ausgehärtet, haftet schlecht	68,5
8	47,5% Schellack 47,5% *Epon* 1001 5,0% Tetrachlorphthalsäureanhydrid	haftet gut, zäher elastischer Film	2,6

Da Kompositionen dieser Art in der Wärme dünnflüssig sind, kann die Lackierung auch durch Tauchen erfolgen. Mit Füllmitteln können Preßkörper, und mit oder ohne Füller Formstücke durch Gießen erzeugt werden. Weiterhin kann Gewebematerial aus Textilien oder Glasfasern mit der geschmolzenen Komposition getränkt und sehr gut isolierendes Schichtmaterial daraus hergestellt werden, insbesondere auch Stäbe und Rohre. Materialien dieser Art vertragen nach der Härtung erhebliche Deformationen, bevor sie brechen. Während viele Materialien durch die Einwirkungen elektrischer Entladungen verkohlen, findet bei Materialien aus den vorliegenden Kompositionen keine Verkohlung statt. Zwecks Modifizierungen können auch andere Harze die mit der Komposition verträglich sind, beigemischt werden.

Fluorhaltige Epoxydharzvorprodukte

Fluorhaltige Epoxydharzvorprodukte hergestellt aus Monomeren der allgemeinen Formel

$$CF_3 \cdot \underset{R}{C}\text{———}CH_2 \quad R = H \text{ oder } CH_3$$

sind durch O. R. PIERCE[1] entwickelt worden. Es wird von Trifluoraceton ausgegangen, das bromiert, daran Lithiumaluminiumhydrid addiert und mit Natriumhydroxyd Bromwasserstoff abgespalten wird:

$$CF_3 \cdot CO \cdot CH_3 \xrightarrow{Br} CF_3 \cdot CO \cdot CH_2Br \xrightarrow{LiAlH_4} CF_3 \cdot \underset{OH}{CH}\text{—}CH_2Br$$

$$\xrightarrow{NaOH} CF_3 \cdot CH\text{—}CH_2$$

Zum gleichen Ziel gelangt man durch Hydrolyse des Additionsproduktes des Trifluorbromacetons mit einem GRIGNARD-Reagens, z. B. CH_3MgBr, wobei die Methylverbindung

$$CF_3 \cdot \underset{CH_3}{C}\text{———}CH_2$$

erhalten wird.

Verbindungen dieser Art werden durch FRIEDEL-CRAFTS-Katalysatoren (etwa 0,5—1% BF_3) schon bei niedrigen Temperaturen leicht polymerisiert zu Verbindungen mit der Einheit

$$\left[-O-\underset{CF_3}{\overset{R}{C}}-CH_2- \right]$$

und können als Schmiermittel, Überzugsmittel, Klebmittel und als Zwischenprodukte für die Herstellung von Kautschuk Verwendung finden.

Kontinuierliche Herstellung von Epoxydharzvorprodukten

Auf dem Wege zur Verbilligung der Fabrikation von Epoxydharzvorprodukten bedeutet es einen erheblichen Schritt vorwärts, daß es der BATAAFSCHEN[2] gelungen ist, die Herstellung kontinuierlich zu gestalten. Das Verfahren stellt eine apparative Lösung dieser Aufgabe dar, die es gestattet, mehrwertige ein- oder mehrkernige Phenole mit Epichlorhydrin in einer Menge von 2 Mol pro phenolische OH-Gruppe miteinander umzusetzen. Während des Passierens mehrerer Reaktionsgefäße, in denen das Reaktionsgemisch am Sieden gehalten wird, wobei geringe Mengen Epichlorhydrin abdestilliert werden, die das Wasser der Natronlauge und das Reaktionswasser aceotropisch abführen, wird die dem Epichlorhydrin äquivalente Menge Natronlauge in Portionen jeweils in aufeinanderfolgenden Gefäßen zugeführt. In dem letzten Reaktionsgefäß wird das Rohprodukt mit warmem, teilweise angesäuertem Wasser ausgewaschen und abgelassen, während in dem ersten Reaktionsgefäß kontinuierlich neue Phenol-Epichlorhydrinmischung eingeführt wird.

---

[1] D. Anm. D 21700 v. 15. 11. 55; US-Pri. 17. 11. 54, Dow CORNING CORP.
[2] FP 1148526, 30. 1. 56/11. 7. 57; US-Pri. 31. 1. 55, BATAAFSCHE.

Literarische
Veröffentlichungen über Epoxydharze allgemein

1948

Moss, C. J.: *Araldite* — A new adhesive, coating and casting resin. Br. Pl., Nov. 1948, 521.

1949

Preiswerk, E., a. C. Meyerhans: Ethoxylines — a new group of triple function resins. Electr. Manufact., July 1949.

1950

Kline, G. M.: Übersicht über Produktion, Anwendungen und Eigenschaften der Epoxydharze, Ind. Engng. Chem. Okt. 1950, 2001—2006.
Preiswerk, E., a. J. Charlton: Ethoxylines. Mod. Pla. Nov. 1950, 84.
Shell's Epon Plant ready to produce. Chem. Engng. News, Nov. 1950, 4183.
O'Connor, J. A.: New Products and Materials. Chem. Engng. Nov. 1950, 192.
N. N.: *Epon* Resins, new Film-Formers. Paint, Oil Chem. Rev. Nov. 1950, 15.
Bradley, Th. F.: Some new Developments in drying Oil and Varnish Technology. Shell Official Digest, Nov. 1950, 795.

1951

N. N.: The New Resins, Paint Manufact. Jan. 1951, S. 2
Aickin, R. G.: Recent Advances of the Petroleum Chemicals Industry in the Plastics Field, Svenska Plast Foreningen Tekniska Meddelanden, VI. Juni 1951.
Hopper, T. R.: *Epon* Resins, Amer. Ink Maker, Oct. 1951.
Freitag, R.: Flüssige Kunststoffe bieten neue Möglichkeiten, Lack und Farbenchemie 1951, Nr. 1—4, 15—16.
Finn, S. R.: Jahresbericht über Kunstharze, auch Polyepoxyde. Rep. Progr. appl. Chem., 1951, 583—598.
Talen, H. W., a. T. Hoog: Over Epoxy-of Aethoxylineharsen. Verfkroniek, Nov. 1951, 313—322.
Kline, G. M., a. R. B. Seymour: Aethoxyline harsen. Chemische Courant vom 24. Nov. 1951, 714.
Meyerhans, K.: Erfahrungen über Verarbeitung und Anwendung von *Araldit* als Bindemittel und Gießharz. Kunst. 1951, 457—462.
Narracott, E. S.: Application of Epikote Resins. The Industrial Chemist, Sept. 1951.

1952

Wheeler, R. N.: Some Contributions of the Petroleum Industry in the Surface-Coating-Field. J. Oil Colour Assoc., März 1952, 107.
Hopper: T. R.: Epoxide Resins and Coatings. Materials and Methods, Sept. 1952.
Narracott, E. S.: Application of some Epoxide Resins in the Plastic Industry. B. Pl. Okt. 1952.
Lefaux, R.: Toxicologie des matières plastiques et des composés macromoléculaires. Masson & Cie, 1952.
Talen, H. W., a. T. Hoog: Epoxy- and Ethoxyline Resins. (Ein Titel ohne Sinn, der Verfasser), Paint, Oil Colour J. June 1952, 1300—1301.
Kline, G. M., u. R. B. Seymour: Übersicht über die Kunststoffe 1951, Ind. Engng. Chem., Oct. 1952, 2339.
N. N.: Epoxies — no Wonder. Mod. Pla. Oct. 1952, 89—94.
Plastiscope, Mod. Pla. Nov. 1952, 208.
de Winter, P. F.: Chemie und Anwendung von Epichlorhydrinharzen in der Industrie. Chim. Peintures, Jan. 1952, 6.
Preiswerk, E.: Ethoxyline Resins. Br. Pl. Jan. 1952, 6, sowie Febr., 43.
Scalfarotto, R.: Le Resine Epossidiche Epikote nelli industria della Vernici. Pitture e Vernici II. 1952.
Martin, R.: Chimie et Application des Resines Epikote dans l'Industrie, Peintures, Pigments Vernis, Mai 1952, 299, sowie Ind. Plast. mod., Juni 1952, 34.

WHEELER, R. N.: Epoxide Resins. Paint Oil Colour J., Oct. 1952, 935, sowie Chem. Trade J., Oct. 1952, 969.
N. N.: Specialities Coming on the Inside. Ch. W., Nov. 1952, 43.
N. N.: Your Guide to Chemical Resistance. Chem. Engng., Dec. 1952, 170.

1953

KLINE, G. M.: The Year 1952 in Review. Mod. Pla., Jan. 1953, 112.
KLEMA, F.: *Epikote* Harze. Mitt., 1953, 60—63.
WHEELER, R. N.: Epoxyde Resins. J. Oil Colour Chemists Assoc. 1953, Nr. 396, 305—321.
KLEMA, F.: *Epikote* Harze. Chem. R. Solothurn, 15. 4. 1953.
SCHRADE, J.: Kunstharze mit Epichlorhydrin. Kunst. 1953, Heft 7, 266—270.
CAREY, J. E.: Neuere Entwicklungen auf dem Gebiete der Epoxydharze. Mod. Pla., Aug. 1953, 130.
KLEMA, F.: *Epikote* Harze. Ch. Ztg. 1953, Nr. 11, 358.
STUDZINSKA, L.: Epoxydharze. Chem. Technik (Ost) Dez. 1953, 743—747.
N. N.: Riding the Epoxy Comet. Chem. Engng. May 1953, 262.
N. N.: Forward thinking on Raw Material. Brit. Paint Research Station Bull., Aug. 1953, 41.
N. N.: Epoxies on the Ascent. Ch. W. Sept. 1953, 81.
N. N.: What are Epoxy Resins? Rubber Age Synthetics, Sept. 1953, 301, sowie Oct. 1953, 353.
DEARBORN, E. C., R. M. FUOSS, A. K. MCKENZIE a. R. G. SHEPHERD: Glycidyläther aus 2—4kernigen Polyphenolen, Ind. Eng. Chem. 1953, Nr. 10, 2715—2721.
HARRIS, T. H., R. H. HORNING, a. H. A. NEVILLE: Glycidyläther aus Resolen, Mod. Pla., Dec. 1953, 136, 138, 140, 220, 223.
SHELL: Epichlorhydrinfabrikation in Houston wird verdreifacht, 40% desselben wird für Epoxydharze verbraucht, ihr Absatz war 1946 500000 lbs, 1952 6000000 lbs, Ende 1953 25—30 Mill. lbs. Aufnahme der Fabrikation in der Shell-Raffinerie in Pernis (bei HOEK VAN HOLLAND), Anfangsproduktion: 1000 t pro Jahr. Chem. Engng. 1953, Nr. 5, 262.
CIBA: Techn. Messe Hannover, 26. 4.—5. 5. 1953. (J. HAUSEN) zeigt Gießharze f. elektr. Geräte, neues sehr dünnflüssiges Harz, kalthärtend, zur Herstellung von konstruktiven Bauelementen (Löschkammern), Halbzeug: Platten, Stäbe, Rohre, ferner als Metallklebmittel. Kunst. 1953, Heft 6, 223.
N. N.: THIOKOL CHEM. CORP. Kombinieren von Thiokol mit Epoxydharz-Vorprodukten. Mod. Pla., Nov. 1953, 232.

1954

JORCZAK, J. S., u. J. A. BELISLE: Kombinieren von flüssigen Polysulfiden mit Epoxydharz-Vorprodukten. India Rubber Wld. 1954, Nr. 1, 66—69, sowie SPE J. 10. Febr. 1954, 23—29, Ref. Mod. Pla., Aug. 1954, 142.
N. N.: Mated for the Better (Thiokol Corp.). Über Polysulfide und Epoxydharz-Handelsprodukte und Kombinieren beider. Ch. W. May 1954, 44.
KLINE, G. M.: The Year 1953 in Review. Mod. Pla. Jan 1954, 122 (Epoxydharze).
N. N.: An Ethoxyline Resin (Araldit 985 B). Chem. Age, März 1954, 561—563.
KESTER, E. B., G. J. GAISER a. M. E. LAZAR: Glycidylesters of aliphatic Acids. Am. Soc. 1954, 550—556.
JAHN, H.: Aufbau, Eigenschaften und Anwendung der Epoxydharze. Pla. Kau., März 1954, 50—56, sowie April, 83—86.
MEYERHANS, K.: Chemikalienbeständigkeit von Äthoxylinharzen. Kunst. 1954, Heft 4, 135—142.
GREENSPAN, F. P.: Epoxydation-Hydroxylation Reactions. Mod. Pla., März 1954, 123—202, 204.
WITTCOFF, H., R. G. FREESE u. D. W. GLASER: (General Mills), Polyamidharz-Epoxydharzprodukte für Anstrichzwecke. Fette, Seifen, Anstrichmittel, 1954, Heft 10, 793—801.
JORCZAK, J. S., u. D. DWORKIN: Kombinieren von Polysulfiden mit Epoxydharz-Vorprodukten. Prod. Engng. Sept. 1954, 154—157.

NARRACOTT, E. S.: Epoxide Resins. The Plastics Institute Transactions. Oct. 1954, 300—312.

PARKINSON, D. H., u. J. E. QUARRINGTON: Untersuchungen an *Araldit*-Wood-metall. Brit. J. appl. Physics. 1954, Nr. 6, 219—220.

LAZAREW, A. J., u. M. F. SOROKIN: Synthetische Harze aus Epoxydverbindungen. Chim. Premysl. 1954, Nr. 5, 24—30.

MARMION, W. J.: Epoxydharze in der Kunststoffindustrie, eingehende Übersicht über Produkte der CIBA und der SHELL. Plast. Inst. Trans. J. 1754, 55—78.

GLAZER, J.: Ausbreitung von Epoxydharzen auf Wasser/Luftgrenzflächen. J. Polymer Sci. 1954, Nr. 70, 355—369.

N. N.: Epoxydharze in USA. Shell Mitt. April 1954, Heft 2, 53.

N. N.: Epoxy Resins, SHELL to make *Epikote* in Britain. Chem. Age 1819, vom 22. 5. 54, 1156.

N. N.: *Epikote* — ein neuer Rohstoff aus der Gruppe der Äthoxylinharze (für Lacke). Chem. Rdsch., 1. 6. 1954, Nr. 13, 269.

WHEELER, R. N.: Surface Coating Applications of Epoxide Resins. Paint Technol., Dez. 1954.

N. N.: Nouveaux revêtements résistants au choc et à la corrosion. Usine Nouvelle, 7. Okt., 27.

WITTCOFF, H.: Coatings of Polyamide and Epoxy Resins Blends. Ind. Engng. Chem. 46. Okt. 1954, 2226—2232.

N. N.: Entwicklungstendenzen in der Lackindustrie. (*Araldite, Epikote*-Harze), Dtsch. Farben-Z., Mai 1954, 159.

N. N.: Entwicklung der Epoxydharz-Fabrikation bei SHELL und CIBA. Mod. Pla., Oct. 1953, 232, Ref. in Kunst. 1954, Heft 2, 74.

N. N.: SHELL stellt 3 flüssige und 4 feste Epoxydharze her. Weitere Hersteller: CIBA, BAKELITE und BORDEN. Chem. Engng. News 32, 1954, Nr. 32, 3210.

Preise von Epoxydharzen der SHELL und von BAKELITE. Mod. Pla., Oct. 1954, 254.

PREISWERK, E.: Bedeutung der Epoxydharze in der Technik, besonders Elektrotechnik. Ind. Pla. mod. 6., 1954, Nr. 6, 31—39.

N. N.: An Ethoxyline Resin. Some Properties and uses of *Araldite* 985 B (Aero Research Ltd.). Chem. Age Nr. 1808 vom 6. 3. 1954, 561.

Internationale Herbsttagung des schwedischen Kunststoffverbandes in Stockholm. 18—20. 11. 1954. Kunst. 1955, Heft 2, 59. K. MEYERHANS: Einige Anwendungen der Äthoxylinharze. E. NARRACOTT: Die Vorkondensation von Epikoteharzen.

WENDE, A.: Tagesbericht der Ch. Ges. der DDR 4. 1954, 160—164. Erläuterung der Chemie der Epoxydharze und ihre anwendungstechnische und wirtschaftliche Bedeutung.

1955

CARLTON, J. R.: Epoxy Resins. Canadian Pla., Dez. 1955, 31—36.

COHEN, M.: New Epoxide Resins by Reaction of Epichlorohydrine with Sulfonamides. Ind Engng. Chem., Okt. 1955, 2095—2101.

ZOLIN, B. J., a. J. G. GREEN: Epoxy Resins — an engineering Material for the chemical Industry. Verwendung für die Herstellung von Flüssigkeitstanks, Trägern und anderen Bauelementen. Firmenschrift von E. I. DU PONT DE NEMOURS.

BALLESTER, M.: Mechanism of the DARZENS and related condensations. Chem. Rev. 55, 1955, Nr. 2, 283—300. Nimmt Bezug auf M. S. NEWMAN und B. J. MAGERLEIN über dasselbe Thema. Am. Soc. 69. 1947, 469.

KLINE, G. M.: The Year 1954 in Review. Angabe vieler technischer Verwendungen über Epoxydharze und Aufsätze darüber. Mod. Pla., Jan 1955.

N. N.: The widening Scope of Epoxide Resins. Angabe vieler neuer Verwendungen. Br. Pla., Jan. 1955, 16—17.

BRUIN, P.: Einige Aspekte der Chemie von Epoxydharzen. Kunst. 1955, Heft 8, 335—337.

WEGLER, R.: Chemie der Polyepoxyde. Ang. Ch. 1955, Nr. 19/20, 582—592.

THEILE, K., u. P. COLOMB: Die chemischen und physikalischen Eigenschaften von Äthoxylinharzen in Abhängigkeit von ihren Kombinationspartnern. Fette, Seifen, Anstrichmittel. 1955, Nr. 9, 686—691.

SUSSMANN, V.: Processing of Epoxy Resins. Mod. Pla., April 1955, 164, 166, 245.

SEYMOUR, R. B.: Plastics. Ind. Eng. Chem. Sept. 1955, 2011—2019. 33 Literaturstellen über Epoxydharze.

N. N.: The Manufacture of Epoxide Resins, in der Stanlow Fabrik in England (SHELL). B. Pla., Oct. 1955, 424—425.

GALL, R. J., a. F. P. GREENSPAN: Epoxy compounds from unsaturated fatty acid esters. Ind. Eng. Chem., Jan. 1955, 147—148.

JORCZAK, J. S., a. J. A. BELISLE: Umsetzungen von Epoxydverbindungen mit Thiokolen. Plastics Age, 1955, 216—217.

BRING, A.: Der Reaktionsmechanismus bei der Entstehung von Epoxydharzen. Chem. prümysl. 5/30, 1955, Nr. 2, 74—77.

NARRACOTT, E. S. (SHELL): Fortschritte auf dem Gebiet der Epoxydharze. Die Verwendung von Vorkondensaten aus Epoxydharzvorprodukten mit m-Phenylendiamin wird beschrieben. Tekniska Meddelanden der SPF 10. 1955, Nr. 20.

NIKLES, O. J.: Surface Coatings derived from Epoxy Resins. SHELL Official Digest, März 1955, 185—193.

N. N.: Le progrès des Epoxy. Pensez Plastiques 11, 1. April 1955.

N. N.: Avenir des résins epoxy, possibilité de mélange avec d'autres résins. Plastiques Informations 110, 16. April 1955.

1956

CRANKER, K. R., u. A. J. BRESLAU: Kombinationen von Epoxydharzen mit flüssigen Polysulfid-Polymeren. Ind. Engng. Chem., Jan. 1956, 98—103.

NORTH, A. G.: Epoxy Resins. J. Oil Colour. Chemists' Assoc. 39, 1956, Nr. 5, 318—330. Beschreibt Chemismus der Bisphenol-A-Epichlorhydrinharze Variationen der Veresterung, Trockner, Gebrauch von Befeuchtungsagentien (Zn- und Ca-naphthenat), Kombination mit Harnstoff- und Melaminharzen beschleunigt Aushärtung, vermindert aber Flexibilität und Haftung auf Metall, verbessert Alkaliechtheit. Früh auftretender Glanzverlust beruht auf zu niedrigem Molgewicht des Epoxydharzes und auf Gehalt an zu großer Anzahl nicht ausreagierter OH-Gruppen.

SHUR, E. G.: Epoxy-Ether-Resins, a new technology. Die verschiedenen Arten der Modifizierung von Epoxydharzvorprodukten. Mod. Pla., April 1956, 174, 176, 274, 276.

TURNER, J. H.: Über Epoxydharze. Paint 26, 1956, Nr. 5, 157—162. Es gibt zwei Klassen von Epoxydharzen: a) Diepoxydpolyäther aus Bisphenol A und Epichlorhydrin, b) Polyepoxharze gewonnen durch Umsetzen von Phenol-Formaldehyd-Kondensaten mit Epichlorhydrin. Die Harze nach b) haben einen relativ hohen Gehalt an Epoxydgruppen und sind daher denjenigen nach a) in vielen Fällen überlegen. — Vernetzungs- und Härtereaktionen durch Polymerisation zu Polyäthern, Veräthern mit phenolischen OH-Gruppen, Fettalkoholen usw., Verestern mit Säuren, Umsetzungen mit Aminen. — Vergleich der verschiedenen Typen bezüglich Struktur, Molgewicht und Epoxydäquivalenten.

WHEELER, R. N.: Neuere Entwicklungen auf dem Epoxydharzgebiet. J. Oil Colour. Chemists' Assoc. 39, 1956, Nr. 5, 346—355. Bedeutung der Variationen in der Herstellung von Bisphenol-A-Epichlorhydrinharzen für die Verwendungszwecke. Kombinationen mit Styrol weisen bessere H_2O-Beständigkeit, aber verminderte Lösungsmittelbeständigkeit auf. Diskussion über Wirkung von Amin- und Säurehärtern, sowie Kombination mit Harnstoffharzen.

v. d. NEUT, I. H.: Epoxydharze. Eine Übersicht über Herstellung, Eigenschaften und Verwendung der Epoxydharze. Plastica 1956, 615—619.

CHARLTON, J.; Alliages de diverses résines avec les époxy. Pensez Plastiques Okt. 1956, 3, 5, 7, 8. Es werden Kombinationen von Epoxydharzvorprodukten mit Phenol- und Aminoharzen, mit Polyamiden, Polyestern, Polyvinylverbindungen, Kautschuk usw. für die Verwendungen als Überzugsmassen für Papier, Kautschuk und Metall, als Kabelummantelung, als Klebstoff und zum Imprägnieren von Glasgeweben zur Herstellung von Schichtstoffen begutachtet.

PAICE, E. S.: Some properties and applications of epoxyde resins. Br. Pl. 29, 1956, 6, 219—223.

SARRUT, F.: Les résines d'épichlorhydrine. Peintures. Pigments, Vernis 32, 1956, 11, 964—973.

FÖRSTER, W.: Die Epoxydharze. Kunststoff Rundschau 1956, 2, 43—47.

N. N. (GENERAL MILS Co): Polyamide-epoxy-combinations. Chem. Age 1956, 893—896.

FLOYD, D. E., et al: Polyamide-epoxy-resins. Mod. Pla. 33, 1956, 10, 238—250.

1957

TEWES, G.: Epoxydharze im Patentschrifttum. Kunststoff Rundschau 1957, 2, 41—47, 3, 87—92, 4, 143—147.

TOMPKINS, J.: Which Epoxy Compounds? Mod. Pla. Sept. 1957, 128—132, 256. Es werden die verschiedenen Verwendungszwecke für Epoxydharzvorprodukte ohne Angabe spezieller Handelsmarken dargelegt.

WANDEBERG. E.: Vier technisch interessante Kunststoffe der Gegenwart (Silikone, Epoxydharze, Polyester und Polyäthylen). Kunststoff Rundschau Sept. 1957, 393—397. Als Epoxydharzvorprodukt – Handelsmarken werden angegeben: Epikote, Araldit und Skotch Cast zur Verwendung als Anstrichuud Klebemittel und als Gießharz. Die Verarbeitung von Araldit Lackharz 985, Araldit I als Klebmittel und der Araldit Gießharze B und D wird beschrieben. Im Vergleich dazu das Klebmittel „Redux", ein Gemisch aus Phenolharz und Polyvinylacetat.

PAICE, E. S.: Epoxydharze und ihre Stellung in der Industrie. Chem. a. Ind. Juni 1957, 674—679. Historischer Rückblick über Epoxydharzproduktion (erst seit 1950 auf dem Markt). Die Epoxydharze haben von allen Kunstharzen die größte Zuwachsrate und haben wegen der vielen speziellen Verwendungen die besten Aussichten.

NEDEY, G.: Makromolekulare Struktur und allgemeine Eigenschaften der Epoxydharze. Peintures, Pigments et Vernis 33, 1957, 324—330. Behandelt besonders die möglichen Modifizierungen mit Phenol- und Aminoharzen, mit Fettsäuren, Polyaminen und Polyamiden und Isocyanaten. (Vortrag auf 29. Kongreß der Chimie Industrielle in Paris am 20. 11. 56.

Vorträge über Epoxydharze auf der FATIPEC 1957 in Luzern

CASTAN, P., u. C. GANDILLON: Über Epoxydharzester und einige ähnliche Kunstharze.

FIGARET, J.: Betrachtungen über Konstitution und Eigenschaften von Epoxydharzen.

LOIBLE, J. R., u. R. MARTIN: Der Einfluß verschiedener Faktoren auf die Veresterung von Epoxydharzen.

NORTH, A, G.: Die Beständigkeit von Epoxyd-Polyamid-Systemen.

VI. Härtung und Härtemittel

Ihren Wert erhalten Epoxydharze durch die Möglichkeit, sie zu einem beliebigen Zeitpunkt zu härten, d. h., sie von dem schmelzbaren und löslichen Zustand in den unschmelzbaren und unlöslichen zu überführen.

Man kann 3 Härtungstypen unterscheiden:

1. Härtung, bei der die Epoxydgruppen die entscheidende Rolle spielen. Härtung dieser Art kann erfolgen:

a) durch ionisierend wirkende Polymerisationskatalysatoren, insbesondere Amine, FRIEDEL CRAFTSsche Katalysatoren und andere

Verbindungen, wie sie für die Polymerisation von Äthylen- oder Propylenoxyd gebräuchlich sind,

b) durch polyfunktionelle Verbindungen, welche eine 3-dimensionale Vernetzung bewirken. Es sind dies Verbindungen, welche zwei oder mehr Gruppen enthalten, die sich an die Epoxydgruppe unter Ringöffnung addieren, z. B. Polycarbonsäuren oder ihre Anhydride, Polyamine, Polyamide und Polyphenole.

2. Härtung, bei der die Epoxydgruppen wohl eine wichtige Rolle spielen, aber für sich allein nicht genügen. Härtungen dieser Art können mit Formaldehydvorkondensaten, die Methylolgruppen enthalten, z. B. solche von Phenol, Harnstoff, Melamin u. dgl., oder Iminogruppen aufweisen, wie Anilin-Formaldehydkondensate, durchgeführt werden. Bei Phenolvorkondensaten mit Methylolgruppen (Resole) finden Reaktionen zwischen Epoxydgruppen und phenolischen OH-Gruppen sowie auch solche zwischen Methylolgruppen und Phenolkernen statt. Bei Aminoharzen reagieren die Epoxydgruppen mit den Methylolgruppen sowie auch mit noch vorhandenen freien Wasserstoffatomen am Stickstoff. Es ist eine genaue Berechnung der Mengenverhältnisse erforderlich, damit die zwei verschiedenen Reaktionen, die beide erfolgen müssen, jede für sich in genügendem Umfange vor sich gehen können. Überwiegt die eine Reaktionsart, so ist die Vernetzung unvollkommen und das Endprodukt hat keine optimalen Eigenschaften.

3. Härtung, bei der die Epoxydgruppen von nur geringer Wichtigkeit sind. Es handelt sich hier um hydroxylgruppenhaltige Epoxydharzvorprodukte, die

a) mit höheren trocknenden oder nicht trocknenden Ölen oder Fettsäuren verestert wurden, wodurch auch die Epoxydgruppen zumeist verbraucht werden. Die Härtung von Oberflächenanstrichen mit Produkten dieser Art erfolgt durch Sauerstoffaufnahme (Conaphthenat) oder durch Einbrennen.

b) mit Polyisocyanaten, die mit den OH-Gruppen reagieren, umgesetzt werden.

Die Art der Durchführung des Härtungsvorganges ist für die praktische Verwendung der Epoxydharze entscheidend. Dieselbe mit dem Ziel, Epoxydharze mit auf einen bestimmten Zweck gerichtete optimalen Eigenschaften zu erzielen, ist durchaus nicht so einfach, wie es aus den Patentschriften den Eindruck erwecken kann. Solange mit einer und derselben Type eines Epoxydharzvorproduktes gearbeitet wird, über die bereits eingehende Erfahrungen vorliegen, wie dies bei den Glycidyläthern des Bisphenol A der Fall ist, mögen wohl bei exakter Arbeit gleichbleibende Ergebnisse erhalten werden, wobei der Polymerisationsgrad, der sich durch Erweichungspunkt, Epoxydäquivalentgewicht und Molgewicht ausdrückt, eine mitbestimmende Rolle spielt. Bei Epoxydharzvorprodukten anderer Art, von denen bereits eine ganze Reihe bekannt geworden sind, sind zumeist noch keine marktgängigen Produkte vorhanden, weil die Härtungserfordernisse noch nicht genügend studiert worden sind. Man kann immer wieder die Erfahrung machen, daß diesem entscheidenden Arbeitsgang nicht die gebührende Wichtigkeit beigemessen wird, weil vielfach die Meinung vorliegt, daß die bei Diphenylolpropanglycidyläthern gewonnenen Erfahrungen ohne weiteres auf Epoxydharzvorprodukte anderer Art übertragen werden können.

Wenn wir die Härtung nach dem 1. Härtungstyp ins Auge fassen, so sind die Eigenschaften des Endproduktes abhängig von:

1. der Art des Polymerisationsbeschleunigers oder der vernetzend wirkenden polyfunktionellen Verbindung,
2. der Menge dieser zugesetzten Verbindungen,
3. der Temperatur bei der Durchführung der Härtung,
4. der Zeitdauer der Härtung.

Es ist klar, daß wegen der vorliegenden wichtigen Faktoren, deren jeder wieder eine Vielzahl von Möglichkeiten einschließt, das Auffinden der optimalen Bedingungen viel wohlüberlegte Arbeit erfordert. Dieselbe kann aber nur zu einem gewissen Anteil dadurch vereinfacht werden, daß — etwa bei vernetzend wirkenden polyfunktionellen Verbindungen — die pro Epoxydgruppe berechneten Mengen eingesetzt werden. Wenn die wichtigsten mechanischen Eigenschaften des Endproduktes: Härte, Reißfestigkeit, Haftfähigkeit, Wärmefestigkeit (heat distortion) u. a. m. betrachtet werden, ist es eine Erfahrungstatsache, daß kein Produkt ein Optimum in allen diesen Eigenschaften zugleich aufweist, sondern gewisse voneinander abhängige Eigenschaften hervorragen und andere wieder erheblich unter dem optimalen Zustand liegen können. Es ist daher vielfach erforderlich, daß an Stelle der berechneten Mengen solche angewandt werden müssen, die nach oben oder unten abweichen, um gewisse einseitige optimale Eigenschaften zu erzielen. Dies geht dann zumeist auf Kosten anderer Eigenschaften, die aber in dem speziellen Fall zumeist nicht wichtig sind. Solche empirischen Arbeiten erfordern Fingerspitzengefühl und ein gründliches Beherrschen der Materie.

Wenn weiterhin die Härtungstemperatur und die Zeit ausschlaggebende Bedeutung haben, und es durchaus nicht gleich ist, ob bei niedriger Temperatur längere Zeit erhitzt wird, oder kürzere Zeit bei höherer Temperatur, oder ob der Härtungsprozeß in Stufen unterteilt wird, derart, daß bei niedriger Temperatur eine Vorhärtung und dann bei höherer Temperatur eine Nachhärtung vorgenommen wird, mag es einleuchten, wieviel Arbeit erforderlich ist, bevor Epoxydharze auf den Markt gebracht werden können. Sie setzt die Zusammenarbeit erfahrener Entwicklungschemiker und Anwendungstechniker voraus.

Bei der Behandlung von Härtungsverfahren im einzelnen werden sich Gelegenheiten finden, um darauf hinzuweisen, wie in manchen Fällen geringe Abweichungen von optimalen Bedingungen bereits erheblichen Abfall gewisser Eigenschaften nach sich ziehen können.

Der Begriff „Härtung" ist bei den ersten technisch härtbaren Harzen, den Phenolharzen, geprägt worden. Er gibt anschaulich den Übergang des weichen bzw. flüssigen Resols in den harten Resit wieder. Nach der Einführung neuer härtbarer Harztypen wurde der Begriff „Härtung" auch auf diese übertragen, um den Übergang in den vernetzten Zustand auszudrücken. Allerdings kann es hierbei vorkommen, daß das gehärtete Material gar nicht hart ist, sondern auch weich sein kann. Diese Erscheinung ist uns vom Kautschuk her geläufig, nur spricht man dort nach alter Sitte von „Vulkanisation". Die Franzosen sind geneigt, außer den Bezeichnungen „durcissement" und „mûrissage" auch „vulcanisation" allgemein für das Härten von Kunststoffen anzuwenden, insbesondere, wenn nach der Härtung noch ein weicher Gelzustand vorliegt. Man muß sich hierbei von dem geläufigen Gedankengang frei machen, daß „Vulkanisation" etwas mit Schwefel zu tun haben muß.

Im Deutschen sagt man statt „härten" auch „vernetzen". Dieses Wort bezeichnet in jedem Fall den Charakter des vor sich gegangenen Prozesses.

„Vernetzung" sagen auch die Anglo-Amerikaner mit ihrem „crosslinking". Sie haben, wie die Franzosen, auch noch die Begriffe „hardening", „curing", setting"- und „converting". Obgleich im allgemeinen diese Worte wahllos durcheinander angewendet werden, hätte man dadurch die Möglichkeit, etwas Verschiedenes zum Ausdruck zu bringen. Da „to cure", wie auch das französische „mûrir", in anderen chemisch-technischen Prozessen soviel wie „reifen" bedeutet, z. B. bei der Viscose, wären diese Worte besonders geeignet, um eine in der Struktur des Harzes selbst begründete latente Anlage, bei höherer Temperatur von sich selbst aus zu härten, etwa wie ein Resol, auszudrücken. Es gibt auch Epoxydharzvorprodukte, die ohne Zusatz eines Katalysators oder Vernetzers, allein durch ihre Konstitution bedingt, in der Wärme härten, z. B. solche, die im Molekül eingebaute Iminogruppen enthalten. Hierbei geht dann die bei gewöhnlicher Temperatur stagnierende Weiterreaktion der latenten Möglichkeiten zu Ende, das Makromolekül ist dann „ausgereift".

Zum Verständnis des Härtungsvorganges, wozu die Ausführungen von O. Fuchs[1] „Modellbetrachtungen zur Löslichkeit von Hochpolymeren", von E. J. Henley[2] „How Crosslinking works" und von W. Kern[3] „Gegenwärtiger Stand der Polykondensate" dienlich sein können, mögen die Erkenntnisse herangezogen werden, wie sie sich bei den schon länger bekannten härtbaren Harzen mit der Zeit herausgebildet haben. In dem genannten Aufsatz unterscheidet W. Kern folgende Härtungsreaktionen:

1. Eigenhärtende Verbindungen, die durchaus nicht Polykondensate sein müssen, wie Kern angibt, sondern es können auch durch Polyaddition entstandene Verbindungen wie im Falle selbsthärtender Epoxydverbindungen sein.

---

[1] Fuchs, O.: Kunst. **1953**, 409—415.
[2] Henley, E. J.: Mod. Pla., März **1955**, 98—101.
[3] Kern, W.: Ku. Pla. 2. Nr. 2/3, **1955**, 35—40.

2. Indirekte Härtung, wobei hinzugebrachte vernetzend wirkende Verbindungen Härtung von für sich allein nicht härtenden Verbindungen bewirken.

3. Härtung mit Hilfe von oligofunktionellen Isocyanaten.

4. Härtung mit Hilfe von Epoxydverbindungen.

5. Härtung durch Polymerisation.

In einer aus Kohlenstoffatomen aufgebauten Kette, beispielsweise Polyäthylen, sind CH_2-Gruppen in verschieden großer Anzahl miteinander verbunden. Die Kräfte, welche die 2 H-Atome mit dem C-Atom binden, werden als primäre Bindungskräfte bezeichnet, die sehr viel größer sind als die sekundären Bindungskräfte, welche eine Methylengruppe mit der anderen verbindet. Weiterhin wirkt eine Kette als solche anziehend auf eine zweite und weitere, wobei diese gegenseitige Anziehung abhängig von der Kettenlänge ist. Darum sind kurze Ketten relativ weit voneinander gelagert, so daß das Material keine große Dichte hat und vielfach flüssig ist. Bei zunehmender Kettenlänge steigt die gegenseitige Anziehung, so daß die Kettenmoleküle dichter gepackt sind. Ein Material mit einem Molgewicht 500—1000 kann wachsartigen Charakter haben, während bei wesentlicher Molekülvergrößerung auf etwa 100000, etwa bei Polyäthylenen, zähe, sehr feste und biegsame Materialien erhalten werden, wie sie durch die Polyäthylen-Gebrauchsgegenständen bekannt sind. Daher sind Fäden mit brauchbaren Festigkeiten auch nur aus Makromolekülen mit relativ hohem Molgewicht zu erhalten.

Sind in der Kette Halogenatome vorhanden, so erzeugen diese ein wesentlich größeres elektrisches Feld als die Kohlenstoffatome, so daß schon bei relativ niedrigen Molgewichten fest gepackte Kettenbündel entstehen, die physikalische Eigenschaften aufweisen, wie sie halogenfreie Ketten nur mit wesentlich höheren Molgewichten haben, z. B. das für Gewebe verwendete Polyvinylchlorid.

Bei der Härtung findet zwischen den bisher nur durch zwischenmolekulare Kräfte zusammengehaltenen Ketten die Ausbildung chemischer Querverbindungen statt, die einer Vernetzung ähnlich sind, wie bei einem Fischnetz, jedoch mit dem grundlegenden Unterschied, daß das entstandene Gebilde nicht in einer Ebene liegt, sondern körperlich, 3-dimensional ausgebildet ist. Das folgende Schema gibt zwar eine reichlich unreale Darstellung der tatsächlich vorliegenden Verhältnisse, jedoch kann es der Phantasie behilflich sein:

Lineares Molekülbündel, thermoplastisch

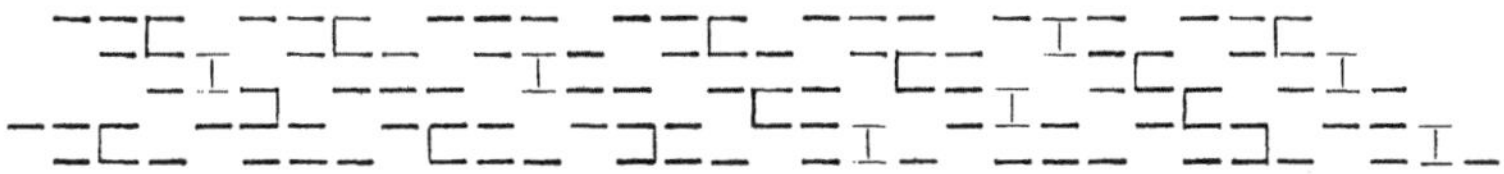

3-dimensionales vernetztes Molekülbündel, auf die Ebene projiziert

— — — bedeutet ein Makromolekül

Die Vernetzung selbst erfolgt durch eine chemische Umsetzung unter Ausbildung primärer Bindungskräfte, und zwar

1. Durch die Reaktion zweier in einem Molekül enthaltener reaktiver Gruppen, welche unter bestimmten Bedingungen das Bestreben haben, sich miteinander umzusetzen. Sind die Moleküle groß genug, so erfolgt der Reaktionsablauf nicht zwischen den reaktiven Gruppen eines und desselben Moleküls, sondern zwischen Gruppen verschiedener Moleküle unter Ausnutzung des dabei vorliegenden näheren Reaktionsweges. So bilden sich chemische Verbindungen zwischen einem im Innern einer Art Kabel gelagerten Kettenmoleküls und den ringsum gelagerten gleichartigen Ketten aus, wobei zum mindesten eine Verbindung eines Moleküls einer Kette mit einem anderen Molekül einer anderen Kette erfolgt. Aus dem biegsamen Kettenmolekülbündel, bei dem eine Kette neben der anderen bei Biegebeanspruchungen einen Bewegungsspielraum zur Verfügung hat, welche die Vorbedingungen für die Elastizität versinnbildlicht, entsteht bei der Vernetzung ein starres hartes Gebilde, in dem die einzelnen Ketten eines Kettenbündels fest zusammengeschweißt sind. Aus dem täglichen Leben haben wir ein treffendes Bild hierfür: ein dickes Bündel nebeneinanderliegender und verschnürter Betonierungsrundeisen biegt sich relativ leicht, wie beim Fahren oder beim Abladen der langen Rundeisenbündel beobachtet werden kann, weil jedes einzelne Rundeisen sich neben dem benachbarten für sich bewegen kann. Wird ein solches Bündel in sich fixiert, etwa durch Verschweißen aller Rundeisen miteinander oder durch Einbetten in Zement, so entsteht eine feste, nicht mehr biegsame Säule — ein Sinnbild für ein Bündel vernetzter Molekülketten. Folgendes Schema möge diese Verhältnisse bei Iminoepoxydverbindungen veranschaulichen:

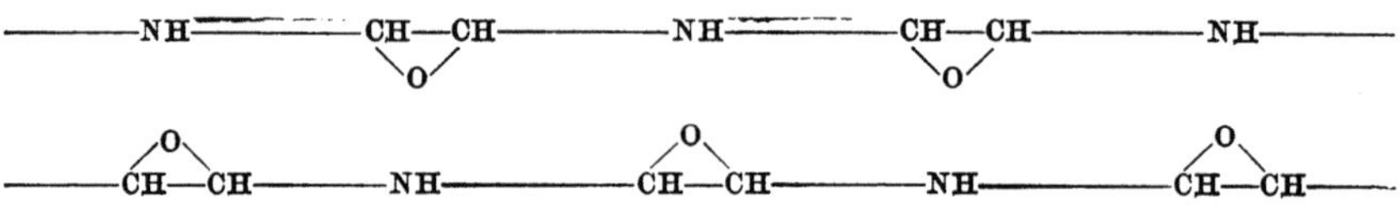

$$\begin{array}{c}
\text{---NH=---CH---CH---------NH=---CH---CH-----------NH-----}\\
\text{\textbackslash O /}\qquad\text{\textbackslash O /}\\[4pt]
\text{/ O \textbackslash}\qquad\text{/ O \textbackslash}\qquad\text{/ O \textbackslash}\\
\text{---CH---CH-------NH------CH---CH-------NH---------CH---CH---}
\end{array}$$

ein lineares Kettenbündel dieser Art, naturgemäß ein Vielfaches der zwei angegebenen Ketten, vernetzt sich folgendermaßen:

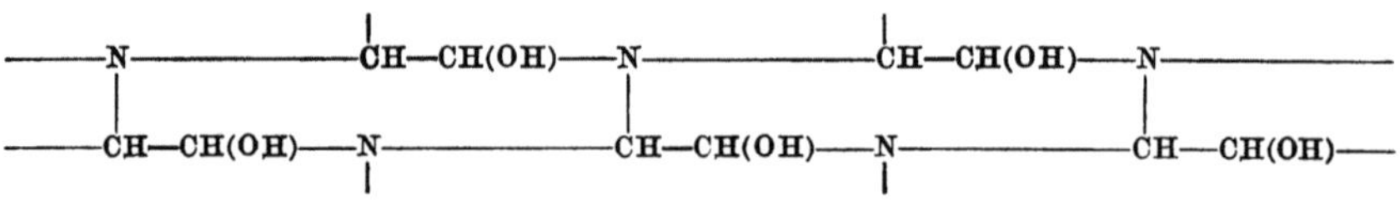

$$\begin{array}{c}
\text{---N---------CH---CH(OH)---N---------CH---CH(OH)---N---}\\
\text{|}\qquad\qquad\qquad\text{|}\qquad\qquad\qquad\text{|}\\
\text{---CH---CH(OH)---N---------CH---CH(OH)---N---------CH---CH(OH)---}
\end{array}$$

2. Durch die Reaktion hinzugebrachter Verbindungen bifunktioneller Art, die sich zweifach mit zwei reaktionsfähigen Gruppen zweier Moleküle einer polymeren Kette umsetzen können. Beispielsweise könnte die Vernetzung von Polyepoxydverbindungen durch Dicarbonsäureanhydride in folgender Weise veranschaulicht werden:

$$
\begin{array}{ccc}
\text{OC·R·CO} & \text{OC·R·CO} & \text{OC·R·CO} \\
\text{CH—CH} & \text{CH—CH} & \text{CH—CH} \\
\text{OC·R·CO} & \text{OC·R·CO} & \text{OC·R·CO} \\
\text{CH—CH} & \text{CH—CH} & \text{CH—CH} \\
\text{OC·R·CO} & \text{OC·R·CO} & \text{OC·R·CO}
\end{array}
$$

reagierten unter Vernetzung:

$$
\begin{array}{ccc}
\text{O·CO·R·CO} & \text{O·CO·R·CO} & \text{O·CO·R·CO} \\
\text{CH—CH} & \text{CH—CH} & \text{CH—CH} \\
\text{CO·R·CO} & \text{CO·R·CO} & \text{CO·R·CO} \\
\text{CH—CH} & \text{CH—CH} & \text{CH—CH} \\
\text{CO·R·CO} & \text{CO·R·CO} & \text{CO·R·CO} \\
\text{CH—CH} & \text{CH—CH} & \text{CH—CH}
\end{array}
$$

Die Vernetzung mit hinzugebrachten Diamino- oder Diiminoverbindungen erfolgt nach Art der unter 1. und 2. dargelegten Prinzipien.

Eine weitere Vernetzungsart, die erst 1952 bekannt geworden ist, beruht darauf, daß bei linearen Polymeren durch atomare Strahlen, etwa durch energiereiche γ-Strahlen, Protonen, also Wasserstoffatome, aus höhermolekularen linearen Polymeren herausgeschlagen werden und sich anschließend die entstandenen freien Kohlenstoffvalenzen verschiedener Ketten miteinander verbinden, etwa in folgender Weise:

$$
\begin{array}{l}
-\text{CH}_2-\text{CH}_2-\text{CH}_2-\text{CH}_2-\text{CH}_2-\text{CH}_2- \\
-\text{CH}_2-\text{CH}_2-\text{CH}_2-\text{CH}_2-\text{CH}_2-\text{CH}_2- \\
-\text{CH}_2-\text{CH}_2-\text{CH}_2-\text{CH}_2-\text{CH}_2-\text{CH}_2-
\end{array}
\rightarrow
\begin{array}{l}
-\text{CH}_2-\text{CH}-\text{CH}-\text{CH}_2-\text{CH}-\text{CH}_2-\text{CH}-\text{CH} \\
-\text{CH}-\text{CH}_2-\text{CH}-\text{CH}-\text{CH}_2-\text{CH}-\text{CH}-\text{CH}_2- \\
-\text{CH}-\text{CH}-\text{CH}_2-\text{CH}-\text{CH}-\text{CH}-\text{CH}_2-\text{CH}-
\end{array}
$$

Werden Verbindungen hochmolekularer Art, die an Kohlenstoffatomen keine freien Wasserstoffatome enthalten, mit energiereichen γ-Strahlen beschossen, so findet eine mehr oder weniger abbauende Zersetzung statt. Beispiele hierfür sind: Polyacrylsäuremethylester mit einem freien Wasserstoffatom bildet vernetzte unzersetzte Polymere, während Polymethacrylsäuremethylester, das kein freies Wasserstoffatom mehr an einem Kohlenstoffatom der linearen Kette enthält, sich zersetzt. Ebenso verhält es sich mit perhalogenierten polymeren

Verbindungen, beispielsweise erleidet Polytetrafluoräthylen-$(CF_2\text{-}CF_2)_n$- durch Bestrahlung weitgehende Zersetzung. Interessante Berichte über Reaktionen dieser Art haben veröffentlicht: A. CHARLESBY[1]: „Effect of high-energy radiation on some long-chain polymers", L. A. WALL und M. MAGAT[2]: „Effects of atomic radiation on polymers", sowie N. N.[3]: „Polypropertied Polymers". Dies Verfahren wird praktisch von der GENERAL ELECTRIC Co. angewandt, indem sie zwecks Härtung von Gebrauchsgegenständen aus Polyäthylen, dieselben einige Sekunden durch γ-Strahlen einer Millionen Volt Röntgenanlage bombardiert, wodurch das vorher bei 115° schmelzende Material sich durch Vernetzung derart verändert, daß es unzersetzt und unverändert bis 250° erhitzt werden kann. Ebenso lassen sich auch durch Strahlung von Atombrennern Polyamide, Polystyrol, Polyvinylalkohol und Polyvinylchlorid in hochwärmebeständige Polymere durch Vernetzung überführen.

Es ist ein Problem besonderer Art, bei industriell angewandten härtenden Harzen Methoden an Hand zu haben, um die Aushärtung zu kontrollieren und auf die optimale Härtung zu prüfen. Das auf diesem wichtigen Gebiet bekannt gewordene Material referiert E. BARR[4] in seinem Aufsatz: „Degree of cure in thermosetting resins". Nach den Prüfungsnormen der Standard-ASTM gelten die folgenden Punkte, um über den Grad der Härtung Aufschluß zu erhalten:

1. Löslichkeit in Aceton, unter der Voraussetzung, daß das ungehärtete Material darin löslich ist.

2. Wasserempfindlichkeit, unter der Voraussetzung, daß das ungehärtete Material deutliche Wasserempfindlichkeit aufweist.

3. Biegefestigkeit in der Wärme, die sich bei gehärteten Produkten kaum von derjenigen bei gewöhnlicher Temperatur unterscheiden soll.

4. Zusatz von Härtern, der bei gehärteten Produkten ohne Einfluß ist.

Der vielfach als Kriterium herangezogene Gelierungspunkt sagt praktisch nichts über die Härtung aus, da diese kurz darauf oder erst nach längerer Zeit eintreten kann.

Besonders aussichtsreich erscheint heute die Prüfung des Härtezustandes mittels Ultraschallwellen. Die auf diesem Gebiete vorliegenden Arbeiten werden von G. H. DIETZ, E. A. HAUSER, F. J. McGARRY und G. A. SOFER[5] in dem Aufsatz: „Ultrasonic wawes as a measure of cure" zusammengefaßt.

---

[1] CHARLESBY, A.: Br. Pla., May **1953**, 142—145.
[2] WALL, L. A., u. M. MAGAT: Mod. Pla., July **1953**, 111, 112, 114, 116, 176 und 178.
[3] N. N.: Ind. Eng. Chem., Sept. **1953**, 45, 11A, 13A.
[4] BARR, E.: Ind. Eng. Chem., Jan. **1956**, 72—74.
[5] DIETZ, G. H., E. A. HAUSER, F. J. McGARRY u. G. A. SOFER: Ind. Eng. Chem., Jan. **1956**, 75.

Härtung in der Praxis

Die I. G., die als Erste Epoxydverbindungen (Äthylen-, Propylen-
und Butylenoxyd) technisch hergestellt hat, hat auch die Beobachtung
gemacht, daß Polyglycidyläther mit Polyaminen nicht nur lineare
thermoplastische Polyadditionsverbindungen liefern, sondern daß
unter gewissen Bedingungen auch vernetzte, unschmelzbare und unlösliche Produkte entstehen[1]. P. SCHLACK, der diese Beobachtung erst-
mals beschreibt, hat allerdings die Tragweite dieser Tatsache noch nicht
erkannt. Der wesentliche Grund hierfür lag darin, daß wegen des sehr
hohen Epichlorhydrinpreises eine technische Verwendung der härtbaren Produkte außer als Textilhilfsmittel, die nur sehr geringe Sub-
stanzmengen erfordern, nicht im Bereich der Möglichkeit zu liegen
schien. Ebensowenig ist es W. BOCK und W. TISCHBEIN[2] gelungen,
trotz des Patentes, das auf die Gewinnung von härtbaren Epoxyd-
Amin-Kompositionen abgestellt ist, die Herstellung technisch allgemein
brauchbarer Harze zu erzielen. Die in dem Patent gegebene Beschreibung gibt Umsetzungsprodukte von Epichlorhydrin, Butadiendioxyd
oder Diglycidydäther mit Äthylendiamin, 1,4-Tetramethylendiamin,
1,6-Hexamethylendiamin, 1,10-Decamethylendiamin, Triäthylentetramin und anderen Polyaminen an, die bei gewöhnlicher Temperatur
einigermaßen haltbar sind, bei 50—60° unverändert schmelzen und
bei höherer Temperatur rasch härten. Es wurde auch beobachtet, daß
bei bestimmten Molverhältnissen (Überwiegen der Epoxydkomponente)
die Härtung besonders leicht, sogar schon bei gewöhnlicher Temperatur
vor sich geht. Die so gewonnenen Produkte waren jedoch für keine technischen Zwecke brauchbar.

Anstrich- und Klebmittel sowie wasserfeste Textil- oder Leder-
appreturen aus Epoxydverbindungen beschreiben L. JAKOB, G. v. RO-
SENBERG und O. ROSER[3], indem härtbare Gemische aus Glycidäther
oder -estern, Butadiendioxyd oder anderen Epoxydverbindungen mit
Aminogruppen enthaltenden Verbindungen wie polyacrylsaures Am-
monium, fettsauren Salzen von Triäthylentetramin, Polyäthylenimin,
Proteinen u. dgl. bei niederer Temperatur miteinander verschmolzen
werden. Diese Produkte haben jedoch auch keine technische Verwendung gefunden.

In einem weiteren Patent der I. G.[4] werden härtbare Kompositionen
aus Epichlorhydrin mit Aminogruppen enthaltenden Verbindungen
wie 1,4-Dipyridylbutan, N-Methyldipropylentriamin, Polyäthylenimin,
Casein u. dgl. hergestellt, die nur zur Hydrophobierung von Textilien
Leder oder zur Veredelung von Papier und Holz brauchbar waren.

Diese Vorarbeiten der I. G., insbesondere durch Anwendung verschiedenartiger, z. T. bis dahin noch nicht bekannter Epoxydverbin-

---

[1] SCHLACK, P.: DRP 676117, 11. 12. 34/26. 5. 39, I. G.
[2] BOCK, P., u. W. TISCHBEIN: DRP 731030, 2. 2. 39/2. 2. 43, BAYER.
[3] FP 881981, 11. 5. 42/13. 5. 43; D.-Pri. 20. 5. 41, BADISCHE ANILIN- &
SODAFABRIK-AG.
[4] FP 884271, 17. 7. 42/9. 8. 43; D.-Pri. 2. 8. 41.

dungen, und durch Studium der Härtungsbedingungen und der Eigenschaften der so erhaltenen Harze, zu technisch brauchbaren Epoxydharzen für vielseitige Verwendungen geführt zu haben, ist das Verdienst des Schweizer Forschungschemikers Dr. P. Castan der Gebr. de Trey A. G. Diese Firma hatte als Herstellerin von Kunstharzen für Zahnprothesen an den neuen Harzen nur so weit Interesse, als sie sich für dieses Gebiet verwenden lassen würden. Da einerseits an Kunstharzen für Zahnprothesen abnorm hohe Anforderungen gestellt werden müssen, und, andererseits, auf diesem Verwendungsgebiet nur verschwindend kleine Mengen in den Handel komm n, suchte der Erfinder nach Wegen, um eine vielseitige Auswertung der neuen Harze, deren Eignung für verschiedene große technische Verwendungsgebiete er erkannt hatte, zu ermöglichen. So kam ein Lizenzvertrag der Ciba mit de Trey zustande, als dessen Folge die Ciba die *Araldit*-Harze auf den Markt brachte. Unabhängig hiervon hat die amerikanische Firma Devoe & Raynolds sich von dem ersten Castanschen Patent anregen lassen, auf den neuen Grundlagen weiterzubauen.

Die eigentliche Entdeckung Castans ist die Beobachtung, daß die wertvollen Eigenschaften der Epoxydharze erst durch den Einbau aromatischer Glieder in die Glycidylätherkette entstehen. Mit mehr oder weniger polymeren Diglycidyläthern des Diphenylolpropans wurde die vernetzende Härtung mit Dicarbonsäureanhydriden oder Aminen sowie auch die katalytische Härtung mittels anorganischer oder organischer Basen durchgeführt.

In Anlehnung an die obigen Ausführungen kann die Härtung von Epoxydharzvorprodukten im wesentlichen nach drei verschiedenen Methoden erfolgen:

1. Mit Hilfe von Katalysatoren, welche die Epoxydgruppen von Polyepoxydverbindungen vernetzend polymerisieren.

2. Mit Hilfe von Wärmeeinwirkung auf selbsthärtende Epoxydharzvorprodukte, wobei die Epoxydgruppen mit andersartigen Gruppen eines anderen Moleküls polyaddieren.

3. Mit Hilfe von hinzugefügten vernetzend wirkenden Verbindungen.

Gruppe 1: Katalytisch wirkende Härter

Die katalytische Härtung von Polyepoxydverbindungen ist an dieselben Vorbedingungen geknüpft wie die Polymerisation von Monoepoxyden, d. h., es muß an einer Stelle der Epoxydring geöffnet und eine OH-Gruppe ausgebildet werden. Die Initiation zu dieser Reaktion kann durch katalytische Mengen von Wasser, Alkoholen, Säuren, Basen, Phenolen, primären oder sekundären Aminen oder durch Polymerisationskatalysatoren wie BF_3 oder $SnCl_4$ erfolgen.

Die erste katalytische Härtung eines Epoxydharzvorproduktes unter Verwendung anorganischer oder organischer Basen beschreibt P. Castan der de Trey A. G.[1]. Als solche werden Alkalihydroxyde,

---

[1] Schwz. P. 236594, 16. 6. 43/28. 2. 45; DP 943195, 13. 7. 43 — BP 579698, 14. 6. 44 — FP 907172, 13. 7. 44 — US 2444333, 2. 5. 44.

Calciumoxyd, Natriumamid sowie Amine, insbesondere sekundäre, wie Diäthylamin, Dibutylamin, Piperidin, aber auch tertiäre Amine, z. B. Trimethylamin, Triäthanolamin und Derivate dieser Amine wie Piperidinbenzoat, pentamethylen-dithiocarbaminsaures Piperidin, Diäthylamindiäthyldithiocarbamat und das Umsetzungsprodukt von Piperidin mit Benzaldehyd angeführt. Die zur Härtung benötigte Menge beträgt zwischen 0,1—5% der Harzmenge. — Die Härtung erfolgt beispielsweise:

1. Zu einem polymeren Bisphenol-A-Glycidyläther vom Erweichungspunkt 75° werden im geschmolzenen Zustand 4% pentamethylen-dithiocarbaminsaures Piperidin eingetragen und homogen vermischt. Durch 1 stündiges Erhitzen bei 100° tritt Härtung zu einem harten unschmelzbaren und unlöslichen Produkt ein.

2. In den dem Schweizer Patent parallelen ausländischen Patenten ist das folgende Beispiel noch vorhanden: zu einem aus 110 g Resorcin und 185 g Epichlorhydrin gewonnenen polymeren Diglycidyläther werden im geschmolzenen Zustand 5 g Piperidin zugemischt. Man erhält ein bei 65° schmelzendes Harz, das bei 100° in $1^1/_2$ Stunden härtet.

Latente katalytische Härter, bestehend aus Komplexverbindungen von Aminen mit Bortrifluorid, bei denen erst bei höherer Temperatur die härtende Wirkung beider Komponenten wirksam wird, beschreibt S. O. GREENLEE[1], Komplexverbindungen dieser Art können mit allen primären, sekundären oder tertiären Aminen niedrigen oder höheren Molekulargewichtes, aliphatischer, aromatischer oder hydroaromatischer Art, als gesättigte oder ungesättigte Verbindungen gebildet werden. In den Beispielen wird die Gewinnung einer BF_3-Komplexverbindung mit Dimethyl-, Diäthyl-, Trimethyl-, Triäthyl-, Dimethylbenzyl-, Tripropyl-, Lauryl- und Stearylamin, sowie mit Vinylpyridin, Morpholin und Diäthylentriamin beschrieben:

1. In eine auf —20° gekühlte Lösung von 1 Mol BF_3 in Äther wird 1 Mol Triäthylamin eingetropft, wobei die Komplexverbindung auskristallisiert. Durch Versetzen eines flüssigen polymeren Bisphenol-A-Glycidyläthers mit etwa 4% dieses Komplexes werden stabile Mischungen erzielt, die sich als Gießharz eignen und in 4 Stunden bei 200° härten.

2. Zu einer Lösung von 75 g BF_3-Ätherkomplexverbindung ($^1/_2$ Mol) in 150 ml Äther werden unter Kühlung 36,5 g Butylamin ($^1/_2$ Mol) in 100 ml Äther eingetropft, wobei die Komplexverbindung auskristallisiert. 200 g einer 50%igen Lösung eines polymeren Bisphenol-A-Glycidyläthers vom Erweichungspunkt 100° und einem Epoxydäquivalentgewicht von 800 werden mit 5 g dieses Komplexes in gelöster Form versetzt, wodurch ein Anstrichmittel erhalten wird, das bei 150° in $^1/_2$ Stunde härtet.

3. 60 g Glyceringlycidyläther (aus 1 Mol Glycerin und 3 Mol Epichlorhydrin), 40 g einer 40%igen Lösung eines Umsetzungsproduktes von p-Toluolsulfamid mit Formaldehyd werden mit 4 g eines Diäthylentriamin-BF_3-Komplexes vermischt. Man erhält eine stabile Lacklösung, deren Aufstrich bei 150° in $^1/_2$ Stunde härtet.

In einem späteren Patent von M. WISMER[2], das gegenüber dem Verfahren des vorhergehenden Patentes nicht prinzipiell Neues bietet, werden ebenfalls BF_3-Komplexe mit basischen Verbindungen als latente Härter für polymere Bisphenol-A-Glycidyläther beschrieben. Außer den Glycidyläthern von Bisphenol A können auch Polyglycidyl-

---

[1] US 2717885, 20. 9. 49/13. 9. 55, DEVOE & RAYNOLDS CO.

[2] FP 1112864, 28. 9. 54/20. 3. 56; US-Pri. 29. 9. 53, US-CIBA INC.

äther anderer Bisphenole, von denen eine Reihe genannt werden, Verwendung finden. Als BF_3-Komplexe sind diejenigen mit Ammoniak, Äthylendiamin, Monoäthanolamin, Piperidin, Triäthanolamin, Harnstoff, Hexamethylentetramin, Trimethylamin und Pyridin angeführt.

Es wird besonders hervorgehoben, daß die Gebrauchsfähigkeit von Mischungen dieser BF_3-Komplexe mit Epoxydharzvorprodukten eine sehr lange ist.

Die Härtung erfolgt bei der Temperatur, bei welcher der Komplex sich zersetzt und das BF_3 zur Wirkung kommen kann. Es wurde gefunden, daß die Zersetzungstemperatur der verschiedenen BF_3-Komplexe sehr unterschiedlich ist, und somit auch die Härtungstemperatur in unterschiedlicher Höhe zur Anwendung kommen muß. Die erforderlichen Temperaturen wurden festgestellt bei:

BF_3-Monoäthanolamin .... als   90°
BF_3-Ammoniak .... als 125°
BF_3-Piperidin .... als 135°
BF_3-Trimethylamin .... als 160°
BF_3-Hexamethylentetramin ..... als 160°
BF_3-Harnstoff .... als 190°
BF_3-Pyridin .... als 305°

Von diesen Komplexen sind Mengen von mindestens 10% der Menge des Epoxydharzvorproduktes erforderlich, um zufriedenstellende Härtung zu gewährleisten.

Unter den Patentschriften, die die Härtung von Epoxydharzvorprodukten mit Aminen behandeln, sind vielfach Beispiele zu finden, welche nebeneinander sowohl katalytische Mengen, wie auch die zur Vernetzung erforderliche berechnete Menge an Amin enthalten. Veröffentlichungen dieser Art werden in der Gruppe der vernetzenden Härtemittel angeführt.

Gruppe 2: Selbsthärtende Epoxydharzvorprodukte

Selbsthärtende Epoxydharzvorprodukte sind bisher wenig bekannt geworden. Es sind dies Polyglycidyläther, welche in ihrem Molekül selbst alle Erfordernisse für eine wirksame Durchhärtung enthalten, beispielsweise durch in der Kette eingebaute Iminogruppen. Polyglycidyläther dieser Art sind von A. M. Paquin[1] beschrieben worden. Wird z. B. Äthylendiamin-N,N'-Dibenzyl-diglycidyläther

$$CH_2\!-\!CH \cdot CH_2 \cdot O \cdot C_6H_4 \cdot CH_2 \cdot NH \cdot CH_2 \cdot CH_2 \cdot NH \cdot CH_2 \cdot C_6H_4 \cdot O \cdot CH_2 \cdot CH\!-\!CH_2$$
$$\diagdown O \diagup \qquad\qquad\qquad\qquad\qquad\qquad\qquad\qquad\qquad\qquad \diagdown O \diagup$$

der durch Umsetzen von überschüssigem Epichlorhydrin mit dem Alkalisalz von N,N'-Di-(p-oxybenzyl)-äthylendiamin (hergestellt nach FP 1078381) gewonnen wird, auf 140—180° erhitzt, so härtet das anfangs geschmolzene Harz zu einem harten elastischen, auf Glas und Metallen sehr fest haftenden Produkt, das von verdünnten Säuren nicht mehr angegriffen wird. Zur Erzielung guter Löslichkeit in Lacklösungs-

---

[1] FP 1079957, 10. 4. 53/6. 12. 54; D.-Pri. 12. 4. 52, Cassella Farbwerke Mainkur A. G.

mitteln wird zur Herstellung von für Anstrichzwecke geeigneter Aminobenzylverbindungen vorteilhaft von Phenolen ausgegangen, welche höhermolekulare Seitenketten, wie tert. Butyl-, Isooctyl- oder Laurylgruppen enthalten.

Gruppe 3: Vernetzende Härtungsmittel

Diese Gruppe ist dadurch charakterisiert, daß bi- oder mehrfunktionelle Verbindungen, mit denen Epoxydgruppen unter Additionsreaktionen reagieren können, mit Epoxydharzvorprodukten in etwa äquimolekularen Mengenverhältnissen vermischt und bei höherer Temperatur umgesetzt werden.

Polycarbonsäuren und ihre Anhydride. Die vermutliche Vernetzungsreaktion zwischen einem Epoxydharzvorprodukt und einem Dicarbonsäureanhydrid ist bereits oben veranschaulicht worden.

Die Härtung mit Polycarbonsäuren oder ihren Anhydriden ist die älteste und auch heute noch wichtig geblieben. Sie ist wiederholt studiert worden.

W. FISCH und W. HOFMANN[1] haben den Chemismus der Umsetzung von Dicarbonsäureanhydriden mit Epoxydverbindungen studiert. Sie haben bestätigt, daß diese Reaktion nur beginnen kann, wenn eine Hydroxylgruppe vorhanden ist, an die sich die eine Carbonylgruppe unter Esterbildung addieren kann. Gleichzeitig wandert das Wasserstoffatom der OH-Gruppe an die andere Carbonylgruppe unter Bildung einer Carboxylgruppe mit dem Epoxydsauerstoffatom. Da Carboxylgruppen mit Epoxydgruppen ohne Schwierigkeit reagieren, wobei eine neue Hydroxylgruppe gebildet wird, läuft die Reaktion in dieser Weise weiter, bis eine der Komponenten aufgebraucht ist, oder durch Senken der Temperatur die Vorbedingungen für das Fortschreiten der Umsetzung nicht mehr gegeben sind.

Die Umsetzung von Phthalsäureanhydrid mit einer bereits verätherten Epoxydgruppe, die dadurch eine Hydroxylgruppe gebildet hat, und die weitere Umsetzung mit Epoxydverbindungen wird durch folgende Formulierung veranschaulicht:

$$
\begin{array}{l}
-\text{R}\cdot\text{O}\cdot\text{CH}_2 \\
\qquad |\\
\quad \text{CH}\cdot\text{OH} + \underset{\diagdown\,\text{C}_6\text{H}_4\,\diagup}{\text{CO}\quad\text{O}\quad\text{CO}} \\
\qquad |\\
-\text{R}\cdot\text{O}\cdot\text{CH}_2
\end{array}
$$

$$
\rightarrow
\begin{array}{l}
-\text{R}\cdot\text{O}\cdot\text{CH}_2 \\
\qquad |\\
\quad \text{CH}\cdot\text{O}\cdot\text{CO}\quad\underset{\diagdown\,\text{C}_6\text{H}_4\,\diagup}{}\quad\text{CO}\cdot\text{OH} + \text{O}\!\!<\!\!\begin{array}{c}\text{CH}_2\\|\\\text{CH}\\|\\\text{CH}_2\\|\\\text{O}\\|\\\text{R}\end{array} \\
\qquad |\\
-\text{R}\cdot\text{O}\cdot\text{CH}_2
\end{array}
\rightarrow
\begin{array}{l}
\text{R}\\|\\\text{O}\\|\\\text{CH}_2\\|\\\text{CH}\cdot\text{O}\cdot\text{CO}\quad\underset{\diagdown\,\text{C}_6\text{H}_4\,\diagup}{}\quad\text{CO}\cdot\text{O}\cdot\text{CH}_2\\|\qquad\qquad\qquad\qquad\quad\;\;|\\\text{CH}_2\qquad\qquad\qquad\quad\text{HO}\cdot\text{CH}\\|\qquad\qquad\qquad\qquad\qquad\;\;|\\\text{O}\qquad\qquad\qquad\qquad\qquad\text{CH}_2\\|\qquad\qquad\qquad\qquad\qquad\quad|\\\text{R}\qquad\qquad\qquad\qquad\qquad\;\;\text{O}\\\qquad\qquad\qquad\qquad\qquad\qquad|\\\qquad\qquad\qquad\qquad\qquad\quad\text{R}
\end{array}
$$

---

[1] FISCH, W., u. W. HOFMANN: J. Polymer Sci. XII. **1954**, S. 497—502.

Der Beweis für diese Reaktionsfolge wurde durch folgende Messungen erbracht:

1. Es bildet sich zunächst in steigendem Maße der Phthalsäuremonoester.

2. Die Abnahme des Oxidosauerstoffes und die Bildung des Diesters setzt erst später ein.

3. Die Abnahme des Oxidosauerstoffes erfolgt bedeutend schneller als die Bildung der Diestergruppen.

Hieraus folgt, daß gleichzeitig auch eine Verätherung der Oxidogruppen mit OH-Gruppen vor sich gehen muß, eine zwingende Annahme, die an Modellversuchen bewiesen wurde. Dies zeigt, daß der Härtungsvorgang von Epoxydverbindungen mit Dicarbonsäureanhydriden aus mehreren einander überlagernden Reaktionen besteht.

W. Fisch, H. Hofmann und J. Koskikallio der Ciba[1] berichten später über ergänzende Versuche bei der Härtung mittels Phthalsäureanhydrid (PA). Die Analyse gehärteter Harze führt zu dem Schluß, daß eine restlose Umsetzung des Epoxyds mit dem Säureanhydrid gar nicht erfolgt, sondern daß sich ein Gleichgewicht zwischen Säureanhydrid Carbonyl- und Hydroxylgruppen einstellt, da in jedem Fall beim Erhitzen von Feilspänen des gehärteten Produktes im Vakuum bei 150° freies Säureanhydrid und Monoester abgegeben werden. Um den möglichen Einwand zu entkräften, daß es sich hierbei um Wärmezersetzungs-Spaltprodukte handelt, konnte nachgewiesen werden, daß unter gewissen Bedingungen ein Minimum an freiem PA abgegeben wird. Dasselbe liegt aber nicht, wie zu erwarten wäre, bei dem Verhältnis PA : Epoxydgruppen = 1:1, noch bei dem Verhältnis, das den höchsten Martens-Erweichungspunkt gibt, sondern es hängt hauptsächlich von den anfänglich im Harz vorhandenen freien OH-Gruppen ab, während die Härtungsbedingungen als solche eine nur untergeordnete Rolle spielen. Oberhalb dieses Minimums ist der beim Erhitzen auf 200—240° erfolgende Gewichtsverlust zu einem sehr großen Ausmaß durch das abgegebene PA bedingt, unterhalb des Minimums entweicht nur unvernetzt gebliebener Glycidyläther. Aus diesen Ergebnissen der Analyse der thermischen Zersetzungsprodukte vermeinen die Autoren ein gutes Bild über die Struktur der säureanhydrid-gehärteten Epoxydharze zu gewinnen. Es werden hierbei also nachgewiesen bzw. quantitativ bestimmt:

1. die Menge „freien" Säureanhydrids, das abdestilliert,

2. die Menge des zur Vernetzung zur Verfügung stehenden Diesters,

3. die Menge an Monoester,

4. die Anzahl Äthergruppen,

5. die Anzahl OH-Gruppen.

Obgleich diese Darlegungen recht überzeugend sind, ist es den Autoren doch nicht gelungen, den Einwand restlos zu entkräften, daß das wiedergewonnene PA nicht doch, wenigstens zu einem gewissen Teil, durch thermische Zersetzung entstanden ist. Es hat den Anschein,

---

[1] Vortrag: „The Curing Mechanism of Epoxide Resins", Symposium Epoxide Resins in London am 11. 4. 56.

als ob Extraktionsversuche zur Wiedergewinnung nicht umgesetzten
Säureanhydrids aus fein gepulvertem gehärtetem Harz, die eindeutige
Beweiskraft haben würden, nicht angestellt worden sind.

Die Annahme, daß die für die Einleitung der Umsetzung mit Dicarbonsäureanhydriden erforderliche Öffnung des Epoxydringes und
Bildung einer Hydroxylgruppe auch durch die Einwirkung einer Carbonsäure erfolgen kann, haben E. C. DEARBORN, R. M. FUOSS und
A. F. WHITE[1] durch Versuche bestätigt. Bei reinen Verbindungen und
Ausschluß jeder Feuchtigkeit stagniert die Umsetzung von Dicarbonsäureanhydriden mit OH-gruppenfreien Epoxydverbindungen. Dieselbe
kommt aber sofort in Gang, wenn katalytische Mengen einer Carbonsäure eingetragen werden.

Statt die Einleitung der Umsetzung durch Öffnung des Epoxydringes mittels einer Spur freier Carbonsäure durchzuführen, kann dieselbe auch durch geringe Mengen primärer Alkohole erfolgen, wie dies
bereits früher E. C. SHOKAL und C. A. MAY[2] bei der Behandlung derselben Frage bei der Härtung von Epoxydharzvorprodukten mit Aminen
gezeigt haben. Trotz des offensichtlichen Analogieverfahrens wird von der
BATAAFSCHE[3] die Beschleunigung der Härtung mit Polycarbonsäureanhydriden durch den Zusatz geringe Mengen primärer Alkohole, wie
n-Butanol, Benzylalkohol oder Glycerin erneut zum Patent angemeldet.

Bei der Einwirkung von Dicarbonsäuren auf Epoxydverbindungen
kann man bei Verwendung äquimolekularer Mengen, d. h. von 1 Mol Dicarbonsäure pro Epoxydgruppe, deutlich 2 Stufen unterscheiden: in
der ersten Stufe, bei 100—150°, reagiert eine Carboxylgruppe mit einer
Epoxydgruppe unter Bildung des sauren Esters:

$$HO \cdot CO \cdot R \cdot CO \cdot OH + CH_2 \overset{\diagdown O \diagup}{-\!\!-} CH \cdot R' \; \rightarrow \; HO \cdot CO \cdot R \cdot CO \cdot O \cdot CH_2 \cdot CH(OH) \cdot R'$$

während in der zweiten Stufe, die erst bei 200—250° einsetzt, die Veresterung der OH-Gruppe erfolgt. Dieselbe findet entweder im Molekül
selbst bei niederen Epoxyden statt:

$$\underset{\qquad\qquad\quad |\; OH}{HO \cdot CO \cdot R \cdot CO \cdot O \cdot CH_2 \cdot CH \cdot R'} - H_2O \; \rightarrow \; \underset{\;\;\lfloor\_\_\_\_\_\_\_\_\_\_\_\_\_\_ O}{CO \cdot R \cdot CO \cdot O \cdot CH_2 \cdot CH \cdot R'}$$

oder es bilden sich höhermolekulare Ketten der folgenden Struktur,
indem die Kondensation an Gruppen verschiedener Moleküle einsetzt:

```
                          R'                      R'
                          .                       .
HO·CO·R        CH₂·CH─┌─O·CO       CH─┐O·CO
     .            .   │    .         .│    .
     CO           O   │    R        CH₂│    R
     .            .   │    .         .│    .
     O            CO  │    CO        O │    CO
     .            .   │    .         .│    .
     CH₂          R   │    O        CO │    O
     .            .   │    .         .│    .
     CH─O·CO          │    CH₂        R │    CH₂
     .               │    .         .│    .
     R'              │    CH─O·CO      │    CH·OH
                      │    .         .│    .
                      └─   R'        ─┘ₙ   R'
```

[1] DEABORN, E. C., R. M. FUOSS u. A. E. WHITE: J. Poymer Sci. XVI. **1955**, 201—208.
[2] US 2728744, 29. 3. 52/27. 12. 55, SHELL DEVELOPMENT Co.
[3] Belg. P. 543855, 22. 12. 55; Nied.-Pri. 24. 12. 54.

Werden Diepoxydverbindungen in entsprechenden Molverhältnissen mit Dicarbonsäuren umgesetzt, so findet in der zweiten Stufe bei der Veresterung der Hydroxylgruppen dreidimensionale Vernetzung unter Bildung von gehärteten Produkten statt mit den typischen Kennzeichen der Unschmelzbarkeit und Unlöslichkeit.

Das erste Patent zur Härtung von Epoxydharzvorprodukten mit Dicarbonsäureanhydriden, insbesondere mit Phthalsäureanhydrid, wurde von P. CASTAN[1] angemeldet. Es wird so gearbeitet, daß der durch Umsetzen von 228 g Bisphenol A mit 185 g Epichlorhydrin und 80 g NaOH entstandene polymere Glycidyläther vom Erweichungspunkt 75° mit 140 g Phthalsäureanhydrid 1 Stunde bei 120° gehalten wird. Das so erhaltene Vorkondensat, das bei 40—80° schmilzt, ist haltbar und kann durch $^{1}/_{2}$stündiges Erhitzen bei 170° gehärtet werden.

Die Härtung mittels Carbonsäuren oder ihrer Anhydride läßt sich auch bei Gemischen von Epoxydharzvorprodukten mit Styrol durchführen, wie die BATAAFSCHE[2] gezeigt hat. Bei der Verwendung eines Zusatzes von 15—30% Phthalsäureanhydrid werden bei derart zusammengesetzten Gießharzen Formstücke erhalten, die gute mechanische und elektrische Eigenschaften sowie gute chemische Beständigkeit aufweisen.

Unter Verwendung von Oxalsäuredihydrat als Härtemittel für polymere Bisphenol-A-Glycidyläther stellt T. F. BRADLEY[3] pigmentierte Einbrennlacke her. Die Oxalsäuremenge soll so gewählt sein, daß auf eine Carboxylgruppe eine Epoxydgruppe kommt, d. h., daß auf 100 g Glycidyläther mit einem Epoxydäquivalent von 1,64/100g 69 g Oxalsäure, und bei einem Epoxydäquivalent von 0,116 nur 5,2 g Oxalsäure angewandt werden. Folgende Beispiele illustrieren das Verfahren:

1. In 200 g einer 50%igen Lösung eines polymeren Bisphenol-A-Glycidyläthers vom Erweichungspunkt 100° und einem Epoxydäquivalent von 0,116/100 g werden 8,3 g Oxalsäuredihydrat gelöst und die Lösung auf eine Glasplatte gestrichen. Nach 30 Minuten Erhitzen bei 150° wird ein glatter, sehr harter und zäher Film erzielt, dessen Härte durch besondere Prüfverfahren, die beschrieben werden, charakterisiert wird.

2. Ein weißer Email-Lack wird hergestellt durch homogenes Vermischen von 26,8% des in 1. angeführten Glycidyläthers mit 26,8% TiO_2-Pigment, 18,1% Methyläthylketon, 15,1% Glykolmethylätheracetat, 13,2% Xylol und Lösen von 8% Oxalsäuredihydrat (berechnet auf den Glycidyläther) in der homogenen Mischung. Der so erhaltene Lack wird auf 50% eingestellt, auf Stahlblech gestrichen und nach dem Lufttrocknen $^{1}/_{2}$ Stunde bei 150° eingebrannt. Der harte elastische und glatte Film verträgt 15 tägige UV-Bestrahlung unter kaum merkbarer Verfärbung.

Derselbe Erfinder[4] stellt unter Verwendung von monoalkylierten o-Phosphorsäuren bzw. der freien Säure selbst, die also noch mindestens 2 Hydroxylgruppen enthalten, als Härter für polymere Bisphenol-A-Glycidyläther rostschützende Grundier-Anstrichmittel für Eisen

---

[1] Schwz. P. 211116, 23. 8. 38/31. 8. 40, GEBR. DE TREY A. G.
[2] Nied. P.-Anm. 190138, 20. 8. 54/15. 6. 57, BATAAFSCHE.
[3] US 2500449, 29. 2. 48/14. 3. 50, SHELL DEVELOPMENT CO.
[4] US 2541027, 11. 5. 48/13. 2. 51, SHELL DEVELOPMENT CO.

und Stahl her. Die Mengenverhältnisse müssen so gewählt werden, daß 1 Mol H_3PO_4 bzw. eines Monoalkylesters derselben für jede vorhandene Epoxydgruppe eingesetzt wird, so daß z. B. auf 100 g eines Bisphenol-A-Glycidyläthers mit der Epoxydäquivalenz 1,54/100 g 50 g H_3PO_4 oder 85 g $CH_3 \cdot H_2PO_4$, und bei einer Epoxydäquivalenz 0,116/100 g nur 3,8 g H_3PO_4 bzw. 6,5 g $CH_3 \cdot H_2PO_4$ eingesetzt werden. Die Härtung geht schon bei gewöhnlicher Temperatur vor sich, jedoch so langsam, daß eine streichbare Komposition einige Tage verwendbar bleibt. Im allgemeinen ist es zweckmäßig, Kompositionen dieser Art nach dem Aufstreichen und Lufttrocknen bei 150—200° einzubrennen, wobei sehr fest haftende, harte und ziemlich elastische Filme erzielt werden.

Zur Herstellung von Einbrennlacken aus polymeren Bisphenol-A-Glycidyläthern werden von G. H. OTT[1] Gemische aus zweibasischen Carbonsäuren mit Dicyandiamid empfohlen. Beispielsweise werden:

1. 300 g polymerer Bisphenol-A-Glycidyläther (etwa 1 Mol) mit 9,12 g Adipinsäure (0,063 Mol) und 5,25 g Dicyandiamid (0,063 Mol) mit Cyclohexanol und o-Dichlorbenzol zu einem 50—75%igen Lack angesetzt. Dieser Lack ist gegen Überhärtung ungewöhnlich unempfindlich und kann beispielsweise als Drahtlack dienen, der in bis zu 6 Anstrichen nach jedem Anstrich bzw. Tauchen, bei 350—450° kurz gehärtet wird.

2. 300 g des in 1. angeführten Glycidyläthers (etwa 1 Mol) werden mit 72 g Phthalsäureanhydrid (0,5 Mol) und 42 g Dicyandiamid (0,5 Mol) in 133 g Cyclohexanol und 100 g o-Dichlorbenzol eine $^1/_2$ Stunde bei 120—130° gerührt. Die viscose Lösung wird auf Streichfähigkeit verdünnt und nochmals $1^1/_2$ Stunden bei 120—130° erhitzt. Der bei 150° gehärtete Anstrichfilm ist hart, sehr elastisch und selbst bei 80° noch kratzfest.

Der Zusatz einer kleinen Menge eines Amins hat den Zweck, die an und für sich etwas träge ablaufende Umsetzung zu aktivieren, da die Öffnung des Epoxydringes mit Aminen leichter vonstatten geht als mit einer Dicarbonsäure, und die beim Einbrennen erfolgende Härtung dann schneller und bei niedrigerer Temperatur erfolgt.

Unter Verwendung von Epoxydharzvorprodukten mit mehr als einer nicht endständigen Epoxydgruppe empfiehlt die BATAAFSCHE[2] gleichfalls Amine, ihre Säureadditionsverbindungen und/oder quaternäre Ammoniumsalze als Aktivatoren bei der Härtung mit Polycarbonsäureanhydriden. Die hier angeführten Epoxydharzvorprodukte sind epoxydierte Ester mehrfach ungesättigter Monocarbonsäuren mit bis zu 22 Kohlenstoffatomen (z. B. Triglyceride von Sojaöl), oder epoxydierte Ester ungesättigter Polycarbonsäuren mit bis zu 25 Kohlenstoffatomen, oder ungesättigte epoxydierte Ester aus ungesättigten Alkoholen mit Carbonsäuren. Ferner kommen auch die epoxydierten Dicrotylester von aromatischen Dicarbonsäuren oder auch epoxydierte Butadien-Copolymerisate in Betracht. Als Carbonsäurehärter werden vor allem Hexahydrophthalsäureanhydrid und Chlorendophthalsäureanhydrid genannt.

Die Aktivierung der mit Carbonsäureanhydriden durchgeführten Härtung kann auch mit gewissen anorganischen Verbindungen mit

---

[1] Schwz. P. 273405, 5. 7. 48/15. 2. 51, CIBA A. G.
[2] Belg. P. 552679, 17. 11. 56; US-Pri. 17. 11. 55.

Vorteil erfolgen, wie E. C. SHOKAL[1] gezeigt hat. Besonders geeignet sind hierfür Alkylderivate von Phosphinen, Arsinen, Stibinen oder Bismutinen. Beispielsweise wird die Härtung bei einem Gemisch von 100 Teilen eines polymeren Bisphenol-A-Glycidyläthers und 80 Teilen Phthalsäureanhydrid mit einem Zusatz von 3—5% von Tri-(2-äthyl-hexyl)-phosphin oder Diphenylphosphin oder Tri-(2-äthylhexyl)-arsin oder Triphenylstibin, Tri-(-äthylhexyl)-stibin oder Triphenylbismutin bei etwa 100° in wenigen Minuten durchgeführt.

Unter Verwendung eines Härters, bestehend aus einem Gemisch von Salzen, z. B. von Essigsäure, Borfluorwasserstoffsäure, oder 2-Äthylhexancarbonsäure mit Addukten von polymeren Bisphenol-A-Glycidyläthern mit einem Polyamin, z. B. Diäthylentriamin, stellt die BATAAFSCHE[2] härtende Epoxydharzkompositionen her, die vor allem als Textilhilfsmittel Verwendung finden können.

Eine ähnliche, aber wesentlich intensivere Beschleunigung der Härtung durch Carbonsäureanhydride findet, wie die Farbwerke HOECHST[3] berichten, durch organische Schwefelverbindungen statt, die mindestens eine Mercapto-, Sulfid-, Disulfid- oder Sulfoxydgruppe enthalten. Das Schwefelatom soll jedoch nicht Glied eines Ringes sein. Als Beispiel wird eine Komposition von 100 Teilen eines polymeren Bisphenol-A-Glycidyläthers, 55 Teilen Phthalsäureanhydrid und 1,5 Teilen β-Thiodiglykol angeführt, die schon nach 18 Minuten erstarrt und nach 6 Stunden bei gewöhnlicher Temperatur ausgehärtet ist. Bei Anwendung der doppelten Menge der Schwefelverbindung verkürzen sich die Härtungszeiten um mehr als die Hälfte. Es ist sehr überraschend, daß hier die Möglichkeit aufgezeigt wird, die Härtung mit Carbonsäureanhydriden bei gewöhnlicher Temperatur durchzuführen, da dies bisher mit noch keinem anderen Zusatz gelungen ist. Die in den vorhergehenden Patenten angeführte Beschleunigung durch Hydroxylverbindungen findet nur in dem Bereich höherer Temperaturen statt.

Die Verwendung von Härtungs-Spezialgemischen verschiedener Polycarbonsäuren, von denen mindestens eine hochschmelzend sein soll, wodurch der Härtungsakt in Stufen zerlegt wird, was vorteilhaft sein kann, empfiehlt die CIBA in einer neueren Patentanmeldung[4].

Unter Verwendung mehrbasischer Carbonsäuren wie Malein-, Diglykol-, Citronen-, Tricarballyl-, Aconit-, Itacon- und Citraconsäure zum Härten von polymeren Bisphenol-A-Glycidyläthern stellen A. C. BUCK und J. F. CONLON[5] Anstrichmittel her, die sich besonders für Anstriche auf Glas eignen. Als Bisphenol-A-Glycidyläther wird das Handelsprodukt der SHELL *Epon* 1007 vom Erweichungspunkt 125—135°, Epoxydwert 0,055/100 g und einem Epoxydäquivalentgewicht von 1800 angewandt. Es werden beispielsweise folgende Kompositionen angegeben:

[1] US 2768153, 24. 2. 55/23. 10. 56, SHELL DEVELOPMENT CO.
[2] Belg. P. 545441, 22. 2. 56, BATAAFSCHE.
[3] Belg. P. 553702, 24. 12. 56; D.-Pri. 24. 12. 55, HOECHST.
[4] Austral. P. 2436/54; Schwz.-Pri. 28. 8. 53, CIBA.
[5] US 2569920, 21. 4. 49/2. 10. 51, E. I. DU PONT DE NEMOURS CO.

1. 33,9 g Glycidyläther, 6,1 g Citronensäure, 58 g Äthylglykoläther und 2 g Xylol ergeben einen Lack, der, auf Glasplatten gestrichen, nach dem Lufttrocknen 15 Minuten bei 216° eingebrannt wird. Der Anstrich haftet sehr gut, ist hart und gegen Lösungsmittel und heißes Wasser unempfindlich.

2. 35 g Glycidyläther, 7,0 g Tricarballylsäure, 56 g Äthylglykoläther und 2 g eines gelösten flüssigen Silicons (Nr. 81069 der GENERAL ELECTRIC Co.) liefern einen Glaslack wie 1., dem nach Bedarf Pigmente beigemischt werden können.

Die Härtung von Epoxydverbindungen aus Toluoldisulfosäuredimethylamid mit Dicarbonsäureanhydriden zwecks Verwendung als Klebemittel für Metall, Glas usw., sowie als Gießharz beschreibt E. KUHR[1]. Als Dicarbonsäureanhydrid wird vorzugsweise Phthalsäureanhydrid empfohlen. Das Vermischen der Komponenten kann durch Verkugeln oder Verschmelzen erfolgen. Die Komposition ist bei gewöhnlicher Temperatur beständig. Beispielsweise werden 10 g Toluoldisulfosäure-dimethylamidodiglyicdyläther (hergestellt nach DBP 810814) bei 140° mit 4 g Phthalsäureanhydrid verrührt und die homogene Mischung auf eine Glasplatte gestrichen. Nach 5stündigem Erhitzen bei 140° wird ein sehr fest haftender und harter Film erhalten.

Weiterhin wird die Härtung von polymeren Bisphenol-A-Glycidyläthern sowie von Toluoldisulfosäure-dimethylamiddiglycidyläther mittels Polyanhydriden von Polycarbonsäuren wie Pyromellitsäure, Butantetracarbonsäure, Benzolhexacarbonsäure, sowie sauren Mischpolymeren aus Maleinsäureanhydrid mit Vinylverbindungen wie Styrol, Vinylacetat, Acryl- oder Methacrylsäureester und Acrylnitril oder auch mittels Gemischen, dieser Verbindungen von E. KUHR[2] beschrieben. So hergestellte Kompositionen eignen sich als Anstrichmittel, Metalleim oder als Gießharze. — Beispielsweise werden:

1. 10 g polymerer Bisphenol-A-Glycidyläther bei 140° mit 2 g (= 22%) Pyromellitsäuredianhydrid verschmolzen. Diese Komposition kann in Lacklösungsmitteln gelöst als Lack oder in fester Substanz als Gießharz Verwendung finden. Die Härtung erfolgt bei 220° in einer $^{1}/_{2}$ Stunde.

2. 10 g Toluoldisulfosäure-dimethylamid-diglycidyläther werden bei 150° mit 2,6 g Butantetracarbonsäuredianhydrid vermischt. Verwendung wie bei 1. Die Härtung erfolgt bei 170° in 3 Stunden.

Derselbe Erfinder beschreibt[3] unter Verwendung der vorhergehend angeführten Glycidyläther die Herstellung gehärteter Produkte mittels Ketodilaktonen, z. B. Ketopimelinsäuredilakton oder Benzoylglutarsäuredilakton. Die Verwendung so gewonnener Kunststoffe deckt sich mit derjenigen des vorhergehenden Patentes. — Beispielsweise werden 100 g polymerer Bisphenol-A-Glycidyläther bei 70° mit 35 g Ketopimelinsäuredilakton vermischt und als Gießharz verarbeitet. Die Härtung findet bei 180° in 3 Stunden statt. Die erhaltenen Formkörper sind hart, elastisch und mechanisch gut verarbeitbar.

Die Härtung mit Butan-1,2,4-tricarbonsäure wird von B. BLASER und H. SCHIRP[4] empfohlen. Die Herstellung dieser Tricarbonsäure erfolgt aus Hexahydro-p-oxybenzoesäure durch Oxydation mit 60%iger

[1] DBP 865209, 31. 1. 50/2. 2. 53, DYNAMIT A. G.
[2] D. Anm. D 7193, 26. 10. 50, DYNAMIT A. G.
[3] DBP 900751, 20. 1. 51/4. 1. 54.
[4] DP 957940, 15. 4, 54 und D.-Anm. H 23717, 23. 4. 55, HENKEL & CIE.

Salpetersäure bei 65—100° oder durch Kaliumpermanganat bei —5 bis +25°. Es kann in Ab- oder Anwesenheit von Katalysatoren (z. B. Ammoniumvanadat) gearbeitet werden. Die Ausbeute beträgt 50—60% d. Th. Die Butantricarbonsäure fällt in kristallisiertem Zustand vom Schmelzpunkt 120° an.

Unter Verwendung mehrbasischer Carbonsäuren, insbesondere von Wein- und Citronensäure stellen L. M. SAUNDERS und L. W. COVENEY[1] mittels polymeren Bisphenol-A-Glycidyläthern Metall-lacke von besonderer Elastizität her. — Beispielsweise wird die 50%ige Diacetonalkohol-Lösung eines polymeren Bisphenol-A-Glycidyläthers vom Erweichungspunkt 100° und einem Epoxydäquivalentgewichtes von etwa 900 mit 7,5% (berechnet auf den Harzanteil) Citronensäure ver-mischt. Luftgetrocknete Anstriche dieser Kompositionen auf Eisen- oder Aluminiumblechen werden 20 Minuten bei 190° eingebrannt, wo-bei festhaftende sehr elastische Filme erhalten werden, im Gegensatz zu solchen Filmen, die mit anderen Carbonsäuren gehärtet werden, welche schlecht haften und sich nach der Härtung noch teilweise in Diacetonalkohol lösen sollen[2]. Mit einem Zusatz von 5% Weinsäure an Stelle der Citronensäure wird dasselbe Ergebnis erzielt.

Auch für die Härtung von polymeren Bisphenol-A-Glycidyläthern, die mit butylierten Melamin-Formaldehydätherharzen modifiziert sind, empfehlen dieselben Erfinder[3] die im vorhergehenden Absatz genannten Carbonsäuren.

Gleichfalls unter Verwendung von Citronensäure als Härter für polymere Glycidyläther anderer Art, insbesonderer solcher, hergestellt aus Epichlorhydrin und Glykol oder Glycerin oder von Polyallyl-glycidyläther, beschreiben F. E. CONDO und C. W. SCHROEDER[4] die Herstellung von besonders kochechten Textilhilfsmitteln. — Beispiels-weise werden:

1. 100 g Polyallylglycidyläther und 40 g Citronensäure in 140 g Isopropyl-alkohol und 420 g Wasser gelöst. Mit dieser Lösung wird Baumwollgewebe im-prägniert und auf einen Lösungsgehalt von 80% abgequetscht. Nach dem Trock-nen bei 60° wird 15 Minuten bei 160° erhitzt. Nach dem Waschen zeigt das Ma-terial einen Gewichtsverlust von nur 1,6%, während bei entsprechender Behand-lung Gewebe, die mit Harnstoff- oder Melamin-Formaldehydharzen imprägniert sind, einen Gewichtsverlust von etwa 20% aufweisen.

2. 100 g Glycerinpolyglycidyläther mit einem Epoxydäquivalent 0,671/100 g werden mit 20 g Citronensäure in 140 g Isopropylalkohol und 420 g Wasser ge-löst. Die Behandlung von Baumwollgewebe erfolgt wie unter 1 beschrieben. Während durch diese Behandlung die Reißfestigkeit nur um 5,9% zurückgeht, beträgt der Verlust bei entsprechender Behandlung durch Aminoharze 24—29%.

Unter Verwendung organischer Sulfonsäuren oder ihrer Chloride als Härter für polymere Bisphenol-A-Glycidyläther beschreibt H. DANNEN-BERG[5] die Herstellung von Anstrichmitteln, die auch pigmentiert wer-

---

[1] BP 711592, 22. 8. 50/7. 7. 54, PINCHIN JOHNSON & ASS. LTD.
[2] Offenbar ist keine richtige Härtung erfolgt! (Der Verfasser).
[3] BP 707320, 30. 11. 51/14. 4. 54, PINCHIN JOHNSON & ASS. LTD.
[4] BP 732573, 28. 11. 52/29. 6. 55; US-Pri. 1. 12. 51, BATAAFSCHE.
[5] US 2643243, 28. 2. 51/23. 6. 53, SHELL DEVELOPMENT CO.

den können, für Holz, Metall, Keramik u. dgl. m. Diese Sulfosäuren oder ihre Chloride, z. B. m-Benzoldisulfonsäure, p-Toluolsulfonsäure oder p-Toluolsulfonsäurechlorid, werden in katalytischen Mengen von 0,3 bis über 3%, angewandt. Damit hergestellte Kompositionen härten bei gewöhnlicher Temperatur, sie können aber auch bei etwa 150° eingebrannt werden.

37,5 g eines Bisphenol-A-Glycidyläthers vom Erweichungspunkt 156° und einem Epoxydäquivalent von 0,036/100 g werden in 15,7 g Glykolmonoacetat, 28,1 g Methylisobutylketon und 18,7 g Toluol gelöst. Hierzu werden gegeben:

a) 15% m-Benzoldisulfosäure. Die Komposition härtet bei gewöhnlicher Temperatur, sogar bei 50% Luftfeuchtigkeit. Es entsteht ein Film mit hochwertigen Eigenschaften, u. a. widersteht er während 48 Stunden der Einwirkung 15%iger Natronlauge.

b) 0,33% m-Benzoldisulfosäure. Auch mit dieser kleinen Menge erfolgt völlige Durchhärtung und der Film entspricht in seinen Eigenschaften durchaus demjenigen unter a) erhaltenen.

c) Zusätze von 0,5 l und 2% p-Toluolsulfosäure führen zu denselben Ergebnissen.

Auch mit verätherten Aminoharzen modifizierte polymere Bisphenol-A-Glycidyläther lassen sich zwecks Herstellung von Lacken mit Sulfosäuren oder ihren Chloriden härten, wie derselbe Erfinder[1] gezeigt hat. — Beispielsweise wird eine Lösung von 85 g eines polymeren Bisphenol-A-Glycidyläthers vom Erweichungspunkt 156° und Epoxydäquivalent 0,036/100 g und 15 g butyliertem Harnstoff-Formaldehyd-Vorkondensates (BEETLE 227—8) in 68,6 g Methylisobutylketon, 36,25 g Xylol, 38,1 g Glykolmonoacetat und 9,0 g Butanol mit je 1 g der folgenden Sulfosäuren als 10%ige Lösung in Butylacetat versetzt und die Gelatinierung bei gewöhnlicher Temperatur beobachtet:

Gemischte C_1–C_4-Alkansulfonsäuren bewirken Gelatinierung nach $3^1/_2$ Minuten,
m-Benzoldisulfosäure bewirkt Gelatinierung nach $4^1/_2$ Minuten,
Methandisulfonylchlorid bewirkt Gelatinierung nach 10 Minuten,
Methandisulfonsäure bewirkt Gelatinierung nach 22 Minuten.

Die Verwendung aromatischer Sulfonsäurechloride zum Härten von Gemischen aus flüssigem Xylenol-Formaldehydharz und Kresolglycidyläther zwecks Herstellung selbsthärtender Spachtelmassen zum Einmauern säurefester Plättchen in Säurekochern beschreibt K. DIETZ[2]. Beispielsweise werden 10 g p-Toluolsulfochlorid mit 90 g Schwerspat homogen verkugelt und mit 30 g flüssigem Xylenol-Formaldehydharz und 5 g Kresolglycidyläther zu einer Paste vermischt. Nach einigen Tagen ist die Masse durchgehärtet und damit vermauerte Plättchen haften fest auf der Unterlage.

Die Härtung von Epoxydharzvorprodukten aus Polyalkoholen oder Polyphenolen mittels aliphatischer oder aromatischer Dicarbonsäurechloride sowie mit Cyanurchlorid bei 100—220° beschreiben die DEUTSCHEN SOLVAY-WERKE m. b. H.[3]. Es können hierbei bis zu 25% des Harzgewichtes an Härter zugesetzt werden.

---

[1] US 2631138, 26. 2. 51/10. 3. 53, SHELL DEVELOPMENT CO.
[2] DBP 813205, 26. 10. 49/10. 9. 51, HOECHST.
[3] Belg. P. 548834, 20. 6. 56; D.-Pri. 27. 7. 55.

Eine vernetzende Säurehärtung, welche während des Härtungsprozesses katalytische Aminmengen in Freiheit setzt, wodurch der Prozeß beschleunigt wird, beschreibt C. W. Allenby[1]. Es werden Anstrichmittel von hohem Glanz und ausgezeichneten mechanischen und chemischen Eigenschaften, die keinen unangenehmen Geruch aufweisen, hergestellt durch Kombinieren von Mischpolymeren von Styrol, Acrylsäureester, Acrylsäure und Vinylpyridin mit polymeren Bisphenol-A-Glycidyläthern, die bei 150° eingebrannt werden. Die im Mischpolymerisat enthaltene freie Säure bindet das Vinylpyridin, so daß seine Flüchtigkeit und sein Geruch aufgehoben werden. Von der Säure soll so viel vorhanden sein, daß auf jede Carboxylgruppe eine Epoxydgruppe des Glycidyläthers kommt. Mit fortschreitender Vernetzung wird Säure verbraucht und das Vinylpyridin in Freiheit gesetzt, welches die Härtung aktiviert. Beispielsweise werden 72 g Styrol, 20 g Methylacrylat, 8 g Acrylsäure und 1 g Vinyplyridin in 100 g Xylol gelöst und mit 2 g Benzoylperoxyd 24 Stunden bei 95—100° polymerisiert. Von der Lösung dieses Mischpolymers werden 42 g mit 7 g eines polymeren Bisphenol-A-Glycidyläthers und 28 g TiO_2-Pigment vermischt. Mit dieser Komposition gestrichene Stahloberflächen werden nach dem Lufttrocknen 45 Minuten bei 150° eingebrannt. Durch Erhöhung des Vinylpyridinanteiles kann die Härtetemperatur herabgesetzt werden.

Die Verwendung des dibasischen Carbonsäureanhydrids, das durch Diels-Alder-Addition von Maleinsäureanhydrid an Hexachlorcyclopentadien entsteht, als Härter für Epoxydharzvorprodukte beschreiben P. Robitschak und S. J. Nelson[2]. Mit dem so gewonnenen 1,4,5,6,7,7-Hexachlor-bicyclo-(2,2,1)-5-hepten-2,3-dicarbonsäureanhydrid, das die Hooker Electrichemical Co. unter dem Namen „HET" in den Handel bringt, von der Formel

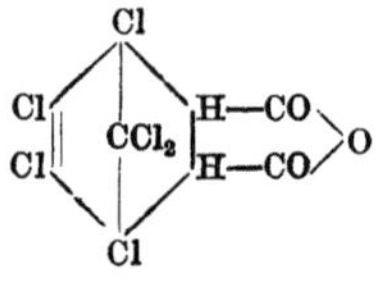

$$\text{(Hexachlorbicyclo-Struktur: Cl, CCl}_2\text{, H—CO}\diagdown\text{O, H—CO}\diagup\text{)}$$

erhält man mit *Epon* 828 und 834 sowie mit *Araldit* 6020 Epoxydharze, die eine Wärmebeständigkeit von 150—180° aufweisen, während Phthalsäureanhydrid und die üblichen Dicarbonsäureanhydride Harze von einer Wärmebeständigkeit von nur 125—135° ergeben.

Unter Verwendung von Anhydriden dibasischer Carbonsäuren zum Härten von Diepoxyden perhydrierter aromatischer Verbindungen stellen R. Köhler und H. Pietsch[3] Produkte her, die als Anstrichmittel, Gießharze und Klebemittel für Metalle Verwendung finden können. Zwecks Erhöhung der Elastizität ist ein Zusatz langkettiger epoxydierter Verbindungen, z. B. epoxydiertes Leinöl zweckmäßig.

[1] US 2662870, 21. 6. 52/15. 12. 53, Canadian Industries Ltd.

[2] Robitschak, P., u. S. J. Nelson: „Flame and Heat-resistant Epoxy-Resins", Ind. Eng. Chem., Okt. **1956**, 1951—1955.

[3] FP 1088704, 1. 10. 53/9. 3. 55; D.-Pri. 3. 11. 52, Henkel Cie.

Beispielsweise werden 2 Teile Dicyclohexenyl-propandiepoxyd (I) mit 1 Teil Phthalsäureanhydrid (II) und 1,5 Teile epoxydiertes Leinöl (III) zusammengeschmolzen. Diese haltbare Komposition kann als Gießharz verwendet werden, das bei 120—130° härtet. Die Gießstücke haben ausgezeichnete mechanische Eigenschaften, vor allem zeigen sie nur einen minimalen Schwund.

Unter Verwendung verschiedener Mengenverhältnisse der angeführten Komponenten und Härtungszeiten werden die folgenden Ergebnisse erhalten:

I g	II g	III g	Härtungszeit bei 120—130° härten in	Eigenschaften
2,3	+ 2,0	+ 2,5	50 Min.	wenig hart, sehr fest haftend, widerstandsfähig
2,3	+ 1,5	+ 2,5	75 Min.	ebenso wie Reihe 1
2,3	+ 1,7	+ 1,0	50 Min.	hart, widerstandsfähig, als Leim nicht zerreißbar
2,3	+ 3,5	+ 4,0	40 Min.	weich, aber sehr zäh und widerstandsfähig

Ähnliche Ergebnisse werden auch mit Novolaken, die nach der H_2O-Abspaltung epoxydiert werden, sowie auch mit Dioleylphthalat-diepoxyd erhalten. An Stelle von Phthalsäureanhydrid kann auch Adipinsäure angewandt werden.

Zum Härten von Epoxydharzvorprodukten, die sich von epoxydierten ungesättigten Triglyceriden, z. B. epoxydiertem Leinölsaatöl, oder von epoxydierten Polybutadienen ableiten, hat die BATAAFSCHE[1] Chlormaleinsäure-Polycarbonsäureanhydrid (0,8 Äquivalente) zusammen mit einem Amin oder einem Aminsalz oder einem quaternären Ammoniumsalz (je 0,1—10%, bezogen auf das Harz) als besonders günstig befunden.

Zur Herstellung festhaftender Metallgrundierungen, insbesondere für Waschmaschinen, Kühlschränke u. dgl., haben sich mit verätherten Harnstoff-Formaldehyd-Vorkondensaten modifizierte Epoxydharzvorprodukte als gut geeignet erwiesen. Eine gewisse Schwierigkeit in der Verwendung solcher Kompositionen lag bisher in der Härtung, da die bekannten Härter entweder zu lange Zeit beanspruchen oder Verfärbungen hervorrufen. Nun hat V. K. OSDAL[2] gefunden, daß einzig Salicylsäure, 5-Chlorsalicylsäure oder Acetylsalicylsäure Anstrichmittel dieser Art bei etwa 200° in relativ kurzer Zeit härten, ohne daß die Farbe beeinflußt wird. Beispielsweise wird eine Grundierung hergestellt wie folgt: 61,7 g einer 40%igen Lösung eines polymeren Bisphenol-A-Glycidyläthers vom Erweichungspunkt 130° und dem Epoxydäquivalentgewicht 1600—1900 in Xylol/Diacetonalkohol 1:1 gelöst, 8,4 g butyliertes Harnstoff-Formaldehyd-Vorkondensat 60%ig in Butanol

---

[1] Belg. P. 552679, 17. 11. 56; US-Pri. 17. 11. 55.
[2] US 2703765, 15. 1. 53/8. 3. 55, E. I. DU PONT DE NEMOURS Co.

(hergestellt nach US 2191957) und 14,9 g TiO_2-Pigment werden unter Zugabe von 7,5 g Diacetonalkohol und 7,5 g Xylol mit 1,5 g Salicylsäure homogen vermischt. Nach dem Verdunsten der Lösungsmittel härtet ein mit dieser Komposition auf Stahlblech ausgeführter Anstrich bei 150° in etwa $^1/_2$ Stunde.

Zur Herstellung von Einbrennlacken von besonders hoher Hitzebeständigkeit, Härte, Elastizität, Kratz- und Schlagfestigkeit, beschreibt G. H. Ott[1] Kompositionen, bestehend aus polymeren Bisphenol-A-Glycidyläthern mit $^1/_8$—$^5/_8$ eines Äquivalents einer Dicarbonsäure oder ihres Anhydrids, deren Carboxylgruppen durch mindestens 2 Kohlenstoffatome voneinander getrennt sind und einem Zusatz von 0,03—0,3 Mol eines Diamins, deren NH_2-Gruppen durch mindestens 2 Kohlenstoffatome voneinander getrennt sind. Dieser Komposition können auch verätherte Aminoharzvorkondensate zugemischt sein. Einen besonders gut lagerfähigen Lack erhält man, wenn das Diamin in Gestalt eines Vorkondensates mit dem verätherten Aminoharzvorkondensat angewandt wird.

Der zur Verwendung kommende polymere Bisphenol-A-Glycidyläther wird durch Umsetzen von 1 Mol Bisphenol A mit 1,65 Mol Epichlorhydrin hergestellt und hat ein Molgewicht von etwa 300. An Diaminen werden Diäthylentriamin, Triäthylentetramin, 1,3-Diaminobutan, Benzidin und p-Phenylendiamin angeführt. Folgende Beispiele veranschaulichen das Verfahren:

1. Zu 300 g polymerem Bisphenol-A-Glycidyläther (etwa 1 Mol) gelöst in 130 g Cyclohexanol und 90 g o-Dichlorbenzol werden 73 g Adipinsäure (0,5 Mol) eingetragen und 1 Stunde bei 120° gerührt. Dann werden 8,5 g Triäthylentetramin (0,06 Mol) oder 10 g Diäthylentriamin (0,1 Mol) zugegeben und unter weiterem Rühren bei 120—130° 45 Minuten gehalten. Die zähflüssig gewordene Lösung wird mit 100 g Benzylalkohol und 60 g Butanol verdünnt und 15 Minuten bei 100—110° gerührt. Nach dem Einbrennen eines mit diesem Lack ausgeführten lufttrocknen Aufstriches bei 140—160° wird ein Film erhalten, der kratz- und biegefest ist und längere Zeit eine Temperatur von 140° ohne Schaden verträgt.

2. Wird der unter 1. beschriebenen Komposition 10 Teile einer 75%igen Hexamethylolmelaminbutylätherlösung in Butanol (etwa 3—4 Butyläthergruppen pro Mol) zugemischt, so erhält man einen Lack von besonders gutem Verlauf und schönem Glanz.

Das Bedürfnis, schon bei relativ niedrigen Temperaturen eine homogene Verteilung der zur Härtung erforderlichen Polycarbonsäuren zu erzielen, wie dies z. B. bei Gießharzen vorliegt, haben K. Frey, O. Ernst und W. Fisch[2] veranlaßt, eutektische Gemische von Dicarbonsäuren auszuarbeiten, in denen das bei 128° schmelzende Phthalsäureanhydrid in mehr oder weniger großer Menge enthalten ist. Wie aus folgender Tabelle hervorgeht, läßt sich durch Mischungen mit Tetra- oder Hexahydrophthalsäureanhydrid der Schmelzpunkt auf 60° herabdrücken:

---

[1] Schwz. P. 278476, 5. 7. 48/15. 10. 51, Ciba A. G.

[2] D. Anm. C 9837 IVb 39b, 20. 8. 54; Schwz.-Pri. 28. 8. 53. — FP 1114888, Ciba A. G.

Säureanhydrid	Mischungen in %		
	I	II	III
Phthalsäureanhydrid	35	22	24
Cis-Δ^4-Tetrahydrophthalsäureanhydrid....	65	56	45
Cis-Δ^4-Hexahydrophthalsäureanhydrid....	—	—	31
Bernsteinsäureanhydrid, F 115°	—	22	—
Mischschmelzpunkt	75,5°	68°	60°

Unter Verwendung der Mischung III ist es demnach möglich, bei 60° geschmolzenes Epoxydharzvorprodukt mit den Härtungspolycarbonsäureanhydriden homogen zu vermischen. Bei dieser Temperatur kann die gießfertige Mischung unbedenklich einige Zeit stehen, ohne daß vorzeitige Härtung erfolgt.

Der Tatsache, daß die zum Härten angewandten Polycarbonsäureanhydride vielfach einen zu hohen Schmelzpunkt aufweisen, begegnen F. J. ALLEN und W. M. HUNTER[1] dadurch, daß sie die Verwendung flüssiger Dicarbonsäureanhydride empfehlen, z. B. Dodecanylbernsteinsäureanhydrid. Es ist vor allem für die Verarbeitung von Gießharzen sehr arbeit- und zeitsparend, wenn die Vermischung des Epoxydharzvorproduktes, insbesondere eines flüssigen, bei niedriger Temperatur mit einem flüssigen Härter erfolgen kann.

Polyalkohole als Härtungsmittel. Während die Umsetzung von Epoxydverbindungen mit Polycarbonsäuren relativ leicht vonstatten geht, findet die Reaktion mit mehrwertigen Alkoholen nur mit Hilfe starker Katalysatoren, wie Bortrifluorid oder Natriumhydroxyd, im wasserfreiem Medium statt. Reaktionen dieser Art werden vor allem mit Epichlorhydrin zur Herstellung von Polyglycidyläthern ausgeführt.

Diese bekannten Reaktionen hat S. O. GREENLEE[2] auf Epoxydharzvorprodukte übertragen, und gefunden, daß bei der Umsetzung mit Polyalkoholen wie Glykolen, Diglykolen, Polyglykolen, Polyglycerin, Pentaerythrit, Dipentaerythrit, Polypentaerythrit, Mannit, 1,12-Dioxyoctadecan u. a. m. in Gegenwart basischer Katalysatoren technisch brauchbare Produkte gewonnen werden können. Abhängig von den angewandten Mengenverhältnissen werden auf diese Weise entweder höhermolekulare Epoxydverbindungen oder Polyalkohole oder ausgehärtete Epoxydharze erzielt. Produkte dieser Art sind geeignet für die Herstellung von Anstrichmitteln, gegebenenfalls nach ihrer Veresterung mit höheren Fettsäuren, von Klebmitteln oder von Preßharzen.

Umsetzungen, die zu höhermolekularen Epoxydharzvorprodukten führen:

1. 19,4 g eines polymeren Bisphenol-A-Polyglycidyläthers vom Erweichungspunkt 100° werden mit 0,5 g Pentaerythrit (Epoxydgruppen:OH-Gruppen = 2:1) eine $^1/_2$ Stunde bei 200° erhitzt. Es wird ein Epoxydharzvorprodukt mit vergrößertem Molekül vom Erweichungspunkt 100° erhalten.

---

[1] Vortrag auf dem Symposium Epoxide Resins, London, 11. 4. 56, mit dem Titel „Some Characteristics of Epoxide Resin Systems", BAKELITE LTD.
[2] US 2731444, 21. 10. 52/17. 1. 56, DEVOE & RAYNOLDS CO.

2. 50 g eines polymeren Bisphenol-A-Glycidyläthers vom Erweichungspunkt 40—45° und dem Epoxydäquivalentgewicht 900 werden mit 50 g polymerisiertem Äthylenoxyd vom Molgewicht 4000 mit 2 endständigen OH-Gruppen (Handelsprodukt „Carbowax 4000,,") eine $1/2$ Stunde bei 250—300° erhitzt (Epoxydgruppen:OH-Gruppen = 1,67:1). Das Reaktionsprodukt ist wachsartig-kristallin mit dem Erweichungspunkt 30° und dem Epoxydäquivalentgewicht 1670.

3. 19,7 g eines polymeren Bisphenol-A-Polyglycidyläthers vom Erweichungspunkt 40—45° und dem Epoxydäquivalentgewicht 316 werden mit 5,2 g Pentandiol (Epoxydgruppen:OH-Gruppen = 1:1,6) 1 Stunde bei 250° erhitzt. Es wird eine halbweiche klebrige Masse erhalten vom Epoxydäquivalentgewicht 2025.

Umsetzungen zu gehärteten Produkten:

1. 44 g eines polymeren Bisphenol-A-Polyglycidyläthers vom Erweichungspunkt 146° und dem Epoxydäquivalentgewicht 3155 werden mit 0,25 g Pentaerythrit (Epoxydgruppen:OH-Gruppen = 2:1) eine $1/2$ Stunde bei 200° erhitzt, wobei Härtung eintritt.

2. 19 g eines polymeren Bisphenol-A-Polyglycidyläthers vom Erweichungspunkt 112° und dem Epoxydäquivalentgewicht 1180 werden mit 0,25 g Äthylenglykol (Epoxydgruppen : OH-Gruppen = 2:1) und 0,2% Natriumphenolat eine $1/2$ Stunde bei 200° erhitzt, wobei Härtung eintritt.

3. 19,4 g eines polymeren Bisphenol-A-Polyglycidyläthers vom Erweichungspunkt 100° und dem Epoxydäquivalentgewicht 770 werden mit 1 g Dipentaerythrit (Epoxydgruppen:OH-Gruppen = 1:1) und 0,2% Natriumphenolat eine $1/2$ Stunde bei 200° erhitzt, wobei Härtung eintritt.

Verbindungen mit Aminogruppen als Härtungsmittel. Nächst der Härtung von Epoxydharzvorprodukten mit Polycarbonsäuren ist diejenige mittels Polyaminen die bekannteste und verbreitetste.

Da Amine auch katalytisch die Härtung initiieren und beschleunigen, ist es von der angewandten Menge abhängig, ob ihre katalytische oder ihre vernetzende Wirkung überwiegt. Jedenfalls steht fest, daß auch bei Mengen, die auf Vernetzung berechnet sind, stets die katalytisch beschleunigende Wirkung vorhanden ist.

In seinem Vortrag auf dem Symposium Epoxide Resins in London[1], gibt P. Bruin der Shell Research Laboratories in Amsterdam u. a. auch allgemeine Ausführungen über die Härtung von Epoxydharzvorprodukten mit Aminen, und zwar bewirken Amine nur dann eine einwandfreie, weitgehende Vernetzung, wenn

1. eine hohe Epoxydkonzentration vorliegt, wie dies bei niedrigmolekularen Epoxydharzvorprodukten, die wenig polymerisiert sind, der Fall ist,

2. der Härtungsprozeß glatt und allmählich vonstatten geht.

Der Vollständigkeitsgrad der Vernetzung wird durch Extraktion des gehärteten und fein gepulverten Produktes mit Methyläthylketon bestimmt, wobei die nichtvernetzten Anteile des Glycidyläthers glatt in Lösung gehen. Die erforderliche Menge an Härter kann sehr verschieden sein und hängt im wesentlichen von dem Molekulargewicht des Harzes ab. So wird z. B. das niedermolekulare *Epon* 828 bereits mit 0,5% Piperidin, dagegen das höhermolekulare *Epon* 1001 erst mit 8% Piperidin vollständig durchgehärtet. Ein nur geringer Zusatz eines Monoepoxyds, z. B. ein Gehalt von 10% Phenylglycidäther stört die geregelte Vernetzung durch Monoamine und setzt die Hitzebeständig-

---

[1] „Some Aspects of the Chemistry of Epxide Resins" am 13. 4. 56.

keit des gehärteten Produktes herab. Dagegen ist bei Verwendung von Diaminen ein nachteiliger Einfluß von Monoepoxyden auf die Hitzebeständigkeit des gehärteten Produktes kaum festzustellen. Diese Tatsache ist wichtig, weil ein Zusatz von Monoepoxyden zum Verflüssigen von Epoxydharzvorprodukten für Verleimungszwecke wertvoll ist.

Die energische Härtewirkung von Aminen gestattet ihre Verwertung als Härter, die schon bei gewöhnlicher Temperatur wirken. Dieselbe birgt aber auch die Gefahr in sich, daß bei der Durchhärtung kompakter Gieß- oder Preßformstücke die exotherm verlaufende Polyaddition bei ungenügender Wärmeableitung eine Wärmeballung, verbunden mit örtlicher Überhitzung bewirken kann, die zu Beeinträchtigungen der mechanischen Eigenschaften führt. Diese Gefahr kann weitgehend durch Verwendung von wärmeleitenden Füllstoffen überwunden werden.

Da Amine flüchtig sind, besteht weiterhin die Möglichkeit, daß durch die Wärmeeinwirkung — sei es durch die von außen zugeführte, sei es durch die Reaktionswärme — sich mehr oder weniger bedeutende Anteile des Amins verflüchtigen. Die Eigenschaften von Materialien, die nach berechneten Vorschriften hergestellt werden, können durch unkontrollierbare Verluste einer wesentlichen Komponente Schwankungen unterworfen sein, und es kann blasige Beschaffenheit auftreten. Schließlich kann die Belästigung durch den unangenehmen und aggresiven Amingeruch die Verwendung von Härtern dieser Art behindern.

Man hat daher schon früh Methoden gesucht und gefunden, um die Flüchtigkeit und die Geruchsbelästigung auszuschalten, wodurch der Ausnutzung der wertvollen Eigenschaften der Amine der Weg geebnet ist.

Nachdem die erste mit Aminen bei Epoxydharzvorprodukten durchgeführte Härtung rein katalytischen Charakters, die von P. CASTAN der Firma DE TREY A. G. im Schwz. P. 236594 vom 16. 6. 43 beschrieben wurde, bereits in Gruppe 1 der katalytisch wirkenden Härter erwähnt war, werden in folgendem die Veröffentlichungen angeführt, in denen Amine eine überwiegend vernetzende Wirkung entfalten.

Die Verwendung von Polyaminen zum Härten von polymeren Bisphenol-A-Glycidyläthern mit Erweichungspunkten von 43, 84, 90, 100, 110, 121, 132 und 146°, Harztypen, welche später von der SHELL als Verkaufsprodukte übernommen wurden — hat S. O. GREENLEE[1] nochmals beschrieben, nachdem Härtungen dieser Art bereits 1934 von P. SCHLACK im DRP 676117 angeführt waren. Als Polyamine werden Diäthylentriamin (DATA), Triäthylentetramin (TATA) und Tetraäthylenpentamin (TAPA) angewendet. Da jedes an den N-Atomen befindliche H-Atom 1 Epoxydgruppe zu addieren vermag, sind die Äquivalentgewichte von

$$\text{DATA}: \frac{103}{5} = 20{,}6, \text{ von TATA}: \frac{146}{6} = 24{,}3, \text{ von TAPA}: \frac{189}{7} = 27{,}0.$$

---

[1] US 2585115, 18. 9. 45/12. 2. 52, DEVOE & RAYNOLDS CO.

Folgende Mischungen wurden 30 Minuten bei 150° erhitzt mit dem Ergebnis:

| Nr. | Bisphenol-A-Glycidäther | | Amine | Ergebnis |
	Erweich.-punkt	Epoxyd-äquivalent-gewicht	g + g	
1	43°	325	DATA 10,3 + TATA 12,1	gehärtet
2	84°	592	DATA 10,3 + TAPA 6,5	gehärtet
3	84°	592	DATA 5,1	schmelzbar, Erw.-P. 81°
4	90°	730	TATA 10,3	gehärtet
5	100°	860	DATA 10,3	gehärtet
6	100°	860	DATA 5,1	schmelzbar, Erw.-P. 103°
7	110°	1013	DATA 5,1 oder 10,3	gehärtet
8	121°	1248	DATA 5,1	gehärtet
9	146°	3155	DATA 5,1	gehärtet
10	101°	1300	TAPA 6,5	gehärtet
11	80°	1146	DATA 20,6 in Lösung	gehärtet
12	90°	730	TAPA 36,5 (= 5%)	härtet bei gew. Temperatur oder in 20 Min. bei 100° in 15 Min. bei 115° in 10 Min. bei 150°

Eine 50%ige Lösung der Komposition 12 in Methyläthylketon zeigt bei Zimmertemperatur eine allmähliche Zunahme der Viscosität nach einer nicht näher bezeichneten Viscositätsskala, und zwar: anfangs Al, nach 24 Stunden C, nach 48 Stunden H, nach 72 Stunden U und nach 96 Stunden Gel. Wie ferner aus den Versuchen hervorgeht, können Härtungen bei gewöhnlicher Temperatur auch durch Anwendung von höheren als äquivalenten Mengen an Polyamin durchgeführt werden.

Kompositionen dieser Art sind als Anstrichmittel, als Klebmittel für Fourniere, zum Imprägnieren von Textilien, für Preßmassen und für die Herstellung freitragender Filme geeignet. Es wird berichtet, daß der gegossene und getrocknete, aber noch nicht gehärtete Film sogar unter Wasser härtet.

Um gewisse Nachteile zu überwinden, welche die Verwendung der reinen Amine mit sich bringen, z. B. ihre Flüchtigkeit, ihr unangenehmer Geruch und ihre vielfach unerwünscht starke Reaktionsfähigkeit hat P. Castan in seinem Pionierpatent[1] Salze der Amine, z. B. Piperidin-benzoat, pentamethylen-dithiocarbaminsaures Piperidin und Diäthyl-amin-diäthyldithiocarbamat, sowie Umsetzungsprodukte der Amine mit Aldehyden, z. B. das Kondensationsprodukt von Piperidin mit Benzaldehyd angewandt. — In dem Beispiel wird die Härtung eines polymeren Bisphenol-A-Glycidyläthers vom Erweichungspunkt 75° mit einem Zusatz von 4% pentamethylen-dithiocarbaminsaurem Piperidin durch 1 stündiges Erhitzen bei 100° beschrieben.

Da Castan in seiner Schweizer Patentschrift und in den parallelen ausländischen Patenten den Patentanspruch nur auf „basische Katalysatoren" abgestellt hat, und die Verwendung von Salzen der Amine

---

[1] Schwz. P. 236594, 16. 6. 43/28. 2. 45 — D. Anm. C 339, 12. 7. 43.

oder anderer Umsetzungsprodukte derselben nicht besonders beansprucht hat, ist in der Folgezeit von anderer Seite diese Ergänzung durch besondere Patente vorgenommen worden, da sich im Laufe der Zeit immer mehr die Bedeutung derartiger nichtflüchtiger und in ihrer Wirkung abgeschwächter Aminderivate gezeigt hat. Es ist jedoch bei diesen späteren Patenten nicht auf den ersten Erfinder CASTAN Bezug genommen worden.

So hat zunächst S. O. GREENLEE[1] die Verwendung von Umsetzungsprodukten von Aminen mit Aldehyden herausgegriffen und darauf ein Patent genommen. Als geruchlose und nichtflüchtige Aminhärter dieser Art werden Umsetzungsprodukte von Formaldehyd mit Anilin, α-Naphthylamin oder m-Phenylendiamin angeführt. Hierbei werden pro Mol Amin etwa 1,2 Mol Formaldehyd in schwach saurer Lösung angewandt, wodurch höhermolekulare Produkte, die sich pulvern lassen, erzielt werden,.

Die Umsetzung dieser Kondensationsprodukte mit Epoxydverbindungen erfolgt nur in der Hitze, vorteilhaft in Gegenwart von Katalysatoren wie starke Alkalien oder Alkaliphenolat, ferner auch von FRIEDEL-CRAFTSschen Katalysatoren, insbesondere Bortrifluorid und dessen Komplexverbindungen mit Aminen, Amiden, Sulfiden oder Diazoniumsalzen. Letztere verhalten sich besonders günstig, da sie als latente Härter erst bei höherer Temperatur BF_3 in Freiheit setzen. Je nach dem gewünschten Aggregatzustand: pulvrig-fest, halbfest oder flüssig, werden flüssige oder feste polymere Glycidyläther angewandt. Für Anstrichzwecke kommen Lösungen der Komponenten zur Verwendung. Die Herstellung erfolgt beispielsweise:

1. 80 g eines flüssigen Polyglycidyläthers (hergestellt durch Umsetzen von 476 g eines polymeren Glycerinpolyglycidyläthers mit 224 g Bisphenol A) werden mit 20 g Anilin-Formaldehydharz (hergestellt durch 2stündiges Rückflußkochen von 100 g Anilin, 500 g 95 %igen Alkohol und 90 g 37 %igen Formaldehyd enthaltend 0,04 g HCOOH) und 6 % Natriumphenolat homogen verschmolzen. Nach dem Erkalten erhält man eine lagerfähige Preßmasse, die nach 1 stündigem Erhitzen in der Form einen harten, elastischen und mechanisch bearbeitbaren Formkörper ergibt.

2. 75 g eines komplexen Bisphenol-A-Polyglycidyläthers vom Erweichungspunkt 130° (hergestellt durch Erhitzen von 100 g eines Bisphenol-A-Polyglycidyläthers vom Erweichungspunkt 100° mit 5,3 g Bisphenol A auf 150—200°) und 25 g eines festen Kondensationsproduktes von alpha-Naphthylamin mit Formaldehyd werden in Methyläthylketon gelöst. Ein mit dieser Lösung ausgeführter Anstrich härtet nach dem Trocknen bei 200° in einer $^1/_2$ Stunde.

3. 100 g eines polymeren Bisphenol-A-Polyglycidyläthers vom Erweichungspunkt 100° werden mit 100 g Anilin-Formaldehydharz homogen verschmolzen. Die Masse härtet in 1 Stunde bei 150°. Ein Zusatz von 5 % Natriumphenolat verbessert die physikalischen Eigenschaften.

4. Eine Preßmasse, die bei 150° in 1 Stunde härtet, wird erhalten durch Verschmelzen von 8 g eines polymeren Bisphenol-A-Polyglycidyläthers vom Erweichungspunkt 100° mit 2 g Anilin-Formaldehydharz und 0,6 g Natriumphenolat.

Zur Herstellung von Metallklebmitteln haben A. GAMS, W. KRAUS, E. PREISWERK, G. WIDMER und W. WIELAND[2] aus Polyaminen Härter-

---

[1] US 2511913, 4. 9. 46/20. 6. 50, DEVOE & RAYNOLDS CO.
[2] Schwz. P. 264818, 25. 10. 46/31. 10. 49 — BP 630663 — US 2682490, CIBA A. G.

kompositionen bereitet, die weniger stark wirken als die reinen Polyamine und nicht flüchtig sind, indem unter NH_3-Abspaltung Eigenkondensationsprodukte oder Reaktionsprodukte mit Dicyandiamid hergestellt werden. Beispielsweise werden 29,2 g Triäthylentetramin und 8,4 g Dicyandiamid 3 Stunden bei 150°, 1 Stunde bei 150—200° und eine $^1/_2$ Stunde bei 250° erhitzt. Es wird eine viscose Flüssigkeit erhalten, von der 2 g in eine Mischung von 10 g eines Diepoxyds und 4 g Dibutylphthalat eingemischt werden. Die mit einem Pinsel streichbare Masse hat eine Lebensdauer von etwa 2 Stunden. Damit ausgeführte Verklebungen zeigen nach 20 Stunden eine Scherfestigkeit von 1,18 kg/mm^2.

Kompositionen verschiedener Amine bzw. Polyamine, deren gemeinsame Wirksamkeit gegenüber der Wirksamkeit der einzelnen Komponenten erhöht sein soll, empfiehlt E. C. HOMAN[1]. Die Härtung von Monoepoxydverbindungen wie Allylglycidyläther oder Phenylglycidyläther, die unter Einsatz der üblichen Di- und Polyamine für sich allein zumeist nicht erfolgt, geht in zufriedenstellender Weise vor sich, wenn Gemische von 5—25% Triäthanolamin und 75—95% Triäthylentetramin angewandt werden. Zur Beschleunigung der Härtung zwecks Verwendung als schnell trocknende Anstrichmittel oder als Schnellklebemittel werden Zusätze von chlorierten Verbindungen, wie chlorierte Paraffine, chloriertes Diphenyl oder Chloräthylvinyläther empfohlen.

Die Verwendung von Polyaminen (wie oben ausgeführt) zur Aktivierung der Härtewirkung mehrbasischer Carbonsäuren bei polymeren Bisphenol-A-Polyglycidyläthern zwecks Gewinnung besonders wärmefester Einbrennlacke beschreibt G. OTT[2]. Zur Verbesserung des Verlaufes und zur Erhöhung des Glanzes können solchen Kompositionen Hexamethylolmelaminbutyläther zugemischt werden. Beispielsweise werden 300 g niedermolekularer Bisphenol-A-Polyglycidyläther (Mol etwa 300) mit 73 g Adipinsäure in 130 g Cyclohexanol und 90 g o-Dichlorbenzol bei 120° gelöst und nach 1stündigem Rühren bei dieser Temperatur mit 8,5 g Triäthylentetramin versetzt und weitere $^3/_4$ Stunde bei 120—130° gerührt. Nach Verdünnen auf Streichfähigkeit wird der Aufstrich nach dem Lufttrocknen bei 150—170° eingebrannt. Die so erhaltenen Filme sind sehr schlag- und kratzfest und können längere Zeit bis zu 140° erhitzt werden, ohne zu verspröden.

Die Verwendung als Härter von Diaminen, die mindestens 4 C-Atome, vorzugsweise 6—10 C-Atome enthalten, deren eine Aminogruppe an einem tertiären C-Atom, und die andere beliebig, vorzugsweise an einem sekundären C-Atom gebunden sein kann, empfiehlt T. F. BRADLEY[3]. Als geeignete Diamine werden angegeben: 1,2-Diamino-2-methylpropan, 2,3-Diamino-2-methylbutan, 2,4-Diamino-2-methylpentan, 2,3-Diamino-2,3-dimethylbutan, 2,5-Diamino-2,5-di-

[1] US 2783214, 2. 6. 52/26. 2. 57, CORDO CHEM. CORP.
[2] Schwz. P. 278476, 5. 7. 48/15. 10. 51 — BP 666300 — FP 990072 — US 2637716, CIBA A. G.
[3] US 2500600, 28. 2. 48/14. 3. 50, SHELL DEVELOPMENT CO.

methylhexan, 3,4-Diamino-3,4-dimethylhexan, 2,6-Diamino-2,6-dimethylhcptan, 2,7-Diamino-2,7-dimethyloctan, ferner auch Gemische isomerer Diamine wie sie z. B. durch Umsetzen von Ammoniak mit Aceton ooer Methyläthylketon mit anschließender Hydrierung entstehen und als Diacetondiamin bzw. Di-(methyläthylketon)-diamin bezeichnet werden. Als besonderer Vorzug von Diaminen dieser Art erscheint die Tatsache, daß nach der Härtung von Epoxydharzfilmen kaum eine Verfärbung auftritt. Der Anteil an Diamin mit Bezug auf die Epoxydkomponente kann in weiten Grenzen schwanken: von 5—300% der berechneten äquivalenten Menge, d. h. er kann variiert werden von der katalytischen über die äquivalente vernetzende Menge bis zu einem 3fachen Überschuß. Die wichtigsten Verwendungen solcher Kompositionen sind für Anstrichmittel, Kleb- und Schichtstoffe. Folgende Beispiele illustrieren die Verwendung:

1. Eine rein weiße Emailfarbe wird erhalten durch 10—30 Minuten langes Erhitzen bei 125—175° eines Gemisches gleicher Teile eines polymeren Bisphenol-A-Polyglycidyläthers vom Erweichungspunkt 100° und einem Epoxydwert 0,116/100 g, Titanweiß, Methyläthylketon mit 1—2% Diacetondiamin.

2. Schichtmaterial wird hergestellt durch Tränken von Segeltuch mit einer 50%igen Lösung des in 1. angeführten Polyglycidyläthers mit einem Gehalt an 3% Diacetondiamin. Nach dem Trocknen werden die Einzelschichten 10 Minuten bei 155° verpreßt, wobei Härtung eintritt.

3. Ein bei gewöhnlicher Temperatur härtender Klebstoff für Metalle oder andere nichtsaugende Materialien wird hergestellt durch Mischen gleicher Teile des unter 1. angegebenen Polyglycidyläthers mit Glycid und einem Zusatz von 15% Diacetondiamin. Die Mischung geliert in 2 Stunden. Völlige Härtung erfolgt erst in 6 Tagen bei 24—28°, wobei sehr gute Festigkeitswerte erhalten werden.

Benzyldimethylamin wird von H. A. Nevey und E. C. Shokal[1] in einem besonderen Patent zum Härten von Epoxydharzklebmitteln empfohlen. Gegenüber anderen Diaminen hat Benzyldimethylamin den Vorzug, daß die Härtung anfangs sehr langsam vor sich geht und erst am Schluß schneller erfolgt. Damit angesetzte Klebmittel haben daher eine annehmbare Verarbeitungszeit. Es kann auch mit diesem Diamin bei 15%igem Zusatz in 6 Tagen Härtung bei gewöhnlicher Temperatur durchgeführt werden, während bei einem 15%igen Zusatz von Benzylamin, Benzyldiäthylamin, Methylanilin, Diäthylanilin und Triäthanolamin unter den gleichen Bedingungen keine Härtung erfolgt. Unter Verwendung eines polymeren Bisphenol-A-Glycidyläthers von niederem Erweichungspunkt (30—50°) erhält man nach diesem Verfahren Verklebungen mit der Barcolhärte 72 und einer Reißfestigkeit von 3690 lbs./sq. in.

Wie Anzeigen zu entnehmen[2] ist, bietet die Union Carbide & Carbon Corp. α-Methylbenzyldimethylamin als Härter für Epoxydgießharze und für Epoxydschichtstoffe an. Dieser Härter ermöglicht die Bereitung von Kompositionen mit einer guten Verarbeitungsdauer und schneller Härtung bei 100—150°.

---

[1] US 2553718, 5. 7. 49/22. 5. 51, Shell Development Co.
[2] Mod. Pla., Nov. 1955, 262.

Im Zuge der Einzelpatentierung von speziellen Aminen, nachdem die Amine als Körperklasse bereits längst patentiert waren, wird die Härtung mittels m-Phenylendiamin mit der Begründung des Erzielens besonders hervorragender Eigenschaften von R. L. DE HOFF und H. L. PARRY[1] geschützt. Als Polyepoxydkomponente wird ein polymerer Bisphenol-A-Polyglycidyläther oder ein Glycerinpolyglycidyläther mit Epoxydäquivalenten größer als 1 bzw. ein flüssiges oder niedrigschmelzendes Gemisch dieser beiden empfohlen, und zwar mit einem Zusatz von 0,2—0,4 Mol, vorzugsweise 0,25 Mol, m-Phenylendiamin pro Epoxydäquivalenz. Bei Temperaturen unter 40° vorgenommene Mischungen sind bei 20—25° lange Zeit haltbar. Die Härtung erfolgt bei 100—175°. An Stelle von reinem m-Phenylendiamin werden vorteilhaft Gemische mit Isomeren oder anderen Substanzen angewandt, wobei Härter mit niedrigeren Schmelzpunkten erzielt werden, z. B. hat ein Gemisch von 70—80% m-Phenylendiamin mit 30—20% der Orthoverbindung einen Schmelzpunkt von 43°, ein Gemisch von m-Phenylendiamin mit 37% m-Aminophenol F 24°, mit 45% m-Dinitrobenzol F 37° und mit 30—40% p,p'-Diaminodiphenylmethan F 20—30°, ein Gemisch, das 5—6 Tage flüssig bleibt. Es können auch Gemische von m-Phenylendiamin mit 2 oder mehr Komponenten, sowie mit Carbonsäuren angewandt werden, wobei die Härtung schon durch geringe Zusätze von Säuren, z. B. 2-Äthyl-Hexylsäure, beschleunigt wird. Die gehärteten Produkte sind fast farblos, während o-Phenylendiamin für sich allein dunkle Färbung verleiht, sie sind besonders hitzeunempfindlich, und weisen selbst nach längerer Erhitzungsdauer bei 120° noch eine *Barcol*-Härte von 6 auf, während bei anderen Härtern, auch bei o- und p-Phenylendiamin, 2,4-Diaminotoluol, p,p'-Diaminodiphenylmethan und Triäthylentetramin bei dieser Beanspruchung die *Barcol*-Härte auf 0 zurückgeht. Weiterhin weisen mit m-Phenylendiamin gehärtete Epoxydharzvorprodukte eine außergewöhnliche Beständigkeit gegen aggresive organische Lösungsmittel auf. Ihre Verwendung ist hauptsächlich für Preßmassen und für Schichtstoffe. Beispielsweise werden:

1. 100 g polymerer Bisphenol-A-Polyglycidyläther vom Erweichungspunkt 70° mit 1,8 Epoxydgruppen pro Mol bei 125° mit 15 g m-Phenylendiamin im flüssigen Zustand gemischt, wobei in 5 Minuten Gelierung eintritt. Die abgekühlte Komposition ist haltbar und kann zu jedem gewünschten Zeitpunkt durch 1 stündiges Erhitzen bei 130—150° gehärtet werden.

2. 100 g Glycerinpolyglydyläther (hergestellt aus 1 Mol Glycerin und 3 Mol Epichlorhydrin) werden bei 65° mit 20 g m-Phenylendiamin vermischt. Diese Komposition härtet bei 100—130°.

m-Phenylendiamin wird durch die SHELL unter dem Namen „*Curing Agent CL*" in den Handel gebracht.

Obgleich m-Phenylendiamin von den 3 Phenylendiaminen den niedrigsten Schmelzpunkt (F 63°) aufweist, ist das Zusammenschmelzen mit dem Epoxydharzvorprodukt an und für sich nicht erwünscht,

---

[1] FP 1110875, 27. 7. 54/17. 2. 56; US-Pri. 29. 7. 53, BATAAFSCHE — US 2801229, ert. 30. 6. 57.

da es mit Geruchsbelästigungen und Substanzverlusten verbunden ist. Zur Behebung dieser Übelstände haben R. L. DE HOFF und H. L. PARRY[1] vom m-Phenylendiamin Addukten mit flüssigen Monoepoxyden mit endständiger Epoxydgruppe im molaren Verhältnis 1:2 m-Phenylendiamin hergestellt, die bei gewöhnlicher Temperatur flüssig sind. Mit solchen nichtflüchtigen Addukten gehärtete Epoxydharzvorprodukte weisen dieselben guten Eigenschaften auf wie die mit reinem Diamin gehärteten. Statt der Verwendung reinen m-Phenylendiamins für solche Addukte haben sich auch Gemische mit anderen aromatischen Polyaminen als geeignet erwiesen, z. B. Gemische von 40—80% m-Phenylendiamin mit 60—20% p,p'-Diaminodiphenylmethan.

Die Härtung von Mono- oder Diglycidylestern, wie sie in der D. Anm. C 6756 vom 3. 12. 52 beschrieben sind, mit Di- oder Polyaminen zwecks Gewinnung von Produkten, die sich für die Herstellung von Lacken oder Klebstoffen eignen, beschreiben W. ZERWECK, W. KUNZE und G. KÖLLING[2]. Beispielsweise werden folgende Kompositionen hergestellt:

1. 58 g β-Phenylglycidsäureäthylester und 35 g Hexamethylendiamin weraen bei 150° 3 Stunden erhitzt, wodurch ein klares, rötliches, bei 80—100° schmelzendes, etwas klebendes Harz erhalten wird.|

2. 58 g β-Phenylglycidsäureäthylester und 32 g p-Phenylendiamin werden 3 Stunden bei 150° erhitzt, wodurch ein nicht klebendes, dunkles, bei 100° schmelzendes Harz erhalten wird.

3. 31 g p-Phenylen-di-β-(β-methyl-glycidsäuremethylester) gelöst in 31 g Äthanol werden mit einer Lösung von 23 g Hexamethylendiamin in 23 g Äthanol vermischt und als Lack verstrichen. Nach dem Trocknen wird 1—2 Stunden bei 150—100° eingebrannt. Es werden wenig gefärbte, unlösliche, zähe, elastische Filme erhalten.

Spezielle Alkylenpolyamine, und zwar solche, die wenigstens 2 tertiäre Aminogruppen aufweisen und keine Substituenten besitzen, die mit Epoxydgruppen reagieren können, empfiehlt die CIBA[3] als Härter für Epoxydharzvorprodukte. Als Alkylenpolyamine dieses Typus werden Pentamethyldiäthylentetramin, Hexamethyltriäthylentetramin und Di-(N,N'-diäthylaminoäthyl)-amin angeführt, von denen Zusätze von 1—20% geeignet sind. Unter Verwendung von Härtern dieser Art werden bei Anstrichmitteln Filme von besonders hoher Wasserfestigkeit erhalten.

Die Ausführungen dieses Belgischen Patentes 540444 werden mit dem Inhalt eines Schweizer Patentes vom 10. 8. 54 in der deutschen Anmeldung C 11656 vom 4. 8. 55 zusammengefaßt, in welcher G. H. OTT, A. MARXER, H. ZUMSTEIN und K. BRUGGER der CIBA die Härtung von polymeren Bisphenol-A-Glycidyläthern durch Alkylenpolyamine beschreiben, welche mindestens 2 tertiäre Aminogruppen enthalten mit Alkylresten von 1—4 C-Atomen, im übrigen frei von Substituenten sind, die mit Epoxydgruppen reagieren können, z. B. von Dialkylentriaminen, Trialkylentetraminen und/oder Tetraalkylenpentaminen, bei denen mindestens die beiden endständigen Stickstoffatome tertiären

---

[1] FP 1149589, 26. 4. 56/1. 8. 57; US-Pri. 28. 4. 55, BATAAFSCHE.|
[2] D. Anm. 6757, 3. 12. 52, CASSELLA FARBWERKE MAINKUR A. G.
[3] Belg. P. 540444, 9. 8. 55; Schwz.-Pri. 19. 7. 55, CIBA A. G.

Aminogruppen angehören, die beispielsweise durch Tetramethyl-, Pentamethyl-, Hexamethyl- oder Heptamethylgruppen substituiert sind. — Die Arbeitsweise geht aus folgenden Beispielen hervor:

1. 250 g eines polymeren Bisphenol-A-Glycidyläthers mit etwa 0,1 Epoxydäquivalent/100 g, gelöst in 300 g Butylacetat, 300 g Toluol und 150 g Glykolmonomethyläther werden mit 1,75 g Pentamethyldiäthylentriamin, oder 1,8 g Tetramethyldiäthylentriamin oder 2,2 g N,N,N′,N′-Tetramethyl-1,2-diaminopropan oder 1,2 g Tri-(N,N-Diäthylaminoäthyl)-amin gemischt. Damit ausgeführte Lackaufstriche können selbst bei 95—100% relativer Luftfeuchtigkeit getrocknet und eingebrannt werden, und ergeben klare, harte, guthaftende Filme.

2. 71,4 g polymerer Bisphenol-A-Glycidyläther mit 0,23 Epoxydäquivalenten/100 g, gelöst in 14,3 g Dibutylphthalat und 14,3 g Cyclohexanol, werden vor dem Gebrauch als Metallklebmittel mit 4,4 g Hexamethyl-triäthylentetramin oder mit 7,0 g Di-(N,N-Diäthylaminoäthyl)-äther oder mit 5 g Tetramethyläthylendiamin gemischt. Hiermit verleimte Leichtmetallplatten ergaben nach einer 20stündigen Härtungszeit bei 40° eine durchschnittliche Scherfestigkeit von 2,3 kg/mm².

3. 148 g eines viscos-flüssigen, endständige Aminogruppen enthaltenden Polyamidharzes aus einem aliphatischen Polyamin und einer dimeren ungesättigten Fettsäure werden mit 12 g Pentamethyldiäthylentriamin in 32 g Xylol und 8 g Glykolmonoäthyläther gelöst und 100 g dieser Lösung mit 150 g eines polymeren Bisphenol-A-Glycidyläthers mit 0,23 Epoxydäquivalente/100 g in 10 g Xylol und 20 g Glykolmonomethyläther vermischt. Nach weiterer Verdünnung mit 100 g Glykolmonomethyläther, 50 g Butanol und 5 g Xylol wird auf Glasplatten gestrichen und bei Raumtemperatur härten gelassen. Selbst bei einer relativen Luftfeuchtigkeit von 95—100% werden klare, harte und guthaftende Lackfilme erhalten.

Die Herstellung von bei gewöhnlicher Temperatur härtenden Spachtelmassen, die auch als Klebmittel oder als Gießharze Verwendung finden können, beschreiben weiterhin E. Preiswerk, K. Meyerhans, O. Ernst und E. Denz[1]. Kompositionen dieser Art werden aus polymeren Bisphenol-A-Polyglycidyläthern und Füllmitteln gewonnen, wobei die Härtung durch Polyamine, z. B. Äthylendiamin, Dimethylaminopropylamin, Diäthylentriamin, Triäthylentetramin u. dgl. vorgenommen wird. Es wird auch die Möglichkeit der Verwendung von Dicyandiamid, Anhydriden von Polycarbonsäuren und von Friedel-Craftsschen Katalysatoren, wie BF₃, angeführt. In besonderen Mischapparaten wird die Masse bei schwach erhöhter Temperatur homogen vermischt, wobei Sorge getragen wird, daß die Luft, die teils durch das Vermischen der pastenförmigen Masse hineingearbeitet wird, teils von den pulvrigen Füllmaterialien adsorbiert ist, am Schluß möglichst restlos ausgetrieben wird. Nach dieser Prozedur wird der Härter eingemischt, worauf die Verarbeitung schnell erfolgt. Unter Verwendung von Triäthylentetramin werden 4,5—7,8 Teile zu 100 Teilen der Masse gemischt. Die Verarbeitung erfolgt durch Verstreichen mit dem Spachtel oder durch Einpressen in Formen. Als Füllmittel werden die bei Spachteln übliche, wie Schiefermehl oder Kaolin angewandt. Als besonders günstig hat sich ein Zusatz von Aluminiumpulver erwiesen. Da die Masse keine flüchtigen Stoffe enthalten darf, wird ihre Plastizität dadurch erzielt, daß von polymeren Bisphenol-A-Glycidyläthern

---

[1] FP 1080742, 28. 4. 53/13. 12. 54; Schwz.-Pri. 16. 4. 53, Zusatz zur Anmeldung vom 30. 4. 52, Ciba A. G.

ausgegangen wird, die bei gewöhnlicher Temperatur flüssig sind und nach Bedarf geringe Anteile hochsiedener Polycarbonsäureester, z. B. Dibutylphthalat, zugesetzt werden. — Eine Spachtelmasse wird beispielsweise folgendermaßen gewonnen: 37,1 Teile polymerer Bisphenol-A-Glycidyläther, der bei 20° flüssig ist, und durch Umsetzen von 1 Mol Bisphenol A mit 6 Mol Epichlorhydrin und der berechneten Menge Natriumhydroxyd bereitet wurde, werden bei 50° vermischt mit: 7,4 Teilen Dibutylphthalat, 37,1 Teilen Schiefermehl, 14,8 Teilen Kaolin und 3,7 Teilen Aluminiumpulver. Nach homogener Durcharbeitung wird bei 90—100° bei geringer Bewegung unter vermindertem Druck die Luft ausgetrieben. Durch eine besondere Dosierungsvorrichtung wird beim Herauspressen der Masse, also unmittelbar vor dem Verbrauch, die Vermischung mit etwa 6% Triäthylentetramin vorgenommen. Dieser Spachtel härtet bei 20° in 6—8 Stunden, jedoch muß er innerhalb von 1 Stunde verarbeitet sein. Bei 100° erfolgt die Härtung bereits in 10—15 Minuten. Trotz des Erweichens bei höherer Temperatur fließt die Spachtelmasse nicht und kann daher auch an vertikalen Flächen verarbeitet werden.

Mit dem Bestreben, die Mängel, die bei der Verwendung von Diaminen durch den Kleinverbraucher auftreten — vor allem die Flüchtigkeit und den daraus folgenden unangenehmen und aggressiven Geruch — zu überwinden, haben T. F. BRADLEY, H. A. NEVEY und E. C. SHOKAL[1] Vorkondensate dieser Amine mit Epoxydharzvorprodukten, ebenso wie auch solche mit Polycarbonsäuren oder Phosphorsäuren hergestellt, welche als geruchlose und haltbare Substanzen von dem Verbraucher nur noch mit vorgeschriebenen Anteilen bestimmter Epoxydharzvorprodukte vermischt werden müssen. Zur Herstellung von Vorkondensaten dieser Art werden empfohlen: Polyamine, wie Äthylendiamin, Propylendiamin, N,N'-Diäthyläthylendiamin, m-Phenylendiamin, 2,4-Diamino-2-methylpentan, 3,4-Diamino-3,4-dimethylhexan, 2,7-Diamino-2,7-dimethyloctan u. dgl., ferner: Säuren, wie Phosphor- und phosphorige Säure, Butyl- oder Phenylphosphorsäureester, Schwefelsäure, Oxal-, Bernstein-, Adipin-, Phthal-, Wein-, Tricarballylsäure u. dgl. m. Vorkondensate der beschriebenen Art werden hergestellt unter Verwendung eines großen Überschusses des Härters, und zwar von etwa 1 Mol Diamin pro Epoxydgruppe, da bei kleineren Mengen Diamin regelrechte Härtung erfolgt. Über die Herstellung solcher Vorkondensate geben folgende Beispiele Aufschluß:

1. 100 g polymerer Bisphenol-A-Polyglycidyläther vom Erweichungspunkt 43° und dem Epoxydwert 0,326/100 g werden bei 60° in 100 g Dioxan gelöst, mit einer Lösung von 20 g Äthylendiamin (0,326 Mol) in 50 g Dioxan vermischt, 3 Stunden rückflußgekocht und das Kondensat in Wasser als sprödes, in Lösungsmitteln leichtlösliches Harz ausgefällt. — Unter Einsetzen der berechneten Mengen werden mit den oben angeführten Diaminen Vorkondensate in derselben Weise ausgeführt.

2. Eine Lösung von 100 g eines polymeren Bisphenol-A-Polyglycidyläthers vom Erweichungspunkt 48° und dem Epoxydwert 0,287/100 g wird mit einer Lösung von 28 g 100%iger Phosphorsäure in 100 g Dioxan vermischt, 20 Stunden

---

[1] US 2651589, 25. 10. 49/8. 9. 53, SHELL DEVELOPMENT CO.

rückflußgekocht und im Vakuum zu einer spröden, trocknen Masse eingeengt, die 7,0% P enthält und in Lösungsmitteln leicht löslich ist.

Vorkondensate, welche reaktionsfreudige sekundäre Monoamine in geruchlose, nicht flüchtige latente Härter überführen, beschreiben dieselben Erfinder[1]. Als geeignete sekundäre Amine werden angeführt: Dimethyl- oder Diäthylamin, Diallylamin, Dioctylamin, Dioleylamin, Dibenzylamin, oder unsymmetrisch substituierte Amine wie: Methyläthylamin, Methylcyclohexylamin, o-Tolylnaphthylamin, oder ringförmige sekundäre Amine wie: Trimethylendiimin, Pyrrol, Piperidin, Decahydrochinolin u. a. m. Bei der Bereitung der Vorkondensate soll etwa 1,5 Mol des Amins pro Epoxydgruppe eingesetzt werden. Beispielsweise wird folgendermaßen gearbeitet: 220 g polymerer Bisphenol-A-Polyglycidyläther vom Erweichungspunkt 9° und dem Epoxydwert 0,5/100 g werden in 530 g Dioxan gelöst, unter Kühlen 400 g Dimethylamin eingeleitet und anschließend 24 Stunden bei 22—24° rückflußgekocht. Nach 2tägigem Stehen bei gewöhnlicher Temperatur wird das Flüchtige abdestilliert, wobei 255 g eines viscos-flüssigen Rückstandes mit einem N-Gehalt von 6,1% erhalten wird. — Unter Verwendung von 100 g des genannten Polyglycidyläthers erfolgt Härtung bei 55—60° unter Zusatz

> von 5 g Vorkondensat in 19 Stunden,
> von 10 g Vorkondensat in 1 Stunde,
> von 15 g Vorkondensat in 1 Stunde.

Die Verwendung von Härtern dieser Art wird für die Herstellung von Anstrich- und Klebmitteln, von Bindemitteln für Glasfaserschichtstoffe sowie von Gieß- oder Preßharzen empfohlen.

Analoge Vorkondensate wie sie die SHELL beschreibt, die aus einem großen Überschuß an Aminhärter und einem härtbaren Epoxydharzvorprodukt zusammengesetzt waren, hat bereits P. CASTAN in Verbindung mit seinem Schweizer Patent 236594 vom 16. 6. 43 beschrieben. In einem, dem Schweizer Patent parallelen amerikanischen Patent US 2444333 vom 2. 5. 44 beigefügten Affidavit vom 2. 5. 44 gibt CASTAN die folgende Tabelle über die Härtungsdauer eines Epoxydharzvorproduktes bei 100° mit verschieden großen Zusätzen an Piperidin und über die Eigenschaften des Endproduktes:

Piperidin %	Härtungs-dauer Min.	Eigenschaften des Endproduktes
0,1	360	nicht sehr hartes, unschmelzbares Harz
1,0	75	hartes, elastisches unschmelzbares Harz
2,0	45	hartes, elastisches unschmelzbares Harz
5,0	30	hartes, elastisches unschmelzbares Harz
10 0	180	unschmelzbares, in der Wärme plastisches, aber sprödes Harz
20,0	480	überhaupt keine Härtung

Es muß also angenommen werden, daß bei einer Zusatzmenge von 20% Piperidin und darüber bei dem reichlichen Angebot an Amin

---

[1] US 2643239, 28. 3. 51/23. 6. 53, SHELL DEVOLOPMENT CO.

alle Epoxydgruppen sich durch Aminaddition abgesättigt haben, so
daß keine Härtung mehr erfolgen kann. Wie weiterhin festgestellt
wurde, erfolgt jedoch wieder normale Härtung, wenn zu dem löslichen
und schmelzbaren Additionsprodukt eine solche Menge Epoxydharzvorprodukt hinzugefügt wird, daß der Gehalt an Piperidin in der Ge-
samtmischung 1—5% entspricht.

Aber sogar Vorkondensate von Aminen oder Polyaminen mit Polyglycidyläthern können in manchen Fällen noch zu reaktionsfähig sein,
so daß eine noch weitergehende Abschwächung der Basizität erwünscht
sein kann. Dies kann nach einem von H. L. PARRY und Q. T. WILES[1]
entwickelten Verfahren in der Weise erfolgen, daß die Vorkondensate
mit niederen Fettsäuren neutralisiert werden. Beispielsweise wird nach
durchgeführter Umsetzung das Vorkondensat in der Lösung vor der
Ausfällung in Wasser mit Essigsäure neutralisiert.

Eine Abschwächung der Wirksamkeit von Amin-Epoxydharz-
Vorkondensaten hat J. REESE[2] weiterhin in der Weise erzielt, daß für die
Herstellung des Aminadduktes nicht derselbe für die Härtung eingesetzte polymere Bisphenol-A-Glycidyläther angewandt wird, sondern ein
nicht härtendes Epichlorhydrin-Bisphenol-A-Umsetzungsprodukt, bei
dessen Herstellung auf 1 Mol Bisphenol nicht mehr als 0,5—0,9 Mol
Epichlorhydrin angewandt wurde. Vorkondensate dieser Art härten
die üblichen Epoxydharzvorprodukte bei gewöhnlicher Temperatur
erheblich langsamer, so daß sehr viel längere Verarbeitungszeiten
(pot-life) erzielt werden. Bei der Verwendung für Einbrennlacke zeigen
sie die übliche Wirkung.

Wenn auch Vorkondensate mit Aminen oder Säuren vielseitig angewandt werden können, so überwiegt doch ihre Verwendung für Einbrennlacke. Ihre Herstellung erfolgt in der Weise, daß etwa gleiche
Teile des Vorkondensats mit einem geeigneten polymeren Bisphenol-
A-Polyglycidyläther in Lacklösungsmitteln aufgelöst werden. Bei der
Verwendung von Amin-Epoxydvorkondensaten genügt eine Einbrenntemperatur von 50—100°, während Vorkondensate mit Polycarbonsäuren oder ihren Anhydriden Temperaturen von 150—180° erfordern.

Die Verwendung von *N,N'-Dialkyl-1,3-propylendiamin* als Härter
für Epoxydharzvorprodukte, die als Anstrich- oder Klebemittel Verwendung finden, beschreiben H. A. NEVEY und E. C. SHOKAL[3]. Hierzu
sind als Alkylgruppen geeignet: propyl-, butyl-, amyl-, 2-äthylhexyl-,
stearyl- und andere gesättigte aliphatische Gruppen. Es können auch
zwei verschiedene Alkylgruppen vorhanden sein, z. B. methyl–äthyl
oder methyl–butyl. Die Herstellung von Dialkylpropylendiaminen wird
an mehreren Stellen beschrieben[4]. Der Härtungschemismus scheint
teils katalytischer, teils vernetzender Art zu sein. Auf alle Fälle ist das
Einhalten bestimmter Mengenverhältnisse wichtig, da nur bei Mengen,

---

[1] US 2640037, 3. 10. 51/26. 10. 53, SHELL DEVELOPMENT CO.
[2] D. Anm. C 10407, 11. 12. 54 (DAS 1006152), CHEMISCHE WERKE ALBERT.
[3] US 2642412, 7. 8. 51/16. 6. 53, SHELL DEVELOPMENT CO.
[4] Bl. Acad. roy. Med. Belgique **1904**, 904. — US 2165515, 2429876 und
2436368.

bei denen das Diaminäquivalent etwas unter dem Epoxydäquivalent
liegt, einwandfreie Produkte erhalten werden. Bei der Verwendung
eines Diaminüberschusses bleiben die gehärteten Epoxydharze in organischen Lösungsmitteln löslich. Zur Herstellung brauchbarer Kompositionen ist es jedoch nicht erforderlich, von einem einheitlichen
Epoxydharzvorprodukt, insbesondere von einem polymeren Bisphenol-
A-Polyglycidyläther bestimmten Polymerisationsgrades, auszugehen,
sondern es können auch Gemische von Glycidyläthern verschiedener
Polymerisationsgrade zur Verwendung kommen. Zur Erzielung von
Spezialeigenschaften können auch andere Verbindungen, wie Polyvinylacetat oder Allylglycidäther beigemischt werden. Beispielsweise werden
brauchbare Kompositionen in folgender Weise hergestellt:

1. Zu einem Gemisch aus gleichen Teilen eines polymeren Bisphenol-A-Polyglycidyläthers vom Erweichungspunkt 43° und einem Glycerinpolyglycidyläther,
hergestellt aus 1 Mol Glycerin und 3 Mol Epichlorhydrin, wird ein Zusatz von
15% N,N'-Diäthyl-1,3-propylendiamin zugefügt. Die Masse härtet bei Raumtemperatur und hat nach 24 Stunden eine *Barcol*-Härte von 77.

2. 85 g eines polymeren Bisphenol-A-Polyglycidyläthers vom Erweichungspunkt 27°, 15 g Allylglycidyläther und 8 g gepulvertes Polyvinylacetat (Marke
Vinylit AYAF) werden in der Wärme mit 30 g Asbestfasern und mit 6% N,N'-
Diäthyl-1,3-propylendiamin gut vermischt und zum Verkleben von Aluminiumblech verwendet. Die Zerreißfestigkeit war bei $5^1/_2$ tägiger Härtung bei 26—28°
3,23 psi, bei einer Härtung bei 80—85° 3,51 psi.

Die wegen ihrer sehr geringen Flüchtigkeit naheliegende Verwendung von Oxalkylaminen als Härter hat sich wegen ihrer starken
Reaktivität nicht realisieren lassen. Die Vorteile, die Amine mit Ox-
alkylgruppen bieten, vor allem die bei der Verarbeitung wesentlich
geringere Giftwirkung im Vergleich zu den üblichen Di- und Polyaminen, lassen sich aber bei höhermolekularen Oxyalkylpolyaminen
auswerten, wie C. F. PITT und M. N. PAUL[1] gezeigt haben. Sie bieten
die näher ausgeführten Vorteile der minimalen physiologischen Reizung wegen ihrer sehr geringen Flüchtigkeit, der geringen Hygroskopi-
zität, der schnellen Härtung bei Raumtemperatur, der niedrigen Viscosität und, dadurch bedingt, der leichten Vermischbarkeit und der
optimalen Eigenschaften der gehärteten Harze.

Unter Verwendung von Zusätzen von 20—28 Teilen auf 100 Teilen
Bakelit ERL-2774 als Epoxydharzvorprodukt wurden bei den folgenden Oxalkylpolyaminen bei 50 g-Proben die folgenden Härtungszeiten bei Raumtemperatur erzielt (s. Tabelle S. 499).

Die BATAAFSCHE[2] empfiehlt als äußerst wenig flüchtige Aminhärter aliphatische Oxypolyamine, die mindestens 3 Wasserstoffatome
an mindestens zwei verschiedenen Stickstoffatomen und eine Hydroxylgruppe an einem Kohlenstoffatom besitzen, welch letzteres einem eine
Aminogruppe tragenden Kohlenstoffatom benachbart sein soll. Härter
dieser Art werden durch Umsetzen von Polyaminen mit Monoepoxyden
hergestellt, z. B. aus Äthylendiamin oder Diäthylentriamin und Allyl-

---

[1] Aufsatz: Low toxicity aliphatic amines for crosslinking polyepoxy resins,
Mod. Pla., Aug. **1957**, 125 126, 128, 202.
[2] Belg. P. 551105, 18. 9. 56; US-Pri. 20. 9. 55, BATAAFSCHE.

Oxalkylpolyamin	Härtungszeit bei 50 g-Proben in
N-Oxäthyl-diäthylentriamin	19 Minuten
N-Oxpropyl-diäthylentriamin	27 Minuten
N-(2-Oxäthyl-2-phenyl)-diäthylentriamin	18 Minuten
N,N'-Di-(oxäthyl)-diäthylentriamin	24 Minuten
N,N'-Di-(oxpropyl)-diäthylentriamin	29 Minuten
N,N,N'-Tri-(oxäthyl)-diäthylentriamin	54 Minuten
N,N,N'-Tri-(oxpropyl)-diäthylentriamin	34 Minuten
N-(2-Oxy-2,4,4-trimethylpentyl)-diäthylentriamin	57 Minuten
N,N-Di(oxäthyl-3,3'-imino)-dipropylamin	25 Minuten
N,N-Di-(oxäthyl)-triäthylentetramin	28 Minuten
N-Oxpropyl-1,2-diaminopropan	67 Minuten
N-Oxpropyl-m-phenylendiamin	250 Minuten

glycidyläther bei 80°. Zum Härten eines üblichen Epoxydharzvorproduktes werden auf 100 Teile etwa 25 Teile der genannten Härterkomposition benötigt.

Die Verwendung von Additionsverbindungen von 1 Mol Polyamin mit 1—2 Mol eines Ketons als kaum flüchtigen Aminhärter für Epoxydharzvorprodukte, die als lufthärtende Anstrichmittel dienen sollen, beschreiben H.W. KRAUSS und R. HEBERMEHL[1]. Beispielsweise werden 5,6 g Äthylendiamin mit 5,8 g Aceton vermischt, wobei Erwärmung bis zu 50° eintritt, oder 5,6 g Äthylendiamin und 22,4 g Methylcyclohexanon (60°), oder ein Gemisch von 5,6 g Äthylendiamin, 5,8 g Aceton und 5,8 g Butanol (50°). Unter Anwendung von etwa 12% einer dieser Mischungen auf ein durch Lösungsmittel 50%ig verdünntes Epoxydharzvorprodukt erhält man ein Anstrichmittel mit einer Verbrauchszeit von 35—40 Stunden, dessen Aufstriche bei gewöhnlicher Temperatur in etwa 6 Stunden schleierfrei durchhärten.

Zur Abschwächung der härtenden Wirkung von Aminen, zwecks Gewinnung von bei gewöhnlicher Temperatur stabilen Gemischen mit Epoxydharzvorprodukten, kann auch in anderer Weise vorgegangen werden. D. W. ELAM und Q. T. WILES[2] haben dies Ziel dadurch erreicht, daß Salze der Amine mit höheren Fettsäuren angewandt werden. Als hierfür geeignete Fettsäuren werden vorzugsweise solche mit 2—12 C-Atomen angegeben, doch sind auch höhere, z. B. Ölsäure, in Verbindung mit gewissen Polyaminen mit Vorteil zu verwenden. Als Epoxydverbindungen werden polymere Bisphenol-A-Polyglycidyläther unterschiedlicher Polymerisationsgrade angewandt. Folgende Ergebnisse werden nach diesem Verfahren erzielt:

1. Unter Verwendung von 2,4,6-Tri-(dimethylaminomethyl)-phenol[3] als dreiwertige Base, wobei 0,113 Amino-Stickstoffatome pro Epoxydgruppe gerechnet werden, wird ein Gemisch mit einem polymeren Bisphenol-A-Poly-

---

[1] D. Anm. F 15425, 1010677, 6. 8. 54, BAYER.

[2] US 2681901, 3. 10. 51/22. 6. 54, SHELL DEVELOPMENT CO.

[3] Wie aus Anzeigen hervorgeht, wird Tri-(dimethylaminomethyl)-phenol von der Firma ROHM & HAAS unter der Bezeichnung „Curing Agent DMP-30" als Härter in den Handel gebracht. (Mod. Pla., Sept. 1955, 248.)

glycidyläther vom Erweichungspunkt 9° und dem Epoxydäquivalentgewicht 200 hergestellt. Unter Neutralisieren des Amins vor dem Gebrauch mit 3 Mol einbasischer Säuren werden folgende Gelierungszeiten erhalten:

Kompositionen mit Acetat, Propionat, Isobutyrat, Valerat, Isovalerat und Capronat gelieren in 18 Stunden, mit Butyrat in 24 Stunden, mit Formiat in 48 Stunden, während die freie Base Gelierung bereits in 1,3 Stunden bewirkt.

2. Bei Verwendung einer Komposition eines polymeren Bisphenol-A-Polyglycidyläthers mit dem Aminsalz einer beliebigen Säure zum Einbetten größerer Metallgegenstände erhält man nach dem Härten Blöcke, die wiederholt starken Temperaturunterschieden ausgesetzt werden können, ohne Risse aufzuweisen.

3. Unter Verwendung von Dimethylamin, Trimethylamin, Diäthylentriamin, Diacetondiamin und anderen Polyaminen in Gestalt ihrer Salze können Anstrichmittel, Preßmassen und Klebmittel für Metalle hergestellt werden.

Ein dem Verfahren dieser Patentschrift identisches, in dem ebenfalls der von P. Castan im Schwz. P. 236594 vom 16. 6. 43 erstmalig zum Ausdruck gebrachte Gedanke der Verwendung von Aminsalzen von Carbonsäuren angeführt wird, wird auch von S. O. Greenlee[1] nochmals beschrieben. Obgleich dies Patent gegenüber US 2640037 und 2681901 der Shell nichts Neues bringt, dürfte die Patentierung deshalb erfolgt sein, weil nicht die Verwendung von Salzen von Polyaminen mit höheren Carbonsäuren beansprucht wird, sondern diejenige der daraus bei der Härtung durch Wasserabspaltung entstehenden Amino-Amidverbindungen. Daß es bei Aminsalzen von Carbonsäuren bei der Hitzehärtung die sekundär entstehenden Amino-Amidverbindungen sind, welche als Härter fungieren, dürfte jedem Fachmann klar sein. Es wird die Härtung von polymeren Bisphenol-A-Glycidyläthern und von polymeren Glycidyläthern mehrwertiger Alkohole beschrieben.

Die Verwendung einer Sulfonsäure zum Neutralisieren von Härtungsaminen wird von H. D. Dannenberg[2] in einem besonderen Patent beschrieben. Es können alle bekannten aliphatischen und aromatischen Sulfonsäuren mit allen für Härtungszwecke geeigneten Polyaminen kombiniert werden. Unter Verwendung von polymeren Bisphenol-A-Polyglycidyläthern können mit Vorteil auch Kombinationen mit härtbaren Dimethylol-Harnstoffalkyläthern bereitet werden, die sich für die Herstellung von Anstrich- oder Klebemittel sowie als Gieß- und Preßharze eignen. — Zum Beispiel werden 70 Teile eines polymeren Bisphenol-A-Polyglycidyläthers vom Erweichungspunkt 156° und einem Epoxydwert von 0,036/100 g und 30 Teile eines 50%igen butylierten Harnstoff-Formaldehyd-Kondensationsproduktes in Butanol mit 1 g p-Toluolsulfonsaurem Morpholin versetzt und als Anstrichmittel aufgestrichen. Nach dem Lufttrocknen wird 30 Minuten bei 150—160° eingebrannt, wonach der erzielte Film in Methyläthylketon unlöslich ist („MEK-Test"). Beim Einlegen in siedendes Wasser wird der Film nicht weiß, und Verklebungen erleiden dadurch keinen Festigkeitsverlust.

Die Verwendung von borsauren Oxalkylaminen als Härter empfiehlt die Westinghouse Electric Corp.[3]. Hierbei erhalten die üb-

---

[1] US 2760944, 17. 3. 52/28. 8. 56, Devoe & Raynolds.
[2] US 2687397, 21. 9. 51/24. 8. 54, Shell Development Co.
[3] FP 1132005, 13. 5. 55/4. 3. 57; US-Pri. 14. 5. 54.

lichen Epoxydharzvorprodukte, wie sie durch Umsetzen von 1—2 Mol Epichlorhydrin mit 1 Mol Bisphenol A hergestellt werden, einen Zusatz von 2—18% von Triäthanolaminborat oder von Triisopropanolaminborat und werden bei 100—200° gehärtet. Als Härtungsbeschleuniger ist ein weiterer Zusatz von bis zu 10% einer organischen Metallkomplexverbindung, insbesondere von Bromacetylacetonat und von Nickel-II-di-Salicylaldehyd, sowie ein Zusatz von bis zu 1% an Halogenalkylenmethyljodid günstig. Unter Verwendung von Härtern dieser Art für Gießharze zur Herstellung von elektrischen Isoliermaterialien werden besonders hohe Durchschlagfestigkeiten bei höheren Temperaturen erzielt.

Die Härtung von Gemischen aus polymeren Bisphenol-A-Glycidyläthern und Triallylcyanurat mittels aliphatischer Amine beschreiben R. A. SKIFF und R. W. FINHOLT[1]. Während mit Dicarbonsäureanhydriden etwa mit Phthalsäureanhydrid, gehärtete Kompositionen dieser Art, weniger gute Eigenschaften aufweisen, ergeben Aminhärter gute Resultate. Zwecks Modifizierung können auch fein verteilte Copolymere von Vinylchlorid oder Vinylidenchlorid als Suspension in Dialkylphthalaten zugemischt werden. Als Aminhärter wird n-Dodecylamin bevorzugt. Da keine Diskussion oder Vergleichsversuche über die angewandten Mengen angeführt werden, ist die als Härter angegebene Menge von etwa 10% Dodecylamin vermutlich empirisch ermittelt worden.

Additionsprodukte von Aminen oder Polyaminen mit ungesättigten aliphatischen Nitrilen werden als Härter, bei denen der Härteprozeß gut kontrolliert werden kann, von A. G. FARNHAM[2] empfohlen zur Härtung von Diglycidyläthern oder Polyglycidyläthern von Glycerin, Diäthylenglykol und Bisphenol A. Additionen von Diaminen, beispielsweise an Acrylnitril, erfolgen in einfacher Weise durch Erhitzen äquimolekularer Mengen am Rückflußkühler. Bei 70—80° setzt Spontanreaktion ein, so daß gekühlt werden muß. Aus Äthylendiamin und Acrylnitril kann, je nach den angewandten Mengenverhältnissen Monocyanäthyläthylendiamin

$$H_2N \cdot CH_2 \cdot CH_2 \cdot NH \cdot CH_2 \cdot CH_2 \cdot CN$$

oder Dicyanäthylendiamin

$$NC \cdot CH_2 \cdot CH_2 \cdot NH \cdot CH_2 \cdot CH_2 \cdot NH \cdot CH_2 \cdot CH_2CN$$

mit etwa quantitativer Ausbeute gewonnen werden. Durch die gleiche Additionsreaktion lassen sich, unter Einsetzen der erforderlichen Mengen, sämtliche an den Stickstoffatomen befindliche Wasserstoffatome mit Cyanäthylgruppen substituieren. Unter Verwendung höherer Polyamine, z. B. von Diäthylentriamin, Triäthylentetramin oder Tetraäthylenpentamin lassen sich die entsprechenden Polycyanäthyl-

---

[1] FP 1091108, 27. 11. 53/7. 4. 55; US-Pri. 29. 11. 52, GENERAL ELECTRIC CO., COMP. FRANÇ. THOMSON-HOUSTON.

[2] FP 1100182, 16. 3. 54/19. 9. 55; US-Pri. 30. 3. 53 — US 2753323, BAKELITE DIVISION DER UNION CARBIDE & CARBON CORP.

polymethylenpolyamine gewinnen. Die Basizität von Härtern dieser Art ist gegenüber derjenigen der reinen Polyamine derart herabgesetzt, daß die Härtung relativ langsam aber sehr gleichmäßig vor sich geht. Ihre Verwendung wird vor allem für die Herstellung von Gießharzen für elektrische Zwecke empfohlen. — Folgende Beispiele illustrieren das Verfahren:

1. 17,1 g eines Glycerinpolyglycidyläthers mit einem Epoxydäquivalentgewicht von 171 werden mit 6,97 g Pentacyanäthyldiäthylentriamin vermischt und durch Vakuumbehandlung die eingeschlossene Luft entfernt. Die flüssige Mischung wird in eine auf 60° erwärmte Form gegossen und etwa 1 Stunde bei dieser Temperatur belassen. Danach wird 1 Stunde bei 80° erhitzt, wobei die Masse geliert. Nach weiterem 3stündigem Erhitzen bei 100° erfolgt Durchhärtung. Nach Herausnahme aus der Form wird der Gießling noch eine weitere Stunde bei 110° erhitzt. Das harte, elastische und spannungsfreie Formstück ist sehr gut mechanisch zu bearbeiten.

2. Unter Verwendung eines polymeren Bisphenol-A-Polyglycidyläthers mit einem Epoxydäquivalentgewicht von 185—200 im Gemisch mit der gleichen Menge Pentacyanäthyldiäthylentriamin werden unter Einhalten der unter 1. angegebenen Erhitzungszeiten ebenfalls Gußstücke mit hochwertigen elektrischen und mechanischen Eigenschaften erhalten.

In dem Bestreben, Polyamine von möglichst geringer Flüchtigkeit anzuwenden, die Kalthärtung bewirken, wobei der Härtungsprozeß nicht zu schnell erfolgt, so daß keine Schleierbildung auftritt und ein Film von einwandfreiem Glanz, Lichtbeständigkeit und Wasserfestigkeit entsteht, empfehlen O. LISSNER, F. MEYER und K. DEMMLER[1] primäre oder sekundäre Diamine, in denen sich die Aminogruppen an zwei isolierten, gegebenenfalls über Brückenatome oder -atomgruppen miteinander verbundenen hydroaromatischen Resten, befinden. An Verbindungen dieser Art werden Dodecahydrobenzidin, Diaminodicyclohexylmethan oder -propan oder -amin sowie Diaminotricyclohexylmethan angeführt. Mit Polyaminen dieser Art angesetzte Epoxydharzvorprodukte haben eine mehr als doppelt so lange Verarbeitzeit (4—5 Tage) im Vergleich zu solchen, die mit Äthylendiamin bereitet sind.

In einer anderen Patentanmeldung[2] wird von denselben Erfindern die Verwendung von cycloaliphatischen Diaminen, deren Aminogruppen sich an demselben cycloaliphatischen Rest befinden, geschützt. Als solche Verbindungen werden angeführt: 1,2- oder 1,4-Diaminocyclohexan, 1,2-Diamino-4-äthylcyclohexan und 1-Cyclohexyl-3,4-diaminocyclohexan.

Die Verwendung von Härtern dieser Art für die Härtung von Polyglycidyläthern mehrwertiger aliphatischer Alkohole, z. B. Butantriol, Glycerin, Hexantriol, Trimethylolpropan, Pentaerythrit oder Gemischen dieser Alkohole, beschreibt ein anderes Patent[3]. Zwecks Verwendung dieser aliphatischen Polyglycidyläther als Lack- und Gießharze werden die folgenden Diaminoverbindungen als Härter besonders

---

[1] D. Anm. B 32594, 14. 9. 54, DAS 1006991, BADISCHE ANILIN- & SODA-FABRIK-AG.

[2] B 34315, 29. 1. 55, DAS 1006101, BADISCHE ANILIN- & SODAFABRIK-AG.

[3] D. Anm. B 32465, 1009808, 2. 9. 54, BADISCHE ANILIN- & SODAFABRIK-AG.

empfohlen: p,p′-Diaminodiphenylmethan, p,p′-Diaminodiphenylamin, p,p′-Diaminodiphenyldimethylmethan, p,p′-Diaminodiphenylsulfid, -sulfon oder -oxyd, p,p′-Diaminodiphenylharnstoff, o,o′-Diaminodiphenylmethan, sowie die Derivate dieser Verbindungen, in denen die Phenylreste durch Alkyl-, Alkoxygruppen oder Halogenatome substituiert oder teilweise hydriert sind.

Über die Härtung mit Polyaminen im allgemeinen und über die Verwendung von Additionsverbindungen von Diaminen mit Acrylnitril im besonderen haben F. J. ALLEN und W. M. HUNTER der BAKELITE LTD. in einem Vortrag auf dem Londoner Symposium Epoxide Resins am 11. 4. 56 Ausführungen gemacht[1]. Als Nachteile der Verwendung von reinen Polyaminen werden angeführt:

1. die hohe exothermische Reaktion, die bei größeren kompakten Massen zu Überhitzungen und damit zu Beeinträchtigungen der mechanischen Eigenschaften führen kann,

2. Blasenbildung durch Amindämpfe, die schon bei sehr kleinen Zusatzmengen auftritt,

3. Aggressivität der Amindämpfe, die Dermatitis bewirken kann,

4. die Härtung erfolgt zu schnell, etwa schon in 40 Minuten, und ungleichmäßig,

5. vor allem ist die Menge des zuzusetzenden Amins sehr kritisch, was durch folgendes Beispiel veranschaulicht wird: die Hitzebeständigkeit (heat distortion point) ist bei Zusatz von Diäthylentriamin zu einem polymeren Bisphenol-A-Polyglycidyläther in der stöchiometrischen Menge (1:9) optimal und sinkt bei abweichenden Mengen z. T. beträchtlich.

Diäthylentriamin ist im gehärteten Zustande beständig:

9   Teile Harz + 1 Teil Diäthylentriamin bis 115°
9,5 Teile Harz + 1 Teil Diäthylentriamin bis 112°
10,0 Teile Harz + 1 Teil Diäthylentriamin bis 101°
8,5 Teile Harz + 1 Teil Diäthylentriamin bis 105°
8,0 Teile Harz + 1 Teil Diäthylentriamin bis 80°

Neben der Abschwächung der Basizität der Polyamine durch Verwendung ihrer Addukte mit Acrylnitril, wie dies in dem vorgehenden Patent beschrieben wurde, wird die Verwendung von Oxalkylpolyaminen, insbesondere von solchen, die durch Umsetzen von Propylenoxyd mit Polyaminen entstehen, empfohlen; beispielsweise mit Äthylendiamin:

Monooxypropyläthylendiamin

$$H_2N \cdot CH_2 \cdot CH_2 \cdot NH \cdot CH(CH_3) \cdot CH_2OH$$

und Dioxpropyläthylendiamin

$$HO \cdot CH_2 \cdot CH(CH_3) \cdot NH \cdot CH_2 \cdot CH_2 \cdot NH \cdot CH(CH_3) \cdot CH_2OH$$

sowie von höheren Polyglykoläthern von Diaminen. Besonderes Interesse haben Mono- und Dioxäthyl- (oder -propyl)-diäthylentriamine gefunden. Ihre Wirkung ist derart, daß ihre Mischung mit dem Poly-

---

[1] „Some Characteristics of Epoxide Resins Systems".

glycidyläther schon bei gewöhnlicher Temperatur geliert bzw. vorhärtet, und anschließend zur völligen Durchhärtung 2stündiges Erhitzen bei 120° erforderlich ist. Die Reaktionsfähigkeit dieser Oxalkylpolyamine entspricht etwa derjenigen der reinen Polyamine, z. B. beträgt die Lebensdauer des flüssigen Gemisches eines Polyglycidyläthers mit Diäthylentriamin: 30 Min., mit Oxäthyldiäthylentriamin: 25 Min. und mit Dioxäthyldiäthylentriamin: 20 Min. Im Vergleich mit den cyanäthylierten Polyaminen sind die oxalkylierten Polyamine wesentlich reaktionsfähiger, da die Gebrauchsdauer der ersteren 4—5 Stunden beträgt. In einem 50 g Ansatz entwickelt sich im Gemisch mit Dioxäthyldiäthylentriamin bei 25° eine spontane Temperatursteigerung bis zu 195° (bei Diäthylentriamin im analogen Fall bis zu 200°), während ein entsprechender Ansatz mit Dicyanäthyldiäthylentriamin überhaupt keine exotherme Reaktion zeigt. Demgegenüber ist die Hitzebeständigkeit der gehärteten Produkte, die bei Diäthylentriamin 115° beträgt, bei den Addukten wesentlich geringer. Sie beträgt bei Dioxäthyldiäthylentriamin: 64° und bei Dicyanäthyldiäthylentriamin: 57°.

Die Verwendung von aromatischen Diaminen, die wesentlich schwächer wirksam sind als aliphatische Polyamine, bietet Vorteile. Phenylendiamine bewirken bei gewöhnlicher Temperatur keine völlige Durchhärtung. Nach 2—3 Tagen erfolgt Gelierung, aber die Produkte sind spröde und unbrauchbar. Erst Härtung bei höheren Temperaturen führt zu brauchbaren Produkten. Als besonders zweckmäßig hat sich die Verwendung von 4,4'-Diaminodiphenylmethan

$$H_2N \cdot C_6H_4 \cdot CH_2 \cdot C_6H_4 \cdot NH_2$$

einer Substanz, die bei 90° schmilzt und beim Schmelzpunkt kaum sublimiert, erwiesen. Damit angesetzte härtbare Kompositionen mit Polyglycidyläthern ergeben relativ niedrige exotherme Spontanreaktionen, z. B. zeigen derartige Mischungen von Proben von:

50 g bei 25° eine Lebensdauer von 20 Std. ohne exotherme Reaktion
50 g bei 50° eine Lebensdauer von $3^1/_2$ Std. ohne exotherme Reaktion
200 g bei 80° eine Lebensdauer von $1^1/_2$ Std. mit Temperatursteigerung bis 258°

Auch bei diesem Härter ist eine Härtung in 2 Stufen wesentlich, eine Vorhärtung bei gewöhnlicher Temperatur mit anschließender Einwirkung höherer Temperatur. Hierbei ist die Hitzebeständigkeit des gehärteten Produktes wesentlich höher, wenn die Härtung bei höherer Temperatur vorgenommen wird, die jedoch nicht durch eine längere Hitzeeinwirkung bei niedrigerer Temperatur ersetzt werden kann, z. B. ist bei

2stündigem Härten bei 100° die Hitzebeständigkeit 111°, bei
17stündigem Härten bei 100° die Hitzebeständigkeit 115°, während bei
6stündigem Härten bei 150° die Hitzebeständigkeit 144° beträgt.

Dagegen liefert m-Phenylendiamin höhere Werte, da schon bei 2stündiger Härtung bei 100° eine Hitzebeständigkeit von 121—126° erzielt wird.

In einem späteren Patent der Bakelite Corp.[1] wird die Härtung
mittels Benzyldimethylamin, 4,4'-Diaminodiphenylmethan, 4,4'-Di-
aminodiphenylsulfon, Diäthylentriamin und Benzidin von Polyglycidyläthern von solchen Polyphenolen beschrieben, die $(2x + 1)$ Phenylol-
gruppen und x dreiwertige Aldehydreste $-(C_n \cdot H_{2n}) \cdot \overset{|}{\underset{|}{C}}H$ als Bindeglieder
zwischen den Phenylolgruppen enthalten, wobei x eine ganze Zahl
zwischen 1 und 3, n eine ganze Zahl bedeutet und der Polyglycidyläther
eine Epoxydäquivalenz zwischen 1 und 2 aufweist. Als geeignete Aldehyde zur Herstellung dieser Polyphenole werden Acrolein, Äthyl-
acrolein, Crotonaldehyd und andere angeführt, wobei Polyphenole mit
3—7 Kernen gewonnen werden. Aus diesen werden die Glycidyläther
in bekannter Weise erzielt.

Über die Härtung von flüssigen Polyglycidylestern zwecks Herstellung von Klebemitteln für Papier, Textilien, Holz, Kunststoffen,
Glas und Metallen sowie zum Binden von pulverförmigen oder faserigen Stoffen für die Herstellung von Schichtstoffen, berichten die
Henkel Cie[2]. Die zur Anwendung kommenden Polyepoxydverbindungen können Polyglycidylester mit einer 1,2-Epoxydgruppe

$$=C\!\!-\!\!C=$$
$$\diagdown O \diagup$$

oder Verbindungen mit einer 1,3-Epoxydgruppe

$$=C\!\!-\!\!C\!\!-\!\!C=$$
$$\diagdown O \diagup$$

sein, und können sich ableiten, beispielsweise von folgenden Verbindungen: Oxal-, Bernstein-, Glutar-, Adipin-, Pimelin-, Suberin-, Ace-
lain-, Sebacin-, Dichlorbernstein-, Nitriltriessig-, Thiodiglykol-, Ma-
lein-, Fumar-, Citracon-, Itacon-, Menacon-, Phthal-, Isophthal-, Tere-
phthal-, Mellit-, Pyromellit-, Naphthal, 2,6-Naphthylendicarbon-,
Tetrachlorphthal-, Cyan-, Diphenyl-o,o'-dicarbonsäure sowie Äthylen-
glykol-di-(p-carboxyphenyl)-äther und entsprechende Äther anderer
Glykole, z. B. vom Trimethylenglykol oder Tetramethylenglykol sowie auch α,β-Di-(p-carboxyphenyl)-äthan u. a. m.

Als Härter sind basische Stoffe wie Piperidin, Äthylendiamin, Diäthylentriamin, Triäthylentetramin, Dicyandiamid, Diacetamin und
Benzidin geeignet. Besonders vorteilhaft ist die Verwendung von nicht
flüchtigen Kondensationsprodukten von Diaminen mit sich selbst oder
mit Dicyandiamid, wie sie die Ciba A. G. schon im Schwz. P. 264818
vom 25. 10. 46 beschrieben hat. Die Beimischung von Mono- oder Polyglycidyläthern kann in manchen Fällen vorteilhaft sein. — Beispielsweise wird Phthalsäurediglycidylester in folgender Weise hergestellt:
1300 g fein pulverisiertes Dikaliumphthalat, 2,8% Wasser enthaltend,
und 3400 g Epichlorhydrin werden im Autoklav in einer N_2-Atmosphäre
16 Stunden bei 140—150° bei einem Druck von 50 Atm. gerührt. Nach

---

[1] Belg. P. 537059, 2. 4. 55; US-Pri. 9. 4. 54, Ser. Nr. 422257.
[2] Belg. P. 522930, 21. 9. 53/15. 10. 53; D.-Pri. 26. 9. 52.

dem Abdestillieren des Flüchtigen bei 4—5 mm Druck und 150—170°
werden 1330 g Harz erhalten (= Harz A) mit den Daten: Epoxydsauerstoff 6,8%, Chlor 1,5%, Hydroxylzahl 270, Verseifungszahl 403 und
mittleres Molgewicht 442. — Ein Kondensationsprodukt aus Diäthylentriamin (DATA) und Dicyandiamid (Dicy) wird hergestellt, indem 100 g
Dicy mit 300 g DATA während 3—5 Stunden allmählich auf 250° erhitzt werden. Die entstehende gelbliche viscose Flüssigkeit wird als
„Härter 31" bezeichnet. Mit flüssigen Gemischen von Harz A und
DATA bzw. Härter 31, denen auch Phenylglycidäther beigemischt
sein kann, wurden unter Verwendung als Metallklebmittel die aus der
folgenden Tabelle ersichtlichen Werte erhalten. Zur Verwendung kamen
Bleche aus Duraluminium von 20 mm Breite und 2 mm Stärke, die
nach dem Bestreichen mit der Klebmasse ohne Druck aufeinandergelegt
wurden, wobei die Härtung bei gewöhnlicher Temperatur erfolgte.

Harz in g	Phenylglycid-äther in g	Härter in g		Dauer der Härtung in Std.	Scherfestigkeit nach 24 Std. kg/cm²
2	0	H 31	0,2	2	0,6—0,7
1,8	0,2	H 31	0,2	$2^1/_2$	1,0
1,6	0,4	H 31	0,2	$3^1/_2$	0,7—0,9
1,4	0,6	H 31	0,2	4—5	0,1, weich
2	0	DATA	0,2	$2^1/_2$	0,6
1,8	0,2	DATA	0,2	3	0,5—0,6
1,6	0,4	DATA	0,2	3—4	1,2—1,3
1,4	0,6	DATA	0,2	3—5	0,6

Über die spektroskopische Verfolgung von Umsetzungen von Diaminen mit Epoxydharzvorprodukten berichten L. A. O'NEIL und
C. P. COLE der RESEARCH ASSOCIATION OF BRITISH PAINT, COLOUR
AND VARNISH MANUFACTURERS[1]. Es konnte bei einem Gemisch eines
flüssigen Epoxydharzvorproduktes mit verschiedenen Mengen Äthylendiamin auf spektroskopischem Wege die durch die chemische Addition bedingte Abnahme des Epoxydwertes verfolgt werden. Beispielsweise fällt der Epoxydwert von anfänglich 245 bei 20—30° bei verschieden hohen Zusätzen an Äthylendiamin in den ersten 3 Stunden
sehr schnell, um sich dann in nur noch schwachem Rückgang auf einen
bestimmten Wert einzustellen. Die Höhe des Endwertes ist abhängig
von der Zusatzmenge an Äthylendiamin und stellt sich ein:

        bei 5% Zusatz auf etwa 37% des anfänglichen Epoxydwertes
        bei 10% Zusatz auf etwa 23% des anfänglichen Epoxydwertes
        bei 15% Zusatz auf etwa 5% des anfänglichen Epoxydwertes

Durch Extraktion mittels Methyläthylketon, in dem sich die vernetzten
Anteile nicht lösen, wurde in einer parallelen Versuchsreihe das Ansteigen an vernetztem, unlöslichem Polymer verfolgt, wobei das überraschende Ergebnis erhalten wurde, daß während der ersten 3 Stunden,
in denen bereits ein Abfall des Epoxydwertes um mindestens 90% (auf

---

[1] Vortrag auf dem Londoner Symposium Epoxide Resins im April 1956 mit
dem Titel „Chemical and spectroscopical Studies of Epoxide Resin Reactions in
he Surface Coating Field".

den Endwert bezogen) erfolgt, überhaupt noch keine Vernetzung vor
sich gegangen ist, da noch 100%ige Löslichkeit vorliegt. Dagegen geht
die Überführung in eine unlösliche Substanz in der Zeit vor sich, in
der nur noch ein weiterer Abfall des Epoxydwertes um etwa 10% vonstatten geht.

Bei der Härtung mittels Polyamiden wird ein prinzipiell anderes
Bild erhalten: hier geht die Bildung von unlöslichen Anteilen ziemlich
genau parallel mit der Abnahme des Epoxydwertes.

Im Falle der Härtung durch Diamine wird, insbesondere beim
Äthylendiamin das Verhalten dadurch erklärt, daß sich zunächst unter
Addition von je einer Epoxydgruppe an die beiden Aminogruppen ein
polymeres, lineares, lösliches Produkt bildet, des Typus

$$-CH(OH) \cdot CH_2 \cdot NH \cdot CH_2 \cdot CH_2 \cdot NH \cdot CH_2 \cdot CH(OH)-$$

während Vernetzung erst eintritt, wenn alle primären Aminogruppen
in sekundäre übergeführt sind, und sich dann an die letzteren unter Bildung tertiärer Gruppen weitere Epoxydgruppen anlagern, in folgender
Weise:

$$\begin{array}{c} CH_2 \cdot CH(OH)- \\ | \\ -CH(OH) \cdot CH_2 \cdot N \quad CH_2 \cdot CH_2 \cdot N \cdot CH_2 \cdot CH(OH)- \\ | \\ CH_2 \cdot CH(OH)- \end{array}$$

Über Studien, Reaktionen von Glycidyläthern mit Aminen betreffend, haben L. SLECHTER, J. WYNSTRA und R. P. KURKJY[1] zusammenfassend berichtet. Da primäre Amine, infolge der mehrfachen Addition
am Stickstoffatom zu verschiedenen Reaktionen Anlaß geben, werden
für analytische Studien sekundäre Amine bevorzugt, da bei diesen nur
die eine Reaktion zu einem tertiären Amin stattfinden kann. Es wurde
gefunden, daß bei sekundären Aminen die Epoxydgruppen ausschließlich mit den Iminogruppen reagieren, und die konkurrierende Reaktion
mit OH-Gruppen nicht nachweisbar ist. Durch verzweigte Substituenten
können Amine in ihrer Reaktionsfähigkeit sterisch behindert sein, z. B.
reagiert Diisopropylamin bis zu 50° fast gar nicht, und erst bei höherer
Temperatur geht die normale Umsetzung vor sich, die aber an Leb-
haftigkeit weit hinter derjenigen normaler Amine zurückbleibt. Auch
N-Methylanilin reagiert nur schwach, was jedoch auf die geringe Basizität dieser Verbindung zurückgeführt wird.

Daß bei gewissen Polyglycidyläthern die Härtung mit Diäthylentriamin, Triäthylamin, Piperidin usw. sogar zu träge und für die Praxis
zu langsam verlaufen kann, haben E. C. SHOKAL und C. M. MAY[2] bei
Polyglycidyläthern festgestellt, welche keine Hydroxydgruppen enthalten, oder bei denen dieselben durch Veresterung unwirksam geworden sind. Es wurde gefunden, daß dieser Übelstand dadurch weitgehend behoben wird, daß kleine Zusätze hochsiedender Hydroxyl-

---

[1] SLECHTER, L., J. WYNSTRA u. R. P. KURKJY: End. Eng. Chem. **1956**, Heft 1, 94—97.

[2] US 2728744, 29. 3. 52/27. 12. 55 — BP 730505, 27. 3. 53, SHELL DEVE-LOPMENT CO.

verbindungen, insbesondere von Äthylenglykol oder Glycerin, dem Härtungsgemisch zugesetzt werden. Hierdurch können Härtungszeiten erzielt werden, die etwa dem dritten Teil der normalen Härtungszeit entsprechen. Zum Beispiel verhalten sich die Härtungszeiten bei einem polymeren Bisphenol-A-Glycidyläther [mit den Daten: Erweichungspunkt (nach DURRANS) 9°, Molgewicht 357, Hydroxyläquivalent/100 g 0,100, Epoxydäquivalent/100 g 0,50 und Chlor 0,98%] von dem 100 g mit 5 g Piperidin versetzt und bei 65° gehärtet werden, folgendermaßen:

Zusatz	Zeit in Minuten		*Barcol*-Härte
	Gelierung	Durchhärtung	
Ohne Zusatz	200	380	28
4,65 g Äthylenglykol	107	137	22
4,60 g Glycerin	125	145	25

Bei dieser z. T. sehr erheblichen Verkürzung der Härtungszeit muß allerdings, wie die Rubrik „*Barcol*-Härte" zeigt, eine geringe Einbuße an Härte in Kauf genommen werden.

Aminhärter besonderer Art hat F. SCHLENKER[1] entwickelt. Im Zuge des Einsatzes von organo-chemischen Verbindungen mehrwertiger Metalle als Härter für Epoxydharzvorprodukte wurde gefunden, daß auch die bekannten Amin- oder Amid-Metallverbindungen, bei denen Metalle wie Aluminium oder Magnesium direkt mit dem Stickstoffatom verbunden sind, gute Härtungseigenschaften aufweisen. Verbindungen dieser Art sind beispielsweise: Al-Urethan, Al-Anilid, Al-Acetamid, Al-β-Oxäthylamin, Mg-β-Naphthylamin, Mg-m-Phenylendiamin, Al-Methylanilin, Al-Benzidin, Al-p-Aminophenol, Al-Äthylendiamin u. dgl. m. Die Herstellung dieser Metallverbindungen wird im allgemeinen in der Weise ausgeführt, daß Metallspäne mit der Amin- oder Amidverbindung unter Rückfluß und Ausschluß von Feuchtigkeit erhitzt werden, wobei lebhafte Wasserstoffentwicklung stattfindet. Die so gewonnenen Metallverbindungen werden in Glykol gelöst mit dem Epoxydharzvorprodukt in einer Menge von 6—20% vermischt. Bei der Verwendung als Einbrennlack erhält man mit diesen Härtern Filme, die wesentlich beständiger sind gegen Einwirkung verdünnter Lauge als die mit Phthalsäure oder Piperidin gehärteten Filme. Auch in der Elastizität sind diese Filme den bekannten überlegen.

Hautschädigungen beim Härten mit Aminen. Die physiologische Beeinflussung durch die aggressiven Amindämpfe, die bei der Verwendung freier, nicht gebundener Amine nicht zu vermeiden ist, sofern nicht für gute Ventilation Vorsorge getroffen wird, hat wiederholt die Aufmerksamkeit der Mediziner auf sich gelenkt.

So weist L. BOURNE[2] auf die möglichen Hautschädigungen hin und gibt Ratschläge zum Vorbeugen vor Dermatitis.

---

[1] D. Anm. C 9373, 15. 5. 54, CHEMISCHE WERKE ALBERT.
[2] BOURNE, L.: Chem. a. Ind., Mai **1957**, 578—579.

Weiterhin beschreibt E. N. DORMAN[1] einige Fälle von Dermatosen, die bei der Verarbeitung von Epoxydharzen mit Aminhärtern in der Praxis aufgetreten sind.

Amide als Härtungsmittel. Wenn auch bei Amiden die Katalysierung der Addition einer Epoxydgruppe an die NH_2-Gruppe durch Basizität fortfällt, so erfolgt die Addition ohne Schwierigkeit bei erhöhter Temperatur. Amide können daher nur die Rolle von Vernetzungsmitteln spielen.

Die Härtung von Epoxydharzvorprodukten mittels Carbonsäureamiden hat als erster S. O. GREENLEE[2] beschrieben. Da auch bei dieser Umsetzung eine gewisse Basizität günstig ist, wird Zusatz kleiner Mengen von Alkalihydroxyd oder Natriumphenolat empfohlen. Als Glycidyläther eignen sich solche, wie sie durch Umsetzen von Epichlorhydrin mit Resorcin oder Hydrochinon, vor allem aber mit Bisphenol A erhalten werden. An Carbonsäureamiden werden solche ein- oder mehrbasischer aliphatischer oder aromatischer Carbonsäuren angegeben sowie diacylierte Diamine, z. B. das Diacetamid von Äthylendiamin oder Hexámethylendiamin und ein durch Umsetzen von Leinölfettsäure mit Diäthylentriamin gewonnenes Polyamid. Folgende Beispiele veranschaulichen das Verfahren:

1. 325 g eines polymeren Bisphenol-A-Polyglycidyläthers vom Erweichungspunkt 43° und dem Epoxydäquivalentgewicht 325 werden mit 33 g Acetamid (1,1 Äquivalent) 3 Stunden bei 200° erhitzt. Es wird ein Harz vom Erweichungspunkt 86° erhalten. Dagegen erhält man aus 24,3 g polymeren Bisphenol-A-Glycidyläther vom Erweichungspunkt 90° und dem Epoxydäquivalentgewicht 730, 1,1 g Acetamid und 0,12 g Natriumphenolat ein Gemisch, das bei 150° in 15 Min. härtet.

2. 371 g eines höhermolekularen Diglycidyläthers, hergestellt durch Umsetzen von 4,6 g Bisphenol A mit 4,3 g Diglycidäther in Gegenwart von 0,032 g einer 20%igen Natronlauge während 45 Minuten bei 100° mit dem Epoxydäquivalentgewicht 371 werden mit 140 g eines Amides, gewonnen durch Behandeln von Sojabohnenölfettsäure mit Ammoniak und 18,5 g Natriumphenolat verschmolzen. Die in der Wärme flüssige Komposition kann in Formen gegossen werden und wird durch 1stündiges Erhitzen bei 150° gehärtet. Der so erhaltene Formkörper ist elastisch, zäh und mit dem Fingernagel nicht ritzbar. Er zeigt weder Schwund noch Ausdehnung. — Durch Herstellung einer 75%igen Lösung in Cyclohexanon erhält man eine Lacklösung, die, aufgestrichen, luftgetrocknet und 1 Stunde bei 150° eingebrannt, einen harten biegsamen Film ergibt.

Kompositionen, bestehend aus polymeren Bisphenol-A-Polyglycidyläthern und Aldehydumsetzungsprodukten mit Arylsulfonamiden, die nach Zusatz basischer Substanz bei höherer Temperatur härten und als Anstrichmittel oder Preßharze Verwendung finden können, beschreibt S. O. GREENLEE[3] folgendermaßen:

1. 75 g eines polymeren Bisphenol-A-Polyglycidyläthers mit dem Erweichungspunkt 100° und dem Epoxydäquivalentgewicht 800, 25 g einer 60%igen Lösung eines Formaldheyd-Umsetzungsproduktes mit p-Toluolsulfamid, hergestellt durch 14stündiges Rückflußkochen von 171 g p-Toluolsulfamid (1 Mol), 81 g

[1] DORMAN, E. N.: SPE-J. **13**, 25—26 (1957).
[2] US 2589245, 3. 12. 45/18. 3. 52, DEVOE & RAYNOLDS CO.
[3] US 2494295, 13. 9. 46/10. 1. 50, DEVOE & RAYNOLDS CO.

Formaldehydlösung (1 Mol) und 100 g Äthanol und 5% (ber. auf den Glycidyläther) Natriumphenolat werden in Methyläthylketon gelöst. Nach dem Abtreiben
des Lösungsmittels im Vakuum wird ein Harz erhalten, das als Preßharz in der
Form durch 8stündiges Erhitzen bei 150° härtet.

2. 75 g eines polymeren Bisphenol-A-Polyglycidyläthers, dessen Erweichungspunkt durch Nachbehandeln mit Bisphenol A von 100° auf 130° erhöht wurde,
25 g des unter 1. angeführten Formaldehyd-p-Toluolsulfamid-Umsetzungsproduktes
als 60%ige Lösung und 4 g Hexamethylendiamin werden in Methyläthylketon zu
einer 75%igen Lösung aufgelöst. Diese Lösung kann als Anstrichmittel oder zum
Gießen von Filmen Verwendung finden. Der lufttrockne Film härtet bei 100° in
1 Stunde.

Unter Verwendung von aliphatischen Sulfonamiden, die bei gewöhnlicher Temperatur flüssig sind, stellen B. RAECKE und W. GÜN-
DEL[1] härtende Kompositionen mit Epoxydharzvorprodukten her. Als
geeignete flüssige Sulfonamide werden solche angeführt, wie sie aus
Paraffingemischen, gewonnen nach dem FISCHER-TROPSCH-Verfahren,
durch Sulfochlorierung und anschließendem Behandeln mit Ammoniak
erhalten werden. Abgesehen von dem billigen Preis von Sulfonamiden
dieser Art, bietet ihr flüssiger Zustand den Vorteil, daß sie sich mit
festen Epoxydharzvorprodukten bei nur wenig erhöhter Temperatur
zusammenschmelzen lassen, wodurch Produkte erhalten werden, die
sich als Klebmittel oder als Gießharze eignen. Beispielsweise werden:

1. 20 g eines halbflüssigen, wenig polymeren Resorcindiglycidyläthers mit
25 g eines flüssigen Sulfonamids vermischt. Das erhaltene flüssige Harz eignet
sich zum Verkleben von Glasfaser-Schichtstoffen und härtet in 4 Stunden bei 150°.

2. 150 g eines polymeren niedermolekularen Bisphenol-A-Polyglycidyläthers
werden mit 20 g eines flüssigen Sulfonamids verschmolzen. Das Produkt härtet
bei 160° in wenigen Stunden und kann zum Verkleben von Metallteilen dienen.

Die Verwendung von Dicyandiamid als Vernetzungsmittel für
polymere Bisphenol-A-Polyglycidyläther haben G. H. OTT und
W. KRAUS[2] für manche Zwecke, insbesondere für Lack- und Anstrichzwecke, als günstig befunden. Obgleich angenommen werden könnte,
daß die Menge des zur Einwirkung kommenden Dicyandiamids sorgfältig nach dem vorliegenden Epoxydwert zu berechnen wäre, geben
die Erfinder an, daß die Zusatzmenge in weiten Grenzen — von 2—20%
der Menge des Glycidyläthers variieren kann. Vorzugsweise werden
6—10% angewandt. Es können der Komposition auch geringe Mengen
verätherter Aminoharze beigemischt werden, welche einen günstigen
Einfluß auf Verlauf und Glanz des Lackes haben. — Folgendes Beispiel illustriert das Verfahren:

32,94 g eines polymeren Bisphenol-A-Polyglycidyläthers wird in 27,55 g
Cyclohexanol, 3,29 g Cyclohexanon, 9,18 g o-Dichlorbenzol und 3,29 g Toluol
bei 95—100° gelöst. Nach Klärung der trüben Lösung durch Ausschütteln mit
Kieselgur wird mit 1,3 g Dicyandiamid (= 4% des Glycidyläthers) eine ½ Stunde
rückflußgekocht, wobei der größte Teil in Lösung geht. Danach wird eine
zweite Portion Dicyandiamid in Höhe von 1,68 g (= 5%) zugegeben und weitere
10 Minuten gekocht. Nach Zugabe von 5,7 g einer etwa 75%igen Lösung von
Hexamethylolmelamin-(tri-tetra)-butyläther in Butanol und 0,1 g einer 25%igen
Ammoniaklösung wird weitere 1—1½ Stunden am Sieden gehalten, bis eine fast
klare Lösung entstanden ist. Nach dem Filtrieren wird auf einen Festgehalt von

---

[1] D. Anm. H 11781, 12. 3. 52, HENKEL & CIE.
[2] Schwz. P. 257115, 8. 8. 46/30. 9. 48, CIBA A. G.

etwa 40% eingestellt. Ein luftgetrockneter Aufstrich der Lösung härtet bei 150° in etwa $1^{1}/_{2}$ Stunden. Mit diesem Lack überzogene Bleche können ohne Schädigung des Lackes gestanzt und zu Formstücken gezogen werden. Der Anstrichfilm wird von Ölen, Fetten, Treibstoffen, Alkalien oder siedendem Wasser nicht angegriffen. — In den weiteren 18 Beispielen werden zu Kompositionen dieser Art außerdem noch Zusätze wie Bisphenol A, Eisessig oder Oxalsäure gegeben.

Eine Komposition bestehend aus einem polymeren Bisphenol-A-Polyglycidyläther und einer $^{1}/_{8}$—$^{6}/_{5}$ des Äquivalentgewichtes entsprechenden Menge einer mehrbasischen Carbonsäure oder ihrem Anhydrid, deren Carboxylgruppen mindestens durch 2 C-Atome voneinander getrennt sind, die einen Zusatz von 0,06—0,6 Mol Dicyandiamid als Härter enthalten, beschreibt G. H. Ott[1]. Nach diesem Verfahren hergestellte Lacke sind besonders hitzeunempfindlich und vertragen als Drahtlacke das wiederholte Härten beim individuellen Einbrennen einer jeden Schicht bei mehreren übereinander aufgetragenen Schichten. Selbst 6faches Einbrennen schadet der untersten Haftschicht nicht. Auch bei diesen Kompositionen üben kleine Zusätze verätherter Aminoharze günstige Wirkungen aus.

Beispielsweise werden 740 g eines polymeren Bisphenol-A-Polyglycidyläthers mit einem Epoxydäquivalentgewicht von etwa 300 in 320 g Cyclohexanol bei 120° gelöst und nach Zugabe von 149 g Adipinsäure (1 Mol) 1 Stunde bei dieser Temperatur gerührt. Dann werden 42 g Dicyandiamid (0,5 Mol) eingetragen und eine weitere Stunde bei 120—140° gerührt. Die sehr viscose Lösung wird durch Zugabe von 400 g o-Dichlorbenzol, 320 g Benzylalkohol und 120 g Chlorbenzol verdünnt und nach weiterem Zusatz von 60 g Dicyandiamid (etwa 0,7 Mol) und 80 g Hexamethylolmelamin, 1000 g Butanol und 10 g Milchsäure 45—60 Min. bei 110° weitergerührt, wobei das Hexamethylolmelamin durch Verätherung in Lösung geht. Die erhaltene Lösung kann als Anstrichmittel verwendet werden und gibt nach dem Einbrennen bei 150° einen hochwertigen Film.

Epoxydharzvorprodukte, hergestellt durch Umsetzen von Disulfonamiden mit Epichlorhydrin, die bei höherer Temperatur selbsthärtend sind, beschreibt J. K. Simons[2]. Für dieses Verfahren kommen beispielsweise Diäthyläther-2,2'-disulfonamid, m-Benzol-disulfonamid, Diphenyläther-4,4'-disulfonamid, 1,2-Diphenoxyäthan-4,4'-disulfonamid u. a. m. in Betracht.

Beispielsweise werden 370 g Epichlorhydrin, 656 g Diphenyläther-4,4'-disulfonamid in einer Lösung von 160 g Natriumhydroxyd in 3200 g Wasser aufgelöst und auf 60—64° erwärmt, wobei ein Harz ausfällt, das nach dem Waschen und Trocknen bei 100° erweicht. Wird eine 50%ige Lösung dieses Harzes in Glykolmethyläther zu einem Film vergossen, so härtet derselbe nach dem Trocknen bei 150° in 30 Min.

Unter Verwendung von Polyamiden als amidische Komponente haben M. M. Renfrew und H. Wittcoff[3] in Verbindung mit den *Epon*-Harzen der Shell härtende Kompositionen hergestellt, die sich als Anstrichmittel, Metalleim, Gieß- und Preßharze und für Schichtmaterial eignen. Die zur Verwendung kommenden Polyamide werden durch Umsetzen von teilweise polymerisierten ungesättigten Ölen,

[1] Schwz. P. 273405, 5. 7. 48/15. 2. 51, Ciba A. G.
[2] US 2671771, 7. 5. 48/9. 3. 54, Allied Chemical & Dye Corp.
[3] FP 1075563, 9. 3. 53/18. 10. 54; US-Pri. 11. 3. 52 — US 2706223, General Mills Inc.

beispielsweise Soja-, Lein-, Perilla-, Oiticica-, Baumwollsaat-, Mais-,
Tall-, Safran-, Ricinen- und chinesischem Holzöl — wobei infolge von
DIELS-ALDERschen Kondensationen mehrbasische höhermolekulare
Fettsäuren entstehen — mit Diaminen, vorzugsweise Diäthylentriamin
gewonnen. Die Mengenverhältnisse werden so gewählt, daß nicht alle
Amino- bzw. Iminogruppen restlos umgesetzt werden, und die Menge
des damit kombinierten Epoxydharzvorproduktes soll so berechnet
sein, daß die noch freien Amino- oder Iminogruppen mindestens einem
Viertel der anfangs vorhandenen Epoxydgruppen entsprechen. Es
leuchtet ein, daß sich diese Konstellation bei der Härtung günstig aus-
wirken muß. In der Praxis werden Mengenverhältnisse von Epoxyd-
harzvorprodukt:Polyamid von 90—50:10—50 angewandt. — Folgende
Beispiele veranschaulichen das Verfahren:

1. *Epon* 1004 wird mit einem Polyamid aus Sojaöl und Diäthylentriamin mit
einer Säurezahl 6,8 und einer Aminzahl 82,5 in den in folgender Tabelle angegebenen Mengenverhältnissen zusammengeschmolzen, und die Zeit bestimmt, nach
der bei 100° Gelierung eintritt.

Epon 1004 g	Polyamid g	Zeit bis zur Gelierung bei 100° in Minuten
90	10	1—2
80	20	augenblicklich
50	50	2—3

2. Unter Verwendung von *Epon* 1001 und dem Polyamid 100 S der GENERAL
MILLS werden getrennt hergestellte 35%ige Lösungen der Komponenten in Methylisobutylketon und Toluol 1:1 in der Wärme angesetzt, nach dem Erkalten
in den in folgender Tabelle angegebenen Mengenverhältnissen gemischt und die
Zeit bis zur Gelierung bei gewöhnlicher Temperatur bestimmt.

Epon 1001 35%ig g	Polyamid 100 S 35%ig g	Zeit bis zur Gelierung bei 20—25° in Tagen
20	80	etwa 3 Tage
30	70	etwa 3 Tage
50	50	etwa 6 Tage
80	20	haltbar, ohne zu gelieren

Unter Verwendung von Kompositionen dieser Art als Anstrichmittel werden
nach dem Lufttrocknen und kurzem Erhitzen bei 110—120° Filme erhalten, die
sich durch vorzügliche Wasserdampf-Undurchlässigkeit und bemerkenswerte Abriebfestigkeit auszeichnen.

3. Unter Verwendung eines gelösten Gemisches von 65 Teilen *Epon* 1001 und
35 Teilen Polyamid 115 der GENERAL MILLS zum Lackieren von Aluminiumfolie wird nach dem Lufttrocknen und Härten ein Lackfilm erhalten, der besonders schlagfest ist, äußerst fest haftet und beim vielfachen Biegen der lackierten
Folie nach dem Brechen der Metallfolie noch intakt ist.

Über das Verhalten von Epoxydpolyamidkompositionen haben
M. M. RENFREW, H. W. WITTCOFF, D. R. FLOYD und D. GLASER[1]
mehrfach umfassend berichtet. Im April 1956 haben D. E. FLOYD,

---

[1] RENFREW, M. M., H. W. WITTCOFF, D. R. FLOYD u. D. GLASER: Ind. Eng.
Chem. **1954**, Nr. 10, 2226—2232 sowie NORTHWESTERN PAINT AND VARNISH
PRODUCTION CLUB, Paint, Oil Chem. Rev. **1953**, 23, 116, 72 und GENERAL MILLS
QUATERLY 7 (3), 1, **1953**, „Progress through Research".

D. E. PEERMAN und H. W. WITTCOFF in ihrem Vortrag auf dem Londoner Symposium Epoxide Resins[1] die bis zu diesem Zeitpunkt gewonnenen Ergebnisse zusammengefaßt.

Besondere Sorgfalt muß auf die Gewinnung geeigneter Polyamide gelegt werden, wobei auf Vorarbeiten von J. C. COWAN, L. B. FALKENBURG, H. M. TEETER und P. S. SKEEL[2], welche die Herstellung von Polyamiden aus Di- oder Polyaminen und dimerisierten bzw. polymerisierten pflanzlichen Ölsäuren beschreiben, und von R. W. ANDERSON und D. H. WHEELER[3], welche aus Äthylendiamin und dimeren Fettsäuren niedermolekulare Harze mit Erweichungspunkten über 100° hergestellt haben, Bezug genommen wird.

Als wichtigste dimerisierte Ölsäure für diesen Zweck gilt dimerisierte Leinölfettsäure bzw. ihr Methylester. Ihre Bildung wird in Analogie zu dimerisiertem 1,4-Pentadien[4] und dimerisiertem Methylsorbat[5] dadurch erklärt, daß das normale 9,12-Methyllinoleat sich teilweise in die reaktivere Verbindung mit konjugierten Doppelbindungen, in das 9,11-Methyllinoleat umlagert, und äquimolekulare Mengen der beiden Isomeren sich unter Ringschluß addieren, in folgender Weise:

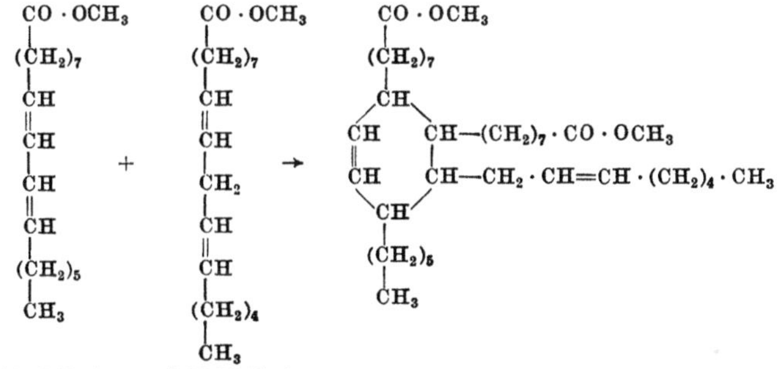

$$
\begin{array}{ccc}
CO \cdot OCH_3 & CO \cdot OCH_3 & CO \cdot OCH_3 \\
| & | & | \\
(CH_2)_7 & (CH_2)_7 & (CH_2)_7 \\
| & | & | \\
CH & CH & CH \\
\| & \| & \diagup\,\diagdown \\
CH & CH & CH \qquad CH-(CH_2)_7 \cdot CO \cdot OCH_3 \\
| \quad + & | \quad \rightarrow & \| \qquad | \\
CH & CH_2 & CH \qquad CH-CH_2 \cdot CH=CH \cdot (CH_2)_4 \cdot CH_3 \\
\| & | & \diagdown\,\diagup \\
CH & CH & CH \\
| & \| & | \\
(CH_2)_5 & CH & (CH_2)_5 \\
| & | & | \\
CH_3 & (CH_2)_4 & CH_3 \\
& | & \\
& CH_3 & \\
\end{array}
$$

9,11-Methyl-   9,12-Methyl-
linoleat   linoleat

Dieser Reaktionsablauf ist durch Arbeiten von T. F. BRADLEY und W. B. JOHNSTON[6], von C. BOELHOUWER, J. VAN STEENIS und H. J. WATERMAN[7] sowie von A. L. CLINGMAN, D. E. A. RIVETT und D. A. SUTTON[8] weitgehend bestätigt worden.

Eine Klärung der vor sich gehenden Reaktionen haben R. F. PASCHKE und D. H. WHEELER[9] und R. F. PASCHKE, J. E. JACKSON und

[1] 11. 4. 56 mit dem Titel „Characteristics of the Polyamide-Epoxy-Resin-System".

[2] US 2450940, 12. 10. 48.

[3] ANDERSON, R. W., u. D. H. WHEELER: Am. Soc. 70, 760 (1948).

[4] AHMAD, A., u. E. H. FARMER: Soc. 1940, 1176.

[5] WHEELER, D. H.: Am. Soc. 70, 3467 (1948).

[6] BRADLEY, T. F., u. W. B. JOHNSTON: Ind. Eng. Chem. 33, 86 (1941).

[7] BOELHOUWER, C., J. VAN STEENIS u. H. J. WATERMAN: Rec. 72, 716 (1953).

[8] CLINGMAN, A. L., D. E. A. RIVETT u. A. SUTTON: Soc. 1954, 1088.

[9] PASCHKE, R. F., u. D. H. WHEELER: J. Amer. Oil Chemists' Soc. 26, 278 (1949).

D. H. Wheeler[1] erzielen können, durch den Nachweis, daß konjugierte Linoleate sehr viel schneller nach Diels-Alder polymerisieren als nichtkonjugierte und daß dieser Polymerisation zum mindesten die teilweise Umlagerung des normalen nichtkonjugierten Linoleats in das konjugierte voraufgehen muß. Es konnte festgestellt werden, daß während der ganzen Dauer der Polymerisation das Linoleatmonomer einen Gehalt an 5—7% des konjugierten Umlagerungsproduktes enthält. Andererseits haben durch neuere Arbeiten D. F. Rushman und E. M. G. Simpson[2] auf Grund von kinetischen Studien den Schluß gezogen, daß die Umlagerung in das konjugierte Isomere nicht die entscheidende Bedingung für die Dimerisation sei, sondern, daß dieselbe auch zwischen zwei normalen, nichtkonjugierten Linoleatmolekülen erfolgen könne.

Eine Zusammenfassung der Ergebnisse bei der Kombination von Epoxydharzvorprodukten mit Polyamiden aus dimerisierten Pflanzenölfettsäuren und Polyaminen geben D. E. Floyd, W. L. Ward und W. L. Minarik[3]. Vor der Verwendung von Aminen als Härter haben Polyamide dieser Art den Vorteil der Ungiftigkeit, der Nichtflüchtigkeit und der längeren Haltbarkeit des ungehärteten Gemisches. Nach der Aushärtung weisen damit hergestellte Harze eine bessere Zähigkeit, Biegsamkeit und Schlagfestigkeit auf. Sie bilden ausgezeichnete Schutzüberzüge und glasfaser-verstärkte Schichtstoffe.

Die Kombination von Polyamiden dieser Art mit Epoxydharzvorprodukten führt zu recht brauchbaren Harzen, wobei der fettartige Charakter der angewandten Polyamide eine wichtige Rolle spielt. Infolge der dadurch bewirkten intramolekularen Plastifizierung weisen diese Kombinationen ungewöhnliche Biegsamkeit und Schlag- und Stoßfestigkeit auf. Ein nicht zu unterschätzender Vorzug der Polyamide ist, daß ihre optimale Wirkung nicht auf engbegrenzte Mengenverhältnisse beschränkt ist, wie dies bei den Aminen der Fall ist, sondern Epoxydharzvorprodukte mit beliebigen Mengen an Polyamid kombiniert werden können. Im Falle von Polyamidüberschuß übernimmt das Polyamid die Rolle eines Weichmachers und gestattet die Herstellung von Harzen beliebiger Weichheit.

Bei der Kombinierung von Epoxydharzvorprodukten mit Polyamiden ist es zweckmäßig, Komponenten zu wählen, die flüssig sind, oder einen niederen Schmelzpunkt haben.

Geeignete Polyamide sind die flüssigen der General Mills Co.:

Versamid 115 mit der Viscosität bei 40° von 500 bis 750 poisen, Aminzahl 210—230,

Versamid 125 Viscosität: 80—120 poisen, Aminzahl: 290—320.

---

[1] Paschke, R. F., J. E. Jackson u. D. H. Wheeler: Ind. Eng. Chem. **44**, 1113 (1952).

[2] Rushman, D. F., u. E. M G. Simpson: Trans. Faraday Soc. **51**, 237 (1955).

[3] Floyd, D. E., W. L. Ward u. W. L. Minarik: Mod. Pla., Okt. **1956**, 238—250.

Als flüssige Epoxydharzvorprodukte des Handels sind geeignet:

Bezeichnung	Epoxydwert/100 g	Viscosität bei 25° (BROOKFIELD)
Araldit 502......................	0,36—0,40	30—60
Araldit 504......................	0,37—0,42	0,5—0,6
Araldit 6010......................	0,51—0,52	100—200
Epon 815......................	0,48—0,57	5—9
Epon 828......................	0,48—0,52	50—150
ERL 2774 (*Bakelit*)	0,52	100—200
ERL 2795......................	0,54	5—9

In der folgenden Tabelle werden charakteristische Gebrauchs-
mischungen der Versamide mit Epoxydharzvorprodukten des Handels
sowie die Gebrauchsdauer (pot-life) ihrer Mischungen bei 24° in verschieden großen Ansätzen, ferner die spontan erreichten Temperaturen
beim Gelieren sowie die beim Härtungsprozeß erreichte Höchsttempe-
ratur und die *Barcol*-Härte des gehärteten Produktes angegeben.

Nr.	Mischung	Verhältnis	Größe des Ansatzes in g	Gebrauchs- dauer bei 24° in Min.	Temperatur beim Gel.	Temperatur max.	Barcol- Härte
1	*Versamid* 115 *ERL* 2795	50:50	200	260	34°	34°	55
2	*Versamid* 125 *ERL* 2795	40:60	200	90	—	116°	60—65
3	*Versamid* 125 *ERL* 2795	40:60	4500 (1 gal)	90	91°	150°	—
4	*Versamid* 125 *Epon* 815	35:65	200	90	60°	79°	65—70
5	*Versamid* 125 *Epon* 815	35:65	2250 ($^1/_2$ gal)	50	85°	196°	—
6	*Versamid* 125 *Araldit* 502	30:70	200	100	—	66°	55—65
7	*Versamid* 125 *Araldit* 502	30:70	4500 (1 gal)	70	68°	174°	—

Bei höheren Temperaturen geht die Gebrauchsdauer naturgemäß
zurück, beispielsweise geht dieselbe bei Mischung Nr. 1 in folgender
Weise herunter:

bei 40° auf 66 Minuten, wobei Gelierung nach 128 Minuten erfolgt
bei 50° auf 50 Minuten, wobei Gelierung nach 70 Minuten erfolgt
bei 60° auf 20 Minuten, wobei Gelierung nach 31 Minuten erfolgt

Die Härtung mit Kompositionen mit *Versamid* 125 erfolgt im allgemeinen in 50—66% der bei *Versamid* 115 erforderlichen Zeit, nämlich:

bei 65° mit *Versamid* 115 in 180 Min., mit *Versamid* 125 in 120 Minuten
bei 95° mit *Versamid* 115 in 60 Min., mit *Versamid* 125 in 45 Minuten
bei 120° mit *Versamid* 115 in 45 Min., mit *Versamid* 125 in 30 Minuten
bei 150° mit *Versamid* 115 in 20 Min., mit *Versamid* 125 in 10 Minuten

Die Hitzebeständigkeit (heat distortion point) ist in Anbetracht
der Weichmacherwirkung der Polyamide geringer als bei Amin-Kompositionen, jedoch kann dieselbe schon durch geringe Zusätze von Diaminen wesentlich erhöht werden. So ergibt z. B. eine Komposition

33*

aus 50 Teilen *Versamid* 115, 100 Teilen *Epon* 828 und 3,8 Teilen m-Phenylendiamin eine Hitzebeständigkeit von 98°.

Schließlich wird angeführt, daß auch mit Bezug auf die elektrischen Eigenschaften, Wasserdampfabsorption und -durchlässigkeit und Entflammbarkeit die in den amerikanischen Militärnormen Mil-I-16 923 B niedergelegten Mindest- bzw. Höchsterfordernisse in allen Fällen durch die Epoxyd-Polyamidkompositionen weitgehend erfüllt werden.

Die Hauptverwendungen sind die folgenden:

Als *Lacke und Überzugsmassen:* Zeichnen sie sich durch sehr hohe Haftfestigkeit (infolge der hohen Konzentration an polaren Gruppen in der gehärteten Masse) sowie durch die ungewöhnlich hohe Schlagfestigkeit von 170 inch/pounds aus, während mit Diäthylentriamin gehärtete Harze nur Schlagfestigkeiten von 100—150 inch/pounds aufweisen.

Als *Klebmittel*, insbesondere für Metalle an Stelle von metallischem Lot, zeichnen sie sich aus durch ihre Geeignetheit für die verschiedensten Metalloberflächen sowie durch ihre hohe Schlag- und Stoßfestigkeit, besonders bei Verwendung gewisser Füllmittel, wie fein gepulvertes Aluminium, Talkum, Quarzmehl oder Nylonpulver. Als besonders hochwertige Komposition zum „Löten" von Metallen, wird die folgende angeführt: 40 Teile *Versamid* 125, 60 Teile *ERL* 2795, 50 Teile Aluminiumpulver („atomized Al-powder 101"), 9 Teile Quarzmehl („Cab-O-Sil") und 3—12 Teile Talkum. — Wegen ihrer hervorragenden Netzfähigkeit von Glasfasern sind diese Kompositionen ganz besonders für die Herstellung von *Schichtstoffen* geeignet, die auch als hochwiderstandsfähiges Material für die Herstellung von Geräten oder Gestellen aller Art, sowie von Werkzeugen, Gießformen u. dgl. m. angewandt werden können.

Als *Gießharze* zeichnen sie sich durch außergewöhnlich geringen Schwund, niedere exotherme Temperatur, geringe Flüchtigkeit und entsprechend geringe Giftigkeit und eine ausgezeichnete mechanische Bearbeitbarkeit aus, die derjenigen der Amin-Epoxydharze und der Polyester überlegen ist. Es können völlig blasenfreie, klare gelblich gefärbte Gußstücke erzielt werden, die trotz ihrer Härte sehr elastisch und stoßfest sind. Dieselben günstigen Eigenschaften weisen auch damit hergestellte

Preßharze auf, zumal solche, die bei niedrigem Druck verpreßt werden.

Schließlich seien amidische Glycidyläther erwähnt, wie sie A. M. Paquin[1] entwickelt hat. Diese Verbindungen weisen im Molekül selbst substituierte Amidgruppen auf, die, sofern noch 1 Wasserstoffatom vorhanden ist, selbsthärtend sind. Glycidyläther dieser Art leiten sich ab von oxybenzylsubstituierten zweibasischen Carbonsäurediamiden des Typus

$$HO \cdot C_6H_4 \cdot CH_2 \cdot NH \cdot CO \cdot R \cdot CO \cdot NH \cdot CH_2 \cdot C_6H_4 \cdot OH$$

oder von harnstoff- bzw. sulfamidartigen Verbindungen folgender Art

$$HO \cdot C_6H_4 \cdot CH_2 \cdot NH \cdot X \cdot NH \cdot CH_2 \cdot C_6H_4 \cdot OH$$

---

[1] FP 1079957, 10. 4. 53/6. 12. 54; D.-Pri. 12. 4. 52, Cassella Farbwerke Mainkur A. G.

wobei X sein kann:

$$CO, CS, C=NH, SO_2$$

wie sie derselbe Erfinder in FP 1078381 vom 18. 11. 52 beschrieben hat. Beispielsweise härten die Diglycidyläther des N,N′-Di-(oxybenzyl)-phthalsäurediamids, des N,N′-Di-(oxybenzyl)-adipinsäurediamids oder des N,N′-Di-(oxybenzyl)-harnstoffes durch $1^{1}/_{2}$—2stündiges Erhitzen bei 170—180°. Durch Zumischen von 1—3% Phenolnatrium kann die Härtezeit auf die Hälfte bis ein Viertel vermindert werden. Verbindungen dieser Art, insbesondere solche, die in den aromatischen Kernen aliphatische Substituenten tragen, sind für die Herstellung von Anstrichmitteln, Metalleim, Gieß- und Preßharzen und für Schichtmaterial aus Glasfasern geeignet.

Härtungsmittel verschiedener Art

Nächst der Härtung von Epoxydharzvorprodukten mit Polycarbonsäuren, Aminen und Amiden kommen gewisse reaktionsfähige Verbindungen anderer Art sowie auch andere Harze, insbesondere solche im Vorkondensat-Stadium, als Härter in Betracht, womit zumeist Eigenschafts-Modifizierungen verbunden sind.

Viel angewandte Modifizierungspartner sind Phenol-Formaldehyd- und Aminoharz-Vorkondensate sowie auch Polyester, von denen hohe Anteile den Epoxydharzvorprodukten einverleibt werden können. Im idealen Fall erfolgt hierbei die Härtung in der Weise, daß bei entsprechenden Zusatzmengen die Komponenten sich gegenseitig restlos aufbrauchen. Liegen andere als die berechneten Mengen vor, so muß durch Zusatz eines anderen Härters dafür Sorge getragen werden, daß die im Überschuß vorhandenen Komponente vollständig zur Härtung gelangt.

Eine Reihe andersartiger Härtungsmittel, von denen zumeist nur kleinere Zusätze erforderlich sind, und die gewisse Modifizierungen bewirken, sind weiterhin in letzter Zeit bekannt geworden. Es sind dies: Anionen- und Kationenaustauschharze, Polyisocyanate und Polyisothiocyanate, Schellack und eine Reihe von Metallverbindungen, insbesondere solche mit Alkoholen, mit tautomer reagierenden Verbindungen, mit Sikkativsäuren und Phenolen, sowie komplexe Zinnverbindungen, Zinkfluorborat und Titansäureester.

Phenol-Formaldehydkondensate als Härter

Sowohl Novolake als nichthärtende Polyphenole ohne Methylolgruppen, als auch die Methylolgruppen enthaltenden eigenhärtenden Resole lassen sich mit Epoxydharzvorprodukten ohne weiteres zu härtbaren Kompositionen kombinieren. Da die Härtung nur langsam und bei höheren Temperaturen vor sich geht, werden in der Praxis zumeist Katalysatoren zugesetzt. Wegen der durch Methylolgruppen bedingten Wasserabspaltung bei der Kondensation mit einem aromatischen Kern oder mit einer Hydroxylgruppe, die auch bei diesen Kompositionen stets erfolgt, können dieselben nur für solche Verwendungszwecke an-

gewandt werden, bei denen der Wasserdampf entweichen kann, wie
dies bei Lacken und Anstrichmitteln der Fall ist.

Der Reaktionsverlauf bei der Härtung besteht aus mehreren miteinander konkurrierenden Reaktionen, wobei die beiden Komponenten
zur Erzielung eines brauchbaren Endproduktes, sich homogen durchdringend chemisch vereinigen müssen. Das bedeutet, daß die gleichzeitig ablaufenden Reaktionen durch Verwendung bestimmter Mischungsverhältnisse und äußerer Härtungsbedingungen optimal aufeinander eingespielt sein müssen.

Es können die folgenden Reaktionen bei der Härtung von Epoxyden,
beispielsweise mit Resolen vor sich gehen:

1. Kondensation des Resols für sich allein unter Wasserabspaltung, wobei
die Epoxydkomponente nicht beteiligt ist.

2. Addition einer Epoxydgruppe an eine Methylolgruppe.

3. Kondensation einer Methylolgruppe mit einer Hydroxylgruppe der polymeren Epoxydverbindung.

4. Addition einer Epoxydgruppe an eine phenolische Hydroxylgruppe.

5. Addition einer Epoxydgruppe an eine durch Reaktion 2 gebildete
sekundäre OH-Gruppe.

Die entscheidenden Reaktionen, die für die Qualität des Endproduktes ausschlaggebend sind, sind die nach 2 und 4, während die Reaktion nach 1 nur eine geringere Rolle spielen dürfte. Die Reaktionen
nach 3 und 5 werden vermutlich nur in Gegenwart von Katalysatoren in bemerkenswerter Höhe erfolgen. Es ist einleuchtend, daß die
Reaktionen nach 1 mit denen nach 2 und 4 im Einklang zueinander
stehen müssen, damit nicht eine derselben überwiegt, was zu ungenügend
gehärteten Produkten führen würde.

In seinem Vortrag auf dem Londoner Symposium Epoxide Resins[1]
gibt P. Bruin der Shell Research Laboratories in Amsterdam instruktive Beispiele für Härtungsreaktionen dieser Art.

Ausgehend von Tetramethyloldiphenylolpropan (TMDP)

$$
\begin{array}{c}
\qquad CH_2OH \\
\qquad | \\
\qquad C\!-\!CH \quad CH_3 \quad CH\!-\!C\cdot CH_2OH \\
HO\cdot C \qquad C\!-\!C\!-\!C \qquad C\cdot OH \\
\qquad C\!=\!CH \quad CH_3 \quad CH\!=\!C\cdot CH_2OH \\
\qquad | \\
\qquad CH_2OH
\end{array}
$$

sowie seinen teilweise und vollständig butylierten Derivaten wurden
Kompositionen von 30 Teilen mit 70 Teilen *Epon* 1007 30 Minuten bei
200° gehärtet, wobei folgende Ergebnisse erzielt wurden:

1. Unter Verwendung von nichtbutyliertem TMDP werden sehr spröde
Produkte, die schlechte Lösungsmittelbeständigkeit aufweisen, erhalten. Dies
zeigt an, daß fast ausschließlich das TMDP mit sich selbst und kaum mit der
Epoxydkomponente reagiert hat. Letztere bleibt somit im wesentlichen unverändert und bleibt löslich. Der Beweis für diese Erklärung konnte dadurch
erbracht werden, daß eine Lösung dieser Komposition auf 120° erhitzt wurde,
wobei sich vernetztes TMDP als Klumpen ausscheidet, während *Epon* 1007 in
Lösung bleibt.

---

[1] 13. 4. 56 mit dem Titel „Some aspects of the chemistry of epoxide resins in
relation to their application".

2. Unter Verwendung von Tetrabutoxylmethyl-TMDP wird ein ziemlich elastisches Produkt erhalten, das ebenfalls schlechte Lösungsmittelbeständigkeit aufweist. Dies Verhalten wird dadurch erklärt, daß offenbar eine befriedigende Reaktion zwischen Epoxyd und phenolischen OH-Gruppen stattgefunden hat jedoch eine ungenügende Vernetzung des butylierten TMDP selbst infolge der reaktionsträgen Butoxymethylgruppen.

3. Unter Verwendung eines nur teilweise butylierten TMDP mit dem Molgewicht 640 und etwa 3,3 phenolischen OH-Gruppen und einer freien Methylolgruppe pro Mol wird ein Produkt mit sehr guten Eigenschaften erhalten, das elastisch, biegsam, schlag- und stoßfest ist und ausgezeichnete Lösungsmittelbeständigkeit aufweist. In diesem Falle war offenbar das richtige Verhältnis der Reaktionen zwischen Epoxyd- und phenolischen OH-Gruppen einerseits und zwischen den Molekülen des Phenolharzes selbst getroffen.

4. Unter Verwendung eines Kondensationsproduktes aus Phenol und Formaldehyd in Gegenwart von Ammoniak mit dem Molgewicht 340 und 2,7 phenolischen OH-Gruppen und 0,5 Methylolgruppen pro Molekül werden Produkte erhalten von außergewöhnlicher Biegsamkeit und Stoß- und Schlagfestigkeit, die aber nur mäßig lösungsmittelfest sind.

5. Um eine leichtere und vollständigere Reaktion zwischen Epoxyd- und phenolischen OH-Gruppen zu ermöglichen, wurde der Versuch 4 wiederholt unter Ersatz des *Epon* 1007 durch die niedermolekulare Marke *Epon* 1001. Das erhaltene Produkt zeigt eine sehr gute Lösungsmittelfestigkeit, ist aber ziemlich spröde.

Die Ergebnisse der Versuche 3 und 4 können folgendermaßen erklärt werden: während in 3 ein Mol Phenolharz etwa 3,3 phenolische OH-Gruppen zur Reaktion mit einer Epoxydgruppe und eine Methylolgruppe für die Eigenhärtung enthält, sind in 4 nur 2,7 phenolische OH-Gruppen und 0,5 Methylolgruppen vorhanden, so daß sich das Verhältnis von 1 Epoxydgruppe:6 phenolischen OH-Gruppen ergibt. Daher findet in 3 eine gute Vernetzung (Lösungsmittelfestigkeit) statt, während dieselbe in 4 nicht genügt. Während weiterhin in 3 sich 1 Epoxydgruppe mit etwa 1 Mol Phenolharz umsetzen kann, liegt bei 4 ein etwa 100%iger Überschuß an phenolischen OH-Gruppen vor, was wiederum ungenügende Vernetzung und Lösungsmittelbeständigkeit nach sich zieht.

Da in dem Abschnitt „Mit Phenolharzen modifizierte Epoxydharze" neben der Herstellung von Epoxydharzvorprodukten auch Kompositionen beschrieben werden, bei denen das Phenolharz die Funktion eines Härters ausübt, werden in folgendem bereits angeführte Veröffentlichungen, die hier als Beispiele dienen können, nur kurz angegeben, wobei auf die Ausführungen in dem früheren Kapitel verwiesen wird.

Die Härtung von Epoxydharzvorprodukten mittels Phenolharzen wird in den folgenden Patentschriften beschrieben:

US 2521911, 8. 3. 46 von DEVOE & RAYNOLDS: kombinieren von polymerem Bisphenol-A-Polyglycidyläther vom Erweichungspunkt 85—100° mit Kondensationsprodukten von 1 Mol Phenol mit 1,8 Mol Formaldehyd in Gegenwart von Natriumhydroxyd zwecks Gewinnung von Einbrennlacken.

BP 692937, 3. 8. 50; US-Pri. 9. 9. 49 von WESTINGHOUSE ELECTRIC INTERNATIONAL Co.: kombinieren von Glycidyläthern aus Resorcin oder Bisphenol A mit Resorcin-Formaldehydharzen zwecks Herstellung von Anstrich- und Klebmitteln.

DRP 813205, 26. 10. 49 von HOECHST: kombinieren eines alkalisch kondensierten Phenol-Formaldehydharzes mit p-Kresylglycidyläther, wobei erschöpfende Härtung durch p-Toluolsulfochlorid katalysiert wird, zwecks Herstellung von Spachtelmassen, die bei gewöhnlicher Temperatur härten.

BP 704299, 22. 2. 52; US-Pri. 26. 2. 51 der BATAAFSCHE: kombinieren von polymeren Bisphenol-A-Polyglycidyläthern vom Molgewicht 1200—4500 mit Phenol-Formaldehydharzen des Handels unter Zusatz von p-Toluolsulfosäure als Härtungsbeschleuniger zwecks Herstellung von Metallüberzugslacken.

Belg. P. 535795, 17. 2. 55; Nied.-Pri. 19. 2. 54 der BATAAFSCHE: kombinieren von polymeren Bisphenol-A-Polyglycidyläthern mit höheren Erweichungspunkten mit einem Bisphenol-A-Resol unter Zufügen eines sauren Härters zwecks Herstellung von Metall-Einbrennlacken.

FP 1077245, 13. 4. 53; US-Pri. 14. 4. 52 der BATAAFSCHE: kombinieren eines polymeren Bisphenol-A-Polyglycidyläthers mit einem Molgewicht 1200—4000 mit Trimethylolalkenyl-Phenolen unter Zusatz eines sauren Härters, zwecks Herstellung von Einbrennlacken.

Belg. P. 536539, 16. 3. 55; US-Pri. 18. 3. 54 der BATAAFSCHE: kombinieren eines polymeren Bisphenol-A-Polyglycidyläthers mit einem Phenolharz unter Zusatz eines Metallchelates und von Dicyandiamid als Härter zwecks Gewinnung von besonders hitzebeständigen Metallacken.

Belg. P. 552113, 26. 10. 56/26. 4. 57; Nied.-Pri. 28. 10. 55 der BATAAFSCHE: kombinieren von polymeren Bisphenol-A-Glycidyläther mit einem Molgewicht unter 600 mit 20—30% eines schmelzbaren Resorcin-Formaldehyd-Kondensates, wobei die Härtung bei 100—150° in 48 Stunden erfolgt, aber durch Zusatz kleiner Aminmengen wesentlich beschleunigt werden kann. Die gehärteten Produkte sind auch bei höheren Temperaturen besonders formbeständig.

Härtung mittels Aminoharzvorkondensaten

Über den Chemismus bei der Umsetzung von Epoxydharzvorprodukten mit Aminoharzvorkondensaten fehlen eingehende Studien, wie sie bei Kombinationen mit Phenolharzen durchgeführt worden sind. Bei der Härtung mittels Aminoharzvorkondensaten konkurrieren die folgenden Reaktionen miteinander:

1. Die normale Härtung der Aminoharzvorkondensate unter Wasserabspaltung zwischen einer Methylolgruppe und einem Amin-Wasserstoffatom.

2. Die Anlagerung einer Epoxydgruppe an ein Stickstoffatom, das noch ein freies Wasserstoffatom enthält.

3. Addition einer Epoxydgruppe mit einer Methylolgruppe.

4. Kondensation einer Methylolgruppe mit einer Hydroxylgruppe des Polyepoxyds.

Ausschlaggebend für die Erzielung brauchbarer Produkte sind die Reaktionen nach 1 und 2, die aufeinander abgestimmt sein müssen, damit sowohl mechanische Festigkeiten als auch Lösungsmittelbeständigkeit erreicht werden. Überwiegt eine dieser beiden Reaktionen zu sehr, so wird entweder ein Abfall in den Festigkeiten oder in der Beständigkeit gegen Lösungsmittel erfolgen. Da bei der Härtung von Kompositionen dieser Art Wasser abgespalten wird, werden sie fast ausschließlich für die Herstellung von Einbrennlacken angewandt.

Da die Kombination von Epoxydharzvorprodukten mit Aminoharzvorkondensaten bereits in dem Abschnitt „Mit Aminoharzvorkondensaten modifizierte Epoxydharze" behandelt worden sind, möge auf diesen Abschnitt verwiesen werden.

Die Verwendung von Anilin-Formaldehydharzen als Härtungsmittel für Epoxydharzvorprodukte ist vor kurzem von R. R. Bishop der Leicester, Lovell & Co. Ltd. in einem Vortrag auf dem Londoner Symposium Epoxide Resins zusammenfassend behandelt worden[1], wobei auf die umfassende Abhandlung über Anilin-Formaldehydharze von K. Frey[2] der Ciba A. G. Bezug genommen wird.

Bei Vorliegen von Kondensaten mit einem Unterschuß von Formaldehyd, von etwa 0,7—0,9 Mol pro Mol Anilin, werden im stark sauren Medium lineare thermoplastische Polmere erhalten, in denen Anilinmoleküle durch Methylengruppen miteinander verknüpft sind, des folgenden Typus:

$$-H_2C\text{—}\bigcirc\text{—}NH\cdot CH_2\text{—}\bigcirc\text{—}NH\cdot CH_2\text{—}\bigcirc\text{—}NH\cdot CH_2\text{—}\bigcirc\text{—}NH-$$

während bei Formaldehydüberschuß in das Anilinmolekül in ortho-Stellung Methylolgruppen eintreten, die unter Wasserabspaltung zu Querverbindungen zwischen verschiedenen Ketten und zur Vernetzung führen.

Zum Kombinieren mit Epoxydharzvorprodukten eignen sich naturgemäß nur lineare thermoplastische Anilin-Formaldehyd-Kondensate, und zwar werden solche bevorzugt, bei denen 1 Mol Anilin mit 0,75 und 0,85 Mol Formaldehyd kondensiert ist. Diese Harze sind bei gewöhnlicher Temperatur halbfest und schmelzen bei 50—60°. Dagegen weist ein Kondensationsprodukt mit dem Verhältnis 1:1 schon den hohen Schmelzpunkt von 100—120° auf, der für viele Zwecke zu hoch ist.

Kombinationen dieser Harze mit Epoxydharzvorprodukten haben vor allem für die Herstellung von Harzen mit hohen Hitzebeständigkeiten (heat distortion point) Interesse. Obgleich mit m-Phenylendiamin und Diaminodiphenylmethan gehärtete Epoxydharze Hitzebeständigkeiten von 145—155° erzielt werden können, befriedigen auch diese Diamine nicht restlos, da ersteres in der Verarbeitung Anstände hervorruft, und letzteres durch seinen hohen Schmelzpunkt von 100° die Arbeit erschwert.

Wie aus der folgenden Tabelle ersichtlich, werden mit Anilin-Formaldehydharzen (A/F) Hitzebeständigkeiten erzielt, die mindestens denen der wirksamsten Diamine entsprechen. Um ein Bild über den Grad der Härtung zu gewinnen, wird die Löslichkeit in Aceton durch 1 tägiges Rückflußkochen der grobzerkleinerten Harze als Kriterium angewandt.

---

[1] 13. April 1956, mit dem Titel: „The use of Aniline-Formaldehyde Resins as Curing Agents for Epoxide Resins".
[2] Frey, K.: Helv. **18**, 491 (1935).

Als Epoxydharzkomponente wird ein flüssiger polymerer Bisphenol-A-Polyglycidyläther mit einem Epoxydäquivalentgewicht von 190—200 angewandt.

Härter	%-Zusatz	Wärme-festigkeit	in Aceton lösliche Anteile in %
m-Phenylendiamin	12	155°	—
Diamino-diphenylmethan	30	148°	—
A/F—1/0,75[1]	30	150°	0,24
A/F—1/0,75[1]	35	155°	0,36
A/F—1/0,75[1]	40	152°	0,48
A/F—1/0,85[1]	30	142°	0,44
A/F—1/0,85[1]	35	150°	0,20
A/F—1/0,85[1]	40	157°	0,31
A/F—1/0,85[1]	50	145°	0,46

Trotz der geringen Löslichkeit in Aceton ist ersichtlich, daß die geringste Löslichkeit nicht mit der höchsten Hitzebeständigkeit parallel geht.

Es ist somit erwiesen, daß die Verwendung von Anilin-Formaldehydharzen für die Herstellung von hochwärmebeständigen Epoxydharzen empfehlenswert ist. Durch Verwendung von Anilinharzen, die mit höheren Formaldehydanteilen bereitet werden, kann die Hitzebeständigkeit damit gehärteter Epoxydharze noch weiter hinaufgesetzt werden, wobei allerdings die Herstellungsarbeit etwas erschwert wird. Für elektrische Zwecke haben derartige Harze aber ihren besonderen Wert.

Amionen- und Kationenaustauschharze als Härtungsmittel

Gehärtete Harze, wie sie Ionenaustauschharze darstellen, die noch reaktive Gruppen enthalten, die sich mit Epoxydgruppen umsetzen können, bieten die Möglichkeit, für die Härtung von Epoxydharzen herangezogen zu werden, wie G. F. D'ALELIO[2] gezeigt hat. Für diesen Zweck eignen sich Anionenaustauschharze wie Melamin-Formaldehydharze, Anilin-Formaldehydharze, Äthylendiamin-Formaldehydharze, Phenoläthylendiamin-Formaldehydharze, Phenylendiamin-Formaldehydharze, Vinylpyridinharze sowie Harze mit quaternären Ammoniumgruppen und Styroldivinylbenzol-Mischpolymerisationsaminoharze, wie sie in US 2366008 beschrieben sind. Geeignete Kationenaustauschharze sind: vor allem solche mit Sulfonsäuregruppen, mit Carboxyl- oder Phenolhydroxylgruppen, z. B. sulfonierte Styroldivinylbenzolmischpolymere, sulfonierte Phenolaldehydharze u. dgl. m. Bei der Aushärtung setzt sich das Epoxydharzvorprodukt mit dem Ionenaustauschharz um, so daß es fest in die Masse eingebaut wird. Auf diese Weise lassen sich Epoxydharze für Anstrich- und Klebzwecke sowie als Gießharze härten. — Beispielsweise werden 90 g eines polymeren Bisphenol-A-Polyglycidyläthers mit 10 g eines fein gepulverten sulfonierten Styroldivinylbenzolmischpolymers, das etwa 0,7 Sulfongruppen pro aromatischen Kern enthält, miteinander homogen ver-

---

[1] Verhältnis Anilin : Formaldehyd.
[2] FP 1066036, 25. 5. 51/1. 6. 54; US-Pri. 27. 5. 50, KOPPERS Co.

schmolzen. Bei der Verwendung als Gießharz oder Klebmittel erfolgt die Härtung durch 1stündiges Erhitzen bei 120° mit anschließendem $1/_2$stündigem Erhitzen bei 170°.

Polyester als Härtungsmittel

Zur Herstellung von Gießharzen zum Einbetten elektrischer Geräte oder von Metallklebmitteln stellt H. J. Schenk[1] selbsthärtende Kompositionen aus polymeren Bisphenol-A-Polyglycidyläthern mit höhermolekularen Polyestern, die relativ wenig polymerisationsfähige Doppelbindungen enthalten, her. Das Verhältnis von Glycidyläther: Polyester kann von 1:5 bis 2:1 schwanken. Zur Verwendung als Klebmittel ist das Verhältnis 1:2 empfehlenswert. — Zum Beispiel werden:

1. 10 g polymerer Bisphenol-A-Polyglycidyläther von niedrigem Molgewicht mit 2 g Phthalsäureanhydrid und 2,5 g teilweise kondensiertem Adipinsäure-Maleinsäure-Trimethylolpropan-Mischester homogen verschmolzen. Diese Komposition eignet sich als Klebmittel für Eisen und läßt sich bei 150° härten.

2. 10 g des in 1. angeführten Glycidyläthers mit 2—20 g Polyester aus 0,75 bis 0,85 Mol Adipinsäure, 0,15—0,25 Mol Maleinsäure und 1 Mol 1,4-Butandiol homogen verschmolzen. Als Katalysator dient ein Gemisch eines Peroxyds mit einem Dicarbonsäureanhydrid. Die Masse ist als Gießharz geeignet und gibt nach 16stündigem Härten bei 125° hornartige Gußstücke.

Die Verwendung von Polyestern aus 1,4-Butandiol und substituierten Benzoldisulfosäuren zum Härten von Anstrichmitteln auf Basis von Kompositionen aus polymeren Bisphenol-A-Polyglycidyläthern und alkylierten Aminoharzvorkondensaten beschreibt die Ciba S. A.[2]

Alkoholate mehrwertiger Metalle als Härtungsmittel

Zum Härten von Epoxydharzvorprodukten, zwecks Gewinnung von lagerfähigen Einbrennlacken werden Alkoholate mehrwertiger Metalle von F. Schlenker und H. Starck[3] empfohlen. Härter dieser Art garantieren dem Gemisch bei gewöhnlicher Temperatur eine besonders lange Lagerfähigkeit, sie schmelzen relativ niedrig, lösen sich in Epoxydverbindungen leicht und lassen nach dem Einbrennen tadellos glatte glänzende Filme entstehen. An Stelle der einfachen Alkoholate können auch Alkoxosalze zur Anwendung kommen, z. B. Kupfer-Aluminiumbutylat $Cu-[-Al \cdot (OC_4H_9)_4]_2$ oder Magnesium-Aluminiumbutylat $Mg-[-Al \cdot (OC_4H_9)_4]_2$. Diese Verbindungen lösen sich, ebenso wie die Metallalkoholate in β-Ketocarbonsäureestern, z. B. Acetessigester, und lassen sich auf diese Weise als Lösung leicht in die verflüssigten Epoxydharzvorprodukte einmischen. Kompositionen dieser Art sind gute Anstrich- und Klebmittel. Folgende Beispiele illustrieren das Verfahren:

1. 72 g polymerer Bisphenol-A-Polyglycidyläther werden bei 80° mit 7,2 geschmolzenem Aluminiumbutylat homogen verrührt und abkühlen lassen. Werden Metallteile mit der geschmolzenen Masse überzogen und derart ohne Druck aufeinandergelegt, daß in der Hitze keine Verschiebung eintreten kann, so erhält man durch 2stündiges Erhitzen bei 110—120° eine feste Verleimung.

---

[1] D. Anm. S 25452, 1. 11. 51, Siemens-Schuckert-Werke.
[2] Belg. P. 539990, 20. 7. 55; Schw.-Pri. 22. 7. 54 und 28. 6. 55.
[3] DP 910335, 1. 6. 51/29. 4. 54, Chemische Werke Albert.

2. 100 g einer 62,5%igen Lösung eines polymeren Bisphenol-A-Polyglycidyläthers in Äthylglykol werden mit 2 g einer Lösung des Cobaltsalzes der Aluminium-Tetrabutoxyalkoxosäure in Butanol vermischt und als Metallack verstrichen. Nach dem Trocknen härtet der Film bei 108° in 30 Minuten.

Weiterhin beschreibt F. SCHLENKER[1] die Verwendung von harzartigen Umsetzungsprodukten von stabilisierten Aluminium-Alkoholatlösungen mit zwei- oder höherwertigen Alkoholen als Härter für Epoxydharzvorprodukte.

Beispielsweise werden 500 Teile Al-n-Butylat mit 400 Teilen Acetessigester etwa 1 Stunde gekocht und mit 100 Teilen Toluol verdünnt. 900 Teile dieser so stabilisierten Al-Butylatlösung werden mit 354 Teilen 1,5-Hexandiol 2—3 Stunden gekocht bis eine Probe bei gewöhnlicher Temperatur klar bleibt. Nach Abdestillieren der flüchtigen Bestandteile bis 150° Badtemperatur wird ein gelbes hartes Harz vom Schmelzpunkt 73° und einem Al-Gehalt von 8,2% erhalten. Von diesem Harz werden 10—15% in einem flüssigen Epoxydharzvorprodukt bei 100° homogen gelöst und Aufstriche oder Verklebungen 1 Stunde bei 200—220° erhitzt. Die Härtermischung mit dem flüssigen Epoxydharzvorprodukt stellt eine Flüssigkeit dar, deren Viscosität selbst nach 4 Wochen Lagern nur um 6—16% zunimmt.

Metallsalze tautomer reagierender Verbindungen als Härtungsmittel

In Fortsetzung der vorstehenden Arbeiten haben dieselben Erfinder[2] gefunden, daß sich Metallsalze tautomer reagierender Verbindungen, insbesondere das Aluminiumsalz des Acetessigesters, $Al(C_6H_9O_3)_3$, zum Härten von Epoxydharzvorprodukten vorzüglich eignen. Weiterhin sind auch Cobalt-Acetessigester, die Kupferverbindung des Formylacetophenons und Nickel-Acetylaceton für diesen Zweck brauchbar. Ihre Verwendung wird für Anstrich- und Verleimungszwecke empfohlen. — Beispielsweise werden:

1. 100 g polymerer Bisphenol-A-Polyglycidyläther bei 140° mit 8 g Aluminium-Acetessigester verschmolzen. Mit dieser Schmelze bestrichene Metallteile lassen sich ohne Anwendung von Druck durch 2stündiges Erhitzen bei 120° fest verleimen.

2. 100 g polymerer Bisphenol-A-Polyglycidyläther bei 140° mit 13 g Nickel-Acetylaceton homogen verschmolzen. Aus dieser Mischung hergestellte Filme lassen sich durch $^1/_2$stündiges Erhitzen bei 180° aushärten.

Metallsalze von Sikkativsäuren als Härtungsmittel

Weiterhin hat H. SCHLENKER[3] gefunden, daß Metallsalze von Fettharzsäuren, die als Sikkativsäuren bekannt sind, polymere Bisphenol-A-Polyglycidyläther in der Hitze wirksam härten, und Gemische dieser Art vor der Härtung bei gewöhnlicher Temperatur unbegrenzt haltbar sind. — Beispielsweise werden:

1. 100 g polymerer Bisphenol-A-Polyglycidyläther mit 9,2 g Bleinaphthenat bei 150° in höchstens 5 Minuten homogen verschmolzen. Diese Mischung eignet sich als Gießharz und als Klebemittel.

---

[1] D. Anm. C 10860, 1013422, 4. 3. 55, CHEMISCHE WERKE ALBERT
[2] DP 910727, 26. 10. 51/6. 5. 54, CHEMISCHE WERKE ALBERT.
[3] DP 931729, 28. 3. 52/16. 8. 55, CHEMISCHE WERKE ALBERT.

2. 100 g polymerer Bisphenol-A-Polyglycidyläther mit 12,5 g Bleinaphthenat in der Wärme homogen vermischt und als Einbrennlack, der bei 180° gehärtet wird, angewandt. — In derselben Weise kann auch Aluminiumnaphthenat verwendet werden.

Metallphenolate als Härtungsmittel

Die CHEMISCHEN WERKE ALBERT[1] geben weiterhin die Verwendung von Metallphenolaten als Härter an, welche vor den Metallalkoholaten den Vorteil aufweisen, nicht hydrolysiert zu werden. Infolge der Labilität der Metallalkoholate lassen sich die Metallphenolate in einfacher Weise durch gemeinsames Erhitzen der Alkoholate mit Phenol herstellen, wobei der Alkohol abgespalten wird. Die Verwendung der Metallverbindungen von Phenol, Kresol, Xylol und p-tert.-Butylphenol, und zwar der Verbindungen mit Al, Fe^{III}, Ti und Sn werden in Beispielen angegeben. — Beispielsweise werden 45 g eines polymeren Bisphenol-A-Glycidyläthers, gelöst in 55 g Glykol mit 10 g einer 50%igen Al-Phenolatlösung in Glykol vermischt und nach dem Aufstreichen 1 Stunde bei 200° gehärtet. Man erhält hochglänzende sehr widerstandsfähige Filme.

Komplexe Zinnverbindungen als Härtemittel

Zwecks Erzielung besonders farbloser und transparenter Massen, die nach Zusatz des Härters eine relativ hohe Lagerbeständigkeit aufweisen, empfiehlt F. SCHLENKER[2] die Verwendung von nach DP 838212 hergestellten komplexen Zinnverbindungen der allgemeinen Formel

$$R^1 - O \cdot \left[\begin{array}{c} R_2 \\ | \\ Sn - O \\ | \\ R^3 \end{array} \right]_n \cdot R^4 \quad \text{und} \quad R \cdot CO \cdot O \cdot \left[\begin{array}{c} CH_2 \cdot R' \\ | \\ Sn - O \\ | \\ CH_2 \cdot R'' \end{array} \right]_n \cdot CO \cdot R, \quad n = 1-3$$

R, R′, R^1, R^2, R^3, R^4 = Alkyl, Aralkyl, Alkylen ($CH=CH \cdot COOH$, $-CH=CH_2$) z. B. Dialkylzinnmaleinat, oder Dialkyl-, Diaryl-, Diaralkylzinndialkoxyd. Von diesen Verbindungen werden 1—3% als Zusatz zu den handelsüblichen Epoxydharzvorprodukten benötigt. In den Beispielen werden als Härter dieser Art angegeben: Dibutylzinnmaleinat, Dibutylzinnlaurat und Dibutylzinndiäthylhexylat:

$$C_4H_9 \cdot CH(C_2H_5) \cdot CH_2 \cdot O \cdot \left[\begin{array}{c} C_4H_9 \\ | \\ Sn - O \\ | \\ C_4H_9 \end{array} \right]_{2,42} \cdot CH_2 \cdot CH(C_2H_5) \cdot CH \cdot C_4H_9, \quad \text{Molgewicht 845}$$

welch letzteres durch Umsetzen von 29,1 g fein gepulvertem, in Toluol suspendiertem Natrium-2-Äthylhexylalkoholat mit 30,4 g Dibutylzinnchlorid bei 0—5° hergestellt wird.

Zinkfluorborat als Härtungsmittel

Zwecks Verwendung von Epoxydharzvorprodukten als Textilhilfsmittel, insbesondere zur Erzielung verminderten Knitterns und Schrumpfens, besteht die Anforderung, einen geeigneten Härter zu

---

[1] D. Anm. C 9233, 1011617, 17. 4. 54, FP 1114722, 3. 12. 54, CHEMISCHE WERKE ALBERT.

[2] D. Anm. C 11148, 1008909, 28. 4. 55, CHEMISCHE WERKE ALBERT.

finden, der nicht faserschädlich wirkt, die Farbe nicht verändert und die Verkohlung nicht begünstigt. C. W. Schröder[1] hat gefunden, daß Salze solcher Säuren, welche die Neigung haben, 1—2 Elektronen aufzunehmen, wie Fluor-, Chlor- und Sauerstoffsäuren, für diesen Zweck eine besonders günstige Wirkung entfalten. Zur Verwendung können kommen: die Magnesium-, Zink-, Kupfer-, Nickel-, Cobaltsalze usw. von Schwefelsäure, Fluorborsäure, Fluorberylliumsäure, Perschwefelsäure, Phosphorsäure, Phosphorigesäure, Jod- und Perjodsäure usw. Von den zur Verfügung stehenden Salzen hat sich Zinkfluorborat als das zweckmäßigste erwiesen. Als Epoxydverbindungen eignen sich Butandiendioxyd, Glycerinpolyglycidyläther, Diglycidäther, Diglycidthioäther, Diepoxyhexan, Hydrochinondiglycidyläther und vor allem polymere Bisphenol-A-Polyglycidyläther. — Beispielsweise werden 100 g eines polymeren Bisphenol-A-Polyglycidyläthers mit 1,75—2,15 Epoxydgruppen pro Mol und einem Molgewicht von 325—350, 0,25 g Methylcellulose, 1,8 g eines Copolymers aus Vinyläthyläther und Maleinsäureanhydrid und 0,5 g eines Polyglykolfettsäureesters in 540 g Wasser verteilt und 5 g Zinkfluorborat zugesetzt. Baumwollgewebe wird zu 65% seines Gewichtes mit dieser Lösung imprägniert und nach dem Trocknen 5 Minuten bei 160° gehärtet. Nach dem Waschen ist ein so behandeltes Gewebe weitgehend knitterfrei und schrumpffest. Die Wirkung und die Waschfestigkeit dieser Behandlung ist wesentlich besser als diejenige der üblichen Aminoharze.

Polyisocyanate oder Polyisothiocyanate als Härter

Die Verwendung von Polyisocyanaten oder Polyisothiocyanaten als Härter für hydroxylgruppen-haltige polymere Bisphenol-A-Glycidyläther beschreibt die British Thomson-Houston Co. Ltd.[2]. Die Härtung erfolgt hierbei durch Reaktion des Isocyanats mit den Hydroxylgruppen. Als Polyisocyanate, die sich für diese Reaktion eignen, können praktisch alle Polymethylendiisocyanate oder -diisothiocyanate Verwendung finden. Beispielsweise werden gleiche Teile eines polymeren Bisphenol-A-Glycidyläthers und Methylen-bis-(4-phenylisocyanat), $ONC—C_6H_4 \cdot CH_2 \cdot C_6H_4 \cdot CHO$, in einem Gemisch von 75% Toluol und 25% Aceton verflüssigt. Die Hauptverwendung ist als Klebmittel für Metalle.

Schellack als Härtungsmittel

Schellack ist ein leicht alkohollösliches harzartiges Naturprodukt. [Ein Sekret der Schellacklaus, bestehend aus etwa 30% Trioxypalmitinsäure (Aleurinsäure), etwa 10% einer hydroaromatischen Dioxy-dicarbonsäure, Schellolinsäure genannt, und 60% nicht identifizierter Bestandteile. Seine Säurezahl ist 60—70 und sein Schmelzpunkt 75—85°. In der Wärme geht er in eine unschmelzbare und unlösliche Verbindung über, und zwar bei 120° in etwa 4 Stunden und bei 250°

---

[1] FP 1109462, 19. 7. 54/30. 1. 56; US-Pri. 21. 7. 53, Bataafsche.
[2] BP 693747, 9. 1. 50/8. 7. 53; US-Pri. 19. 1. 49.

in 6½ Minuten.] Von dieser „Härtung" des Schellacks, die besser als Zersetzung bezeichnet werden sollte, wird hier kein Gebrauch gemacht, da hierbei die wesentlichen guten Eigenschaften, die gute Haftfähigkeit und die Elastizität verlorengehen.

Da bereits im Kapitel „Epoxydharze", die einzige bisher bekannt gewordene Veröffentlichung über Kompositionen von Epoxydharzvorprodukten mit Schellack, das FP 1109407, 19. 3. 54 mit US-Pri. 26. 3. 53 der THOMSON-HOUSTON Co. in eingehenderer Weise behandelt worden ist, sei hierauf verwiesen.

Nach dieser Patentschrift hat es sich gezeigt, daß zwecks Erzielung hochwertigen Isoliermaterials für elektrische Zwecke Kompositionen von niedermolekularen polymeren Bisphenol-A-Polyglycidyläthern (*Epon* 1001) mit etwa der gleichen Menge Schellack durch 16stündiges Erhitzen bei 150° zu guthaftenden elastischen Massen härten, die besonders in Form von Schichtmaterial oder als Gieß- und Preßharze Verwendung finden können.

Der Härtungsvorgang erfolgt vermutlich in der Weise, daß der Schellack ähnlich wie Polycarbonsäuren Polyepoxydverbindungen vernetzt, ohne sich hierbei selbst zu zersetzen, wobei sich die wertvollen Eigenschaften der Komponenten summieren.

Titansäureester als Härtungsmittel

Die Verwendung von Titansäureestern oder seiner Polymeren zum Härten von Epoxydharzvorprodukten beschreiben die GENERAL ELECTRIC Co.[1]. Für diesen Zweck wird in erster Linie Butyltitanat, $Ti \cdot (O \cdot C_4H_9)_4$, als neu auf den Markt gekommenes Produkt empfohlen. Seine Herstellung erfolgt durch Umsetzen von Titantetrachlorid mit Butanol und Ammoniakgas in guter Ausbeute. Das flüssige Monomer polymerisiert sich in Gegenwart von Wasser ziemlich leicht, zunächst zu dem Dimer, $(O \cdot C_4H_9)_3 \cdot Ti \cdot O \cdot Ti \cdot (O \cdot C_4H_9)_3$, unter Abspaltung von Butanol, dann weiter unter Aufbau längerer Kettenmoleküle. Seine leichte Umesterung mit höhersiedenden Alkoholen macht Butyltitanat auch als Vernetzungsmittel für polymere Epoxydharzvorprodukte geeignet. Hierbei werden zunächst bei 1—2facher Umesterung mit den Hydroxylgruppen eines polymeren Bisphenol-A-Polyglycidyläthers unter Abspaltung von 1—2 Molen Butanol höhermolekulare thermoplastische Harze gebildet, die als solche Verwendung finden können. Erfolgt die weitere 3—4fache Umesterung unter Abstoßen der gesamten Butylgruppen, so findet Vernetzung zu unschmelzbaren und unlöslichen Polymeren statt. Die Zusatzmenge an Butyltitanat zum Epoxydharzvorprodukt kann, entsprechend dem gewünschten Endprodukt innerhalb weiter Grenzen — etwa zwischen 1—10% — schwanken. Auf diese Weise hergestellte Epoxydharze, insbesondere solche nach dem Gießverfahren hergestellte, ergeben Formkörper, die eine außergewöhnlich hohe elektrische Durchschlagsfestigkeit aufweisen. Auch hochwertige Anstrichmittel lassen sich nach diesem Ver-

---

[1] Belg. P. 534502, 29. 12. 54, GENERAL ELECTRIC Co.

fahren herstellen, sofern die bei diesen Kompositionen auftretende gelbe Farbe nicht stört.

Über die Verwendung von monomerem und polymerem Butyltitanat für die Herstellung von Anstrichmitteln berichten G. SACHS und F. WERTHER[1] in einem Aufsatz.

Literatur über Härtung von Epoxydharzen

(Ohne Patentliteratur)

SCHEIBLE, J. R., a. H. DANNENBERG: Room Temperature Curing Epon Coatings Resins. Shell Official Digest, Juli **1952**.

N. N.: Resin R-108. General Electric Official Digest, März **1952**, 172.

NARRACOTT, E. S.: The Curing of Epoxide Resins. Br. Pla., April **1953**, 120—122.

N. N.: Cold Curing. Paint Manufact. **23** (8) 249, Aug. 1953.

N. N.: Curing Agents for Epoxy Resins. North Western Club. Official Digest, **38**, 825, Nov. 1953.

N. N.: Curing Agents for Epoxy Resins. Official Digest. **39**, Febr. 1954.

O. FUCHS: Modellbetrachtungen zur Löslichkeit von Hochpolymeren. Kunst. **1953**, 409—415.

A. CHARLESBY: Effects of high-energy-radiation on some long-chain polymers. Br. Pla., März **1953**, 142—145.

WAHL, L. A., a. M. MAGAT: Effects of atomic radiation on polymers. Mod. Pla., July **1953**, 111, 112, 114, 116, 176, 178.

N. N.: Polypropertied Polymers. Ind. Eng. Chem., Sept. 1953, **45**, 11A—13A.

SHELL: Technical Bulletin TB 114, April **1954**. *Epikote* Resins cross-linked with *Epikote-Amine*-Addukt, Polyamide Resins and Isocyanates.

SHELL: Technical Bulletin TB 115, Juni **1954**. Amine-hardening of *Epikote* Resins in surface coating applications.

RENFREW, M. M., H. W. WITTCOFF, D. E. FLOYD u. D. GLAZER: Kombinationen von Epoxydharzen mit Polyamiden. Ind. Eng. Chem., Okt. **1954**, 2226—2232.

FISCH, W., u. W. HOFMANN: Härtungsvorgang bei Vernetzung von Polyglycidyläthern mit dibasischen Säuren. J. Polymer Sci. XII, **1954**, 497—502.

J. J. ZONSVELD: Mit Aminen durchhärtende Anstriche. Farbe u. Lack, Okt. **1954**, 431—434.

J. J. ZONSVELD: Amine-cured finishes based on Epoxide Resins. SHELL-Labor. Amsterdam, Dez. **1954**, 670—675.

S. NARRACOTT: Recent Developments in the curing of Epoxide Resins. Br. Pla., Juni **1955**, 3 Seiten.

P. BRUIN: Präkondensation von Epoxydharzen. Kunst. **1955**, 383—386.

SACHS, G., u. F. WERTHER: Anwendung von monomerem und polymerem Butyltitanat für Anstrichzwecke. Farbe u. Lack, Febr. **1955**, 66.

DEARBORN, E. C., R. M. FUOSS, u. A. F. WHITE: Über die Härtung von Epoxydharzen mit Dicarbonsäuren. J. Polymer Sci. XVI, **1955**, 201—208.

E. J. HENLEY: How Crosslinking works. Mod. Pla., März **1955**, 98—101.

W. KERN: Härtungsreaktionen im Aufsatz „Gegenwärtiger Stand der Polykondensation". Schwz. Kunst.-Pla. **1955**, Nr. 2/3, 35—40.

SHELL: Polymer Progress, März **1955**. The chemistry of curing epoxy resins (4 Seiten) sowie Experimental *Epon*-curing agent U ($^1/_2$ Seite).

SHELL: Polymer Progress, Okt. **1955**. Determination of cure and analysis of cured epoxy resins, (7 Seiten), sowie *Epon*-curing agent Z, C-111 und BF$_3$-400 (1 Seite).

SLECHTER, L., u. J. WYNSTRA: Härtungsreaktionen von Epoxydharzen mit Alkoholen, Phenolen und Carbonsäuren. Ind. Eng. Chem., Jan. **1956**, 86—93.

SLECHTER, L., J. WYNSTRA, u. R. P. KURKIJ: Härtung von Epoxydharzen mit Aminen. Ind. Eng. Chem., Jan. **1956**, 94—97.

---

[1] SACHS, G., u. E. WERTHER: Farbe u. Lack, Febr. **1955**, 66.

ALLEN, F. J., u. W. M. HUNTER: Härtung von Epoxydharzvorprodukten durch organische Säuren oder ihre Anhydride, Amine, Phenol-Formaldehyd-Vorkondensate, vor allem aber durch cyanäthylierte oder oxäthylierte aliphatische Polyamine. Erstere geben längere, letztere verkürzte Härtungszeiten. App. Chem. J. 1957, 86—96.

NICOL, J.: Herabsetzen der Einbrenntemperaturen bei Lacken durch Verwendung von Morpholinsalz der Toluolsulfonsäure. Eine Epoxydharz-Phenolharz-Komposition, z. B. *Epon* 1007, erfordert zum Härten mit den üblichen Härtern oder auch in Abwesenheit von Härtern für gewöhnlich eine Temperatur von 250°. Unter Verwendung des genannten Morpholinsalzes kann die Härtungstemperatur jedoch auf 150—175° reduziert werden, was bei Anstrichen größerer Objekte, z. B. von Tanks für Erdölprodukte, von großem praktischen Wert ist. RUDDER AND PLASTICS AG. 1957, 539.

HOERNER, A. H., M. COHEN u. L. S. KOHN: Heat Distortion temperatures of Epoxy resin-catalist combinations. Es wird die Hitzebeständigkeit und die Wärmefestigkeit bei Epoxydharzen bestimmt, die mit verschiedenen Härtern gehärtet wurden. Mod. Pla., Sept. 1957, 184, 186, 187, 190, 277, 278.

FEILD, R. B., u. C. F. ROBINSON (DU PONT DE NEMOURS): Pyromellitsäureanhydrid als Härter für Epoxydharze. Es werden Härtungsergebnisse von Epoxydharzvorprodukten, insbesondere von *Araldit* 6020, zwecks Gewinnung besonders wärmebeständiger Harze angeführt. Um einen besseren Schmelzfluß zu erzielen, wird ein Gemisch mit etwa der gleichen Menge Phthalsäureanhydrid empfohlen. Ind. Eng. Chem. 1957, 3, 369—373.

EPSTEIN, O.: Estimating concentrations of amine curatives for epoxy-resins. Berechnung des optimalen Gehaltes x an primären oder sekundären Aminen in Gew.-% nach der Formel:

$$\frac{\text{Zahl der Epoxydäquivalente/100 g Epoxydharz}}{\text{Zahl der am Stickstoff gebundenen H-Äquivalente/100 g Amin}}$$

Plastics Technology 2, 1956, 739—740.

PEERMAN, D. E., W. TOLBERG u. D. E. FLOYD: Härtung durch Polyamide, Vergleich mit Polyaminen, Epoxydrestgehalt und thermischer Zersetzungspunkt. (Ind. Eng. Chem., Juli 1957, 1091—1094). Versamide, als Polyamide mit NH$_2$-Gruppen härten Bisphenol-A-Glycidyläther (*Araldit* 6010) bei 150° derart, daß bereits nach 10 Minuten infrarotspektrophotometrisch keine Epoxydgruppen mehr nachzuweisen sind, während die bei gewöhnlicher Temperatur stürmisch verlaufende Härtung mit Triäthylentetramin noch nach 4 Stunden intakte Epoxydgruppe aufweist. Ein Überschuß an Polyamid beeinflußt die Schnelligkeit der Härtung nicht, jedoch wird gegenüber dem optimalen Zusatz der thermische Zersetzungspunkt herabgesetzt, was auch bei steigendem Epoxydgruppenrestgehalt der Fall ist.

INGBERMAN, A. K., u. R. K. WALTON (BAKELITE Co.): Wenig giftige aliphatische Amine als Härter für Polyepoxydharze. (Ind. Eng. Chem., Juli 1957, 1105). Auf die Haut gebrachte aliphatische Polyamine werden resorbiert und wirken deshalb giftig, weil der Körper sie nicht oxydieren kann. Oxalkylierte Polyamine (Diäthylentriamin) sind als Härter etwa gleichwertig, entfalten aber auf die Haut eine wesentlich herabgesetzte physiologische Wirkung.

LANGER, G. H., u. J. N. ELBLING (WESTINHOUSE RESEARCH LABORATORIES): Triäthanolborat und komplexe Metallsalze als Härter. (Ind. Eng. Chem., Juli 1957, 1113—1114). Triäthanolborat ist ein guter latenter Härter, dazu physiologisch unwirksam. Ein Zusatz von gewissen Metallkomplexverbindungen (Cr- oder Ni-Acetylacetonat) bringt eine wesentliche Erhöhung der Verarbeitungszeit zuwege.

WEISS, H. K.: Neue flüssige Anhydridhärter. (Ind. Eng. Chem., Juli 1957, 1089—1090). Es werden Dodecylbernsteinsäureanhydrid, Methyl-bicyclo-2,2,1-hepten-2,3-dicarbonsäureanhydrid und cis-1,2-Cyclohexandicarbonsäureanhydrid angeführt. Sie bewirken besonders lange Gebrauchsdauer der Harzmischung, erhöhen die Klarheit und die Hitzebeständigkeit. Als Reaktionsbeschleuniger wird Benzyldimethylamin empfohlen.

FEILD, R. B., u. C. F. ROBINSON: Pyromellitsäuredianhydrid als Härter für Epoxydharze, der besonders hohe Wärmefestigkeit verleiht. (Ind. Eng. Chem., März **1957**, 367—373.)

COLCHIMAN, E. L., u. J. D. STRONG: Einwirkung von γ-Strahlen auf Epoxydharzkunststoffe. (Mod. Pla., Okt **1957**, 180, 182, 184, 186, 282). Hitzegehärtete Epoxydharze lassen sich durch eine Nachbehandlung mit γ-Strahlen in ihrer Härte, Wärme- und Druckfestigkeit verbessern, da zusätzliche Vernetzung durch aktive CH_2-Gruppen erfolgt. Alleinige Härtung mit γ-Strahlen gibt keine günstigen Ergebnisse.

KANNEBLEY, G. (SIEMENS & HALSKE): Zur Kinetik der Härtung von Epoxydharzen (Kunst. Dez. **1957**, 693—696).

BRUIN, P. (SHELL, AMSTERDAM): Chemische Reaktionen bei der Härtung von Epoxyd/Amin-Systemen und deren Bedeutung in der Praxis. (Vortrag auf der FATIPEC, Sept. **1957** in Luzern).

TAWN, R. H., u. C. J. TRUSSELLE (CRAY VALLEY PROD. LTD.): Einige neue Härtungsmittel für Epoxydharze. (Vortrag auf der FATIPEC, Sept. **1957**, in Luzern). Es werden polyamidähnliche langkettige mit Aminogruppen angeführt, die niedere Viscosität aufweisen und als „Synolide" bezeichnet werden.

VII. Verwendungen der Epoxydharzvorprodukte

Dank ihrer ausgezeichneten Haftfähigkeit, Elastizität, Härte, Festigkeit, Geruchlosigkeit, Lichtechtheit, Isolierfähigkeit usw. haben sich Epoxydharzvorprodukte schon in den wenigen Jahren ihres Bestehens für die verschiedensten Verwendungen sehr gut eingeführt, und ihr Verbrauch nimmt stetig und rapid zu.

In den voraufgehenden Kapiteln sind bereits vielfach technische Verwendungen der angeführten Epoxydharzvorprodukte erwähnt worden. Dies ist jedoch nur so weit erfolgt, als es notwendig war zum Verständnis der vorgenommenen Umsetzungen, der Zusätze und der Kombinationen mit anderen Verbindungen.

Die Verwendungen sind das Ziel aller Entwicklungsarbeiten, die dadurch erst ihre Berechtigung erhalten. Daher muß der Darstellung der praktischen Verwendungen ein besonderer Abschnitt eingeräumt werden, selbst auf die Gefahr hin, daß hier und da Überschneidungen auftreten.

Bei der Darstellung der Epoxydharzvorprodukte, die für besondere Verwendungszwecke geeignet sind, muß eine gewisse Vollständigkeit angestrebt werden, da nur aus der Kenntnis aller für einen Verwendungszweck bewährter Produkte, ihren Zusätzen und ihren Kombinationen mit anderen Verbindungen eine erschöpfende Übersicht über diese neue Klasse von Kunstharzen gewonnen werden kann, die ihrerseits die Grundlage für die Weiterentwicklung ist.

Zur Vermeidung umfangreicher Wiederholungen werden zur systematischen Übersicht in folgendem an anderer Stelle bereits eingehend behandelte spezielle Epoxydharzvorprodukte nur stichwortartig kurz charakterisiert.

Eine gute Übersicht über die Verwendung von Epoxydharzen als Werkstoff geben B. J. ZOLIN und J. G. GREEN[1]. Diese Autoren geben die folgende Einteilung mit besonderer Berücksichtigung von chemischen Betrieben (E. I. DU PONT DE NEMOURS):

---

[1] ZOLIN, B. J., u. J. G. GREEN: Ind. Eng. Chem., Febr. **1957**, 61A—62A.

1. Glasfaser-verstärkte Tanks bis zu 50000 Liter Inhalt. Die Herstellung ist billiger als aus Stahl, außerdem sind solche Tanks korrosionsfest.

2. Baukonstruktionsteile aus verstärktem Epoxydharz, z. B. tragende Winkel. In chemischen Betrieben müssen solche Winkel aus Metall alle 6 Monate erneuert werden; desgleichen Träger für verschiedenste Zwecke.

3. Luftkanäle aus verstärktem Epoxydharz, insbesondere zur Abführung chemischer Abgase.

4. Filterrahmen aus verstärktem Epoxydharz für chemische Filterpressen.

Siehe auch K. MEYERHANS: Anwendungen der Epoxydharze (Plast. Inst. Transaction, 1957, Nr. 62, 267—281).

Nach der Reihenfolge ihrer Wichtigkeit gliedern sich die Verwendungen der Epoxydharzvorprodukte in die folgenden Sparten:

Lacke und Anstrichmittel,
Klebmittel für diverse Materialien,
Gieß- und Preßharze,
Schichtstoffe,
Stabilisierungsmittel,
Diverse kleinere Verwendungszwecke.

Lacke und Anstrichmittel

Trotz der sehr vielen Lacke und Anstrichmittel die im Handel sind, gibt es keinen, der allen Anforderungen entspricht. Jeder Lack hat mindestens eine schwache Stelle, z. B. schlechte Haftfähigkeit auf glattem nicht saugendem Untergrund, mangelhafte Härte, Versprödung beim Altern, schlechte Licht- und Witterungsbeständigkeit, Angriff durch Wasser, Säuren, Alkalien oder organische Lösungsmittel usw., so daß für jeden Verwendungszweck ein Lack ausgewählt werden muß, der möglichst viele günstige Eigenschaften hierfür vereinigt.

Diese Sachlage hat es mit sich gebracht, daß immer noch erhebliches Interesse an hochwertigen Anstrichmitteln besteht, und neue Erzeugnisse, die für dieses Gebiet in Frage kommen könnten, stets auch auf ihre Verwendbarkeit geprüft werden.

Nachdem Ende der zwanziger Jahre von der BADISCHEN ANILIN- & SODAFABRIK-AG. die technische Herstellung von Äthylenoxyd, Propylenoxyd, Butadiendioxyd und höheren Alkylenoxyden aufgenommen war, hat es nicht an Versuchen gefehlt, diese Produkte für den Anstrichsektor nutzbar zu machen.

Der erste Erfolg war H. STRAUCH[1] beschieden durch Verwendung von äthoxyliertem Ricinusöl für die Herstellung von lufttrocknenden Anstrichmitteln. Hierbei wird der besondere Vorteil erzielt, daß an Stelle von organischen Lösungsmitteln zum Verdünnen Wasser angewandt werden kann. Nach diesem Verfahren wird Ricinusöl in der Wärme in Gegenwart von Alkali so lange mit Alkylenoxyden, die mittels feiner Glasfritten eingeleitet werden, behandelt, bis Wasserlöslichkeit eintritt. In diesem Stadium ist das Reaktionsprodukt auch noch mit Ölen mischbar und wirkt als guter Lösungsvermittler, bzw. als Emulgator zwischen Wasser einerseits und öligen lösungsmittelfreien Anstrichkompositionen, z. B. Alkydharzen und dergleichen andererseits.

---

[1] US 2125594, 19. 12. 35/2. 8. 38; D.-Pri. 29. 12. 34, I. G. WERK ÜRDINGEN.

Beispielsweise können in eine Lösung von 4 g oxäthyliertem Ricinusöl in 100 g Wasser einemulgiert werden:

1. 70 g eines Alkydharzes (aus 270 g Leinölfettsäure, 130 g Phthalsäureanhydrid und 92 g Glycerin), das in einer Lösung von 3,5 g oxäthyliertem Ricinusöl in 30 g Leinöl verteilt ist,

2. 105 g des unter 1. angeführten Alkydharzes im Gemisch mit 35 g Cumaronharz,

3. 30 g Standöl, 70 g Leinöl, 10 g Solventnaphtha und 4 g Pb–Mn-Naphthenattrockner.

Zu diesen Bindemitteln können Pigmente und/oder Füllmittel gemischt werden, so daß lufttrocknende Anstrichmittel oder Spachtelmassen erzielt werden.

Die Herstellung von Anstrichmitteln durch Umsetzen von Alkylenoxyden mit Anhydriden mehrbasischer Säuren beschreibt die HENKEL CIE.[1]. Beispielsweise werden die Anhydride von Phthalsäure, Bernstein- und Diglykolsäure mit Äthylenoxyd im Autoklaven bei 140—150° zu viscos-flüssigen bzw. weichharzartigen Produkten umgesetzt, die für sich allein oder im Gemisch mit anderen Lackharzen angewandt werden können.

Die Herstellung von Urethanen mit Epoxydgruppen beschreiben L. JAKOB, G. v. ROSENBERG, O. ROSER und O. BAYER[2], indem Glycid mit Mono- oder Diisocyanaten in verschiedenen Molverhältnissen miteinander in Benzollösung umgesetzt werden. Die so gewonnenen Produkte können im Anstrichsektor im Gemisch mit Verbindungen, die sich mit Epoxyd- und Isocyanatgruppen umsetzen, eingesetzt werden.

Höhermolekulare Umsetzungsprodukte aus Diepoxydverbindungen mit Substanzen, die mindestens 3 Hydroxyl-, Amino-, Carboxyl- oder Amidogruppen enthalten, und ihre Verwendung als Anstrichmittel, Spachtelmassen usw. beschreiben L. JAKOB, G. v. ROSENBERG und O. ROSER[3]. Als Diepoxydverbindungen werden Butadiendiepoxyd, Diglycid, Diglycidäther oder Umsetzungsprodukte aus 1 Mol Diisocyanat mit 2 Mol Glycid angewandt, welche mit Gelatine, Casein, Polyamiden (aus Adipinsäure mit Triäthylentetramin), Polyacrylsäuren oder Mischpolymerisate derselben u. dgl. m. zur Reaktion gebracht werden.

Umsetzungsprodukte von Epichlorhydrin mit höhermolekularen Aminen, Amiden oder Eiweißstoffen, die als Anstrichmittel geeignet sind und bei gewöhnlicher oder erhöhter Temperatur härten, beschreiben R. ARMBRUSTER, A. HARTMANN und H. LOEWE[4], z. B. werden:

1. 13,5 g Epichlorhydrin in eine wäßrige Lösung von 30 g Mischpolymerisat von Acrylsäure mit N,N-Dimethyl-äthanolaminvinyläther eingetragen. Man er-

---

[1] BP 500300, 20. 8. 37; D.-Pri. 28. 7. 37, HENKEL CIE.

[2] DRP 862888, 7. 5. 41/15. 1. 53, BADISCHE ANILIN- & SODAFABRIK-AG.

[3] FP 881981, 11. 5. 42/13. 5. 43; D.-Pri. 20. 5. 41, BADISCHE ANILIN- & SODAFABRIK-AG.

[4] FP 884271, 17. 7. 42/9. 8. 43; D.-Pri. 2. 8. 41, BADISCHE ANILIN- & SODAFABRIK-AG.

hält eine Harzlösung, die nach dem Trocknen einen Film ergibt, der in 20 Minuten bei 120° härtet.

2. 12,5 g Epichlorhydrin werden in eine alkalische wäßrige Caseinlösung eingetragen. Der Aufstrich der klaren Lösung ergibt einen bei gewöhnlicher Temperatur härtenden Film, der wasserfest wird.

Wenn auch diese Arbeiten der I. G. die Verwendung von Epoxydverbindungen oder ihrer Umsetzungsprodukte als Anstrichmittel beschreiben, so können die zur Verwendung kommenden Kompositionen keineswegs als Lacke auf Epoxydharzbasis angesehen werden, da ein anderer Chemismus vorliegt, und auch keine der hochwertigen Eigenschaften der Epoxydharze bei diesen Anstrichmitteln relativ niedriger Qualität erkennbar sind.

Der erste Lack bzw. Anstrichmittel, der als wirklicher Epoxydharzlack bezeichnet werden kann und auch hervorragende Eigenschaften aufweist, wurde von S. O. GREENLEE[1] hergestellt. GREENLEE ging aus von den durch P. CASTAN der GEBR. DE TREY A. G.[2] beschriebenen polymeren Umsetzungsprodukten von Epichlorhydrin mit 4,4'-Dioxydiphenyl-dimethylmethan (= Bisphenol A) und leitete die Umsetzung durch Zugabe hydroxylgruppenhaltiger Komponenten derart, daß statt polymerer Glycidyläther Polyalkohole mit endständigen Hydroxyl- oder Phenylgruppen entstehen. Die Veresterung dieser Produkte mit höheren ungesättigten Fettsäuren führte dann nach Zugabe der üblichen Sikkative zu lufttrocknenden Anstrichmitteln mit hochwertigen Eigenschaften.

Ergänzungen zu dieser Patentschrift finden sich in US 2503726, 12. 5. 44 und in den BPP 675169, 15. 12. 47; US-Pri. 18. 9. 45 und 675170, 15. 12. 47; US-Pri. 11. 10. 45.

Um eine einigermaßen zufriedenstellende Übersicht über das Gesamtgebiet der für Lackzwecke eingesetzten Epoxydharztypen zu gewährleisten, wird in folgendem eine Einteilung in Gruppen vorgenommen. Dieselben sollen in ihrer Zusammensetzung chemisch ähnliche Harztypen zusammenfassen. In manchen Fällen liegt eine einwandfreie Zugehörigkeit zu einer bestimmten Gruppe nicht vor, da charakteristische Merkmale mehrerer Gruppen vorhanden sind. Es wird alsdann das betreffende Produkt nur in einer Gruppe, die mehr oder weniger willkürlich gewählt wird, angeführt werden. Vielfach besteht die Schwierigkeit darin, herauszufinden, welches der wesentliche Verwendungszweck eines Epoxydharzvorproduktes ist, da Erfinder, um Überraschungen vorzubeugen, in den Patentschriften alle nur möglichen Verwendungen anführen. Der Referent sieht sich daher gezwungen, um nicht wirklich wesentliche Verwendungsgebiete zu übergehen, eine und dieselbe Patentschrift an mehreren Stellen zu zitieren. Demnach sind die in den folgenden Gruppen angeführten Epoxydharzvorprodukte nur als charakteristische Beispiele anzusehen, die als vollständige Übersicht aller auf dem betreffenden Gebiet vorliegender Arbeiten nicht angesehen werden dürfen.

---

[1] US 2456408, 14. 9. 43/14. 12. 48, DEVOE & RAYNOLDS CO.
[2] Schwz. P. 211116, 23. 8. 38.

Die Zugehörigkeit zu einer dieser Gruppen besteht jedoch nicht, wenn es sich um eine mechanische Aufgabe handelt, die ein Epoxydharzanstrich zu erfüllen hat, z. B. um als Zwischenschicht zum Verbinden chemisch ungleichartiger Schichten zu dienen. Einen solchen Fall hat M. Riedel[1] beschrieben, bei welchem ein Epoxydharz dazu dient, bei einem Klebeband einen Polyesterträgerfilm mit der Klebschicht, bestehend aus Kautschukharz, Zinkseifen oder Siliconen fest zu verbinden.

Das bereits angeführte US-Patent 2456408 von Devoe & Raynolds Co. ist das erste der

Gruppe 1: Epoxydlackharze, Fettsäuren enthaltend

an das sich die folgenden anschließen:

2. 11. 45 US 2592560, Devoe & Raynolds Co.: Veresterungsprodukte von Additionsprodukten von 2 Mol aliphatischen Glycidyläthern (aus Glycerin, Trimethlyolpropan usw.) mit 1 Mol Bisphenol A, die OH- und endständige Epoxydgruppen enthalten, mit höheren ungesättigten Fettsäuren.

3. 12. 45 US 2653141, Devoe & Raynolds: Partielle Veresterungsprodukte (es werden nur 10—75 % der vorhandenen OH-Gruppen verestert) von epoxydgruppenfreien polymeren Umsetzungsprodukten von Bisphenol A mit Epichlorhydrin unterschiedlicher Polymerisationsgrade mit ungesättigten höheren Fettsäuren.

19. 9. 52. US 2759901, Devoe & Raynolds, Partielle Veresterungsprodukte von polymeren Bisphenol-A-Glycidyläthern mit ungesättigten höheren Fettsäuren, bei denen im Gegensatz zu dem Verfahren des vorgehenden Patentes die Epoxydgruppen im wesentlichen erhalten geblieben sind. Von den vorhandenen Hydroxylgruppen werden hier nur 5—10 % verestert. Die Veresterung wird bei 175—180° innerhalb einer Zeit von wenigen Minuten vorgenommen.

10. 4. 46. US 2493486, Devoe & Raynolds: Veresterungsprodukte von polymeren Bisphenol-A-Glycidyläthern mit Tallöl.

6. 2. 53. BP 739091; US-Pri. 29. 3. 52, Amer. Cyanamid: Veresterungsprodukte polymerer Bisphenol-A-Glycidyläther mit Tallöl im Gemisch mit Styrolpolymerisationsprodukten.

2. 5. 46. US 2504518, Devoe & Raynolds: Mischveresterungsprodukte von polymeren Bisphenol-A-Glycidyläthern mit Maleinsäure und Ölsäure, wobei die Menge der ersteren 3—20 % der letzteren beträgt.

5. 11. 46. US 2502145, Devoe & Raynolds: Umsetzungsprodukte von etwa 3 Teilen polymeren Bisphenol-A-Glycidyläthern unterschiedlicher Polymerisationsgrade mit etwa 1 Teil eines Bisphenols, gewonnen durch Kondensation von 2 Mol Phenol mit 1 Mol eines ungesättigten höheren Fettsäureesters.

5. 11. 46. US 2542664, Devoe & Raynolds: Umsetzungsprodukte von aliphatischen Polyglycidyläthern mit Bisphenolen, gewonnen durch Kondensation von 2 Mol Phenol mit 1 Mol chinesischem Holzöles.

---

[1] D. Anm. B 38551, 2. 1. 56, P. Beiersdorf Co.

13. 3. 47. US 2500765, DEVOE & RAYNOLDS: Mischveresterungsprodukte von 3,5—5 Teilen polymerem Bisphenol-A-Glycidyläther vom Erweichungspunkt 90—110° mit 1—2 Teilen Kolophonium und 3—5 Teilen ungesättigten höheren Fettsäuren.

28. 2. 47. US 2680109, COLUMBIA SOUTHERN CHEM. CORP.: Polymerisationsprodukte von 2,3-Epoxybuttersäureallylester.

23. 12. 47. Nied. P. 68296; US-Pri. 2. 5. 46. (kein US-Patent vorhanden) DEVOE & RAYNOLDS: Polymere Bisphenol-A-Glycidyläther werden zusammen mit mehrwertigen Alkoholen (Glycerin, Pentaerythrit u. dgl.) durch ungesättigte höhere Fettsäuren verestert.

10. 2. 48. US 2527806, DU PONT: Veresterungsprodukte von 4-Vinyl-cyclohexandiepoxyd mit zweibasischen Carbonsäuren.

16. 4. 48. US 2643244, LIBBY-OWENS-FORD GLASS CO: Veresterungsprodukte von aromatischen Disulfonamid-Diglycidylverbindungen mit höheren ungesättigten Fettsäuren.

11. 5. 48. US 2541027, SHELL: Veresterungsprodukte von polymeren Bisphenol-A-Glycidyläthern mit einem Phosphorsäuremonoalkylester.

5. 7. 48. Schwz. P. 278476, CIBA: Veresterungsprodukte von polymeren Bisphenol-A-Glycidyläthern mit niedermolekularen mehrbasischen Carbonsäuren in Gegenwart kleiner Anteile von Dicyandiamid.

16. 11. 48. US 2575440, SHELL: Veresterungsprodukte polymerer Bisphenol-A-Glycidyläther mit Crotonsäure.

10. 12. 48. US 2581376, PETROLITE CORP.: Veresterungsprodukte von epoxydfreien Oxäthylierungsprodukten von 4,4'-Bis-(Dodecylphenyl)-methan mit Harz- oder höheren Fettsäuren.

23. 10. 48. US 2485160, ROHM & HAAS: Epoxydierte Ester höherer ungesättigter Fettsäuren.

1. 9. 49. US 2559347, SHELL: Veresterungsprodukte polymerer Bisphenol-A-Glycidyläther mit ungesättigten höheren Fettsäuren werden kombiniert mit den Calciumsalzen von Phenol-Formaldehydharzen zwecks Erzielung besonders glatter Lackfilme.

21. 12. 49. US 2593411, EASTMAN KODAK: Veresterungsprodukte von Bisphenolsulfon-dioxäthyläther mit zweibasischen Säuren.

24. 3. 50. US 2636028, SHELL: Veresterungsprodukte polymerer Kondensationsprodukte von Epichlorhydrin mit Ammoniak mit ungesättigten höheren Fettsäuren.

13. 10. 50. US 2596737, SHELL: Veresterungsprodukte polymerer Bisphenol-A-Glycidyläther mit ungesättigten höheren Fettsäureestern werden mit Styrol copolymerisiert.

26. 10. 50. D. Anm. D 7193, DYNAMIT A. G.: Veresterungsprodukte von polymeren Bisphenol-A-Glycidyläthern mit Anhydriden von Polycarbonsäuren.

13. 11. 50. US 2609357, ROHM & HAAS: Veresterungsprodukte von Diepoxyden wie sie durch Veräthern von Cyclopentadienyldiepoxyd mit Glykolen entstehen, mittels Polycarbonsäuren, vorzugsweise mit dreibasischen.

4. 12. 50. US 2698308, Devoe & Raynolds: Veresterungsprodukte von polymeren Bisphenol-A-Glycidyläthern mit Estern ungesättigter höherer Fettsäuren, deren Veresterungsalkohol leicht flüchtig ist.

20. 1. 51. DP 900751, Dynamit A. G.: Veresterungsprodukte polymerer Bisphenol-A-Glycidyläther mit Ketodilactonen.

11. 4. 51. US 2675367, Eastman Kodak: Verätherungsprodukte von 4,4'-Dioxybenzophenon mit Äthylenoxyd werden mit zweibasischen Carbonsäuren verestert.

16. 5. 51. US 2653142, Alkydol Laboratories: Veresterungsprodukte von aromatischen Monoglicidyläthern mit Harz- und/oder höheren ungesättigten Fettsäuren.

18. 7. 51. US 2709690, Shell: Mischveresterungsprodukte von polymeren Bisphenol-A-Glycidyläthern mit höheren ungesättigten Fettsäuren und Phosphorsäure.

8. 10. 51. D. Anm. H 9989, Henkel Cie: Veresterungsprodukte aliphatischer Polyglycidyläther (aus Glycerin, Erythrit, Polypentaerythrit u. dgl. und Epichlorhydrin) mit Anhydriden mehrbasischer Carbonsäuren.

6. 11. 51. US 2667463, Shell: Copolymerisate von Veresterungsprodukten von polymeren Bisphenol-A-Glycidyläthern mit höheren ungesättigten Fettsäuren mit Cyclodiolefinen.

31. 12. 51. US 2712000, Devoe & Raynolds: Veresterungsprodukte von chlorhaltigen polymeren Bisphenol-A-Glycidyläthern mit höheren ungesättigten Fettsäuren.

9. 1. 52. US 2723284, Petrolite Corp.: Veresterungsprodukte mit mehrbasischen Carbonsäuren von Umsetzungsprodukten von 2-Methyl-2,4-pentandiol mit Propylenoxyd.

25. 2. 52. US 2682514, Shell: Umsetzungsprodukte von polymeren Bisphenol-A-Glycidyläthern mit Epoxydierungsprodukten ungesättigter höherer Fettsäureester.

14. 6. 52. D. Anm. H 12884, Henkel Cie: Umsetzungsprodukte von Dicarbonsäuremonoestern mit Alkylenoxyden.

19. 9. 52. FP 1075180; D.-Pri. 8. 10. 51 u. 14. 8. 52, Henkel Cie: Veresterungsprodukte der Diepoxydverbindung, die durch Abspaltung von 2 Mol Wasser aus Pentaerythritdichlorhydrin entsteht, mit zweibasischen Carbonsäuren.

19. 9. 52. US 2759901, Devoe & Raynolds: Umsetzungsprodukte von Epoxydharzvorprodukten mit einbasischen gesättigten oder ungesättigten höheren Fettsäuren, hergestellt durch $1/2$—2stündiges Erhitzen bei 160—260°, wobei pro g-Äquivalent-Epoxyd weniger als 1 Mol Fettsäure eingesetzt werden. Hierbei entstehen partielle Ester, die noch freie Epoxydgruppen enthalten könnten, sofern sie sich bei der Hitzebehandlung nicht verändert haben. — Beispielsweise werden 2841 g eines polymeren Bisphenol-A-Glycidyläthers mit einem Erweichungspunkt von 12°, einem Epoxydäquivalentgewicht von 202 und einem Veresterungsäquivalent von 100 mit 159 g Sojabohnenfettsäure 4 Minuten bei 175—180° erhitzt. Das entstandene Harz, das eine Säurezahl von 0,17 und ein Epoxydäquivalentgewicht von 235 aufweist,

wird in Lackbenzin 80%ig gelöst, mit 6% Diäthylentriamin versetzt, und zu einem Film vergossen. Nach 15 Minuten Einbrennen bei 150° zeigt der Film gute Biegsamkeit, Haftfähigkeit und Zähigkeit, jedoch nur eine mäßige Härte. — Die in diesem Beispiel angewandte Fettsäuremenge war gerade ausreichend, um nicht mehr als 8% des Epoxydharzvorproduktes in den Monoester zu überführen.

20. 10. 52. BP 737272; US-Pri. 22. 10. 51, (kein US-Patent vorhanden), DEVOE & RAYNOLDS: Umsetzungsprodukte von 5—90% polymerer Bisphenol-A-Glycidyläther mit 95—10% Triglyceriden höherer ungesättigter Fettsäuren.

21. 10. 52. US 2698315, DEVOE & RAYNOLDS: Veresterungsprodukte von niedrig schmelzendem Diphenoldiglycidyläther mit höheren ungesättigten Fettsäuren.

4. 11. 52. FP 1071193; US-Pri. 6. 11. 51, BATAAFSCHE: Veresterungsprodukte von polymeren Bisphenol-A-Glycidyläthern mit Copolymerisaten von Cyclopentadien mit ungesättigten Fettsäuren.

19. 12. 52. FP 1074015; Schwz.-Pri. 21. 12. 51 u. 1. 12. 52, CIBA: Polymere Bisphenol-A-Glycidyläther werden mit einwertigen Alkoholen, wie die durch Reduktion von höheren ungesättigten Fettsäuren entstehen, veräthert (BF$_3$) und anschließend mit Carbonsäuren verestert.

5. 2. 53. FP 1070351; D.-Pri. 9. 4. 52, HENKEL CIE: Veresterungsprodukt von Diepoxydverbindungen, bei denen die Epoxydgruppen in einer Kette liegen, z. B. das Diepoxyd von Oleyloleat, mit zweibasischen Carbonsäuren.

1. 12. 52. US 2733222, NATIONAL LEAD Co.: Veresterungsprodukte von polymeren Bisphenol-A-Glycidyläthern, bei denen etwas mehr als die Hälfte der Hydroxylgruppen mit ungesättigten Fettsäuren, der Rest mit einem Alkyltitanat verestert ist. Zum Beispiel werden 200 Teile eines polymeren Bisphenol-A-Glycidyläthers vom Erweichungspunkt 95—105° und dem Epoxydäquivalentgewicht 850—1000 (beispielsweise *Epon* 1004) mit 280 Teilen Leinölfettsäure im N$_2$-Strom durch allmähliches Erhitzen auf 250° verestert, bis eine Probe 40%ig in einem Gemisch von 90% Lackbenzin und 10% Methylisobutylketon gelöst die Viscosität F nach GARDNER aufweist. 240 Teile dieses verdünnten Umsetzungsproduktes werden mit 5 Teilen Tetraäthyltitanat, 0,1% Bleinaphthenat und 0,05% Cobaltnaphthenat versetzt und auf Stahlblech gestrichen. Nach 24 Stunden Lufttrocknen erhält man einen klaren, sehr biegsamen Film von einer SWARD-Härte 36. Die Lösungsmittelbeständigkeit des Filmes ist wesentlich besser als diejenige eines nicht mit Alkyltitanat modifizierten.

3. 3. 53. US 2742448, NATIONAL LEAD Co.: Veresterungsprodukte ähnlich denen nach US 2733222 unter Verwendung von polymeren Bisphenol-A-Glycidyläthern von den Erweichungspunkten 65—75°, 95—105°, 125—135° oder 145—155° und den entsprechenden Epoxydäquivalentgewichten 450—550, 850—1000, 1650—2050 oder 2500—4000 (beispielsweise *Epon* 1001, 1004, 1007, 1009), bei denen statt reinem Alkyltitanats ein Gemisch mit einem Amin angewandt wird, z. B.

Gemische von: 34 g Tetrabutyltitanat + 26,5 g β-Aminoäthyläthanol-
amin, 34 g Tetrabutyltitanat + 6 g Äthylendiamin 100%ig, 27,6 g Tetrabutyltitanat + 14,9 g Triäthanolamin oder 55 g Abietyltributyltitanat
+ 10 g 1,3-Diamino-2-propanol.

27. 3. 53. BP 730504; US-Pri. 29. 3. 52, BATAAFSCHE: Veresterungsprodukte, bei denen die Epoxydgruppen erhalten geblieben sind, von
polymeren Bisphenol-A-Glycidyläthern mit niederen Fettsäuren.

27. 3. 53. BP 730505; US-Pri. 29. 3. 52, BATAAFSCHE: Umsetzungsprodukte der nach PB 730504 gewonnenen epoxydgruppenhaltigen
Veresterungsprodukte mit mehrwertigen aliphatischen Alkoholen.

25. 6. 53. Belg. P. 520976, F. JAFFE: Verwendung eines mit gesättigten oder ungesättigten höheren Fettsäuren, z. B. mit Ricinusölfettsäure (400 g + 590 g *Epon* 1004) oder Sojaölfettsäure (400 g + 600 g
Epon 1004) oder Stearinsäure, Abietinsäure oder Laurinsäure veresterten Epoxydharzvorproduktes mit mittlerem Molekulargewicht
(*Epon* 1004) in Verbindung mit einem 4—8%igem Zusatz eines Poly-
isocyanates (Desmodur TH) und Lacklösungsmitteln.

19. 8. 53. BP 744388; US-Pri. 22. 8. 52, GENERAL ELECTRIC: Veresterungsprodukte von polymeren Bisphenol-A-Glycidyläthern mit
Hexachlor-endomethylen-tetrahydro-phthalsäureanhydrid (gewonnen
durch DIELS-ALDER-Kondensation aus Maleinsäureanhydrid und Hexachlorcyclopentadien).

25. 8. 53. FP 1086934; D.-Pri. 20. 9. 52, HENKEL CIE: Veresterungsprodukte von Oxyepoxydverbindungen (Glycid, 4-Oxy-1,2-butylenoxyd,
Anhydropentosen, Oxymethyl-oxacyclobutane, 9,10-Oxidooleylalkohol
u. dgl.), hergestellt mittels der Säurechloride mehrbasischerCarbonsäuren.

1. 10. 53. FP 1088704; D.-Pri. 3. 11. 52, HENKEL CIE: Veresterungsprodukte von hydroaromatischen Polyepoxydverbindungen, z. B.
von aus Bisphenol A gewonnenem Dicyclohexenylpropandiepoxyd, mit
Dicarbonsäureanhydriden.

1. 10. 53. US 2801232, AMER. CYANAMID: Gemisch aus einem Dicarbonsäureanhydrid (Phthalsäureanhydrid) mit dem Reaktionsprodukt eines Diglycidylesters (Diglycidylphthalat) mit einem Diol mit
4—12 Kohlenstoffatomen (1,5-Pentandiol), dessen Menge etwa doppelt
so groß sein soll, als diejenige des Diglycidylesters.

24. 3. 54. D. Anm. C 9089, CHEM. WERKE ALBERT: Durch Umsetzen im alkalischen Milieu von Diphenolen mit 0,8—1,2 Mol aliphatischer und/oder arylaliphatischer Monohalogencarbonsäuren
(Chloressigsäure) erhaltene Diphenolmonocarbonsäuren werden mit
Epichlorhydrin an der freien phenolischen OH-Gruppe zum Glycidyläther umgesetzt, der für sich allein in der Wärme härtet.

10. 11. 52. BP 744472, L. BERGER & SONS LTD.: Verwendung eines
mit Zimtsäure oder eines Gemisches von Zimtsäure mit einer ungesättigten höheren Fettsäure veresterten polymeren Bisphenol-A-Glycidyläthers, der mit Styrol mischpolymerisiert wird. Zum Beispiel werden
192 g eines polymeren Bisphenol-A-Glycidyläthers vom Erweichungspunkt 95—105° und dem Epoxydäquivalentgewicht 850—1000 (etwa
Epon 1004), 104 g Zimtsäure, 84 g Leinölfettsäure und 0,95 g p-Toluol-

sulfosäure mittels azeotropischer Destillation mit 38 g Xylol in 9 Stunden bei allmählicher Temperatursteigerung auf 210° verestert bis eine Säurezahl von 19—20 erreicht ist. Nach Abtreiben des Flüchtigen wird die gleiche oder eine größere Menge Styrol, dem 0,12 g Hydrochinon beigemischt ist, eingerührt, und nach Zusatz von tert. Butylperoxyd und Cobaltnaphthenat als Isolierlack, der bei 90° eingebrannt wird, für elektrische Spulen oder Motorankerwicklungen angewandt.

6. 2. 53. BP 760006, L. BERGER & SONS LTD.: Veresterungsprodukte von polymeren Bisphenol-A-Glycidyläthern mit trocknenden oder halbtrocknenden Fettsäuren mit 12—24 C-Atomen werden mit Styrol oder alkylierten Styrolen copolymerisiert. Damit hergestellte Anstriche ergeben chemisch sehr beständige Filme. Beispielsweise wird derart verfahren, daß 1500 g Sojabohnenfettsäure und 1700 g Vinyltoluol mit 9 g ditertiärem Butylperoxyd in einer Kohlendioxyd-Atmosphäre $2^1/_2$ Stunden bei 160° copolymerisiert und anschließend 500 Teile des Copolymerisates mit 600 Teilen eines polymeren Bisphenol-A-Glycidyläthers vom Erweichungspunkt 95—105° und einem Epoxydäquivalentgewicht von 900—980 in einer Kohlendioxyd-Atmosphäre mit Xylol in üblicher Weise unter Abführen des Reaktionswassers bei 200—220° verestert werden.

3. 12. 52. D. Anm. C 6756, CASSELLA FARBWERKE MAINKUR A. G. Verwendung von Diglycidsäureester der Formel

$$R''O \cdot CO \cdot CR'{-}CR'{-}R{-}CR'{-}CR' \cdot (O \cdot OR''$$

wobei

R = eventuell substituierter aromatischer Rest,
R' = H oder aliphatischer oder cyclischer Rest,
R'' = R', aber nicht H, bedeuten,

hergestellt nach dem ERLENMEYER-DARZENS-CLAISEN-Verfahren durch Umsetzen von aromatischen Dialdehyden oder Diketonen mit α-Halogenfettsäureestern zum Chlorhydrin mit anschließendem Abspalten von HCl mittels Natriumalkoholat oder Natriumamid.

24. 12. 52. US 2730510; D. Anm. N 8234, 22. 1. 53, SHELL: Herstellung nichtrunzelnder Epoxydharzester-Anstrichmittel durch Zusatz des Calciumsalzes einer alkylierten Oxybenzoesäure.

9. 6. 53. US 2692876, DU PONT: Verwendung von Polyphosphaten, die durch Umsetzen von Orthophosphorsäure mit Copolymeren von Allylglycidyläther und Styrol gewonnen werden (200 Teile Allylglycidyläther, 200 Teile Styrol, copolymerisiert mit 4 Teilen Benzoylperoxyd in $2^1/_2$ Stunden bei 80—90°, werden mit 210 Teilen 85%ige Orthophosphorsäure in 800 ml Dioxan $1^1/_2$ Stunden bei 80—90° erhitzt). Statt Allylglycidyläther können auch Glycidylmethacrylat oder 2-Methyl-2,3-epoxy-6-methylen-7-octen (Myricenmonoepoxyd),

$$CH_3 \cdot C(CH_3){-}CH \cdot CH_2 \cdot CH_2 \cdot C{-}CH{=}CH_2$$

Verwendung finden. — Filme aus Kompositionen dieser Art werden bei 150° eingebrannt und weisen dann ausgezeichnete Härte, Elastizität und beständigen Glanz auf.

19. 6. 53. BP 758920, IMPERIAL CHEMICAL INDUSTRIES: Verwendung von Copolymerisaten von Allylglycidyläther mit wenigstens einem Acrylsäureester (ausgeführt mit oder ohne Lösungsmittel unter Verwendung von Benzoylperoxyd, Di-tert.-Butylperoxyd, 2,2-Bis-tert. Butylperoxybutan, Azodiisobutyronitril, Sauerstoff oder aktivem Licht), die noch 0,1—0,5 Epoxydringe enthalten, und dann mit trocknenden Ölen (Leinöl, dehydratisiertes Ricinusöl, Soja-, Oiticia-, Perilla-, Tabaksamen- oder Sonnenblumenöl) verestert werden. Es werden schnelltrocknende, festhaftende und biegsame Überzugsfilme erhalten.

14. 8. 53. BP 762764, IMPERIAL CHEMICAL INDUSTRIES: Herstellung eines Alkydharzes durch Veresterung einer Ölfettsäure (Öl-, Stearin-, Palmitin-, Laurin-, Leinöl-, Ricinusöl-, Tabaksamenöl-, Sonnenblumenöl-, Sojaöl-, Holzöl- oder Oiticicaölfettsäure) mit einem zweiwertigen Alkohol (Äthylen-, Diäthylen-, Propylen-, Butylen- oder Hexamethylenglykol sowie substituierte Glykole, Diäther oder Penterythrit usw.) und mit weniger als der Hälfte des angewandten Glykols eines polymeren Bisphenol-A-Glycidyläthers, mit anschließender weiterer Veresterung mit einer Dicarbonsäure (Adipin-, Bernstein-, Malein-, Phthalsäure sowie DIELS-ALDER-Addukten aus Maleinsäure und konjugierten Diolefinen). Das schließlich erhaltene Alkydharz soll noch Epoxydgruppen enthalten.

5. 1. 54. US 2750395, UNION CARBIDE & CARBON CORP.: Verwendung von Estern zweibasischer Carbonsäuren mit 3,4-Epoxycyclohexylmethanol als Zusatz zu Anstrichmitteln.

10. 3. 54. US 2792381, SHELL: Veresterungsprodukte von höhermolekularen Acetylendiol-Diglycidyläthern mit ungesättigten Fettsäuren.

14. 6. 54. BP 758146; US-Pri. 30. 7. 53, DEVOE & RAYNOLDS Co.: Umsetzungsprodukte von Epoxydharzvorprodukten mit dimerisierten Leinölfettsäuren mit Molverhältnissen 2:1 bis 3:2 unter Zusatz von Aminoharzvorprodukten. Beispielsweise werden 212 Teile eines Epoxydharzvorproduktes mit einem Epoxydäquivalentgewicht von 369 und dem Erweichungspunkt 50° mit 88 Teilen dimerer Leinölfettsäure etwa 2 Stunden bei 145—150° erhitzt, bis die Säurezahl auf etwa 8,5 gefallen ist. Das entstandene Harz wird mit 15% eines Harnstoff-Formaldehydharzes und 1% eines Aminhärters gemischt, in Lösung gebracht und als Anstrichmittel angewandt. Nach dem Einbrennen bei 150° in 30 Minuten wird ein harter, biegsamer und zäher Film erhalten, der auf der Unterlage fest haftet.

23. 12. 54. D. Anm. B 33861, 1010676, BADISCHE ANILIN- & SODA-FABRIK-AG.: Verwendung eines Gemisches von gleichen Teilen eines polymeren Bisphenol-A-Glycidyläthers mit dem Amid einer höheren Fettsäure mit konjugierten Doppelbindungen (Umsetzungsprodukt von 140 Teilen dehydratisierter Ricinolsäure mit 60 Teilen Propylendiamin).

16. 6. 54. FP 1107566, BATAAFSCHE: Mit ungesättigten höhermolekularen Fettsäuren veresterte polymere Bisphenol-A-Glycidyläther in Kombination mit Styrol.

25. 6. 54. FP 1110320; Belg.-Pri. 25. 6., 28. 8. 53 u. 26. 4. 54, S. A. SYNCOBEL (Scado-Harze): Zur Verbesserung der Echtheitseigenschaften, vor allem der Lösungsmittelbeständigkeit, werden polymere Bisphenol-A-Glycidyläther-Fettsäureesterlacke nach dem Trocknen ihrer Anstriche mit Polyisocyanaten (Desmodur TH und AP) nachbehandelt.

30. 7. 54. D. Anm. H 21012, HENKEL CIE: Herstellung von Dicarbonsäurediglycidylestern durch Umsetzen der Alkalisalze von Dicarbonsäuren mit Epichlorhydrin.

25. 9. 54. Belg. P. 532088; US-Pri. 28. 9. 53, BATAAFSCHE: Veresterungsprodukte polymerer Bisphenol-A-Glycidyläther mit Dicarbonsäuremonoallylestern und anschließende Copolymerisation mit Styrol u. dgl.

6. 12. 54. Belg. P. 533899; US-Pri. 8. 12. 53, BATAAFSCHE: Veresterungsprodukte von Diglycidyläthern mit Diepoxyddicarbonsäuren, bei denen die in der Kette liegenden Epoxydgruppen durch mindestens 2 C-Atome voneinander getrennt sind.

15. 12. 54. FP 1117535 sowie Belg. P. 534122; US-Pri. 17. 12. 53, BATAAFSCHE: Mit Allylalkohol mittels $SnCl_4$ verätherte polymere Bisphenol-A-Glycidyläther werden anschließend mit Fettsäuren verestert.

24. 12. 54. FP 1094654; US-Pri. 24. 12. 52, BATAAFSCHE: Veresterungsprodukte von polymeren Bisphenol-A-Glycidyläthern mit höheren ungesättigten Fettsäuren erhalten einen Zusatz von 0,4—1% des Calciumsalzes einer Alkyl-(C_{11-18})-Phenolcarbonsäure (Myristylsalicylsäure) zwecks Verhinderung von Eisblumenbildung.

19. 9. 55. Belg. P. 541405; US-Pri. 20. 9. 54, BATAAFSCHE: Ein Veresterungsprodukt eines polymeren Bisphenol-A-Glycidyläthers mit 3—10 aliphatischen OH-Gruppen und 1,4—1,9 Epoxydgruppen pro Mol mit Leinöl wird mit 5—15% einer Dicarbonsäure mit 12 C-Atomen bis zur Gelierung nachbehandelt und mit einem Zusatz von 3—20% einer Monocarbonsäure mit 6 C-Atomen zum Lack eingestellt.

29. 9. 55. Belg. P. 541675; US-Pri. 15. 11. 54, Dow CHEM. CORP.: Veresterungsprodukt von Umsetzungsprodukten von Novolaken mit 4—10 Phenolkernen pro Mol mit 0,85—1,2 Mol Äthylenoxyd oder Propylenoxyd pro Phenolkern mit höheren ungesättigten Fettsäuren.

29. 9. 55. Belg. P. 541676; US-Pri. 15. 9. 54, Dow CHEM. CORP.: Analog dem vorgehenden Belg. P. 541675 unter Verwendung anderer Alkylenoxyde.

24. 11. 55. Belg. P. 543067; B.-Pri. 24. 11. 54 u. 10. 11. 55, L. BERGER & SONS LTD.: Veresterungsprodukte polymerer Polyglycidyläther von zweiwertigen Phenolen mit einer oder mehreren höheren ungesättigten Fettsäuren werden mit Styrol oder anderen Vinylaromaten die mit Allylgruppen oder mit Halogen substituiert sein können, copolymerisiert. Zweckmäßig erfolgt Beimischung eines Harnstoff- oder Melamin-Formaldehydvorkondensates.

8. 2. 55. D. Anm. F 16777, BAYER: Veresterungprodukte polymerer Bisphenol-A-Glycidyläther mit Zimtsäure, die im Gemisch mit der

gleichen Menge Styrol mit 1—4% Benzoylperoxyd durch Polymerisation gehärtet werden.

9. 4. 56. Belg. P. 546860; Ital.-Pri. 7. 3. 55, AMERICAN CYANAMID Co.: Verwendung von Kompositionen, bestehend aus Triglycidylcyanurat und einem Reaktionsprodukt von α,β-ungesättigten Carbonsäuren oder ihren Estern mit Monomeren, welche die Gruppierung $CH_2 = C<$ enthalten, mit Säurezahlen von 25—100, z. B. Umsetzungsprodukte von Methacrylsäurebutylester mit 2,4-Dimethylstyrol.

10. 4. 56. Belg. P. 546910; US-Pri. 19. 7. 55, DEVOE & RAYNOLDS Co.: Veresterungsprodukte von Umsetzungsprodukten eines polymeren Bisphenol-A-Glycidyläthers mit einem ungesättigten Fettsäuretriglycerid mit Anhydriden von Dicarbonsäuren in Gegenwart einer kleinen Menge eines mehrwertigen aliphatischen Alkohols.

GOLDBLATT, L. A., L. L. HOPPER u. D. L. WOOD: Epoxydharzester mit Tungöl[1]. Tungöl ist ein Gemisch aus α-Eleostearinsäure = 9-cis-11-trans-13-trans-octadecatriensäure und β-Eleostearinsäure = 9-trans-11-trans-13-trans-octadecatriensäure:

$$H_3C \cdot (CH_2)_3 \cdot \overset{\overset{\displaystyle H}{\displaystyle |}}{C} = \overset{\overset{\displaystyle H}{\displaystyle |}}{\underset{\underset{\displaystyle H}{\displaystyle |}}{C}} \cdot C = \overset{\overset{\displaystyle H}{\displaystyle |}}{\underset{\underset{\displaystyle H}{\displaystyle |}}{C}} \cdot C = CH \cdot (CH_2)_7 \cdot COOH$$

und ergibt Ester mit polymeren Polyglycidyläthern, die sehr gut trocknen und Filme von hervorragend guten Eigenschaften, insbesondere hohen Glanz, gute Härte und ausgezeichnete chemische Beständigkeit. Die besten Ergebnisse werden durch Verestern von 40 Teilen *Epon* 1004 mit 60 Teilen Tungölfettsäure erhalten. Ein Zusatz von Zinkresinat setzt die Neigung zum Gelieren beim Verestern herab und erhöht die Alkaliresistenz. diese Ester können mit Melaminharvorprodukten kombiniert werden.

EARHART, K. A. u. L. G. MONTAGUE (JONES-DABNEY CO DIVISION OF DEVOE & RAYNOLDS CO): Nomenklatur und Methoden zur stöchiometrischen Berechnung des Epoxydgruppengehaltes, der Veresterungszahl und der Wasserabspaltung bei der Veresterung[2]. Es werden die folgenden Reaktionen diskutiert: die Umsetzung der Säuregruppe mit der Epoxydgruppe ohne Wasserabspaltung, die Umsetzung mit einer OH-Gruppe mit Wasserabspaltung und die Umsetzung einer Epoxydgruppe mit einer Hydroxylgruppe ohne Wasserabspaltung.

Veresterungsvorschriften der Deutschen Shell AG. (als Flugblätter)

Epikote-Ester T-7 ($1^1/_2$ Seiten) = *Epon* 1004 mit Tallöl verestert.

Epikote-Ester L-8 ($1^1/_2$ Seiten) = *Epon* 1004 mit Leinölfettsäure verestert.

Epikote-Ester LT-4 ($1^1/_2$ Seiten) = *Epon* 1004 mit Tallöl und Leinölfettsäure verestert.

Epikote-Ester SJ-7 ($1^1/_2$ Seiten) = *Epon* 1004 mit Sojafettsäure und dimerisierter Leinölfettsäure verestert.

---

[1] GOLDBLATT, L. A., L. L. HOPPER u. D. L. WOOD: Ind. Eng. Chem., Juli **1957**, 1099—1102.
[2] Ind. Eng. Chem., Juli **1957**, 1095—1098.

Epikote-Ester D-4 (1¹/₂ Seiten) = *Epon* 1004 mit Ricinenfettsäure verestert.

Epikote-Ester SO-4 (1¹/₂ Seiten) = *Epon* 1004 mit Sojaölfettsäure und Oiticicaölfettsäure verestert.

Epikote-Ester YC-3 (1¹/₂ Seiten) = *Epon* 1004 mit Kokosölfettsäure verestert.

Epikote-Ester LR-8 (1¹/₂ Seiten) = *Epon* 1004 mit Leinölfettsäure und Kolophonium WG verestert.

Styrolisierter *Epikote*-Ester L-6-N-3 (2 Seiten) = *Epon* 1004 mit Leinölfettsäure und Kolophonium WG verestert, mit anschließender Copolymerisation mit Styrol.

Styrolisierter *Epikote*-Ester SD-62-N-3 = *Epon* 1004 mit Sojafettsäure und Ricinenfettsäure verestert, mit anschließender Copolymerisation mit Styrol.

In dem Aufsatz: ,,Epoxide Esters`` gibt A. G. NORTH[1] der CRAY VALLEY PRODUCTS LTD. eine instruktive Übersicht über die Eigenschaften von veresterten polymeren Bisphenol-A-Glycidylätherlacken.

Die Menge der zur Veresterung eingesetzten Fettsäure soll nur 30—55% der theoretischen betragen, damit eine vollständige Umsetzung garantiert wird (ergibt sonst noch schlechtere Alkaliechtheit) und ein Überschuß an freien Hydroxylgruppen im Epoxydharzvorprodukt erhalten bleibt. Ein höherer Gehalt an Fettsäure hat folgende Wirkungen: Viscositätsabnahme, höhere Löslichkeit in Kohlenwasserstoffen, Abnahme der Filmhärte, erhöhte Trocknungszeit, Abnahme der Alkali- und Lösungsmittelbeständigkeit, aber Erhöhung der Wasserfestigkeit.

Epoxydharzester von nichttrocknenden Fettsäuren wirken in Kombination mit Aminoharzen bei Einbrennlacken im wesentlichen als Elastifizierungsmittel. Die eingebrannten Filme weisen geringere Chemikalienbeständigkeit, geringere Haftfähigkeit und geringere Glanzbeständigkeit auf als Ester mit trocknenden Fettsäuren ohne Zusatz von Aminoharzen.

Besonders gute Eigenschaften weisen Ester von Epoxydharzvorprodukten mit dehydratisierter Ricinusölfettsäure (DCO-Säure) und Leinölfettsäure auf. Sie eignen sich als lufttrocknende Lacke.

Eine wesentliche Rolle spielt das Molekulargewicht der angewandten Epoxydharzvorprodukte: höhermolekulare Harze im veresterten Zustand geben zwar Lacke von geringerer Stabilität, jedoch härten sie schneller und die Filme sind von besserer chemischer Beständigkeit als solche, bei denen von niedermolekularen Epoxydharzvorprodukten ausgegangen wird.

Bei der Herstellung erweist sich der Veresterungsprozeß von Epoxydharzvorprodukten günstiger als dies bei Alkydharzen der Fall ist, da bei ersteren die Viscosität nach einem anfänglichen geringen Abfall längere Zeit sehr wenig steigt, während die Viscosität bei der Alkydharzherstellung gleichmäßig steigt und die Umsetzung erschwert.

Die wesentlichen Vorteile von Epoxydharzesterlacken gegenüber den handelsüblichen Lacken sind: die besonders hohe Biegsamkeit,

---

[1] NORTH A. G.: J. Oil and Colour Chemists Associates **39**, Nr. 5, 318—330 (1956).

Haftfähigkeit, chemische Beständigkeit, verbunden mit leichter Handhabung, schneller Luft- und Ofentrocknung, Zähigkeit der Filme und gute Haltbarkeit. Wohl gibt es einzelne Lacke des Handels, die in einer dieser Eigenschaften überlegen sein können, jedoch sind keine Lacke bekannt, welche so viele wertvollen Eigenschaften in sich vereinen.

Viele Epoxydharzesterlacke weisen schlechtere Netzwirkung auf als Alkydlacke und benötigen daher tunlichst den Zusatz eines Netzmittels, zwecks einwandfreien Vermischens mit pulverigen Pigmenten. Für diesen Zweck eignen sich Zn- oder Ca-Naphthenat in einer Menge von 1—2%, die während des Mahlprozesses zugefügt werden.

Als Beschleuniger bei den lufttrocknenden Epoxydharzesterlacken wird vor allem ein Zusatz von 0,04% (berechnet auf Harzgehalt) Kobalt-Naphthenat empfohlen. Blei-Trockner weisen in diesem Zusammenhang keine guten Wirkungen auf, sie bewirken vielfach Abfall der Stabilität, jedoch sind Calcium- und Mangan-Trockner von Nutzen. Ca-Trockner verbessern die Trockenzeiten, besonders bei hochpigmentierten Lacken, während Mn-Trockner, die an und für sich nur langsames Trocknen bewirken, das Milchigwerden bei feuchter Luft wirksam verhindern.

Folgende Tabelle gibt über den Einfluß der verschiedenen Trockner auf die Trocknungszeit und das Milchigwerden Aufschluß. Für die Vergleichsversuche wurde ein Epoxydharz-Leinölfettsäureester angewandt, die Trocknung fand bei 20—22° bei mittlerer Luftfeuchtigkeit statt.

Trockner			Trocknung, Std./Min.		Trübung, Wolkigwerden des Filmes am Schluß
Co %	Ca %	Mn %	klebfrei	gehärtet	
0,02	0,00	0,00	2,35	4,00	10
0,02	0,00	0,10	2,50	4,20	3
0,02	0,00	0,20	3,00	4,45	3
0,02	0,10	0,00	2,30	3,45	6
0,02	0,10	0,10	2,35	4,30	1
0,02	0,10	0,20	2,35	5,05	0
0,02	0,20	0,00	2,20	3,25	2
0,02	0,20	0,10	2,40	4,00	1
0,02	0,20	0,20	2,30	3,50	4
0,04	0,00	0,00	2,15	3,10	7
0,04	0,00	0,10	2,40	4,25	4
0,04	0,00	0,20	2,50	5,00	6
0,04	0,10	0,00	2,00	2,50	6
0,04	0,10	0,10	2,30	4,50	3
0,04	0,10	0,20	2,30	4,45	0
0,04	0,20	0,00	1,55	2,50	1
0,04	0,20	0,10	2,15	3,40	0
0,04	0,20	0,20	2,25	4,45	3
0,06	0,00	0,00	1,50	2,25	9
0,06	0,00	0,10	2,30	3,35	5
0,06	0,00	0,20	2,25	4,20	4
0,06	0,10	0,00	1,40	2,20	5
0,06	0,10	0,10	2,15	3,35	2
0,06	0,10	0,20	2,20	4,20	1
0,06	0,20	0,00	1,40	2,20	4
0,06	0,20	0,10	2,10	3,30	0
0,06	0,20	0,20	2,15	4,10	0

Die Nummernbezeichnung in der Spalte der Bewertung der Filmklarheit bedeutet: 0 = völlig klar, 10 = sehr stark wolkig. Die dazwischenliegenden Zahlenwerte geben Zwischenzustände an.

Der Einfluß von Aminoharzzusätzen zu Epoxydharzester-Einbrennlacken wird einer eingehenden Prüfung unterzogen, mit dem Ergebnis, daß verätherte Melaminharze in bezug auf Glanz und der Möglichkeit höherer Zusatzmengen verätherten Harnstoffharzen überlegen sind. Jedoch vermindern Zusätze von Aminoharzen jeder Art die Biegsamkeit und die Haftfähigkeit der Filme. Die folgende Tabelle zeigt in welchen Mengen verätherte Harnstoff- und Melaminharze zugesetzt werden können und welches die zweckmäßigste Einbrenntemperatur und -zeit ist:

Einbrenn-		Zusatz von Aminoharz in Prozenten	
Temperatur	Zeit/Std.	Harnstoffharz	Melaminharz
120°	$^1/_2$	50	40
150°	3	25	15
200°	3	25	15
250°	3	0	0

Die chemische Beständigkeit wird stets durch den Zusatz von Aminoharzen herabgesetzt, jedoch ist der Abfall bei Harnstoffharzen wesentlich größer als bei Melaminharzen. Schon ein kleiner Zusatz von Aminoharz setzt die Säurebeständigkeit erheblich herab, während erst bei größeren Zusätzen die Wasserbeständigkeit leidet. Die Alkalibeständigkeit, die bei reinen Epoxydharzesterlacken nicht sehr gut ist, wird durch Aminoharze verbessert. Die optimalen Werte, die bei Kompositionen mit Aminoharz oder Polyamiden erzielbar sind, im Vergleich mit einem reinen DCO-Alkydlack, gehen aus der folgenden Aufstellung hervor:

Epoxydharzester-Komposition	Wasser bei 95°	Soda 2%, bei 95°	Citronensäure 5%, bei 95°
DCO-Epoxydester + Aminoharz	100	90	90
Ricinusölfettsäure-Epoxydester + Aminoharz	50	90	0 (nach 3 Std.)
Sojafettsäure-Epoxydester + Aminoharz.	80	90	80
DCO-Alkydharz-Lack	80	0 (5 Std.)	0
Epoxyd-Polyamid-Lack	100	90	20

In dieser Versuchsreihe wurden die Lacke nach dem günstigsten Verfahren eingebrannt. Die Wertungszahlen bedeuten: 100 = nicht angegriffen, 0 = völlig zerstört, die dazwischenliegenden Zahlen geben Zwischenzustände an.

Allgemeine Beobachtungen bei Epoxydharzesterlacken: Frühe Glanzverluste können auf einen polymeren Bisphenol-A-Glycidyläther von zu niedrigem Molekulargewicht, oder bei pigmentierten Lacken, auf schlechte Benetzung des Pigmentes zurückgeführt werden.

Bei der Verwendung als Bootslacke übertreffen die reinen oder pigmentierten Epoxydharzesterlacke alle bekannten handelsüblichen Lackkompositionen an Haltbarkeit.

Die Gasdichtigkeit von Epoxydharzesterlackfilmen wird bei nicht-modifizierten Lacken durch einen Zusatz von 1% Triäthanolamin und bei Lacken mit einem Gehalt an Aminoharz durch einen Zusatz von 7,50% Monobutylphosphat erhöht.

In seinem Aufsatz über die Chemie der Reaktionen von Epoxydharzen mit Fettsäuren und Dicarbonsäuren und ihren Anhydriden und mit Phenolharzen erörtert P. BRUIN[1] die Faktoren, durch die man die Veresterung von Epoxydharzen mit Fettsäuren und Dicarbonsäureanhydriden beeinflussen kann und gibt weiterhin die Bedingungen an, unter denen gute Durchhärtung mit Novolaken und Resolen erfolgt.

Gruppe 2: Unveresterte Epoxydlackharze

Bei den unveresterten Epoxydharzvorprodukten dieser Gruppe handelt es sich um aliphatische oder aromatische polymere Polyglycidyläther, die in verschiedener Weise hergestellt, modifiziert oder nachbehandelt sind. Modifizierte Harze dieser Gruppe unterscheiden sich von denen der folgenden Gruppen dadurch, daß hier die Modifizierung nur durch sehr kleine — zumeist katalytische — Zusätze erfolgt, im Gegensatz zu solchen, bei denen der Modifizierungszusatz einen wesentlichen Anteil des Harzes ausmacht. So verhält es sich auch bei den hier angeführten Modifizierungen mit kleinen Zusätzen von Carbon- oder Sulfonsäuren, die als Härter wirken und sich erst beim Härtungsprozeß umsetzen, wobei naturgemäß auch Veresterungen erfolgen. Demgegenüber handelt es sich bei Harzen der Gruppe 1 um solche, bei denen bereits vorgebildete Veresterungsprodukte vorliegen, die als solche erst gehärtet werden.

23. 8. 38. Schwz. P. 211116, DE TREY: Polymere Bisphenol-A-Glycidyläther mit einem Zusatz von Phthalsäureanhydrid, der auch vernetzend wirkt. Obgleich es sich um einen wesentlichen Zusatz der letzteren handelt, ist diese Komposition kein Beispiel der Gruppe 1, da die Veresterung erst bei der eigentlichen Aushärtung erfolgt, während die Vorkondensierung, welche wohl die Veresterung einleitet, die Aufgabe hat, eine homogene Mischung zu erzeugen.

16. 6. 43. Schwz. P. 236594, DE TREY: Polymere Bisphenol-A-Glycidyläther mit katalytischen Zusätzen basischer Stoffe anorganischer oder organischer Art.

27. 8. 40. US 2313799, DU PONT: Verwendung von Gemischen von einem Alkydharz mit Alkylenoxyden (Isobutylenoxyd, Pentenoxyd, Hexenoxyd, Cyclohexenoxyd oder Naphthylenoxyd) mit Pigmenten zur Herstellung von Emaillacken. Zum Beispiel ein Gemisch aus 33,6 Teilen Alkydharz (aus trocknenden Ölen), 1,7 Teile Cyclohexenoxyd, 2,8 Teile Pigmente, 5,9 Teile Co- oder Mg-Naphthenattrockner und 56 Teile Lösungsmittel.

21. 4. 49. US 2569920, DU PONT: Polymere Bisphenol-A-Glycidyläther mit einem Zusatz von 15—35% Citronensäure.

---

[1] BRUIN, P.: Peintures, Pigments et Vernis, **33**, 622—628 (1957).

22. 8. 50. BP 711592, PINCHIN JOHNSON ASS. LTD.: Polymere Bisphenol-A-Glycidyläther mit einem Zusatz von 10% Citronensäure.

7. 10. 50. US 2582985, DEVOE & RAYNOLDS: Umsetzungsprodukte polymerer Bisphenol-A-Glycidyläther von niedrigem Erweichungspunkt mit mehrwertigen Phenolen.

26. 2. 51. US 2643243, SHELL: Zusatz von 0,1—5% einer Sulfonsäure oder eines Sulfochlorides zu polymeren Bisphenol-A-Glycidyläthern vom Molgewicht 1200—4000.

30. 10. 51. FP 1065420; Nied.-Pri. 31. 10. 50, VAN DEN DOEL & FRAY: Gemische polymerer Bisphenol-A-Glycidyläther verschiedener Molgewichte mit antikorrodierend wirkenden Pigmenten (Molybdate).

8. 4. 52. US 2668807, DEVOE & RAYNOLDS: Umsetzungsprodukte polymerer Bisphenol-A-Glycidyläther niedriger Erweichungspunkte mit mehrwertigen Phenolen.

19. 1. 53. US 2720530, MONSANTO CHEM. CORP.: Umsetzungsprodukte ungesättigter Epoxydverbindungen mit Aldehyden.

31. 8. 53. US 2732367, SHELL: Komposition aus polymeren Bisphenol-A-Glycidyläthern mit dem Monophenylester der phosphorigen Säure.

19. 10. 53. US 2801227, SHELL: Umsetzungsprodukte von Bisphenol A mit mehr als 3 Mol Epichlorhydrin pro phenolische Hydroxylgruppe mit einem Erweichungspunkt von 6°, einem Epoxydwert von 0,519/100 g und 0,52% Chlorgehalt. Die Umsetzung wird unter dauerndem Sieden bei 119° und laufendem Abdestillieren von Epichlorhydrin und Wasser vorgenommen, wobei in der Reaktionsmasse nie mehr als 1% Wasser enthalten sein soll. Eingesetzte Mengen: 1388 g Epichlorhydrin (15 Mol), 342 g Bisphenol A (1,5 Mol) und langsame Zugabe von 304 g 40%ige Natronlauge (3 Mol) innerhalb von $3^1/_2$ Stunden.

10. 3. 54. US 2792381, SHELL: Monomere oder polymere Acetylendioldiglycidyläther.

30. 1. 54. FP 1098767; US-Pri. 2. 2. 53, BATAAFSCHE: Umsetzungsprodukte, die Polyglycidyläther darstellen, von Epichlorhydrin mit solchen Polyphenolen, die durch Kondensation von Phenol mit ungesättigten Phenolen (Cardanol) gewonnen werden.

19. 7. 54. FP 1110821; US-Pri. 21. 7. 53, WESTINGHOUSE ELECTRIC: Polymere Bisphenol-A-Glycidyläther mit Zusätzen von Piperidinfluorborat.

2. 9. 54. D. Anm. B 32465, 1009808, BADISCHE ANILIN- & SODA-FABRIK-AG.: Polymere aliphatische Polyglycidyläther unter Verwendung von Diaminodiphenylverbindungen als Härter.

25. 1. 55. Belg. P. 535145; US-Pri. 25. 1. 54, WESTINGHOUSE ELECTRIC: Gemische von Glycerinpolyglycidyläther mit polymeren Bisphenol-A-Glycidyläthern und Aminhärtern.

2. 6. 52. US 2783214, CORDO CHEM. CORP.: Verwendung von Gemischen von Triäthanolamin und Triäthylentetramin zum Härten von niedermolekularen Monoepoxydverbindungen unter Zusatz von chlorierten Verbindungen als Härtebeschleuniger.

17. 10. 52. US 2694694, DEVOE & RAYNOLDS: Herstellung polymerer Bisphenol-A-Glycidyläther von höheren Erweichungspunkten durch Umsetzen von Bisphenol A mit Epichlorhydrin unter Druck.

21. 10. 52. US 2731444, DEVOE & RAYNOLDS: Umsetzungsprodukte polymerer Bisphenol-A-Glycidyläther mit mehrwertigen Alkoholen.

3. 12. 52. D. Anm. C 6757, CASSELLA FARBWERKE MAINKUR A. G.: Umsetzungsprodukte von Mono- oder Diglycidylestern (hergestellt nach D. Anm. C 6756) mit Polyaminen.

29. 12. 52. BP 740346; D.-Pri. 29. 12. 51, CHEM. WERKE ALBERT: Umsetzungsprodukte polymerer Bisphenol-A-Glycidyläther mit Metallcarbonylen.

3. 3. 53. US 2765322, ROHM & HAAS Co.: Verwendung von Bisphenol-S-(4,4'-Dioxydiphenylsulfon)-Glycidyläther.

14. 2. 55. FP 1122129; Nied.-Pri. 15. 2. 54, BATAAFSCHE: Umsetzungsprodukte mit einem durchschnittlichen Molgewicht von 3000 von polymeren Bisphenol-A-Glycidyläthern mit verätherten Polymethyloldiphenylolalkanen, z. B. mit einem bei 40—75° erhaltenen Verätherungsprodukt des Di-Natriumsalzes von Tetramethylol-2,2-diphenylolpropan mit Allylchlorid. Mit Umsetzungsprodukten dieser Art ausgeführte Anstrichfilme sind besonders chemikalienfest, biegsam und stoßfest.

23. 5. 55. FP 1132036; US-Pri. 24. 5. 54, BATAAFSCHE: Epoxydkohlensäureester, hergestellt durch Umsetzen von Epoxydalkoholen mit Alkylchlorkohlensäureestern.

14. 6. 55. D. Anm. D 20655, DEUTSCHE SOLVAY WERKE: Flammenhemmende Epoxydharzanstriche durch Verwendung von Umsetzungsprodukten von polymeren Bisphenol-A-Glycidyläthern mit Pentachlorphenol oder mit Umsetzungsprodukten von Pentachlorphenol mit Epichlorhydrin. Die Produkte weisen einen Chlorgehalt von 25—42% auf und werden in Lösung angewandt, unter Verwendung von organischen Basen (m-Phenylendiamin) oder von Säureanhydriden als Härter.

24. 6. 55. D. Anm. B 36252, BADISCHE ANILIN- & SODAFABRIK-AG.: Verwendung von Glycidyläthern von oxäthyliertem Bisphenol A.

15. 11. 55. D. Anm. D 21700; US-Pri. 17. 11. 54, DOW CORNING CORP.: Verwendung von polymeren 3,3,3-Trifluor-1,2-epoxypropan.

20. 4. 56. D. Anm. F 20096 (1015782), BAYER: Verwendung von epoxydierten olefinischen Kohlenwasserstoffen mit isolierten Doppelbindungen (z. B. α-Methylstyrol oder 2,2-Dicyclohexenylpropan), wobei die Epoxydierung in Methylenchloridlösung durch 89,5%ige Peressigsäure bei 24—27° in Gegenwart von Natriumacetat als Puffersubstanz vorgenommen wird und zu Ausbeuten von über 90% d. Th. führt.

Beobachtungen über Eigenschaften von bei gewöhnlicher Temperatur gehärteten unveresterten Epoxydharzlackfilmen teilen G. H. OTT und H. ZUMSTEIN der AERO RESEARCH LTD. (CIBA)[1] mit in ihrem Aufsatz: „Epoxide Resins and their Use in Cold-Setting Coating Systems".

---

[1] OTT, G. H. u. H. ZUMSTEIN: J. Oil Colour Chemists Assoc. **39**, Nr. 5 1—345 (1956).

Da in der Regel Kalthärtung nur mittels stark basischer Katalysatoren bzw. durch stark basische Vernetzungsmittel möglich ist, wird in den Versuchen die Härtung durch die folgenden Amine durchgeführt:

Diäthylentriamin, abgekürzt: DTA,

alkyliertem Diäthylentriamin, abgekürzt: Alk-DTA,

einem basischen Polyamid der GENERAL MILLS Co., *Versamid* 115, abgekürzt: Vers.,

einem Amin-Epoxydharzvorkondensat, einem Addukt mit großen Aminüberschuß, abgekürzt: Add.,

und einem harzartigen Polyamin-Dicyandiamid-Kondensationsprodukt der CIBA, bezeichnet als *Araldit* 820-B.

Als Epoxydharzvorprodukt wird ein nicht näher bezeichneter polymerer Bisphenol-A-Glycidyläther mit einem Epoxydäquivalent von 0,22/100 g, das SHELL-*Epon*-Harz 1001 mit einem Epoxydäquivalent von etwa derselben Größe und das CIBA-Harz *Araldit* 820-A mit einem Epoxydäquivalent von 0,205/100 g eingesetzt.

In der folgenden Tabelle wird die Menge der angegebenen Aminverbindung als prozentualer Zusatz und mit Bezug auf die Anzahl der freien Amin-H-Atome, bezogen auf 100 Epoxydgruppen angegeben. Ferner ersieht man die Zeit, nach welcher die Aufstriche bei 20—22° und 60% rel. Luftfeuchtigkeit klebfrei sind. Schließlich wird von dem bei 20° in 7 Tagen durchgehärtetem Film die Beständigkeit gegen siedendes Wasser und gegen Diisobutylketon (DJK) bei 20° angegeben, und die Filmelastizität durch Biegen des gestrichenen Aluminiumbleches über einen Dorn von 3 mm Durchmesser auf die Entstehung von Rissen geprüft.

Vers. Nr.	Ep.-Harz Ep.-Äq/100 g	Amino- verbindung	% Zusatz	H : 100 Ep.-Gr.	klebfrei nach Min.	beständig in Std.		Biege- probe
						H$_2$O/100°	DJK/20°	
A	0,22	DTA	1	22	60	1	2	Risse
B	0,22	DTA	2	44	75	1	2	Risse
C	0,22	DTA	3,2	70	120	1	3	Risse
D	0,22	DTA	4,6	100	90	1	>4	Risse
E	0,22	DTA	6,8	150	90	1	>4	Risse
F	0,22	Alk-DTA	1	etwa 10	30	1	1	Risse
G	0,22	Alk-DTA	2	etwa 20	45	1	2	Risse
H	0,22	Alk-DTA	3,2	etwa 30	45	1	>4	Risse
J	0,22	Alk-DTA	4,6	etwa 45	60	1	>4	Risse
K	0,22	Alk-DTA	6,8	etwa 70	60	1	>4	Risse
L	0,22	Vers. 115	50	—	60	3	>4	Risse
M	0,22	Vers. 115	66	—	60	3	3	Ohne
N	0,22	Vers. 115	100	—	120	3	>4	Ohne
O	Epon 1001	Add.	50	—	60	3	2	Ohne
P	Epon 1001	Add.	100	—	60	1	3	Risse
Q	820—A 0,205	820-B	66	—	75	3	>4	Ohne
R	820—A 0,205	820-B	50	—	60	3	>4	Ohne

Man ersieht aus der Tabelle, daß die Härtung am schnellsten vor sich geht, wenn etwa 1 Amino- oder Iminogruppe auf 5 Epoxydgruppen kommen, so daß die Härtung zum großen Teil unter katalytischem Einfluß erfolgt. Bei 70—150% Aminogruppen findet der Beginn der

Härtung in der $1^1/_2$ fachen Zeit statt. Höhere Aminüberschüsse sind nicht angewendet worden, es würde dann gefunden werden, daß die Härtung immer langsamer und unvollkommener, und schließlich überhaupt nicht mehr erfolgt, wie dies P. CASTAN[1] unter Verwendung von Piperidin zuerst beobachtet hat.

In einer weiteren instruktiven Tabelle wird der Einfluß der Luftfeuchtigkeit auf die bei gewöhnlicher Temperatur härtenden Filme während einer Trockenzeit von 72 Stunden bei 20—22° und 95% Luftfeuchtigkeit bei denselben 17 Lackkompositionen verfolgt. Die auftretenden Erscheinungen werden folgendermaßen aufgeführt:

klar .... abgekürzt: k   wolkig .... abgekürzt: w
schwach trüb ... abgekürzt: st   sehr wolkig ..... abgekürzt: sw
trüb .... abgekürzt: t

Versuch Nr.	nach 2 Std.	nach 4 Std.	nach 8 Std.	nach 24 Std.	nach 72 Std.
A	sw	sw	t	k	k
B	sw	sw	t	k	k
C	sw	sw	sw	sw	sw
D	sw	sw	sw	sw	sw
E	sw	sw	sw	sw	sw
F	sw	k	k	k	k
G	sw	k	k	k	k
H	w	k	k	k	k
J	w	k	k	k	k
K	k	k	k	k	k
L	w	k	k	st	k
M	sw	t	st	t	t
N	sw	sw	sw	w	t
O	sw	w	w	t	k
P	sw	sw	w	t	k
Q	sw	t	st	st	k
R	k	k	k	k	k

Man sieht, daß es vor allem die freien Amine sind, die, vorwiegend zu Beginn, eine starke Feuchtigkeitsempfindlichkeit bewirken. Bei niedrigen Aminmengen nehmen die Trübungen bei fortschreitender Härtung ab und sind nach 72 Stunden verschwunden. Aus den Versuchen F—K ist deutlich ersichtlich, wie die Alkylierung des Diamins seine Wasserempfindlichkeit herabsetzt, und zwar derart, daß bei der größten Zusatzmenge, bei Versuch K, der Film von Anfang an klar bleibt. Bei dem CIBA-Härter 820-B ergibt 50%iger Zusatz einen in allen Phasen klar bleibenden Film, während bei 66%igem Zusatz (Versuch Q) bis zur 24. Stunde Trübung auftritt. Das Aminaddukt (O und P) verhält sich bis zur 24. Stunde nicht günstiger als das freie Amin, jedoch scheinen die Filme von der 72. Stunde ab klar zu sein, was bei freiem Amin bei den höheren Zusatzmengen nicht der Fall ist. Da ein stark basisches Polyamid sich nicht prinzipiell von einem Amin unterscheidet, ist es nicht überraschend, daß die Versuche L—N kaum von A—E abweichen.

---

[1] US-Affidavit vom 2. 5. 44 zur US-Anm. des späteren Schwz. P. 236594, 16. 6. 43.

Da es bekannt ist, daß mit Aminen kaltgehärtete Lackfilme eine herabgesetzte Haltbarkeit haben, wurde versucht, dieselbe durch Nachhärtung bei höherer Temperatur zu verbessern. Zu diesem Zweck dürfte eine 1—5stündige Nachhärtung bei 150° tatsächlich gute Ergebnisse haben. Die Autoren haben jedoch eine 5tägige Nachhärtung bei 150° ausgeführt, was das überraschende Resultat gebracht hat, daß selbst bei dieser extrem angreifenden Behandlung noch die Filme mit alkyliertem Diäthylentriamin und mit dem Härter *Araldit* 820-AB unverändert gut waren. Die Filme mit freiem Diäthylentriamin und basischem Polyamid waren schlecht, der mit dem Diäthylentriaminaddukt sogar sehr schlecht. Leider sind keine Versuche mit wesentlich kürzeren Nachhärtezeiten bei 150° ausgeführt worden, um die Frage zu beantworten, ob in diesen Fällen nicht auch mit freien Aminen gute Filme erhalten werden, die verbesserte Wasserfestigkeit bzw. verminderte Feuchtigkeitsempfindlichkeit beim Trocknen aufweisen.

Gruppe 3: Epoxydlackharze, die Phenol-Formaldehyd-Kondensationsprodukte enthalten

Die Kombinierung von Epoxydverbindungen mit Phenol-Formaldehyd-Kondensationsprodukten kann in verschiedener Weise erfolgen: es kann ein Epoxydharzvorprodukt mit einem Phenol-Formaldehyd-Kondensat, das Methylolgruppen enthält, gemischt und in der Wärme zu einem homogenen Epoxydharz gehärtet werden, oder es kann ein Phenol-Formaldehyd-Vorkondensat mit mindestens 2 Phenolkernen als Polyphenolkomponente in alkalischer Lösung mittels Epichlorhydrin in einen Polyglycidyläther übergeführt werden, der als Epoxydharzvorprodukt verarbeitet wird. In der folgenden chronologischen Patentübersicht werden diese beiden Verfahren nicht voneinander getrennt angeführt.

8. 3. 46. US 2521911, Devoe & Raynolds: Einbrennlacke durch Mischen gleicher Teile polymerer Bisphenol-A-Glycidyläther vom Erweichungspunkt 85—100° mit einem Phenol-Formaldehyd-Vorkondensat (aus 1 Mol Phenol und 1,8 Mol Formaldehyd) mit einem Zusatz von 2% Natriumphenolat.

26. 10. 49. DRP 813205, Hoechst: Gemisch von p-Kresylglycidyläther mit einem alkalisch kondensierten Umsetzungsprodukt von 1 Mol Phenol mit 1,7 Mol Formaldehyd mit einem Zusatz von p-Toluolsulfochlorid.

22. 1. 55. D. Anm. F 16630, Hoechst: Verwendung einer haltbaren Komposition aus einem Aldehydharz- und/oder Epoxydharzvorprodukt mit latenten Härtern, bestehend aus einem Umsetzungsprodukt von Benzotrichlorid oder Hexachlormetaxylol mit Propylenoxyd oder einer anderen Epoxydverbindung, deren Härtung mittels eines Gemisches von 1,5-Naphthalinsulfosäure und Kokspulver als selbsthärtende Spachtelmasse erfolgt.

5. 2. 50. DP 888294 sowie Zusätze 895494 u. 923076, 9. 5. 51, Dr.. Beck Co.: Verwendung von Kompositionen polymerer Bisphe-

nol-A-Glycidyläther mit einem Zusatz von 10—25% eines verätherten Phenol-Formaldehyd-Resols, wobei bis zu 50% des Glycidyläthers durch Polyvinylacetale oder durch ein Diisocyanat oder ein Gemisch von Diisocyanat mit einem hydroxylgruppenhaltigen Polyester ersetzt sein kann, als Drahtlack für elektrische Leiter.

27. 5. 50. US 2683130, KOPPERS: Umsetzungsprodukte von Epichlorhydrin mit einem Kondensationsprodukt aus 3 Mol Phenol mit 2 Mol Formaldehyd.

27. 5. 50. US 2658884, KOPPERS: Umsetzungsprodukte von Epichlorhydrin mit einem Kondensationsprodukt aus 3 Mol Halogenphenol mit 2 Mol Formaldehyd.

27. 5. 50. US 2658885, KOPPERS: Umsetzungsprodukte von Epichlorhydrin mit einem Kondensationsprodukt aus 3 Mol Alkyl-, Aryl- oder Aralkylphenol mit 2 Mol Formaldehyd.

3. 8. 50. BP 692937; US-Pri. 9. 9. 49, WESTINGHOUSE ELECTRIC: Gemische von Kondensationsprodukten von 1 Mol Resorcin mit 1 Mol Formaldehyd mit Diglycidyläthern von Resorcin oder von Bisphenol A.

4. 1. 51. US 2606934, GENERAL ELECTRIC: Umsetzungsprodukte von 2,4,6-Trimethylol-phenolmetallsalzen mit Monoepoxyden wie Propylenoxyd, Butadienmonoxyd, Styroloxyd sowie Allyl- und Phenylglycidyläthern.

26. 7. 51. US 2659710, GENERAL ELECTRIC: Umsetzungsprodukte eines rohen Gemisches von Mono-, Di- und Trimethylolphenolen mit Epichlorhydrin.

18. 1. 52. US 2716099, SHELL: Umsetzungsprodukte von 4—6 Mol Epichlorhydrin pro phenolische OH-Gruppe mit Kondensationsprodukten von 0,5—0,9 Mol Alkyl-(C_{4-18})-Phenolen mit 1 Mol Formaldehyd.

22. 2. 52. BP 704299; US-Pri. 2 Anmeldungen vom 26. 2. 51, BATAAFSCHE: Kombinationen von polymeren Bisphenol-A-Glycidyläthern mit Phenol-Formaldehyd-Vorkondensaten des Handels (Resimene P-97 von MONSANTO).

28. 4. 52. FP 1055243; D.-Pri. 29. 6. 51, CHEM. WERKE ALBERT: Umsetzungsprodukte von Epichlorhydrin mit alkalischen Kondensationsprodukten von Phenol und Formaldehyd.

15. 8. 52. US 2794007, SHERWIN-WILLIAMS Co.: Verwendung von Umsetzungsprodukten von Bisphenol A mit Butyraldehyd, die anschließend mit Epichlorhydrin in die Glycidyläther übergeführt werden, denen 0,8—1% rohes Paraffinwachs zugesetzt ist, zwecks Erzielung runzelfreier, besonders glatter Anstrichfilme. Es können auch Gemische aus polymeren Bisphenol-A-Glycidyläthern mit Glyceringlycidyläthern zur Anwendung kommen.

19. 11. 52. US 2743359, PETROLITE CORP.: Oxalkylierungsprodukte von Novolaken aus monosubstituierten Phenolen mit Formaldehyd oder Acetaldehyd in Gegenwart von Natriummethylet bei 150—180°, wobei das zur Anwendung kommende Alkylenoxyd aromatischer Natur ist.

26. 1. 53. FP 1074043; B.-Pri. 5. 2. 52, BRITISH RESIN PROD. LTD.: Umsetzungsprodukte von 1 Mol Epichlorhydrin mit einem alkalischen

Kondensationsprodukt von 1 Mol Phenol mit 1,23 Mol Formaldehyd im Rohzustande.

13. 4. 53. FP 1077245; US-Pri. 14. 4. 52, BATAAFSCHE: Kompositionen, bestehend aus polymeren Bisphenol-A-Glycidyläthern vom Molgewicht 1200—4000 und Trimethylolalkenylphenolen.

4. 5. 53. FP 1076647; Schwz.-Pri. 17. 5. 52, MICAFIL AG.: Saure Kondensationsprodukte von 2 Mol Phenol mit 1,4 Mol Formaldehyd werden als Rohprodukte mit 1,9 Mol Epichlorhydrin pro phenolische OH-Gruppe alkalisch umgesetzt.

3. 9. 53. BP 768125, SHELL REFINING & MARKETING CO. LTD.: Kombination von Phenol-Formaldehyd-Novolaken mit 5—20% polymeren Bisphenol-A-Glycidyläthern mit einem 10%igen Zusatz von Hexamethylentetramin als Härter.

29. 4. 54. FP 1103811; US-Pri. 4. 5. 53, BATAAFSCHE: Umsetzungsprodukte von 4—6 Mol Epichlorhydrin pro phenolische OH-Gruppe mit Novolaken, hergestellt durch Kondensation von 1 Mol Bisphenol A mit 0,4—0,9 Mol Formaldehyd.

17. 2. 55. Belg. P. 535795; Nied.-Pri. 19. 2. 54, BATAAFSCHE: Kompositionen, bestehend aus polymeren Bisphenol-A-Glycidyläthern und Resolen (Kondensationsprodukte von Phenol und Formaldehyd in Gegenwart von Ammoniak.)

16. 3. 55. Belg. P. 536539; US-Pri. 18. 3. 54, BATAAFSCHE: Kompositionen von polymeren Bisphenol-A-Glycidyläthern mit Novolaken oder Resolen mit Zusätzen von Metallchelaten.

3. 6. 55. FP 1125761; D.-Pri. 4. u. 16. 6. 54, RCJ-BECKACITE CIE. (REICHHOLD CHEMIE AG): Verwendung von Umsetzungsprodukten von Epichlorhydrin mit einem Gemisch eines Novolaks mit Phenol in Gegenwart der berechneten Menge Alkalihydroxyd.

8. 6. 55. D. Anm. D 20627; B.-Pri. 9. 6. 54, DISTILLERS CO. LTD.: Epoxydgruppenhaltige Umsetzungsprodukte von Epichlorhydrin mit Umsetzungsprodukten von Novolaken mit ungesättigten Kohlenwasserstoffen.

29. 9. 55. Belg. P. 541674; US-Pri. 19. 1. 54, DOW CHEM. CO.: Umsetzungsprodukte von Novolaken mit 4—10 Phenolkernen pro Mol mit 0,85—1,2 Mol Äthylenoxyd oder Propylenoxyd pro Phenolgruppe in Gegenwart von Alkali bei 120—225° bei erhöhtem Druck.

HARRIS, T. G., R. H. HORNING u. H. A. NEVILLE: „Modified phenolformaldehyde resins, modified by 1,2-epoxides", Mod. Plastics. Dez.1953, 136, 138, 140ff.

HARRIS, T. G., G. J. FRISONE u. H. A. NEVILLE: „Modified phenolformaldehyde-resins, modification by Epichlorhydrin", Mod. Plastics Febr. 1954, 146, 149, 150, 226.

April 1954, SHELL: Technical Bulletin SC, 54—30 (4 Seiten): Unter Verwendung eines polymeren Bisphenol-A-Glycidyläthers vom Erweichungspunkt 127—133°, Molgewicht 2800—3000 und Epoxydäquivalentgewicht 1600—1900 (*Epon* 1007) werden Rezepturen zur Herstellung von Einbrennlacken unter Verwendung von Phenolharzen des Handels gegeben.

Weitere Schriften der SHELL:

TB-108 (4 Seiten)	In diesen Schriften werden die folgen-
TB-112 vom April 1954 (4 Seiten)	den handelsüblichen Phenolharze an-
TB-116 vom Juni 1954 (7 Seiten)	geführt:
Beckophen 5030, Superbeckacite 1001..	BECK, KOLLER & CO. LTD.
Scadoform L-9	SCADO, Zwolle
Resin Z-400.......................	J. FERGUSON, Mitcham
Resin SX-654	MITCHEL & SMITH LTD.
Resin L-64	Featley Prod. Ltd.

Schriften der DEUTSCHEN SHELL AG.[1]:

Schrift YP-Pr vom August 1955 (5 Seiten): „Präkondensation von *Epikote* 1007 mit Phenolharzen".

Schrift YP-1 vom Oktober 1955 (6 Seiten): „*Epikote*-Phenolharz-systeme für Einbrennlacke". Es werden hier Rezepturen unter Verwendung der folgenden handelsüblichen Phenolharze gegeben:

Luphen B, H, AM	BADISCHE ANILIN- & SODAFABRIK-AG.
Phenolharz 203 STP-100, STP-108...	BAKELIT GES., Lethmate
Synresole der L-Reihe	
Phenodur 373 U, 700 U, H B 126,127/30	CHEMISCHE WERKE ALBERT
Alresen 142 R	
Spezialharz Ka 1525	DYNAMIT AG.
Corephen 15 D	BAYER
Resin R 108......................	GENERAL ELECTRIC Co.
Superbeckacit 1001, 1002	REICHHOLD CHEMIE, Hamburg
Butylierte Phenolharze	RHEINPREUSSEN AG, Homberg/Niederrh.
Scadoform L-9....................	SCADO, Zwolle
Limophene	SICHEL WERKE, Hannover
Synreseen U.....................	SYNRES, Hoeck van Holland
Viaphen 515	VIANOVA KUNSTHARZE, Wien

Weiterhin werden zum Ansetzen der Lacke die folgenden Lösungs-mittel empfohlen: Methylisobutylketon, Methylisobutylcarbinol, Di-acetonalkohol, Äthylglykolacetat, Butyldiglykol, Butanol, Toluol und Xylol. Als Zusatzmittel zum Verbessern des Verlaufes eignen sich: Butvar B-76 von MONSANTO, Pioloform BL von WACKER, Movital B 30 T der BADISCHEN ANILIN- & SODAFABRIK-AG. sowie Siliconharze und -öle.

Schrift YP-100: „Chemikalienbeständige Einbrennbindemittel" gibt Rezepturen zum Kombinieren von *Epon* 1007 mit den Phenol-harzen R-108 der GENERAL ELECTRIC und Butvar B-76 von MONSANTO sowie die erforderlichen Lösungsmittel an.

Gruppe 4: Epoxydlackharze in Verbindung oder im Gemisch mit Amino- oder Amidoverbindungen

In dieser Gruppe werden für Lack- und Anstrichzwecke verwendbare stickstoffhaltige Epoxydharzvorprodukte zusammengefaßt, wobei auch

---

[1] In den in Europa verbreiteten Schriften der SHELL wird an Stelle der in Amerika üblichen Bezeichnung „*Epon*" der Name „*Epikote*" angewendet. Um die dadurch hervorgerufene Verwirrung und Unklarheit nicht noch größer werden zu lassen, wird die Bezeichnung „*Epikote*" nur dort wiedergegeben, wo sie als Titel auftritt, während im Text einheitlich nur die Bezeichnung „*Epon*" verwendet wird.

solche Verbindungen berücksichtigt werden, bei denen die Epoxydgruppe nur intermediär vorhanden war. Das Stickstoffatom kann von
einer Amino- oder Amidoverbindung herrühren und mit der Epoxydverbindung selbst in chemischer Bindung enthalten sein, oder es kann
sich in einer zweiten Komponente befinden, die mit der Epoxydkomponente gemischt ist, und sich erst beim Härteprozeß chemisch verbindet.
In der folgenden Patentübersicht werden chronologisch stickstoffhaltige Epoxydharzvorprodukte der einen und der anderen Art kurz
charakterisiert.

23. 11. 38. US 2319876, CELANESE CORP. OF AMERICA: Verwendung
eines Gemisches von 20 Teilen eines Umsetzungsproduktes von äquimolekularen Mengen von Bisphenol A, p-Toluolsulfamid, Glycerindichlorhydrin und Natronlauge, 20 Teilen Celluloseacetat, 10 Teilen
N-äthyltoluolsulfamid, 64 Teilen Aceton, 32 Teilen Äthylalkohol,
36 Teilen Benzol und 25 Teilen Äthyllactat. Diese Komposition ist
besonders geeignet für den Anstrich von Flugzeugtragdecken.

30. 1. 41. US 2320225, AMERICAN CYANAMID Co.: Verwendung
von Umsetzungsprodukten von Dicyandiamid, Guanidinsalzen, substituierten Guanidinen, Biguanid u. dgl. m. mit Alkylenoxyden.

22. 2. 41. D. Anm. C 2356, CASSELLA FARBWERKE MAINKUR A. G.:
Verwendung von Kondensationsprodukten mehrbasischer Carbon-
säuren mit Oxäthylierungsprodukten von Methylolharnstoffen und
Polymethylolmelaminen.

16. 6. 43. Schwz. P. 236594, DE TREY: Kompositionen von polymeren Bisphenol-A-Glycidyläthern mit katalytischen Mengen von
Aminen, insbesondere sekundären, wie Diäthylamin, Dibutylamin,
Piperidin, sowie auch tertiären Aminen wie Trimethylamin, Triäthanolamin und Salze dieser Amine wie Piperidinbenzoat, pentamethylen-
dithiocarbaminsaures Piperidin oder Diäthylamindiäthyldithiocarbamat, wie auch Verbindungen von Aminen mit Aldehyden wie das Kondensationsprodukt aus Piperidin und Benzaldehyd.

24. 8. 43. US 2413860; B.-Pri. 5. 5. 42, AMER. CYANAMID: Durch
Umsetzen von Epichlorhydrin mit mehrwertigen Alkoholen oder Phe-
nolen erhaltene epoxydgruppenfreie Glycerinalkyl- oder -aryläther im
Gemisch mit Aminoharzvorkondensaten.

3. 12. 45. US 2589245, DEVOE & RAYNOLDS: Umsetzungsprodukte
polymerer Bisphenol-A-Glycidyläther unterschiedlicher Polymerisationsgrade mit Carbonsäuremono- oder -diamiden, z. B. das Diacetamid
von Hexamethylendiamin, Leinölsäurediäthylentriamid u. dgl.

8. 3. 46. US 2510885, DEVOE & RAYNOLDS: Umsetzungsprodukte
polymerer Polyglycidyläther mehrwertiger Alkohole oder Bisphenole
mit Aminen, Diaminen oder Polyaminen, z. B. Melamin.

8. 3. 46. US 2510886, DEVOE & RAYNOLDS: Umsetzungsprodukte
polymerer aliphatischer Polyglycidyläther (von Glycerin, Trimethylolpropan u. dgl.) mit mehrwertigen Phenolen und Amidoverbindungen
wie Harnstoff, Thioharnstoff, p-Toluolsulfamid oder Amide höherer
ungesättigter Fettsäuren.

10. 4. 46. US 2528359 u. US 2528360, DEVOE & RAYNOLDS: Polymere Polyglycidyläther aliphatischer oder aromatischer Art im Gemisch mit Aminoharzvorkondensaten.

8. 8. 46. Schwz. P. 257115, CIBA: Polymere Bisphenol-A-Glycidyläther im Gemisch mit Dicyandiamid und Aminoharzvorkondensaten.

4. 9. 46. US 2511913, DEVOE & RAYNOLDS: Polymere Bisphenol-A-Glycidyläther im Gemisch mit Kondensationsprodukten von Formaldehyd mit aromatischen Aminen (Anilin, Naphthylamin).

16. 4. 48. US 2643244, LIBBY-OWENS-FORD GLASS: Durch Umsetzen von Epichlorhydrin mit aromatischen Mono- oder Disulfonamiden hergestellte aromatische Mono- oder Diglycidylsulfonamide.

7. 5. 48. US 2671771, ALLIED CHEM. & DYE CORP.: Durch Umsetzen von Epichlorhydrin mit aromatischen Disulfonamiden hergestellte Diglycidylsulfonamide.

5. 7. 48. Schwz. P. 278476, CIBA: Vorkondensate von polymeren Bisphenol-A-Glycidyläthern mit Dicarbonsäuren und Polyaminen im Gemisch mit alkylierten Aminoharzvorkondensaten.

30. 12. 48. DP 935390; Schwz.-Pri. 8. 8. 46 u. 1. 7. 47, CIBA: Kombination von polymeren Diglycidyläthern von Bisphenolen mit Dicyandiamid und Vorkondensaten von Formaldehyd mit Harnstoff, Melamin, Dicyandiamid u. dgl.

2. 5. 49. US 2637621, L. AUER: Mit Ricinolsäure veresterte polymere Bisphenol-A-Glycidyläther im Gemisch mit verätherten Aminoharzvorkondensaten.

16. 6. 49. DP 895833; Schwz.-Pri. 5. 7. 48 u. 25. 5. 49, CIBA: Vorkondensate von polymeren Bisphenol-A-Glycidyläthern mit Dicarbonsäuren und Dicyandiamid im Gemisch mit verätherten Aminoharzvorkondensaten.

27. 10. 49. DP 810814, DYNAMIT AG.: Kondensationsprodukte von Epichlorhydrin mit aromatischen Mono- oder Disulfonamiden, deren Amidogruppe noch einen aliphatischen oder aromatischen Substituenten trägt.

30. 1. 50. DP 865209, DYNAMIT AG.: Entspricht im wesentlichen dem voraufgehenden DP 810814.

4. 7. 50. DP 888293, CHEM. WERKE ALBERT: Zusatz von kleinen Mengen eines polymeren Bisphenol-A-Glycidyläthers zu einem Harnstoff-Formaldehydlack.

31. 7. 50. DP 863411; Schwz.-Pri. 12. 8. 49 u. 5. 7. 50, CIBA: Veresterungsprodukte von polymeren Bisphenol-A-Glycidyläthern mit niederen zweibasischen Fettsäuren im Gemisch mit Polyesteramiden.

3. 10. 50. US 2591539, DEVOE & RAYNOLDS: Komposition bestehend aus 5—50% eines polymeren Bisphenol-A-Glycidyläthers vom Erweichungspunkt 65—75°, 25—75% eines sauren Alkydharzes und 10—25% eines verätherten Harnstoff- oder Melamin-Formaldehyd-Vorkondensates.

23. 12. 50. US 2686771, SHERWIN-WILLIAMS: Mit Phosphorsäure nachbehandelter polymerer Bisphenol-A-Glycidyläther im Gemisch mit butyliertem Harnstoff-Formaldehyd-Vorkondensat.

19. 1. 51. DP 900751, Dynamit AG.: Kondensationsprodukte von Epichlorhydrin mit aromatischen N-substituierten Mono- oder Disulfonamiden.

26. 2. 51. US 2631138 und 2643243, Shell: Polymere Bisphenol-A-Glycidyläther im Gemisch mit butyliertem Harnstoff-Formaldehyd-Vorkondensat.

16. 5. 51. DP 924287; US-Pri. 20. 6. 50, Westinghouse Electric: Kombination von polymeren Bisphenol-A-Glycidyläthern mit Polyesteramidharzen.

21. 9. 51. US 2687397, Shell: Polymere Bisphenol-A-Glycidyläther vom Molgewicht 1200—4000 im Gemisch mit butyliertem Harnstoff-Formaldehyd-Vorkondensat.

30. 11. 51. BP 707320, Pinchin Johnson & Ass. Ltd.: Kombinationen von polymeren Bisphenol-A-Glycidyläthern verschiedener Polymerisationsgrade im Gemisch mit butyliertem Harnstoff-Formaldehyd-Vorkondensat mit Zusätzen von Phosphorsäure oder Citronensäure.

17. 3. 52. US 2712001, Devoe & Raynolds: Mit aromatischen Sulfonamiden nachbehandelte aliphatische oder aromatische Polyglycidyläther.

17. 3. 52. US 2760944, Devoe & Raynolds Co.: Verwendung von polymeren Bisphenol-A-Glycidyläthern oder von Glycidyläthern mehrwertiger Alkohole, in Verbindung mit Salzen höherer Mono- oder Dicarbonsäuren mit Polyaminen als Härter.

15. 1. 53. US 2703765, du Pont: Kombination eines polymeren Bisphenol-A-Glycidyläthers vom Erweichungspunkt 130° mit einem butylierten Harnstoff-Formaldehyd-Vorkondensat nebst Zusatz von Salicylsäure.

26. 1. 53. FP 1074043; B.-Pri. 5. 2. 52, British Resin Prod. Ltd.: Kombination von Polyglycidyläthern, die durch Umsetzen von Epichlorhydrin mit Umsetzungsprodukten von Phenol mit Formaldehyd gewonnen werden, mit verätherten oder nicht verätherten Harnstoff- oder Melamin-Formaldehyd-Vorkondensaten.

9. 3. 53. FP 1075563; US-Pri. 11. 3. 52 u. US 2706223, General Mills: Kombination von polymeren Bisphenol-A-Glycidyläthern mit Polyamiden verschiedener Art.

10. 4. 53. FP 1079957; D.-Pri. 12. 4. 52, Cassella Farbwerke: Di- oder Polyglycidyläther durch Umsetzen von Epichlorhydrin mit N,N-Di-(oxybenzyl)-derivaten von Aminen oder Amiden, N,N'-Di-(oxybenzyl), N,N,N'-Tri-(oxybenzyl)- oder N,N,N',N'-Tetra-(oxybenzyl)-derivaten von Diaminen oder Diamiden (auch Harnstoff, Sulfamid u. dgl.) sowie Mono- bis Hexa-(oxybenzyl)-derivate des Melamins oder anderen Aminotriazinen und Di(oxybenzyl)-derivate cyclischer Verbindungen mit 2 Iminogruppen.

28. 4. 53. FP 1080742; Schwz.-Pri. 30. 4. 52 u. 16. 4. 53, Ciba: Kalthärtendes Anstrichmittel aus polymeren Bisphenol-A-Glycidyläthern und einem Polyamin, welch letzteres beim Verspritzen in einem Mischraum vor der Spritzdüse zugeführt wird.

23. 2. 54. US 2741607, SHELL: Triglycidylcyanurat. Ein damit hergestellter gehärteter Lack behält selbst bei 100 ° noch eine beachtliche Härte, während bei Polyglycidyläthern anderer Zusammensetzung ein sehr starker Abfall oder selbst ein Rückgang auf 0 erfolgt. Folgende Tabelle illustriert dies Verhalten:

	Härtungs-bedingungen	Barcolhärte bei °C					
		25	56	68	77	87	100
Triglycidylcyanurat	7,5 Std. 65°	57	49	46	44	39	32
Pyrogallol-triglycidyl-triäther	4 Std. 65° +2,5 Std. 100°	38	32	25	23	18	16
Resorcin-diglyidyldiäther . .	6 Std. 65°	26	13	5	0	0	0
Bisphenol-A-Diglycidiäther	3 Std. 65° + 3 Std. 100°	24	10	2	0	0	0

Auch die Biegefestigkeit bleibt beim gehärteten Triglycidylcyanurat überraschend hoch:

	Maximale Biegefestigkeit in psi	
	bei 22°	bei 150°
Triglycidyl-cyanurat	69400	64600
Pyrogallol-triglycidyltriäther	84000	8000

15. 5. 54. D. Anm. C 9373, CHEM. WERKE ALBERT: Kombination von polymeren Bisphenol-A-Glycidyläthern mit Al- oder Mg-Verbindungen von Aminen oder Amiden.

17. 3. 55. D. Anm. C 10935, CHEM. WERKE ALBERT: Komposition aus polymeren Bisphenol-A-Glycidyläthern mit verätherten Melaminharzen und Alkoholaten mehrwertiger Metalle als Härter.

14. 9. 54. D. Anm. B 32595, BADISCHE ANILIN- & SODAFABRIK AG.: Verwendung der bekannten Bisphenol-A- oder Polyolglycidyläther im Gemisch mit Harnstoff-Formaldehyd-Vorkondensaten unter Verwendung von 4,4'-Diaminodiphenylmethan als Härter, welch letzterer bei 20° bereits nach $1^1/_2$ Stunden klebfreie Anstriche ergibt.

13. 1. 55. Belg. P. 534833; US-Pri. 27. 12. 54, BATAAFSCHE: Umsetzungsprodukte von polymeren Bisphenol-A-Glycidyläthern niedrigen Polymerisationsgrades (*Epon* 1001) mit aromatischen Polyaminen, die mindestens drei aktive Wasserstoffatome enthalten.

10. 5. 55. Belg. P. 538048, INTERNATIONAL POLAROID Co.: Umsetzungsprodukte von Polysulfonamiden mit Äthylenoxyd.

4. 8. 55. D. Anm. C 11656; Schwz.-Pri. 10. 8. 54 u. 19. 7. 55, CIBA: Verwendung von polymeren Bisphenol-A-Glycidyläthern, die als Härter Polyamide aus dimeren Fettsäuren und Alkylenpolyaminen bzw. diese letzteren allein enthalten.

DEWINTER, P. F.: „Chimie et application des résines d'épichlorhydrine dans l'industrie". Chim. Peintures 15, 1952, 6—11. Es wird die Kombination von Epoxydharzvorprodukten mit Fettsäuren, Aminen und Harnstoff- und Melamin-Formaldehyd-Vorkondensaten besprochen. — Referat in „Farbe u. Lack". Aug. 1953, 325.

Wittcoff, H., R. G. Freese u. D. W. Glaser: „Polyamidepoxydharzprodukte als Bindemittel für Schutzanstriche". Fette Seifen einschl. Anstrichmittel 56, 1954, 793—800. — Darlegung der Vorzüge dieser Kombinationen, Angabe geeigneter Epon-Marken und Polyamidharze sowie Verarbeitungsrezepturen.

Renfrew, M. M.: Kombination von 40—60% Polyamidharz mit 60—40% Epoxydharzvorprodukten (Epon-Marken) für Anstrichzwecke. Chem. Engng. News 32, 1954, Nr. 14, 1326.

Zonsfeld, J. J.: „Mit Aminen durchhärtende Anstriche auf Basis Äthoxylinharze". Vortrag auf Tagung der Ges. D. Ch. Fachgruppe „Körperfarben und Anstrichmittel" in Dürkheim am 21.—23. 4. 54. Farbe u. Lack, Okt. 1954, 431—434. — Berichte des Shell-Laboratorium Amsterdam. 1954, 670—675. „Amine Cured Finishes based on Epoxide Resins".

Schmid, E. V.: „Reaktionslacke". Chem. Rdsch. vom 1. 3. 55. Behandelt u. a. amingehärtete Epoxydharzlacke.

Knoblauch, H. G.: „Lacke auf Melaminbasis". Fette Seifen einschl. Anstrichmittel. 1955, Nr. 2, 96—99. Behandelt u. a. Kombination von Epoxydharzvorprodukten mit verätherten Methylolmelaminen.

Floyd, E., D. E. Peerman u. H. Wittcoff: „Characteristics of the Polyamide-Epoxide Resin System". Vortrag auf Symposium Epoxide Resins, London, 11. 4. 56.

O'Neill, L. A., u. C. P. Cole: „Chemical and spectroscopic studies of epoxide resin reactions in the surface coating field". Vortrag auf Symposium Epoxide Resins, London 11.—13. 4. 56. — Die Studien erstrecken sich vorwiegend auf Kompositionen von Epoxydharzvorprodukten mit Diaminen und Polyamiden.

Shell: Technical Bulletins über Epoxydharz-Aminoharz-Lacke. TB SC: 52—27, gelber Kopf, ohne Datum: „Epon Resin Formulation YU-180" (2 Seiten). Beschreibt Kombinationen von Epon 1007 mit Beckamin P-138 oder P-196 der Reichhold Chemicals Inc. Ist Nachtrag zu TB-109 vom April 1953, roter Kopf, $3^1/_2$ Seiten.

TB SC: 52—40, gelber Kopf, ohne Datum: „Epon Resin Formulation YU-110" (3 Seiten) = Kombinationen von Epon 1007 mit Beetle 227-8, Harnstoffharz der Amer. Cyanamid Co.

TB 113, roter Kopf, April 1954: „Epikote Resins/UF-Resin-Systems" (4 Seiten). Behandelt Kombinationen von Epon 1007 und 1009 mit den folgenden Harnstoffharzen des Handels:

Beckamine P-138	Beck, Koller & Co. Ltd.
Baralac 6001	I. C. I.
BE-610 und 640	British Industrial Plastics
U-900/60	Brit. Resin Prod. Ltd.
U-2694	Resinous Chemicals Ltd.

Die Deutsche Shell AG. bringt folgende Broschüren:

„Epikote-Harnstoffharzsysteme für Einbrennlacke", Juni 1955, (3 Seiten). Es werden Kombinationen von Epon 1007 mit den in TB-113 angegebenen Harnstoffharzen sowie mit den folgenden angegeben:

Beckamin P-196 .... Reichhold Chemie Co.
Beckamin 17—88 .... Beck. Koller & Co. Ltd.
Beckamin 800 und 801.............. Reichholdchemie, Hamburg
Beetle 610 .... Brit. Ind. Plastics Ltd.
Beetle 227—8 .... Amer. Cyanamid Co.
Plastopal EBS 200, 400, 600, RH ..... Badische Anilin- & Sodafabrik-AG.
Resamin 155 F, 204 F .... Chem. Werke Albert
Scadonur M 6 .... Scado, Zwolle

„*Epikote*-Harz Rezeptur XA-200", ohne Datum (6 Seiten). Behandelt Kombinationen von *Epon* 1001 mit *Beetle* 216-8 oder 227-8 der Amer. Cyanamid Co., und Diäthylentriamin mit Verarbeitungsvorschriften und Beständigkeitsprüfungen in organischen und anorganischen Lösungsmitteln und Salzlösungen.

„*Epikote*-Harz Rezeptur YU-180" ohne Datum ($2^1/_2$ Seiten). Behandelt Kombinationen von *Epon* 1007 mit *Beckamin* 801 von Reichhold und die Herstellung von Einbrennlacken, die Einbrennverfahren und die Anwendungen.

Gruppe 5: Epoxydlackharze in Verbindung mit Polymeren oder Copolymeren, sowie von Copolymeren ungesättigter Glycidyläther und epoxydierte Diels-Alder-Addukte und ihre Umsetzungsprodukte

11. 5. 49. US 2543419, Rohm & Haas: Verwendung epoxydierter Bis-exodihydro-dicyclopentadienylglykoläther.

6. 12. 49. US 2555500, Canadian Ind. Ltd.: Copolymere von Propylenoxyd mit 4-Vinylcyclohexendioxyd.

12. 2. 50. US 2687465, du Pont: Copolymere von Allylglycidyläther mit Acrylsäureestern.

25. 3. 52. US 2764559, du Pont: Polymere oder Copolymere von 1,4-Epoxycyclohexan.

31. 5. 51. US 2604457 u. US 2604464, Canadian Ind. Ltd.: Kombination von Copolymeren von Styrol oder Divinylbenzol mit Acrylsäure und 5—30% einer anderen ungesättigten Verbindung mit polymeren Bisphenol-A-Glycidyläthern oder mit 4-Vinylcyclohexendioxyd.

27. 7. 51. BP 722258; US-Pri. 31. 7. 50, du Pont: Copolymere von Allylglycidyläther mit Vinylacetat unter Zusatz von Diäthanolamin.

6. 11. 51. US 2667463, Shell: Copolymere von polymeren Bisphenol-A-Glycidyläthern mit ungesättigten Fettsäuren und Cyclopentadien.

14. 4. 52. US 2713567, Shell: Kombination aus 97% polymerem Bisphenol-A-Glycidyläther, 3% Polyvinylacetal (*Alvar* 5/80) und 4% Äthylendiamin.

21. 6. 52. US 2662870, Canadian Ind. Ltd.: Kombination eines Mischpolymerisates von 70% Styrol, 15% (Meth)-Acrylsäureäthylester, 5% (Meth)-Acrylsäure mit einem Zusatz von 0,05—1% Vinylpyridin mit einem polymeren Bisphenol-A-Glycidyläther mit einem Erweichungspunkt unter 75°.

5. 8. 52. US 2677671, INTERCHEMICAL CORP.: Mischpolymerisate aus: 1. Estern von polymeren Bisphenol-A-Glycidyläthern mit ungesättigten Fettsäuren, 2. Methacrylsäurealkylestern, 3. Estern von α,β-ungesättigten Dicarbonsäuren mit DIELS-ALDER-Addukten aus Cyclopentadien und Allylalkohol.

10. 9. 52. US 2781333, AMERICAN CYANAMIDE Co.: Verwendung von Gemischen von 30—45 Teilen Diglycidylphthalat, 20—30 Teilen Maleinsäureanhydrid und 35—25 Teilen Styrol, die bei 100° gehärtet werden.

27. 3. 53. US 2723971, DU PONT: Mischpolymerisate von Allylglycidyläther mit Vinylacetat und/oder Methacrylsäureester unter Nachbehandlung mit Phosphorsäure.

12. 6. 53. BP 736457; US-Pri. 14. 6. 52, BATAAFSCHE: Kombinationen von polymeren Bisphenol-A-Glycidyläthern mit Butadiencopolymeren.

19. 6. 53. BP 740720; US-Pri. 23. 6. 52, DU PONT: Mischpolymerisate von Allylglycidyläther mit Styrol, Vinylchlorid und Vinylacetat in Gegenwart von Ammoniak oder Aminen.

27. 11. 53. FP 1091108; US-Pri. 29. 11. 52, COMP. THOMSON HOUSTON: Kombinationen von polymeren Bisphenol-A-Glycidyläthern mit 2—50% Triallyl-2,4,6-triazin und Vinylpolymeren oder -copolymeren.

8. 10. 53. US 2 745847, UNION CARBIDE & CARBON CORP.: Umsetzungsprodukte von 3,4-Cyclohexencarbonsäuren mit Glykolen zum Diester mit anschließender Epoxydierung.

19. 8. 53. BP 744388; US-Pri. 22. 8. 52, GENERAL ELECTRIC: Kombinationen von polymeren Bisphenol-A-Glycidyläthern von niedrigem Erweichungspunkt (20—50°) mit DIELS-ALDER-Addukten von Maleinsäure und Hexachlorcyclopentadien.

30. 4. 54. FP 1106304; B.-Pri. 1. 5. 53, CIBA: Polyglycidyläther, gewonnen durch Umsetzen von Kondensationsprodukten aus Mono- oder Diphenolen mit Styrol, oder Divinylbenzol mit Epichlorhydrin.

29. 3. 55. Belg. P. 536900; US-Pri. 21. 3. 55, BATAAFSCHE: Mischpolymerisationsprodukte von polymeren Bisphenol-A-Glycidyläthern mit bis zu 30% Styrol, hergestellt mittels Di-tert.-Butylperoxyd mit einem Zusatz von Piperidin als Härter.

28. 12. 55. Belg. P. 544022; US-Pri. 30. 12. 54, DU PONT: Die Haftfestigkeit von Anstrichen von Polymethylmethacrylat-Kompositionen auf Metall wird dadurch wesentlich erhöht, daß das Metall eine Grundierung mit einem Umsetzungsprodukt von 1 Mol Phosphorsäure mit 1 Mol Mischpolymerisat aus 95% Methacrylsäuremethylester mit 5% Glycidylmethacrylat erhält.

1. 7. 54. BP 773206; US-Pri. 1. 7. 53. AMER. CYANAMID: Verwendung von Gemischen von Copolymeren aus α,β-ungesättigten Säuren [(Meth)-Acrylsäure] mit anderen Monomeren (Styrol, Acrylsäureester) und Verbindungen, die einen Triazinring mit einer oder mehreren Epoxydgruppen enthalten, z. B. Triglycidylcyanurat.

14. 2. 55. US 2798861, CANADIAN INDUSTRIES: Verwendung eines Gemisches aus: 1. 35 Teilen eines polymeren Bisphenol-A-Glycidyläthers mit einem Epoxydgehalt von 7,5—8,5%, 2. einem Mischpolymerisat, hergestellt durch 3stündiges Kochen von 72 g Styrol, 20 g Äthylacrylat, 8 g Acrylsäure mit 1 g Benzoylperoxyd in 50 g Xylol, 3. 0,67 g Dodecyltrimethylammoniumhydroxyd.

21. 8. 56. Belg. P. 550474; US-Pri. 22. 8. 55, UNION CARBIDE & CARBON Co.: Verwendung von polymeren 3,4-Epoxycyclohexancarbonsäureallylester oder von seinen Copolymeren mit Vinylchloriden, Vinylestern oder anderen ungesättigten Estern, besonders als sehr fest haftende Überzüge auf Stahl, die in der Wärme nur wenig Verfärbung zeigen.

J. W. PEARCE u. J. KAWA[1] beschreiben die Herstellung von Lacken durch Epoxydieren von Gemischen von Tetrahydrophthalsäure-Polyester und ungesättigten Alkydharzen, insbesondere von Butyloleat-Alkydharz in Eisessig-Xylol-Lösung, unter Zusatz von wasserfreien sulfonierten Styrol-Divinylbenzol-Copolymerisaten in der Säureform mit 50%igem Wasserstoffperoxyd bei 50—60°. Die so gewonnenen rohen Epoxydharzvorprodukte, die mehr als 10% Epoxydgruppen im Molekül enthalten, werden mit stark basischen Anionenaustauschern im wasserfreiem Medium gereinigt, wodurch der Epoxydgehalt nur wenig vermindert wird. Allerdings wird durch das Abdestillieren des Säure-Xylol-Gemisches der Epoxydwert etwas herabgesetzt.

Gruppe 6: Als Lack und Anstrichmittel geeignete Kombinationen von Epoxydharzvorprodukten mit Polyestern (Alkydharzen)

31. 7. 50. DP 863411; Schwz.-Pri. 12. 8. 49 u. 5. 7. 50, CIBA: Umsetzungsprodukte polymerer Bisphenol-A-Glycidyläther mit Polyestern, deren Kette vorzugsweise 24 Glieder und zwei endständige Carboxylgruppen aufweist (5 Mol Adipinsäure + 4 Mol Glykol).

13. 4. 51. US 2731429, ALKYDOL LABORATORIES: Kombination von ölmodifizierten Alkydharzen mit Monoglycidyläthern von in p-Stellung substituierten Monophenolen.

17. 5. 51. DP 924287; US-Pri. 20. 6. 50, WESTINGHOUSE ELECTRIC: Komposition aus 5—40% eines polymeren Bisphenol-A-Glycidyläthers mit 95—60% eines Polyesteramidharzes (aus Maleinsäureanhydrid, Adipinsäure, Glycerin, Äthylendiamin oder Äthanolamin).

18. 9. 51. US 2684345, INTERCHEMICAL Co.: Verwendung von Kompositionen, bestehend aus 1) einem Methacrylsäureester mit einem einwertigen Alkohol, 2) einem Polyester aus einem polymeren Bisphenol-A-Glycidyläther und einer ungesättigten Fettsäure.

19. 5. 52. US 2689834, AMERICAN CAN Co.: Verwendung eines Veresterungsproduktes aus einem Copolymer aus Styrol und einem Polyester mit dehydratisierter Ricinusölfettsäure mit einem polymeren Bisphenol-A-Glycidyläther mit einem Molgewicht von 1400 bis 1600, (2 wird mit 1 verestert) als Anstrichmittel für Konservendosen.

---

[1] PEARCE, J. W., u. J. KAWA; J. Am. Oil Chem. Soc. 34, Nr. 2, 57—61 (1957).

17. 10. 52. US 2720500, ALKYDOL LABORATORIES: Verwendung von Kompositionen aus aromatischen Glycidyläthern mit sauren Polyestern, die mit butylierten Harnstoff-Formaldehyd-Vorkondensaten gehärtet werden. Es kann auch gemeinsame Veresterung erfolgen, z. B.:

4400 Teile p-tert. Butylphenylglycidyläther,
1700 Teile Glycerin,
1875 Teile Phthalsäureanhydrid,
1875 Teile Adipinsäure

werden bei 180—205° verestert, wobei eine balsamartige Masse entsteht, die mit einem flüssigen Harnstoff-Formaldehyd-Butyläther und wenig Lösungsmittel einen streichbaren hitzehärtbaren Lack ergibt.

31. 10. 51. US 2683131, GENERAL ELECTRIC: Kombination von flüssigen bzw. niedrigschmelzenden polymeren Bisphenol-A-Glycidyläthern mit niedermolekularen Polyestern aus Adipinsäure und Glykol.

31. 10. 51. US 2691007, GENERAL ELECTRIC: Kombination von polymeren Bisphenol-A-Glycidyläthern mit ungesättigten Polyestern aus ungesättigten Dicarbonsäuren und Glykolen.

31. 10. 51. US 2691004, GENERAL ELECTRIC: Kombination von polymeren Bisphenol-A-Glycidyläthern mit ölmodifizierten Polyestern, z. B. aus Glycerinmonoricinoleat und gesättigten Dicarbonsäuren.

1. 10. 52. FP 1068087, COMP. THOMSON-HOUSTON: Kombination von polymeren Bisphenol-A-Glycidyläthern mit sauren Polyestern mit Säurezahlen über 200.

3. 12. 52. FP 1067401, NATIONAL RESEARCH CORP.: Nachbehandlung eines Umsetzungsproduktes von polymeren Bisphenol-A-Glycidyläthern mit einem Polyester, der noch freie OH- oder COOH-Gruppen enthält, mit einem Diisocyanat.

21. 12. 53. FP 1094632; Schwz.-Pri. 22. 12. 52, CIBA: Kombination eines Umsetzungsproduktes eines polymeren Bisphenol-A-Glycidyläthers mit Dicyandiamid und mehrwertigen Carbonsäuren mit einem Polyester, der noch freie OH-Gruppen enthält und der verätherte Aminoharzvorkondensate zugemischt sein können.

16. 6. 54. FP 1107566; US-Pri. 18. 6. 53, BATAAFSCHE: Kombination polymerer Bisphenol-A-Glycidyläther mit lufttrocknenden Alkydharzen.

6. 10. 54. FP 1112513; US-Pri. 8. 10. 53, BATAAFSCHE: Umsetzungsprodukte polymerer Bisphenol-A-Glycidyläther mit ölmodifizierten Alkydharzen in Gegenwart von Piperidin.

Gruppe 7: Als Lack und Anstrichmittel geeignete Kompositionen von Glycidyläthern mit verschiedenartigen Komponenten

13. 10. 50. US 2709664, MASTER MECHANICS: Auf Metall werden nacheinander nach jeweiligem Trocknen die folgenden Anstriche aufgetragen: 1. mit einem Vinylpolymerisat (Formal oder Acetal), 2. mit einem stark pigmentierten polymeren Bisphenol-A-Glycidyläther,

ein Alkylenpolyamin als Härter enthaltend, 3. mit einem nichtpigmentiertem Lack, identisch mit 2.

30. 10. 51. US 2789958, THIOKOL CHEM. CORP.: Erzeugung von Schutzüberzügen von harter hochelastischer bis gummiartiger Konsistenz, die besonders hohe Chemikalienbeständigkeit und elektrische Isolierwirkung aufweisen, unter Verwendung von Gemischen von Polyepoxyden (Butadiendioxyd, Äthylenglykoldiglycidyläther und polymere Bisphenol-A-Glycidyläther) mit Polythiopolythiolen unter Zusatz kleiner Mengen von Basen, z. B. Diäthylentriamin oder Dimethylaminomethylphenol.

14. 4. 52. US 2774748, SHELL DEVELOPMENT CO.: Verwendung von Kompositionen von polymeren Bisphenol-A-Glycidyläthern mit Erweichungspunkten von 98—146° und Epoxydwerten von 0,11—0,036/ 100 g mit 10—90% eines Alkenyloxybenzols, z. B. Allyloxy-2,4,6-Trimethylolbenzol, und einem 1—2% igen Zusatz von Phosphorsäure als Härter, als Einbrennlack, der bei 150° in 60 Minuten oder bei 205° in 10 Minuten härtet.

11. 3. 53. FP 1077610; B.-Pri. 11. 3. 52, CIBA: Komposition, bestehend aus: 1. einem polymeren Bisphenol-A-Glycidyläther, 2. einer polymerisationsfähigen Alkylenverbindung mit mindestens einer COOH-Gruppe, z. B. ein Kondensationsprodukt aus Maleinsäureanhydrid mit einem höheren Glykol, 3. einer in einer zweiten Reaktionsstufe polymerisierfähigen, aber mit Epoxydgruppen nicht reagierenden Verbindung, z. B. Styrol, Acrylsäureester, Diallylphthalat, Triallylcyanurat oder Methylolmelaminallyläther.

13. 4. 53. FP 1077245; US-Pri. 14. 4. 52 u. DP 943974, 14. 4. 53, BATAAFSCHE: Gemisch aus 60—75% polymerem Bisphenol-A-Glycidyläther mit 40—25% Allyloxy-2,4,6-Trimethylolbenzol.

3. 7. 53. FP 1083692; US-Pri. 5. 7. 52, BATAAFSCHE: Komposition, bestehend aus: 1. einem polymeren Bisphenol-A-Glycidyläther vom Erweichungspunkt 9°, 2. einem solchen vom Erweichungspunkt 100—120°, 3. Diglycidäther, oder Polyallylglycidyläther oder epoxydiertes Sojabohnenöl, 4. N,N-Dimethyläthanolaminacetat als Härter.

4. 3. 52. US 2768150, GLIDDEN CO.: Kombination von etwa gleichen Teilen eines Siloxypolyalkoholesters mit einem polymeren Bisphenol-A-Glycidyläther.

14. 6. 52. US 2687396, DOW CORNING CO.: Verwendung von Kompositionen, bestehend aus 1. Organosilanestern, 2. polymeren Bisphenol-A-Glycidyläthern, 3. Phenol-Formaldehyd-Vorkondensaten, als Draht-Emaillack. Zum Beispiel werden miteinander gemischt:

1. ein Kondensationsprodukt aus 40—80% Organosilan, 10—40% Dicarbonsäureester und 9—35% Glycerin,
2. 10—30% eines polymeren Bisphenol-A-Glycidyläthers,
3. 5—20% eines Phenol-Formaldehyd-Vorkondensates.

14. 7. 52. US 2687398, DOW CORNING CO.: Verwendung einer Komposition bestehend aus: 1. 10—30% eines polymeren Bisphenol-A-Glycidyläthers mit einem Epoxydäquivalentgewicht von mindestens

450, 2. 70—90% eines teilweise hydrolisierten Alkylsiloxangemisches (67% Methylphenylsiloxan, 33% Phenylsiloxan, mit einem Gehalt von etwa 20% Methoxygruppen), 3. 10—40% eines Polyesters (z. B. werden 210 Teile Glycerin, 261 Teile Dimethylterephthalat und 35 Teile Isophoron bei 210° verestert, wonach ein Zusatz von 935 Teilen Kresol erfolgt) als besonders hitzebeständigen Drahtlack für elektrische Leitungsdrähte.

8. 7. 53. FP 1081000; US-Pri. 14. 7. 52, Dow CORNING Co.: Kombinationen aus polymeren Bisphenol-A-Glycidyläthern mit Umsetzungsprodukten von Dialkylsiloxanen mit Polyestern aus Dicarbonsäuren und Glycerin.

8. 7. 53. FP 1080999; US-Pri. 14. 7. 52, Dow CORNING Co.: Kombination von mit Fettsäuren (nicht mehr als 8 C-Atome) veresterten polymeren Bisphenol-A-Glycidyläthern mit Alkylsiloxanen.

30. 7. 53. D. Anm. F 12481, HOECHST: Aromatische Diglycidylthioäther aus Dithiolen der Formel HS—R—SH oder HS · CH_2 · R · · CH_2 · SH.

9. 11. 53. BP 763347, INDESTRUCTIBLE PAINT LTD.: Verwendung als Drahtlack von Gemischen von Epoxydharzvorprodukten mit maskiertem Triisocyanat bzw. Triisothiocyanat (maskiert durch Addition an Phenole, Kresole, Mercaptane, Amine, Hydrazin, Malonester, Acetessigester, Butanol u. dgl., wobei in der Wärme die Additionsverbindung zerfällt und das Triisocyanat wirksam wird), in dem Mischverhältnis 15—65% Epoxydharzvorprodukt und 85—35% Triisocyanat. Beispielsweise wird eine Lösung von 10 Teilen *Epon* 1007 in 45 Teilen Xylol und 15 Teilen Butanol vermischt mit einer Lösung von 32,75 Teilen Desmodur TH in 80 Teilen Kresol. Beim Einbrennen des getrockneten Anstriches wirkt das in Freiheit gesetzte Triisocyanat vernetzend auf das Epoxydharzvorprodukt durch Addition an die darin vorhandenen Hydroxylgruppen unter gleichzeitiger Polymerisation durch die Epoxydgruppen. Überzüge dieser Art haften sehr gut auf Drähten, sind hochelastisch und weisen hohe Isolierfähigkeit auf.

20. 8. 53. FP 1082339; B.-Pri. 20. 8. 52, IMPERIAL CHEMICAL INDUSTRIES: Verwendung von Gemischen aus polymeren Bisphenol-A-Glycidyläthern mit einem Zusatz von 5—40% eines Polyisocyanats.

3. 3. 54. D. Anm. T 9148, 1009741, TITANGESELLSCHAFT M. B. H.: Verwendung von Kompositionen, bestehend aus einem polymeren Bisphenol-A-Glycidyläther (*Epon* 1001, 1004, 1007 und 1009) mit einem Alkyltitanat, z. B. Tetrabutyltitanat, Triäthanolamintitanat, β-Aminoäthyläthanolamintitanat, gegebenenfalls unter Zusatz eines Aminhärters, als lufttrocknende Anstrichmittel.

23. 5. 55. FP 1132035; US-Pri. 24. 5. 54, BATAAFSCHE: Umsetzungsprodukte von 100 Teilen einer Polyepoxydverbindung mit 40—100 Teilen einer Mercaptoverbindung.

22. 5. 54. FP 1101103; D.-Pri. 23. 5. u. 2. 12. 53, CASSELLA FARBWERKE MAINKUR A. G.: Aromatische Diglycidylthioäther aus Dithiolen der Formel HS · R · SH.

19. 3. 54. FP 1109407; US-Pri. 26. 3. 53, COMP. THOMSON-HOUSTON: Kombination von Polyglycidyläthern mehrwertiger ein- oder mehrkerniger Phenole mit Schellack.

24. 5. 54. US 2713565, SHELL: Komposition aus 73% polymerem Bisphenol-A-Glycidyläther, 24% Allyl-trimethylolphenoläther und 1 bis 3% Polyvinylbutyral.

21. 9. 54. US 2730467, GENERAL ELECTRIC: Komposition, bestehend aus: 1. 10—17% eines polymeren Bisphenol-A-Glycidyläthers, 2. 1—7% eines Glycidyläthers eines substituierten Phenols, 3. 7—15% eines Harnstoff-Formaldehyd-Kondensates, 4. 60—80% Lösungsmittel.

28. 4. 55. Belg. P. 537768; US-Pri. 30. 4. 54, BATAAFSCHE: Kombination von niedermolekularen polymeren Bisphenol-A-Glycidyläthern mit organischen Siliciumverbindungen der verschiedensten Art.

29. 4. 55. Belg.P. 537769; US-Pri. 30. 4. 54, BATAAFSCHE: Kombination von mit höheren Fettsäuren veresterten höhermolekularen polymeren Bisphenol-A-Glycidyläthern mit organischen Siliciumverbindungen der verschiedensten Art.

5. 9. 55. Belg. P. 541064; Nied.-Pri. 7. 9. 54, BATAAFSCHE: Polymerer Bisphenol-A-Glycidyläther (1 Mol Bisphenol + 1,57 Mol Epichlorhydrin) wird bei 100° vermischt mit 1. einem Olefin (Styrol), 2. einem neutralen, mindestens zwei ungesättigte Bindungen enthaltendem Carbonsäureester (Phthalsäurediallylester) und 3. einem Härter, der keine polymerisierbaren Doppelbindungen enthält, z. B. ein Gemisch von Phthalsäureanhydrid + Di-tert.-butylperoxyd. Aushärtung (Polymerisation) erfolgt durch 20stündiges Erhitzen bei 100°.

24. 8. 55. FP 1130308; US-Pri. 25. 8. 54, COMP. THOMSON-HOUSTON: Komposition zur Erzielung besonders hitze- und flammresistenter Anstriche, bestehend aus 1. einem Epoxydharzvorprodukt mit freien Epoxydgruppen (Polyglycidyläther von Polyalkoholen oder Polyphenolen), 2. einem Alkydharz mit freien Carboxylgruppen, gewonnen aus Hexachlorendomethylen-tetrahydrophthalsäure und dem Monoglycerid einer Fettsäure mit mindestens 13 Kohlenstoffatomen, 3. unter Verwendung von Hexachlorendomethylen-tetrahydrophthalsäureanhydrid als Härter. Beispielsweise werden 100 Teile Epoxydharzvorprodukt, 300—650 Teile Alkydharz mit einer Säurezahl von etwa 30 und 4—40 Teile des Härters in der Wärme homogen vermischt und bei 150° gehärtet. Mit dieser Komposition hergestellte Überzüge sind biegsam, haben gute elektrische Eigenschaften und sind in außergewöhnlichem Maße wärmeunempfindlich.

8. 8. 56. Belg. P. 550175, BATAAFSCHE: Verwendung eines Gemisches aus einem Epoxydharzvorprodukt mit mehr als einer Epoxydgruppe pro Mol, einem Anhydrid einer mehrbasischen Carbonsäure unter Zusatz eines Carbonsäureamids, oder einer organischen Schwefelverbindung, z. B. eines Sulfids oder Sulfoxyds, deren Menge mindestens 10% der Menge des Epoxydharzes betragen soll.

Gruppe 8: Epoxydierte ungesättigte Polyester

1. 9. 55. Belg. P. 540982; US-Pri. 3. 9. 54, BATAAFSCHE: Epoxydierte ungesättigte Polyester aus ungesättigten Polycarbonsäuren und gesättigten Polyalkoholen oder aus gesättigten Polycarbonsäuren und ungesättigten Polyalkoholen oder aus gesättigten oder ungesättigten Polycarbonsäuren und ungesättigten Polyaminen, oder Polymerisationsprodukten ungesättigter Oxysäuren oder ungesättigter organischer Dihalogenide $+ Na_2S +$ Polymercaptane oder Phosphor oder Silicium enthaltende Polycarbonsäuren $+$ ungesättigte Amine oder Alkohole. — Die Epoxydierung erfolgt durch organische Persäuren bei -20 bis $+80°$, die Härtung durch die üblichen Mittel.

27. 6. 55. FP 1133539; US-Pri. 28. 6. 54 (US 2783250), BATAAFSCHE: Verwendung partiell epoxydierter Ester aus ungesättigten Dicarbonsäuren (Malein-, Endomethylen-3,6-tetrahydrophthal-, 4-Cyclohexen-1,2-dicarbonsäure) und ungesättigten Alkoholen (Vinylalkohol, Allyl- und Propargylalkohol) als Einbrennlacke. Ester dieser Art können mit Peroxydkatalysatoren an der Doppelbindung und mit BF_3 an der Epoxydgruppe polymerisiert werden.

Ausführen von Epoxydharzanstrichen nach dem Wirbelsinter-Verfahren

und Erfahrungen über diese Arbeitsweise bei metallischen Werkstoffen betreffend, behandelt ein Aufsatz von E. GEMMER[1].

Eigenschaften von Epoxydharzlackfilmen

Die von S. O. GREENLEE der DEVOE & RAYNOLDS Co. entwickelten Epoxydharzmodifikationen bzw. Kompositionen mit anderen Harztypen, welche für den Anstrich- und Lacksektor Verwendung finden können, sind von der SHELL übernommen und durch die Herausgabe von speziellen *Epon*-Harzen oder besonderen Vorschriften zur Modifizierung derselben für Anstrichzwecke nutzbar gemacht worden. Etwa gleichzeitig (1948) hat auch die CIBA die von P. CASTAN entwickelten Harze als *Araldit*-Lackharze auf den Markt gebracht.

Obgleich die Charakterisierung von Anstrichharzfilmen früher zumeist eine beschreibende war, ist es jetzt immer mehr üblich geworden, auch für die Qualifizierung von Anstrichfilmen nach exakten Prüfverfahren gewonnene Zahlenwerte anzugeben.

In folgendem werden Prüfergebnisse von Epoxydharz-Anstrichlackfilmen in zusammengefaßter Form wiedergegeben, soweit dieselben bekannt geworden sind oder von Herstellerfirmen zur Veröffentlichung zur Verfügung gestellt worden sind.

---

[1] GEMMER, E.: Kunst.-Praxis **1957**, 510—512.

Epoxydharzanstrichmittel der Shell Chemical Corp.

Technical Bulletin SC: 55—10, Jan. 1955, 8 Seiten.

Viscosität verschiedener *Epon*-Einstellungen:

Anstrichmittel XA 200: *Epon* 1001 + Amine, vorzugsweise 1,2-Diaminopropan,
Anstrichmittel XP 210: *Epon* 1001 + Polyamid 100 (GENERAL MILLS),
Anstrichmittel XP 211: *Epon* 1001 + Polyamid 115 (GENERAL MILLS),

werden mit Lösungsmitteln zu Streich- oder Spritzkonzentrationen
gelöst, wobei die Wahl verschiedener Lösungsmittel auch bei gleicher
Konzentration die Einstellung unterschiedlicher Viscositäten gestattet.

%-Gehalt der Einstellung	Viscosität in Sekunden			
	XA 200 Streichen	XA 200 Spritzen	XP 210	XP 211
35	14	13	18	16
40	16	15	24	19
45	20	19	41	26
50	32	31	80	47
60	145	195	300	240

Über die Lösungsmittel und Chemikalienbeständigkeit gibt folgende
Aufstellung Aufschluß:

XA-200 Filme sind bei gewöhnlicher Temperatur in die folgenden
Flüssigkeiten eingelegt mit dem Ergebnis:

Beständig: d. h. unverändert, Äthylalkohol 1 Monat, sek. Butanol
1 Monat, Methylisobutylcarbinol 1 Monat, Toluol 1 Monat, Xylol
1 Monat, Benzin 1 Monat, Tetrachlorkohlenstoff 1 Monat, Leinölfettsäure 1 Monat, Essigsäure 5 und 50% 1 Monat, Natriummethylat
40%ig 1 Monat, Waschmittellauge 1 Monat, Citronensäure 10%ig
1 Monat, Natronlauge 20%ig 2 Monate, Ammoniakdämpfe 2 Monate,
Salzsäure 10, 20, 36%ig und Dämpfe 2 Monate, Schwefelsäure 25 und
50%ig 1 Monat, nach 2 Monaten zerstört, Salpetersäure 10%ig 1 Monat, 20%ig 2 Wochen, 30%ig 1 Woche, Kochsalz 25%ig 1 Monat,
Chlorkalk 5%ig 1 Monat, Natriumhypochlorit 5%ig 1 Monat, Wasser
2 Monate.

Leicht gequollen: Aceton 1 Woche, Methyläthylketon 1 Woche, Methylisobutylketon 1 Woche.

Zerstört: Formaldehyd 37%ig 1 Woche, Äthylendiamin 1 Woche,
Diäthylentriamin 1 Woche, Eisessig 1 Tag, Ammoniak 27%ig 1 Woche,
Phosphorsäure 85%ig 1 Tag, Schwefelsäure 80 und 90%ig 1 Woche,
Salpetersäure 10%ig 2 Monate, 20%ig 1 Monat, 30%ig 2 Wochen,
Kochsalz 25%ig 2 Monate, Natriumhypochlorit 2 Monate.

Sonstige Eigenschaften von unpigmentierten XA-200-Filmen, die
bei gewöhnlicher Temperatur in 7 Tagen gehärtet waren:

Ritzhärte nach Bleistiftskala .... 4 H
Sward-Härte............................... 33
Tabor-Abriebfestigkeit .... 16,6 mg bei 100 Umdrehungen
Wetterbeständigkeit (beschleunigt) .... unverändert nach 40 Tagen
Außenbeständigkeit .... unverändert nach 3 Monaten
Salzwassersprühnebel..................... unverändert nach 40 Tagen
Temperaturwechselbeständigkeit
   zwischen −40° und +95° .... unverändert nach 25 Wochen
                                    Temperaturwechseln
Biegsamkeit .... verträgt Biegen um 3 mm Dorn
                                      ohne Risse
Schlagfestigkeit........................... größer als 120 cm · kg/cm²
in siedendem Wasser 30 Min. .... unverändert

Vergleich von luftgetrockneten Filmen (nach SC:55-32) von XA-200 = *Epon* 1001 + Diäthylentriamin und XA-201 = *Epon* 1001 + Shell-Härter C-111.

Die Filme haben eine Dicke von 0,025 mm. Die Eigenschaften werden nach verschieden langer Härtungsdauer bei gewöhnlicher Temperatur und bei 2—5° geprüft.

Härtung bei 20—25°	XA-201	XA-200
Schlagfestigkeit		
nach 1 Tag	>160 in. lbs.	>160 in. lbs.
nach 7 Tagen	>160 in. lbs.	>160 in. lbs.
Biegefestigkeit		
nach 1 Tag	verträgt Biegen um	ebenso wie XA-201
nach 7 Tagen	3 mm Dorn ohne Risse	
Sward-Härte		
nach 1 Tag	22	26
nach 7 Tagen	38	36
Auftreten von *Schleier* bei 16 stündiger Härtung in 70% rel. Luftfeuchtigkeit	kein Schleier	leichter Schleier
Härtung bei 2—5°		
Schlagfestigkeit		
nach 2 Tagen	140 in. lbs.	76 in. lbs.
nach 4 Tagen	>160 in. lbs.	>160 in. lbs.
nach 34 Std. bei 150°	16 in. lbs.	< 4 in. lbs.
Verträglichkeiten		
in sied. Wasser 1 Std.	unverändert	wirft Blasen
in sied. NaOH 20%ig 7 Std. ..	unverändert	wirft Blasen
Farbe nach 2 Std. bei 150°	schwachgelblich	starkgelb
nach 16 Std. UV-Licht	kaum verändert	mäßig verfärbt

Filmeigenschaften von Epon-Estern. (Die Zahlen nach dem Buchstaben, der die veresternde Fettsäure bezeichnet, bedeutet den Prozentsatz der letzteren zum Epoxydharz, N bedeutet Styrol).

Folgende Ester wurden geprüft:

D-4 = 60% *Epon* 1001   + 40%   Ricinenfettsäure (dehydratisierte Ricinusölfettsäure)

SO-4 = 60% *Epon* 1001   + 29,2% Sojaölfettsäure und 10,2% Oiticicafettsäure

LR-8 = 43% *Epon* 1001   + 47%   Leinölfettsäure und 10% Kolofonium

L-8 = 43,5% *Epon* 1001 + 56,5% Leinölfettsäure

SJ-61 = 46% *Epon* 1001   + 46%   Sojaölfettsäure und 8% dimerisierte Leinölfettsäure

TL-31 = 56,2% *Epon* 1001 + 33,8% Tallöl (38—46% Harzsäuren enthaltend) und 10,0% Leinölfettsäure

L-6-N-3 = 33,4% *Epon* 1001   + 33,3% Leinölfettsäure und 33,3% Styrol

Als Trocknungsbeschleuniger werden 0,04% Kobaltnaphthenat zugesetzt. Die Dicke der Filme beträgt etwa 0,075 mm. Die Prüfung bezieht sich auf die Trockenzeit bei gewöhnlicher Temperatur und auf die SWARD-Härte.

Epoxydester	Staubtrocken nach Min.	Durchgehärtet nach Stunden	SWARD-Härte nach
D-4	10	2—3	14—16 24 Std.
SO-4	15	1—2	10—12 24 Std.
LR-8	40—50	3—5	13—15 24 Std.
L-8	20	3—4	10—12 24 Std.
SJ-61	60	7—9	8—10 24 Std.
TL-31	40	1—2	48 nach 4 Tagen 52 nach 7 Tagen
L-6-N-3	10	$^1/_2$—$^3/_4$	30 nach 1 Woche
LT-4	15	1—2	40—42 24 Std.
SJ-7	60	7—9	8—10 24 Std.

KORFHAGE, L. (SHELL): „Epoxydharzester" (Fette, Seifen einschl. Anstrichmittel 1955, 696—702). Unter Verwendung von *Epon* 1004 und den mit Buchstaben bezeichneten Fettsäuren (siehe letzte Tabelle) und den weiteren Bezeichnungen:

K = p-tert.-Butylbenzoesäure   X = *Epon* 1001

N = Styrol   Y = *Epon* 1007

werden die Trocknungseigenschaften von Estern, die verschieden hohe Mengen an Veresterungsfettsäure enthalten, miteinander verglichen. Im allgemeinen steigt die Trocknungszeit bei steigendem Gehalt an Fettsäure.

Epoxydester	Antrocknen in Minuten	Klebfrei nach Stunden	Durchgetrocknet nach Stunden
L-4	15	$1^1/_4$	5
L-5	20	$1^1/_2$	5
L-6	45	$2^1/_4$	12
L-7	45	$2^1/_2$	24
L-8	45	$2^1/_2$	17
L-9	60	2	15

Epoxydester	Antrocken in Minuten	Klebfrei nach Stunden	Durchgetrocknet nach Stunden
S-4	15	3	12
S-5	60	4	23
S-6	90	4	47
S-7	90	$3^1/_2$	23
S-8	120	3	18
S-9	120	3	17
D-4	7	$^1/_2$	5
D-5	15	1	6
D-6	45	$4^1/_2$	9
D-7	45	$2^1/_2$	6
T-4	45	1	12
T-5	65	$1^1/_2$	15
T-6	70	2	15
T-7	75	$2^1/_4$	15
T-8	80	$2^1/_4$	16
T-9	90	$3^1/_4$	25
LR-71	45	2	6
LR-62	45	$1^3/_4$	4
LR-53	40	$1^1/_4$	$3^1/_2$
LR-44	35	$1^1/_4$	3
LR-61	60	2	7
LR-63	45	$1^1/_2$	5
SR-81	60	$2^3/_4$	17
SR-72	45	$2^1/_4$	5
SR-63	40	$1^1/_4$	4
SR-54	40	1	3
SR-52	40	$1^1/_2$	5
SO-31	10	$1^1/_2$	4
SO-51	50	3	$8^1/_2$
YS-5	20	1	15
YS-8	60	$2^1/_2$	17
TL-31	40	$2^1/_2$	17
L-6-N-3	10	$^1/_4$	3
SD-62-N-3	10	$^1/_4$	3
SK-43	$1^1/_2$	3	9
LK-43	$1^1/_2$	3	7

Prüfung eines *Epon* 1001 D-4-Esterlackes auf Chemikalienbeständigkeit, indem 2malige Anstriche auf Stahlblechen 7 Tage luftgetrocknet in den folgenden Lösungen so lange bei Raumtemperatur eingetaucht wurden, bis die ersten Anzeichen eines Angriffes erkennbar wurden. Solche zeigten sich bei:

Natronlauge 40%ig	nach	117 Tagen
Salzsäure 10%ig	nach	11 Tagen
Salpetersäure 10%ig	nach	71 Tagen
Schwefelsäure 50%ig	nach	$>$42 Tagen
Seifenlösung 2%ig	nach	$>$42 Tagen
Teepollösung 21%ig (= sek. Alkylsulfat)	nach	23 Tagen

Technical Bulletin SC: 54-63, Nov. 1954, 6 Seiten. Herstellung eines Wandanstrichmittels aus *Epon* 1004: Veresterung zur Komposition A-301:

<table>
<tr><td>A. Vorveresterung:</td><td>*Epon* 1004 ....</td><td>14%</td></tr>
<tr><td></td><td>Sojaölfettsäure ....</td><td>75,9%</td></tr>
<tr><td></td><td>Calciumacetat ....</td><td>0,1%</td></tr>
<tr><td></td><td>Glycerin ....</td><td>1,0%</td></tr>
<tr><td>B. Nachveresterung:</td><td>Adipinsäure ....</td><td>4,0%</td></tr>
<tr><td></td><td>Kolophonium ....</td><td>5,0%</td></tr>
</table>

Zu 326 Teilen dieses Esters werden 657-TiO_2-Pigment (417 TiO_2, 236 $CaCO_3$, 4 Al-Stearat) mit Verdünnungsmitteln und Trocknern gemischt und als Wandanstrichfarbe angewendet.

Im Vergleich mit anderen handelsüblichen Wandanstrichmitteln wurden folgende Ergebnisse erzielt, wobei die Gütenoten erteilt wurden: ausgezeichnet = ausg., gut = g, sehr gut = s. g. mäßig = m.

Anstrichmittel Typ	Bei der Verarbeitung		Nach dem Trocknen		
	Streich-barkeit	Nicht-aufsaug-barkeit	glatte Oberfläche	Scheuer-waschfest	Abwasch-barkeit
A-301	ausg.	g	ausg.	s. g.	g
Alkydharz-Lack ..	ausg.	s. g.	s. g.	ausg.	s. g.
Handelsfarbe	ausg.	m	s. g.	m	g
Alkydlatex	g	ausg.	m	X	X

X bedeutet: während des ersten Monates schlecht, später ausgezeichnet.

Härtung bei gewöhnlicher Temperatur mit Aminoharzvorkondensaten und Phenolharz (DEUTSCHE SHELL, Flugschrift, Okt. 1955, 9 Seiten

Harzkomposition	Eigenschaften nach der Härtung	
	Bleistifthärte	bleibt in sied. Wasser unverändert, Stunden
Epon 1001 + 5% DTA (Diäthylentriamin) ...	4 H	0,1
Epon 1001 + 4% DTA	4 H	0,5
Epon 1001 + Vorkondensat mit 1,5% m-Phe-nylendiamin	4 H	1,0
Epon 1001 + Vorkondensat + 10% Phenolharz (*Scadoform* LS)	4 H	4,0

Biegefestigkeit: Alle Filme (0,025 mm) vertragen biegen über einen 3,2 mm starken Dorn ohne Schaden.

Schlagfestigkeit: Alle Filme vertragen den Aufprall eines 900 g schweren Gewichtes mit halbkugeliger Oberfläche, 18 mm Dmr., aus 105 cm Höhe, frei fallend, ohne Schaden.

Beständigkeit gegen Methylisobutylketon: In 1 Stunde bei gewöhnlicher Temperatur erfolgt kein Angriff.

Epon 1007 + Phenolharz vorkondensiert, DEUTSCHE SHELL AG. Firmenschrift vom Aug. 1955, 5 Seiten, sowie TB-116 vom Juni 1954, TB-112, April 1954, TB-108 ohne Datum, SC: 54-30 vom April 1954.

Es werden folgende Phenolharze mit *Epon* 1007 kombiniert:

Harz R-108 .... GENERAL ELECTRIC CO.
Scadaform L 9 .... Harzfabrik SCADO, Zwolle
Phenodur 373 U ... CHEMISCHE WERKE ALBERT
Synreseen U .... Fabrik SYNRES bei Hoeck van Holland
Harz K .... Phenolformaldehyd (NH_3)-Kondensat, butyliert.
Harz T .... aus Bisphenol A hergestelltes Resol, butyliert.

In der folgenden Übersicht werden die Eigenschaften von Vorkondensaten von *Epon* 1007 mit verschiedenen Phenolharzen während der Verarbeitung und nach der Härtung aufgezeigt.

Phenolharz	R—108	*Scadoform* L 9	*Phenodur* 373 U oder *Synreseen* U	Harz K	Harz T
Epon 1007:Phenolharz	75:25	70:30	70:30	70:30	75:25
Verlauf	m	m—g	g	g	s. g.
Filmfehler	Krater u. Runzeln		keine	keine	keine
Schlagfestigkeit ...	g—ausg.	g	g—ausg.	ausg.	g—ausg.
Biegefestigkeit	g	g	g—ausg.	ausg.	g
Beständigkeit gegen Wasser	g—ausg.	ausg.	g	g	ausg.
Alkali	g	g	s. m.	s. m.	ausg.
Lösungsmittel	ausg.	ausg.	m	m—s.m.	ausg.

Bewertung: Ausgezeichnet = ausg., sehr gut = s. g., gut = g, mäßig = m, sehr mäßig = s. m.

Die Lösungsmittelbeständigkeit dieser Harze ist derart hervorragend, daß die gehärteten Blechaufstriche 3 Wochen bei 65° eingetaucht sein können, ohne Schaden zu leiden in:

Isopropylalkohol, sek. Butylalkohol, Methylisobutylketon, Methylisobutylcarbinol, Neosol und Neosol A, Diacetonalkohol, Hexylenglykol, Allylchlorid, usw. Glycerin wird 6 Wochen bei 77° und siedende 20%ige Natronlauge 24 Stunden vertragen.

Eponharze + *Harnstoffharze*, DEUTSCHE SHELL, Firmenschrift: *Epikote*-Harz Rezeptur XA-200", ohne Datum, 6 Seiten. Bei dieser Rezeptur handelt es sich um Kompositionen, in denen nur sehr geringe Mengen Harnstoffharz dem *Epon*-Harz zugemischt werden. Filme aus einer Komposition von 97% *Epon* 1001, 3% Harnstoffharz (*Beetle* 216-8 der AMER. CYANAMID Co.) und Diäthylentriamin als Härter weisen die oben angegebenen Eigenschaften und Beständigkeiten gegen Lösungsmittel auf.

Kompositionen von 70% Epon 1007 + 30% Harnstoffharz für Einbrennlacke werden in der Firmenschrift der DEUTSCHEN SHELL: „*Epikote*-Harnstoff-Harzsysteme für Einbrennlacke" vom Juni 1955, 3 Seiten, behandelt. Die außergewöhnliche chemische Beständigkeit von Filmen aus derartigen Kompositionen, die eingebrannt werden, und zwar:

30 Min. bei 150°, 20 Min. bei 175°, 5—10 Min. bei 205° oder 3 Min. bei 235°

geht daraus hervor, daß sie während eines Monats ohne Schaden eingelegt werden können in:

Wasser, 2, 20 und 40%iger Natronlauge, Salzsäure 36%ig, Schwefelsäure 10 und 50%ig, Salpetersäure 10%ig, 2 und 10%ige Essigsäure, Natriumhyposulfit 10%ig, sowie in Aceton, Toluol, Methyläthylketon, Methylisobutylketon, Äthylacetat uud Ölsäure.

„*Shell Epichlorhydrin-Resins for Surface Coating*", Technical Bulletin, ohne nähere Bezeichnung, 22 Seiten, gibt eine aufschlußreiche Aufstellung über die Verträglichkeit der *Epon*-Marken 1001 1004, 1007 und 1009 mit Harzen anderer Art, die in Form von Handelsprodukten angewandt werden. Zur Prüfung werden Glasaufstriche verwendet, die nach dem Einbrennen bei 100° in 1 Stunde Filme von 0,038 mm Stärke ergeben.

Die Abkürzungen für die Verträglichkeiten sind die folgenden:

C = verträglich (compatible), klare glänzende Filme,
SI = mäßig verträglich (slightly incompatible), mit schwachem Schleier oder wolkig,
I = unverträglich (incompatible), mit trüben stark wolkigen Filmen.

Die Zahlen neben den chemischen Bezeichnungen der Zusatzprodukte bedeuten bestimmte Handelsmarken, und zwar sind:

Alkydharze:

1 = *Rezyl* 3105 der AMERICAN CYANAMID Co.
2 = *Rezyl* 412-1 der AMERICAN CYANAMID Co.
3 = *Rezyl* 873-1 der AMERICAN CYANAMID Co.
4 = *Cyclopol* S 101-1 der AMERICAN CYANAMID Co.
5 = *Paraplex* G-20 der ROHM & HAAS Co.

Phenolharze, rein und modifiziert:

6 = *Bakelite* BR-254 der BAKELITE DIVISION der UNION CARBIDE & CARBON CORP.
7 = *Amberol* F-7 von ROHM & HAAS Co.

Cellulosederivate:

8 = Celluloseacetat, *Hercules* LL-1 der HERCULES POWDER Co.
9 = Cellulosenitrat, *Hercules* 1/2 sec, der HERCULES POWDER Co.
10 = Äthylcellulose, *Hercules* N 7-7 cps, der HERCULES POWDER Co.

Aminoharze:

11 = *Uformite* MM 55 HV der ROHM & HAAS Co.
12 = *Santolite* MHP der MONSANTO CHEMICAL Co.
13 = *Uformite* F-200 E der ROHM & HAAS Co.

Chlorierte Derivate:

14 = *Arochlor* 5442 der MONSANTO CHEMICAL Co.
15 = *Hercules* 10 cps der HERCULES POWDER Co.

Diverse Verbindungen:

16 = ADM 100 Oil der ARCHER-DANIELS-MIDLAND Co.
17 = *Bakers* P-6 Oil der BAKER CASTOR OIL Co.
18 = Natural resin der US-INDUSTRIAL CHEMICALS INC.
19 = *Ester Gum C* der US-INDUSTRIAL CHEMICALS INC.
20 = *Teglac* Z-152 der AMERICAN CYANAMID Co.
21 = *Picolite* S-115 der PENNSYLVANIA INDUSTRIAL CHEMICAL CORP.
22 = *Cumar* V-1 1/2 der BARETT DIVISION.

Zusatz Type	Nr.	Epon 1001			Epon 1004			Epon 1007			Epon 1009		
		90%	50%	10%	90%	50%	10%	90%	50%	10%	90%	50%	10%
Alkydharze													
Alkyd, kurz, Soja	1	I	I	I	I	I	I	I	I	I	I	I	I
Alkyd, mittel, Soja	2	SI	I	I	I	I	I	I	I	I	I	I	I
Alkyd, lang, Soja	3	C	I	I	I	I	I	I	I	I	I	I	I
Alkyd, styrolisiert	4	C	I	I	I	I	I	I	I	I	I	I	I
Alkyd, nicht trocknend	5	C	C	C	C	C	C	C	C	C	C	C	C
Phenolharze													
Phenolharz	6	C	C	C	C	C	C	C	C	C	C	C	C
Phenolharz, Kolophonium mod.	7	I	I	I	I	I	I	I	I	I	SI	I	I
Cellulosederivate													
Celluloseacetat	8	I	I	I	I	I	I	I	I	I	I	I	I
Cellulosenitrat RS	9	I	I	I	I	I	I	I	I	I	I	I	I
Äthylcellulose	10	SI	I	I	I	I	I	I	I	I	I	I	I
Aminoharze													
Melaminharz	11	SI	I	I	I	I	I	I	I	I	I	I	I
Sulfonamidharz	12	C	C	C	C	C	C	C	C	C	C	C	C
Harnstoffharz	13	C	C	C	C	C	C	C	C	C	C	C	C
Chlorierte Derivate													
Chloriertes Biphenyl	14	C	C	I	C	C	I	C	C	I	C	I	I
Chlorkautschuk	15	SI	SI	SI	I	I	I	I	I	I	I	I	I
Diverse Verbindungen													
Leinöl, geblasen	16	C	I	I	I	I	I	I	I	I	I	I	I
Butyl-acetylricinoleat	17	C	I	C	C	I	I	I	I	I	I	I	I
Dammar	18	C	SI	C	SI	I	C	SI	I	SI	SI	I	SI
Schellack	19	I	I	SI	I	I	I	I	I	I	I	I	I
Maleinester	20	I	I	C	I	I	C	I	I	I	I	I	I
Terpenharz	21	I	I	C	I	I	C	I	I	I	I	I	I
Cumaronharz	22	I	I	C	I	I	C	I	I	I	I	I	I

In der 22-Seiten-Firmenschrift der Deutschen Shell AG: „*Shell-Epichlorhydrinharze*" (ohne nähere Bezeichnung) werden in einer tabellarischen Übersicht verschieden alte Filme von *Epon* 1004-Kompositionen mit einem unmodifizierten Melamin-Formaldehydharz in verschiedenen Mengenverhältnissen mit Alkydharz-Kompositionen — (bestehend aus 40% Phthalsäureanhydrid und 35% Ricinenfettsäure) — mit demselben Melaminharz in bezug auf ihre Beständigkeit gegen eine 2%ige Schmierseifenlösung von 70° miteinander verglichen. Es geht daraus die wesentlich größere Beständigkeit der *Epon*-Harzkompositionen hervor.

Komposition	Filmalter Tage	Zustand des Filmes nach dem Eintauchen nach		
		48 Stunden	186 Stunden	336 Stunden
85% 1004 15% Melaminharz	1	gut	kleine Bläschen	geringer Verlust an Haftfähigkeit
85% Alkydharz 15% Melaminharz	1	geringer Verlust an Haftfähigkeit	Film hat sich nach 186 Stunden von der Platte abgelöst	
85% 1004 5% Melaminharz	30	leichte Bläschenbildung	Film hat sich nach 186 Stunden von der Platte abgelöst	
85% Alkydharz 15% Melaminharz	30	Film hat sich bereits nach 48 Stunden völlig von der Platte abgelöst		
60% 1004 40% Melaminharz	1	gut	vereinzelte Bläschen	
60% Alkydharz 40% Melaminharz	1	geringer Haftfähigkeitsverlust	Film hat sich nach 186 Stunden völlig von der Platte gelöst	
60% 1004 40% Melaminharz	30	vereinzelte Bläschen	Film hat sich nach 186 Stunden völlig von der Platte gelöst	
60% Alkydharz 40% Melaminharz	30	Film hat sich bereits nach 48 Stunden völlig von der Platte gelöst		

Ferner wurden auch Ricinenfettsäureester von *Epon* 1004 in Kombination mit 15 und 40% eines handelsüblichen Melaminharzes in der gleichen Weise gegen Alkydharzeinstellungen in 2%ige Seifenlösung bei 70° geprüft. Auch aus dieser Versuchsreihe geht die Überlegenheit der *Eponharz*-Komposition deutlich hervor. Dies ist überraschend, da bekanntermaßen veresterte Epoxydharze alkaliempfindlicher sind als unveresterte.

Eine Einstellung von *Epon* 1007 mit 30% eines handelsüblichen Phenolharzes zeigt eine ungewöhnlich hohe Beständigkeit gegen Natronlauge. Nach dem Einbrennen weist der Film nach 2stündigem Eintauchen in siedende 50%ige Natronlauge keinen Schaden auf.

Epoxydharzanstrichmittel der Ciba AG.

„*Araldit*-Lackharz 985-E", Firmenschrift vom April 1952, 5 Seiten, zeigt in einer Aufstellung den Zusammenhang von Härtungstemperatur und -zeit mit der Farbe und der Dehnbarkeit des Filmes. Es überrascht, daß die Dehnbarkeit bei der Härtung bei steigender Temperatur nicht abnimmt, und daß bei zunehmend langer Härtung bei derselben Temperatur die Dehnbarkeit sogar noch zunimmt. Dieselbe wurde nach der Kugeldruckprobe nach ERICHSEN bei Lackfilmen auf Aluminiumblechen von 1,0 mm Stärke gemessen.

Zum Aufstrich wurde der *Araldit*-Lackharz 985-E-Klarlack verwendet, der nach dem Trocknen einen Film von 0,015 mm Schichtdicke ergab.

Härtungs-temperatur	Härtungszeit	Nach der Härtung	
		Filmfarbe	Dehnbarkeit in mm
160°	20 Min.	farblos	0,5
160°	40 Min.	farblos	8,8
160°	80 Min.	farblos	9,2
160°	160 Min.	farblos	9,4
180°	20 Min.	farblos	8,8
180°	40 Min.	farblos	8,8
180°	80 Min.	hellgelb	9,0
180°	160 Min.	hellgelb	9,2
200°	20 Min.	farblos	8,8
200°	40 Min.	hellgelb	8,8
200°	80 Min.	goldgelb	9,3
200°	160 Min.	goldgelb	9,4
220°	20 Min.	hellgelb	9,0
220°	40 Min.	goldgelb	9,0
220°	80 Min.	goldgelb	9,4
220°	160 Min.	braungelb	9,4
360°	1 Min.	goldgelb	9,4

„Araldit-Drahtharz 970 BN", April 1952, 3 Seiten. Der gehärtete Drahtlack hat folgende Eigenschaften:

Wärmebeständigkeit... etwa 150°   Dehnbarkeit .... 20—30 %
hohe Schlag- und Biegefestigkeit, relativ hohe Abrasionsfestigkeit und ist weitgehend unempfindlich gegen Wasser, Mineralöle, pflanzliche Öle, Imprägnierlacke und einer großen Zahl organischer Lösungsmittel,

weist hochwertige dielektrische Eigenschaften auf:
hat gute Durchschlagfestigkeit, hohen spezifischen Widerstand und geringe dielektrische Verluste bei hoher relativer Luftfeuchtigkeit.

„Araldit-Lackharz 985-F". Firmenschrift, Nov. 1952, 9 Seiten. Die Eigenschaften der mit diesem Lack erhaltenen Filme in bezug auf Farbveränderungen in der Wärme und Dehnbarkeit bei Härtungen bei verschiedenen Temperaturen bei verschieden langen Zeiten entsprechen etwa denjenigen von Lackharz 985-E.

OTT, G. H.: *„Aralditharze als Filmbildner für die Lackindustrie und Elektrotechnik"*. Firmenschrift, ohne Datum, 12 Seiten. Die Durchschnittswerte der Eigenschaften der *Araldit*-Anstrichfilme von 0,020 mm Dicke auf Aluminiumblechen, in bezug auf Farbe, SWARD-

Härte und die Dehnbarkeit nach der ERICHSEN-Probe, ausgedrückt in mm Zugtiefe gehen aus der folgenden Übersicht hervor:

Zeit und Temperatur	Farbe	SWARD-Härte	Dehnbarkeit nach ERICHSEN mm Zugtiefe
Härtung:			
20 Minuten			
bei 160°	farblos	80	0,5
bei 180°	farblos	80	8,9
bei 200°	farblos	77	8,8
bei 220°	hellgelb	82	9,3
40 Minuten			
bei 160°	farblos	82	8,8
bei 180°	farblos	81	8,8
bei 200°	hellgleb	78	8,9
bei 220°	goldgelb	84	8,9
80 Minuten			
bei 160°	farblos	82	9,2
bei 180°	hellgelb	81	9,0
bei 200°	goldgelb	86	9,3
bei 220°	goldgelb	88	9,4
160 Minuten			
bei 160°	farblos	84	9,4
bei 180°	hellgelb	88	9,2
bei 200°	goldgelb	88	9,4
bei 220°	braungelb	88	9,3

Die Lösungsmittelbeständigkeiten zeigen folgende Aufstellungen: Völlig unverändert sind die gehärteten Filme nach 30 Stunden Eintauchen in:

> Wasser von 100°
>
> 5%ige Kochsalzlösung bei 100°
>
> 96%igen Äthylalkohol bei 78°
>
> 50%igen Äthylalkohol bei 78°
>
> Benzol bei 80°
>
> Tomatenpurée conc. bei 100°

ferner ergibt Eintauchen bei gewöhnlicher Temperatur folgendes Ergebnis:

Lösungsmittel	10 Tage	20 Tage	30 Tage
Essigsäure 5%	U	U	U
Ameisensäure 5%	l. A.	l. A.	l. A.
Essigsäure 5% + CuSO$_4$ 0,5% .	U	l. A.	l. A.
Soda 10%	U	U	U
Äthanol	U	U	U
Aceton	U	U	U
Benzol	U	U	U
Gemisch von Äthanol, Benzol und Aceton	U	U	U

Es bedeutet: U = unverändert, l. A. = leichter Angriff.

Mit *Araldit*-Drahtlack 970-BN überzogene Kupferdrähte zeigten folgende Prüfergebnisse:

	Lackdraht I L = Lackschicht 0,031 mm Stärke	Lackdraht II L = Lackschicht 0,059 mm Stärke
Drahtdurchmesser	0,35 mm	0,70 mm
Dehnungsprüfung bis 25%	L = rißfrei	L = rißfrei
Dehnungsprüfung über 25%	Drahtbruch bei 35% L = rißfrei	Drahtbruch bei 33% L = rißfrei
Biegefestigkeit über Dorn von 0,4 mm bzw. 0,7 mm	L = rißfrei	L = rißfrei
Eintauchen in Lösungsmittel:		
Lackbenzin bei 70—75°, 30 Min..	L = unverändert	L = unverändert
Alkohol bei 40—50°, 30 Min. ...	L = unverändert	L = unverändert
Benzin bei 40—50°, 30 Min.	L = unverändert	L = unverändert
Imprägnierlack (Bl. 85) 50°, 30 Min.	L = unverändert	L = unverändert
Imprägnierlack (Bl. 85) 30°, 18 Tage	L = unverändert	L = unverändert
Öl bei 150°, 3 Stunden	L = unverändert	L = unverändert
Öl bei 110°, 7 Tage	L = unverändert	L = unverändert
Heißluft bei 110°, 114 Stunden..	L = unverändert	L = unverändert
Dielektrische Prüfungen:		
Elektrische Durchschlagsfestig- keit zu Beginn	Volt 3800—4500	Volt 5500—6500
nach 144 Std. Luft v. 100°	3000—3600	6000—6500
nach 1 Std. in Alkohol	1500—2000	3500—6000
nach 1 Std. H_2SO_4 10%ig	3200—4500	5500—6000
Dielektrische Verluste	tg δ in %	tg δ in %
nach 24 Std. 80% Feuchtigkeit bei 20°	0,73—0,87	0,62—0,77
nach 1 Std. Trocknen bei 40° ...	0,82—0,91	0,63—0,64
nach 1 Std. Trocknen bei 80° ...	0,81—0,83	0,64—0,73
nach 1 Std. Trocknen bei 100° ..	0,71—0,86	0,64—0,69
Wickelprobe bei —5°	fehlerfrei	fehlerfrei
Alterung 100 Std. bei 150°, anschließend Wickelprobe	fehlerfrei	fehlerfrei

Epoxydharzanstrichmittel der Furane Plastics Inc.

Die FURANE PLASTICS INC. macht in ihrer „Physical Property Chart" für ihre Lackharze *Epocast* 7-A, 7-B, 7-C und 7-D die folgenden Angaben, die zur Vermeidung von Umrechnungsunstimmigkeiten in den Originalmaßeinheiten angegeben werden. Die zur Härtung verwendeten Zusatzmittel sind die *Epocast*-Härter HN-945 und HN-951. Die Aufstellung zeigt die Eigenschaften der gehärteten *Epocast*-Lackfilme bei verschieden großen Härterzusätzen.

	7 A +10% HN-951	7 A +20% HN-945	7 B +10% HN-951	7 B +20% HN-945	7 C +5% HN-951	7 D +8% HN-945
Gelierungszeit in Minuten						
Probe von 100 g	22	21	34	31	48	65
Probe von 450 g	18	19	29	26	35	50
Dünner Film klebfrei bei 20—25° in						
Stunden	1,5	1,0	2,0	1,5	2,5	1,5
Nach 24 Std. bei 20—25°:						
Biegefestigkeit in psi	5300	5600	7000	7100	9800	11300
Elastizitätsmodul beim Biegen in psi	$7,1 \times 10^5$	$6,9 \times 10^5$	$7,6 \times 10^5$	$6,4 \times 10^5$	$1,5 \times 10^6$	$1,2 \times 10^6$
Nach 24 Std. bei 20—25° + 1 Std.						
bei 93°						
Biegefestigkeit in psi	7500	9000	9200	8300	11200	11400
Elastizitätsmodul beim Biegen in psi	$7,1 \times 10^5$	$7,0 \times 10^5$	$8,9 \times 10^5$	$7,1 \times 10^5$	$1,5 \times 10^6$	$1,5 \times 10^6$
Schrumpfung bei 40 cm langen Stäben,						
in./in.	0,0014	0,0013	0,0012	0,0012	0,0011	0,0008
Schlagfestigkeit in ft. lb./in.	1,04	0,90	0,60	0,70	2,00	1,00
Barcol-Härte	75—80	75—79	83—84	78—79	90—92	88—90
Druckfestigkeit in psi	13400	16600	14600	14500	20000	16500
Lineare Ausdehnung in./ft./in.						
bei 5—21°	$3,08 \times 10^{-5}$	$2,8 \times 10^{-5}$	$3,1 \times 10^{-5}$	$3,9 \times 10^{-5}$	$2,0 \times 10^{-5}$	$2,4 \times 10^{-5}$
bei 21—50°	$3,1 \times 10^{-5}$	$3,5 \times 10^{-5}$	$3,4 \times 10^{-5}$	$4,0 \times 10^{-5}$	$2,2 \times 10^{-5}$	$3,0 \times 10^{-5}$
% H_2O-Aufnahme bei 24 Std.						
Wasserlagerung bei 20—25°	0,163	0,160	0,203	0,380	0,450	0,450

Literatur über die Verwendung von Epoxydharzvorprodukten für Lack- und Anstrichzwecke

1949:

OTT, G. H. (CIBA): *Araldit*-Lackharze für den Oberflächenschutz von Metallen. Schweiz. Arch. **15**, 23 (1949).

OTT, G. H. (CIBA): *Araldit*-Harze als Filmbildner für die Lackindustrie und Elektrotechnik. CIBA-Schrift, $9^1/_2$ Seiten, 13, Abb., 8 Tafeln.

LONG, J. S.: Film Formation, Film Properties, Film Deterioration, J. Oil Colour Chemists' Assoc. **32**, 389 (1949).

1950:

N. N.: *Epon*-resins — new film formers. Paint, Oil Chem. Rev. **113**, 15, 9. 11. 50.

BRADLEY, T. F. (SHELL): Some new developments in drying oil and varnish technology. Official Digest Nov. **1950**, 795.

TESS, R. W., u. C. A. MAY (SHELL): Effect of Polyol variation in tall-oil-ester coatings. Official Digest, Dez. **1950**, 1114.

1951:

N. N.: Synthetasine 100. The Journal of Commerce vom 9. 8. 51, 9.

1952:

WHEELER, R. N.: Some contributions of the petroleum chemical industry in the surface coating field. J. Oil Colour Chemists' Assoc., März **1952**, 107.

N. N.: GENERAL ELECTRIC-Resin R-108. Official Digest, März **1952**, 172.

N. N.: Air Cure *Epon*. Paint, Oil Chem. Rev., 10. 4. 52, 9.

N. N.: Styrenated Esters of Bisphenol-Epichlorhydrin-Condensates (*Epons*). Paint Manufact., Juli **1952**, 267.

SCHEIBLI, J. R., u. H. DANNENBERG (SHELL): Room temperature curing *Epon* coating resins. Official Digest, Juli **1952**, 491.

N. N.: Enamel that bakes itself. Business Week, Juli **1952**, 62.

RUBIN, W.: The kinetics of the fatty acid esterification of poly-alcohols. J. Oil Colour Chemists' Assoc., Aug. **1952**, 418.

HOPPER, T. R.: Epoxide Resins and Coatings. Materials and Methods, Sept. **1952**.

N. N.: Epoxide Resins for coated tunnel models. Br. Pla., Sept. **1952**, 300.

BROWN, R. C.: *Epon*-Resins for surface coatings. J. Forests Products Research Soc., Sept. **1952**, 32.

McNABB, J. W., u. H. F. PAYNE: Styrenation of esters of bisphenol-epichlorhydrin condensates. Ind. Eng. Chem., Okt. **1952**, 2394—2397. Ref. Fette, Seifen einschl. Anstrichmittel, **1953**, 63.

N. N.: *Epon*-Resin Finish. Paint Manufact., Okt. **1952**, 397.

DUNN, P. A.: Industrial stoving finishes based on Ethoxyline Resins. Paint, Oil & Colour J., 31. 10. 52, 988—990, Ref. Fette, Seifen einschl. Anstrichmittel, **1953**, 63.

BAYES, R. E.: Progress report on Epoxy Resins. Paint, Oil Chem. Rev., 20. 11 52., 24—26.

PETKE, F.: Quick specific qualitative test for determination of characteristic components in vehicles or synthetic resins. Official Digest, Nov. **1952**, 731.

PEPPER, R. J., u. R. E. DUNBAR: Permeability and absorption of epoxyfilms. Proc. N. DAkota Acad. Soc., **6**, 45 (1952).

WERNER, A. E. A.: Plastics aid in conservation of old paintings. Br. Pla., **25**, 282, 363 (1952).

TESS, R. W., R. H. JAKOB, u. F. T. BRADLEY (SHELL): Vorträge über styrolisierte Epoxydharze für Lackzwecke auf der Am. Ch. Soc. Tagung in Milwaukee, Wisc. am 30. 3. — 3. 5. 52, Ref. Kunst. **1953**, Heft 5, 195.

N. N.: Über Auskleidungen von Konservendosen mit Epoxydlack. Ch. W., vom 1. 11. 52, 43.

N. N.: Epoxy protects Aluminium. Mod. Pla., Febr. **1952**, 160. Die Lebensdauer von Aluminiummilchkannen wird beträchtlich erhöht, wenn die Innenflächen mit Epoxydharzlacken gestrichen werden, welche einen vollen Schutz gegen die Fettsäuren der Milch gewährleisten. Es werden aus Araldit hergestellte Lacke empfohlen.

N. N.: Progress in *Epons*. Mod. Pla., **1952**, 208—210 (Plastiscope).

N. N.: Über veresterte Epoxydharze für Anstrichzwecke. Paint, Oil Colour J., **122**, 935 (1952). Ref. Fette, Seifen einschl. Anstrichmittel. **55**, Nr. 1,63 (1953).

April: CIBA-Schrift, *Araldit*-Drahtharz 970 BN, 3 Seiten.

April: CIBA-Schrift, *Araldit*-Lackharz 985 E, 5 Seiten.

Nov.: CIBA-Schrift, *Araldit*-Lackharz 985 F, 9 Seiten.

1953:

WHEELER, R. N.: Qualities of Epoxide Resins. Paint Manufact., Jan. **1953**, 20.

N. N.: Rainbow on the wall. Ch. W., 10. 1. 53, 47.

N. N.: Epoxies best for Wurst. Ch. W. 28. 2. 53, 91.

N. N.: The application of Epoxy Resins to metal lithography. Modern Lithography, Jan. **1953**.

HUSCHER, J. L.: Plastics in anticorrosive applications. Chem. Engng., 2. 3. 53, 860.

N. N.: Look out for lever. Ch. W., 28. 3. 53, 60.

KLINE, M.: The year 1952 in review. Mod. Pla., Jan. **1953**, 112.

N. N. (GENERAL MILLS): Progress through research, GENERAL MILLS-Schrift Nr. 3, **1953**.

N. N.: Resistant air-dry line, Paint, Oil Chem. Rev. 23. 4. 53, 48.

N. N.: Amine converted *Epon*-Resin coatings. Canad. Chem. Process., April **1953**, 58.

ERICKS, W. P.: Verwendung von pigmentierten Epoxydharzlacken zum Bemalen von Ostereiern (US 2768093, 16. 1. 53/23. 10. 56, UPSON Co.).

N. N.: Coatings for plant maintenance. Chem. Eng. News, Mai **1953**, 2126.

N. N.: New resin linings give better container protection. Iron Age Magazine, 11. 6. 53.

GARDNER, C.: New developments in driers and additives for the paint industry. Official Digest, Juni **1953**, 350.

N. N.: Harzartige mehrwertige Alkohole für die Herstellung von *Epon*-Estern, Paint, Oil Chem. Rev. 13. 8. 53, 24.

N. N.: Painting with fewer repeats. Food Engng., Nov. **1953**.

STROMBERG, Y.: Epoxyplaster till lacker. Tekn. Tidskr. (schwedisch), Nov. 10. **1953**, 867.

CAREY, J. E.: Recent developments with Epoxy Resins. Mod. Pla., Aug. **1953**, 130.

N. N.: More Epoxy. Mod. Pla., Okt. **1953**, 232.

HOPPER, T. R.: Herstellung von Epoxydharzestern für Anstriche. Amer. Paint J. **1953**, Nr. 6, 9, 10. Ref. Farbe und Lack **1954**, Heft 9, 404.

THIELSCH, H.: Organic Fillers seal defects in metal products. Iron Age. **195**, 118—121, Okt. 1953.

GREENSPAN, F. P., u. R. J. GALL: Epoxy Fatty-Acid-Esters Plasticizers. Ind. Eng. Chem., Dez. **1953**, 2722—2726.

1954:

N. N.: New Epoxy-Primer has high resistance to Alcalis. Materials and Methods, Febr. **1954**.

N. N.: New Aircraft coating for corrosion prevention. Aviation Age, Febr. **1954**.

TESS, R. W., R. H. JACOB u. T. F. BRADLEY (SHELL): Styrenated esters of bisphenol epichlorhydrin condensates. Ind. Eng. Chem., Febr. **1954**, 385—390.

NARRACOTT, E., u. J. NIELSEN (Brit. SHELL): Fettsäureester von Epoxydharzen. Fette, Seifen einschl. Anstrichmittel, Febr. **1954**, 92—96.

N. N.: Referat über Holländisch-Deutsche Tagung der Fachgruppe Körperfarben und Anstrichstoffe in Dürkheim 21.—23. 4. 54, Farbe u. Lack, Juni **1954**, 267—270.

NARRACOTT, E. S.(Brit. SHELL): Die Bedeutung der Epoxydharze für die Lackindustrie. Chem. Rdsch. vom 1. 7. 54, 248.

HIRSCHI, T.: Korrosionsschutzanstriche in Chemiebetrieben. Chem. Rdsch. vom 1. 7. 54, S. 269. Verwendungen von *Epicote*-Harzen.

HOPPER, T. R.: Epoxydharze für Oberflächenschutz, als Ester und in Verbindung mit Harnstoff- oder Phenolharzen. Paint, Oil a. Chem. Rev. **1954**, Nr. 14, 14—18.

SEYMOUR, B. B., u. R. H. STEINER: Verwendung von Epoxydharzen für Lack- und Anstrichmittel. Chem. Eng. **1954**. Nr. 4. 244, 246, 248. 250.

WHEELER, R. N.: Surface coating applications of Epoxide resins, Paint Technol. Dez. **1954**, 131, 135.

DEISENROTH, R. J.: Methods, Materials command equal stature. Epoxydharzlack zum Grundieren von Metall, Steel, 19. 7. 54, 3 Seiten, SHELL-Schrift SC: 54—51.

RODICK, V. F.: New type resin finish. Finish, Okt. **1954**, 3 Seiten.

1955:

CHRIST, E. H.: Epoxy coatings protect copper and brass. Organic Finishing. Aug. **1955**, 2 Seiten, SHELL-Schrift SC: 55—58.

KNIGHT, O. S.: All purpose industrial coating. Maintenance, Aug. **1955**, SHELL-Schrift SC: 55—56.

FORMO, J., u. L. BOLSTAD: Where and howe to use Epoxies. Pla. Engng. Mod. Pla., Juli **1955**, SHELL-Schrift SC: 55—49.

KEEFER, I. C.: Tough plastic coating. Furniture Manufacturer, Juli **1955**, SHELL-Schrift SC: 55—51.

ROWE, R.: Distilled dehydrated Castor Oil Fatty Acids. Paint Technol., März **1955**.

ROPER, J. D.: New Plastic guards tanks against corrosion. Air Conditioning and Heating, Aug. **1955**, SHELL-Schrift SC: 55—52.

BRADLEY, T. F.: Some physical characteristics of Epoxy resin films. J. Oil Colour Chemists' Assoc. 38, Nr. 12, 752—777 (1955), SHELL-Schrift P-429, 47 Seiten.

KORFHAGE, L. (SHELL): Epoxydharzester. Fette Seifen, einschl. Anstrichmittel, Nr. 9, **1955**, 696—702.

GALL, R. J., u. F. P. GREENSPAN (BUFFALO CHEM. CORP.): Epoxy compounds from unsatured fatty acid esters. Ind. Eng. Chem. **1955**, Nr. 1, 147—148.

TESS, R. W. (SHELL): Oleoresinous varnishes from epoxy resins and drying oils, J. Amer. Oil Chemists' Soc., Mai **1955**, 291—295.

WHEELER, R. N.: The properties and applications of Epoxide resins esters. Paint Technol., 19, Nr. 212 und 215, (1955), 8 Seiten.

DUNN, P. A.: Epoxy Resin Finishes. Electroplating and Metal-finishing, März **1955**, 107—112.

SHEELER, R. N.: Über *Epon*-Ester. Paint Technol. **1955**, Nr. 212, 159—163.

THEILE, K., u. P. COLOMB: Die chemischen und physikalischen Eigenschaften von Äthoxylinharzen in Abhängigkeit von ihren Kombinationspartnern. Speziell in Hinblick auf Lacke und Anstrichmittel. Fette, Seifen einschl. Anstrichmittel, **1955**, Nr. 10, 686—691.

1956:

KNECHT, E.: Schutzanstriche aus kalthärtenden Äthoxylinharzen. Chem. Rdsch. vom 1. 3. 56, 88—89.

N. N.: Epoxydharze als Finish auf Phenolharzlack eingebrannt, ergibt Maximum an Alkali-, Säure- und Lösungsmittelbeständigkeit. An der Luft getrocknete mit ungesättigten höheren Fettsäuren veresterte Epoxydharzlacke sind nur begrenzt Lösungsmittel und Chemikalien beständig. Mit Aminen gehärtete Epoxydharzlacke erhalten ihre gute Chemikalienbeständigkeit erst nach einer gewissen Zeit. — Corrosion 12, Nr. 4, 49—52 (1956).

OTT, G. H., u. H. ZUMSTEIN: Epoxydharze und ihr Einsatz in der Kaltverarbeitung. — J. Oil Colour Chemists' Assoc. 39, Nr. 5, 331—345 (1956). — Technisch wichtig ist die Kalthärtung mit Aminoverbindungen, die in 5 verschiedenen Kombinationen dargelegt wird. Aminhärtung setzt H_2O-Festigkeit herab, während Lösungsmittelbeständigkeit verbessert wird. Tertiäre Amine härten durch Polymerisation, sie erfolgt bei 20—220° auch bei 60% Luftfeuchtigkeit.

KEENAN, H. W.: Anwendung von Kombinationen von Epoxydharzen mit Polyamidharzen für Schutzüberzüge. — J. Oil Colour Chemists' Assoc. 39, Nr. 5, 299—313 (1956). — Entscheidend für die Eigenschaften ist das Verhältnis der beiden Harze zueinander. Überragende Vollkommenheit solcher Kompositionen gegenüber den üblichen Alkyd- und Aminharzlacken.

NORTH, A. G.: Epoxydharze. — J. Oil Colour Chemists' Assoc. 39 Nr. 5, 318—330 (1956). — Gebrauch von Co-, Ca- und Mn-Trocknern bei veresterten Bisphenol-A-Epichlorhydrinharzen verkürzt die Luft- und Ofentrocknung. Angabe der Verwendung von Zn- und Ca-Naphthenaten als Befeuchtungsagentien. Gebrauch von Harnstoff- oder Melaminharzen zur beschleunigten Aushärtung. Diese Zusätze vermindern Flexibilität und Haftung auf Metallen, verbessern aber die Alkalienbeständigkeit. Zu niedriges Molgewicht des Epoxydharzes verursacht frühen Glanzverlust, der auch bei großem Überschuß an nicht ausreagierten OH-Gruppen auftritt.

WHEELER, R. N.: Neuere Entwicklungen auf dem Epoxydharzgebiet. — J. Oil Colour Chemists' Assoc. 39, Nr. 5, 346—355 (1956). — Kombinationen mit Styrol verbilligen, bewirken erhöhte H_2O-Beständigkeit aber verschlechterte Lösungsmittelfestigkeit. Konzentrate aus Epoxydharz mit überschüssigem Amin sind zum Härten besonders zu empfehlen, wie auch Mischungen von Polycarbonsäuren und Dicyandiamid. Diskussion über verschiedene Kompositionen mit ihren Vor- und Nachteilen.

KORFHAGE, L.: Neues über Epoxydharzanstriche. — Fette, Seifen einschl. Anstrichmittel, 58, Nr. 3, 186—189 (1956). — Die Herstellung von Lacken verschiedener Art aus veresterten Eponharzen wird beschrieben. Verwendung von Einbrennlacken: für Waschmaschinen, Kühlschränke und andere Metalllacke, von lufttrocknenden Lacken: für Fußbödenlacke oder zum Fugendichten bei Parkett. Für Außenanstriche sind Einbrennlacke beständiger, insbesondere solche, die keine verseifbaren Gruppen enthalten. *Epon*-Harze hohen Veresterungsgrades lassen sich mit Chlorkautschuk kombinieren, wodurch die Haftfähigkeit wesentlich verbessert wird und die hohe Chemikalienbeständigkeit erhalten bleibt.

SARRUT, F.: Les résines d'épichlorhydrine, fabrication, propértiés, usages. Peintures, Pigments Vernis 32, Nr. 11, 964—973 (1956). Ausführlicher Aufsatz für den französischen Leser, der gegenüber den vielen bereits vorliegenden amerikanischen und englischen Schriften über dasselbe Thema nichts Neues bietet.

THEIS, W. T.: How new internal Coatings are proving their worth. Oil Gas J., Febr. 1956, 151—153.

STERNBERG, A. G.: Corrosion protection of steel. Ice cream Rev. 1956, 138—142.

MILLAR, N. S. C.: Epoxydharzanstriche im Vergleich zu Glasemail. Für Haushaltgeräte ist im allgemeinen ein Anstrich mit Glasemail vorzuziehen, da Epoxydharzanstriche schlechtere Wärmebeständigkeit und höheren Abrieb aufweisen, jedoch sind Glasemailüberzüge stoßempfindlicher und führen leichter zum Absplittern. J. of Oil and Colour Chem. Assoc. 40, 6, 487—488 (1957).

CHATFIELD, H. W.: Verbesserung von korrosionsfesten Anstrichen in bezug auf die Hitzebeständigkeit (Verfärbung) durch Verwendung von epoxydierten Ölen. (Paint 27, 1957, Nr. 2. 51.)

Vorträge auf der FATIPEC 1957 in Luzern

LEBBINK, H. O. (FABRIEK VAN COMPOSITIEVERSEN, DELFT): Untersuchungen über das Kreiden von pigmentierten, mit Aminen gehärteten Epoxydharz-Anstrichen.

NORTH, A. G. (CRAY VALLEY PROD. LTD.): Die Beständigkeit von Epoxyd-Polyamid-Systemen.

SCARTABELLI, A. (SALCHI S. P. A., MILANO): Eigenschaften eines Lackbindemittels auf Basis von Epoxydharzen, modifiziert mit Siliconen.

TURNER, R. J., G. SWIFT (SHELL, England): Die Verwendung von Epoxydharzen in der Herstellung modifizierter Alkydharze.

WILDSCHUT, A. J. (BATAAFSCHE): Erfahrungen mit amingehärteten Epoxydharz-Anstrichen in Industrie und Schiffahrt.

Zonsveld, J. J. (Shell, Holland): Lösungsmittelfreie Lacksysteme auf Basis von Epoxydharzen und Aminen.

Technical Bulletins der Shell:

TB SC: 52—31: *Epon*-Resins for Surface Coating, 32 Seiten, viele Bilder und Tabellen.

Shell: Epichlorhydrin-Resins for Surface Coating, ohne Datum und Bezeichnung, roter Kopf, 22 Seiten, Tabellen, Kurven.

Dasselbe in Deutsch durch die Deutsche Shell AG.

TB 55—10: Amine-cured *Epon*-Resin Coating vehicles XA-200, XA-210, XA-211, 8 Seiten.

TB 55—32: *Epon*-Resin Vehicle Formulation XA-201 incorporating experimental *Epon*-Curing Agent C-111, 4 Seiten.

TB SC: 54—46: *Epon*-Resins for Surface Coating, 52 Seiten, viele Bilder und Tabellen, sowie weitere unbezeichnete Shell-Propagandaschriften für Oberflächenschutz.

Epoxydharzklebemittel

Nächst der Verwendung der Epoxydharze für Lacke und Anstrichmittel hat das Gebiet der Klebemittel, insbesondere die Verklebung von Metallen, Wichtigkeit erlangt.

Bei Verleimungen von Metallteilen miteinander kommt ihrer Oberflächenbehandlung erhebliche Wichtigkeit zu, so kann z. B. eine fettige Oberfläche, auch wenn die Fettschicht so dünn ist, daß sie nicht mehr wahrgenommen werden kann, eine zufriedenstellende Verleimung überhaupt in Frage stellen. Auch etwa vorhandenen, wenngleich nur hauchdünnen Oxydschichten ist Beachtung zu schenken und dies vor allem bei Aluminium. Um in jedem Falle bei Aluminium gute Haftung zu gewährleisten, wird von den Aluminium-Walzwerken Singen GmbH.[1] ein Anätzen der Aluminiumoberfläche mittels eines Gemisches, bestehend aus Zinktetraoxychromat, Phosphorsäure, Salicylsäuremethylester und Polyvinylbutyral empfohlen, wobei die organischen Zusätze die Oberfläche von erneuter Oxydation schützen.

Der Aufrauhung der Oberfläche durch Sandstrahlen oder Abschmirgeln wird wegen Vergrößerung der Oberfläche — dieselbe kann bis zum 25fachen Wert erfolgen — und der dadurch bewirkten besseren Verankerungsmöglichkeit allgemein große Bedeutung zugemessen. Es verhält sich aber in Wirklichkeit so, daß dieser Vorteil gegenüber der Qualität des Leimes selbst eine doch nur relativ geringe Rolle spielt. Allgemein wird hierbei ebenso wie bei saugenden Oberflächen der durch das Eindringen des Leimes in die Poren bewirkte Vorteil weit überschätzt.

Die Aufrauhung von Metallen an den Verleimungsflächen birgt andererseits gerade durch die Vergrößerung der Oberfläche erhebliche Gefahren in sich: je rauher die Oberfläche ist, um so mehr hat sie die Neigung, durch Adhäsion Gase oder Dämpfe zu binden, was besonders dann der Fall ist, wenn die Aufrauhung längere Zeit vor der Verleimung vorgenommen wird. Selbst heiß aufgetragene Leime vermögen

---

[1] FP 1118584, 1. 2. 55/7. 6. 56; D.-Pri. 1. 2. 54.

die festhaftenden Gas- oder Dampffilme nicht restlos zu beseitigen, so daß eine mehr oder weniger erhebliche Einbuße an Verleimungsfestigkeit die Folge ist. Daher führen überraschenderweise in manchen Fällen Verleimungen glatter polierter Oberflächen zu Festigkeiten, die denen mit aufgerauhten Oberflächen erhaltenen nicht nur nicht nachstehen, sondern sie sogar übertreffen können.

Die Technik des getrennten Überziehens der zu verklebenden Teile, derart, daß der eine Teil mit dem Harzleim, und der andere mit dem Härter überzogen wird, wird von der Soc. des Vernis Pyrolac[1] empfohlen. Die getrockneten Aufstriche sind haltbar und die Verleimung kann zu jedem beliebigen späteren Zeitpunkt erfolgen. Obgleich dies Verfahren schon seit etwa 20 Jahren durch die Badische Anilin- & Sodafabrik-AG. für ihre Harnstoff-Formaldehyd-Kaurit-Leime für die Verleimung von Holz empfohlen wird, dürfte es das erste Mal sein, daß dies Verfahren auch für Epoxydharzleime beschrieben wird.

Als Vorbedingung für jeden Leim für nichtsaugende Oberflächen muß die unbedingte Erfüllung der Forderung angesehen werden, daß der Leim beim Härten keine flüchtigen Stoffe abspaltet oder sein Volumen merklich verändert.

Weiterhin sind gewisse physikalische Eigenschaften eines Metalleimes von entscheidender Bedeutung, vor allem die Netzfähigkeit. Wohl liegen bei Dünnflüssigkeit und bei höherer Temperatur günstige Netzvorbedingungen vor, d. h. die Möglichkeit, innigen Kontakt mit der Metalloberfläche zu gewinnen, jedoch nützen auch diese Vorteile nichts, wenn der Leim eine zu hohe Oberflächenspannung aufweist. Diese wird dadurch vermieden, daß die chemische Beschaffenheit des Leimes derart gewählt wird, daß viele polare Gruppen vorhanden sind, die sich an seiner Oberfläche konzentrieren und sowohl gute Netzung, als auch feste Haftung bewirken. Diese sekundären, allgemein als van der Waalssche Kräfte bezeichneten Bindungskräfte können in günstigen Fällen so hohe Werte erreichen, daß sie primären Bindungskräften, wie sie in den elektrostatischen Bindungen bei Salzen starker Basen mit starken Säuren, ober bei covalenten Bindungen von C-, H-, O- oder anderen Atomen in chemischen Verbindungen, oder bei den metallischen Bindungen, welche die Atome in einem Metall zusammenhalten, vorliegen, nicht nachstehen.

Die Adhäsionseigenschaften von Epoxydharzen an Metallen sind von N. A. de Bruyne[2] studiert worden unter Verwendung von Polyglycidyläthern von Resorcin und von Bisphenol A mit Phthalsäureanhydrid als Härter. Um einen Einblick in die atomaren und molekularen elektrischen Felder der Harz-Metallgrenzschicht zu erhalten, wird das dielektrische Verhalten sowie die Abhängigkeit der Filmeigenschaften vom Hydroxylgruppengehalt und vom Molekulargewicht untersucht. Zahlreiche graphische Darstellungen zeigen an, daß die Klebstoffwerte parallel mit dem Hydroxylgruppengehalt ansteigen. Gleichzeitig steigt

---

[1] FP 1115070, 24. 11. 54/19. 4. 56.
[2] de Bruyne, N. A.: J. appl. Chem. **6**, Nr. 7, 303—310 (1956).

die Schrumpfung des Harzes beim Härten an. Wie Messungen der Harzabsorption an Aluminiumfolien, erweisen, findet eine besonders innige Verankerung der Harz–OH-Gruppe an der polaren Aluminiumoberfläche statt.

Schließlich ist das Verhalten des gehärteten Leimes bei Temperaturschwankungen ausschlaggebend für die Haftfestigkeit auf Metallen. Da der Ausdehnungskoeffizient eines Metalls ein Vielfaches desjenigen eines Kunstharzes ist, würde ein solches, das im Endzustand eine harte unveränderliche Masse darstellt, etwa wie anorganische Materialien, Glas oder Stein, beim Erwärmen die Ausdehnung und Zusammenziehung des Metalls nicht mitmachen können und abspringen. Daher muß jedes Kunstharz, das als Metalleim Verwendung finden soll, die Eigenschaft aufweisen, bei steigender Temperatur um ein Geringes gerade so viel zu erweichen, daß es sich in sich selbst auf der sich ausdehnenden Unterlage verschieben kann. Anders liegt es beim Abkühlen: da hierbei die Härte des Harzes zunimmt, und früher oder später zur Sprödigkeit führen muß, kann nur die innere Elastizität bewirken, daß der Zusammenziehung des Metalls ohne Lockerung der Verleimung gefolgt wird.

Kürzlich wurde durch K. F. Hahn[1] beobachtet, daß die Festigkeit von Klebverbindungen durch mechanische Schwingungen, wie sie die Frequenzen aus dem Schall- und Ultraschallbereich darstellen, günstig beeinflußt wird. Die Einwirkung der Schwingungen hat innerhalb der Härtungszeit zu erfolgen und braucht nur einen minimalen Zeitabschnitt anzudauern. Zum Beispiel kann die normale Bruchlast von 750 kg bei mit Epoxydharz verleimten Streifen einer Aluminiumlegierung durch 80 Sekunden Beschallung auf 820 kg und durch 3 Minuten Beschallung auf 960 kg erhöht werden, was einer Festigkeitserhöhung von 27% entspricht.

Den physikalischen und chemischen Werten eines Leimes, vor allem eines solchen, der Metalle oder andere nicht saugende Oberflächen miteinander verbinden soll, kommt eine derart entscheidende Wichtigkeit zu, daß ein Studium der Grundlagen der Verleimung überhaupt erst die Voraussetzung dafür bildet, mit Erfolg auf diesem Gebiete zu arbeiten.

Epoxydharze bilden bei geeigneter Zusammensetzung die Möglichkeit zur Herstellung von Metall-Leimen von einer bisher noch nicht erreichten Hochwertigkeit, die nur in etwa der gleichen Größenordnung durch die Polyisocyanatleime erreicht wird. Es ist daher verständlich, daß auf diesem Verwendungsgebiet besonders viele Arbeiten vorliegen, nachdem schon 1938 P. Castan in seinem ersten Patent, Schwz. P. 211 116 mit dem die Klasse der Epoxydharze begründet wird, darauf hingewiesen hat, daß das von ihm bereitete Harz „außerordentlich gut an Glas, Porzellan und Metallen haftet".

Etwa zur selben Zeit werden Umsetzungsprodukte von Epoxydverbindungen, die nicht als eigentliche Epoxydharze bezeichnet werden können, für Verleimungszwecke empfohlen, nämlich:

---

[1] D. Anm. I 10710, 27. 9. 55, Institut Werkstoffkunde T. H. Hannover.

Von HENKEL & CIE. in BP 500300, 20. 8. 37; D.-Pri. 28. 7. 36. Umsetzungsprodukte von Äthylenoxyd mit zweibasischen Carbonsäureanhydride, und von der BADISCHEN ANILIN- & SODAFABRIK-AG. in FP 884271, 17. 9. 42; D.-Pri. 2. 8. 41. Umsetzungsprodukte von Aminoepoxydverbindungen (hergestellt durch Umsetzen von Epichlorhydrin oder Butenoxyden mit Ammoniak oder Aminen) mit Alkoholen, Carbonsäuren, Aminen, Amiden, Glucose, Polyacrylsäure usw.

Zur besseren Übersicht der auf dem Epoxydharzgebiet erfolgten Arbeiten von Leimkompositionen wird das gesamte Material in die folgenden Gruppen eingeteilt:

Gruppe 1: Epoxydharze ohne besondere Kennzeichen,

Gruppe 2: Epoxydverbindungen mit Carbon- oder Sulfonsäuren als Veresterungs- oder Vernetzungskomponente,

Gruppe 3: Kombination von Epoxydverbindungen mit Polyestern,

Gruppe 4: Stickstoffhaltige Epoxydverbindungen oder Kombinationen von Glycidyläthern mit stickstoffhaltigen Verbindungen,

Gruppe 5: Epoxydverbindungen mit polymerisierfähigen Gruppen oder im Gemisch mit Verbindungen, die solche Gruppen enthalten,

Gruppe 6: Kombination von Polyglycidyläthern mit Phenol-Formaldehyd-Vorkondensaten oder Umsetzung der letzteren mit Epichlorhydrin zu Polyglycidyläthern,

Gruppe 7: Schwefelhaltige Epoxydkompositionen,

Gruppe 8: Epoxydverbindungen kombiniert mit Siliconen,

Gruppe 9: Epoxydverbindungen mit diversen Zusätzen.

In der folgenden Zusammenstellung, die in den einzelnen Gruppen chronologisch angeordnet ist, werden die zumeist in Patenten niedergelegten Arbeiten angeführt, die zu Verbindungen geführt haben, deren Verwendung als Leim entweder angegeben oder nach Art der Komposition als möglich erscheint. Über die Qualität werden im allgemeinen keine Angaben gemacht, nur in wenigen Fällen werden Festigkeitswerte angegeben. Es läßt sich hierbei nicht vermeiden, daß Produkte, die sich auch als Lacke oder Anstrichmittel eignen, hier nochmals zitiert werden, was wegen der Vollständigkeit der Übersicht als notwendig, wegen der Kürze der Darstellung aber als unbedenklich erscheint.

Anschließend an Gruppe 8 werden die in einigen Patentschriften oder anderen Veröffentlichungen angeführten Festigkeitswerte von Metallverleimungen — sofern erforderlich, auf kg/cm² umgerechnet — im Vergleich miteinander in einer Tabelle angeführt. Diese Zahlen sind wohl instruktiv, jedoch darf man ihnen keinen absoluten Wert beimessen, da man sich vergegenwärtigen muß, daß der Vorbehandlung des Metalls vor der Verleimung immerhin eine gewisse Wichtigkeit beizumessen ist und in vielen Fällen hierüber nichts ausgesagt wird.

Gruppe 1: Epoxydharze ohne besondere Kennzeichen

2. 11. 45. US 2592560, DEVOE & RAYNOLDS: Umsetzungsprodukte polymerer aliphatischer Polyglycidyläther mit Bisphenol A.

19. 7. 46. Schwz. P. 262480, CIBA: Polymere Bisphenol-A-Glycidyläther ohne Zusätze, wobei das Metall als Härter wirkt.

11. 6. 47. US 2538072, Devoe & Raynolds: Polymere Polyglycidyläther erhalten durch Umsetzen von Epichlorhydrin mit mehrwertigen aliphatischen Alkoholen.

11. 6. 47. US 2512996, Devoe & Raynolds: Verwendung polymerer Polyglycidyläther, die durch Umsetzen von Epichlorhydrin mit ungesättigten Alkoholen mit höchstens 8 C-Atomen mit anschließender Copolymerisation mit anderen ungesättigten Verbindungen, erhalten werden.

21. 4. 48. US 2506486: Union Carbide & Carbon Corp.: Verwendung von polymeren aromatischen Polyglycidyläthern, die durch Umsetzen von Epichlorhydrin mit Bisphenolen der verschiedensten Art erhalten werden.

29. 4. 49. US 2528932, Shell: Gemisch von flüssigen und festen polymeren Bisphenol-A-Glycidyläthern.

29. 4. 49. US 2528933 u. 2528934, Shell: Gemisch aus polymeren Bisphenol-A-Glycidyläthern verflüssigt mit Monoepoxydverbindungen und Zusatz amphoterer Metalloxyde.

13. 11. 50. US 2609357, Rohm & Haas: Verätherungsprodukte von Cyclopentadienyldiepoxyd mit Glykolen, die mit Polycarbonsäuren mit 3—6 Carboxylgruppen verestert werden.

31. 12. 51. US 2 712 000, Devoe & Raynolds: Chlorhaltige polymere Bisphenol-A-Glycidyläther.

17. 1. 52. BP 716810, Dunlop Rubber Co. Ltd.: Zum Verkleben von Stahl mit Kautschuk wird eine Epoxydharzschicht (*Araldit* 101 oder 985 oder *Araldit*-Gießharz D) auf Stahl mit einer Zwischenschicht von Polyisothiocyanat unter Druck mit Kautschuk vulkanisiert.

25. 2. 52. US 2682514, Shell: Komposition, bestehend aus polymeren Bisphenol-A-Glycidyläthern mit epoxydierten ungesättigten höheren Fettsäureestern unter Zusatz von Säure- oder Diaminhärtern.

8. 4. 52. US 2668807, Devoe & Raynolds: Verwendung höhermolekularer polymerer Bisphenol-A-Glycidyläther, die durch Umsetzen von niedermolekularen Bisphenol-A-Glycidyläthern mit Bisphenol A gewonnen werden.

2. 6. 52. US 2783214, Cordo Chem. Corp.: Verwendung von mit Gemischen von Triäthanolamin und Triäthylentetramin gehärteten niedermolekularen Monoepoxydverbindungen unter Zusatz von chlorierten Verbindungen als Härtebeschleuniger.

5. 7. 52. US 2682515, Shell: Komposition, bestehend aus einem Gemisch flüssiger und fester polymerer Bisphenol-A-Glycidyläther mit epoxydiertem Sojaöl unter Zusatz von Säure- oder Diaminhärtern.

17. 10. 52. US 2694694, Devoe & Raynolds: Verwendung höhermolekularer polymerer Bisphenol-A-Glycidyläther, die durch Umsetzen von Epichlorhydrin mit Bisphenol A unter Druck hergestellt werden.

21. 10. 52. US 2698315, Devoe & Raynolds: Diglycidyläther von p,p'-Diphenol.

21. 10. 52. US 2731444, Devoe & Raynolds: Umsetzungsprodukte von polymeren Bisphenol-A-Glycidyläthern mit mehrwertigen aliphatischen Alkoholen.

3. 12. 52. D. Anm. C 6757, CASSELLA FARBWERKE MAINKUR A. G.: Umsetzungsprodukte von Mono- oder Diglycidylestern (hergestellt nach D. Anm. C 6756) mit Polyaminen.

28. 4. 53. FP 1080 742; Schwz.-Pri. 30. 4. 52 u. 16. 4. 53, CIBA: Gemisch aus flüssigem polymerem Bisphenol-A-Glycidyläther mit Dibutylphthalat, Füllmitteln und Triäthylentetramin als Härter.

3. 7. 53. FP 1083 692; US-Pri. 5. 7. 52, BATAAFSCHE: Gemisch von polymerem Bisphenol-A-Glycidyläther vom Erweichungspunkt 100° mit 5—10% eines solchen vom Erweichungspunkt 120—150° unter Zugabe eines Verflüssigungsmittels, bestehend aus epoxydiertem Sojaöl oder Furfurol, Diglycidäther, Polyallylglycidylpolyäther od. dgl. Als Härter werden Salze von Dimethyläthanolamin mit niedrigen Fettsäuren angewandt.

31. 8. 53. US 2 732 367, SHELL: Komposition aus polymeren Bisphenol-A-Glycidyläthern mit dem Monophenylester der phosphorigen Säuren.

22. 3. 54. FP 1097 112; Schwz.-Pri. 25. 3. u. 4. 3. 53, CIBA: Umsetzungsprodukte von Epichlorhydrin mit Alkoholen mit 2—4 Hydroxylgruppen.

19. 3. 54. FP 1109 407; US-Pri. 26. 3. 53, COMP. THOMSON-HOUSTON: Komposition von polymeren Bisphenol-A-Glycidyläthern mit Schellack.

31. 3. 54. FP 1098 831; US-Pri. 6. 4. 53; DEVOE & RAYNOLDS: Umsetzungsprodukte von Epichlorhydrin mit Bisphenol A in Gegenwart von Erdölfraktionen, welche den gebildeten Glycidyläther lösen.

31. 3. 54. BP 754 744; US-Pri. 2. 10. 53, CONTINENTAL CAN COMP. INC.: Zum Verschluß von Blechnähten von Konservendosen oder Kanistern machen Epoxydharze, welche schon den Härter enthalten, Schwierigkeiten. Die Verklebung erfolgt aber leicht, wenn Epoxydharz und Härter getrennt auf die Klebsäume gebracht werden und dann heiß verpreßt wird.

30. 4. 54. FP 1106 304; B.-Pri. 1. 5. 53, BRITISH CIBA LTD.: Umsetzungsprodukte von Epichlorhydrin mit Bisphenolen, die durch Kondensation von Phenol mit Divinylbenzol entstanden sind.

21. 7. 54. FP 1109 472; US-Pri. 21. 7. 53, BATAAFSCHE: Gemisch aus 80% Acetylcellulose und 20% eines niedermolekularen polymeren Bisphenol-A-Glycidyläthers.

13. 11. 54. Belg. P. 533 294; US-Pri. 13. 11. 53, BATAAFSCHE: Umsetzungsprodukte von Epichlorhydrin mit Kondensationsprodukten von Aceton und Formaldehyd unter Bildung von Polyglycidyläthern.

25. 2. 56. Belg. P. 545 569; D.-Pri. 25. 2. 55, HOECHST: Kombination von polymeren Bisphenol-A-Glycidyläthern mit Polyvinylalkoholen zu stabilen Dispersionen unter Zusatz eines Xylol-Formaldehydvorkondensates.

22. 11. 54. US 2 795 523, GENERAL MOTORS CORP.: Verwendung von Epoxydharzvorprodukten zum Ausbessern beschädigter Metallblechverkleidungen von Automobilen, wobei Bleche miteinander verschweißt und Löcher ausgefüllt werden können.

24. 6. 55. D. Anm. B 36252, BADISCHE ANILIN- & SODAFABRIK-AG.: Verwendung von Glycidyläthern von oxäthyliertem Bisphenol A.

15. 11. 55. D. Anm. D 21700; US-Pri. 17. 11. 54, Dow CORNING Co.: Verwendung von polymeren 3,3,3-Trifluor-1,2-epoxypropanen.

Gruppe 2: Epoxydverbindungen mit Carbon- oder Sulfonsäuren als Veresterungs- oder Vernetzungskomponente

18. 7. 45. Schwz. P. 251647, CIBA: Polymere Bisphenol-A-Glycidyläther + Anhydride mehrbasischer Carbonsäuren, gegebenenfalls im Gemisch mit Dicyandiamid. Es kann ein Teil des Härters bereits im Harz vorkondensiert werden.

19. 7. 46. Schwz. P. 262479, CIBA: Flüssige Klebmittel aus niedermolekularen Bisphenol-A-Glycidyläthern + flüssige Härter (Polyamine) oder + feste Härter (Polycarbonsäureanhydride, Dicyandiamid) im Gemisch mit hochsiedenden Verdünnungsmittel (Dibutylphthalat, Trikresylphosphat).

12. 12. 46. Öster. P. 167091; Schwz.-Pri. 13. 7. 45 u. 28. 5. 46, CIBA: Komposition aus polymeren Bisphenol-A-Glycidyläthern + Polycarbonsäureanhydride unter Zusatz von Dicyandiamid, sowie gegebenenfalls mit den folgenden Zusätzen: Bisphenolsulfone, Phthalimid, Metallpulver, Oxydationsmittel, Faserstoffe, evtl. auch Phenole oder Polyamine als Härter.

26. 10. 50. D. Anm. D 7193, DYNAMIT AG.: Komposition, bestehend aus Veresterungsprodukten polymerer Bisphenol-A-Glycidyläther und Mischpolymeren aus Maleinsäureanhydrid und Vinylverbindungen.

20. 1. 51. DP 900751, DYNAMIT AG.: Veresterungsprodukte von polymeren Bisphenol-A-Glycidyläthern mit Ketodilactonen.

11. 8. 51. DP 915866, HENKEL & CIE: Umsetzungsprodukte von Oxacyclobutanverbindungen mit Dicarbonsäuren, Diaminen oder Diamiden.

8. 10. 51. D. Anm. H 9989, HENKEL & CIE.: Veresterungsprodukte aliphatischer Polyglycidyläther mit niedermolekularen dibasischen Carbonsäuren.

9. 10. 51. DP 912503, HENKEL & CIE: Umsetzungsprodukte von Verbindungen, die einen oder zwei Oxacyclobutanringe im Mol enthalten, mit Dicarbonsäureanhydriden.

21. 10. 51. DP 931130, HENKEL & CIE: Polymerisationsprodukte von teilweise verätherten Verbindungen, welche einen Oxacyclobutanring und eine Hydroxylgruppe enthalten.

19. 9. 52. FP 1075180; D.-Pri. 8. 10. 51 u. 14. 8. 52, HENKEL & CIE: Veresterungsprodukte von Methylol-chlormethyloxacyclobutan mit zweibasischen Carbonsäuren.

26. 9. 52. D. Anm. H 13964, HENKEL & CIE.: Verwendung von Estern mehrbasischer Carbonsäuren (Phthalsäure, Maleinsäure, Adi-

pinsäure) mit Epoxydalkoholen (Glycid, Phenylglycidäther, 4-Oxy-butylen-1,2-oxyd, Anhydropentosen, Anhydrohexosen, Oxymethyl-oxacyclobutan und Oleylalkohol-9,10-epoxyd) unter Verwendung von Polyaminen oder von Kondensationsprodukten von Polyaminen mit Dicyandiamid als Härter.

17. 11. 52. D. Anm. H 14502, Henkel & Cie: Polymere ungesättigte Dicarbonsäurediglycidylester.

27. 3. 53. BP 730505; US-Pri. 29. 3. 52, Bataafsche: Verätherungs-produkte von mehrwertigen aliphatischen Alkoholen mit epoxyd-gruppenhaltigen Veresterungsprodukten niedermolekularer Bisphenol-A-Glycidyläther mit niedermolekularen Carbonsäuren.

26. 4. 53. DP 935433, Henkel & Cie: Glycidylester von Sulfon-säuren.

25. 8. 53. FP 1086934; D.-Pri. 20. 9. 52, Henkel & Cie: Diglycidyl-ester zweibasischer Carbonsäuren.

21. 9. 53. Belg. P. 522930; D.-Pri. 26. 9. 52, Henkel & Cie: Ge-mische von Diglycidylester zweibasischer Carbonsäuren mit Dicyan-diamid und Diäthylentriamin.

1. 10. 53. FP 1088704; D.-Pri. 3. 11. 52; Henkel & Cie: Vereste-rungsprodukte von hydroaromatischen Diepoxyden (Dicyclohexyl-propandiepoxyd) mit mehrbasischen Carbonsäuren.

1. 10. 53. US 2801232, Amer. Cyanamid Co.: Gemisch aus einem Dicarbonsäureanhydrid (Phthalsäureanhydrid) mit dem Reaktions-produkt eines Diglycidylesters (Diglycidylphthalat) mit einem Diol mit 4—12 Kohlenstoffatomen (1,5-Pentandiol), dessen Menge etwa doppelt so groß sein soll als diejenige des Diglycidylesters.

24. 3. 54. D. Anm. C 9089, Chem. Werke Albert: Umsetzungs-produkte der Bisphenol-A-Dinatriumverbindung mit Chloressigsäure zu der Dicarbonsäure und Verestern derselben mit Epichlorhydrin zu dem Diglycidylester.

30. 7. 54. D. Anm. H 21 012, Henkel & Cie: Verwendung von Di-glycidylestern von Dicarbonsäuren, die durch Umsetzen ihrer Alkali-salze mit Epichlorhydrin gewonnen werden.

Gruppe 3: Kombination von Epoxydverbindungen mit Polyestern

31. 7. 50. DP 863411; Schwz.-Pri. 12. 8. 49 u. 5. 7. 50, Ciba: Um-setzungsprodukte von polymeren Bisphenol-A-Glycidyläthern mit Polyestern, mit einer Kette von 24 Gliedern und 2 endständigen Carb-oxylgruppen.

31. 10. 51. US 2683131, General Electric: Kompositionen aus niedermolekularen Bisphenol-A-Glycidyläthern und niedermolekularen Polyestern (z. B. aus Adipinsäure und Glykol).

31. 10. 51. US 2691007, General Electric: Kompositionen, be-stehend aus polymeren Bisphenol-A-Glycidyläthern und ungesättigten Polyestern (aus Glykolen und ungesättigten Dicarbonsäuren).

31. 10. 51. US 2691004, GENERAL ELECTRIC: Kompositionen, bestehend aus polymeren Bisphenol-A-Glycidyläthern und ölmodifizierten Polyestern (Glycerinmonoricinoleat + gesättigte Dicarbonsäuren.)

1. 11. 51. D. Anm. S 25452, SIEMENS-SCHUCKERT AG: Komposition, bestehend aus einem polymeren Bisphenol-A-Glycidyläther und einem Polyester mit geringem Gehalt an polymerisationsfähigen Doppelbindungen (z. B. aus Adipinsäure, Maleinsäure und Trimethylolpropan).

1. 10. 52. FP 1068087, COMP. THOMSON-HOUSTON: Kombination von einem polymeren Bisphenol-A-Glycidyläther mit dem Erweichungspunkt 100—105° mit einem sauren Polyester (aus Adipinsäure + Glykol).

3. 12. 52. FP 1067401, NATIONAL RESEARCH Co: Umsetzungsprodukte von polymeren Bisphenol-A-Glycidyläthern mit einem sauren Polyester mit anschließender Nachbehandlung mit einem Diisocyanat.

17. 12. 52. FP 1067766, NATIONAL RESEARCH Co: Umsetzungsprodukte von verestertem polymerem Bisphenol-A-Glycidyläther mit einem Diisocyanat.

11. 3. 53. FP 1077610; B.-Pri. 11. 3. 52, BRITISH CIBA LTD.: Kompositionen, bestehend aus einem polymeren Bisphenol-A-Glycidyläther, einem Polyester (aus ungesättigten Dicarbonsäuren und Glykolen) und einer polymerisierbaren Komponente (Styrol, Divinylbenzol usw.) oder Methylol-Melaminallyläther.

16. 6. 53. D. Anm. J 7358, JEDLICKA, H.: Kombination von polymeren Bisphenol-A-Glycidyläthern mit Polyäthylen.

6. 10. 54. FP 1112513; US-Pri. 8. 10. 53, BATAAFSCHE: Gemisch aus 20—95 Teilen polymerem Bisphenol-A-Glycidyläther mit 80 bis 5 Teilen eines Polyesters aus 2—3wertigen Alkoholen und Mono- bzw. Dioxycarbonsäuren mit 12—22 C-Atomen (Ricinusöl) in Gegenwart von 5% Piperidin.

Gruppe 4: Stickstoffhaltige Epoxydverbindungen oder Kombinationen von Glycidyläthern mit stickstoffhaltigen Verbindungen

23. 11. 38. US 2319876, CELANESE CORP. OF AMERICA: Verwendung eines Gemisches von 125 Teilen eines Umsetzungsproduktes aus äquimolekularen Mengen von Bisphenol A, p-Toluolsulfamid, Glycerindichlorhydrin und Natronlauge, 100 Teilen Acetylcellulose, 30 Teilen Triacetin, 300 Teilen Methyläthylketon und 100 Teilen Aceton zum Kleben von Gegenständen aus Acetylcellulose und anderen Kunststoffen sowie von Leder.

8. 10. 40. US 2276231, AMERICAN CYANAMID Co.: Verwendung von Umsetzungsprodukten von 1 Mol Monoalkylolcyanamid mit 2 Mol mehrbasischer Carbonsäure.

8. 3. 46. US 2510886, DEVOE & RAYNOLDS: Umsetzungsprodukte aus Diepoxyden (Diglycidäther, Glycerinpolyglycidyläther, Bisphenolglycidyläther) mit Monocarbonsäureamiden (Acetamid, Harnstoff, Sojafettsäureamid u. dgl.)

8. 3. 46. US 2510885, DEVOE & RAYNOLDS: Umsetzungsprodukte von Diglycidyläthern von Bisphenolen verschiedener Art mit basischen aminogruppenhaltigen Verbindungen.

10. 4. 46. US 2528359 u. 2528360, DEVOE & RAYNOLDS: Kombination von höhermolekularen polymeren Bisphenol-A-Glycidyläthern mit butylierten Harnstoff- oder Melamin-Formaldehyd-Vorkondensaten.

4. 9. 46. US 2511913, DEVOE & RAYNOLDS: Kombination von höhermolekularen polymeren Bisphenol-A-Glycidyläthern mit schmelzbaren Kondensationsprodukten von Formaldehyd mit Anilin, Naphthylamin oder Phenylendiamin.

25. 10. 46. Schwz. P. 264818, CIBA: Bei gewöhnlicher Temperatur härtendes, flüssiges Metallklebmittel, bestehend aus polymerem Bisphenol-A-Glycidyläther + flüssige, nicht flüchtige Härter (Kondensationsprodukt aus Triäthylentetramin und Dicyandiamid unter NH_3-Abspaltung) + Dibutylphthalat.

29. 2. 48. D. Anm. p 27916; Schwz.-Pri. 25. 10. 46 u. 30. 7. 47, CIBA: Flüssige Metallklebmittel, bestehend aus polymerem Bisphenol-A-Glycidyläther + Verdünnungsmittel (Dibutylphthalat, Trikresylphosphat) und flüssige Polyamine (Triäthylentetramin), wobei Härtung bei gewöhnlicher Temperatur erfolgt.

16. 4. 48. US 2643244, LIBBY-OWENS-FORD GLASS Co: Umsetzungsprodukte von Epichlorhydrin mit aromatischen Mono- oder Disulfonamiden zu Glycidylderivaten.

7. 5. 48. US 2671771, ALLIED CHEM. & DYE CORP.: Umsetzungsprodukte aromatischer Disulfonamide mit Epichlorhydrin zu Diglycidylverbindungen.

26. 7. 48. US 2575558, SHELL: Komposition, bestehend aus einem polymerem Bisphenol-A-Glycidyläther vom Erweichungspunkt 100°, einem polymeren Glycerinpolyglycidyläther, einem hochsiedenden Monoglycidyläther (Phenylglycidyläther) und einem sekundären oder tertiärem Amin.

15. 6. 49. DP 895833; Schwz.-Pri. 5. 7. u. 5. 7. 48 sowie 25. 5. 49, CIBA: Veresterungsprodukte polymerer Bisphenol-A-Glycidyläther mit mehrwertigen Carbonsäuren und Dicyandiamid im Gemisch mit verätherten Harnstoff- oder Melamin-Formaldehyd-Vorkondensaten.

27. 10. 49 DP 810814 sowie 30. 1. 50. DP 865209, DYNAMIT AG: Durch Umsetzen von Epichlorhydrin mit aliphatischen oder aromatischen am Stickstoff monosubstituierten Mono- oder Disulfonsäureamiden gewonnene Glycidylderivate.

26. 6. 50. DP 889345; US-Pri. 5. 7. 49, BATAAFSCHE: Komposition, bestehend aus Gemischen von 50—100% polymerem Bisphenol-A-Glycidyläther, 50—0% polymerem Glycidyläther mehrwertiger Alkohole und 7—25% Benzyldimethylamin.

21. 11. 50. US 2548447, SHELL: Mit Nitrilen (Aceto-, Acryl-, Adipinsäuredinitril usw.) verflüssigte polymere Bisphenol-A-Glycidyläther mit Zusatz von Triäthylamin.

19. 1. 51. DP 900751, DYNAMIT AG.: Umsetzungsprodukte aliphatischer oder aromatischer, am Stickstoff monosubstituierter Mono- oder Disulfonsäureamide mit Epichlorhydrin zu Glycidyläthern.

26. 2. 51. US 2631138 u. 2643243 sowie 21. 9. 51. US 2687397, SHELL: Gemische aus polymeren Bisphenol-A-Glycidyläthern vom Molgewicht 1200—4000 mit butylierten Harnstoff-Formaldehyd-Vorkondensaten und dem Aminsalz einer Sulfonsäure.

25. 5. 51. FP 1066036; US-Pri. 27. 5. 50, KOPPERS Co.: Kombination von polymeren Bisphenol-A-Glycidyläthern mit Anionenaustauschharzen (Formaldehyd-Kondensationsprodukte mit Anilin, Melamin, Äthylendiamin oder anderen Aminoverbindungen).

7. 8. 51. US 2642412, SHELL: Kombination von polymeren Bisphenol-A-Glycidyläthern mit speziellen Diaminen (N,N-Dimethyl-1,3-propylendiamin oder 2,4-Diamino-2-methylpentan).

3. 10. 51. US 2681901, SHELL: Komposition von polymeren Bisphenol-A-Glycidyläthern mit fettsauren Salzen von tertiären Aminen [Benzyldimethylamin oder 2,4,6-Tri-(dimethylaminomethyl)-phenol], derart, daß pro Epoxydgruppe 0,07—0,3 Amino-N-Atome zugegen sind (D. Anm. N 6171).

17. 3. 52. US 2712001, DEVOE & RAYNOLDS: Umsetzungsprodukte polymerer Glycidyläther zweiwertiger Phenole mit p-Toluolsulfamid.

17. 3. 52. US 2713569, DEVOE & RAYNOLDS: Umsetzungsprodukte polymerer Glycidyläther von Bisphenolen verschiedener Art mit Harnstoff.

26. 1. 53. FP 1074043; B.-Pri. 5. 2. 52, BRITISH RESIN PROD.: Gemisch aus etwa 1 Teil polymerem Bisphenol-A-Glycidyläther mit 2 Teilen verätherten oder nicht verätherten Harnstoff- oder Melamin-Formaldehyd-Vorkondensaten.

9. 3. 53. FP 1075563; US-Pri. 11. 3. 52, US 2706223, GENERAL MILLS: Gemische von polymeren Bisphenol-A-Glycidyläthern mit Polyamiden, saurer oder basischer Art in verschiedenen Mengenverhältnissen.

10. 4. 53. FP 1079957, D.-Pri. 12. 4. 52, CASSELLA FARBWERKE MAINKUR: Polymere Glycidyläther von N-Polyoxybenzylverbindungen von Aminen, Amiden (Harnstoff), cyclischen Diiminoverbindungen, Aminotriazinen u. dgl., für sich allein oder im Gemisch mit Dicarbonsäureanhydriden oder Polyaminen.

28. 4. 53. FP 1080742; Schwz.-Pri. 30. 4. 52 u. 16. 4. 53, CIBA: Gemisch von flüssigen polymeren Bisphenol-A-Glycidyläthern mit Dibutylphthalat, Füllmitteln und Triäthylentetramin.

27. 11. 53. FP 1091108, COMP. THOMSON-HOUSTON: Gemisch von polymeren Bisphenol-A-Glycidyläthern mit Triallyl-2,4,6-Triazin.

19. 7. 54. FP 1110821; US-Pri. 21. 7. 53, WESTINGHOUSE ELECTRIC: Gemische von polymeren Bisphenol-A-Glycidyläthern mit Piperidinfluorborat.

4. 4. 55. Belg. P. 537075; Schwz.-Pri. 5. 4. 54; CIBA: Stabile Öl-in-Wasser-Emulsion von Harnstoff-Formaldehyd-Butanolvorkondensat mit einer aliphatischen Kohlenwasserstoff-Fraktion mit Polyäthylenglykol als Emulgator.

Ohne Datum (etwa 1955). Belg. P. 538465; Schwz.-Pri. 26. 5., 12. 7., 23. 8. u. 24. 8. 1954, CIBA: Umsetzungsprodukte von Formaldehyd mit Harnstoff oder Melamin mit Epichlorhydrin unter Bildung von Glycidylderivaten und unter Quaternierung von einem oder mehreren N-Atomen.

10. 5. 55. Belg. P. 538048, POLAROID Co.: Umsetzungsprodukte von Polyamiden verschiedener Art mit Äthylenoxyd.

4. 8. 55. D. Anm. C 11656; Schwz.-Pri. 10. 8. 54 und 19. 7. 55, CIBA: Verwendung von polymeren Bisphenol-A-Glycidyläthern, die als Härter, Polyamide aus dimeren Fettsäuren und Alkylenpolyaminen, bzw. diese letzteren allein enthalten.

Gruppe 5: Epoxydverbindungen mit polymerisierfähigen Gruppen oder im Gemisch mit Verbindungen, die solche Gruppen enthalten

7. 12. 43. US 2450234, SHELL: Polyadditions- und/oder Polymerisationsprodukte von Allylglycidyläther.

15. 6. 46. US 2476922, SHELL: Umsetzungsprodukte von Epichlorhydrin mit Bisphenol-A-Diallyläther.

25. 3. 47. US 2464753, SHELL: Verwendung des gemischten Bisphenol-A-Allylglycidyläthers.

2. 5. 47. US 2556048, Dow CHEM. Co.: Copolymerisationsprodukte von Vinylidenchlorid mit Epoxydverbindungen verschiedenen Molgewichtes.

19. 6. 48. US 2556075, AMER. CYANAMID Co.: Polyadditions- und/oder Polymerisationsprodukte von Glycidylestern ungesättigter Säuren (Glycidylacrylat, -methacrylat, -crotonat u. dgl.).

11. 5. 49. US 2543419, ROHM & HAAS: Verwendung epoxydierter Bis-exodihydro-dicyclopentadienyl-glykoläther.

16. 2. 50. US 2687405, DU PONT: Copolymerisationsprodukte von Allylglycidyläther und Estern ungesättigter Säuren.

6. 4. 50. US 2668156, NATIONAL STARCH Co.: Umsetzungsprodukte von Stärke mit ungesättigten Epoxydverbindungen (Butadienmonoxyd).

31. 5. 51. US 2604457 u. 2604464, CANADIAN IND. LTD.: Umsetzungsprodukte von Di- oder Polyepoxydverbindungen (polymere Bisphenol-A-Glycidyläther) mit Copolymeren von Styrol mit anderen ungesättigten Verbindungen, die mit Trimethyl-benzyl-ammoniumacetat gehärtet werden.

27. 7. 51. BP 722258; US-Pri. 31. 7. 50, DU PONT: Mischpolymere aus Allylglycidyläther oder Glycidylacrylat mit Styrol, Vinylacetat oder Vinylchlorid.

29. 1. 52. US 2665266, HARVEL CORP.: Umsetzungsprodukte von Epichlorhydrin mit Kondensationsprodukten aus Phenol mit einem Phenol mit ungesättigten Seitenketten zu Bisphenolglycidyläthern.

21. 6. 52. US 2662870, CANADIAN IND. LTD.: Gemisch aus polymeren Bisphenol-A-Glycidyläthern mit Copolymeren von Styrol, Acrylsäure und Methylacrylat mit Zusatz von Vinylpyridin als Härter.

10. 9. 52. US 2781333, AMERICAN CYANAMIDE CO.: Verwendung von Gemischen von 30—45 Teilen Diglycidylphthalat, 20—30 Teilen Maleinsäureanhydrid und 35—25 Teilen Styrol, die bei 100° gehärtet werden.

27. 3. 53. US 2723971, DU PONT: Mischpolymere von Allylglycidyläther oder Glycidylacrylat mit Styrol, Vinylacetat oder Vinylchlorid, die mit Phosphorsäure nachbehandelt werden.

12. 6. 53. BP 736457; US-Pri. 14. 6. 52, BATAAFSCHE: Komposition, bestehend aus polymerem Bisphenol-A-Glycidyläther und einem Butadienmischpolymerisat mit Styrol, Acrylnitril oder Methylmethacrylat.

12. 6. 53. FP 1082895; US-Pri. 14. 6. 52, BATAAFSCHE: Komposition aus polymerem Bisphenol A-Glycidyläther (1 Mol Bisphenol A + 2 Mol Epichlorhydrin) mit einem Butadienmischpolymerisat mit wenig Styrol.

19. 8. 53. BP 744388; US-Pri. 22. 8. 52, GENERAL ELECTRIC: Komposition aus polymerem Bisphenol-A-Glycidyläther mit einem DIELS-ALDER-Addukt aus Maleinsäure und Hexachlorcyclopentadien u. dgl.

8. 10. 53. US 2745847, UNION CARBIDE & CARBON CORP.: Verwendung von Umsetzungsprodukten von 3,4-Cyclohexencarbonsäure mit Glykolen zu Diestern mit anschließender Epoxydierung.

30. 1. 54. FP 1098767; US-Pri. 2. 2. 53, BATAAFSCHE: = Ergänzung zu US 2665266 der HARVEL CORP.: Die Kondensation von Phenol mit einem Phenol mit einer ungesättigten Seitenkette (Cardanol) wird mit BF_3 durchgeführt und anschließend mit Epichlorhydrin nach einem anderen Verfahren umgesetzt. Als Härter wird 2,4,6-Tri-(Dimethylaminomethyl)-phenol empfohlen.

30. 4. 54. FP 1106304; B.-Pri. 1. 5. 53, BRIT. CIBA LTD.: Umsetzungsprodukte von Epichlorhydrin mit Kondensationsprodukten eines Polyphenols mit polymerisierbaren Verbindungen (Styrol, Divinylbenzol usw.) unter Bildung von Glycidyläthern.

18. 4. 55. Belg. P. 532609; US-Pri. 19. 10. 52, BATAAFSCHE: Umsetzungsprodukte von Epichlorhydrin mit „*Cardolite 6463*" (einem Kondensationsprodukt von Phenol mit Cardanol), wobei 3 Mol Epichlorhydrin pro phenolische OH-Gruppe eingesetzt werden, unter Bildung von Glycidyläthern.

Gruppe 6: Kombination von Polyglycidyläthern mit Phenol-Formaldehyd-Vorkondensaten oder Umsetzung der letzteren mit Epichlorhydrin zu Polyglycidyläthern

8. 3. 46. US 2521911, DEVOE & RAYNOLDS: Kombination von polymerem Bisphenol-A-Glycidyläther mit einem Phenol-Formaldehyd-Vorkondensat aus 1 Mol Phenol + 1,8 Mol Formaldehyd im alkalischen Milieu.

26. 10. 49. DRP 813205, HOECHST: Kombination von p-Kresylglycidyläther, einem Phenol-Formaldehyd-Vorkondensat (alkalische Kondensation von 1 Mol Phenol + 1,7 Mol Formaldehyd), Füllstoffe und p-Toluolsulfochlorid als Härter.

27. 5. 50. US 2683130, KOPPERS Co.: Umsetzungsprodukte eines Phenol-Formaldehyd-Vorkondensates mit mindestens 3 Phenolkernen mit Epichlorhydrin zum Polyglycidyläther.

27. 5. 50. US 2658884 u. 2658885, KOPPERS Co.: Umsetzungsprodukte eines Phenol-Formaldehyd-Vorkondensates mit mindestens 3 Phenolkernen, welch letztere mit Halogen oder Alkyl-, Alkylen-, Aryl- oder Aralkylgruppen substituiert sind, mit Epichlorhydrin zum Polyglycidyläther.

27. 5. 51. FP 1057836; US-Pri. 27. 5. 50, KOPPERS Co.: Verwendung der nach den beiden vorhergehenden Patenten hergestellten Produkten als Klebmittel.

25. 5. 51. FP 1066036; US-Pri. 27. 5. 50, KOPPERS Co.: Kombination von polymeren Bisphenol-A-Glycidyläthern mit Kationenaustauschern (sulfonierte Phenol-Formaldehyd-Kondensationsprodukte u. dgl.)

28. 4. 52. FP 1055243; D.-Pri. 29. 6. 51, CHEMISCHE WERKE ALBERT: Verwendung polymerer Polyglycidyläther, die durch Umsetzen eines Phenol-Formaldehyd-Vorkondensates (alkalisch kondensiert) im Rohzustande mit Epichlorhydrin gewonnen werden.

4. 5. 53. FP 1076647; Schwz.-Pri. 17. 5. 52. MICAFIL AG: Umsetzungsprodukte von sauer kondensierten Phenol-Formaldehyd-Vorkondensaten (2 Mol Phenol, 1,4 Mol Formaldehyd + 0,01 Mol HCl) in alkalischer Lösung mit 1,9 Mol Epichlorhydrin unter Bildung von Polyglycidyläthern.

13. 5. 53. FP 1080794; US-Pri. 15. 5. 52, COMP. THOMSON-HOUSTON: Komposition aus 100 Teilen eines löslichen und schmelzbaren Novolaks, 6—20 Teilen Hexamethylentetramin und 5—20 Teilen einer monomeren Epoxydverbindung (Epichlorhydrin, Allylglycidyläther, Styroloxyd, Butadienmonoxyd usw.).

3. 9. 53. BP 768125, SHELL REFINING & MARKETING Co. LTD.: Kombination von Phenol-Formaldehyd-Novolaken mit 5—20% polymeren Bisphenol-A-Glycidyläthern mit einem 10%igen Zusatz von Hexamethylentetramin als Härter.

29. 4. 54. FP 1103811; US-Pri. 4. 5. 53, BATAAFSCHE: Umsetzungsprodukte aus Bisphenol-A-Novolaken (1 Mol Bisphenol A

+ 0,4—0,9 Mol Formaldehyd, alkalisch) mit 4—6 Mol Epichlorhydrin pro phenolische OH-Gruppe unter Bildung von Polyglycidyläthern.

16. 3. 55. Belg. P. 536539; US-Pri. 18. 3. 54, BATAAFSCHE: Komposition von polymeren Bisphenol-A-Glycidyläthern mit Novolaken oder Resolen mit Zusätzen von Metallchelaten (Cu-8-oxychinolin, Cu-acetylaceton, Cu-salicylat usw.).

8. 6. 55. D. Anm. D 20627; B.-Pri. 9. 6. 54, DISTILLERS CO. LTD.: Epoxydgruppenhaltige Umsetzungsprodukte von Epichlorhydrin mit Umsetzungsprodukten von Novolaken mit ungesättigten Kohlenwasserstoffen.

17. 10. 56. D. Anm. L 26008 (1010217), P. LECHLER: Stabile Lösungen für Klebzwecke durch Vermischen von 70 g einer Lösung von 40 g eines gepulverten Phenolharzes in 60 g Äthanol mit 30 g einer Lösung von 35 g gepulvertem Epoxydharzvorproduktes in 65 g Butylacetat.

Gruppe 7: Schwefelhaltige Epoxydkompositionen

22. 11. 48. FP 1011020, SOC. ST. GOBAIN: Umsetzungsprodukte von Schwefelkohlenstoff, Alkali und Epichlorhydrin in wäßriger Lösung.

6. 6. 53. FP 1080866; US-Pri. 12. 7. 52; UNION CARBIDE & CAIRBON: Umsetzungsprodukte von Polyglycidyläthern aus Bisphenolen verschiedener Art mit Polythiolen.

26. 4. 54. FP 1103591; US-Pri. 29. 4. 53, UNION CARBIDE & CARBON: Aliphatische Diglycidylthioäther gewonnen durch Umsetzen von polymeren aliphatischen Dithiolen mit überschüssigem Epichlorhydrin.

30. 7. 53. D. Anm. F 12481, HOECHST: Aromatische Diglycidylthioäther aus Dithiolen der Formel $HS \cdot R \cdot SH$ oder $HS \cdot CH_2 \cdot R \cdot CH_2 \cdot SH$.

22. 5. 54. FP 1101103; D.-Pri. 23. 5. u. 2. 12. 53, CASSELLA FARBWERKE MAINKUR: Aromatische Diglycidylthioäther durch Umsetzen von aromatischen Dithiolen der Formel $HS—R—SH$ mit überschüssigem Epichlorhydrin.

23. 5. 55. FP 1132035; US-Pri. 24. 5. 54, BATAAFSCHE: Umsetzungsprodukte von 100 Teilen einer Polyepoxydverbindung mit 40—100 Teilen einer Mercaptoverbindung.

Ferner die folgenden Abhandlungen und Schriften der THIOKOL CORP. „*Thiokol* Adhesives"; über Kombinationen von Epoxydharzen mit *Thiokolen.*

JORCZAK, S.: Ind. Eng. Chem. **43**, 326 (1951).
THIOKOL CHEM. CORP.: Mod. Pla., Nov. **1953**, 232; Okt. **1954**, 184.
JORCZAK, S., u. J. A. BELISLE: India Rubber Wld. **130**, Nr. 1, 66—69.
CRANKER, K. P., u. A. J. BRESLAU: Ind. Eng. Chem. **1956**, Nr. 1, 98—103.

Gruppe 8: Epoxydverbindungen kombiniert mit Siliconen

11. 7. 52. D. Anm. J 6119, JEDLICKA, H.: Kombination von etwa 40% polymerem Bisphenol-A-Glycidyläther mit 60% Siliconkitt.

5. 1. 53. D. Anm. J 6787, JEDLICKA, H.: Kombination von 0,5 bis 4 Teilen pulverigem polymerem Bisphenol-A-Glycidyläther mit 1 Teil Siliconkitt.

8. 7. 53. FP 1081000; US-Pri. 14. 7. 52; Dow CHEM. Co.: Kombination von polymerem Bisphenol-A-Glycidyläther mit Silicon-Alkydharzen.

28. 4. 55. Belg. P 537768; US-Pri. 30. 4. 54, BATAAFSCHE: Komposition, bestehend aus polymeren Bisphenol-A-Glycidyläthern unterschiedlicher Polymerisationsgrade und organischen Siliciumverbindungen der verschiedensten Art.

28. 4. 55. Belg. P. 537769; US-Pri. 30. 4. 54, BATAAFSCHE: Komposition, bestehend aus mit höheren Fettsäuren veresterten polymeren Bisphenol-A-Glycidyläthern unterschiedlicher Polymerisationsgrade und organischen Siliciumverbindungen der verschiedensten Art.

Gruppe 9: Epoxydverbindungen mit diversen Zusätzen

29. 4. 49. US 2528933, SHELL: Gemisch von polymeren Bisphenol-A-Glycidyläthern mit gepulverten amphoteren Metalloxyden (Al_2O_3).

29. 4. 49. US 2528934, SHELL: Gemisch polymerer Bisphenol-A-Glycidyläther mit flüssigen Monoepoxyden (Phenylglycidyläther) und amphoteren Metalloxyden.

9. 1. 50. BP 693747; US-Pri. 19. 1. 49, BRITISH THOMSON-HOUSTON Co. LTD.: Metalleim, insbesondere zum Verkleben von Aluminiumblech, unter Verwendung von Kompositionen, bestehend aus 30—80% eines polymeren Bisphenol-A-Glycidyläthers und 70—20% eines Alkylendiisocyanats, vorzugsweise Methylen-bis-(4-phenylisocyanat), die durch Lösungsmittel verflüssigt werden. Die Verleimung erfolgt in der Weise, daß die zu verklebenden Oberflächen nach Trocknen der aufgestrichenen Komposition 15 Stunden bei Raumtemperatur mit einem Druck von 15 kg/cm² verpreßt werden.

30. 9. 50. US 2602785, SHELL: Komposition von polymerem Bisphenol-A-Glycidyläther von niederem Erweichungspunkt mit Polyvinylacetat und Zusatz eines Verflüssigers (Acetonitril, Allylglycidyläther) und Asbestfasern.

25. 10. 51. DP 910727, CHEMISCHE WERKE ALBERT: Kombination von polymerem Bisphenol-A-Glycidyläther mit der Aluminium-Acetessigesterverbindung.

27. 3. 52. DP 931729, CHEMISCHE WERKE ALBERT: Kombination von polymeren Bisphenol-A-Glycidyläthern mit Metallnaphthenaten oder Metallsalzen höherer Fettsäuren, Naturharzsäuren oder sauren DIELS-ALDER-Addukten u. dgl.

14. 4. 52. US 2713567, SHELL: Polymere Bisphenol-A-Glycidyläther mit einem Zusatz von etwa 3% Polyvinylacetal.

16. 6. 53. D. Anm. J 7358, JEDLICKA, H.: Kombination von polymeren Bisphenol-A-Glycidyläthern und Polyäthylen.

27. 11. 53. FP 1091108, COMP. THOMSON-HOUSTON: Kombination von polymeren Bisphenol-A-Glycidyläthern mit Triallylcyanurat.

16. 5. 55. D. Anm. S 43971 (1014255), H. SPÖRR: Durchführen von Verklebungen unter Verwendung von porösen Schaumgummiträgern (auch aus Epoxydharz), welche stärkere Belastungen ermöglichen.

Scherfestigkeitswerte bei Epoxydharzverklebungen von Metallen

Es ist nicht der Zweck der folgenden Tabelle, die Prüfergebnisse von Metallleimen, die nach den in den angeführten Patentschriften beschriebenen Arbeitsverfahren hergestellt werden, mit genauen Daten anzugeben. Vielmehr werden die Verfahren möglichst summarisch angegeben und nur in Einzelfällen bei Spezialbehandlungen nähere Angaben gemacht. Jedoch geben die Werte der Scherfestigkeitsprüfung, zumeist in kg/cm^2 ausgedrückt, in ihrer Gegenüberstellung instruktive Vergleichsmöglichkeiten. — Zwecks übersichtlicher Schreibweise werden die folgenden Abkürzungen angewandt.

ÄDA	Äthylendiamin	DBP	Dibutylphthat
BDA	Benzyldimethylamin	p-G-G	polymerer Glycerin-Glycidyläther
p-B-G	polymerer Bisphenol-A-Glycidyläther	HDA	Hexamethylendiamin
p-B/S-G	polymerer Bisphenolsulfonglycidyläther	MA	Maleinsäureanhydrid
		PA	Phthalsäureanhydrid
Di	Dicyandiamid	TÄTA	Triäthylentetramin
DÄTA	Diäthylentriamin	TÄA	Triäthylamin
DPG	Diphenylguanidin	TKP	Trikresylphosphat

	Scherfestigkeiten in kg/cm^2 Prüfmaterialien	
CIBA *Schwz. P. 262479*	Aluminium/ Aluminium	andere Materialien
p-B-G + PA + DI	150—180	—
p-B-G + Resorcindimethyläther + Di	160—220	—
p-B-G + Furfurol + PA..................	230	—
p-B-G + Melamin + TÄTA	150	—
p-B-G + Furfurol + Terpentinöl + NaOH ..	300	—
p-B-G + DBP + Di	—	Fe: 254, Cu: 200
Schwz. P. 251647		
p-B-G + PA	240	—
p-B-G + PA + DPG	160—220	Fe: 280, Cu: 180
p-B/S-G + PA + Di	130—150	Fe: 115—220, Cu: 160
p-B-G + MA + Di	220	—
p-B-G + 6-Phenyl-2,4-diamino-1,3,5-triazin ..	277	—
p-B-G + Cyanursäure	270	—
p-B-G + Polyamid	290	—
p-B-G + PA + Di + KNO_3	260	—
p-B-G + PA + DPG + Mikroasbest	233	—
Schwz. P. 262480		
p-B-G ohne Zusatz	79—180	Fe: 289, Cu: 136
p-B-G + p-B/S-G	210	—
Resorcin-Glycidyläther	258	—
Dioxydiphenyl-monomethylmethan-glycidyläther	232	—
Dioxydiphenylmethan-Glycidyläther	37	—
Schwz. P. 264818		
p-B-G + TKP + ÄDA	100	—
p-B-G + DBP + HDA	100	—
p-B-G + DBP + Kond.prod. von Di mit TÄTA	118	—
p-B-G + DBP + TÄTA + Lösungsmittel ...	230—250	—

	Scherfestigkeiten in kg/cm² Prüfmaterialien	
Öster. P. 167091	Anticorodal/ Anticorodal	andere Materialien
p-B-G + PA + Di + Al-pulver	215	—
Resorcinglycidyläther + Di	300	—
D. Anm. p 27 916		
p-B-G + TÄTA	110	—
p-B-G + DBP + HDA	100	—
p-B-G + TKP + Di	—	Fe: 120, Cu: 77
Resorcinglycidyläther + TKP + TÄTA + Lösungsmittel	74	—
p-B-G + DBP + TÄTA	—	Al/Sperrholz: 46

PREISWERK, E., K. MEYERHANS u. E. DENZ: New Resins provide practical bonding agents for materials. Materials and Methods, Oct. **1949**.

Araldit Typ I	Anticorodal/ Anticorodal	
Verleimung geprüft bei — 62°	186,4	—
— 20°	161,2	—
21°	141,5	Fe: 121,6, Cu: 123,2 Messing: 115,2
60°	107	
100°	72,8	

MEYERHANS, K.: Bindemittel, Gießharze auf *Araldit*-Basis. Kunst. **1951**, Heft 11, 365—373.

Abfall der Verleimungsfestigkeit beim Altern bei Verleimungen mit Araldit Typ I:

Festigkeit am Anfang	297	—
nach 6 Monaten	251	—
nach 12 Monaten	231	—
nach 18 Monaten	188	—
nach 24 Monaten	152	—

Dieselben Ergebnisse bringen:

ERNST, M.: Ein neues Kunstharz als Bindemittel für Metalle. Werkstatt und Betrieb **1951**, Heft 10, 467—468. — MEYERHANS, K.: Bindemittel aus der Klasse der Äthoxylinharze und ihre Verwendung zur Herstellung von Magnetsystemen. Werkstatt und Betrieb **1954**, Heft 8, 409—413. — MEYERHANS, K.: Das Verbinden von Metallen unter sich oder mit anderen Werkstoffen. Metall, Mai **1952**. Heft 9/10, 229—240. Neben den bekannten Prüfwerten werden einige weitere Prüfungen angegeben. — TRIETSCH, F. K.: Neuzeitliche Bindemittel und das Kleben von Metallen. Konstruktion **1954**, 135—145.

1. Verleimung mit *Araldit* 101:	Avional M	
Härtung erfolgt bei 0°	20	—
20°	100—140	—
40°	120—160	—
70°	160—210	—
100°	190—210	—
130°	180—200	—

	Scherfestigkeit in kg/cm² Prüfmaterialien	
	Anticorodal B	andere Materialien
Festigkeitsabnahme beim Altern:		
bei 20° am Anfang	150—160	—
nach 1 Monat	140—160	—
nach 3 Monaten	120—140	—
nach 6 Monaten	130—160	—
bei 100° nach 1 Monat	90—100	—
nach 3 Monaten	80—90	—
nach 6 Monaten	50—70	—
bei 150° nach 1 Monat	110—120	—
nach 3 Monaten	120—130	—
nach 6 Monaten	110—120	—
2. Verleimung mit *Araldit* Typ 103:		
Härtung erfolgt bei 20—25° in 24 Std.	50—70	—
20—25° in 72 Std.	70—100	—
40° in 14—24 Std.	90—160	—
70° in 2— 3 Std.	120—150	—
70° in 14 Std.	200—210	—
100° in 1— 2 Std.	160—200	—
100° in 3 Std.	210—220	—
130° in $^1/_2$ Std.	210—230	—
150° in $^1/_2$ Std.	210—230	—
180° in 10 Min.	160—260	—
200° in 5 Min.	170—270	—
$^1/_2$ Stunde bei 130° gehärtete Anticorodal-B-Verklebungen werden geprüft bei:		
— 60°	210—240	—
— 20°	200—240	—
20°	220—230	—
40°	200—210	—
70°	80—120	—
100°	30—50	—
3. Verleimung mit *Araldit* Typ 121 S		
Härtung erfolgt bei 20°	70—80	—
40°	140—150	—
70°	140—160	—
100°	180—200	—
130°	200—210	—
150°	200—220	—
180°	160—170	—
200°	160—170	—
SHELL DEVELOPMENT CO.	Aluminium/ Aluminium	Leinen/Phenolharz Schichtstoff
US 2575558		
p-B-G + p-G-G + TÄA		
7,5% TÄA bei 25° nach 6 Tagen	—	51,8
10,0% TÄA bei 25° nach 6 Tagen	—	40,6
12,5% TÄA bei 25° nach 6 Tagen	—	53,6
15,0% TÄA bei 25° nach 6 Tagen	—	54,0
20,0% TÄA bei 25° nach 6 Tagen	—	45,9
10,0% TÄA bei 25° nach 6 Tagen	56,0	—
12,5% TÄA bei 25° nach 6 Tagen	47,2	—
15,0% TÄA bei 25° nach 6 Tagen	105,0	—
12,0% TÄA bei 25° nach 6 Tagen	Messing/Messing : 28,0	
12,0% TÄA bei 25° nach 6 Tagen	Kupfer/Kupfer : 32,8	
12,0% TÄA bei 25° nach 6 Tagen	Walzstahl/Walzstahl : 47,0	
12,0% TÄA bei 25° nach 6 Tagen	Aluminium/Messing : 39,3	

	Scherfestigkeit in kg/cm² Prüfmaterialien	
SHELL *US 2528417*	Aluminium/ Aluminium	Eschenholzblöcke
80 Teile p-B-G + 10 Teile Phenolpech + 4 Diäthylentriamin	—	31,8
US 2528932		Leinen/Phenolharz Schichtstoff
p-B-G + Monoepoxyd + Diamin		
+ Phenylglycidyläther + TÄA nach 6 Tagen	—	22,9
+ Glycidylisopropyläther + DÄTA		
nach 6 Tagen	—	66,8
+ Styroloxyd + DÄTA nach 6 Tagen	—	35,8
US 2528933		
p-B-G + p-G-G + Al₂O₃	72,0	—
US 2528934		
p-B-G + p-G-G + Monoepoxyd + Al₂O₃	85,8	—
DP 889345 = BP 681578		
p-B-G + p-G-G + BDA		
+ 5% BDA nach 6 Tagen bei 24°	—	Ø
+ 10% BDA nach 6 Tagen bei 24°	—	94,2
+ 15% BDA nach 6 Tagen bei 24°	—	25,9
US 2602785		andere Materialien
p-B-G + p-G-G + Allylglycidyläther + Al₂O₃ + 5% Polyvinylacetat + DÄTA (etwa 10%)		
Prüfung bei 25° nach 6 Tagen	53,3	—
75° nach 6 Tagen	55,0	—
90° nach 6 Tagen	30,6	—
mit anderen Mengenverhältnissen	93,5	—
US 2548447		Leinen/Phenolharz Schichtmaterial
p-B-G + Acetonitril + Triäthylamin, 8 Tage alt	—	43,2
24 Stunden unter Wasser	—	42,0
+ Diacetondiamin 8 Tage alt	—	50,3
p-B-G + Acetonitril +		
24 Stunden unter Wasser	—	53,0
p-B-G + p-G-G		
+ Acetonitril + TÄA 6 Tage alt.....	—	75,5
+ Acetonitril + DÄTA 6 Tage alt.....	—	83,0
p-B-G + p-G-G		
+ Propionitril + TÄA 6 Tage alt	—	26,2
+ Propionitril + DÄTA 6 Tage alt	—	37,3
+ Acrylnitril + TÄA 6 Tage alt	—	23,0
+ Acrylnitril + DÄTA 6 Tage alt	—	15,3
+ Methacrylnitril + TÄA 6 Tage alt	—	58,3
+ Methacrylnitril + DÄTA 6 Tage alt	—	32,0
+ cis-Crotonitril + TÄA 6 Tage alt	—	44,8
+ cis-Crotonitril + DÄTA 6 Tage alt	—	34,3
+ trans-Crotonitril + TÄA 6 Tage alt	—	35,7
+ trans-Crotonitril + DÄTA 6 Tage alt	—	16,1
+ Benzonitril + TÄA 6 Tage alt	—	26,1
+ Benzonitril + DÄTA 6 Tage alt	—	33,0
+ Adiponitril + TÄA 6 Tage alt	—	35,5
+ Adiponitril + DÄTA 6 Tage alt	—	23,6

	Scherfestigkeit in kg/cm² Prüfmaterialien	
Einfluß der Temperatur während der Prüfung einer Komposition	Aluminium/ Aluminium	Leinen/Phenolharz Schichtmaterial
Prüfung bei 25°	36,0	86,0
75°	41,0	39,9
90°	61,5	31,0
105°	84,5	25,7
nach 1 Stunde in siedendem Wasser	68,5	61,0
US 2642412		
p-B-G + Allylglycidyläther + Polyvinylacetal + N,N-Diäthyl-1,3-propandiamin		
4,5% Amin, 6 Tage bei 24°		
geprüft bei 24°	60,5	—
82°	50,5	—
7,3% Amin, 6 Tage bei 24°		
geprüft bei 24°	70,3	—
82°	60,6	—
8,7% Amin, 6 Tage bei 24°		
geprüft bei 24°	52,5	—
82°	77,9	—
mit 10% Amin gehärtet bei:		
52° in 48 Std., geprüft bei 24°...........	53,6	—
82°...........	54,5	—
66° in 4¹/₂ Std., geprüft bei 24°...........	53,5	—
82°...........	68,5	—
93° in 2 Std., geprüft bei 24°...........	64,0	—
82°...........	28,9	—
US 2681901		
p-B-G + fettsaures DÄTA: DÄTA-Acetat		
+ 5% gehärtet 3¹/₂ Std. bei 150°.........	51,0	—
18 Std. bei 150°.........	261,0	—
3¹/₂ Std. bei 200°.........	141,0	—
18 Std. bei 200°.........	354,0	—
+ 10% gehärtet 2 Std. bei 150°.........	182,0	—
3¹/₂ Std. bei 150°.........	301,0	—
1 Std. bei 200°.........	146,0	—
3¹/₂ Std. bei 200°.........	209,0	—
+ 15% gehärtet 1 Std. bei 150°.........	366,0	—
2 Std. bei 150°.........	279,0	—
1 Std. bei 200°.........	91,0	—
2 Std. bei 200°.........	130,0	—
US 2682514		
p-B-G + epoxydiertes Sojaöl + N,N-Diäthyl-1,3-propandiamin		
gehärtet bei 93° in 45 Minuten		
geprüft bei 24°	56,0	—
—57°	40,8	—

	Scherfestigkeit in kg/cm² Prüfmaterialien	
SHELL *BP 736457*	Aluminium/ Aluminium	Leinen/Phenolharz Schichtmaterial
p-B-G + Butadien/Acrylnitril-Mischpolymerisat + 8—10% N,N-Diäthyl-1,3-propandiamin		
gehärtet bei 93° in 45 Minuten		
geprüft bei 24°	215	—
— 57°	192,5	—
p-B-G + epoxydiertes Sojaöl + Asbestfasern + N,N-Diäthyl-1,3-propandiamin		
gehärtet bei 93° in 45 Minuten		
geprüft bei 24°	214,9	—
82°	212,8	—
— 57°	224,0	—
1. Stunde in kochendem Wasser	251	—
US 2682515		
2 p-B-G von verschied. Polymerisationsgrad + flüssiges Polyexpoxyd + fettsaure Salze von Aminen, z. B.: + epoxydierendes Sojaöl + Dimethyläthanolaminacetat		
geprüft bei 24°	63,6	—
93°	59,5	—
— 57°	49,3	—
+ epoxyd. Sojaöl + N,N-Diäthylpropandiamin-acetat		
geprüft bei 24°	59,3	—
93°	60,3	—
— 57°	45,8	—
Belg. P. 536539		
p-B-G + Phenolformaldehydharz + Metallchelat		
ohne Chelat:		
direkt bei 260° geprüft	81,2	—
nach 200 Std. bei 260°, geprüft bei 260°	Ø	—
+ Cu-acetylaceton:		
direkt bei 260° geprüft	97,0	—
nach 200 Std. bei 260°, geprüft bei 260°	47,0	—
+ Cu-8-Oxychinolin:		
direkt bei 260° geprüft	102,6	—
nach 200 Std. bei 260°, geprüft bei 260°	54,8	—
+ Cu-salicylaldoxim:		
direkt bei 260° geprüft:	89,2	—
nach 200 Std. bei 260°, geprüft bei 260°	45,0	—
LOUDENSLAGER, O. W.: Properties, Processing and uses of metal-bonding adhesives. Rubber Age, Aug. **1953**, 641—647.		
Metall-Verleimungen mit		
Epon-Harz VI	52,5	—
Cycleweld Cement Products C-14	52,5	—

	Scherfestigkeit in kg/cm² Prüfmaterialien	
COMP. THOMSON-HOUSTON *FP 1068087*	Stahl/Stahl	Leinen/Phenolharz Schichtmaterial
Komposition aus *Epon* 1064 mit stark saurem Polyester	>140,0	—
HENKEL & CIE. *D. Anm. H 14502* sowie *Belg. P. 522930*	Aluminium/ Aluminium	
Glycidylester mehrbasischer alipatischer oder aromatischer Carbonsäuren + DBP + Amine	1—3	—
FP 1075180		
Umsetzungsprodukte von Dioxyspiroheptan mit Dicarbonsäuren	1,8—3,1	—
DYNAMIT A. G. *DP 900751*		
p-B-G + Dilactone	250—300	—
FURANE PLASTICS INC. Die Härtung der folgenden *Epibond*-Typen erfolgte 24 Std. bei gewöhnlicher Temperatur, anschließend 1 Std. bei 93°, Prüfung erfolgte bei zwei verschiedenen Temperaturen.		
Epibond 100		
Prüfung bei 24°	87,5	—
93°	77,0	—
Epibond 101		
Prüfung bei 24°	24,5	—
93°	1,48	—
Epibond 104		
Prüfung bei 24°	33,2	—
93°	9,45	—
Epibond 115		
Prüfung bei 24°	52,5	—
93°	35,0	—
Epibond 121		
Prüfung bei 24°	38,5	—
93°	8,75	—
Epibond 122		
Prüfung bei 24°	61,3	—
93°	35,0	—
Epibond 123		
Prüfung bei 24°	47,3	—
93°	45,5	—

Klebstoffe der Ciba

(nach Prospekten)

Ciba-Klebstoffe	Scherfestigkeit in kg/cm²
Araldit-Bindemittel Typ I (1954)	
Prüfung bei 20—25° norm. Stahl/norm. Stahl	488
weißer Flußstahl/weißer Flußstahl ..	540
Anticorodal/Anticorodal	570
Kupfer/Kupfer	595
Phosphorbronze/Phosphorbronze ...	535
Messing/Messing	462
Festigkeitsabfall beim Altern:	Anticorodal B
Anfangsfestigkeit	297
nach 6 Monaten	251
12 Monaten	231
18 Monaten	188
24 Monaten	152
Festigkeitsverlust beim Liegen in Wasser	
30 Tage in Wasser von 20° .... 10% Verlust	
30 Tage in Wasser von 90° .... 37% Verlust	
3 Monate in Wasser von 90° .... 40% Verlust	
6 Monate in Wasser von 90° .... 41% Verlust	
In Benzin und Öl findet in 30 Tagen bei 20° kein Verlust statt	
Abfall der Festigkeit beim Altern bei 100—150°	Avional M
Anfang	344
nach 1 Jahr	284
Prüfung bei verschiedenen Temperaturen	Anticorodal B
Prüfung bei — 60°	657
— 20°	648
+ 20°	567
+ 60°	439
+100°	292
Araldit-Bindemittel 101 (1954)	
Einfluß der Härtungstemperatur, Prüfung bei 20—25°	Avional M
Härtung bei 0°	20
20°	100—140
40°	120—160
70°	160—210
100°	190—210
130°	180—200
Einfluß der Prüftemperatur, Härtung erfolgte bei 100°	
Prüfung bei 20°	200—220
40°	110—120
70°	20—30
100°	5—15

Ciba-Klebstoffe	Scherfestigkeit in kg/cm²
Festigkeitsabnahme in Lösungsmittel	Anticorodal B
Anfang	150—160
Wasser bei 20°, 30 Tage	50—60
20°, 6 Monate	10—30
90°, 30 Tage	50—60
90°, 6 Monate	50—60
Benzin 20°, 30 Tage	150—160
Öl 20°, 30 Tage	60—70
Benzol 20°, 30 Tage	50—60
Aceton 20°, 30 Tage	10—20
Alterung bei verschiedenen Temperaturen	
Anfang	150—160
bei 20° nach 30 Tagen	140—160
3 Monaten	120—140
6 Monaten	130—160
bei 100° nach 30 Tagen	90—100
3 Monaten	80—90
6 Monaten	50—70
bei 150° nach 30 Tagen	110—120
3 Monaten	120—130
6 Monaten	110—120
***Araldit*-Bindemittel Typ 103 (1954)**	
Einfluß der Härtungstemperatur, Prüfung bei 22—25°	
Härtung bei 20—25%	100—120
40°	120—130
70°	130—140
100°	190—200
130°	220—230
150°	240—250
180°	250—280
200°	290—300
Einfluß von Härtungs- und Prüfungstemperatur	
Härtung bei 20°, Prüfung bei — 60°	60—70
+ 20°	100—120
40°	90—110
70°	30—40
100°	20—30
Härtung bei 100°, Prüfung bei — 60°	160—180
+ 20°	180—190
40°	160—180
70°	100—120
100°	20—40
Härtung bei 180°, Prüfung bei — 60°	200—230
+ 20°	250—260
40°	220—230
70°	80—90
100°	30—50

Ciba-Klebstoffe	Scherfestigkeit in kg/cm^2
Einfluß von Härtung auf Lösungsmittelbeständigkeit, Prüfung bei 20—25°	Anticorodal B
Härtung bei 20°, Wasser bei 20°, 10 Tage	90—110
30 Tage	90—110
90°, 10 Tage	zerstört
Öl 20°, 30 Tage	120—150
Benzin 20°, 30 Tage	120—140
Benzol 20°, 30 Tage	90—110
Methanol 20°, 30 Tage	zerstört
Aceton 20°, 30 Tage	50—60
Härtung bei 100°, Wasser bei 20°, 10 Tage	90—110
30 Tage	80—100
90°, 10 Tage	40—60
30 Tage	40—60
Öl 20°, 30 Tage	130—150
Benzin 20°, 30 Tage	130—150
Benzol 20°, 30 Tage	100—120
Methanol 20°, 30 Tage	50—80
Aceton 20°, 30 Tage	100—120
Härtung bei 180°, Wasser bei 20°, 10 Tage	190—200
30 Tage	170—180
90°, 10 Tage	50—70
30 Tage	30—40
Öl 20°, 30 Tage	170—190
Benzin 20°, 30 Tage	180—200
Benzol 20°, 30 Tage	140—160
Methanol 20°, 30 Tage	70—90
Aceton 20°, 30 Tage	140—150
Araldit-Bindemittel Typ 121 (1955)	
Einfluß von Härtungs- und Prüftemperatur	
Härtung bei 20—25°, Prüfung bei —60°	60—70
+20°	100—110
40°	110—120
70°	90—100
100°	60—70
Härtung bei 40°, Prüfung bei 24°	120—130
70° 24°	130—140
100° —60°	160—170
+24°	150—170
40°	170—180
70°	140—150
100°	60—70
Härtung bei 130°, Prüfung bei 24°	170—180
150° 24°	170—180
180° —60°	170—180
+24°	170—180
40°	170—180
70°	110—120
100°	50—60
200° 24°	170—190

Die Lösungsmittelbeständigkeiten in Wasser, Öl, Benzin, Benzol, Methanol und Aceton entsprechen etwa denjenigen der Typen I, 101, 103.

Shell-Klebstoff-Typen

Shell-Klebstoffe	Scherfestigkeit in kg/cm²
Epon-Adhesive VI, SC: 55—30	Aluminium/ Aluminium
Einfluß der Prüftemperaturen und die Beständigkeiten in Lösungsmitteln	
Härtung erfolgte bei 93° in 45 Minuten	
Prüfung bei — 57°	47,3
+ 24°	66,5
82°	21,8
in Wasser bei 24°, 30 Tage, Prüfung bei 24°......	61,2
Glykol 24°, 7 Tage, 24°......	64,8
Benzin 24°, 7 Tage, 24°......	66,5
Salzlösung 24°, 30 Tage, 24°......	66,5
Festigkeiten von Verleimungen von Stahl/Stahl..........	89,3
Lucite/Lucite	14,0
Aluminium/Aluminium	112,0
Stahl/Aluminium	112,0
Stahl/Bakelit	64,8
Bronze/Bronze	87,5
Kupfer/Kupfer	61,2
Epon-Adhesive VIII, SC: 55—28 R	Aluminium / Aluminium
Prüfung bei verschiedenen Temperaturen	
Prüfung bei 24°	62,3
82°	58,3
120°	21,0
150°	7,0
— 57°	46,3
in Wasser bei 24°, 30 Tage, Prüfung bei 24°.....	71,7
Benzin 24°, 7 Tage, 24°.....	57,7
Öl 24°, 7 Tage, 24°.....	60,8
Salzlösung 24°, 30 Tage, 24°.....	75,0
Die Prüfwerte der Versuchstypen:	
Experimental *Epon*-Adhesive 422 (Stabilized) SS: 54—34 und Experimental *Epon*-Adhesive IX, SC: 55—47 entsprechen etwa denjenigen der vorgehenden *Epon*-Adhesives.	

Über die Festigkeit von Kunstharzverleimungen von säurefesten keramischen Platten berichten K. DIETZ und G. LORENZ[1]. Es wurden die Festigkeitswerte von Wasserglas/Quarzmehl, Phenol- und Epoxydharz, beide mit Kokspulver gefüllt, miteinander verglichen:

	Zugfestigkeit in kg/cm²	Druckfestigkeit in kg/cm²
Wasserglas/Quarzmehl	etwa 25	300
Phenolharz/Kokspulver	130	1000
Epoxydharz/Kokspulver	210	1050

woraus eindeutig die Überlegenheit des Epoxydharzes hervorgeht.

---

[1] DIETZ, K., u. G. LORENZ: Chemie Ing Techn. **1955**, Nr 10, 596—598.

Über die Festigkeitswerte von Metallverleimungen mit Gemischen aus Phenolharz mit kleineren Anteilen an Epoxydharzvorprodukten haben J. M. BLACK und R. F. BLOMQUIST in ihrem Aufsatz „Metal Bonding Adhesives for high Temperature Service"[1] instruktive Tabellen veröffentlicht. Als Phenolharz wurde das handelsübliche *Durez* 16 227, als Epoxydharzvorprodukte teils *Epon*-Harze, teils *Bakelit* RN-Typen angewandt.

| *Durez* 16 227 | *Epon* 1007 | Zerreißfestigkeit | | Prüfobjekt: Aluminiumbleche |
| | | bei 27° | bei 316° | |
g	g	in kg/cm²		
100	—	33,6	12,05	Wärmefestigkeit erheblich erhöht
100	5	28,8	17,65	
100	10	29,5	13,0	
100	20	36,6	13,5	
100	25	36,8	10,8	
100	30	39,2	11,9	gute Festigkeitserhöhung bei gewöhnlicher Temperatur
100	40	32,9	3,54	sehr schlechte Wärmefestigkeit

Diese Versuche zeigen, daß ein 5%iger Zusatz von Epoxydharz eine etwa 50%ige Verbesserung der Wärmefestigkeit bewirkt, andererseits aber höhere Zusätze, höher als 20%, Abfall hervorrufen.

Kombinationen von 100 g *Durez* 16 227 mit je 20 g verschiedener Epoxydharze ergeben die folgenden Werte:

| Epoxydharz | Zerreißfestigkeit in kg/cm² | |
Typ	bei 27°	bei 316°
Epon 1001	22,9	7,92
1007	31,4	11,3
1009	25,6	11,8
Bakelit RN-34	21,2	8,95
RN-48	22,7	13,1

Aus diesen beiden Tabellen geht hervor, daß der Kombination von Epoxydharzen mit Phenolharzen für Metallklebzwecke keine besondere praktische Bedeutung zukommt. Reine Epoxydharze, d. h. ohne Zusätze, zeigen bei Metallverklebungen Festigkeitswerte, welche die vorliegenden bis über das 10fache übersteigen. Nur der Gesichtspunkt der Verbesserung der Wärmefestigkeit bei Phenolharzen durch kleine Zusatzmengen eines Epoxydharzvorproduktes kann das Interesse an Kompositionen dieser Art rechtfertigen.

---

[1] BLACK, J. M., u. R. F. BLOMQUIST: Mod. Pla., Juni **1956**, 225—230.

Literatur über Klebstoffe, ihre Prüfung und die Verwendung von Epoxydharzen auf dem Klebstoffgebiet

Moss, C. J.: *Araldite*, a new adhesive, coating and casting resin. Br. Pla., Nov. **1948**, 521—527.

Ros, M.: *Araldite*, a new bonding resin. J. Sheet Metal industries, Sept. **1949**, 20 Seiten, viele Abbildungen, Skizzen und Tafeln.

Moss, C. J.: Metal Bonding. Metal Ind., Aug. **1949**, Febr., März **1950**, 9 Seiten.

Meakin, K. S.: Synthetic Resin Glues for Body Building. Motor Body. Jan., Febr. und März **1950**, 17 Seiten.

Brenner, P.: Verbindung von Leichtmetallen durch Kleben. Konstruktion, Nov. **1950**, 326—332.

Aluminium-Walzwerke Singen/Hohentwiel: Praktische Anleitung zum Verbinden von Leichtmetall mittels *Araldit*. Firmenschrift, 6 Seiten, **1950**.

Kline, G. M., u. F. W. Reinhart: Fundamentals of Adhesion. (allgemein). Mechan. Engng., Sept. **1950**, 717—722.

Delmonte, J.: The Technology of Adhesives. Reinhold Publishing Corp. NY **1947**, 520 Seiten.

Perry, T. D.: Wood to Metal Adhesives. Mechan. Engng. **1946**, 1035.

Perry, T. D.: Metal to Metal Adhesives. Plastics, Chicago, Febr. **1947**, 26.

N. N.: Adhesives, too, are Fasteners. Electr. Manufact., July **1948**, 94.

Bikerman, J. J.: Fundamentals of Tackiness and Adhesion. J. Colloid Sci., Febr. **1947**, 163.

De Bruyne, N. A.: Synthetic Adhesives. Br. Pla. **1945**, 228.

De Lollis, N. J.: Industrial Adhesives. Product Engng., Nov. **1947**, 117; Dez. **1947**, 137.

De Lollis, N. J., N. Rucker u. J. E. Wier: Comparative Strength of some Adhesive-Adherend Systems. NACA Techn. Note Nr. 1863, März **1949**.

Falk, A. H.: Impact Testing of Adhesives. ASTM-Bulletin Nr. 141, Aug. **1946**, 42.

Grafton, C. M.: Bonding Metal to Wood. Mod. Pla., Sept. **1944**, 103.

Gray, J. P.: Adhesives-new materials and practices. Mod. Pla., April **1945**, 126.

Green, H., u. T. P. Lamattina: Measurements of Adhesives of Organic Coatings to Metal Surfaces. Analytic. Chem. **1948**, 523.

Havens, G. G.: Metalbond — a Metal-Adhesive for Aircraft. Mechan. Engng., **1944**, 713.

Linsley, H. E.: Adhesives for Metalworking. Amer. Machinst., Febr. **1948**, 107.

Moser, F.: Some Fundamentals of Glass Adhesion. ASTM-Bulletin, Nr. 150, **1948**, 51.

Persoz, B.: Klebfähigkeit und ihre Messung. Peintures, Pigments Vernis, **1945**, 162.

Platow, R. C., u. A. G. Dietz: Strength Properties, Symposium of Adhesives ASTM, Philadelphia, **1946**.

Preiswerk, E., u. A. van Zeerleder: Plastics Bonding of light Metals. Br. Pla., July **1946**, 357.

Rose, K.: Adhesives for Metals and Nonmetals. Metals and Alloys, **1944**, 959.

Rose, K.: Industrial Adhesives. Materials and Methods. Febr. **1948**, 94.

Silver, I.: Shear Impact and Shear Tensile Properties of Adhesives. Mod. Pla., May **1949**, 95.

Wehmer, F.: Permanence Tests of Adhesive Bonds. Symposium of Adhesives, ASTM, Philadelphia, **1946**.

N. N.: Bindemittel von hohem Interesse. Ch. W. v. 8. 9. 51.

Ernst, M.: Ein neues Kunstharz als Bindemittel für Metalle (Araldit). Werkstatt und Betrieb, Okt. **1951**, 467—468.

Preiswerk, E., K. Meyerhans u. E. Denz: New Resins provide practical Bonding Agents for Metals. Materials and Methods, Okt. **1949**, 3 Seiten.

Meyerhans, K.: Bindemittel und Gießharze auf *Araldit*-Basis. Kunst. **1951**, Heft 11, 9 Seiten.

Preiswerk, E., u. J. Charlton: Ethoxylines, what they are, where they are going. Mod. Pla., Nov. **1950**, 3 Seiten.

MEYERHANS, K.: Erfahrungen über die Verarbeitung und Anwendung von *Araldit* als Bindemittel und als Gießharz. Kunst., **1951**, Heft 12, 457—462.

WOLTERECK, H.: Geklebte Automobile. Neue Zeitung vom 22./23. März **1952**.

N. N.: Epoxide Resins for Wind-tunnel Models. Br. Pla., Sept. **1952**, 300—303.

PLEINES, E. W.: Das Verbinden hochfester Leichtmetalle durch Kleben. Aluminium **1951**, 40—44.

v. ZEERLEDER, A.: A new Adhesive for light-metals, Interavia, März **1947**.

N. N.: A new bonding Resin, Sheet Metal Ind., Sept. **1949**.

MOSS, C. J.: Synthetic Resin Adhesive for Metal Bonding. Br. Pla., Jan. **1951**, 3.

N. N.: Epoxy Cements, Ind. Eng. Chem., Okt. **1951**, 2205.

NEWALL, G. S.: Metal Bonding, Aircraft Production, Juli **1952**.

GOODYEAR AIRCRAFT BONDOLITE: Resins strengthen Sandwich Structures, Aviation Age, Okt. **1953**.

N. N.: Buying Honey Comb Material. Purchasing, Jan. **1954**.

LOUDENSLAGER, O. W.: Properties, Processing and Uses of Metallbonding Adhesives. Rubber Age, Aug. **1953**, 641—647.

FREY, K.: Äthoxylinharze als Gießharze und Bindemittel für Metalle. Chimia **1954**, 1—6.

PFYL, J.: Wie baut man eine Plastik-Karosserie? Automobilmechaniker! **1954**, Nr. 6, 11 Seiten.

CHARLTON, J.: Alloying with Epoxies. Mod. Pla., Sept. **1954**, 155—243 (6 normale Seiten).

MOSER, F.: Glass Bonding. Mod. Pla., Febr. **1954**, 107—199 (4 Seiten).

N. N. (SHELL): More Epoxy. Mod. Pla., Okt. **1954**, 232.

BLACK, J. M., u. R. F. BLOMQUIST: Metalleime mit verbesserter Hitzebeständigkeit. Mod. Pla., Dez. **1954**, 139—237 (6 Seiten).

McKENZIE, J. B. D.: Adhesives and Resins. Mod. Pla., July **1954**, 124.

EPSTEIN, G.: Metal-to-Metal Bonding. Mod. Pla., Dez. **1953**, 93 ff.

N. N.: Epoxies — No Wonder! Mod. Pla., Febr. **1952**, 89—94.

THIELSCH, H.: Beseitigung von defekten Stellen in Metallgegenständen mittels Harzen. Iron Age, Okt. **1953**, 118—121.

HÖCHTLEN, A.: Verwendung von *Aralditen* zum Kleben von Metallen. Industrie-Anz. **1954**, Nr. 56, 879—880.

DUNN, P. A.: Verklebungen von Aluminiumlegierungen mit *Aralditen*. Rubber Plastics Age **1954**, Nr. 2, 84—87.

N. N.: Verwendung von *Araldit* 985 B als Metalleim. Chem. Age **1954**, Nr. 1808, 561—563.

N. N.: The widening scope of Epoxide Resins. Br. Pla., Jan. **1955**, 16—17.

BIEBER, A. (CIBA): Das Verkleben von Metallen. Kunst. Pla. **1954**, 59—67, 1. Heft.

FORMO, J., u. L. BOLSTAD: Verarbeitung und Verwendung von Epoxydharzen. Mod. Pla., Nov. **1955**, 99—104.

TRIETSCH, F. K.: Das Kleben von Metallen. Maschinenmarkt vom 19. Juli **1955**, 4 Seiten.

SCHÄFER, W., u. H. JAHN: Metallverklebungen mit Epoxydharzen. Pla. Kau., März **1955**, 52—58; April **1955**, 84—85.

FRISCHBIER, E., u. W. SCHÄFER: Das Kleben von Metallen. Pla. Kau., Febr. **1955**, 28—33.

MIKSCH, K., u. E. PLATH: Taschenbuch der Kitte und Klebstoffe. 366 Seiten. Epoxydharze: S. 147—150, nur *Araldite* bekannt.

LÜTTGEN, C.: Die Technologie der Klebstoffe. 426 Seiten. Äthoxylinharze: S. 123—135, *Araldite* und *Epons*, gibt 7 Patente der SHELL und 4 der CIBA an.

BEEN, J. L.: Verleimung bei Raumtemperatur. Mod. Pla., Juli **1956**, 126, 137, 244.

KREKELER, K.: Verbinden von Metallen durch Kunstharzleime. Forschungsber. d. Wirtsch. u. Verk.-Minist. Nordrhein-Westf. — Nr. 245, **1956**, 3—38. (Phenol-, Polyester-, Isopren-, Buna-, Isocyanatharze, Epoxydharze nur kurz).

PLEINES, E. W.: Kunstharzklebstoffe für Aluminiumklebverbindungen. Aluminium, Heft 1, **1956**, 13—20.

DE BRUYNE, N. A. (CIBA): The Adhesive Properties of Epoxy Resins. Vortrag auf London Symposium am 13. 4. 56, 6 Seiten.

FREY, K. (CIBA): Beiträge zur Frage der Bruchfestigkeit kunstharzverleimter Metallverbindungen. Schweiz. Arch. angew. Wiss. Techn. **1953**, Heft 2, $6^1/_2$ Seiten.

TRIETSCH, F. K.: Neuzeitliche Bindemittel und das Kleben von Metallen. Konstruktion, **1954**, 135—145 (*Araldite*).

MEYERHANS, K.: Bindemittel aus der Klasse der Äthoxylinharze und ihre Verwendung zur Herstellung von Magnetsystemen. Werkstatt und Betrieb, **1954**, Heft 8, 409—413.

RUZLER, J. E. und Mitarbeiter: Adhesion and Adhesives. Wiley **1954**.

PLEINES, L. W.: Mechanische Eigenschaften von Aluminiumverklebungen im Hinblick auf Flugzeugbau. Aluminium **1956**, Nr. 3, 151—157; Nr. 5, 257—265.

FLOYD, D. E., W. J. WARD u. W. L. MINARIK: Polyamide-Epoxy-Resins als Anstrichmittel, Klebstoff und Gießharz. Mod. Pla., Juni **1956**, 238, 240, 242, 248, 250.

BLACK, J. M., u. R. F. BLOMQUIST: Metal-Bonding Adhesion for high Temperature Service. Mod. Pla., Juni **1956**, 225—230, 235, 236. Als Härter werden Chelate empfohlen, die bei Gemischen von *Epon* 1007 oder *Bakelite* BN 9700 mit *Durez* 16227 Verleimungen von Metallen von hoher Reißfestigkeit und besonders hohen Temperaturbeständigkeiten bewirken.

SCHALLER, W., u. E. FRISCHBIER: Einfluß der Härtungsbedingungen auf die Festigkeit von Leichtmetallverleimungen. Pla. Kau., 3, Nr. 6, 123—127 (**1956**). Es wurde gefunden, daß bei kalthärtenden Epoxydharzvorprodukten die Festigkeit bei mäßig ansteigenden Temperaturen sich verbessert, während bei heißhärtenden Epoxydharzvorprodukten eine Temperatursteigerung über die vorgeschriebene Härtungstemperatur hinaus einen Festigkeitsabfall hervorruft.

KRETZSCHMER, H.: Verklebungen im Maschinenbau. Pla. Kau., 3, Nr. 6, 127—130, (**1956**). Verklebungen sind vorteilhaft dort einzusetzen, wo nur statische bzw. geringe dynamische Kräfte bei niedriger Betriebstemperatur auftreten, z. B. bei gewissen Verarbeitungsmaschinen.

MAASS, K.: Probleme von Kunststoff-Metallverleimung in Feinmechanik und Optik. Pia. Kau., 3, Nr. 6, 130—132 (**1956**). An Beispielen werden die Vorzüge der Verbindungen mittels Epoxydgieß- und -klebharzen gezeigt, die materialsparend und rationeller für die Herstellung sind.

BANDARUK, W.: Kunstharz, Metalleime in der Flugzeugindustrie. SPE. J. **12**, Nr. 8, 20 (**1956**). Für diesen Zweck zeichnen sich Epoxydharze durch ihre Haftfestigkeit, ihre hohe Benetzungsfähigkeit für Metalle, ihre geringe Schrumpfung, ihre besondere Zähigkeit und die Reproduzierbarkeit ihrer Werte aus. In einer Tabelle werden die Eigenschaften von Klebverbindungen mit flüssigen Epoxydharzvorprodukten, die mit m-Phenylendiamin gehärtet sind, angeführt.

N. N.: First of all Plastics Refrigerator. Mod. Pla., Nov. **1956**, 117. Es wird die Verklebung des Skeletts für Kühlschränke beschrieben, wobei die Härtung mittels Hindurchleiten einer Spannung von 39000 Volt in 7 Sekunden erfolgt.

WARREN, F., u. H. W. EICKNER: Adhesive Bonds. Mod. Pla., Dez. **1956**, 187—190, 264. Beschreibung eines neuartigen Prüfgerätes zur Messung der Abschälkraft, die erforderlich ist, um ein auf einem Zylinder geklebtes, bandförmiges Material abzuschälen.

SKEIST, J.: Grundlagen für das Verkleben von Kunststoffen. Mod. Pla., **33**, Nr. 9, 121—144 (**1956**). Für die Klebkraft eines Leimes ist seine Molekülstruktur, Kristallinität und Gehalt an polaren Gruppen, entscheidend, weiterhin auch sein Gehalt an Lösungsmitteln und Weichmachern. Im übrigen sollen folgende Richtlinien beachtet werden:
1. Für kristalline Polymere ist die eigene Schmelze der beste Leim.
2. Amorphe Kunststoffe werden durch Monomere, vielfach auch durch Harze am besten verklebt.
3. Verklebung verschiedenartiger Kunststoffe miteinander erfolgt durch polymere Produkte von mittlerer Viscosität, unter Erzeugung einer dicken Klebschicht.

4. Um Spannungen beim Biegen oder bei Temperaturunterschieden zu vermeiden, soll die Klebschicht nicht steifer sein als der Kunststoff selbst.
5. Lösungsmittel und polymere Klebmittel sollen hinsichtlich des Löslichkeitsparameters dem zu verklebenden Stoff entsprechen.
6. Der Siedepunkt des Lösungsmittels ist besonders wichtig.
7. Bei Weichmachern muß die Migration beachtet werden.

BADLEY, S. R.: Überblick über die Einteilung der technischen Klebstoffe, tierische, pflanzliche und Kunstharze unter besonderer Berücksichtigung der Holzverleimung. Plast. Inst. Trans. J. 24, **1956**, Nr. 58, 337—345.
SCHÄFER, W. u. H. JAHN: Stand der Metallklebetechnik mit Epoxydharzen in der DDR. Plaste u. Kautschuk **1956**, 121—122.
SCHÄFER, W., u. H. JAHN: Epoxydharzklebemittel in der Elektrotechnik. Deutsche Elektrotechnische Beilage Elektrofertigung 10. **1956**, Nr. 10, 73—77. Die Ausführungen erstrecken sich auf geklebte Stromdurchführungen, aufgeklebte Kontakte und Schleifringe auf Hartpapierplatten, geklebte Magnetsysteme, eingeklebte Glasscheiben in Metall- oder Preßharzgehäusen, Hartpapierplatten, auf denen Kupfer- oder Aluminiumfolien als Stromleiter aufgeklebt sind u. dgl. m. Auch durch eingearbeiteten Silberstaub leitend gemachte Epoxydharzklebemittel werden erwähnt. Die Angabe, daß durch Heißhärten bessere mechanische Eigenschaften und höhere Wärmefestigkeiten erzielt werden im Vergleich zur Kalthärtung, entspricht den bereits vorliegenden Erfahrungen.
JORDAN, O.: Erfahrungen beim Verkleben neuerer Kunststoffe. Kunst.-Praxis **1957**, 521—524. Es werden die Grenzen, in denen brauchbare Verklebungen bei Kunststoffen verschiedenster Art erzielt werden können, diskutiert.

Firmenschriften

CIBA

Großes Format:
Sept. 1952: Einige Untersuchungen über *Araldit*, kalthärtend. Typ 101, 13 Seiten.
März 1953: *Araldit*, flüssig, Typ XV und XVI für Metallverleimungen. 6 Seiten.
Ohne Datum: *Araldit*-Bindemittel 123 B für Metallverleimungen. 8 Seiten.
Kleines Format: Ohne Datum.
Arbeitsvorschrift für das Bindemittel *Araldit*, Typ I, 11 Seiten.
Araldit-Bindemittel I, 8 Seiten.
Araldit-Bindemittel 101, 11 Seiten.
Araldit-Bindemittel 103, 11 Seiten.
Araldit-Bindemittel 121, 10 Seiten.

SHELL

SC: 54—34, Experimental *Epon*-Adhesive 422 (Stabilized), 2 Seiten.
T. B. 110, *Epikote*-Adhesive VI (ist identisch mit *Epon*), 6 Seiten.
SC: 55—28 R, *Epon*-Adhesive VIII, 3 Seiten.
SC: 55—29, Formulation of Adhesive with *Epon*-Resins, 6 Seiten.
SC: 55—30, *Epon*-Adhesive VI, 4 Seiten.
SC: 55—47, Experimental *Epon*-Adhesive IX, 2 Seiten.
März 1955: Polymer Progress: *Epon*-Adhesives in Military Applications, 12—13.

HENKEL

Epoxydpolyester Metallklebstoff *Metallon* 130 und *Metallon* K, 13 Seiten.

FURANE PLASTICS

Epibond-Typen 100, 101, 102, 104, 115, 121, 122, 123, Tabelle, 1 Seite.

BAKELITE CORP.

April 1956: *Bakelite* C-8, Epoxy Resins and Hardeners. 3 Harze: ERL 2774, 2795, 3794, 4 Härter: ERL 2739, ZZL 0803, ZZL 0812, ERL 2807, 1 Seite.

Epoxydgieß- und -preßharze

Die Verwendung von Epoxydharzen als Gieß- und Preßmassen findet weniger oft und durch weniger Verarbeiter statt als diejenige als Klebmittel. Dagegen ist die verbrauchte Menge für dies Verwendungsgebiet ein Vielfaches. Wegen der ausgezeichneten elektrischen Isolierfähigkeit und Unempfindlichkeit gegen Feuchtigkeit finden Epoxydgieß- und -preßharze ausgedehnte Verwendung zum Einbetten elektrischer Geräte und Stromleiter, z. B. auch von Transformatoren, wobei die bei dem bisher verwendeten Öl bestehende Brandgefahr fortfällt, ebenso auch ein Sauerwerden des Öles und Angriff der Metallteile.

Infolge der relativ geringen Anzahl an Patentbeschreibungen und sonstigen Veröffentlichungen über Epoxydgieß- und -preßharze findet die Verteilung der chronologischen kurzen Charakterisierungen in zwei Gruppen statt, und zwar:

Gruppe 1: Einfache, nichtmodifizierte Epoxydharzvorprodukte, welche die üblichen Härtemittel enthalten können, und

Gruppe 2: Kombination der einfachen Epoxydharzvorprodukte mit anderen Harzen oder Verbindungen anderer Art.

Gruppe 1: Einfache, nichtmodifizierte Epoxydharzvorprodukte, die auch verestert sein und die üblichen Härtemittel enthalten können

12. 5. 44. US 2503726, DEVOE & RAYNOLD: Umsetzungsprodukte von zweiwertigen, ein- oder mehrkernigen Phenolen mit Polyepoxydverbindungen, gegebenenfalls unter Zusatz von Härtern.

2. 11. 45. US 2592560, DEVOE & RAYNOLDS: Umsetzungsprodukte von Bisphenol A mit einem Überschuß eines Polyepoxyds + Härter.

3. 12. 45. US 2589245, DEVOE & RAYNOLDS: Polymere Bisphenol-A-Glycidyläther mit Säureamiden als Härter.

8. 3. 46. US 2510885 u. 2510886, DEVOE & RAYNOLDS: Polymere Bisphenol-A-Glycidyläther mit Aminen oder Polyaminen als Härter.

28. 2. 47. US 2680109, COLUMBIA SOUTHERN CHEM. CORP.: Verwendung von Glycidylmethacrylat, das mit Zinntetrachlorid durch die Epoxydgruppe zu einem linearen schmelzbaren Harz polymerisiert wurde. Härtung erfolgt mit Hilfe von Benzoylperoxyd durch Polymerisation der Acrylgruppe.

25. 3. 47. US 2476922, SHELL: Gemischte Glycidyl- und Allylester von Dicarbonsäuren.

2. 5. 47. US 2556048, Dow CHEM. CORP.: Copolymere von Vinylidenchlorid mit Propylenoxyd.

10. 2. 48. US 2527806, DU PONT: Copolymere von 4-Vinylcyclohexendiepoxyd mit ungesättigten Dicarbonsäuren.

28. 2. 48. US 2500600, SHELL: Polymere Bisphenol-A-Glycidyläther mit aliphatischen Diaminen (2,4-Diamino-2-methylpentan) als Härter.

21. 4. 48. US 2506486, Union Carbide-Carbon: Umsetzungsprodukte von polymeren Bisphenol-A-Glycidyläthern mit Bisphenolen verschiedener Art.

19. 6. 48. US 2556075, Amer. Cyanamid: Polymerisationsprodukte von Glycidyl-(Meth)-acrylat.

30. 1. 50. DP 865209, Dynamit AG: Umsetzungsprodukte von Toluoldisulfonsäure -N,N'- dimethyl- N,N'- diglycidylamid mit Polycarbonsäureanhydriden.

7. 10. 50. US 2582985, Devoe & Raynolds: Mit Bisphenolen nachbehandelte polymere Bisphenol-A-Glycidyläther.

13. 11. 50. US 2609357, Rohm & Haas: Umsetzungsprodukte von Diepoxyden eines Glykol-bis-(exodihydro-dicyclopentadienyl)-äthers mit einem Polycarbonsäureanhydrid mit 3—6 Carboxylgruppen.

8. 12. 50. US 2765296, Columbia Southern Chem. Corp.: Verwendung von Polymeren oder von Copolymeren von Mono- oder Diepoxyden von 4-Vinylcyclohexen mit Styrol oder Acrylsäureestern.

20. 1. 51. DP 900751, Dynamit AG: Umsetzungsprodukte von polymeren Bisphenol-A-Glycidyläthern mit Ketopimelinsäuredilacton.

7. 8. 51. US 2642412, Shell: Gemisch von polymerem Bisphenol-A-Glycdiyläther mit polymerem Glyceringlycidyläther mit N,N-diäthyl-1,3-propandiamin als Härter.

9. 10. 51. DP 912503, Henkel: Umsetzungsprodukte von Verbindungen mit mindestens zwei Oxacyclobutanringen mit Anhydriden mehrbasischer Carbonsäuren.

17. 11. 51. US 2633548, Shell: Umsetzungsprodukte von polymeren Bisphenol-A-Glycidyläthern mit Schwefelwasserstoff.

22. 7. 51. DP 892974, Licentia Patent Verwertung m. b. H.: Verfahren zur Herstellung von Gießkörpern aus Epoxydharzvorprodukten, dadurch gekennzeichnet, daß das flüssige Gießharz und das Streckmittel mit dem Härter aus getrennten Behältern dosiert in eine evakuierte Gußform geleitet werden, wo Vermischung stattfindet und bei 130° gehärtet wird.

25. 8. 52. US 2773048, Minneapolis-Honeywell Regulator Co.: Gemische von polymeren Bisphenol-A-Glycidyläthern mit 3—20% 4,4'-Diaminodiphenylmethan mit oder ohne Füllmaterialien oder Pigmenten.

25. 2. 52. US 2682514, Shell: Umsetzungsprodukte polymerer Bisphenol-A-Glycidyläther mit epoxydiertem ungesättigtem Fettsäureester + Tri-(dimethylaminomethyl)-phenol-tri-2-äthylhexoat.

8. 4. 52. US 2668807, Devoe & Raynolds: Mit Bisphenolen nachbehandelte aliphatische oder aromatische polymere Polyglycidyläther.

17. 10. 52. US 2694694, Devoe & Raynolds: Umsetzungsprodukte von Epichlorhydrin mit Bisphenol A bei 115—135° unter Druck.

21. 10. 52. US 2731444, Devoe & Raynolds: Umsetzungsprodukte polymerer Bisphenol-A-Glycidyläther mit mehrwertigen Alkoholen.

17. 12. 52. FP 1067766; B.-Pri. 21. 12. 51; NATIONAL RESEARCH LTD.: Umsetzungsprodukte polymerer Bisphenol-A-Glycidyläther mit Diisocyanaten.

28. 4. 53. FP 1080742; Schwz.-Pri. 30. 4. 52 u. 16. 4. 53; CIBA: Gemisch von polymeren Bisphenol-A-Glycidyläthern verschiedener Polymerisationsgrade mit Kaolin und/oder Aluminiumpulver mit Zusatz von Triäthylentetramin.

20. 5. 53. D. Anm. J 7270; Belg.-Pri. 29. 5. 52, INTERNATIONAL STANDARD ELECTRIC CORP.: Besonders leicht flüssige Harzkompositionen, die bei 130° in 1—2 Stunden härten, durch Zusammenschmelzen von 100 Teilen eines Epoxydharzvorproduktes mit 80 Teilen Pentachlorphenol, 30 Teilen Phthalsäureanhydrid und 1 Teil Äthylendiamin. Die Mischung eignet sich zum Vergießen von elektrischen Schaltelementen, wobei die dielektrischen Eigenschaften für die Dauer gewährleistet sind.

30. 7. 53. D. Anm. F 12481, HOECHST: Aromatische Diglycidylthioäther aus Dithiolen der Formel $HS \cdot R \cdot SH$ oder $HS \cdot CH_2 \cdot R \cdot CH_2SH$.

31. 8. 53. US 2732367, SHELL: Komposition aus polymeren Bisphenol-A-Glycidyläthern mit dem Monophenylester der phosphorigen Säure.

1. 10. 53. FP 1088704; D.-Pri. 3. 11. 52; HENKEL: Umsetzungsprodukte von hydroaromatischen Polyglycidyläthern mit Polycarbonsäureanhydriden.

31. 12. 53. FP 1096711; FLEURY, M.: Verwendung von Spritzmassen, die durch ein kontinuierliches Verfahren aus Epoxydharzen oder anderen Kunstharzen hergestellt werden.

27. 7. 54. FP 1110875; US-Pri. 29. 7. 53; BATAAFSCHE: Polymere Bisphenol-A-Glycidyläther mit m-Phenylendiamin als Härter.

1. 10. 53. US 2801232. AMER. CYANAMID: Gemisch aus einem Dicarbonsäureanhydrid (Phthalsäureanhydrid) mit dem Reaktionsprodukt eines Diglycidylesters (Diglycidylphthalat) mit einem Diol mit 4—12 Kohlenstoffatomen (1,5-Pentandiol), dessen Menge etwa doppelt so groß sein soll als diejenige des Diglycidylesters.

10. 3. 54. US 2792381, SHELL: Monomere oder polymere Acetylendiol-diglycidyläther.

9. 4. 54. US 2801989, UNION CARBIDE CORP.: Verwendung von Glycidylpolyäthern von Polyphenolen mit 3—7 Kernen, die durch Umsetzen von Acrolein mit Phenol in verschiedenen Mengenverhältnissen gewonnen werden.

22. 9. 54. US 2761870, SHELL: Verwendung von epoxydierten Veresterungsprodukten von mehrbasischen Carbonsäuren mit ungesättigten einwertigen Alkoholen, deren Härtung mit etwa der gleichen Menge Dicarbonsäureanhydrid zusammen mit etwa 20% Polyamin erfolgt.

8. 2. 55. D. Anm. F 16777 BAYER: Veresterungsprodukte polymerer Bisphenol-A-Glycidyläther mit Zimtsäure, die im Gemisch mit der gleichen Menge Styrol mit 1—4% Benzoylperoxyd durch Polymerisation gehärtet werden.

18. 5. 55. FP 1133882, Soc. St. Gobain, Verwendung von Umsetzungsprodukten von 2 Mol eines Diglycidyläthers mit mehr als 1 Mol eines Dicarbonsäureanhydrids (Phthal-, Tetrahydrophthal-, Endomethylentetrahydrophthalsäureanhydrid) bei 125° in Gegenwart von Triäthanolamin oder Aluminium-isopropylat, mit einem Zusatz von säureamidartigen Verbindungen, wie Urethane, Oxazolidine, Phthalimid, Succinimid, Äthylenglykolcarbamat u. dgl. zwecks Erzielung farbloser, blasenfreier und transparenter Gußstücke, die hohe Chemikalienbeständigkeit aufweisen.

23. 5. 55. FP 1132036; US-Pri. 24. 5. 54. Bataafsche: Epoxydkohlensäureester, hergestellt durch Umsetzen von Epoxydalkoholen mit Alkylchlorkohlensäureestern.

24. 6. 55. D. Anm. B 36252, Badische Anilin- & Sodafabrik-AG.: Verwendung von Glycidyläthern von oxäthyliertem Bisphenol A.

27. 6. 55. FP 1133539; US-Pri. 28. 6. 54. (US 2783250), Bataafsche: Verwendung partiell epoxydierter Ester aus ungesättigten Dicarbonsäuren (Malein-, Endomethylen-3,6-tetrahydrophthal-, 4-Cyclohexen-1,2-dicarbonsäure) und ungesättigten Alkoholen (Vinylalkohol, Allyl- und Propyrgylalkohol) als Gießharz. Ester dieser Art können mit Peroxydkatalysatoren an der Doppelbindung und mit BF_3 an der Epoxydgruppe polymerisiert werden.

4. 8. 55. D. Anm. C 11653, 1012068, Chemische Werke Albert: Verwendung von partiell mit 5—20% höhermolekularen gesättigten oder ungesättigten Monocarbonsäuren (Vorlauffettsäure C_{4-9}, Ölsäure oder Synourinfettsäure) veresterten polymeren Bisphenol-A-Glycidyläthern mit Säurezahlen unter 2. Formstücke, die mit Harzen dieser Art hergestellt sind, weisen Schlagzähigkeiten von etwa doppelter Höhe gegenüber den normalen Epoxydharzen auf (25—45 cm · kg/cm² gegen 14,6 cm · kg/cm²).

4. 11. 55. BP 773655, General Electric Co.: Verwendung von Umsetzungsprodukten polymerer Bisphenol-A-Glycidyläther mit einer Polychlordiphenylverbindung unter Zusatz von 20—70% Hexachlorendomethylentetrahydrophthalsäureanhydrid als Härter.

7. 11. 55. FP 1134674; D.-Pri. 12. 11. 54, Badische Anilin- & Sodafabrik-AG.: Verwendung von Gießharzen aus Umsetzungsprodukten von Epichlorhydrin und Bisphenol A oder Butantriol in Verbindung mit Aminhärtern, z. B. p,p'-Diaminodicyclohexylmethan oder p,p'-Diaminodiphenylharnstoff, zur Herstellung von Formkörpern unter Zusatz wesentlicher Mengen von porösen Kunststoffen aus Polystyrol, Polyvinylchlorid, Polyäthylen, Polymethacrylsäureestern oder Polyvinylcarbazol.

6. 12. 55. FP 1137175 (BP 772830); D.-Pri. 6. 12. 54, Bayer: Verwendung von Diglycidylaminen.

28. 7. 56. Belg. P. 549916; US-Pri. 9. 8. 55, Union Carbide & Carbon Corp.: Verwendung von 1,2—5,6-Diepoxycyclooctan unter Benutzung von Dicarbonsäuren, Diaminen, Dialdehyden oder von Diolen als Härter für elektrische Zwecke.

28. 1. 56. D.-Anm. F 19402, 1019083, Bayer: Verwendung von aromatischen Aminopolyglycidylverbindungen mit cis-Hexahydrophthalsäureanhydrid als Härter, der relativ geringe Reaktionswärme erzeugt.

Gruppe 2: Kombination von Epoxydverbindungen nach Gruppe 1 mit Phenolharzen, Aminoharzen, Polyamiden, Polyestern, Triallylcyanurat, Polythiolen, Schellack, Cellulosederivate und ungesättigte Verbindungen

23. 11. 38. US 2319876, Celanese Corp. of America: Preßpulver bestehend aus 30 Teilen eines Umsetzungsproduktes aus äquimolekularen Mengen Bisphenol A, p-Toluolsulfamid, Glycerindichlorhydrin und Natronlauge im Gemisch mit 100 Teilen Celluloseacetat und 30 Teilen Dimethylphthalat.

9. 12. 44. US 2470324; B.-Pri. 3. 12. 43, Distillers: Copolymere von Glycidylmethacrylat und Vinylidenchlorid.

8. 3. 46. US 2521911 u. 2521912, Devoe & Raynolds: Komposition aus polymerem Bisphenol-A-Glycidyläther und einem Methylolgruppen enthaltendem Phenol-Formaldehyd-Vorkondensat.

4. 9. 46. US 2511913, Devoe & Raynolds: Komposition aus polymeren Bisphenol-A-Glycidyläthern und einem Kondensationsprodukt von Formaldehyd mit einem aromatischen Amin.

13. 9. 46. US 2494295, Devoe & Raynolds: Komposition von polymerem Bisphenol-A-Glycidyläther und einem aromatischen Sulfonamid-Formaldehyd-Kondensationsprodukt.

25. 1. 49. US 2528417, Shell: Kombination von 80 Teilen polymerem Bisphenol-A-Glycidyläther, 10 Teilen Phenolpech und 4 Teilen 2,4-Diamino-2-methylpentan.

6. 12. 49. US 2555500; Can.-Pri. 4. 11. 49, Canadian Ind. Ltd.: Copolymer von Propylenoxyd mit 4-Vinylcyclohexendioxyd.

11. 1. 50. US 2719089, Union Carbide-Carbon: Flammenresistente Spritzgußmassen aus Celluloseäther oder -ester mit 70—100% Tri-(2-chloräthyl)-phosphat und 0,2—4% eines Diglycidyläthers.

21. 3. 50. US 2637713, Amer. Cyanamid Co.: Komposition aus 1,2-Epoxy-3-methoxyäthoxypropan und einem Harnstoff-Formaldehyd-Vorkondensat.

27. 5. 50. US 2683130, Koppers: Umsetzungsprodukte von Epichlorhydrin mit einem mehrkernigen Phenolformaldehydharz.

27. 5. 50. US 2658884, Koppers: Umsetzungsprodukt von Epichlorhydrin mit einem Kondensationsprodukt aus p-Chlorphenol mit Formaldehyd.

27. 5. 50. US 2658885, Koppers: Umsetzungsprodukte von Epichlorhydrin mit einem Kondensationsprodukt von p-Kresol mit Formaldehyd.

1. 8. 50. DP 863411; Schwz.-Pri. 28. 8. 49 u. 5. 7. 50, Ciba: Kombination von polymeren Bisphenol-A-Glycidyläthern mit Polyestern.

25. 5. 51. FP 1066037; US-Pri. 27. 5. 50, Koppers: Komposition, bestehend aus Resorcindiglycidäther oder einem polymeren Bisphenol-A-Glycidyläther und einem sulfonierten Phenolformaldehydharz.

26. 7. 51. US 2659710, GENERAL ELECTRIC Co.: Umsetzungsprodukte von Epichlorhydrin mit einem Gemisch von Mono-, Di-, und Trimethylolphenol.

31. 10. 51. US 2683131, GENERAL ELECTRIC Co.: Komposition aus polymeren Bisphenol-A-Glycidyläthern und niedermolekularen sauren Polyestern mit Säurezahlen über 200.

31. 10. 51. US 2691007, GENERAL ELECTRIC Co.: Komposition eines polymeren Bisphenol-A-Glycidyläthers mit einem sauren polymerisierbaren ungesättigten Polyester mit einer Säurezahl zwischen 75 und 200.

31. 10. 51. US 2691004, GENERAL ELECTRIC Co.: Komposition aus einem polymeren Bisphenol-A-Glycidyläther und einem ölmodifizierten, sauren gesättigten Polyester mit einer Säurezahl zwischen 20 und 200.

1. 11. 51. D. Anm. S 25452, SIEMENS-SCHUCKERT: Kombination aus polymerem Bisphenol-A-Glycidyläther und einem langkettigen polymerisierfähigen ungesättigten Polyester.

30. 10. 51. US 2789958, THIOKOL CHEM. CORP.: Verwendung von Gemischen von Polyepoxyden (Butadiendioxyd, Athylenglykoldiglycidyläther, polymere Bisphenol-A-Glycidyläther) mit Polythiopolythiolen unter Zusatz kleiner Mengen von Basen, z. B. Diäthylentriamin oder Dimethylaminomethylphenol.

25. 3. 52. US 2774747; B.-Pri. 5. 4. 51, INTERNATIONAL STANDARD ELECTRIC CORP. LTD.: Verwendung von stromleitenden Kompositionen, bestehend aus 24,5% eines polymeren Bisphenol-A-Glycidyläthers, 27% Blättchensilber und 46% feinst gefällten Silbers und 2,5% Diacetonalkohol als Einbettungsmasse, insbesondere zum Befestigen von Germanium-Kristallen, ohne die elektrischen Eigenschaften zu beeinträchtigen, wie dies beim normalen Verlöten der Fall ist.

10. 9. 52. US 2781333, AMERICAN CYANAMID Co.: Verwendung von Gemischen von 30—45 Teilen Diglycidylphthalat, 20—30 Teilen Maleinsäureanhydrid und 35—25 Teilen Styrol, die bei 100° gehärtet werden.

15. 5. 52. US 2714098, (identisch mit FP 1080794, 13. 5. 53 der THOMSON-HOUSTON COMP.), GENERAL ELEKTRIC Co.: Umsetzungsprodukte von Phenol-Formaldehyd-Novolaken mit monomeren Epoxydverbindungen (Epichlorhydrin, Glycidylallyläther, Butadienmonoxyd, Styroloxyd usw.) und Hexamethylentetramin.

11. 6. 52. US 2678308, AMERICAN CYANAMID Co.: Zusatz von 2—15% eines Umsetzungsproduktes von 1 Mol Epichlorhydrin mit 2 Mol Glykolmonomethyläther [unter Bildung von 2-Oxy-1,3-di-(methoxyäthoxy)-propan] zu einem Aminoharzvorkondensat.

11. 6. 52. US 2688604, AMERICAN CYANAMID Co.: Zusatz von 2—15% eines Umsetzungsproduktes aus 1 Mol Epichlorhydrin mit je 1 Mol Glykol und Monomethylglykol (unter Bildung von 2-Oxy-1-oxäthyl-3-methoxyäthoxypropan) zu einem Aminoharzvorkondensat.

1. 10. 52. FP 1068087, COMP. THOMSON-HOUSTON: Komposition aus einem oder mehreren polymeren Bisphenol-A-Glycidyläthern verschiedenen Polymerisationsgrades mit einem stark sauren Polyester.

9. 3. 53. FP 1075563; US-Pri. 11. 3. 52 u. US 2706223, GENERAL-MILLS: Kombination von polymeren Bisphenol-A-Glycidyläthern mit Polyamiden verschiedener Zusammensetzung.

19. 8. 53. BP 744388; US-Pri. 22. 8. 52, GENERAL ELECTRIC Co.: Kombination von polymeren Bisphenol-A-Glycidyläthern mit einem DIELS-ALDER-Addukt aus Maleinsäureanhydrid und Hexachlorpentadien zur Herstellung schwer entflammbarer Preßmassen.

27. 11. 53. FP 1091108; US-Pri. 29. 11. 52, COMP. THOMSON-HOUSTON: Kombination von polymeren Bisphenol-A-Glycidyläthern mit Triallylcyanurat und einem höheren Amin (Dodecylamin).

19. 3. 54. FP 1109407; US-Pri. 26. 3. 53, COMP. THOMSON-HOUSTON: Kombination von polymeren Bisphenol-A-Glycidyläthern mit Schellack.

3. 9. 53. BP 768125, SHELL REFINING & MARKETING CO. LTD.: Kombination von Phenol-Formaldehyd-Novolaken mit 5—20% polymeren Bisphenol-A-Glycidyläthern mit einem 10%igen Zusatz von Hexamethylentetramin als Härter.

2. 9. 54. D. Anm. B 32465, 1009808, BADISCHE ANILIN- & SODA-FABRIK-AG.: Polymere aliphatische Polyglycidyläther unter Verwendung von Diaminodiphenylverbindungen als Härter.

28. 9. 54. US 2773043, WESTINGHOUSE ELECTRIC CORP.: Gießharze für elektrische Zwecke, bestehend aus, beispielsweise: 450 g flüssigem polymeren Bisphenol-A-Glycidyläther, 400 g Polyvinylchlorid, 425 g Di-2-äthylhexylphthalat, 45 g Phthalsäureanhydrid und 15 g eines Bentonit-Amin-Additionsproduktes. Härtung erfolgt in der Wärme.

23. 5. 55. FP 1132035; US-Pri. 24. 5. 54, BATAAFSCHE: Umsetzungsprodukte von 100 Teilen einer Polyepoxydverbindung mit 40—100 Teilen einer Mercaptoverbindung.

29. 3. 55. Belg. P. 536900, BATAAFSCHE: Umsetzungsprodukte von polymeren Bisphenol-A-Glycidyläthern mit Styrol unter Zusatz von Piperidin, die sowohl polymerisiert als auch vernetzt werden.

31. 3. 54. BP 753050; US-Pri. 26. 6. 53, DU PONT: Verwendung von Gemischen von 50—97% wasserunlöslichen, nicht ionogenen Polymeren (Polyvinylchlorid, Polychloropren) und 50—3% wasserlöslichen Anionenpolyelektrolyten (Glycidylester ungesättigter Carbon- oder Sulfonsäuren).

29. 3. 55. D. Anm. N 10419; Nied.-Pri. 31. 3. u. 20. 8. 54, BA-TAAFSCHE: Gemeinsame Polymerisation und Härtung von Gemischen von polymeren Glycidyläthern und Styrol mit Polymerisationskatalysatoren und katalytischen Mengen von Aminen.

8. 6. 55. D. Anm. D 20627; B.-Pri. 9. 6. 54, DISTILLERS CO. LTD.: Epoxydgruppenhaltige Umsetzungsprodukte von Epichlorhydrin mit Umsetzungsprodukten von Novolaken mit ungesättigten Kohlenwasserstoffen.

5. 7. 55. FP 1142995. D.-Pri. 14. 7. 54., BADISCHE ANILIN- & SODA-FABRIK-AG.: Komposition aus sauren Polyestern und aliphatischen Polyglycidyläthern.

2. 1. 56. Belg. P. 544127; US-Pri. 3. 1. 55, BATAAFSCHE: Verwendung eines Gemisches von etwa 50 Teilen Bisphenol-A-Glycidyl-

äther, 150 Teilen fein gepulvertem Eisen und 9 Teilen Kieselerde unter Zusatz des erforderlichen Härters als Preßharz, mit dem metallähnliche Preßstücke hergestellt werden.

Prüfungsergebnisse für Epoxydgießharze

A. Angaben in Patentschriften (siehe Abkürzungen Seite 601)

US 2500600, Shell:

p-B-G-Diamine

Barcol-Härte 34—41.

US 2642412, Shell:

p-B-G + p-G-G + Diamine (15% N,N-Diäthyl-1,3-propandiamin)

Barcol-Härte 77. Hitze-Schock-Probe: keine Sprünge.

Ausführung dieser Probe: Plötzliche Abkühlung auf $-70°$, danach 1 Stunde bei 200°.

US 2682514, Shell:

p-B-G + epoxydierte ungesättigte Fettsäuren + Tri-(dimethylamino-äthylphenol)-tri-(2-äthylhexoat) = *Curing Agent D*

Hitze-Schock-Probe: keine Sprünge.

US 2527806, du Pont:

Copolymer von 4-Vinylcyclohexendioxyd + ungesättigte Carbonsäuren.

Rockwell-Härte (Skala M) 95—100. Zugfestigkeit: 70—174 kg/cm². Kerbschlagfestigkeit: 0,614 cm · kg/cm². Biegesteifheit: 8300 kg/cm².

US 2506486, Union Carbide-Carbon:

p-B-G + Bisphenol

Zugfestigkeiten von 150—180 kg/cm².

US 2637713, Amer. Cyanamid:

1,2-Epoxy-3-methoxyäthoxypropan + Aminoharz.

Messung der Schrumpfung scheibenartiger Preßmassen in der Form: Eingesetzte Werte:

A = Durchmesser der kalten Form,
B = Durchmesser des Preßkörpers nach 48 Std. bei 25°,
C = wie B aber mit anschließender 48stündiger Erhitzung bei 100° und Abkühlung auf 25°,

dann ist die

Schrumpfung der Form: $\dfrac{A-B}{A} \times 1000$, gefunden zu 0,4%,

Nachschrumpfung: $\dfrac{B-C}{A} \times 1000$, gefunden zu 0,18—0,22%,

Gesamtschrumpfung: $\dfrac{A-C}{A} \times 1000$.

US 2609357, Rohm & Haas:

Diepoxyd von Glykol-bis-(exodihydro-dicyclopentadienyl)-äther + Polycarbonsäureanhydriden.

Daraus hergestellte Gießharze zeigten folgende Werte:

BARCOL-Härte .... 30—35
Biegefestigkeit .... etwa 1400 kg/cm²
Biegemodul .... 26920 kg/cm²
Druckfestigkeit .... 1280 kg/cm²
Zugfestigkeit .... 800 kg/cm²
Bruchdehnung..................... 7%
Elastizitätsmodul .... 29520 kg/cm²
Kerbschlagzähigkeit .... 18 cm · kg/cm
Linearer Ausdehnungskoeffizient ..... $6,0 \cdot 10^{-5}$ pro Grad C
Wärme-Verformungstemperatur...... 127°
Dielektrizitätskonstante bei .... 60 Hz: 4,0, 10^3 Hz: 4,0, 10^6 Hz: 3,6
Verlustfaktor bei .... 60 Hz: 0,006, 10^3 Hz: 0,012,
                                   10^6 Hz: 0,035

FP 1068087, THOMSON-HOUSTON:

p-B-G + Polyester

Zerreißfestigkeit: 270 kg/cm²

FP 1110875, BATAAFSCHE:

p-B-G + m-Phenylendiamin

BARCOL-Härte bei 25° 46, 60° 30, 100° 21

B. Angaben in Veröffentlichungen oder Firmenschriften

Ciba-Gießharze. PREISWERK, E., u. J. CHARLTON: Ethoxylines, what they are and where they are going (Mod. Pla., Nov. **1950**, 3 Seiten).

Schrumpfung von *Araldit*-Gießharz B:

Härtung bei 110° in 48 Std. ergibt Schrumpfung von 0,5—0,8%
Härtung bei 130° in 10 Std. ergibt Schrumpfung von 1,1—1,3%
Härtung bei 140° in 5 Std. ergibt Schrumpfung von 1,3—1,5%
Härtung bei 150° in 3 Std. ergibt Schrumpfung von 1,5—1,9%
Härtung bei 160° in 90 Min. ergibt Schrumpfung von 1,9—2,2%
Härtung bei 170° in 60 Min. ergibt Schrumpfung von 2,0—2,2%
Härtung bei 200° in 30 Min. ergibt Schrumpfung von 2,2—2,3%

MEYERHANS, K.: Bindemittel und Gießharze auf *Araldit*-Basis. Kunst. **1951**, Heft 11, 365—373.

Araldit-Gießharz-B-Gußstücke zeigen die folgenden mechanischen Eigenschaften:

Spezifisches Gewicht .... nach VSM 77109   1,2—2,0
Schlagbiegefestigkeit .... nach VSM 77105   13—23 cm · kg/cm²
Biegefestigkeit............. nach VSM 77103   1000—1300 kg/cm²
Zugfestigkeit .... nach VSM 77101   600—800 kg/cm²
Elastizitätsmodul .... nach VSM 77111   50000—180000 kg/cm²
Druckfestigkeit .... nach VSM 77102   1100—15000 kg/cm²
Härte nach VICKERS........ nach VSM 77106   2000—3500 kg/cm²
Wärmebeständigkeit........ nach MARTENS   105—130°

Zersetzungstemperatur.....................   330—350°
Lineare Wärmeausdehnung.................. $30—90 \cdot 10^{-6}$ mm/mm°C
Wasseraufnahme bei 20° in 10 Tagen........   0,15—0,3%
Wasseraufnahme bei 100° in 1 Stunde ....   0,3 —0,45%

MEYERHANS, K.: Äthoxylinharze in der Hochspannungstechnik. Kunst. **1953**, Heft 10, 387—392. Vergleich der Prüfwerte von Gießharz B mit denjenigen von Gießharz F, die von derselben Größenordnung sind.

PREISWERK, E.: Äthoxylinharze in der Elektrotechnik. Plastverarbeiter, **1953**, Heft 2, 6 Seiten. Angabe der bereits angeführten Prüfwerte für Gießharz B sowie weiterhin die Dielektrizitätskonstanten für Gießharz B mit verschiedenen anorganischen Füllmitteln.

DUNN, P. A.: Typical applications of Epoxy Resins (*Araldite*). Rubber and Plastics Age, Febr. **1954**, 84—87. Gibt die Prüfwerte für *Araldit*-Gießharz B und und D nach den amerikanischen Prüfnormen (ASTM) wieder.

MEYERHANS, K.: Chemikalienbeständigkeit von *Araldit*-Gießharz B. Kunst. **1954**, Heft 4, 135—142.

Ausgehärtetes *Araldit*-Gießharz B ist *beständig* gegen:

Wasser, Leitung	6 Monate	bei 20—70°
Wasser, destilliert	1 Jahr	bei 20—70°
Wasserstoffperoxyd, 30%	6 Monate	bei 20°
Aceton, 10%ig in Wasser	6 Monate	bei 20°
Natronlauge, 10%ig	6 Monate	bei 20°
Salzsäure, 10%	6 Monate	bei 20°
Salzsäure, 50%	6 Monate	bei 20—100°
Salzsäure, 100%	6 Monate	bei 20°
Schmierseife, 50%ig	6 Monate	bei 20—100°
Schwefelsäure, 10%ig	6 Monate	bei 20—60—100°
Schwefelsäure, 50%ig	6 Monate	bei 20—60°
Schwefelsäure, 75%ig	6 Monate	bei 20°
Kochsalzlösung, 10%ig	6 Monate	bei 20—70°
Eisessig, 100%ig	6 Monate	20°
Bewetterung	3 Jahre	
Benzin	6 Monate	20—80°
Benzol	6 Monate	20°
Butanol	6 Monate	20°
Glycerin	6 Monate	bei 20—100°
Mineralöl	12 Monate	bei 20—70°
Tetrachlorkohlenstoff	6 Monate	bei 20°
Toluol	6 Monate	bei 20°
Triäthanolamin	6 Monate	bei 20°, Gewichtsabnahme 0,45%
Cyclohexanol	6 Monate	bei 20°
Cyankalium-Galvanisierbad	6 Monate	bei 80°

Bedingt beständig oder unbeständig gegen:

Aceton, 50%ig in Wasser	6 Monate	bei	20°:	äußerlich unverändert, 15% Gewichtsaufnahme
Benzol	4—10 Tage	bei	60—80°:	völlig zerstört
Butylacetat	20 Tage	bei	20°:	starke Quellung
Chlorsulfonsäure	20 Stunden	bei	20°:	völlige Auflösung
Crotonaldehyd	4 Tage	bei	20°:	völlig zerstört
Dioxan	4 Tage	bei	20°:	völlig zerstört
Kresol	3 Monate	bei	20°:	nach 1 Monat stark gequollen, nach 3 Monaten völlig zerstört
Chlormethyl		bei	20°:	schnell zerstört
Natronlauge	6 Monate	bei	60—100°:	völlig zerstört
Salzsäure, 50%ig	6 Monate	bei	100°:	völlig zerstört
Salzsäure, 100%ig	6 Monate	bei	60°:	starke Braunfärbung
Schwefelkohlenstoff	6 Monate	bei	20°:	nach 10 Tagen erweicht
Schwefelsäure, konz.	5 Tage	bei	20°:	völlig aufgelöst
Schwefelsäure, 50%ig	10 Tage	bei	100°:	völlig aufgelöst
Thionylchlorid	20 Stunden	bei	20°:	völlig zerstört
Trichloräthylen	3 Wochen	bei	20°:	völlig zerstört
Cyclohexanon	6 Monate	bei	20°:	teilweise zerstört
Wasser	3 Monate	bei	100°:	stark gequollen

Diese für *Araldit*-Gießharz B gefundenen Chemikalienbeständigkeiten haben über diese spezielle Type hinaus noch die Bedeutung, daß sie im wesentlichen für alle auf Bisphenol A aufgebaute Epoxydharze Geltung haben dürften.

Araldit-Gießharz B (Prospekt vom März 1952, 6 Seiten) + Härter 901 gibt die folgenden Prüfwerte für Gießharz B 100%ig sowie gefüllt mit 25% Schiefermehl:

	100%iges Harz	Harz + 25% Schiefer
Spezifisches Gewicht nach VSM 77109	1,11—1,22	1,25—1.3
Zugfestigkeit nach VSM 77101........	650—800	350—450 kg/cm²
Schlagbiegefestigkeit nach SCHOPPER ..	10—20	4—5 cm · kg/cm²
Biegefestigkeit nach SCHOPPER........	900—1200	500—600 kg/cm²
Elastizitätsmodul Zugstab	30000 bis 35000	45000 bis 55000 kg/cm²
Härte nach VICKERS	20—24	24—25 kg/cm²
Linearer Wärmeausdehnungskoeffizient	$67 \cdot 10^{-6}$	$60 \cdot 10^{-6}$ mm/°C
Wärmebeständigkeit nach MARTENS ...	110—120°	110—120°
Zersetzungstemperatur (nach SEV Publ. Nr. 177, S. 4)	340—350°	330—335°
Aschegehalt........................	0,02%	15—16%
Wasseraufnahme, 7 Tage bei 20°	0,10—0,14%	0,10—0,15%
Durchschlagsfestigkeit/0,5 mm bei Spannungssteigerung von 1 KV/Sek.	35 KV	
Kriechwegfestigkeit	gut	gut
Spezifischer Widerstand	—	10^{16}—10^{17} Ohm/cm

Dielektrizitätskonstante:

	Gehärtet	50 Hz bei			Mega-Hz
		22°	50°	104°	22°
Harz, 100%ig	36 Std. 130°	3,7	3,9	4,5	3,6
Harz, 75%ig, mit Schiefermehl .	36 Std. 130°	4,4	4,8	5,6	3,9
Harz, 100%ig	3 Std. 180°	3,75	4,0	4,2	3,5
Harz, 75%ig, mit Schiefermehl .	3 Std. 180°	4,65	5,0	5,7	4,5

Verlustfaktor tg δ:

	Härtung	50 Hz		800 Hz		Mega-Hz
		25°	100°	25°	100°	25°
Harz, 100%ig	36 Std. 130°	0,009	0,005	0,008	0,005	0,026
Harz, 75%ig, mit Schiefermehl	36 Std. 130°	0,021	0,052	0,017	0,035	0,030
Harz, 100%ig	3 Std. 180°	0,007	0,005	0,007	0,005	0,027
Harz, 75%ig, mit Schiefermehl	3 Std. 180°	0,026	0,066	0,021	0,038	0,029

Araldit-Gießharz D (Prospekt vom April 1954, 12 Seiten) + Härter 951. Die Prüfergebnisse für dieses Harz sind denen des Gießharzes B sehr ähnlich, so daß nur diejenigen hier angeführt werden, die entweder bei jener Aufstellung nicht enthalten sind oder von jenen Werten wesentlich abweichen.

40*

	Harz 100°	Harz 75% mit Schiefermehl
Druckfestigkeit nach VSM 77102	900—1000	1000—1100 kg/cm²
Wärmebeständigkeit nach MARTENS ...	50—60°	55—60°
Zersetzungstemperatur...............	270—280°	290—295°
Linearer Ausdehnungskoeffizient.......	90—95·10⁻⁶	90—95·10⁻⁶ mm/°C
Wasseraufnahme, Prüfstab 60×10×4cm		
10 Tage bei 20°	0,3—0,5%	0,3—0,5%
1 Std. bei 100°	0,7—1,0%	0,6—0,7%
Haftfestigkeit an *Avional* M	100—150	120—140 kg/cm²

Prüfung bei verschiedenen Temperaturen:

Temperatur	Schlagbiege- festigkeit kg/cm²	Biege- festigkeit kg/cm²	Druck- festigkeit kg/cm²
− 60°	13—17	900—1000	2000—2100
+ 20°	20—24	1000—1100	900—1000
60°	25	400—500	50—100
100°	Proben sind zu weich für die Prüfung		

Veränderungen beim Altern:

100 Std. bei 100°: Keine Veränderung von Schlagbiege- und Biegefestigkeit.
10 Tage bei 145—150°: Schlagbiegefestigkeit fällt von 15—22 auf
3—4 cm · kg/cm².
Biegefestigkeit fällt von 900—1100 auf 500 bis
600 kg/cm².
5 Monate bei 145—150°: Schlagbiegefestigkeit fällt auf 2—3 cm · kg/cm².
Biegefestigkeit fällt auf 300—400 kg/cm².

Es tritt starke Nachdunkelung auf, jedoch sind keine Risse feststellbar.

Araldit-Gießharz F (Prospekt September 1953, 6 Seiten) + Härter
902, oder 903. Die mechanischen Prüfwerte entsprechen mit un-
wesentlichen Abweichungen denen von Gießharz B.

Araldit-Gießharz F (Prospekt von 1955, 9¹/₂ Seiten) + Härter 972.
Die mechanischen Prüfwerte entsprechen denen von Gießharz B mit
folgenden Abweichungen:

Schlagbiegefestigkeit .... 20—30 cm · kg/cm²
Wärmebeständigkeit nach MARTENS ... 130—150°
Wasseraufnahme, Prüfstab 60 × 10 × 4 cm

10 Tage bei 20° 0,5—0,6 %
1 Std. bei 100° 0,4—0,45%

Araldit-Gießharz F (Prospekt von 1955, 14 Seiten, 3 Kurventafeln)
+ Härter 905 und Beschleuniger. Die mechanischen Eigenschaften
entsprechen denen von Gießharz F + Härter 972 mit folgenden Abweichungen:

Schlagbiegefestigkeit .... 10—15 cm · kg/cm²
Druckfestigkeit .... 1300—1500 kg/cm²
Wärmebeständigkeit nach MARTENS ... 85—100°
Wasseraufnahme: 10 Tage bei 20° .... 0,25—0,3%
1 Std. bei 100° .... 0,25—0,4%

Versuchsprodukt *Araldit*-Gießharz F 46 (Prospekt 1955, 8 Seiten) + Härter 901 oder 903. Die mechanischen Eigenschaften entsprechen denen des vorhergehenden Gießharzes F, jedoch ist hier die Wärmefestigkeit bis auf 100—110° verbessert.

Shell-Gießharze. Firmenschrift SC: 52-14B, *„Epon 828 in casting applications"*, 1952, 7 Seiten.

Die exothermen Härtungsprobleme bei Gießharzen werden durch folgende Versuche aufgezeigt:

80° Ofenhärtung, Härter: Piperidin:

> 50 g Ansatz zeigt nach 100 Min. Temperaturmaximum von 112°
> 200 g Ansatz zeigt nach 100 Min. Temperaturmaximum von 130°
> 500 g Ansatz zeigt nach 130 Min. Temperaturmaximum von 142°

100° Ofenhärtung, Härter: Piperidin:

> 50 g Ansatz zeigt nach 52 Min. Temperaturmaximum von 132°
> 200 g Ansatz zeigt nach 75 Min. Temperaturmaximum von 142°

65° Ofenhärtung, Härter: Tri-(dimethylaminoäthylphenol)-tri-(2-äthylhexoat) = *„Curing Agent D"*:

> 50 g Ansatz zeigt nach 65 Min. Temperaturmaximum von 97°
> 75 g Ansatz zeigt nach 60 Min. Temperaturmaximum von 124°
> 100 g Ansatz zeigt nach 62 Min. Temperaturmaximum von 145°
> 200 g Ansatz zeigt nach 45 Min. Temperaturmaximum von 162°

Physikalische Daten des gehärteten Gießharzes:

Spezifisches Gewicht 1,19
Härte nach BARCOL..... 36
Linearer Wärmeausdehnungskoeffizient nach ASTM D 696-44 $6{,}7 \cdot 10^{-5}/°C$
Wasseraufnahme nach ASTM D 570-42:

> nach 24 Std. bei gewöhnlicher Temperatur 0,07%
> nach 1 Woche bei gewöhnlicher Temperatur 0,20%
> nach 1 Monat bei gewöhnlicher Temperatur 0,47%

Wasserdampfdurchlässigkeit eines 0,25 mm starken Filmes bei 25°, die eine Seite 0% rel. Luftfeuchtigkeit ausgesetzt, die andere Seite 50% rel. Luftfeuchtigkeit ausgesetzt, ergibt H_2O-Aufnahme von 1 g/m² in 24 Stunden.

Zugfestigkeit nach ASTM D 638-49 T .... 560 kg/cm²
Dehnungsmodul $0{,}046 \cdot 10^6$ kg/cm² 1,6%
Zugfestigkeit bei 54° .... 610 kg/cm²
Dehnungsmodul $0{,}037 \cdot 10^6$ kg/cm²......... 1,5%
Zugfestigkeit bei —57° .... 630 kg/cm²
Dehnungsmodul $0{,}045 \cdot 10^6$ kg/cm² 1,7%
Druckfestigkeit nach ASTM D 695-49 T .... 12900 kg/cm²
Größte Zusammendrückbarkeit 5,5%
Kerbzähigkeit, Izod, ASTM D 256-47 T .... 0,77 cm · kg/cm²

Gewichtsverlust 3 mm starker Abschnitte, nachdem sie bei 25° und 50% rel. Luftfeuchtigkeit ins Gleichgewicht gebracht waren:

> Nach 18 Stunden bei 85° ..... 0,026% Verlust
> nach 16 Stunden bei 195° ..... 1,05 % Verlust

Chemikalienbeständigkeit nach ASTM D 543-43, Gewichtszunahme bei 1 Monat Lagerung bei 25° in:

> Äthylalkohol 0,75%
> Benzol 0,26%

Firmenschrift SC: 54-10 R: „*Curing Agent Cl in casting and laminating applications*", 1954, 9 Seiten (*Curing Agent Cl* = m-Phenylendiamin). Mechanische Prüfwerte von *Epon* 828 mit Härter B und Cl und Phthalsäureanhydrid gehärtet:

	15% Härter Cl	13% Härter D	40% Phthalsäureanhydrid
Wärmefestigkeit, ASTM D 648—264	150°	72°	87°
Lineare Wärmeausdehnung nach ASTM D 696—44	$4,8 \cdot 10^{-5}/°C$	$6,7 \cdot 10^{-5}/°C$	—
Verlustwinkel bei 60 Hz bei 25° ...	0,5%	—	0,7%
bei 125° ...	0,8%	—	7,9%
bei 150° ...	5,0%	—	36,0%
Zerstreuungsfaktor, tgδ bei 1000 Hz bei 25° ...	0,012	0,003	—
bei 50° ...	0,007	0,005	—
bei 90° ...	0,005	0,04	—
bei 110° ...	0,007	0,07	—
bei 130° ...	0,01	0,14	—
Isolationswiderstand, Ohm/cm, bei 25°	$1 \cdot 10^{16}$	—	$2 \cdot 10^{16}$
bei 150°	$1 \cdot 10^{12}$		$6 \cdot 10^{10}$
Nach 35 Tagen bei 95% rel. Feuchtigkeit bei 60°, geprüft bei 25°.....	$1 \cdot 10^{12}$	$1 \cdot 10^{11}$	—

Firmenschrift SC: 55—26: „*Epon Resins for structural uses*", 1955, 6 Seiten.

Für Gieß- und Preßharze wird das flüssige *Epon* 828 empfohlen in Verbindung mit den folgenden Härtern:

Diäthylentriamin (DTA): bewirkt sehr schnelle Härtung bei mittleren Temperaturen sowie bei gewöhnlicher Temperatur in nicht zu langer Zeit. Wegen der starken exothermen Wärmeentwicklung nur für kleinere Ansätze geeignet. Die gießfertige Mischung hat nur sehr kurze Lebensdauer. Die Eigenschaften der gehärteten Produkte sind sehr gute, wenn Härtung bei gewöhnlicher Temperatur erfolgt, jedoch weniger befriedigend bei Härtung bei 82° und darüber.

Diäthylaminopropylamin (Härter A): Härtung bei 80—95° liefert Produkte mit recht guten Eigenschaften. Die gießfertige Mischung hat längere Lebensdauer als mit DTA. Es härtet *Epon* 834 bei gewöhnlicher Temperatur in einigen Tagen.

Tri-(dimethylaminoäthylphenol)-tri-(2-äthylhexoat) (Härter D): liefert Produkte von besonders hochwertigen physikalischen und elektrischen Eigenschaften mit *Epon* 828 und 834. Die Lebensdauer der gießfertigen Mischung ist ziemlich gut, Härtung erfolgt bei 52° oder höher sehr schnell.

Piperidin bewirkt hochwertige Eigenschaften ähnlich wie Härter D, jedoch erfolgt die Härtung langsamer als bei jenem. Sein besonderer Vorzug liegt darin, daß es mit *Epon* 828 sehr leicht flüssige Massen liefert, die in enge Spalten der zu vergießenden Formen oder Geräte sehr gut eindringen.

m-Phenylendiamin (Härter Cl): liefert mit *Epon* 828 Produkte von hervorragenden chemischen Beständigkeiten sowie hochwertigen physikalischen und elektrischen Eigenschaften, die noch bis 150—177° erhalten bleiben.

Eponhärter U, ein geruchloses Aminvorkondensat, das *Epon* 828 bei gewöhnlicher Temperatur härtet und Gießstücke liefert, die in jeder Beziehung hervorragend sind. Sein Dampfdruck ist sehr niedrig, die Giftigkeit entsprechend gering und die Verarbeitung daher besonders empfehlenswert.

Eponhärter Z, ein dünnflüssiges Produkt, das mit *Epon* 828 schon bei gewöhnlicher Temperatur vergießbare Mischungen liefert, ergibt Gußstücke, die nach der Härtung ausgezeichnete chemische Beständigkeiten, hohe Wärmefestigkeit und gute elektrische Eigenschaften aufweisen, die auch bei hoher Luftfeuchtigkeit erhalten bleiben.

FORMO, L. u. L. BOLSTAD der PLASTICS LABORATORIES MINNEAPOLIS-HONEYWELL REGULATOR Co. geben in ihrem Aufsatz „Where and how to use Epoxies"[1] Einzelheiten über *Epon 1001-Preßmassen* an. Ein wertvoller Vorzug derselben ist, daß sie bei der Preßtemperatur dünnflüssig werden und so in feine Kanäle gut eindringen. Unter Verwendung eines Beschleunigers (Brenzcatechin) läßt sich die Preßzeit bei 145—158° von 10 auf 3—5 Minuten herabsetzen. Als Härter wird Methylendianilin empfohlen sowie Verwendung verschiedenartigen Füllmaterials. Der Preßdruck wird bis auf 2100 kg/cm² gesteigert. Die gehärtete Preßmasse hat die folgenden mechanischen Eigenschaften:

Schrumpfung in der Form	....	0,11—0,2%
Kerbzähigkeit	nach ASTM D 256-47 T, Izod,	0,8—34,4 cm · kg/cm²
Biegefestigkeit	nach ASTM D 790-49 T	490—980 kg/cm²
Zugfestigkeit	nach ASTM D 651-48 T	>560 kg/cm²
Wasseraufnahme	nach ASTM D 570-42 T in 24 Std.	0,05—1%
Spezifischer Widerstand	nach ASTM D 257-49 T	0,10¹² Ohm
Wärmefestigkeit	nach ASTM D 648-45 T	44—103° bei 18,5 kg/cm²

Beim Vergießen von Harzen liegt allgemein das schwerwiegende Problem der Loslösung des Gießstückes aus der Form vor. Als Formablösungsmittel liefern *Teflon*-Überzüge auf Aluminium- oder Stahlformen heiß aufgetragen ausgezeichnete Ergebnisse, sind aber in der Unterhaltung kostspielig. Dasselbe gilt auch für *Siliconharz*-Überzüge. Bei Formtemperaturen unter 82° ergibt die Verwendung von *Carnaubawachs*-Lösungen in Naphtha sehr gute Ergebnisse. Dieselben sind wohlfeil und im Gebrauch einfach zu handhaben.

Unter Verwendung verschiedener Epoxydharzvorprodukte und verschiedener Härtungsmittel geben dieselben Autoren die folgenden Prüfergebnisse; wobei bedeuten:

Harz   A: *Bakelit* BRR 18795, Harz B: *Bakelit* BRR 18774.
Harz   C: SHELL *Epon* 828.
Härter 1: *Bakelit* BRR 18793,
Härter 2: Methylendianilin der Dow CHEMICAL Co.

---

[1] Mod. Pla., Juli **1956**, 109—117.

Härter 3: m-Phenylendiamin von DU PONT.

Härter 4: Piperidin von DU PONT.

Härter 5: Tri-(dimethylaminoäthylphenol)-tri-(2-äthylhexoat) als „Härter D" der SHELL.

Härter 6: Ein Carbonsäureanhydrid der VELSICOL CORP. („Chlorendicanhydride").

Härter 7: Phthalsäureanhydrid der ALLIED CHEMICAL & DYE CORP.

Epoxydharz	Härter	Härter %	Biegefestigkeit kg/cm²	Schlagbiegefestigkeit cm · kg/cm²	Wärmefestigkeit °C	Isolationswiderstand be 1:0°
A	1	25	259	16,5	74	5000 Megohm
A	2	25	331	17,5	107	10^6 Megohm
B	2	25	326	18,5	130	10^6 Megohm
B	3	16,7	343	24,0	132	—
C	2	25	306	12,5	157	—
C	3	16,7	327	12,0	152	—
C	4	6	264	11,5	76	$48 \cdot 10^5$ Megohm
C	5	13	241	20,0	75	$55 \cdot 10^4$ Megohm
C	6	110	171,5	13,0	174	—
C	7	40	217	12,5	72	—

Wärmeausdehnungskoeffizienten einiger Gießharz- und Füllerkompositionen, wobei bedeuten:

Harz A: *Bakelit* BRR 18795,

Härter 1: *Bakelit* BRR 18793, Härter 2: Methylendianilin,

Füller 1: *Microsil* spezial, Füller 2: Silicasand,

Füller 3: Glasperlen, Füller 4: Geschmolzener gepulverter Quarz.

Epoxydharz E	Härter H	Füller F	Mengen E:H:F	Ausdehnungskoeffizient in mm/mm °C	
				bei − 54 bis + 24°	bei 23 bis 74°
A	1	—	4:1:0	$50 \cdot 10^{-6}$	$75 \cdot 10^{-6}$
A	1	1	4:1:5	$30 \cdot 10^{-6}$	$45 \cdot 10^{-6}$
A	1	1 + 2 (50 + 50)	4:1:9,4	$25 \cdot 10^{-6}$	$35 \cdot 10^{-6}$
A	2	—	4:1:0	$48 \cdot 10^{-6}$	$60 \cdot 10^{-6}$
A	2	1 + 2 (50 + 50)	4:1:9,4	$18 \cdot 10^{-6}$	$28 \cdot 10^{-6}$
A	2	1 + 2 (50 + 50)	4:1:15	$18 \cdot 10^{-6}$	$22 \cdot 10^{-6}$
A	2	3 + 4 (2:1)	4:1:15	$17 \cdot 10^{-6}$	$19 \cdot 10^{-6}$
A	2	4	4:1:7,5	$20 \cdot 10^{-6}$	$23 \cdot 10^{-6}$

Über die bei verschiedener Durchführung der Härtung gebildeten Molekülvergrößerungen machen FORMO und BOLSTAD[1] die folgenden Angaben, woraus hervorgeht, daß bei Härtung bei gewöhnlicher Temperatur die höchsten Molgewichte erreicht werden. Hierbei ist die Angabe, daß bei längerer Härtung bei erhöhter Temperatur ein kleineres Molgewicht auftreten soll als bei kürzerer Härtung bei der-

---

[1] FORMO und BOLSTAD: Mod. Pla. Nov. **1955**, 99—104.

selben Temperatur überraschend. Die Versuche wurden mit Epoxydharzvorprodukt *Bakelit* BRR 18796 mit Härter *Bakelit* BRR 18793
durchgeführt.

Art der Härtung	Durchschnittliches Molgewicht
16 Stunden bei Raumtemperatur	4000
1 Stunde bei 93°	1600
16 Stunden bei 93°	1100

Wie aus den oben angeführten Tabellen über die exotherme Wärmeentwicklung hervorgeht, ist es bei der Härtung größerer Gießstücke
ein wichtiges Problem, Maßnahmen zur Abführung der Wärme zu
treffen, um örtliche Überhitzungen zu vermeiden. Dies kann durch
Wahl geeigneter Füllmaterialien erreicht werden, wodurch die Wärmeleitfähigkeit der Gießmassen auf das 3—10fache erhöht werden kann,
wie aus folgender Aufstellung hervorgeht:

Epoxydharze mit und ohne Füller zeigen Wärmeleitfähigkeiten in $cal/sec/cm^2/°C$

Epoxydharz ohne Füller .... $4,7—5,4 \cdot 10^{-4}$
Mineralgefüllte Harze (siehe obige Tabelle) .... $10—15 \cdot 10^{-4}$
Mit Aluminiumpulver gefüllte Harze .... $50—55 \cdot 10^{-4}$

Dieses Harz zeigt noch einen elektrischen Widerstand von 500000 Megohm.

Über die *Schrumpfung verschiedener Kunstharze* bei der Polymerisation bzw. bei der Härtung macht J. O. BEATTIE[1] in dem Aufsatz
„Casting plastics sheets" folgende aufschlußreiche Angaben:

Styrol gibt beim Polymerisieren einen Schrumpfverlust .... von 17%
Methylmethacrylat gibt beim Polymerisieren einen Schrumpfverlust von 21%
Äthylmethacrylat gibt beim Polymerisieren einen Schrumpfverlust von 18%
n-Butylmethacrylat gibt beim Polymerisieren einen Schrumpfverlust von 15%
Vinylacetat gibt beim Polymerisieren einen Schrumpfverlust .... von 22%
Acrylnitril gibt beim Polymerisieren einen Schrumpfverlust .... von 26%
Phenol-Formaldehydharz gibt beim Härten einen Schrumpfverlust von <0,5%
Epoxydharze, allgemein, geben beim Härten einen Schrumpfverlust von <0,5%

Über die Eigenschaften von *Epoxydharz-Polyamid-Gießharzen* gibt
L. ROBERTS[2] des Research and Development Department, AUDIO
DEVELOPMENT CORP. die folgenden Prüfergebnisse:

Spezifisches Gewicht 1,05
Wärmeleitfähigkeit .... etwa $3 \cdot 10^{-4}$ cal/sec/cm²/°C
Wärmebeständigkeit .... 90°
Wasserdampfdurchlässigkeit: bei längerer Lagerung bei 98% rel. Luftfeuchtigkeit bei 18—71° beträgt der mittlere Isolationswiderstand 10000 Megohm.
Dielektrizitätskonstante 3,7
Dielektrische Festigkeit .... 600 Volt/mil
Haftfähigkeit .... hervorragend
Feuchtigkeitsaufnahme .... erfüllt Bedingungen von Grad 1, Klasse A
der Mil-T-27 Prüfungen

[1] BEATTIE, J. O.: Mod. Pla., Juli **1956**, 109—117.
[2] ROBERTS, L.: Electr. Manufact., April **1955**, 83.

Auf der Suche nach einem Gießharz von extrem hohem elektrischem Widerstand einerseits und hoher Feuchtigkeitsunempfindlichkeit andererseits wurden von P. E. RITT der MELPAR INC.[1] folgende Ergebnisse erzielt. Jede Art von Füllmitteln hat sich als ungünstig erwiesen, weil sie die Feuchtigkeitsaufnahme begünstigen, indem sie eine gewisse Porosität der Oberfläche bewirken, welche Wasserdampf adsorbiert und damit Herabsetzen der Oberflächenisolierfähigkeit bewirken. Die angestrebten scharfen Bedingungen wurden nur durch ein ungefülltes Epoxydharz, dessen Härtung durch ein neues Amin vorgenommen wurde, erfüllt. Beispielsweise wurde erreicht, daß dies Harz selbst nach 24stündiger Einwirkung von 100%iger relativer Luftfeuchtigkeit noch denselben unveränderten Oberflächenwiderstand von 10^6 Megohm zeigte wie zu Beginn. Die weiteren Eigenschaften dieses Epoxydharzes sind:

Linearer Wärmeausdehnungskoeffizient	$4{,}8 \cdot 10^{-5}/°C$
Biegemodul, psi	bei 25° $4{,}3 \cdot 10^5$
Biegemodul, psi	bei 125° $2{,}6 \cdot 10^5$
Biegemodul, psi	bei 175° $1{,}2 \cdot 10^5$
Verlustwinkel bei 60 Hz	bei 25° 0,5%
	bei 125° 0,8%
	bei 150° 5,4%
Verteilungsfaktor, tg δ, 1000 Hz	bei 25° 0,002
	bei 50° 0,007
	bei 90° 0,006
	bei 110° 0,009
	bei 130° 0,011

Isolationswiderstand nach 45tägigem Lagern in 95%iger rel. Luftfeuchtigkeit bei 25°: geprüft bei   25° $1 \cdot 10^{16}$ und bei 150° $1 \cdot 12^{16}$

Die elektrischen Eigenschaften verschiedener *Epon* 828-Gießharze wurden durch W. A. ERNST[2] der WESTINGHOUSE ELECTRIC CORP., Pilot Materials Division bestimmt. Die folgenden Kompositionen mit *Epon* 828 wurden den Prüfungen unterzogen:

Harz 1: 80% 828 + 20% Dibutylphthalat + 6% Piperidin (auf 828 bezogen)

2: 80% 828 + 20% Trikresylphosphat + 6% Piperidin (auf 828 bezogen)

3: 80% 828 + 20% *Aroclor*[3] 1248 + 6% Piperidin (auf 828 bezogen)

4: 100 T 828 + 100 T Quarzmehl + 15 T TiO_2 + 6% Piperidin
(auf 828 bezogen)

5: 100 T 828 + 100 T Quarzmehl + 15 T TiO_2 + 13 T SHELL-Härter D

6: 100 T 828 + 8 T Piperidin + 2 T Xylol, Vakuumbehandlung

7: wie 6, unter Verwendung von nur 5 Teilen Piperidin

Bestimmungen der Dielektrizitätskonstanten (ausgeführt an 3 mm starken Platten, bei 60° gehärtet):

---

[1] RITT, P. E.: Electr. Manufact., April **1955**, 85.
[2] Elektr. Manufact., April **1955**, 86—87.
[3] *Aroclor*-Typen sind harzartige Polychlorderivate von Biphenyl.

Harz	Bei 25°			Bei 100°			Bei 125°			Bei 25° Dielektr.-festigkeit
Nr.	60 Hz	10^3 Hz	10^6 Hz	60 Hz	10^3 Hz	10^6 Hz	60 Hz	10^3 Hz	10^6 Hz	Volt/mil.
1	3,99	3,85	3,55	14,55	12,70	4,75	—	7,30	4,96	386
2	3,56	3,53	3,50	zu hoch	22,50	5,04	zu hoch	zu hoch	5,71	408,50
3	3,56	3,49	3,35	22,3	12,95	4,66	—	9,26	5,04	398
4	5,36	5,11	4,88	6,49	5,63	5,16	—	6,19	5,28	296
5	4,53	4,40	4,26	8,10	5,90	4,88	17,50	7,04	5,13	395
6	3,38	3,38	3,36	4,76	4,23	3,71	539	4,81	3,91	—
7	3,78	3,77	3,66	—	—	—	8,86	5,60	3,88	—

An denselben Platten wurden die folgenden Messungen des Widerstands- und Verteilungsfaktors ausgeführt:

Harz	Widerstand 1 Min. · 500 Volt d—c (Gleichstrom)			
	Oberfläche	Volumen Ohm — cm		
Nr.	Ohm/cm² bei 25°	25°	100°	125°
1	$4,61 \cdot 10^{12}$	$1,33 \cdot 10^{13}$	$1,74 \cdot 10^9$	$3,98 \cdot 10^8$
2	$5,49 \cdot 10^{12}$	$1,46 \cdot 10^{13}$	$1,63 \cdot 10^8$	$2,63 \cdot 10^7$
3	$4,50 \cdot 10^{12}$	$4,82 \cdot 10^{12}$	$1,93 \cdot 10^9$	$2,66 \cdot 10^8$
4	$5,27 \cdot 10^{12}$	$2,04 \cdot 10^{13}$	$3,72 \cdot 10^{11}$	$1,83 \cdot 10^{10}$
5	$3,74 \cdot 10^{12}$	$3,96 \cdot 10^{13}$	$2,40 \cdot 10^{10}$	$2,71 \cdot 10^9$
6	$1,05 \cdot 10^{14}$	$1,83 \cdot 10^{14}$	$6,93 \cdot 10^{11}$	$3,98 \cdot 10^{10}$

Harz	Verteilungsfaktor $100 \cdot \mathrm{tg}\,\delta$								
	25°			100°			125°		
Nr.	60 Hz	10^3 Hz	10^6 Hz	60 Hz	10^3 Hz	10^6 Hz	60 Hz	10^3 Hz	10^6 Hz
1	1,87	2,02	3,33	124,20	13,70	4,86	zu hoch	64,2	5,96
2	0,80	0,67	1,26	zu hoch	97,70	8,70	zu hoch	zu hoch	13,40
3	1,51	1,42	1,40	93,50	15,68	6,25	zu hoch	90,34	6,77
4	3,48	2,20	2,60	13,93	6,24	1,85	53,40	13,80	2,33
5	2,35	1,15	1,97	39,90	12,87	2,52	103	31,20	3,97
6	0,17	0,24	1,48	7,48	5,54	1,90	23,70	6,64	3,04
7	0,26	0,33	1,64	—	—	—	95,20	20,90	1,61

Aries Laboratories Inc. In seinem Aufsatz ,,Epoxy Casting Resins in Elektronics'' gibt R. S. ARIES[1] der ARIES LABORATORIES INC. eine Aufstellung der mechanischen Prüfwerte für das *Aritemp* Typ 201 Epoxydpreßharz:

Zugfestigkeit	nach ASTM D 651-48 T	910 kg/cm²
Druckfestigkeit	nach ASTM D 695-49 T	1050 kg/cm²
Biegefestigkeit	nach ASTM D 790-49 T	1470 kg/cm²
Elastizitätsmodul	nach ASTM D 638-46 T	35000 kg/cm²
Wärmebeständigkeit	nach ASTM D 648-45 T	40 °C
Ausdehnungskoeffizient	nach ASTM D 696-44 T	$40 \cdot 10^{-6}$ mm/°F
Schlagfestigkeit, Izod 0,95 ft./lb./in.	....	2,04 cm · kg/cm

Furane Plastics Inc. In nachstehender Tabelle werden die physikalischen Eigenschaften der von der FURANE PLASTICS INC. heraus-

---

[1] ARIES, R. S.: Mod. Pla., Juli **1954**, 118—121.

gegebenen *Epocast*-Gießharzmarken in einer von der Firma aufgestellten „Physical Property Chart" aufgeführt:

Epo-cast-typ	% Härter Nr.	Spez. Gew.	Nach 24 Std. bei Raum-Temperatur		Nach 24 Std. Raumtemperatur, danach + 1 Std. bei 93°				
			Biege-festig-keit kg/cm²	Biege-elastiz.-modul kg/cm²	Biege-festig-keit kg/cm²	Biege-elastiz.-modul kg/cm²	Schrump-fung %	Schlag-festig-keit cm/kg/cm	BARCOL-Härte
4 D	8% 1	1,44	110	8750	140	10500	0,44	19,35	87—88
4 B	6% 1	1,60	87,5	17500	177	17500	0,76	18,1	88—91
2	10% 1	1,23	157,5	7700	227	11200	0,76	16,1	80—83
502	10% 1	1,21	96	—	190,5	7860	0,84	32,2	70—73
8 A	12% 1	1,36	89	15050	105	16700	0,68	16,1	88—89
9 A	10% 1*	1,26	17,5	—	91	1750	0,80	—	60—63
9 A	10% 1**	1,25	—†	—†	—†	—†	0,92	—†	—†
10	12% 1	1,21	—	—	175	10500	1,6	—	85—86
10	16% 2	1,21	—	—	177	9600	—	14,7	85—86
10 A	9% 2	1,50	—	—	190,5	16500	—	11,2	89—91
11 A	4,5% 1	1,72	114	15000	151	21000	0,38	8,8	88—92

* + 40% Härter T, Härter 1 = HN-951.
** + 100% T.   † Produkt ist gummiartig, Härter 2 = HN-843C.

Epo-cast Nr.	% Härter Nr.	Druck-festigkeit kg/cm²	Zerreiß-festigkeit kg/cm²	Längenausdehnungs-koeffizient cm/kg/cm		Bearbeit-barkeit	In 24 Std. H₂O-Auf-nahme in %
				bei 3—21°	bei 21—50°		
4 D	8% 1	2800	3240	29 · 10⁻⁶	33 · 10⁻⁶	gut	0,15
4 B	6% 1	3680	1280	23 · 10⁻⁶	24 · 10⁻⁶	gut	0,12
2	10% 1	3320	—	38 · 10⁻⁶	38 · 10⁻⁶	gut	0,15
502	10% 1	3320	4300	36 · 10⁻⁶	40 · 10⁻⁶	gut	0,15
8 A	12% 1	3030	2800	27 · 10⁻⁶	43 · 10⁻⁶	gut	0,70
9 A	10% 1*	2450	—	71 · 10⁻⁶	71 · 10⁻⁶	gut	0,39
10	12% 1	3500	—†	20 · 10⁻⁶	28 · 10⁻⁶	gut	0,07
10	16% 2	3500	—	—	—	gut	0,23
10 A	9% 2	3500	—	—	—	mäßig	0,17
11 A	4,5% 1	3500	4300	22 · 10⁻⁶	24 · 10⁻⁶	gut	0,10
9 A	10% 1**	525	—	71 · 10⁻⁶	86 · 10⁻⁶	mäßig	0,57

* + 40% Härter T.   ** + 100% Härter T.
† Produkt ist gummiartig, Härter 2 = HN-843 C.

Bakelite Ltd. In ihrem Vortrag „Some Characteristics of Epoxide Resin-Systems" haben F. J. ALLEN u. W. H. HUNTER der BAKELITE LTD. auf dem Londoner Symposium „Epoxide Resins" am 11. 4. 56 Gießharze beschrieben, die durch Kombination von polymeren Bis-phenol-A-Glycidyläthern mit Novolaken oder Resolen unter Zusatz von neuartigen Härtern, nämlich dem flüssigen Dodecanylbernsteinsäure-anhydrid, Mono- oder Dioxäthylendiamin, von Umsetzungsprodukten von Acrylnitril mit Äthylendiamin unter Bildung von Mono- oder Dicyanäthyläthylendiamin und von 4,4'-Diaminodiphenylmethan her-gestellt wurden. Um während der Härtung eine übermäßig hohe

exotherme Temperatursteigerung zu vermeiden, wird die Härtung in
2 Etappen durchgeführt: in einer ersten Stufe bei wenig erhöhter Temperatur (60°) und einer zweiten Stufe durch 2—3 stündige Nachbehandlung bei 100°.

Gußstücke, die nach diesem 2-Stufenverfahren unter Verwendung von Piperidin gehärtet waren, zeigen die folgenden mechanischen Eigenschaften, wobei als Epoxydharzvorprodukt ein niedermolekularer polymerer Bisphenol-A-Glycidyläther angewandt wurde.

Schlagfestigkeit in ft. lb./$^1/_2$ in., notch 0,59
Druckfestigkeit in lb./sq. in. 15 600
Kreuzbruchfestigkeit in lb./sq. in. 18 600
Kraftfaktor bei 10^6 c/s (tg δ) 0,025
Spezifische induktive Kapazität bei 10^6 c/s 3,4
Oberflächenwiderstand in Ohm .... $>10^{14}$
Wärmefestigkeit .... 76°
Wasseraufnahme nach 7 tägiger Lagerung in mg.... 15

Die folgenden mechanischen Eigenschaften weisen Gußstücke auf, die mit einem Acrylnitril-Äthylendiamin-Addukt gehärtet waren:

Addukt bestehend aus:

Mol Diäthylentriamin + Mol Acrylnitril	1 Mol 0 Mol	1 Mol 1 Mol	1 Mol 1,33 Mol	1 Mol 2 Mol
Art der Nachhärtung	1 Std. 100°	2 Std. 100°	2 Std. 100°	3 Std. 100°
H$_2$O-Aufnahme nach 7 Tagen	0	37 mg	34 mg	45 mg
Schlagfestigkeit, ft./lb./$^1/_2$ in., notch	0,4	0,53	0,55	0,43
Druckfestigkeit in lb./sq. in. ...	18 000	16 500	14 200	14 800
Kreuz-Bruchfestigkeit in lb./sq. in.	19 000	18 300	17 900	10 100
Elastizitätmodul in lb./sq. in. .	$3,7 \cdot 10^5$	$4,0 \cdot 10^5$	$4,0 \cdot 10^5$	—
Wärmefestigkeit	115°	78°	69°	57°
Kraftfaktor bei 10^6 c/sec (tg δ)	0,030	0,038	0,045	0,048
Spezifische induktive Kapazität bei 10^6 c/sec	3,3	3,7	3,5	4,4
Oberflächenwiderstand in Ohm	10^{14}	10^{14}	10^{14}	10^{14}
Elektrische Festigkeit in Volt/mil	296	180	184	36

Es zeigt sich, daß sich die Eigenschaften im allgemeinen bei steigendem Gehalt des Adduktes an Acrylnitril verschlechtern.

Bei Verwendung von Mono- und Dioxäthylendiamin werden im Vergleich mit Diäthylentriamin (DTA) die folgenden Werte erhalten:

	DTA	MO-DTA	Di-DTA
Mischung bleibt flüssig bei 25°	30 Min.	25 Min.	20 Min.
Maximal exothermische Temperatur bei 50 g Ansatz	200°	225°	195°
Wärmefestigkeit	115°	92°	64°
Kreuzbruchfestigkeit in lb./sq. in.	19 000	15 000	15 000
Druckfestigkeit in lb./sq. in.	18 000	14 000	12 000
Elastizitätmodul in lb./sq. in.	$3,7 \cdot 10^5$	$4,0 \cdot 10^5$	$4,75 \cdot 10^5$

Hierbei bedeuten DTA Diäthylentriamin, MO–DTA Monooxäthyldiäthylentriamin und Di–DTA Dioxäthyldiäthylentriamin.

Die Eigenschaften von Gußstücken, die mittels 4,4′-Diaminodiphenylmethan gehärtet wurden, im Vergleich mit m-Phenylendiamin sind aus der folgenden Aufstellung ersichtlich. Hierbei erfolgte die Härtung während 12 Stunden bei 50° und anschließend während 2 Stunden bei 100°.

	4,4′ Diamino-diphenylmethan	m-Phenylendiamin
Wärmefestigkeit	126°	121°
Schlagfestigkeit in ft./lb. $^1/_2$ in., notch .	0,75	0,42
Kreuzbruchfestigkeit in lb./sq. in.	14700	14500
Druckfestigkeit in lb./sq. in.	18500	20000
Elastizitätsmodul in lb./sq. in.	$3,4 \cdot 10^5$	$3,8 \cdot 10^5$
Kraftfaktor bei 10^6 c/s (tg δ)	0,028	0,028
Spezifische induktive Kapazität in 10^6 c/s	3,8	3,6
Oberflächenwiderstand in Ohm	$>10^{14}$	$>10^{14}$
Elektrische Festigkeit in Volt/mil	314	336

Bei beiden Härten werden wie ersichtlich recht gute Werte erhalten.

Die beiden folgenden Tabellen zeigen die Veränderungen in den Eigenschaften bei unterschiedlichen Härtezeiten und Härtungstemperaturen.

Härter Dicyanäthyläthylendiamin	Gehärtet		
	7 Std. 60°	7 Std. 120°	72 Std. 120°
Wärmefestigkeit	52°	56°	58°
Zugfestigkeit in lb./sq. in.	6000	9000	10900
Druckfestigkeit in lb./sq. in.	14000	12300	12700
Maximale Druckfestigkeit in lb./sq. in. .	29000	32600	42200

Härter 4,4′-Diaminodiphenylmethan	2 Std. 100°	17 Std. 100°	2 Std. 100° +2Std. 130°	6 Std. 150°
Wärmefestigkeit	111°	115°	135°	144°
Zugfestigkeit in lb./sq. in.	12000	8800	10000	8100
Druckfestigkeit in lb./sq. in.	18000	18400	17300	—
Maximale Druckfestigkeit in lb./sq. in. .	34700	36800	36800	35900

Aus beiden Tabellen geht hervor, daß sich bei längeren Härtungsseiten die Hitzebeständigkeit verbessert, während die anderen Eigenschaften unterschiedliche Schwankungen aufweisen.

Applied Plastics Co. Die APPLIED PLASTICS Co. stellt mit ihrem dünnflüssigen Härter 180 Gießharze her unter Verwendung der folgenden flüssigen Epoxydharzvorprodukte:

Niederviscose Harze (mit Gehalt an reaktionsfähigem Verflüssiger) von 500—1000 cps.	*Hochviscose Harze* (100%ig angewandt) von 8000—17000 cps.
Bakelit ERL-2795	*Bakelit* ERL-2774 u. 3794
Applied Plastics Nr. 210	*Applied Plastics* Nr. 410
SHELL-*Epon* 815	CIBA-*Araldit* 6020
	JONES-DABNEY 510
	SHELL-*Epon* 820 u. 828

wobei 100 Teile Harz mit 20 Teilen Härter kombiniert werden. Die Verarbeitfähigkeit von Mischungen dieser Art beträgt bei 200 g Ansätzen 15—20 Minuten bei etwa 22°, gekühlt und gerührt kann die Haltbarkeit erheblich verlängert werden. Die Eigenschaften dieser Gießharze, nach der Härtung bei Raumtemperatur oder bei 150°, geht aus der folgenden Tabelle hervor:

	Harzgruppe			
	Niederviscose		Hochviscose	
	Härtung bei			
	22°	150°	22°	150°
Wärmebeständigkeit	57°	73°	88°	110°
Schrumpfverlust	1,1%	1,5%	0,8%	0,9%
Ausdehnungskoeffizient	$3,5 \cdot 10^{-5}$	$3,5 \cdot 10^{-5}$	$3,0 \cdot 10^{-5}$	$3,0 \cdot 10^{-5}$
ROCKWELL-Härte M	92	94	94	109
Zugfestigkeit in psi	9500	9420	9000	8900
Druckfestigkeit in psi	17200	15000	19000	18000
Biegefestigkeit in psi	12200	17100	15000	19000
Lichtbogenfestigkeit in Sekunden	80	82	90	95
Dielektrische Festigkeit in V/mil	400	425	420	450
Kraftfaktor bei 60 Hz	0,007	0,006	0,005	0,0042
Kraftfaktor bei 1000 Hz	0,03	0,028	0,030	0,021
Dielektrizitätsfestigkeit Megohm	$>10^9$	$>10^9$	$>10^9$	$>10^9$
Dielektrizitätskonstante bei 60 Hz	4,16	4,20	4,20	4,21
Dielektrizitätskonstante bei 1000 Hz	3,57	3,58	3,70	3,74
Schlagfestigk., Izod in ft./lb./$^1/_2$ in., notch	0,41	0,40	0,25	0,31

Die Lösungsmittelbeständigkeit von Gußstücken derselben Zusammensetzung in Größe von $2 \times 25 \times 75$ mm, die in 10 Tagen bei —57° gehärtet waren, zeigt die folgende Aufstellung:

| Lösungsmittel | Gewichts-veränderung % | | Oberflächen-aussehen | |
	Nieder-viscose	Hoch-viscose	Nieder-viscose	Hoch-viscose
Kontrolle	—	—	Glanz	Glanz
Destilliertes Wasser	0,30	0,20	Glanz	Glanz
Natronlauge 10%ig	0,22	0,17	Glanz	Glanz
Ammoniak 10%ig	0,30	0,22	Glanz	Glanz
Schwefelsäure 30%ig	0,29	0,29	Glanz	Glanz
Eisessig	2,40	2,01	mäßig	mäßig
Petroleum	0,11	0,10	Glanz	Glanz
Toluol	0,10	0,10	Glanz	Glanz
Trichloräthylen	0,50	0,44	mäßig	mäßig
Chloroform	1,05	1,01	mäßig	mäßig
Aceton	0,75	0,70	mäßig	mäßig
J.P. 5-Betriebsstoff	0,20	0,19	Glanz	Glanz
Hydraulische Flüssigkeit	0,30	0,28	Glanz	Glanz
Skydrol	0,41	0,30	Glanz	Glanz
Seewasser	0,24	0,20	Glanz	Glanz

Bei dieser Prüfung wurden die Gußstücke 7 Tage bei 25° in die Lösungsmittel eingelegt.

Unter Verwendung des mittelviscosen Härters 320, und zwar von 16,5 Teilen in Kombination mit 100 Teilen der folgenden Epoxydharzvorprodukte: *Applied Plastics* Nr. 410, 420, 425, *Bakelit*-ERL-2774 und 3994, CIBA-*Araldit* 6020, *Jones-Dabney* 510 und SHELL *Epon* 820 und 828 werden bei einer Härtung

bei 82° in 2 Stunden   und   bei 204° in $^1/_4$—$^1/_2$ Stunde

bei ungefüllten Gußstücken die folgenden Prüfergebnisse erzielt:

Wärmefestigkeit nach ASTM D 648-4 ST	155°
Schrumpfung während der Härtung	>1%
Ausdehnungskoeffizient	$3,5 \cdot 10^5$
ROCKWELL-Härte	118 M
Zugfestigkeit in psi	9200
Druckfestigkeit in psi	18000
Biegefestigkeit in psi	19000
Lichtbogenfestigkeit in Sekunden	90
Dielektrische Festigkeit Volt/mil	500
Kraftfaktor bei 60 Hz	0,007
Kraftfaktor bei 1000 Hz	0,025
Dielektrizitätskonstantenfestigkeit Meg-Cm	$2,5 \cdot 10^8$
Dielektrizitätskonstante bei 60 Hz	4,0
Dielektrizitätskonstante bei 1000 Hz	3,6
Oberflächenleitfähigkeit bei 4000 Hz M-Mho	0,07
Nach 200 Stunden in Wasser von 60° Oberflächenleitfähigkeit bei 4000 Hz-Mho	0,09

Die Gebrauchsdauer der zur Herstellung der Prüfgußstücke mit den angegebenen Epoxydharzvorprodukten bereiteten Komposition mit Härter 320 belief sich in allen Fällen auf etwa 8 Stunden.

Unter Verwendung von nicht gefüllten Gießstücken von 2 × 25 × 75 mm Größe von derselben Zusammensetzung, die in 2—3 Stunden bei 82—204° gehärtet wurden, werden nach 7tägigem Einlegen in diverse Flüssigkeiten bei 25° die folgenden Werte erhalten:

Lösungsmittel	Gewichtszunahme %	ROCKWELL-Härte	Biegefestigkeit in psi	Oberfläche
Kontrolle	—	117	18500	Glanz
Destilliertes Wasser	0,20	116	18000	Glanz
Natronlauge 10%	0,19	116	18250	Glanz
Ammoniak 10%	0,20	116	18000	Glanz
Schwefelsäure 30%	0,09	116	18500	Glanz
Eisessig	0,00	117	18300	Glanz
Petroleum	0,00	117	18500	Glanz
Toluol	0,00	117	18500	Glanz
Trichloräthylen	0,55	117	18500	Glanz
Chloroform	0,41	116	18500	Glanz
Aceton	1,35	108	17000	Glanz
J.P. 5-Betriebsstoff	0,00	117	18500	Glanz
Hydraulische Flüssigkeit	0,05	117	18500	Glanz
Skydrol	0,08	117	18500	Glanz

Gießharze der Epoxylite Corporation. Diese Harze werden hauptsächlich zum Vergießen von Wicklungen von Motoren oder Generatoren angewandt und haben die folgenden Eigenschaften:

Dielektrizitätskonstante . . . . 3,8 bei 25°
Lichtbogenbeständigkeit . . . . 240 sec
Dielektrizitätsbeständigkeit in Volt/mil . . . . 400—500
Zugfestigkeit in psi 8000
Ausdehnung 1,5%

Nach 3 Monate langem Einlegen in die folgenden Chemikalien blieb Epoxylite unangegriffen: Schwefelsäure 75%ig, Salzsäure 20%ig, Salpetersäure 10%ig, Phosphorsäure 85%ig, Natronlauge 50%ig, Tetrachlorkohlenstoff, Netzmittel, Salzwasser, Toluol und Xylol.

Herstellerfirmen von Epoxydgießharzen

A. Firmen, welche die Epoxydharzgrundlage als solche herstellen

BAKELITE COMPANY, New York 17: Epoxyd-Phenol-Harze, ERL, BRR, ERLA-3001-Typen.
BORDEN COMPANY, Chemical Division, New York 17: *Epiphen*-Harze.
CIBA-AG. Basel, *Araldit*-Harze.
SHELL: *Epon*-Harze.

B. Firmen, welche Gießharze mit Hilfe von Epoxydharzen einer der vier angegebenen Firmen herstellen

ACME WIRE COMP., New Haven 14, Conn.
ARIES LABORATRIES INC., New York 17: *Aritemp*-Harze.
ARMSTRONG PRODUCTS COMP., Warsaw, Ind.
CARL H. BIGGS COMP., Los Angeles 64, Calif.
EMERSON & CUMING, Canton, Mass.
EPOXYLITE CORPORATION, El Monte/California.
FURANE PLASTICS INC., Los Angeles, Calif.
GENERAL MILLS, Inc. Research Laboratories, Minneapolis 13, Minn. Epoxyd-polyamidkompositionen.
HOUGTON LABORATRIES, Inc., Olean. N. Y.: Hysol-Harze.
MELPAR, Inc., Falls Church, Va.
MINNESOTA MINING & MANUFACTURING COMP., St. Paul 6, Minn.: Scotchcast-Harze.
NATIONAL ENGINEERING PRODUCTS, INC., Washington 5, D. C.
NURCO, INC., Cranston 10, R. I.
POLYMER INDUSTRIES, INC., Springdale, Conn.
PRODUCTS RESEARCH COMP., Los Angeles 39, Calif.
THE STANLEY CHEMICAL CO., East Berlin, Conn.
THIOKOL CHEMICAL CORP., Trenton 7, N. Y.: Epoxyd-Thiokol-Harze.

Literatur über Epoxydgießharze

1951

MEYERHANS, K.: Bindemittel und Gießharze auf *Araldit*-Basis. Kunst. 1951, Heft 11, 9 Seiten.
MEYERHANS, K.: Erfahrungen über die Verarbeitung und Anwendung von *Araldit* als Bindemittel und als Gießharz. Kunst. 1951, Heft 12, 457—462.
JAVITZ, A. E.: Cast-Resin Embedments of Circuit Subunits and Components. Electr. Manufact., Sept. 1951, 103.

1952

MEYERHANS, K.: Herstellung von Halbzeug und von Formkörpern aus *Araldit*-Gießharz B. Kunst., Okt. 1952, 88—92.

HEITERT, T. G., u. H. W. NIEMANN: Selecting an Embedment System for electronic components. Electr. Manufact., Mai 1952, 113.

1953

DUMMER, W. A.: British Developments in embedded and printed Circuits. Electr. Manufact., Mai 1953, 84.

1954

ULSPERGER, E.: Ungesättigte Polyester, Mineralfaserschichtstoffe und Gießharze. Pla. Kau., April 1954, 75—82.

FREY, K.: Äthoxylinharze als Gießharze und Bindemittel für Metalle. Chimia 1954, 1—6.

SOUTER, J. C.: Conveyorized Assembly for Component Embedment. Electr. Manufact., Aug. 1954, 89.

PFYL, J.: Wie baut man eine Plastikkarosserie? Automobil-Mechaniker 1954, 1—11.

KNEPP, D.: Versatile Plastic bids for more Tooling Jobs. Steel, Nov. 1954, 2 Seiten.

N. N.: Kabelverbindungen durch kalthärtende Epoxydgießharze. Mod. Pla., Nov. 1954, 212.

JORCZAK, J.: Kombination von flüssigen Polysulfiden mit Epoxydharzen. India Rubber Wld. 1954, Nr. 1., 66—69.

JAVITZ, A. E.: Research Progress in Dielectrics. Electr. Manufact., Dez. 1954, 70.

MEYERHANS, K.: Äthoxylinharze in der Hochspannungstechnik. Kunst. 1954, Heft 10, 387—392.

ARIES, R. S.: Epoxy casting Resins in Electronics. Mod. Pla., July 1954, 118—121.

MEYERHANS, K.: Chemikalienbeständigkeit von *Araldit*-Gießharz B. Kunst. 1954, Heft 4, 135—142.

1955

DAVIES, E. M., R. S. MARTY u. P. J. FRANKLIN: A new Compression-molding. Process for printed Capacitors. Electr. Manufact., Febr. 1955, 100.

JAHN, H., u. W. SCHÄFER: Gießharze auf Basis von Epoxydpolyäthern. Pla. Kau., Okt. 1955, 224—230 und Nov. 1955, 252—255.

JAVITZ, A. E.: The Epoxy-Resin System for embedded Circuits and Components. Electr. Manufact., April 1955, 74—79.

N. N.: Potted in Epoxy. Mod. Pla., Sept. 1955, 209.

N. N.: Kunststoffe in der Werkzeugindustrie. Kunst. 1955, Heft 3, 108.

N. N.: MONSANTO CHEMICAL Co. empfiehlt Dioxydiphenylsulfon „D. D. S." als Zusatz zu Epoxydgießharzen zur Erhöhung der Wärmefestigkeit. Kunst. 1955, Nr. 4, 54.

FORMO, J.: High Heat-Distortion Epoxy Compound. Electr. Manufact., April 1955, 81.

ROBERTS, L.: Epoxy-Polyamide thin-coat Encapsulations. Electr. Manufact., April 1955, 83.

N. N.: Filled Epoxy improves Hob making. Metal Working, Jan. 1955, 1 Seite.

FORMO, J., u. L. BOLSTAD: Where and how to use Epoxies. Mod. Pla., July 1955, 99—104.

FIEROH, O. E.: Epoxy Pattern give easy Draws. Foundry, July 1955, 2 Seiten.

BERTUCCI, W.: Epoxy Resin Molds for three dimensional Effect. Plastics World, Juni 1955, 2 Seiten.

ERNST, W. A.: Electrical Properties of Epoxy Casting Resins. Electr. Manufact., April 1955, 86—87.

N. N.: More Plastic Tooling. Production, Febr. 1955, 3 Seiten.

ARIES, R. S.: The Use of Epoxy Resins in the electronic and tooling industries. Chem. Rdsch., Nr. 2, 1955.

RITT, P. E.: Synthesizing an Epoxy Resin for high electrical Resistance. Electr. Manufact., April 1955, 85.

SOKOL, B.: Epoxies for Tools and Dies. Tooling and Production. Aug. 1955, 4 Seiten.

SHANNON, W. E.: Embedded Torquemeter Pickup Assembly. Electr. Manufact., April 1955, 77.

MEYERHANS, K.: Werkzeuge aus Kunstharzen. Kunst. 1955, Heft 10, 443—450.

SKIFF, R. A.: Embedment of Components for locomotive electrical Systems. Electr. Manufact., April 1955, 79.

1956

FIRTH, F. G.: Potting and Encapsulation. Mod. Pla., April 1956, 125. 16 Seiten.

BEATTIE, J. O.: Casting Plastics Sheets. Mod. Pla., July 1956, 109—117.

MANFIELD, H. G.: Electrical Applications of Epoxide Resins. Symposium London, April 1956.

FLOYD, D. E., D. E. PEERMAN u. H. WITTCOFF (GENERAL MILLS): Characteristics of the Polyamide-Epoxy-Resin-System. Symposium London, April 1956.

ALLEN, F. J., u. W. M. HUNTER: Some Characteristics of Epoxide-Resin-Systems. Symposium London, April 1956.

BENDERLEY, A. A., J. W. TIDLER u. B. GREENE: Zur Verminderung der Stoßempfindlichkeit werden Vakuumröhren in keramischem Material mit Epoxydharzen eingebettet. Ebenso können auch keramische Kondensatoren behandelt werden. Zwecks besserer Ablösung von der Vergußmasse werden die Röhren mit Siliconöl angestrichen. SPE-J. 12, 1956, Nr. 8., 30.

NICHOLS, P. L.: Mathematische Behandlung der Probleme bei der Anwendung von Gießharzen, z. B. die Wärmeübertragung und das mechanische und rheologische Verhalten füllstoffhaltiger Systeme. SPE-J. 12, 1956.

CRANDALL, W. H.: A potting Compound and mould for precision pottings. SPE-J. 12., Juli 1956, 20—23.

CRANKER, K. R., u. A. J. BRESLAU (THIOKOL CORP.): Verwendung als Gießharz von Kombinationen von flüssigen Polysulfidpolymeren mit Epoxydharzvorprodukten, die bereits mit Polysulfiden modifiziert sind, wobei Härtung bei gewöhnlicher Temperatur erfolgt. Zur Erhöhung der dielektrischen Eigenschaften wird Trichlorpropan als besonders wirksames Vernetzungsmittel empfohlen. (SPE-J. 12, 1956, Nr. 9, 36—42).

HÖGBERG, H.: Übersicht über die verschiedenen Anwendungsgebiete der Kunststoffe für Elektroartikel. Es wird u. a. die Herstellung elektrischer Kabel und ihre Ummantelung sowie das Pressen und Spritzen von Formteilen behandelt. Kunst. 1956, Nr. 12, 557—562.

1957

LANGSDORF, B. F.: Gußstücke aus Epoxydharzen. Es werden die Vorteile beschrieben, welche die Verwendung von Epoxydharzen für die Herstellung von Gußstücken zum Einbetten elektrischer oder anderer technischer Artikel bieten, was in einer Tabelle im Vergleich mit Gießharzen anderer Art aufgezeigt wird. Prod. Eng. 28, Nr. 6, 135—139 (1957).

PARRY, H. L., u. R. W. HEWITT (SHELL): Untersuchung des Einflusses der Art und der Menge des Füllstoffes auf die Eigenschaften des gehärteten Harzes: thermischer Ausdehnungskoeffizient (Herabsetzen desselben durch schwarzes Eisenoxyd), Stauchhärte, Zugfestigkeit, Schlagfestigkeit, Abriebfestigkeit, thermischer Zersetzungspunkt, Leitfähigkeit durch Zusatz von Metallpulver unter Verwendung von *Epon* 828, dessen Viscosität durch die Wahl des Füllstoffes nach Wunsch eingestellt werden kann. Ind. Eng. Chem., Juli 1957, 1103—1104.

GOODYEAR, M. V., u. J. P. HORNBURG: Evaluation test for epoxy casting systems. Electr. Mfg. Sept. 1957, 125—129.

DELMONTE, J.: Beziehungen zwischen elektrischen und mechanischen Eigenschaften bei Kunststoffen aus Epoxyharzen. ASTM-Bul., Sept. 1957, 32—35.

N. N.: Cast epoxide vacuum forming moulds. Brit. Pla., Febr. 1957, 62—63.

Epoxydharzschichtstoffe

Viele Zeitgenossen werden sich noch daran erinnern, wie etwa Mitte der zwanziger Jahre Phenolharzschichtstoffe auf den Markt gekommen sind. Es waren dies mit flüssigen Phenolharzvorkondensaten getränkte Papierbahnen, die unter Druck und Hitze zu beliebig dicken Platten gehärtet wurden. Solche Platten haben ausgezeichnete elektrische Isoliereigenschaften und fanden weitgehendst Eingang in der neuen Industrie der Radioapparate und für viele andere Verwendungen in der Elektrotechnik.

Im Vergleich zu gefüllten oder ungefüllten Gießharzen sind die mechanischen Eigenschaften von Schichtstoffen, die Bahnen von Papier, Textilgeweben oder gleichgerichtete organische oder anorganische Fasern enthalten, von einer so hohen Größenordnung, daß daraus in zunehmendem Maße Konstruktionen hergestellt wurden, für die bisher Metalle angewandt waren.

Da die Elastizität, die Biege- und Schlagfestigkeit von Phenolharzschichtstoffen relativ niedrig sind, blieb ihre Verwendung auf solche Konstruktionen beschränkt, bei denen mechanische Eigenschaften dieser Art keine wesentliche Rolle spielen.

Bei der Weiterentwicklung der Kunstharzchemie wurden andere Harze gefunden, deren Eigenschaften auch die Herstellung von Schichtstoffen für frei tragende Gebilde ermöglichte, z. B. für Flüssigkeitstanks, Bootsrümpfe u. dgl. Insbesondere haben sich Polyester in Verbindung mit Geweben aus Schlacken- oder Glaswolle für solche Zwecke eingeführt. Gebilde dieser Art aus Kunstharzschichtstoffen bieten den Vorteil des wesentlich niedrigeren Gewichtes gegenüber solchen aus Stahl, auch entfällt jeglicher Schutz gegen Korrosion, der erhebliche Kosten verursacht.

Aber auch die mechanischen Eigenschaften der Polyester genügen in manchen Fällen nicht, infolge unzureichender Festigkeit, die unter anderem auf ungenügende Haftfähigkeit an der Gewebseinlage zurückgeführt werden kann und auf zu hoher Schrumpfung.

Erst durch die Verwendung von Epoxydharzvorprodukten, die vor allem aus solchen Kompositionen gewählt werden, die sich auch als Klebstoffe eignen, ist es gelungen, aus Schichtmaterialien hochwertige, hochwiderstandsfähige Gebilde herzustellen, durch welche Metalle — und in manchen Fällen sogar mit Vorteil — ersetzt werden können.

Obwohl sich die erforderlichen Eigenschaften der für diesen Zweck anzuwendenden Epoxydharzvorprodukte weitgehend mit denjenigen decken, wie sie für Klebmittel verlangt werden, kommt für die Verwendung für Schichtstoffe noch das wichtige Erfordernis der guten Benetzung und Durchdringung der faserigen Einlage hinzu. Die für diesen Zweck notwendige Dünnflüssigkeit der Harzkomposition kann entweder durch Verwendung niedermolekularer flüssiger Epoxydharzvorprodukte oder durch Lösungen fester Epoxydharzvorprodukte erzielt werden. In dem letzteren Falle muß vor der endgültigen Härtung zum Schichtstoff das Lösungsmittel abgetrieben werden.

Die ersten Epoxydharzvorprodukte, die für die Herstellung von Schichtstoffen dienen sollten, kamen erst 1950/51 auf den Markt. Die wesentlichen für dieses Gebiet erteilten Patente bzw. Patentanmeldungen, werden in folgendem angeführt. Sofern sie schon an anderer Stelle eingehender behandelt wurden, wird ihr Inhalt hier nur stichwortartig wiedergegeben.

26. 7. 50. US 2659710, GENERAL ELECTRIC Co.: Umsetzungsprodukte eines rohen Gemisches aus Mono-, Di- und Trimethylolphenol, mit einem Gehalt von mindestens 10% des letzteren, mit Epichlorhydrin in Gegenwart der berechneten Menge Alkali.

8. 12. 50. US 2765296, COLUMBIA SOUTHERN CHEM. CORP.: Verwendung von Polymeren oder von Copolymeren von Mono- oder Diepoxyden von 4-Vinylcyclohexen mit Styrol oder Acrylsäureestern.

11. 8. 51. DRP 915866, HENKEL & CIE: Herstellung von Mehrschichtenglas unter Verwendung von Verbindungen, die mehr als 2 Oxacyclobutanringe im Molekül enthalten und mit bifunktionellen Vernetzungsmitteln, wie Dicarbonsäureanhydride oder Diamine, gehärtet werden.

15. 4. 52. D. Anm. O 2292, 1017132, OWENS CORNING FIBERGLAS CORP.: Vorbehandlung von Glasfasergeweben mit wäßrigen Lösungen ungesättigter Polysiloxanolate (Alkali-Vinylpolysiloxanolate).

31. 7. 52. BP 706832; US-Pri. 31. 7. 51, BATAAFSCHE: Auf noch heißes, frisch hergestelltes Glasfasergewebe wird innerhalb einer Zeit von 0,05—1 Sekunde durch Tauchen ein besonders fest haftender Überzug aus einem vorgewärmten polymeren Bisphenol-A-Glycidyläther mit einem unter 50° liegenden Erweichungspunkt angebracht. Das frische Glasgewebe enthält auf der Glasoberfläche etwa 66% locker sitzenden Sauerstoff als freie Radikale, welche eine besonders feste Verankerung des Glycidyläthers bewirken. Nach dem Abkühlen des Glases verschwindet der Sauerstoffbelag und die Haftung dann aufgebrachter Überzüge ist wesentlich geringer. Diese Behandlung eines Glasfasergewebes behebt weitgehend das Brechen beim Biegen oder Verknoten und erleichtert die spätere Verwendung als Einlage für Schichtstoffe in Verbindung mit Epoxydharzvorprodukten außerordentlich.

1. 10. 52. FP 1067087, THOMSON-HOUSTON: Kombinationen von sauren Polyestern mit Säurezahlen von über 150—200 mit polymeren Bisphenol-A-Glycidyläthern.

3. 12. 52. FP 1067401; B.-Pri. 7. 12. 51, NATIONAL RESEARCH: Kombinationen von polymeren Bisphenol-A-Glycidyläthern mit Polyestern, die nur OH-Gruppen, aber keine COOH-Gruppen enthalten, und Diisocyanaten.

9. 3. 53. FP 1075563; US-Pri. 11. 3. 52 = US 2706223, GENERAL MILLS: Kombinationen von polymeren Bisphenol-A-Glycidyläthern mit Polyamiden, die durch Kondensation von höhermolekularen durch DIELS-ALDER-Synthesen entstandenen Säuren mit Polyaminen hergestellt wurden.

4. 5. 53. FP 1076647; Schwz.-Pri. 17. 5. 52, MICAFIL: Umsetzungsprodukte von Novolaken aus ein- oder mehrkernigen Phenolen mit Epichlorhydrin.

27. 7. 53. FP 1110875; US-Pri. 29. 7. 52, BATAAFSCHE: Polymere Bisphenol-A-Glycidyläther, die durch einen Zusatz von 0,15—0,75% Mol m-Phenylendiamin pro Mol Epoxydgruppe gehärtet werden.

19. 8. 53. BP 744388; US-Pri. 22. 8. 52, GENERAL ELECTRIC Co.: Kombinationen von polymeren Bisphenol-A-Glycidyläthern mit einem DIELS-ALDER-Addukt aus Maleinsäure und Hexachlorcyclopentadien oder Hexachlor-endomethylen-tetrahydrophthalsäureanhydrid.

1. 10. 53. US 2801232, AMERICAN. CYANAMID Co.: Verwendung eines Gemisches aus einem Dicarbonsäureanhydrid (Phthalsäureanhydrid) mit dem Reaktionsprodukt eines Diglycidylesters (Diglycidylphthalat) mit einem Diol mit 4—12 Kohlenstoffatomen (1,5-Pentandiol), dessen Menge etwa doppelt so groß sein soll als diejenige des Diglycidylesters.

27. 11. 53. FP 1091108,' THOMSON-HOUSTON: Kombination von polymeren Bisphenol-A-Glycidyläthern mit monomeren oder polymeren Triallylcyanuraten.

19. 2. 53. D. Anm. L 14716, 1006826; US-Pri. 23. 2. 52, LIBBEY-OWENS-FORD GLASS Co. sowie

11. 11. 54. D. Anm. L 20372, 1006827; US-Pri. 12. 11. 53: Verwendung von Glasfasergeweben, die mit einer wäßrigen Lösung eines hydrolysierten Organo-Silans (Vinyltriäthoxysilan, das durch intensives Rühren mit Wasser hydrolysiert wurde) imprägniert ist.

10. 2. 54. US 2776910, USA-SECRETARY OF THE NAVY: Herstellung von Schichtstoffen aus Glasfasergewebe und Epoxydharzvorprodukten, wobei die Haftfähigkeit des Glasgewebes durch Vorbehandlung durch eine Lösung eines Gemisches von Methyltrichlorsilan, Vinyltrichlorsilan oder Allyltrichlorsilan mit Glycidylallyläther oder Glycidylmethacrylat verbessert wird.

9. 4. 54. US 2801989, UNION CARBIDE CORP.: Verwendung von Glycidylpolyäthern von Polyphenolen mit 3—7 Kernen, die durch Umsetzen von Acrolein mit Phenol in verschiedenen Mengenverhältnissen gewonnen werden.

22. 3. 55. FP 1124502, SOC. DE ST. GOBAIN: Verwendung von flüssigen Epoxydharzvorprodukten zwecks Dichten der bei Polyesterharz-Glasfaser-Schicht- oder Formkörpern auftretenden Risse oder Hohlräume.

23. 2. 54. US 2741607, SHELL: Herstellung von Schichtmaterial unter Verwendung von Triglycidylcyanurat.

13. 7. 54. US 2694655, AMERICAN CYANAMID Co.: Herstellung von Schichtmaterial unter Verwendung von Glasfasern, die noch im heißen, frisch gesponnenen Zustand mit einem Kondensationsprodukt von Epichlorhydrin mit einem Fettamin (C_{16-22}), dem ein Aminoharzvorkondensat beigemischt sein kann, behandelt wurden. — Eine Behandlung mit Fettsäureamiden beschreibt die S. A. DE ST. GOBAIN, in FP 1012079.

1. 12. 54. FP 1116836; US-Pri. 9. 12. 53, Owens Corning Fiber-glas Corp.: Verwendung von Glasfasern, die mit 0,01—1%igen wäßrigen Acetonlösungen von Silanen mit 1—3 hydrolysierbaren Gruppen und einem ungesättigten Rest, z. B. Vinyltrichlorsilan, Divinylchlorsilan, Allyldichlorsilan oder Vinyldiäthoxysilan behandelt wurden.

8. 2. 54. BP 776156; US-Pri. 11. 5. 53, du Pont: Imprägnieren von Glasfasern oder von Geweben daraus mit kolloidalen Lösungen von Chrom-Komplexverbindungen, in denen dreiwertiges Chrom koordinativ an Carbonsäuren mit 2—8 Kohlenstoffatomen gebunden ist, z. B. ein Umsetzungsprodukt von Methacrylsäure mit basischem Chrom^{III}-chlorid, das mit basischem Ionenaustauscher zwecks Heraufsetzen der Basizität nachbehandelt wird.

8. 4. 54. US 2729582, Johns-Mansville: Herstellung von Schichtmaterial mit Epoxydharzvorprodukten unter Verwendung von Glasfäden, die sofort nach dem Ziehen aus der Schmelze mit einem Silicon oder einer ammoniakalischen Lösung von Methacrylchromchlorid übersprüht wurden.

28. 9. 54. FP 1112864; US-Pri. 29. 9. 53, Ciba: Verwendung von polymeren Bisphenol-A-Glycidyläthern mit einem Zusatz von 0,1—45% eines Bortrifluorid/Aminkomplexes. Als brauchbare Amin- oder Amidverbindungen werden Piperidin, Äthylendiamin, Äthanolamin, Hexamethylentetramin und Harnstoff genannt.

12. 8. 54. BP 785930, Brit. Resin Prod. Ltd.: Verwendung von Umsetzungsprodukten von Epichlorhydrin mit Phenol-Formaldehyd-Vorkondensaten (1 Ph + 0,5—0,75 F).

4. 1. 55. BP 777621; US-Pri. 4. 1. 54, Brit. Resin Prod. Ltd.: Verwendung von nach BP 726830 hergestellten Umsetzungsprodukten aus Phenolen und Epichlorhydrin, die mit mehrbasischen Carbonsäuren + 0,1—1,5% eines tertiären Amins gehärtet werden.

26. 3. 55. FP 1131898, Th. Rejto: Herstellung von Bahnen oder Platten, indem auf einem endlosen Band von Glasfaser- oder Jutegewebe oder Papier Epoxydharzvorprodukte (oder Polyesterharz oder Mischpolymerisate aus Styrol und ungesättigten Alkydharzen) aufgepreßt und in Trockenkammern bei 110—130° gehärtet werden. Verwendung zum Belegen von Fußböden oder Wänden oder für die Herstellung von Möbeln.

8. 6. 55. D. Anm. D 20627; B.-Pri. 9. 6. 54, Distillers Co. Ltd.: Epoxydgruppenhaltige Umsetzungsprodukte von Epichlorhydrin mit Umsetzungsprodukten von Novolaken mit ungesättigten Kohlenwasserstoffen.

27. 6. 55. FP 1133539; US-Pri. 28. 6. 54 (US 2783250) Bataaf-sche: Verwendung partiell epoxydierter Ester aus ungesättigten Dicarbonsäuren (Malein-, Endomethylen-3,6-tetrahydrophthal-, 4-Cyclohexen-1,2-dicarbonsäure) und ungesättigten Alkoholen (Vinylalkohol, Allyl- und Propargylalkohol) als Bindemittel für Schichtstoffe. Ester dieser Art können mit Peroxydkatalysatoren an der Doppelbindung und mit BF$_3$ an der Epoxydgruppe polymerisiert werden.

6. 12. 55. FP 1137175 (BP 772830); D.-Pri. 6. 12. 54, BAYER: Verwendung von Diglycidylaminen.

31. 10. 55. D. Anm. N 11395; US-Pri. 1. u. 30. 11. 54, BATAAFSCHE: Verwendung der von DEARBORN, FUOSS, MACKENZIE und SHEPHERD[1] beschriebenen Polyglycidyläther von Tetrakisphenolalkanen. Glycidyläther dieser Art verleihen Glasfaserschichtstoffen eine außerordentlich hohe Wärmefestigkeit. Während ein mittels *Epon* 1001 unter Verwendung von 4% Dicyandiamid als Härter hergestellter Schichtstoff eine BARCOL-Härte aufweist:

bei 25° von 66   und   bei 150° von nur 3

ergeben Schichtstoffe hergestellt mit Glycidyläthern von

1,1,2,2-Tetrakis-(oxyphenyl)-äthan die Härte 55,	die Härte 71 bei 25° und bei 150°
1,1,3,3-Tetrakis-(oxyphenyl)-propan die Härte 55,	die Härte 72 bei 25° und bei 150°
1,1,5,5-Tetrakis-(oxyphenyl)-pentan die Härte 54,	die Härte 72 bei 25° und bei 150°
1,1,6,6-Tetrakis-(oxyphenyl)-hexanol-2 die Härte 69.	die Härte 73 bei 25° und bei 150°

16. 4. 57. Belg. P. 556744, GLASWERK SCHULLER GMBH.: Durch Imprägnieren von Glasfasergeweben aus billigem alkalireichem Glas mit Epoxydharzvorprodukten erübrigt sich die Verwendung von Materialien aus alkalireichem Glas.

Literatur und Prüfungsergebnisse über Epoxydharzschichtstoffe

SILVER, J., u. H. B. ATKINSON JR.: ,,Epoxy Resins in Glass Cloth Laminates (Modern Plastics Nov. 1950, 113—122.) Schon diese erste sehr gute und gründliche Abhandlung über die Herstellung und Eigenschaften von Schichtstoffen aus Glasfasergeweben, Type ECC-181 und ECC-181—114 der OWEN CORNING FIBERGLAS CORP. und *Epon*-Harzen der SHELL gibt ein gutes Bild über die hervorragende Brauchbarkeit von Epoxydharzen für diesen Zweck. Eine Gegenüberstellung mit den bisher verwendeten Polyestern zeigt zahlenmäßig die Überlegenheit der Epoxydharze. Die Glasfaser Type ECC-181—114 sind Glasfasern, die mit dem Haftmittel 114 (Methacrylchromchlorid) nachbehandelt wurden.

Als Epoxydharzvorprodukte sind für die Herstellung von Schichtstoffen vor allem niedrigmolekulare, solche, die flüssig sind oder einen niedrigen Erweichungspunkt haben, z. B. das flüssige *Epon* 1062, *Epon* RN-34 vom Erweichungspunkt 20—28° oder *Epon* 1064 vom Erweichungspunkt 40—45°, geeignet. Zur Erzielung eines besonders guten Fließvermögens werden diese Harze mit ansehnlichen Mengen von Allylglycidyläther, einer Flüssigkeit, die erst bei —100° erstarrt, verschnitten, welche sich beim Härten mit dem Epoxydharzvorprodukt chemisch verbindet. Weiterhin können auch kleine Anteile an Butylphthalat als Weichmacher zugegeben werden.

---

[1] DEARBORN, FUOSS, MACKENZIE u. SHEPHERD: Ind. Eng. Chem., Dez. **1953**, 2715—2721.

Da die Härtung zum gebrauchsfähigen Schichtstoff im allgemeinen bei gewöhnlicher Temperatur vor sich gehen soll, kommen als Härter nur stark basische Amine in Betracht. Es kann auch nach der Härtung bei Raumtemperatur, soweit möglich, noch eine Nachhärtung bei 90—95°ausgeführt werden, wodurch bessere mechanische Eigenschaften erzielt werden.

Unter Zugrundelegen der Komposition

50 Teile *Epon* RN-34
50 Teile *Epon* 1062
9 Teile Diäthylentriamin

die mit 10 Lagen Glasfasergewebe ECC-181—114 in Scheiben von 7,5 cm Durchmesser verarbeitet wurde, werden bei verschiedenen Härtebedingungen die folgenden Ergebnisse erzielt, wobei die Proben A-4-a und A-4-b nach der Härtung etwas biegsam waren, aber nach 2 Wochen Liegen bei Raumtemperatur steifer wurden, während die Proben A-4-c und A-4-d nach der Härtung sofort hart und unbiegsam waren. Die Prüfung wurde 2 Wochen nach der Härtung durchgeführt.

	A-4-a	A-4-b	A-4-c	A-4-d
Härtungsbedingungen: Zeit in Min.....	30	60	30	30
Härtungstemperatur	93°	93°	121°	150°
Druck in kg/cm²	0,21	0,21	0,21	0,21
Maximalbiegsamkeit in psi...........	76700	65800	65400	63500
Biegsamkeitsmodul in 10^6 psi	3,3	3,1	3,0	3,0
ROCKWELL-Härte	M 113	M 111	M 112	M 110
Spezifisches Gewicht	1,67	1,66	1,68	1,69
Harzgehalt des Schichtstoffes %	45,2	48,1	44,6	45,2
H_2O-Aufnahme bei 24 Std. Wässern ...	0,83%	0,89%	0,98%	1,67%
H_2O-Aufnahme bei 48 Std. Wässern ...	1,00%	1,12%	1,29%	2,14%
Nach 48 Std. Wässern bei 22°:				
Maximale Biegsamkeit in psi	48800	53900	54600	42700
Biegsamkeitsmodul in 10^6 psi	2,3	2,3	2,6	2,1
ROCKWELL-Härte	M 112	M 114	M 114	M 110

Die höchste Biegefestigkeit wird also erzielt bei 30 Minuten Härtung bei 93°. Längere oder höhere Hitzeeinwirkung führt zu kleineren Werten. Es ist jedoch nicht erwiesen, ob es sich hierbei nicht um individuelle Schwankungen handelt, da jeder Versuch nur einmal durchgeführt wurde. Es hat den Anschein, als ob die Aufnahme von Feuchtigkeit durch längere bzw. höhere Temperatureinwirkung bei der Härtung begünstigt wird. Nach der Wässerung ergibt sich ein 10—20%iger Abfall an Biegefestigkeit, während die Härte keine Einbuße erleidet, in zwei Fällen hat sie sich sogar erhöht. Die relativ starke Wasseraufnahme ist vermutlich auf den hohen Gehalt an *Epon* 1062 zurückzuführen, da dieses Harz, für sich allein gehärtet, eine relativ hohe Affinität zu Wasser aufweist.

Eine Verbesserung der Wasserfestigkeit und infolgedessen eine Verminderung des Abfalles der mechanischen Eigenschaften nach der Wässerung, kann tatsächlich durch erhebliche Verminderung von *Epon* 1062 erzielt werden, und kann noch weiter erhöht werden durch Zusätze des hydrophoben Allylglycidyläthers, dessen Gegenwart bei 10%igem Zusatz keine Minderung der mechanischen Eigenschaften hervorruft.

Bei Verwendung von Diäthylentriamin als Härter erfolgt bei diesen Kompositionen erhebliche exotherme Wärme, die zum Aufsieden führt und die Masse nach 5—10 Minuten fest werden läßt. Daher muß die mit dem Härter versetzte Komposition nach schnellem, gründlichem Mischen sofort vergossen werden.

Unter Verwendung der vorbehandelten Versuchs-Glas-Glasfasergewebebahnen ECC-181—114 als Scheiben von 7,5 cm Durchmesser werden bei verschiedenen Mengenverhältnissen der Komponenten bei einer Härtung von 30 Minuten bei 93° und einem in den einzelnen Versuchen von 0,21—1,75 kg/cm² ansteigenden Druck die folgenden Werte als Durchschnitt von je 2 Versuchen erhalten.

	GAE-X Kompositionen					
	2	3	4	2a	3a	4a
Zusammensetzung:						
Epon RN-34, Gewichtsteile	85	75	80	85	75	85
Epon 1062, Gewichtsteile	—	25	—	—	25	—
Glycidylallyläther, GAE	15	10	20	15	10	20
Diäthylentriamin	8	8	8	8	8	8
Viscosität der Mischung in pois..	7,6	17,6	4,0	7,6	17,6	4,0
Refraktion Index 22° (ohne Amin)	15488	15402	15438	15488	15402	15438
Härtungsbedingungen:						
Temperatur	93°	93°	93°	93°	93°	93°
Zeit in Minuten	30	30	30	30	30	30
Druck in kg/cm²	1,75	1,75	0,70	0,21	0,21	0,21
Gehalt an Harz:						
Probe 1, in %	29,9	26,5	29,6	48,8	44,3	37,4
Probe 2, zum Wässern	29,9	29,8	34,2	46,0	35,6	36,2
Prüfung von Probe 1:						
Maximalbiegefestigkeit in psi	73450	84500	55800	61400	66600	65300
Biegemodul, 10⁶ psi	3,55	3,98	3,09	3,02	3,13	3,28
Rockwell-Härte	M 108	M 108	M 106	M 112	M 113	M 108
Spezifisches Gewicht	1,94	2,01	1,91	1,64	1,69	1,72
Probe 2, H_2O-Aufnahme:						
24 Std. Wässern, in %	0,11	0,20	0,27	0,24	0,28	0,24
48 Std. Wässern, in %	0,12	0,27	0,31	0,26	0,35	0,30
Nach 24 Std. Wässern:						
Maximalbiegefestigkeit in psi	75800	77500	80900	83300	78600	66800
Biegemodul in 10⁶ psi	3,90	3,69	3,77	2,90	3,47	3,28
Rockwell-Härte	M 112	M 113	M 110	M 105	M 104	M 110
Nach 48 Std. Wässern:						
Maximalbiegefestigkeit in psi	76600	70200	79800	59400	67500	66500
Biegemodul, 10⁶ in psi.........	3,90	3,94	3,60	2,85	3,63	3,32
Rockwell-Härte	M 112	M 113	M 110	M 113	M 113	M 111

Die besten Werte zeigt die GAE-X-3-Versuchsreihe, welche in der Wasserfestigkeit noch von der GAE-X-4-Reihe, die kein *Epon* 1062 enthält, übertroffen wird. Der niedrige Wert der Maximalbiegefestigkeit bei GAE-X-4 (ohne Wässern) von 55800 hat sich bei späteren Versuchen nicht bestätigt, vielmehr wurden Werte von 80000, auch nach der

Wässerung, erhalten. Jedenfalls scheint ein Fortlassen von *Epon* 1062 von Vorteil zu sein.

Zur Klärung der Frage, ob die Glasfaservorbehandlung mit Methacrylchromchlorid (Mittel 114) wesentliche Vorteile bringt, wurde ein Vergleich mit Glasfasern, die unmittelbar vor der Verarbeitung einer Hitzebehandlung unterzogen wurden, durchgeführt. Es wurde mit einer Komposition bestehend aus:

| 75 Teilen *Epon* RN-34 | 10 Teilen Allylglycidyläther |
| 25 Teilen *Epon* 1062 | 8 Teilen Diäthylentriamin |

gearbeitet, wobei die folgenden Werte erhalten wurden:

	Glasfasergewebe, behandelt mit	
	Hitze	Mittel 114
Härtungsbedingungen:		
Temperatur	121°	121°
Zeit in Minuten	60	60
Druck in kg/cm²	1,75	1,75
Harzgehalt:		
Probe 1 in %	27,8	25,1
Probe 2 in %	27,6	32,6
Prüfung von Probe 1:		
Maximalbiegefestigkeit in psi	70400	73500
Biegemodul in 10^6 psi	4,00	3,71
ROCKWELL-Härte	M 110	M 109
Spezifisches Gewicht	1,95	1,86
Probe 2, H_2O-Aufnahme bei 48 Std. Wässern	0,65%	0,62%
Prüfung nach 48 Std. Wässern bei 22°:		
Maximalbiegefestigkeit in psi	66250	76000
Biegemodul in 10^6 psi	3,75	3,91
ROCKWELL-Härte	M 113	M 113

Aus den Versuchen geht hervor, daß die Werte bei den mit Mittel 114 vorbehandelten Glasfasern um ein geringes besser sind als die hitzebehandelten. Auch hier ist eine Steigerung der Maximalbiegefestigkeit (von 73500 auf 76000) bei den mit Mittel 114 behandelten Glasfasern nach dem Wässern zu beobachten, während bei den hitzebehandelten Fasern der Wert absinkt.

Von besonderem Interesse ist ein Vergleich der Werte von Glasfaser-Epoxyd-Schichtstoffen mit solchen aus Polyester. In beiden Fällen wurde das vorbehandelte Glasfasergewebe ECC-181-114 in Abschnitten von 20×20 cm angewandt. Es wurde ein Ansatz nach GAE-X-3 mit dem Polyester *Selectron*-5003 in drei verschieden großen prozentualen Harzgehalten miteinander verglichen.

Als wichtigstes Ergebnis, das für die praktische Verwendung von besonderem Wert ist, stellt sich die wesentlich höhere Biegefestigkeit der Epoxydharzplatte heraus, wobei der höchste Wert von 79800 bei dem niedrigsten Harzgehalt vorliegt, was bei der Polyesterplatte mit dem Höchstwert von 59490 der Fall ist. Auch die Dielektrizitäts-

konstanten sind bei der Epoxydharzplatte besser, jedoch zeichnet sich
die Polyesterplatte durch eine wesentlich bessere Wasserfestigkeit aus.

| Härtung | GAE-X-3 Ansätze | | | Polyester-Selectron 5003 | | |
| | 1 Stunde bei 120° | | | 10 Min. bei 82°, dann 30 Min. bei 121° | | |
	a	b	c	a	b	c
Harzgehalt %	45,4	41,3	34,6	46,5	42,8	30,7
Maximalbiegefestigkeit in psi	65750	74350	79800	53180	58575	59490
Biegemodul in 10^6 psi	2,89	3,18	3,50	2,76	2,81	2,98
Zerreißfestigkeit in psi	44650	49000	44200	40810	42850	—
Zugmodul 10^6 in psi	2,77	2,91	2,68	2,76	2,83	—
Eckdruckfestigkeit in psi	51150	52200	43300	37350	34100	—
Eck-Izod-Schlagfestigkeit in ft.lb./in.	10,0	10,9	12,3	13,7	14,6	—
Dielektrizitätskonstanten						
bei 60 Hz	5,48	5,46	5,87	4,43	4,43	4,56
bei 10^3 Hz	5,36	5,34	5,72	4,41	4,38	4,33
bei 10^6 Hz	4,91	4,91	5,32	4,28	4,35	4,07
bei 10^{10} Hz	—	—	4,50	—	3,60	—
Verteilungsfaktor bei 60 Hz	0,011	0,014	0,015	—	—	—
bei 10^3 Hz	0,014	0,016	0,016	0,013	0,012	0,028
bei 10^6 Hz	0,025	0,023	0,023	0,011	0,012	0,012
bei 10^{10} Hz	—	—	0,020	—	0,007	—
Rockwell-Härte	M 113	M 113	M 114	M 112	M 109	M 112
Spezifisches Gewicht	1,69	1,72	1,85	1,72	1,75	1,90
Wasseraufnahme bei						
24 Std. Wässern, bei 22° in %	0,53	0,46	0,54	0,23	0,20	0,26
48 Std. Wässern, bei 22° in %	0,64	0,57	0,63	0,29	0,64	0,38

CAREY, J. E.: „Recent Developments with Epoxy Resins"[1]. Es
werden drei Verfahren zur Herstellung von Schichtstoffen beschrieben:

1. Verarbeitung von flüssigen (oder verflüssigten) Epoxydharzvorprodukten bei gewöhnlicher Temperatur,

2. Verarbeitung von heißen geschmolzenen Epoxydharzvorprodukten,

3. Verarbeitung von gelösten Epoxydharzvorprodukten, Tränken
des Trägermaterials, Trocknen und Heißverpressen. Dies Verfahren
verlangt Wiedergewinnungsanlagen für die Lösungsmittel und die
Verwendung latenter Härter. Obgleich es teurer ist als die beiden anderen Verfahren, bietet es die Möglichkeit, das trockene imprägnierte
Material auf den Markt zu bringen, um es Herstellern von Apparaturen
anzubieten, die es in Spezialpressen verarbeiten, beispielsweise zu
Kästen für Radio- oder Fernsehapparate oder Schreibmaschinen,
selbst zu Autokarosserien u. dgl.

N. N. Resin-Glas Tank is shatterproof[2]. Die Herstellung von un-
zerbrechlichen und explosionssicheren Flüssigkeitsbehältern aus Glas-
faserkunstharz wird kurz beschrieben und die Vorteile gegenüber Tanks
aus Stahl diskutiert.

---

[1] CAREY, J. E.: Mod. Pla., Aug. **1953**, 130 und Okt. **1953**, 232.
[2] N. N.: Aviation Week, Okt. 1953.

N. N. Reinforced Plastics set Record[1].

N. N. Herstellung von Glasfaserschichtstoffen aus Eponharzen für Pipelines, Tanks und Versteifungen für Geräte aller Art wird beschrieben[1].

ELAM, D. W., u. F. C. HOPPER[2] (SHELL): Structural Laminates from Epoxy Resin. Es werden zwei Verarbeitungsverfahren beschrieben:

1. mit flüssigen unverdünnten Epoxydharzvorprodukten, unter Verwendung des flüssigen *Epon* 828 in Verbindung mit den Härtern Diäthylaminopropylamin (Härter A) und m-Phenylendiamin (Härter CL).

2. Mit festen Epoxydharzvorprodukten im gelösten Zustand, unter Verwendung von *Epon* 1001 mit Dicyandiamid als latentem Härter oder im Gemisch mit der doppelten Menge Phenolharz *Plyophen* 5023 der REICHHOLD CHEM. Co. und Dicyandiamid. Glasfasergewebe wird mit der Lösung getränkt und abgequetscht bis zu einem festen Harzgehalt von 30—32%, getrocknet und durch Heißverpressen verformt.

Die Härtung erfolgt in beiden Fällen in 30 Minuten bei 175° unter Anwendung eines leichten Druckes von etwa 1,75 kg/cm². Die Biegefestigkeit in psi ergibt folgende Werte:

	Einige Tage nach dem Härten	Nach dem Härten 30 Tage gewässert bei 23°
Epon 828 + Härter A	82 700	74 100
Epon 828 + Härter CL	83 000	80 000
Epon 1001 + Dicyandiamid	81 700	76 000
Epon 1001 + Phenolharz + Dicyandiamid	73 900	73 400

Ein Vergleich der Biegefestigkeit bei Schichtplatten der gleichen Art aber mit verschieden hohem Harzgehalt ergibt das folgende Bild:

Harzgehalt in %	Biegefestigkeit in psi
26	77 800
28	75 700
30	76 100
34	76 000

Bei höheren Harzgehalten erfolgt weiteres allmähliches Absinken der Biegefestigkeit, das bei höheren Gehalten als 37% rapid vonstatten geht.

Die elektrischen Eigenschaften so hergestellter Schichtstoffe gehen aus der folgenden Aufstellung hervor, wobei die Dielektrizitätskonstante mit ε' und der Verteilungsfaktor mit tg δ bezeichnet werden.

---

[1] N. N.: Chem. Eng. News, Febr. **1954**.
[2] N. N.: Chem. Eng. **1953**, Nr. 9, 380—381.
[3] ELAM, D. W., u. F. C. HOPPER.: Mod. Pla., Okt. **1954**, 141—144.

Herz	828/A		828/CL		1001/Dicy		1001/5024/Dicy	
	ε'	$\operatorname{tg}\delta$	ε'	$\operatorname{tg}\delta$	ε'	$\operatorname{tg}\delta$	ε'	$\operatorname{tg}\delta$
10^2	5,16	0,0192	5,68	0,0231	5,35	0,0093	4,65	0,0218
10^3	5,01	0,0167	5,25	0,0180	5,27	0,0080	4,49	0,0197
10^4	4,91	0,0131	5,38	0,0163	5,22	0,0102	4,38	0,0127
10^6	4,77	0,0222	5,22	0,0202	5,05	0,0219	4,33	0,0157
Prüfung nach 24 Std. Wässern, sofort nach dem Herausnehmen								
10^2	5,26	0,0292	6,03	0,0526	5,44	0,0213	5,69	0,0866
10^3	5,08	0,0195	5,66	0,0347	5,35	0,0106	5,10	0,0784
10^4	4,96	0,0141	5,44	0,0213	5,27	0,0108	4,76	0,0331
10^6	4,82	0,0226	5,23	0,0211	5,12	0,0226	4,51	0,0213

PFYL, J.: Wie baut man eine Plastikkarosserie?[1]

Es wird die Planung und die Ausführung von Karosserien mittels Glasfasergeweben und Polyesterharz beschrieben. Statt reiner Glasfasergewebe wird die Verwendung von *Vetrotex*-Geweben, einem Mischgewebe aus Glasfasern und Textilfasern, empfohlen. Auf die Möglichkeit der Verwendung von Epoxydharzvorprodukten wird hingewiesen.

TRIETSCH, F. K. (CIBA): Glasgewebeschichtstoffe und ihre Verwendungsmöglichkeiten[2].

Es wird auf die besondere Auslese der für die Herstellung von Schichtstoffen zur Verwendung kommenden Glassorten hingewiesen. Die Wasserfestigkeit und die elektrischen Eigenschaften werden durch die Auswahl alkalifreier Glassorten verbessert.

Glasfasern zeigen die folgenden Durchschnittsfestigkeiten:

Zugfestigkeit .... 12 600 kg/cm²
Elastizitätsmodul .... 700 000 kg/cm²
Linearer Wärmeausdehnungskoeffizient 5—10 · 10⁻⁶/°C
Spezifisches Gewicht 2,57

Unter Verwendung von *Araldit*-Laminierharz 553 werden die mechanischen Prüfwerte damit hergestellten Glasfasergewebeschichtstoffes mit denjenigen von Holz, Aluminium und Stahl verglichen.

	Spez. Gewicht	Zug-festigkeit kg/mm²	Druck-festigkeit kg/mm²	Biege-festigkeit kg/mm²	Elastizitäts-modul kg/mm²
Araldit-Glas-Schichtstoff....	1,8—2,1	45	52	47	2000—5000
Holz (Pitchpine, 25% H₂O).	0,71	7,35	2,45	5,46	1056
Aluminium, AlMg-5	2,65	24	24	10	7000
Stahl St. 42.11	7,8	42	42	42	21 000

Aus dieser Aufstellung gehen die außerordentlich hohen Festigkeiten des Glasfaserschichtstoffes hervor, die sogar diejenigen von Stahl übertreffen.

Das günstige Verhältnis von Festigkeit zum spezifischen Gewicht von *Araldit*-Schichtstoff zu Holz, Aluminium und Stahl geht aus folgender Aufstellung hervor:

---

[1] PFYL, J.: Automobil-Mechaniker, Nr. 6, **1954**, 2—11.
[2] TRIETSCH, F. K.: Konstruktion, **1954**, Heft 11, 432—435.

	Aralditschichtstoff	Holz	Aluminium	Stahl
$\dfrac{\text{Biegefestigkeit kg/mm}^2}{\text{Spezifisches Gewicht kg/mm}^2}$	25	7,7	9,1	4,4
$\dfrac{\text{Elastizitätsmodul kg/mm}^2}{\text{Spezifisches Gewicht kg/mm}^2}$	1945	1495	2640	2700

Eine Aufstellung über die erforderlichen Stärken und das Gewicht pro qm von Platten mit gleichem Steifheitsfaktor bei *Araldit*-Glasschichtstoff, Holz, Aluminium und Stahl ergibt das folgende Bild:

	Platten vom gleichen Steifheitsfaktor	
	Stärke in mm	Gewicht pro qm in kg
Araldit-Schichtstoff	10	19,5
Holz	15	11,4
Aluminium	8	21,2
Stahl	5,5	42,9

HENNING, J.: Glasfaserverstärkungen und ihre Verwendung bei Kunststoffen[1].

BEYER, W.: Glasfaserverstärkte Kunststoffe[2].

BROCKMÖLLER, F.: Spinnbare Glasfasern als Verstärkungsmaterial für Kunststoffe[3].

Diese drei Aufsätze geben eingehende Darstellungen über die Arten von Glasfasern und ihren Geweben und die Verarbeitung derselben mit Kunstharzen zu Schichtstoffen.

CHARITY, F.: New Honeycomb Processing Method[4]. Die Herstellung von Honigwaben-Strukturschichtstoffen mittels Käseleinen (Cheesecloth) und *Epon*-Harzen für den Bau von Flugzeugen wird in den Grundzügen erläutert.

N. N. (SHELL): *Plastic Tanks get tough*[5]. Es wird der Ersatz von Stahltanks durch Glasfasergewebe-*Epon*-Harztanks als möglich dargestellt.

N. N. (SHELL): *Epoxy Low-Pressure Laminates*[6]. Der Vergleich von *Epon*-Harzglasfasergewebe-Schichtstoffen mit solchen mittels Polyestern hergestellten ergibt folgende mechanischen Werte:

	Glasfaserschichtstoffe mit	
	Eponharz	Polyesterharz
Biegefestigkeit in 1000 psi	38—87	13—70
Elastizitätsmodul in Million psi	2,8—4,0	0,5—3,5
Druckfestigkeit in 1000 psi	30—65	20—45
Wasseraufnahme bei 22° in %	0,3—1,5	0,3—5,0
	in 30 Tagen	in 24 Stunden

woraus die große Überlegenheit des Eponharzes hervorgeht.

---

[1] HENNING, J.: Kunst., **1954**, Heft 4, 131.
[2] BEYER, W., Kunst.: **1954**, Heft 10, 414—425.
[3] BROCKMÖLLER, F.: Kunst., **1954**, Heft 10, 425—428.
[4] CHARITY, E.: Machine and Tool, Febr. **1954**, 6 Seiten.
[5] N. N.: Ch. W., Juli **1954**, 40.
[6] N. N.: Machine Design, Juli **1954**, 4 Seiten.

Elektrische Charakteristika für „Epoglas"-Schichtstoffe.

Oberflächenwiderstand	bei 500 V in Ohm	$3{,}22 \cdot 10^{13}$
Dielektrizitätskonstante	bei 1000 Hz	5,65
	bei 10^6 Hz	5,26
	bei $100 \cdot 10^6$ Hz	5,08
Kraftfaktor	bei 1000 Hz	0,017
	bei 10^6 Hz, trocken	0,018
	bei 10^6 Hz, D 24/23	0,021
	bei $100 \cdot 10^6$ Hz	0,39

Die Hitzebeständigkeit von *Epon* 828/CL Glasfasergewebeschichtstoff bei verschieden langen Alterungszeiten bei 204° geht aus der folgenden Aufstellung hervor, die Prüfung wurde hierbei in der Wärme bei 143° vorgenommen und das Prüfstück vor der Prüfung $^1/_2$ Stunde bei dieser Temperatur gehalten. Die Zahlen sind die Mittelwerte aus 5 Proben.

Alterungszeit in Stunden bei 204°	Maximal-Biegefestigkeit bei 143° in 1000 psi	Biege-Elastizitätsmodul bei 133° in Million psi
1	61,3	2,10
4	52,3	2,24
8	53,6	2,76
100	52,3	2,82
200	51,9	2,50
300	46,8	2,81

Die chemische Beständigkeit von *Epoglas*-Schichtstoffen wurde durch Einlegen in anorganische Lösungen und organische Lösungsmittel geprüft. Eine völlige Zerstörung des Prüfstückes erfolgt bei 95%iger Schwefelsäure in 7 Tagen sowie bei 50%iger Salpetersäure. In der folgenden Aufstellung werden die Biegefestigkeiten nach 90tägigem Liegen in den angeführten Flüssigkeiten wiedergegeben.

	Gewichtsveränderung in %	Biegefestigkeit nach 90 Tagen bei 22° in 1000 psi
Kontrolle vor dem Einlegen		73
Schwefelsäure 70%ig	+ 0,15	77,5
Schwefelsäure 3%ig	+ 0,08	63
Salzsäure 37%ig	+ 0,06	54
Salzsäure 10%ig	+ 0,08	65
Salpetersäure 30%ig	+ 0,1	42
Phosphorsäure 98%ig	+ 0,06	69
Phosphorsäure 10%ig	+ 0,19	70
Essigsäure 100%ig	+ 0,15	77,5
Essigsäure 10%ig	+ 0,19	72
Oxalsäure, gesättigte H_2O-Lösung	+ 0,08	56
Natronlauge 50%ig	+ 0,08	72
Natronlauge 1%ig	+ 0,15	67,5
Kochsalzlösung 20%ig...............	+ 0,19	68
Natriumsulfatlösung 30%ig	+ 0,19	67
Aceton	+ 0,25	70,5
Äthylendichlorid	+ 0,19	69
Äthylenglykol	− 0,06	78
Hydraulische Bremsflüssigkeit	+ 0,12	73,5
Raketenbrennstoff	+ 0,07	72
Gasolin (109 Octan)	+ 0,02	69,5
Destilliertes Wasser	+ 0,19	71,5

Aus der Aufstellung geht hervor, daß teils zumeist ein nicht sehr bedeutender Abfall der Biegefestigkeit erfolgt, teils dieselbe aber auch in einzelnen Fällen zunimmt.

Über die Preise von Schichtstoffen unterschiedlicher Zusammensetzung gibt die folgende Aufstellung Aufschluß:

Art des Schichtstoffes	Preis in Dollar/lb.
Papier/Phenolharz	1
Papier/Epoxydharz	1,3
Polyesterharzschicht/Epoxydharzkupferverleimung	2,0
Glafasergewebematte/Epoxydharz	2,7
Glasfasergewebe/Melaminharz	3,0
Glasfasergewebe/Epoxydharz	3,5
Glasfasergewebe/Siliconharz	5,6
Glasfasergewebe/Teflonharz	15,0

N. N.: Parallele Glasfaserbahnen für die Herstellung von Schichtstoffen[1].

Die Verwendung von 0,2 mm starken Glasfasern, die parallel in einer Richtung liegen, ergibt Schichtstoffe mit hoher Festigkeit nur in einer Richtung. Bei allseitiger Beanspruchung des Schichtstoffes müssen die Fasern in einem Winkel von 90—120° zueinander liegen. Es wird die Herstellung von 3—12 mm starken und 1,2—1,8 m bis zu 12—18 m großen Platten, die mit 40% des Plattengewichts Epoxydharz getränkt sind, für den Verkauf vorgeschlagen. Der Verbraucher nimmt die Herstellung des Schichtstoff-Formkörpers in Spezialpressen unter Ausführung der Härtung bei 165—205° in 35—10 Minuten und einem Druck von etwa 2 kg/cm² vor. Die mittlere Zugfestigkeit der Platten beträgt 2900 kg/cm².

MORRISON, R. S.: *One Piece moulded Boat-Hull*[2]. Es wird die Herstellung eines Bootrumpfes von 3,5—5,5 m Länge aus Glasfasergewebe und einem nicht näher bezeichneten Epoxydharz in sogenannten KELLER-Formen beschrieben.

SWAKHAMER, F. S.: *Reinforced Plastic replaces Aluminium*[3]. Es wird die Herstellung von Glasfasergewebe-Schichtstoffen aus *Epon* 1001 in besonderen Formen für die Herstellung von Propellermanschetten beschrieben.

MARMION, W. L. (SHELL): *Epoxide Resin Glas Laminates*[4]. Kurze Notiz über einen am 9. Juli 1955 gehaltenen Vortrag.

N. N.: Epoxydharzglasfaser-Hochdruckbehälter[5]. Hochdruckbehälter aus Epoxydharzglasfasergewebe-Schichtstoffen, die in Größen bis zu 10 Liter herstellbar sind und Drucke bis zu 350 kg/cm² aushalten können, sind solchen aus Aluminium oder Stahl wegen ihres leichteren Gewichtes, ihrer Korrosionsfreiheit und ihrer wesentlich längeren Haltbarkeit überlegen. Sie sind z. Z. aber noch teurer als Behälter aus Metall.

---

[1] N. N: Mod. Pla., Dez. **1954**, 121—124, 233.
[2] MORRISON, R. S.: Mod. Pla., Juni **1955**, 112—114, 232.
[3] SWAKHAMER, F. S.: Aero Digest, Jan. **1955**, 2 Seiten.
[4] MARMION, W. B.: Bri. Pla., Juni **1955**, 195.
[5] N. N.: Chem. Eng. News, Febr. **1956**, 872.

JARAY, F. J.: *Glasfaserverstärkte Kunststoffe in der chemischen Industrie*[1]. Vorrecken der Glasfasern erhöht die Festigkeiten und verringert die Wasserempfindlichkeit daraus hergestellter Schichtstoffe. Vorbehandlung der Glasfasern mit Allyltrichlorsilan wird empfohlen. Die Verwendung von Epoxydharzen in Verbindung mit m-Phenylendiamin als Härter ist besonders günstig, da die sehr geringe Schrumpfung dieser Harze die Erzielung hoher Festigkeiten ermöglicht.

N. N.: Warum keine Schichtstoffe aus anderen Materialien als Glasfaser?[2] Es werden die Eigenschaften von Glasfasergeweben, Papierschichten und Geweben aus Baumwolle oder synthetischen Fasern als Verstärkungsmittel für Schichtstoffe einander gegenübergestellt. Es werden besonders die Vorzüge der synthetischen Fasern und von Papier hervorgehoben und auf Fasern aus Sisal, Hanf, Ramie und Asbest hingewiesen, welche Vorteile gegenüber den üblichen Glasfasergeweben bieten sollen.

GOLDFEIN, S.: *Glasfasern für Kunststoffe*[3]. Man erhält Schichtstoffe mit besonders guten mechanischen Eigenschaften, wenn die Glasfasern während der Verarbeitung unter Spannung gehalten werden.

O'BRIEN, F. R., S. OGLESBY u. P. C. COVINGTON: *Thermal Properties of Laminates*[4]. Es werden die allgemeinen Eigenschaften von Schichtstoffen behandelt, ohne Erwähnung der zur Herstellung angewandten Kunstharze.

N. N.: *Glass-Epoxide Propeller Spinners*[5]. Die Herstellung von Propellerköpfen aus glasfaserverstärkten Epoxydharzen wird beschrieben.

BENNET, R.: *Glasfaserverstärkte Kunststoffe*[6]. Neben Phenol-, Furan-, Silicon- und Epoxydharzen werden Polyester immer noch am häufigsten angewendet, da dieselben im Niederdruckverfahren und durch Kalthärtung verarbeitet werden können. Vergleiche der Fabrikationsverfahren, der Preise, der mechanischen Eigenschaften und Chemikalienbeständigkeit mit Einschluß der Epoxydharze.

PONEMON, W. E.: *Thin-Wall, Epoxy-Glass-Tubing*[7]. Es wird die Verwendung von dünnen, 0,12 mm starken Rohren von 12 mm lichter Weite, hergestellt aus *Epon* 828 und Glasfasergewebe, für Benzinleitungen in Flugzeugen beschrieben sowie plattenförmiges elektrisches Isolierschichtmaterial von 10 mil (= 10/1000 Zoll), welches dieselbe Wirksamkeit aufweisen soll wie 23 mil starkes Phenolharzpapierschichtmaterial.

[1] JARAY, F. J.: Werkstoffe und Korrosion, **1956**, Nr. 4, 199—204.
[2] N. N.: Chem. Ind. News, **1956**, Nr. 15, 1702—1704.
[3] GOLDFEIN, S.: Mod. Pla., Aug. **1956**, 151—165, 265—268.
[4] O'BRIEN, F. R., S. OGLESBY u. P. C. COVINGTON: Mod. Pla., Aug. **1956**, 158, 159, 162.
[5] N. N.: Bri. Pla., Juni **1956**, 250—253.
[6] BENNET, R.: British Chem. Eng. 1. **1956**, Nr. 2, 94—97.
[7] PONEMON, W. E.: Mod. Pla., Nov. **1956**, 139—142.

BISHOP, P. H.: *An Approach to the Design of Glass-reinforced Structures*[1]. Die physikalischen Eigenschaften von Glasgeweben verschiedener Art werden diskutiert.

BOGGS, H. D.: *Long-term Strengths of reinforced Epoxy-Pipe*[2].

TALBEIT, N. E.: *Reinforced Epoxy Airline-tray-carriers*[3].

SALZINGER, S. G.: Verwendung verstärkter Laminate bei höheren Temperaturen[4]. Es werden 3 Typen von Schichtstoffen miteinander verglichen:

1. Phenolharz-Schichtstoffe, sie zeigen hohe Festigkeitswerte bei nicht zu lange anhaltenden höheren Temperaturen, verbunden mit mittleren elektrischen Eigenschaften.

2. Siliconharz-Schichtstoffe, sie zeigen geringere Festigkeiten bei höheren Temperaturen, jedoch ausgezeichnete elektrische Eigenschaften auch bei anhaltenden höheren Temperaturen.

3. Epoxydharz-Schichtstoffe, sie zeigen höhere Festigkeiten als Phenolharz-Schichtstoffe, auch bei länger anhaltenden höheren Temperaturen, sowie auch bessere dielektrische Eigenschaften, die aber denjenigen der Silicon-Schichtstoffe nachstehen.

GODARD, B. E., P. A. THOMAS u. I. G. WELCH: Epoxydharz-Glasfasergewebe-Schichtstoffe[5]. Zur Herstellung von Epoxydharz-Schichtstoffen ist die Verwendung vorimprägnierter Glasfasergewebe besonders günstig. Die Imprägnierung mit dem Epoxydharz kann auf nassem oder trocknem Wege erfolgen. Das Material weist geringe Schrumpfung, große Temperatur- und Wasserbeständigkeit auf und ist leicht zu verarbeiten. In 12 Tabellen werden die technisch wichtigen Eigenschaften aufgezeigt.

ARCHIBALD, P. B.: *Epoxy parabolic mirrors*[6]. Die Herstellung von Parabolspiegeln bis zu einer Größe von 36 Zoll Duchmesser und 36 Zoll Tiefe aus glasfaserverstärkten Epoxydharzen wird beschrieben. Die äußerst glatte Harzoberfläche wird durch Platieren zur spiegelnden Fläche, ohne daß Polieren erforderlich ist.

Die Herstellung von glasfaserverstärkten Epoxydharzrohren beschreibt die FIBERCAST CORP.[7]. Die bisherige Arbeitsweise, Glasfasermatten, die um einen Kern gewickelt sind, mit Epoxydharz-Vorprodukten zu imprägnieren und anschließend zu härten, wird hier durch ein Verfahren ersetzt, bei dem ein in 1—4 Lagen geflochtener Glasfaserschlauch nach der Imprägnierung abgeschleudert und dann gehärtet wird. Durch diese Arbeitsweise wird ein besseres und gleichmäßigeres Rohr erhalten, als dies nach den bisherigen Verfahren der Fall war.

Die Behandlung und die Prüfung von Glasfasern, die für Schichtstoffe, die mit Kunstharzen gebunden werden, Verwendung finden sollen, wird in den folgenden Aufsätzen diskutiert:

---

[1] BISHOP, P. H.: British Pla., Nov. **1956**, 415.
[2] BOGGS, H. D.: Plastics Technology, Juli **1956**, 459—462.
[3] TALBEIT, N. E.: Plastics Technology, Febr. **1956**, 101—104.
[4] SALZINGER, S. G.: SPE J. 13, **1957**, (5) 42—46.
[5] GODARD, B. E., P. A. THOMAS u. I. G. WELCH: SPE J. 13, **1957**, 26—31.
[6] ARCHIBALD, P. B.: Mod. Pla., Aug. **1957**, 116—117.
[7] FIBERCAST CORP.: Chem. Eng. News, 35, **1957**, Nr. 7, 122, 123 u. 152.

Donaldson, A. L., u. R. B. Velleu: Formgebung und Verarbeitung richtungsverstärkter Kunststoffe[1]. Es wird das Prinzip der Verstärkerwirkung durch Einlagern der Fasern in orientierter Form behandelt, wobei eine so erzielte „selektive Verstärkung" schon mit relativ geringen Dimensionen optimale Festigkeiten ergeben kann. Zum Beispiel Verwendung für Luftschraubenflügel, Druckgefäße oder elastische Federn.

Meyer, O.: Bedeutung der Glaszusammensetzung für Glasfaserverstärkungen in Schichtstoffen[2]. Glasfasern weisen in Form von Stapelfasern die beste Festigkeit auf, wenn sie aus alkalifreier Glasseide, dem sogenannten E-Glas, bestehen. Fasern aus alkalihaltigem Glas haben eine wesentlich geringere Festigkeit. Es wird ein Überblick über die Einzelerzeugnisse wie Glasseidenstränge (Rovings), Glasmatten und Glasgewebe anderer Art gegeben.

Hagen, H.: Verhalten von Glasfaserschichtstoffen bei höheren Temperaturen[3]. Schichtstoffe mit Glasfasereinlage, die mit Polyestern Triallylcyanurat, Phenol-Silicon- und Epoxydharzen verbunden sind, werden bei 200—400°, auch in Gegenwart von Feuchtigkeit geprüft und Versuche zur Verbesserung der Wärmebeständigkeit, z. B. durch Bestrahlung ausgeführt.

Stierli, R.: Eigenschaften von Epoxydharz-Glasfaser-Schichtstoffen[4]. Die Abhängigkeit von der Art der Glasfaserverstärkung, der Einfluß von Feuchtigkeit auf die mechanischen Eigenschaften, das Verhalten unter statischer Belastung wird untersucht und die Geeignetheit für die Elektroindustrie, für Fahrzeugbau sowie für Werkzeuge, Formen und Lehren diskutiert.

Boller, K. H.: Ermüdungserscheinungen an glasfaserverstärkten Formteilen[5]. Es werden glasfaserverstärkte Schichtstoffe, deren Bindung mit *Epon* X-12 100, Polyesterharz PCL-7-669, Phenolharz BT-17085 und Siliconharz DC-2106 erfolgt war, in bezug auf ihre Dauerfestigkeit untersucht und miteinander verglichen. In zahlreichen Diagrammen wird gezeigt, daß in allen Fällen die Spannungsanhäufung die Dauerfestigkeit herabsetzt, wobei durch das Bindematerial bedingte Unterschiede auftreten, jedoch spielt das Verstärkungsmaterial selbst und die Feuchtigkeit nur eine sehr untergeordnete Rolle.

Schrade, J., u. R. Schmidt: Qualitative Analyse der auf Schichtstoff-Glasfasergewebe aufgebrachten Schlichte. (Kunst. Plast. 1957, S. 144—147.)

Firmenschriften der Ciba-AG.

Provisorische Arbeitsvorschrift für *Araldit*-Laminierharz 553 vom Febr. 1953, 3 Seiten.

---

[1] Donaldson, A. L., u. R. B. Velleu: Mod. Pla., **1957**, Nr. 2, 133—135.

[2] Meyer, O.: Kunst. **1957**, Nr. 8, 455—467.

[3] Hagen, H.: Kunst. **1957**, Nr. 9, 536—539.

[4] Stierli, R.: Kunst. **1957**, Nr. 8, 463—468.

[5] Boller, K. H.: Mod. Pla. **1957**, 34, Nr. 10, 163—293.

Provisorische Arbeitsvorschrift für *Araldit*-Laminierharz 555 vom Febr. 1953, 5 Seiten.

Araldit-Laminierharz 553, 1955, 12 Seiten.

Es werden die mechanischen Eigenschaften von Schichtstoffen, die aus 12 Lagen Glasgewebe Type ECC-181 ohne Vorbehandlung mit einem 20—45%igen Gehalt an *Araldit* 553 bestehen und mit 10% Härter 553 bei 100° in 30 Minuten und bei 10 kg/cm² Druck gehärtet werden, beschrieben.

Die Prüfwerte gehen aus folgender Aufstellung hervor:

Spezifisches Gewicht	nach VSM 77109 in g/cm³	1,6—2,1
Schlagbiegefestigkeit	nach VSM 77105 in cmkg/cm²	über 100
Biegefestigkeit	nach VSM 77103 in kg/mm²	30—55
Zugfestigkeit	nach VSM 77101 in kg/mm²	40—50
Elastizitätsmodul	nach VSM 77111 in kg/mm²	2000—5000
Druckfestigkeit	nach VSM 77102 in kg/mm²	45—60
Wärmebeständigkeit	nach VSM Martens °C	60—90
Zersetzungstemperatur ...	nach VSM 77113 °C	285—290
Linearer Wärmeausdehnungskoeffizient	Spezialprüfung mm/mm °C	$10 \cdot 10^{-6}$ bis $30 \cdot 10^{-6}$

Wasseraufnahme bei
4 tägigem Wässern bei 20°, Stäbe von $60 \times 10 \times 4$ mm in % 0,1—1,0

Firmenschriften der Shell Chemical Corp.

Technical Bulletin T B 105: Epikote-Resins for Laminating (Juni 1952, 10 Seiten). — Unter Verwendung des viscosen *Epon* 834 oder des dünnflüssigen *Epon* 828 und des Glasfasergewebes Typ ECC-181-114 werden mit verschiedenen Aminhärtern, welche individuelle Temperaturen, Zeiten und Druck erfordern, Schichtstoffe mit den in der Tabelle angeführten mechanischen Werten erzielt, wobei die für die Härter eingesetzten Zahlen bedeuten:

1. 2,3,5-Tri-(dimethylaminomethyl)-phenol,
2. Diäthylentriamin,
3. Dimethylaminopropylamin,
4. Dimethylaminomethylphenol,
5. Diäthylaminopropylamin,
6. Benzyldimethylamin,
7. Piperidin,
8. Diäthylamin,
9. Pyridin,
10. Dicyandiamid.

Härter		Bearbeitbar bei 20°	Harz	Härtung		Biegefestigkeit			Wasserabsorption bei 20° in 30 Tagen
Nr.	%		%	Zeit Min.	Temp. °C	Maxim. psi	Modul psi 10^6	Streck-psi bei 0,2% Verschiebung	%
1	6	29 Min.	31	60	80	63400	3,2	63400	0,9
2	8	53 Min.	29	30	115	69000	2,8	69000	0,6
3	6	55 Min.	31	60	80	63900	3,0	63900	0,8
4	16	60 Min.	32	60	80	67100	3,4	62500	1,5
5	6	210 Min.	29	60	115	64000	3,1	63800	0,8
6	6	229 Min.	29	60	80	66700	3,3	66700	0,9
7	6	6—7 Std.	33	180	80	68300	3,2	64300	0,2
7	6	6—7 Std.	29	60	115	61000	3,0	55700	—
8	12	6—7 Std.	29	150	115	64000	3,2	62000	1,0
9	15	30 Min.	32	120	80	71000	3,2	63300	0,7
10	6	24 Std.	25	35	165	69000	—	—	—

Bei den hier angeführten Versuchen wurde ein einheitlicher Druck von 1,75 kg/cm² innegehalten. Daß der Druck eine große Rolle spielt, so daß selbst bei nur 21% Harzgehalt besonders hohe mechanische Werte erzielbar sind, zeigt die folgende Aufstellung.

Druck bei der Härtung in kg/cm²	Harzgehalt %	Maximale Biegefestigkeit	
		in psi	in kg/cm²
0,21	34	38000	2730
1,75	32	63000	4410
14,0	21	78000	5460

Die Verwendung von festen *Epon*-Harzen, z. B. *Epon* 1001, läßt sich nur unter Zuhilfenahme von Lösungsmittel durchführen. Als Härter ist Dicyandiamid besonders geeignet, da diese Verbindung bei gewöhnlicher Temperatur nur sehr langsame Härtung auslöst, und daher die mit der Harzlösung getränkten, auf 25—30% festen Harzgehalt abgequetschten Glasfasergewebematten Zeit zum Trocknen haben, ohne Eintritt einer merkbaren Härtung. Je nach der Stärke des herzustellenden Schichtstoffes werden mehr oder weniger dieser getränkten Matten in geheizten Pressen bei gelindem Druck (zumeist 1,75 kg/cm² = 25 psi) verpreßt. Die Härtungszeit und -temperatur sind von der Schichtdicke abhängig, und zwar werden Schichten von 3 mm Stärke bei 165° in 30 Minuten gehärtet und von 12,5 mm Stärke bei 165° in 90—120 Minuten.

Damit bei der ausgezeichneten Haftfähigkeit der Epoxydharze der gepreßte Schichtstoff nicht an der Form haftet, werden *Form-Ablösungsmittel* benötigt. Als solche sind geeignet: *Teflon, Fluon, Kel-F*, Carnaubawachs, Celluloseacetat und Siliconlacke. Letztere sind wohl teurer als die übrigen Mittel, sie haben aber bei sinngemäßer Behandlung sehr lange Lebensdauer.

Der Einfluß der Vorbehandlung des Glasfasergewebes mit sogenannten „Schlichten" auf die mechanischen Eigenschaften des fertigen Schichtstoffes in Verbindung mit seiner Wasserfestigkeit geht aus folgenden Zahlen hervor:

Behandlung mit	Biegefestigkeit in psi	
	zu Beginn	nach 30 Tagen Wässern
Hitze (= Schlichte 112)	66800	61200
Methacrylchromchlorid (= Schlichte 114)	74800	62000
Bjökrsten-Schlichte (Versuchsprodukt)	81900	76500

Man sieht, daß die Vorbehandlung in jedem Falle die Eigenschaften verbessert, auch die Hitzeeinwirkung erhöht schon die Werte gegenüber dem unbehandelten Material, für welches leider die Vergleichswerte nicht angegeben sind.

Nach dem Lösungsmittelverfahren werden mit den festen *Epon*-Harzen 1001 und 1004, 6% Dicyandiamid und Glasfasergewebematten vom Typ ECC-181-114 die folgenden Werte erhalten, die sich nicht wesentlich von denjenigen unterscheiden, die bei der Direktbehandlung mit flüssigen Epoxydharzen erzielt werden.

```
Biegefestigkeit in psi ......................  70000—80000
Biege-Elastizitätsmodul in psi .............  3 · 10⁶
Streckgrenze bei 0,2% Versetzung in psi ...... 60000—70000
Druckfestigkeit in psi ....................  55000—60000
```

Unterschiedlicher Harzgehalt führt zu folgenden Werten:

Harzgehalt %	Maximal-Biegefestigkeit in psi	Maximal-Druckfestigkeit in psi
18	49000	31000
26	78000	56000
30	76000	54000 (mit 33% Harz)
37	67000	57000

Shell Propagandablatt: *New Horizons for Epon Resins*. (Sept. 1954, illustriert, 20 Seiten.) Beschreibt die Verwendung von *Epon*-Harzen zur Herstellung von Platten aus Schichtmaterial für die Konstruktion elektrischer Geräte.

Technical Bulletin SC 54-71: Epon Resins for Laminating (Dez. 1954, 6 Seiten) ist im wesentlichen eine Wiederholung vom TB 105 vom Juni 1952 unter Anführung derselben Tabellen. Das einzige Neue ist Erwähnung des neuen „Härters D", vermutlich ein Amin-Epoxydharz-Vorkondensat mit hohem Amingehalt. Wegen des Verdünnungszustandes dieses Härters sind mehr als die doppelten Mengen der in der Tabelle angegebenen Härter 1, 3, 5, 6, 7 und 10 erforderlich.

Technical Bulletin SC 54-10: Curing Agent CL in Casting and Laminating (Dez. 1954, 10 Seiten). Härter CL (m-Phenylendiamin) wirkt bei gewöhnlicher Temperatur sehr langsam, erfordert 12—16 Stunden, so daß mit diesem Härter auch feste in Lösung befindliche Epoxydharze verarbeitet werden können, ohne daß beim Abtreiben der Lösungsmittel eine wesentliche Härtung vor sich geht. Da die Eigenschaften des mit diesem Härter bei gewöhnlicher Temperatur gehärteten Schichtmaterials zumeist nicht genügen, wird eine Nachhärtung bei erhöhter Temperatur vorgenommen, welche die Eigenschaften wesentlich verbessert. Diese Nachhärtung wird zweckmäßig erst dann vorgenommen, wenn nach etwa 16 Stunden bei Raumtemperatur die Vorhärtung einen gewissen Abschluß gefunden hat, wodurch, besonders bei dickeren Schichten, eine exotherme Wärmeballung vermieden wird, ebenso wie Verluste durch verdampfenden Härter. Die Nachhärtung zeigt je nach Art ihrer Durchführung verschieden hohe Wirksamkeit, die sich besonders in der Verbesserung der chemischen Beständigkeiten ausdrückt. Dies ist aus der folgenden Aufstellung ersichtlich, welche die Werte für 3 mm *Epon* 828 Glasfasergewebe ECC-181-114, 12lagig, mittels Härter CL zu Schichtmaterial gepreßt, wiedergibt:

Härtung			BARCOL-Härte			Gewichtszunahme %	
Temp. °C	Zeit Min.	Druck kg/cm²	zu Beginn	3 Std. in sied. Aceton	3 Std. in sied. Wasser	3 Std in sied. Aceton	3 Std in sied. Wasser
107	30	14	70	40	70	2,8	0,25
143	15	14	70	70	70	0,12	0,17
174	15	14	70	68	68	0,09	0,18

Zu Beginn		Nach 3 Std. sied. Aceton		Nach 3 Std. sied. Wasser	
Biegefestigkeit psi × 10³	Biegemodul psi × 10⁶	Biegefestigkeit psi × 10³	Biegemodul psi × 10⁶	Biegefestigkeit psi × 10³	Biegemodul psi × 10⁶
79,5	3,4	59,4	1,8	69,1	3,8
86,5	4,0	82,1	4,0	72,1	3,4
80,5	3,5	78,7	3,1	76,3	3,3

Der Einfluß des bei der Nachhärtung ausgeübten Druckes auf die Hitze-Biegefestigkeit des erzeugten Schichtmaterials geht aus der folgenden Tabelle hervor, welche anzeigt, daß die besten Werte bei 1 stündigem Härten bei 204° und 14 kg/cm² Druck erhalten werden.

Härtung			Biegefestigkeit						Druckfestigkeit bei 20° in psi
kg/cm²	Zeit Min.	Temp. °C	bei 20—22°		bei 150°		bei 260°		
			Maximal in psi	E-Modul psi × 10⁶	Maximal in psi	E-Modul psi × 10⁶	Maximal in psi	E-Modul psi × 10⁶	
14	15	150	75 300	3,2	18 500	1,4	8 800	1,3	—
14	60	204	72 300	3,0	56 900	3,2	11 100	1,6	—
1,75	15	150	74 200	3,2	18 100	1,5	6 200	1,3	54 700
1,75	60	204	68 700	2,8	26 300	1,8	7 000	1,2	59 160

Bei dem Vergleich der mechanischen Eigenschaften von verschieden lang bei 204° gehärteten Schichtstoffen zeigt sich, daß der Zeitraum von 1 Stunde die besten Biegefestigkeiten ergibt, ein Wert, der bei 4 stündiger Härtung um etwa 15% abfällt, dann bis zu 100 Stunden kaum abnimmt, um nach 200—300 Stunden langsam weiter abzunehmen, was die folgende Tabelle anzeigt.

Härtungszeit bei 240° in Stunden	Biegefestigkeit bei 143° (Mittel von 5 Proben)	
	Maximal in psi	Elastizitätsmodul in psi × 10⁶
1	61 266	2,10
4	52 300	2,24
8	53 580	2,76
100	52 280	2,82
200	51 900	2,50
300	46 766	2,81

Von Interesse ist die chemische Beständigkeit von 3 mm starken Schichtstoffen aus *Epon* 828 mit 35% Harzgehalt, gehärtet durch 15% Zusatz von m-Phenylendiamin in 15 Minuten bei 150°, anschließend 1 Stunde bei 204° bei 14 kg/cm² Druck. Vor der Einwirkung von Lösungen oder Lösungsmittel ergaben Kontrollen der 100 × 12,5 × 0,3 cm großen Schichtstoffabschnitte als Mittelwerte mehrerer Proben die folgenden:

$$\text{Maximale Biegefestigkeit} \ldots\ldots\ 73\,350 \text{ psi}$$
$$\text{Biege-Elastizitätsmodul} \ldots\ldots\ 3,33 \cdot 10^6 \text{ psi}$$

während nach der Einwirkung die in der folgenden Tabelle aufgezeigten Werte erhalten werden:

Lösungen oder Lösungsmittel	% Gewichtsveränderung nach Tagen			Biegefestigkeit nach 90 Tagen in psi	Biege-E-Modul nach 90 Tagen psi × 10⁶
	7	30	90		
Schwefelsäure 70%	+ 0,11	+ 0,20	+ 0,26	73 150	3,03
Schwefelsäure 3%	+ 0,02	− 0,09	− 0,45	63 550	2,84
Salzsäure 37%	+ 0,01	− 0,21	− 0,89	54 700	2,57
Salzsäure 10%	+ 0,04	+ 0,00	− 0,09	65 000	2,89
Salpetersäure 30%	+ 0,05	− 0,21	− 1,73	41 950	1,92
Phosphorsäure 98%	+ 0,01	+ 0,10	+ 0,34	69 550	2,75
Phosphorsäure 10%	+ 0,15	+ 0,27	+ 0,40	70 000	3,11
Essigsäure 100°	+ 0,12	+ 0,34	+ 0,41	77 000	3,31
Essigsäure 10%	+ 0,15	+ 0,29	+ 0,41	71 000	3,14
Oxalsäure, gesättigte H₂O-Lösung	+ 0,05	+ 0,24	+ 0,76	55 400	2,38
Natronlauge 50%	+ 0,01	− 0,23	− 0,75	71 900	2,25
Natronlauge 1%	+ 0,12	+ 0,17	+ 0,24	67 300	3,18
Kochsalz, 20%ige H₂O-Lösung	+ 0,13	+ 0,24	+ 0,38	67 950	3,20
Natriumsulfat, 30%ige Lösung	+ 0,12	+ 0,24	+ 0,41	66 950	2,95
Ätzlösung Na-dichromat/H₂SO₄	− 0,17	− 0,96	− 2,79	51 750	2,46
CuSO₄/H₂SO₄/H₂O-Galv. Lösung	+ 0,04	− 0,04	− 0,17	63 300	3,08
Aceton	+ 0,29	+ 0,33	+ 0,52	70 250	2,84
Äthylacetat	+ 0,26	+ 0,45	wurde nicht bestimmt		
Äthylendichlorid	+ 0,13	+ 0,35	+ 0,57	69 350	2,81
Äthylenglykol	− 0,04	− 0,03	− 0,03	77 750	3,28
Butyl-Cellosolve	− 0,04	− 0,02	− 0,01	73 100	2,94
Methyl-Carbitol	+ 0,09	+ 0,25	+ 0,43	78 250	3,19
Hydraulische Bremsflüssigkeit	+ 0,09	+ 0,18	+ 0,30	73 400	3,11
Raketenbrennstoff	+ 0,02	+ 0,08	+ 0,15	71 850	3,25
Gasolin, 109 Octan	+ 0,01	+ 0,07	+ 0,13	69 900	3,04
Wasserstoffperoxyd 30%	+ 3,00	Probe wurde weitgehend zerstört			
Destilliertes Wasser	+ 0,17	+ 0,31	+ 0,99	70 450	3,00

Technical Bulletin TB 55-14: Experimental Epon Resin Curing Agent U (Febr. 1955, 1 Seite). Härter U ist ein modifizierter Aminhärter in flüssiger Form, von dem 16,6—20% *Epon* 828 zur Härtung zugesetzt

werden. Ein damit hergestellter 3 mm starker Glasfasergewebeschichtstoff ergibt die Werte:

Biegefestigkeit .... 67000 psi
Biege-Elastizitätsmodul .... $2{,}75 \cdot 10^6$ psi

Ein etwa $^1/_2$ kg Ansatz mit 20% Härter U bleibt bei Raumtemperatur
20—25 Minuten in flüssiger Form verarbeitbar.

Technical Bulletin SC 55-22 R: Experimental Curing Agent Z
(März 1955, 3 Seiten). Härter Z ist für die Herstellung von Glasfaser-
gewebeschichtstoffen besonders geeignet, ist dünnflüssig und kann
mit *Epon* 828 schon bei gewöhnlicher Temperatur leicht vermischt
werden. Es werden 16—20% für die Härtung zugesetzt und bedingt
besonders hohe Wärmebeständigkeiten damit hergestellter Schichtstoffe. Die mechanischen Werte, die bei Verwendung von 181-*Volan-A-*
Glasgewebe nach den beiden beschriebenen Verfahren erzielt werden,
sind aus der folgenden Tabelle ersichtlich.

Verfahren 1: Vakuum-Sack-Verfahren, wobei die Verarbeitung
bei 50° und 725 mm Druck und die Härtung bei 85° in $1^1/_2$ Stunden
mit Nachhärtung von 2 Stunden bei 150° erfolgt. Harzgehalt 31,5%.

Verfahren 2: Lösungsmittelverfahren, wobei das Glasgewebe mit
einer 60%igen Acetonlösung eines festen *Epon*-Harzes imprägniert,
auf 27% Harzgehalt abgequetscht und 30 Minuten bei 90° getrocknet
wird. Die Härtung erfolgt unter einem Druck von 14 kg/cm², und zwar:
3 Minuten bei 143°, anschließend 2 Stunden bei 150°.

	Verfahren 1	Verfahren 2
Maximalbiegefestigkeit bei 25°, psi	83000	100000
Biege-Elastizitätsmodul bei 25° in 10^6 psi ...	3,2	3,7
Maximalbiegefestigkeit bei 121°, psi	63700	68600
Biege-E-Modul bei 121° in 10^6 psi	2,9	3,4

Technical Bulletin SC 55-26: Epon Resins for structural Uses
(April 1955, 6 Seiten). Für Schichtstoffe aus *Epon*-Harzen werden
8 Härter als geeignet angegeben:

1. Diäthylentriamin (DTA): für schnelle Härtung bei gewöhnlicher
Temperatur.

2. Diäthylaminopropylamin (Härter A): ergibt bei der Härtung
bei 82—93° bessere Eigenschaften als 1.

3. Härter D: härtet schnell bei 52° und liefert Schichtstoffe von
besonders hochwertigen mechanischen und elektrischen Eigenschaften.

4. Piperidin: liefert niedrig-viscose Vergußmassen, härtet langsamer als 3.

5. m-Phenylendiamin (Härter CL): bewirkt besonders gute chemische Beständigkeiten und mechanische Eigenschaften.

6. Dicyandiamid: ist wegen seiner langsamen Härtung bei gewöhnlicher Temperatur für das Lösungsmittelverfahren mit festen *Epon*-Harzen geeignet, Härtung zweckmäßig bei 165°.

7. Härter U: härtet bei gewöhnlicher Temperatur und liefert Schichtstoffe mit ausgezeichneten Eigenschaften. Die Verarbeitung ist einwandfreier als mit reinen Aminen.

8 Härter Z: liefert Schichtstoffe von besonders hoher Wärmebeständigkeit, guten elektrischen Eigenschaften, selbst bei sehr feuchter Luft und von ausgezeichneten chemischen Beständigkeiten.

Technical Bulletin SC 55-15 R: Epon Resins for Glass-Cloth Laminating (Mai 1955, 2 Seiten). Gibt unwesentliche Ergänzungen zu den vorhergehenden Bulletins.

Technical Bulletin SC 55-36: Preliminary Data Sheet Epon Curing Agent BF$_3$-400 (Juni 1955, 3 Seiten). Härter BF$_3$-400 ist ein festes Bortrifluorid-Amin-Addukt, von dem etwa 3% als Zusatz zu *Epon* 828 benötigt werden. Komplexe dieser Art geben den damit hergestellten Harzmischungen eine besonders lange Lebensdauer: bei flüssigen Kompositionen beginnt die Viscosität erst nach etwa 2 Wochen, langsam an zu steigen, so daß die Verarbeitung noch nach mehreren Monaten erfolgen kann. Die Härtung von mit *Epon* 828/BF$_3$-400 behandeltem Glasfasergewebe zum Schichtstoff wird 30 Minuten bei 120° und anschließend 90 Minuten bei 160° unter 3,5 kg/cm² Druck vorgenommen, wobei erhalten wird:

> Biegefestigkeit bei 25° von .... 68 000 psi und ein
> Biege-Elastizitätsmodul bei 25° von 2,9 · 10⁶ psi.

Als neue Formablösungsmittel werden eine 5%ige wäßrige Methylcelluloselösung, das sogenannte *Mylar* sowie *Garan* 225 der Garan Chemical Division (Los Angeles) empfohlen.

Shell Journal Polymer Progress vom Okt. 1955 enthält Aufsätze über die Bestimmung der erfolgten Härtung, Mitteilungen über die neuen Härter Z, BF$_3$-400 und C-111 sowie einen 6seitigen Aufsatz über den Einfluß von Wasser auf *Epon*-Glasfasergewebeschichtstoffe. Es wird der zerstörende Einfluß von warmem Wasser auf Schichtstoffe aller Art bestätigt, ohne daß eine Erklärung dafür gegeben werden kann. Es wird der vagen Vermutung Ausdruck gegeben, daß das Wasser eine physikalische Änderung der Struktur des Harzes bewirkt, z. B. als Plastifizierungsmittel oder intramolekulares Schmiermittel für die Bewegung der großen Harzmoleküle dienen könnte.

Firmenschriften der Furane Plastics Inc.

Unter Verwendung der *Epolam*-Typen (Epoxydharze für Laminate), *Epocast* 2, 2 A, 2 B, 2 D, 4 B 2, 502 und 10, der Härter HN-951, HN-943, HN-941 und HN-843 C in Verbindung mit dem weitmaschigen Glasfasergewebe, Type 1500 werden Schichtstoffe mit den folgenden mechanischen Eigenschaften erhalten:

EPOCAST-Typen	Type 2 + 10 % HN 951	Type 2 A + 10 % HN 951	Type 2 A + 20 % HN 943
Gelierungszeit in Min. Probe von 100 g ..	26	21	20
Probe von 450 g ..	23	19	18
Nach 24 Std. bei 22—25°			
Biegefestigkeit in psi	30000	29700	29400
Biege-Elastizitätsmodul in psi $\times 10^6$	1,5	1,7	1,7
Nach 24 Std. bei 22—25° + 1 Std. bei 93°			
Biegefestigkeit in psi	31400	30000	30700
Biege-Elastizitätsmodul in psi $\times 10^6$....	1,52	1,75	1,75
BARCOL-Härte	80—85	85—90	85—92
H_2O-Aufnahme bei 24 Std. Wässerung			
bei 22—25°, in %	0,15	0,18	0,90
Biegefestigkeit nach 24 Std. Wässerung			
bei 22—25°, in psi	29100	—	26600
Spezifisches Gewicht	1,49	1,62	1,59
Lineare Ausdehnung in in./ft./in.			
bei 5—21%	$2{,}2 \cdot 10^{-5}$	—	$2{,}1 \cdot 10^{-5}$
bei 21—50°	$2{,}2 \cdot 10^{-5}$	—	$1{,}9 \cdot 10^{-5}$
Mechanische Bearbeitbarkeit	gut	gut	gut

Firmenschriften der Applied Plastics Co.

Unter Verwendung eines niedrig-viscosen Epoxydharzvorproduktes, z. B. *Bakelit* ERL 2795, *Epon* 815 oder *Applied Plastics* 210, mit dem Härter H-180 in Verbindung mit 14lagigem Glasfasergewebe 181-*Volan A* werden Schichtstoffe mit den folgenden Eigenschaften erzielt:

	Härtung	
	10 Tage 22°	8 Std. 150°
Biegefestigkeit in psi, geprüft bei 25°	54000	62000
geprüft bei 54°	12000	48000
nach 2 Std. in sied. H_2O	45000	55000
Biege-Elastizitätsmodul in psi $\times 10^6$		
geprüft bei 25°	2,3	3,54
geprüft bei 54°	0,53	2,49
nach 2 Std. in sied. H_2O	2,2	2,7
Zugfestigkeit in psi	42000	45000
Zugmodul in psi $\times 10^6$	2,1	2,8
Kantendruckfestigkeit in psi	39000	45000
Haftungs-Scherfestigkeit in psi.............	2360	3100
Barcol-Härte	58	70
Schlagfestigkeit (Izod) in ft./lb./in. notch	12	10

Die Verwendung von Härter H-320 empfiehlt sich in Verbindung mit den höhermolekularen Epoxydharzvorprodukten: *Araldit* 6020, *Bakelit* ERL-2774, 3794, *Applied Plastics* 410, 420, 425, *Epon* 820 und *Jones-Dabney* 510. Dieser Härter liefert Schichtstoffe von besonders hoher Wärmefestigkeit, seine Mischungen mit den Epoxydharzvorprodukten haben eine relativ lange Lebensdauer, härten aber in der Wärme schnell.

Type 2 B + 8 % HN 951	Type 2 D + 20 % HN 941	Type 4 B 2 + 8 % HN 951	Type 502 + 10 % HN 951	Type 502 + 20 % HN 941	Type 10 + 16 % HN 843 C	Type 10 + 12 % HN 951
60	36	29	45	25	160	31
45	32	24	38	22	108	28
27800	27300	30000	28600	30000	—	29400
1,5	1,64	1,8	1,6	1,61	—	1,67
28000	30400	32000	30800	30200	28400	30700
1,76	1,74	1,84	1,75	1,62	1,46	1,74
85—90	88—90	88—90	83—88	80—87	85—90	85—90
0,18	0,19	0,13	0,12	0,17	0,17	0,24
—	29200	27200	29700	—	—	—
1,69	1,53	1,64	1,50	1,45	1,50	1,59
—	$2,0 \cdot 10^{-5}$	$2,1 \cdot 10^{-5}$	$2,1 \cdot 10^{-5}$	—	—	—
—	$1,8 \cdot 10^{-5}$	$1,9 \cdot 10^{-5}$	$2,1 \cdot 10^{-5}$	—	—	—
gut	gut	gut	gut	gut	gut	gut

London Symposium Epoxyde Resins (April 1956). (Vorträge Schichtstoffe betreffend.) ALLEN, F. J., u. W. M. HUNTER der BAKELITE LTD.: *Some Characteristics of Epoxide Resin Systems.* Es werden Kompositionen von polymeren Bisphenol-A-Glycidyläthern mit Novolaken oder Resolen angegeben, die mit verschiedenartigen Zusätzen gehärtet werden und als Material für die Herstellung von Schichtstoffen dienen können. Kompositionen dieser Art sind auch für Gießharze verwendbar und ihre charakteristischen mechanischen Prüfergebnisse sind bereits in dem Abschnitt „Gießharze" angeführt.

BROOKFIELD, K. J.: *Some Aspects of the Use of Glass Fibres for the Reinforcement of Epoxy Resins.* Bei der Herstellung von Schichtstoffen mittels Phenolharzen oder Polyestern mit Glasfasergeweben ist die Vorbehandlung der letzteren mit Haftmitteln sehr zu empfehlen. Besonders günstig haben sich für diesen Zweck Methacrylchromchlorid

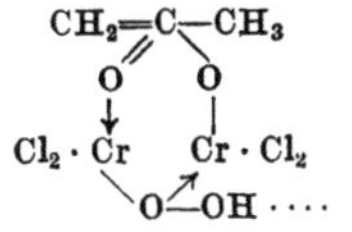

$$CH_2{=}C{-}CH_3$$
$$Cl_2 \cdot Cr \qquad Cr \cdot Cl_2$$
$$O{-}OH \cdots$$

und Vinyltrichlorsilan

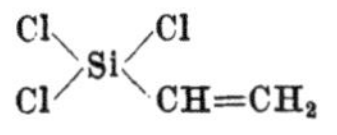

$$Cl_3Si{-}CH{=}CH_2$$

erwiesen.

Bei der Verwendung von reinen Phenolharzen ist bei der Härtung ein derart hoher Druck erforderlich, daß die Glasfasern zerquetscht werden und keine Festigkeit mehr verleihen können.

Polyester benötigen zwar nur einen niedrigen Druck, der die Fasern nicht angreift, jedoch befriedigen die Festigkeiten und die chemischen Beständigkeiten daraus hergestellter Schichtstoffe in manchen Fällen nicht.

Die Verwendung von Epoxydharzvorprodukten hat vor allen anderen Harzen den Vorteil, daß die Glasfasern (angeblich!) keiner Vorbehandlung bedürfen, trotzdem feste Haftung gewährleisten und sogar höhere Festigkeitswerte erzielt werden als mit anderen Harzen in Verbindung mit vorbehandelten Glasfasern. Auch die chemischen Beständigkeiten sind mit Epoxydharzschichtstoffen wesentlich höher als die mit anderen Harzen erzielten.

Die UNION CARBIDE & CARBON CORP.[1] hat ein neues Verfahren zum Vorbehandeln von Glasfasern beschrieben, das die Haftfähigkeit von Epoxydharzvorprodukten wie auch von Polyurethanen und Aldehydharzen wesentlich erhöht. Die Glasfasern werden mit wäßrigen oder alkoholischen Lösungen von Alkoxysilylaminen (hergestellt nach Belg. P. 544556) der allgemeinen Formel

$$H_x N - \left[CH_2 - \underset{\underset{R_y}{|}}{Si} - (OR)_{3-y} \right]_{3-x}$$

oder

$$H_x N - \left[CH_2 \cdot CH_2 \cdot CH_2 - \underset{\underset{R_y}{|}}{Si} - (OR)_{3-y} \right]_{3-x}$$

wobei $R = $ Alkyl, $R' = H$, Alkyl, Aryl, $y = 0$ oder 1, $x = 0-2$ bedeuten.

Die Verwendung von Alkoxysilylaminen, z. B. Methoxysilylpropylamin, hat den Zweck, feste Bindungen mit solchen härtbaren Harzen einzugehen, die mit der Amingruppe zu reagieren vermögen, wie dies insbesondere mit Epoxydharzvorprodukten der Fall ist.

Stabilisierungsmittel

Für halogenhaltige Kunststoffe, gegen abgespaltenen Halogenwasserstoff

Halogenhaltige Polymerisate, z. B. Polyvinylchlorid, Polyvinylidenchlorid und Mischpolymerisate derselben, Chlorkautschuk, Polychlorstearinsäureester u. dgl. m., die wegen ihrer ausgezeichneten mechanischen Eigenschaften für viele Verwendungszwecke eingesetzt werden, haben den Nachteil, daß sie sich im Licht oder in der Wärme braun färben und an Elastizität einbüßen. Diese Erscheinung ist im wesentlichen auf im Polymerisat noch befindliche Anteile von Monomeren, insbesondere solchen, die noch Reste anderer Halogenverbindungen enthalten, zurückzuführen.

Durch intensive Behandlung des Polymerisates im zerkleinerten Zustande mit solchen Lösungsmitteln, die das Monomer lösen, das Polymerisat aber nicht angreifen, lassen sich die störenden Beimengungen weitgehend entfernen, so daß eine erhebliche Verbesserung der Licht- und Wärmestabilität erzielt wird. Dieselbe ist jedoch nie 100%ig und bietet keine Gewähr für unter Umständen allmählich fortschreitende Verschlechterung der Stabilität.

---

[1] Belg. P. 544555, 18. 1. 1956; US-Pri. 21. 1. 55.

Die vor sich gehende spurenweise Zersetzung, welche die Verfärbung bewirkt, beruht auf Abspaltung von freiem Halogenwasserstoff bei den zumeist vorliegenden Chlorprodukten von Chlorwasserstoff.

Die meisten Erfahrungen zur Stabilisierung von instabilen chlorhaltigen Polymeren liegen für das Polyvinylchlorid und seine Mischpolymeren vor, entsprechend dem vielseitigen Einsatz dieses vorzüglichen Kunststoffes.

Die Stabilität gegen den zersetzenden Einfluß des Lichtes kann durch Zusatz von 1—10% von Stoffen, die das Licht in Wellenlängen bis über 3200 Å zu absorbieren vermögen, z. B. durch Ester von aromatischen Carbonsäuren, insbesondere von Salicylsäure oder Salze substituierter Salicylsäuren, wie 4-tert.-Butylphenylsalicylat, erreicht werden.

Die Wärmestabilisierung ist nur durch Substanzen möglich, die Chlorwasserstoff aufzunehmen vermögen, z. B. durch die für die Stabilisierung von Nitrocellulose (HNO_3-Abspaltung!) schon seit mehr als 40 Jahren als *Centralite* bekannten tetrasubstituierten Harnstoffe (Tetraäthyl- oder Tetraphenylharnstoff), Aminocarbonsäuren, ungesättigte Carbonsäuren oder ihre Amide (Acrylsäureamid) partielle Ester mehrwertiger Alkohole, Nitrosophenol, Triarylcarbinole, Formamid, Arylamine, Äthyleniminderivate, Hexamethylentetramin, Alkylmercaptane oder -sulfide, Alkylhydrazine, organische Ester der Kieseloder Borsäure (Bleitrimethylsilanolat) und vor allem durch Salze von Ba, Cd, Zn, Pb, Cu, Ag und anderen Metallen mit niederen oder höheren Fettsäuren, insbesondere Metallstearate, sowie die neuerdings für diesen Zweck bekannt gewordenen Alkylmetalle, wie Tetraphenylzinn.

Trotz der an und für sich recht guten Stabilisierung durch die angeführten Verbindungen geben sie vielfach zu unliebsamen Nebenerscheinungen Anlaß oder es macht Schwierigkeiten, ihre gleichmäßige Verteilung in einem Substrat, zu dem sie oft keine oder nur geringe Affinität haben, zu erreichen. Es können z. B. die Metalle, nachdem sie sich mit Chlorwasserstoff verbunden haben, sich in Körnchen ausscheiden oder Trübungen des klaren Filmes hervorrufen (Chlorblei).

Diese Unannehmlichkeiten werden in ausgezeichneter Weise durch die Verwendung von Verbindungen mit Epoxydgruppen vermieden, die sich in letzter Zeit immer mehr einführen, z. T. im Gemisch mit oben genannten Metallverbindungen. Epoxydverbindungen sind ideale HCl-Acceptoren, da sie einerseits HCl leicht aufnehmen:

$$R \cdot CH\text{---}CH \cdot R' + HCl \rightarrow R \cdot CH(OH)\text{---}CHCl \cdot R'$$
$$\diagdown O \diagup$$

andererseits zu Produkten führen, die sehr stabil sind und keine unerwünschten Nebenerscheinungen in dem stabilisierten Material geben. Epoxydverbindungen bleiben nach der Aufnahme von HCl klar und farblos und ihre Löslichkeit in dem Substrat verändert sich zumeist nicht. Schließlich bietet die Möglichkeit, unter den vielen bekannten Epoxydverbindungen solche auszuwählen, welche eine gute Mischaffinität zu dem zu stabilisierenden Stoff aufweisen, so daß sie sich darin homogen verteilen, ohne Tendenz sich zu entmischen oder mit der Zeit auszuwandern, einen nicht hoch genug einzuschätzenden Vorteil.

Obwohl im Prinzip sich alle Epoxydverbindungen, die sich in einwandfreier Weise in dem Substrat verteilen lassen, zum Stabilisieren halogenhaltiger Kunststoffe eignen dürften, wird in folgendem eine Übersicht über solche Epoxydverbindungen gegeben, von denen die Brauchbarkeit als Stabilisatoren in der Literatur besonders angeführt wird.

Schon Äthylenoxyd, während der Polymerisation von Vinylchlorid eingeleitet, bewirkt in den geringen gelösten Mengen eine gute Stabilisierung des Polymers wie DU PONT[1] festgestellt hat.

Äthylenoxyd und seine Substitutionsprodukte, z. B. Dimethyl-, Diäthyl-, Diphenyl-, Methylphenyl- oder Dodecyläthylenoxyd sowie auch Cyclohexenoxyd, Tetrahydronaphthenoxyd, Phenoxypropenoxyd, Dimethylglycid, Methylphenylglycid u. dgl. m. werden von G. MEYER[2] in Mengen von 1—4% zur Stabilisierung von chlorierten Produkten, die mehr als 8 C-Atome enthalten, z. B. Chlorkautschuk, chlorierte Paraffine, Wachse, Tranöle, Naphthensäuren usw. empfohlen.

Auch die Verwendung von Äthylenoxydcarbonsäuren, z. B. Äthylenoxyddicarbonsäure, Propylenoxydcarbonsäuren, Glycidcarbonsäure und ihre Substitutionsprodukte sowie ihre Alkali- oder Erdalkalisalze wird beschrieben[3].

Für PVC wird die Verwendung von Verbindungen mit mehreren Epoxydgruppen im Mol, z. B. Di-(2',3'-epoxy-1'-propoxy)-naphthalin oder 1,3-Di-(2',3'-epoxy-1'-propoxy)-benzol durch die BATAAFSCHE[4] empfohlen.

Für denselben Zweck empfiehlt DU PONT[5] sowie die Dow CHEM. CORP.[6], die GENERAL ELECTRIC Co.[7] (in Verbindung mit einer kleinen Menge Schwefel), desgleichen die BRITISH THOMSON-HOUSTON Co.[8] und die A. E. G.[9] das bereits von der I. G. 1932 für denselben Zweck herausgestellte Phenoxypropenoxyd.

Zusammengesetzte Polyglycidäther, z. B. 4,4'-Di-(2,3-epoxy-propoxy)-benzophenon, hergestellt durch Umsetzen von Epichlorhydrin mit 4,4'-Dioxybenzophenon, werden als wirksame Stabilisatoren für PVC von E. C. BRITTON und H. R. SLAGH[10] angegeben.

Weiterhin empfiehlt die Dow CHEMICAL CORPORATION die Verwendung von besonders leicht löslichen Metallchelaten, welche Epoxydgruppen enthalten[11].

Zum Stabilisieren von Polyvinylidenchlorid und seinen Copolymeren empfehlen C. R. IRONS und C. B. HAVENS[12] die Verwendung

---

[1] FP 712303, 28. 2. 31/30. 9. 31; US-Pri. 1. 3. 30.

[2] DRP 656133, 22. 4. 32. — BP 418230, 21. 4. 33, I. G.

[3] DP 750173, 26. 3. 39/18. 5. 44, ungenannter Patentinhaber und Erfinder.

[4] FP 952879, 11. 9. 47. — [5] BP 570348, DU PONT.

[6] US 2160948, 23. 10. 37/6. 6. 39, Dow CHEM. CORP.

[7] US 2255487, 12. 4. 38/9. 9. 41.

[8] BP 527407, 11. 4. 39/8. 10. 40; US-Pri. 12. 4. 38.

[9] D. Anm. A 10594, 12. 4. 39.

[10] US 2371500, 2. 7. 42/13. 3. 45, Dow CHEM. CORP.

[11] Gewinnung der Monomeren nach BP 600629, der als Chelat-Bildner wirksamen Polymeren nach BP 744004 vom 30. 3. 53.

[12] US 2477608, 2477609 und 2477610, 30. 1. 47/2. 8. 49, Dow CHEM. CORP.

eines Gemisches von 1—4% von 3-(2-Xenoxy)-1,2-epoxypropan,

$$(CH_3)_2 \cdot C_6H_3 \cdot O \cdot CH_2 \cdot CH{-}CH_2$$
$$\diagdown O \diagup$$

1—4% 4'-tert.-Butylphenylsalicylat und 1—4% Dibutylsebacat sowie
C. B. HAVENS[1] die Verwendung von 1—20% 2,2-Di-[4-(2,3-epoxyprop-
oxy)-phenyl]-propan,

$$CH_3$$
$$CH_2{-}CH \cdot CH_2 \cdot O \cdot C_6H_4 \cdot \overset{|}{C} \cdot C_6H_4 \cdot O \cdot CH_2 \cdot CH{-}CH_2$$
$$\diagdown O \diagup \qquad\qquad \overset{|}{CH_3} \qquad\qquad \diagdown O \diagup$$

Die FIRESTONE TIRE AND RUBBER CO.[2] hat gefunden, daß sich Penta-
chlorphenoxypropylenoxyd

besonders gut zum thermischen Stabilisieren von kristallinen oder harzartigen Polymeren und/oder Mischpolymeren von Vinylidenchlorid
eignet, wenn es in einer Menge von 0,5—4% angewandt wird.

Die Verwendung von Polyallylglycidyläther als Stabilisator für
PVC beschreiben E. C. SHOKAL, E. WINKLER und P. A. DEVLIN[3] sowie
E. K. ELLINGBOE[4], welch letzterer neben 4—28% Polyallylglycidyläther noch 2—26% eines Polyallylesters einer Oxycarbonsäure von
2—6 C-Atomen zusetzt. Weiterhin wird von der SHELL DEVELOPMENT
CO.[5] die Verwendung epoxydierter Ester von mehrbasischen Carbonsäuren mit ungesättigten Alkoholen empfohlen.

Ein Gemisch aus 0,01—5% eines polymeren Bisphenol-A-Glycidyläthers (oder eines anderen Bisphenols) mit 0,01—4% eines aromatisch
substituierten Thioharnstoffes zum Stabilisieren von PVC empfiehlt
H. T. VOORTHUIS[6] sowie J. DE NIE und H. T. VOORTHUIE[7] diverse
polymere Diglycidyläther von ein oder zweikernigen zweiwertigen Phenolen. Weiterhin empfehlen dieselben Erfinder[8] die Verwendung eines
polymeren Glycerinpolyglycidyläthers, während F. M. ABELL derselben Firma[9] ein Gemisch aus etwa gleichen Teilen eines aromatischen
und aliphatischen polymeren Glycidyläthers für den gleichen Zweck
beschreibt, ferner E. WINKLER[10] den Zusatz eines Gemisches aus 2% Polyallylglycidyläther mit 2% Diallylmaleat sowie ein Gemisch aus einem

---

[1] US 2530353, 7. 5. 49/14. 11. 50, DOW CHEM. CORP.
[2] D. Anm. F 14268, 24. 3. 54. — US 2666040. — BP 750716.
[3] US 2585506, 21. 6. 48/12. 2. 52, SHELL.
[4] US 2562897, 6. 5. 50/7. 8. 51, DU PONT CO.
[5] US 2761870, 22. 9. 54/4. 9. 56.
[6] US 2595619, 23. 2. 49/6. 5. 52, SHELL.
[7] US 2564194, 2. 3. 51/14. 8. 51. — [8] US 2564195, 2. 3. 51/14. 8. 51, SHELL.
[9] US 2559333, 14. 10. 49/3. 7. 51, SHELL.
[10] US 2609355, 19. 7. 49/2. 9. 52, SHELL.

polymeren Bisphenol-A-Glycidyläthers mit Cadmium- oder Strontium-stearat[1] empfiehlt.

Während in den angeführten Patenten der SHELL die Epoxyd-komponente nur als kleiner Zusatz von etwa 5% vorliegt, wird in einem späteren Patent[2] die Kombination von Polyvinylchlorverbindungen mit Zusätzen von über 20% von niedrigmolekularen polymeren Bisphenol-A-Glycidyläthern (*Epon* 828) in Verbindung mit einem BF_3-Komplex als Härter beschrieben. Hierdurch wird das Polymer durch das eingebaute Epoxydharz zu besonders harten, zähen und biegsamen Produkten modifiziert. Eine Stabilisierung kann hierbei nicht mehr durch Epoxydgruppen vor sich gehen, da dieselben durch die Härtung verbraucht worden sind, es sei denn, daß ein Rest der Epoxydgruppen der Umsetzung entgangen ist. Aber auch allein die Verdünnung der labilen Substanz mit erheblichen Mengen einer anderen stabilen Verbindung könnte schon ausreichende Stabilisierung bewirken.

Die Verwendung von epoxydierten Estern ungesättigter Fettsäuren, insbesondere der Linolsäure, mit ein- oder mehrwertigen Alkoholen wird von W. D. NIEDERHÄUSER und J. E. KAROLY[3] unter dem Handelsnamen *Paraplex G-60* als Stabilisierungsmittel für PVC empfohlen, während die Verwendung in anderer Weise hergestellter epoxydierter ungesättigter Fettsäureester durch F. P. GREENSPAN und R. J. GALL[4] beschrieben wird.

In einem späteren Patent[5] führen dieselben Erfinder die Verwendung von Cadmium-, Blei oder Strontiumsalzen epoxydierter geradkettiger oder verzweigter Carbonsäuren (C_{11-22}) bei einer Zusatzmenge von 0,5—5% an. Im besonderen werden Cadmium- oder Blei-Epoxystearat und die Salze von epoxydierter Sojabohnenfettsäure genannt.

Epoxydierte Ölsäureester (Epocystearinsäureester) werden von F. J. SPRULES und H. C. MARKS (US 2802800, WALLACE & TIERNAN) ebenfalls als Stabilisatoren mit weichmachender Wirkung empfohlen.

Auch durch Aufbau höhermolekularer ungesättigter Produkte aus ungesättigten niedermolekularen cyclischen Verbindungen lassen sich wirksame Stabilisatoren gewinnen. Zum Beispiel haben J. E. KOROLY und W. D. NIEDERHAUSER[6] aus Dicyclopentadien durch Veräthern mit einem Glykol mit anschließender Epoxydation das Diepoxyd von dem Bis-exo-dihydro-dicyclopentadienylglykoläther und B. PHILLIPS und P. S. STARCHER[7] durch Veresterung von 3,4-Cyclohexencarbonsäuren (erhalten durch DIELS-ALDER-Synthese aus Butadien und ungesättigten Carbonsäuren) mit Glykolen mit anschließender Epoxydation Bis-Epoxydverbindungen hergestellt, die sich sowohl zum Stabilisieren als auch zum Weichmachen eignen.

---

[1] US 2590059, 26. 3. 49/18. 3. 52, SHELL.
[2] Belg. P. 533138, 8. 11. 54, BATAAFSCHE.
[3] DRP 857364, 24. 2. 50/2. 10. 52. — US 2485160, 23. 10. 48/18. 10. 49, ROHM & HAAS Co.
[4] US 2692271, 23. 8. 50/19. 10. 54, BUFFALO ELECTROCHEMICAL Co.
[5] US 2684353, 31. 5. 51/20. 7. 54, BUFFALO ELECTROCHEMICAL Co.
[6] US 2543419, 11. 5. 49/27. 2. 51, ROHM & HAAS Co.
[7] US 2745847, 8. 10. 53/15. 5. 56, UNION CARBIDE & CARBON CORP.

Weiterhin empfiehlt die UNION CARBIDE & CARBON CORP.[1] die Verwendung des aus 1,5-Cyclooctadien durch Epoxydierung mit Peressigsäure herstellbaren 1,2—5,6-Diepoxycyclooctans.

Mittels etwa 50 Teilen eines epoxydierten hydroaromatischen Esters einer langkettigen aliphatischen Carbonsäure (Cyclohexyl-9,10-epoxyoctadecanoat) in Verbindung mit 0,1—5 Teilen des Cadmiumsalzes der Ricinusölfettsäure im Gemisch mit 100 Teilen eines Polymers von Vinylchlorid oder Mischpolymerisaten mit kleinen Mengen Vinylacetat oder Maleinsäurediäthylester erzielen E. E. COWELL und J. R. DARBY[2] gute Stabilisierung, während J. DAZZI derselben Firma[3] einen epoxydierten Acylricinolsäureester, z. B. Acetoxyäthyl-9,10-Epoxy-12-acetoxyoctadecansäureester, sowohl zur Stabilisierung als auch zur Plastifizierung von PVC empfiehlt.

Besonders verträglich mit halogenhaltigen Polymeren in Verbindung mit guter stabilisierender Wirkung sind epoxydierte Ester ein- oder mehrbasischer, ungesättigter cycloaliphatischer Carbonsäuren, z. B. Butyl-, Isooctyl- oder 1,4-Butandiolester der Δ-3-Tetrahydrobenzoesäure oder der 3,6-Endomethylen-Δ-4-tetrahydrophthalsäure, wie die DEUTSCHEN HYDRIERWERKE GMBH.[4] gefunden haben.

Die gemeinsame Stabilisierung von PVC in Verbindung mit dem als gutem Weichmacher wirkenden, aber ebenfalls instabilen Polychlorstearinsäuremethylester (mit 3—6 Chloratomen) erreichen P. ROBITSCHEK und D. B. STORMON[5] mit Hilfe epoxydierter fetter ungesättigter Öle, wie sie unter dem Namen *Paraplex G-60* von der Firma ROHM & HAAS in den Handel gebracht werden.

Ein Additionsprodukt aus 3,4-Epoxy-1-buten und Hexachlorcyclopentadien, in dem die Epoxydgruppe erhalten geblieben ist, das nach E. C. LADD[6] durch 1stündiges Erhitzen auf Temperaturen zwischen 80—200° entsteht, nach der Gleichung:

$$
\begin{array}{c}
\text{Cl·C}\text{---}\text{C·Cl} \\
\text{Cl·C}\quad\text{C·Cl} \\
\text{C} \\
\text{Cl}\quad\text{C}
\end{array}
\;+\;
\text{CH}_2\text{=CH·CH---CH}_2 \quad(\text{O})
\;\rightarrow\;
\text{(Addukt), kristallin F 87—89°}
$$

wird als wirksamer Stabilisator für PVC, Polyvinylidenchlorid und andere labile Halogenverbindungen empfohlen.

[1] Belg. P. 549916, 28. 7. 56; US-Pri. 9. 8. 55, UNION CARBIDE & CARBON CORP.
[2] US 2671064, 10. 5. 50/2. 3. 54, MONSANTO CHEM. CORP.
[3] FP 1074050, 27. 1. 53/30. 9. 54; US-Pri. 28. 1. 52.
[4] FP 1117985, 19. 1. 55/30. 5. 56; D. Pri. 22. 2. 54, DEUTSCHE HYDRIERWERKE GMBH.
[5] US 2731431, 6. 10. 51/17. 1. 56, HOOKER ELECTROCHEMICAL CO.
[6] US 2616899, 26. 3. 51/4. 11. 52, UNITED STATES RUBBER CO.

Für den gleichen Zweck empfiehlt A. W. Carlson[1] das Diepoxyd des Dicyclopentanyläthers,

dessen Herstellung in US-Anm. Ser. Nr. 352040 vom 29. 4. 53 beschrieben ist. Durch HCl-Addition an Cyclopentadien, Hydrolysieren zum 3-Oxycyclopenten und Veräthern mit Mineralsäure wird das ungesättigte Bis-Molekül gewonnen. Die Epoxydation wird bei 15—20° mit Peressigsäure vorgenommen.

Die Verwendung von Chlor-Hydrochinondiglycidyläther als Stabilisator wird von M. L. Clemens und H. Bramer[2] geschützt. Diese Verbindung ist zwar nicht wirksamer als der nicht chlorierte Hydrochinondiglycidyläther, aber sie läßt sich in ausgezeichneter Ausbeute herstellen, während das Umsetzungsprodukt von Epichlorhydrin mit Hydrochinon sehr viel unbrauchbare polymere gummiartige Nebenprodukte liefert und entsprechend nur niedrige Ausbeuten an Hydrochinondiglycidyläther. Chlor-Hydrochinondiglycidyläther ist auch zum Schutz gegen andere Säuren geeignet, und kann Acetyl-butyrylcellulose gegen die zerstörende Wirkung von normalerweise noch darin enthaltende Reste von Schwefelsäure schützen.

Derselbe Effekt wie bei der Verwendung von chloriertem Hydrochinon läßt sich auch mit solchen substituierten Dioxybenzolen erzielen, deren Substituenten eine sterische Behinderung zum mindesten der einen Hydroxylgruppe bewirken, wie A. Bell und W. V. McConnell[3] gezeigt haben. Durch Umsetzen von Verbindungen dieser Art mit einem 5fachen Überschuß an Epichlorhydrin und der berechneten Menge Alkali bei 55—70° während 15 Stunden im N_2-Strom werden die monomeren Diglycidyläther erhalten, die sich unter vermindertem Druck fraktionieren lassen, wobei nur ein Anteil von 6—18% durch Polymerisation verlorengeht. So werden erhalten 2-tert.-Butylhydrochinondiglycidyläther vom $Kp_{0,1}$ 150—170°, 2-(1,1,2,3-Tetramethylbutyl)-hydrochinondiglycidyläther vom $Kp_{0,1}$ 150—175°, 2-Phenylhydrochinondiglycidyläther mit einer Ausbeute von 94% und 2,5-Di-(tert.-Butyl)-hydrochinondiglycidyläther als kristalline Substanz vom 140—143° Schmelzpunkt.

Wie A. Bell[4] weiterhin gefunden hat, sind alkylierte Hydrochinonmonoglycidyläther, deren Alkylsubstituent bis zu 8 Kohlenstoffatome, davon mindestens eines tertiär sein soll, enthalten, z. B. tert. C_4H_9, tert. C_8H_{17}, oder $-C(CH_3)_2-CH_2-C(CH_3)_3$, als Wärme- und Oxydationsstabilisatoren für Fette und Öle besonders brauchbar.

Die Verwendung von Sulfonsäureestern epoxydierter Alkohole (hergestellt durch Umsetzen von Glycid mit einem aromatischen Sulfochlorid in Gegenwart eines tertiären Amins), z. B. von 2,3-Epoxy-

---

[1] US 2739161, 16. 12. 54/20. 3. 56, Velsicol Chem. Corp.
[2] US 2682547, 1. 10. 52/29. 6. 54, Eastman Kodak Co.
[3] US 2739160, 1. 10. 52/20. 3. 56, Eastman Kodak Co.
[4] US 2758119, 27. 2. 53/7. 8. 56, Eastman Kodak Co.

propylbenzolsulfonat, als Weichmacher mit stabilisierender Wirkung für PVC u. dgl. empfiehlt die Shell[1].

Umsetzungsprodukte von polymeren Bisphenol-A-Glycidyläthern mit Allylalkohol in Gegenwart von Bortrifluorid, welche als Diallyläther zwei endständige Allylgruppen und als Monoallyläther eine Allylgruppe sowie eine durch Umsetzen mit Epichlorhydrin gebildete endständige Glycidyläthergruppe enthalten, haben nach den Untersuchungen von E. C. Shokal und R. W. Tess[2] eine gute Verträglichkeit und gute Stabilisierungswirkung in Verbindung mit Polyvinylchlorid und anderen halogenhaltigen Polymeren.

In Weiterführung dieser Arbeiten empfiehlt die Bataafsche für denselben Zweck[3] Ester von epoxysubstituierten Polycarbonsäuren und ebensolchen Alkoholen, insbesondere das Triepoxyd des Diels-Alder-Adduktes von Butadien mit Maleinsäurediallylester, sowie die Verwendung von Epoxydkohlensäureestern, die durch Umsetzen von Epoxydalkoholen mit Alkylchlorkohlensäureestern gewonnen werden, als weichmachende und stabilisierende Zusätze zu halogenhaltigen Vinylpolymeren[4].

Phenylharnstoffglycidyläther

$$H_2N \cdot CO \cdot NH \cdot C_6H_4 \cdot O \cdot CH_2 \cdot CH\!-\!CH_2$$
$$\diagdown O \diagup$$

hergestellt aus Aminophenol und Kaliumcyanat und Umsetzen des gewonnenen Oxyphenylharnstoffes mit Epichlorhydrin und der berechneten Menge Alkali führen K. Weissbach und A. Rosenberg[5] als gute Stabilisatoren in einer Menge von 1—3% für PVC an. Wegen der Schwerflüchtigkeit dieser Verbindung ist sie dem viel angewandten Phenoxypropenoxyd überlegen, von dem während der Verarbeitung merkliche Mengen verdampfen.

Durch Chlorwasserstoffabspaltung aus Anhydropentaerythrit-dichlorhydrin gewonnenes 2,6-Dioxa-spiro-3,3-heptan

wird durch R. Köhler und H. Pietsch[6] als Stabilisator für halogenhaltige Vinylpolymerisate beschrieben.

Diese Erfinder empfehlen ferner für denselben Zweck[7] durch Umsetzen von aromatischen Dicarbonsäuredichloriden bzw. von Disulfonsäuredichloriden[8] mit Glycid in Gegenwart von Alkali gewonnene Dicarbonsäurediglycidylester, z.B. Phthalsäurediglycidylester oder m-Benzoldisulfonsäurediglycidylester.

---

[1] US 2755290, 26. 10. 53/17. 7. 56, Shell.
[2] FP 1117535, 15. 12. 54/23. 5. 56; US-Pri. 17. 22. 53, Bataafsche.
[3] BP 771813, 11. 2. 55/3. 4. 57, Bataafsche.
[4] FP 1132036, 23. 5. 55; US-Pri. 24. 5. 54.
[5] DP 911434, 18. 6. 51/1. 4. 54, Chemische Werke Hüls.
[6] DP 931130, 21. 10. 51/7. 7. 55, Henkel Cie.
[7] D. Anm. H 13896, 20. 9. 52. — FP 1086934, 25. 8. 53/17. 2. 55.
[8] DP 935433, 26. 6. 53/20. 10. 55.

Zu denselben Dicarbonsäurediglycidylester gelangen dieselben Erfinder[1] durch Umsetzen der Alkalisalze von Dicarbonsäuren mit Epichlorhydrin, wie dies P. Castan im BP 518057 vom 10. 12. 38 bereits beschrieben hat.

Höhermolekulare Dicarbonsäurediglycidylester, die infolge ihrer guten Löslichkeitseigenschaften als Stabilisatoren für halogenhaltige Polyvinylverbindungen besonders geeignet sind, stellen dieselben Erfinder[2] her, indem Polyester mit endständigen Carboxylgruppen, z. B. ein Kondensationsprodukt aus Adipinsäure und 1,4-Butandiol mit Alkali in überschüssigem 1,3-Dichlorhydrin bei 130—180° umgesetzt werden.

Über dieselbe Umsetzung haben R. Reichherzer und R. Rosner[3] berichtet, indem sie den sauren Polyester mit 1,4-Butanol-diglycidyläther durch 72stündiges Erhitzen bei 125° verestern.

Durch Epoxydieren von 3,6-Methylen-1,2,3,6-tetrahydrophthalsäurederivaten, z. B. des Anhydrids, Dinitrils oder des Imids, dessen Wasserstoffatom substituiert sein kann, stellt die Union Carbide Carbon Corp[4]. Epoxydverbindungen her, die als Stabilisatoren für halogenwasserstoffabspaltende Verbindungen geeignet sind. Es wird vor allem die Verbindung

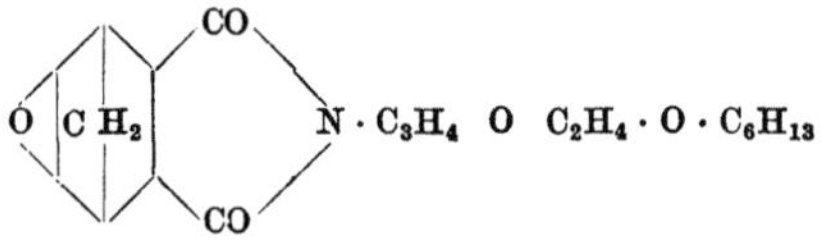

$$\text{O}\big[\text{CH}_2\big]\quad\text{N}\cdot\text{C}_3\text{H}_4\quad\text{O}\quad\text{C}_2\text{H}_4\cdot\text{O}\cdot\text{C}_6\text{H}_{13}$$

geschützt.

Für denselben Zweck empfiehlt dieselbe Firma Veresterungsprodukte zweibasischer Säuren mit 3,4-Epoxycyclohexylmethanol des Typus

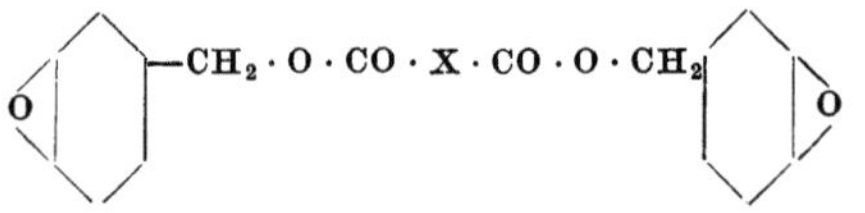

$$-\text{CH}_2\cdot\text{O}\cdot\text{CO}\cdot\text{X}\cdot\text{CO}\cdot\text{O}\cdot\text{CH}_2-$$

X = zweiwertiger Kohlenwasserstoffrest mit 2—10 C-Atomen, die nach US 2750395 vom 5. 1. 54 hergestellt werden, sowie die Verwendung von Allyl- oder Vinyl-9,10-Epoxystearat und ähnliche Verbindungen[5] und von epoxydierten Alkenylsuccinaten, z. B. von Vinylbernsteinsäurediäthylester[6],

$$\begin{array}{l}\text{CH}_2{=}\text{CH}\cdot\text{CH}\cdot\text{CO}\cdot\text{OC}_2\text{H}_5\\ \qquad\qquad\;\;\big|\\ \qquad\;\;\text{CH}_2\cdot\text{CO}\cdot\text{OC}_2\text{H}_5\end{array}$$

Neben dem Äthylester werden auch Verbindungen mit anderen Alkylgruppen sowie solche mit Alkoxyalkyl-, Cycloalkyl-, Aryl-, Aralkyl- oder Alkarylgruppen angeführt.

---

[1] D. Anm. H 21012, 30. 7. 54.
[2] FP 1086930, 24. 8. 53/17. 2. 55; D.-Pri. 5. 9. 52.
[3] Reichherzer, R., u. R. Rosner: Öster. Ch. Ztg. **57**, Nr. 9/10, 126—128 (1956).
[4] Belg. P. 541032, 2. 9. 55; US-Pri. 8. 9. 54.
[5] FP 1125497, 18. 3. 55; US-Pri. 25. 3. 54, Union Carbid & Carbon Corp.
[6] Belg. P. 549574, 16. 7. 56; US-Pri. 20. 7. 55, Union Carbid & Carbon Corp.

Epoxydierungsprodukte von Polycyclopentadienen, insbesondere trimerisierte Cyclopentadiene, die mittels Peressigsäure in Benzollösung epoxydiert werden, so daß 4,2% des aufgenommenen Sauerstoffes Epoxydgruppen zugehört, beschreiben die FOOD MACHINERY AND CHEM. CORP.[1] als geeignet zum Stabilisieren von PVC u. dgl.

Ölartige Glycidylester der Kieselsäure, wie sie R. W. MARTIN[2] entwickelt hat, durch Umsetzen von Alkyl-(oxy)-chlorsilanen mit Epoxydalkoholen, haben eine gute Verträglichkeit und weichmachende Wirkung in Gemisch mit PVC und weisen gute stabilisierende Wirkung auf.

Als Stabilisator mit besonders guter Verträglichkeit und Weichmacherwirkung empfehlen H. KRZYKALLA und H. GÖTZ[3] Aryloxybutylenoxyde, z. B. Butan-1-chlor-2,3-epoxy-4-phenyläther,

$$C_6H_5 \cdot O \cdot CH_2 \cdot CH\!\!-\!\!CH \cdot CH_2Cl$$
$$\diagdown\!O\!\diagup$$

und Butan-2,3-epoxy-1,4-diphenyläther,

$$C_6H_5 \cdot O \cdot CH_2 \cdot CH\!\!-\!\!CH \cdot CH_2 \cdot O \cdot C_6H_5$$
$$\diagdown\!O\!\diagup$$

welche durch Umsetzen von Dichlorbutylenoxyden (hergestellt nach DP 906452) mit 1 bzw. 2 Mol Phenol in Gegenwart der berechneten Menge Alkali gewonnen werden.

Während die bisher angeführten Stabilisatoren ihre Wirksamkeit im wesentlichen durch Epoxydgruppen entfalteten, haben G. P. MACK und E. PARKER[4] gefunden, daß auch hydrolysierte Epoxydverbindungen, insbesondere hydratisiertes Phenoxypropenoxyd, 1-Phenoxyglycerin:

$$C_6H_5 \cdot O \cdot CH_2 \cdot CH\!\!-\!\!CH_2 \xrightarrow{\ H_2O\ } C_6H_5 \cdot O \cdot CH_2 \cdot CH(OH) \cdot CH_2(OH)$$
$$\diagdown\!O\!\diagup$$

und ähnliche Verbindungen, welche ein bis zwei Kernsubstituenten enthalten, gute Stabilisatoren zur Verbesserung der Wärmebeständigkeit halogenhaltiger Polymere sind. Besonders günstig wirkt sich hierbei die Mitverwendung von Mg-, Cd-, Zn- oder Sn-Salzen organischer Säuren mit 6—18 C-Atomen aus.

Weiterhin wurden von der CIBA[5] Oxäthylierungsprodukte mit hohem Molekulargewicht, die mit einem Polyisocyanat umgesetzt wurden, als wirksame Stabilisierungsmittel befunden. Dieselben werden aus einwertigen Alkoholen, Alkylphenolen, Mercaptanen oder Monocarbonsäuren mit mindestens 8 Kohlenstoffatomen durch Kondensation mit solchen Mengen Äthylenoxyd erhalten, daß Produkte entstehen, die ein Molekulargewicht von über 1000 aufweisen. Diese

---

[1] Belg. P. 542900, 18. 11. 55; US-Pri. 19. 11. 54.

[2] US 2730535, 20. 7. 53/10. 1. 56, SHELL DEVELOPMENT CO.

[3] D. Anm. B 33175, 1011433, 28. 10. 54, BADISCHE ANILIN- & SODA-FABRIK-AG.

[4] FP 1124457, 1. 2. 55/11. 10. 56; US-Pri. 1. 2. 54, ADVANCE SOLVENTS AND CHEM. CORP.

[5] Belg. P. 550271, 11. 8. 56; Schwz. Pri. 12. 8. 55, CIBA.

werden dann mit einem Polyisocyanat behandelt. Beispielsweise wird
1 Mol Oleylalkohol mit 120 Mol Äthylenoxyd und anschließend mit
4,4'-Diphenylmethan-diisocyanat umgesetzt.

Auch halogenhaltige Epoxydverbindungen, deren Wirksamkeit
durch die Epoxydgruppe bedingt ist, bedürfen unter Umständen der
Stabilisierung, da pro Mol abgespaltener Halogenwasserstoff eine
Epoxydgruppe unwirksam gemacht wird. Dies ist der Fall bei epoxysubstituierten chlorierten Octahydro-endo-dimethano-naphthalinen,
z. B. dem Endrin

$$\text{Cl}\overset{\displaystyle Cl}{\underset{\displaystyle Cl}{\Big\langle}}\Big|\Big| CCl_2 \Big| CH_2 \Big| \overset{\displaystyle}{\Big\rangle} O$$

dessen insekticide Wirkung von der Epoxydgruppe herrührt. Diese
Verbindung zeigt die für hochchlorierte Verbindungen charakteristische
Labilität und geht allmählich in die Endo-exo-Form über, die insekticid
unwirksam ist. R. H. BELLIN und J. D. MARKS[1] haben gefunden, daß
Endrin sich durch einen 0,05—15%igen Zusatz von Epoxyalkanen
stabilisieren läßt.

Stabilisieren gegen andere Mineralsäuren

Acetylcellulose enthält von der Acetylierung in Gegenwart von
konzentrierter Schwefelsäure stets Sulfatgruppen, die sich in der
Wärme abspalten und Zersetzungen hervorrufen, die von Dunkel-
färbung begleitet sind. Wie M. S. THOMPSON[2] gefunden hat, schützt
ein Zusatz von 0,01—0,56% eines niedermolekularen Epoxydharzvorproduktes (*Epon*-Harz) in Verbindung mit sehr geringen Anteilen eines
Alkalisalzes einer organischen Säure (Oxalat, Citrat oder Tartrat)
gegen die zersetzende Wirkung der Schwefelsäure.

Stabilisierung gegen Alterung von Schmierölen

Die sogenannte Alterung von Schmierölen, die mit einem Verlust
an Schmierkraft verbunden ist, beruht auf Oxydationsprodukten, die
besonders schnell und reichlich entstehen, wenn die Schmierung bei
höherer Temperatur in Gegenwart von Luft erfolgt. Stabilisierungsmittel müssen daher Antioxydantia sein, insbesondere solche, die sich
in dem Öl homogen verteilen, ohne sich mit der Zeit zu entmischen. Die
Verteilung kann auch als Emulsion erfolgen.

Wie die STANDARD OIL DEVELOPMENT Co.[3] gefunden hat, schützt
ein 0,25%iger Zusatz von Bisphenol A gegen Peroxydbildung, wie sie
in der Hitze bei Schmierölen oder manchen Lösungsmittel auftritt.

Ein analoger Schutz wird auch von höhermolekularen Bisphenolen
ausgeübt, wie z. B. von einem Umsetzungsprodukt von Phenol mit

---

[1] US 2768178—2768180, 26. 7. 54/23. 10. 56, SHELL.
[2] US 2710845, 26. 6. 52/14. 6. 55, HERCULES POWDER Co.
[3] DP 922165, 2. 6. 51/25. 11. 54; US-Pri. 2. 6. 50.

1-(4-Oxyphenyl)-1,1,4,4-tetramethyl-buten-2 folgender Struktur

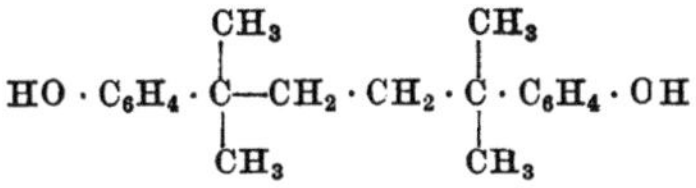

$$\mathrm{HO \cdot C_6H_4 \cdot \underset{CH_3}{\overset{CH_3}{C}} - CH_2 \cdot CH_2 \cdot \underset{CH_3}{\overset{CH_3}{C}} \cdot C_6H_4 \cdot OH}$$

wie D. G. Jones und P. E. Schick[1] berichtet haben.

Epoxydgruppen enthaltende polymere Additionsprodukte von Butadienmonoxyd und gesättigten aliphatischen Aldehyden, z. B. Butyraldehyd, deren Entstehung durch folgende Gleichung ausgedrückt wird:

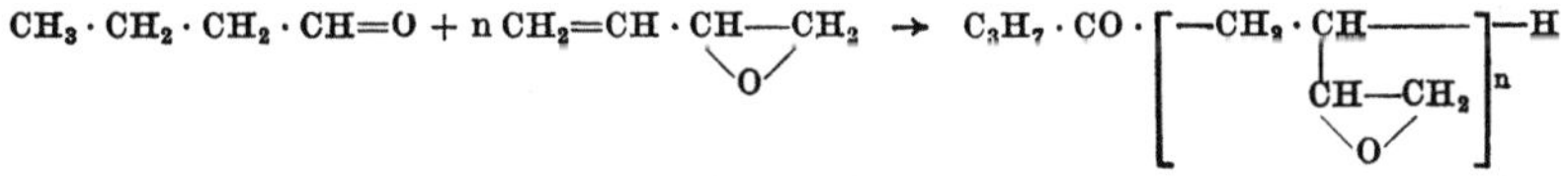

$$\mathrm{CH_3 \cdot CH_2 \cdot CH_2 \cdot CH{=}O + n\, CH_2{=}CH \cdot \underset{\diagdown O \diagup}{CH{-}CH_2} \rightarrow C_3H_7 \cdot CO \cdot \left[-CH_2 \cdot \underset{\underset{\diagdown O \diagup}{CH{-}CH_2}}{CH{-}\!-\!-\!-} \right]_n{-}H}$$

sind wirksame Antioxydantien für Schmiermittel, wie T. M. Patrick[2] gefunden hat.

Mono- und Dioxyde von N,N-Dialkylthiamorpholiniumchlorid, z. B. die aus einem sekundären Amin und Dichloräthylsulfid entstehende Verbindung

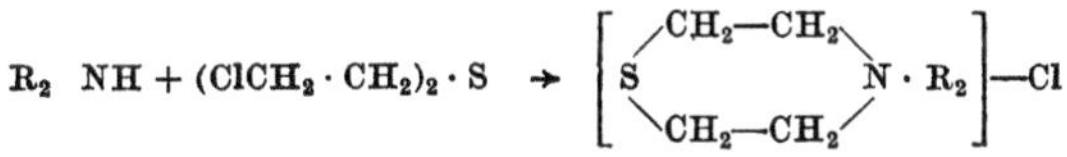

$$\mathrm{R_2\, NH + (ClCH_2 \cdot CH_2)_2 \cdot S \rightarrow \left[S \underset{\diagdown CH_2 - CH_2 \diagup}{\overset{\diagup CH_2 - CH_2 \diagdown}{}} N \cdot R_2 \right] - Cl}$$

stellen nach ihrer Oxydation nach Angaben von J. G. Erickson[3] wertvolle Zusätze zu Schmiermitteln dar.

Stabilisierungen anderer Art

Zum Stabilisieren von zur Spontankondensation neigenden Polymethylverbindungen, insbesondere von flüssigen Harnstoff- oder Melamin-Formaldehyd-Kondensationsvorprodukten werden von K. Keller[4] Kondensationsprodukte mehrwertiger Carbonsäuren mit Oxäthylierungsprodukten von Methylol-Harnstoffen oder -Melaminen empfohlen.

Für denselben Zweck empfehlen H. Mais, W. Scheib u. K. H. Dekker[5] einen 0,5—1%igen Zusatz von Propylen-, Butylen- und vor allem von Phenoxypropenoxyd.

Literarische Veröffentlichungen über Epoxyd-Stabilisatoren sowie Firmenschriften

Rosenberg, A.: Stabilisatoren für PVC. Kunst., Febr. **1952**, 41—43, führt als einen der besten Stabilisatoren p- oder m-Phenyl-Harnstoffglycidyläther

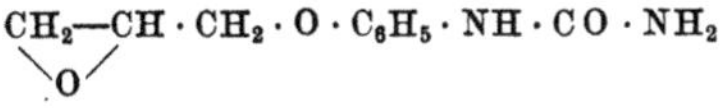

$$\mathrm{\underset{\diagdown O \diagup}{CH_2{-}CH} \cdot CH_2 \cdot O \cdot C_6H_5 \cdot NH \cdot CO \cdot NH_2}$$

der Chemischen Werke Hüls an.

Stoeckert, K.: Erwähnt bei der Besprechung der Verwendungen von Epoxydharzen die Verwendung von *Epon* RN-34 als Stabilisator für PVC. Kunst., Sept. **1952**, 274.

---

[1] BP 706425, 22. 5. 51/31. 3. 54, Imperial Chemical Industries.
[2] US 2720530, 19. 1. 53/11. 10. 55, Monsanto Chemical Co.
[3] US 2729636, 3. 8. 53/3. 1. 56, General Mills Co.
[4] D. Anm. C 2356, 22. 2. 41, Cassella Farbwerke Mainkur A. G.
[5] D. Anm. R 9422, 7. 7. 52, Rütgerswerke A. G.

HANSEN, F. R.: Epoxy Compounds as Stabilizers. Ref. in Mod. Pla., Febr. **1952**, 181.

MACK, G. P. (ADVANCE SOLVENT & CHEM. CORP.): Die Stabilisierung von PVC in USA. Vortrag vom 14. 10. 52 auf der Kunststofftagung in Düsseldorf. Kunst., März **1953**, 94—101. Epoxydverbindungen werden nur nebenbei erwähnt, es werden vor allem Metallderivate in Verbindung mit chelatbildenden Verbindungen besprochen.

GREENSPAN, F. P., u. R. J. GALL: Beschreiben die Herstellung von Epoxydfettsäureestern und ihre Verwendung als PVC-Stabilisatoren. Ind. Eng. Chem., Dez. **1953**, 2722—2726.

MUHR, A.: Die Stabilisierung von Vinylpolymeren. Ku. Pla. **1954/55**, 51—54. Gute Stabilisatoren sollen folgende Anforderungen erfüllen:

1. Sie müssen Acceptoren für HCl sein, sie müssen „mild" wirken, d. h. nur das abgespaltene HCl aufnehmen, aber nicht weitere Abspaltung begünstigen,

2. sie müssen als Antioxydantien wirken und den schädlichen Einfluß des Lichtes inhibieren,

3. sie müssen mit den durch die HCl-Abspaltung entstandenen Polyenen reagieren, um Verfärbungen vorzubeugen, indem sie sich an die konjugierten Systeme unter Ringbildung anlagern. Addukte dieser Art sind farblos und haben keine farbgebenden Eigenschaften,

4. sie müssen dem UV-Licht gegenüber als Filter wirken, um dessen Wirkung abzuschwächen, dagegen müssen sie dem sichtbaren Licht gegenüber durchlässig sein, um die Transparenz zu gewährleisten.

HORNER, E. C. A.: Epoxydharze als PVC-Stabilisatoren. Vortrag gehalten am 12. April **1956** auf dem London Symposium Epoxide Resins. Für sich allein reichen Epoxydharze zum Stabilisieren nicht aus, jedoch sind sie ausgezeichnete Synergisten für hochaktive Metallsalze, insbesondere von Cadmium.

WITNAUER, L. P., H. B. KNIGHT, W. E. PALM, R. E. KOOS, W. C. AULT u. D. SWERN: Epoxy Resins as Plasticizers and Stabilizers for Vinylchloride Polymers. Ind. Eng. Chem., Nov. **1955**, 2304—2311.

Firmenschrift der SHELL: Technical Bulletin TB 111, *Epikote* Resins as Stabilizers for PVC and other chlorinated Compounds, Juni **1953**, 14 Seiten.

Als Stabilisatoren kommen vor allem niedermolekulare Epoxydharzvorprodukte in Betracht, z. B. die *Epon*-Harze 828, 834 und 1001. Als Rahmenvorschrift wird die folgende gegeben:

<pre>
        PVC .... 100 Teile
        Di-*Alphanol*-79-Phthalat ... 50 Teile
        Epon-Harz ....   3 Teile
</pre>

Besonders gute Ergebnisse werden mit Gemischen aus gleichen Teilen *Epon* 834 und Bleistearat sowie mit 1—2 Teilen Cadmiumstearat und 1 Teil *Epon* 834 erhalten. An 68 Kurventafeln wird die Stabilisierungswirkung graphisch dargestellt.

FERRARIS, E.: Stabilisierung von PVC durch anorganische und organische Salze von Magnesium, Zink, Cadmium, Quecksilber, Bor, Titan, Zirkonium und Cerium. Angabe von Literatur und Patenten. Materie plastiche 22, **1956**, Nr. 8, 675—680.

N. N.: Epoxy Stabilizers. Mod. Pla., Febr. **1952**, 181.

SMITH, H. V.: Stabilizers for vinyl-polymers. Brit. Pla., Aug. **1954**.

VERUNELLS, W. G.: Double Stabilizers Combinations. Faraday Transactions 23, Jan. **1955**.

TAFT, G. H.: Stabilisieren von Kunststoffen. Mod. Pla., Mai **1957**, 170, 172, 174, 176, 246, 247.

SAVELLI, E.: Die Stabilisierung chlorhaltiger Kunststoffe durch Epoxyde. Als guter thermischer Stabilisator wird *Epon* 834 hervorgehoben. Um es voll zur Wirkung zu bringen, wird die kombinierte Anwendung mit Metallverbindungen, z. B. mit Bleiseifen oder Organo-Zinnverbindungen empfohlen. Materie plastiche **23**, Nr. 1, 27—35 (1957).

Verwendung für elektrotechnische Zwecke

Vier Gebiete der Elektrotechnik beanspruchen Epoxydharze als das bestgeeignetste Kunstharz:

1. Für Kupferleitungsdrähte: Isolierdrahtlacke, die sehr elastisch und wärmebeständig sind,

2. Gehäuse und elektrische Montageplatten mit hohen dielektrischen Eigenschaften,

3. Vergußmassen von hoher Wärmefestigkeit, hohen dielektrischen Eigenschaften, schwerer Entflammbarkeit und hoher Feuchtigkeitsbeständigkeit, z. B. für Transformatoren an Stelle von Öl,

4. Hochspannungsisolatoren u. dgl. als Ersatz für Porzellan.

Wenn praktisch auf diesen vier Gebieten die Verwendung von Epoxydharzen noch keinen großen Umfang angenommen hat, so liegt es an dem z. Zt. noch relativ sehr hohen Preis. Man nimmt daher lieber gewisse Mängel der bisher üblichen Materialien in Kauf, besonders wenn diese nur nebensächliche Eigenschaften betreffen. Nachdem sich beispielsweise Porzellanisolatoren seit Jahrzehnten bewährt haben, ist die Tatsache des beim Brennen auftretenden enormen Schwunds ohne jede praktische Bedeutung, da derselbe für die benötigte Dimension einkalkuliert wird. Der Hinweis auf den minimalen Schwund von Epoxydharzen in Verbindung mit einem mehrfach höheren Preis kann daher den Hersteller von Porzellanisolatoren in keiner Weise interessieren, zumal niemand angeben kann, in welchem Zustand sich ein Epoxydharzisolator nach 50—100jähriger Bewetterung befinden wird.

Die für elektrotechnische Zwecke geeigneten Epoxydharzvorprodukte und mit ihnen hergestellte Kompositionen sind größtenteils bereits in den Kapiteln „Lacke und Anstrichstoffe" und „Gießharze" angeführt worden, so daß hier nur noch wenige Spezialverfahren anzugeben sind.

28. 8. 51. BP 749 621, Research Laboratories Ltd.: Verwendung elektrisch leitender Epoxydharze, die durch Einmischen von Metallstaub in Epoxydharzvorprodukte gewonnen werden, oder Erzielung elektrisch leitender Oberflächen auf Epoxydharzen, indem auf noch feuchtem Epoxydharzlack vor der Härtung Metallpulver aufgestäubt wird. Die metallisierte Oberfläche kann durch einen nochmaligen Lackanstrich geschützt werden, so daß die leitende Schicht zwischen zwei nichtleitenden eingebettet ist.

29. 12. 50. US 2 714 276, American Cyanamid: Isoliermaterial aus Schlackenwolle, das in einer Menge von 0,005—0,05% mit einem Umsetzungsprodukt aus Epichlorhydrin mit einem Fettsäureamin mit 16—18 C-Atomen imprägniert ist. Beispielsweise wird ein Kondensationsprodukt aus Octadecylamin mit Epichlorhydrin in der Weise hergestellt, daß zu einem Mol auf 75° erhitztes Octadecylamin während $1\frac{1}{2}$ Stunden 1,8 Mol Epichlorhydrin eingetropft und danach weitere $1\frac{1}{2}$ Stunden bei 70—80° nacherhitzt wird. Verfahren dieser Art sind bereits in US 2 089 569 und US 2 174 762 beschrieben worden. Das Rohprodukt, das geringe Anteile Dichlorglycerin enthält, kann

direkt als 1%ige wäßrige Lösung zum Ansprühen frisch geblasener, noch heißer Schlackenwolle angewandt werden, und zwar in einer Menge, daß etwa 0,1% an trocknem Material aufgebracht werden. Anschließend wird das imprägnierte Material auf 100—150° erhitzt, wodurch das gehärtete Harz wasserunlöslich wird. Diese Behandlung verleiht der Schlackenwolle erhöhte Elastizität und vor allem wesentlich verbesserte Wasserfestigkeit, so daß sie nunmehr auch als elektrisches Isoliermaterial Verwendung finden kann.

7. 8. 51. US 2642412, SHELL: Verwendung von polymeren Bisphenol-A-Glycidyläthern, die mit N,N-Dialkyl-1,3-propylendiamin gehärtet werden, als hochisolierendes Einbettungsmaterial für blanke Stromleiter oder zum Vergießen von elektrischen Apparateteilen.

21. 10. 51. US 2691004, GENERAL ELECTRIC Co.: Komposition aus Glimmerpulver, Polyestern mit freien Carboxylgruppen (Glycerinadipinsäure oder Sebacinsäurepolyester mit einer Säurezahl von etwa 300) und einem polymeren Bisphenol-A-Glycidyläther. Mit dem geschmolzenen oder gelösten Gemisch wird Papier, das elektrischen Isolierzwecken dienen soll, getränkt, oder es werden elektrische Spulen, Rotoren u. dgl. damit behandelt. Nach dem Härten entsteht ein wasserabweisendes elastisches Material von hohen dielektrischen Eigenschaften.

26. 6. 52. FP 1059224; D.-Pri. 28. 6. 51. PHILIPS GLOEILAMPENFABRIEKEN: Verwendung von *Araldit* Gießharz B zusammen mit dem Härter 901 zum Überziehen elektrischer Leiter (Spulen, Kondensatoren u. dgl.) und zur Herstellung formgenauer Gußstücke zum Einbetten elektrischer Geräte.

22. 7. 53. US 2721822, N. PRITIKIN: Verwendung von Epoxydharzvorprodukten zur gegenseitigen Isolierung von Kommutatorringen an elektrischen Generatoren.

7. 1. 54. D. Anm. C 13463, TH. GOLDSCHMIDT: Kombinationen von polymeren Bisphenol-A-Glycidyläthern mit schwach hydrolysierten Silanolen (erhalten durch Hydrolyse von Diäthyldichlorsilan) mit Aluminiumchlorid als Härter zur Herstellung von sehr abriebfesten Isolierdrahtlacken bzw. Kombination eines Kondensationsproduktes von Epichlorhydrin mit einem p-tert.-Butylphenol-Formaldehyd-Novolak mit einem Gemisch von Phenyltributoxysilan und Methyltriäthoxysilan mit Aluminiumstearat als Härter zur Herstellung — durch Einbrennen bei 180° — glänzender isolierender Lackfilme mit einer Durchschlagfestigkeit von 100 KV/mm bei 20° und von 50 KV/mm bei 180°.

25. 1. 55. Belg. P. 535145; US-Pri. 25. 1. 54, WESTINGHOUSE ELECTRIC CORP.: Verwendung eines Gemisches eines polymeren Bisphenol-A-Glycidyläthers gewonnen, durch Umsetzen von 100 Teilen eines aromatischen Glycidyläthers mit 47 Teilen Bisphenol A mit einem polymeren aliphatischen Glycidyläther, hergestellt durch Umsetzen von 1 Mol Glycerin mit 3 Mol Epichlorhydrin als Isolierlack für elektrische Geräte.

27. 4. 55. FP 1131134, WESTINGHOUSE ELECTRIC Co.: Herstellung von Isoliermassen durch Copolymerisation von:

1. einem mit Leinölfettsäure veresterten polymeren Bisphenol-A-Glycidyläther,

2. einem Umsetzungsprodukt von Maleinsäureanhydrid mit einem hydroxylierten Ricinusölfettsäureester,

3. einem polymerisierbaren Monomeren, insbesondere Styrol.

Es werden Gemische aus 80 Teilen 1. und 20 Teilen 2. mit Zusätzen von 5—95% Styrol copolymerisiert.

MINNESOTA MINING & MANUFACTURING Co.[1] beschreiben ein Isoliermaterial, bestehend aus mit Polyestern oder Epoxydharzvorprodukten getränkten Glasfasergewebematten, die vor der Härtung glatt und geschmeidig und für die Haut unschädlich zu handhaben sind und nach ihrem Einbau im Ofen gehärtet werden.

FLOYD, E., D. E. PEERMAN u. H. WITTCOFF der GENERAL MILLS Co. beschreiben in ihrem Vortrag „Characteristics of the Polyamide Epoxide Resin Systems"[2] u. a. auch die Verwendung von Kompositionen aus Epoxydharzvorprodukten mit den Polyamidharzen der GENERAL MILLS *Versamid* 115 und 125 für solche elektrische Zwecke für welche hohe dielektrische Werte verlangt werden.

Tafel zu MANFIELD Seite 686

Harz Nr.	Härter	Füllmaterial	Dielektrizitätswerte			
			Sofort		Nach 6 maliger Feuchtigkeitseinwirkung	
			K	tg δ	K	tg δ
6	sek. Amin	ohne	3,36	0,0301	3,87	0,0358
6	sek. Amin	Glimmer 25%	3,78	0,029	4,96	0,076
6	Aminsalz	ohne	3,38	0,025	4,26	0,042
6	Aminsalz	ohne	3,77	0,030	4,44	0,043
6	arom. Amin	ohne	4,15	0,029	4,41	0,0389
7	sek. Amin	ohne	3,50	0,028	4,04	0,0388
7	sek. Amin	Glimmer 25%	3,73	0,27	nicht meßbar	
1	Säureanhydrid	ohne	3,90	0,029	nicht bestimmt	
1	Säureanhydrid	Glimmer 25%	4,05	0,035	nicht bestimmt	
1	Säureanhydrid	Glas 60%	4,05	0,026	nicht bestimmt	
2	prim. Amin	ohne	3,59	0,023	3,78	0,029
2	prim. Amin	Glimmer 15%	3,62	0,023	3,80	0,035
2	arom. Amin	ohne	3,96	0,0238	4,01	0,024
2	arom. Amin	Glimmer 20%	4,07	0,0243	4,24	0,036
5	Säureanhydrid	ohne	3,79	0,0186	4,00	0,0205
5	Säureanhydrid	Mikroglimmer 20%	4,43	0,0202	nicht meßbar	
5	arom. Amin	ohne	4,02	0,019	4,23	0,024
3	arom. Amin	ohne	4,06	0,0278	4,18	0,0302
3	arom. Amin	Glimmer 20%	4,12	0,028	4,31	0,040
8	sek. Amin	ohne	3,54	0,0247	3,58	0,0292
9	unbekannt	ohne	3,78	0,0215	3,96	0,034

Es bedeuten: K = Dielektrizitätskonstante bei 50 Hz, tg δ = Verlustfaktor

[1] Ind. Eng. Chem. **1956**, Nr. 7, 96 A.
[2] Vortrag am 11. 4. 56 auf dem Symposium Epoxide Resins in London.

MANFIELD, H. G. des RADAR RESEARCH ESTABLISHMENT zeigt in seinem Vortrag „Electrical Applications of Epoxide Resins, particulary in the Electronic Industry"[1] die Hochwertigkeit von Epoxydharzen für elektrische Verwendungen. Ihre elektrischen Eigenschaften sind erheblich besser als diejenigen von Polyestern. Unter Verwendung von verschiedenen Epoxydharzvorprodukten des Handels, deren Namen nicht angegeben werden, verschiedenen Härtern, für sich allein und im Gemisch mit Glimmer- oder Glaspulver, werden die in der Tabelle (S. 685) verzeichneten Werte erhalten, die sich auf die Beeinflussung durch Feuchtigkeit beziehen, wobei jede Feuchtigkeitsbehandlung das 16stündige Aussetzen einer Luft von 95% relativer Feuchtigkeit bei 55° mit anschließender Kondensation bei Raumtemperatur umfaßt.

Sonstige Literatur:

MEYERHANS, K.: Erfahrungen über die Verarbeitung und Anwendung von *Araldit* als Bindemittel und als Gießharz. Kunst., **1951**, Heft 12, 457—462.

JAVITZ, A. E.: Cast-Resin Embedments of Circuit Subunits and Components. Electr. Manufact., Sept. **1951**, 103.

HEITERT, T. G., u. H. W. NIEMANN: Selecting an Embedment System for electronic Components. Electr. Manufact., Mai **1952**, 113.

DUMMER, W. A.: British Developments in embedded and printed Circuits. Electr. Manufact., Mai **1953**, 84.

SOUTER, J. C.: Conveyorized Assembly for Component Embedment. Electr. Manufact., Aug. **1954**, 89.

N. N.: Kabelverbindungen durch kalthärtende Epoxydgießharze. Mod. Pla., Nov. **1954**, 212.

JAVITZ, A. E.: Research Progress in Dielectrics. Electr. Manufact., Dez. **1954**, 70.

MEYERHANS, K.: Äthoxylinharze in der Hochspannungstechnik. Es lassen sich mit Härter versetzte Epoxydharzvorprodukte herstellen, die selbst in den Tropen eine Verbrauchszeit von mehr als 6 Monaten aufweisen. Im gehärteten Zustande behalten die Harze selbst in sehr feuchter Luft ihre guten elektrischen Werte und sind für Transformatoren, Kondensatoren, Meßwandler und andere elektrische Geräte zu empfehlen. Kunst. **1953** Heft 10, 387—392.

ARIES, R. S.: Epoxy Casting Resins in Elctronics. Mod. Pla., Juli **1954**, 118—121.

DAVIES, E. M., R. S. MARTY u. P. J. FRANKLIN: A new Compression-moulding Process for printed Capacitors. Electr. Manufact., Febr. **1955**, 100.

JAVITZ, A. E.: The Epoxy Resin System for embedded Ciruits and Components. Electr. Manufact., April **1955**, 74—79.

N. N.: Potted in Epoxy. Mod. Pla., Sept. **1955**, 209.

FORMO, J.: High Heat-Distortion Epoxy Compound. Electr. Manufact., April **1955**, 81.

FORMO, J., u. L. BOLSTAD: Where and how to use Epoxies. Mod. Pla., Juli **1955**, 99—104.

ROBERTS L.: Epoxy-Polyamide thin-coat Encapsulations. Electr. Manufact., April **1955**, 83.

BERTUCCI, W.: Epoxy Resin molds for three dimensional Effect. Plastics World, Juni **1955**, 2 Seiten.

ERNST, W. A.: Electrical Properties of Epoxy Casting Resins. Electr. Manufact., April **1955**, 86—87.

ARIES, R. S.: Verwendung von Epoxydharzen in der elektronischen und Werkzeugindustrie. Chem. Rdsch., **1955**, Nr. 2.

RITT, P. E.: Synthesizing an Epoxy Resin for high electrical Resistance. Electr. Manufact., April **1955**, 85.

SHANNON, W. E.: Embedded Torquemeter (Drehmomentmesser) Pickup Assembly. Electr. Manufact., April **1955**, 77.

---

[1] Vortrag am 12. 4. 56 auf dem Symposium Epoxide Resins in London.

Skiff, R. A.: Embedments of Components for locomotive electrical Systems. Electr. Manufact., April **1955**, 79.

Firth, F. G.: Potting and Encapsulation. Mod. Pla., April **1956**, 125, 16 Seiten.

Rudoff, H., u. A. J. Rzeszotarski: Überblick über Epoxydharze, die für den Elektrosektor Verwendung finden können. SPE J. 12, **1956**, Nr. 2, 31—35.

Parry, H. L., J. E. Carey u. M. D. Anderson: Isoliereigenschaften bei hohen Feuchtigkeitsgraden werden durch Füllstoffe verschlechtert. (SPE J 13, **1957**, 45—57.)

Preiswerk, E.: Äthoxylinharze in der Elektrotechnik, Pla. Ver., **1953**, Heft 2, 6 Seiten.

Ott, G. H.: Aralditharze als Filmbildner für die Lackindustrie und Elektrotechnik. Firmenschrift der Ciba, 10 Seiten, etwa **1950**.

Hilfsmittel für Textilien und Papier

Obgleich sich in den letzten Jahrzehnten zum Veredeln von Textilien und Papier Aminoharze in zunehmendem Maße eingeführt haben, wurde bereits seit einiger Zeit erkannt, daß sich auch Epoxydharze für diesen Zweck recht gut eignen und in ihrer Wirkung die Aminoharze vielfach übertreffen.

In folgendem werden kurze Inhaltsangaben von Patentschriften angeführt, welche die Verwendung von Epoxydharzen bzw. von Epoxydverbindungen für diese Gebiete beschreiben.

26. 6. 29. FP 677431, Rohm & Haas: Öliges Umsetzungsprodukt durch Kochen von Epichlorhydrin und Schwefelnatrium in wäßriger Lösung, mit dem Textilien oder Papier imprägniert und in der Wärme zu kautschukartiger Masse gehärtet werden.

12. 6. 36. US 2172747, Richards Chem. Works: Verwendung eines oxäthylierten Gemisches von Harnstoff und einem höheren Aldehyd, z. B. werden 60 g Harnstoff und 184 g Kokosnußaldehyd im Autoklaven bei 140—150° mit 220 g Äthylenoxyd 6—8 Stunden behandelt, wobei ein wasserlösliches Wachs entsteht.

30. 6. 36. US 2252037 und

26. 6. 37. US 2252039, Heberlein Co.: Verwendung von Glycidyläthern höherer Alkohole zum Hydrophobieren von Textilien.

24. 12. 36. US 2123718, Tretolite Co.: Verwendung von mit höheren Fettsäuren veresterten Harnstoff-Äthylenoxyd-Umsetzungsprodukten als Textilhilfsmittel (Schlichte, Emulgier- oder Dispergiermittel).

29. 10. 37. BP 487652, British Celanese Co.: Verwendung wachsartiger Äthylenoxydpolymerisationsprodukte, wie sie entstehen, wenn 100 g Äthylenoxyd mit 50 g durch Erhitzen auf 350° aktivierter Fullererde 7 Tage bei 0° stehengelassen wird, als Schlichte für Textilien.

23. 11. 38. US 2319876, Celanese Corp. of America: Behandlung von Geweben aus Acetylcellulose mit einer alkoholischen Lösung eines harzartigen Reaktionsproduktes von 1 Mol Bisphenol A, 1 Mol p-Toluolsulfamid mit 2 Mol Glycerindichlorhydrin und 2 Mol Natriumhydroxyd als 8%ige wäßrige Lösung mit anschließender Härtung durch kurzes Erhitzen bei 120—130°.

10. 6. 39. US 2258320, AMERICAN CYANAMID Co.: Verwendung von Umsetzungsprodukten von Alkylol-Cyanamid mit höheren Fettsäuren, z. B. von 189 g Monoäthylol-Cyanamid mit 200 g Kokosnußfettsäure bei 150°, wobei eine stabile Emulsion entsteht.

10. 8. 39. US 2274474, AMERICAN CYANAMID Co.: Verwendung eines Umsetzungsproduktes von 1 Mol Calciumcyanamid mit 2 Mol Äthylenoxyd bei 15—20°.

8. 10. 40. US 2276231, AMERICAN CYANAMID Co.: Verwendung von Umsetzungsprodukten von 1 Mol Monomethylol-Cyanamid (oder Pentaoxypropoxy-dihydroxypropyl-cyanamid) mit 2 Mol einer mehrbasischen Säure bei 120—140°.

30. 1. 41. US 2320225, AMERICAN CYANAMID Co.: Umsetzungsprodukte von Dicyandiamid, Guanidinsalzen, substituierten Guanidinen, Biguanid u. dgl. m. mit Alkylenoxyden, z. B. werden 22,4 g Dicyandiamid in 50 ml Wasser mit 35,2 g Äthylenoxyd 40 Minuten bei 106° behandelt.

22. 2. 41. D. Anm. C 2356, CASSELLA FARBWERKE MAINKUR A. G.: Verwendung von Kondensationsprodukten von Alkylenoxyden mit den Methylolverbindungen von Harnstoff oder Aminotriazinen.

20. 5. 41. DRP 862888, BADISCHE ANILIN- & SODAFABRIK-AG.: Verwendung von Umsetzungsprodukten von 1 Mol Hexamethylendiisocyanat mit 2 Mol Glycid in Benzol zum Diglycidylcarbaminsäureester

$$CH_2\text{—}CH\cdot CH_2\cdot O\cdot CO\cdot NH\cdot (CH_2)_6\cdot NH\cdot CO\cdot O\cdot CH_2\cdot CH\text{—}CH_2 \quad \text{vom F 78°}$$
$$\underset{O}{\diagdown\diagup} \qquad\qquad\qquad\qquad\qquad\qquad\qquad\qquad \underset{O}{\diagdown\diagup}$$

der in der Wärme für sich allein härtet.

11. 5. 42. FP 881981; D.-Pri. 20. 5. 41, BADISCHE ANILIN- & SODAFABRIK-AG.: Umsetzungsprodukte von Diepoxydverbindungen (Diglycidäther, Butadiendioxyd usw.) mit höhermolekularen Hydroxylgruppen enthaltenden Substanzen wie Eiweiß, Saccharide u. dgl., sowie mit Kondensationsprodukten mehrwertiger Carbonsäuren mit mehrwertigen Aminen und ihre Verwendung als Appretur für Textilien, Papier und Leder.

3. 6. 42. D. Anm. J 72394, HOECHST: Verwendung von hochviscosen bis weichharzartigen wasserlöslichen bis hydrophilen Umsetzungsprodukten von Harnstoff, Thioharnstoff und ihren Monosubstitutionsprodukten, insbesondere mit Alkyl- oder Acylresten, mit etwa 1 Mol Äthylen- oder Propylenoxyd.

17. 7. 42. FP 884271; D.-Pri. 2. 8. 41, BADISCHE ANILIN- & SODAFABRIK-AG.: Umsetzungsprodukte von Epoxydpropylamin (hergestellt aus Epichlorhydrin und Ammoniak oder Aminen) mit Alkoholen, Carbonsäuren, Polyamiden, Sacchariden usw. und ihre Verwendung als Schlichte für Textilien, zum Verleimen von Papier und Veredeln von Leder.

1. 6. 44. US 2425755, CARBIDE & CARBON CORP.: Verwendung als Textilschlichte von Polyoxyalkylenglykolen mit Molgewichten von etwa 500, hergestellt durch Oxalkylieren von Äthanol, Butanol, Isobutanol, Tetradecanol u. a. m. mit einem Gemisch aus 3 Teilen Äthylenoxyd und 1 Teil Propylenoxyd.

30. 11. 48. US 2434179, DU PONT: Verwendung eines wasserlöslichen Oxyäthers, hergestellt durch Umsetzen eines hydrolysierten Copolymers aus Äthylen, Vinylacetat und einer Epoxydverbindung mit
nicht mehr als 6 C-Atomen (vorzugsweise Äthylenoxyd) als Textilschlichte, Stabilisierungsmittel für Kohlenwasserstoffemulsionen und
als Waschhilfsmittel.

10. 12. 48. US 2581376 und

13. 12. 48. US 2581382, PETROLITE CORP.: Umsetzungsprodukte
von Phenol-Formaldehydharzen mit mehr als 1 Mol Äthylenoxyd
(hergestellt nach US 2542000 vom 13. 12. 48) werden in Gegenwart
von p-Toluolsulfosäure mit Chloressigsäure unter aceotropischem Abdestillieren des Reaktionswassers kondensiert und als Netz- und Schäum-
mittel angewendet.

10. 5. 49. US 2470081, AMERICAN CYANAMID CO.: Verwendung von
Umsetzungsprodukten von Alkylolamiden ungesättigter Fettsäuren
mit 18—20 C-Atomen, z. B. Reaktionsprodukte dimerer Sojafettsäure
mit Propanolamin, mit Alkylenoxyden.

24. 3. 50. US 2636028, SHELL: Reaktionsprodukte von 1 Mol Epi-
chlorhydrin mit 5—10 Mol wäßrigen Ammoniaks, die nach erfolgter
Polymerisation mit höheren Fettsäuren (Öl- oder Tallölsäure) zu den
Amiden umgesetzt werden, eignen sich zum Imprägnieren von Tex-
tilien, Papier oder Leder. Dies Patent entspricht im wesentlichen dem
FP 884271 der BADISCHEN ANILIN- & SODAFABRIK-AG. mit deutscher
Priorität vom 2. 8. 41.

16. 2. 50. US 2687405, DU PONT: Verwendung von Copolymeren
von Allylglycidyläther mit Acrylsäureester als Imprägniermittel für
Textilien und Papier.

27. 7. 51. BP 722258; US-Pri. 31. 7. 50, DU PONT: In schwacher
Essigsäure lösliche Umsetzungsprodukte von Copolymeren von Allylglycidyläther und Vinylacetat mit Diäthanolamin werden zum Imprägnieren von Textilien angewendet.

1. 4. 52. US 2676166, DU PONT: Reaktionsprodukte von Copolymeren von Allylglycidyläther mit Vinylacetat vom Molgewicht 1000
bis 10000 mit einem tertiären Monoamin mit anschließender Ausbildung
einer polymeren quaternären Ammoniumverbindung als Imprägnier-
oder Netzmittel für Textilien.

27. 3. 53. US 2723971, DU PONT: Copolymere von Allylglycidyläther und Vinylacetat oder Methacrylsäureester mit Phosphorsäure
nachbehandelt, sind als Ammoniumsalze wasserlöslich und eignen sich
als Schlichte oder Imprägniermittel für Textilien. Härtung erfolgt
bei 120°.

19. 6. 53. BP 740720; US-Pri. 23. 6. 52, DU PONT: Verwendung von
Copolymeren von Allylglycidyläther, Vinylacetat und Ammoniak oder
primäre oder sekundäre Amine eignen sich als Imprägniermittel für
Textilien oder Papier.

10. 2. 54. BP 759863. DU PONT: Verwendung von Mischpolymerisaten, bestehend aus 3—60% ungesättigter Monomere, die Epoxydgruppen enthalten (Allylglycidyläther oder Methacrylsäureglycidyl-

äther) und 97—40% eines beliebigen Monomeren (Vinylchlorid, Acryl-
nitril oder Vinylacetat), die in Gegenwart von Peroxyden oder
Porofor-N polymerisiert und anschließend in einem organischen
Lösungsmittel mit Phosphorsäure umgesetzt wurden. Hierbei soll pro
Epoxydgruppe mindestens $^1/_2$ Mol Phosphorsäure eingesetzt werden.
Je nach den Ausgangsmaterialien und dem Umsetzungsgrad werden
Produkte erhalten, die in Wasser oder verdünnten Alkalien löslich
oder unlöslich sind und in jedem Fall gehärtet werden können. Ver-
wendung auch als Papier- oder Holzbeschichtungsmaterial.

31. 3. 54. BP 753050; US-Pri. 26. 6. 53, DU PONT: Verwendung von
Gemischen von 50—97% wasserunlöslicher nicht ionogener Polymerer
(Polyvinylchlorid, Polychloropren) und 50—3% wasserlöslicher Anionenpolyelektrolyte (Glycidylester ungesättigter Carbon- oder Sulfonsäuren) zur Herstellung von Kunstleder.

27. 5. 50. US 2683130, KOPPERS Co.: Verwendung hydrophiler Reaktionsprodukte von Epichlorhydrin oder 1-Chlor-2,3-epoxybutan mit
Kondensationsprodukten von Phenolen mit Formaldehyd, die aus
mindestens 3 Benzolkernen bestehen, werden zum Imprägnieren von
Textilien angewendet.

28. 11. 52. BP 732573; US-Pri. 1. 12. 51, BATAAFSCHE: Behandeln
von Textilien mit einem polymeren aliphatischen Glycidyläther (1 Mol
Glycerin umgesetzt mit 3 Mol Epichlorhydrin) oder mit polymerem
Allylglycidyläther in einer Lösung, bestehend aus 25% Isopropanol
und 75% Wasser unter Verwendung einer mehrbasischen Carbonsäure
(Citronensäure) als Härter, wodurch ausgezeichnete Knitterfestigkeit
erzielt wird. Beim Waschen geht nur 1,6% des Imprägniermittels verloren, während bei Verwendung von Aminoharzen mindestens 20%
ausgewaschen werden.

27. 1. 53. FP 1074050; US-Pri. 28. 1. 52, MONSANTO CHEM. CORP.:
Verwendung eines epoxydierten Acylricinolsäureesters (2′-Acetoxyäthyl-
9,10-epoxy-12-acetoxyoctadecansäureester) als Textilhilfsmittel.

13. 8. 52. US 2730427, AMERICAN CYANAMID Co.: Verwendung
von Diglycidyläthern der allgemeinen Formel

$$CH_2\!-\!CH\cdot CH_2\cdot O\cdot R\cdot O\cdot CH_2\cdot CH\!-\!CH_2$$
$$\diagdown\!O\!\diagup \qquad\qquad\qquad \diagdown\!O\!\diagup$$

wobei R den Rest eines Glykols, insbesondere von Äthylenglykol, bedeutet, zur Erzielung von Knitterfesteffekten und zur Verringerung
des Einlaufens. Die Aufnahme des Gewebes an wasserfreiem Diglycidyläther soll 6—8% betragen. Die Härtung erfolgt auf der Faser bei
140—175° ohne oder mit einem sauren Härter (z. B. 0,5% Oxalsäure).

14. 3. 53. BP 757386, FOTHERGILL & HARVEY LTD.: Behandeln von
Cellulose oder von daraus bestehenden Geweben mit Emulsionen von
Diglycidyläthern mehrwertiger einkerniger Phenole oder Polyoxynaphthaline (Hydrochinon, Resorcon oder Alkylderivate derselben in
erster Linie) in alkalischer Lösung mit anschließender Härtung bei
100—120° in 15—30 Minuten. Die Cellulose ist durch diese Behandlung
weniger quellend und schrumpfend geworden und löst sich nicht mehr
in Kupferoxydammoniak.

19. 7. 54. FP 1109462; US-Pri.: 21. 7. 53, BATAAFSCHE: Verwendung eines polymeren Bisphenol-A-Glycidyläthers, der mit Zinkfluorborat gehärtet wird, als Antiknitter- und -schrumpfmittel für Textilien. Die Verankerung des so gehärteten Harzes in der Faser ist wesentlich fester als bei Verwendung anderer Härter oder von Aminoharzen. Nach dem Waschen beträgt der Verlust an Imprägniermitteln unter Verwendung von:

Zinkfluorborat als Härter ... 8,1%
Citronensäure als Härter 24%
Aminoharze 20%

13. 11. 54. Belg. P. 533294, BATAAFSCHE: Verwendung von Umsetzungsprodukten von Epichlorhydrin mit Kondensationsprodukten von aliphatischen Ketonen (Methyläthylketon) mit Formaldehyd mit anschließender Dehalogenierung unter Zugabe der üblichen Aminhärter als Imprägniermittel für Textilien zur Erzielung von Verbesserungen in der Knitter- und Schrumpffestigkeit. Der Imprägnierlösung können auch Methylcellulose, Copolymere von Vinylmethyläther und Maleinsäureanhydrid oder Fettsäureester von Polyglykolen zugesetzt werden, wobei zweckmäßig mit Magnesium- oder Zinkfluorborat als Härter gearbeitet wird.

5. 11. 55. Belg. P. 542605, DU PONT: Ausrüsten von Textilien oder Leder mit einem Mischpolymerisat aus Allylglycidyläther und Methacrylsäurebutylester in Gegenwart eines Alkylglycidyläthers der mit Phosphorsäure oder einem partiellen Ester derselben nachbehandelt wurde.

30. 9. 55. Belg. P. 541693; US-Pri. 4. 10. 54, BATAAFSCHE: Emulsionsartiges Imprägniermittel für Textilien, bestehend aus einem Gemisch von 1. einem polymeren Bisphenol-A-Glycidyläther mit 1—2 Epoxydgruppen pro Mol und einem Molgewicht von 300—900, 2. einem säure- und alkalibeständigen nicht ionogenen Emulgator (Oxypolyalkylenäther), 3. einem Schutzkolloid (hydrolysiertes Polyvinylacetat) und 4. eventueller Zusatz eines Härters.

22. 2. 56. Belg. P. 545441, BATAAFSCHE: Verwendung von polymeren Bisphenol-A-Glycidyläthern, die mit einem Gemisch, bestehend aus Salzen der Essigsäure, Borfluorwasserstoffsäure oder 2-Äthylhexancarbonsäure und einem Addukt eines polymeren Glycidyläthers mit Diäthylentriamin gehärtet werden, zum Schrumpffestmachen von Wolle, wobei keine Verfärbungen hervorgerufen werden.

8. 5. 52. FP 1055569, ST. GOBAIN: Umsetzungsprodukte aus Epichlorhydrin und Äthylenglykolchlorhydrin in Gegenwart von Bortrifluorid, bestehend aus 85% des Monoäthers $Cl \cdot CH_2 \cdot CH_2 \cdot O \cdot CH_2 \cdot CHOH \cdot CH_2 \cdot Cl$ und 15% des Diäthers

$$Cl \cdot CH_2 \cdot CH_2 \cdot O \cdot CH_2 \cdot CH \cdot O \cdot CH_2 \cdot CHOH \cdot CH_2 \cdot Cl$$
$$\overset{|}{CH_2 \cdot Cl}$$

als Zwischenprodukte zur Herstellung von Textilhilfsmitteln.

22. 7. 52. US 2742453, ROHM & HAAS: Umsetzungsprodukte von Epichlorhydrin mit Alkylenpolyaminen mit 2—3 C-Atomen werden mit Harnstoff unter Ammoniakabspaltung kondensiert unter Bildung

von Polyharnstoffen, die als Vorprodukte für Textil- und Papierhilfsmittel Verwendung finden können.

19. 11. 52. D. Anm. F 10412, BAYER: Verwendung wasserlöslicher viscos-flüssiger Umsetzungsprodukte von Epichlorhydrin mit Polyaminen, die mindestens 1 Aminogruppe enthalten, zum Imprägnieren von Papier zwecks Erhöhung der Naßreißfestigkeit.

7. 10. 53. D. Anm. F 12976, BAYER: Verwendung von Umsetzungsprodukten von Polyacrylsäure oder anderen in α-Stellung nicht substituierten ein- oder mehrbasischen ungesättigten Carbonsäuren oder ihrer Mischpolymerisate mit Äthylenoxyd, wobei von letzterem etwa die 10fache Menge der Polycarbonsäure aufgenommen werden soll. Die Umsetzung erfolgt in wäßriger Lösung in Gegenwart von Kaliumhydroxyd bei 90° in 12—14 Stunden.

18. 1. 54. D. Anm. F 13703, BAYER: Verwendung von nach der deutschen Anm. F 10186 hergestellten höhermolekularen Umsetzungsprodukten von Epichlorhydrin mit Polyaminen als Imprägniermittel für Textilien.

7. 5. 54. D. Anm. C 9330; Schwz. Pri. 13. 5. 53, CIBA: Umsetzungsprodukte von Octylphenol mit Äthylenoxyd (Einsprühen bei 140° in eine unter Druck befindliche Äthylenoxydatmosphäre) werden als Schlichte oder Imprägniermittel für Textilien verwendet.

30. 7. 54. D. Anm. H 21012, HENKEL & CIE: Verwendung von Carbonsäurepolyglycidylestern, hergestellt durch Verkneten des Alkalisalzes einer Polycarbonsäure mit überschüssigem Epichlorhydrin bei 110—160° in Gegenwart von quaternären Ammoniumverbindungen (als Katalysator).

1. 10. 54. FP 1108700; D.-Pri. 2. 10. 53, DEGUSSA: Verwendung der öligen Additionsprodukte von Styroloxyd mit Aminoverbindungen wie Harnstoff, Dicyandiamid, Guanidin, Melamin, Casein u. dgl. als Textilhilfsmittel bzw. als Zwischenprodukt für ihre Herstellung.

21. 9. 54. US 2774691, SHELL: Verwendung zum Imprägnieren von Textilien von wäßrigen Lösungen, enthaltend 20—80% eines Polyepoxyds (Glycidylpolyäther von Polyolen mit einer Epoxydäquivalenz von 1,1—3 und einem Molgewicht von 170—800, oder einem Polyphenolglycidylpolyäther, dessen Epoxydäquivalenz größer als 1 und dessen Molgewicht größer als 200 ist) und 80—20% eines aliphatischen Di-, Tri- oder Tetraaldehyds (Glyoxal, Succinaldehyd, α-Oxyadipinaldehyd und $\alpha.\gamma$-Diallyl-α-alkoxyglutaraldehyd), denen 0,1—30% eines sauren Katalysators (Citronensäure, Mg-Perchlorat oder Zn-Fluorborat) zugesetzt ist. Die Komposition härtet bei über 100° und ist dann waschfest verankert. Die Textilien erhalten durch diese Behandlung gute Reiß- und Scheuerfestigkeit und weichen Griff.

11. 11. 54. D. Anm. N 9740, 1016449; US-Pri. 13. 11. 53. BATAAFSCHE: Verwendung eines alkalisch kondensierten Umsetzungsproduktes von Formaldehyd mit einem Keton mit einer Mehrzahl von aktiven Wasserstoffatomen an den der Carbonylgruppe benachbarten Kohlenstoffatomen, das in Gegenwart von Bortrifluorid mit Epichlorhydrin zum Polychlorhydrin umgesetzt und anschließend mit Natrium-

orthosilikat bei 70° dehalogeniert wird. So erhaltene Polyepoxydpolyester verleihen gute Schrumpf- und Knitterfestigkeit (FP 1116459, BP 779092).

28. 10. 54. D. Anm. B 33175, 1011433, BADISCHE ANILIN- & SODAFABRIK AG.: Verwendung von Aryloxybutylenoxyden, die durch Umsetzen von Dichlorbutylenoxyden (hergestellt nach DP 906452) mit 1 oder 2 Mol einer aromatischen Oxyverbindung in Gegenwart der berechneten Menge Alkali gewonnen werden, z. B.:

$$CH_2\!-\!CH \cdot CHCl \cdot CH_2Cl + C_6H_5OH \xrightarrow{\;NaOH\;} C_6H_5 \cdot O \cdot CH_2 \cdot CH\!-\!CH \cdot CH_2Cl$$
$$\xrightarrow{} C_6H_5ONa \xrightarrow{} C_6H_5 \cdot O \cdot CH_2 \cdot CH\!-\!CH \cdot CH_2 \cdot O \cdot C_6H_5$$

12. 12. 54. FP 1118468; US-Pri. 28. 12. 53, COMP. THOMSON-HOUSTON: Verwendung von Umsetzungsprodukten von mehrwertigen Alkoholen wie Sorbit, Pentaerythrit, Inosit usw. mit Äthylenoxyd, bei denen etwa 8—20 Mol des letzteren aufgenommen werden sollen, welche mit zweibasischen Säuren (vorzugsweise Gemische von 1 Mol ungesättigter und 0,4—2 Mol einer gesättigten Säure, welche nicht mehr als 10 C-Atome enthalten sollen) verestert werden. Diese Produkte sind leicht wasserlöslich, sind in der wäßrigen Lösung beständig und lassen sich im wasserfreien Zustande mit den üblichen Peroxydkatalysatoren polymerisieren.

1. 3. 55. D. Anm. I 9880; B.-Pri. 5. 3. 54 u. 17. 2. 55, IMPERIAL CHEMICAL INDUSTRIES LTD: Verwendung von wäßrigen Emulsionen von Mineralöl, wobei die Herstellung der Emulsion unter anfänglicher Benutzung eines Fettalkohol- (Cetylalkohol-) Kondensationsproduktes mit 1,5—5 Mol Äthylenoxyd und späterer Zugabe eines Kondensationsproduktes desselben Fettalkohols mit 15—30 Mol Äthylenoxyd als Schlichte für Gewebe aus Polyesterfasern zur Vermeidung elektrostatischer Aufladung.

23. 5. 55. FP 1132036; US-Pri. 24. 5. 54, BATAAFSCHE: Epoxydkohlensäureester, hergestellt durch Umsetzen von Epoxydalkoholen mit Alkylchlorkohlensäureestern.

24. 10. 55, US 2806942, COLGATE PALMOLIVE Co.: Verwendung eines oxätylierten Umsetzungsproduktes von Monoäthanolamin mit einem Copolymerisat aus Styrol und Maleinsäuredimethylester.

9. 3. 56. Belg. P. 545915, SOLVAY & CIE.: Verwendung von Veresterungsprodukten von Maleinsäureanhydrid und Tetrachlorphthalsäure in Gegenwart von Hydrochinon und Epichlorhydrin, denen Styrol beigemischt ist. Die Aushärtung erfolgt mit Peroxyden. Produkte dieser Art dienen zur flammfesten, knitter- und schrumpffreien Ausrüstung von Textilien. (Siehe auch D. Anm. D 20655, 1002945, 14. 6. 55.)

25. 6. 56. Belg. P. 548980, BAYER: Verwendung von Oxalkylierungsprodukten von Polyamiden, Polyurethanen oder Polyharnstoffen. Beispielsweise wird eine Polyaminocapronsäure in einer inerten Flüssigkeit aufgeschlämmt und in Gegenwart von BF$_3$-Ätherat mit Epichlorhydrin oder Äthylenoxyd umgesetzt.

In einem zusammenfassenden Aufsatz über die Verwendung von Epoxydharzen zur Erhöhung der Knitterfestigkeit von Baumwollgeweben fassen C. W. SCHROEDER und F. E. CONDO der SHELL[1] die Ergebnisse zusammen, die mit *Epon*-Harzen für diesen Zweck erzielt worden sind. Hierfür sind niedermolekulare polymere Bisphenol-A-Glycidyläther, die bei gewöhnlicher Temperatur flüssig sind und eine gewisse Wasserlöslichkeit aufweisen, geeignet. Von den *Epon*-Harzen kommen die Nummern 623, 639, 682, 685, 694, 829 und 1675 in Betracht. Vergleichende Prüfungen haben zugunsten von Nr. 694 entschieden, das nun mit dem Namen „*Eponite* 100" als Textilhilfsmittel im Handel ist. Dasselbe ist weitgehend wasserlöslich und ein gewisser Anteil wird während des Löseprozesses homogen emulgiert, so daß eine einwandfreie Textilbehandlung möglich ist.

Die besonderen Vorteile der Epoxydharze gegenüber den üblichen Aminoharzen sind die folgenden:

1. Freiheit von stickstoffhaltigen Gruppen, welche chlorbindend wirken, so daß nach der Epoxydharzbehandlung Chlorbleiche ohne Nachteile erfolgen kann,

2. Freiheit von Formaldehyd, das durch seinen eigenen Geruch oder durch den bei der Zersetzung von Methylolgruppen, die mit Stickstoffatomen in Verbindung sind, auftretenden Fischgeruch zu Beanstandungen führt,

3. die wesentlich geringere Auswaschbarkeit von in der Faser fixierten Epoxydharzen, so daß der Effekt selbst nach vielen Waschprozessen nur unwesentlich zurückgeht.

Als Härter für Epoxydharz-Textil-Imprägnierungen sind Verbindungen mit stickstoffhaltigen Gruppen wegen der möglichen Verfärbungen ungeeignet. Zu empfehlen sind Alkylphosphorsäuren, vor allem aber Zinkfluorborat. Die Imprägnierlösungen, die mit Härtern dieser Art angesetzt sind, müssen frei von Alkali sein, da letzteres die Härter abstumpfen und unwirksam machen würde. Da mit diesen hochwirksamen Härtern auch Vernetzungen mit Polyalkoholen katalysiert werden, wird angenommen, daß die Cellulose selbst in diesem Sinne wirkt, was dadurch bestätigt wird, daß sie nach der Behandlung mit Epoxydharzen in den Celluloselösungsmitteln Kupferoxydammoniak und Trimethylbenzylammoniumhydroxyd (= Triton B) unlöslich geworden ist.

Weichmacher

Weichmacher werden in Verbindung mit vielen Kunststoffen angewandt. Die wichtige Rolle, welche Weichmacher spielen, mag aus der Tatsache hervorgehen, daß dort, wo sie Verwendung finden, relativ sehr hohe Mengen, die 100 % des Kunststoffes übersteigen können, verbraucht werden.

Die Aufgabe der Weichmacher ist, dem Kunststoff die gewünschte Elastizität und Biegsamkeit zu verleihen, falls er für sich allein diese Eigenschaften nicht aufweist. Der Zusatz von Kampfer zur Nitrocellulose zur Erzielung elastischen Celluloids sowie der Zusatz von Ricinusöl

[1] SCHRÖDER, C. W., u. F. E. CONDO: Textile Research, J. Febr. **1957**, 135—145.

für Filme mag wohl die erste Verwendung von Weichmachern in Verbindung mit Kunststoffen gewesen sein.

Seitdem hat sich die Zahl der Kunststoffe, die Weichmacher benötigen, stark vermehrt: die Lackindustrie braucht solche in vielen Fällen, um den aus dem Lackharz (Natur- oder Kunstharz) gebildeten Film elastischer zu gestalten, das für viele Verwendungen sehr verbreitete Polyvinylchlorid (PVC) erfordert Weichmacher (es wird immer noch nach einem allen Anforderungen entsprechenden für diesen Zweck gesucht), und sogar Kautschuk benötigt in manchen Fällen einen solchen Zusatz.

Da Weichmacher auf die Erfordernisse des bestimmten Zweckes eingestellt sein müssen, ist die Zahl der bekannten sehr groß und nimmt ständig zu, da es nur wenige wirklich allen Anforderungen entsprechende gibt. Die wichtigste Vorbedingung, die ein Weichmacher erfüllen muß, ist die einwandfreie Verträglichkeit mit dem Kunststoff, die sowohl bei hohen wie auch bei niedrigen Temperaturen erhalten bleiben muß, d. h. er darf weder ausschwitzen, noch verdampfen oder auskristallisieren. Die Nachfrage nach einem guten Weichmacher für PVC ist besonders groß, da die meisten dafür angebotenen oder angewandten ihre Aufgabe nur mehr oder weniger unvollständig erfüllen.

Es hat sich gezeigt, daß eine Reihe von Epoxydverbindungen als Weichmacher besonders gute Eignung aufweisen, vor allem deshalb, weil ihre Verträglichkeit mit dem Substrat, vor allem bei PVC, in manchen Fällen weit über dem Durchschnitt liegt.

Die folgende, kurz gehaltene Zusammenfassung von Epoxydverbindungen, die als Weichmacher geeignet sind kann nur eine kleine Auswahl darstellen, da in vielen Fällen nicht ersichtlich ist, ob der Angabe, daß ein Produkt als Weichmacher geeignet sei, eine tatsächliche Bedeutung zukommt.

Weichmacher für Polyvinylchlorid, Chlorkautschuk u. dgl.

2. 5. 47. US 2556048, Dow CHEM. CORP.: Verwendung von Copolymerisaten von Vinylidenchlorid mit einem Monoepoxyd, z. B. Äthylen-, Propylen- oder Butadienmonoxyd.

1. 5. 50. US 2559177, GENERAL MILLS: Verwendung epoxydierter höherer ungesättigter Fettsäuren.

23. 8. 50. US 2692271, BUFFALO Co.: Verwendung epoxydierter höherer ungesättigter Fettsäureester.

9. 4. 52. D. Anm. H 12124, HENKEL & CIE: Verwendung von Veresterungsprodukten von epoxydierten höheren ungesättigten Fettalkoholen.

11. 2. 53. FP 1026965; US-Pri. 18. 10. 49, GENERAL ELECTRIC Co.: Verwendung von Umsetzungsprodukten von Trimethylolphenol mit Monoepoxyden, wie Äthylen-, Propylen-, Butylen- oder Styroloxyd sowie mit Glycidylphenyl- und -allyläthern.

1. 10. 52. US 2682547, EASTMAN KODAK: Verwendung von Chlorhydrochinondiglycidyläther.

30. 7. 54. D. Anm. H 21012, HENKEL & CIE: Verwendung von Polycarbonsäurepolyglycidyläther, hergestellt durch Umsetzen des Alkalisalzes von Polycarbonsäuren mit überschüssigem Epichlorhydrin.

26. 11. 52. US 2792382, Phillips Petrol Co.: Verwendung von hydroxylgruppenhaltigen Polymerisaten, wie sie entstehen, wenn oxydierte Polybutadiene mit Äthylenoxyd bei 65—150° in Gegenwart eines quaternären Ammoniumhydroxyds als Katalysator umgesetzt werden. Die Umsetzung ist exotherm und hält die erforderliche Temperatur ohne äußere Wärmezufuhr.

26. 10. 53. US 2755290, Shell: Verwendung von Sulfonsäureestern epoxysubstituierter Alkohole, z. B. von 2,3-Epoxypropyltoluolsulfonat.

9. 11. 53. US 2795565, Shell: Verwendung von mindestens 20% eines flüssigen 2,2-Dioxydiphenylpropandiglycidyläthers mit einer Epoxydäquivalenz von 1,0—2,5 und einem Molgewicht unter 500 (oder einem polymeren Allylglycidyläther) zum Plastifizieren und Stabilisieren von Polyvinylchloriden mit Molgewichten über 20000.

20. 7. 53. US 2730532, Shell: Verwendung von Kieselsäureglycidylestern, wie sie durch Umsetzen von Alkyl- oder Alkyloxychlorsilanen mit Epoxydalkoholen (Glycid) in Gegenwart von Triäthylamin erhalten werden.

6. 7. 54. FP 1103847; US-Pri. 15. 7. 53, Rohm & Haas: Verwendung epoxydierter ungesättigter Öle mit anschließender Hydrierung.

1. 2. 55. FP 1118945; US-Pri. 9. 2. 54, Rohm & Haas: Verwendung von Epoxydierungsprodukten von Estern ungesättigter höherer Fettsäuren, anscheinend identisch mit US 2692271 der Buffalo Co.

19. 1. 55. FP 1117985; D.-Pri. 22. 2. 54, Deutsche Hydrierwerke: Verwendung von Epoxydierungsprodukten ein- oder mehrbasischer, ungesättigter cycloaliphatischer Carbonsäuren, z. B. des Butyl- oder Isooctylesters der Δ-3-Tetrahydrophthalsäure.

27. 10. 55. Belg. P. 542386; US-Pri. 29. 10. 54, Food Machinery Co.: Verwendung partiell epoxydierter, ungesättigter höherer Fettsäureester.

8. 11. 54. Belg. P. 533138, Bataafsche: Verwendung einer Komposition aus Polyvinylchlorid mit einem Gehalt an mindestens 20% eines niedermolekularen polymeren Bisphenol-A-Glycidyläthers, z. B. des flüssigen *Epon* 828 mit einem Molgewicht von 350—550.

5. 1. 54. US 2750395, Union Carbide & Carbon Corp.: Verwendung von Estern zweiwertiger Carbonsäuren mit 3,4-Epoxycyclohexylmethanol.

24. 5. 54. US 2795572, Shell: Verwendung von Epoxydester von Kohlensäurehalbestern, z. B. von Halbestern wie $R \cdot O \cdot CO \cdot OH$ oder $RO \cdot CO \cdot R \cdot O \cdot COOH$, wobei R eine ungesättigte Alkoholkomponente ist, die epoxydiert wird. Ausgehend von Diallylcarbonat kann man auch nur die eine Doppelbindung zum Allylglycidylcarbonat epoxydieren

$$CH_2{=}CH \cdot CH_2 \cdot O \cdot CO \cdot O \cdot CH_2 \cdot \overset{\displaystyle CH{-}CH_2}{\underset{O}{\diagdown \diagup}}$$

das auch gute stabilisierende Wirkung aufweist.

12. 8. 54. D. Anm. U 2927 (1013283), Union Carbide & Carbon Corp.: Verwendung von 3,4-Epoxycyclohexancarbonsäuren bzw. ihrer Ester, z. B. die Diäthylenglykol-, 2-Äthyl-1,3-hexandiol-, 3-Methyl-1,5-pentandiolester.

22. 9. 54. US 2761870, SHELL: Verwendung von epoxydierten Veresterungsprodukten von mehrwertigen Carbonsäuren mit ungesättigten einwertigen Alkoholen.

18. 3. 55. FP 1125497; US-Pri. 25. 3. 54, UNION CARBIDE & CARBON CORP.: Verwendung von Allyl- oder Vinyl-9,10-epoxystearat und ähnlichen Verbindungen.

29. 8. 55. D. Anm. R 17335; US-Pri. 30. 8. 54, ROHM & HAAS: Um eine bessere Verträglichkeit mit dem Substrat zu erzielen und das Wandern und Ausschwitzen des Weichmachers zu verhindern, werden die noch vorhandenen Hydroxylgruppen in Epoxydestern ungesättigter höherer Fettsäuren nachträglich mit Essig-, Propion- oder Buttersäure verestert. Dies kann in verschiedener Weise erfolgen: 1. in schonender Weise unter Erhaltung der Epoxydgruppen, wodurch Weichmacher mit gleichzeitiger stabilisierender Wirkung gegen abgespaltene Säuren erzielt werden, oder 2. unter schärferen Bedingungen, bei denen die Epoxydgruppen ebenfalls mehr oder weniger vollständig verestert werden, wodurch hochviscose Polyester entstehen, die als Weichmacher besondere Verwendungszwecke erfüllen. — Die Arbeitsweise wird an epoxydiertem Sojaöl und an Epoxystearinsäure-2-äthylhexylester veranschaulicht.

24. 1. 55. US 2764497, SHELL: Verwendung von epoxydierten langkettigen zweifach ungesättigten zweibasischen Carbonsäureestern des Typus

$$RO \cdot CO \cdot A \cdot CH_2 \cdot CH=CH \cdot CH_2 \cdot CH_2 \cdot CH=CH \cdot CH_2 \cdot A \cdot CO \cdot OR$$

z. B. die Diepoxyde von 8,12-Eicosadien-dicarbonsäure-1,20-dimethylester oder von 7,11-Octadecadien-dicarbonsäure-1,18-dimethylester. (A bedeutet eine Kohlenwasserstoffkette).

20. 10. 55, US 2786039, MONSANTO: Verwendung eines 30 %igen Zusatzes zu PVC von Acylricinolsäurederivaten mit einer Epoxydgruppe der allgemeinen Formel:

$$CH_3 \cdot (CH_2)_5 \cdot \underset{\underset{O \cdot CO \cdot R}{|}}{CH} \cdot CH_2 \cdot \underset{\underset{O}{\diagdown\diagup}}{CH\!-\!CH} \cdot (CH_2)_7 \cdot CO \cdot O \cdot X \cdot O \cdot CO \cdot R'$$

$$Ru \cdot R' = Alkyl_{C_1-C_5}, \quad X = Alkylen_{C_2-C_6} \quad oder \quad Alkylen\text{-}oxyalkylen_{C_4-C_8}$$

9. 6. 54. D. Anm. F 14920, BAYER: Verwendung epoxydierter polykondensierter Mischester höhermolekularer ungesättigter Fettsäuren oder aliphatischer oder aromatischer Dicarbonsäuren mit 2—3 wertigen Alkoholen. Die durch die Epoxydierung aufgehellten dunklen Mischester zeichnen sich gegenüber anderen epoxydierten Fettsäureestern durch ihre besonders geringe Wanderungsgeschwindigkeit und ihre Unlöslichkeit in Benzin, höheren Kohlenwasserstoffen, Ölen und Tranen aus.

Die Herstellung wirksamer Weichmacher für PVC durch Epoxydieren billiger in der Natur vorkommender ungesättigter Öle, wie Soja- oder Baumwollöl, nach dem „in Situ"-Verfahren von BECCO mittels Wasserstoffperoxyd und Eisessig in Gegenwart saurer Katalysatoren (H_2SO_4) bei 60—70° beschreiben F. P. GREENSPAN und R. J. GALL[1].

---

[1] GREENSPAN, F. P., u. R. J. GALL: J. Amer. Oil Chemists' Soc. 33, **1956** Nr. 9, 391—394.

Die Wirksamkeit von Estern (Glyceride) epoxydierter höherer ungesättigter Fettsäuren als gut verträgliche Weichmacher für PVC und als Stabilisator gegen Temperaturverfärbungen beschreibt T. C. Moorshead[1]. Im Vergleich mit einer Reihe anderer Produkte erweisen sich Epoxydester dieser Art als überlegen.

W. C. Ault und R. O. Feuge (BP 775326, 12.4.55./22.5.57) beschreiben die Verwendung der Diacetate von Monoglyceiden ungesättigter Fettsäuren mit mindestens 16 Kohlenstoffatomen, die durch Persäuren epoxydiert werden.

In einem Aufsatz, in dem J. Philips und P. G. Youde[2] die vermutliche zukünftige Entwicklung der PVC-Weichmacher diskutieren, werden besonders die guten Aussichten der epoxydierten ungesättigten Glyceride, vor allem Ricinusöl, hervorgehoben.

Eine Stabilisierung von PVC in Verbindung mit einer besonders wirksamen „inneren" Weichmachung erzielen L. S. Silbert, Z. B. Jacobs, W. E. Palm, L. P. Witnauer, W. S. Port und D. Swern[3] durch Verwendung von polymerisierbaren Epoxydverbindungen, z. B. von Vinylepoxystearat, welche zusammen mit dem Vinylchlorid polymerisiert werden. Die weichmachende Wirkung ist wesentlich intensiver als wie sie durch „äußere" Weichmachung durch mechanische Verteilung im PVC bewirkt wird, was im Vergleich mit dem nicht polymerisierbaren Butylepoxystearat demonstriert wird. Derselbe Fragenkomplex wird von L. S. Silbert und W. S. Port auch an anderer Stelle abgehandelt[4].

Weichmacher für Lacke

1. 8. 52. BP 746824, Imperial Chemical Industries: Verwendung von Reaktionsprodukten von nicht härtbaren Phenol-Formaldehyd-Kondensationsprodukten mit Äthylen- oder Propylenoxyd und anschließender Umsetzung mit Epichlorhydrin.

Weichmacher für Cellulosederivate

14. 6. 52. D. Anm. H 12884, Henkel & Cie: Verwendung von Umsetzungsprodukten von Monoestern von Dicarbonsäuren mit Epichlorhydrin unter Bildung von Alkyl-Glycidylcarbonsäurediestern.

Weichmacher für Kautschuk

13. 10. 52. US 2720497, Phillips Petroleum Co.: Verwendung von Umsetzungsprodukten von Alkylenoxyden mit Dien-Addukten aus 2 Mol eines Diens mit Furfurol, die anschließend hydriert werden.

Weichmacher für Epoxydharze

20. 7. 53. BP 761361, Vegetable Parchment Mills Ltd.: Als Weichmacher für Epoxydharze eignen sich Mono- und Diäther des

---

[1] Morshead, I. C.: Plastics 1957, Nr. 239, 343—345.

[2] Philips, J., u. P. G. Youde: Brit. Plast. 29, 1956, Nr. 9, 337—343.

[3] Silbert, L. S., Z. B. Jacobs, W. E. Palm, L. P. Witnauer, W. S. Port u. D. Swern: J. Polym. Sci 2. 1956, Nr. 98, 161—173.

[4] Silbert, L. S., u. W. S. Port: J. Amer. Oil Chemists' Soc. 34, 1957, Nr. 1, 9.

Glycerins mit Phenol, Kresol, p-Butylphenol und Benzylalkohol als Weichmacher zur Erhöhung der bei gehärteten Epoxydharzen vielfach nicht zureichenden Elastizität und zum Abschwächen einer gewissen spröden Härte. Das Einverleiben von Weichmachern dieser Art erfolgt zusammen mit dem Härter, z. B. werden 9 Teile Epoxydharzvorprodukt mit 1 Teil Glycerinmonokresyläther und 1 Teil Diäthylentriamin homogen vermischt und anschließend 1 Stunde bei 80° gehärtet. Es wird angenommen, daß bei dem Härtungsprozeß ein Teil des Weichmachers durch die darin enthaltenen Hydroxylgruppen in das vernetzte System eingebaut wird, was die Tatsache erklären würde, daß das Endprodukt keine erhöhte Hydrophilie aufweist.

22. 3. 54. FP 1097112, Schwz.-Pri. 25. 3. und 4. 3. 53, CIBA: Verwendung von Umsetzungsprodukten von Epichlorhydrin mit Alkoholen mit 2—4 Hydroxylgruppen.

Weichmacher ohne Angabe der Verwendung

25. 5. 51. FP 1066037; US-Pri. 27. 5. 50, KOPPERS Co.: Verwendung von Reaktionsprodukten von sulfonierten Phenol-Formaldehyd-Kondensationsprodukten mit Polyglycidyläthern mehrwertiger ein- oder mehrkerniger Phenole.

8. 5. 52. FP 1055569, ST. GOBAIN: Verwendung von Additionsprodukten von Epichlorhydrin und Chlorhydrinen unter Bildung von Gemischen aus Mono- und Dichlorhydrinäthern.

21. 11. 52. US 2782240, Dow CHEM. CORP.: Äther von Polyoxyalkylenglykolen, wie sie erhalten werden, wenn Alkohole oder Phenole mit 1—20 Kohlenstoffatomen mit Äthylen-, Propylen- oder Butylenoxyd im inerten Lösungsmittel bei 80—165° in Gegenwart von Alkali umgesetzt werden, wobei mindestens 5 Mol der Epoxydverbindung mit einer Hydroxydgruppe reagieren soll, unter Bildung des Alkalisalzes eines Polyoxyalkylenglykolmonoäthers, der anschließend mit einem Alkylhalogenid in den Diäther übergeführt wird. Zum Beispiel:

$$\begin{array}{c} CH_3 \\ {}^{}\!\!\!\searrow \\ C_2H_5 \end{array}\!\! C \cdot O \cdot (\overset{R}{\underset{|}{C}H} \cdot CH_2 \cdot O)_n \cdot CH_3 \quad \text{oder} \quad C_6H_5 \cdot O \cdot (\overset{CH_5}{\underset{|}{C}H} \cdot CH_2 \cdot O)_n \, CH_3$$

Die Produkte haben einheitliche Kettenlänge und einen hohen Flammpunkt. Sie eignen sich für die verschiedensten Kunstharze.

26. 4. 53. DP 935433, HENKEL & CIE: Verwendung von Umsetzungsprodukten von Mono- oder Disulfonsäuren mit Epichlorhydrin zu Mono- bzw. Disulfonsäureglycidylestern.

12. 8. 54. FP 1109935; US-Pri. 13. 8. 53 = US 2716123, UNION CARBIDE & CARBON CORP.: Verwendung von Epoxydierungsprodukten (mittels Peressigsäure) von substituierten oder nicht substituierten 3,4-Cyclohexenylcarbonsäure-cyclohexenylalkoholester.

17. 1. 56. FP 1142479; D.-Pri. 18. 1. 55, BAYER: Verwendung von polymeren Derivaten von Trimethylenoxyd mit verätherten Seitenketten.

Fäden, Fasern

20. 8. 37. BP 500300; D.-Pri. 28. 7. 36, HENKEL & CIE: Umsetzungsprodukte von Äthylenoxyd mit Dicarbonsäureanhydriden.

23. 11. 38. US 2319876, CELANESE CORP. OF AMERICA: Fäden oder Filme unter Verwendung eines Gemisches von 80 Teilen eines Umsetzungsproduktes von äquimolekularen Mengen von Bisphenol A, p-Toluolsulfamid, Glycerindichlorhydrin und Natronlauge, 160 Teilen Celluloseacetat, 500 Teilen Triacetin, 100 Teilen Methyläthylketon und 360 Teilen Diacetonalkohol.

10. 8. 39. US 2274474, AMERICAN CYANAMID Co.: Umsetzungsprodukte von 1 Mol Calciumcyanamid mit 2 Mol Äthylenoxyd.

8. 10. 40. US 2276231, AMERICAN CYANAMID Co.: Umsetzungsprodukte von 1 Mol Monoalkylolcyanamid mit 2 Mol mehrbasischer Carbonsäure.

21. 10. 51. DP 931130, HENKEL & CIE.: Umsetzungsprodukte von Oxacyclobutanen mit Dicarbonsäureanhydriden in Gegenwart von BF_3.

20. 9. 52. D. Anm. H 13896, HENKEL & CIE: Umsetzungsprodukte von Polycarbonsäurechloriden mit Glycid oder seinen Homologen in Gegenwart tertiärer Amine.

26. 11. 48. BP 652024 und 652025, COURTAULDS LTD.: Polymere Hydrochinonglycidyläther.

10. 1. 49. BP 652030, COURTAULDS LTD: Polymere Umsetzungsprodukte von Epichlorhydrin mit p-Oxybenzoesäure, gegebenenfalls unter Zusatz mehrwertiger Phenole.

2. 3. 49. BP 675665, COURTAULDS LTD.: Polykondensate von Epichlorhydrin mit Aminen oder Aminocarbonsäuren, z. B. p-Aminobenzoesäure.

24. 11. 49. FP 1000337, COURTAULDS LTD.: Faßt die 3 Britischen Patente vom 26. 11. 48 (= BP 652024), 18. 1. und 1. 4. 49 zusammen: Polymere Polyglycidyläther von Hydrochinon, Resorcin und Bisphenol A werden versponnen, die Fäden erhalten eine Nachbehandlung mit Diisocyanaten.

27. 1. 50. BP 678566, COURTAULDS LTD.: Polykondensationsprodukte von Epichlorhydrin mit Schwefelnatrium oder aliphatischen Dithiolen, z. B. Butandithiol.

25. 2. 52. BP 717968, COURTAULDS LTD.: Umsetzungsprodukte von Äthylenoxyd, Glycid oder Epichlorhydrin mit Polythioharnstoffen, wie sie nach BP 524795, 534699 und 660905 aus aliphatischen Diaminen mit Schwefelkohlenstoff gewonnen werden.

27. 5. 50. US 2658884 und 2658885, KOPPERS Co.: Polyglycidyläther von Vielkernphenolen (mit 3—6 Kernen), die auch durch Chlor- oder Alkylgruppen substituiert sein können, wie sie durch Umsetzen derselben mit Epichlorhydrin entstehen.

27. 5. 50. US 2683130, KOPPERS Co.: Verbesserung von Spinnfasern aus Polyacrylnitril durch 2%igen Zusatz eines epoxydgruppenenthaltenden Umsetzungsproduktes von Epichlorhydrin mit einem Kondensationsprodukt aus einem Aldehyd (Formaldehyd Furfurol) mit einem Kresol oder o-Isopropylphenol.

17. 11. 51. US 2633458, Shell: Schwefelhaltige Umsetzungsprodukte von mehrwertigen Epoxydverbindungen, wie Diglycidäther, Bisphenol-A-Glycidäther oder polymeren Allylglycidyläthern mit Schwefelwasserstoff oder mehrwertigen Mercaptanen.

25. 3. 52. US 2764559, du Pont: Polymere oder Copolymere von 1,4-Epoxycyclohexan.

31. 7. 52. FP 1061135; US-Pri. 31. 7. 51, Bataafsche: Erhöhung der Haftfähigkeit von Kunstharzen an Glasfäden (oder Geweben für die Verwendung als Schichtstoff) durch Behandeln der noch heißen aus der Schmelze gezogenen Fäden mit polymeren Bisphenol-A-Glycidyläthern.

31. 8. 53. US 2732367, Shell: Umsetzungsprodukte niedermolekularer Bisphenol-A-Glycidyläther oder Polyallylglycidyläther mit organischen Monoestern der phosphorigen Säure.

31. 3. 54. BP 753050; US-Pri. 26. 6. 53, du Pont: Verwendung von Gemischen von 50—97% wasserunlöslicher nicht ionogener Polymerer (Polyvinylchlorid, Polychloropren) und 50—3% wasserlöslicher Anionenpolyelektrolyte (Glycidylester ungesättigter Carbon- oder Sulfonsäuren).

19. 3. 54. BP 752371; US-Pri. 8. 5. 53, Midland Silicones Ltd.: Verbesserung der Haftfestigkeit von Epoxydharzvorprodukten auf Glasfasergeweben durch Imprägnieren derselben mit Vinyltriacetoxysilan.

17. 3. 55. FP 1125484; US-Pri. 9. 9. 54, Minnesota Mining & Manufacturing Co.: Verwendung von Glasfaservliesen aus nicht oder nur leicht verzwirnten Glasfasern für die Imprägnierung mit Epoxydharzvorprodukten. Die imprägnierten Vliese können als Folien oder als Rollen beliebig lange gelagert werden.

7. 4. 56. Belg. P. 546841; Nied.-Pri. 6. 5. 55, N. V. Onderzoekings Instituut Research: Verwendung hochmolekularer Polymethylenterephthalate, hergestellt durch Verestern polymerer Bisphenol-A-Glycidyläther mit Terephthalsäure in Gegenwart von substituierten Glykolen und/oder Zinkacetat oder Antimontrioxyd.

16. 7. 56. Belg. P. 549574; US-Pri. 20. 7. 55, Union Carbide & Carbon Corp.: Verwendung von epoxydierten Alkenylsuccinaten, z. B. von Vinylbernsteinsäureester, deren Estergruppe eine Alkyl-, Alkoxyalkyl-, Cycloalkyl-, Aryl-, Aralkyl- oder Alkarylgruppe sein kann.

Färbereihilfsmittel

30. 11. 30. DRP 667744, Badische Anilin- & Sodafabrik-AG.: Verwendung oxäthylierter Amine und Säureamide als Netz- und Egalisierungsmittel für Färbungen auf Wolle und zum Erzielen besonders guter Reibechtheit.

23. 2. 33 US 2089569; D.-Pri. 2. 3. 32, Bayer: Verwendung von Additionsprodukten von Glycid mit Verbindungen, die eine Hydroxyl-, Amino-, Carboxyl-, Carboxylamido- oder Sulfonsäureamidogruppe enthalten.

22. 7. 34. DRP 677898, I. G. Hoechst: Verwendung von Polyadditionsprodukten von Äthylen- oder Propylenoxyd und Polyalkylenpolyaminen, die mit Harnstoff unter NH_3-Abspaltung kondensiert werden.

11. 12. 34. DRP 676117 (= US 2136928 vom 10. 12. 35) BADISCHE ANILIN- & SODAFABRIK-AG.: Verwendung hochmolekularer Umsetzungsprodukte von Polyaminen mit Diepoxydverbindungen oder Epichlorhydrin bzw. von Alkylensulfidverbindungen mit Ammoniak, Mono- oder Polyaminen oder Salzen dieser Basen, als Animalisierungsmittel zur Erhöhung der Anfärbbarkeit von Kunstfasern mit sauren Farbstoffen.

22. 2. 41. D. Anm. C 2356, CASSELLA FARBWERKE MAINKUR A. G.: Verwendung von Oxalkylierungsprodukten der Methylolverbindungen von Harnstoff oder Aminotriazinen.

17. 9. 42. FP 884271; D.-Pri. 2. 8. 40, D. Anm. B 6595, BADISCHE ANILIN- & SODAFABRIK-AG.: Verwendung von Umsetzungsprodukten von Epichlorhydrin mit einem N-haltigen Copolymeren, z. B. aus Acrylsäure und dem Vinyläther von Dimethyläthanolamin, als waschechte Appretur für Textilien, welche die Anfärbbarkeit mit sauren Farbstoffen wesentlich erhöht.

18. 1. 54. D. Anm. F 13703, BAYER: Verwendung höhermolekularer Umsetzungsprodukte von Epichlorhydrin mit Polyaminen, hergestellt nach der D. Anm. F 10186, für die Herstellung von Farbdruckpasten, die keine weiteren Verdickungsmittel erfordern. In dünner Schicht findet nach dem Druck schnell Vernetzung zur Unlöslichkeit statt.

25. 11. 41. US 2371133; Schwz.-Pri. 24. 12. 40, CIBA: Verwendung von Additionsprodukten von Äthylenoxyd oder Glycid mit Umsetzungsprodukten von Hydrazin mit Stearinsäure als Egalisierungs- und Animalisierungsmittel beim Färben mit sauren Farbstoffen.

27. 1. 44. US 2396957, DU PONT: Verbessern der Anfärbbarkeit von Fasern durch Behandeln mit Mercaptopropylensulfid.

5. 11. 55. Belg. P. 542605, DU PONT: Verwendung eines Mischpolymerisates aus Allylglycidyläther mit Methacrylsäurebutylester in Gegenwart eines Alkylglycidyläthers, das mit Phosphorsäure oder einem partiellen Ester derselben nachbehandelt wird, als Farbdruckpaste mit Egalisierungs- und Farbvertiefungseffekt.

2. 5. 49. US 2637621, L. AUER: Verwendung eines Gemisches von einem Ricinolsäureester eines polymeren Bisphenol-A-Glycidyläthers mit einem wesentlich kleineren Anteil eines butylierten Melamin-Formaldehyd-Kondensationsproduktes unter Zufügen eines flüchtigen Lösungsmittels als Druckpaste zum Druck mit Pigmentfarbstoffen.

10. 5. 49. US 2470081, AMERICAN CYANAMID Co.: Verwendung von Umsetzungsprodukten von Alkylolamiden von in der Hitze polymerisierbaren ungesättigten Fettsäuren mit 18—20 C-Atomen mit Alkylenoxyden, z. B. wird das Umsetzungsprodukt von 200 g dimerer Sojafettsäure mit 66 g Propanolamin in 130 g Xylol unter aceotropischer Wasserabführung mit Äthylenoxyd bei 80—85° während 8 Stunden behandelt.

2. 3. 50. FP 1101162, GILMANT, G., u. E. FOURDRAIN: Verwendung von Gemischen aus Epoxydharzvorprodukten mit Cellulosederivaten oder Phenol-, Amino- oder Alkydharzen für Pigmentfarbdruckpasten.

5. 2. 52. BP 721 688; US-Pri. 29. 3. 51, Amer. Cyanamid Co.: Erhöhung der Anfärbbarkeit von Fäden oder Geweben aus Polyacrylnitril durch Polymerisieren des Acrylnitrils im Gemisch mit 1—20% eines Glycidylesters einer ungesättigten Carbonsäure, z. B. Methacrylsäureglycidylester.

3. 9. 52. BP 731 545, Distillers Ltd.: Die Anfärbbarkeit von Fäden, Geweben oder Filmen aus Polyacrylnitril wird in der Weise verbessert, daß vor dem Spritzen zu Fäden oder Gießen zu Filmen der Dimethylformamidlösung des PAN 10—15% (auf PAN berechnet) eines Polyepoxydäthers zugesetzt wird.

19. 11. 52. D. Anm. F 10412, Bayer: Verwendung von wasserlöslichen, viscos-flüssigen Umsetzungsprodukten von Epichlorhydrin mit Polyaminen, die mindestens eine Aminogruppe enthalten.

19. 6. 53. FP 1079460; Schwz.-Pri. 25. 6. 52 und 13. 5. 53, Ciba: Verwendung von Umsetzungsprodukten von Äthylenoxyd mit Sulfonsäureamiden.

18. 11. 54, BP 771011, US-Pri. 20. 11. 53, Celanese Corp. of America: Die Anfärbbarkeit von Celluloseacetatgewebe wird durch einen vor dem Verspinnen erfolgenden 1—4%igen Zusatz von Epoxyaminen, Amindiolen mit offener Kohlenstoffkette oder von Monohydroxyalkanolaminen mit zwei tertiären Stickstoffatomen wesentlich erhöht. Z. B.: 1-Diäthylamino-2,3-epoxypropan und 1-Diäthylamino-2,3-propandiol.

19. 1. 55. FP 1120564; D.-Pri. 22. 3. 54, Böhme Fettchemie GmbH: Verwendung von Veresterungsprodukten von Polyäthylenglykolen mit einem mittleren Molgewicht von 9000 mit freie carboxylgruppenenthaltenden Umsetzungsprodukten von Maleinsäureanhydrid mit ungesättigten Ölfettsäuren (durch 8stündiges Erhitzen bei 180°) für die Herstellung von Farbdruckpasten.

16. 3. 55. FP 1120898; Schwz.-Pri. 17. 3. 54, Ciba: Herstellung von Druckpasten für Pigmentdrucke und Erzeugung waschfester Gaufriereffekte auf Textilien durch Verwendung von Gemischen von trocknenden Kunstharzen, insbesondere von mit ungesättigten Fettsäuren modifizierte Epoxydharzvorprodukte (polymere Bisphenol-A-Glycidyläther). Die damit bedruckten Substrate werden kurz zwischen Gaufrierwalzen auf 180—200° erhitzt, dann bei 145—150° getrocknet und durch Seifen nachbehandelt.

21. 6. 55. FP 1123308; Schwz.-Pri. 29. 1. 54, Ciba: Verwendung von Umsetzungsprodukten von p-tert.-Octylphenol mit etwa 8 Mol Äthylenoxyd oder von Ricinusöl mit etwa 40 Mol Äthylenoxyd zur Erleichterung der Anfärbbarkeit von Fäden oder Geweben aus PVC oder aus Mischpolymerisaten desselben mit schwerlöslichen oder unlöslichen dispergierbaren Farbstoffen, insbesondere von Acetatseiden-Farbstoffen, wobei der Zusatz von Lösungsmitteln, die auf die Polymere quellend wirken, günstig ist.

22. 8. 56. Belg. P. 550506; US-Pri. 23. 8. 55, Westinghouse Electr. Corp.: Verwendung für die Herstellung gut anfärbbarer glas-

faserverstärkter Schichtstoffe von Kompositionen bestehend aus:
1. einem polymeren Bisphenol-A-Glycidyläther, 2. einem ungesättigten
Dicarbonsäureanhydrid in einer Menge, daß alle vorhandenen Epoxyd-
und Hydroxylgruppen damit reagieren können, und 3. Styrol oder
andere polymerisierbare Verbindungen in einer Menge, daß nicht mehr
als 0,9 Mol auf 1 Mol ungesättigter Säure eingesetzt werden.

17. 1. 56. FP 1142479; D.-Pri. 18. 1. 55, BAYER: Verwendung von
polymeren Derivaten von Trimethylenoxyd mit verätherten Seitenketten zur Erzielung besserer Durchfärbung, reinerer Farbtöne und
Egalisierung.

11. 8. 56. Belg. P. 550271; Schwz.-Pri. 12. 8. 55, CIBA: Verdickungsmittel für Druckpasten, gewonnen durch Umsetzen von Oxäthylierungsprodukten von einwertigen Alkoholen, Alkylphenolen, Mercaptanen
oder Monocarbonsäuren, die ein Molgewicht von über 1000 aufweisen,
mit einem Polyisocyanat, z. B. 1 Mol Oleylalkohol + 120 Mol Äthylenoxyd und anschließend + 4,4'-Diphenylmethandiisocyanat.

27. 11. 56. Belg. P. 552957, CIBA: Oxäthylierungsprodukte von primären Aminen von aliphatischen Kohlenwasserstoffen mit mindestens
20 Kohlenstoffatomen, die mindestens 10 Mol Äthylenoxyd aufgenommen haben.

Gefärbte Epoxydharze

Eine Reihe von Farbstoffen, insbesondere solche aus der Reihe der
Triarylmethan- und Indaminfarbstoffe sowie der Thiazine und Azine,
haben die Eigenschaft, Polyglycidyläther mehrwertiger Alkohole oder
von Polyphenolen zu härten und trotz ihrer chemischen Umsetzung
das ausgehärtete Harz in dem Farbton des Farbstoffes anzufärben,
wie G. FÄRBER[1] gefunden hat. Beispielsweise härtet ein Epoxydharzvorprodukt mit einem Zusatz von 4% Kristallviolett in Lösung nach
dem Aufstrich und Eintrocknen in 32 Stunden bei 120—130°. Weitere Kompositionen bestehen aus Zusätzen von 20% Methylenblau,
20% Malachitgrün, 2,5% Toluylenblau oder 2,5% Safranin T, deren
Härtung in 5—8 Stunden bei 120—130° erfolgt.

Netz- und Waschmittel

Die Abgrenzung von Netz- und Waschmitteln gegenüber Textilhilfsmitteln, Weichmachern oder Färbereihilfsmitteln ist nicht immer
eindeutig. Sie ist hier derart vorgenommen worden, daß bei der Aufteilung in Gruppen jeweils soweit erkennbar, die hervorstechendsten
Eigenschaften berücksichtigt wurden.

Die I. G., insbesondere die BADISCHE ANILIN- & SODAFABRIK-AG,
welche als erste Äthylen-, Propylen- und Butylenoxyd im technischen
Maßstabe hergestellt hat, ist auch die erste Firma gewesen, welche
diese Verbindungen und ihre Polymerisations- und Umsetzungsprodukte

---

[1] FÄRBER, G.: D. Anm. D 22851 (1014742), 27. 4. **1956**, DEUTSCHE SOLVAY-
WERKE.

für Netz- und Waschzwecke nutzbar gemacht hat. Obwohl für die öligen oder wachsartigen wasserlöslichen oder hydrophilen Polymerisationsprodukte von Äthylen- und Propylenoxyd schon früh gewisse Verwendungen gefunden wurden, z. B. als Zusatz zu Seifen oder Waschmitteln, kann hier auf die Anführung dieser Produkte aus der ersten Fabrikationszeit verzichtet werden, da sie keine besondere Bedeutung erlangt haben.

18. 11. 36. US 2213477; D.-Pri. 12. 12. 35, HOECHST: Verwendung von bis zur Wasserlöslichkeit oxäthyliertem Isooctylphenol als schäumendes Waschmittel.

24. 12. 36. US 2123718, TRETOLITE Co.: Verwendung von Umsetzungsprodukten höherer Fettsäuren mit Oxäthylierungsprodukten von Harnstoffen.

15. 12. 49. US 2703797, GENERAL ANILINE Co.: Verwendung von Anlagerungsprodukten von 8—12 Mol Äthylenoxyd an Dehydroabietinylamin.

7. 4. 52. D. Anm. L 16592, LINDNER, K.: Verwendung eines oxäthylierten Gemisches von Glykolmonopalmitinsäureester und Cetylalkohol (WALRAT).

28. 5. 52. FP 1072304; US-Pri. 31. 5. 51 und 26. 3. 52, WYANDOTTE CORP.: Verwendung von durch Sulfierung oder Phosphatierung löslich gemachter Additionsprodukte von Propylen-, Butylen-, Cyclohexenoder Styroloxyd an Alkoholen, Carbonsäuren oder an N-monosubstituierten Säureamiden.

3. 7. 52. US 2699452, UNION CARBIDE & CARBON CORP.: Verwendung von α-Glycerylaminäthern, hergestellt durch Umsetzen von Alkoxyalkylglycidyläthern mit Ammoniak.

3. 8. 53. US 2729636, GENERAL MILLS Co.: Verwendung von epoxydierten Umsetzungsprodukten von sekundären Aminen mit Dichloräthylsulfid unter Bildung von N,N-Dialkyl-thiamorpholiniumhalogeniden, z. B. des 1,1-Diepoxyds von N,N-Dioctadecylthiamorpholiniumchlorid.

16. 10. 53. US 2712544 und
30. 4. 54. US 2712545, DOW CHEM. CORP.: Verwendung der Alkalisalze von Epoxy-Alkylendiamindicarbonsäuren des Typus

$$CH_2\text{—}CH \cdot (CH_2)_n \cdot NH \cdot (CH_2)_n \cdot N \cdot (CH_2 \cdot CO \cdot ONa)_2$$
$$\diagdown O \diagup$$

oder von Glycidylaminodicarbonsäuren, z. B. von

$$CH_2\text{—}CH \cdot CH_2 \cdot N \cdot (CH_2 \cdot CO \cdot ONa)_2$$
$$\diagdown O \diagup$$

19. 10. 53. US 2674619, WYANDOTTE CORP.: Verwendung von oxalkyliertem Polypropylenglykol.

15. 1. 54. US 2723999, AMER. CYANAMID Co.: Verwendung von polymeren fluorhaltigen Umsetzungsprodukten der allgemeinen Formel

$$C_xF_{2x+1} \cdot CH_2 \cdot O \cdot (C_pH_{2p} \cdot O \cdot)_n \cdot H \qquad \begin{aligned} x &= 1\text{—}5, \ p = 1\text{—}4 \\ n &= 1\text{—}200 \end{aligned}$$

aus fluorhaltigen Alkoholen mit Äthylen- oder Propylenoxyd.

7. 5. 54. D. Anm. C 9330, CIBA: Verwendung von oxäthyliertem Octylphenol (siehe US 2213477 der I.G.), hergestellt durch Einsprühen von geschmolzenem Octylphenol in eine unter Druck befindliche Äthylenoxydatmosphäre bei 140°.

9. 8. 54. D. Anm. U 2915; US-Pri. 11. 8. 53, UNION CARBIDE & CARBON Co.: Verwendung eines in 2 Stufen hergestellten Oxäthylierungsproduktes von 2,5,8-Trimethyl-4-nonanol. 1. Stufe: Anlagerung von Äthylenoxyd bei 80° in Gegenwart von Fluoriden von NH_4, Sn oder von Borchlorid, anschließend nach dem Neutralisieren und Entfernen des nicht umgesetzten Alkohols in der 2. Stufe: weitere Umsetzung mit Äthylenoxyd bei 80—200° in Gegenwart von Alkalialkoholaten, bis eine Probe des Reaktionsproduktes als 0,5%ige wäßrige Lösung einen Trübungspunkt im Temperaturbereich von 10—100° aufweist. — Nach diesem Verfahren hergestellte Polyglykoläther haben eine etwa 3fach höhere Netz- und Waschwirkung als mittels Alkalien im bekannten Einstufenverfahren gewonnene Produkte.

9. 7. 54. D. Anm. R 14587, US-Pri. 15. 7. 53, ROHM & HAAS Co.: Verwendung von epoxydierten Estern ungesättigter Pflanzenölfettsäuren wie sie nach US 2458484, 2485160, 2556145, 2559177 und 2569502 erhalten werden, deren Epoxydsauerstoffgehalt mindestens 5,5% beträgt und deren Jodzahl durch Hydrieren auf etwa 1 herabgesetzt ist.

10. 2. 54. BP 759863, DU PONT: Verwendung von Mischpolymerisaten, bestehend aus 3—6 0% ungesättigter Monomere, die Epoxydgruppen enthalten (Allylglycidyläther oder Methacrylsäureglycidyläther) und 97—40% eines beliebigen Monomeren (Vinylchlorid, Vinylacetat oder Acrylnitril), die in Gegenwart von Peroxyden oder Porofor-N polymerisiert und anschließend in einem organischen Lösungsmittel mit Phosphorsäure umgesetzt werden. Hierbei soll pro Epoxydgruppe mindestens $^1/_2$ Mol Phosphorsäure eingesetzt werden. Je nach den Ausgangsmaterialien und dem Umsetzungsgrad werden Produkte erhalten, die in Wasser oder verdünnten Alkalien löslich oder unlöslich sind, in jedem Fall aber gehärtet werden können.

Die Waschwirkung von Alkylpolyglykoläthern haben M. KEHREN und M. RÖSCH[1] studiert. Die Autoren kommen zu dem Ergebnis, daß die Waschwirkung sich am günstigsten verhält bei Alkoholen mit 12—16 Kohlenstoffatomen, an die 3—5 Äthylenoxydreste gebunden sind.

Lederbehandlungsmittel

Da Lederbehandlungsmittel vielfach auch als Textilhilfsmittel brauchbar sind, und umgekehrt, wird auch auf die Repräsentanten der Textilhilfsmittelgruppe hingewiesen.

20. 12. 29. DRP 560703 sowie BP 352 042 vom 3. 3. 30 und

10. 2. 33. FP 750520; D.-Pri. 12. 2. 32, BADISCHE ANILIN- & SODA-FABRIK-AG.: Behandlung von Leder mit hochmolekularen Äthylen-

---

[1] KEHREN, M., u. M. RÖSCH: Melliands Textilberichte **1956**, 1194—1197, 1308—1312, 1421—1424.

oxydpolymerisationsprodukten zur Erhöhung der Geschmeidigkeit und der Haftfähigkeit von Lederdeckfarben auf Nitrocellulosebasis.

16. 11. 34. BP 447417; D.-Pri. 18. 11. 33, I. G.: Verwendung von sulfierten Oxäthylierungsprodukten von Phenol-Formaldehyd-Vorkondensaten als Gerbmittel.

12. 6. 36. US 2172747, RICHARDS CHEM. WORKS: Verwendung wachsartiger hydrophiler oder wasserlöslicher Umsetzungsprodukte von Aminen, Harnstoffen, Aminosäuren, Eiweiß u. dgl. mit Aldehyden und Alkylenoxyden.

30. 1. 41. US 2320225, AMERICAN CYANAMID Co.: Verwendung von Umsetzungsprodukten von Dicyandiamid, Guanidinsalzen, substituierten Guanidinen, Biguanid u. dgl. m. mit Alkylenoxyden.

27. 3. 53. US 2723971, DU PONT: Verwendung von Copolymeren von Allylglycidyläther mit Vinylacetat oder Methacrylsäureester, die mit Phosphorsäure nachbehandelt werden, in Gestalt ihrer Ammoniumsalze als Lederappretur, die bei der beim Stoßen erfolgenden Erwärmung härten.

9. 11. 53. D. Anm. B 28299 sowie B 28347 vom 11. 11. 53, BÖHME-FETTCHEMIE: Verwendung von epoxydierten ungesättigten höheren Fett- oder Wachssäuren oder ihrer Ester im Gemisch mit alkylierten höheren Fettalkoholen und/oder oxäthylierten höheren Fettaminen als Lederfettungsmittel.

FILACHIONE, E. M., u. E. H. HARRIE: Epoxydharze in der Gerberei[1]. Verwendung von polymerem Glycerinpolyglycidyläther (aus 1 Mol Glycerin + 3 Mol Epichlorhydrin = *Epon* 562) zum Gerben von Leder in wäßriger Suspension bei $p_H > 6$, insbesondere in Gegenwart von Alkalien, Soda, Magnesiumoxyd oder gelöschtem Kalk unter Zusatz von Natriumsulfat. Bei Verwendung dieses Gerbmittels werden aus Kalbs- oder Rindblößen Leder mit Schrumpfungstemperaturen von 80—85° erhalten.

Emulgatoren und Emulsionsbrecher

Emulgatoren

10. 12. 48. US 2581376 und 2581382 vom 13. 12. 48, PETROLITE CORP.: Verwendung von Umsetzungsprodukten von Phenol-Aldehyd-Vorkondensaten mit mehr als 1 Mol Äthylenoxyd (gewonnen nach US 2542000 vom 13. 12. 48) mit Chloressigsäure in Gegenwart von p-Toluolsulfonsäure unter aceotropischem Abführen des Reaktionswassers als Emulgiermittel.

27. 5. 50. US 2716127, PETROLITE CORP.: Verwendung von Umsetzungsprodukten von substituierten Phenolsulfosäuren mit Propylen-

---

[1] EILACHIONE, E. M., u. HARRIS: J. Amer. Leather Chemists. Assoc. 51, **1956**, Nr. 4, 160—165.

oxyd und anschließender Veresterung mit langkettigen Monocarbonsäuren zu Produkten der allgemeinen Formel

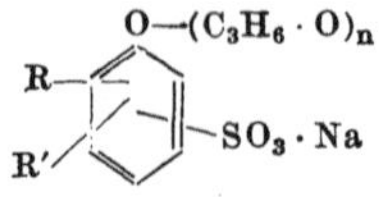

$$\text{R}\underset{\text{R}'}{\overset{}{\diagdown}}\!\!\!\!\!\!\!\!\!\!\!\!\!\!\!\!\!\!\!\overset{\text{O—}(C_3H_6 \cdot O)_n \cdot CO \cdot R''}{\underset{SO_3 \cdot Na}{\bigcirc}}$$

R, R′ = H, oder aliphatischer Rest.

R′ = Rest einer Carbonsäure mit 8—56 C-Atomen.

21. 1. 53. BP 725666, Dow Chem. Corp.: Verwendung von Umsetzungsprodukten von Äthylen- oder Propylenoxyd mit Styroloxyd in Gegenwart von Alkali bei 80—200°, die etwa 9 Mol Alkylenoxyd pro Mol Styroloxyd aufgenommen haben und gewisse Mengen von Glykolen enthalten.

Emulsionsbrecher

Emulsionsbrecher haben vor allem zum Brechen der in der Natur vielfach vorkommenden Erdöl-Wasser-Emulsion Wichtigkeit erlangt.

16. 11. 36. US 2076624, Tretolite Co.: Verwendung von Oxäthylierungsprodukten von Kondensationsprodukten von Harzsäuren mit Phenolen, z. B. von 900 Teilen Kolophonium, 450 Teilen Kresol + 42 Teilen H_2SO_4 konz.

7. 6. 38. US 2307058; D.-Pri. 8. 6. 37, Alien Property Co.: Verwendung von oxäthylierten höheren Alkoholen.

9. 3. 43. US 2373102, Petrolite Corp.: Verwendung von oxalkylierten substituierten Harnstoffen (wobei die Oxalkylierung nach US 2083221 oder US 2059273 erfolgt) oder von Kondensationsprodukten von substituierten Harnstoffen mit höhermolekularen Oxycarbonsäureestern (z. B. Ricinolsäureäthylester).

23. 6. 43. US 2372257, Petrolite Corp.: Verwendung von oxalkylierten substituierten Harnstoffen, die mit höheren Carbonsäuren, z. B. Ölsäure, verestert sind.

31. 5. 47. US 2499360 bis 2499364, Petrolite Corp.: Verwendung oxäthylierter Diphenylolmethane. — Prinzipiell denselben Inhalt haben von derselben Firma die Patente:

29. 5. 48. US 2581368—2581369.

12. 11. 48. US 2581370—2581371.

10. 12. 48. US 2581372—2581382.

13. 12. 48. US 2581383—2581387.

5. 9. 50. US 2679521, Petrolite Corp.: Verwendung höhermolekularer Glycerintriäther vom Molgewicht 2000—3000, die erhalten werden durch Umsetzen von Glycerindiäthern, bei denen der eine Ätherrest eine Allyl- oder eine Phenylgruppe, der andere der Rest einer Polycarbonsäure sein kann, oder beide Ätherreste die Reste von Polycarbonsäuren (Phthal-, Malein-, Bernstein-, Diglykol- oder Citraconsäure) darstellen, mit Propylenoxyd, von dem 15—80 Mole aufgenommen werden sollen.

14. 4. 51. US 2745855, Sinclair Oil & Gas Co.: Verwendung von Umsetzungsprodukten von 0,5 Teilen Äthylenoxyd mit 1,75 Teilen Abfallpalmöl, wobei auch Reaktionsverhältnisse bis zu 1 : 1 noch brauchbar sind.

18. 12. 51. US 2748085—2748089. Petrolite Corp.: Verwendung von Umsetzungsprodukten von Äthylenoxyd oder Propylenoxyd mit oberflächenaktiven polymerisierten Verbindungen, z. B. Aminoalkohole, oder ihre Acylierungsprodukte mit C_{8-22} Monocarbonsäuren, Terpenalkoholen, Estern von Dicarbonsäuren oder Phenol-Formaldehyd-Vorkondensate, bei denen das Phenol mit C_{4-18} Alkylresten substituiert ist.

9. 1. 52. US 2723284, Petrolite Corp.: Verwendung von Umsetzungsprodukten von Propylenoxyd mit 2-Methylpentadiol-2,4, die mit acyclischen oder isocyclischen Di- oder Tricarbonsäuren mit höchstens 11 C-Atomen (Phthal-, Malein-, Bernstein-, Diglykol- oder Citraconsäure) verestert werden.

10. 4. 52. US 2135559, Petrolite Corp.: Verwendung von Umsetzungsprodukten von Polycarbonsäuren mit oxpropylierten substituierten Imidazolinen, die pro Kern etwa 32 Mol Propylenoxyd aufgenommen haben.

18. 8. 52. US 2723241, Petrolite Corp.: Verwendung von Umsetzungsprodukten von polymeren Bisphenol-A-Glycidyläthern mit hydroxylhaltigen tertiären Aminen (Triäthanolamin).

19. 11. 52. US 2723249, Petrolite Corp.: Verwendung eines Umsetzungsproduktes aus einem substituierten Phenylglycidyläther (Substituent Alkylrest mit bis zu 24 C-Atomen) mit weniger als der äquimolekularen Menge eines Phenol-Formaldehyd-Vorkondensates, wobei die Umsetzung in Xylol bei 160° in Gegenwart von Natriummethylat erfolgt.

24. 5. 52. US 2629705, Petrolite Corp.: Verwendung von Umsetzungsprodukten von Phenol-Formaldehyd-Vorkondensat mit Äthylen- oder Propylenoxyd.

30. 7. 52. US 2743251—2743254 und 2743256, Petrolite Corp.: Verwendung polymerer Umsetzungsprodukte von Novolaken, die mit sekundären Aminen und anschließend mit Alkylenoxyden bei 130—140° in Gegenwart von Soda zur Reaktion gebracht wurden des Typus:

$$
\begin{array}{c}
R' \\
\diagdown \\
\diagup \\
R''
\end{array}
N \cdot CH_2 - \underset{R}{\overset{O \cdot (R' \cdot O)_{n'} \cdot H}{\bigcirc}} - CH_2 - \left[- \underset{R}{\overset{O \cdot (R' \cdot O)_{n'} \cdot H}{\bigcirc}} - CH_2 - \right]_n \underset{R}{\overset{O \cdot (R' \cdot O)_{n'} \cdot H}{\bigcirc}} - CH_2 \cdot N
\begin{array}{c}
R' \\
\diagup \\
\diagdown \\
R''
\end{array}
$$

wobei

R = Alkylrest mit C_{4-24},   R' = Alkyl, Aralkyl, Cycloalkyl bis C_{32},
R'' = $-CH_3 \cdot CH_2-$, $-CH(CH_3) \cdot CH_2-$, $-CH_2 \cdot CH(CH_2OH)-$,
$$n = 1 - 4, \quad n' = 1 - 6.$$

Die Produkte können je nach dem Grad der Oxalkylierung Molgewichte von 2000—15000 aufweisen.

17. 11. 52. US 2743241—743245, Petrolite Corp.: Verwendung von Oxalkylierungsprodukten von Kondensationsprodukten von Phenolen, die mit aliphatischen C_{4-24} Kohlenwasserstoffen substituiert sind, mit Aldehyden (bis zu 8 C-Atomen), die noch wasserlöslich sind und aus einer Kette von 3—6 Phenolkernen bestehen, mit anschließender Umsetzung mit Aminen (z. B. cyclische Amidine, substituierte Imidazoline oder Tetrahydropyrimidine), die keine primären, sondern nur sekundäre Amingruppen enthalten, die schließlich mit einem sauren Ester einer Polycarbonsäure verestert werden, wobei pro vorhandener OH-Gruppe etwa 1 Mol Polycarbonsäureester eingesetzt wird.

19. 12. 52. US 2743255, Petrolite Corp.: Verwendung von Produkten analog den in US 2743251—2743254 beschriebenen, bei denen die sekundären Amine basische Carbonylverbindungen mit wenigstens zwei substituierten Imidazolin- bzw. Tetrahydropyrimidinresten darstellen.

26. 6. 53. US 2771425—2771429, Petrolite Corp. (M. de Groote, K. T. Shen). Verwendung von in 3 Stufen gewonnenen Umsetzungsprodukten:

1. Stufe: Kondensation bestimmter Phenol-Formaldehyd-Vorkondensate mit 3—6 Benzolkernen, die in sauerstoff-freien Lösungsmitteln löslich sind, mindestens eine Seitenkette mit 4—24 C-Atomen enthalten und alkoxylierbar sein sollen, mit basischen OH-freien sekundären Monoaminen mit höchstens 32 C-Atomen und Formaldehyd. Als Monoamine werden Piperidin, Morpholin sowie Verbindungen mit Äthergruppen des Typus

$$NH_2 \cdot (CH_2 \cdot CH_2 \cdot CH_2 \cdot O \cdot R)_2 \quad \text{oder} \quad NH \Big\langle {}^{(R)_m}_{[(C_nH_{2n} \cdot O)'_x \cdot R']_m}$$

genannt.

2. Stufe: Oxalkylierung dieser Produkte mit polymeren Bisphenol-Glycidyläthern (ausgehend von Bisphenolen, bei denen die Brückengruppe $C(CH_3)_2$, SO, S, S—S, CH_2—S—CH_2, CH=CH oder CO sein kann), wobei vorzugsweise 1 Mol Polyepoxyd mit 2 Mol aminmodifiziertem Phenolharz umgesetzt werden.

3. Stufe: Weitere Oxalkylierung mit niedrigen Monoepoxyden wie Äthylen- oder Propylenoxyd, Glycid oder Methylglycid.

22. 4. 53. US 2771430—2771434,	Petrolite Corp.	
19. 2. 53. US 2792352	Petrolite Corp.	Variationen der oben beschriebenen Verfahren, wobei z. T. an Stelle der 2. und 3. Stufe Salzbildung mit Gluconsäure vorgenommen wird
24. 2. 53. US 2771435—2771439,	Petrolite Corp.	
2. 1. 53. US 2771440—2771444,	Petrolite Corp.	
26. 1. 53. US 2771445—2771449,	Petrolite Corp.	
30. 7. 53. US 2771451—2771455,	Petrolite Corp.	

Schaummittel und Entschäumer bzw. Schaumverhüter

Flüssiger Schaum

Flüssiger Schaum, der in Wasser mittels oberflächenaktiver Mittel, Waschmittel oder Emulgatoren erzeugt wird, gehört nicht zum Thema dieses Abschnittes.

Entschäumer bzw. Schaumverhüter

Bei Umsetzungen, bei denen sich Gase in Flüssigkeiten, die höhermolekulare Substanzen enthalten, abspalten, oder in welche Gase eingeleitet werden, bilden sich leicht Schäume, die ein Vielfaches des Flüssigkeitsvolumens einnehmen und sehr lästig werden können. Im Laboratorium schaffen einige Tropfen Alkohol oder Aceton als Schaumzerstörer Abhilfe, jedoch ist dies Verfahren in großen Kesseln, zumal in offenen, zumeist nicht angängig. Hier sind chemische Entschäumungsmittel am Platze, Substanzen, die zumeist nicht flüchtig, in geringen Mengen gebildeten Schaum zerstören bzw. Schaum gar nicht erst aufkommen lassen. Beispielsweise ist die Zerstörung von Erdölemulsionsschäumen, wie sie in der Natur vielfach vorkommen, ebenso wichtig wie das Brechen derartiger Emulsionen.

9. 1. 52. US 2695914, PETROLITE CORP.: Verwendung als wirksame Entschäumungsmittel von verseiften Glycidyläthern höherer Alkohole (jede Epoxydgruppe bildet hierbei zwei Hydroxylgruppen), an die Propylenoxyd angelagert wird, und Verestern dieser wasserunlöslichen Polyalkohole mit Polycarbonsäuren.

19. 1. 53. US 2720530, MONSANTO CHEM. CORP.: Verwendung polymerer epoxydgruppenenthaltender Additionsprodukte von ungesättigten Monoepoxydverbindungen mit aliphatischen Aldehyden, z. B. von Butadienmonoxyd und Butyraldehyd der allgemeinen Konstitution:

$$R \cdot CO \cdot \left[-CH_2 \cdot \underset{\underset{O}{CH-CH_2}}{CH} \longrightarrow \right]_n \cdot H \qquad \begin{array}{l} n = 2-20, \\ R = \text{Alkyl bis zu 17 C-Atomen} \end{array}$$

als Antischaummittel.

Feste Schäume

Kunststoffschaumstoffe finden heute zunehmende Verbreitung. Ihre Herstellung ist mehr eine Sache mechanisch-physikalischer Verfahren als der chemischen Zusammensetzung der verschäumten Masse. Es wird angestrebt, Schaummassen von niedriger Dichte zu erzeugen, bei denen eine möglichst einheitliche Cellularstruktur, bestehend aus kleinen voneinander getrennten Hohlräumen, besteht. Die verschäumte Masse soll als solche eine niedrige Wärmeleitfähigkeit aufweisen, um dadurch gute Isolierfähigkeit zu gewährleisten.

Bei Anwendung einer zweckentsprechenden Technik läßt sich mittels Preßluft oder geeigneten chemischen Treibmitteln jedes Kunstharz verschäumen, wobei sich abhängig von dem Material Unterschiede in der mechanischen Festigkeit ergeben. Dieselbe kann von spröder, leicht schneidbarer Konsistenz bis zu zäher gummiartiger Elastizität wechseln. Die billigsten Schaumstoffe lassen sich aus härtbaren Phenol- und Aminoharzvorprodukten herstellen. Sie sind spröde, zerbröckelbar, leicht schneidbar und können daher nur dort Anwendung finden, wo sie keinen mechanischen Beanspruchungen ausgesetzt sind, etwa als Zwischenschichten bei Kühlaggregaten.

Schäume aus Epoxydharzvorprodukten, bei denen die Härtung gleichzeitig mit der Verschäumung vor sich geht, sind von zäher elastischer Beschaffenheit, so daß sie auch im ungeschützten Zustand als Bauelemente Verwendung finden können.

In folgendem werden die mit Epoxydharzschäumen gewonnenen Erfahrungen wiedergegeben, insbesondere die zu ihrer Herstellung eingereichten Patente.

28. 7. 51. US 2623023 = DP 924054, 10. 11. 51; US-Pri. 13. 11., 13. 12. 50 und 28. 7. 51. Rohm & Haas: Es wird eingehend Herstellung und Eigenschaften fester Schaumstoffe aus diversen Epoxydharzvorprodukten beschrieben. Die Verwendung der üblichen polymeren Glycerin- bzw. Bisphenol-A-Glycidyläther, welche in ihrer polymeren Kette Hydroxylgruppen enthalten, wird als weniger günstig bezeichnet gegenüber höhermolekularen Diepoxyden, die außer den Epoxydgruppen keine reaktionsfähigen Gruppen im Molekül aufweisen. Als besonders günstig werden Diepoxyde von Glykol-bis-exodihydrodicyclopentadienyläther der allgemeinen Formel

$$\left[\underset{CH_2\quad CH}{\overset{CH}{\underset{\displaystyle}{CH-CH\ |\ CH_2}}}\,O\,CH\quad CH_2\quad CH-O-\right]_2 = R$$

$$R = -CH_2\cdot CH_2-,\quad -CH_2\cdot CH_2\cdot O\cdot CH_2\cdot CH_2-\ \text{usw.}$$

angegeben. Zur Erzielung eines Schaumstoffes wird die Verwendung von Aconitsäure

$$HO\cdot CO\cdot CH_2\cdot \underset{\displaystyle CO\cdot OH}{C}=CH\cdot CO\cdot OH$$

empfohlen. Der bei der Verschäumung und gleichzeitigen Härtung vor sich gehende Chemismus wird nicht berührt. Vermutlich wird sich Aconitsäure bei erhöhter Temperatur zersetzen und Kohlendioxyd abspalten. Zur Erzielung besonders hoher Vernetzung und, damit parallel, besonders guter mechanischer Eigenschaften, wird die Mitverwendung anderer Polycarbonsäuren, und zwar hitzebeständiger, empfohlen. Die Verschäumungswirkung der Aconitsäure, ausgedrückt durch die Dichte des verschäumten und gehärteten Materials, geht aus der folgenden Aufstellung hervor, welche die Werte für ein Gemisch von 70 Teilen eines Diepoxyds des Diglykol-bis-exodihydrocyclopentadienyläthers mit 50,4 Teilen von Penta-erythritylphthalat-trimaleattetracarbonsäure,

$$HO\cdot CO\cdot C_6H_4\cdot CO\cdot O\cdot CH_2\cdot C\cdot (CH_2\cdot O\cdot CO\cdot CH=CH\cdot CO\cdot OH)_3,$$

mit verschieden großen Zusätzen von Aconitsäure bei 160° nach 3—4 stündiger Verschäumung wiedergibt:

Zusatz Aconitsäure in %	Dichte des gehärteten Schaumes	Zusatz Aconitsäure in %	Dichte des gehärteten Schaumes
0	1,28	42	0,065
10	0,113	49	0,061
19	0,096	55	0,051
32	0,073		

Bei der Verwendung verschiedener Diepoxydglykoläther der obigen Konstitution wurde gefunden, daß der :

Äthylenglykoläther die kleinsten Bläschen,
Propylenglykoläther mittelgroße Bläschen und der
Diäther von Diglykoläther die größten Bläschen liefert.

Bei der Kombination eines polymeren Glyceringlycidyläthers (aus 1 Mol Glycerin + 3 Mol Epichlorhydrin hergestellt, nach US 2500449 der Shell) werden mit Aconitsäure mit und ohne Zusatz anderer Polycarbonsäuren die folgenden Ergebnisse erzielt, wobei bedeuten:

Säure 1: Pentaerythrityl-tetramaleat-tetracarbonsäure,
Säure 2: Pentaerythrityl-trimaleat-monophthalat-tetracarbonsäure,
Säure 3: Pentaerythrityl-dimaleat-dimonophthalat-tetracarbonsäure,
Säure 4: Glyceryltriphthalat-tricarbonsäure,
Säure 5: Glyceryl-trimaleat-tricarbonsäure,
Säure 6: Tricarballylsäure.

und die in der Tabelle angegebenen Anzahl Äquivalente sich auf 1 Moläquivalent des Glyceringlycidyläthers beziehen:

| Anzahl Äquivalent-Aconitsäure | Zweite Säure Nr. | Von zweiter Säure | | Dichte | Eigenschaften des gehärteten Schaumes |
		Äquivalent-anzahl	Äquivalent-gewicht		
1,0	keine	—	—	0,075	schwammartig
0,7	keine	—	—	0,110	schwammartig
2,0	keine	—	—	0,210	hart und spröde
0,5	1	0,5	132	0,328	hart und spröde
0,5	2	0,5	157	0,245	hart und spröde
0,2	3	0,8	145	0,290	hart und spröde
0,5	4	0,5	179	0,176	zäh und fest
0,5	5	0,5	129	0,240	hart und spröde
0,5	6	0,5	59	0,066	schwammartig

Diese Ergebnisse zeigen, daß man durch geeignete Wahl der Komposition die gewünschte Schaumbeschaffenheit erzielen kann.

30. 6. 51. D. Anm. N 4108; Nied.-Pri. 4. 7. 50 = BP 699530; FP 1039383, N. V. Scholten's Chem. Fabr.: Verwendung von Stärke, die mit hydrophoben Gruppen verestert oder veräthert ist, z. B. durch Umsetzen mit Fettsäurechloriden oder Epoxydverbindungen wie Cyclohexenoxyd oder Styroloxyd.

22. 8. 52. BP 714474 sowie D. Anm. N 5975 vom 22. 8. 52 u. FP 1068780; US-Pri. 24. 8. 51, Bataafsche: Unter Verwendung eines polymeren Bisphenol-A-Glycidyläthers vom Erweichungspunkt 25—30°, einem mittleren Molgewicht von 450—500 und einem Epoxydäquivalent von etwa 0,40/100 g werden mittels verschiedener Treibmittel bei einer Zusatzmenge von 1—2% bei 170—195° Schaumstoffe von einer Dichte von 0,09—0,130 gewonnen. Die angewandten Treibmittel sind die folgenden:

Mittel 1: Di-(4-oxyphenylsulfonyl)-hydrazid = *Naugatuck 709*.
Mittel 2: Dinitrosopentamethylentetramin, 60% inertes Verdünnungsmittel, enthaltend = *Unicel ND*,

Mittel 3: Diazoaminobenzol = *Unicel*,
Mittel 4: Mittel 2, etwas Wasser enthaltend, um Härtungstemperatur
niedriger halten zu können.

Die Härtungstemperatur und die Dichte des erzielten Schaumstoffes
geht aus der folgenden Tabelle hervor:

Treibmittel	Zusatz in %	Temperatur max.	Dichte des Schaumes
Mittel 1	1	175°	0,136
Mittel 2	1	195°	0,170
Mittel 3	1	182°	0,150
Mittel 4	1	170°	0,090
Ammoncarbonat	2	nicht bestimmt	0,120

Ammoncarbonat als das weitaus billigste Treibmittel hat den Nachteil, daß es schon bei etwa 60° zu vergasen beginnt und dadurch der Härtung, die erst bei höherer Temperatur vor sich geht, vorauseilt. Darum sind Treibmittel vorzuziehen, deren Zersetzungstemperatur in der Nähe der Härtungstemperatur liegt, damit beide Vorgänge miteinander Schritt halten.

3. 12. 52. FP 1 067 401, B.-Pri. 7. 12. 51, NATIONAL RESEARCH DEVELOPMENT CORP./THOMSON-HOUSTON: Ein Gemisch aus einem polymeren Bisphenol-A-Glycidyläther mit einem Alkydharz, das noch freie Hydroxyl- und/oder Carboxylgruppen enthält, wird mit einem Diisocyanat als Treibmittel umgesetzt, wobei Kohlendioxyd abgespalten wird. — Beispielsweise wird eine Mischung von 25% polymerem Bisphenol-A-Glycidyläther vom Erweichungspunkt 65—75° und einem Epoxydäquivalentgewicht 450—525 und 75% eines Polyesters (gewonnen durch Erhitzen von 4,1 Mol Glycerin, 2 Mol Sebacinsäure, $^1/_2$ Mol Bernstein- und $^1/_2$ Mol Phthalsäureanhydrid auf 185° bis eine Säurezahl von 80 erreicht ist) bei schwach erhöhter Temperatur so lange gerührt, bis die Säurezahl auf 40 gefallen ist. Zu dieser haltbaren Komposition wird bei 70—100° unmittelbar vor Ausführung der Verschäumung die berechnete Menge Toluoldiisocyanat eingerührt und vergossen, etwa als Versteifungsstrukturen bei Flugzeugen an Ort und Stelle in Verbindung mit dem Metallskelett. Je nach der eingehaltenen Temperatur erfolgt die Schaumentwicklung schneller oder langsamer.

17. 12. 52. FP 1 067 766; B.-Pri. 21. 12. 51, NATIONAL RESEARCH DEVELOPMENT CORP./THOMSON-HOUSTON: Das in dem vorgehenden Patent beschriebene Verfahren wird an einem veresterten polymeren Bisphenol-A-Glycidyläther, der noch freie Carboxylgruppen enthält, durchgeführt. — Beispielsweise werden 100 Teile eines polymeren Bisphenol-A-Glycidyläthers vom Erweichungspunkt von etwa 100° und einem Epoxydäquivalentgewicht von 900—990 mit 20 Teilen Sebacinsäure im N_2-Strom bei 180—220° so lange erhitzt, bis eine Säurezahl von etwa 30 erreicht ist. Der im kalten Zustand viscos-flüssige Ester ist lagerfähig und wird unmittelbar vor Ausführung der Verschäumung bei 70—100° mit der berechneten Menge Toluoldiisocyanat gemischt und vergossen. In beiden Patentschriften werden keine Angaben über die mechanischen Eigenschaften des erzielten Schaumstoffes gemacht.

20. 11. 52. FP 1066716, Secretariat des französischen Luftfahrtministeriums: Herstellung von Schaumstoff-Zwischenschichten unter Verwendung einer klebenden Harzemulsion, bestehend aus 100 Teilen eines polymeren Bisphenol-A-Glycidyläthers, 5 ml Diäthylentriamins, 1 Teil Ammoncarbonat und 2 Tropfen *Tween* 20 als Netzmittel und wenig Toluol zur Verflüssigung. Diese Mischung härtet bei Raumtemperatur exotherm unter Aufblähen zum Schaumstoff.

20. 7. 53. US 2788335, du Pont: Umsetzungsprodukte von 0,025—0,5 Mol eines polymeren Bisphenol-A-Glycidyläthers mit einem Molgewicht von etwa 1000 mit 1 Mol Ricinusöl mit einer Hydroxylzahl von etwa 160 in Gegenwart von Natriummethylat. (2 Stunden bei 110—165°) werden unter Ausschluß von Feuchtigkeit mit 1,2—1,9 Mol 2,4-Toluoldiisocyanat (pro Hydroxylgruppe des Kondensationsproduktes) vermischt unter Zugabe von 0,5—1,5 Mol Wasser, (bezogen auf die noch freien Isocyanatgruppen) und sofort vergossen.

23. 8. 56. Belg. P. 550527; D.-Pri. 26. 8. 55, Rhein-Chemie GmbH.: Verwendung von Umsetzungsprodukten aus 3—25 Mol Äthylenoxyd mit einem höheren Fettalkohol als Dispergierungsmittel bei der Herstellung fester Schäume mit Hilfe von Di-N-nitropentamethylentretramin als Treibmittel.

N. N.: Chem. Trade J. 138, 1956, Nr. 3590, 716. Es wird die Herstellung von Verbundschäumen mittels Epoxydharzvorprodukten der Bakelite Ltd. beschrieben. Dieselben bestehen aus sehr feinen dünnwandigen Hohlkügelchen und ergeben im gehärteten Zustande Schaumstoffe von hoher mechanischer Festigkeit, die zur Wärme- und Schallisolierung dienen können.

Formo, J., u. L. Bolstad (Modern Pla., Juli 1955, 99—104): beschreiben u. a. die Herstellung von Epoxydharzschaumstoffen. Unter Verwendung von *Celogen* der Naugatuck Chem. Corp. als besonders günstigem Treibstoff und *Pluronic L-64* der Wyandotte Chem. Co. als Regelungsmittel zur Erzielung einer möglichst homogenen Struktur aus gleichmäßig großen feinen Bläschen, nach dem Rezept:

Bakelite BRR-18 774 ..	71,0 Teile
Methylendianilin	17,0 Teile
Naphta	12,0 Teile
Celogen	1,1—1,5 Teile
Pluronic L-64	0,05 Teile

wird durch 1 stündiges Erhitzen bei 105—120° ein Schaum mit folgenden Eigenschaften erhalten:

Verschäumungsvolumen	das 8—12 fache des flüssigen Volumens
Schrumpfung außerhalb der Form ...	1—5%
Druckfestigkeit	5,25 kg/cm²
Bläschenstruktur	feine, voneinander getrennte Bläschen
Schwimmtragfähigkeit	0,72—0,80 g/cm³
Elektrischer Widerstand bei 163°	10⁶ Megohm

N. N.: Many Plastics Foam under Development.[1] Neben festen Schäumen aus Harnstoff-Formaldehydharzen, Celluloseacetat, Polystyrol, Polyäthylen, Polyvinylalkohol und Acrylharzen werden auch

---

[1] N. N.: Br. Pla., April **1956**, 118—124.

Epoxydharzschäume erwähnt, welche die AERO RESEARCH LTD. (CIBA) mittels *Araldit* 33/945 hergestellt hat. Diese letzteren Schäume sind im freien Zustande zu spröde, um direkte Verwendung zu finden, dagegen sind sie, „in situ" erzeugt, etwa für elektrische Zwecke, wegen ihrer hohen dielektrischen und feuchtigkeitsunempfindlichen Eigenschaften sehr brauchbar.

KRAUSE, K. H.: „Kunstharzschäume"[1].

N.N.: In einem Aufsatz[2] werden die wichtigsten Anwendungsgebiete für starre Schäume, insbesondere für solche aus Epoxydharzen, diskutiert, vor allem auch die Technik der Verschäumung an Ort und Stelle (Autor ungenannt).

SHELL TECHNICAL BULLETIN SC: 53-52R: *Foamed Epon Resins,* 12 Seiten Dez. 1954.

1. Geeignete Epoxydharzvorprodukte sind folgende SHELL *Epon*-Harze:

Erweichungs-punkt	Epoxydäqui-valentgewicht	Handelsbezeichnung
flüssig	174—210	*Epon* 828, früher RN-48
flüssig	225—290	*Epon* 834, früher RN-34
40—45°	300—375	*Epon* 864, früher RN-1064
64—76°	450—525	*Epon* 1001 —

2. Geeignete Härter: Diäthylentriamin (DTA), Triäthylentetramin (TET). DTA ist besonders zum Verschäumen kleiner Ansätze zu empfehlen, dagegen ist TET wegen seiner etwas geringeren Reaktionsfähigkeit für größere Ansätze vorzuziehen.

3. Als Treibmittel ist *Celogen* (Naugatuck Blowing Agent 709) der NAUGATUCK CHEM. DIV. OF US-RUBBER Co. besonders zu empfehlen, jedoch können auch andere Mittel sowie auch Ammoncarbonat angewandt werden.

4. Der Zusatz eines Netzmittels ist geraten, um die Bildung kleiner und gleichmäßiger Bläschen zu gewährleisten. Zu diesem Zweck wird *Tween* 20 der ATLAS POWDER Co. empfohlen.

5. Der Zusatz eines Lösungsmittels zur Erhöhung der Fließfähigkeit und Erhöhung der Schaumbildung ist zweckmäßig. Toluol ist dafür geeignet.

Folgendes Rezept wird gegeben:

Epon 864 (1064) .. 100 Teile		*Tween* 20 .... 2 Tropfen
Celogen .... 2 Teile		*Toluol* .... 10 Teile

werden homogen vermischt. Unmittelbar vor Gebrauch werden 6 Teile Diäthylentriamin schnell eingerührt und sofort in die erhitzte Form gegossen, welche verschlossen wird. Die Schaumentwicklung beginnt etwa nach $1/2$ Minute und ergibt nach $1/4$ Stunde einen gehärteten Schaum von einer Dichte 0,112. Zur Erzielung besonders guter mechanischer Widerstandsfähigkeit wird sofort nach der Verschäumung

---

[1] KRAUSE, K. H.: Kunststoff-Rundschau **1957**, 297—300.
[2] N.N.: Mod. Pla. **1957**, Nr. 2, 124, 128, 262, 268.

bei noch vorhandener exothermer Wärme 1—2 Stunden bei 75—100°
nacherhitzt.

Zwischen Dichte und Druckfestigkeit besteht das folgende Verhältnis:

Dichte	Druck kg/cm²	Dichte	Druck kg/cm²
0,016	0,8	0,112	8,7
0,032	1,7	0,128	10,5
0,048	2,8	0,160	17,5
0,064	4,3	0,192	24,5
0,080	5,4	0,224	33,0
0,096	8,2	0,256	45,0

Es werden weiterhin Kurven und Tabellen angeführt über den Einfluß verschiedener Mengen eines Härters bzw. verschiedenartiger
Härter, verschiedener Treibmittel und verschiedener *Epon*-Harze.

Zur Herstellung von Epoxydharzschäumen liefern ferner die CIBA
ein aus 4 Komponenten bestehendes Mittel, die EMERSON & CUMING Co.
ein solches aus 2 Komponenten.

Prüfverfahren für Schaumstoffe

Die mechanischen Prüfverfahren für Schaumstoffe, insbesondere
die Prüfung auf Zugdehnung, Ermüdung, bleibende Deformation und
Härtung, sind von R. H. CAREY und E. A. ROGERS[1] [Mod. Pla., 33
(1956), Nr. 12, 139—146] eingehend beschrieben und diskutiert worden.

Ionenaustauschharze

2. 7. 41. DDRP 5321, AGFA WOLFEN: Verwendung von hochpolymeren Reaktionsprodukten von Epichlorhydrin mit Ammoniak oder
Aminen durch Umsetzen im Druckgefäß. So erhaltene, mit Natronlauge nachbehandelte Harze nehmen saure Farbstoffe und Schwermetallsalze selbst aus sehr verdünnten Lösungen auf. Sie sind regene-
rationsfähig.

9. 5. 42. DDRP 5104, AGFA WOLFEN: Verwendung von Umsetzungsprodukten von wäßrigem Epichlorhydrin mit weniger als $^1/_2$ Mol Äthylendiamin oder Polyaminen pro Mol Epichlorhydrin durch stufenweises
Erhitzen: 1 Stunde bei 30—40°, 2 Stunden bei 40—50° und danach ansteigend bis 90°, wobei die Masse allmählich erstarrt. Anschließend
wird mit Natronlauge nachbehandelt. 100 g des Harzes können 345
Milliäquivalente an Salzsäure binden, und es übertrifft damit wesentlich die durch Kondensation von Phenylendiamin mit Formaldehyd
hergestellten bekannten Austauschharze.

15. 9. 45. US 2469683, AMER. CYANAMID: Verwendung von Umsetzungsprodukten von zwei oder mehr Mol Epichlorhydrin mit 1 Mol
Polyamin. Beispielsweise werden zu einem Gemisch von 920 g Epichlorhydrin, 436 g Äthylendiamin 68,8%ig und 1650 g Wasser bei

---

[1] CAREY, R. H., u. E. A. ROGERS: Mod. Pla. 33, **1956**, Nr. 12, 139—146.

65—70° 206 g NaOH als 25%ige Lösung eingetropft und anschließend bis zur Gelbildung erhitzt.

15. 9. 45. US 2469692, AMER. CYANAMID: Verwendung von Umsetzungsprodukten analog US 2469683 aus Epichlorhydrin und Tetraäthylenpentamin.

15. 9. 45. US 2469693, AMER. CYANAMID: Verwendung von Umsetzungsprodukten analog US 2469683 aus Dichlorhydrin und Tetraäthylenpentamin.

16. 3. 46. US 2469684, AMER. CYANAMID: Verwendung von Umsetzungsprodukten analog US 2469683 aus Diepoxydverbindungen und Tetraäthylenpentamin. Es wird die Verwendung von Diglycidäther, Methylendiglycidäther, Glykoldiglycidäther, Triglycidylamin und Harnstoffdiglycidyläther, deren Herstellung beschrieben wird, angegeben.

18. 4. 46. US 2479480, AMER. CYANAMID: Verwendung von Umsetzungsprodukten von Epichlorhydrin mit Polyaminen mit Nachbehandlung durch höhere Fettsäuren. Beispielsweise werden 481,5 g eines Umsetzungsproduktes aus äquimolekularen Mengen von Epichlorhydrin und Tetraäthylenpentamin mit 284,5 g Stearinsäure (1 Mol) unter aceotropischer Entwässerung mittels Xylol bei 130—140° verestert. Das erhaltene harte Harz ist ein gutes Kationenaustauschharz.

2. 6. 47. US 2515142, AMER. CYANAMID: Verwendung von kombinierten Anionen- und Kationenaustauschharzen durch Mischen von kationenaktiven Harzen wie sie nach US 2191060, 2191063, 2205635 und 2206007 hergestellt werden, oder von sulfonierter Kohle der PERMUTIT Co. (*Zeocarb H*) mit Umsetzungsprodukten von Epichlorhydrin mit Tetraäthylenpentamin nach US 2469692.

2. 6. 47. US 2586882 und 2586883, AMER. CYANAMID: Herstellung von Apparaturen für kombinierte Anionen- und Kationenaustauscher durch Aufbau von Säulen mit getrennten Abteilungen für Kationaustauschharze, z. B. kernsulfonierte Phenol-Formaldehyd-Kondensationsprodukte oder Phenol-Bisulfit-Formaldehyd-Kondensationsprodukte (*Amberlite JR*-100 von ROHM & HAAS) und für Anionaustauschharze, die durch Kondensation von mindestens 2 Mol Epichlorhydrin mit 1 Mol Tetraäthylenpentamin in Gegenwart von Wasser hergestellt werden.

2. 6. 47. US 2586770, AMER. CYANAMID: Kombinierte Anionen- und Kationenaustauschharze unter Verwendung eines Umsetzungsproduktes von 3 Mol Epichlorhydrin mit 1 Mol Tetraäthylenpentamin als Anionenaustauschharz und eines Kationenaustauschharzes, bestehend aus einem Reaktionsprodukt von Furfurol und Furfurylacetonsulfonat.

5. 10. 51. US 2630427, 2630428 und 2630429, ROHM & HAAS: Verwendung von Copolymerisaten von Glycidylacrylaten und Divinylbenzol, die in Wasser oder Alkohol dispergiert, mit Ammoniak oder tertiären Basen, z. B. Trimethylamin, Triäthanolamin, Dimethylanilin oder Diäthylentriamin nachbehandelt werden, als Anionenaustauschharze. — Diese Patente sind in FP 1063710 vom 27. 9. 52 zusammengefaßt. Siehe auch Chimie et Industrie. 12, **1954**, 475.

31. 3. 54. BP 753050; US-Pri. 26. 6. 53, DU PONT: Verwendung von Gemischen von 50—97% wasserunlöslicher nicht ionogener Polymerer (Polyvinylchlorid, Polychloropren) und 50—3% wasserlöslicher Anionenpolyelektrolyte (Glycidylester ungesättigter Carbon- oder Sulfonsäuren).

20. 8. 54. BP 770322, PERMUTIT LTD.: Verwendung als Kationenaustauschharz von polymeren Bisphenol-A-Glycidyläthern mit Zusätzen von 3 und mehrwertigen Phenolen (Phloroglucin, Pyrogallol oder Bis-(2,4-Dioxyphenyl)-dimethylmethan), sowie von Polyaminen, Glyoxal oder Amonoharz-Vorkondensaten, die sulfiert werden. Austauschkapazität etwa 5,3 Milliäquivalente pro g.

15. 6. 54. D. Anm. F 14973 (DAS 1006155), BAYER: Anionenaustauschharze durch Umsetzen von β-Halogenfettsäureestern, die z. T. auch durch Anteile von Epichlorhydrin, Di- oder Polyepoxydverbindungen oder α,β-ungesättigte Carbonsäureester ersetzt sein können, mit Di- oder Polyaminen, gegebenenfalls unter Quaternierung der Umsetzungsprodukte.

6. 12. 55. FP 1137175 (BP 772830); D.-Pri. 6. 12. 54, BAYER: Verwendung von Diglycidylaminen.

Werkzeuge, Formen, Gesenke u. dgl.

Der Gedanke, Werkzeuge aus Kunstharzen herzustellen, hat im letzten Weltkriege in USA Fuß gefaßt, einmal darum, weil Metalle knapp waren, vor allem aber, weil für neue Konstruktionen laufend neuartige Werkzeuge benötigt wurden, deren Anfertigung in der üblichen Weise mittels Spezialformen usw. viel zu lange gedauert hätte. Weiterhin werden in den metallverarbeitenden Industrien für wichtige Modelle, Lehren, Formgesenke, Ziehstempel, Blechhalter usw. laufend neuartige Werkstoffe erprobt, da die Verwendung von Metallen zu teuer und die Anfertigung daraus zu zeitraubend ist, zumal die Verwendung von Gips oder Holz den Nachteil zu geringer Härte und Formbeständigkeit hat.

Die durch die Auto- oder Flugzeugindustrie laufend erteilten kurzfristigen Aufträge erfordern neuartige Lösungen der Aufgabe zur Herstellung neuer Spezialwerkzeuge, so daß auch Kunstharze für diese Zwecke herangezogen wurden. Unter diesen haben sich die Epoxydharze als besonders geeignet erwiesen.

Unter den Veröffentlichungen über Verwendungen dieser Art von Epoxydharzen sei auf die folgenden hingewiesen:

MEYERHANS, K. (CIBA): *Herstellung von Halbzeug und von Formkörpern aus Araldit-Gießharz.* (Kunst., Okt. 1952, 88—92).

SWACKHAMER, F. S.: *Industry is turning to Epoxy Resins.* (Purchasing Dez. 1954, 4 Seiten). Neben den bekannteren Verwendungen für Epoxydharze wird auch auf die Herstellung von Werkzeugen aus diesem Material hingewiesen.

JEWITT, J. B.: Beschreibt die Herstellung von Gußformen mit Hilfe von Epoxydharzen[1]. Hierbei wird eine Holzform mit einer

---

[1] BP 758615, 7. 10. 54/3. 10. 56, GENERAL MOTORS CORP.

0,5—1,5 cm starken durch Glasfasermatten verstärkten Epoxydharz-schicht ausgekleidet, deren Oberfläche durch Glas- oder Schlacken-splitter aufgerauht ist. Hierauf wird eine 5—10 cm starke Gipslage, die durch Sisalfasern verstärkt ist, aufgetragen, so daß die Form die erforderliche Stabilität erhält.

N. N.: More Plastic Tooling. (Production, Febr. 1955, 3 Seiten). Es werden einige Beispiele für die Verwendung von Epoxydharzen für die Herstellung von Formen und Werkzeugen gegeben.

KNEPP, D.: *Tooling Jobs.* (Steel, Nov. 1954, 2 Seiten.) Verwendung von Epoxydharzen für viele Zwecke, für die bisher Stahl angewandt wurde.

N. N.: Epon 828 in Tooling Applications. (Polymer Progreß, März 1955, 1—8.) Eingehend wird die Verwendung von *Epon* 828 in Verbindung mit verschiedenen Polyaminen, Füllmitteln [Tonerde, Quarzmehl, Eisenoxyd, Metallpulver, thixotropischen Mitteln (zu-meist sehr feines Quarzmehl, z. B. *Cabosil* der G. L. CABOT Co.)], welche die Aufgabe haben, das Absetzen der Füllmittel im noch flüssigen Zu-stand während der Härtung zu verhindern, Verdünnungsmittel zur Erzielung guter Gießbarkeit (z. B. Methylisobutylketon, Xylol als inerte Mittel sowie Phenylglycidyläther, Allylglycidyläther oder Styroloxyd als reaktive Verdünner) beschrieben. Wichtig sind auch Formablösungsmittel. Als solche werden Polyvinylalkohole, Silicone (z. B. *Garan* 225) oder Carnaubawachs empfohlen. Schließlich werden Rezepturen angegeben, z. B.: 100 g *Epon* 828, 10 g Phenylglycidyl-äther und kräftiges Einarbeiten von 400 g feinst verteiltem schwarzem Eisenoxyd (Marke: MD-101 der METALS DISINTEGRATING Co.), und unmittelbar vor dem Gießen, von 9% (auf *Epon*-Harz berechnet) Di-äthylentriamin als Härter.

BERTUCCI, W.: *Epoxy Resin molds for three-dimensional Effect.* (Plastics World, Juni 1955, $1^1/_2$ Seiten.) Es wird die Herstellung von Formen aus *Epon*-Harzen beschrieben.

FORMO, J., u. L. BOLSTAD: *Where and how to use Epoxies.* (Mod. Pla., Juli 1955, 99—104.) Neben vielen anderen Verwendungen wird auch diejenige der Herstellung von Formen und Werkzeugen angeführt.

FIERCH, O. E.: *Epoxy Pattern give easy Draws.* (Foundry, Juli 1955, 2 Seiten.)

ARIES, R. S.: *Die Verwendung von Epoxydharzen in der elektrotech-nischen und Werkzeugindustrie.* (Chemische Rundschau, Nr. 2, 1955.)

SOKOL, B.: *Epoxies for Tools and Dies.* (Tooling and Produktion, Aug. 1955, 4 Seiten.) Die Herstellung von Formen, Werkzeugen und Bauelementen aus Epoxydharzen und Glasfasergewebe wird an einigen Beispielen beschrieben.

MEYERHANS, K.: Verwendung von Epoxydharzen für Modellbau durch schichtweises Auftragen unter Verwendung von Textil- oder anderen Einlagen, wobei das Gewichtsverhältnis von Harz zu Einlagen etwa 1:1 betragen soll. Zur Herstellung von Gesenken zum Stanzen, Ziehen oder Gießen werden die Werkzeuge aus mehreren Schichten bereitet, die schichtweise gehärtet werden können. Auch mehrfach geteilte Gesenke können hergestellt werden sowie Abstreifer und sonstiges Zubehör. — Sheet Metal Ind. 32, 1955, 165—175.

Die British Plastics vom Mai 1955, S. 153, erwähnt als Kuriosum, daß die AERO RESEARCH LTD. (CIBA) in Duxford zu ihrem 21. Jahrestag dem Herzog von Edinburgh aus *Araldit* hergestellte Polostöcke zum Geschenk überreicht habe.

MEYERHANS, K.: *Werkzeuge aus Kunstharzen.* (Kunst., Okt. 1955, 443—450). Bisher wurden folgende Kunstharze im Werkzeugbau angewendet.

Cellulosederivate: Äthylcellulose und Celluloseacetobutyrat, sie sind sehr elastisch, weisen hohe Schlagfestigkeit auf, sind aber thermoplastisch und nicht sehr wasserfest.

Phenol-Formaldehydharze weisen trotz vielfacher Vervollkommnungen immer noch grundlegende Nachteile auf: sie sind relativ spröde, vertragen keine hohen Beanspruchungen, haben vielfach poröse Oberflächen und verändern ihre Dimensionen unter dem Einfluß von Feuchtigkeit. Letzteres ist auch der Grund dafür, daß Papier- und Holzschichtstoffe mit Phenolharzen, welche ausgezeichnete mechanische Festigkeiten haben, sich nicht für alle Zwecke verwenden lassen.

Polyesterharze haben sich in den letzten Jahren sehr vielversprechend entwickelt. Es ist besonders von den ungesättigten Polyestern, die bei gewöhnlicher Temperatur ohne oder bei nur geringem Druck härten, ohne flüchtige Reaktionsprodukte abzuspalten, und ohne Lösungsmittel zu verarbeiten, sind, weitgehend Gebrauch gemacht worden, und dies vor allem durch die Flugzeugindustrie mit ihren relativ geringen Stückzahlen, insbesondere zu einer Zeit, als Metalle knapp waren und Neukonstruktionen und Änderungen der Werkzeuge, die selten plane Flächen oder gerade Trennlinien aufweisen, rasch durchgeführt werden mußten. Polyesterharze weisen aber den vielfach nicht tragbaren Nachteil auf, daß die bei der Verarbeitung größerer Mengen auftretende starke exotherme Reaktion erheblichen Schwund bewirkt. Diesem Mangel kann nur dadurch begegnet werden, daß unter Druck gearbeitet wird. Dies setzt aber druckfeste Modelle und Formen voraus. So bleibt die Verwendung von Polyestern mehr oder weniger auf die Herstellung kleiner und dünnwandiger Formkörper beschränkt, die nicht die Anwendung von Druck erfordern.

Epoxydharze liefern auch in größeren Dimensionen bei Raumoder Ofenhärtung ohne Anwendung von Druck Formkörper von so geringem Schwund, daß derselbe in den meisten Fällen tragbar ist, so daß trotz des zur Zeit immer noch recht hohen Preises, die Verwendung von Epoxydharzen in der Werkzeugindustrie laufend zunimmt.

Für diese Zwecke geeignete Gemische von Epoxydharz, Füllmittel und Härter haben etwa die folgenden Eigenschaften:

Gebrauchsdauer bei $20°$: $1\frac{1}{2}$—2 Stunden
Exotherme Reaktion bei Gießlingen unter 50 kg: maximal $40°$
Exotherme Reaktion bei Gießlingen über 50 kg: maximal $50°$

wobei die Verarbeitungstemperatur 15—20° nicht überschreiten darf und während der Härtung die Außentemperatur nicht über 20° ansteigen soll.

Dauer der Härtung bei Raumtemperatur: 1—2 Tage
Härtungsschwund bei Härtungstemperatur unter 30°: praktisch 0

Probestäbe von $400 \times 25 \times 25$ mm zeigten nach 3 monatiger Lagerung bei Raumtemperatur einen linearen Gesamtschwund von max. $0,4^0/_{00}$. (Promille, bezogen auf die Gießform).

Spezifisches Gewicht	1,65—1,75
Schlagbiegefestigkeit	2—3 cmkg/cm²
Biegefestigkeit	3—4 kg/mm²
Zugfestigkeit	2—3 kg/mm²
Druckfestigkeit	10—11 kg/mm²
Kugeldruckhärte	60—70 kg/mm²
Elastizitätsmodul	800—900 kg/mm²
Wärmefestigkeit nach MARTENS	60—70°
Linearer Wärmeausdehnungskoeffizient	50—$60 \cdot 10^{-6}/°C$

Die angegebenen Werte beziehen sich auf das reine Harzgemisch. Sie lassen sich bedeutend erhöhen, wenn Glasfasergewebe oder -matten sowie Stahlarmierungen und dergleichen in die Harzmasse eingebettet werden.

Die Abriebfestigkeit wurde mit dem „Tabor Abraser", Modell 140 der Firma TABOR INSTRUMENTS CORP., North Tonawanda, N. Y., USA, bei einer Belastung von 500 g und 1000 Umdrehungen bestimmt. Die Abriebprüfung ergibt beispielsweise einen Gewichtsverlust bei:

Gips	von rund	5000 mg
Aluminium	von rund	230 mg
Gehärtetem Stahl	von rund	85 mg
Grauguß	von rund	25 mg
Epoxydharz + Füller + Härter, gehärtet		30—50 mg

Die instruktive Schrift beschreibt schließlich die Herstellung von Werkzeugteilen an Hand von mehreren Abbildungen.

N. N.[1]: Die ADAMS PLASTICS PROD. Co. beschreibt aus Epoxydharz verfertigte Spritzgußformen, die sehr hohe Temperaturen vertragen. Sie wirken wie frisch polierte Metallformen und werden in Holzmodellen gegossen. Eine solche ADAMS-Epoxydharzform kostet beispielsweise 200 Dollar, während der Preis für eine vergleichbare Form aus Metall 1500—2000 Dollar wäre. Mit Hilfe einer solchen Epoxydharzform können in 18 Stunden 65000 Polystyrol-Spritzgußformstücke hergestellt werden. Das zur Verwendung kommende Epoxydharzvorprodukt ist ein Erzeugnis der KISH RESINS INC.

FLOYD, E., D. E. PEERMAN u. H. WITTCOFF erwähnen in ihrem Vortrag auf dem Symposium „Epoxide Resins" am 11. 4. 56 in London die Verwendbarkeit von Epoxydharz-Polyamid-Kompositionen für die Herstellung von Werkzeugen, Formen aller Art, Matrizen, Patrizen, Vorrichtungen zum Befestigen von Maschinen und dergleichen mehr, ohne nähere Angaben.

---

[1] N. N.: Mod. Pla., Aug. **1955**, 222.

Talbert, N. E.: How to make and repair Epoxy Dies. Modern Machine Shop, Jan. 1956, 128—132.

N. N.: Electrically heated Epoxide-Glass-Moulds[1]. Die Herstellung von Gußformen aus Glasfasergewebe und Epoxydharzvorprodukten, die bis 260° heizbar sind, wird beschrieben.

Burton, H.: Gußformen aus Epoxydharzen[2]. Herstellung von Gußformen aus Phenol- und Epoxydharzen.

Adams, C. H.: Kunststoffe als Werkstoffe[3]. Es werden die Eigenschaften der Kunststoffe, die den Ingenieur interessieren, dargelegt. Das Verhalten der Kunststoffe hinsichtlich der Einwirkung von äußeren Kräften bei verschiedenen Temperaturen und verschieden langer Zeit wird sowohl im Vergleich untereinander wie auch zu den traditionellen Werkstoffen studiert.

Peerman, D. E. faßt in einem Aufsatz die vielseitige Verwendbarkeit von Polyamid-Epoxydharzmischungen für die Herstellung von Werkzeugen zusammen[4].

Schmiermittel

29. 10. 37. BP 487652, British Celanese Ltd.: Verwendung von Polymerisationsprodukten von Äthylenoxyd, hergestellt durch Einwirkung von 1 Teil aktivierter Fullererde (durch Erhitzen auf 370—480°) auf 2 Teile Äthylenoxyd bei 0° während 7 Tage. Man erhält ein Gemisch aus vielen Polymerisationsstufen, die in Benzol löslich sind, das sich als nicht korrodierendes Schmiermittel eignet.

1. 6. 44. US 2425755, Carbide & Carbon Corp.: Verwendung als Schmiermittel von Polyoxyalkylenglykolen mit Molgewichten von etwa 500, hergestellt durch Oxalkylieren von Äthanol, Butanol, Isobutanol, Tetradecanol u. a. m. mit einem Gemisch von 3 Teilen Äthylenoxyd und 1 Teil Propylenoxyd.

18. 10. 46. US 2498195, Shell: Verwendung von durch BF_3 katalysierte Umsetzungsprodukte von Epichlorhydrin, Propylenoxyd, Glycidylisopropyläther, Glycidylmethylisobutylcarbinoläther oder N,N-Diäthyl-epihydrinamin mit Kohlenwasserstoffen als oxydationsbeständige Druckschmiermittel. Beispielsweise werden in ein Gemisch von 400 Teilen Propylenoxyd, 4 Teilen N,N-Diäthylepihydrinamin und 1000 Teilen Isopentan langsam 20 Teile BF_3-Ätherkomplexverbindung eingetropft und nach beendeter Umsetzung das Flüchtige abdestilliert. Es werden 293 Teile eines viscosen Öles mit guten Schmiereigenschaften erhalten.

24. 3. 50. US 2636028, Shell: Verwendung eines Reaktionsproduktes von 1 Mol Epichlorhydrin mit 5—10 Mol wäßrigem Ammoniak bei 20—80°, das mit höheren Fettsäuren (Öl- oder Tallölsäure) unter Bildung polymerer amidartiger Verbindung umgesetzt wird.

---

[1] N. N.: Br. Pla., April **1956**, 132—133.
[2] Burton, H.: Canad. Pla., **1956**, Nr. 7, 26—31.
[3] Adams, C. H.: Mod. Pla., **1956**, Nr. 11, 127—139.
[4] Peerman, D. E.: Materials and Methods, 44, **1956**, 106—108.

10. 12. 48. US 2581376 sowie

13. 12. 48. US 2581382, Petrolite Corp.: Verwendung von Umsetzungsprodukten oxäthylierter Phenol-Formaldehyd-Vorkondensate mit Chloressigsäure in Gegenwart von p-Toluolsulfosäure.

29. 5. 50. US 2723294, California Research Co.: Verwendung eines Umsetzungsproduktes einer neuen Epoxydverbindung: 1,2-Epoxypentan (Kp 92—94°, Erstarrungspunkt —90°), hergestellt durch HCl-Abspaltung aus 1-Pentanchlorhydrin, die in einem niedrigmolekularen Alkohol (Butanol, Isooctylalkohol oder 2-Äthylhexanol) mit etwa 3 Mol Propylenoxyd bei 115° in Gegenwart von Natriumäthylat in Reaktion gebracht, ein viscoses Öl von guten Schmiereigenschaften ergibt.

26. 11. 52. US 2792382, Phillips Petrol Co.: Verwendung als Zusatzmittel zu Schmierölen von hydroxylgruppenhaltigen Polymerisaten, wie sie entstehen, wenn oxydierte Polybutadiene mit Äthylenoxyd bei 65—150° in Gegenwart eines quaternären Ammoniumhydroxydes als Katalysator umgesetzt werden.

20. 12. 52. D. Anm. S 31593; F.-Pri. 20. 12. 51, Soc. de St. Gobain: Selbstschmierende Reibungskörper durch Verwendung von Gemischen, bestehend aus gepulvertem gehärtetem Epoxydharz mit schmierend wirkenden Zusätzen wie Graphit, Blei, Molybdändisulfid usw.

20. 7. 53. US 2730532, Shell: Verwendung von öligen Kieselsäureglycidyläthern, hergestellt durch Umsetzen von Alkyl-(oxy)-chlorsilanen mit Epoxydalkoholen in Gegenwart der berechneten Menge eines tertiären Amins.

14. 1. 55. D. Anm. E 10100. = FP 1098409, 27. 1. 54, Esso Standard Soc. An. Française: Besonders temperatur- und strukturbeständige Schmiermittel, bestehend aus Mineralölen mit Verdickungsmitteln (Fettsäureseifen) mit einem Zusatz von 0,1—2% eines Kondensationsproduktes eines Alkylen- oder Polyalkylenoxydes mit 2—6 Kohlenstoffatomen mit einem oxydierten Paraffinwachs. Letzteres soll ein Molgewicht von 200—250 aufweisen und wird durch Oxydation eines bei 10—60° schmelzenden Paraffinwachses bei 100—160° erhalten. Das Kondensationsprodukt kann ein Molgewicht von 300—7000 besitzen.

4. 3. 55. FP 1125436; US-Pri. 22. 3. 54, Union Carbide & Carbon Corp.: Verwendung von Umsetzungsprodukten von Oxyalkylpolysiloxanen mit mindestens 3 Oxyalkylgruppen mit Monooxypolyoxyalkylmonoäthern, insbesondere von Polyäthylenoxyd oder Polypropylenoxyd.

15. 11. 55. D. Anm. D 21700; US-Pri. 17. 11. 54, Dow Corning Corp.: Verwendung von polymeren 3,3,3-Trifluor-1,2-epoxypropanen.

Zusatzmittel zu Kautschuk

11. 3. 53. FP 1075604, Imperial Chemical Industries: Als Antioxydantien für Kautschuk werden Bisphenole, wie sie für die Herstellung von Epoxydharzen Verwendung finden, empfohlen, insbeson-

dere das flüssige 2,2'-Dioxy-3-tert.-butyl-5-methyl-3',5'-dimethyl-methan.

13. 10. 54. FP 1109785; D.-Pri. 14. 10. 53, BADISCHE ANILIN- & SODAFABRIK AG.: Verwendung von Polyäthern von Äthylen- oder Propylenoxyd als Dispergiermittel für Kautschuk. Durch Zusätze dieser Art werden die Oberflächenkräfte, Zerreißfestigkeit und Abrieb, verbessert.

MIKA, TH. F. (SHELL), hat auf einem Vortrag auf dem Symposium „Epoxide Resins" in London am 12. 4. 56 mit dem Titel „The Use of Epoxide Resins in synthetic Rubber Compositions"[1] die Kombination von Epoxydharzvorprodukten mit synthetischen Kautschuken verschiedener Art in instruktiver Weise behandelt. Die Kombination der zwei Komponenten hat stets in der Art zu erfolgen, daß durch die gegenseitige Einwirkung sowohl Härtung des Epoxydharzvorproduktes als auch Vulkanisation des Kautschuks erfolgt, ohne daß ein Rest einer der Komponenten in unveränderter Form übrigbleibt. Falls der Kautschuk als solcher keine reaktiven Gruppen enthält, die mit dem Epoxydharzvorprodukt reagieren können, so muß durch eine dritte Substanz die Entstehung solcher reaktiver Gruppen bewirkt werden.

Es werden drei verschiedene Typen von synthetischen Kautschuken unterschieden:

1. Kautschuke ohne reaktive Gruppen

Es handelt sich hierbei um Butadien-Styrol- oder auch um Butadien-Acrylnitril-Kautschuke, z. B. *Hycar* 1011 der B. F. GOODRICH CHEM. Co., welch letztere einen hohen Gehalt an Acrylnitril aufweisen, ebenso wie um den aus Gummibäumen gewonnenen Naturkautschuk. Die Möglichkeit der Bindung mit Epoxydharzvorprodukten wird durch den Vulkanisationsschwefel gegeben, dessen Reaktion durch Benzothiazyldisulfid beschleunigt und vollkommener gestaltet wird und bei der Umsetzung reaktionsfähige Thiolgruppen bildet. Die Vernetzung des Epoxydharzvorproduktes wird durch tertiäre Amine katalysiert.

Es können 50—100% des Kautschuks mit Epoxydharzvorprodukten kombiniert werden. Der Kautschuk wird dadurch in seinen Festigkeitseigenschaften und seiner Lösungsmittelbeständigkeit erheblich verbessert, so daß die Verteuerung besonders bei dem Einsatz für hochwertige Spezialverwendungen in Kauf genommen werden kann. Vom Epoxydharzstandpunkt betrachtet, erzielt diese Kombination eine wesentliche Verbilligung und ein erheblich elastischeres Epoxydharz.

2. Synthetischer Kautschuk mit Carboxylgruppen

BROWN, H. P. u. C. F. GIBBS[2] haben synthetische Kautschuke mit Carboxylgruppen beschrieben, die durch Copolymerisation von Acrylsäure mit Butadien, Butadien-Acrylnitril- oder Butadien-Styrol

---

[1] MIKA, TH. F.: J. Appl. Chem. **1956**, Nr. 6, 365—375.
[2] BROWN, H. P., u. C. F. GIBBS: Ind. Eng. Chem. 47, **1955**, 1006.

hergestellt werden. Ein entsprechendes Handelsprodukt ist *Hycar* 1571 der B. F. GOODRICH CHEM. Co., ein Produkt, das 0,024 Säureäquivalente/100 g aufweist.

Bei der Kombination mit Epoxydharzvorprodukten erfolgt die Vernetzung durch die im Kautschukmolekül befindlichen Carboxylgruppen in der gleichen Weise wie dies durch eigens zu diesem Zweck zugefügte Polycarbonsäuren bzw. ihre Anhydride vor sich geht. Zur Beschleunigung und besseren Durchhärtung ist Zufügen tertiärer Amine zweckmäßig. Man erreicht dasselbe durch Verwendung von Epoxydharz-Amin-Vorkondensaten, wobei die Belästigung durch verdampfendes Amin fortfällt.

Die durch die Kombination erzielten Verbesserungen entsprechen den unter 1. angegebenen.

3. Carbonsäureanhydrid-Kautschuke

COMPAGNON, P., u. O. BONNET[1] sowie COMPAGNON, P., u. J. LEBRAS[2] haben gefunden, daß sowohl Naturkautschuk wie auch synthetische Kautschuke DIELS-ALDER-Addukte mit Maleinsäureanhydrid oder anderen ungesättigten Carbonsäureanhydriden geben, unter Bildung von Kautschuken, die Säureanhydridgruppen enthalten.

Produkte dieser Art, z. B. das Handelsprodukt *Hycar* 1012 der B. F. GOODRICH CHEM. Co., das ein Butadien-Acrylnitril-Maleinsäureanhydrid-Polymerisationsprodukt darstellt, können in derselben Weise mit Epoxydharzvorprodukten unter gegenseitiger Vulkanisation und Härtung kombiniert werden, wie unter 1. und 2. ausgeführt.

Die mit Carbonsäureanhydriden normalerweise langsam erfolgende Härtung von Epoxydharzvorprodukten muß auch hier durch tertiäre Amine oder durch Verwendung von Epoxydharz-Amin-Addukten beschleunigt werden.

Naturgemäß entsprechen die durch Kombinationen dieser Art erzielten Verbesserungen den unter 1. und 2. angegebenen.

Die Ergebnisse dieser Studien sind im Hinblick auf die Gewinnung verbilligter elastischer Epoxydharze von großer Bedeutung, zumal bei Kombination der angeführten Art die chemische Kontrolle der Umsetzung einwandfreier erscheint als bei den oben beschriebenen Kombinationen von Epoxydharzvorprodukten mit Thiokolen.

4. Epoxydharzvorprodukte für die Herstellung kautschukartiger Massen

Verwendung von polymeren 3,3,3-Trifluor-1,2-epoxypropanen[3] der allgemeinen Formeln

$$\text{I}\quad H\cdot(\cdot O\cdot \underset{\underset{CF_3}{|}}{CH}\cdot CH_2)_n\cdot OH \qquad \text{und}\qquad \text{II}\quad H\cdot(\cdot O\cdot \underset{\underset{CF_3}{|}}{\overset{\overset{CH_3}{|}}{C}}\cdot CH_2)_m\cdot OH$$

---

[1] COMPAGNON, P., u. O. BONNET: Rubber Chem. Technol. **19**, 319 (1946).
[2] COMPAGNON, P., u. J. LEBRAS: Rubber Chem. Technol. **20**, 938 (1947).
[3] D. Anm. D 21700; US-Pri. 17. 11. 54, Dow CORNING CORP.

wobei Polymere nach I Molekulargewichte von über 50000 und solche nach II von etwa 2500 aufweisen, als Zusatzmittel bei der Herstellung synthetischer Kautschuke. Die Polymerisation des monomeren Triflourepoyypropans erfolgt durch katalytische Mengen von $FeCl_3$, $AlCl_3$, $AlBr_3$, BF_3, $SnCl_4$ oder SO_3 bei 80—90° in 24 Stunden bei andauerndem Umwälzen.

Insecticide und Bactericide

Die Verwendung von Äthylenoxyd als insecticides Mittel ist schon längere Zeit bekannt und bereits im Kapitel „Halogenfreie Alkylenoxyde" behandelt worden. — In folgendem werden weniger bekannte Epoxyd- wie auch Episulfidverbindungen, deren Eignung als Insecticide beschrieben ist, angeführt.

6. 2. 39. US 2183860; Nied.-Pri. 16. 2. 38, SHELL: Verwendung von Episulfiden, deren Herstellung beschrieben wird, z. B. von Butylen-1,2- oder -2,3-sulfid, Vinyläthylensulfid, Styrolsulfid, Butadiendisulfid, Propylenthiosulfid, Isobutylsulfid, Chlorpropylensulfid, Cyclohexylpropylensulfid u. a. m. als Insecticide.

23. 6. 48. US 2547965, SHARPLES CHEM. Co.: Verwendung als Bactericide quaternärer Stickstoffverbindungen von kernsubstituierten Phenylglycerinäthern der Konstitution

$$R \cdot C_6H_4 \cdot O \cdot CH_2 \cdot CHOH \cdot CH_2 \cdot \underset{X}{\overset{R'}{N{<}}}{\overset{}{R''}}R'''$$

R = beliebiges Alkyl
R', R'' R''' = Allyl oder Alkyl mit 5-18 C-Atomen
X = Halogen

durch Umsetzen von Epichlorhydrin mit einem Alkylphenol und der Halogenverbindung eines tertiären Amins in einem Lösungsmittel (Isopropanol) in der Siedehitze. Es können auch in einer ersten Stufe Kondensationsprodukte aus Epichlorhydrin und Alkylphenolen mit substituierten Harnstoffen oder Guanidinen in Gegenwart von Natronlauge hergestellt, und in einer zweiten Stufe die erhaltenen Kondensationsprodukte mit einem tertiären Aminhalogenhydrat umgesetzt werden.

10. 12. 48. US 2581376 sowie US 2581382, 13. 12. 48, PETROLITE Co.: Verwendung von Umsetzungsprodukten von oxäthylierten Phenol-Formaldehyd-Vorkondensaten mit Chloressigsäure in Gegenwart von p-Toluolsulfosäure, die als Insecticide versprüht werden.

29. 5. 50. US 2705233, GLIDDEN Co.: Verwendung von 16,17-Oxido-pregnan-3α-ol-11,12-dion, hergestellt durch Epoxydierung des Ketoderivates mittels H_2O_2 für pharmazeutische Zwecke.

21. 3. 52. US 2691014, UPJOHN Co.: Verwendung von 3-Acyloxy-16,17-oxido-21-brompregnan-20-on als Zwischenprodukt für die Herstellung von pharmazeutischen Mitteln.

14. 7. 53. US 2705235 und 2705236, ARVEY CORP.: Verwendung von Epoxydderivaten von Halogennaphthalinen, insbesondere von Hexachlormethano-oxanaphthalin-Verbindungen, hergestellt durch Umsetzen von 1,2,3,4,7,7-Hexachlor-bicyclo-(2,2,1)-2,5-heptadien mit substituierten Furanen in Gegenwart von wenig Propylenoxyd und Spuren

von Hydrochinon bei 100—200° als Insecticide und Fungicide. Am bekanntesten ist das *Dieldrin*, die sauerstoff-freie Verbindung, Formel II

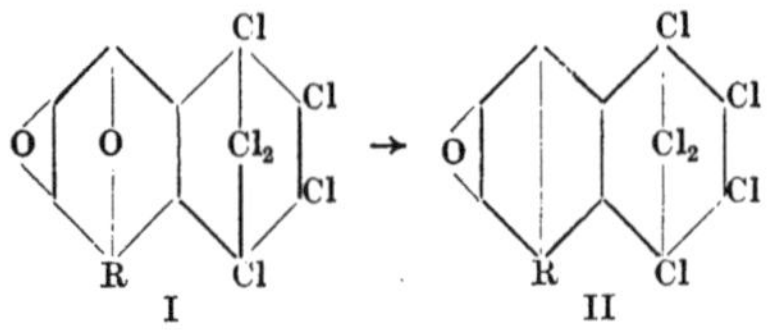

Hexachlorepoxy-oktahydro-di-endomethanonaphthalin[1].

3. 8. 53. US 2729636, GENERAL MILLS: Verwendung von Mono- oder Diepoxyden von polymeren N,N-Dialkyl-thiamorpholinium-chloriden, hergestellt durch Umsetzen eines sekundären Amins mit einem Dichloräthylsulfid oder -sulfon in Gegenwart von Alkali in einem Lösungsmittel (Methanol) bei 65—150°

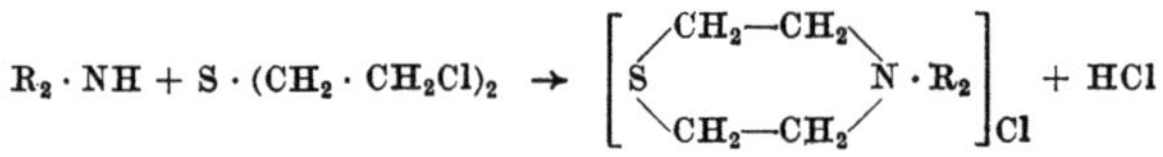

$$R_2 \cdot NH + S \cdot (CH_2 \cdot CH_2Cl)_2 \rightarrow \left[S \underset{CH_2-CH_2}{\overset{CH_2-CH_2}{\diagdown \diagup}} N \cdot R_2 \right]_{Cl} + HCl$$

als Bactericide.

10. 10. 53. FP 1090172; Schwed.-Pri. 10. 10. 52, MO OCH DOMSJÖ: Zum Schutz gegen Fäulnis von Holz, Leder, Fischnetzen, Saatgut, anatomischen Präparaten u. dgl., werden Kondensations- bzw. Poly-merisationsprodukte von Alkylenoxyden (Äthylen- und Propylenoxyd, auch Polyäthylenpolypropylenglykole oder deren Äther und Ester, ins-besondere die wachsartigen Polyäthylenglykole mit einem Molgewicht von 4000—6000) als Träger für geeignete Insecticide und Fungicide empfohlen. Nach Bedarf können Netzmittel, Leime oder Harze zu-gesetzt werden.

12. 5. 54. US 2703799, G. D. SEARLE Co.: Verwendung von 9α-Chlor-11-oxo-$16\alpha,17\alpha$-epoxyprogesteron, hergestellt durch HCl-Ab-spaltung aus $9\alpha,16\beta$-Dichlor-$11\beta,17\alpha$-dioxyprogesteron in Pyridin für pharmazeutische Zwecke, insbesondere bei Entzündungsprozessen.

7. 6. 54. US 2738348, G. D. SEARLE Co.: Verwendung von 6,7-Epoxy-3-keto-steroiden für pharmazeutische Verwendungen, z. B. 6,6-Epoxy-testosteron

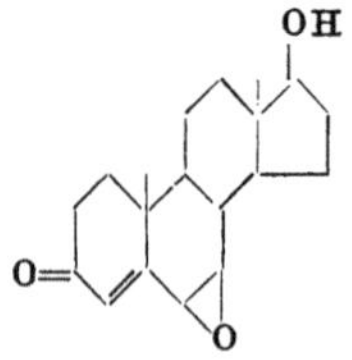

sowie weitere Derivate, in denen die OH-Gruppe durch $-CO \cdot CH_3$ oder $-CO \cdot CH_2 \cdot OR$ ersetzt ist. — Die Herstellung erfolgt aus den Steroid-4,6-dien-3-ketonen, durch Oxydation mittels Benzopersäure.

---

[1] Siehe hierüber auch CARL BECHER: Schädlingsbekämpfungsmittel, **1953**, 460.

10. 3. 54. D. Anm. D 17256, DEGUSSA (H. H. KUHN, U. HOFF-MANN): Verwendung von Styrolsulfid als Insecticid, Fungicid oder für pharmazeutische Präparate. Die Herstellung erfolgt durch Versetzen einer Lösung von 60 Teilen Styroloxyd in 20 Teilen Alkohol bei 3—4° mit einer gesättigten alkoholischen Lösung von 50 Teilen Kalium-rhodanid. Nach 12stündigem Stehen wird von dem ausgeschiedenen Kaliumcyanat abgetrennt und die Flüssigkeit fraktioniert. Man erhält Styrolsulfid vom Kp_{11} 85—87° in praktisch quantitativer Ausbeute als farblose Flüssigkeit. In analoger Weise wird α-Methylstyrolsulfid mit dem $Kp_{0,01}$ 42—47° erhalten.

2. 12. 54. US 2736730, VELSICOL CHEM. Co. (M. KLEIMAN): Ver-wendung von 5,6-Epoxy-1,2,3,4,7,7-hexachlor-bicyclo-(2,2,1)-hepten-2

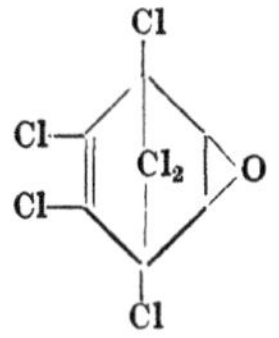

als Insecticid oder Fungicid. Die Herstellung erfolgt durch Oxydation mit organischen Persäuren des entsprechenden Bicycloheptadiens, ge-wonnen durch HCl-Abspaltung mittels alkoholischem Kali aus dem Addukt von Hexachlorcyclopentadien und Vinylchlorid.

4. 1. 54. US 2751380, UPJOHN Co. (G. SLOMP): Verwendung von 3β,20-Diacetoxy-5α,(6α),16α(17α)-diepoxyd-20-pregnan, hergestellt durch Oxydation von 3β,20-Diacetoxy-5,16,20-pregnatrien mit Per-essigsäure in Chloroformlösung, für pharmazeutische Zwecke.

10. 9. 56. Belg. P. 550936; US-Pri. 12. 9. 55, BATAAFSCHE: Ver-wendung eines epoxydierten Dienadduktes aus Cyclopentadien mit 1,2,3,4,7,7-Hexachlorbicyclo-(2,2,1-)-2,5-heptadien:

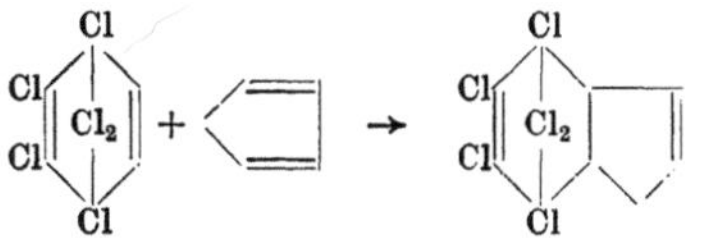

MCCAULEY, W. E., u. Y. P. SUN: Über die Wirkung einiger In-secticide. [Soap Chem.Spec. **30**, Nr. 12, 171—173 (1954)]. Es wird ein Überblick über ausgedehnte Untersuchungen über die Verwendung von Dieldrin, Hexachlorepoxy-octahydro-di-endomethanonaphthalin, ge-geben, insbesondere über die Giftwirkung auf den Menschen. Als Er-gebnis wird mitgeteilt, daß Dieldrin für den Menschen unschädlich ist, wenn es als 0,5%ige ölige Lösung, als 1%iger Staub, als 1%ige wäßrige Verteilung oder als 0,5%iges Aerosol versprüht wird. Durch die Wir-kung auf die Bettwanze wird gezeigt, daß die insecticide Wirkung bei Vergleichsversuchen in folgender Reihenfolge ansteigt: Pyrethrin-Allethrin-Gammexan-(= Chlordan oder Aldrin)-Pyrolan-DDT (= Ge-sarol = Dichlordiphenyltrichloräthan)-Dieldrin.

Diverse Verwendungen

Zusatz zu Zement

Epoxydharzvorprodukte im Gemisch mit angemachtem Zement.
R. B. Seymour, u. R. H. Steiner[1] beschreiben ein Verfahren zur Herstellung eines sogenannten „Poxy-Zement", einer Komposition eines polymeren Bisphenol-A-Glycidyläthers mit Füllern (Kohle, Kieseloder Schiefermehl oder Asbest) mit angemachtem Zement. Ein so veredelter Zement ist vor allem für kunsthandwerkliche Arbeiten geeignet.

Epoxydharzvorprodukte werden als Schicht auf fertige Zementblöcke aufgetragen. N. N.: „Regenbogen an der Wand"[2]. Es wird ein Verfahren der Sherwin-Williams Co. beschrieben, mittels besonderer Maschinen Zementbaublöcke mit einer Farbglasur zu überziehen, so daß sie das Aussehen von Keramikerzeugnissen erhalten. Die Zementbaublöcke werden zwar durch diese Behandlung um etwa 40 % teurer, sind aber um denselben Prozentsatz billiger als Keramikbaublöcke. — Zur Verwendung kommen *Epon*-Harze der Shell. Die Glasur wird in zwei Stufen hergestellt: in der ersten Stufe wird eine flüssige, farblose, füllstoffhaltige *Epon*-Harzkomposition mittels Gummiwalzen und -schieber fest in die poröse Oberfläche der Zementblöcke eingearbeitet und als zweite Stufe anschließend eine *Epon*-Harzfarbe aufgesprüht. Die vollständige Durchhärtung erfolgt in etwa 16 Stunden bei gewöhnlicher Temperatur. Obwohl diese sogenannte „Kem-Krete"-Glasur gegen gelegentliche Berührung mit Wasser unempfindlich ist, ist zur Erzielung von Wetterfestigkeit noch ein weiterer Überzug eines wasserabweisenden Mittels erforderlich.

Glasurähnliche Überzüge auf Epoxydharzbasis für Zementoberflächen werden auch von der Glidden Co. unter dem Namen „Nu-Pon A" empfohlen. Die Überzüge sollen eine Dicke von 0,4—0,43 mm aufweisen[3].

Auskleidungen von Behältern usw. mit Epoxydharzkompositionen

Zum Schutz von Säurekochern für die Celluloseindustrie oder von Fußböden von Betrieben oder Laboratorien, von denen Säurefestigkeit verlangt wird, werden säurefeste Keramikplättchen mit einem säurefesten Zement einzementiert. Ein solcher Zement ist von K. Dietz[4] entwickelt worden und wird unter dem Namen „*Säurekitt Hoechst*" im Handel geführt. Derselbe setzt sich zusammen aus einem Phenol-Formaldehyd-Vorkondensat, einem Glycidyläther von Phenol, Kresol oder Naphthol, viel Füllmaterial und p-Toluolsulfochlorid als Härter. Beispielsweise werden 90 g fein gepulverter Schwerspat mit 10 g p-Toluolsulfochlorid gut gemischt, dann mit 30 g flüssigem Phenol-Formaldehyd-(1:1,4)-Vorkondensat homogen verrührt und schließlich 10 g Phenylglycidyläther unter gutem Rühren eingetragen. Dieser gut streichfähige

---

[1] Seymour, R. B., u. R. H. Steiner: Chem. Eng. Progr. 49, **1953**, Nr. 4, 220.
[2] N. N.: Ch. W. vom 10. 1. 53, 47. — [3] Farbe u. Lack, **1954**, Heft 12, 561.
[4] DP 813205, 26. 10. 49/10. 9. 51. — US 2623865, Hoechst.

Zement ist mehrere Stunden gebrauchsfähig, läßt sich unter guter Haftung auf Metall- oder Steinoberflächen verstreichen, so daß festhaftende, flüssigkeitsdichte Auskleidungen mit Plättchen vorgenommen werden können. Die Härtung geht im Laufe von einigen Tagen bei gewöhnlicher Temperatur vor sich.

Kleinere Behälter, Tuben und dergleichen, die für Nahrungsmittel oder Zahnpasta vorgesehen sind, werden zweckmäßig mit Epoxydharzlacken ausgekleidet und weisen ein Optimum an Unangreifbarkeit auf. Beispielsweise sollen 1954 in USA 5500 Millionen Blechdosen für Bier mit *Epon*-Harzlacken behandelt worden sein, ohne daß Reklamationen vorgekommen wären[1].

Einkitten von Borsten bei Bürsten oder Pinseln

Wegen der guten Wasser- und Lösungsmittelfestigkeit von gehärteten Epoxydharzen sind sie besonders brauchbar zum Einkitten von Borsten für Bürsten oder Pinsel, die mit Wasser oder Lösungsmitteln in Berührung kommen. Ein Verfahren zum Einkitten von Borsten beschreibt C. E. BIXLER[2] unter Verwendung eines Gemisches von polymerem Bisphenol-A-Glycidyläther und aliphatischen Polyglycidyläthern, z. B. Butadiendioxyd oder Polyglycidyläther mehrwertiger Alkohole.

Bindemittel für Schleifkörper

Kompositionen aus Phenol-Formaldehydharz-Vorprodukten (Novolak-Typ) und polymeren Bisphenol-A-Glycidyläthern empfiehlt die UNION CARBIDE & CARBON CORP.[3] als Bindemittel für Schleifkörper der verschiedensten Art, z. B. werden folgende Mischungen empfohlen:

Für die Herstellung von Schleifscheiben: ein Verhältnis der freien Phenolgruppen im Phenol-Formaldehyd-Vorkondensat zu den freien Epoxydgruppen in einem flüssigen polymeren Bisphenol-A-Glycidyläther von 7—80:1, während für Schleifpapiere ein entsprechendes Verhältnis von 3—15:1 empfohlen wird. Bei schwer benetzbaren Materialien ist es geraten, eine gut netzende Zwischenschicht, bestehend aus einer Lösung eines Epoxydharzvorproduktes im Gemisch mit Furfurol und Kresol anzulegen.

Verwendung für hydraulische Mischungen

Als Grundlage für hydraulische Mischungen wird von V. ESPOSITO[4] die Verwendung eines mittels Maleinsäure gereinigten Tallöls angegeben, das unter Druck bei 175—340° mit Äthylen- oder Propylenoxyd behandelt wird, bis 16 Mole des Oxyds pro Mol Tallöl aufgenommen worden sind.

Die Verwendung alkoxylierter höherer Alkylphenole als unentflammbare hydraulische Öle empfehlen T. W. LANGER und J. M. RUSS[5].

---

[1] Chem. Trade J. 7. 12. 54, 1642.

[2] US 2512996 und 2512997, 11. 6. 47/27. 6. 50, DEVOE & RAYNOLDS Co.

[3] D. Anm. U 2697, 1. 4. 54; US-Pri. 2. 4. 53.

[4] BP 721778, 21. 2. 52/12. 1. 55, R. M. HOLLINGSHEAD CORP.

[5] US 2768141, 24. 10. 52/23. 10. 56, UNION CARBIDE & CARBON CORP.

Es werden insbesondere solche alkoxylierten Verbindungen beschrieben,
die teilweise mit Äthylen- und Propylenoxyd umgesetzt wurden. Zum
Beispiel werden Nonylphenol mit 5 Mol Propylenoxyd und anschließend
mit 11 Mol Äthylenoxyd oder Dodecylphenol mit 6 Mol Propylenoxyd,
danach mit 12 Mol Äthylenoxyd oder Tetradecylphenol mit 7 Mol
Propylen- und 14 Mol Äthylenoxyd zur Reaktion gebracht. Die Produkte dienen vor allem als Verdickungsmittel und werden im Gemisch
mit Äthylenglykol angewandt.

Dichtungsmittel für Hochvakuumapparaturen

Stivala, S. S., u. V. L. Denninger[1] empfehlen die Verwendung
von Epoxydharzen als Dichtungsmittel für Hochvakuumapparaturen,
weil diese Harze für diesen Zweck allen anderen in Betracht kommenden Mitteln überlegen sind. Insbesondere zeichnen sich die
Epoxydharze dadurch aus, daß sie oberhalb von 100° nur einen sehr
niedrigen Dampfdruck und gute dielektrische Eigenschaften aufweisen
und gegen Dämpfe von Quecksilber, Pumpenöl und Lösungsmitteln
unempfindlich und bis 175° brauchbar sind.

Besonders hitzebeständige Celluloseäther- und -esterfilme

Durch die chemische Härtung von Epoxydharzvorprodukten zusammen mit Celluloseäthern oder -estern, die freie Hydroxylgruppen
enthalten (katalysiert durch Friedel-Crafts-Katalysatoren), wird ein
außerordentlich hitzebeständiges Material erhalten, aus dem Filme
hergestellt werden können, wie F. E. Condo[2] gefunden hat. Beispielsweise werden 10—30%ige Lösungen eines Celluloseacetates, welches
noch 30—80% freie Hydroxylgruppen enthält, in wäßrigem Aceton
vermischt mit einer Lösung, die 10—50% (berechnet auf das Cellu-
losederivat) eines polymeren Glycidyläthers von Bisphenol A oder
von einem mehrwertigen Alkohol, die als Härter 5% eines komplexen
Fluorborates (Komplex mit p-Kresol oder Diäthylanilin) enthält. Mit
diesem Lösungsgemisch gegossene Filme werden nach dem Trocknen
bei 160° gehärtet. Sie sind klar, farblos und abnorm hitzebeständig.

Wasserundurchlässige Filme,
die leicht Gase und Wasserdampf durchlassen

Nach einem Verfahren der Firma du Pont[3] werden durch Kombination von 50—97% wasserunlöslicher nicht ionogener Polymerer (Polyvinylchlorid, Polychloropren) und 50—3% wasserlöslicher Anionenpolyelektrolyte (Glycidylester ungesättigter Carbon- oder Sulfonsäuren)
wasserundurchlässige Filme erhalten, die für Gase und Wasserdampf
durchlässig sind.

---

[1] Stivala, S. S., u. V. L. Denninger: Chem. Engng. News **1955**, 498.
[2] FP 1109472, 21. 7. 54/30. 1. 56; US-Pri. 21. 7. 53, Bataafsche.
[3] BP 753050, 31. 3. 54/18. 7. 56; US-Pri. 26. 6. 53.

Veredelung von Naturharzen und -wachsen

SCHMIDT, O., u. EGON MEYER[1] beschreiben ein Verfahren, Kolophonium, Schellack sowie Alkydharze und das farblose kristallklare Salicylsäure-Formaldehydharz durch Oxalkylieren mittels Äthylen- oder Propylenoxyd zu veredeln. So modifizierte Harze zeigen bei der Herstellung von Lacken und Anstrichmitteln verbesserte Eigenschaften.

RODRIAN, H., u. R. BAUER[2] veredeln billiges Montanwachs durch Oxalkylieren, so daß es etwa die Eigenschaften des teuren Bienenwachses oder von Japanwachs annimmt. Es wird beispielsweise so verfahren: 300 g oxydiertes Montanwachs (Montanoxsäure) und 60 g Naphthensäure werden mit 100 g Äthylenoxyd oder 200 g Montanoxsäure, 50 g Phthalsäureanhydrid und 150 g Propylenoxyd werden bei 130 bis 150° umgesetzt, wobei Wachse mit hochwertigen Eigenschaften entstehen.

Verflüssigungsmittel und Weichmacher für Aminoharze

A. BROOKES[3] hat gefunden, daß Umsetzungsprodukte von Epichlorhydrin mit Phenolen oder Kresolen in Gegenwart der erforderlichen Menge Alkali, bei denen die Epoxydgruppe zu zwei Hydroxylgruppen hydratisiert wird, z. B. Glycerinphenyläther, sehr gut mit flüssigen Aminoharzvorprodukten verträglich sind, wobei weitgehende Verflüssigung erfolgt, so daß sie als Gießharze geeignet sind. Weiterhin übt dieser Zusatz bei den geformten, gehärteten Aminoharzen eine gewisse Weichmacherwirkung aus, so daß in den Gußstücken beim Altern keine Risse entstehen, wie dies ohne den Zusatz der Fall ist. — Beispielsweise wird ein durch Umsetzen von 60 g Harnstoff (1 Mol) mit 162 g Formaldehyd 37%ig (2 Mol) erhaltener viscoser Sirup (125 g) mit 50 g Glycerinphenyläther vermischt und nach Zusatz von 1 g Ammoncitrat als Härter vergossen. Nach 1—2tägigem Vorhärten beim Raumtemperatur wird bei einer allmählich auf 90° ansteigenden Temperatur durchgehärtet. Die Gußstücke bleiben auch nach längerem Altern frei von Rissen.

Um die Lagerfähigkeit von Aminoharzkompositionen zu erhöhen, empfehlen die RÜTGERSWERKE A. G.[4] den Zusatz von Epoxydverbindungen der allgemeinen Formel

$$R \cdot (CH_2)_n - CH \underset{\displaystyle \diagdown O \diagup}{} CH \cdot R'$$

R = Alkyl, Aryl, Aralkyl, Cycloalkyl, Alkoxy, Aroxy, Acyl, Carboxyl usw.
R' = H oder ein Substituent nach R, n = 1 — 10

In den Beispielen wird vor allem die Verwendung von Phenoxypropenoxyd empfohlen, und zwar in einer Menge von 0,5—1% des lösungsmittelfreien Aminoharzes.

---

[1] US 1845198, 1. 12. 28/16. 2. 32; D.-Pri. 2. 2. 27, BADISCHE ANILIN- & SODA-FABRIK-AG.
[2] US 1990615, 20. 11. 30/12. 2. 35; D.-Pri. 30. 11. 29, BAYER.
[3] US 2413860, 24. 8. 43/7. 1. 47, AMERICAN CYANAMID Co.
[4] US 2769798, 26. 6. 53/6. 11. 56; D.-Pri. 7. 7. 52.

Gewinnung von porösen PVC-Granulaten

Die homogene Vermischung von Polyvinylchlorid mit Weichmachern oder Stabilisatoren ist im allgemeinen wegen seines hohen Erweichungspunktes schwierig. Nach einem Verfahren der MONSANTO CHEMICAL Co.[1] gelingt es, ein poröses Granulat mit niedrigerem Erweichungspunkt zu gewinnen, das sich auf heißen Walzen wesentlich leichter bearbeiten läßt, wenn die Polymerisation des Vinylchlorides in wäßrigen Suspensionen in Gegenwart von 0,1—0,3% eines Umsetzungsproduktes von Äthylenoxyd oder Diäthylenoxyd mit Monoestern gesättigter Fettsäuren mit 12—18 Kohlenstoffatomen mit Äthylenglykol oder Glycerin vorgenommen wurde.

Verwendung als Flotationsmittel

DE GROOTE, M., B. KEISER u. W. GROVES[2] haben die Beobachtung gemacht, daß sich die öligen Umsetzungsprodukte oxäthylierter Phenol-Formaldehyd-Vorkondensate mit Chloressigsäure (in Gegenwart von p-Toluolsulfosäure) als Flotationsmittel eignen, d. h., daß der durch diese Mittel in Wasser erzeugte Schaum die Eigenschaft hat, bei aufbereiteten Erz-Gangartgemischen den Erzanteil zu binden, daß er von der Gangart getrennt werden kann.

Verwendung als Sparbeizen

H. L. SANDERS[3] hat die überraschende Feststellung gemacht, daß Dehydroabietinylamin an das 16—30 Mol Äthylenoxyd angelagert sind, als hochwirksame Sparbeize geeignet ist. Es handelt sich hierbei um etwa 1%ige Zusätze zu einem Entzunderungsbad aus verdünnter Salz- oder Schwefelsäure, die bewirken, daß von der Säure nur das Eisenoxyd gelöst, jedoch das metallische Eisen vor dem Säureangriff geschützt wird. Diese Wirkung konnte nicht erwartet werden, da in der Regel nur schwefelhaltige Verbindungen als Sparbeizen wirksam sind.

Verwendung als Feuerschutzmittel

Die Verwendung von 1,4,5,6,7,7-Hexachlor-2-epoxyäthylbicyclo-(2,2,1)-5-hepten wird von E. C. LADD[4] als Zusatz zu Feuerschutzkompositionen empfohlen. Die Herstellung dieses Heptens erfolgt in einfacher Weise durch Rückflußkochen eines Gemisches von 54,6 g Hexachlorcyclopentadien und 20 g 3,4-Epoxy-1-buten, wobei die Siedetemperatur von anfangs 83° innerhalb von etwa 20 Stunden auf 130—140° steigt:

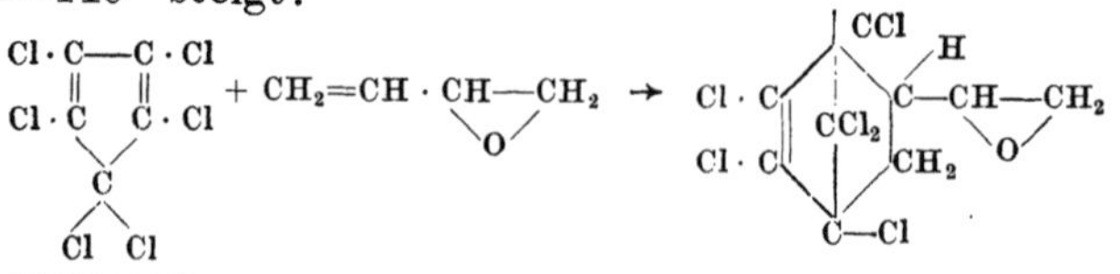

vom F 87—89°

[1] BP 755796, 12. 8. 54/29. 8. 56; US-Pri. 13. 8. 53.
[2] US 2581376, 10. 12. 48/8. 1. 52 und US 2581382, 13. 12. 48/8. 1. 52, PETROLITE CORP.
[3] US 2703797, 15. 12. 49/8. 3. 55, GENERAL ANILINE & FILM CORP.
[4] US 2616899, 26. 3. 51/4. 11. 52, US-RUBBER Co.

Weiterhin empfiehlt die DEUTSCHE SOLVAY GMBH als flammenhemmende Mittel (D. Anm. D. 20655, 1002945, 14. 6. 55.) Epoxydharze, die mit Pentachlorphenol ausgehärtet werden, wobei das gehärtete Harz einen Chlorgehalt von 25—42% aufweist.

Verwendung als antistatische Mittel

Wasserlösliche Umsetzungsprodukte von Phosphorsäuremonoestern, und zwar Veresterungsprodukte von Ortho-, Pyro- oder Metaphosphorsäure oder auch Phosphoroxychlorid mit höheren Alkoholen wie Hexyl-, Octyl-, Oleyl-, Benzyl- oder Cyclohexylalkohol, wie auch mit alkylierten Phenolen, mit 4—8 Mol Äthylenoxyd weisen gute antistatische Wirkung bei Geweben aus Stapelfasern, Polyvinylchlorid, Polyamiden, Polyacrylnitril oder Polyestern auf, wie die BÖHME FETTCHEMIE GMBH[1] gefunden haben.

Verwendung als Antoxydantien für Seifen

Von der AMERICAN CYANAMID Co.[2] wird die Verwendung von Oxäthylierungsprodukten von Dicyandiamid als Oxydationsschutzmittel für Seifen empfohlen.

Verwendung für Klosettbecken

Nach Angaben von S. B. SWENSON und H. GRAUS[3] haben Klosettbecken aus verstärktem Kunststoff Vorteile vor den üblichen aus Steingut, da sie erheblich weniger zum Festhalten des Geruches neigen. Dies ist bei der Konstruktion aus Aldehyd- und Methylmethacrylatharzen am augenfälligsten erkennbar, jedoch sind solche aus Epoxydharzen allen andern wegen der härteren Oberfläche vorzuziehen. Hierbei beträgt die Gewichtsersparnis mehr als die Hälfte, der Preis beträgt 40—65 DM, je nach der Ausführung.

Verwendung als Kappensteife

Die RHENOFLEX GMBH[4] beschreibt die Herstellung biegsamer, elastischer und poröser Kappensteife für Schuhwerk durch Imprägnieren von lockerem Textilgewebe mit einem Gemisch von einem Epoxydharzvorprodukt mit einem Polyester mit anschließendem Härten. Die Eigenschaften so behandelten Materials sollen, vor allem in Hinblick auf die Elastizität, erheblich bessere sein als die mit den üblichen Nitrocelluloseimprägnierungen erzielten.

---

[1] D. Anm. B 28940, 21. 12. 53. — FP 1115875.
[2] US 2320226, 30. 1. 41.
[3] SWENSON, S. B., u. H. GRAUS: Mod. Pla. **1956**, Nr. 4, 164.
[4] FP 1112072, 18. 8. 54/8. 3. 56; D.-Pri. 24. 8. 53.

Epoxydchelat-Bildner

Die Verwendung von Äthylendiamin-tetracarbonsäure als Chelat-
bildner ist seit geraumer Zeit bekannt. Die Dow CHEMICAL Co.[1] hat
nun gefunden, daß auch polymere substituierte Äthylendiamine, die
eine Epoxydgruppe enthalten, ähnliche Wirkungen entfalten. Es
handelt sich hierbei um polymere substituierte Epoxyäthylendiamine
der allgemeinen Formel

$$\text{Alkyl—NH} \cdot \text{Alkylen} \cdot \text{N} \underset{O}{\overset{R'}{<}} \text{R''}$$

welche zu Verbindungen des Typus

$$\left[\; \right]_n$$

$R' = H$, $-CH_2 \cdot CO \cdot OMe$, $-CH_2 \cdot CH_2 \cdot CO \cdot OMe$, $R'' = R'$, aber
kein H, Me = H, Alkalimetall, NH_4, Alkyl = Rest mit 2—3 Atomen.
Alkylen = Rest mit 2—3 C-Atomen, evtl. verzweigt, n = 3 — 30

polymerisiert werden.

Die Herstellung erfolgt durch Carboxymethylierung von polyoxy-
aliphatischen Polyaminen der allgemeinen Formel

$$\underset{OH \;\; OH}{\text{Alkyl} \cdot \text{NH} \cdot \text{Alkylen} \cdot \text{NH}_2}$$

(nach US 2407645) und Substituieren von Amin-Wasserstoffatomen
durch Acetylgruppen nach BP 600629. Durch Wasserabspaltung aus
der erhaltenen Dioxy-Alkyl-Alkylen-diaminocarbonsäure wird die
entsprechende Epoxydverbindung erhalten. Die Polymerisierung der
Epoxydicarbonsäure erfolgt als Di-Natriumsalz durch 5—10stündiges
Kochen der wäßrigen Dioxanlösung, wobei das Polymer als Weichharz anfällt, das beim Erhitzen bei 100° in ein sprödes Harz übergeht.
Dasselbe ist, besonders im gepulverten Zustand, in Wasser löslich und
wirkt als chelierendes Agens auf die Lösungen mehrwertiger Metallsalze, wobei — abweichend von den bekannten chelatbildenden Verbindungen — die Chelate in Lösung bleiben. Wegen dieser besonderen
Löslichkeitseigenschaften finden Metallchelate dieser Art eine besonders
wirkungsvolle Verwendung als Stabilisierungsmittel, die sich in bisher
unerreichter Weise in dem Substrat, z. B. PVC oder Chlorkautschuk,
verteilen lassen.

---

[1] BP 744004, 30. 3. 53/25. 1. 56; US-Pri. 11. 4. 52.

In einer späteren Patentschrift beschreibt F. C. Bersworth[1] weitere Verbindungen derselben und analoger Art.

An Stelle der fallengelassenen amerikanischen Patentanmeldung vom 11. 4. 52 hat F. C. Bersworth in diesem Patent die mit Chelatbildnern obiger allgemeiner Formel gewonnenen Erfahrungen zusammengefaßt.

Zwecks Gewinnung der polymeren Natriumsalzverbindung der Epoxyäthylendiamincarbonsäure der Formel:

$$
\begin{array}{l}
CH_2 \cdot CO \cdot ONa \\
| \\
N{-}CH_2 \cdot CO \cdot ONa \\
| \\
C_2H_4 \\
| \\
NH \\
| \\
OH \cdot CH_2 \cdot CH_2 {-\!-\!-}
\end{array}
\left[
\begin{array}{l}
CH_2 \cdot CO \cdot ONa \\
| \\
N{-}CH_2 \cdot CO \cdot ONa \\
| \\
C_2H_4 \\
| \quad \diagup OH \\
{-}N{-}CH \cdot CH_2 {-\!-\!-}
\end{array}
\right]_n
\begin{array}{l}
CH_2 CO \cdot ONa \\
| \\
N{-}CH_2 \cdot CO \cdot ONa \\
| \\
C_2H_4 \\
| \\
{-}NCH \cdot CH_2 \\
\diagdown O \diagup
\end{array}
$$

wird Epoxyäthylendiamin mittels Natriumcyanid, Formaldehyd und Alkali carboxymethyliert, wobei unter Einsatz von nicht mehr als 2 Mol dieser letzteren nur die Wasserstoffatome der NH_2-Gruppe durch $-CH_2 \cdot CO \cdot ONa$-Gruppen ersetzt werden[2].

$$
CH_2{-}CH \cdot NH \cdot CH_2 \cdot CH_2 \cdot NH_2 + CH_2O \;\xrightarrow[\text{NaOH}]{\text{NaCN}}\; CH_2{-}CH \cdot NH \cdot CH_2 \cdot CH_2 \cdot N\!\!\begin{array}{l}\diagup CH_2 \cdot CO \cdot ONa \\ \diagdown CH_2 \cdot CO \cdot ONa\end{array}
$$

Diese Verbindung wird dann in oben beschriebener Weise polymerisiert

Auch die monomere Verbindung hat metallchelierende Wirkung, die sich nach Substitution des Wasserstoffatoms an dem der Epoxydgruppe benachbarten Stickstoffatoms noch erhöht. Diese niedrigmolekularen Verbindungen ergeben jedoch im Unterschied von den höhermolekularen Polymerisaten unlösliche Metallchelate und sind mit den Metallsalze enthaltenden Substraten weniger gut verträglich.

Die Bildung des Chelats eines zweiwertigen Metalls, das als Chlorid vorliegen möge, $MeCl_2$, wird durch den Einbau in die Stickstoffdicarbonsäuregruppen des Polymers in nichtionisierbarer Form veranschaulicht:

$$
{-}N\!\!\begin{array}{l}\diagup CH_2 \cdot CO \cdot ONa \\ \diagdown CH_2 \cdot CO \cdot ONa\end{array} + MeCl_2 \;\rightarrow\; {-}N\!\!\begin{array}{l}\diagup CH_2 \cdot CO \cdot O \diagdown \\ \diagdown CH_2 \cdot CO \cdot O \diagup\end{array}\!\!Me
$$

Verwendung als Zahnfüllmaterial

Nachdem die ersten durch P. Castan entwickelten Epoxydharzvorprodukte, welche die Herstellung von Zahnprothesen zum Ziel hatten, für diesen Zweck die Anforderungen nicht erfüllen konnten, stellt R. L. Bowen[3] die Geeignetheit gefüllter Epoxydharzvorprodukte als Zahnfüllmaterial fest. Hierfür wird eine kalthärtende Mischung von *Epon* 828 mit der 4fachen Menge Quarz- oder Porzellanmehl empfohlen, welche etwa denselben Ausdehnungskoeffizienten aufweist wie

---

[1] US 2765284, 20. 4. 54/2. 10. 56, Dow Chemical Corp.
[2] Über diese Umsetzung siehe US 2712544, 30. 4. 54 u. US 2712545, 16. 10. 53.
[3] Bowen, R. L.: J. Dental Res., **35**, Nr. 3, 360—379 (1956).

das Dentin. Die Versuchsergebnisse im Hinblick auf Haftung, Abrieb, Farbbeständigkeit und chemische Unempfindlichkeit gegen Speichel und Speiserückstände werden als günstig bezeichnet.

Verwendung in Metallographie-Entwickler-Emulsionen

Zum Vervielfältigen werden Metallplatten, die mit einer lichtempfindlichen Bichromat-Albuminschicht überzogen sind, in ähnlicher Weise verwendet, wie dies bei lithographischen Arbeiten üblich ist. Die Löslichkeit der belichteten Albuminschicht des Negativs nimmt um so stärker ab, je mehr Licht sie erhalten hat. Alsdann wird mit einer dünnen wäßrigen Gummiarabicumlösung abgewaschen, wodurch die löslich gebliebenen Anteile mehr oder weniger stark herausgelöst werden. Da die verbleibende, verschieden stark belichtete Schicht noch kein Bild zeigt, muß sie durch eine Entwicklerflüssigkeit entwickelt werden. Die für diesen Zweck angewendeten Entwickler zeigen eine Reihe von Unvollkommenheiten, so daß Verbesserungen angestrebt werden.

M. W. HALL[1] hat gefunden, daß ein Emulsionsentwickler, dessen fester Harzbestandteil aus einem niedermolekularen Epoxydharzvorprodukt, z. B. aus einem polymeren Bisphenol-A-Glycidyläther vom Erweichungspunkt 40° und dem Epoxydäquivalentgewicht 300—375 besteht, sich besonders gut für diesen Zweck eignet. Beispielsweise wird eine Öl-in-Wasser-Emulsion mit sehr guten Entwicklereigenschaften durch Emulgieren der beiden Lösungen erzielt:

1. Wäßrige Lösung:

      Wasser .... 90 Teile
      25%ige Gummiarabicumlösung in Wasser .... 18 Teile
      Netzmittel (Natriumlaurylsulfat) .... 1,8 Teile

2. Wasserfreie Lösung:

      Äthylenchlorid .. 60 Teile   Epoxydharzvorprodukt   30 Teile
      Cyclohexanon ... 40 Teile   Toluidinpigmentfarbstoff 9 Teile

Die abgewaschene Albuminschicht wird kurz in dieser Emulsion gebadet, dann mit Wasser abgespült und nach dem Sichtbarwerden des Bildes getrocknet. Sie kann danach für Vervielfältigungsarbeiten dienen.

Verwendung als photoelastischen Kunststoff

Alle klaren elastischen Kunststoffe eignen sich mehr oder weniger gut zur Verwendung als photoelastische Medien. Bei dem Vergleich einer Reihe von Kunststoffen, die für diesen Zweck in Betracht kommen könnten, haben M. M. LEVEN und R. C. SAMPSON[2] gefunden, daß Epoxydharze sich am günstigsten verhalten. Am besten eignen sich niedrigmolekulare Epoxydharzvorprodukte, denen als Härter die üb-

---

[1] US 2754279, 1. 8. 51/10. 7. 56, MINNESOTA MINING & MANUFACTURING CO.
[2] LEVEN, M. M., u. R. C. SAMPSON: Entwicklungen bei photoelastischen Kunststoffen, Mod. Pla., Mai 1957, 151, 155, 244.

lichen Dicarbonsäureanhydride zugemischt werden. Die folgenden Handelsprodukte wurden für geeignet befunden:

Araldit 502 ...... flüssig,   35 Poisen
Araldit 6020 ..... flüssig,   215 Poisen
Epiphen 823 ..... flüssig, 2350 Poisen
Epon 1001 .... fest, Erweichungspunkt 70°
Bakelit ERL-2774 . flüssig,   100 Poisen
Epon 843 .... flüssig, 1000 Poisen
Araldit 6090 ..... fest, Erweichungspunkt 61°
Epi-Rez 520 ..... fest, Erweichungspunkt 70°

Verwendung zum Konservieren und Restaurieren von Museumsgegenständen

Auf der vom 9.—22. 9. 1956 in London unter der Schirmherrschaft des BRITISH MUSEUM, der NATIONAL GALLERY und der COURTAULD INSTITUTE OF ART abgehaltenen Konferenz der Museumskuratoren führte A. E. WERNER[1] in einem Vortrag über Konservierungstechnik aus, daß sich für dieses Gebiet am besten Epoxydharze bewährt hätten. Es seien dies die einzigen Kunstharze, bei denen nach dem Härten keine Spannungen auftreten und bei denen keine flüchtigen Bestandteile entweichen. Daher eignen sich diese Harze am besten für die Restaurierung von Metall- oder Holzgegenständen, z. B. lassen sich vom Holzwurm befallene Gegenstände mit einem Epoxydharzvorprodukt, dem Butylphthalat und ein Härter zugesetzt sind, mit einer ausgezeichneten Eindringungstiefe imprägnieren und bei gewöhnlicher Temperatur in situ härten. Mit anderen Harzarten seien nicht annähernd so gute Ergebnisse zu erzielen.

VIII. Prüfung

Die Prüfung von Epoxydharzen ist je nach ihrer Verwendung verschieden. Sie entspricht im allgemeinen derjenigen von Kunststoffen überhaupt, bei denen wiederum die Prüfmethoden der klassischen Werkstoffe Holz und Metalle, soweit als angängig übernommen werden.

Es ist nicht beabsichtigt, hier die Durchführung der Prüfmethoden zu beschreiben. Informationen darüber sind ohne Schwierigkeit der einschlägigen Literatur zu entnehmen. Praktische Vorführungen an den erforderlichen Prüfgeräten werden bei den Materialprüfungsämtern oder Kunststoff-Forschungsinstituten sowie bei kunststoffherstellenden oder -verarbeitenden Fabriken möglich sein.

In den Kapiteln über Verwendungen von Epoxydharzen sind bereits die in Betracht kommenden Prüfungsarten mit Prüfergebnissen angeführt, wobei, bedingt durch die verschiedenen Länder, verschiedene Prüfnormen und Maßeinheiten zugrunde gelegt werden.

In folgendem werden die wichtigsten für Epoxydharze in Betracht kommenden Prüfarten alphabetisch aufgeführt unter Angabe der betreffenden:

---

[1] WERNER, A. E.: Referat im Mitteilungsblatt der Z. f. Ang. Ch., 21. 2. 57, 48—49.

Deutschen-Ingenieur-Normen, DIN und der deutschen Maßeinheiten sowie der Normen der AMERICAN SOCIETY FOR TESTING MATERIALS, ASTM, und der amerikanischen Maßeinheiten, die zumeist den britischen *ISO-Normen* und den britischen Maßeinheiten entsprechen und auch in vielen außerangelsächsischen Ländern Anwendung finden.

Da die Schweiz das Ursprungsland der Epoxydharze ist, werden auch die schweizerischen *VSM-Normen*, soweit sie aus der Literatur ersichtlich sind, angegeben.

Zusätzlich bekannt gewordene spezielle Prüfarten oder Abwandlungen bekannter Methoden werden kurz beschrieben.

Abriebwiderstand — Abrasion-Resistance, Prüfung nach TABOR, Einheit g/cm^2.

Da der TABOR-Prüfapparat die Anforderungen an Prüfexaktheit, insbesondere bei der Bestimmung der Reibungsenergie je Gramm Materialverlust nicht restlos erfüllt, werden in der Praxis immer wieder besondere Prüfkonstruktionen angetroffen. Besonders im Ausland wird die Abriebmaschine von DU PONT-GRASSELLI angetroffen, ein Prüfapparat, bei dem eine Doppelprobe des zu prüfenden Materials der Abmessungen $10 \times 20 \times 20$ mm bei verschieden einstellbarem Druck, bzw. bei konstantem Drehmoment, an eine mit konstanter Drehzahl rotierende Oberfläche eines standardisierten Schmirgelpapiers gepreßt wird, unter gleichzeitigem starken Beblasen der Proben mit Preßluft zwecks Kühlung und Abführen des abgelösten Materials. Eine Abbildung dieses Apparates, bei dem das Kompressoraggregat zur Erzeugung der Druckluft weitaus den größten Raum einnimmt, wird in dem Aufsatz von M. BRUNNER über Kunststoffprüfungen im Schweizer Materialprüfungsamt, Zürich[1] gezeigt.

Alterungsprüfung — Aging-Test ist je nach Material verschieden.

Bewetterungsprüfung — Weathering-Test, das Material wird unter genormten Bedingungen der starken Strahlung einer Bogenlampe unter periodischer Wasserberieselung ausgesetzt. Genormte natürliche Bewetterungsprüfungen sind nicht möglich, da die Resultate an verschiedenen Orten äußerst verschieden ausfallen können.

Biegefestigkeitsprüfung — Flexural oder Bending-Strength (oder -Stress)

    nach DIN 53452 — in kg/cm^2,
    nach ASTM D-790-49T — in psi ($=$ pound/square inch),
    nach VSM 77103 — in kg/mm^2 oder
    nach SCHOPPER, Prüfung auf entstehende Risse durch Biegen um einen Dorn von 3 mm ⌀ um 180°.

Biegesteifigkeitsprüfung — Stiffness in Flexure, Einheit: $cm \cdot kg/cm^2$ oder ft.lb./in.^{2} (foot, pound, square inch), woraus sich der Elastizitätsmodul errechnen läßt.

Brennbarkeit von Kunststoff-Filmen nach THINIUS[2].

Bruchfestigkeits- (Bruchdurchbiegungs)-Prüfung — Bursting-Strength nach DIN 53452 — in kg/cm^2, in USA in psi.

---

[1] Schw. Ku. Pla., Heft **1954/55**, 21.
[2] THINIUS, K.: Plaste und Kautschuk, 4, Heft 10, 367—374 (1957).

Bruchdehnungsprüfung — Epongation at Rupture gemessen in %.

Druckfestigkeitsprüfung — Compressive-Strength

    nach DIN 53454 — in kg/cm²,
    nach ASTM D-695-49T — in psi ($=$ lb./in.²)
    nach VSM 77102 — in kg/mm².

Festigkeitsprüfung von Probekörpern aus Epoxydharzvorprodukten mit verschiedenen Härtungskatalysatoren, die nach verschiedenen Härtungszeiten geprüft werden unter Bestimmung der Temperatur, bei welcher ein Festigkeitsverlust unter einer Belastung von 18,5 kg/cm² eintritt. A. H. HOERNER, M. COHEN und L. S. KOHN[1] teilen zu diesem Prüfverfahren die folgenden Einzelheiten mit: Unter Verwendung von Triäthanolamin als Härter ist die Festigkeitsverlusttemperatur (FT) anfangs um so niedriger, je höher die Härtungstemperatur liegt und nimmt mit der Härtungsdauer zu. Füllstoffe erhöhen die FT nur wenig. Die FT bei verschiedenen Kombinationen lassen sich nicht unmittelbar miteinander vergleichen, ebenso sind die FT nicht dafür geeignet, Voraussagen über das Haftvermögen auf verschiedenartigen Materialien und über die dielektrischen Eigenschaften zu machen.

Fließtemperatur — Flow-Temperature.

In Deutschland und England wird die niederste Fließtemperatur eines Kunststoffpreßpulvers in einer normierten Becherform bestimmt. Es wird die Temperatur ermittelt, bei der das Preßmaterial in bestimmter Zeit und vorgeschriebenem Druck gerade die Form ausfüllt. Nach amerikanischen Prüfnormen wird eine kaltgepreßte Tablette des Preßpulvers in einen vorgeheizten Zylinder gepreßt und die Zeit bestimmt, in welcher die erweichte Masse in einer Kapillare vordringt.

Elastizitätsmodulbestimmung — Test of Modulus of Elasticity oder Flexural Modulus

    nach DIN 53371 — in kg/cm²,
    nach ASTM D-638-46T — in psi,
    nach VSM 77111 — in kg/mm².

Einen Apparat zum Bestimmen der elastischen Steifigkeit von Filmen beschreibt F. D. DEXTER in dem Aufsatz: „A constant Strain-Stiffness-Tester for thin Plastic Films"[2]. Die Prüfung beruht darauf, daß eine Schleife des Materials von bestimmten Abmessungen einer konstanten Zugbeanspruchung unterworfen wird. Die Prüfgenauigkeit bei 0,1 mm starken Vinylfilmen ist $\pm$ 2%. Veränderungen in der Filmdicke verursachen Abweichungen, die weit größer sind als die durch etwaige Prüfungsfehler erfolgenden Schwankungen. Diese Prüfmethode gestattet auch die Erkennung von Abweichungen im Gehalt an Weichmachern.

Die *Dehnbarkeit* wird zumeist nach der ERICHSEN-Methode in mm-Zugtiefe bestimmt.

---

[1] HOERNER, A. H., M. COHEN und L. S. KOHN: Mod. Pla., 35, **1957**, Nr. 1, 184—190, 277, 278.
[2] ASTM-Bulletin Nr. 192 vom Sept. **1953**, 40—47.

Ermüdungsprobe — Fatigue-Crack, ausgeführt durch Pulsierversuche — Pulsatory-Test. Zug-, Druck-, Biege- oder Torsionspulsierprobe — in kg/cm², in USA nach psi.

Grenzbiegespannungsprüfung — Maximal Bending-Stress
        nach DIN 53452 — in kg/cm²,
        nach ASTM D-790-49T — in psi.

Härteprüfung — Hardness-Test:
                      Prüfungen nach:

Für härtere Harze	Ritzhärte nach Bleistiftskala,
	MOHS,
	ROCKWELL,
	BRINELL,
	VICKERS = VSM 77106 in kg/mm²,
	BARCOL, vgl. hierzu Aufsatz von J. H.
	HRUSKA (The Iron Age vom 14. 10. 43).

Für weiche Harze: SHORE..

Einen speziellen Kugeldruck-Härter-Prüfer beschreibt W. GOHL[1]. Bei diesem Apparat wird die Eindrucktiefe einer Kugel von 5 mm Durchmesser nach 60 Sekunden Belastung gemessen. Entsprechend der Härte des Materials muß eine Vorlast angewandt werden, damit Eindrucktiefen von 0,15—0,35 mm erzielt werden.

Weit verbreitet ist auch der Kugeldruck-Härter-Prüfer nach ERICHSEN.

Kältesprödigkeitstemperatur — Brittle Point.

Abschnitte des zu prüfenden Materials werden in vorgeschriebenen Massen in einem Kältebad einer normierten Schlagfestigkeitsprobe unterworfen. Es wird die Temperatur bestimmt, bei der gerade noch die Hälfte der Prüfstücke den Versuch überstehen, ohne zu brechen. Diese Prüfung ist zur Beurteilung der angewendeten Weichmacher von besonderer Wichtigkeit.

Kerbschlagzähigkeitsprüfung — Impact Strength-Resistance, notched (= gekerbt):
        nach DIN 53453 — in cm · kg/cm²:
        nach ASTM D 256-47T — Jzod — in ft. lb./in.² sowie
        ASTM D 256-38.

Eine Zusammenfassung und Diskussion der Begriffe: Zähigkeit und Jzod-Kerbschlagfestigkeit bringen C. H. ADAMS, G. B. JACKSON und R. A. McCARTHY[2]. Es wird darauf hingewiesen, daß die Prüfungsgeschwindigkeit sowie der Kerbradius und die Temperatur von besonderer Wichtigkeit sind.

Kreuzzugfestigkeitsprüfung — Cross-Tensile-Strength:
        nach DIN 53455 — in kg/cm²,
        nach ASTM D 651-48 — in psi.

---

[1] GOHL, W.: Kunst. **1956**, 139—143.
[2] ADAMS, C. H., G. B. JACKSON u. R. A. McCARTHY: SPE J. 12, **1956**, Nr. 3, 13—16.

Reißfestigkeits-(Reißdehnungs)-Prüfung — Shear-Resistance:

nach DIN 53371 — in kg/cm²; in USA in psi.

Einen neuen Apparat zur Prüfung von Zug-Dehnungseigenschaften bei bis zu extrem hohen und laufend wechselnden Zerreißgeschwindigkeiten beschreibt N. SCHIDROWITZ[1]. Die im praktischen Leben geläufige Tatsache, daß bei hohen Zerreißgeschwindigkeiten (Reißen eingeschnittener Stoffbahnen) die anzuwendende Zerreißenergie wesentlich kleiner ist als bei geringen Zerreißgeschwindigkeiten läßt sich an dem Apparat laufend ablesen.

Ritzhärteprüfung — Scratch-Resistance:

siehe unter Härteprüfung, auch Spezialprüfungen.

Scherfestigkeitsprüfung — Shear-Strength:

nach DIN 53273 — in kg/cm², in USA in psi.

Die Prüfung nach der „Army-Navy Civil Committee on Aircraft Design Criteria: „Wood Aircraft Inspection and Fabrication" ANC-19 vom 20. 12. 1943 beschreiben R. C. RINKER und G. M. KLINE[2]. — Weitere Prüfverfahren sind: USA — F. Specification MIL-8331 und Specification 14164.

Schlagfestigkeitsprüfung — Impact-Resistance oder -Strength, Sharpy-Impact-Test:

nach DIN 53453 — in cm · kg/cm²,
nach ASTM D 256-47T und D 950-47T in ft.lb./in.²,
nach VSM 77105 — in cm · kg/cm².

Ein neues Prüfgerät wird von W. SPÄTH[3] beschrieben. Es handelt sich um ein Schlagwerk, das selbsttätig Schlagdiagramme aufzeichnet, wobei gleichzeitig die Höchstlast und die Schlagarbeit abzulesen sind.

Schlagbiegefestigkeitsprüfung — Impact-Flexure-Resistance:

Prüfung nach SCHOPPER.

Schrumpfung beim Härten — Curing Shrinkage:

nach DIN 53464 — in %.

Spannungsfestigkeitsprüfung — Stretching-(Tension)-Resistance:

nach DIN 53481 — in kg/cm²,
nach ASTM D-651-48 — in psi.

Spezifisches Gewicht-Prüfung — Specific Gravity:

nach DIN 53400 — in g/cm²,
nach VSM 77109 — in g/cm².

Wärmeausdehnungskoeffizient (linear) — Coefficient of linear thermal expansion:

Deutsche und Schweizer Spezialprüfungen in mm/mm°/C
nach ASTM D-696-44 in in./in.°/F.

---

[1] SCHIDROWITZ, N.: Rubber J. 130, **1956**, Nr. 17, 497.
[2] RINKER, R. C., u. G. M. KLINE: Mod. Pla. 23, **1945**, 164.
[3] SPÄTH, W.: Gummi u. Asbest, 9, **1956**, Nr. 5, 249—251.

Wärmebeständigkeitsprüfung — Heat-Distortion-Point:

> nach MARTENS,
> nach VICAT (VDE 0302/76),
> nach DIN 53458 und 53462 in °/C,
> nach ASTM D-648-264-45 T in °/F,
> nach ASTM D-1238-52 T = Plasticity Test.

Eine thermomechanische Methode zur Prüfung der Deformation bei Temperaturen zwischen — 60° bis + 220°, entweder bei einer bestimmten oder bei gleichmäßig steigender Temperatur, beschreiben W. A. KARGIN und M. N. STEDING[1]. Es lassen sich nach dieser Methode Deformationskurven aufstellen sowie die zugeordneten Zug- und Biegefestigkeiten bestimmen.

Weiterhin ist ein selbsttätig schreibender Apparat zur Aufnahme der Wärmebeständigkeiten von M. T. WATSON, G. M. ARMSTRONG und W. D. KENNEDY beschrieben worden[2].

Wasseraufnahmebestimmung — Water-Absorption-Test.:

> nach DIN 53472 in %,   nach ASTM D-570-42 in %.

Wasserdampfdurchlässigkeitsprüfung — Water-Vapor-Permeability-Test:

> Spezielle Prüfverfahren, z. B. Prüfung mittels eines dünnen Filmes, der zwischen zwei Kammern mit verschieden hohem Luftfeuchtigkeitsgehalt eingespannt ist.

Ein besonderes Verfahren zur Prüfung der Wasserdampfdurchlässigkeit von Folien beschreibt H. ZOEBELEIN[3]. Die Bestimmung erfolgt in der Weise, daß feuchtes Filtrierpapier zwischen eingespannten abgedichteten Folien des Prüfmaterials gebracht und die Gewichtszunahme von Phosphorentoxyd in dem äußeren Raum der Folien bestimmt wird. Weiterhin Beschreibung der Untersuchung der Gas- und Dampfdurchlässigkeit durch C. ROGERS, J. A. MEYER, V. STANNET und M. SZWARC[4].

Wasser; Lösungsmittel und Chemikalienbeständigkeitsprüfungen — Water, Solvents and Chemicals-Resistance-Test:

> nach DIN 53472 in % Aufnahme,
> nach ASTM D-543-43 in % Aufnahme.

Zur Messung der Alkalibeständigkeit wird von F. LEBOK und J. BEHREND[5] eine neue Methode beschrieben. Es werden dünne Filme aus dem Prüfmaterial Kalilauge ausgesetzt und die Verseifbarkeit als Alkaliverbrauch in Abhängigkeit von der Zeit graphisch dargestellt.

Weiterreiß-Lastprüfung:

> nach DIN 53356 in kg/cm².

---

[1] KARGIN, W. A., u. M. N. STEDING: Gummi u. Asbest 9, **1956**, Nr. 5, 278.

[2] WATSON, M. T., G. M. ARMSTRONG u. W. D. KENNEDY: Mod. Pla. **1956**. Nov. 169—179, 258, 259.

[3] ZOEBELEIN, H.: Kunststoff-Rundschau, 4, **1957**, Nr. 2, 47—48.

[4] ROGERS, C., J. A. MEYER, V. STANNETT u. M. SZWARC: Tappi, 39 **1956**, Nr. 11, 737—747.

[5] LEBOK, F., u. J. BEHREND: Fette Seifen einschl. Anstrichmittel **1955**, Sept., 681—686.

Wickelprobe zur Prüfung der Elastizität des Lackes bei lackierten Drähten.

Zersetzungstemperatur — Decomposition Point:
nach Schweizer SEV-Publikation 177 in °/C.

Zugfestigkeitsprüfung — Tensile Strength:
nach DIN 53354 und 53455 sowie 53371 (max) in kg/cm².
nach ASTM D-638-49T und D-651-48 in psi,
nach VSM 77101 in kg/mm².

Dielektrische Prüfungen

Dielektrische Festigkeitsprüfung — Dielectric Strength:
nach ASTM D-149-44.

Dielektrische Konstante — Dielectric Constant:
nach DIN 53483 bei ... Hz,
nach ASTM D-150-47T at ... cycles.

Durchschlagfestigkeit — Break-down-Voltage:
nach DIN 53481 bei verschiedenen Temperaturen in KV/mm,
in USA in V/M (= Volts per mil, 1 mil = 1/1000 Zoll).

Kriechwegfestigkeitsprüfung — Track-Resistance:
nach DIN 53480.

Lichtbogenfestigkeitsprüfung — Arc-Resistance:
nach DIN 53484, nach ASTM D-495-48T.

Oberflächenwiderstandsprüfung — Surface-Insulation-Resistance:
nach DIN 53482, nach ASTM D-257-49T.

Spezifischer Widerstand — Specific-Insulation-Resistance:
nach DIN 53482 in Ohm/cm, nach ASTM D-257-49T/52T.

Verlustwinkel — Power Factor:
nach DIN 53483 bei ... Hz,
nach ASTM D-150-47T at ... cycles.

Zerstreuungsfaktor tg δ — Dissipation-Factor tan δ.

H. SUHR (Plastverarbeiter 1957, 374—376) beschreibt folgende elektrische Prüfverfahren:
1. Widerstandsmessungen (Durchgangs- und Isolationswiderstand), 2. dielektrische Messungen, 3. Durchschlagsprüfung und 4. Sonderprüfungen z. B. Lichtbogen- und Kriechstromfestigkeit.

Literatur über Prüfmethoden

FINDLEY, W. N.: Creep Characteristics of Plastics. ASTM-Symposium on Plastics, Febr. 1944.

TELFAIR, D., T. S. CARSSWELL u. H. K. NASON: Creep Properties of moulded Phenolic Plastics. Mod. Pla., Febr. 1944, 137.

BAKER, T. C., u. F. W. PRESTON: Fatigue of Glass under static Loads. J. appl. Physics, März 1946, 171.

LAMB, J. J., J. ALBRECHT u. B. M. AXELROD: Mechanical Properties of Laminated Plastics at —70°, +77° and 200° F. J. Res. nat. Bur. Standards, 43, Sept. 1949, 257.

STAFF, C. E., H. M. QUACKENBOS u. J. M. HILL: Longtime Tension and Creep-Tests of Plastics. Mod. Pla., Febr. 1950, 93.

KLINE, G. M.: Mechanical and Permanence-Properties of Laminates. Mod. Pla., Aug. 1951, 113.

Clark, G. A.: Evaluation of Finishes for Glass-Fibers. Mod. Pla., Nov. **1952**, 142.

Nitsche, R.: Einige aktuelle Fragen zur Kunststoffprüfung. Vortrag auf der Kunstofftagung in Düsseldorf am 15. 10. 52. Es wird ausgeführt, daß der Ausbau einer sinnvollen Prüfmethodik durch die Vielseitigkeit der Kunststoffe in ihrer Zusammensetzung, ihren Verarbeitungsmethoden und ihrer Anwendungen außerordentlich erschwert ist. Vor allem muß Klarheit darüber herrschen, wann der Stoff als solcher, und wann das Fertigerzeugnis zu prüfen ist.

Weber, M. K.: Microscopic Examination of Glassfiber-reinforced Plastics. Shell-Schrift P-404, etwa **1954**, 11 Seiten.

Brunner, M.: Die Prüfung von organischen Kunststoffen und Kautschuken. Schwz. Ku. Pla., Heft **1954/55**, 16—23. Es wird die Ausführung der wichtigsten Kunststoffprüfungen mit den Apparaten der Eidgenössischen Materialprüfungsanstalt in Zürich (EMPA), die z. T. im Bild gezeigt werden, beschrieben.

Sharp, H. W., u. M. K. Weber: Effect of Water on Strength of structural Plastics. Shell-Schrift P-423 von **1954/55**, 17 Seiten. Es wird die Prüfung von glasfaserverstärkten Schichtstoffen nach Wässerung mittels Kriechwegmessungen bei verschiedenen Temperaturen beschrieben.

de Bruyne, N. A. (Aero Research Ltd., Ciba): The Adhesive-Properties of Epoxide Resins. Vortrag am 13. 4. 56 auf Symposium Epoxide Resins in London. Es wird das Problem der Prüfung von Verleimungen mit Epoxydharzen nach verschiedenen Verfahren an Hand von Modellversuchen diskutiert.

Power, G. E.: High Temperature Durability of Laminates. Mod. Pla., April **1956**, 139 ff. Es werden Festigkeitsprüfungen an Schichtstoffen, die unter Verwendung verschiedener Kunstharze hergestellt wurden, ausgeführt.

Schrüfer, W.: Prüfung von Kunststoff-Filmen auf Gasdurchlässigkeit. Kunst., April **1956**, 143—147. Es werden verschiedene für diese Prüfung geeignete Meßgeräte besprochen. Die Genauigkeit der Messung hängt entscheidend vom Meßvolumen des Gerätes ab. Bei sehr dichten Filmen oder Folien kann die Gasdurchlässigkeit nur bei sehr kleinen Meßvolumina mit einigermaßen befriedigender Genauigkeit bestimmt werden.

Semeyn, D. B.: Bestimmung der Spritzbarkeit von plastischen Kunststoffen. SPE J., Mai **1956**, 15—17. Nach der Wärmeverflüssigung des Materials wird der erforderliche Spritzdruck gemessen und die Spritzgeschwindigkeit bestimmt. Diese beiden Faktoren in Verbindung mit der erforderlichen Temperatur sind für die Spritzbarkeit maßgebend.

Werren, F., u. H. W. Eickner: Prüfung von Metallverklebungen. Mod. Pla. **1956**, Nr. 4, 187. Beschreibung einer einfachen Apparatur, die den Widerstand mißt, der erforderlich ist, um eine aufgeklebte Schicht, z. B. eine Aluminiumfolie, die mit Epoxydharz verklebt ist, abzulösen. Der Apparat hat den Vorzug der konstanten Abschälgeschwindigkeit und Abschälradius sowie der Prüfung bei verschiedenen Temperaturen ohne Auftreten von Reibungsverlusten, die den Prüfwert verfälschen.

Ledwoch, K. D., u. H. Meisel; Analyse und Prüfung von Kunststoffen in der Zeitschriften-Literatur des Jahres 1956. (Kunststoff Rundschau, Dez. 1957, 526—530).

IX. Analyse

Bei Vorliegen eines unbekannten Kunststoffes ist zunächst seine chemische Natur zu klären. Eine Anleitung hierzu durch Ausführen einfacher chemischer Reaktionen, welche die charakteristischen Merkmale des Stoffes erkennen lassen, gibt J. Ubaldini[1].

---

[1] Ubaldini, J.: Ind. d. plast. mod. 8, **1956**, Nr. 8, 45—48 (= italienische Zeitschrift).

Die Analyse von Kunststoffen und Kunstharzen durch Infrarotspektren wird heute immer mehr zu ihrer Identifizierung herangezogen. Diese Methode, die wertvolle Fingerzeige für die Zugehörigkeit zu bestimmten Klassen erbringen kann, wird von D. HUMMEL[1] beschrieben.

Die Analyse von Epoxydverbindungen ist schon frühzeitig am Äthylenoxyd studiert worden.

Identifikationsreaktionen für Epoxydharze, die auf dem Nachweis des Diphenylolpropans beruhen, beschreiben H. W. RUDD und J. J. ZONSVELD[2]. Der Nachweis erfolgt, indem zu einer Lösung des Harzes in konzentrierter Schwefelsäure etwas konzentrierte Salpetersäure gefügt und nach 5 Minuten Stehen in überschüssige Natronlauge gegossen wird. Bei Anwesenheit von Diphenylolpropan entsteht eine orangerote Färbung. Natürlich muß dieser Nachweis versagen, wenn das Epoxydharz eine andere Zusammensetzung hat und kein Diphenylolpropan enthält.

Identifizierung der Epoxydgruppe bei zumeist nicht harzartigen Epoxydverbindungen

Wurtzsche Probe

Nach A. WURTZ[3] gibt Äthylenoxyd oder ein dasselbe enthaltendes Gas beim Einleiten in erwärmte ammoniakalische wäßrige Kupfersulfatlösung eine Ausscheidung von Kupfer^{II}-Oxyd. Diese Reaktion ist nach W. DECKERT[4] sehr spezifisch und ist für den Nachweis von Äthylenoxyd geeignet.

Alkylenoxyde setzen Alkalihydroxyd aus Alkalisalzen in Freiheit

Zum Beispiel wird durch Alkylenoxyde konzentrierten wäßrigen Lösungen von Kochsalz oder Rhodankalium der Säurerest entzogen und Kaliumhydroxyd gebildet, so daß Phenolphthalein gerötet wird. Nach W. DECKERT[5] ist diese Reaktion für Alkylenoxyde spezifisch und sehr empfindlich.

Jodoformreaktion

Beim Einleiten von gasförmigen Alkylenoxyden in wäßrige Jod-Jodkaliumlösung bildet sich Jodoform, das sich durch den Geruch zu erkennen gibt. Diese qualitative Probe wird von W. DECKERT[6] beschrieben.

Fuchsin-Schwefligsäureprobe

W. DECKERT[7] beschreibt beim Einleiten von Alkylenoxyden in fuchsinschwefliger Säure auftretende Rotfärbung. In der Folgezeit hat sich jedoch diese Probe als nicht besonders brauchbar erwiesen.

[1] HUMMEL, D.: Kunst., Okt. **1956**, 442—450.
[2] RUDD, H. W., u. J. J. ZONSVELD: J. Oil Col. Chem. Assoc. **1956**, 314—317.
[3] WURTZ, A.: A. **116**, 252 (1860).
[4] DECKERT, W.: Ang. Ch., **1932**, 559.
[5] DECKERT, W.: Ang. Ch., **1932**, 559 und 758.
[6] DECKERT, W.: Fr. **82**, 297 (1930), und Fr. **109**, 166 (1937).
[7] DECKERT, W.: Ang. Ch. **1932**, 758.

Pyridinprobe

H. Lohmann[1] hat gefunden, daß mit Alkoholen verdünnte Pyridin-
basen mit Alkylenoxyden Farbreaktionen ergeben: z. B. ergibt Pyridin
mit Äthylenoxyd eine Violett- und mit Epichlorhydrin eine Blaufärbung,
Chinolin eine Rot- und Chinaldin eine Grünfärbung. Diese Reaktionen
sind spezifisch. Neuere Bearbeitung dieser Reaktionen durch J. Jungnickel et al. in Mitchel „Organic Analysis", Bd. 1, 127—152 (1953).

Chlorwasserstoffaddition

H. H. Nicholet und T. C. Poulter[2] haben die leichte Addition von
HCl an Epoxydgruppen:

$$-CH-CH- + HCl \rightarrow -CH(OH)-CH \cdot Cl-$$
$$\diagdown O \diagup$$

für den Nachweis und die Bestimmung von Epoxydgruppen herangezogen. Die Bestimmung beruht darauf, daß das gebildete Chlorhydrin keinen ionogenen Chlorwasserstoff mehr enthält, so daß durch
Titration ein Verbrauch an HCl festzustellen ist. — Nach demselben
Prinzip verlaufen auch Reaktionen, bei denen gebundener Chlorwasserstoff, also salzsaure Salze, angewandt werden, wie weiter unten bei
den quantitativen Bestimmungen beschrieben wird.

Oxydationssilbernitratprobe

Epoxydverbindungen werden durch Perjodsäure zu Derivaten der
1,2-Glykoljodsäure oxydiert, die mit Silbernitrat einen Niederschlag
gibt. Diese Probe wird nach R. Fuchs, C. W. Waters und C. A. Vanderwerf[3] derart ausgeführt, daß zu einem Gemisch von 2 Tropfen
konzentrierter Salpetersäure + 2 ml 0,5%iger Perjodsäurelösung
1—2 Tropfen einer konzentrierten Lösung (in Wasser, Dioxan oder
Essigsäure) der Epoxydverbindung zugegeben, geschüttelt und nach
etwa 15 Minuten Stehen 1—2 Tropfen einer 5%igen Silbernitratlösung
zugesetzt wird. Es entsteht ein weißer Niederschlag, der nach 10 bis
15 Minuten Stehen zumeist noch zunimmt. Alle Alkylenoxyde
geben diese Reaktion, jedoch nicht Alkohole, Aldehyde und Ketone,
während 1,2-Glykole, α-Oxyaldehyde, α-Oxyketone, 1,2-Diketone und
α-Oxycarbonsäuren störend wirken.

Dinitrothiophenolprobe

Diese Probe wird nach W. Davies und W. S. Savige[4] in der Weise
ausgeführt, daß eine alkoholische Lösung des Alkylenoxyds zu einer
Lösung von 2,4-Dinitrothiophenol in einer gesättigten Natrium-

---

[1] Lohmann, H.: J. prakt. Chem., **135**, 57 (1939).
[2] Nicholet, H. H., u. T. C. Poulter: Am. Soc. **52**, 1186 (1930).
[3] Fuchs, R., C. W. Waters u. C. A. Vanderwerf: Analyt. chem. 24, 1514,
1952, Ref. Z. analytic. Ch. **1954**, 154.
[4] Davies, W., u. W. S. Savige: Soc. **1951**, 767.

bicarbonatlösung gegeben, gut vermischt und 30 Minuten stehengelassen wird. Das nach der Gleichung:

$$R \cdot CH\underset{O}{\overset{}{-\!\!-}}CH_2 + C_6H_3 \cdot (NO_2)_2 \cdot SH \;\rightarrow\; R \cdot CH(OH) \cdot CH_2 \cdot S \cdot C_6H_3 \cdot (NO_2)_2$$

entstehende Sulfid ist schwerlöslich und kristallisiert in schönen Kristallen aus.

p-Phenylendiaminprobe

Diese von G. Lewin[1] gefundene Probe beruht darauf, daß beim Kochen einer wäßrigen p-Phenylendiaminlösung mit einer epoxydgruppenenthaltenden Substanz eine Rosafärbung entsteht. Zur Ausführung der Probe werden 0,03 g p-Phenylendiamin in 8 ml destilliertem Wasser gelöst und mit 0,5—1 g der Epoxydverbindung 3 Minuten gekocht, wobei eine Rosafärbung auftritt, die sich nach 12stündigem Stehen vertieft. Die Probe ist jedoch nur dann einwandfrei, wenn andere Kunstharze nicht vorhanden sind oder vorher abgetrennt wurden.

Proben nach Foucry[2]

a) Probe mittels Salpetersäure: Die Materialprobe wird in möglichst wenig konzentrierter Schwefelsäure gelöst und 1 ml dieser Lösung mit 1 ml 63%iger Salpetersäure vermischt, dann 5 Minuten stehengelassen und in 100 ml 5%ige Natronlauge eingegossen. Bei Gegenwart von Epoxydgruppen entsteht eine orangerote Färbung.

b) Probe mit *Déniges* Reagens: In einer verdünnten Schwefelsäure, bereitet aus 10 ml konz. H_2SO_4 + 50 ml H_2O, werden 2,5 g Quecksilberoxyd heiß gelöst. Von dieser Lösung werden 5 ccm mit 1 ccm der in konzentrierter H_2SO_4 gelösten Substanz vermischt und mindestens 30 Minuten stehengelassen. Bei Vorhandensein von Epoxydgruppen bildet sich ein orangefarbener Niederschlag.

Beide Proben sind von verschiedenen Sachbearbeitern als zuverlässig befunden worden. Wie H. W. Rudd und J. J. Zonsveld[3] festgestellt haben, sind diese Proben bei Epoxydharzvorprodukten jedoch nur dann angängig, wenn sich dieselben von 2,2-Diphenylolpropan ableiten.

Probe mittels Ultrarotspektrum nach W. A. Patterson[4]

Bei der Untersuchung im Ultrarotspektrum geben epoxydgruppenhaltige Verbindungen bei etwa $8\,\mu$ eine charakteristische Absorptionsbande und außerdem noch zwei weitere Banden, deren Lage je nach Art der Verbindung etwas verschieden sein kann.

Die *quantitative Bestimmung* von nicht harzartigen Epoxydverbindungen wird weiter unten, zusammen mit derjenigen von Epoxydharzvorprodukten, behandelt werden.

---

[1] Lewin, G.: Paint Manufact., **24**, 434 (1954).

[2] Foucry: Peintures, Pigments, Vernis **30**, 925 (1954).

[3] Rudd, H. W., u. J. J. Zonsfeld: J. Oil Colour Chemists' Assoc. **39**, Nr. 5, Mai 1956, 314—317.

[4] Patterson, W. A.: Z. analytic. Ch. **144**, 433 (1955).

Bei der *Analyse von Epoxydharzen* ist zu unterscheiden, ob es sich um Epoxydharzvorprodukte oder um ausgehärtete Epoxydharze handelt.

Die charakteristische Epoxydgruppe liegt nur bei den Epoxydharzvorprodukten in ihrer ursprünglichen Höhe vor, während sie bei den ausgehärteten Epoxydharzen bis auf einen mehr oder weniger großen Restbestand verbraucht ist. Die bei der Härtung entstehenden Hydroxylgruppen sind nicht unbedingt für Epoxydharze charakteristisch, da sie auch nachträglich durch Härter (z. B. durch Äthanolamin oder Oxycarbonsäuren) oder durch andere Zusätze, z. B. Silanole, in das Harzmolekül hineingekommen sein können.

Es ist daher schwierig zu entscheiden, ob ein indifferentes ausgehärtetes Harz sich von einem Epoxydharzvorprodukt oder von einem anderen Harztyp ableitet. Der Nachweis eines mehrwertigen oder mehrkernigen Phenols besagt für sich allein auch nichts, da Phenole dieser Art auch zum Aufbau von Phenolaldehydharzen angewandt werden. Andererseits läßt auch der Nachweis von Stickstoff den einwandfreien Schluß nicht zu, daß es sich um ein Aminoaldehydharz handelt, da es eine Reihe stickstoffhaltiger Epoxydharzvorprodukte gibt und auch durch Aminohärter ein Stickstoffgehalt bedingt sein kann.

In manchen Fällen ist jedoch der Schluß naheliegend — wenn auch nicht zwingend — daß es sich um ein Epoxydharz handelt. Dies kann bei Epoxydharz-Esterlacken der Fall sein. Im Gegensatz zu gehärteten Alkydharzlacken verseifen sich gehärtete Epoxydharzester wesentlich schwerer, so daß bei ihnen eine Alkalischmelze angewandt werden muß. Diese Feststellung hat M. H. SWANN[1] bei dem Versuch gemacht, den Polystyrolgehalt bei styrolisierten Alkyd- und Epoxydharzen zu bestimmen.

Die „Analyse von Epoxydharzen" beschränkt sich daher im wesentlichen auf eine Epoxydgruppenbestimmung bei Epoxydharzvorprodukten.

Epoxydgruppenbestimmung durch Infrarotspektralanalyse

Auf Seite 506 sind durch L. A. O'NEILL und C. P. COLE ausgeführte Epoxydwertbestimmungen durch Infrarotspektralanalyse angeführt worden, wodurch der Härtungsvorgang an Hand der abnehmenden Epoxydwerte messend verfolgt werden kann[2].

Über ähnliche Versuche berichten C. E. FEAZEL und E. A. VERCHOT[3] in ihrem Aufsatz „Infrarotspektroskopische Untersuchungen bei der Härtung von Epoxydharzen". Hierbei wird ein Film, bestehend aus einem Gemisch eines Epoxydharzvorproduktes + Härter auf einem dünnen Kaliumbromidblättchen aufgebracht und bei 60° im Infrarotspektrum die Abnahme der Epoxydwerte laufend bestimmt. Nach dieser Methode lassen sich auch Vergleichswerte über die Wirksamkeit verschiedener Aminhärter gewinnen.

---

[1] SWANN, M. H.: Analytic. Chem. **25**, 1735—1737 (1953).

[2] O'NEILL, L. A., u. C. P. COLE: Vortrag auf Epoxide Resins Symposium in London, April **1956**.

[3] FEAZEL, C. E., u. E. A. VERCHOL: J. Polym. Sci. 25. **1957**, Nr. 110, 351—353.

Quantitative Bestimmungen von Epoxydgruppen

Die am häufigsten angewandte Methode zur Bestimmung von Epoxydgruppen ist die *Halogenwasserstoff-Additionsmethode*, wie sie B. H. Nicolet und T. C. Poulter[1] zuerst beschrieben haben. Das fein gepulverte Epoxydharzvorprodukt wird mit einer 0,2 n Chlorwasserstoff-Ätherlösung eine Zeitlang geschüttelt und dann zurücktitriert. Die Berechnung des Epoxydgehaltes erfolgt unter Berücksichtigung, daß 1 Mol HCl einer Epoxydgruppe entspricht.

Diese Methode ist in der Folgezeit durch Modifizierung der Bestimmung spezieller Epoxydverbindungen angepaßt worden.

K. Blumrich und G. Bandel[2] haben gefunden, daß bei manchen Epoxydverbindungen die Chlorwasserstoffanlagerung bei gewöhnlicher Temperatur schneller erfolgt, wenn an Stelle des Äthers Eisessig gesetzt wird. Dies wird dadurch erklärt, daß Äther wie auch Wasser infolge seines basischen Charakters der Anlagerung des Wasserstoffions an den Epoxydsauerstoff entgegenwirkt. Nach dieser Methode wird der Chlorwasserstoff nicht als freie Säure, sondern als Aminsalz, und zwar als Trimethylaminchlorhydrat eingesetzt, was Verluste an freier Säure während der Ausführung der Bestimmung unmöglich macht. Die Bestimmung des verbrauchten Chlorwasserstoffes wird durch Rücktitrierung des eingesetzten Aminchlorhydrats ausgeführt.

Für die Epoxydbestimmung bei Epoxydharzvorprodukten hat S. O. Greenlee[3] die Verwendung von Pyridin als Lösungsmittel und Pyridiniumchlorid als HCl-Donator als günstig befunden. Die Bestimmung erfolgt in der Weise, daß 1 g der polymeren Hydroxylgruppen enthaltenden harzartigen Epoxydverbindung als Pulver in Pyridin, das einen Überschuß an Pyridiniumchlorid enthält (letzteres hergestellt durch Zusatz von 16 ml konz. Salzsäure zu 1 Liter Pyridin) gelöst und alsdann 20 Minuten am Rückflußkühler (116°) gekocht wird. Nach dem Abkühlen wird mit 0,1 n Natronlauge mit Phenolphthalein als Indicator zurücktitriert.

Dies Verfahren hat bei der Bestimmung von Epoxydharzvorprodukten wie alle Verfahren, die chlorwasserstoffsaure Salze verwenden, den Nachteil, daß die quantitative Addition nicht bei gewöhnlicher Temperatur erfolgt. Wie bereits oben (Seite 321, A. M. Paquin) erwähnt wurde, werden bei dieser Bestimmungsmethode leicht zu hohe Werte erhalten, weil nach Absättigung aller Epoxydgruppen auch Hydroxylgruppen der polymeren Kette, katalysiert durch die Gegenwart des Pyridins Chlor-Substitutionen unter Abspaltung von H_2O erleiden können.

In Erkenntnis dieser Fehlerquelle hat die Shell das Verfahren von S. O. Greenlee dahin abgeändert, daß die Pyridinmenge auf ein Minimum reduziert und durch Chloroform ersetzt wird. Der niedrige Siedepunkt des Chloroform (61°) erfordert Ausführung der Bestimmung in einem geschlossenen Gefäß, in welchem 1 Stunde bei 100° erhitzt wird, statt 20 Minuten bei 116°.

[1] Poulter, T. C.: Am. Soc. **52**, 1186 (1930).
[2] Blumrich, K., u. G. Bandel, Hoechst: Ang. Ch. **54**, 375 (1941).
[3] US 2585115, 18. 9. 45, Devoe & Raynolds.

Die Bestimmung geschieht wie folgt[1]: In ein Gemisch von 75 g chemisch reinem Pyridin und 400 ml chemisch reinem Chloroform werden unter Eiskühlung 35 g trockner Chlorwasserstoff eingeleitet. Bei Zimmertemperatur wird alsdann unter Rühren und Durchleiten trockner Luft der nicht gebundene Chlorwasserstoff ausgetrieben. 10 lm dieser Lösung werden mit 50—75 ml chemisch reinem Methanol gemischt und mit 0,5 n Natronlauge bis zur Phenolphthaleinrotfärbung titriert. Ist noch freier Chlorwasserstoff vorhanden, wird die zum Neutralisieren erforderliche Menge Pyridin berechnet und darüber hinaus noch ein 5%iger Überschuß an Pyridin zugefügt. Ausführung der Probe: 0,9 bis 1,2 g beispielsweise von Epichlorhydrin, was 0,010—0,013 Mol der Epoxydverbindung entspricht, werden mit 25 ml der eingestellten Chloroform-Pyridin-Lösung 1 Stunde in einer Druckflasche bei 100° erhitzt. Danach wird in Eis gekühlt, 75 ml Methanol und 1 ml Phenolphthaleinlösung hinzugefügt und mit 0,5 n Natronlauge titriert.

Die Berechnung des Epoxydgehaltes erfolgt nach der Gleichung:

$$\%\text{-Epoxyd} = \frac{(B - V) \cdot N \cdot E}{10\,W}$$

Es bedeuten:

B bei der Kontrolle Volumen der zurücktitrierten Natronlauge,
V bei der Probe Volumen der zurücktitrierten Natronlauge,
N Normalität der Natronlauge,
E Epoxydäquivalent der Probe,
W Gewicht der Probe in g.

Die Genauigkeit der Bestimmung liegt bei $\pm\,0,2\%$.

Eine Bestimmungsmethode bei gewöhnlicher Temperatur, die sich eng an diejenige von NICOLET-POULTER anschließt und Äther mit freier Chlorwasserstoffsäure zugrunde legt, beschreiben D. SWERN, T. W. FINDLEY, G. N. BILLEN und J. T. SCANLAN[2]. Um einwandfreie Ergebnisse zu erzielen, ist es wichtig, die Höhe der Einwaage einigermaßen dem Gehalt an Epoxydsauerstoff anzupassen. Die Einwaage soll sein:

bei   1—4 % Epoxydsauerstoff 0,8 —1,0 g
      4—8 % Epoxydsauerstoff 0,4 —0,8 g
      8—12% Epoxydsauerstoff 0,25—0,4 g
     12—16% Epoxydsauerstoff 0,20—0,25 g
     16—20% Epoxydsauerstoff 0,15—0,20 g

Die Einwaage wird in einem 250 ml Kölbchen mit Schliff mit 25 ml 0,19—0,2 n-HCl absoluter Ätherlösung unter gelegentlichem Schütteln 3 Stunden stehengelassen. Dann wird nach Zusatz von 50 ml Alkohol und 1 ml Phenolphthaleinlösung mittels 0,1 n Natronlauge titriert. Der Prozentgehalt an Epoxydsauerstoff berechnet sich nach der Gleichung:

$$\%\text{ Epoxydsauerstoff} = \frac{B - (T - A) \cdot N \cdot 0,016 \cdot 100}{W}$$

---

[1] SHELL, Epichlorhydrin-Broschüre 1949, S. 37.
[2] SWERN, D., T. W. FINDLEY, G. N. BILLEN u. J. T. SCANLAN: Analytic. Chem. 19, 414—415 (1947).

Es bedeuten:

B ml 0,1 n Natronlauge beim Kontrollversuch,
T ml 0,1 n Natronlauge bei der Probe,
A Säuregehalt der Probe, ausgedrückt als ml der Natronlauge, die zum Neutralisieren der Säure von Wg-Substanz erforderlich sind,
N Normalität der Natronlauge,
W Einwaage in g.

Bei dieser Bestimmungsmethode wird Peroxydsauerstoff nicht angezeigt.

Die Epoxydbestimmung bei epoxydierten Fettsäuren führt G. KING[1] unter Verwendung einer HCl-Dioxanlösung durch, indem etwa 0,1 g der Substanz in 100 ml Dioxan mit 1—1,5 ml konzentrierter Salzsäure 10 Minuten geschüttelt und anschließend zurücktitriert wird. Bei dieser Methode ist bemerkenswert, daß die Bestimmung nicht unter absolut wasserfreien Bedingungen durchgeführt werden muß. — Die Salzsäure-Dioxanlösung ist nicht haltbar und muß daher stets frisch angesetzt werden.

Diese KINGsche Salzsäure-Dioxanmethode wird neuerdings von der SHELL zur Bestimmung des Epoxydgehaltes in ihren *Epon*-Harzen empfohlen.

Um die bei der Bestimmung sich ergebenden Werte in einer angemessenen Größenordnung zu halten, ist es zweckmäßig, die Größe der Probeneinwaage in einem bestimmten Verhältnis zu ihrem Epoxydgehalt abzumessen, welch letzterer durch orientierende Vorversuche in seiner ungefähren Höhe festgestellt wird. Das folgende Verhältnis von Epoxydgehalt zur Einwaage wird empfohlen:

Epon-Harz Nr.	Epoxydäquivalent in 100 g (mittel)	Epoxydäquivalentgewicht (mittel)	Einwaage in g
562	0,65	155	0,3 —0,35
828	0,50	200	0,35—0,55
834	0,35	300	0,65—0,75
864	0,30	330	0,65—0,90
1001	0,20	500	0,90—1,50
1004	0,10	1000	2,00—3,00
1007	0,055	1800	3,50—4,50
1009	0,035	3000	6,50—7,50

Das Abgehen von der in der „Epichlorhydrin"-Broschüre empfohlenen GREENLEEschen Pyridin/Pyridiniumchloridmethode wird damit begründet, daß die Epoxydgruppen in polymeren Glycidyläthern mit Aminchlorhydraten wesentlich langsamer reagieren als einfache Epoxydverbindungen und daher die Verwendung von freiem Chlorwasserstoff zweckmäßiger sei.

Wie KING festgestellt hatte, wird die Genauigkeit seiner Bestimmungsmethode durch einen geringen Wassergehalt nicht beeinträchtigt.

---

[1] KING, G.: Nature **164**, 706 (1949).

Im vorliegenden Fall ist bei Dioxan ein kleiner Wassergehalt sogar notwendig, um die polymeren Bisphenol-A-Glycidyläther einwandfrei in Lösung zu bekommen.

Die zur Bestimmung benötigte Gebrauchs-HCl-Dioxanlösung wird durch Eintragen von etwa 1,5 ml konzentrierter Salzsäure in 100 ml chemisch reines 1,4-Dioxan bereitet und durch Titration der genaue HCl-Gehalt ermittelt. Zur Ausführung der Bestimmung wird die Einwaage mit 25 ml dieser HCl-Dioxanlösung bei etwa 40° 15 Minuten unter öfterem Umschütteln stehengelassen und alsdann nach Zusatz von 25 ml einer neutralen äthylalkoholischen Kresolrot-Indikatorlösung mit 0,1 n methanolischer Natronlauge bis zum Farbumschlag nach Violett titriert.

Der Epoxydwert (Epoxydäquivalent/100 g) berechnet sich nach folgender Gleichung:

$$\text{Epoxydwert} = \frac{(B-V) \cdot N}{10\,W} + A$$

Es bedeuten:

B Volumen der bei der Titration der Kontrolle verbrauchten Natronlauge,

V Volumen der bei der Titration der Probe verbrauchten Natronlauge,

N Normalität der Natronlauge,

A Säuregehalt der Probe in Äquivalent/100 g. A ist negativ, wenn die Probe basisch reagiert. Im allgemeinen wird A vernachlässigt werden können.

W Gewicht der Probe in g.

Eine Chlorwasserstoff-Additions-Epoxydbestimmungsmethode, die in wäßriger Lösung ausgeführt wird und sich speziell für niedermolekulare Epoxydverbindungen eignet, beschreibt W. DECKERT[1]. Zur Aktivierung enthält die wäßrige Salzsäure eine erhebliche Menge eines leichtlöslichen Metallchlorids, insbesondere Calciumchlorid. Die von F. W. KERKOW[2] bearbeitete Vorschrift lautet: Von einer Reagenslösung, bestehend aus 1200 g kristallisiertem Calciumchlorid, 210 ml Wasser und 100 ml konzentrierter Salzsäure, werden 100 ml mit 2,5—3 g der Epoxydverbindung (Äthylen- oder Propylenoxyd) 3 Minuten geschüttelt, alsdann mit 200 ml Wasser versetzt und mit n-Natronlauge und Phenolphthalein zurücktitriert.

Die Methode soll bei einfachen Epoxydverbindungen zuverlässige Werte ergeben und ist sogar zur Bestimmung von Trimethylenoxyd geeignet, versagt aber bei den träge reagierenden 1,4-Epoxydverbindungen. Letztere, insbesondere Tetrahydrofuran, gestatten jedoch auch eine Bestimmung ihres Epoxydsauerstoffes, wenn die Methode mit Bromwasserstoff an Stelle von Chlorwasserstoff ausgeführt wird. Tetrahydrofuran ergibt nach dem modifizierten Verfahren bereits nach 7 Minuten bei 20° eine Additionshalbwertszeit, die sich nach 4 Stunden quantitativ gestaltet.

---

[1] DECKERT, W.: Fr. **82**, 297 (1930) u. Fr. **109**, 166 (1937).
[2] KERKOW, F. W.: Fr. **108**, 249 (1937).

α-β-ungesättigte 1,4- oder 1,5-Epoxydverbindungen, z. B. 1,2-Dihydrofuran oder 1,2-Dihydro-γ-pyran, verhalten sich nach H. MEERWEIN[1] wie cyclische Vinyläther, d. h., sie werden bei der Behandlung mit verdünnten Säuren leicht zu γ- bzw. δ-Oxyaldehyden oder Oxyketonen aufgespalten und lassen sich wie acyclische Vinyläther mit Hydroxylaminchlorhydrat quantitativ titrieren[2].

In einer neueren Veröffentlichung[3] wird die folgende Vorschrift zur Epoxydgruppenbestimmung gegeben: 0,1 g Substanz werden mit 10 ml einer frisch bereiteten Mischung aus 1—1,5 ml konzentrierter Salzsäure und 100 ml Dioxan unter öfterem Schütteln 10 Minuten stehengelassen, dann, nach Zugabe von 10 ml Äthanol und 5 Tropfen einer 1%igen Phenolphthaleinlösung mit 4/10 n Natronlauge zurücktitriert.

In ihrem Beitrag zur Bestimmung der Epoxydgruppe bestätigen J. J. JUNGNICKEL, E. D. PETERS, A. POLGAR und F. T. WEISS[4], daß die Methode der Halogenwasserstoffanlagerung die zumeist angewendete ist und als zuverlässig bezeichnet werden kann. Von der Anwendung dieser üblichen Methode braucht nur in seltenen Fällen abgewichen zu werden, z. B. beim Dieldrin, bei welchem Bromwasserstoff vorteilhafter ist. — Andere Bestimmungsmethoden, z. B. die Anlagerung von Schwefelsäure, von Aminen sowie die Oxydation mit saurem Dichromat und die Hydratation zum Glykol mit anschließender Oxydation haben keine Bedeutung erlangt. — Anders die spektroskopische Bestimmungsmethode mittels des Infrarotspektrums, welche in zunehmenden Maße angewandt wird.

Andere quantitative Bestimmungsmethoden

Oxydationsmethode

Nach einer Methode von S. SIGGIA[5] wird zur Bestimmung benachbarter OH- oder Epoxydgruppen mit Perjodsäure in Eisessig oxydiert und nach Zugabe von Jodkalium und einer Spur Stärke, das in Freiheit gesetzte Jod mit Thiosulfatlösung titriert.

Thiosulfatmethode

W. C. J. Ross[6] beschreibt eine Methode zur Bestimmung der Epoxydgruppe mittels Natriumthiosulfat, bei welcher die nach der Umsetzung:

$$R \cdot CH{-}CH_2 + Na_2S_2O_3 + H_2O \rightarrow R \cdot CH(OH) \cdot CH_2 \cdot S_2 \cdot O_3 \cdot Na + NaOH$$

in Freiheit gesetzte Natronlauge titriert wird. Diese Reaktion verläuft quantitativ, wenn mit Essigsäure die entstehende Base sofort nach

---

[1] MEERWEIN, H.; Privatmitteilung. — [2] HOUBEN-WEYL, Bd. 2, 433 (1953).

[3] Prakt. Chemie, 8, Nr. 6, 172 (1957).

[4] JUNGNICKEL, J. J., E. D. PETERS, A. POLGAR u. F. T. WEISS: MITCHEL, Organic Analysis, 1, 127—152 (1953).

[5] SIGGIA, S.: Quantitative Analysis via functional Groups, 1949, 8 Verlag Wiley & Sons N. Y.

[6] Ross, W. C. J.: Soc. 1950, 2257.

ihrer Bildung neutralisiert wird. Die Bestimmung kann in Wasser, Aceton oder Mischungen beider vorgenommen werden, je nach der Löslichkeit der vorliegenden Epoxydverbindung.

Natriumsulfitmethode

Nach demselben Prinzip arbeitet die von J. D. SWAN[1] beschriebene Natriumsulfitmethode, nach der ebenfalls die nach der Gleichung:

$$R \cdot CH\text{—}CH_2 + Na_2SO_3 + H_6O \;\rightarrow\; R \cdot CH(OH) \cdot CH \cdot O \cdot SO_2 \cdot Na + NaOH$$
$$\underset{O}{\diagdown\diagup}$$

gebildete Natronlauge titriert wird. Die Analyse wird in der Weise ausgeführt, daß 0,02—0,1 Mol der Epoxydverbindung in einer eingeschmolzenen Ampulle in ein Kölbchen mit 50 ml gesättigter, auf p_H 9,45—9,60 eingestellter Natriumsulfitlösung eingebracht und alsdann zertrümmert wird. Nach einigem Schütteln wird nach 2—3 stündigem Stehen mit n-Salzsäure titriert. — Da auch Aldehyde in der gleichen Weise reagieren, müssen sie vorher durch Oxydation oder Reduktion entfernt werden.

Diverse Bestimmungsmethoden

In einem Aufsatz über Untersuchungen an polymeren Bisphenol-A-Glycidyläthern beschreibt A. BRING[2] zusammenfassend die bekannten Bestimmungen der Epoxydgruppe sowie Bestimmungen der durchschnittlichen Gliederzahl der polymeren Kette, des mittleren Molgewichtes, der freien Hydroxylgruppen und des Säureäquivalents.

In einem Aufsatz „Über den Nachweis von Epoxyden in erhitzten Fetten" führt C. SEELKOPF[3] u. a. die Ergebnisse seiner Arbeiten über die quantitative Bestimmung von Epoxydgruppen in oxydierten ungesättigten Fettsäuren an. Es hat sich gezeigt, daß sich epoxydierte ungesättigte Fettsäuren anders verhalten, als die üblichen 1,2-Epoxydverbindungen. Sie lagern HCl nach der Aminchlorhydrat/Eisessigmethode erst nach 35—40 Stunden an, während die Anlagerung mittels freiem Chlorwasserstoffes in Äther oder Dioxan immer noch 6 Stunden erfordert. Da aber die Trimethylaminchlorhydrat/Eisessigmethode nach BLUMRICH und BANDEL wesentliche Vorteile bietet, wird dieselbe mit der Abänderung angewandt, daß der ionogene Chlorwasserstoff nach VOLHARD mittels Silbernitrat zurücktitriert wird. Orientierende Versuche hatten vorher gezeigt, daß die bei der Additionsreaktion entstehenden Chlorhydrine mit Silbernitrat nicht reagieren.

Da es sich bei diesen Arbeiten um mögliche cancerogene Gesundheitsschädigungen durch epoxydierte Speisefette handelte, wurden in erster Linie Fette dieser Art geprüft. Vorprüfungen hatten ergeben, daß die üblichen Speisefette keine Spur Epoxyd enthalten, daß jedoch beim Erhitzen, also beim Braten, Epoxydgruppen gebildet werden. In welchem Ausmaße dies erfolgt, zeigt die folgende Tabelle:

---

[1] SWAN, J. D.: Analytic. Chem. **26**, 878—880 (1954).
[2] BRING, A.: Chem. Prymsyl. IV/**29**, Nr. 9, 331—334 (1954).
[3] SEELKOPF, C.: Fette Seifen einschl. Anstrichmittel **1955**, Nr. 2, 111—113.

Fettart	Temperatur in Celsius	Oxydgehalt in Prozent	
		nach 90 Minuten	nach 3 Tagen
Schweineschmalz...............	190°	1,03	3,78
Butterschmalz	190°	0,44	2,52
Palmin	170°	0,22	1,36
Olivenöl	170°	1,68	4,71

Obgleich beim Braten zur Bereitung von Speisen Erhitzungszeiten von $1^1/_2$ Stunden durchaus üblich sind, ist der nach dieser Zeit festgestellte Epoxydgehalt noch so niedrig, daß er kaum schädlich wirken dürfte. Auffallend ist der erhebliche Unterschied zwischen Palmin und Olivenöl. Da zum Bereiten von pommes frites oder gebackenem Fisch Behälter mit Öl viele Tage erhitzt werden, wäre es aufschlußreich festzustellen, bis zu welcher Höhe eine Epoxydanreicherung erfolgt, besonders im Falle des Olivenöles, das in Italien für diese Zwecke ausschließlich Verwendung findet.

Schließlich sei auf eine Arbeit von K. MEIER, R. MILEWSKY und H. WENTZEL[1] hingewiesen, in der über die Bestimmung analytischer Kennzahlen in oxydierten Ölen berichtet wird. Es wird bei oxydierten höheren Fettsäuren die Durchführung der Sauerstoffbestimmung bei Peroxyd-, Carbonyl,- Carboxyl-, Hydroxyl-, Ester- und Äthergruppen eingehend beschrieben und diskutiert, jedoch wird eine Bestimmung von Epoxydgruppen nicht erwähnt, mit der Begründung, daß derartige Gruppen bei der Oxydation mit Sauerstoff so gut wie nicht entstehen.

Bestimmung von Hydroxylgruppen in Gegenwart von Epoxydgruppen

Die Bestimmung von Hydroxylgruppen in Epoxydharzvorprodukten, die zumeist polymere Polyglycidyläther darstellen, verlangt Bestimmungsmethoden, bei denen Epoxydgruppen nicht ansprechen.

Durch J. A. KRYNITZKY, J. E. JOHNSON und H. W. CARHART[2], H. E. ZAUGG und B. W. HORROM[3] und F. A. HOCHSTEIN[4] ist die Bestimmung von Hydroxylgruppen mittels Lithium-Aluminiumhydrid, $LiAlH_4$, bekannt geworden, eine Methode, bei welcher die abgespaltene Menge Wasserstoff eine quantitative Bestimmung ermöglicht.

Die hierbei erfolgende Reaktion geht nach den Gleichungen vor sich: bei Wasser:

$$4\,H\!-\!O\!-\!H + 2\,LiAlH_4 \rightarrow Li_2O + Al_2O_3 + 8\,H_2$$

bei Alkoholen oder Phenolen:

$$4\,R\cdot OH + LiAlH_4 \rightarrow LiAl(OR)_4 + 4\,H_2$$

während Epoxydgruppen ohne jede Wasserstoffabspaltung addiert werden:

$$4\,R\cdot CH\!-\!CH_2 + LiAlH_4 \rightarrow LiAl\cdot(-O\cdot CH\cdot CH_3)_4$$

---

[1] MEIER, K., R. MILEWSKY u. H. WENTZEL: Fette Seifen einschl. Anstrichmittel **1955**, Nr. 9, 702—710.

[2] KRYNITZKY, J. A., J. E. JOHNSON u. H. W. CARHART: Am. Soc. **70**, 486 (1948).

[3] ZAUGG, H. E., u. B. W. HORROM: Analytic. Chem. **20**, 1026 (1948).

[4] HOCHSTEIN, F. A.: Am. Soc. **71**, 305 (1949).

Nachdem die SHELL sich von dieser Tatsache durch eine Reihe von Epoxydverbindungen, die keine Hydroxylgruppen enthalten, z. B. Phenylglycidyläther, überzeugt hatte, hat sie eine Vorschrift zur Bestimmung von OH-Gruppen in polymeren Bisphenol-A-Glycidyläthern, insbesondere bei den von ihr herausgegebenen *Epon*-Harzen ausgearbeitet. Da diese Vorschrift (Firmenschrift) naturgemäß auch Anwendung bei anderen polymeren Epoxydharzvorprodukten, die Hydroxylgruppen enthalten, finden kann, ist sie von allgemeinem Interesse.

Als Lösungsmittel, das gleichermaßen polymere Bisphenol-A-Glycidyläther und Lithium-Aluminiumhydrid zu lösen vermag, wurde Tetrahydrofuran als geeignet befunden.

Die zur Verwendung kommenden Mengen werden so aufeinander eingestellt, daß bei 0,5 g $LiAlH_4$ eine Harzmenge gewählt wird, deren OH-Gruppen in der Lage sind, 60—80 ml Wasserstoff in Freiheit zu setzen. Da der Hydroxylgruppengehalt bei polymeren Glycidyläthern mit zunehmendem Molgewicht infolge Zunahme der OH-Gruppen enthaltenden Kettenglieder ansteigt, muß die Substanzprobe für die Analyse mit steigendem Molgewicht kleiner gewählt werden. Folgende Tabelle gibt hierüber Aufschluß:

Mol.-Gewicht	350 bis 400	450 bis 500	650 bis 700	1100 bis 1200	1400 bis 1500	1900 bis 2000
Erweichungspunkt .	flüssig	flüssig	65—75°	95—105°	125—135°	145—155°
Hydroxylwert/100 g	0,08	0,16	0,32	0,34	0,36	0,40
Epon-Harz Nr.	828	834	1001	1004	1007	1009
Einwaage ± 15% in g	7,2	3,50	1,75	1,70	1,60	1,45

Die Bestimmung erfolgt unter Verwendung eines 50 ml Kölbchens mit einem nach unten gerichteten etwa 25 ml fassenden Seitenarm, der einen aufrechten Tubus besitzt. Die Apparatur ist mit einer 100 ml mit Quecksilber gefüllten Bürette verbunden. In dem Kölbchen wird die Einwaage in 5—10 ml Tetrahydrofuran gelöst und eine Stahlkugel von 10 mm Durchmesser eingebracht. Durch den Tubus wird in den Seitenarm 5 ml einer 10%igen $LiAlH_4$-Lösung in Tetrahydrofuran mittels einer Injektionsspritze hineingespritzt, die Apparatur geschlossen und der Hahn zur Bürette geöffnet. Durch Kippen lassen sich die zwei in der Apparatur befindlichen Flüssigkeiten zusammenbringen, wobei durch Bewegen die Stahlkugel auftretende Ausscheidungen zerteilt. Es setzt sofort Wasserstoffentwicklung ein, die nach 1—2 Stunden bei gelegentlichem Umschütteln beendet ist. Naturgemäß ist während der Dauer der Bestimmung einer gleichbleibenden Temperatur im Kölbchen und im Umkreis der Bürette genaue Beachtung zu schenken.

Das Hydroxyläquivalent/100 g berechnet sich aus dem abgelesenen Wasserstoffvolumen nach der Gleichung:

$$OH - \text{Äq.}/100\,\text{g} = \frac{(V - B) \cdot 1{,}604 \cdot P}{(T + 273) \cdot g \cdot 1000} - W$$

wobei bedeuten:

V Gasvolumen bei der Probe
B mittleres Gasvolumen bei verschiedenen Blindproben
P abgelesener Druck in mm/Hg
T Temperatur im Kölbchen und Bürette
g Einwaage
W Wassergehalt des Harzes, ausgedrückt in Äquivalent/100 g
(Äquivalentgewicht des Wassers $= 9$)

Sollte bei einem Vorversuch festgestellt werden, daß die Probe einen gewissen Säuregehalt aufweist, so muß derselbe mit in Rechnung gesetzt werden, da Säuren infolge ihrer OH-Gruppen ebenfalls Wasserstoff abspaltend wirken. Der abzuziehende Wert W ist dann um den Säuregehalt S, ausgedrückt in Äquivalent/100 g zu erhöhen.

Bestimmung des Härtungsgrades bei gehärteten Epoxydharzvorprodukten

Bestimmungen des Härtungsgrades bei gehärteten Epoxydharzvorprodukten sind besonders zu Vergleichen zwischen der Wirkung verschiedener Härter und verschiedenen Härtungsverfahren von Bedeutung, da die Gebrauchseigenschaften des Harzes mit der Vollständigkeit seiner Härtungsvernetzung an Hochwertigkeit zunehmen.

Da es als Regel gilt, daß gehärtete Harze sich von ungehärteten durch ihre Unlöslichkeit und Unschmelzbarkeit unterscheiden, wäre nichts einfacher, als mittels Lösungsmittel den ungehärteten Anteil durch Herauslösen von dem gehärteten zu trennen.

In der Praxis sind die Verhältnisse nicht so unkompliziert, da zwischen den beiden Extremen alle nur möglichen Übergänge vom ungehärteten zum gehärteten Zustand vorliegen, was sich natürlich auch in der Löslichkeit ausdrückt. Durch die Wahl verschiedener Lösungsmittel können auch teilweise gehärtete Epoxydharze in Harzfraktionen zerlegt werden, wie dies bei teilweise gehärteten Phenol- und Aminoharzen bekanntlich des öfteren durchgeführt worden ist. Um ein rohes Ergebnis, das auf Genauigkeit keinen Anspruch erheben kann, über den Härtungsgrad zu erhalten, kann eine Extraktion mittels besonders günstiger Lösungsmittel für Epoxydharzvorprodukte, z. B. Aceton oder Methyläthylketon, vorgenommen werden, ein Verfahren, das bereits mehrfach beschrieben wurde.

Außer der Bestimmung des Verhältnisses des löslichen zum unlöslichen Anteil wäre auch an dem sehr fein pulverisierten (Schwingungskugelmühle), unvollständig gehärteten Harzmaterial auch eine Epoxydbestimmung auf chemischem oder spektroskopischem Wege möglich, da bei dem letzteren Verfahren an der Intensität der charakteristischen Banden auch eine quantitative Bestimmung mit gutem Erfolg durchgeführt werden kann.

Da bei teilweise gehärteten Epoxydharzvorprodukten auch die „Unschmelzbarkeit" naturgemäß nur eine relative ist, kann auch die Bestimmung des Erweichungspunktes einen ungefähren Anhalt über den Härtungsgrad geben.

Unter Verwendung dieser mehr oder weniger bekannten, bzw. auf der Hand liegenden Verfahren haben Firmen, die an der objektiven Darstellung der Wirkung der von ihnen empfohlenen Härter interessiert sind, Methoden zur Bestimmung des Härtungsgrades ausgearbeitet.

In den Schriften der SHELL P-411 und P-412 haben H. DANNENBERG und W. R. HARP (Analyt. Chem. Jan. 1956, 86—90) ihre diesbezüglichen Arbeiten nach der erörterten Richtung zusammengefaßt. Danach wird der Härtungsvorgang in zwei Stufen zerlegt:

1. die chemische Umsetzungsstufe (Conversion), d. h. die Stufe, in der die chemisch reaktiven Gruppen bis zu mindestens 80% in Reaktion getreten sind, ohne daß jedoch die Eigenschaften der Vernetzung auftreten.

2. die dreidimensionale Vernetzungsstufe (Cross-linking), in der die typischen Eigenschaften einer vernetzten Substanz ausgebildet werden.

Die erste chemische Umsetzungsstufe führt zu Polymeren, die linearen Charakter haben und noch Restbestände an Epoxydgruppen aufweisen. Diese restlichen Epoxydgruppen werden nach zwei Methoden bestimmt:

1. mittels Infrarotspektrum, zu welchem Zweck mittels Vibrationskugelmühle äußerst fein pulvrisiertes Material, das zu etwa 0,025 mm dicken Filmen verpreßt zwischen Steinsalztäfelchen oder in Bromkaliumkristallen eingebettet, spektroskopisch untersucht wird. Diese Methode führt zu reproduzierbaren Werten,

2. durch chemische Epoxydgruppen Bestimmung nach G. KING[1] mittels salzsäurehaltigem Dioxans. Zu diesem Zweck wird das staubfein gepulverte Material in einem Nichtlösungsmittel (Alkohol) zum Quellen gebracht und in diesem Zustande in die Lösung eingetragen.

Die Übereinstimmung der nach den beiden Verfahren gefundenen Epoxydwerte ist befriedigend.

Die zweite Umsetzungsstufe, die zu vernetzten Produkten führt, wird auf ihren Vernetzungsgrad nach zwei Methoden geprüft:

1. durch Ermittlung der Deformationstemperatur, bei der bei einer Belastung von 700 g nach 20 Sekunden eine erhitzte stumpfe Spitze bis zu einer Tiefe von 0,18 mm in das kompakte Harzmaterial von gewöhnlicher Temperatur eindringt. Die Vernetzung ist als um so vollständiger anzusehen, je höher die erforderliche Temperatur ist, bzw. ob bis zu einer Temperatur von 300° C überhaupt ein Eindringen erfolgt.

2. durch die Höhe der Absorption von Lösungsmitteldämpfen, die um so geringer ist, je vollständiger sich die Vernetzung ausgebildet hat. Hierbei wird die in Mikrongröße zerkleinerte Substanz in dünner Schicht in einer geschlossenen Apparatur bei schwachem Vakuum den Dämpfen eines Gemisches von 95% 1,2-Dichloräthan + 5% Hexadecan bei einer Temperatur von 25,0° ± 0,3° während 24 Stunden ausgesetzt und die Gewichtszunahme festgestellt. Bei einer Reihe von Parallelversuchen stimmen die gefundenen Werte ausgezeichnet miteinander überein, so daß der Schluß berechtigt ist, daß diese Werte in Beziehung

---

[1] KING, G.: Nature **164**, 706 (1949).

zum Vernetzungsgrad stehen. Der Zusatz eines Nichtlösers, wie Hexadecan, erfolgt, um einer Kondensation des Lösungsmittels vorzubeugen. Die bei Materialien von unterschiedlichem Härtungsgrade gefundenen Werte sind naturgemäß nur relativ, sie sind aber sehr brauchbar, um den Vernetzungsgrad verschiedener Proben miteinander zu vergleichen.

Zwecks Verfolgens des zunehmenden Vernetzens beim Härtungsvorgang haben L. A. O'NEILL und C. P. COLE der RESEARCH ASSOCIATION OF BRITISH PAINT, COLOUR AND VARNISH MANUFACTURERS[1] das Verfahren angewandt, aus fein pulvrisierten teilweise gehärteten Epoxydharzvorprodukten den löslichen ungehärteten bis nur wenig gehärteten Anteil mittels Methyläthylketon herauszulösen. In Verbindung mit gleichzeitig ausgeführten Epoxydgruppenbestimmungen konnte das folgende Bild über den Härtungsvorgang erhalten werden: in den ersten 3 Stunden, während welcher Zeit eine schnelle und starke Abnahme an Epoxydgruppen stattfindet, bleibt die Substanz noch völlig löslich, was auf lineare Polymerisation schließen läßt. Erst später, in Gegenwart von nur noch etwa 20% der anfänglichen Epoxydgruppen, setzt zunehmendes Unlöslichwerden (= Vernetzung) ein, wobei die weitere Epoxydgruppenabnahme nur noch langsam und in geringem Maße vor sich geht. Auf folgende Schriften sei hingewiesen:

SCHRADE, I. u. R. SCHMID: Qualitative und quantitative Analyse der auf Glasfasergeweben aufgetragenen Schlichte (Ku. Pla. 4, Nr. 2, 144—147, 1957).

LEDWOCH, K. D., u. H. MEISEL: Analyse u. Prüfung von Kunststoffen in der Zeitschriften-Literatur des Jahres 1956 (Kunststoff-Rundschau, Dez. 1957, 526—530).

X. Stellung der Epoxydharze in der Kunststoffindustrie

Nachdem die CIBA A. G. 1949 ihre *Araldite* herausgeben und zunächst für Klebstoffe empfehlen konnte, begann etwa 1 Jahr später die SHELL, die als Großhersteller für Epichlorhydrin für die Herstellung von Epoxydharzen besonders geeignet war, mit der Herausgabe einiger *Epon*-Marken für Lackzwecke. Die Firma DEVOE & RAYNOLDS Co. hatte bereits auf dem Epoxydharzgebiet engen Anschluß an die SHELL gefunden, so daß letztere ihren Propagandaapparat und ihre weiten Beziehungen zu anderen Ländern für die Einführung ihrer *Epon*-Marken, welche auf den Erfahrungen von DEVOE & RAYNOLDS aufgebaut waren, einsetzen konnte.

Während die CIBA eine Reihe fertig ausgearbeiteter Epoxydharztypen, zusammen mit speziellen Härtern, deren chemische Formel nicht angegeben wird, für spezielle Verwendungszwecke herausgibt, die der Verbraucher so zu verarbeiten hat, wie er sie erhält, zieht es die SHELL vor, auch dem Wunsche vieler Kunden, Kompositionen oder Modifikationen selbst vorzunehmen, Rechnung zu tragen, indem sie etwa zehn verschiedene polymere Bisphenol-A-Glycidyläther vom flüssigen

---

[1] Vortrag mit dem Titel „Chemical and spectroscopic Studies of Epoxide-Resin Reactions in the Surface Coating Field", gehalten auf dem Symposium Epoxide-Resins in London im April 1956.

Zustand bis zu einem Erweichungspunkt von 155° und einem Epoxydäquivalentgewicht von 140—4000 unter Angabe aller physikalischen
Daten und unter Beifügung von Verarbeitungsvorschriften in den Handel
bringt. Wegen der weit überragenden Bedeutung des Lack- und An-
strich-Anwendungsgebietes werden von der SHELL sowohl Veresterungsvorschriften als auch fertig veresterte *Epon*-Harztypen herausgegeben[1].

Als bemerkenswerte Epoxydharzhersteller in USA kommen neuerdings — allerdings in weitem Abstand nach der SHELL — noch die
BAKELITE DIVISION der UNION CARBIDE & CARBON CORPORATIO, die
amerikanische CIBA Co., die DOW CHEMICAL CORPORATION, die MINNE-
SOTA MINING AND MANUFACTURING Co. und die JONES DABNEY Co.
(eine Abteilung von DEVOE & RAYNOLDS Co.) hinzu.

In Deutschland ist die Verwendung von Epoxydharzen noch sehr
in den Anfängen, und es werden in erster Linie *Araldite* und *Epon*-Harze
verarbeitet. Die HENKEL & CIE. und die CHEMISCHEN WERKE ALBERT
können auf erfolgreiche Arbeiten auf dem Epoxydharzgebiet zurück-
blicken und bemühen sich für ihre Produkte einen Markt zu schaffen.

Bevor auf die spezielle Stellung der Epoxydharze zu den Kunst-
stoffen anderer Art eingegangen wird, erscheint es zweckmäßig, einen
Überblick über die Entwicklung der Kunststoffe in Deutschland, der
USA und der ganzen Welt zu geben.

Das Alter der einzelnen Kunststoffe, d. h. die Zeit ihrer Einführung fällt
in die Jahre, wie sie aus einer Aufstellung von H. HOPFF[2] ersichtlich ist:

1866—1867	Celluloid	1934—1935	Methylcellulose
1896—1897	Regenerat-Cellulose	1934—1935	Polyvinylacetale
1899—1900	Galalith	1934—1935	Polyvinylacetat
1905—1906	Phenol-Formaldehydharze	1935—1936	Butadienkautschuk
1905—1906	Acetylcellulose	1935—1936	Chlorbutadienkautschuk
1905—1906	Methylbutadienkautschuk (erster Beginn)	1936—1937	Polyamide
1924—1926	Polystyrol	1937—1938	Polyäthylen
1924—1926	Anilin-Formaldehydharze	1938—1939	Polyvinylidenchlorid
1927—1928	Harnstoff-Formaldehyd-harze	1939—1940	Isobutylkautschuk
		1940—1941	Celluloseacetobutyrat
1927—1928	Polyvinylalkohol	1940—1941	Melamin-Formaldehyd-harze
1927—1928	Polyvinylchlorid	1940—1941	Butadien-Styrolkautschuk
1928—1929	Polymethacrylate	1941—1942	Silicone
1929—1930	Alkydharze	1942—1943	Polyester
1929—1930	Isoprenkautschuk	1943—1944	Cellulosepropionat
1929—1930	Thiokol	1943—1944	Polytetrafluoräthylen
1933—1934	Äthylcellulose	1945—1946	Epoxydharze

Die Welt-Kunststoffproduktion belief sich nach demselben Autor[3]
in 1000 t:

1900	20	1935	220	1945	500	1950	1500
1913	50	1936	250	1947	870	1951	1800
1929	85	1937	280	1948	950	1952	1800
1933	110	1939	350	1949	1050	1953	2100

---

[1] Die SHELL benutzt die Bezeichnung „*Epon*"-Harz nur in den USA, während sie in anderen Ländern dieselben Harze mit dem Namen „*Epikote*"-Harz
anbietet. In diesem Buche wird jedoch soweit als möglich die ursprüngliche Bezeichnung „*Epon*"-Harz angewandt, da dies zweckmäßig erscheint, um Mißver-
ständnissen vorzubeugen.

HOPFF, H.: Schw. Ku. Pla., **1954**, 9. — [3] HOPFF, H.: Schw. Ku. Pla., **1954**, 7.

Die Produktion von Kunststoffen in Deutschland wird durch folgende Zahlen veranschaulicht[1]:

Jahr	Gesamt-produktion in 1000 t	Aufgeteilt in		
		Cellulose-derivate in 1000 t	Kondensate in 1000 t	Polymerisate in 1000 t
1936	76	30	44	2
1939	100	—	—	—
1944	250	—	—	—
1947	23	—	—	—
1948	48	—	—	—
1949	75	—	—	—
1950	108	—	—	—
1951	168	31	81	56
1952	190	29	80	81
1953	240	39	97	104
1954	325	47	130	148

Die deutsche Kunststoffproduktion hatte 1954 einen Wert von 1040 Millionen DM, davon wurden 17%, für 176 Millionen DM, exportiert. Im Vergleich dazu hatte die deutsche Teerfarbenproduktion 1954 nur einen Wert von 600 Millionen DM, was 4,9% der gesamten chemischen Produktion in Deutschland entsprach.

Über den Verbrauch von Kunststoffen pro Kopf der Bevölkerung in europäischen Ländern und in USA in der Nachkriegszeit gibt G. M. KLINE[2] folgende Zahlen in 1000 t; wobei die Zahlen für 1955 auf Schätzung beruhen:

Land	1948	1953	pro Kopf/kg	1955	pro Kopf/kg
Westdeutschland	48	240	4,5	315	6,52
Großbritannien	121	195	3,9	265	8,4
Frankreich	34	53	—	85	2,0
Italien	9	25	—	45	0,8
USA	713	1200	7,5	2000	12,5

Nach einer Aufstellung von H. HOPFF[3] stellt sich für das Jahr 1952 die Kunststofferzeugung in verschiedenen Ländern und der Verbrauch pro Kopf der Bevölkerung wie folgt:

Land	Kunststofferzeugung in 1000 t	Einwohner in Millionen	Verbrauch pro Kopf/kg
Westdeutschland	168	48	3,5
Großbritannien	160	50	3,2
Frankreich	42	42	1,0
Schweiz..................	20	4	5,0
USA	818,58	154	5,3

[1] Private Mitteilung des Verbandes kunststofferzeugende Industrie und verwandte Gebiete E. V.

[2] KLINE, G. M.: Mod. Pla., Jan. **1954**, 117.

[3] HOPFF, H.: Schw. Ku. Pla., **1954**, 7.

Die Produktion von Kunststoffen stellt sich in etwa derselben Zeit nach einer Aufstellung von W. KNEIP[1] wie folgt:

Land	Produktion in 1000 t					
	1947	1950	1951	1952	1953	1954
Deutschland	23	98	168	190	240	325 = 35% mehr als 1953
Großbritannien	108	135	160	150	185	Wert = 1 Milliarde DM
Frankreich	24	27	40	35	46	
Italien	9	15	26	29	44	
USA	611	1084	1160	1103	1318	
Japan	—	18	42	50	53	
Andere Länder	—	173	204	243	214	
Weltproduktion ...	775	1500	1800	1800	2100	

Für Westdeutschland werden für 1954 die folgenden Zahlen angegeben[2]:

Cellulosederivate: 44536 t, unter anderen:

$$\text{Nitrocellulose} \dots\dots\dots 11595\ t$$
$$\text{Celluloid} \dots\dots\dots\dots 3826\ t$$

Kondensationsprodukte: 135909 t, unter anderen:

$$\text{Phenolharzpreßmassen} \ . \ 28643\ t$$
$$\text{Phenolharze, allgemein} \ . \ 20171\ t$$
$$\text{Phenolharzleim} \dots\dots\dots 3985\ t$$
$$\text{Harnstoffharze} \dots\dots\dots 1978\ t$$
$$\text{Modifizierte Lackharze} \ . \ 25678\ t$$

Polymerisationsprodukte: 153557 t.

Für Großbritannien wird für 1955 eine Kunststoffproduktion in folgender Höhe angegeben[3]:

$$\text{Phenolharze} \dots\dots\dots 65000\ t$$
$$\text{Vinylpolymerisate} \dots 50000\ t$$
$$\text{Polystyrol} \dots\dots\dots 30000\ t$$
$$\text{Polyäthylen} \dots\dots\dots 20000\ t$$
$$\text{Aminoharze} \dots\dots\dots 15000\ t$$
$$\text{Acrylpolymerisate} \dots 11000\ t \ (1954 \ \text{waren es} \ 12000\ t)$$
$$\text{Cellulosederivate} \dots\dots 5300\ t \ (1954 \ \text{waren es} \ 6000\ t)$$
$$\text{Epoxydharze} \dots\dots\dots 2000\ t$$
$$\text{Polyester} \dots\dots\dots\dots 800\ t$$

---

[1] KNEIP, W.: Br. Pla., März **1955**, 138.
[2] Kunst. **1955**, 160. — [3] Mod. Pla., Juni **1956**, 191.

Für Frankreich wird für 1955 eine Kunststoffproduktion in folgender Höhe angegeben[1]; im Vergleich mit 1954:

Kunststoffe	1955 t	1954 t
Cellulosederivate	4800	5000
Polyvinylchlorid	32220	24000
Polyvinylacetat	5000	3000
Polymethacrylat	985	830
Polyamide	3240	800
Polystyrol	11600	8000
Polyäthylen	3990	1800
Phenolharze, Preßmassen	9750	8850
Phenolharze, alle anderen	4750	3630
Aminoharze, Preßmassen	2700	2400
Aminoharze, alle anderen	7850	7000
Alkydharze	7770	7800
Silicone	180	150
Polyester	910	70
Galalith	500	—
Epoxydharze nicht genannt	—	—
Gesamtproduktion 1955	95145	

Gesamtverbrauch war 1955 108000 t = 2,5 kg pro Kopf der Bevölkerung.
Ausfuhr an Kunststoffen   10000 t
Einfuhr an Kunststoffen   22000 t

Für Italien wird für das Jahr 1955 der folgende Verbrauch an Kunststoffen angegeben[2]:

1955 wurden verbraucht:

Polystyrol	6000 t	Polyäthylen	3703 t
Vinylharze	17015 t	Phenolharze	12811 t
Cellulosekunststoffe	5505 t	Polyesterharze	500 t
Aminoharze	17816 t	Andere Harze	10000 t
Acrylharze	1751 t		

für 1955 insgesamt: 75000 t,

für 1956 werden   94000 t als vermutlicher Verbrauch geschätzt.

Das Verhältnis von Einfuhr zu Ausfuhr geht aus folgender Aufstellung hervor:

	Einfuhr/t	Ausfuhr/t
Polystyrol, Acrylharz, Polyäthylen	3781	26786
Fluorcarbone und andere Polymere	3332	704
Cellulosekunststoffe	404	182
Phenolharze	2020	422
Aminoharze	2020	1010
Insgesamt	11557	29104

---

[1] Kunst. **1956**, Sept., 424. — [2] Kunst. **1956**, Dez. 577.

Die Fabrikation von Kunststoffen in Spanien wird in folgender Höhe angegeben[1]:

	Produktion		Import	Export
	1956	1955	1955	1955
	in 1000 lb.		in 1000 lb.	1000 lb.
Thermoplastische Harze				
Acrylharze	1200	785	77	48
Cellulosederivate	500	275	737	—
Fluorcarbone	—	—	—	—
Nylon	1000	—	51	—
Polyäthylen	—	—	1243	—
Polystyrol	—	—	2838	—
Polyvinyle	11000	2695	198	—
Härtbare Harze				
Aminoharze	5500	3850	1012	—
Phenolharze	6000	5687	—	—
Polyesterharze	500	26	—	—
Epoxydharze	—	—	110	—
Insgesamt	25700	13318	6266	48

Über die Produktion von Kunststoffen in Schweden und ihrem Wert in Schwedenkronen liegen die folgenden Zahlen für das Jahr 1954 vor[2]:

	Produktion in t	Wert in 1000 skr.
Phenolharze für Anstrichmittel	3221	6835
als Preßpulver	1769	3835
Aminoharze für Anstrichmittel	2662	4917
als Klebmittel	1556	1996
als Preßpulver	1651	5069
für diverse Zwecke	10	15
Alkydharze	5071	11462
Andere härtbare Harze für Anstrichmittel	1046	2282
Polyvinylchlorid	4263	11219
Polystyrol	1334	5539
Acrylharze	70	364
Cellulosederivate	1516	6196
Andere thermoplastische Harze	103	81
Insgesamt	24272	59808

Für die USA wird die Entwicklung der Kunststoffproduktion durch J. WALSH[3] in folgender Tabelle zum Ausdruck gebracht, wobei zu be-

---

[1] Mod. Pla., Dez. **1956**, 143. — [2] Br. Pla., Dez. **1956**, 435.
[3] WALSH, J.: Br. Pla., Dez. **1954**, A. D. LITTLE. Co.

achten ist, daß die angegebenen Zahlen nicht die Produktion, sondern den *Verbrauch* angeben:

Kunststoff	Jahr des Produktions-beginnes	Produktion in 1000 t		
		1947	1953	1957 (geschätzt)
Cellulosederivate	1868	50	56,5	62,5
Phenol, Kresolharze	1907	157	201,5	325
Cumaron-Inden-Harze	1913	—	86,5	100
Alkydpreßharze (ohne Lackharze) ..	1926	—	2,5	7,5
Harnstoff-Formaldehydharze	1929	44	90	140
Melamin-Formaldehydharze	1930	8,5	27,5	65
Acrylharze	1931	15	40	60
Vinylharze	1936	80,5	240	350
Polystyrol.......................	1938	49,5	225,5	350
Polyäthylen	1941	7,5	60	250
Polyester	1942	2	13,5	30
Silicone.........................	1943	—	2,5	7,5
Epoxydharze	1950	—	5	22,5

Über die Kunststoff*produktion* im Jahr 1955 in USA werden in einer Aufstellung, die als „sehr genau" bezeichnet wird[1], Produktionszahlen der wichtigsten Kunststoffe und ihre Einheitspreise wiedergegeben. Neben den Gewichten in lb., sind dieselben in 1000 t und neben den Dollarpreisen pro lb. dieselben in kg angegeben. Man sieht, daß die Epoxydharze im Vergleich mit den Siliconen noch als „billige" Harze bewertet werden können.

Kunststoffe	Produktion 1955		Preise in Dollar	
	in lb.	in 1000 t	pro lb.	pro kg
Vinylharze	703259	320	0,38	0,85
Styrolharze	619201	281	0,32	0,71
Phenolharze, nicht modifiziert	505759	203	0,26	0,58
modifiziert	50932	25,8	0,28	0,62
Alkydharze, mit Phthalsäure	455994	205	0,29	0,64
ohne Phthalsäure	87221	39,6	0,32	0,71
Polyester	61567	28	0,40	0,89
Polyäthylen	402279	163	0,39	0,87
Harnstoff-Formaldehyd	237762	107,5	0,24	0,53
Melamin-Formaldehyd	90619	41,3	0,48	1,07
Aminoharze (= Harnstoff + Melamin-harze)	328381	149	0,31	0,69
Cumaron-Indenharze	292574	132,5	0,10	0,22
Harz-Tallöl-Ester	57830	26,3	0,18	0,26
Epoxydharz, nicht modifiziert	20974	9,55	0,59	1,31
modifiziert	870	0,34	1,34	2,98
Silicone...........................	2957	1,34	2,99	6,65
Gesamt: Benzolderivate	2021233	918	0,27	0,60
Gesamt: Nicht-benzolderivate	1717683	782	0,41	0,91

---

[1] Mod. Pla., Okt. **1956**, 207.

Die *Epon*-Harzproduktion der SHELL stellt sich in folgender Höhe dar:

1953[1]: 5000 t zum Preise von 1,30—2,75 Dollar pro kg
1954[2]: 7000 t
1955[3]: in USA . . . . 11 000 t
    in Holland (Pernis) . . . 2 000 t
    in England (Stanlow) 1 000 t

Gesamt 14 000 t

Nachdem in der vorgehenden Tabelle die Gesamt-Epoxydharz-Produktion in den USA für 1955 mit 21 844 t angeführt ist, ergibt sich aus den vorstehenden Zahlen, daß die SHELL in USA mehr als die Hälfte der gesamten Epoxydharze herstellt. Vermutlich liegt das Verhältnis für die SHELL noch wesentlich günstiger, da eine erhebliche Anzahl von Epoxydharzherstellern nur modifizierte Epoxydharzvorprodukt in den Handel bringen, die sie aus Epoxydharzvorprodukten anderer Firmen (SHELL) herstellen.

Über den Verkauf von Epoxydharzen in USA liegen die folgenden Zahlen vor[4]:

1954 wurden 12 Millionen lb. Epoxydharze verkauft
1955 wurden 18 Millionen lb. Epoxydharze verkauft
1956 wurden 23—25 Millionen lb. Epoxydharze verkauft

Die Verwendung als Gieß- und Preßharze, als Klebmittel und als Bindemittel für Schichtstoffe betrug 1955 20% (= 5 Mill. lb.) und stieg 1956 auf 25% (= 6 Mill. lb.) an.

Die Entwicklung der Epoxydharze in USA im Vergleich zu einigen wichtigen Harzen kommt aus der folgenden Tabelle[5] zum Ausdruck, aus welcher der alle anderen Kunstharze weit überragende Produktionszuwachs der Epoxydharze ersichtlich ist. Es werden die Produktionsziffern für 1954 (in Million lb.) zugrunde gelegt und aus der für 1960 geschätzten Produktion die prozentuale Zunahme berechnet.

Kunstharze	Produktion in Million lb.		% Zunahme
	1954	1960 (geschätzt)	
Phenolharze	360	550	34
Aminoharze	250	330	43
Polyester	25	60	131
Epoxydharze	25	82	228
Alkydpreßpulver	6	9	50

Daß Produktionszuwachsziffern in diesen Größenordnungen etwas ganz Außergewöhnliches darstellen, wird veranschaulicht, wenn mit entsprechenden Zuwachsziffern bei anderen Produkten der chemischen Industrie verglichen wird, wie sie in der folgenden Tabelle[6] angegeben sind. Diese Tabelle ist auch deshalb interessant, weil sie zeigt, wie in verschiedenen Zeitabschnitten die durchschnittlichen jährlichen

---

[1] Mod. Pla., Okt. **1953**, 232.
[2] Mitt. d. Forsch.-Ringes österr. Wirtsch., **9**, 80 (1955).
[3] Br. Pla., 20. 1. **1956**, 26. — [4] Mod. Pla., Dez. **1956**, 49.
[5] Chem. and Eng. News, Aug. **1955**. — [6] Chem. Eng. News, 20. 12. **1954**.

wachsziffern bei den einzelnen Produkten außerordentlich verschieden sein können. Während z. B. bei oberflächenaktiven Mitteln der durchschnittliche jährliche Produktionszuwachs in der Zeit von 1935—1950 34% betrug, ist derselbe für die Zeitspanne 1952—1960 nicht höher als 7,5%.

Produkt	Durchschnittliche jährliche Produktionszunahme in %	
	für 1935—1950	für 1952—1960 (geschätzt)
Oberflächenaktive Mittel	34	7,5
Pharmazeutische Mittel	19	12,5
Kunststoffe	15	14,5
Antiklopfmittel	13	9,5
Synthetische Fasern	12	9,0
Düngemittel	9	5,0
Insecticide.........................	8	7,5
Lösungsmittel	6	6,5
Pigmente	4	—
Farbstoffe..........................	3	6,0

Wertmäßig nimmt die Epoxydharzproduktion in USA einen überraschend hohen Platz ein, wie in der folgenden Aufstellung im Vergleich mit einigen anderen wichtigen Kunstharzen für 1955[1] zum Ausdruck kommt:

Kunstharz	Million Dollar	Kunstharz	Million Dollar
Alkydharze............	100	Butadien/Styrol	23
Phenolharze	25	Aminoharze	20
Epoxydharze	23	Vinylharze	15

Es wird geschätzt, daß 1958 die Epoxydharze an zweiter Stelle rangieren und 1960 etwa den halben Verkaufswert der Alkydharze aufweisen werden.

Über die Epoxydharzproduktion in England (United Kingdom) macht E. S. PAICE[2] der SHELL LTD. eine Reihe von interessanten Angaben. Neben der BRITISCHEN SHELL sind in diesem Land die folgenden Epoxydharzhersteller: AERO RESEARCH LTD. (= BRITISCHE CIBA), BAKELITE LTD., BRITISH RESIN PROD. LTD. und LEICESTER LOVELL LTD. vorhanden.

Während 1955 die Epoxydharzproduktion 2000 t betrug, wird für die Jahre 1960—1962 ein Absatz von 7000—10000 t erwartet.

Die Verwendung der Epoxydharze in England (UK) verteilt sich etwa in folgender Weise auf die verschiedenen Verbrauchssektoren:

1. 55% Oberflächenanstriche, Lacke
2. 15% Elektrische Industrie, Gießharze
3. 15% Gepreßte Objekte, Werkzeuge, Formen usw.
4. 5% Schichtstoffe
5. 5% Klebmittel, Spachtel, Kitte
6. 5% Diverse andere Verwendungen

---

[1] Ch. W., 17. 3. **1956.**
[2] Vortrag auf dem Symposium „Epoxide Resins" in London, April **1956.**

Zu 1. *Anstrichmittel.* Im Jahre 1955 wurden in Großbritannien 55000 t Anstrichmittel und Lacke der traditionellen Art verbraucht, von denen etwa $^1/_4$ Einbrenn- und $^3/_4$ lufttrocknende Lacke waren. Die Aufteilung in Verwendungszwecke ergibt folgendes Bild:

Einbrennlacke

Auto-Grundierungen und Decklacke	3000 t
Lacke für Konservendosen, Fässer, Trommeln, weiche Tuben, Metallverschlüsse (Kronenkorke)	2000 t
Kühlschränke, Waschmaschinen, Kücheneinrichtungen	800 t
Drahtlacke, insbesondere für elektrische Zwecke	600 t
Diverse andere Verwendungen, z. B. landwirtschaftliche Maschinen, Fahrräder, Büromöbel, Elektrolacke u. dgl.	8000 t
Einbrennlacke: Gesamt	14400 t

Lufttrocknende Decklacke

Fußboden- und Lamperie-Lacke	600 t
Möbellacke	1000 t
Lacke für Eisenkonstruktionen, Rostschutzlacke	12000 t
Zement- und Beton-Anstrichlacke	1000 t
Dekorationslacke, allgemein	27000 t
Lufttrocknende Lacke: Gesamt	41600 t

Gesamtverbrauch an Lacken: 14400
41600
____
56000 t

die einen Wert von über 1 Million Pfund Sterling repräsentieren.

Unter Zugrundelegen dieses Verbrauches an üblichen Lacken erscheint es gerechtfertigt, für 1960—1962 einen Verbrauch von Epoxydharzen für diesen Verwendungssektor in Höhe von 4000—5000 t anzunehmen, wobei die Entwicklung vermutlich in der Weise vor sich gehen wird, daß die traditionellen Lacke zur Vervollkommnung ihrer Eigenschaften steigende Zusätze an Epoxydharzen erhalten werden. Solche Modifizierungen werden in erster Linie mit Alkyd-, Melamin- und Polyamidharzen erfolgen.

Zu 2. *Verwendungen in der elektrischen Industrie.* Dieser Industriezweig verwendet Preß- und Gießharze, die für die Herstellung von isolierenden Skelettbauten, von Gehäusen für elektrische Apparate, z. B. von Radio- oder Fernsehgeräten, sowie von isolierenden Montageplatten Verwendung finden. Die für diesen Zweck bisher zumeist verwendeten Polyester sind, besonders bei höherer Temperatur und bei Feuchtigkeitseinwirkung, nicht zufriedenstellend, auch wird mit ihnen infolge der nur mäßigen Haftfähigkeit vielfach nicht der erforderliche hermetisch-dichte Abschluß erzielt. Dagegen weisen Epoxydharze diese Nachteile nicht auf.

Epoxydharze sind besonders bei Transformatoren weitgehend eingeführt, und es sind bereits solche hergestellt worden, die bis zu 1000 kg Harz enthalten. Auch für die Herstellung von Preßkörpern werden in zunehmendem Maße Preßpulver aus Epoxydharzkompositionen verwendet.

Man schätzt, daß in den Jahren 1960—1962 in Großbritannien für Verwendungen dieser Art etwa 1500 t Epoxydharze eingesetzt werden, und zwar vor allem für Transformatoren, Spulen, isolierende Baumaterialien, Widerstände, Kondensatoren und Motoren.

Zu 3. *Werkzeuge, gepreßte Objekte, Formen u. dgl.* Dieses weitverzweigte Gebiet wird in zunehmendem Maße von Epoxydharzen erobert, vor allem wegen ihrer zähen Festigkeit, Wärmebeständigkeit und geringen Schrumpfung. Für diesen Zweck können Harze mit einem erheblichen Gehalt an Füllmaterialien, insbesondere an Glasfasern, angewandt werden, was wesentliche Verbilligungen ergibt. Gesenke, Stempel, Kokillen, Gießereiformen, Baubeschläge sowie Werkzeuge aller Art lassen sich mit Epoxydharzen nicht nur in befriedigender Qualität herstellen, sondern vielfach sogar mit bisher unerreichten Eigenschaften, z. B. Gußformen, mit denen Tausende von Gießlingen hergestellt werden, ohne daß die geringste Abnutzung der Form erkennbar wird.

Zu 4. *Schichtstoffe.* Die Verwendung von glasfaser-verstärkten Schichtstoffen hat in den letzten Jahren außerordentlich zugenommen, insbesondere für die Herstellung selbsttragender Konstruktionen, z. B. Autokarosserien und Schiffsrümpfe. Für Zwecke dieser Art sind in den USA 1953 13000 t Polyester verarbeitet worden, deren Menge 1955 auf 25000 t stieg und für 1960 auf 50000 t geschätzt wird.

Da Epoxydharze eine wesentlich bessere Haftfähigkeit auf der Glaseinlage und eine sehr viel höhere chemische Beständigkeit aufweisen als Polyester, werden sie in stetig zunehmendem Maße für solche Zwecke angewandt, bei denen diese Eigenschaften von Bedeutung sind. Da Epoxydharzschichtstoffe gegen Vibrations-Ermüdungserscheinungen sehr viel widerstandsfähiger sind als Aluminiumlegierungen, finden sie im Flugzeugbau immer mehr Verwendung. Auch für die Herstellung von Tanks zum Lagern oder zum Transport von Flüssigkeiten, bei denen es auf Festigkeit, geringe Porosität und chemische Beständigkeit ankommt, haben sich Epoxydharz-Glasfaserschichtstoffe bereits gut eingeführt. In USA sind Tanks aus diesem Material schon für Inhalte von 76 000 Liter hergestellt worden. Epoxydharz-Schichtstoffe haben sich auch für die Anfertigung von Rohrleitungen für aggressive Flüssigkeiten (Roherdöl) bewährt.

Zu 5. *Klebmittel u. dgl.* Obgleich die Verwendung von Epoxydharzen als einzigartigem Klebmittel, vor allem zum Verbinden von Metallen miteinander oder mit Glas, Kautschuk, Holz usw. sehr bekannt geworden ist, zeigt die für englische Verhältnisse geltende Aufstellung, die wohl im wesentlichen auch in anderen Ländern zutreffen wird, daß die prozentualen Verbrauchsmengen für Klebzwecke doch relativ nur sehr klein sind. Diese Tatsache wird aber bis zu einem gewissen Grad dadurch aufgewogen, daß für Epoxydharzklebmittel wesentlich höhere Preise zu erzielen sind, da es sich um ausgesprochene Qualitätsprodukte handelt. Neben fabrikatorisch auszuführenden Metallverleimungen, z. B. für Flugzeugmetallversteifungen in Bienenwabenstruktur oder Automobil-Karosserien werden sich Epoxydharzleime immer mehr für

Reparaturen des Kleinverbrauchers als „Alleskleber"[1], der wirklich alles klebt, gegenüber dem Nitrocellulosevinylharz „Alleskleber", der naturgemäß bei Porzellan, Metall, Glas, Kautschuk u. dgl. versagen muß, einführen.

Zu 6. *Diverse Verwendungen.* Die als Polyvinylchloridstabilisatoren zur Zeit angewandten sehr kleinen Mengen an Epoxydverbindungen, dürften schätzungsweise bis 1962 auf 50 jato ansteigen.

Zum Ausfüllen von Hohlräumen, Löchern, Fugen oder Schließen von Undichtigkeiten bei Materialien der verschiedensten Art, auch als Ersatz von Löt- oder Schweißverbindungen, sind Epoxydharz-Reparaturspachtelmassen ausgezeichnet geeignet. Allein für den Fahrzeugbau werden zur Zeit 100 jato derartiger Massen verschiedenster Zusammensetzung verbraucht. Wo es auf gute Haftfähigkeit und festen Sitz ankommt, werden sich Spachtel auf Epoxydharzgrundlage immer mehr einführen.

Ein besonderer Verwendungszweig ist die Herstellung von chemisch beständigem Mörtel, z. B. um säurefeste Plättchen einzumauern, etwa an Wandflächen oder im Innern von Eisenkesseln. Bis 1960 könnte der Verbrauch an Epoxydharzen für Verwendungen dieser Art auf einige 100 jato ansteigen.

Als Textilhilfsmittel, besonders zum Verbessern der Schrumpf- und Knitterfestigkeit von Baumwolle, Wolle oder Kunstseide oder zwecks Erhöhung der Bindung von Textileinlage mit dem Kautschuk in Autoreifen haben sich Epoxydharze den bisher angewandten Mitteln weit überlegen gezeigt. Dasselbe gilt für die Herstellung von naßreißfestem Papier. Zur Zeit ist allerdings eine Einführung von Epoxydharzen für diese Zwecke noch nicht festzustellen, jedoch ist sie in der Zukunft zu erwarten.

Der relativ hohe Preis der Epoxydharze setzt in allen Fällen ihrer Anwendung die Grenze. Es ist durchaus verständlich, daß überall, wo nicht die höchsten Qualitäten in dieser oder jener Eigenschaft erforderlich sind, weniger hochwertige und billigere Kunststoffe Verwendung finden. Es werden daher die Epoxydharze zunächst auf solche Anwendungsgebiete beschränkt bleiben, bei denen entweder ihre besonderen hochwertigen Eigenschaften voll ausgewertet werden, oder, bei denen ihre Verwendung Ersparnisse irgendwelcher Art, etwa an Zeit, Arbeit oder Feuerung zur Folge haben.

Die Entstehung des hohen Preises der Epoxydharze ist einmal durch die Verwendung relativ teuren Rohmaterials, bei dem noch kein Weg zu weiterer Verbilligung erkennbar ist, dann aber auch durch die laufend weitergehenden wissenschaftlichen Entwicklungsarbeiten und durch die erforderliche Kontrolle der Fabrikationschargen bedingt. Auch hier ist keine prinzipielle Änderung zu erwarten, da in ihrem Aufbau und zur Gewinnung von Chargen gleicher Eigenschaften die Epoxydharze wesentlich diffiziler sind als die meisten anderen Kunststoffe.

Immerhin sind die Epoxydharze noch viel zu jung, um heute schon eine Prognose auf längere Sicht zu stellen: in 10—20 Jahren mögen sich die Verhältnisse durchaus anders darstellen.

---

[1] Zum Beispiel UHU-plus, auf Araldit Basis (UHU-Werke).

XI. Epoxydharzherstellerfirmen und Handelsmarken

Die in folgendem gegebene Zusammenstellung von Epoxydharz-
herstellerfirmen mit den von ihnen in den Handel gebrachten Erzeug-
nissen darf nur als ein erster Versuch gewertet werden. Nur Firmen,
welche durch Anzeigen auf ihre Verkaufsprodukte aufmerksam gemacht
haben, sind hier zusammengetragen. Bei der Nachfrage nach zusätz-
lichem Material haben sich diese Firmen sehr verschieden verhalten:
die einen waren freigebig und stellten noch manche internen Schriften
zur Vorfügung, andere nur das sowieso bekannte Material, während wieder andere die Anfrage nicht beantworteten. Da die größeren Firmen
eigene Literatur- und Patentabteilungen besitzen, welche die gesamte
Literatur geordnet ihren Mitarbeitern zur Verfügung stellen können,
besteht bei diesen wenig Interesse an dem Zustandekommen eines
Buches über die Chemie der Epoxydharze, das jedermann zugänglich
ist. Es muß daher als besonders großzügig dankbar anerkannt werden,
daß die SHELL mit ihren amerikanischen, deutschen und niederländischen
Forschungsstellen bereitwilligst die Arbeiten an diesem Buch gefördert
haben, indem sie nicht nur Firmenschriften der verschiedensten Art,
sondern auch anderes schwer zugängliches Druckmaterial beschafft und
zur Verfügung gestellt hat.

Die folgende Aufstellung ist in zwei Abteilungen aufgeteilt: in der
ersten sind die Herstellerfirmen von Epoxydharzen alphabetisch angeführt, in der zweiten ist die Zusammenstellung nach den Handelsprodukten erfolgt.

Herstellerfirmen mit ihren Verkaufsprodukten nach Ländern geordnet

Deutschland

CHEMISCHE WERKE ALBERT: *Durophen 504 W* und *570*, Epoxyd-Phenolharz-
Einbrennlacke.

CHEMISCHE WERKE HÜLS: *Stabilisator Hüls* (Harnstoff-Phenylglycidyläther).

HENKEL & CIE: *Metallon*, Polycarbonsäure-Polyglycidylester-Metallklebemittel.

K. HERBERTS Co.: *Standolux*, ein luft- oder ofentrocknendes Epoxydharz-
Anstrichmittel.

TH. GOLDSCHMIDT A. G.: *Silicophen* und *Silicopon*, Kombinationen von Epoxydharzen mit Siliconen als Anstrich- und Klebmittel.

OXYDO GESELLSCHAFT FÜR CHEMISCHE PRODUKTE m. b. H.: *Estahex 3001* und
3009, Epoxydverbindungen, die als Stabilisatoren für PVC dienen sollen.

Großbritannien

AERO RESEARCH LTD: (BRITISH CIBA): Sämtliche *Araldite* der Schweizer CIBA
sowie *Araldite 820 AB*, kalthärtend.

BAKELITE LTD.: Sämtliche Handelsmarken der amerikanischen Stammfirma,
siehe diese.

A. BOAKE, ROBERTS & Co. LTD.: *Abrac A*, epoxydiertes fettes Öl als 15—20%iger
Zusatz zu PVC als Stabilisator sowie als synergistisches Mittel in Verbindung
mit Metallstabilisatoren.

BRITISH RESIN PRODUCTS LTD.: *Epok BX-2100* als Anstrichmittel, *Cellobond BX-2210* als Gießharz und für Werkzeugherstellung, *Cellobond BX-2220/70* für Glasfaser-Schichtstoffe.

HOWARDS OF ILFORD LTD.: Epoxydierte Sorbitanfettsäureester, Handelsmarken: *P-12, 17, 18, 32, 37, 38, Q-12, 17, 18, PQ-12, 17, 18.*

LEICESTER LOWELL LTD.: *Epophen M 777*, Klebmittel, Gießharz, Epoxydharz-Vorführungskasten.

ALBRIGHT WILSON LTD.: *Mellite 804* und *808*, Epoxydharze für verschiedene Zwecke.

PURE CHEMICALS LTD.: Epoxydharzstabilisatoren für PVC. *Ferroclere 900* ist ein Gemisch aus 1 Teil *Epon*-Harz, 1 Teil Zinnsalz des Typus:

$$\begin{matrix} R \\ R' \end{matrix} \!>\! Sn \!<\! \begin{matrix} O \cdot CO \cdot R'' \\ O \cdot CO \cdot R''' \end{matrix} \left. \right\} \quad \begin{matrix} R, R' = \text{Alkyl mit 2—8 C-Atomen,} \\ R'', R''' = \text{gesättigte oder ungesättigte Alkyle mit } C_{8-14}, \end{matrix}$$

3 Teile Ba- oder Sr-Ricinoleat und 1 Teil Cadmiumricinoleat.

STYRENE COPOLYMERS LTD.: *Scopon 1130*, lufttrocknender Styrol-Epoxydharzester, Anstrichmittel.

WHIFFEN & SONS LTD.: *Genitron OB*, ist 4,4'-Diphenyloxyd-disulfohydrazid als Treibmittel zum Verschäumen von Epoxydharzen.

Frankreich

COMP. FRANÇAISE THOMSON-HOUSTON: Hat vermutlich dieselben Epoxydharze auf dem Markt, wie die amerikanische General Electric Co.

SOC. AN. DES MANUFACTURES DES GLASES ET PROD. CHIM. DE ST. GOBAIN, CHAUNY ET CIREY: Stellt vermutlich Epoxydharze her.

SOC. RHÔNE POULENC: *Scurol*, Epoxydharz für verschiedene Zwecke.

Schweiz

CHEMISCHE INDUSTRIE BASEL, CIBA A. G.: *Araldit*-Harze.

Klebmittel:

Araldit-Typ I, Härter enthaltend, als Pulver oder Stangen, heißhärtend. — *Araldit*-Bindemittel 101, flüssig, ohne Lösungsmittel, + Härter 930, kalthärtend. — *Araldit*-Bindemittel 102, flüssig, mit Lösungsmittel, + Härter 951, kalthärtend. — *Araldit*-Bindemittel 103, flüssig, ohne Lösungsmittel, + Härter 930, 951, kalthärtend. — *Araldit*-Bindemittel 121, pastenförmig, ohne Lösungsmittel, + Härter 930, 951, kalthärtend. — *Araldit*-Bindemittel 123 B, pastenförmig, ohne Lösungsmittel, + Härter 953 B, kalthärtend. — Die *Araldit*-Bindemittel 101, 102, 103, 121, 123 B können mit Vorteil heißgehärtet werden. — *Araldit*-Typ XV, flüssig, + Härter XV, heißhärtend. — *Araldit*-Typ XVI, flüssig, + Härter XV, heißhärtend. — *Araldit* 6005, flüssig, Viscosität bei 24° 13000 cps, Epoxydäquivalent/100g von 0,525 bietet eine 20—70% längere Verarbeitungszeit als die üblichen Harze. — *Araldit* RD-1 (= Butylglycidyläther), RD bedeutet „Reactive Diluent", ein sich mit umsetzendes Verdünnungsmittel, mit einer Viscosität bei 24° von 3 cps, einem Epoxydäquivalent/100g von 0,7 und einem spe: zifischen Gewicht von 0,908, dient zum Verdünnen von zu viscosen Epoxydharzvorprodukten, wird beim Härten mit in das Harz eingebaut. Zum Bei: spiel hat *Araldit* 6005 ohne Zusatzeine Viscosität von 13 000

    mit Zusatz von 10% RD-1 eine Viscosität von 1200 cps
    mit Zusatz von 20% RD-1 eine Viscosität von 200 cps

Anstrichmittel, Lacke:

Araldit-Lackharz 985 F, 50%ige Lösung, + Härter F 1, heißhärtend. — *Araldit*-Drahtharz 970 BN, 42%ige Lösung, den Härter enthaltend, heißhärtend.

Gießharze:

Araldit-Paste 131, + Härter 951, heißhärtend. — *Araldit*-Gießharz M, flüssig, ohne Lösungsmittel, + Härter 951, heißhärtend. — *Araldit*-Gießharz F, flüssig, ohne Lösungsmittel, + Härter 902, 903 oder 905, 912 oder 972, heißhärtend. — *Araldit*-Gießharz F 46, flüssig, ohne Lösungsmittel, + Härter 901 oder 903, heißhärtend. — *Araldit*-Gießharz B, festes Harz, + Härter 901, heißhärtend. — *Araldit*-Gießharz D, flüssig, ohne Lösungsmittel, + Härter 951, heißhärtend.

Schichtmaterial:

Araldit Laminierharz 553, flüssig, ohne Lösungsmittel, + Härter 951, 553, kalt- und heißhärtend. —*Araldit*-Laminierharz 555, in Lösung, + Härter 555, heißhärtend.

Schweden

Svenska Oljeslageri A. B.: *Soepox*-Epoxydharzester für Anstriche.

USA

Adhesive Engineering Co.: *Aerobond-Epoxy-Adhesive*, ein Klebmittel auf Epoxydharzbasis, um eine Zementauflage auf eine Asphalt- oder Betonunterlage bei Instandsetzungsarbeiten bei Autobahnen fest zu verankern.

Advance Solvents and Chemical Corporation: *Stabilizer E-6 B* und *Stabilizer 89-X* sind polymere Epoxydverbindungen zum Stabilisieren von PVC und anderen halogenhaltigen Verbindungen.

American Marietta Co.: *Tybon 5621-6*, ein mit Glasfasern verstärktes Epoxydharz für Formkörper.

American Printed Circuits Co.: *Epinate*, ein Papierepoxydharzschichtstoff, der auf beiden Seiten mit elektrischen Leitern aus elektrolytisch abgeschiedenem Kupfer überzogen werden kann, hat sehr hohe Lichtbogenbeständigkeit und geringe Wasserabsorption.

American Resinous Chem. Corp.: *Epoxy Repair Kits*, Epoxydharzreparatur-Kompositionen.

Applied Plastics Co.: *Applied Plastics 210*, dünnflüssig, mit Lösungsmittel. — *Applied Plastics 410*, viscos, ohne Lösungsmittel. Härter: *Hardener 180*, flüssig, kalthärtend, für Klebmittel und Schichtstoffe, Reparaturen. *Hardener 320*, flüssig, für Gießharze.

Archer Daniels Midland Co.: *Admex 710* und *745*, Epoxydverbindungen als Weichmacher für Vinylpolymere. *Admex Epoxy Plasticizers for Vinylresins*, ein Epoxyd-Weichmacher für Polyvinylharze.

Argus Chem. Laboratories: *Drapex 3,2*, Epoxydverbindungen für Vinylpolymere, die gute Kälteeigenschaften verleihen.

R. S. Aries & Ass. Laboratories: *Aritemp 316*, Epoxydgießharz zum Einbetten elektrischer Geräte, beständig von $-60°$ bis $+200°$. — *Curing Agent 105*, Härter für diese Harze.

Armstrong Prod. Co.: *Adhesive Al*, braunrote flüssige Epoxydharzmischung, frei von Lösungsmitteln, mit flüssigem Härter zum Verkleben von Metall, Glas u. dgl.

Bakelite Division of Union Carbide & Carbon Corp.:

Epoxydharze:

ERL-2774 (BR-18774), viscoses Gießharz + Härter 2807, ZZL-0812, 2793.

ERL-2795 (BR-18795), niedrigviscoses Gieß- oder Preßharz, Härter 2793 und 2807.

ERL-3794 (BR-18794), mittelviscoses Gießharz, + Härter 2793, ZZL-0812.

ERL-2793 (BR-18793), ist ein hochviscoser Härter für ERL-2774, 3794 und 2795.

ZZL-0803 (BR-18803) ist ein niedrigviscoser Härter für ERL-2795.

ZZL-0812 (BR-18812) ist niedrigviscoser Härter für ERL-2774, 2795, 3794.

ERL-2807 (BR-18807) ist hochviscoser Härter für ERL-2774, 2795, 3794.

Baker Oil Co.: Bieten drei verschiedene DCO-Fettsäuren (= Dehydrated Castor Oil) an, die je 2 Doppelbindungen enthalten und sich für die Veresterung von Epoxydharzvorprodukten eignen.

Becco Chemical Division der Food Machinery & Chem. Corp.: Stellt Olefinoxyde, insbesondere Octylenoxyd und Dodecenoxyd her, als Zwischenprodukte oder als Stabilisatoren zu verwenden.

BECK EQUIPMENT CO.: *Epoxystrip I*, ein Präparat, um ausgehärte Epoxydharz-farbanstriche von Metall-, Keramik- oder Holzoberflächen zu entfernen. Enthält ein chlorhaltiges Lösungsmittel.

C. H. BIGGS CO.: *Bonding Agents R-313, 318, 323* (zum Verkleben von Nylon und von Nylon mit Metall), *385, 390* und *P-420* (flüssig) sind Epoxydharz-vorprodukte für Klebzwecke.

BISONITE CO. INC.: *Bisonite K*, ein flüssiges Epoxydharzvorprodukt als form-beständiges Klebmittel.

BONDED PROD. INC.: *Epoxy Repair Kits*, pastenförmige Epoxydharzkompo-sitionen für Reparaturzwecke.

CARBOLINE CO.: *Carbomastic*, Komposition aus Epoxydharzvorprodukt und Teer mit 85—90% Festgehalt, als Rostschutzanstrich.

CELANESE CORP.: *Celluflex 21 und 23*, ein Epoxydharzvorprodukt als Weich-macher für halogenhaltige Polyvinylverbindungen.

CHEMICAL DEVELOPMENT CORP.: *Epoxy Repair Kits*, pastenförmige Epoxydharz-komposition für Reparaturzwecke.

CHEMICAL PROCESS CO.: *Epoxy-Hardener Dion RP-7*, ist im wesentlichen m-Phenylendiamin. *Epoxy-Hardener Dion RP-22*, ist im wesentlichen 4,4'-Diaminodiphenylmethan.

CHRYSLER CORP.: *Cycleweld* ist eine Epoxydharz-Thiokol-Komposition als Kleb-mittel und Gießharz.

CIBA INC. (Amerikanische Ciba): Neue *Araldite*: Typ 6010, niedrig — viscos sowie die Typen 504, 6030, 6040 und Weichmacher I.

COPOLYMERS CHEM. INC.: *Epoxyn-E-PC-106*, lagerfähiges Epoxydgießharz, Härter enthaltend, heißhärtend.

ED. CONLEY PLASTICS CORP.: *Conley-Weld-C 1* und *C 2*, Epoxydharzvorprodukte zum Verleimen von Stahl, Aluminium, Glas, Kunststoffen usw. sowie zum Dichten von Tanks und Röhren.

CULLIGAN INC.: *Cul-Dur*, Epoxydharzanstrichmittel für Tanks zum Einbrennen.

DENNIS CHEMICALS CO.: *Perma-Skin-Epoxy-Coatings*, Anstrichmittel.

DESTINY PROD. CO.: *Epoxy Repair Kits*, Epoxydharzkompositionen für Repa-raturzwecke.

DEVOE & RAYNOLD PILOT PLANT CO.: *Durafoam*, Epoxydharz-Schaumblöcke in Größe von 30 × 60 × 180 cm, mit Gewichten von 5 und 20 lb. pro Kubik-fuß. Preise: $ 2,48 pro lb. des Materials von 20 lb. pro cbf. und $ 6,36 pro lb. des Materials von 5 lb. pro cbf.

DOW CHEM. CORP.: *Dow 622*, ein Epoxydharzanstrichmittel, hergestellt durch Ver-estern von Polyalkoholen, die durch Umsetzen von Vielkern-Phenol-Formal-dehyd-Vorkondensaten mit Äthylenoxyd entstanden sind mit ungesättigten Fettsäuren. — *Polyglycol 166*, ein Epichlorhydrin-Polymerisations-Produkt, das vorwiegend in Molgewichten von 450, 900 und 1150 anfällt und Chlor-methylseitenketten und Hydroxylgruppen enthält. Es wird für die Her-stellung von Polyäthern empfohlen. — *Hyprin GP-25*, ein Umsetzungsprodukt von Glycerin mit Propylenoxyd als Weichmacher und chemisches Zwischen-produkt.

DURIRON CO.: *Durcon 1*, dunkelgrünes, ungefülltes Epoxydgießharz, gegen HF beständig. — *Durcon 2*, grünes gefülltes Epoxydharz als Metallanstrich-mittel, ist gegen HF nicht beständig.

EMERSON & CUMING CO.: *Stycast 1090*, leichtes Epoxydgießharz vom spezifischen Gewicht 0,9. — *Stycast 2651*, Gießharz für elektrische Zwecke. — *Stycast 2662* und *2741*, besonders wärmebeständige Gießharze, die noch oberhalb von 260° beständig sind. — *Stycast 2741*, ein besonders biegsames und Temperatur-beständiges Gießharz, härtet bei Raumtemperatur, ist noch bei — 57° C biegsam und noch bei +150° C verwendungsfähig. Weist sehr geringe Schrumpfung auf. — *Eccofoam PT*, ein Epoxydharzvorprodukt zur Herstellung von Schaumstoff mit gleichmäßigen kleinen Poren. — *Eccobond*, ein lösungs-mittelhaltiges Epoxydharzvorprodukt als Klebmittel.

EPOXYLITE CORP.: *Epoxylite 222* ist ein Epoxydharzmetallkleber, *Epoxylite Casting Resins*, Gießharze für elektrische Zwecke.

EUTECTIC WELDING ALLOYS Co.: *Chemo-Tec*, Epoxydharz-Metallklebmittel.
FIBRE GLASS EVERCOAT Co. und
FYBRGLASS IND. DIV. OF SCHRAMM FIBERGLASS PROD. INC.: Stellen *Epoxy Repair Kits* für Reparaturzwecke her.
H. B. FULLER Co.: *Resiweld*, ist ein Epoxydharzklebmittel für Metall, Glas, Holz und Kunststoffe.
FURANE PLASTICS Co.:

Lackharze:
Epocast 7 A, 7 B, 7 C, 70 mit Härtern HN-945 und 951.

Gießharze:
Epocast 2, 3, 4 B, 4 D, 8 A, 9 A, 10, 10 A, 10 F, 11 A, 12, 13, 501, 502, 505 mit Härtern HN-843 C und 951.

Schichtstoffe:
Epocast 2, 2 A, 2 B, 2 D, 4 B2, KD-134, 502, 591-B, 10, H-591, H-861, 6010 mit Härtern HN-843 C, 943 und 951.

Spezialverwendungen:
Epocast 11 C, ein Gießharz, das α- und β-Strahlen abschirmt, γ-Strahlen abbremst. — *Epocast 150*, Paste mit Mineralpulverfüllung. — *Epocast 152*, Paste mit Aluminiumpulverfüllung. — *Epocast 154*, Paste mit Eisenpulverfüllung. — *Epocast 15 E,* ein Gießharz speziell für elektrotechnische Zwecke, das bei Metallteilen auch feine Spalten und kleine Höhlungen gut ausfüllt.

Klebmittel:
Epibond 100, 101, 102, 104, 115, 121, 122, 123 mit Härtern HN-931, 951, 952 sowie Promotor D-40, ein Amin-Härter.

Farbige Härter:

Nr. 9810—00 neutrale Farbe	9810—10 blau
9810—20 gelb	9810—30 rot
9810—40 schwarz	9810—50 orange
9810—60 grün	

sämtliche Härter sind viscos-flüssig und luftbeständig.

GENERAL ELECTRIC Co.: *Resin R-108*, Epoxydharzvorprodukt für elektrische Zwecke.
GENERAL MILLS INC.: *Versamid-Epoxy-Alloy-Laminate*, Epoxydharzpolyamid-Komposition für Schichtstoffe.
W. C. HARDESTY Co.: Liefert das Natriumsalz der 9,10-Epoxystearinsäure (Zers. P. 99—102°) in 90%iger Reinheit als Stabilisator für PVC und als Weichmacher für Alkydharze.
HARSHEW CHEMICAL Co: Stellt die *Organic Epoxy Resins* her, und zwar:
7-V-1, hochwirksamer HCl-Acceptor. — 7-V-2, hochwirksamer HCl-Acceptor. 7-V-4, Stabilisator für starre Vinylpolymere. — 8-V-100, ist ein modifiziertes 8-V-1 als Spezialstabilisator.
HART PRODUCTS Co.: *Hartoset F-60*, ein mit Harnstoff-Formaldehyd-Vorprodukten modifiziertes Epoxydharzvorprodukt zum Versteifen von Textilien, insbesondere von Nylonnetzen.
HASKELITE MANUFACTURING CORP.: Stellt ein Spezial-Epoxydharz-Gießharz her, um für Museumszwecke Modelle von Weichtieren zu gießen, welche auch bei dauernder Handhabung sehr haltbar sind.
HAVEG INDUSTRIES INC.: *Haveg 93*, ein mit Graphit gefülltes Epoxydharzvorprodukt, das nach der Aushärtung gegen Fluor und seine Verbindungen beständig ist.
HOOKER ELECTROCHEMICAL Co.: Liefert HET-Anhydride, das Anhydrid einer mehrbasischen Carbonsäure, 1,4,5,6,7,7-Hexachlor-bicyclo-(2,2,1)-5-hepten-2,3-dicarbonsäureanhydrid, als Härter für Epoxydharze, der besondere Wärmebeständigkeit verleiht.

Houghton Laboratories Inc.: *Hysol 6000 HD*, ein hochhitzebeständiges Epoxydharz, das in Form von Rohren oder Stäben im Handel ist. — *Hysol 6040*, Gießharz + Härter AN für elektrische Geräte oder als Zusatz zu Töpfereiprodukten, + Härter AT als flüssiges Gießharz von besonders langer Haltbarkeit. — *Hysol 6600*, Gießharz zum Einbetten großer Metallteile. — *Epoxy Repair Kits for Field Use*, als Reparaturkitt in Tuben.

Hubbart Co.: *Epoxy Resin Repair Kits*, Reparaturmassen aus Epoxydharz, Härter und vorbehandeltem Glasgewebe zur Ausbesserung von Löchern in Booten usw.

Irvington Chemical Division der Minnesota Mining & Manufacturing Co.: *Cardolite NC-513*, ein epoxydgruppenenthaltendes Verdünnungsmittel für zu viscose Epoxydharzvorprodukte. Ein Zusatz von 10—20% zu Epoxydharz-Anstrichmitteln, Gießharzen, Klebmitteln oder Schichtstoffharzen verlängert die Zeit der Verarbeitbarkeit um etwa 80%.

Jones Dobney Co. (eine Abteilung von Devoe & Raynolds Co.): *Syntex*, und *Epi-Rez 507*, bei gewöhnlicher Temperatur mit Aminhärtern härtende Epoxydharzvorprodukte, mit *Epi-Rez 510*-Härter, — *Epi-Tex*, veresterte Epoxydharze, bei gewöhnlicher Temperatur härtend.

Kish Industries Inc.: *Epoxy-Resin-Spray-Gun* und *Ki-Pla-Gun* sind geheizte Spritzpistolen zum Spritzen von Epoxydharzanstrichmitteln. — *Epoxy Repair Kits*, Epoxydharzkombinationen für Reparaturen.

Kurz Kash Co.: Bietet Epoxydpreßharze an.

Leader Iron Works Co.: *Leader-Kote*, Anstrichmittel für Eisen (auch Außenanstriche), bestehend aus Kompositionen aus Epoxyd-, Phenol- und Vinylharzen, die sowohl luft- als auch hitzehärtend sind.

Louis Laboratories Inc.: *L. C. 601*, ein Gießharz, vermutlich ein modifiziertes Epoxydharzvorprodukt, das nach der Härtung eine Wärmebeständigkeit \bis 227° aufweist.

Marblette Corp.: *Surface Coat Resin 604* und *612 B* sowie *Marblette Epoxy Resin Maraset*, beide für Anstrichmittel und Lacke. — *Masaret Nr. 636*, Epoxydgießharz, für Schichtstoffe, kautschukartig, zäh, biegsam. — *Masaret Casting Resin Nr. 650*, Epoxydgießharz. — *Maraset Resin 341*, ein mit metallischem Blei gefülltes Epoxydgießharz mit Strahlenschutzwirkung. — *Marblette Casting Resin 602*, Epoxydgießharz. — *Epoxy Laminating Resin 607*, für Schichtstoffe. — *Epoxy Trowelling Resin 630*, eine Spachtelmasse, die zu glatter Oberfläche härtet, ohne zu schrumpfen. — *Marblette Epoxy Repair Kits, Resin 604A* und *607*, Epoxydharzkompositionen für Reparaturzwecke. — Bei sämtlichen Harzen sind die Aminhärter auf stark verminderte toxische Wirkung eingestellt. (Vermutlich nichtflüchtige Aminkonzentrate.) — *Maraset potting resins Nr. 621* und *623*, kautschukartige Epoxydharze für elektrotechnische Zwecke.

Minnesota Mining & Manufacturing Co.:
Klebstoffe für Metalle: *Typ EC-1294, EC-1472, EC-1474*.
Hochelastisches biegsames Epoxydharz: *CRP-235*.
Gefülltes Gießharz: *CRP-241*.
Flüssiges Harz zum Tauchen: *CRP-239*. — *Scotchcastbrand electrical insulating Epoxy Resin 4* in Unipak-Behältern dient zum Kabelisolieren. — *Epoxy for splicing* zum Isolieren von Kabelenden im Gelände. — *Epoxy Repair Kits*, Epoxydharzkomposition für Reparaturen der verschiedensten Art.

Mitchel Rand Insulation Co.: Epoxydharze für elektrische Zwecke. — *R-4053*. thermoplastisches Epoxydharz, das ohne Form geformt und gehärtet werden kann. — *R-4059*, biegsames gefülltes Epoxydgießharz, das nach Zusatz des Härters im flüssigen Zustande 2–4 Tage haltbar ist. — *R-4060*, flüssiges Epoxydgießharz, das bei gewöhnlicher Temperatur gegossen werden kann, ist nach Härterzusatz noch 2–3 Tage haltbar, und nach dem Härten bis 150° wärmebeständig.

Multiplastics Division of Kurd Enterprises Inc.: Gibt ein *Epoxy Repair Kit*, eine Epoxydharzkomposition für Reparaturzwecke heraus.

National Eng. Prod. Inc.: *Epoxy Repair Kit*.

Pacific Clay Prod. Corp.: *Epibond PNL-2/50/56*, ein Epoxydharzklebemittel zum Kleben von Tonpfeifen.

PERMAGILE CORP.: *Permagile Nr. 10*, eine pastenförmige Epoxydharzkomposition.

PLASTIC ENTERPRISES CO.: *Alotuf 248*, ist ein modifiziertes Epoxydgießharz.

E. I. DU PONT DE NEMOURS CO.: *Curing Agent PMDA* ist ein Epoxydharzhärter (Pyro-mellitsäure-di-anhydrid).

RAM CHEMICALS CO.: *De-Solv 292*, ein Lösungsmittel, das gehärtete Epoxydharze stark angreift, teils löst, teils quellen läßt.

REICHOLD CHEMICAL INC.: Beginnt mit der Herstellung von Epoxydharzvorprodukten in Lizenz von DEVOE & RAYNOLDS.

REN PLASTICS INC.: *Epoxy Repair Kit*, eine Reparaturpaste, die bei Metallen das Löten ersetzt, dient auch zum Verkleben von Glas, Holz usw., insbesondere für kleinere Reparaturen an der Autokarosserie. Härtet an der Luft in 2—4 Stunden zu metallartiger Masse.

RESDEL CORP.: *Epoxy Tubing* ist ein Epoxydharz, das besonders bei Kühlschlangen Verwendung findet.

REZOLIN INC.: *Rezolin L-904*, Epoxydharz für Schichtstoffe. — *Rezolin L-914*, Epoxydharz für weiße Anstriche.

ROHM & HAAS CO.: *Paraplex G-60*, epoxydierte fette Öle, bei denen noch vorhandene Doppelbindungen durch Hydrieren größtenteils entfernt werden. — *Curing Agent DMP-30*, ein Epoxydharzhärter (Tri-dimethylamino-methyl)-phenol), *Anionenaustauschharz*, ein Umsetzungsprodukt aus Polyacrylsäureglycidylester mit Ammoniak oder primären Aminen.

RUBBER & ASBESTOS CORP.: *Bondmaster M-620*, Epoxydharz zum Verkleben von Metallen.

SHELL CHEMICAL CORP.: *Epon*-Harze, in Europa, auch *Epikote*-Harze genannt· *Adhesive 422*, eine Komposition, bestehend aus Epoxydharz- und Phenolharzvorprodukten für Metallverklebungen, insbesondere von Aluminium im Flugzeugbau. — *Resin X-131*, ein Epoxydharzvorprodukt mit einer großen Anzahl von funktionellen Gruppen für hitzebeständige Schichtstoffe, das mit Aminen, Amiden oder BF_3-400 gehärtet wird. — *Eponite*-Harze: *Epon*-Harze, die als Textilhilfsmittel zur Verbesserung der Schrumpf- und Knitterfestigkeit dienen. — SHELL-Härter, siehe auch Kapitel Härter: *Curing Agent* C-111, D, U, T, Z, BF_3-400, CL sowie Polymethylolphenole (nach FP 1077245).

Eponharztype	Erweichungspunkte nach DURRANS	Epoxydäquivalentgewicht	Verwendung
562	flüssig	140—165	Als Kleb- und Gießharz, ist stark reaktiv, kann zum Herabsetzen der Viscosität dienen
815	flüssig	157—210	Für Schichtstoffe zum Härten bei gewöhnlicher Temperatur, als Gießharz, für Werkzeugbau
820	flüssig	175—210	Klebmittel, Gießharz, zum Einbetten von elektrischen Teilen, für Schichtstoffe
828	flüssig	175—210	Ebenso wie 820
834	flüssig	225—290	Als Klebmittel, für Schichtstoffe und zum Verschäumen
864	40—45°	300—375	Ebenso wie 834
1001	64—75°	450—525	Für Anstrichzwecke und für Schichtstoffe
1004	95—105°	870—1025	Für Anstrichgrundierungen, hauptsächlich in veresterter Form
1007	125—132°	1650—2050	Für Einbrennlacke im Verschnitt mit Harnstoff- oder Phenol-Formaldehydharzen, für sich allein verestert, lufttrocknender Anstrich
1009	145—155°	2400—4000	Ebenso wie 1007, aber nicht in veresterter Form

SMOOTH-ON-MANUFACTURING Co.: *Sonite 20*, Härter für Epoxydharzvorprodukte, *Sonite 23*, ein niedrigviscoser Härter für *Sonite X 1*-Gießharz, härtet bei 120° C in 2 Stunden. — *Aluminium Epoxy-Cement*, eine in Tuben verpackte Reparaturpaste, die Aluminiumbronze oder -pulver enthält. Wird vor Gebrauch mit dem Härter vermischt. — *Sonite 41*, niedrigviscoser Härter für glasfaserverstärkte Epoxydharzschichtstoffe; die frisch bereitete Mischung ist bei Raumtemperatur 8 Stunden verarbeitbar. — *Sonite Seal Release*, Formablösungsmittel, um Epoxydharzgußstücke der Form leichter entnehmen zu können.

STANDARD INSULATION Co.: *Stanpreg Epoxy Glass*, zur Herstellung von imprägnierten Glasgeweben, die als Rollen in den Handel kommen, für elektrische Zwecke, mit den Daten: 83 000 000 Megohm/cm³ Volt Widerstand in der Masse, 25 000 000 Megohm/cm² Volt Widerstand auf der Oberfläche und 18 000 000 Megohm Isolationswiderstand.

STYRENE COPOLYMERS Co.: *Scopon 1230*, ein styrolisiertes Epoxydharzvorprodukt.

STERLING VARNISH Co.: *Thermopoxy T-653-LB*, Epoxydharz für Isolieranstriche, härtet ohne Härter, hat besonders gute dielektrische Eigenschaften.

SULFACE CHEM. Co.: *Isothane*, feuerbeständige verschäumbare Kombination aus Epoxydharz und Isocyanaten.

SYNTHETASINE PROTECTIVE COATING INC.: *Synthetasine 200*, Epoxydharz-Einbrennlack für Stahl.

TELECTRO INDUSTRIES CORP.: Stellt eine Epoxydharzgießkomposition her, die besonders preiswert sein soll.

TRAVACO LABORATORIES: *Formex 77*, flüssiges Epoxydharz mit Metallpulver als Kitt und Klebmittel, als Gießharz und zum Werkzeugbau.

TUBE KOTE INC.: *TK-31*, ein Epoxydharzanstrichmittel zum Überziehen von Eisenrohren (Pipelines).

UNION CARBIDE & CARBON Co.: *A-1100 Silicone*, ein Imprägniermittel für Glasfasern, die mit Epoxydharzvorprodukten oder anderen Harzen zum Schichtstoff gebunden werden sollen.

WESTINGHOUSE ELECTRIC Co.: *Bondar*, Epoxydharzdrahtisolierlack, Komposition mit Polyesteramiden und/oder Siliconen.

WOODMONT PROD. INC.: *Thoxene Clamp Coat*, ein Epoxydharz, das bei gewöhnlicher Temperatur in $2^1/_2$—3 Stunden härtet, zum Dichten von Eisenrohren und zum Isolieren von Kabelenden.

Epoxydharzhandelsmarken und ihre Herstellerfirmen

A-1100 Silicone: UNION CARBIDE & CARBON CORP.
Abrac A: A. BOAKE, ROBERTS Co. LTD.
Adhesive A-1: ARMSTRONG PRODUCTS Co.
Adhesive 422: SHELL.
Admex 710, 745: ARCHER DANIELS MIDLAND Co.
Admex Epoxy Plasticisers for Vinylresins: ARCHER DANIELS MIDLAND Co.
Aerobond Epoxy Adhesive: ADHESIVE ENGINEERING Co.
Alotuf 248: PLASTIC ENTERPRISES Co.
Aluminium Epoxy Cement: SMOOTH-ON-MANUFACTURING Co.
Anionenaustauschharz: ROHM & HAAS Co.
Applied Plastics 210, 410: APPLIED PLASTICS Co.
Araldit, diverse Nummern: CHEMISCHE INDUSTRIE BASEL A. G., CIBA.
Aritemp 316: R. S. ARIES & ASSOCIATES LABORATORIES.
Bisonite K: BISONITE Co.
Bondar: WESTINGHOUSE ELECTRIC Co.
Bonding Agents R-313, 318, 323, 385, 390, P-420: C. H. BRIGGS Co.
Bondmaster M-620: RUBBER AND ASBESTOS CORP.
Carbomastic: CARBOLINE Co.
Cardolite NC-513: IRVINGTON CHEM. DIV. DER MINNESOTA MINING & MANUFACTURING Co.

Cellobond BX-2210, 2220/70: BRITISH RESIN PRODUCTS LTD.
Celluflex 21 und 23: CELANESE CORP. OF AMERICA.
Chemo-Tec: EUTECTIC WELDING ALLOYS CO.
Conley-Weld-C-1 und -C-2: ED. CONLEY PLASTICS CORP.
CRP-235, 239, 241: MINNESOTA MINING & MANUFACTURING CO.
Cul-Dur: CULLIGAN INC.
Curing Agent 105: R. S. ARIES & ASSOCIATES LABORATORIES.
Curing Agent PMDA: E. I. DU PONT DE NEMOURS.
Curing Agent DMP-30: ROHM & HAAS CO.
Curing Agents B, C-111, D, U, T, Z, Cl BF$_3$-400: SHELL.
Cycleweld: CHRYSLER CORP.

DCO-Fettsäure: BAKER OIL CO.
De-Solv 292: RAM CHEMICALS CO.
Dion-RP-7 und RP-22: CHEMICAL PROCESS CO.
DMP-30: ROHM & HAAS CO.
Dodecenoxyd: BECCO CHEM. DIV. OF FOOD MACHINERY & CHEM. CORP.
Dow 622: DOW CHEMICAL PROD. CO.
Drapex 3,2: ARGUS CHEMICAL LABORATORIES.
Durafoam: DEVOE & RAYNOLDS PILOT PLANT INC.
Durcon 1 und 2: DURIRON CO.
Durophen 504 W und 570: CHEMISCHE WERKE ALBERT.

Eccobond-Klebmittel der EMERSON & CUMING INC.
Epok BX-2100: BRITISH RESIN PROD. LTD.
Epinate: AMERICAN PRINTED CIRCUITS CO.
Epophen M-777: LEICESTER LOWELL LTD.
Epibond: FURANE PLASTICS CO.
Epocast: FURANE PLASTICS CO.
Epi-Rez 507 und Epi-Rez 510-Härter: JONES DABNEY CO. (Abteilung von
    DEVOE & RAYNOLDS CO.)
Epi-Tex: JONES DABNEY CO.
Epibond PNL-2/50/56: PACIFIC CLAY PROD. CORP.
Epon-Harze: SHELL.
Eponite-Harze: SHELL.
Epikote-Harze: SHELL.
9,10-Epoxystearinsäure: W. C. HARDESTY CO.
Epoxy-Resin-Spray-Gun: KISH INDUSTRIES INC.
Epoxy Hardeners Dion RP-7, RP-22: CHEMICAL PROCESS CO.
Epoxyn-E-PC-106: CO-POLYMERS CHEM. INC.
Epoxylite 222: EPOXYLITE CORP.
Epoxylite Casting Resin: EPOXYLITE CORP.
Epoxy Laminating Resin 607: MARBLETTE CORP.
Epoxy Trowelling Resin 630: MARBLETTE CORP.
Epoxy for splicing: MINNESOTA MINING & MANUFACTURING CO.
EC-1294, 1472, 1474: MINNESOTA MINING & MANUFACTURING CO.
Epoxy Tubing: RESDEL CORP.
ERL-2774, 2793, 2795, 2807, 3794: BAKELITE DIV. OF UNION CARBIDE & CARBON
    CORP.
Epoxydharz-Vorführungskästen: LEICESTER LOWELL LTD.
Epoxydharz-Vorführungskästen: EPOXYLITE CORP.
Epoxy Repair Kits:

AMERICAN RESINOUS CHEM. CORP.	KISH INDUSTRIAL INC.
BONDED PRODUCTS INC.	MARBLETTE CORP.
CHEMICAL DEVELOPMENT CORP.	MINNESOTA MINING & MANUFAC-
DESTINY PRODUCTS CO.	TURING CO.
FIBRE GLASS EVERCOAT CO.	MULTIPLASTICS DIV. OF KURD
FYBRGLASS IND. DIV. OF SCHRAMM	ENTERPRISES INC.
FIBERGLASS PROD. INC.	NATIONAL ENG PROD. INC.
HOUGHTON LABORATORIES INC.	REN PLASTICS INC.
HUBBARD CO.	

Epoxystrip I: BECK EQUIPMENT CO.
Estahex 3001 und 3009: OXYDO GESELLSCHAFT FÜR CHEMISCHE PRODUKTE mbH.
Ferroclere 900: PURE CHEMICALS LTD.
Formex 77: TRAVACO LABORATORIES INC.
Genitron OB: WHIFFEN & SONS LTD.
Hardener 180 und 320: APPLIED PLASTICS CO.
Hardener Dion RP-7 und RP-22: CHEMICAL PROCESS CO.
Hardener 9810—10 bis 60, farbige Härter der FURANE PLASTICS CO.
Hartoset F-60: HART PRODUCTS CO.
Haskelite Casting Resin: HASKELITE MANUFACTURING CORP.
Haveg 93: HAVEG INDUSTRIES INC.
HET-Anhydride: HOOKER ELECTROCHEMICAL CO.
Hyprin GP-25: DOW CHEM. CO.
Hysol 6000-HD, 6040, 6600: HOUGHTON LABORATORIES INC.
Isothane: SULFACE CHEM. CO.
Leader-Kote: LEADER IRON WORKS CO.
L. C. 601: LOUIS LABORATORIES INC.
Marblette Epoxy Resin: MARBLETTE CORP.
Marblette Casting Resin: MARBLETTE CORP.
Maraset: MARBLETTE CORP.
Mellite 804 und 808: ALBRIGHT WILSON LTD.
Metallon: HENKEL & CIE.
Octylenoxyd: BECCO CHEM. DIV. OF FOOD MACHINERY & CHEM. CORP. sowie
    BADISCHE ANILIN & SODAFABRIK-AG.

Organic Epoxy Resins: HARSHEW CHEM. CO.
Paraplex G-60: ROHM & HAAS CO.
Permagile Nr. 10: PERMAGILE CORP.
Perma-Skin-Epoxy-Coatings: DENNIS CHEM. CO.
Polyacrylsäureglycidyläther: ROHM & HAAS CO.
Polyglykol 166: DOW CHEMICAL CORPORATION.
Polymethylolphenolhärter: SHELL.
PMDA: E. I. DU PONT DE NEMOURS.
P-420: C. H. BRIGGS CO.
P-12, 17, 18, 32, 37, 38: HOWARDS OF ILFORD LTD.
PQ-12, 17, 18: HOWARDS OF ILFORD LTD.
Q-12, 17, 18: HOWARDS OF ILFORD LTD.
R-313, 318, 385, 390: C. H. BRIGGS CO.
R-4053, 4059, 4060: MITCHEL RAND INSULATION CO.
Resin R-108: GENERAL ELECTRIC CO.
Resin X-131: SHELL.
Resiweld: H. B. FULLER CO.
Rezolin L-904 und 914: REZOLIN INC.
Scotchcastbrand electrical insulating Epoxy Resin 4: MINNESOTA MINING &
    MANUFACTURING CO.

Scopon 1130: STYRENE CO-POLYMERS LTD.
Scurol: SOC. RHONE POULENC.
Silicophen: TH. GOLDSCHMIDT A. G.
Silicopon: TH. GOLDSCHMIDT A. G.
Soepox: SVENSKA OLJESLAGERI A. B.
Sonite Nr. 20: SMOOTH-ON-MANUFACTURING CO.
Stabilisator Hüls: CHEMISCHE WERKE HÜLS A. G.
Stabilizer E-6B und 89-X: ADVANCE SOLVENTS AND CHEMICAL CORP.
Standolux: K. HERBERTS CO.
Standpreg Epoxy Glass: STANDARD INSULATION CO.
Stycast 1090, 2651, 2662: EMERSON & CUMING CO.
Surface Coat Resin 604 und 612B: MARBLETTE CORP.
Syntex: JONES DABNEY CO. (Abteilung von DEVOE & RAYNOLDS CO.).
Synthetasine 200: SYNTHETASINE PROTECTIVE COATINGS INC.
Thermopoxy-T-653-LB: STERLING VARNISH CO.

TK-31: Tube Kote Inc.
Thoxene Clamp Coat: Woodmont Prod. Inc.
Tybon 5621-6: American Marietta Co.
Versamid-Epoxy-Alloy-Laminate: General Mills Inc.
Weichmacher I: Ciba A. G.
ZZL-0803 und 0812: Bakelite Div. of Union Carbide & Carbon Corp.

Zur Frage: Epoxydharze oder Epoxyharze?

Obgleich man heute auch in deutschen Veröffentlichungen vielfach die Bezeichnung „Epoxyharze" findet, hat der Verfasser bewußt für Harze oder Verbindungen, welche eine Äthylenoxydgruppe enthalten, das Präfix „Epoxyd" in dem vorliegenden Buch angewandt. Er hält diese Bezeichnung für exakter und daher für richtiger. Derselben Ansicht sind auch die Engländer, wie eine größere Gruppe von Epoxydharz-Fachleuten dem Verfasser gesprächsweise auf der FATIPEC 1957 im September in Luzern mitteilte. Sie sprechen und schreiben nur von „epoxide resins" oder „epoxide compounds" und bedauern, daß die Amerikaner auch für die speziellen 1,2-Epoxyde die unbestimmte Bezeichnung „Epoxy" anwenden.

Auf dem Kongreß für Reform der Nomenklatur der organischen Chemie der internationalen Union für Chemie in Lüttich 1932 wurde in Artikel 24 niedergelegt, daß „ein Sauerstoffatom, das an zwei verschiedenen Kohlenstoffatomen einer fortlaufenden Kohlenstoffkette gebunden ist, durch das Präfix „epoxy" bezeichnet werden kann, falls es nicht darauf ankommt, die Verbindung schon im Namen als cyclisch zu kennzeichnen".

Demnach kann das Sauerstoffatom, das mit zwei beliebigen Kohlenstoffatomen einer Kohlenstoffkette verbunden ist, in jedem Falle mit dem Präfix „epoxy" bezeichnet werden, woraus hervorgeht, daß nichts über die Größe des durch das Sauerstoffatom gebildeten Ringes ausgesagt wird. Soll daher eine spezielle Ringgröße angegeben werden, so gehört vor das Präfix „epoxy" naturgemäß die betreffende Stellungs-Zahlenbezeichnung. Zum Beispiel wäre für einen Äthylenoxyd-Dreiring „1,2-Epoxy..." die exakte Bezeichnung.

Eine dem Präfix „epoxy" entsprechende allgemeine Bezeichnung ist das durch F. R. Japp und A. C. Michie (Soc. 1903, 281, Anm. 2) eingeführte Präfix „oxido", das im Beilstein ausschließlich zusammen mit der Stellungsbezeichnung angewandt wird.

Demgegenüber ist es ein in der organischen Chemie seit langem bestehender Brauch, eine 1,2-Epoxygruppe als „Epoxydgruppe" zu bezeichnen, wobei das Präfix „Epoxyd" ausschließlich eine Dreiringstruktur bezeichnet.

Diese Darlegungen sind von Herrn Professor Dr. Friedrich Richter, dem Leiter des Beilstein-Institutes, der auch international als Autorität auf dem Gebiete der chemischen Nomenklatur anerkannt wird, vollinhaltlich bestätigt worden.

Patentverzeichnis

A. Einteilung nach Patentinhabern

Allgemeine Elektrizitäts-Ges.:
D. Anm. *A 10594* (12. 4. 39) 672

Advance Solvents and Chemical Corp.:
FP *1124457* (1. 2. 55) 679

Aero Research Ltd. (Ciba):
FP *1106304* (30. 4. 54) 279

Agfa Wolfen (Film- u. Farbenfabrik):
DRP   *5104* (9. 5. 42) 717
      5321 (2. 7. 41) 136, 717
      6236 (4. 8. 44) 40
      7999 (24. 5. 52) 37
US *2228514* (14. 1. 41) 198

Alien Property Co.:
US *2307058* (7. 6. 38) 708
    2352606 (29. 7. 39) 351

Alkydol Laboratories Co.:
US *2653142* (16. 5. 51) 427, 536
    2720500 (17. 10. 52) 563
    2731429 (13. 4. 51) 562

Allied Chemical & Dye Corp.:
US *2671771* (7. 5. 48) 376, 511, 556, 594
    2734906 (5. 11. 51) 11

Aluminium Walzwerke Singen GmbH.:
FP *1118584* (1. 2. 55) 585

American Brake Shoe Co.:
US *2758986* (28. 11. 52) 357

American Can Co.:
US *2689834* (19. 5. 52) 562

American Cyanamid Co.:
BP   *621104* (1949) 32
     721688 (5. 2. 52) 346, 703
     739091 (6. 2. 53) 432, 534
     773206 (1. 7. 54) 561
Belg.P. *546860* (9. 4. 56) 542
US   *2191060* (.. .. ..) 718
     2191063 (.. .. ..) 718
     2205635 (.. .. ..) 718

US   *2206007* (.. .. ..) 718
     2238121 (7. 8. 45) 69
     2258320 (10. 6. 39) 688
     2274474 (10. 8. 39) 688, 700
     2276231 (8. 10. 40) 593, 688, 700
     2320225 (30. 1. 41) 40, 369, 555, 688, 707, 735
     2362326 (6. 11. 40) 221
     2381121 (17. 1. 41) 369
     2413755 (17. 1. 41) 69, 369
     2413860 (7. 1. 47) 220, 387, 555, 733
     2414289 (17. 1. 41) 69, 369
     2468684 (16. 3. 46) 368, 718
     2469683 (15. 9. 45) 193, 228, 367, 718
     2469684 (16. 3. 46) 52, 131
     2469692 (15. 9. 45) 718
     2469693 (15. 9. 45) 718
     2470081 (10. 5. 49) 689, 702
     2479480 (18. 4. 46) 193, 368,
     2515142 (2. 6. 47) 718   [718
     2537981 (28. 10. 49) 346
     2546860 (9. 4. 56) 542
     2556075 (19. 6. 48) 345, 596, 618
     2567842 (19. 6. 48) 160, 179
     2586770 (2. 6. 47) 368, 718
     2586882 (2. 6. 47) 368, 718
     2586883 (2. 6. 47) 368, 718
     2606199 (1952) 32
     2610156 (17. 2. 49) 368
     2637713 (21. 3. 50) 387, 621, 624
     2678308 (11. 6. 52), 387, 622
     2688604 (11. 6. 52), 387, 622
     2694655 (13. 7. 51) 646
     2714276 (29. 12. 50) 683
     2723999 (15. 1. 54) 705
     2730427 (13. 8. 52) 690
     2769769 (20. 3. 53) 190
     2769797 (6. 7. 55) 190
     2773100 (30. 12. 55) 270
     2773908 (5. 2. 54) 276
     2781333 (10. 9. 52), 561, 597, 622
     2801232 (1. 10. 53) 538, 592, 619, 646

Austral.P. *1030/54* (1. 7. 53) 372

Arkansas Co.:
US   *2491478* (1949) 32

Arvey Co.:
US   *2705235* (14. 7. 53) 106, 717
     2705236 (14. 7. 53) 106, 727

L. Auer
US   *2637621* (2. 5. 49)   424,   556,
                            702

Badische Anilin & Sodafabrik-AG.:
DRP   *122606* (9. 10. 00) 290
      135635 (11. 4. 15) 9
      484739 (2. 6. 26) 283
      510422 (19. 12. 25) 25, 167
      516281 (.. .. ..) 31
      560703 (20. 12. 29) 22, 706
      561397 (19. 9. 29)   35, 205
      570031 (28. 3. 30)   36, 205
      577686 (28. 3. 30)   36, 205
      597496 (28. 11. 29), 18, 19
      616428 (13. 2. 32) 19
      667744 (30. 11. 30) 38, 701
      676117 (11. 12. 34) 702
      708463 (26. 5. 38) 174
      740366 (11. 3. 39) 31
      833993 (23. 2. 45) 127
      851077 (2. 3. 39) 10
      862888 (21. 5. 41) 69,   177,
             532, 688
      891255 (8. 8. 41)   131, 145
      906452 (21. 12. 41) 231

D.Anm. *B 6595* (2. 8. 40) 702
       B 31819 (14. 7. 54) 353
       B 32465 (2. 9. 54) 502, 547,
             623
       B 32594 (14. 9. 54) 502
       B 32595 (14. 9. 54) 558
       B 33175 (28. 10. 54) 679, 673
       B 33861 (23. 12. 54) 540
       B 34031 (8. 1. 55) 114
       B 34315 (29. 1. 55) 502
       B 35750 (14. 5. 55) 336
       B 36252 (24. 6. 55) 396, 548,
             590, 620

FP   *697786* (23. 6. 30) 157
       750520 (10. 2. 33) 22,   706
       851077 (2. 3. 39) 10
       855135 (22. 5. 39) 11
       881981 (11. 5. 42) 127, 175,
             177, 311, 532, 688
       884271 (17. 9. 42) 184, 311,
             469, 532, 587, 688,
             702
      1079254 (29. 4. 39) 5

Paquin, Epoxydverbindungen

FP   *1109785* (13. 10. 54) 725
       1134674 (7. 11. 55) 620
       1142995 (5. 7. 55) 623
BP   *348134* (4. 9. 30)   36,   205
        352042 (3. 3. 30)   22,   706
        896047 (11. 9. 51) 128
US   *1845198* (1. 12. 28) 732
       1922459 (21. 3. 28) 168
       1976677 (9. 8. 30) 25, 157
       2098097 (18. 12. 35) 126
       2136928 (10. 12. 35) 702
       2224026 (1. 3. 39) 174

Bakelite Co., Division of Carbon & Carbide Corporation:
FP   *984845* (20. 4. 49)   280,   410
       1080866 (6. 6. 53) 410,   599
       1100182 (16. 3. 54) 501
       1103591 (26. 4. 54)   411,   599
       1108809 (6. 7. 54) 276
DP   *908373* (31. 3. 51) 271

Belg.P. *537059* (2. 4. 55) 505
US   *2506486* (21. 4. 48) 265,   333,
             410, 588
       2753323 (30. 3. 53) 501

US.Anm. Ser. Nr. *422275* (9. 4. 54)
                            505

N. V. de Bataafsche Petroleum Maatschappij:
DRP   *852541* (13. 12. 49) 158
        889345 (26. 6. 50) 594,
             604
        943974 (14. 4. 53) 564
D.Anm. *N 5975* (22. 8. 52) 713
       N 6171 (.. .. ..) 595
       N 8234 (22. 12. 53) 539
       N 9740 (11. 11. 54) 692
       N 10419 (29. 3. 55) 353, 623
       N 10521 (18. 4. 55) 145
       N 11395 (31. 10. 55) 400,
             648
FP   *947925* (.. .. ..) 228
        952879 (11. 9. 47) 672
       1061135 (31. 7. 52) 701
       1068780 (22. 8. 52) 713
       1071193 (4. 11. 52) 537
       1071862 (17. 11. 52) 406
       1077245 (13. 4. 53) 397,
             520, 553, 564, 780
       1082895 (12. 6. 53) 597
       1083692 (3. 7. 53) 564, 589
       1088056 (24. 11. 53) 264
       1094654 (24. 12. 54) 541
       1098767 (30. 1. 54) 356,
             547, 597

50

FP 1103811 (29. 4. 54) 393, 553, 598
1107517 (5. 6. 54) 111
1107566 (16. 6. 54) 540, 563
1109462 (19. 7. 54) 526, 691
1109472 (21. 7. 54) 542, 590, 732
1110875 (27. 7. 54) 492, 619, 625, 646
1112513 (6. 10. 54) 563, 593
1117535 (15. 12. 54) 351, 415, 541, 676
1122129 (14. 2. 55) 548
1123683 (26. 2. 55) 116
1143293 (20. 12. 55) 328
1132036 (23. 5. 55) 122, 403, 548, 620, 677, 693
1132035 (23. 5. 55) 406, 565, 599, 623
1133539 (27. 6. 55) 567, 620, 647
1148526 (30. 1. 56) 456
1149589 (26. 4. 56) 493

Niederl.P. 190138 (20. 8. 54) 476

BP 557513 (4. 2. 42) 215
681578 (5. 7. 49) 604
704299 (22. 2. 52) 392, 520, 552
706832 (31. 7. 52) 645
714474 (22. 8. 52) 713
730504 (27. 3. 53) 416, 435, 538
730505 (27. 3. 53) 415, 435, 507, 538, 591
732573 (28. 11. 52) 480, 690
736457 (12. 6. 53) 454, 561, 597, 606
771813 (11. 2. 55) 116, 677
772145 (10. 1. 55) 14

Belg.P. 532088 (25. 9. 54) 436, 541
532609 (18. 4. 55) 356, 597
533138 (8. 11. 54) 674, 696
533294 (13. 11. 54) 362, 590, 691
533899 (6. 12. 54) 119, 436, 541
534122 (15. 12. 54) 351, 415, 541
534746 (10. 1. 55) 14
534833 (13. 1. 55) 558

Belg.P. 535795 (17. 2. 55) 395, 520, 553
536539 (16. 3. 55) 400, 520, 553, 598, 606
536900 (29. 3. 55) 561, 623,
537768 (28. 4. 55) 450, 566, 600
537769 (29. 4. 55) 450, 566, 600
540982 (1. 9. 55) 567
541064 (5. 9. 55) 566
541405 (19. 9. 55) 541
541693 (30. 9. 55) 691
542605 (5. 11. 55) 691
543822 (21. 12. 56) 324
543855 (22. 12. 55) 414, 475
544127 (2. 1. 56) 623
544815 (30. 1. 56) 218
545441 (22. 2. 56) 478, 691
546441 (26. 3. 56) 218
550175 (8. 8. 56) 566
550936 (10. 9. 56) 729
551105 (18. 9. 56) 498
552113 (26. 10. 56) 520
552679 (17. 11. 56) 477, 483

P. Beiersdorf & Co.:
D.Anm. B 38551 (2. 1. 56) 534

Dr. Beck Co.:
DP 888294, 985494, 923076, 551

L. Berger & Sons Ltd.:
BP 744472 (10. 11. 52) 538
749218 (22. 4. 54) 401
760006 (6. 2. 53) 539
Belg.P. 543067 (24. 11. 55) 541

Louis Blumer & Co.:
DRP 576177 (11. 11. 30) 309

Böhme Fettchemie A. G.:
D.Anm. B 28299 (9. 11. 53) 707
B 28347 (11. 11. 53) 707
B 28940 (21. 12. 53) 47, 735
FP 1115875 (.. .. ..) 47, 735
1120564 (19. 1. 55) 703

British Celanese Ltd.:
BP 487652 (29. 10. 37) 19, 22, 687, 723

British Resin Products Ltd.:
BP 664169 (27. 1. 49) 279
785930 (12. 8. 54) 399, 647
777621 (4. 1. 55) 647

FP 1074043 (26. 1. 53) 386, 399, 552, 557, 595
1074054 (28. 1. 53) 386

Buffalo Electrochemical Co.:
FP 1091073 (10. 11. 53) 116
US 2684353 (21. 5. 51) 674
2692271 (23. 8. 50) 115, 674, 695

British Thomson-Houston Co. Ltd.:
BP 693747 (9. 1. 50) 526

California Research Corporation:
BP 716339 (23. 1. 52) 23, 82
US 2709173 (9. 1. 50) 12
2723294 (29. 5. 50) 724

Canadian Industries Ltd.:
BP 672935 (17. 6. 49) 132
US 2500016 (6. 3. 48) 416
2555500 (6. 12. 49) 560, 621
2604457 (31. 5. 51) 347, 560, 596
2604464 (31. 5. 51) 347, 560
2662870 (21. 6. 52) 347, 482, 560, 596
2798861 (14. 2. 55) 562

Cassella Farbwerke Mainkur A. G.:
DP 899195 (20. 11. 51) 134, 292 387,
D.Anm. C 2356 (22. 2. 41) 27, 555, 681, 688, 702
C 6756 (3. 12. 52) 81, 493, 539
C 6757 (3. 12. 52) 493, 548, 589
C 9026 (12. 3. 54) 296
C 9093 (25. 3. 54) 296
FP 1078381 (18. 11. 52) 134, 291, 292, 304, 365, 378, 472, 517
1079957 (10. 5. 53) 135, 365, 378, 472, 516, 557, 595
1101103 (22. 5. 54) 412, 565, 599

Celanese Corporation of America:
US 2319876 (23. 11. 38) 375, 555, 593, 621, 687
BP 771011 (18. 11. 54) 703

Chadeloid Chemical Co.:
US 1446872 (2. 7. 19) 167, 333

Chemische Fabrik Griesheim-Elektron:
DRP 246242 (22. 10. 10) 138

Chemische Fabrik Kalk:
DRP 403643 (23. 4. 21) 10

Chemische Werke Albert:
DRP 474778 (.. .. ..) 263
838212 (.. .. ..) 525
DP 888293 (4. 7. 50) 385, 556
910335 (1. 6. 51) 523
910727 (26. 10. 51) 524, 600
931729 (28. 3. 52) 524, 600

D.Anm. C 6510 (7. 10. 52) 260
C 9089 (24. 3. 54) 364, 437, 538, 592
C 9233 (17. 4. 54) 525
C 9373 (15. 5. 54) 508, 558
C 10407 (11. 12. 54) 497
C 10860 (4. 3. 55) 524
C 10884 (8. 3. 55) 398
C 10935 (17. 3. 55) 558
C 11148 (28. 4. 55) 525
C 11653 (4. 8. 55) 620
FP 1055243 (28. 4. 52) 398, 552, 598
1066745 (21. 11. 52) 264
1114722 (3. 12. 54) 525
BP 740346 (29. 12. 52) 548
Belg.P. 544880 (1. 2. 56) 523

Chemische Werke Hüls:
DP 911434 (18. 6. 51) 677
D.Anm. C 7564 (12. 5. 53) 14
C 12128 (19. 11. 55) 15
FP 1079601 (25. 7. 55) 13
BP 755218 (23. 9. 53) 13

Chempatents Co.:
FP 1106621 (23. 8. 54) 11
1113310 (24. 8. 54) 12
BP 711601 (1. 5. 51) 11
Belg.P. 548039 (23. 5. 56) 12
US 2693474 (28. 12. 50) 120
2766261 (5. 2. 54) 11

Chemische Industrie Basel A. G. (Ciba):
DRP 68707 (19. 8. 92) 291
DP 863411 (31. 7. 50) 437, 556, 562, 592, 621
895833 (15. 6. 49) 383, 424, 556, 594
935390 (30. 12. 48) 556
D.Anm. p 27916 (29. 12. 48) 594, 602
C 9330 (7. 5. 54) 28, 692, 706
C 9837 (20. 8. 54) 484
C 11656 (4. 8. 55) 493, 558, 596

50*

FP	*930609*	(13. 7. 46) 288
	990072	(4. 7. 49) 490
	1074015	(19. 12. 52) 413
	1077610	(11. 3. 53) 440, 564, 593
	1079460	(19. 6. 53) 43, 703
	1080742	(28. 4. 53) 494, 557, 589, 595, 619
	1094632	(21. 12. 53) 441, 563
	1097112	(22. 3. 54) 337, 590, 699
	1106304	(30. 4. 54) 327, 561, 590, 597
	1109413	(.. .. ..) 28
	1112864	(28. 9. 54) 471, 647
	1114888	(27. 8. 54) 484
	1120898	(16. 3. 55) 703
	1123308	(21. 6. 55) 703
Schwz.P.	*244048*	(1947) 32
	248048	(1948) 32
	248686	(1948) 32
	251647	(13. 7. 45) 265, 327, 590, 601
	257115	(8. 8. 46) 510, 556
	262479	(19. 7. 46), 591, 601
	262480	(19. 7. 46) 588, 601
	273405	(5. 7. 48) 424, 477, 511
	278476	(5. 7. 48) 424, 484, 490, 535, 556
BP	*599280*	(1948) 32
	630663	(5. 7. 49) 489
	666300	(.. .. ..) 490
Belg.P.	*537075*	(4. 4. 55) 595
	538465	(Schw.Pri 26. 5. 55) 595
	539990	(20. 7. 55) 523
	540444	(9. 8. 55) 493
	550271	(11. 8. 56) 679, 704
	552957	(27. 11. 56) 704
Öster.P.	*167091*	(12. 12. 46) 591, 602
US	*2371133*	(25. 11. 41) 46, 192, 702
	2637716	(.. .. ..) 490
	2682490	(20. 10. 47) 489

Austral.P. *2436/54* (28. 8. 53) 478

Colgate Palmolive Co.:
US   *2806942* (24. 10. 55) 693

Columbia Southern Chemical Corp.:
US   *2680109* (28. 2. 47) 118, 344, 535, 617
2765296 (8. 12. 50) 341, 618, 645

Comp. Générale Diphonographes:
US   *1089910* (10. 3. 14) 220

Comp. des Produits Chimiques Alais, Froges et Camargue:
FP   *986457* (7. 3. 49) 139

Comp. Thompson-Houston:

FP	*1067087*	(1. 10. 52) 645
	1068087	(1. 10. 52) 438, 563, 592, 607, 622, 625
	1080794	(13. 5. 53) 598, 622
	1091108	(27. 11. 53) 374, 443, 501, 561
	1109407	(19. 3. 54) 454, 527, 566, 590, 623
	1118486	(12. 12. 54) 566, 693
	1130308	(24. 8. 55) 566
BP	*527407*	(11. 4. 39) 672
	693747	(9. 1. 50) 600

Continental Can. Comp.:
BP   *754744* (31. 3. 54) 590

Cordo Chemical Comp.:
US   *2783214* (2. 6. 52) 490, 547, 589

Courtaulds Ltd.:

BP	*275622*	(3. 8. 27) 332
	438523	(.. .. ..) 332
	524795	(25. 2. 39) 406, 700
	652024	(26. 11. 48) 258, 260, 331, 700
	652025	(26. 1. 48) 331, 700
	652030	(10. 1. 49) 331, 700
	660905	(2. 3. 49) 700
	675665	(2. 3. 49) 260, 332, 365, 373, 700
	678576	(27. 1. 50) 211, 504, 412, 700
	717968	(25. 2. 52) 52, 405, 700
DP	*850811*	(.. .. ..) 365
FP	*1000337*	(24. 11. 49) 331, 700
	1071344	(.. .. ..) 52

Deutsche Celluloid Fabrik Eilenburg:
DRP   *738226* (6. 10. 40) 220

Deutsche Gold-u. Silber-Scheideanstalt:

D.Anm.	*D 17071*	(18. 2. 54) 362
	D 17128	(24. 2. 54) 362
	D 17256	(10. 3. 54) 729
FP	*1108700*	(1. 10. 54) 692
	1118332	(28. 1. 55) 361

Deutsche Hydrierwerke GmbH.:
FP   *1117985* (19. 1. 55) 675, 696

Deutsche Solvay Werke GmbH.:
D.Anm. *D 20655* (14. 6. 55) 548, 693, 734
Belg.P. *545915* (9. 3. 56) 693
548834 (20. 6. 56) 481

Devoe & Raynolds Co.:
FP *960044* (20. 1. 48) 320
1069928 (19. 1. 53) 167, 336
1089831 (31. 3. 54) 338
1098831 (31. 3. 54) 280, 379, 590
BP *675169* (15. 12. 47) 329, 533
675170 (15. 12. 47) 329, 533
737272 (20. 10. 52) 537
758146 (14. 6. 54) 540
Niederl.P. *68296* (23. 12. 47) 420, 535
Belg.P. *546910* (19. 7. 55) 542
US *2493486* (10. 4. 46) 534
2456408 (14. 9. 43) 257, 258, 283, 288, 319, 323, 351, 418, 533, 534
2494295 (13. 9. 46) 509, 621
2500765 (12. 3. 47) 419, 535
2502145 (5. 1. 46) 534
2503726 (12. 5. 44) 128, 258, 280, 283, 288, 325, 417, 419, 533, 617
2504518 (2. 5. 46) 418, 534
2510885 (8. 3. 46) 268, 280, 288, 370, 555, 593, 617
2510886 (8. 3. 46) 268, 280, 288, 370, 555, 593, 617
2511913 (4. 9. 46) 382, 489, 556, 593, 621
2512996 (11. 6. 47) 351, 588, 731
2512997 (11. 6. 47) 731
2521911 (8. 3. 46) 388, 519, 551, 597, 621
2521912 (8. 3. 46) 621
2528359 (10. 4. 46) 381, 556, 593
2528360 (10. 4. 46) 381, 556, 593
2538072 (11. 6. 47) 167, 334, 401, 588
2542664 (5. 11. 46) 333, 401, 420, 534
2558949 (18. 9. 45) 325
2581464 (16. 9. 47) 167, 334
2582985 (7. 10. 50) 329, 547, 618
2585115 (18. 9. 45) 322, 487
2589245 (3. 12. 45) 509, 555, 617

US *2591539* (3. 10. 50) 556
2592560 (2. 11. 45) 258, 259, 260, 263, 275, 280, 288, 325, 333, 534, 588, 617
2615007 (8. 12. 50) 329
2615008 (8. 12. 50) 329
2653141 (3. 12. 45) 419, 534
2668805 (10. 4. 52) 329
2668807 (8. 4. 52) 329, 547, 589, 618
2694694 (17. 10. 52) 329, 548, 589, 618
2698308 (4. 12. 50) 433, 536
2698315 (21. 10. 52) 261, 339, 433, 537, 589
2712000 (31. 12. 51) 259, 334, 536, 589
2712001 (17. 3. 52) 377, 557, 595
2713569 (17. 3. 52) 370, 595
2717885 (20. 9. 49) 471
2731444 (21. 10. 52) 485, 548, 589, 618
2759901 (19. 9. 52) 419, 534, 536
2760944 (17. 3. 52) 371, 500, 557
2767157 (6. 4. 53) 338

Diels-Alder:
US *1944731* (.. .. ..) 100

Diamond State Fibre Co.:
US *1642078* (12. 8. 20) 221, 309
1642079 (20. 2. 25) 221, 309

H. v. Diesbach:
DP *511210* (11. 12. 28) 263

Distillers Co. Ltd.:
DP *855109* (23. 3. 50) 98, 113, 121
896941 (16. 10. 51) 119
D.Anm. *D 20627* (8. 6. 55) 394, 553, 559, 623, 647
FP *1132493* (7. 9. 55) 393
BP *686402* (11. 3. 50) 91, 98
774582 (9. 6. 54) 394
724207 (13. 3. 52) 119
731545 (3. 9. 52) 446, 703
774584 (9. 6. 54) 394
US *2470324* (9. 12. 44) 344, 621

v. d. Doel & Fray N. V.:
FP *1065420* (30. 10. 51) 547

V. Dolgopoloff:
FP *967916* (1950) 32

Farbwerke Hoechst A. G.:
DRP   *284291* (16. 10. 13) 198
        473219 (4. 8. 26) 195
        575141 (28. 12. 29) 168
        582203 (11. 11. 30) 135, 301
        651733 (27. 9. 34) 155, 203
        677898 (22. 7. 34) 40, 702
        713467 (9. 10. 37) 135, 303
DP   *813205* (26. 10. 49) 391, 481,
        519, 551, 598, 730
        831248 (17. 5. 43) 302, 304
        859018 (2. 0. 43) 301
D.Anm. *J 60152* (.. .. ..) 303
        J 72394 (3. 6. 42) 44, 688
        F 12481 (30. 7. 53) 412, 565,
        599, 619
        F 14032 (25. 2. 54) 354
        F 16630 (22. 1. 55) 551
Belg.P. *545569* (25. 2. 56) 590
        545909 (9. 3. 56) 43
        554633 (31. 1. 57) 392
        553702 (24. 12. 56) 478
US   *1752305* (1. 4. 30) 165
        1790042 (28. 7. 27) 195
        1790096 (23. 7. 27) 200
        1971662 (16. 12. 30) 168
        2094837 (7. 11. 35) 50
        2094914 (3. 9. 36) 50
        2213477 (18. 11. 36) 28, 705
        2623865 (26. 10. 50) 391, 730
FP   *1136557* (18. 11. 55) 392

Firestone Rubber Co.:
D.Anm. *F 14268* (24. 3. 54) 673
BP   *750716* (.. .. ..) 673
US   *2605288* (29. 6. 49) 285
        2666040 (.. .. ..) 673

M. Fleury:
FP   *1096711* (31. 12. 53) 619

Food Machinery & Chemical Corp.:
D.Anm. *B 28212* (2. 11. 53) 118
BP   *739609* (23. 10. 53) 118
        755778 (1. 6. 54) 119
Belg.P. *536393* (10. 3. 55) 119
        539817 (14. 7. 55) 102
        541580 (26. 9. 55) 103
        542386 (27. 10. 55) 696
        542900 (18. 11. 55) 103, 678
        549058 (27. 6. 56) 355
        549639 (18. 7. 56) 102
US   *2745848* (25. 2. 53) 89

Fothergill & Harvey Ltd.:
BP   *757386* (14. 3. 53) 690

G. Frank:
DRP   *575750* (6. 8. 31) 66, 142

J. R. Geigy A. G.:
FP   *876081* (25. 9. 41) 202
US   *2336093* (2. 10. 41) 222, 257
        2343053 (.. .. ..) 222, 257

General Aniline Film and Dye Corporation:
US   *2571208* (17. 12. 49) 89, 114
        2686812 (7. 9. 51) 282
        2703797 (15. 12. 49) 33, 705,
        734
        2760989 (15. 5. 52) 285

General Electric Co.:
FP   *1026965* (12. 10. 50) 64, 219,
        695
        1080794 (13. 5. 53) 622
        1091108 (27. 11. 53) 501
BP   *732260* (23. 10. 52) 440
        744388 (19. 8. 53) 453, 538,
        561, 597, 623, 646
        773655 (4. 11. 55) 620
Belg.P. *534502* (29. 12. 54) 527
US   *2255487* (12. 4. 38) 672
        2366008 (11. 8. 42) 522
        2450940 (20. 4. 44) 513
        2579329 (18. 10. 49) 259
        2606934 (4. 1. 51) 219, 390,
        395, 552
        2606935 (4. 1. 51) 219, 390,
        395
        2617832 (28. 6. 51) 263, 270
        2659710 (26. 7. 51) 219, 391,
        434, 552, 621, 645
        2683131 (31. 10. 51) 439, 563,
        592, 622
        2691004 (31. 10. 51) 439, 563,
        592, 622, 684
        2691007 (31. 10. 51) 439, 563,
        592, 622
        2707715 (30. 8. 52) 260
        2714098 (15. 5. 52) 622
        2730467 (21. 9. 54) 566

General Mills Co.:
FP   *1075563* (9. 3. 53) 444, 511,
        557, 595, 623, 645
US   *2559177* (1. 5. 50) 695, 706
        2599799 (24. 2. 48) 143
        2706223 (.. .. ..) 444, 511,
        557, 623, 645
        2729636 (3. 8. 53) 681, 705,
        728

General Motors Corporation:
BP   *758615* (7. 10. 54) 719
US   *2795523* (22. 11. 54) 590

G. Gilmant, E. Foudreau:
FP   *1101162* (2. 3. 50) 703

Girdler Corporation:
US   *1783901* (.. .. ..) 183
       1985885 (23. 11. 31) 183
       2046720 (9. 6. 33) 191
       2065113 (19. 7. 34) 183

Glaswerk Schuller:
Belg.P.   *556744* (16. 4. 57) 648

Glidden Co.:
US   *2705233* (29. 5. 50) 727
       2768150 (4. 3. 52) 449, 564

Th. Goldschmidt A. G.:
D.Anm. *C 13463* (7. 1. 54) 684

B. R. Harris:
US   *2052025* (25. 8. 36) 165
       2052026 (25. 8. 36) 165

Harvel Co.:
BP   *726830* (5. 1. 53) 220, 279
US   *2317607* (15.11.37) 278, 356
       2665266 (29. 1. 52) 220, 356, 596

Heberlein Co.:
US   *2252037* (30. 6. 36) 687
       2252039 (26. 6. 37) 687

Henkel & Cie.:
DP   *912503* (9. 10. 51) 361, 591, 618
       915866 (11. 8. 51) 361, 591, 645
       931130 (21.10.51) 332, 361, 591, 677, 700
       935433 (26. 4. 53) 591, 677, 699
       943906 (15. 8. 52) 361
       957940 (15. 4. 54) 479
D.Anm. *H 9402* (10. 8. 51) 118
     H 9989 (8. 10. 51) 427, 536, 591
     H 11781 (12. 3. 52) 510
     H 11826 (15. 3. 52) 325
     H 12124 (9. 4. 52) 431, 695
     H 12884 (14. 6. 52) 430, 536, 698
     H 12885 (14. 6. 52) 361
     H 13747 (5. 9. 52) 428
     H 13896 (20. 9. 52) 677, 700
     H 13964 (26. 9. 52) 591
     H 14332 (3. 11. 52) 330
     H 14502 (17. 11. 52) 591, 607

D.Anm. *H 20190* (5. 5. 54) 103
     H 21012 (30. 7. 54) 429, 541, 592, 677, 692, 696
     H 23717 (23. 4. 55) 479
FP   *837626* (7. 5. 38) 32
       1065251 (4. 6. 52) 361, 430
       1070351 (5. 2. 53) 431, 537
       1075180 (19. 9. 52) 361, 430, 536, 591, 607
       1086930 (24. 8. 53) 428, 677
       1086934 (25. 8. 53) 67, 332, 428, 538, 592, 677
       1088704 (1. 10. 53) 330, 431, 482, 538, 592, 619
BP   *500300* (28. 8. 37) 32, 416, 532, 587, 700
Belg.P.   *522930* (21. 9. 53) 505, 592, 607
US   *2010726* (29. 11. 32) 157

Hercules Powder Co.:
D.Anm. *H 22661* (12. 1. 55) 353
BP   *758450* (15. 6. 53) 353
US   *2067054* (29. 1. 35) 315
       2072819 (7. 3. 35) 315
       2099486 (29. 1. 35) 315
       2118926 (24. 6. 37) 315
       2710845 (26. 6. 52) 680

R. M. Hollingshead Corporation:
BP   *721778* (21. 2. 52) 32, 731

Hooker Electrochemical Co.:
US   *2731431* (6. 10. 51) 675

Horace Wayth Cullum Co. Ltd.:
US   *1008557* (5. 9. 11) 168

F. Jaffe:
Belg.P.   *520976* (25. 6. 53) 538

H. Jedlicka:
D.Anm. *J 6787* (5. 1. 43) 599
      J 6119 (11. 7. 52) 446, 599
      = DP *942225*
      J 7358 (16. 6. 53) 593, 600
      = DP *933355*

C. S. Johnson & Son:
Austral.P.Anm. *2215/54*, 6, 8, 54, 364

Jefferson Co.:
US   *2671764* (1. 10. 51) 13
       2769016 (14. 5. 53) 13
       2773070 (31. 10. 52) 30

D.Anm. *L 14716* (19. 2. 53) 646
L 20372 (11. 11. 54) 646

Licentia Patent Verwertung:
DP *892974* (22. 7. 51) 618

L. Lilienfeld:
US *1018329* (10. 11. 11) 208
BP *26928* (19. 11. 10) 208

K. Lindner:
D.Anm. *L 16592* (7. 4. 52) 705

A. Lumière:
FP *548343* (12. 1. 23) 156

Master Mechanics Co.:
US *2709664* (13. 10. 50) 563

Mathiesson Co.:
FP *1086977* (31. 8. 53) 19

Micafil A.G.:
FP *1076647* (4. 5. 53) 394, 553,
598, 645

Midland Silicones Ltd.:
BP *752371* (19. 3. 54) 701

Minneapolis Honeywell Regulator:
US *2773048* (25. 8. 52) 618

Minnesota Mining & Manufacturing Co.:
FP *1094624* (19. 12. 53) 409
1125484 (17. 3. 55) 701
US *2754279* (1. 8. 51) 738

Mo och Domsjö A. B.:
FP *1090172* (10. 10. 53) 728

Monsanto Chemical Corporation:
FP *1074050* (27. 1. 53) 120, 675,
690
BP *755796* (12. 8. 54) 733
US *2670382* (10. 6. 50) 286
2670383 (30. 6. 50) 288
2671064 (10. 5. 50) 675
2671813 (2. 11. 51) 269
2710873 (26. 10. 50) 358
2720530 (19. 1. 53) 358, 547,
681, 711
2780642 (7. 5. 53) 65
2786039 (20. 10. 55) 697

Montclair Research Co.:
US *2709174* (16. 11. 45) 24

Montecatini S. A.:
FP *1092891* (9. 2. 54) 31
1110846 (23. 7. 54) 12

H. C. Murray u. D. H. Peterson:
US *2602769* (8. 7. 52) 124
2673866 (30. 3. 54) 124

National Aniline & Chemical Corp.:
US *2173181* (19. 9. 39) 220

National Lead Co.:
US *2733222* (1. 12. 52) 537
2742448 (3. 3. 53) 537

National Research Development Corp.:
D.Anm. *N 9245* (23. 7. 54) 13
FP *1067401* (3. 12. 52) 442, 563,
892, 645, 714
1067766 (17. 12. 52) 442, 593,
619, 714
US *2775600* (1. 6. 54) 14
2775510 (24. 7. 53) 13

National Research Council:
D.Anm. *N 5208* (12. 3. 52) 12

National Starch Products Co:
BP *729302* (13. 3. 51) 170
US *2668156* (6. 4. 50) 170, 596

Norwich Pharmacal Co:
US *2702779* (6. 6. 50) 22

N. V. Stearine Kaarsen:
Belg.P. *542672* (9. 11. 55) 110

N.V. Onderzoekings Instituut Research:
Belg.P. *546841* (7. 4. 56) 701

Owens Corning Fiberglass Corp.:
FP *1116836* (1. 12. 54) 647
D.Anm. *O 2292* (15. 4. 52) 645

Oxirane Ltd.:
BP *736992* (15. 8. 51) 9

Parke & Davis Co.:
US *1664123* (14. 3. 24) 39, 194

Permutit Ltd.:
BP *770322* (20. 8. 54) 719

Petrochemicals Ltd.:
Belg.P. *544935* (3. 2. 56) 19, 20
Austral.P. *22220/56* (8. 10. 56) 20

Petrolite Corporation:
US *2135559* (10. 4. 52) 709
2372257 (23. 6. 43) 708
2373102 (9. 3. 43) 708
2411029 (3. 3. 43) 168

US   *2499360* (31. 5. 47) 708
2499361 (31. 5. 47) 708
2499362 (31. 5. 47) 708
2499363 (31. 5. 47) 708
2499364 (31. 5. 47) 708
2499370 (.. .. ..) 426
2581368 (29. 5. 48) 708
2581369 (29. 5. 48) 708
2581370 (12. 11. 48) 708
2581371 (12. 11. 48) 708
2581372 (10. 12. 48) 708
2581373 (10. 12. 48) 708
2581374 (10. 12. 48) 708
2581375 (10. 12. 48) 708
2581376 (10.12.48) 426, 535, 689, 707, 708, 724, 727, 734
2581377 (10. 12. 48) 708
2581378 (10. 12. 48) 708
2581379 (10. 12. 48) 708
2581380 (10. 12. 48) 708
2581381 (10. 12. 48) 708
2581382 (10.12.48) 689, 707, 708, 724, 727, 734
2581383 (13. 12. 48) 708
2581384 (13. 12. 48) 708
2581385 (13. 12. 48) 708
2581386 (13. 12. 48) 708
2581387 (13. 12. 48) 708
2629705 (24. 5. 52) 709
2679521 (5. 9. 50) 64, 708
2695914/15 (9. 1. 52) 711
2716127 (27. 5. 50) 707
2723241 (18. 8. 52) 709
2723249 (19. 11. 52) 395, 709
2723284 (9. 1. 52) 435, 536, 709
2743241 (17. 11. 52) 710
2743242 (17. 11. 52) 710
2743243 (17. 11. 52) 710
2743244 (17. 11. 52) 710
2743245 (17. 11. 52) 710
2743251 (30. 7. 52) 709, 710
2743252 (30. 7. 52) 709, 710
2743253 (30. 7. 52) 709, 710
2743254 (30. 7. 52) 709, 710
2743255 (19. 12. 52) 710
2743256 (30. 7. 52) 710
2743359 (19. 11. 52) 552
2748085 (18. 12. 51) 709
2748086 (18. 12. 51) 709
2748087 (18. 12. 51) 709
2748088 (18. 12. 51) 709
2748089 (18. 12. 51) 709
2771425 (26. 6. 53) 710
2771426 (26. 6. 53) 710
2771427 (26. 6. 53) 710
2771428 (26. 6. 53) 710
2771429 (26. 6. 53) 710
2771430 (22. 4. 53) 710

US   *2771431* (22. 4. 53) 710
2771432 (22. 4. 53) 710
2771433 (22. 4. 53) 710
2771434 (22. 4. 53) 710
2771435 (24. 2. 53) 710
2771436 (24. 2. 53) 710
2771437 (24. 2. 53) 710
2771438 (24. 2. 53) 710
2771439 (24. 2. 53) 710
2771440 (2. 1. 53) 710
2771441 (2. 1. 53) 710
2771443 (2. 1. 53) 710
2771444 (2. 1. 53) 710
2771445 (26. 1. 53) 710
2771446 (26. 1. 53) 710
2771447 (26. 1. 53) 710
2771448 (26. 1. 53) 710
2771449 (26. 1. 53) 710
2771451 (30. 7. 53) 710
2771452 (30. 7. 53) 710
2771453 (30. 7. 53) 710
2771454 (30. 7. 53) 710
2771455 (30. 7. 53) 710
2792352 (19. 2. 53) 710

US.Anm. Ser. Nr. *8730* (16. 2. 48) 275
      8731 (16. 2. 48) 275

Philips Gloeilampen Fabriek N. V.:
FP   *1059224* (26. 6. 52) 684
1084038 (25. 9. 53) 164
BP   *735990* (30. 9. 53) 80

Phillips Petroleum Co.:
US   *2413871* (24. 7. 45) 333
2720497 (13. 10. 52) 698
2792382 (26. 11. 52) 696, 724

J. S. Pierce Co.:
US   *2408096* (1. 5. 44) 190, 199

Pinchin, Johnson & Associates Co.:
BP   *707320* (30.11.51) 384, 480, 557
711592 (22. 8. 50) 480, 547

E. J. du Pont de Nemours Co.:
D.Anm.   *P 11917* (7. 5. 54) 284
FP   *712303* (28. 2. 31) 672
BP   *534699* (13. 9. 39) 406, 700
558813 (17. 6. 42) 278
570348 (.. .. ..) 672
722258 (27. 7. 51) 348, 560, 596, 689
740720 (19. 6. 53) 561, 689
753050 (31. 3. 54) 349, 623, 690, 701, 719, 732

Searle Co:
US   *2703799* (12. 5. 54) 728
        2738348 (7. 6. 54) 728

Schering-Kahlbaum A. G.:
DRP   *467640* (5. 7. 25) 263
        478273 (5. 7. 25) 263
US   *2359242* (23. 8. 41) 263

Secretariat d. franz. Luftfahrtministeriums:
FP   *1066716* (20. 11. 52) 715

W. Schneider u. A. Fröhlich:
US   *2280722* (13. 7. 39) 168

Scholtens Chemische Fabriek N. V.:
D.Anm. *N 4108* (30. 6. 51) 713
BP   *699530* (.. .. ..) 713
FP   *1039383* (.. .. ..) 713

Sharples Chemical Co.:
US   *2520093* (26. 7. 46) 195
        2547965 (23. 6. 48) 40, 218,
        727

Shell Chemical Corporation und Shell
Development Co.:
US   *2061377* (.. .. ..) 167, 333
        2070990 (25. 6. 34) 65, 159,
        167, 232, 333
        2086077 (9. 5. 34) 146, 228
        2183860 (6. 2. 39) 53, 727
        2224849 (6. 11. 37) 66, 167,
        333
        2248635 (20. 6. 39) 167, 333
        2260753 (23. 10. 39) 158
        2314039 (30. 9. 40) 160, 167,
        333
        2321037 (26. 4. 40) 147
        2327053 (18.11.39) 157, 158,
        161, 213
        2351024 (21. 1. 41) 215, 220
        2351025 (21. 1. 41) 215, 220
        2377568 (3. 3. 41) 166, 175
        2380185 (6. 11. 42) 157, 161,
        213
        2393512 (5. 4. 43) 220
        2448258 (14. 9. 45) 166
        2450234 (7. 12. 43) 342, 596
        2464753 (25. 3. 47) 344, 596
        2467171 (18. 6. 48) 142, 224,
        258, 321
        2476922 (15. 6. 46) 343, 596,
        617
        2498195 (18. 10. 46) 63, 723
        2500449 (29. 2. 48) 476
        2500600 (28. 2. 48) 490, 617,
        624

US   *2528417* (25. 1. 49) 604, 621
        2528932 (29. 4. 49) 589, 604
        2528933 (29. 4. 49) 589, 600,
        604
        2528934 (29. 4. 49) 589, 600,
        604
        2541027 (11. 5. 48) 421, 476,
        535
        2548447 (21. 11. 50) 594, 804
        2553718 (5. 7. 49) 491
        2559333 (14. 10. 49) 673
        2559347 (1. 9. 49) 535
        2564194 (2. 3. 51) 673
        2564195 (2. 3. 51) 673
        2571217 (27. 5. 48) 215
        2575440 (16. 11. 48) 421, 535
        2575558 (26. 7. 48) 594, 603
        2585506 (21. 6. 48) 673
        2590059 (26. 3. 49) 270, 280,
        674
        2595619 (23. 2. 49) 673
        2596737 (13. 10. 50) 535
        2602785 (30. 9. 50) 600, 604
        2602821 (23. 7. 51) 270
        2609355 (19. 7. 49) 674
        2631138 (26. 2. 51) 384, 481,
        557, 594
        2633458 (17. 11. 51) 406, 618
        701
        2636028 (24. 3. 50) 535, 689,
        723
        2640037 (3. 10. 51) 497, 500
        2642412 (7. 8. 51) 497, 595,
        605, 618, 624, 684
        2643239 (28. 3. 51) 496
        2643243 (26. 2. 51) 384, 480,
        547, 557, 594
        2651589 (25. 10. 49) 495
        2667463 (6. 11. 51) 434, 536
        2681901 (3. 10. 51) 499, 500,
        595, 605
        2682514 (25. 2. 52) 434, 536,
        589, 605, 618, 624
        2682515 (5. 7. 52) 589, 606
        2687397 (21. 9. 51) 384, 500,
        557
        2709690 (19. 5. 52) 435, 536
        2713565 (24. 5. 54) 566
        2713567 (14. 5. 52) 560, 600
        2716099 (19. 1. 52) 220, 392,
        552
        2728744 (29. 3. 52) 414, 475,
        507
        2730510 (24. 12. 52) 539
        2730531 (3. 3. 53) 371, 378
        2730532 (20. 7. 53) 696, 724
        2730535 (20. 7. 53) 449, 678
        2732367 (31. 8. 53) 421, 547,
        590, 619, 701

US *2741607* (23. 2. 54) 68, 444,
     558, 646
    2755290 (26.10.53) 377, 676,
     696
    2756241 (2. 11. 53) 14
    2761870 (22. 9. 54) 116, 619,
     673, 697
    2764497 (24. 1. 55) 697
    2768153 (24. 2. 55) 478
    2768178 (26. 7. 54) 680
    2768179 (26. 7. 54) 680
    2768180 (26. 7. 54) 680
    2774748 (14. 4. 52) 564
    2774691 (21. 9. 54) 692
    2783250 (28. 6. 54) 116, 647
    2792381 (10. 3. 54) 122, 401,
     540, 547, 619
    2795565 (9. 11. 53) 696
    2795572 (24. 5. 54) 696
    2801229 (30. 6. 57) 492, 547
US.Anm. *392055* (13. 11. 53) 662

Shell Refining & Marketing Ltd.:
BP *768125* (3. 9. 53) 553, 598,
    623

Sherwin-Williams Co.:
US *2330217* (22. 7. 40) 392
    2686771 (23. 12. 50) 384, 556
    2794007 (15. 8. 52) 552

G. M. Shul u. D. A. Kita:
US *2658032* (3. 11. 53) 124

G. M. Shul, J. L. Sardinas u. J. B. Routien:
Can.P. *507009* (2. 11. 54) 124

Siemens-Schuckert A. G.:
D.Anm. *S 25452* (1. 11. 51) 440, 523,
    592, 622

Sinclair Oil and Gas Co.:
US *2745855* (14. 4. 51) 709

Soc. An. des Manufactures des Glaces et Produits Chimiques de St. Gobain, Chauny et Cirey:
D.Anm. *S 31593* (20. 12. 52) 724
FP *1100845* (ert. 4. 3. 54) 10
    1011020 (22.11.48) 209, 405,
     599
    1011410 (2. 2. 49) 180
    1012079 (.. .. ..) 646
    1055569 (8. 5. 52) 163, 691,
     699
    1100845 (4. 3. 54) 10
    1124502 (22. 3. 55) 646
    1133882 (18. 5. 55) 626

Société Carbochimique:
BP *670153* (1952) 32

H. Spörr:
D.Anm. *S 43971* (16. 5. 55) 600

Société de Catalyse Généralisée:
FP *729952* (27. 3. 31) 10
    739562 (3. 10. 31) 10
    771650 (10. 7. 33) 10
    787896 (28. 6. 34) 10

Société Anonyme Rhône-Poulenc:
FP *770485* (21. 3. 34) 220
    913978 (8. 3. 44) 172
BP *420078* (19. 5. 33) 222
    601612 (13. 6. 45) 172
US *2445393* (26. 6. 46) 172

Soc. An. des Vernis Pyrolac:
FP *1115070* (24. 11. 54) 585

Standard Oil Development Co.:
DP *922165* (2. 6. 51) 680
BP *708035* (22. 1. 52) 33
US *2575196* (1951) 32
    2691001 (23. 7. 52) 267

F. Stockelbach:
US *2180932* (30. 6. 39) 165

Syncobel S. A.:
FP *1110320* (25. 6. 54) 541

Thiokol Corporation:
US *2466936* (12. 4. 49) 409
    2789958 (30. 10. 51) 408,
     564, 622

Titangesellschaft A. G.:
D.Anm. *T 9148* (8. 3. 54) 565

Gebr. de Trey A. G.:
DRP *943195* (12. 7. 43) 470
D.Anm. *C 339* (12. 7. 43) 488
Schwz.P. *211116*[1]) (23. 8. 38) 132,
     256, 263, 312, 328,
     375, 476, 533, 546
    236594 (16. 6. 43) 258, 316,
     319, 470, 487, 488,
     496, 500, 546, 550,
     555, 587
FP *859061* (18. 8. 39) 315
    907172 (13. 7. 44) 258, 316,
     470

---

[1]) DP *749512* (12. 11. 38)

BP 518057 (10. 12. 38) 130, 167, 315, 428, 677
579698 (24. 6. 44) 258, 316, 470
US 2444333 (2. 5. 44) 258, 316, 470, 496

Tretolite Co.:
US 2076624 (16. 11. 36) 49, 708
2123718 (24. 12. 36) 687, 705

Ungenannt:
DRP 750173 (26. 3. 39) 672

Union Carbide & Carbon Corp.:
DP 848946 (30. 11. 50) 47, 153
908373 (31. 3. 51) 271
D.Anm. U 2605 (6. 2. 54) 30
U 2697 (1. 4. 54) 731
U 2915 (9. 8. 54) 28, 706
U 2927 (12. 8. 54) 697
FP 1080866 (6. 6. 53) 599
1108809 (6. 7. 54) 276
1103591 (26. 4. 54) 599
1109935 (12. 8. 54) 699
1125436 (4. 3. 55) 724
1125497 (18. 3. 55) 102, 678, 697
1131891 (19. 3. 55) 101
1132991 (23. 6. 55) 101
BP 735974 (4. 8. 53) 360
Belg.P. 541032 (2. 9. 55) 105, 678
544555 (18. 1. 56) 670
549574 (16. 7. 56) 102, 678, 701
549916 (28. 7. 56) 106, 620, 675
550474 (21. 8. 56) 352, 562
550751 (1. 9. 56) 101, 355
544556 (18. 1. 56) 670
US 2425755 (1. 6. 44) 688, 723
2506486 (21. 4. 48) 588, 618, 624
2699452 (3. 7. 52) 68, 184, 705
2716123 (13. 8. 53) 104, 699
2719089 (11. 1. 50) 621
2743285 (20. 12. 51) 159
2745847 (8. 10. 53) 100, 360, 561, 597, 674
2750395 (5. 1. 54) 360, 540, 677, 696
2768141 (24. 10. 52) 735
2801989 (9. 4. 54) 619, 646

Union Oil of California:
US 2776997 (30. 1. 53) 30

Upjohn Co.:
D.Anm. U 2050 (20. 2. 53) 123
US 2629733 (31. 7. 48) 376
2673861 (30. 10. 52) 376
2691014 (21. 3. 52) 727
2751380 (4. 1. 54) 729

Upson Co.:
US 2768093 (16. 1. 53) 582

US-Rubber Co.:
US 2616899 (26. 3. 51) 675, 734

US-Secretary of Agriculture:
US 2569502 (7. 2. 45) 113, 706

US-Secretary of the Navy:
US 2776910 (10. 2. 54) 646

Vegetable Parchment Mills Ltd.:
BP 761361 (20. 7. 53) 698

Velsicol Chemical Corp.:
US 2736730 (2. 12. 54) 729
2739161 (16. 12. 54) 103, 675

Vidal:
DRP 106823 (27. 6. 96) 290

Vulcan Copper and Supply Co.:
US 2752363 (23. 12. 52) 12

E. Weitz:
DRP 395435 (14. 5. 21) 97

Wallace & Tiernan:
US 2802800 (.. .. ..) 674

Westinghouse Electric Corp.:
DP 924287 (17. 5. 51) 441, 557, 562
FP 1110821 (19. 7. 54) 547, 595
1132005 (13. 5. 55) 500
1131134 (27. 4. 55) 685
BP 692937 (3. 8. 50) 390, 519, 552
704008 (22. 4. 51) 441
Belg. P. 535145 (25. 1. 55) 547, 684
541648 (28. 9. 55) 452
550506 (22. 8. 56) 703
US 2626223 (17. 10. 51) 442
2773043 (28. 9. 54) 623

Wyandotte Chemical Corp.:
FP 1072304 (28. 5. 52) 29, 705
US 2674619 (19. 10. 53) 705
2716137 (5. 7. 52) 26

B. Einteilung nach Patentnummern

Vorbemerkung: Die Namen der Patentinhaber werden gelegentlich mit den folgenden Abkürzungen angewandt

Aero – Aero Research Ltd. = Britische Ciba

Agfa – Agfa Wolfen A. G.

Alien – Alien Property Co.

Allied – Allied Chemical & Dye Corp.

Cyanamid – American Cyanamide Co.

BASF – Badische Anilin u.- & Sodafabrik- AG.

Bataafsche – N. V. de Bataafsche Petroleum Maatschappij

Alais – Comp. des Produits Chimiques Alais, Froges et Camargue

Degussa – Deutsche Gold & Silber-Scheideanstalt

D & R – Devoe & Raynolds Co.

Bayer – Farbenfabriken Bayer A. G.

Hoechst – Farbwerke Hoechst A. G.

Aniline Dye – General Aniline & Dye Corp.

Aniline Film – General Aniline & Film Corp.

ICI – Imperial Chemical Industries Ltd.
IG – IG-Farbenindustrie AG.

St. Gobain – Soc. An. des Manufactures des Glaces et Produits Chimiques de St. Gobain, Chauny et Curey

Deutsche Patente

DP *68707* (19. 8. 92) Ciba 291
   97102 (1898) L. Knorr 37
  106823 (27. 6. 96) Vidal 290
  122606 (9. 10. 00) BASF 290
  135635 (26. 11. 01) BASF 290
  184382 (7. 3. 06) Lange, Sorger 219
  199148 (7. 3. 05) Riedel Co., 84, 85, 87
  230723 (27. 5. 08) Prileshajew, 86 99
  239077 (31. 7. 10) Bayer 138
  241853 (23. 4. 10) Knoll Co. 290
  246242 (22. 10. 10) Griesheim-Elektron 138
  284291 (16. 10. 13) Hoechst 198
  299682 (11. 4. 15) BASF 9
  330801 (4. 8. 18) Bàyer 198
  395435 (14. 5. 21) E. Weitz 97
  403643 (23. 4. 29) Kalk 10
  408714 (30. 7. 22) Bayer 169
  467640 (5. 7. 25) Schering-Kahlbaum 263
  467728 (.. .. ..) IG. 283
  473219 (4. 8. 26) Hoechst 195
  474778 (.. .. ..) Albert 263
  478273 (5. 7. 25) Schering-Kahlbaum 263
  484739 (2. 6. 26) BASF 283
  496372 (2. 10. 25) IG. 36
  510422 (19. 12. 25) BASF 25, 167
  511210 (11. 12. 28) v. Diesbach 263
  516281 (.. .. ..) BASF 31

DP *560703* (20. 12. 29) BASF 22, 706
  561397 (19. 9. 29) BASF 35, 205
  570031 (28. 3. 30) BASF 36, 205
  575141 (28. 12. 29) Hoechst 168
  575750 (6. 8. 31) G. Frank 66, 142
  576177 (11. 11. 30) L. Blumer 309
  577686 (28. 3. 30) BASF 36, 205
  582203 (11. 11. 30) Hoechst 135, 301
  597496 (28. 11. 29) BASF 18
  616428 (13. 2. 32) BASF 19
  636708 (11. 11. 34) IG. 50, 211
  651733 (27. 9. 34) Hoechst 155, 203
  656133 (22. 4. 32) IG. 672
  667744 (30. 11. 30) BASF 38, 701
  669810 (19. 4. 36) IG. 188
  676117 (11. 12. 34) IG. 224, 310, 311, 469, 702
  677898 (22. 7. 34) Hoechst 40, 702
  708463 (26. 5. 38) BASF 174
  713467 (9. 10. 37) Hoechst 135, 303
  731030 (2. 2. 39) IG. 311, 469
  738226 (6. 10. 40) Celluloid Eilenburg 220
  740366 (11. 3. 39) BASF 41
  750173 (26. 3. 39) Ungenannt 672
  810814 (27. 10. 49) Dynamit 376, 479, 556, 594
  813205 (26. 10. 49) Hoechst 391, 481, 519, 551, 598, 730
  831248 (17. 5. 43) Hoechst 302, 304
  833933 (23. 2. 45) BASF 127

DP *838212* (.. .. ..) Albert 525
848946 (30. 11. 50) Union Carbid 47, 153
850811 (.. .. ..) Courtaulds 365
851077 (2. 3. 39) BASF 10
852541 (13. 12. 49) Bataafsche 158
855109 (23. 3. 50) Distillers 98, 113, 121
857364 (24. 2. 50) Rohm & Haas 674
859018 (2. 6. 43) Hoechst 301
862888 (21. 5. 41) BASF 69, 177, 534, 688
863411 (31. 7. 50) Ciba 437, 556, 562, 592, 621
865209 (30. 1. 50) Dynamit 376, 425, 479, 556, 594
869073 (27. 4. 50) Bayer 193
878048 (10. 9. 36) Bayer 192
888293 (4. 7. 50) Albert 385, 556
888294 (5. 2. 50) Dr. Beck Co. 551
889345 (26. 6. 50) Bataafsche 594, 604
891255 (8. 8. 41) BASF 131, 145
892974 (22. 7. 51) Licentia Patent-Verwertung 618
895494 (.. .. ..) Dr. Beck Co. 551
895833 (15. 6. 49) Ciba 383, 424, 556, 594
896941 (16. 10. 51) Distillers 119
899195 (20. 11. 51) Cassella 134, 292, 378
900751 (19. 1. 51) Dynamit 376, 426, 479, 536, 557, 591, 594, 607
906452 (21. 12. 41) BASF 231
908373 (31. 3. 51) Union Carbide 271
909862 (13. 11. 51) Rohm & Hass 360
910335 (1. 6. 51) Albert 523
910727 (26. 10. 51) Albert 524, 600
911434 (18. 6. 51) Hüls 677
912503 (9. 10. 51) Henkel 361, 591
915866 (11. 8. 51) Henkel 361, 645
922165 (2. 6. 51) Standard Oil 680
923076 (9. 5. 51) Dr. Beck Co. 551
924054 (10. 11. 51) Rohm & Haas 712
924287 (17. 5. 51) Westinghouse 441, 557, 562
931130 (21. 10. 51) Henkel 332, 361, 591, 677, 700
931729 (28. 3 52) Albert 524, 600

DP *933355* (17. 6. 53) H. Jedlicka 446, 599
935390 (30. 12. 48) Ciba 556
935433 (26. 4. 53) Henkel 591, 677, 699
942225 (12. 7. 52) H. Jedlicka 599
943195 (12. 7. 43) de Trey 470
943906 (15. 8. 52) Henkel 361
943974 (14. 4. 53) Bataafsche 564
957940 (15. 4. 54) Henkel 479

DDR-Patente

DP *5104* (9. 5. 42) Agfa 717
5321 (2. 7. 41) Agfa 717
6236 (4. 8. 44) Agfa 40
7999 (24. 5. 52) Agfa 37

Deutsche Patentanmeldungen

DP *A 10594* (12. 4. 39) AEG 672

B 6595 (2. 8. 40) BASF 702
28212 (2. 11. 53) Food Machinery 118
28299 (9. 11. 53) Böhme 707
28347 (11. 11. 53) Böhme 707
28940 (21. 12. 53) Böhme 47, 735
31819 (14. 7. 54) BASF 353
32464 (2. 9. 54) BASF 502, 547, 623
32594 (14. 9. 54) BASF 502
32595 (14. 9. 54) BASF 558
33175 (28. 10. 54) BASF 679, 693
33861 (23. 12. 54) BASF 540
34031 (8. 1. 55) BASF 114
34315 (29. 1. 55) BASF 502
35750 (14. 5. 55) BASF 336
36252 (24. 6. 55) BASF 396, 548, 589, 620
38551 (2. 1. 56) Beiersdorf 534

C 339 (12. 7. 43) de Trey 488
2356 (22. 2. 41) Cassella 27, 555, 681, 688, 702
6510 (7. 10. 52) Albert 260
6756 (3. 12. 52) Cassella 81, 493, 539
6757 (3. 12. 52) Cassella 493, 548, 598
7564 (12. 5. 53) Hüls 14
9026 (12. 3. 54) Cassella 296
9089 (24. 3. 54) Albert 364, 437, 538, 592
9093 (25. 3. 54) Cassella 296
9233 (17. 4. 54) Albert 525
9330 (7. 5. 54) Ciba 28, 692, 706

DP *9373* (15. 5. 54) Albert 508, 558
9837 (20. 8. 54) Ciba 484
10407 (11. 12. 54) Albert 497
10860 (4. 3. 55) Albert 524
10884 (8. 3. 55) Albert 398
10935 (17. 3. 55) Albert 558
11148 (28. 4. 55) Albert 525
11656 (4. 8. 55) Ciba 493, 558, 596
11653 (4. 8. 55) Albert 620
12128 (19. 11. 55) Hüls 15
13463 (7. 1. 54) Th. Goldschmidt 684

D *7193* (26. 10. 50) Dynamit 426, 479, 535, 591
17071 (18. 2. 54) Degussa 362
17128 (24. 2. 54) Degussa 362
17256 (10. 3. 54) Degussa 729
20627 (8. 6. 55) Distillers 394, 553, 599, 623, 647
20655 (14. 6. 55) Solvay 548, 693, 734
21700 (15. 11. 55) Dow Corning 110, 229, 338, 456, 548, 590, 724, 726

E *10100* (14. 1. 55) Esso 724

F *1211* (5. 4. 50) Bayer 26
10186 (20. 10. 52) Bayer 702
10412 (19. 11. 52) Bayer 197, 692, 703
12375 (15. 7. 53) Bayer 25
12481 (30. 7. 53) Hoechst 412, 599, 619
12884 (14. 6. 52) Henkel 430
12976 (7. 10. 53) Bayer 34, 692
13703 (18. 1. 54) Bayer 692, 702
14032 (25. 2. 54) Hoechst 354
14268 (24. 3. 54) Firestone 673
14332 (3. 11. 52) Henkel 330
14920 (9. 6. 54) Bayer 697
14973 (15. 6. 54) Bayer 719
15425 (6. 8. 54) Bayer 499
16316 (6. 12. 54) Bayer 366
16630 (22. 1. 55) Hoechst 551
16777 (8. 2. 55) Bayer 432, 541, 620
19402 (28. 1. 56) Bayer 620
20096 (20. 4. 56) Bayer 548

H *9402* (10. 8. 51) Henkel 118
9989 (8. 10. 51) Henkel 427, 536, 591
11781 (12. 3. 52) Henkel 510
11826 (15. 3. 52) Henkel 325
12124 (9. 4. 52) Henkel 431, 695
12884 (14. 6. 52) Henkel 536, 698
12885 (14. 6. 52) Henkel 361
13747 (5. 9. 52) Henkel 316, 428

DP *13896* (20. 9. 52) Henkel 677, 700
13964 (26. 9. 52) Henkel 591
14502 (17. 11. 52) Henkel 591, 607
20190 (5. 5. 54) Henkel 103
21012 (30. 7. 54) Henkel 316, 429, 541, 592, 677, 692, 696
22661 (12. 1. 55) Hercules Powder 353
23717 (23. 4. 55) Henkel 479

J *72394* (3. 6. 42) Hoechst 44, 688
46125 (24. 12. 32) Farb-Bayer 16
6119 (11. 7. 52) Jedlicka 446, 599
6787 (5. 1. 43) Jedlicka 599
7270 (20. 5. 53) Intern. Stand. Electr. Co. 619
7358 (16. 6. 53) Jedlicka 593, 600
8551 (22. 4. 54) ICI 274
9880 (1. 3. 55) ICI 693
10710 (27. 9. 55) TH-Hannover 587
60152 (.. .. ..) Hoechst 303
72394 (3. 6. 42) Hoechst 44, 688

L *14716* (19. 2. 53) Libbey-Owens-Ford Glass Co. 596, 646
16592 (7. 4. 52) K. Lindner 705, 33
20372 (11. 11. 54) Libbey-Owens-Ford Glass Co. 596, 646
26008 (17. 10. 56) P. Lechler 389, 599

N *4108* (30. 6. 51) Scholtens Chem. Fabr. 713
5208 (12. 3. 52) National Research Council 12
5975 (22. 8. 52) Bataafsche 713
6171 (.. .. ..) Bataafsche 595
8234 (22. 12. 53) Bataafsche 539
9245 (23. 7. 54) National Research 13
9740 (11. 11. 54) Bataafsche 692
10419 (29. 3. 55) Bataafsche 353, 623
10521 (18. 4. 55) Bataafsche 145
11395 (31. 10. 55) Bataafsche 400, 648

O *2292* (15. 4. 52) Owens Corning 645

P *27916* (29. 12. 48) Ciba 594, 602
11917 (7. 5. 54) du Pont 284

R *9422* (7. 7. 52) Rütgerswerke 681
11422 (15. 4. 53) Rohm & Haas 36

DP *14587* (9. 7. 54) Rohm & Haas 706
17335 (29. 8. 55) Rohm & Haas 697
S *25452* (1. 11. 51) Siemens-Schuckert 440, 523, 592, 622
31593 (20. 12. 52) St. Gobain 724
43971 (16. 5. 55) H. Spörr 600
T *9148* (3. 3. 54) Titangesellschaft

U *2050* (20. 3. 53) Upjohn Co. 123
2605 (6. 2. 54) Union Carbide 10
2697 (1. 4. 54) Union Carbide 731
2915 (9. 8. 54) Union Carbide 28, 706
2927 (12. 8. 54) Union Carbide 697

Französische Patente

FP *536188* (10. 5. 21) H. Dreyfus 169
548343 (12. 1. 23) Lumiere 156
662603 (20. 10. 28) IG. 31
677431 (26. 6. 29) Rohm & Haas 209, 687
697786 (23. 6. 30) BASF 157
712303 (28. 2. 31) du Pont 672
729952 (27. 3. 31) Catalyse Généralisée 10
739562 (3. 10. 31) Catalyse Généralisée 10
750520 (10. 2. 33) BASF 22, 706
770485 (21. 3. 34) Rhône Poulenc 222
771650 (10. 7. 33) Catalyse Généralisée 10
787896 (28. 6. 34) Catalyse Généralisée 10
819403 (19. 3. 37) IG. 188
821915 (15. 5. 37) IG. 142
837626 (7. 5. 38) Henkel 32
846575 (24. 11. 38) IG. 148
851077 (2. 3. 39) BASF 10
855135 (22. 5. 39) BASF 11
859061 (18. 8. 39) de Trey 315
876081 (25. 9. 41) Geigy 202
881981 (11. 5. 42) BASF 127, 175, 177, 311, 469, 532, 688
884271 (17. 9. 42) BASF 184, 311, 469, 532, 587, 688, 702
907172 (13. 7. 44) de Trey 258, 316, 470
913978 (8. 3. 44) Rhône Poulenc 172
930609 (13. 7. 46) Ciba 288
947925 (.. .. ..) Bataafsche 228
952879 (11. 9. 47) Bataafsche 672
960044 (20. 1. 48) D & R 320
967916 (1950) Dolgopoloff 32
984845 (20. 4. 49) Bakelite 280, 410
986457 (7. 3. 49) Alais 139
990072 (4. 7. 49) Ciba 490
1000337 (24. 11. 49) Courtaulds 331, 700

FP *1011020* (22. 11. 48) St. Gobainn 209, 405, 599
1011410 (2. 2. 49) St. Goba in 180
1012079 (.. .. ..) St. Gobain 646
1026965 (12. 10. 50) Gen. Electr. 64, 219, 695
1039383 (.. .. ..) Scholten 713
1055243 (28. 4. 52) Albert 398, 552, 598
1055569 (8. 5. 52) St. Gobain 163, 691, 699
1057836 (25. 5. 51) Koppers 389, 598
1059224 (26. 6. 52) Philips 684
1061135 (31. 7. 52) Bataafsche 701
1063710 (29. 9. 52) Rohm & Haas 719
1065251 (4. 6. 52) Henkel 361
1065420 (30. 10. 51) Doel & Fray 547
1066035 (25. 5. 51) Koppers 228
FP *1066036* (25. 5. 51) Koppers 522, 594, 598
1066037 (25. 5. 51) Koppers 621, 699
1066716 (20. 11. 52) Secr. franz. Luftfahrt 715
1066745 (21. 11. 52) Albert 264
1067087 (1. 10. 52) Thomson-Houston 645
1067401 (3. 12. 52) National Research Development Corp. 442, 563, 592, 645, 714
1067766 (17. 12. 52) Development Corp. 442, 593, 619, 714
1068087 (1. 10. 52) Thomson-Houston 438, 563, 592, 607, 622, 625
1068780 (22. 8. 52) Bataafsche 713
1069928 (19. 1. 53) D & R 167, 336
1070351 (5. 2. 53) Henkel 431, 537
1071193 (4. 11. 52) Bataafsche 537
1071344 (.. .. ..) Courtaulds 52
1071862 (17. 11. 52) Bataafsche 406
1072304 (28. 5. 52) Wyandotte 29, 705

FP *1074015* (19. 12. 52) Ciba 413, 537
1074043 (26. 1. 53) Brit. Resin 386, 399, 554
1074050 (27. 1. 53) Monsanto 120, 690
1074054 (28. 1. 53) Brit. Resin 386
1075180 (19. 9. 52) Henkel 361, 430, 536, 591, 607
1075563 (9. 3. 53) General Mills 444, 511, 557, 595, 623, 645
1075604 (11. 3. 53) ICI 125
1076647 (4. 5. 53) Micafil 394, 553, 598, 645
1077245 (13. 4. 53) Bataafsche 397, 520, 553, 564, 780
1077610 (11. 3. 53) Ciba, Ltd. 440, 564, 593
1078381 (18. 11. 52) Cassella 134, 291, 292, 304, 365, 378, 472, 517
1079254 (29. 4. 53) BASF 9
1079460 (19. 6. 53) Ciba 703
1079601 (25. 7. 55) Hüls 13
1079957 (10. 4. 53) Cassella 135, 365, 378, 472, 516, 557, 595
1080742 (28. 4. 53) Ciba 494, 557, 589, 595, 619
1080794 (13. 5. 53) Thomson-Houston 598, 622
1080866 (6. 6. 53) Bakelite 410, 599
1080999 (8. 7. 53) Dow 448, 565
1081000 (8. 7. 53) Dow 447, 565, 600
1082339 (20. 8. 53) ICI 565
1082895 (12. 6. 53) Bataafsche 597,

1083692 (3. 7. 53) Bataafsche 564, 589
1084038 (25. 9. 53) Philips 164
1086930 (24. 8. 53) Henkel 428, 677
1086934 (25. 8. 53) Henkel 67, 332, 428, 538, 677, 592
1086977 (31. 8. 53) Mathiesson 19
1088056 (24. 11. 53) Bataafsche 264
1088704 (1. 10. 53) Henkel 330, 431, 482, 538, 592, 619
1089805 (22. 12. 53) ICI 33
1089831 (31. 3. 54) D & R 338
1090172 (10. 10. 53) Mo och Domsjö 728
1091073 (10. 11. 53) Buffalo Electr. 116
1091108 (27. 11. 53) Thomson-Houston 374, 443, 501, 561, 595, 600, 623, 646
1092891 (9. 2. 54) Montecatini 31
1094632 (21. 12. 53) Ciba 441, 563
1094654 (24. 12. 54) Bataafsche 541
1094624 (19. 12. 53) Minnesota Mining 409

FP *1096711* (31. 12. 53) M. Fleury, 619
1097112 (22. 3. 54) Ciba 337, 590, 699
1098409 (27. 1. 54) Esso Standard 724
1098767 (30.1. 54) Bataafsche 356, 547, 597
1098831 (31. 3. 54) D & R 280, 379, 590
1099332 (22. 4. 54) ICI 274
1100182 (16. 3. 54) Bakelite 501
1100845 (4. 3. 54) St. Gobain 10
1101103 (22. 5.54) Cassella 412, 565, 599
1101162 (2. 3. 50) Gilmant, Foudreau 703
1103591 (26. 4. 54) Bakelite 411, 599
1103847 (6. 7. 54) Rohm & Haas 696
1103811 (29. 4. 54) Bataafsche 393, 553, 598
1106304 (30. 4. 54) Aero Research 279, 327, 561, 590, 597
1106621 (23. 8. 54) Chempatents 11
1107517 (5. 6. 54) Bataafsche 111
1107566 (16. 6. 54) Bataafsche 540, 563
1108700 (1. 10. 54) Degussa 692
1108809 (6. 7. 54) Union Carbide 276
1109407 (19. 3. 54) Thomson-Houston 454, 527, 566, 590, 623
1109413 (.. .. ..) Ciba 28
1109462 (19. 7. 54) Bataafsche 526, 691
1109472 (21. 7. 54) Bataafsche 452, 590, 732
1109785 (13. 10. 54) BASF 125
1109935 (12. 8. 54) Union Carbide 699
1110320 (25. 6. 54) Syncobel 541
1110821 (19. 7. 54) Westinghouse 547, 595
1110846 (23. 7. 54) Montecatini 12
1110875 (27. 7. 54) Bataafsche 492, 619, 625, 646
1112072 (18. 8. 54) Rhenoflex 735
1112513 (6. 10. 54) Bataafsche 563, 593
1112864 (28. 9. 54) Ciba 471, 647
1113310 (24. 8. 54) Chempatents 12
1114722 (3. 12. 54) Albert 525
1114888 (27. 8. 54) Ciba 484
1115070 (24. 11. 54) Pyrolac 585
1115875 (.. .. ..) Böhme 47, 735
1116836 (1. 12. 54) Owens Corning 647
1117535 (15. 12. 54) Bataafsche 351, 415, 541, 676

FP *1117985* (19. 1. 55) D. Hydrierwerke 696
1118332 (28. 1. 55) Degussa 362
1118486 (12. 12. 54) Thompson-Houston 693
1118584 (1. 2. 55) Aluminium Walzwerke 585
1118945 (1. 2. 55) Rohm & Haas 696
1120564 (19. 1. 55) Böhme 703
1120898 (16. 3. 55) Ciba 703
1122129 (14. 2. 55) Bataafsche 548
1123308 (21. 6. 55) Ciba 703
1123683 (26. 2. 55) Bataafsche 116
1124457 (1. 2. 55) Advance Solvents 679
1124502 (22. 3. 55) St. Gobain 646
1125436 (4. 3. 55) Union Carbide 724
1125484 (17. 3. 55) Minnesota Mining 701
1125497 (18. 3. 55) Union Carbide 102, 677, 697
1125781 (3. 6. 55) Reichhold Chemie 389, 553
1128552 (12. 4. 55) Esso Research 724
1130308 (24. 8. 55) Thompson-Houston 566

FP *1131134* (27. 4. 55) Westinghouse Electric 688
1131389 (22. 9. 55) Reichhold Chemie 364
1131891 (19. 3. 55) Union Carbide 101
1131898 (26. 3. 55) Th. Rejto 647
1132005 (13. 5. 55) Westinghouse Electric 500
1132035 (23. 5. 55) Bataafsche 406, 565, 599, 623
1132036 (23. 5. 55) Bataafsche 122, 403, 548, 620, 677, 693
1132493 (7. 9. 55) Distillers 393
1132991 (23. 6. 55) Union Carbide 101
1133539 (27. 6. 55) Bataafsche 567, 620, 647
1133882 (18. 5. 55) St. Gobain 620
1134674 (7. 11. 55) BASF 620
1136557 (18. 11. 55) Hoechst 392
1137175 (6. 12. 55) Bayer 372, 620, 647, 719
1142479 (17. 1. 56) Bayer 699, 704
1142995 (5. 7. 55) BASF 623
1143293 (20. 12. 55) Bataafsche 328
1148526 (30. 1. 56) Bataafsche 456
1149589 (26. 4. 56) Bataafsche 493

Britische Patente

BP *26928* (19. 11. 10) L. Lilienfeld 208
145614 (29. 6. 20) E. Kolshorn 67, 188
155576 (24. 11. 20) E. Kolshorn 188
165614 (29. 6. 20) E. Kolshorn 188
275622 (3. 8. 27) Courtaulds 332
314440 (26. 6. 29) Rohm & Haas 209, 211
348134 (4. 9. 30) BASF 36, 205
352042 (3. 3. 30) BASF 22, 706
418230 (21. 4. 33) IG. 672
420078 (19. 5. 33) Rhone Poulenc 222
438523 (.. .. ..) Courtaulds 332
447417 (16. 11. 34) IG. 50, 707
447843 (3. 7. 36) IG. 142
486015 (27. 11. 36) IG. 172
487652 (29. 10. 37) Brit. Celanese 19, 22, 687, 723
496611 (22. 10. 37) Sandoz 198
500300 (28. 8. 37) Henkel 32, 416, 532, 587, 700
518057 (10. 12. 38) de Trey 130, 167, 315, 428, 677

BP *524795* (8. 2. 39) Courtaulds 406, 700
527407 (11. 4. 39) Thompson-Houston 672
534699 (13. 9. 39) du Pont 406, 700
557513 (4. 2. 42) Bataafsche 215
558813 (17. 6. 42) du Pont 278
570348 (.. .. ..) du Pont 672
579698 (24. 6. 44) de Trey 258, 316, 470
599280 (1948) Ciba 32
600629 (.. .. ..) Dow 672, 736
601612 (13. 6. 45) Rhone Poulenc 172
621104 (1949) Amer. Cyanamide 32
630663 (5. 7. 49) Ciba 489
652024 (26. 11. 48) Courtaulds 258, 260, 331, 709
652025 (26. 11. 48) Courtaulds 331
652030 (10. 1. 49) Courtaulds 331, 700
660905 (2. 3. 49) Courtaulds 700
664169 (27. 1. 49) Brit. Resins 279
666300 (.. .. ..) Ciba 490

BP *670153* (1952) Soc. Carbochimique 32

672935 (17. 6. 49) Canad. Industries 132

675169 (15. 12. 47) D & R 329, 533

675170 (15. 12. 47) D & R 329, 533

675665 (2. 3. 49) Courtaulds 260, 332, 365, 366, 373, 700

678576 (27. 1. 50) Courtaulds 211, 405, 412, 700

681578 (5. 7. 49) Bataafsche 604

686402 (11. 3. 50) Distillers 91, 98

692937 (3. 8. 50) Westinghouse 390, 519, 552

693747 (9. 1. 50) Brit. Thomson-Houston 526, 600

699530 (.. .. ..) N. V. Scholten 713

704008 (22. 4. 51) Westinghouse 441

704299 (22. 2. 52) Bataafsche 392, 520, 552

706425 (22. 5. 51) ICI 277, 680

706832 (31. 7. 52) Bataafsche 645

707320 (30. 11. 51) Pinchin-Johnson 384, 480, 557

708035 (22. 1. 52) Standard Oil 33

711592 (22. 8. 50) Pinchin-Johnson 480, 547

711601 (1. 5. 51) Chempatents 11

714474 (22. 8. 52) Bataafsche 713

716339 (23. 1. 52) Calif. Research 28, 82

716810 (17. 1. 52) Dunlop Rubber 589

717968 (25. 2. 52) Courtaulds 52, 405, 700

719101 (11. 3. 52) ICI 272

721688 (5. 2. 52) Amer. Cyanamide 346, 703

721778 (21. 2. 52) Hollingshead 32, 731

722258 (27. 7. 51) du Pont 348, 560, 596

724207 (13. 3. 52) Distillers 119

725666 (21. 1. 53) Dow, 708

726830 (5. 1. 53) Harvel/Brit. Resin 220, 279

729302 (13. 3. 51) National Starch 170

730504 (27. 3. 53) Bataafsche 417, 435, 538

730505 (27. 3. 53) Bataafsche 414, 435, 507, 538, 591

731545 (3. 9. 52) Distillers 446, 703

732260 (23. 10. 52) General Electric 440

BP *732573* (28. 11. 52) Bataafsche 480, 690

735974 (4. 8. 53) Union Carbide 360

735990 (30. 9. 53) Philips 80

736457 (12. 6. 53) Bataafsche 454, 561, 597, 606

736992 (15. 8. 51) Oxirane Ltd. 9

737272 (20. 10. 52) D & R 537

738199 (30. 3. 53) Dow 201

739091 (6. 2. 53) Amer. Cyanamide 432, 534

739609 (23. 10. 53) Food Machinery 118

740346 (29. 12. 52) Albert 548

740720 (19. 6. 53) du Pont 561, 689

744004 (30. 3. 53) Dow 672, 736

744388 (19. 8. 53) Gen. Electric 483, 538, 561, 597, 623, 646

744472 (10. 11. 52) Berger & Sons 538

746824 (1. 8. 52) ICI 698

749218 (22. 4. 54) Berger & Sons 401

749450 (.. .. ..) ICI 274

749621 (28. 8. 51) Research Lab. Ltd. 683

750716 (.. .. ..) Firestone 673

752371 (19. 3. 54) Midland Silicones 701

753050 (31. 3. 54) du Pont 349, 623, 690, 701, 719, 732

754744 (31. 3. 54) Continental Can. Co. 590

755218 (23. 9. 53) Hüls 13

755778 (1. 6. 54) Food Machinery 119

755796 (12. 8. 54) Monsanto 733

757386 (14. 3. 53) Fothergill & Harvey 690

758146 (14. 6. 54) D & R 540

758249 (28. 11. 52) ICI 396

758450 (15. 6. 53) Hercules Powder 353

758615 (7. 10. 54) General Motors 719

758920 (19. 6. 53) ICI 540

759863 (10. 2. 54) du Pont 690, 706

760006 (6. 2. 53) Berger & Sons 539

761361 (20. 7. 53) Vegetabile Parchment 698

762764 (14. 8. 53) ICI 540

762764 (14. 8. 53) ICI 540

763347 (9. 11. 53) Indestructible Paint 565

768125 (3. 9. 53) Shell Refining 553, 598, 623

770322 (20. 8. 54) Permutit Ltd. 719
771011 (18. 11. 54) USA Celanese 703
771813 (11. 2. 55) Bataafsche 116, 677
772145 (10. 1. 55) Bataafsche 14
772830 (6. 12. 55) Bayer 372, 620, 647, 719
773206 (1. 7. 54) Am. Cyanamid 561
773655 (4. 11. 55) General Electric 620
774582 (9. 6. 54) Distillers 394
774584 (9. 6. 54) Distillers 394
776156 (8. 2. 54) du Pont 647
777621 (4. 1. 55) Brit. Resin Prod. 647
785930 (12. 8. 54) Brit. Resin Prod. 399, 640
896047 (11. 9. 51) BASF 128

Schweizer Patente

Schwz. P.
137478 (27. 11. 28) Rohm & Haas 209
171721 (6. 10. 33) Farb. Bayer 16
211116 (23. 8. 38) de Trey 132, 256, 263, 312, 328, 375, 476, 533, 546, 587 (= DP *749512* (12. 11. 38))
236594 (16. 6. 43) de Trey 258, 316, 319, 470, 487, 488, 496, 500, 546, 550, 555
244048 (1947) Ciba 32
248048 (1948) Ciba 32

Schwz. P.
248686 (1948) Ciba 32
251647 (13. 7. 45) Ciba 265, 327, 590, 601
257115 (8. 8. 46) Ciba 510, 556
262479 (19. 7. 46) Ciba 591, 601
262480 (19. 7. 46) Ciba 588, 601
264818 (25. 10. 46) Ciba 489, 505, 593, 601
273405 (5. 7. 48) Ciba 424, 477, 511
278476 (5. 7. 48) Ciba 424, 484, 490, 535, 556

Belgische Patente

Belg. P.
520976 (25. 6. 53) P. Jaffe 538
522930 (21. 9. 53) Henkel 505, 592, 607
532609 (18. 4. 55) Bataafsche 356
532138 (8. 11. 54) Bataafsche 674, 696
533294 (13. 11. 54) Bataafsche 362, 590, 691
532899 (6. 11. 54) Bataafsche 119, 436, 541
524122 (15. 12. 54) Bataafsche 351, 415, 541
534502 (29. 12. 54) General Electric 527
524746 (10. 1. 55) Bataafsche 14
534833 (13. 1. 55) Bataafsche 558
53z145 (25. 1. 55) Westinghouse 547, 684
535795 (17. 2. 55) Bataafsche 395, 520, 553
536393 (10. 3. 55) Food Machinery 119
526539 (16. 3. 55) Bataafsche 400, 520, 553, 598, 696
536900 (29. 3. 55) Bataafsche 561, 623

Belg. P.
537059 (2. 4. 55) Bakelite 505
537075 (4. 4. 55) Ciba 595
537768 (28. 4. 55) Bataafsche 450, 566, 600
537769 (29. 4. 55) Bataafsche 451, 566, 600
538048 (10. 5. 55) Internat. Polaroid 378, 445, 558, 596
538465 (ohne Datum) Schwz. Pri. (26. 5. 55) Ciba 595
538826 (8. 6. 55) Rohm & Haas 113
539817 (14. 7. 55) Food Machinery 102
539990 (20. 7. 55) Ciba 523
540444 (9. 8. 55) Ciba 493
540982 (1. 9. 55) Bataafsche 567
541032 (2. 9. 55) Union Carbide 105, 677
541064 (5. 9. 55) Bataafsche 566
541405 (19. 9. 55) Bataafsche 541
541580 (26. 9. 55) Food Machinery 103
541648 (28. 9. 55) Westinghouse 452
541674 (19. 1. 54) Dow 553
541675 (29. 9. 55) Dow 541

Belg. P.
541676 (29. 9. 55) Dow 541
541693 (30. 9. 55) Bataafsche 691
542386 (27. 10. 55) Food Machinery 696
542605 (5. 11. 55) du Pont 691, 702
542672 (9. 11. 55) Stearin Kaarsen 110
542900 (18. 11. 55) Food Machinery 103, 677
543067 (24. 11. 55) Berger & Sons 541
543822 (21. 12. 56) Bataafsche 324
543855 (22. 12. 55) Bataafsche 414, 475
544022 (28. 12. 55) du Pont 561
544127 (2. 1. 56) Bataafsche 623
544556 (18. 1. 56) Union Carbide 670
544555 (18. 1. 56) Union Carbide 670
544556 (18. 1. 56) Union Carbide 670
544815 (30. 1. 56) Bataafsche 218
544935 (3. 2. 56) Petrochemicals 19, 20
545441 (22. 2. 56) Bataafsche 478, 691
545569 (25. 2. 56) Hoechst 590
545909 (9. 3. 56) Hoechst 43
545915 (9. 3. 56) Deutsche Solvay 693
546441 (26. 3. 56) Bataafsche 218
546841 (7. 4. 56) Onderzoekings Inst. 701

Belg. P.
546860 (9. 4. 56) Amer. Cyanamide 542
546910 (19. 7. 55) D & R 542
548039 (23. 5. 56) Chempatents Ltd. 12
548834 (20. 6. 56) Deutsche Solvay 481
548980 (25. 6. 56) Bayer 693
549058 (27. 6. 56) Food Machinery 355
549574 (16. 7. 56) Union Carbide 102, 677, 701
549639 (18. 7. 56) Food Machinery 102
549916 (28. 7. 56) Union Carbide 106, 620, 675
550175 (8. 8. 56) Bataafsche 566
550271 (11. 8. 56) Ciba 679, 704
550474 (21. 8. 56) Union Carbide 352, 562
550506 (22. 8. 56) Westinghouse 703
550527 (23. 8. 56) Rhein-Chemie 715
550751 (1. 9. 56) Union Carbide 101, 355
550936 (10. 9. 56) Bataafsche 729
551105 (18. 9. 56) Bataafsche 498
552113 (26. 10. 56) Bataafsche 520
552679 (17. 11. 56) Ciba 477, 483
552957 (27. 11. 56) Ciba 38, 704
553702 (24. 12. 56) Hoechst 478
554633 (31. 1. 57) Hoechst 392
556744 (16. 4. 57) Glaswerk Schuller 648

Österreichische Patente

Öster. P. *167091* (12. 12. 46) Ciba 591, 602

Niederländische Patente

Nied. P. *68296* (23. 12. 47) D & R 420, 535
190138 (20. 8. 54) Bataafsche 476

Canadische Patente

Can. P. *507009* (2. 11. 54) G. M. Shull et al 124

Australische Patente

P. Anm. *22220/56* (8. 10. 56) Petrochemicals Ltd. 20
US *1030/54* (1. 7. 53) Am. Cyanamid 372
2215/54 (6. 8. 54) Johnson & Son 364
Schw.-Pri. *2436/54* (28. 8. 53) Ciba 478

Amerikanische Patente

US *1008557* (5. 9. 11) Horace Wayth Cullum 168

1018329 (10. 11. 11) L. Lilienfeld 208

1089910 (10. 3. 14) Diphonographes 220

1446872 (2. 7. 19) Chadeloid 167, 333

1502379 (25. 4. 21) H. Dreyfus 169

1642078 (12. 8. 20) Diamond Fibre 221, 309

1642079 (20. 2. 25) Diamond Fibre 221, 309

1664123 (14. 3. 24) Parke & Davis 39, 194

1711110 (.. .. ..) H. Dreyfus 169

1752305 (1. 4. 30) Hoechst 165

1783901 (.. .. ..) Sirdler Corp. 183

1790042 (28. 7. 27) Hoechst 195

1790096 (23. 7. 27) Hoechst 200

1815886 (22. 10. 30) Resinous Co. 115

1845198 (1. 12. 28) BASF 732

1922459 (21. 3. 28) BASF 168

1930472 (18. 11. 30) H. Dreyfus 169

1944731 (.. .. ..) Diels-Alder 100

1971662 (16. 12. 30) Hoechst 168

1972135 (25. 1. 33) H. Dreyfus 169

1976677 (9. 8. 30) BASF 26, 157

1977250 (12. 5. 33) du Pont 185

1977251 (12. 5. 33) du Pont 185

1977252 (12. 5. 33) du Pont 189

1977253 (12. 5. 33) du Pont 189

1985885 (23. 11. 31) Girdler Corp. 183

1990615 (20. 11. 30) Bayer 733

2010726 (29. 11. 32) Henkel 157

2022182 (12. 5. 34) Dow 9

2046720 (9. 6. 33) Girdler Corp. 191

2052025 (25. 8. 36) B. R. Harris 165

2052026 (25. 8. 36) B. R. Harris 165

2054099 (17. 12. 35) du Pont 22

2059273 (22. 1. 35) ICI 45, 708

2060715 (13. 1. 33) du Pont 265

2061377 (25. 6. 34) Shell 167, 333

2065113 (19. 7. 34) Girdler Corp. 183

2067054 (29. 1. 35) Hercules Powder 315,

2070990 (25. 6. 34) Shell 65, 159, 167, 232, 333

2072819 (7. 3. 35) Hercules Powder 315

2076624 (16. 11. 36) Tretolite 49, 708

2083221 (.. .. ..) ICI 708

US *2086077* (9. 5. 34) Shell 146, 228

2089569 (23. 2. 33) IG. 68, 683, 702

2094837 (7. 11. 35) Hoechst 50

2094914 (3. 9. 36) Hoechst 50

2098097 (18. 12. 35) BASF 126

2099486 (29. 1. 35) Hercules Powder 315

2118926 (24. 6. 37) Hercules Powder 315

2121695 (13. 10. 36) ICI 340

2123718 (24. 12. 36) Tretolite 687, 705

2125594 (19. 12. 35) IG. 530

2131120 (31. 10. 35) IG. 169

2135559 (10. 4. 32) Petrolite 709

2136928 (9. 12. 35) IG 51, 127, 224, 310, 311, 702

2148952 (15. 4. 37) du Pont 169

2160948 (23. 10. 37) Dow 672

2165515 (5. 5. 37) IG. 497

2172747 (12. 6. 36) Richards Chem. 27, 687, 707

2173181 (19. 9. 39) Nat. Aniline 220

2174762 (.. .. ..) IG. 683

2180809 (21. 11. 39) V. Kartaschoff 200

2180932 (30. 6. 39) F. Stockelbach 165

2183860 (6. 2. 39) Shell 53, 727

2187006 (5. 10. 37) du Pont 340

2191060 (.. .. ..) Am. Cyanamid 718

2191063 (.. .. ..) Am. Cyanamid 718

2205635 (.. .. ..) Am. Cyanamid 718

2206007 (.. .. ..) Am. Cyanamid 718

2213477 (18. 11. 36) Hoechst 28, 705

2221771 (17. 8. 38) Dow 217

2221818 (17. 8. 38) Dow 217

2224026 (1. 3. 39) BASF 174

2224849 (6. 11. 37) Shell 66, 167, 133

2228514 (14. 1. 41) Agfa Wolfen 198

2238121 (7. 8. 45) Amer. Cyanamide 69

2248635 (20. 6. 39) Shell 167, 333

2252037 (30. 6. 36) Heberlein Co. 687

2252039 (26. 6. 37) Heberlein Co. 687

2255487 (12. 4. 38) General Electric 672

2258320 (10. 6. 39) Amer. Cyanamide 688

2260753 (23. 10. 39) Shell 157, 158

2274474 (10. 8. 39) Amer. Cyanamide 688, 700

<table>
<tr><td>US 2276231</td><td>(8. 10. 40) Amer. Cyanamide 593, 688, 700</td></tr>
</table>

US *2276231* (8. 10. 40) Amer. Cyanamide 593, 688, 700
2280722 (13. 7. 39) W. Schneider, A. Fröhlich 168
2289391 (10. 4. 41) Procter & Gamble 155
2307058 (7. 6. 38) Alien Property 708
2313799 (27. 8. 40) du Pont 546
2314039 (30. 9. 40) Shell 160, 167, 333
2317607 (15. 11. 37) Harvel Co. 278, 356
2319876 (23. 11. 38) Celanese of Amer. 375, 555, 593, 621, 687, 700
2320225 (30. 1. 41) Amer. Cyanamide 40, 369, 555, 688, 707, 735
2321037 (26. 4. 40) Shell 147
2321620 (10. 10. 40) du Pont 277
2327053 (18. 11. 39) Shell 157, 161, 213
2336093 (2. 10. 41) Geigy 222, 257
2343053 (.. .. ..) Geigy 222, 257
2351024 (21. 1. 41) Shell 215, 220
2351025 (21. 1. 41) Shell 215, 220
2352606 (29. 7. 39) Alien Property 351
2359242 (23. 8. 41) Schering-Kahlbaum 263
2362326 (6. 11. 40) Amer. Cyanamide 221
2366008 (11. 8. 42) General Electric 522
2371133 (25. 11. 41) Ciba 46, 192, 702
2371500 (2. 7. 42) Dow 173, 217, 672
2372257 (23. 6. 43) Petrolite 708
2373102 (9. 3. 43) Petrolite 708
2377568 (3. 3. 43) Shell 166, 175
2380185 (6. 11. 42) Shell 157, 161, 213
2393512 (5. 4. 43) Shell 220
2393610 (25. 3. 44) Resinous Prod. 100, 359
2396957 (27. 1. 44) du Pont 55, 702
2407645 (.. .. ..) Dow 736
2408096 (1. 5. 44) J. S. Pierce Co. 190, 199
2411029 (3. 3. 43) Petrolite 168
2413755 (17. 1. 41) Amer. Cyanamide 69, 369
2413860 (7. 1. 47) Amer. Cyanamide 220, 387, 555, 733
2413871 (24. 7. 45) Phillips Petrol. 393
2414289 (17. 1. 41) Amer. Cyanamide 69, 369

US *2425755* (1. 6. 44) Union Carbide 688, 723
2429876 (10. 6. 44) du Pont 497
2431718 (11. 7. 45) Publicker Alcoh. 107
2434179 (30. 11. 49) du Pont 342, 689
2436368 (27. 6. 44) du Pont 497
2444333 (2. 5. 44) de Trey 258, 316, 470, 496
2445393 (26. 6. 46) Rhône Poulenc 172
2448258 (14. 9. 45) Shell 166
2450234 (7. 12. 43) Shell 342, 596
2450940 (20. 4. 44) General Electric 513
2456408 (14. 9. 43) D & R 257, 258, 283, 288, 319, 323, 351, 418, 533, 534
2458484 (.. .. ..) Rohm & Haas 706
2464753 (25. 3. 47) Shell 344, 596
2466963 (16. 6. 45) Thiokol 409
2467171 (18. 6. 48) Shell 142, 224, 258, 321
2468684 (16. 3. 46) Amer. Cyanamide 52, 368
2469683 (15. 9. 45) Amer. Cyanamide 193, 228, 367, 718
2469684 (16. 3. 46) Amer. Cyanamide 131, 718
2469692 (15. 9. 45) Amer. Cyanamide 718
2469693 (15. 9. 45) Amer. Cyanamide 718
2470081 (10. 5. 49) Amer. Cyanamide 2, 689, 702
2470324 (9. 12. 44) Distillers 344, 621
2476922 (15. 6. 46) Shell 343, 596, 617
2477608 (30. 1. 47) Dow 673
2477609 (30. 1. 47) Dow 673
2477610 (30. 1. 47) Dow 673
2479480 (18. 4. 46) Amer. Cyanamide 193, 368, 718
2485160 (23. 10. 48) Rohm & Haas 112, 535, 674, 706
2491478 (1949) Arkansas Co. 32
2493486 (10. 4. 46) D & R 534
2494295 (13. 9. 46) D & R 509, 621
2498195 (18. 10. 46) Shell 63, 723
2499360 (31. 5. 47) Petrolite 708
2499361 (31. 5. 47) Petrolite 708
2499362 (31. 5. 47) Petrolite 708
2499363 (31. 5. 47) Petrolite 708
2499364 (31. 5. 47) Petrolite 708
2499370 (.. .. ..) Petrolite 426
2500016 (6. 3. 48) Canad. Ind. 416
2500449 (29. 2. 48) Shell 476

US *2590059* (26. 3. 49) Shell 270, 280, 674
2591539 (3. 10. 50) D & R 556
2592560 (2. 11. 45) D & R 258, 259, 260, 263, 275, 280, 288, 325, 333, 534, 588, 617
2593411 (21. 12. 49) Eastman Kod. 289, 425, 535
2595619 (23. 2. 49) Shell 673
2596737 (13. 10. 50) Shell 535
2599799 (24. 2. 48) General Mills 143
2602769 (8. 7. 52) Murray u. Peterson 124
2602785 (30. 9. 50) Shell 600, 604
2602821 (23. 7. 51) Shell 270
2604457 (31. 5. 51) Canadian Ind. 347, 560, 596
2604464 (31. 5. 51) Canadian Ind. 347, 560, 596
2605288 (29. 6. 49) Firestone 285
2606199 (1952) Amer. Cyanamide 32
2606934 (4. 1. 51) General Electric 219, 390, 395, 552
2606935 (4. 1. 51) General Electric 219, 390, 395
2609355 (19. 7. 49) Shell 674
2609357 (13. 11. 50) Rohm & Haas 360, 433, 535, 589, 618, 624
2610156 (17. 2. 49) Amer. Cyanamide 368
2615007 (8. 12. 50) D & R 329
2615008 (11. 10. 51) D & R 329
2616899 (26. 3. 51) US-Rubber 675, 734
2617832 (28. 6. 51) General Electric 263, 270
2623023 (28. 7. 51) Rohm & Haas 712
2623865 (26. 10. 50) Hoechst 391, 730
2626223 (17. 10. 51) Westinghouse Elec. 442
2627521 (27. 9. 50) Eastman Kodak 154
2629705 (24. 5. 52) Petrolite 709
2629733 (31. 7. 48) Upjohn Co. 376
2630427 (5. 11. 51) Rohm & Haas 718
2630428 (5. 11. 51) Rohm & Haas 718
2630429 (5. 11. 51) Rohm & Haas 718
2631138 (26. 2. 51) Shell 384, 481, 557, 594
2633458 (17. 11. 51) Shell 406, 613, 701

US *2636028* (24. 3. 50) Shell 535, 689, 723
2636040 (6. 10. 50) Ind. Rayon Corp. 66
2637621 (2. 5. 49) L. Auer 424, 556, 702
2637713 (21. 3. 50) Amer. Cyanamide 387, 621, 624
2637716 (.. .. ..) Ciba 490
2640037 (3. 10. 51) Shell 497, 500
2642412 (7. 8. 51) Shell 497, 595, 605, 618, 624, 684
2643239 (28. 3. 51) Shell 496
2643243 (26. 2. 51) Shell 384, 480, 547, 547
2643244 (16. 4. 48) Libbey Owens Glass 376, 423, 535, 556, 594
2651589 (25. 10. 49) Shell 495
2653141 (3. 12. 45) D & R 419, 534
2653142 (16. 5. 51) Alkydol Laborat. 427, 536
2658023 (3. 11. 53) Shull u. Kita 124
2658884 (27. 5. 50) Koppers Co. 389, 552, 598, 621, 700
2658885 (27. 5. 50) Koppers Co. 389, 552, 598, 621, 700
2659710 (26. 7. 51) General Electric 219, 391, 434, 552, 621, 645
2662079 (30. 10. 51) Ethyl Corp. 38, 193
2662870 (21. 6. 52) Canadian Industr. 347, 482, 560, 596
2665266 (29. 1. 52) Harvel Corp. 220, 356, 596
2666040 (.. .. ..) Firestone 673
2667463 (6. 11. 51) Shell 434, 536, 560
2668156 (6. 4. 50) National Starch 170, 596
2668805 (10. 4. 52) D & R 329
2668807 (8. 4. 52) D & R 329, 547, 589, 618
2670382 (10. 6. 50) Monsanto 286
2670383 (30. 6. 50) Monsanto 288
2671064 (10. 5. 50) Monsanto 675
2671764 (1. 10. 51) Jefferson Co. 13
2671771 (7. 5. 48) Allied Chem. & Dye 376, 511, 556, 594
2671813 (2. 11. 51) Monsanto 269
2673861 (30. 10. 52) Upjohn 376
2673866 (30. 3. 54) Murray u. Peterson 124
2674619 (19. 10. 53) Wyandotte 705
2675367 (11. 4. 51) Eastman Kodak 280, 425, 536
2675411 (11. 4. 51) Eastman Kodak 49, 281

US *2676166* (1. 4. 52) du Pont 689
2677671 (5. 8. 52) Interchemical 350, 561
2678308 (11. 6. 52) Amer. Cyanamide 387, 622
2679521 (5. 9. 50) Petrolite 64, 708
2680109 (28. 2.47) Columbia South. 118, 344, 535, 617
2681901 (3. 10. 51) Shell 499, 500, 595, 605
2682490 (20. 10. 47) Ciba 489
2682514 (25. 2. 52) Shell 424, 536, 589, 605, 618, 624
2682515 (5. 7. 52) Shell 589, 606
2682547 (1. 10. 52) Eastman Kodak 259, 676, 695
2683130 (27. 5. 50) Koppers Co. 276, 389, 552, 598, 621, 690, 700
2683131 (31. 10. 51) General Electr. 439, 563, 592, 622
2684345 (18. 9. 51) Interchemical Co. 562
2684353 (31. 5. 51) Buffalo Electr. 673
2686198 (24. 7. 51) Rayonier Inc. 33
2686771 (23. 12. 50) Sherwin-Williams 384, 556
2686812 (7. 9. 51) General Aniline 282
2687396 (14. 6. 52) Dow 564
2687397 (21. 9. 51) Shell 384, 500, 557
2687398 (14. 7. 52) Dow 564
2687405 (16. 2. 50) du Pont 596, 689
2687465 (12. 2. 50) du Pont 560
2688604 (11. 6. 52) Amer. Cyanamide 387, 622
2689263 (25. 4. 52) Rohm & Haas 82, 197
2689834 (19. 5. 52) Amer. Can. Co. 561
2691001 (23. 7. 52) Standard Oil 267
2691004 (31. 10. 51) General Electr. 439, 563, 592, 622, 684
2691007 (31. 10. 51) General Electric 439, 563, 592, 622
2691014 (21. 3. 52) Upjohn Co. 727
2692271 (23. 8. 50) Buffalo Electrochem. 115, 674, 695
2692876 (9. 6. 53) du Pont 539
2693474 (28. 12. 50) Chempatents Co. 120
2694655 (13. 7. 51) Amer. Cyanamide 646
2694694 (17. 10. 52) D & R 329, 548, 589, 618
2695914 (9. 1. 52) Petrolite 711
2695915 (9. 1. 52) Petrolite 711
2698308 (4. 12. 50) D & R 433, 536

US *2698315* (21. 10. 52) D & R 261, 339, 433, 537, 589
2699452 (3. 7. 52) Union Carbide 68, 184, 705
2702779 (6. 6. 50) Norwich Pharmacal 22
2703765 (15. 1. 53) du Pont 385, 483, 557
2703797 (15. 12. 49) General Aniline 33, 705, 734
2703799 (12. 5. 54) Searle Co. 728
2705233 (29. 5. 50) Glidden Co. 727
2705235 (14. 7. 53) Arvey Corp. 106, 727
2705236 (14. 7. 53) Arvey Corp. 106, 727
2706223 (.. .. ..) General Mills 444, 511, 557, 645
2707715 (30. 8. 52) General Electric 260
2709173 (9. 1. 50) California Research 12
2709174 (16. 11. 45) Montclair Research 24
2709664 (13. 10. 50) Master Mechanics 24
2709690 (19. 5. 52) Shell 435, 536
2710845 (26. 6. 52) Hercules Powder 680
2710873 (26. 10. 50) Monsanto 358
2712000 (31. 12. 51) D & R 259, 334, 536
2712001 (17. 3. 52) D & R 377, 557, 595
2712544 (16. 10. 53) Dow 41, 374, 705, 737
2712545 (30. 4. 54) Dow 41, 374, 705, 737
2713565 (24. 5. 54) Shell 566
2713567 (14. 4. 52) Shell 560, 600
2713569 (17. 3. 52) D & R 370, 595
2714098 (15. 5. 52) General Electric 622
2714276 (29. 12. 50) Amer. Cyanamide 683
2716096 (27. 3. 51) Esso Research 267
2716099 (19. 1. 52) Shell 220, 392, 552
2716123 (13. 8. 53) Union Carbide 104, 699
2716127 (27. 5. 50) Petrolite 707
2716137 (5. 7. 52) Wyandotte 26
2717885 (20. 9. 49) D & R 471
2719089 (11. 1. 50) Union Carbide 621
2720497 (13. 10. 52) Phillips Petrol 698
2720500 (17. 10. 52) Alkydol Labor. 563

US *2720530* (19. 1. 53) Monsanto 358, 547, 681, 711
2721822 (22. 7. 53) N. Pritikin 684
2723241 (18. 8. 52) Petrolite 709
2723249 (19. 11. 52) Petrolite 395, 709
2723284 (9. 1. 52) Petrolite 435, 536, 709
2723284 (9. 1. 52) Petrolite 435, 536, 709
2723294 (29. 5. 50) Calif. Research 724
2723999 (15. 1. 54) Amer. Cyanamide 705
2723971 (27. 3. 53) du Pont 348, 365, 561, 597, 684, 707
2728744 (29. 3. 52) Shell 414, 475, 507
2729582 (8. 4. 54) Johns-Mansville 647
2729636 (3. 8. 53) General Mills 681, 705, 728
2730427 (13. 8. 52) Amer. Cyanamid 690
2730467 (21. 9. 54) General Electr. 566
2730510 (24. 12. 52) Shell 539
2730531 (3. 3. 53) Shell 371, 378
2730532 (20. 7. 53) Shell 696, 724
2730535 (20. 7. 53) Shell 449, 677
2731429 (13. 4. 51) Alkydol Lab. 562
2731431 (6. 10. 51) Hooker Electr. 675
2731444 (21. 10. 52) D & R 485, 548, 589, 618
2732367 (31. 8. 53) Shell 421, 547, 590, 619, 701
2732407 (.. .. ..) ICI 274
2733222 (1. 12. 52) National Lead 537
2734906 (5. 11. 51) Allied Chem. Dye 11
2736730 (2. 12. 54) Velsicol Chem. Co. 729
2738348 (7. 6. 54) Searle Co. 728
2739160 (1. 10. 52) Eastman Kodak 225, 674
2739161 (16. 12. 54) Velsicol Chem. 103, 675
2741607 (23. 2. 54) Shell 68, 444, 558, 646
2742448 (3. 3. 53) National Lead 537
2742453 (22. 7. 52) Rohm & Haas 692
2743241 (17. 11. 52) Petrolite 710
2743242 (17. 11. 52) Petrolite 710
2743243 (17. 11. 52) Petrolite 710
2743244 (17. 11. 52) Petrolite 710
2743245 (17. 11. 52) Petrolite 710

US *2743251* (30. 7. 52) Petrolite 709, 710
2743252 (30. 7. 52) Petrolite 709, 710
2743253 (30. 7. 52) Petrolite 709, 710
2743254 (30. 7. 52) Petrolite 709, 710
2743255 (19. 12. 52) Petrolite 710
2743256 (30. 7. 52) Petrolite 709
2743285 (20. 12. 51) Union Carbide 159
2743359 (19. 11. 52) Petrolite 552
2745847 (8. 10. 53) Union Carbide 100, 360, 561, 597, 674
2745848 (25. 2. 53) Food Machinery 89
2745855 (14. 4. 51) Sinclair Oil 709
2748085 (18. 12. 51) Petrolite 709
2748086 (18. 12. 51) Petrolite 709
2748087 (18. 12. 51) Petrolite 709
2748088 (18. 12. 51) Petrolite 709
2748089 (18. 12. 51) Petrolite 709
2748171 (12. 9. 52) Eastman Kodak 29
2750395 (5. 1. 54) Union Carbide 360, 540, 678, 696
2750416 (21. 12. 50) Rohm & Haas 289
2751380 (4. 1. 54) Upjohn Co. 729
2752363 (23. 12. 52) Vulcan Copper 12
2753323 (30. 3. 53) Bakelite 501
2754279 (1. 8. 51) Minnesota Mining 738
2755290 (26. 10. 53) Shell 377, 676, 696
2756241 (2. 11. 53) Shell 14
2758119 (27. 2. 53) Eastman Kodak 681
2758986 (28. 11. 52) Amer. Brake Shoe 357
2759901 (19. 9. 52) D & R 419, 534, 536
2760016 (14. 5. 53) Jefferson Chem. 13
2760944 (17. 3. 52) D & R 371, 500, 557
2760989 (15. 5. 52) General Aniline 285
2761870 (22. 9. 54) Shell 116, 619, 673, 697
2764497 (24.1 55) Shell 697
2764559 (25. 3. 52) du Pont 340, 560, 701
2765284 (20. 4. 54) Dow 737
2765296 (8. 12. 50) Columbia South. 341, 618, 645
2765322 (3. 3. 53) Rohm & Haas 327, 548

US *2766261* (5. 2. 54 Chempatents Co. 11

2767157 (6. 4. 53) D & R 338

2768093 (16. 1. 53) Upson Co. 582

2768141 (24. 10. 52) Union Carbide 735

2768182 (28. 1. 55) du Pont 350

2768150 (4. 3. 52) Glidden Co. 449, 564

2768153 (24. 2. 55) Shell 478

2768178 (26. 7. 54) Shell 680

2769016 (14. 5. 53) Jefferson Co. 13

2769769 (20. 3. 53) Amer. Cyanamide 190

2769797 (6. 7. 55) Amer.Cyanamide 190

2769798 (26. 6. 53) Rütgerswerke 733

2770656 (5. 6. 53) Dow 17

2771425 (26. 6. 53) Petrolite 710

2771426 (26. 6. 53) Petrolite 710

2771427 (26. 6. 53) Petrolite 710

2771428 (26. 6. 53) Petrolite 710

2771429 (26. 6. 53) Petrolite 710

2771430 (22. 4. 53) Petrolite 710

2771431 (22. 4. 53) Petrolite 710

2771432 (22. 4. 53) Petrolite 710

2771433 (22. 4. 53) Petrolite 710

2771434 (22. 4. 53) Petrolite 710

2771435 (24. 2. 53) Petrolite 710

2771436 (24. 2. 53) Petrolite 710

2771437 (24. 2. 53) Petrolite 710

2771438 (24. 2. 53) Petrolite 710

2771439 (24. 2. 53) Petrolite 710

2771440 (2. 1. 53) Petrolite 710

2771441 (2. 1. 53) Petrolite 710

2771442 (2. 1. 53) Petrolite 710

2771443 (2. 1. 53) Petrolite 710

2771444 (2. 1. 53) Petrolite 710

2771445 (26. 1. 53) Petrolite 710

2771446 (26. 1. 53) Petrolite 710

2771447 (26. 1. 53) Petrolite 710

2771448 (26. 1. 53) Petrolite 710

2771449 (26. 1. 53) Petrolite 710

2771451 (30. 7. 53) Petrolite 710

2771452 (30. 7. 53) Petrolite 710

2771453 (30. 7. 53) Petrolite 710

2771454 (30. 7. 53) Petrolite 710

2771455 (30. 7. 53) Petrolite 710

2772248 (4. 5. 53) Interchemical Co. 366

2772286 (10. 12. 54) Eli Lilly Co. 121

2773043 (28. 9. 54) Westinghouse Electric 623

2773048 (25. 8. 52) Minneapolis Honeywell Regulator Co. 618

2773070 (31. 10. 52) Jefferson Co. 30

2773100 (30. 12. 55) Amer. Cyanamid 270

US *2773908* (5. 2. 54) Amer. Cyanamid 276

2774691 (21. 9. 54) Shell 692

2774747 (25. 3. 52) International Standard Electric Ltd. 622

2774748 (14. 4. 52) Shell 564

2775510 (24. 7. 53) National Research 13

2775600 (1. 6. 54) National Research 14

2776910 (10. 2. 54) US-Secr. Navy 646

2776997 (30. 1. 53) Union Oil of California 30

2780642 (7. 5. 53) Monsanto 65

2781333 (10. 9. 52) Amer. Cyanamid 561, 579, 622

2782240 (21. 11. 52) Dow 699

2783214 (2. 6. 52) Cordo Chem. Co. 490, 547, 589

2783250 (28. 6. 54) Bataafsche 116, 620, 647

2786039 (20. 10. 55) Monsanto 697

2788335 (20. 7. 53) du Pont 715

2788339 (11. 3. 54) du Pont 348

2789958 (30. 10. 51) Thiokol Corp. 408, 564, 622

2792352 (19. 2. 53) Petrolite 710

2792381 (10. 3. 54) Shell 122, 401, 540, 547, 619

2792382 (26. 11. 52) Phillips Petrol 696, 724

2794007 (15. 8. 52) Sherwin-Williams 552

2795523 (22. 11. 54) General Motors 590

2795565 (9. 11. 53) Shell 696

2795572 (24. 5. 54) Shell 696

2798861 (14. 2. 55) Canad. Ind. 562

2801229 (ert. 30. 6. 57) Shell 492, 547

2801232 (1. 10. 53) Amer. Cyanamid 538, 592, 619, 646

2801989 (9. 4. 54) Union Carbide 619, 646

2802800 (.. .. ..) Wallace & Tiernan 674

2806942 (24. 10. 55) Colgate Palmolive 693

US-Anmeldungen

US-Serial

8730 u. *8731* (16. 2. 48) Petrolite Corp. 275

422257 (9. 4. 54) Bakelite 505

352040 (29. 4. 53) Velsicol Chem. Corp. 676

392055 (13. 11. 53) Shell 362

Sachverzeichnis

MIX
Papier aus verantwortungsvollen Quellen
Paper from responsible sources
FSC® C105338

If you have any concerns about our products,
you can contact us on
ProductSafety@springernature.com

In case Publisher is established outside the EU,
the EU authorized representative is:
Springer Nature Customer Service Center GmbH
Europaplatz 3, 69115 Heidelberg, Germany

Printed by Libri Plureos GmbH
in Hamburg, Germany